U0283724

现代建筑门窗幕墙技术与应用

——2025 科源奖学术论文集

杜继予　主编

中国建设科技出版社有限责任公司
China Construction Science and Technology Press Co., Ltd.
北　京

图书在版编目（CIP）数据

现代建筑门窗幕墙技术与应用：2025 科源奖学术论文集/杜继予主编．-- 北京：中国建设科技出版社有限责任公司，2025.3. -- ISBN 978-7-5160-4407-0

Ⅰ.TU228-53；TU227-53

中国国家版本馆 CIP 数据核字第 2025YJ5544 号

内 容 简 介

本书以现代建筑门窗幕墙新材料与新技术应用为主线，围绕建筑门窗幕墙产业链上的型材、玻璃、金属板、石材、人造板材、建筑密封胶、五金配件、保温材料和生产加工设备等展开编撰工作，旨在为广大读者提供行业前沿资讯，引导传统产业领域提升创新主体活力，推动创新链与产业链深度融合。同时，还针对行业的技术热点，汇集了超低能耗相关技术、数字化及智能化技术、建筑模块化及装配式技术等相关工程案例和应用成果。

本书可作为房地产开发商、设计院、咨询顾问、装饰公司以及广大建筑门窗幕墙上下游企业管理、市场、技术等人士的参考工具书，也可作为门窗幕墙相关从业人员的专业技能培训教材。

现代建筑门窗幕墙技术与应用——2025 科源奖学术论文集
XIANDAI JIANZHU MENCHUANG MUQIANG JISHU YU YINGYONG
——2025 KEYUANJIANG XUESHU LUNWENJI

出版发行：中国建设科技出版社有限责任公司
地　　址：北京市西城区白纸坊东街 2 号院 6 号楼
邮　　编：100054
经　　销：全国各地新华书店
印　　刷：北京印刷集团有限责任公司
开　　本：889mm×1194mm　1/16
印　　张：32.25　彩色：1.5
字　　数：970 千字
版　　次：2025 年 3 月第 1 版
印　　次：2025 年 3 月第 1 次
定　　价：168.00 元

本社网址：www.jskjcbs.com，微信公众号：zgjskjcbs

本书编委会

前　言

2024年，全球经济动荡、国内房地产业呈现调整态势，我国建筑门窗幕墙行业面临着前所未有的挑战。在此背景下，众多企业正视困难、沉着应对，坚持科技创新，推动行业高质量发展，保持了稳中向好的发展态势。

为了及时总结推广行业技术进步的新成果，本书编委会决定把深圳市建筑门窗幕墙学会和深圳市土木建筑学会门窗幕墙专业委员会组织的“2025年深圳市建筑门窗幕墙科源奖学术交流会”获奖及入选的学术论文结集出版。

《现代建筑门窗幕墙技术与应用——2025科源奖学术论文集》共收集论文51篇，在一定程度上反映了行业技术进步的发展趋势和最新成果。BIM概念的提出，标志着工程建设领域向信息化跨越。随着大数据、人工智能等技术的出现，数字化技术和智能化技术的融合，标志着信息技术已从数字化时代迈入数智化时代。《幕墙BIM技术在深圳国际交流中心项目中的实践》《浅谈复杂建筑轮廓的精确捕捉——激光扫描技术在幕墙施工中的应用》《BIM技术在复杂空间异形幕墙中的研究与应用》等对这一专题作了重点阐述。以科技创新推动产业创新、引领行业高质量发展是企业实现可持续发展的必由之路。《超大幕墙板块装配式施工技术在超高层项目中的应用》《深圳湾文化广场项目Ⅰ标段石群幕墙设计浅析》《复杂空间造型钢结构一体化幕墙的设计分析》等结合项目的特点在这方面作了详细总结。行业技术的发展与进步离不开对基础理论、计算方法、实验数据的研究和探索，《温致变色玻璃在中庭采光顶中的等效外遮阳取值研究》《深圳证券交易所营运中心幕墙工程硅酮结构密封胶老化性能跟踪研究》《SGP夹层玻璃等组合截面的力学参数计算》等从不同的领域和切入点作了深入探讨。

本书涉及内容包括超低能耗相关技术、数字化及智能化技术、建筑模块化及装配式技术等在建筑门窗幕墙行业的应用，以及建筑门窗幕墙专业的理论研究与分析、工程实践与创新、制造与施工技术等多个方面，可供同行们借鉴和参考。由于时间及水平所限，疏漏之处恳请广大读者批评指正。

本书出版得到下列单位的大力支持：深圳市科源建设集团股份有限公司、深圳市新山幕墙技术咨询有限公司、深圳广晟幕墙科技有限公司、深圳市方大建科集团有限公司、深圳市汇诚幕墙科技有限公司、中建不二幕墙装饰有限公司、阿法建筑设计咨询(上海)有限公司、深圳市朋格幕墙设计咨询有限公司、郑州中原思蓝德高科股份有限公司、广州白云科技股份有限公司、广州集泰化工股份有限公司、成都硅宝科技股份有限公司、浙江时间新材料有限公司、广东坚朗五金制品股份有限公司、广东合和建筑五金制品有限公司、佛山市顺德区荣基塑料制品有限公司、格鲁斯(深圳)幕墙门窗科技有限公司、广东粤邦金属科技有限公司、广州格雷特建筑幕墙技术有限公司、广东金中润建设发展有限公司、深圳伟达幕墙有限公司、深圳纵横幕墙科技有限公司、深圳市丰瑞钢构工程有限公司、佛山市玮邦建材有限公司,特此鸣谢。

编　者

2025 年 1 月

目　录

第一部分　“双碳”及超低能耗相关技术研究

第二部分　数字化及智能化技术应用

第三部分　建筑模块化及装配式技术应用

第四部分　理论研究与技术分析

第五部分　工程实践与技术创新

第六部分　制造工艺与施工技术研究

第一部分
“双碳”及超低能耗相关技术研究

温致变色玻璃在中庭采光顶中的等效外遮阳取值研究

◎ 周怡宇[1]　郦江东[2]　郑林涛[3]　赵辉辉[1]　赵立华[1]

1　华南理工大学亚热带建筑与城市科学全国重点实验室　广东广州　510006

2　中山市中佳新材料有限公司　广东中山　528400

3　广东水利电力职业技术学院　广东广州　510925

摘　要　温致变色玻璃可根据外部温度自动调节光线透过率，从而有效缓解中庭采光顶存在的过热与采光过曝的问题，但因其动态特性在节能设计软件中难以准确输入导致应用受限。为了解决这个难题，本研究通过试验和模拟，确定了温致变色玻璃在不同工况下的等效外遮阳系数，简化了计算参数，以支持设计师在节能设计中更好地利用该材料的优势。试验结果揭示了温致变色玻璃在变色前后过渡态的发生机制，并证实其在过渡态的遮阳系数呈现显著的线性关系。在此基础上，通过 EnergyPlus 软件构建了等效遮阳系数对照组，得出当变色后遮阳系数为 0.15 时，不同的变色前遮阳系数范围对应的特定等效外遮阳系数，为温致变色玻璃的实际应用提供了有价值的设计依据。

关键词　温致变色玻璃；等效外遮阳系数；建筑中庭；采光顶

1　引言

经过近四十年的努力，我国在建筑节能领域取得了显著进展，建筑围护结构的热工性能不断提升，包括墙体、屋面和透明围护结构的传热系数以及太阳得热系数（SHGC）等指标的持续优化。然而，现有的围护结构大多为固定性能，难以适应日夜循环和季节变化的外部气候，也无法满足使用者对内部环境的变化需求，难以满足现代建筑尤其是“双碳”目标下的节能要求。窗户作为建筑围护结构的重要组成部分，不仅满足采光、通风和视野需求，同时也是热工性能薄弱的环节。夏季，透过窗玻璃的太阳辐射会显著增加空调负荷；冬季，窗户的传热系数高于墙体，通过窗户散失的热量增加采暖负荷，因而窗户的能耗在建筑总能耗中占据较大比例。自 2000 年以来，变色玻璃技术凭借显著的节能效果广泛应用于新型建筑，尤其在减少眩光、提升舒适性方面获得了更多的认可。

温致变色玻璃是一种能够根据外部温度自动调节光线透过率的材料，减少了人为干预导致的能源浪费，其核心技术在于含温敏材料的凝胶层，能够灵敏地感知温度变化。当温度超过设定阈值时，材料分子聚集形成团簇，光线产生散射，玻璃呈现雾化效果，从而实现遮阳、防眩和隔热，尤其适合中庭采光顶的光热调节。然而，在多雾、多云等天气条件下，温变玻璃可能处于半透明的过渡状态，介于完全透明和完全雾化之间，因此理解其在过渡态下的特性和机制显得尤为重要。目前的研究主要集中于温致变色玻璃在完全透明或完全雾化状态下的热工性能，但关于过渡态下遮阳系数（SC）的研究仍显不足，这可能导致忽视温致变色玻璃在过渡态对建筑热性能的实际影响。由于温致变色玻璃的动态特性，大多数节能设计软件难以准确输入其热工参数，且现有检测数据多集中于变色前后两种状态，这给设计师在实际应用中设置参数带来困难。本研究采用试验与模拟分析相结合的方法，首先通过试验确定温致变色玻璃在温度变化过程中的特性，再通过模拟分析得出其等效外遮阳系数。这一研究成果将为设计师提供简化的计算参数，使温致变色玻璃在建筑节能设计中的应用更加便捷、高效，并确保其节能效果在实际项目中得到充分发挥。

2 温致变色玻璃试验测试

2.1 门测试仪器与方法

试验地点位于华南理工大学亚热带建筑与城市科学全国重点实验室2号楼的顶层和中层露台。顶层露台视野开阔，晴天情况下可全时段接收到太阳直射辐射；而中层露台结构类似于建筑街谷，东向开阔，西向有遮挡，下午时段以太阳散射辐射为主，有利于观测玻璃样品的降温过渡态。测试场地位置及仪器搭建情况如图1所示。测试期间热环境各参数变化范围分别为：箱体外部水平面的太阳总辐射强度0～1000W/m²，空气温度25～40℃，相对湿度15%～65%，符合夏季常见的室外热环境特征。

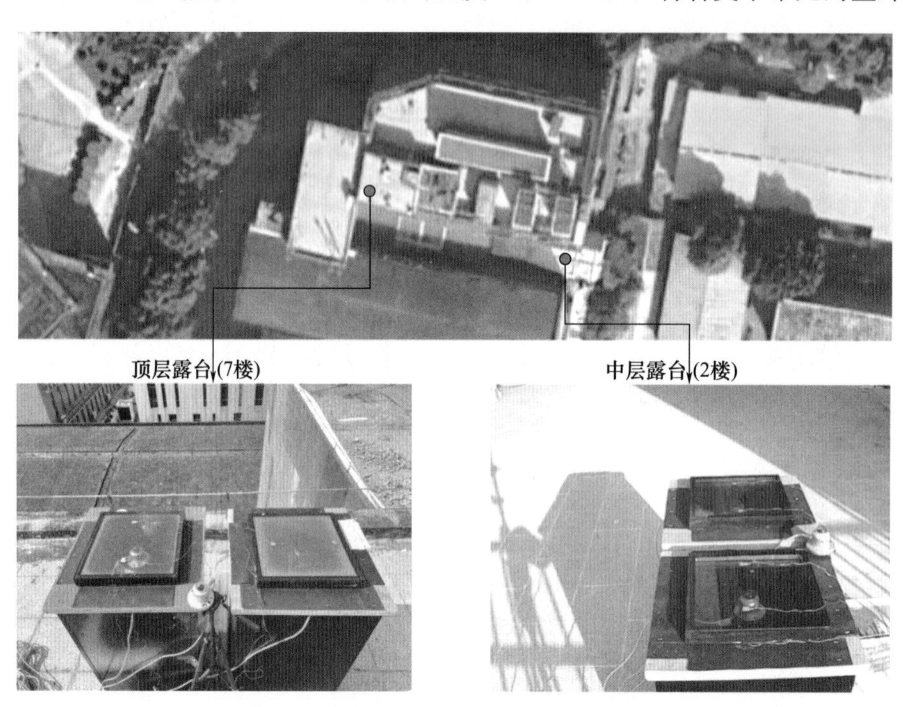

图1 测试场地与仪器搭建场景示意

此次测试所选的实验样品为高透温致变色玻璃样品，尺寸30cm×30cm×6cm，玻璃样品的性能参数见表1。

表1 玻璃样品性能参数

分类	规格	可见光透射比	室外反射率（%）	传热系数[W/（m²·K）]	遮阳系数	
					变色前	变色后
高透	6mm钢白＋2mm温变层＋6mm钢Low-E（YNE0175J）＋12A＋6mm钢白/1.52PVB/6mm钢白	0.65	11	1.64	0.43	0.15

实验中，采用手工制作的两个黑色长方体箱体作为温致变色玻璃样品的支撑结构，箱体尺寸为75cm×40cm×40cm，顶盖和底板均为可拆卸设计（图2）。箱体的顶盖中央开设尺寸为27cm×27cm的镂空区域，上方覆盖测试用的温致变色玻璃样品，以模拟建筑顶部天窗采光的情境。顶盖边缘向外

延伸约 5cm，以便于放置和移动玻璃样品。为减小太阳辐射在箱内的反射对测试结果的影响，箱体内部涂为黑色。在测试过程中，分别在箱体内部中央及箱体外部放置一台太阳辐射仪（Kipp CMP3），通过三脚架支撑至与玻璃平面相同的高度。内部辐射仪用于测量透过玻璃样品的太阳辐射强度，外部辐射仪则用于测量到达玻璃外表面的太阳辐射强度，从而计算出玻璃样品的 *SC*。辐射仪三脚架、箱体及玻璃样品的空间位置关系如图 2 所示。在玻璃样品的内外表面粘贴两处热电偶传感器，用于记录测试期间玻璃样品的表面温度变化。传感器探头用铝箔纸包裹，以避免太阳辐射直接影响探头温度，确保实验数据的准确性。因温变玻璃样品在升温和降温过程中均可能出现相态过渡，在测试设计中考虑了升温和降温两种情境。通常在上午空气温度相对较低、太阳辐射逐渐增强的情况下，玻璃样品可能会出现升温过渡态；而在下午太阳辐射逐渐减弱、空气温度较高的情况下，日落时玻璃样品表面温度可能未降至临界状态，不利于观测降温过渡态。

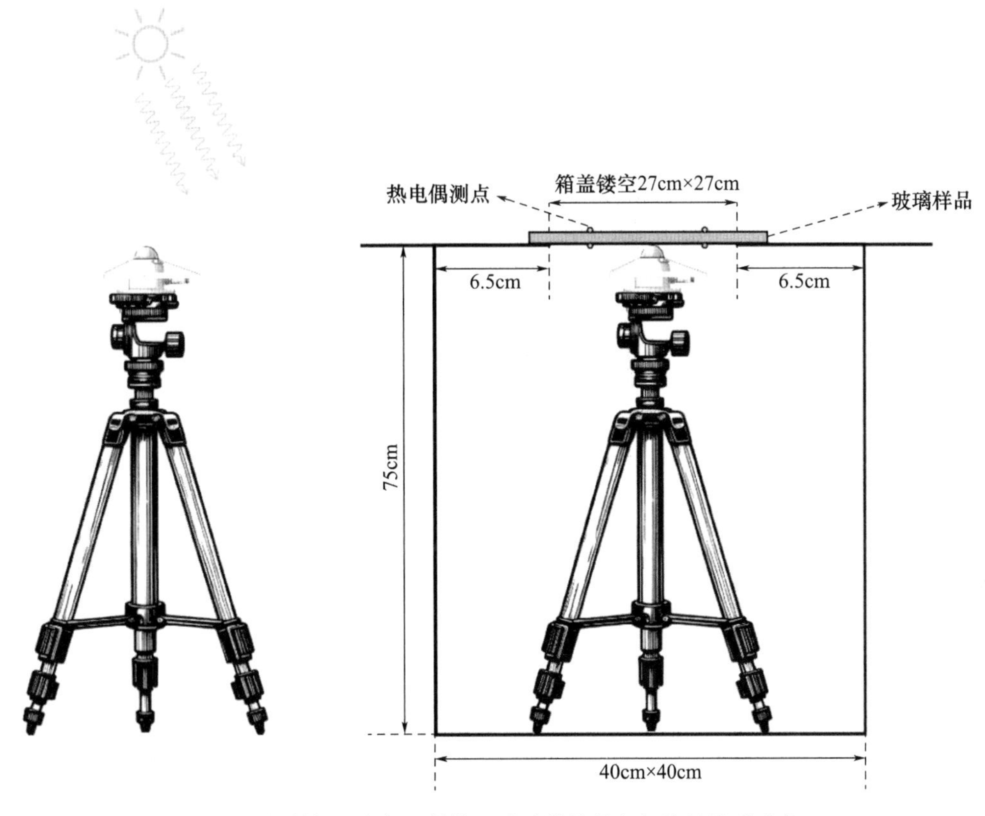

图 2　辐射仪三脚架、箱体、玻璃样品的空间位置关系示意

2.2　试验结果与分析

当上午无太阳直射辐射干扰时，玻璃样品基本处于完全透明状态，此时测得的 *SC* 较高，但略低于样品的标定值。这是因为上午太阳高度角较低，部分太阳辐射因箱体结构和玻璃边缘遮挡而未能到达箱内传感器，导致 *SC* 低于理论值。此外，在太阳高度角较小时，直射辐射在玻璃上的入射角较大，玻璃表面的发射率增加、透射率减少，从而导致 *SC* 值偏小。当玻璃外表面温度 T_p 刚超过 35℃时，T_p 上升较快，*SC* 出现显著的“断崖”式变化。当 T_p 超过 40℃后，玻璃样品基本处于完全雾化状态，*SC* 变化趋于稳定，接近标定值 0.15。此时，若 T_p 出现小幅波动（如云层变化引起的太阳辐射波动），*SC* 也会出现相应的小幅波动。由于太阳辐射仪响应存在一定滞后性，*SC* 的此类波动可视为测试误差。上午，玻璃样品主要吸收短波直射辐射，导致 T_p 迅速升高；而下午太阳直射辐射减弱，玻璃样品通过长波辐射散热，T_p 相对缓慢下降，*SC* 未出现明显的“断崖”式变化，玻璃的过渡态持续时间较上午更长，*SC* 最终逐渐接近标定值。

根据试验结果，5 月 17 日下午气候条件较为稳定，测试得到的 SC 和 T_p 数据较为可靠，因此选取该时段的 SC 和 T_p 数据用于回归分析。为进一步定量对比，将样品的上午和下午数据分别进行线性回归。整理数据并排除异常值后，选择 T_p 在 35～40℃之间的数据，使用线性模型进行回归分析，得到的结果如图 3 所示。通过测试和回归分析，变色温度为 35℃的温致变色玻璃在外表面温度达到 35℃开始雾化变色，到 40℃接近完全变色，明确 SC 与 T_p 之间具有明显的逻辑函数关系，表明二者在理论上存在逻辑函数关联。为进一步研究温致变色玻璃在实际应用中的适当参数设置，可在 EnergyPlus 的 Window Material：Glazing Group：Thermochromic 模块中，将此关系抽象为若干温度控制区间，以模拟温致变色玻璃性能的动态变化过程。

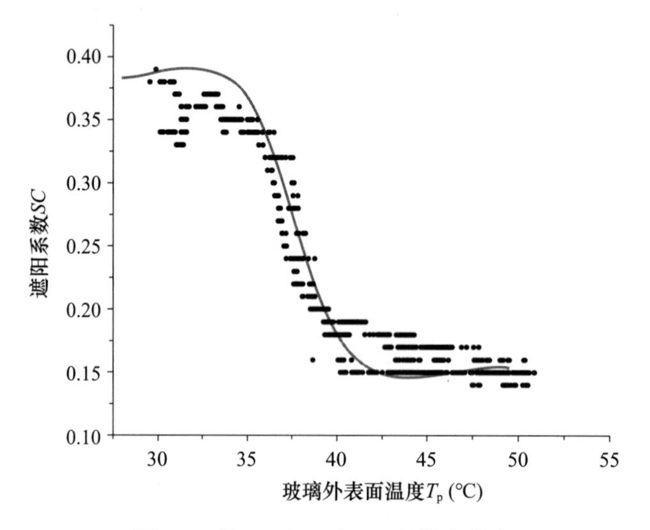

图 3　5 月 17 日 SC 与 T_p 的散点分布

3　模拟

3.1　模型构建及参数设置

本研究以广州地区四向中庭布局的公共建筑为对象，探讨温变玻璃在中庭采光顶应用中的等效外遮阳设置。首先，通过调研确定典型建筑模型，并依据《建筑节能与可再生能源利用通用规范》（GB 55015—2021）设定除外窗玻璃外的围护结构和内热源参数，具体模型如图 4 所示。鉴于广州地处夏热冬暖地区，中庭区域暂不考虑热负荷影响，因此进一步设置了不同 SC 的玻璃，通过 EnergyPlus 模拟计算空调冷负荷，作为计算等效外遮阳系数的参考。

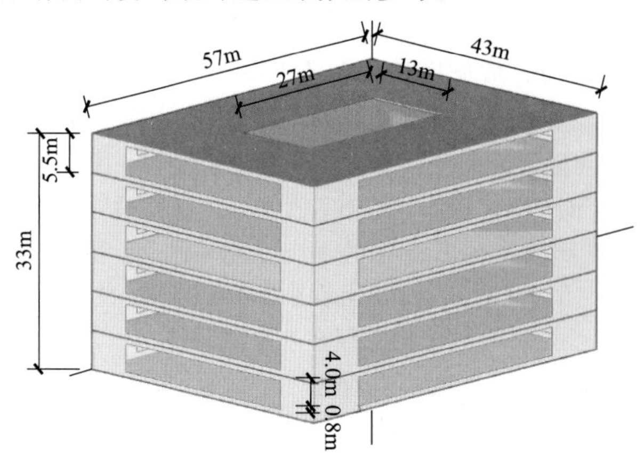

图 4　四向中庭办公建筑典型模型

为全面评估温致变色玻璃在不同遮阳系数条件下的性能，以便为建筑节能设计提供可靠数据支持，对多种工况下等效遮阳系数进行模拟研究。在具体设置中，变色前温致变色玻璃的遮阳系数从0.55逐步递减至0.25，变色后遮阳系数统一为0.15，共计16种工况。通过EnergyPlus模拟得到各工况下的空调年负荷，结合对照表确定各工况的等效外遮阳系数。

3.2 等效外遮阳系数的确定

由于现有主流能耗模拟工具尚未配备专门针对温致变色玻璃的分析模块，因此需要采用静态参数作为模拟输入。在模拟分析过程中，将35～40℃之间的过渡状态离散为多个区间，并通过EnergyPlus分别设置相应参数，计算采用温致变色玻璃的全年累计冷负荷。同时，通过与不同遮阳系数玻璃的对照组进行比较，得出温致变色玻璃的等效外遮阳系数。这使得在节能设计中，能耗模拟工具能够针对不同性能的温致变色玻璃输入准确可靠的数据。

为进一步扩大温致变色玻璃等效遮阳系数的应用范围，本研究还考虑了变色前不同遮阳系数的玻璃参数。通过模拟分析，建立了变色前遮阳系数与等效外遮阳系数之间的关系，并将其整理为参照表，作为计算遮阳系数等效值的依据。根据该参照表，将变色前遮阳系数自变量和等效外遮阳系数的数据进行汇总，形成表2。

表2 遮阳系数和等效外遮阳系数的数据收集

序号	1	2	3	4	5	6	7	8	9	10	11	12	13	14	15	16
变色前遮阳系数	0.55	0.53	0.51	0.49	0.47	0.45	0.43	0.41	0.39	0.37	0.35	0.33	0.31	0.29	0.27	0.25
等效外遮阳系数	0.47	0.47	0.47	0.49	0.49	0.49	0.49	0.51	0.51	0.54	0.54	0.58	0.58	0.62	0.63	0.68

为提高设计设置的便捷性，通过划分变色前遮阳系数的不同范围，确定相应的等效外遮阳系数。分析结果表明：当变色后遮阳系数为0.15时，若变色前遮阳系数大于0.43，则等效外遮阳系数为0.5；若变色前遮阳系数处于0.3～0.43之间，则等效外遮阳系数为0.6；当变色前遮阳系数低于0.3时，则等效外遮阳系数为0.7。该划分方法为温致变色玻璃在建筑节能设计中的应用提供了简化的计算依据和性能指标。

4 结语

本文基于温致变色玻璃的可调节外遮阳特性，对其在广州地区公共建筑采光顶的应用进行了探讨，通过实验测试和能耗模拟，获得温致变色玻璃过渡态的发生机制，并提出了温致变色玻璃过渡态的遮阳系数量化方法，建立了采光顶温致变色玻璃等效外遮阳系数的计算方法。结论如下：

（1）温致变色玻璃的遮阳系数与表面温度间存在逻辑函数关系，为参数设置和性能模拟提供了依据。

（2）通过分段设置遮阳系数的方法，将温致变色玻璃的温度过渡状态离散为多个区间，并在EnergyPlus中设置相应参数，模拟其不同温度区间下的遮阳效果。

（3）建立了变色前遮阳系数与等效外遮阳系数的关系。当变色后遮阳系数为0.15时，若变色前遮阳系数大于0.43，则等效外遮阳系数为0.5；若变色前遮阳系数处于0.3～0.43之间，则等效外遮阳系数为0.6；当变色前遮阳系数低于0.3时，则等效外遮阳系数为0.7。

参考文献

[1] 中华人民共和国住房和城乡建设部．公共建筑节能设计标准：GB 50189—2015 [S]. 北京：中国建筑工业出版社，2015.

[2] 中华人民共和国住房和城乡建设部．近零能耗建筑技术标准：GB/T 51350—2019［S］．北京：中国建筑工业出版社，2019.

[3] 中华人民共和国住房和城乡建设部．建筑节能与可再生能源利用通用规范：GB 55015—2021［S］．北京：中国建筑工业出版社，2022.

[4] Hongli Sun，Hongli Sun，Mengfan Duan，et al. Applications of thermochromic and electrochromic smart windows：Materials to buildings［J］. Cell Reports Physical Science，2023，4（5）.

[5] Cuce E，Riffat S B . A state-of-the-art review on innovative glazing technologies［J］. Renewable & Sustainable Energy Reviews，2015，41：695-714. DOI：10.1016/j. rser. 2014. 08. 084.

[6] Feng YQ，Lv ML，Yang M，et al. Application of New Energy Thermochromic Composite Thermosensitive Materials of Smart Windows in Recent Years［J］. Molecules. 2022 Mar 2；27（5）：1638.

[7] Piccolo A，Marino C，Nucara A，et al. Energy Performance of an Electrochromic Switchable Glazing：Experimental and Computational Assessments［J］. Energy and Buildings，2018，165：390-398.

超大跨度复杂异形BIPV项目设计与施工

◎江永福　张子良　张海斌　何　敏

深圳市三鑫科技发展有限公司　广东深圳　518054

摘　要　本文探讨基于复杂建筑形体的BIPV项目天幕的设计施工一体化高效建造技术，通过广州香港马会项目的深化设计、加工设计、施工组织的一体化的实践，保证复杂异型项目的工期，满足总装机容量的发电量要求，实现高品质交付。

关键词　设计施工一体化；高效建造技术；BIM技术；理论设计下单；BIPV

1　引言

设计与施工一体化是指在幕墙工程设计、施工、材料采购等环节，对项目进行前期策划，将资源整合在一起，通过BIM信息化技术的应用进行全程监控和管理，及时处理施工中的问题，确保施工环节的衔接和协调，以提高效率、降低成本、提升施工质量。

2　工程概况

广州香港马会天幕项目，是国内在建的建筑光伏一体化项目，面积2.8万m^2，项目位于广州市从化区香港马会马场内，G1、G2钢结构系统天幕，G1天幕192m×129.4m，最大跨度为68.7m；G2天幕114.7m×60.2m，外观设计为叠瓦型，错落有致，彩釉绿色光伏板屋盖，由大量光伏组件、压花玻璃，数码打印等先进生产工艺及材料有机结合，彰显了马场的绿草如茵、骏马奔腾、朝气蓬勃的岭南建筑风格（图1）。

3　项目特点及难点

1）叠瓦型双曲面形体复杂。G1天幕标高39.2m，尺寸为192m×129.4m；G2天幕标高26.4m，尺寸为114.7m×60.2m。天幕总面积屋盖约33431m^2，双曲造型屋面均为单元板块，板块数量20622块，65种类型板块，屋面坡度渐变0.4°～47.3°之间。G1屋面板块翘高为0～18mm，板块拱高0～4.3mm（图2）；G2屋面板块翘高为0～35mm，板块拱高为0～8.4mm（图3）。

2）特殊的玻璃配置，玻璃加工工艺要求高。天幕玻璃与周围环境融为一体，玻璃配置：TP4超白压花钢化彩釉玻璃＋1.52PVB胶膜＋光伏电池模块（晶硅电池片）＋1.52PVB胶膜＋TP6超白浮法钢化彩釉玻璃＋1.52PVB胶膜＋TP6超白Low-E钢化玻璃（图4）。光伏天幕板块之间的构造设计为干法施工，对施工防水要求高。

3）现场施工管理要求。幕墙施工与马场运营同步，对现场施工措施、噪声管控等管理要求高。

4）钢结构天幕施工品质要求高。双曲面天幕支撑结构为主体钢结构，钢结构变形大，钢结构支座

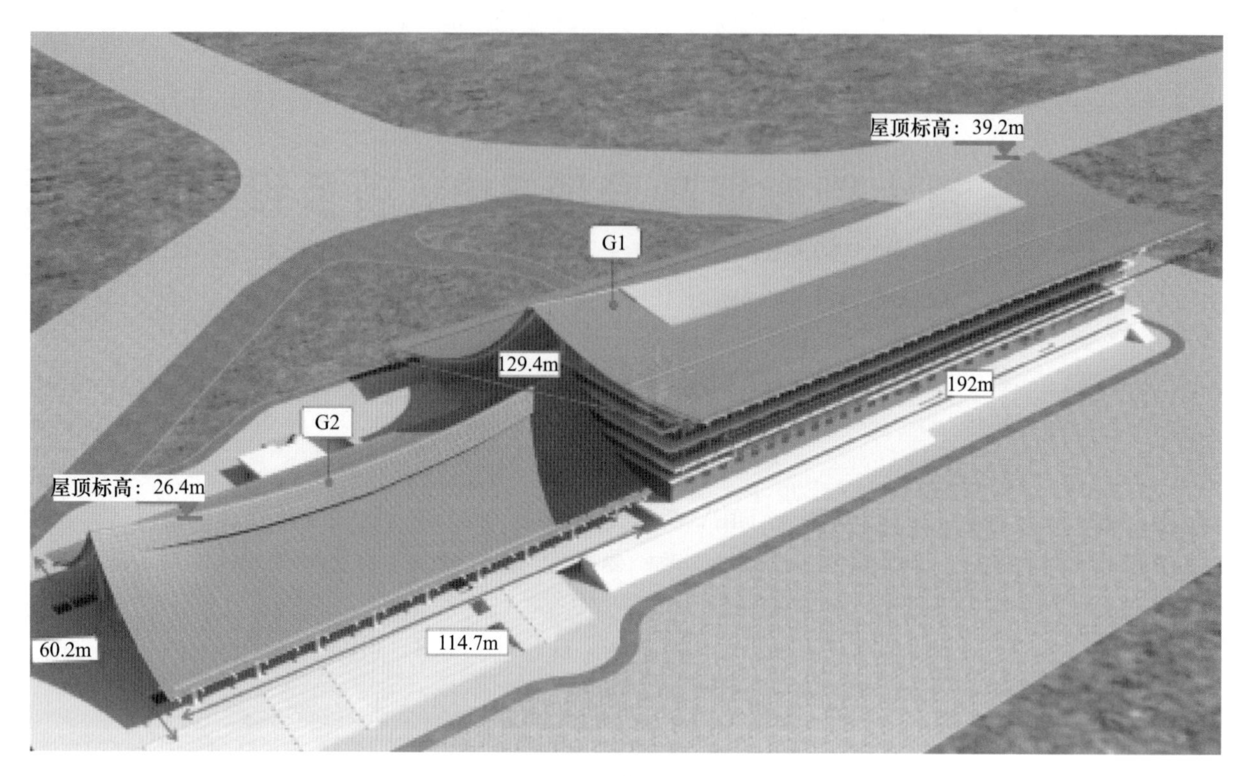

图 1　整体效果图

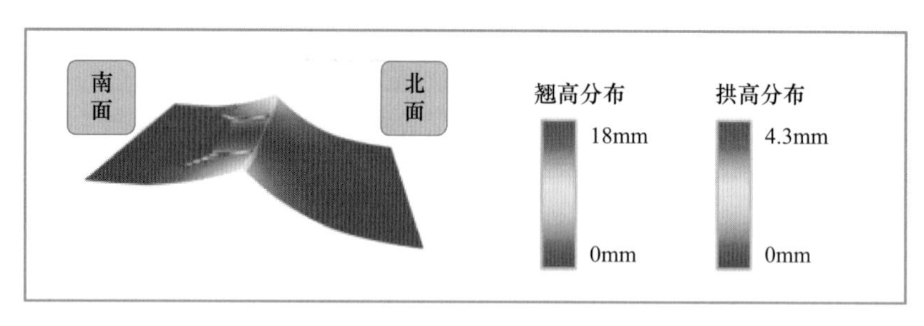

图 2　G1 表皮分析

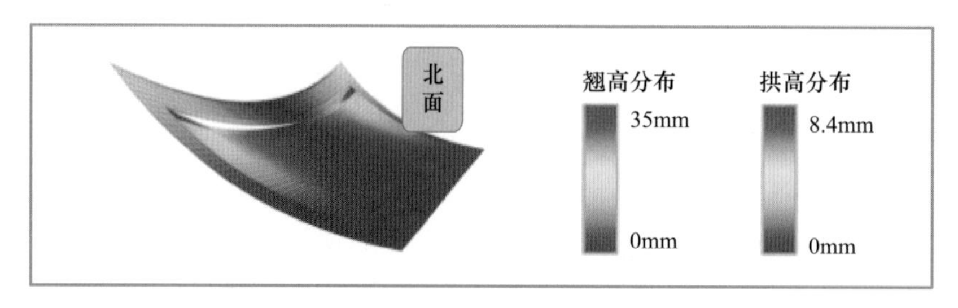

图 3　G2 表皮分析

定位、安装及板块安装过程中形变控制和复核要求高。

5）光伏总装机容量大。光伏组件数量为 19999 块，其中 G1 光伏组件 14955 块，G2 光伏组件 5044 块。电池片类型为 N 型电池，总装机容量要求为 3573kW。

6）本项目 BIPV 电气大规模应用组件关断器，每块组件配置一块具备主动电弧监测功能的组件级关断器，自主检测电弧（电气起火），并主动关闭组件输出；可根据上位机控制要求，关断所有组件输出，极大地提高了电气系统安全性。关断器设计隐藏在幕墙扣盖中，确保整体外形美观（图 5）。

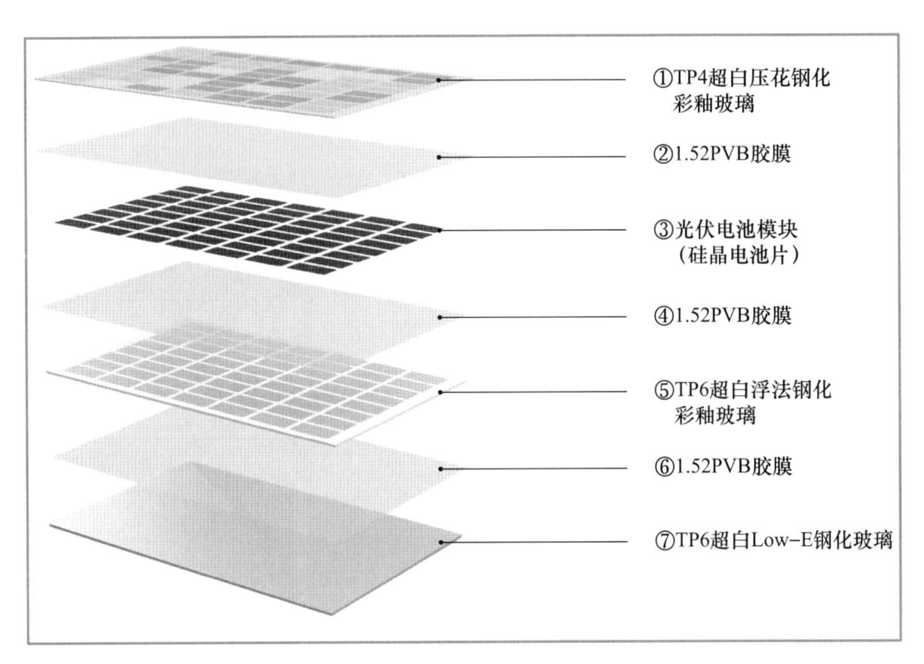

图4 玻璃配置分层图

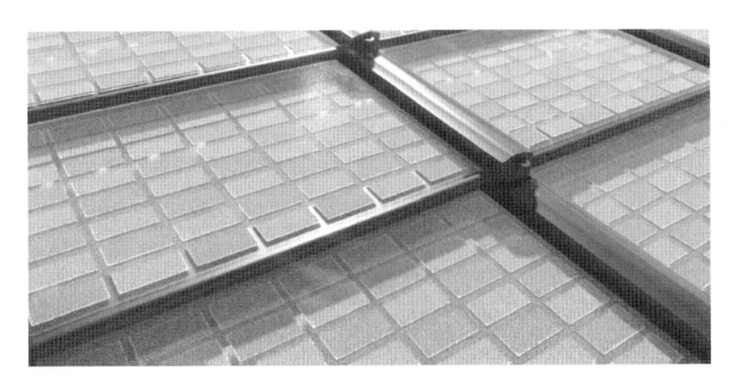

图5 天幕效果图

4 施工技术一体化创新

4.1 正向设计与逆向建模相结合 BIM 全过程应用

采用无人机三维激光扫描仪对建筑物进行全方位扫描（图6），获得1∶1的建筑点云数据，然后通过点云数据模型与项目BIM模型进行碰撞对比，找出BIM模型与实测模型的差异，随后调整BIM模型，再进行下单，保证构件的准确性（图7）。

图6 无人机测量

图7 测量耳板详图

由于主体钢结构变形量大，在安装过程中，四次扫描复核：第一次钢结构耳板定位，第二次支座定位，第三次 C 型铝合金定位，第四次板块定位。通过四次测量定位，大幅减少钢结构误差。（图 8）

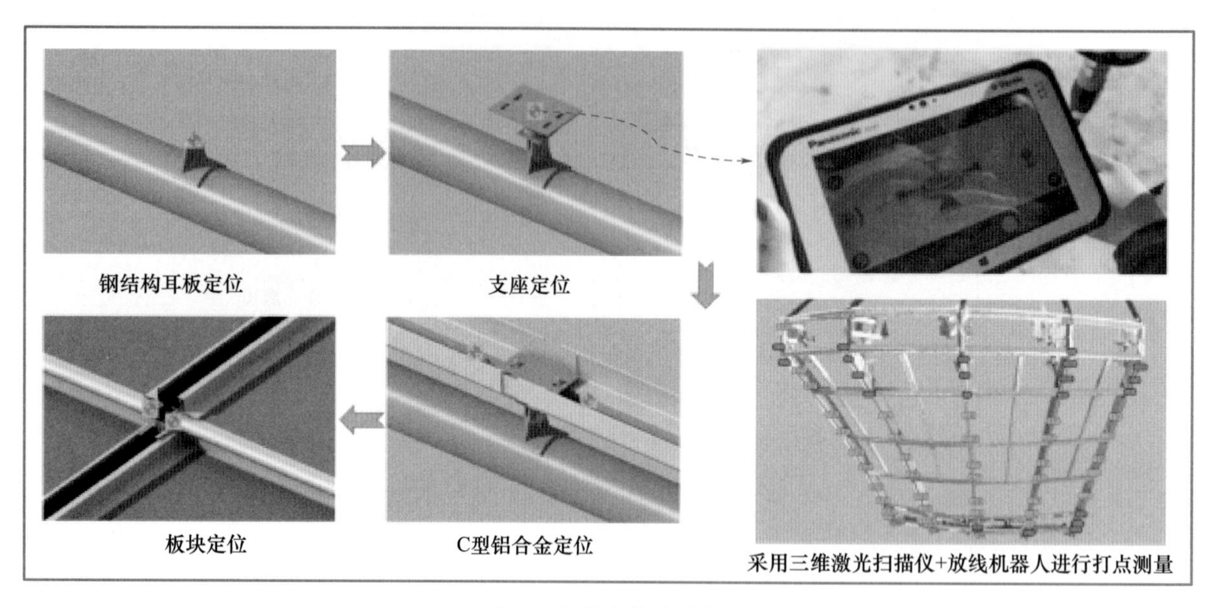

图 8　测量定位控制点

4.2　大跨度天幕施工措施创新

大跨度钢结构天幕，坡度渐变，坡度较大，最大角度为 47.3°，G1 屋面最大高度差为 30.71m（图 9），最大跨度 68.7m，G2 屋面高度差为 15.84m（图 10），最大跨度 31.1m。幕墙施工与马场运营同步进行，对现场施工措施、噪声管控等管理要求极高。为避免影响马匹，业主现场严禁使用塔吊和汽车吊。在上述条件下，常规的措施脚手架、高空车等无法满足板块的垂直运输、平面运输以及板块的安装。

根据本项目实际情况，结合我司多年的大型屋面、天幕工程的施工经验，创新性地提出了：（1）在钢结构上搭设马道；（2）采用特制铝合金工装“小车”满足板块的水平转运和安装需求，满足现场噪声等管理要求，避免对马匹产生影响，板块安装高效；（3）小车轨道固定于马道上。

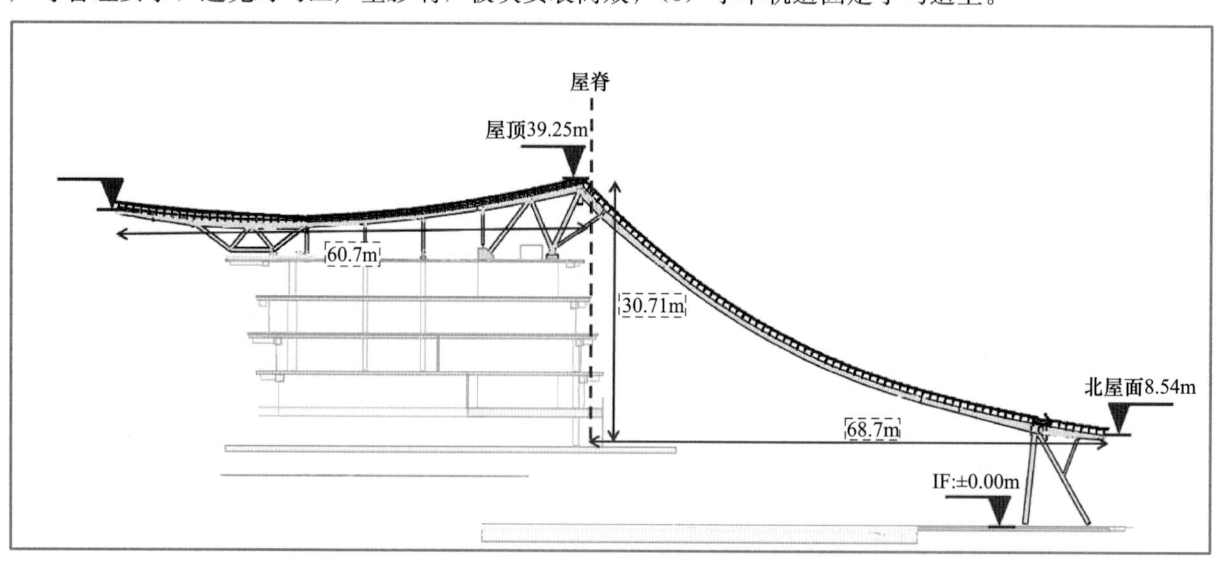

图 9　G1 屋面剖面图及边界条件

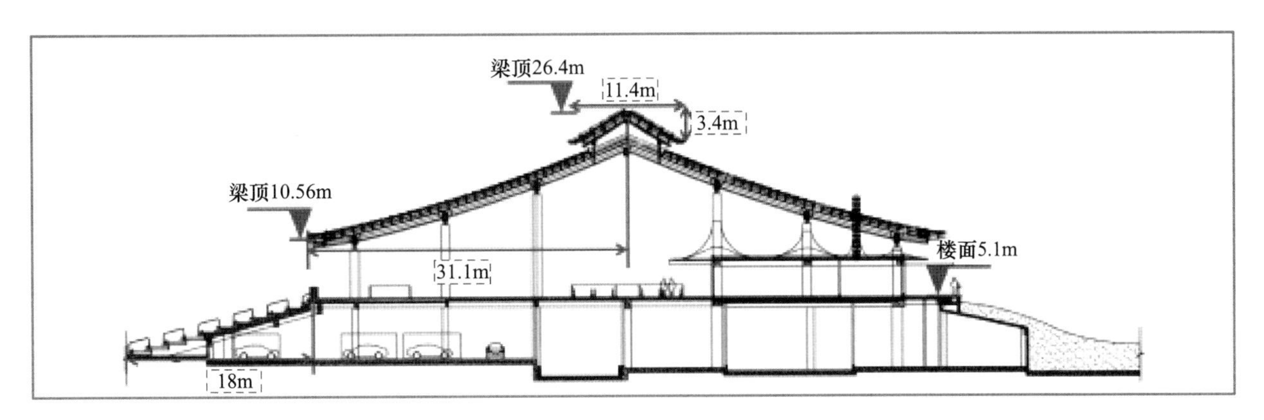

图10 G2屋面剖面图及边界条件

在钢结构横梁设置特制铝合金马道（图11），质量仅12kg，安装拆卸方便，可重复利用，安全、高效。

特制铝合金小车（图12）质量仅27kg，板块尺寸1m×1.7m，约110kg，通过特制铝合金小车水平运输具有明显的施工优势：(1) 对现场场地占用量少；(2) 无噪声污染；(3) 安装效率高，方便灵活（图13）。

图11 本项目马道布置图

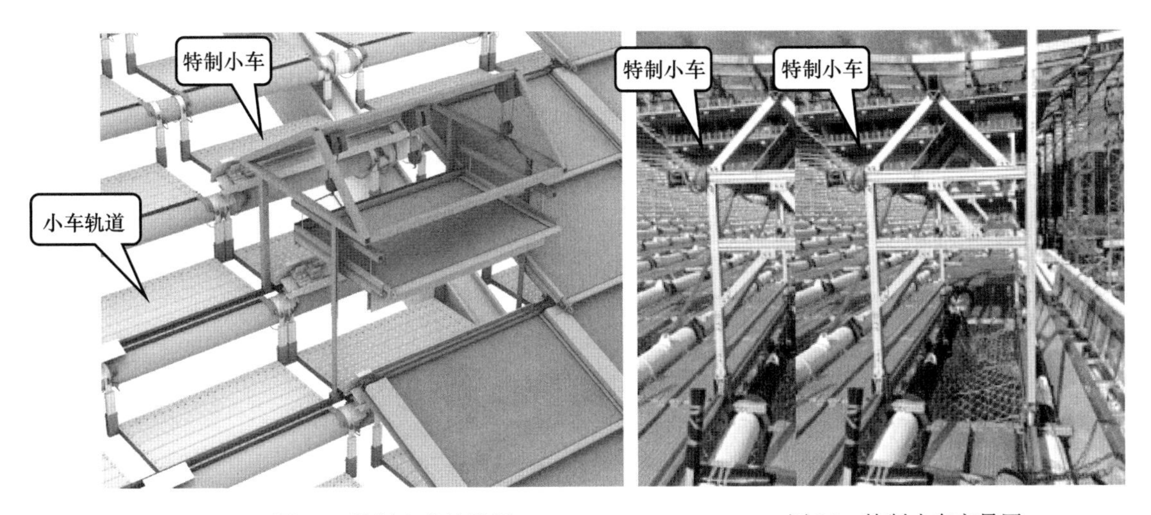

图12 特制小车效果图

图13 特制小车实景图

板块的垂直运输（图 14），通过索道直接从地面起吊至特制小车上（图 15），特制小车的两端设置吊装工装（图 16），连同板块一起水平运输（图 17）。

图 14　板块垂直运输效果图

图 15　板块垂直运输实景图

图 16　板块垂直运输至特制小车上

图 17　板块在特制小车上水平运输

4.3　板块的设计创新

本项目板块尺寸较小，标准板块 1m×1.7m，约 110kg，支座较为密集，为减少现场工作量，提高工效，在满足形体要求的位置采用板块合并（图 18）。

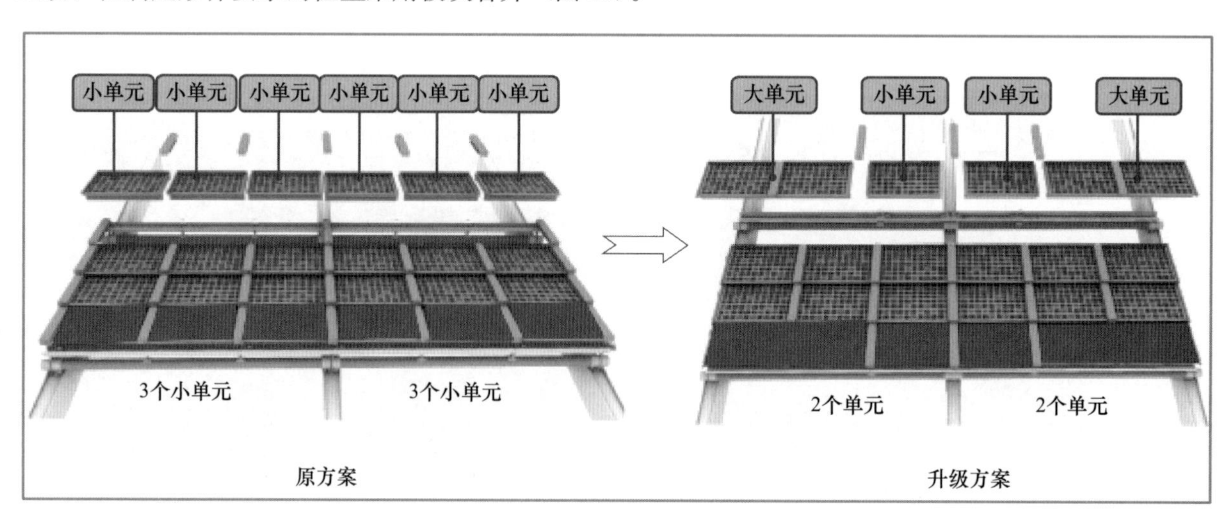

图 18　板块合并示意图

板块合并优势：(1) 18414 块组件单元合并为 13398 块装配式单元；(2) 支座减少近 25%（4727 个）；(3) 一体式胶条和扣盖现场安装数量减少 27%（5016 个）；(4) 光伏接线工作减少。

通过板块的合并：(1) 大幅减少现场工作量，提升效率约30%；(2) 降低现场管理难度，有利于噪声控制对马匹的影响。(图19、图20)

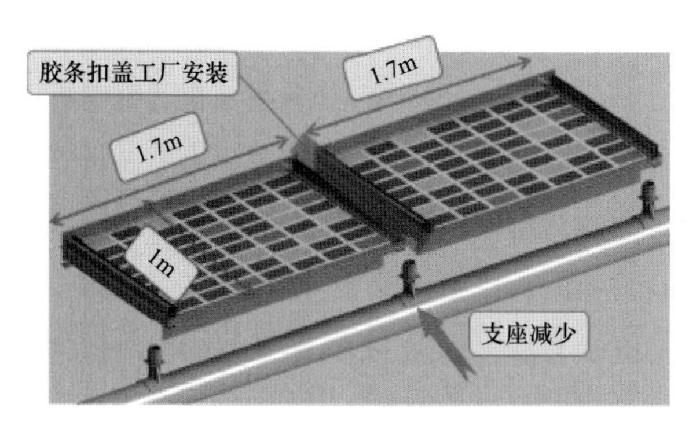

图19 板块招标方案

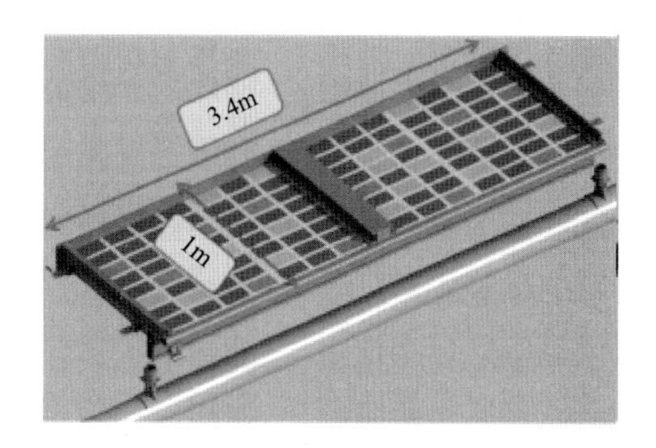

图20 板块合并方案

4.4 光伏元件性能创新性

分析本项目表皮为双曲，玻璃面板最大翘高为35mm，通过试验，光伏电池可弯曲度远大于玻璃弯曲度，不破损（图21），测试前后电池功率及EL无变化（表1），弯曲度满足项目要求，冷弯光伏玻璃面板不影响实际发电量（图22）。

表1 试验前后电池功率参数

	*P*mpp (W)	*I*sc (A)	*U*oc (V)	*I*mpp (A)	*V*pm (V)	F. F. (%)
试验前	7.715	13.457	0.695	12.841	0.601	82.522
试验后	7.714	13.468	0.695	12.842	0.601	82.405

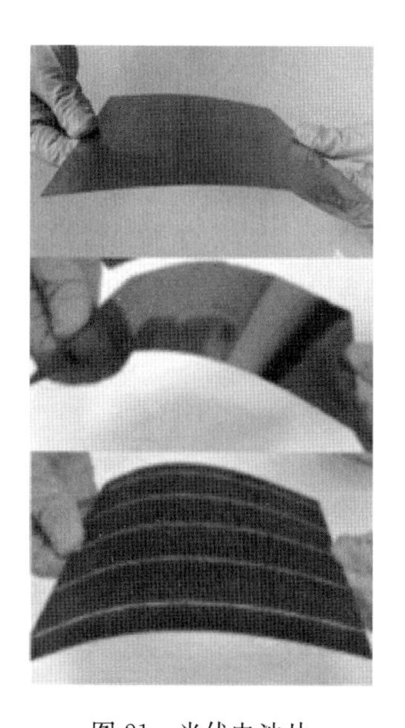
图21 光伏电池片

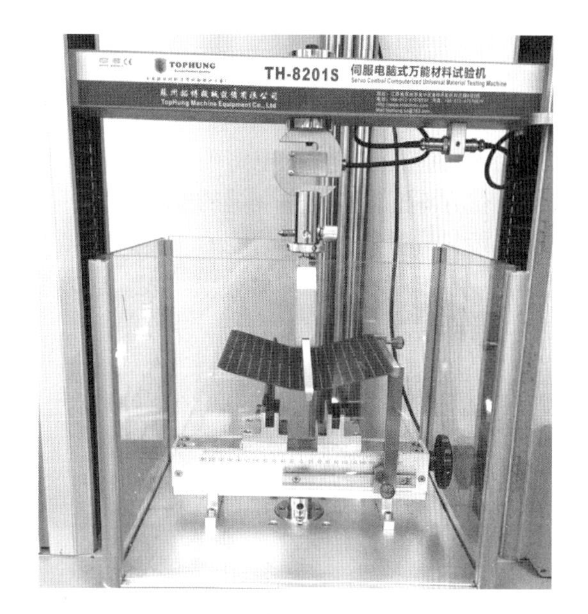

图22 光伏电池片冷弯试验

4.5 发电量创新分析

本项目最外层玻璃为压花彩釉玻璃，彩釉的点状大小、位置及透光率影响光伏组件的发电量，根据样板试验测算（图23），样品1号满足建筑外观要求、满足透光率的要求，157.26W的发电量满足要求，满足总装机容量3573kW的要求（表2）。

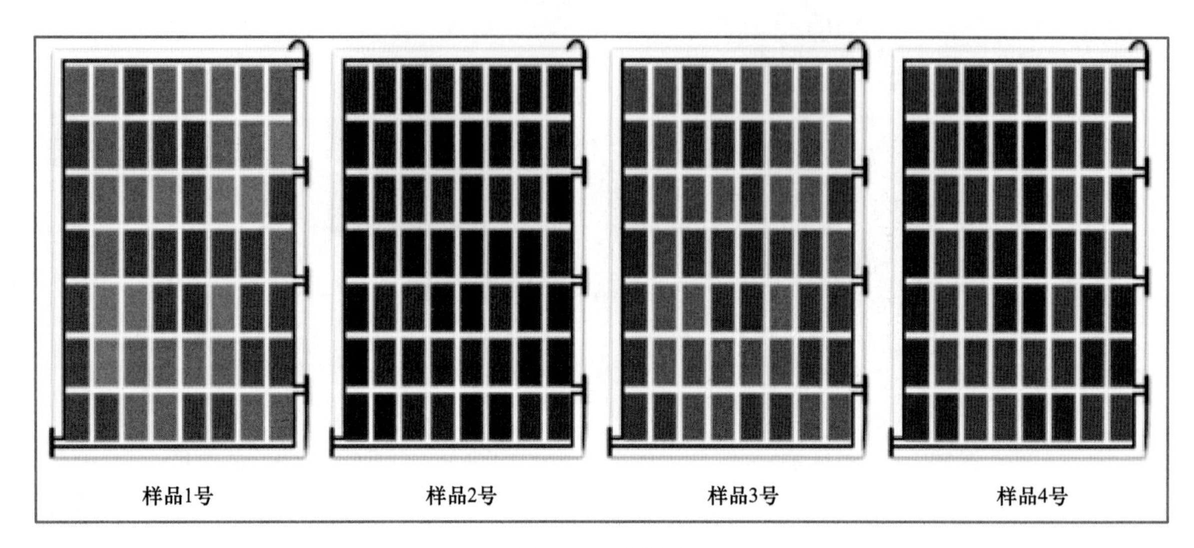

图 23　测试样板

表 2　样板测试发电量数据

样品编号	I_{sc}（A）	V_{oc}（V）	I_{mp}（A）	V_{mp}（V）	P_m（W）	F. F.（%）	Date
1号	5.38	36.68	5.08	30.96	157.26	79.63	2024/1/1
2号	5.84	36.96	5.5	31.27	171.96	79.71	2024/1/1
3号	5.52	36.74	5.21	31.15	162.17	80.03	2024/1/1
4号	5.73	36.62	5.4	31.99	167.39	79.77	2024/1/1

4.6　光伏管线与幕墙加工一体化

板块安装前，提前安装光伏配电室到屋面的横向线槽（图 24）：（1）规划桥架的路径：安装前根据设计图确定光伏方阵汇流点及逆变器的安装位置；（2）桥架采用不小于 $\Phi 8$ 圆钢做吊杆；（3）先装干线后装支线：桥架与桥架、线槽与线槽应用内连接头或外连接头配上平垫和弹簧垫圈。提前设计光伏管线布置，板块在工厂加工组装时穿线，线盒连接关断器，关断器设计隐藏于扣盖内（图 25），主线设置主线盒，安全美观（图 26）。

图 24　现场板块安装光伏管线连接示意图

图 25　板块光伏线路与主线连接示意图

图 26 施工过程实景照片

5 结语

本项目 BIPV 为大跨度钢结构、天幕幕墙与光伏一体化，建筑形体复杂，板块种类多。钢结构变形大，现场安装误差控制要求高。大量彩釉压花玻璃与光伏玻璃一体化，复杂的光伏面板加工工艺和发电量要求高。现场对噪声和施工措施管理要求高，板块的场内垂直运输和水平疏散难度大。通过设计施工一体化技术，经过项目前期策划，充分考虑设计、施工、材料采购等环节各种施工因素，通过资源的聚焦，从设计创新到施工措施创新，提前策划光伏与幕墙设计、加工、安装的协同配合，通过 BIM 信息化技术的应用进行全程的监控和管理，及时处理施工过程中出现的难题，确保施工过程中各个环节的衔接，提高施工效率，降低运营成本，提升施工品质，推动幕墙行业持续健康发展。

参考文献

[1] 中华人民共和国建设部．玻璃幕墙工程技术规范：JGJ 102—2003［S］. 北京：中国建筑工业出版社，2004.
[2] 中国建筑装饰协会．建筑装饰装修工程 BIM 实施标准：T/CBDA 3—2016［S］. 北京：中国建筑工业出版社，2016.
[3] 中国建筑装饰协会．建筑幕墙工程 BIM 实施标准：T/CBDA 7—2016［S］. 北京：中国建筑工业出版社，2017.
[4] 中华人民共和国住房和城乡建设部．光伏发电站施工规范：GB 50794—2012［S］. 北京：中国计划出版社，2012.
[5] 中华人民共和国住房和城乡建设部．光伏发电站设计标准（2024 年版）：GB 50797—2012［S］. 北京：中国计划出版社，2012.

某幕墙工程节能设计分析及解决方案

◎ 姜凯旋　郭瑞峰　龚　凡

深圳市三鑫科技发展有限公司　广东深圳　518054

摘　要　幕墙的出现大大提高了建筑物的外在观感，但能耗高的玻璃幕墙，不仅影响居住及使用的舒适度，而且大幅度增加运营及维护成本，与现行的规范要求相背离，故此幕墙对热量的阻隔成为重点及难点，本文对现有项目节能设计中存在的不合理性进行分析研究，并给出相应的解决方案，为同业者进行相关设计时提供参考。

关键词　玻璃幕墙；传热系数；节能；热工模拟；绿色建筑

1　引言

随着科技的发展，人们对房屋建筑的要求不仅是能满足挡风遮雨，更注重其给人带来的舒适度，而舒适度的代价就是日常必不可少的能源消耗，降低使用过程的能源消耗已成为建筑人越来越重视的环节。传热系数是衡量建筑门窗和幕墙热性能的重要参数，从节能角度看，整窗传热系数越小，意味着建筑的能耗越低，节能效果越好。因为通过门窗和幕墙的热损失占围护结构的很大一部分，通常在40%～50%之间。从室内舒适角度看，一个较低的整窗传热系数有助于维持室内温度稳定，尤其是在极端气候条件下，从而提高了居住和工作环境的舒适度。从维护成本看，较低的整窗传热系数减少了通过门窗和幕墙的热损失，从而降低了供暖和制冷的需求，减少了能源费用，降低了维护成本。从环境影响看，更低的传热系数不仅能减少能源消耗，也有助于减少温室气体排放，减轻对环境的影响。这对于推动可持续发展和绿色建筑实践具有重要意义。因此，降低整窗传热非常有必要。

2　工程项目分析

本文以厦门某一写字楼案例为背景，建筑高度269m，地上46层，幕墙面积43776.11m^2。招标方案经分析无法满足招标的节能评价要求，故在设计过程中尝试了热断桥和隔热毯两种解决方案。

设计方案中的横梁采用隐框方案，对传热系数影响不大；立柱采用明框方案对传热系数影响较大。本文的分析基于横梁通用，仅改变立柱明框隔热的构造措施来解决招标节能设计中存在的不合理性。

2.1　招标节能要求（摘自招标节能文件）

项目节能报告综合评价要求见表1。

表1　项目建筑节能报告综合评价要求表

规定性指标项目	参考建筑 K [W/（m^2·K）]	设计建筑 K [W/（m^2·K）]
屋顶	K≤0.5，D≥2.5	K=0.44，D=3.25

续表

规定性指标项目		参考建筑 K [W/（m^2·K）]			设计建筑 K [W/（m^2·K）]		
外墙		K≤1.5，D≥2.5			K=1.05，D=2.96		
底面接触室外空气的架空或外挑楼板		1.50			1.97		
外窗（包括透明幕墙）	朝向	窗墙比	传热系数 K [W/（m^2·K）]	太阳得热系数	窗墙比	传热系数 K [W/（m^2·K）]	太阳得热系数
单一朝向	东	0.62	2.50	0.24	0.62	2.52	0.24
	南	0.75	2.50	0.22	0.75	2.52	0.24
	西	0.67	2.50	0.24	0.67	2.52	0.24
	北	0.76	2.50	0.26	0.76	2.52	0.24
屋顶透光部分		屋顶透光部分占比	传热系数 K [W/（m^2·K）]	太阳得热系数	屋顶透光部分占比	传热系数 K [W/（m^2·K）]	太阳得热系数
		—	—	—	—	—	—

由表1可知，本工程整窗传热系数要求最大不超过2.52W/（m^2·K）。

2.2 主要计算参数

1）边界条件

室内空气温度：25℃；

室外空气温度：5℃；

室内对流换热系数：3.6W/（m^2·K）；

室外对流换热系数：16W/（m^2·K）。

2）计算单元放样（图1）

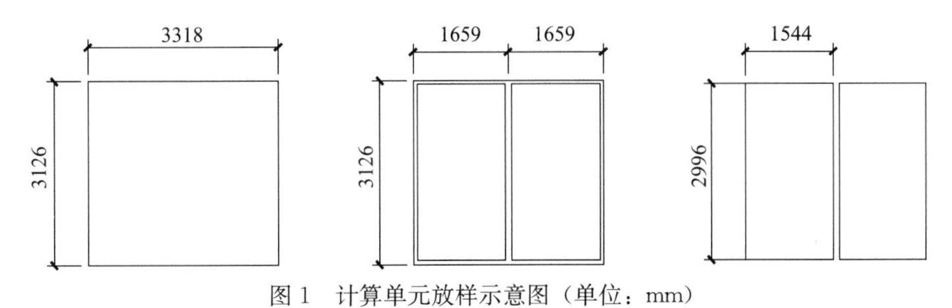

图1 计算单元放样示意图（单位：mm）

幕墙系统的面积：10.37m^2；

幕墙系统玻璃的面积：9.25m^2；

幕墙系统框的面积：1.12m^2；

玻璃区域的总周长：18.16m；

幕墙系统角度：90°；

计算单元高度：3.13m。

2.3 招标方案中横梁传热系数

首先处理招标中横梁节点，然后将标准中横梁节点导入豪沃克分析得数据如下（图2）。

经有限元分析得到，热工节点替代模型整体热流为：8.7439W/m，节点模型框投影长度为：0.3500m，经过替代面板的热流量为2.6656W/m，所以经过框的热流量为8.7439－2.6656＝6.0783W/m，计算框的U值U_f=0.8683W/（m^2·K）。

经有限元分析得到，热工节点实际模型整体热流为：28.5840W/m，经过面板的热流为12.8440W/m；框与玻璃系统接缝的线传热系数为0.4830W/（m·K）。

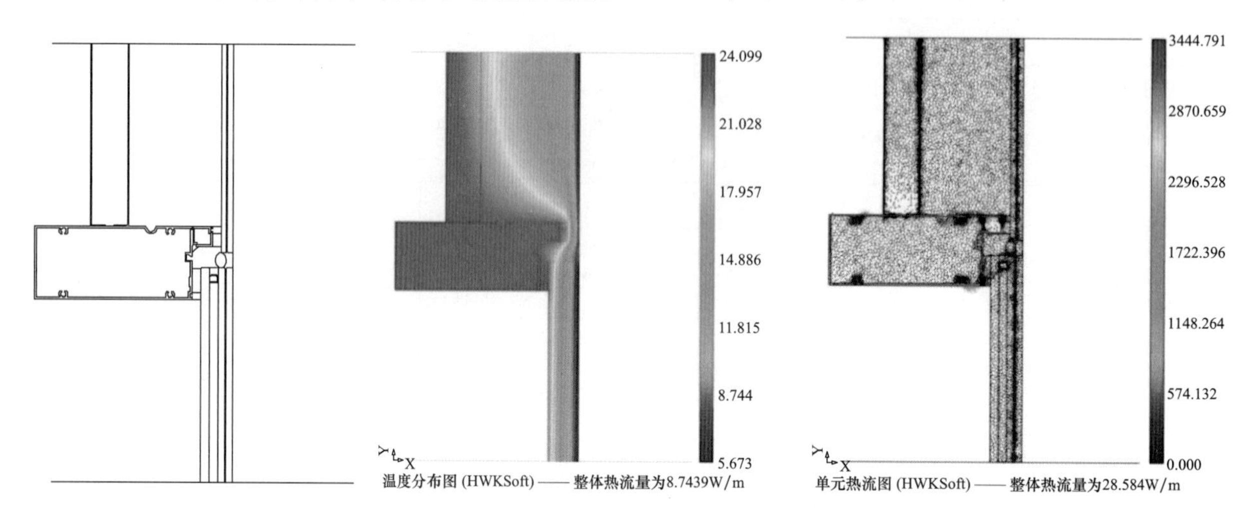

图 2　经有限元分析得到招标方案中横梁传热系数过程数据

2.4　招标方案顶底横梁传热系数

如图 3 所示，经有限元分析得到，热工节点替代模型整体热流为：36.5351W/m，节点模型框投影长度为：0.385m，经过替代面板的热流量为 2.8213W/m，所以经过框的热流量为 36.5351－2.8213＝33.7138W/m，计算框的 U 值 U_f＝4.3784W/（m^2·K）。

经有限元分析得到，热工节点实际模型整体热流为：49.4516W/m，经过面板的热流 12.2802W/m，框与玻璃系统接缝的线传热系数为 0.1728W/（m·K）

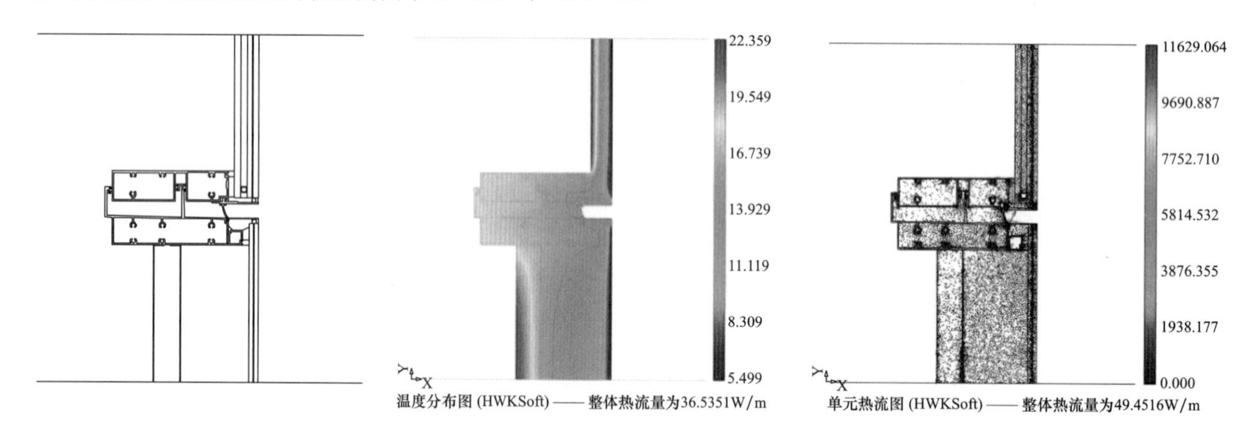

图 3　经有限元分析得到招标方案顶底横梁传热系数过程数据

2.5　招标方案的立柱传热系数

经有限元分析得到，热工节点替代模型整体热流为：51.4298W/m，节点模型框投影长度为：0.1150m，经过替代面板的热流量为 6.274W/m，所以经过框的热流量为 51.4298－6.274＝45.1554W/m，计算框的 U 值 U_f＝19.6327W/（m^2·K）。

经有限元分析得到，热工节点实际模型整体热流为：72.3926W/m，经过面板的热流为26.9067W/m，框与玻璃系统接缝的线传热系数为 0.0165W/（m·K）。

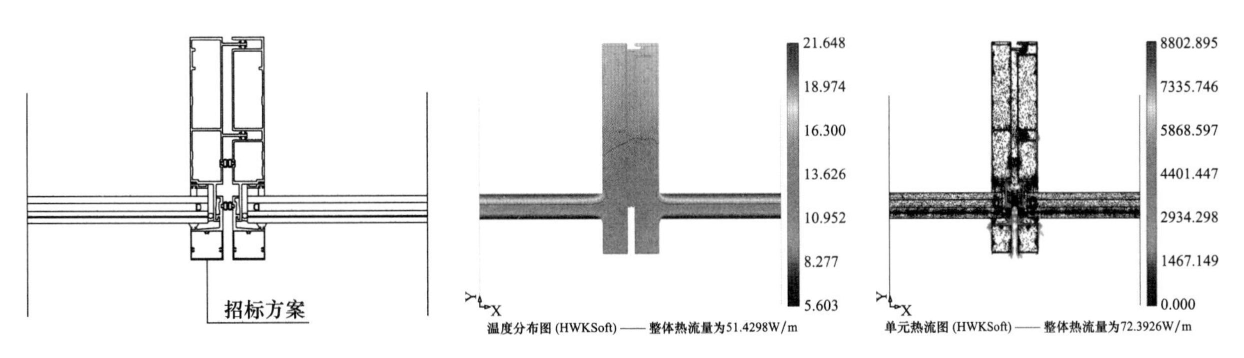

图 4 经有限元分析得到招标方案立柱传热系数过程数据

2.6 招标方案的凹槽立柱传热系数

经有限元分析得到，热工节点替代模型整体热流为：89.1422W/m，节点模型框投影长度为：0.3999m，经过替代面板的热流量为 6.4068W/m，所以经过框的热流量为 89.1422－6.4068＝82.735458W/m，计算框的 U 值 U_f＝10.3419W/（m²·K）。

经有限元分析得到，热工节点实际模型整体热流为：110.4460W/m，经过面板的热流为 27.6833W/m，框与玻璃系统接缝的线传热系数为 0.0013W/（m·K）。

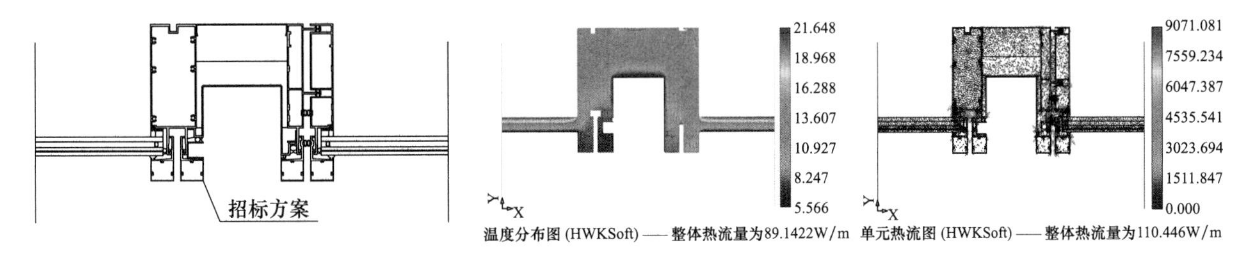

图 5 经有限元分析得到招标方案凹槽立柱传热系数过程数据

招标方案各处框、玻璃或透明面板的传热系数及面积分别见表 2 和表 3，各处玻璃或透明面积边缘的线传热系数及边缘长度见表 4。

表 2 招标方案各处框的传热系数及面积统计表

序号	描述	框 U 值［W/（m²·K）］	框面积（m²）
1	标准立柱	19.6327	0.359378
2	凹槽立柱	10.342	1.25
3	标准中横梁	0.868318	0.540406
4	顶底横梁	4.37842	0.59444

表 3 招标方案各处玻璃或透明面板的传热系数及面积统计表

序号	描述	玻璃体系 U 值［W/（m²·K）］	面积（m²）
1	玻璃	1.3	9.25

表 4 招标方案各处玻璃或透明面板边缘的线传热系数及边缘长度统计表

序号	描述	玻璃与型材缝 ψ 值［W/（m·K）］	缝长度（m）
1	标准立柱	0.016518	3.125
2	凹槽立柱	0.001393	3.125
3	标准中横梁	0.483084	1.544
4	顶底横梁	0.172877	1.544

按照前述计算可得整窗 U 值为

$$U_{cw}=\frac{\sum U_g \cdot A_g+\sum U_p \cdot A_p+\sum U_f \cdot A_f+\sum \psi_g \cdot L_g+\sum \psi_p \cdot L_p}{\sum A_g+\sum A_p+\sum A_f}=\frac{36.148721}{11.994221}=3.0138\text{W/ (m}^2\cdot\text{K)},$$

不满足报告小于 2.52W/（m^2·K）的要求。

经有限元热工分析，原招标方案不满足招标节能要求，故需要对原节点进行改进研究。方案一为热断桥方案，方案二为隔热毯方案。

2.7 热断桥方案的立柱传热系数

如图 6 所示，经有限元分析得到，热工节点替代模型整体热流为：35.7977W/m，节点模型框投影长度为：0.115004m，经过替代面板的热流量为 6.138086W/m，所以经过框的热流量为 35.7977－6.1380＝29.6596W/m，计算框的 U 值 U_f＝12.8950W/（m^2·K）

经有限元分析得到，热工节点实际模型整体热流为：47.9984W/m，经过面板的热流为 16.3545W/m，框与玻璃系统接缝的线传热系数为 ψ＝0.0992W/（m·K）。

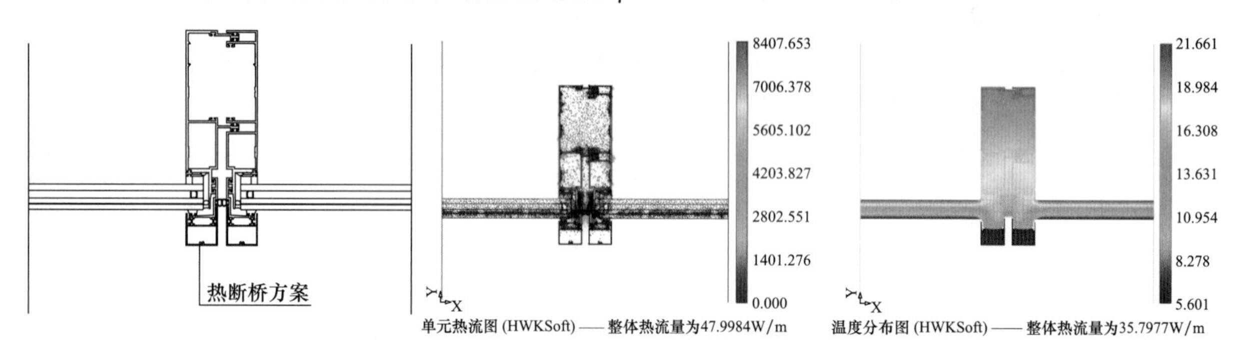

图 6 经有限元分析得到热断桥方案立柱传热系数过程数据

2.8 热断桥凹槽立柱的热工传热系数

如图 7 所示，经有限元分析得到，热工节点替代模型整体热流为：75.1389W/m，节点模型框投影长度为：0.4000m，经过替代面板的热流量为 6.3434W/m，所以经过框的热流量为 75.1389－6.3434＝68.7955W/m，计算框的 U 值 U_f＝8.5993W/（m^2·K）。

经有限元分析得到，热工节点实际模型整体热流为：96.6021W/m，经过面板的热流为 27.3598W/m，框与玻璃系统接缝的线传热系数为 0.0223W/（m·K）。

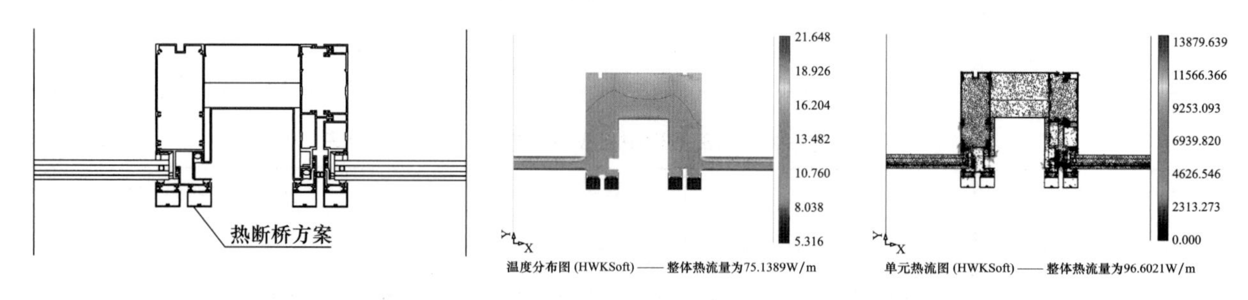

图 7 经有限元分析得到热断桥凹槽立柱的热工传热系数过程数据

热断桥方案各处框、玻璃或透明面板的传热系数及面积分别见表 5 和表 6，各处玻璃或透明面板边缘的线传热系数及边缘长度见表 7。

表 5 热断桥方案各处框的传热系数及面积统计表

序号	描述	框 U 值 [W/（m^2·K）]	框面积（m^2）
1	标准立柱	12.8950	0.359387
2	凹槽立柱	8.5993	1.25001
3	顶底横梁	4.38933	0.59444
4	标准中横梁	0.870222	0.540406

表 6 热断桥各处玻璃或透明面板的传热系数及面积统计表

序号	描述	玻璃体系 U 值 [W/（m^2·K）]	面积（m^2）
1	玻璃	1.3	9.25

表 7 热断桥各处玻璃或透明面板边缘的线传热系数及边缘长度统计表

序号	描述	玻璃与型材缝 ψ 值 [W/（m·K）]	缝长度（m）
1	标准立柱	0.09921	3.125
2	凹槽立柱	0.022342	3.125
3	顶底横梁	0.174071	1.544
4	标准中横梁	0.486188	1.544

按照前述计算可得整窗 U 值为

$$U_{cw}=\frac{\sum U_g\cdot A_g+\sum U_p\cdot A_p+\sum U_f\cdot A_f+\sum\psi_g\cdot L_g+\sum\psi_p\cdot L_p}{\sum A_g+\sum A_p+\sum A_f}\frac{31.88738}{11.994239}=2.6585\text{W/(m}^2\cdot\text{K)},$$

整窗 U 值较招标方案有所下降，但仍不满足报告中规定的小于 2.52W/（m^2·K）的要求。

2.9 5mm 隔热毯方案的标准立柱传热系数

如图 8 所示，经有限元分析得到，热工节点替代模型整体热流为：26.7285W/m，节点模型框投影长度为：0.1150m，经过替代面板的热流量为 6.0172W/m，所以经过框的热流量为 26.7285－6.0172＝20.7113W/m，计算框的 U 值 U_f＝9.0046W/（m^2·K）。

经有限元分析得到，热工节点实际模型整体热流为：36.6564W/m，经过面板的热流为 12.7242W/m，框与玻璃系统接缝的线传热系数为 0.1610W/（m·K）。

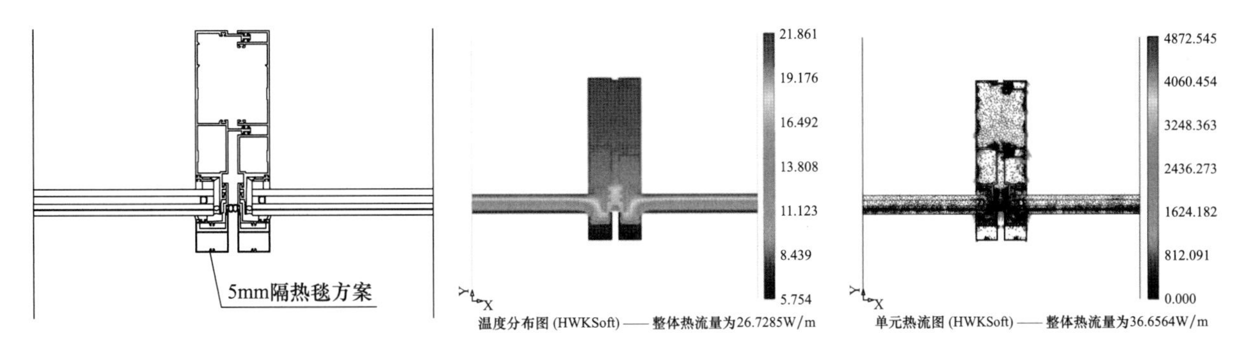

图 8 经有限元分析得到隔热毯方案标准立柱传热系数过程数据

2.10 5mm 隔热毯方案的凹槽立柱传热系数

如图 9 所示，经有限元分析得到，热工节点替代模型整体热流为：60.5520W/m，节点模型框投影长度为：0.4000m，经过替代面板的热流量为 6.2100W/m，所以经过框的热流量为 60.5520－6.2100＝54.3419W/m，计算框的 U 值 U_f＝6.7927W/（m^2·K）。

经有限元分析得到，热工节点实际模型整体热流为：91.1465W/m，经过面板的热流为 27.1633W/m，框与玻璃系统接缝的线传热系数为 0.4820W/（m·K）。

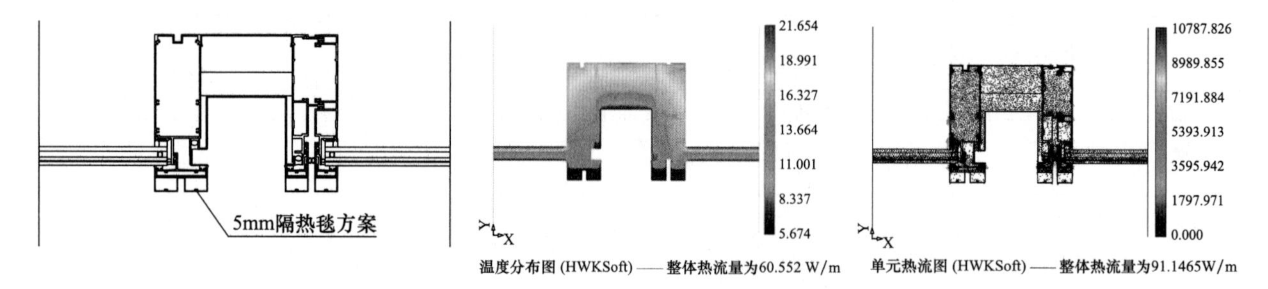

图 9　经有限元分析得到隔热毯方案凹槽立柱传热系数过程数据

隔热毯各处框、玻璃或透明面板的传热系数及面积见表 8 和表 9，各处玻璃或透明面板边缘的线传热系数及长度见表 10。

表 8　隔热毯各处框的传热系数及面积统计表

序号	描述	框 U 值 [W/（m^2·K）]	框面积（m^2）
1	标准立柱	9.00464	0.359387
2	凹槽立柱	6.79271	1.25001
3	顶底横梁	4.32496	0.59444
4	标准中横梁	1.08063	0.5404

表 9　隔热毯各处玻璃或透明面板的传热系数及面积统计表

序号	描述	玻璃体系 U 值 [W/（m^2·K）]	面积（m^2）
1	玻璃	1.3	9.25

表 10　隔热毯各处玻璃或透明面板边缘的线传热系数及边缘长度统计表

序号	描述	玻璃与型材缝 ψ 值 [W/（m·K）]	缝长度（m）
1	标准立柱	0.161042	3.125
2	凹槽立柱	0.482059	3.125
3	顶底横梁	0.24159	1.544
4	标准中横梁	0.590712	1.544

按照前述计算公式得出，幕墙的整窗 U 值为

$$U_{cw}=\frac{\sum U_g\cdot A_g+\sum U_p\cdot A_p+\sum U_f\cdot A_f+\sum \psi_g\cdot L_g+\sum \psi_p\cdot L_p}{\sum A_g+\sum A_p+\sum A_f}\frac{30.201747}{11.994233}=2.5180\text{W/（m}^2\cdot\text{K）},$$

满足报告中规定的小于 2.52W/（m^2·K）的要求，方案合理。

3 结语

由以上计算分析，可得三种方案的整窗传热系数见表11。

表11 整窗传热系数统计表

计算方案	招标方案	热断桥方案	隔热毯方案
整窗传热系数 [W/（m^2·K）]	3.0138	2.6585	2.5180
节能报告要求最大传热系数 [W/（m^2·K）]	2.52		
结论	不满足	不满足	满足

由以上分析可以得出结论：

（1）相对于招标方案，采用热断桥方案和隔热毯方案都能提高幕墙整体的热工性能。

（2）热断桥方案能有效减少热传递，而隔热毯方案不仅能减少热传导，还能有效降低热辐射和热对流，提高热工性能更为明显。

（3）后续有类似工程，即在节能要求和热工性能要求较为严格时，且为夏热冬暖地区可以优先考虑使用隔热毯。

（4）该结论只适用于夏热冬暖地区。

参考文献

[1] 中华人民共和国住房和城乡建设部．民用建筑热工设计规范：GB 50176—2016 [S]. 北京：中国标准出版社，2017.

[2] 中华人民共和国住房和城乡建设部．公共建筑节能设计标准：GB 50189—2015 [S]. 北京：中国建筑工业出版社，2015.

[3] 中华人民共和国住房和城乡建设部．建筑门窗玻璃幕墙热工计算规程：JGJ/T 151—2008 [S]. 北京：中国建筑工业出版社，2009.

[4] 中华人民共和国住房和城乡建设部．夏热冬暖地区居住建筑节能设计标准：JGJ 75—2012 [S]. 北京：中国建筑工业出版社，2013.

第二部分
数字化及智能化技术应用

幕墙 BIM 技术在深圳国际交流中心项目中的实践

◎ 张鄂涛　刘　峰　李正明

深圳市三鑫科技发展有限公司　广东深圳　518054

摘　要　随着BIM技术的不断发展，BIM各类线上应用趋于成熟，现如今，BIM技术的普及与落实到线下实际施工中显得尤为迫切。本文主要通过BIM技术中的物料追踪和AR技术，运用实践论证方式，介绍BIM技术在该项目的实施模型和展示BIM技术在该项目线下应用中的优势及不足，为BIM技术开展线下应用和后期完善提供思路。

关键词　BIM技术；Revit；Rhino；幕墙施工；BIM+AR技术；物料追踪；深圳国际交流中心

1　引言

深圳国际交流中心项目位于深圳市福田区香蜜湖畔，项目定位于“世界眼光、中国气派、岭南风格、深圳特色”，打造成“国际高度、世界一流”的政务会客厅、产业会客厅、市民会客厅。

本工程总用地面积63922.48m²，总建筑面积215291.78m²，最大层数地上6层，地下2层，建筑总高度44.76m。根据《深圳市人民政府办公厅关于印发加快推进建筑信息模型（BIM）技术应用的实施意见（试行）的通知》（深府办函〔2021〕103号）的规定，2022年1月1日起，新建（立项、核准备案）市区政府投资和国有资金投资建设项目、市区重大项目、重点片区工程项目全面实施BIM技术应用。本建筑主要BIM技术应用点为6项，分别是：（1）表皮驱动、结构模型整合；（2）分区分系统BIM深化设计施工图协助；（3）标准区实体模型Rhino&Revit；专业碰撞协调；（4）三维点云扫描，结构偏差校核；（5）Rhino细化交接收口，模型化提料生产加工；（6）智能建造应用，智慧管理平台、物料追踪、AR应用。本文主要通过物料追踪、BIM+AR应用技术来反映一线施工现场BIM技术应用的真实情况，指出该项技术的实用性及其在实际运用过程中所暴露出来的不足和相关见解，为BIM技术现场应用发展及推广提供参考依据。深圳国际交流中心效果图如图1所示。

图1　深圳国际交流中心效果图

2 模型简介

主要利用 Rhino 软件建立模型；整体表皮模型详如图 2 所示，模型图层管理详如图 3 所示。

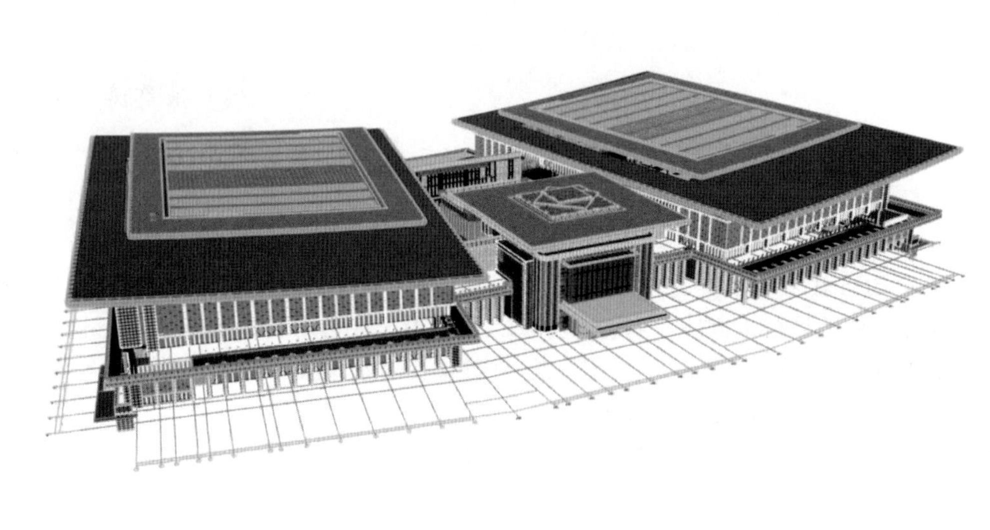

图 2　整体表皮模型

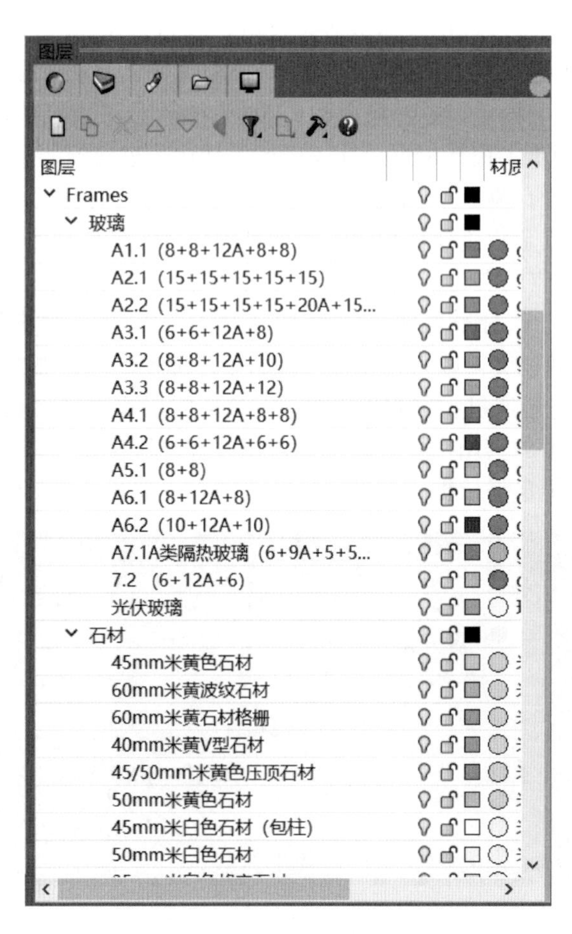

图 3　图层管理

基于Rhinoinside和三鑫科技自编插件程序，建立幕墙专业Rhino与Revit平台BIM模型流通标准，通过Grasshopper强大的异形参数化建模能力，以及高度自由的建模方式，有效弥补Revit平台对于复杂异形构造模型建立的精准度不高的缺陷，实现互通互导；Rhino&Revit属性信息匹配如图4所示，石材幕墙Rhino到Revit龙骨模型转换如图5所示，Revit到Rhino模型转换如图6所示。

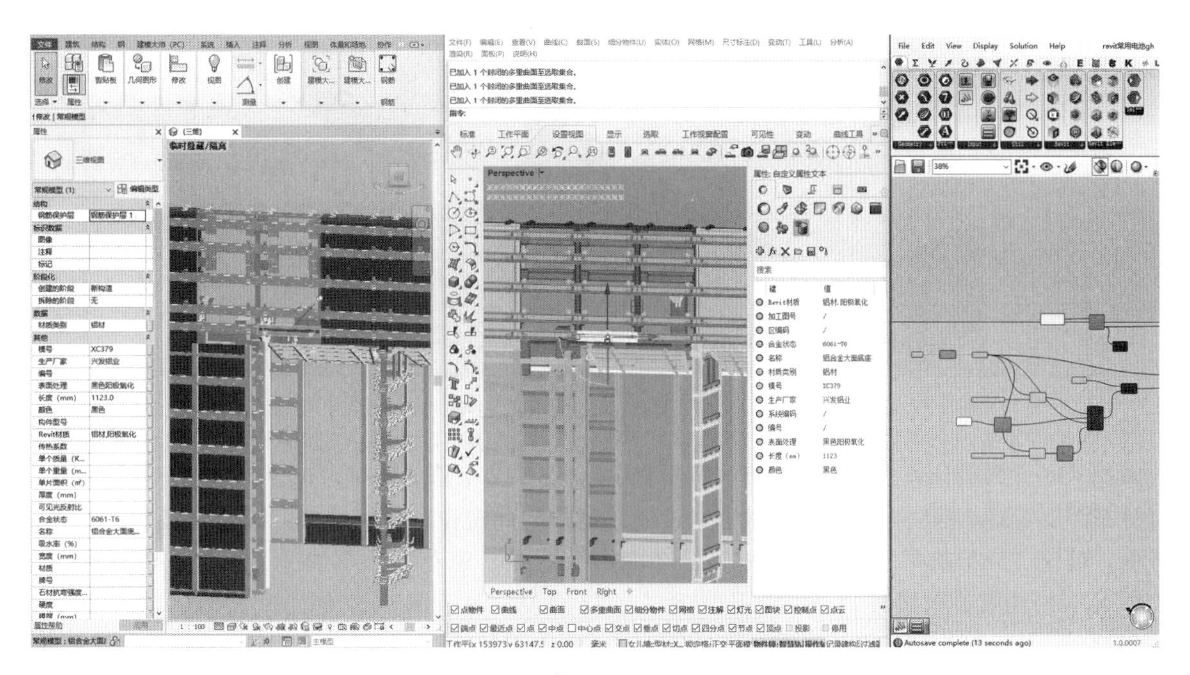

图4　Rhino&Revit属性信息匹配

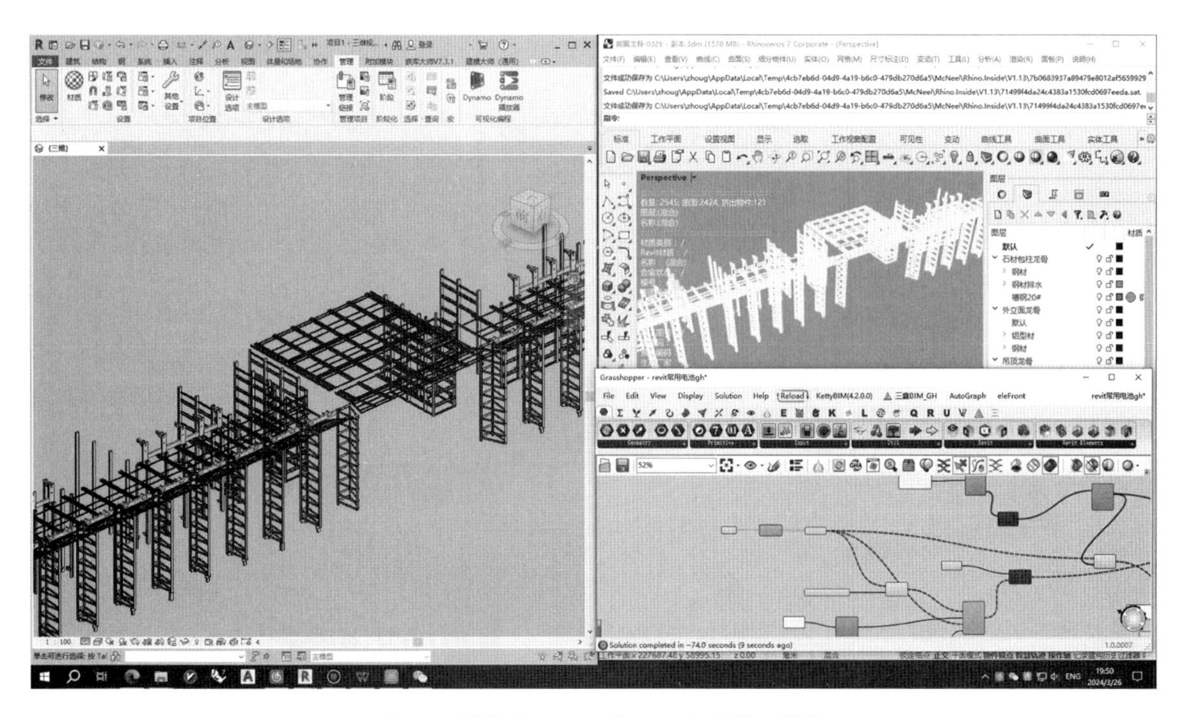

图5　石材幕墙Rhino到Revit龙骨模型转换

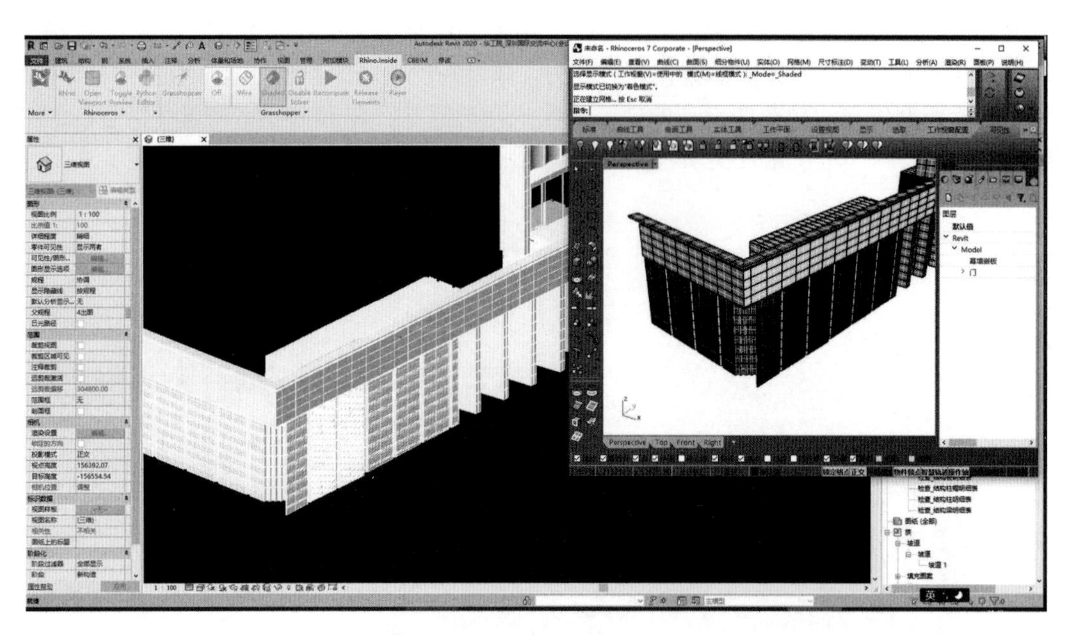

图 6 Revit 到 Rhino 模型转换

通过 Rhino 参数化表皮建立和分析，轻量化快速区分 18 个幕墙系统，近 50 种复杂材料类型分布，通过分布图层管理，面板材料分布一目了然；还原建筑空间定位、材料区分，确认分格及交接，确认完成面；玻璃类分布如图 7 所示，石材类分布如图 8 所示，窗花类分布如图 9 所示，铝板类分布如图 10所示，格栅类分布如图 11 所示。

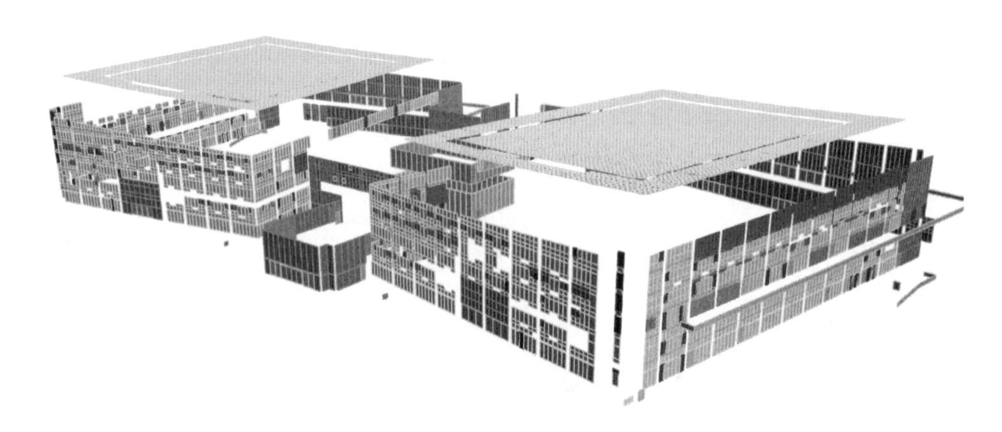

图 7 玻璃类分布

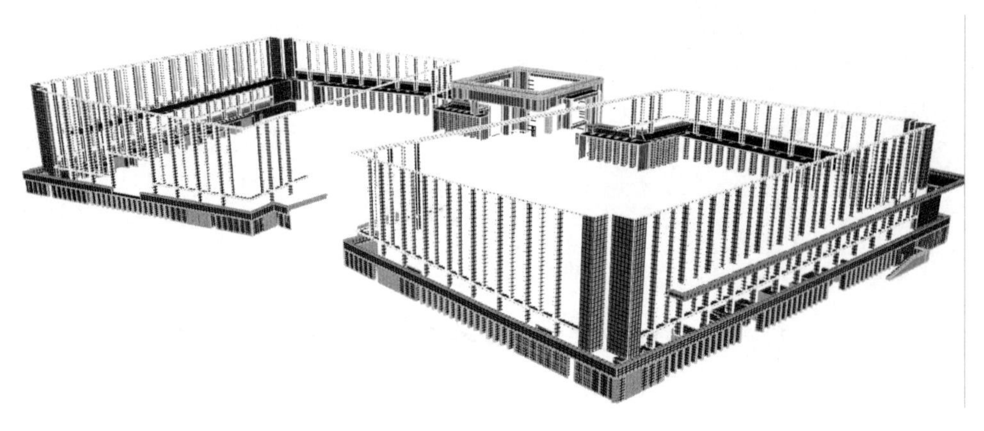

图 8 石材类分布

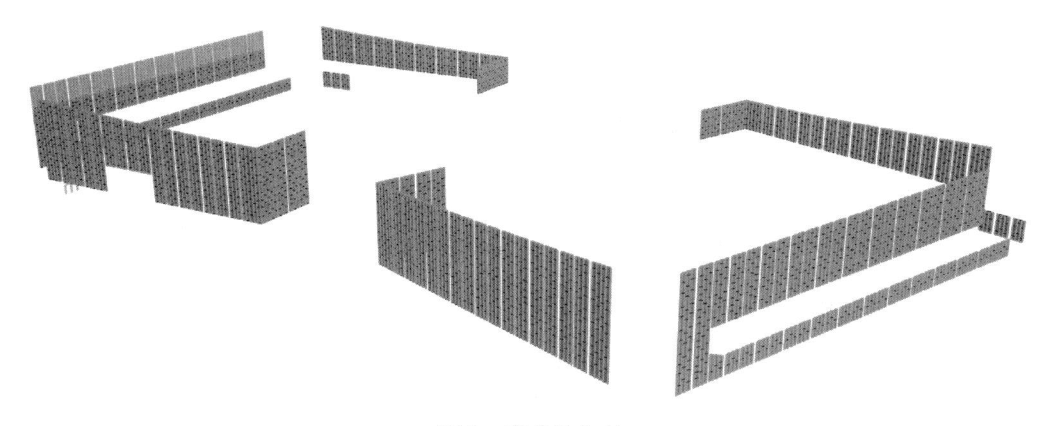

图 9　窗花类分布

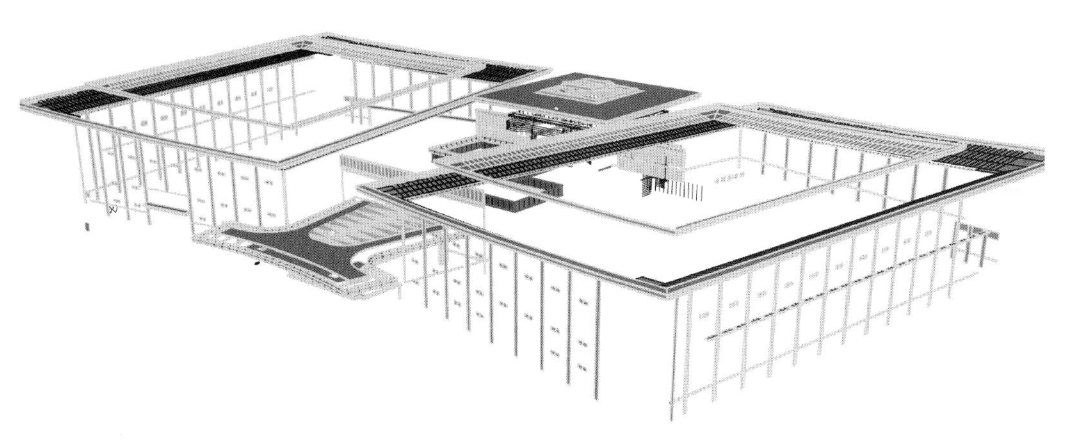

图 10　铝板类分布

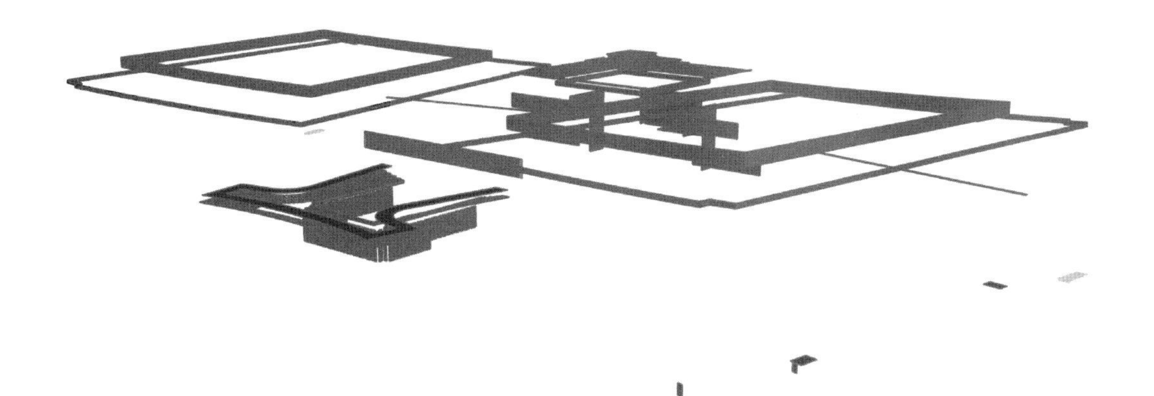

图 11　格栅类分布

通过工艺模型，可以分解复杂幕墙系统节点构造，清晰准确表达构造做法，快速交底；光伏屋面幕墙系统模型如图 12 所示，石材幕墙系统模型如图 13 所示，真石材柱窗花幕墙系统模型如图 14 所示，假石材柱窗花幕墙系统模型如图 15 所示。

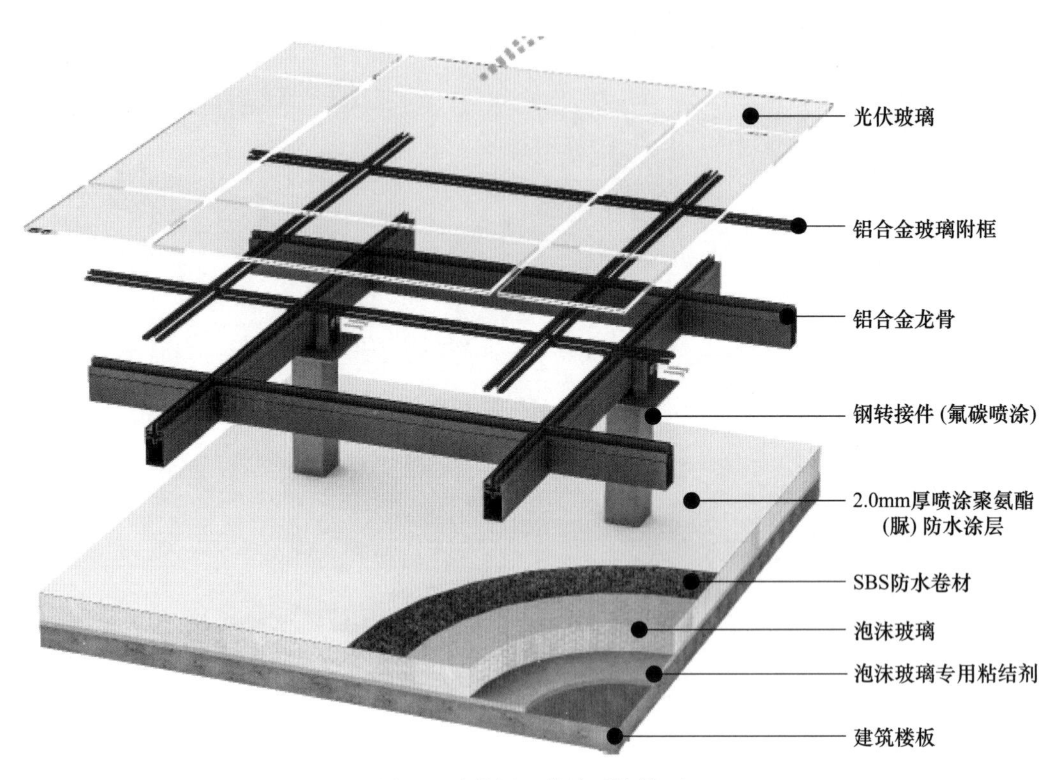

图 12　光伏屋面幕墙系统模型

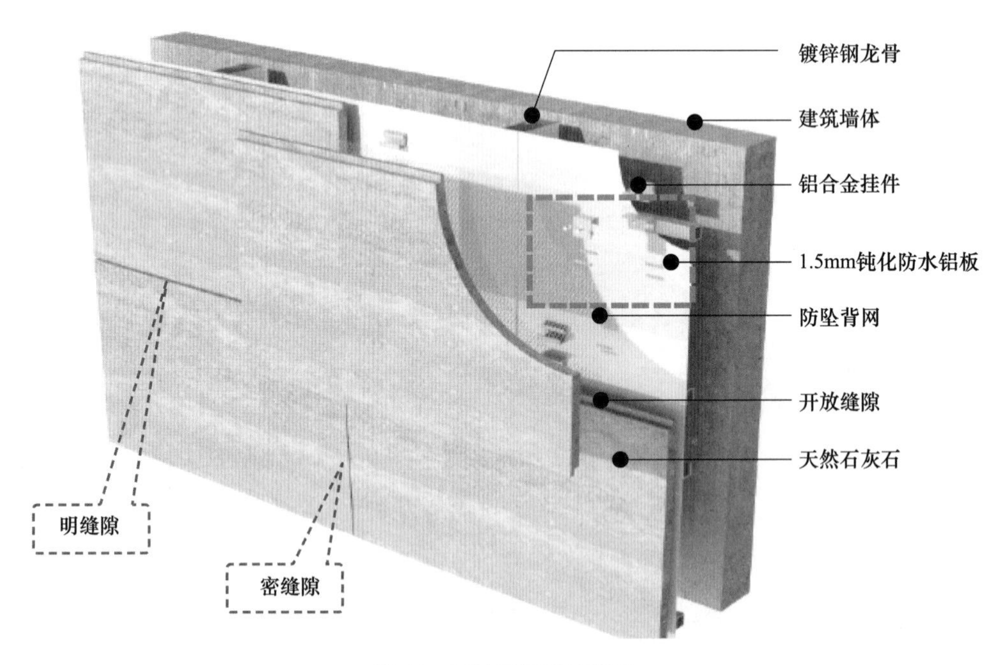

图 13　石材幕墙系统模型

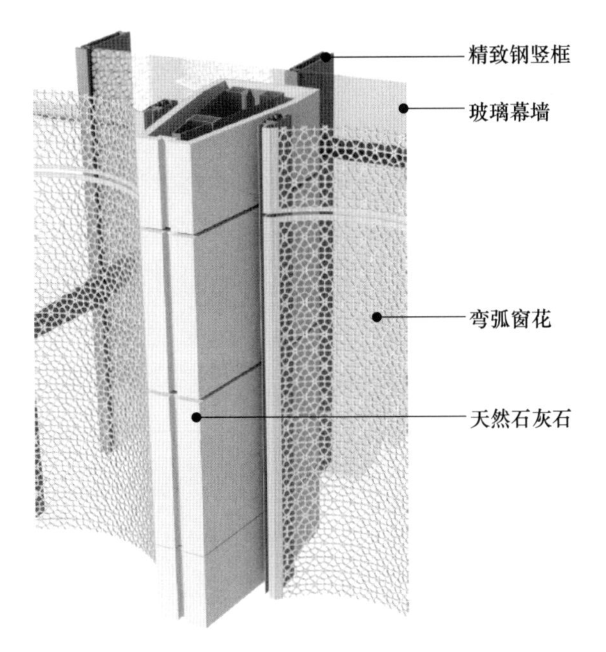

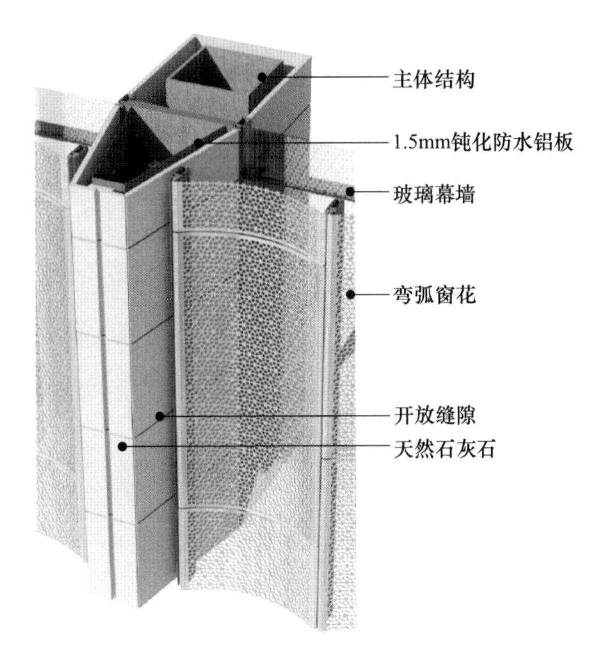

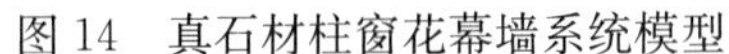
图 14　真石材柱窗花幕墙系统模型

图 15　假石材柱窗花幕墙系统模型

3　应用软件简述

基于 BIM 技术的协同管理平台，将 Revit 或 Rhino 模型及相关施工、质量、安全管理信息等导入协同管理平台，从设计出图、生产加工、材料进场、施工安装到验收交付进行全过程管控，主要操作模块包括 BIM 模型、GIS 管理、资料、协调管理、质量管理、安全管理、计划管理、表单管理、设计管理、物料追踪、监理管理，基于平台模型对工程的各参与方（项目部、劳务、工厂等）进行统一协调，通过统筹管理及资源共享，以达到最终目标直至项目交付；协调管理平台模型主界面如图 16 所示，立面幕墙建筑信息模型如图 17 所示。

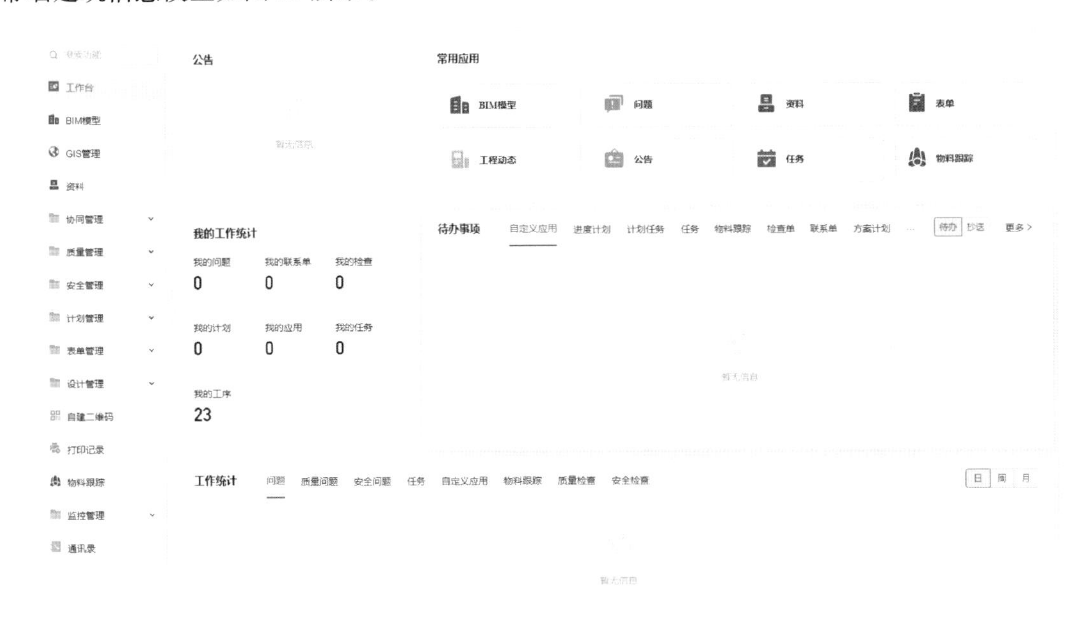

图 16　协同管理平台模型主界面

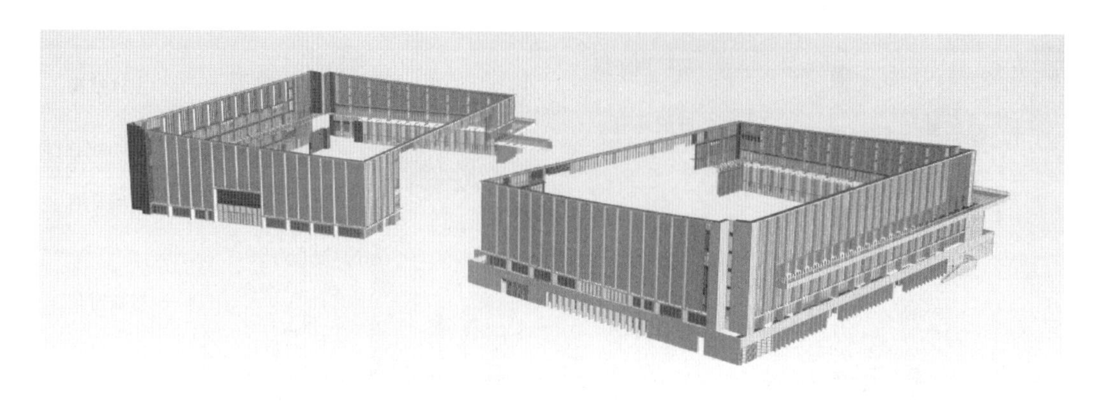

图 17　立面幕墙建筑信息模型

4　现场应用分析

4.1　BIM+AR 技术

可视化交底验收，项目中针对复杂安装区域通过 AR 技术，对施工区域进行完成效果可视化交底，龙骨、面板安装完成前对主体结构进行二维码扫描定位，龙骨、面板安装完成后分别对其完工成果与模型进行定位匹配，辅助验收。

优点：直观地展示幕墙安装工序工艺，在构件未安装之前运用 AR 技术，将模型附着在现场主体结构上，在未开工前直接展示后期安装位置及安装效果；相较传统平面电子图而言更加通俗易懂，简洁明了；在现场交底中，大大降低被交底人识图的综合素质要求，可直观用模型参照构件来进行交底；在安装中，现场安装人员可用 BIM+AR 技术在施工现场对安装位置进行核对，直接发现有结构偏差的位置。

缺点：模型维护人工成本高，现场易出现突发状况，如构件加工有误，主体结构偏差，模型更改缓慢，不利于工期建设。现场二维码定位如图 18 所示，模型龙骨布置如图 19 所示，AR 视角龙骨布置如图 20 所示。

图 18　现场二维码定位

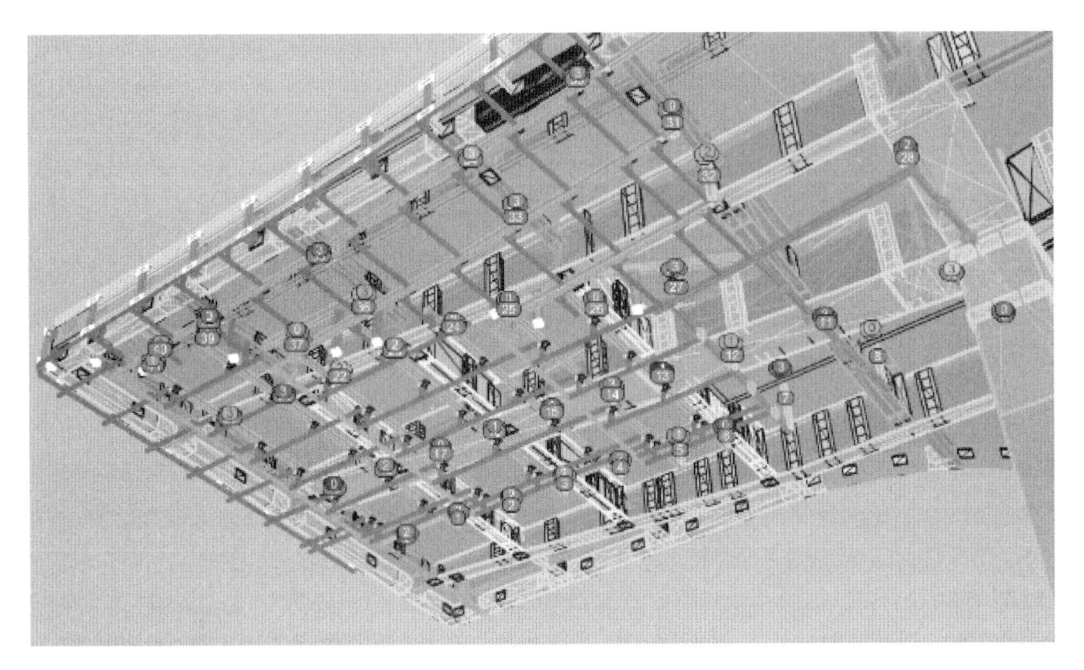

图 19 模型龙骨布置

图 20 AR 视角龙骨布置

在验收中，相较传统图纸现场使用卷尺、角尺逐个丈量，逐个核对的验收方法，验收人可以直接使用 BIM＋AR 技术对已经安装部位进行模型重叠验收，构件安装偏差部位一目了然，极大地节省了人力、物力、时间和精力；BIM＋AR 技术辅助验收如图 21 所示。

图21　BIM+AR技术辅助验收

4.2　BIM三维模型施工指导

通过三维模型对比，确认现场实际安装工序流程及所需安装构件，安装后复核安装效果。BIM三维模型主要针对复杂且烦琐的工序工艺。

优点：相较传统的平面图纸现场交底而言，该模型更加通俗易懂，且有效减少安装交底流程人，从以往的交底流程（总工、技术员、施工员、劳务班组长、工人）到现如今高效交底流程（技术员、工人），有效缩短了交底对接时间；直接经技术员对一线安装人员进行交底，施工尺寸更加精确，施工效果更加完美。在安装过程中，通过BIM三维模型对施工安装进行指导，从传统的看图纸、分析大样图、分析材料材质、核对安装部位、确认安装构件再开始施工，到如今通过三维模型直接确定什么位置安装什么样子的构件，通俗易懂，完成了从“现场指导文言文”到“现场指导白话文”的转变；安装效果现场复核如图22所示。

图22　安装效果现场复核

缺点：细部构件尺寸复核困难，上传模型尺寸细化会导致模型占用内存过大，导致现场操作设备无法打开模型。

拿给排水专业举例，细部龙骨模型更能有效模拟幕墙骨架与给排水专业穿管空间，精准清晰，为给排水施工单位预留施工条件，减少后期返工时间，提高工序流水作业工效，有效缩短工期，为后续深化提供方案支撑；模型演示顶部落水管走向如图23所示，模型演示底部落水管走向如图24所示，现场钢架落水管对照模型安装情况如图25所示。

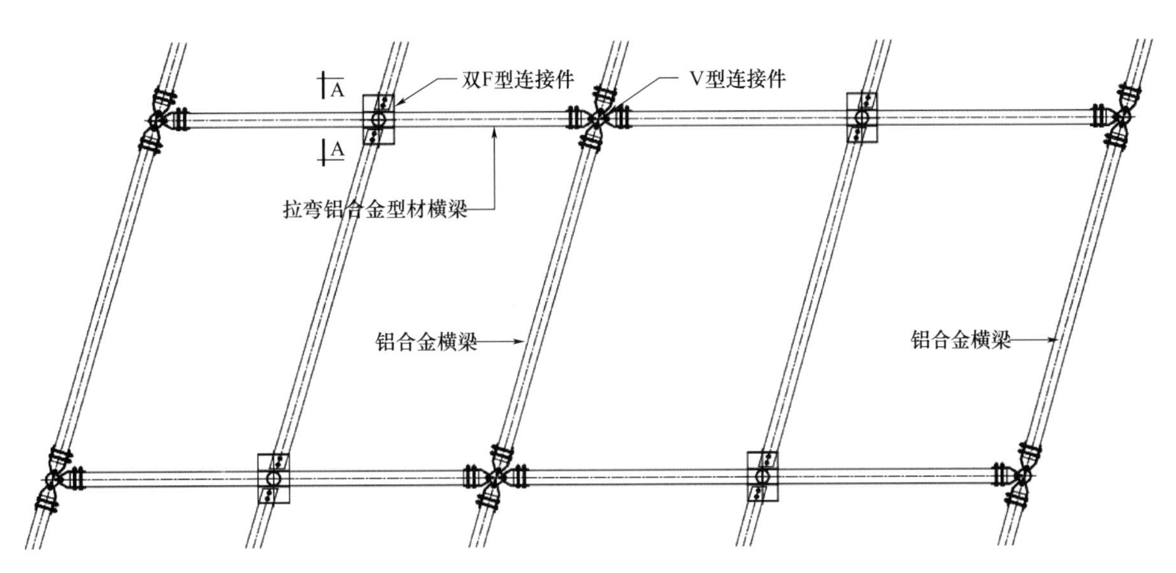

图 23　模型演示顶部落水管走向

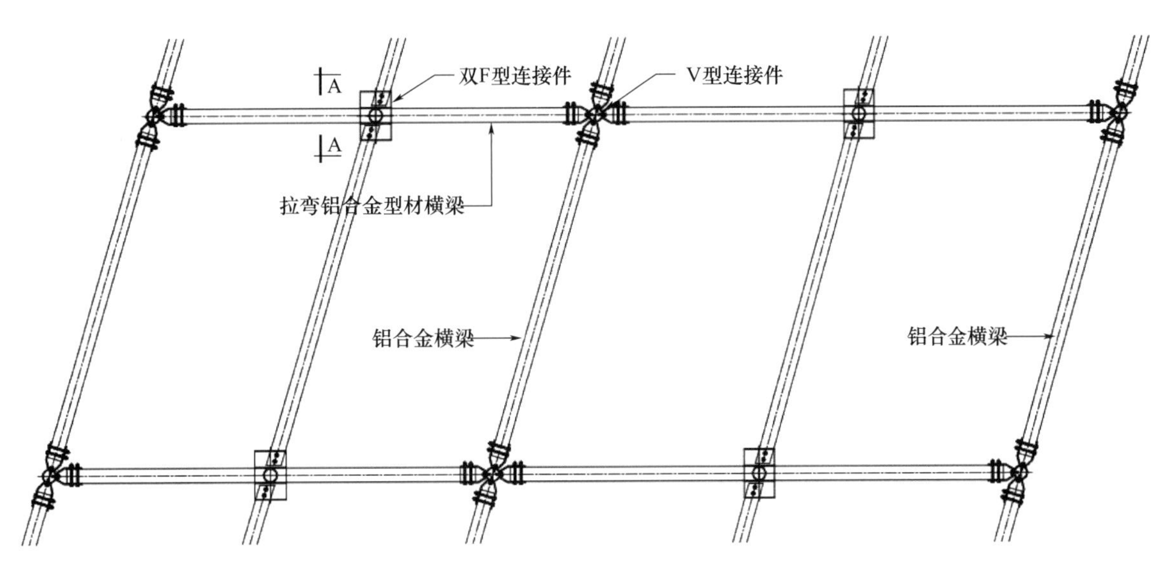

图 24　模型演示底部落水管走向

图 25　现场钢架落水管对照模型安装情况

4.3 物料追踪

基于BIM技术的协同管理平台，通过BIM技术，对现场所有材料（螺栓、连接件、精制钢、铝龙骨、玻璃、铝板、窗户、石材、格栅等）进行管理，每个构件从下单、生产、进场、安装到验收进行全过程监控、全过程管理；物料追踪阶段性完成效果如图26所示。

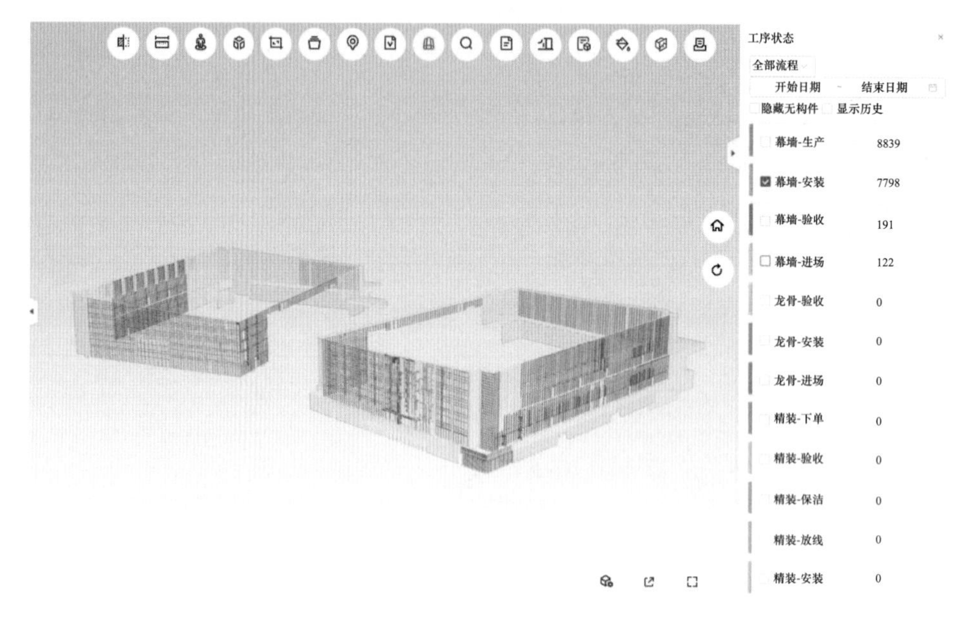

图26 物料追踪阶段性完成效果

优点：每个构件从下单、生产、进场、安装到验收全过程的信息都可追溯，无论是纸质资料还是影像资料，做到全过程质量严格把控；此模型为开发性模型，项目中各级单位、各个岗位、每个人，均可实时查看模型内部信息，做到资源整合、资源共享，有效提高项目各参与方协调配合度。

缺点：模型更新人力消耗大，每个环节需要派专人更新进展。

拿龙骨举例，从生产加工、进场验收、现场安装到验收合格，可追溯到每一个环节材料进场状况，现场一线管理人员可实时查看工序材料情况，便于安排后续施工作业，形成流水；构件信息追溯如图27所示。

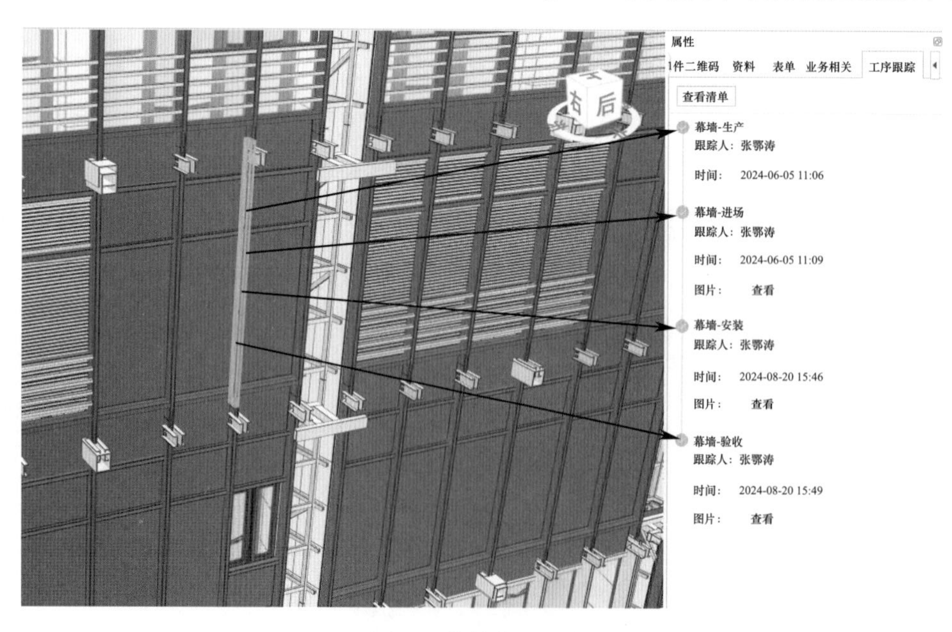

图27 构件信息追溯

材料进场信息追溯，点击单根龙骨构件可直接查看此龙骨何时进场举牌验收并了解到相关影像资料；龙骨物料信息追踪如图 28 所示。

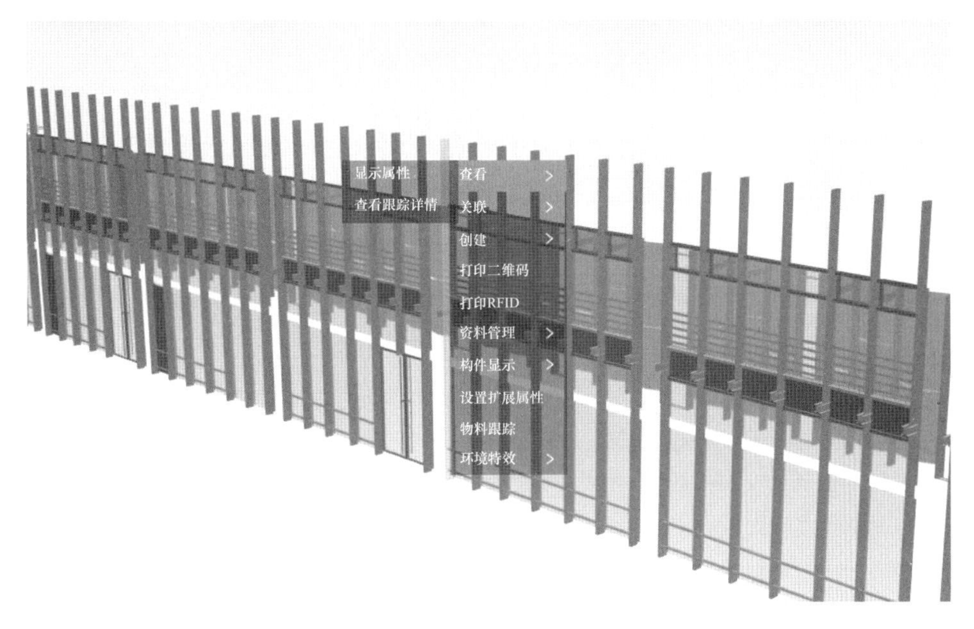

图 28　龙骨物料信息追踪

亦可查看龙骨详细构造信息，了解其编号及尺寸便于后续测量放线，施工安装；构件中所附龙骨下单图如图 29 所示。

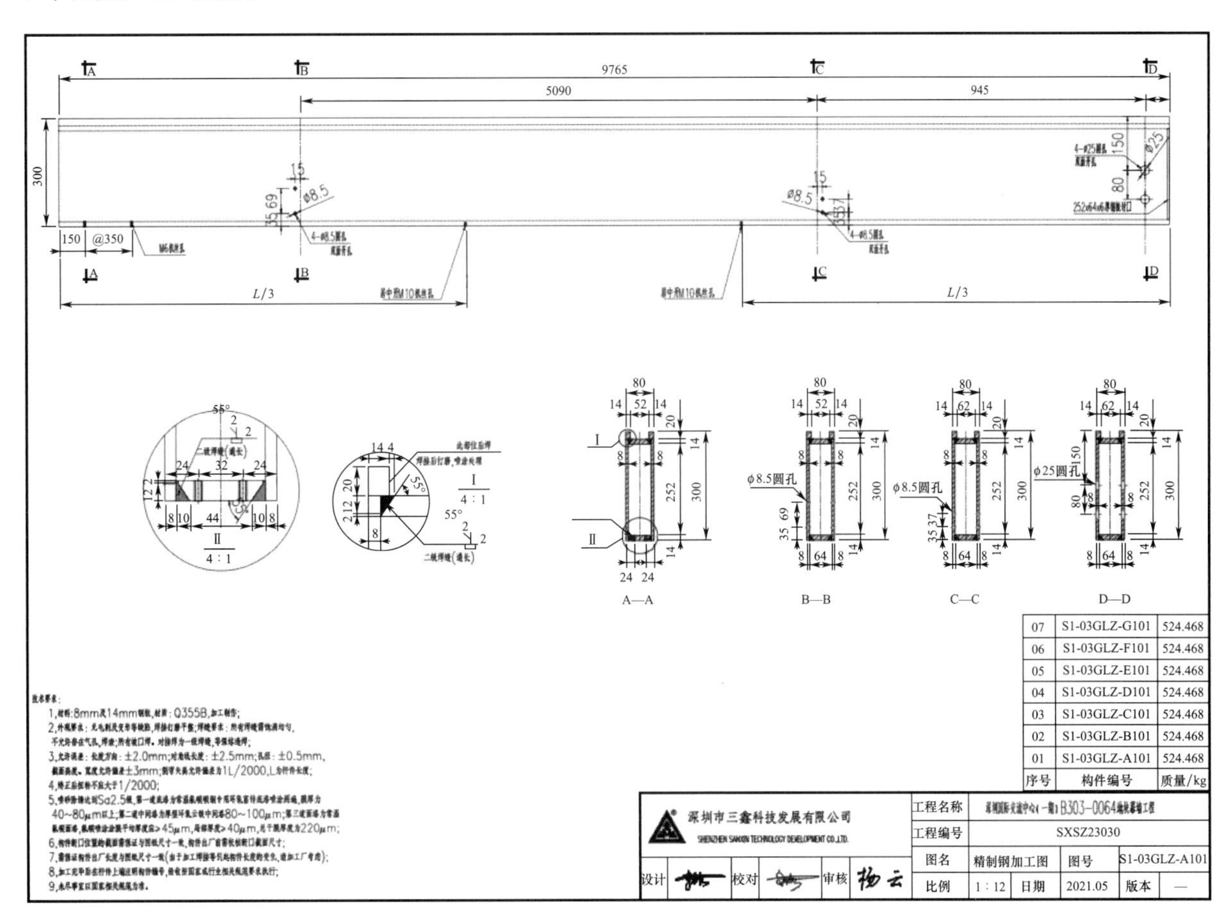

序号	构件编号	质量/kg
07	S1-03GLZ-G101	524.468
06	S1-03GLZ-F101	524.468
05	S1-03GLZ-E101	524.468
04	S1-03GLZ-D101	524.468
03	S1-03GLZ-C101	524.468
02	S1-03GLZ-B101	524.468
01	S1-03GLZ-A101	524.468

图 29　构件中所附龙骨下单图

生产加工物料追踪，可直接查看龙骨在工厂的加工情况，使现场人员足不出户即可远程监督生产，包括业主、监理、总包也可实时监督，把控品质；有效增加了材料到货的验收合格率。

进场验收物料追踪，龙骨何时进场、进场验收情况如何，都可供各方随时随地线上查阅。

施工安装物料追踪，既可追溯到安装时现场情况影像资料，又可为后续安装人员提供指导意义，大大降低安装出错率，提高安装效率。

龙骨验收物料追踪，可为后期各方审查隐蔽验收资料提供依据；安装效果可供参考。

5 结语

近年来，随着 BIM 技术的不断发展，现阶段国内 BIM 技术已基本满足现场应用，除了勘察设计、生产加工阶段应用较广，施工安装现场却长期未得到有效的应用，一是受传统建造习惯的影响，传统参照平面图纸按图施工的做法已深入人心，一时间难以广泛应用，推广新型 BIM 技术将是一场持久攻坚战；二是一线人员普遍还未接触过 BIM 技术，且 BIM 技术在现场实际应用推广时所暴露出来的短板较多，在 BIM 技术上所投入的时间、精力、财力与其所带来的价值不成正比，不仅技术上需要迭代更新，现场人员也需要迭代更替，且从学校起开始灌输 BIM 理念才能使现场 BIM 技术广泛应用，只有真正做到从小到大每个项目都使用 BIM 技术，才能发现短板，查漏补缺，最终实现并带来其真正的价值。

本项目是为数不多的 BIM 应用较好的项目之一，作为现场一线人员，作者看到了 BIM 技术未来的无限可能，切实为一线工作带来了许多便利，节省了大量时间、精力；切实落实并应用好 BIM 技术，对传统建造将会是史诗级的进步。

参考文献

[1] 中华人民共和国住房和城乡建设部．建筑信息模型应用统一标准：GB/T 51212—2016 [S]．北京：中国建筑工业出版社，2017.

[2] 中华人民共和国建设部．玻璃幕墙工程技术规范：JGJ 102—2003 [S]．北京：中国建筑工业出版社，2003.

浅谈复杂建筑轮廓的精确捕捉
——激光扫描技术在幕墙施工中的应用

◎ 许舒文　林炽烘　余金彪

深圳广晟幕墙科技有限公司　广东深圳　518000

摘　要　随着科技的进步与建筑设计的创新，建筑幕墙工程日新月异，不仅保温隔热、防水防风，对其美观性和质量要求也精益求精。各种复杂曲面和异形轮廓造型幕墙层出不穷，随之对幕墙施工的要求更高、对其精准定位的问题也变得复杂困难。时有诸多原因导致返工，不仅造成成本增加，严重的还会拖延工期。而激光扫描技术与BIM技术两种先进的科学技术结合应用能精准高效地对复杂轮廓进行测量，实现了用数字化手段为建筑“量体裁衣”。本文主要阐述三维激光扫描技术配合BIM技术在实际幕墙工程中的应用。通过实际测量进行数据资源整合，提前消化偏差，通过对现场设点布设，精确到每个构件的安装定位点，以满足幕墙高质量施工，提高施工效率，体现三维激光扫描技术对复杂轮廓的幕墙工程的必要性。

关键词　幕墙；三维激光扫描；BIM；施工应用

1　引言

三维激光扫描技术可获取被测物体表面离散三维矢量数据，具有高效精准实时、全流程精准测量、数据采集自动化等特点。结合BIM技术整理原始点云数据，能为建筑结构分析提供可视化三维点云模型。随着高质量发展，复杂异形幕墙系统需保证结构构造与理论分析模型一致。三维激光扫描技术可解决异形幕墙工程施工中实景坐标数据获取的局限性及常见难题，提前消化预留预埋件误差，为幕墙施工提供保障与支撑。以广州某在建项目幕墙施工应用为例，体现三维激光扫描技术与BIM技术集成应用的可视化和信息化优点，提升复杂轮廓幕墙施工检测形变和误差的效率与精确性，为幕墙工程精细化施工奠定基础。

2　工程概况

本次以广州某在建项目（图1）为例，该项目建设规模地上17层，地下1层，总建筑面积达50888.97m^2。建筑外轮廓呈现不均匀变化，外表面呈现叠合弧面，复杂的外轮廓设计导致局部曲面的弧长变化不一，造成分隔数量及间距的不一致，细微的定点误差便能导致预加工好的弧形幕墙板块与预留预埋点无法对接安装，造成不必要的材料浪费。因此该项目施工难点在于不仅需要保证相邻板块搭接平整，还需要保证整体的外立面顺滑流畅。

为了达到毫米级精度的测量放线数据要求，保证施工的精度及幕墙施工的顺利进行，采用三维激光扫描外轮廓、数据逆向建模技术来满足项目设计施工的高要求。通过点云数据集合基于BIM建立的建筑结构模型重新获取预留预埋点的三维坐标，再利用点云数据处理软件AutodeskReCap对数据进行切片处理，叠加计算设计平面点位信息，分析判定三维扫描数据的准确性。

图1　广州某在建项目

3　三维激光扫描应用流程

针对本项目的施工精度要求，首先基于设计图纸建立高精度结构模型，幕墙板块BIM模型作为理论参照，总体三维激光扫描流程为（图2）：

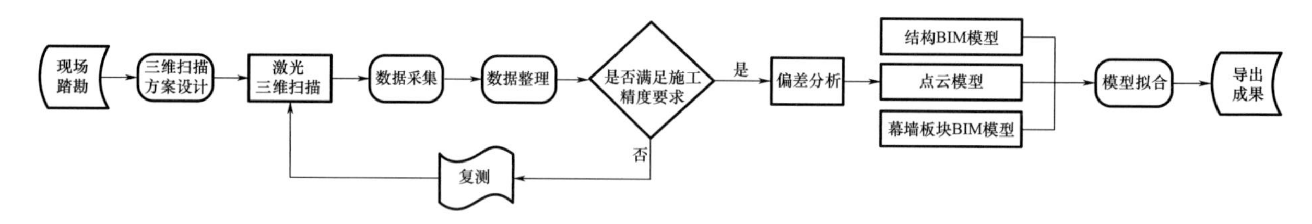

图2　三维激光扫描流程图

采用的三维激光扫描设备为FARO S350（图3），精度达到19角秒，误差范围±2°。其高度传感器通过电子气压计，测量与固定点的相对高度，并将其添加至扫描指南针，扫描指南针可指示扫描方向GNSS，同时集成GPS和GLONASS现场补偿，确保了最高的扫描数据质量。

图3　FARO S350

4 三维激光扫描技术的施工应用

4.1 三维扫描方案设计

首先针对复杂的外轮廓施工项目进行现场踏勘，根据项目的实际情况对项目使用三维激光测量，对施工现场进行平面控制测量和高程测量，为后期进行三维激光扫描作业提供高精度的测量点轴网和标高数据。以项目坐标原点建立基准站，方便后期点云数据 BIM 技术集成运用，设定测量点数量及方位，部分区域存在盲区测量无法全面覆盖时，需增加不同方位测量点以保证三维扫描数据的准确性。待设立好标靶点（图 4）后，一切准备就绪，启动三维激光扫描仪，进行测量。

图 4　标靶点

4.2 点云数据的采集与整理

4.2.1 点云数据的采集

本项目幕墙造型采用不同材料板块拼接设计，其中龙骨定位点为板块安装的重点，根据幕墙的特点和前期的分析，对幕墙板块纵向钢龙骨的安装定位点按照造型外弧线程由内至外放射状排布，横向钢龙骨为等间距排布。明确每个幕墙板块纵横龙骨关键安装位置点位后，对定位位置进行统计，待测安装定位点有 2556 点。

目前三维激光扫描技术仍无法避免产生与被测定位点无关的外界物体的噪点，如施工现场存在的玻璃或金属物体反射产生的噪点，以及多个测站进行不同角度距离测量拼接时产生的数据重叠，造成测量得到的点云数据过度冗余。

三维激光扫描得到的点云数据（图 5）需通过整理软件对两次三维激光扫描数据进行去噪、提纯等处理，剔除无效数据后不仅可以降低对硬件设备的要求，同时还提升了点云数据的准确性和有效性。

4.2.2 点云数据的整理

本次项目采用三维激光扫描与全站仪测量，一共进行了 2 次三维扫描测量和 1 次实际测量，通过三维激光扫描能够在短时间内获取丰富的数据资源，利用全站仪具有高精度的优点对异常尺寸进行反尺校核。

经过数据整理发现第一次三维扫描获取的点云数据存在数据部分缺失，测量有角度旋转等问题，后经现场实地查看和三维扫描，公司证实原因有以下两点：

图5　点云模型

原因一：扫描时实际施工现场扫描环境未进行清场处理，还存在脚手架、吊篮等设备，环境的复杂出现了遮挡情况，造成测量存在盲区，导致局部点云数据缺失。

原因二：三维扫描时因为现场地形限制，造成仪器无法后退，导致激光入射角过大，导致集中在底部、侧面的数据较少（图6）等数据过稀、点云密度不足情况。同时扫描时的区域不平稳，地面尚未硬化容易塌陷，造成数据不稳定，导致点云数据显示有明显的角度旋转误差（图7）。

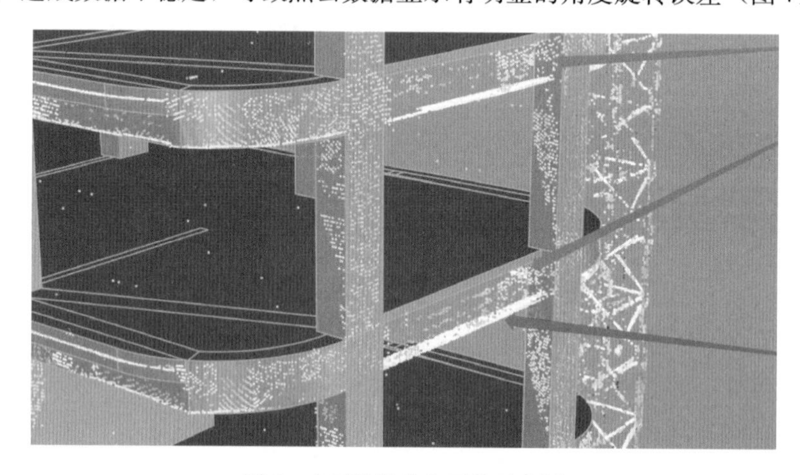

图6　点云数据分布不均示意图

图7　点云数据与BIM结构模型有旋转误差示意图

4.2.3　点云数据的复测

随后排查影响测量数据的问题后对第二次三维扫描测量做了以下两项准备：

准备一：针对施工现场遮挡造成的数据缺失问题，配合施工进度计划对遮挡处重新进行三维扫描测量。在设放测量机位的地面，需要处理平整稳定，以保证数据的完整性和角度准确性。

准备二：在特殊位置重新设置扫描仪的水平及垂直扫描视角，以符合的入射角度进行重新测量扫描。按照幕墙施工设计要求对点云质量和聚焦等参数进行设置，确保点云数据的密度满足施工设计要求和点云数据覆盖范围全面。

4.3　点云数据的偏差分析

在进行第二次三维激光扫描后，将点云模型导入 AutodeskReCap 软件进行检查。通过软件对点云数据进行切片（图 8）处理，检查其扫描站点与设计信息间的误差和重合度，补充测站点坐标值和仪器高度值，贴合归类所位于的楼层设计平面图并编号（图 9）。经过 AutodeskReCap 自动检查并验证测站点的坐标值误差后，分析所有数据的重合匹配度并生成输出预处理后的点云模型数据分析表。

图 8　点云数据切片图

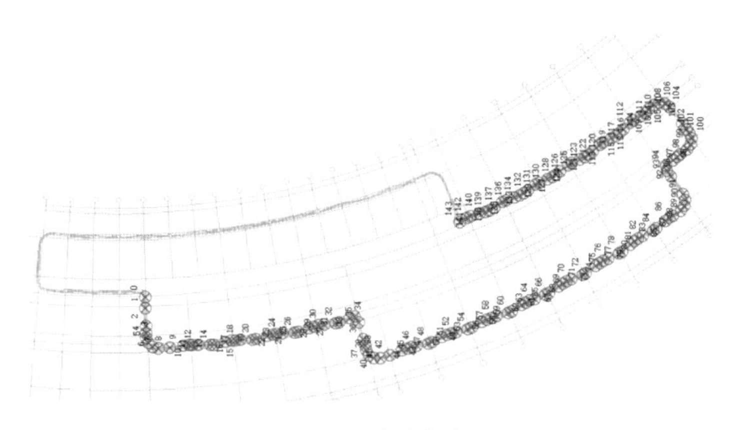

图 9　平面编号索引图

抽取部分预处理后的点云模型数据分析表内容，偶数层4F和奇数层5F的点云数据与幕墙安装定位点进行数据对比见表1、表2，可见除了比较特殊的位置，三维激光扫描仪提供的结构与现场实测数据差值在（−30～+30）mm的范围内，总体数据比较准确，测量精度满足设计施工要求。

表1　定位点与扫描点云距离表（4F，5F部分）

编号	理论尺寸（mm）	实际尺寸（mm）	第一次点云数据（mm）	第二次点云数据（mm）
4F（4）	57	58	21	47
4F（37）	49	25	27	24
4F（99）	62	55	53	56
4F（124）	467	440	422	446
5F（24）	469	445	458	448
5F（43）	35	39	32	34
5F（104）	100	122	115	125
5F（133）	60	60	42	54

表2　第二次点云数据距离差值表（4F，5F部分）

编号	第二次点云数据—理论尺寸（mm）	第二次点云数据—实际尺寸（mm）	第二次点云数据—第一次点云数据（mm）
4F（4）	−10	−11	+26
4F（37）	−25	−1	−3
4F（99）	−6	+1	+3
4F（124）	−21	+6	+24
5F（24）	−24	+3	−10
5F（43）	−1	−5	+2
5F（104）	+25	+3	+10
5F（133）	−6	−6	+12

4.4　点云模型的拟合定位

在点云数据通过偏差分析后，将处理后的点云数据导入Rhino软件中，点云数据形成的点云模型与建立完成的结构模型拟合。三维激光扫描内设立的定位坐标系（图10）应与作为理论数据的BIM结构模型定位点处于同一个基准下，并且需要放在同一图层或者是同一个块中，定位点的中心十字需要和分格对齐，一来方便将点云数据的坐标转换成施工坐标，再者方便后期随着测量工作的深入，测量数据会随着项目应用经常运用在不同的位置上对其进行参数化定义。

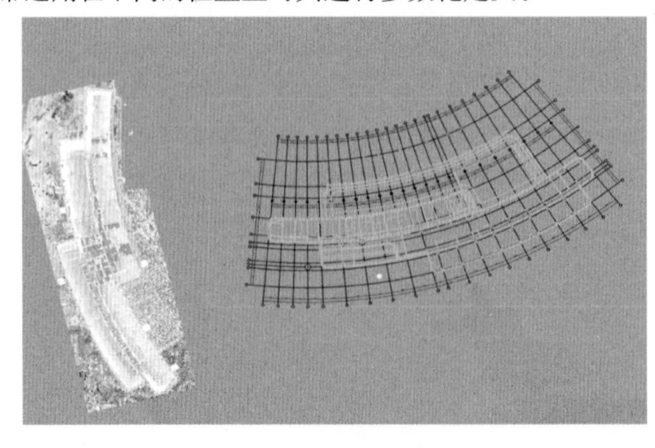

图10　点云模型与BIM结构模型定位示意图

在模型拟合后，以坐标定位点为基准提取幕墙安装的定位点，运用 Grasshopper 对点云数据进行参数化匹配对应位置的设计节点图（图 11），与实际测量数据进行对比校核，修改存在的误差，使得后期校核安装点数据有迹可循，从而建立更为精确的模型。后期还可以通过坐标定位点对点云模型进行其他数据化处理，亦可通过基点找到项目所需的最近的垂直距离或者分格线上的距离（图 12），以方便幕墙系统的分格优化和调整。

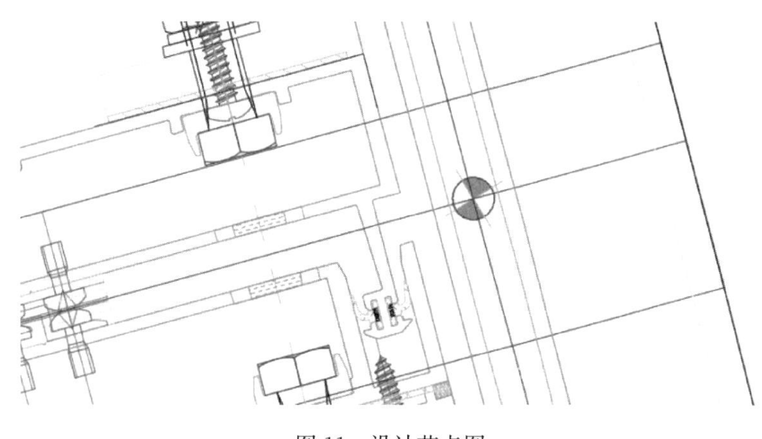

图 11　设计节点图

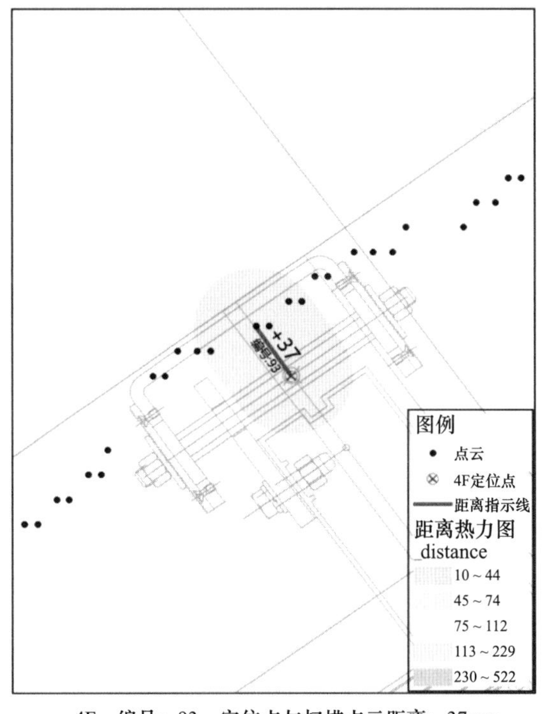

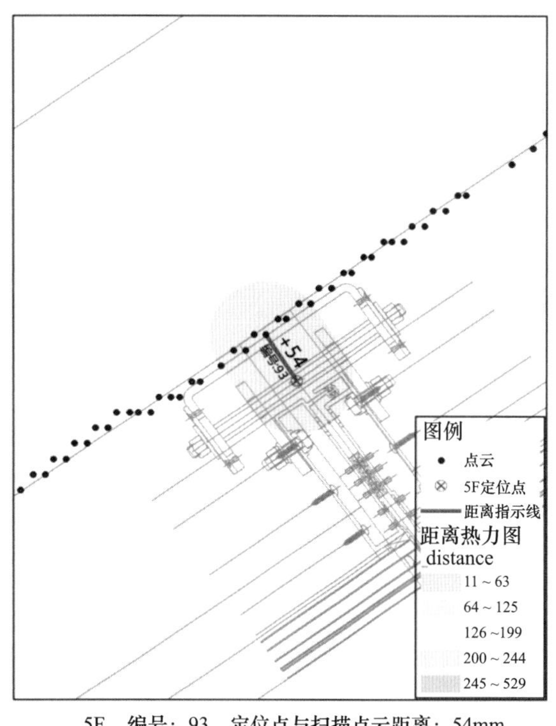

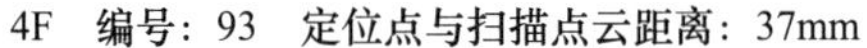

4F　编号：93　定位点与扫描点云距离：37mm　　5F　编号：93　定位点与扫描点云距离：54mm

图 12　定位点与扫描点云距离示意图

4.5　导出成果

将导入 Rhino 的点云模型与基于结构图纸建立的结构模型相结合，按照 Grasshopper 编码顺序对照三维激光扫描数据调整实际偏差，获得最精确的幕墙安装定位点，依据幕墙设计要求在安装定位点上建立以板块为主的主要龙骨模型（图 13）。利用程序计算出主体结构与幕墙完成面的相对距离是否统一，再提取弧切点垂直方向，生成幕墙各构件（图 14），提前调整各个构件的尺寸与安装定位。点对点控制幕墙构件安装位置，能够精确解决异形结构空间位置定位难、定位偏差大等问题。

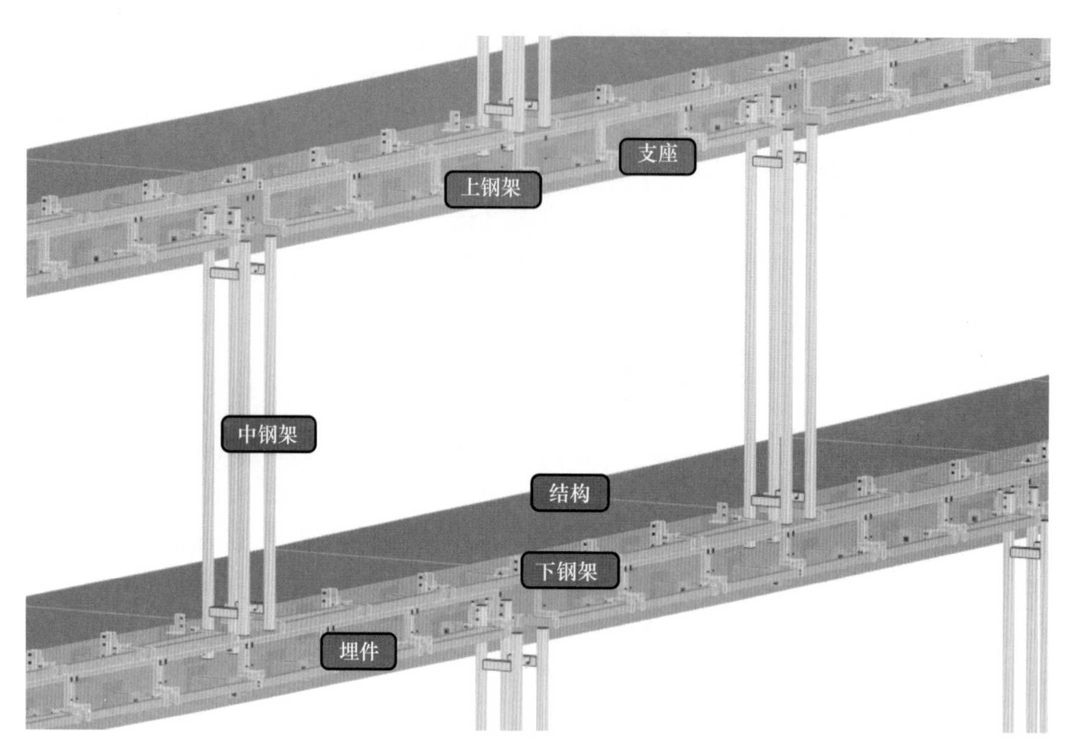

图 13　龙骨模型示意图

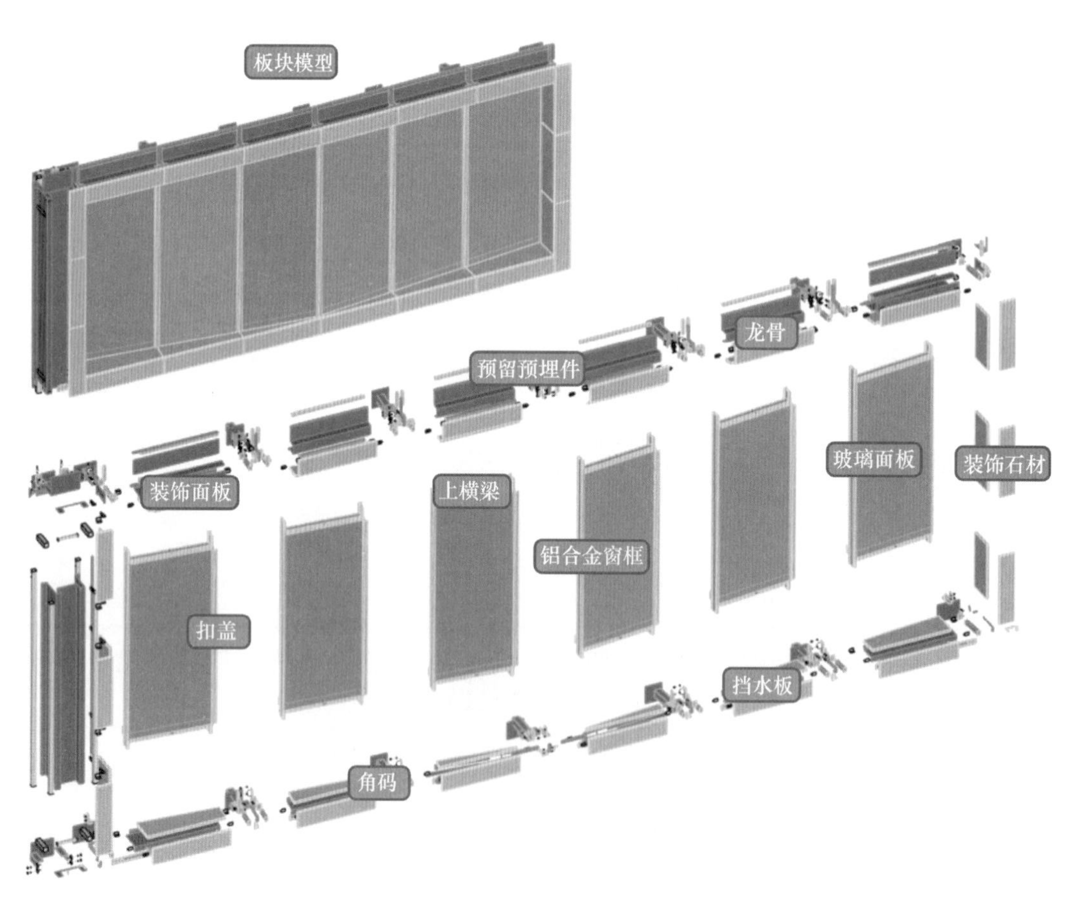

图 14　幕墙板块模型示意图

待局部预拼装（图 15）实现板块完美搭接，符合施工精度要求后，通过 Grasshopper 批量导出加工图信息，实现快速精准地批量化下单，不仅提高了材料下单效率与准确率，还提高了施工质量、缩短了施工周期。

图 15　幕墙板块预拼装示意图

5　三维激光扫描的技术难点

5.1　点云数据处理周期长

三维激光扫描与 BIM 技术的集成有效性很大程度上依赖于及时有效的实时信息采集与运用，本次施工应用的点云数据由几千万点数组成，处理点云数据的运算周期仍然依赖于硬件。若要紧随项目实际的计划进度、提高二者集成应用价值，还应提高数据处理效率，对数据进行轻量化处理。

5.2　缺乏统一的数据格式

目前在市场上三维激光扫描仪的数据仍然依靠商家各自研发的软件进行处理，导致点云数据格式无法统一，支持查看、运用点云数据的终端设备通用性较低，设计组与项目组的协同互通成本增加。若要提高点云数据的运用效果，还应统一主流数据格式，搭建轻量化云平台。

5.3　依赖环境条件

点云数据的准确性依赖于稳定的施工现场环境，同时需避免在强光、逆光、风力大于三级时进行测量。一是在扫描运转时建筑周围应尽量降低遮挡物数量。避免如脚手架等临时设备对测量精度造成的影响，这需要与施工现场的进度计划高度配合，以防遮挡造成点云数据缺失。二是确保测量设备有良好的视线和足够的操作空间。在扫描时区域不平稳，地面尚未硬化容易塌陷时，会造成数据不稳定，导致拟合模型时影响定位准确性，还需提升三维激光扫描的机器性能，以适应更加复杂的扫描环境。

6　结语

本次三维激光扫描技术在复杂轮廓的幕墙施工应用中以快速精准测量为目的，利用扫描测量的点云模型与理论 BIM 模型结合，精确复核实体结构与 BIM 模型的差距，保证提前消除幕墙主龙骨安装中因结构偏差产生的测量误差。通过运用数字化、信息化技术进行施工复核，调整幕墙安装定位点的测量偏差，解决复杂建筑轮廓精准捕捉的难题，体现了其快速、精准的施工应用价值。

参考文献

[1] 张俊，张宇贝，李伟勤 .3D 激光扫描技术与 BIM 集成应用现状与发展趋势 [J]. 价值工程，2016，35 (14)：202—204.

[2] 赵营记，张良侠，余虎，郭阳 . 银川绿地中心幕墙工程三维扫描＋BIM 技术应用全解析 [A] 2023 年全国工程建设行业施工技术交流会论文集（下册）[C].

[3] 王联，李国文，平勤艳，等 . 基于反求工程的精准模型在异形幕墙施工中的应用研究 [J]. 价值工程，2018，37 (24)：172—174.

[4] 王珂，常明媛，陈明玲，等 . 三维扫描和 BIM 技术在历史街区改造中的应用 [J]. 施工技术（中英文），1—8.

[5] 王代兵，杨红岩，邢亚飞，等 .BIM 与三维激光扫描技术在天津周大福金融中心幕墙工程逆向施工中的应用 [J]. 施工技术，2017，46 (23)：10—13.

BIM 技术在复杂空间异形幕墙中的研究与应用

◎ 阮志伟　陈伟煌　杨友富　刘　辉　欧杰波

中建深圳装饰有限公司　广东深圳　518028

摘　要　本文基于湛江文化中心（三馆）幕墙项目，分析了BIM技术在复杂空间异形幕墙中的研究与应用。该项目造型俯仰起伏，优雅灵动，犹如碧海游龙。项目团队采用犀牛软件Grasshopper的BIM技术，解决了项目面板优化与分析、施工方案分析模拟、参数化建模、批量化导出参数、精准下单等难题，助力了项目装配式定位施工，保证工程质量，节约施工成本，配合了商务算量，保证工程量计算的准确性。

关键词　复杂空间异形幕墙优化设计；空间异形钢网壳；BIM技术；装配式；参数化

1　引言

为了赋予建筑更多的文化和艺术特征，越来越多的空间异形建筑物被设计出来。空间异形建筑物造型复杂，设计独特，精度要求高，这无疑增加了幕墙在深化设计、生产加工以及现场施工方面的难度。采用建筑信息模型（BIM）技术，能有效提高复杂空间异形幕墙设计工作效率，同时节省资源、降低成本、实现可持续发展。

Rhino是一款超强的三维建模工具，具有强大的数字化、信息化能力，广泛应用于三维动画制作、工业制造、科学研究以及机械设计等领域，近些年在建筑设计领域应用越来越广，已经成为BIM技术不可或缺的一部分，其简单的操作方法、可视化的操作界面深受广大设计师的欢迎。Rhino软件中有一款采用程序算法生成模型的插件Grasshopper（GH），GH有两个显著特点：一是可以通过输入指令，使计算机根据拟定的算法自动生成结果，算法结果不限于模型，视频流媒体以及可视化方案；二是通过编写算法程序，机械性地重复操作及大量具有逻辑的演化过程可被计算机的循环运算取代，方案调整也可通过参数的修改直接得到修改结果。

Rhino结合GH插件进行可视化编程建模，可以做出各种优美曲面的复杂空间异形幕墙模型，模型完全反映幕墙的细节，并且幕墙构件在模型上的表达达到加工级别，辅助设计师对设计方案进行模拟分析和优化调整，提高设计的合理性和经济性；Rhino结合GH插件进行参数化建模，辅助设计师快速进行模块化、标准化的设计，提高设计效率和精度；Rhino结合GH插件进行数据管理，快速实现设计信息的精确表达与共享，进行多专业协同设计，避免专业间的冲突和遗漏，确保设计成果的一致性和完整性。

2　工程概况

本论文对BIM技术在复杂空间异形幕墙中的研究与应用基于湛江文化中心（三馆）幕墙项目，湛江文化中心及配套设施项目三馆坐落在湛江市调顺岛南端，地处于湛江湾的核心位置，将成为推动湛江文化和旅游发展的新高地、展示湛江城市面貌的新地标。

湛江文化中心（图 1）由演艺中心、专题博物馆和美术馆组成。其中，演艺中心包含大剧院及多功能小剧场两大主体部分，能承接世界一流的大型歌舞剧、音乐剧、戏剧、交响乐等综合艺术演出。在文化中心顶部，打造“全球唯一空中连续观景长廊”，全天候对公众开放。此外，在文化中心首层南侧结合滨水景观带，设置“欢乐湛江”露天剧场，是演艺功能的重要补充。

图 1　湛江文化中心效果图

本工程主体建筑地上五层，屋面为主体钢网格结构，建筑规模近 9.17 万 m^2，结构最高点为 58m，幕墙面积约为 8 万 m^2，主要幕墙形式为：竖明横隐玻璃幕墙、蜂窝铝板幕墙、铝板幕墙、ETFE 膜结构、立面钢结构网壳幕墙系统等。

3　BIM 技术施工设计的应用

3.1　BIM 技术助力方案设计

湛江文化中心幕墙由不规则的三角板组合形成，由于造型在空间上渐变，面板的夹角多种多样。原方案（图 2）面板与底座固定，机丝孔的对位困难，加工的精度要求高，无法吸收偏差，常规幕墙无法适应面板间不同的角度。

团队利用 Rhino 结合 GH 插件快速确定面板交线，从而确定相邻面板，根据面板的法向向量批量求取面板之间的夹角（图 3）并导出，并可以清晰看到每处夹角的角度（图 4）。其立面幕墙共 10864 块面板，夹角 16631 个，共 252 种，角度在 152.3°到 196.2°之间进行变化。立面和檐口交接位置，夹角 362 个，共 204 种，角度在 110.8°到 162.3°之间进行变化。

根据分析出的面板夹角数据对方案进行调整，优化为三维调节系统（图 5），可上下调节 10mm，可前后调节 20mm，新方案便于加工、施工安装，保证面板与底座连接可靠。

3.2　BIM 技术助力曲面优化

本工程大部分面板采用三角形拟合曲面，除此之外铝板均为异形双曲板块。双曲铝板加工周期长，费用高，团队利用 Rhino 结合 GH 插件对双曲铝板批量进行曲率分析，按矢高（拱高或角点翘曲值最大值）a/边长 L 的比值为控制值将双曲铝板优化为单曲板或者平板，在保证项目质量的同时，节约施工成本，保证了施工工期。

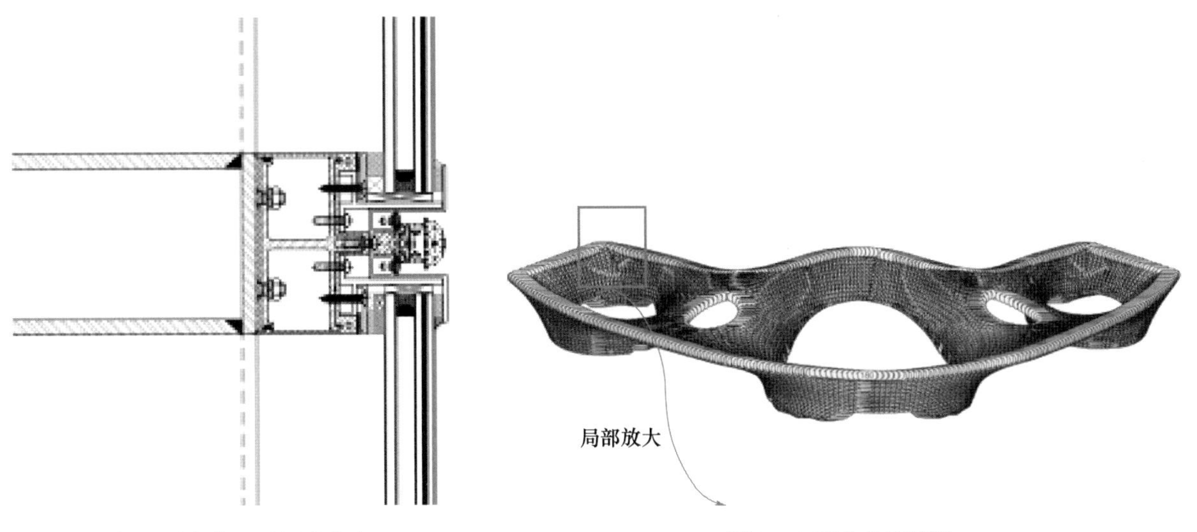

图 2 原方案立面标准节点

图 3 立面夹角情况图

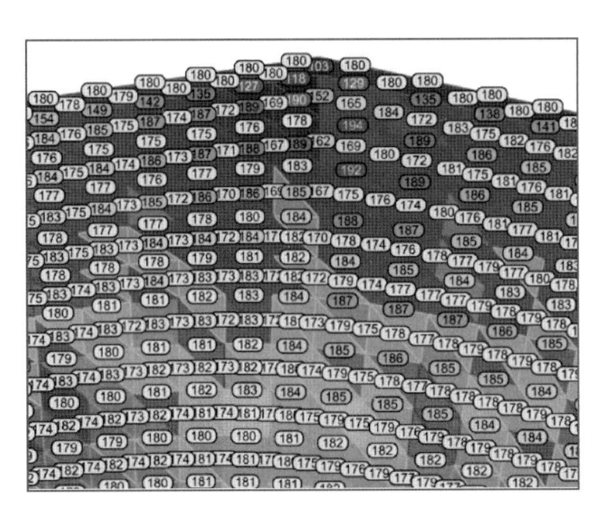

图 4 立面夹角局部图
（图中数据为相邻面板的夹角，深色最小，浅色最大）

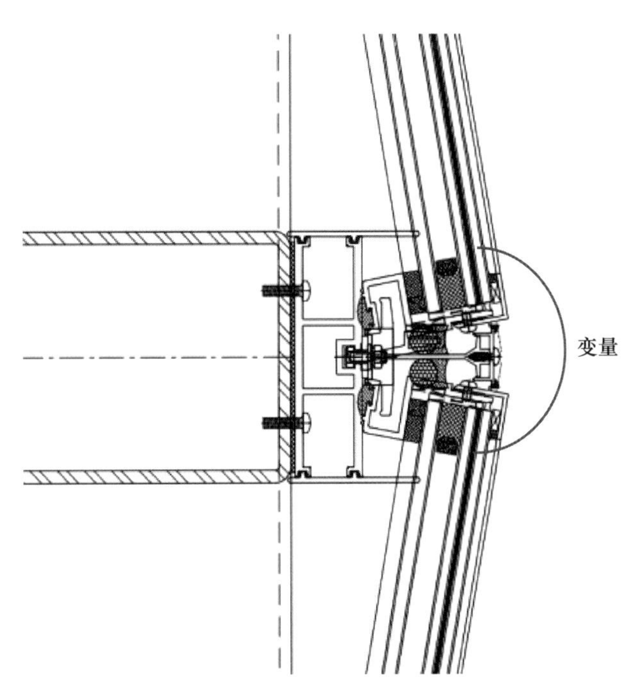

图 5 优化方案立面标准节点

优化原则如下：（1）双方向曲率 $a/L \leqslant 1/200$，拟合为平板；

（2）单方向曲率 $a/L > 1/200$ 时，拟合为单曲板；

（3）双方向曲率 $a/L > 1/200$ 时，为双曲板。

3.3 BIM 技术助力结构计算

本工程立面龙骨为空间异形钢网壳，钢龙骨约 17000 根，为了对龙骨进行受力计算，确定格杆件规格，满足结构受力要求，合理优化杆件，节约施工成本，需要提取钢骨架中心线模给专业的结构计算软件进行计算（图 6）。团队利用 Rhino 结合 GH 插件可批量快速根据面板提取钢龙骨线模，做到无遗漏，无重复线条，解决传统 CAD 放线慢、易出错问题。

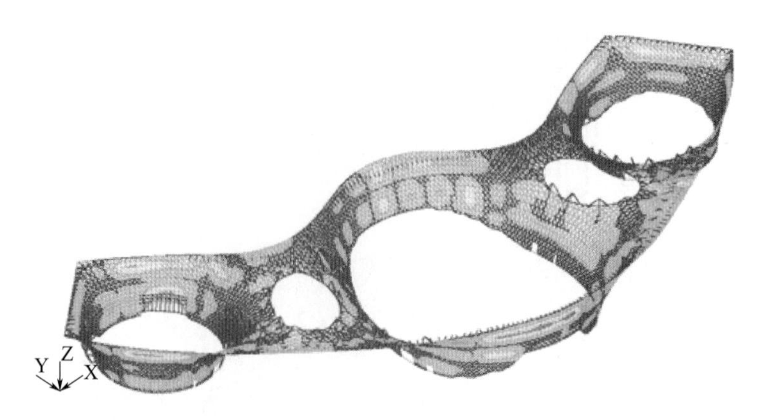

图 6　提取线模计算

3.4　BIM 技术检查结构碰撞

BIM 施工预模拟是一种有效的检查结构碰撞方法，通过碰撞来检测结构、机电、景观等专业与幕墙模型的干涉（图 7）。通过 GH 插件运算分析，进行结构碰撞检测，能及时与设计院沟通，调整结构问题；同时，BIM 结构碰撞检查，可以在施工前就发现并解决潜在问题，避免在施工过程中出现返工或延误，从而显著提高施工效率。

图 7　结构与幕墙模型干涉

3.5　BIM 技术参数化下单

3.5.1　空间异形钢网壳参数化下单

湛江文化中心主体结构为钢混凝土组合结构，立面幕墙与主体结构之间要设置一层空间异形钢网壳来支撑幕墙系统（图 8）。

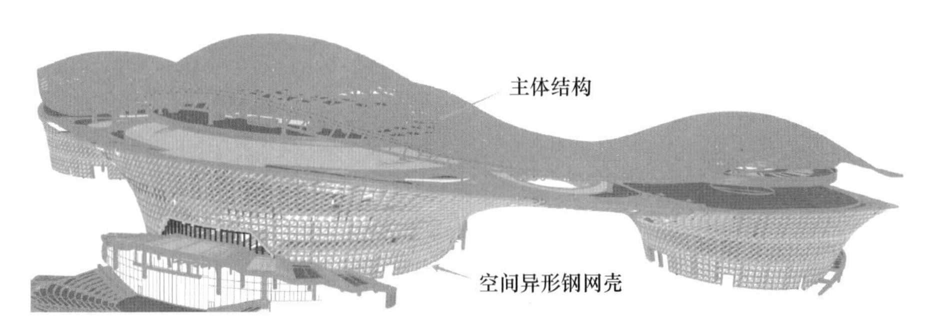

图 8　主体结构

该工程是由三角板拟合双曲面的空间异形幕墙工程，结合节点，其立面钢件要达到 LOD400 模型精度等级以便用于加工安装，钢结构深化复杂，构造变化多，拼接节点 5987 个，每个都不同，钢件约 17000 根，每根不一样。采用 Tekla 软件进行钢结构深化，无法寻找面板的角平分线和保证安装后面板的交线位置，且需要纯手工建模，CAD 标注出图，无法提供点位给现场打点安装，周期长、精度低，无法满足项目要求。团队利用 Rhino 结合 GH 插件进行参数化分析设计，可以确定面与面之间夹角的法线方向，确定拉伸平面，且找出最优的切割平面（图 9），让钢件因不同方向摆向造成的端部的错位达到最少，参数化在杆件的室外面打孔编号（图 10），最终生成 LOD400 精度等级模型，满足钢件加工精度的要求，同时满足幕墙施工节点的要求，并且后期可以参数化导出模型的定位点，方便现场安装。

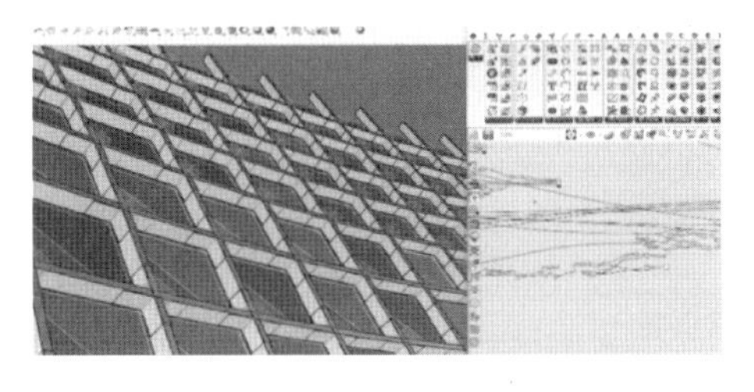

图 9　参数杆件端部切割及程序

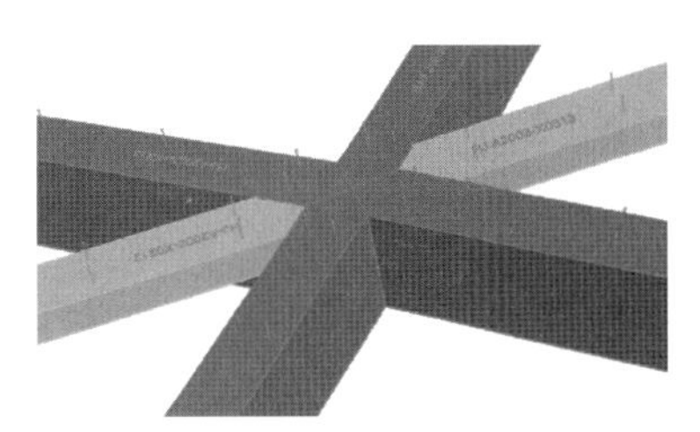

图 10　参数杆件打孔编号

钢网壳龙骨每一根都不一样，用常规的方法下单，加工参数多，切口复杂，加工效率低，精度无法保证。Rhino 结合 GH 插件直接导出每根杆件的模型，批量导入 CNC 设备无纸化加工（图 11），保证了加工的精度，减少加工周期，方便后期的装配式施工，提高安装效率。

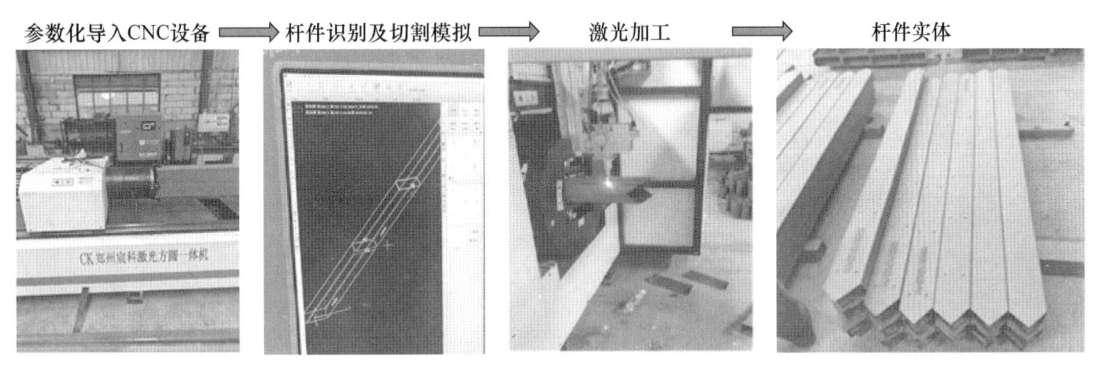

图 11　CNC 设备无纸化加工流程

通过 Rhino 结合 GH 插件，可以根据信息模型、分榀规则（单榀最大尺寸 7.9m×16m，单榀最重约 5 吨）批量对立面钢架进行分榀（图 12）。同时，可以将钢架摆平到地面，导出拼装点位坐标（图 13）、每榀钢架在地面的拼装图（图 14）、吊装图和吊装点位坐标，减少高空作业量，保证施工能够顺利高效地进行，降低安全隐患。

通过 BIM 模型下单及生产加工，现场按成品龙骨材料编号进行安装，达到了设计、生产、安装的高度协同。

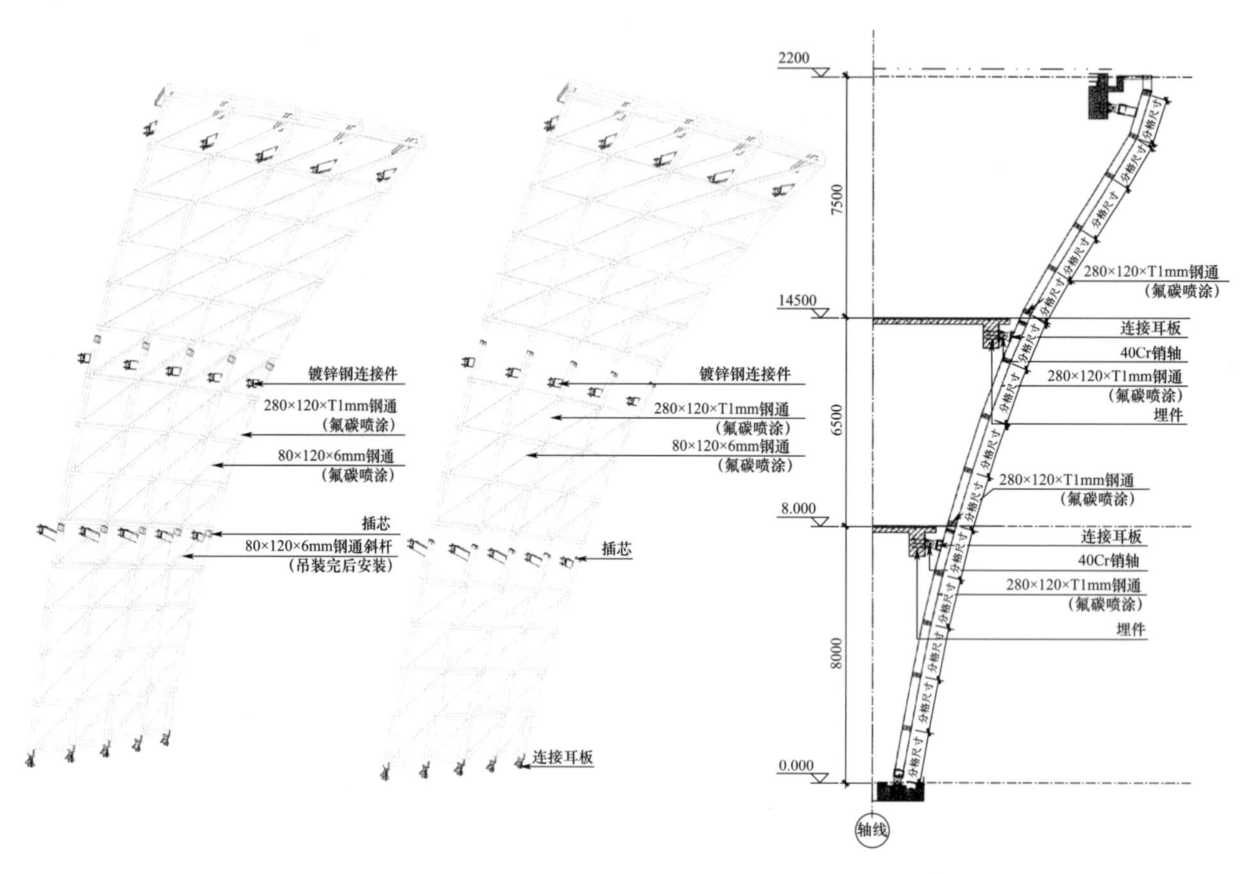

图 12　分格示意

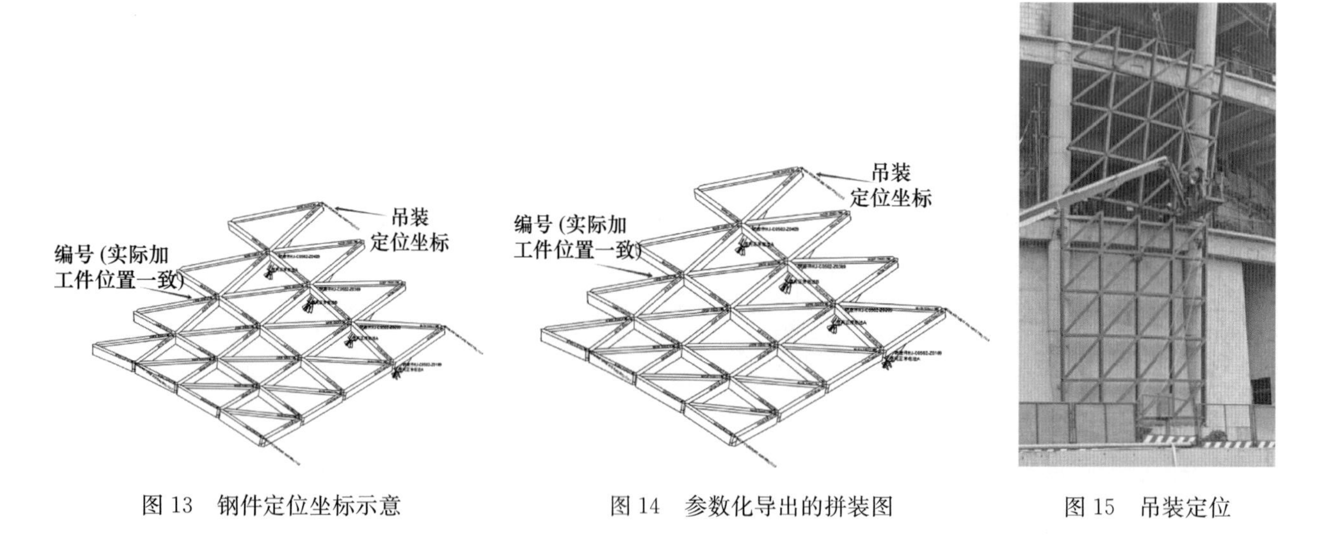

图 13　钢件定位坐标示意　　图 14　参数化导出的拼装图　　图 15　吊装定位

3.5.2　面板和型材参数化下单

该工程主要是由三角板拟合双曲面的异形工程，面板边长尺寸和角度尺寸都不一样，面板的加工编号无法合并，相应大部分型材加工编号也无法合并，型材切角种类多，按传统的放样下单，工作量非常大。团队采用 BIM 技术参数化下料，Rhino 结合 GH 插件，参数化建模，批量对型材切角处理，并且批量提取面板和型材的加工参数（图 16），将面板和型材的必要的尺寸参数及编号储存在模型当中（图 17），按批次批量导出加工数据和组框明细表，提高设计效率和下料准确度。

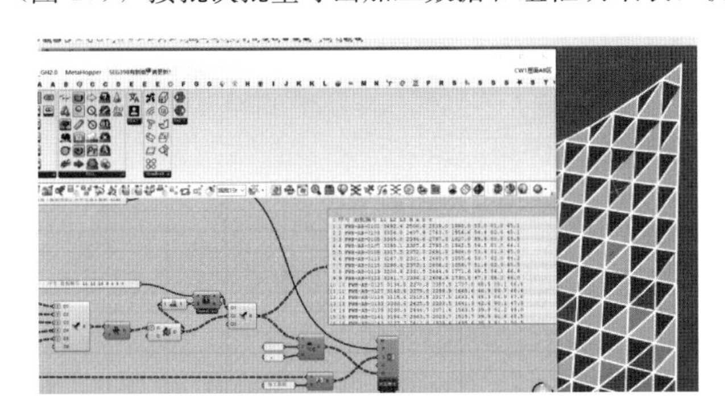

图 16　加工组装参数化提取

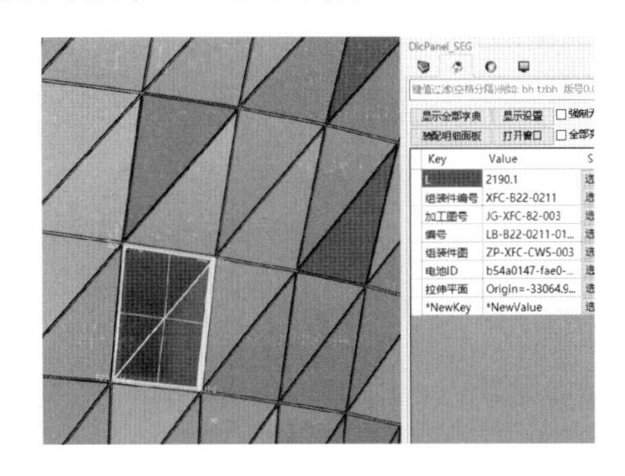

图 17　储存信息

3.6　BIM 技术助力测量放线

由于现场主体施工尺寸存在偏差，需要对现场主体结构进行复核。本工程立面结构形状不规则，需要对每个结构边缘和连接点进行返点，数据非常庞大。团队利用 Rhino 结合 GH 插件对返尺点位数据进行批量处理（图 18），将返尺点位数据批量导入模型和理论结构对比分析，提前发现现场偏差，批量调整支座杆件，或者对结构进行处理，确保每一个接件都能与结构准确连接，提高施工质量，保证施工能够顺利高效地进行。

立面钢架拼装完，需要复核点位，并且上墙后需对连接节点返尺复核（图 19）。现场测量将钢件交点的点位数据测量出来，利用 Rhino 结合 GH 插件导入理论模型，并分析理论模型和现场钢架的实际偏差（XYZ 方向和总体偏差），偏差在节点调节范围内不作调整，偏差超出节点调节范围，反馈给现场进行调整，确保钢架的精准度，为后续面板的准确下料提供保证，保证施工质量。

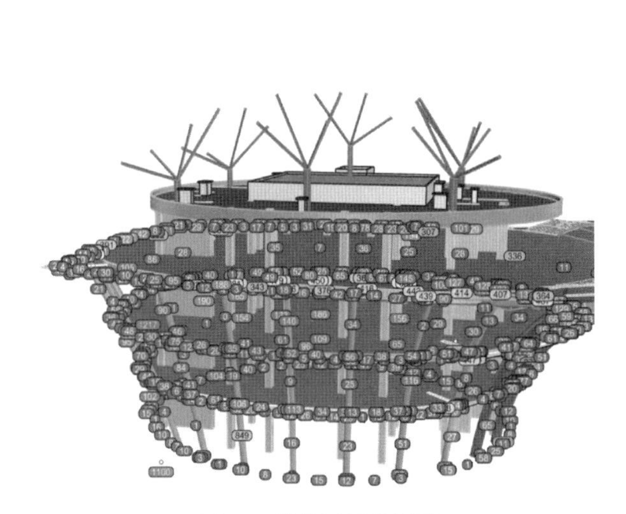

图 18　结构返尺分析图

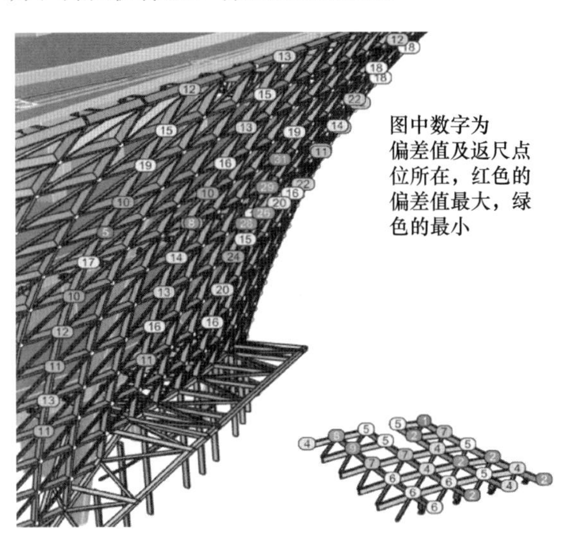

图中数字为
偏差值及返尺点
位所在，红色的
偏差值最大，绿
色的最小

图 19　钢架点位复核

该工程屋面系统结构为主体网壳，结构精度低、变形大。原有的幕墙表皮和节点无法适应变形较大的主体网壳，利用激光扫描仪对主体网壳进行扫描，将现场实地扫描的点云数据进行处理，得到现场实际主体网壳模型。再利用 Rhino 结合 GH 插件，进行批量分析处理，将屋面表皮重建（图 20），保证后续面板的下料准确，保证施工质量。

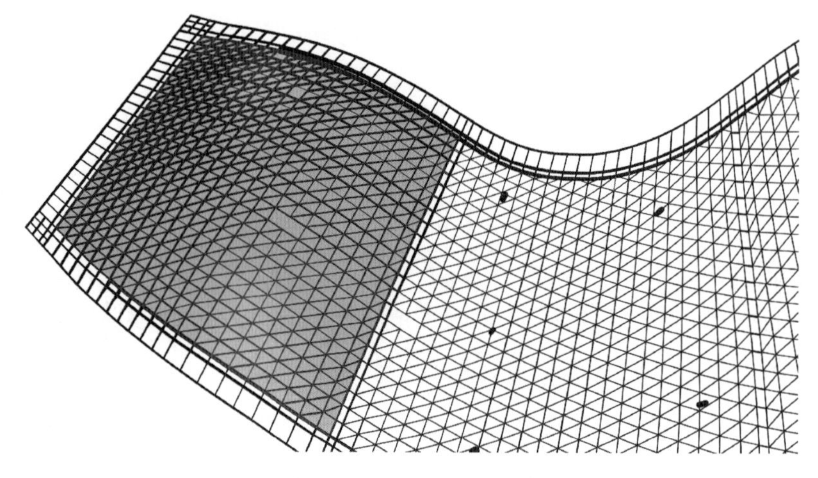

图 20　屋面三维扫描重建

3.7　BIM 技术助力项目管理

该工程为空间异形工程，传统的 CAD 放样不能直观地进行施工交底。BIM 技术可以精确模拟施工流程（图 21），进行可视化交底，提前发现潜在问题，优化施工方案，减少资源浪费，通过 BIM 平台，各方参与者可以实时共享信息，提高沟通效率，减少误解和冲突，提高决策的科学性和准确性。同时，利用 Rhino 结合 GH 插件还可以为施工过程中的决策提供数据支持，快速统计划分各区域材料的数量和质量，对下料以及施工的区域进行有效的划分（图 22），将型材面板等编号随着曲面展开，解决直接投影产生的杆件堆叠，或者分视角投影定位麻烦问题，对材料进行有效的统筹管理（图 23、图 24）。

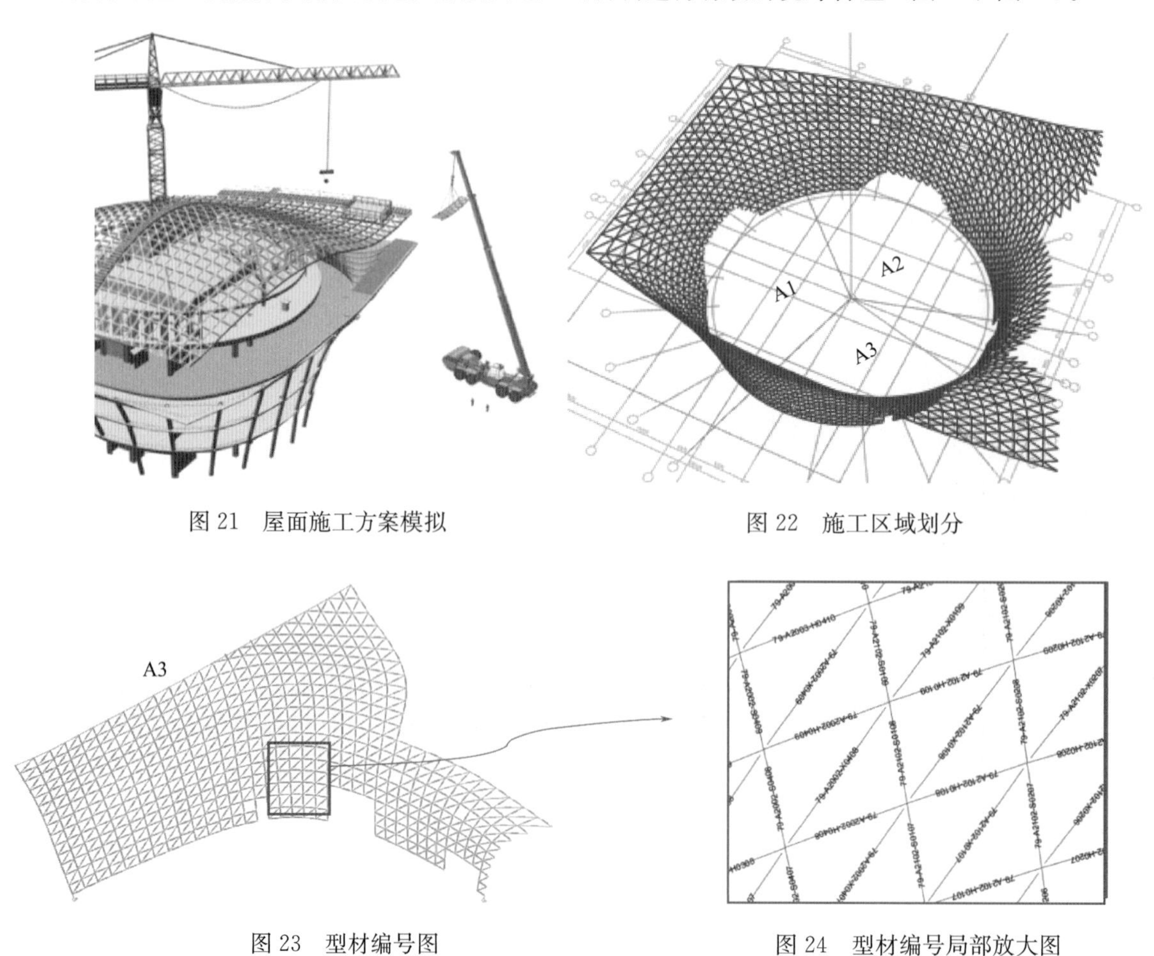

图 21　屋面施工方案模拟

图 22　施工区域划分

图 23　型材编号图

图 24　型材编号局部放大图

3.8　BIM 技术商务协调

该工程为空间异形工程，根据 CAD 大样图，平立面图，按照传统的放样方法无法准确计算工程量，工作量大，在和业主对量时容易产生分歧，导致对量进度缓慢。利用 Rhino 结合 GH 插件快速搭建幕墙表皮（图 25），搭建龙骨线模（图 26），进行可视化沟通，为实现设计商务联动奠定基础。同时，利用 Rhino 结合 GH 插件快速提取构件信息（图层、材料名称、规格等）的优势，参数化计算各个系统面积与含量（图 27），解决商务用传统方法算量无法快速、准确进行分类计算的难题，有效提高了商务工作的效率。

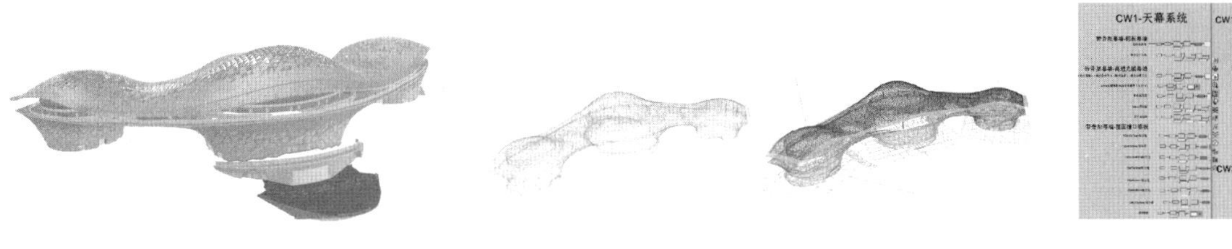

图 25　面板模型　　图 26　龙骨线模　　图 27　程序参数化算量

4　结语

综上分析，在复杂空间异形幕墙工程中，利用 BIM 技术管理整个幕墙工程的设计、下单、施工，能有效解决复杂空间异形项目深化设计复杂、材料尺寸数据量庞大、定位参数多、施工定位难、龙骨安装复杂等难题，减少从设计到加工中的材料损耗，提高整个幕墙工程的设计、施工效率。同时，BIM 技术的应用，对设计、成本、工期、材料、沟通等都起到重要作用，相信在未来的建筑幕墙发展里，BIM 技术将是项目各方必不可少的工具。

图 28　项目安装效果图

参考文献

[1] 中华人民共和国住房和城乡建设部．建筑信息模型施工应用标准：GB/T 51235—2017 北京：中国建筑工业出版社，2018.
[2] 中华人民共和国住房和城乡建设部．钢结构设计标准：GB 50017—2017 [S]. 北京：中国建筑工业出版社，2018.
[3] 中华人民共和国建设部．玻璃幕墙工程技术规范：JGJ 102—2003 [S]. 北京：中国建筑工业出版社，2004.
[4] 中华人民共和国住房和城乡建设部．建筑信息模型应用统一标准：GB/T 51212—2016 [S]. 北京：中国建筑工业出版社，2017.
[5] 中华人民共和国住房和城乡建设部．建筑信息模型分类和编码标准：GB/T51269—2017 [S]. 北京：中国建筑工业出版社，2018.

三维扫描技术在幕墙工程中的应用

◎刘 峰 程亚强 蔡广剑

深圳市三鑫科技发展有限公司 广东深圳 518054

摘 要 随着建筑行业数字化技术的快速发展，三维扫描技术在幕墙工程中发挥重要作用，本文探讨了三维扫描技术在幕墙设计下单、结构复测、施工安装中工作流程与关键作用。通过三维扫描技术，可以高精度、快速获取点云模型，通过参数化、编程快速逆向建模并与理论模型对比分析，快速得到理论模型与结构模型偏差，实现精准、无死角下单、一体化施工，降本增效。

关键词 三维扫描技术；设计下单；结构复测；一体化施工；降本增效

1 引言

随着现代建筑设计对复杂外立面造型的追求越来越高，幕墙工程在建筑美学与功能性中的重要性日益凸显。然而，传统的幕墙设计与施工过程往往面临测量不精确、设计与施工偏差大、复杂异形结构复测效率低下、质量控制难度高等问题。为了提高幕墙工程的设计下单精准度和效率，数字化手段逐渐成为工程项目中的关键环节。

近年来，三维扫描技术因其高精度、快速采集数据、可视化建模等优势，逐渐用于幕墙工程中。该技术通过非接触式扫描设备，能够高效捕捉建筑结构复杂形状与细节，生成精确点云模型，不仅为设计人员提供可靠的基础数据，还能帮助施工团队实时校核和调整施工偏差，从而减少返工率。

本文将通过腾讯总部基地幕墙工程三维扫描技术应用，详细介绍其各阶段工作流程，并分析其优势与挑战，从而为幕墙工程的数字化测量发展提供新的思路。

2 三维扫描技术基本工作原理

三维扫描技术的基本工作原理是通过捕捉物体表面的几何信息，将其转化为数字化的三维模型。该技术利用各种传感器设备（如激光、光学或结构光传感器）来获取物体的外部形态、尺寸、纹理等信息，并将这些数据处理成可用于设计、分析和制造的三维数字模型。

扫描仪通过数据采集生成大量的离散点，这些点包含物体表面每个部分的三维坐标（X、Y、Z）。这些坐标点集合被称为“点云”。点云是三维扫描的基础数据，它代表物体表面的几何形状。高精度扫描可以生成非常密集的点云，精确还原物体的细节（图 1）。

通过点云模型逆向建模，利用编程和参数化与理论 BIM 模型可视化分析对比，输出结构或安装偏差分析报告（图 2）。

图 1　唐商科技大厦三维扫描原始点云模型

图 2　唐商科技大厦着色后的点云模型

3　三维扫描技术应用工作流程

首先根据建筑结构形式、现场施工环境、幕墙安装等技术要求制定专项三维扫描技术方案，然后进入三维扫描技术应用实施阶段，分为三个阶段。工作内容如表 1 所示。

表 1　幕墙工程三维扫描各阶段的工作内容

阶段	前期基础数据准备	中期外业三维扫描	后期内业数据分析比
工作内容	・搜集建筑控制点坐标数据 ・确定扫描使用的坐标系 ・理论模型提取数据 ・数据载入仪器手簿	・勘察现场环境确定描方案 ・架设仪器并布设控制点 ・基于控制点进行细部扫描 ・初步检查扫描数据质量，完成扫描	・去除干扰的点云 ・将点云分区域导入 BIM 软件进行逆向建模 ・点云模型与 BIM 模型参数化对比分析 ・整理分析数据并输出
时间	2～3 天	2～3 天	3～14 天

通过表格中幕墙工程三维扫描各阶段工作和时间可以发现，相对于传统测量放线方式，三维扫描外业时间短、数据采集效率高，主要工作在于内业数据分析。这种作业特点，降低了现场测量安全风险，提高了整体测量工作效率。下面我们用腾讯项目为案例详细介绍三维扫描技术应用的全工作流程。

4　腾讯总部基地三维扫描技术应用

4.1　工程概况

腾讯总部大厦项目（图 3）位于深圳市宝安区大铲湾，包含 6 栋超高层塔楼，塔楼最高高度为 140.15m，主要幕墙系统有折线单元式玻璃幕墙、凹槽单元式玻璃幕墙、大堂幕墙系统、屋顶光伏系统、UHPC 造型系统等。主体结构逐层渐变，每一层结构轮廓线不同，异形的建筑表皮与结构，建筑结构体量巨大，给现场测量放线、幕墙单元板块精准下单带来巨大困难。

本项目如果采用传统的测量技术，复测主体结构难度大、时间周期长、准确性低。而利用三维扫描技术能够快速生成物体的三维点云模型，省去了逐点测量的步骤。三维扫描技术以非接触性、实时性、高密度、高精度、数字化和自动化程度高等特点著称，在操作过程中无需对物体进行任何处理。所以我们可以利用三维扫描技术快速、准确地获取异形结构的精确几何信息。

腾讯总部基地三维扫描技术应用工作流程如下：首先项目现场踏勘，其次布设控制点，设置标靶，然后进行现场三维扫描，获取点云数据后进行整合处理，进行逆向建模，并最终创建与现场实际 BIM 模型与理论 BIM 模型进行偏差分析（图 4），实现无死角、一体化下单。

图 3　腾讯总部大厦效果图

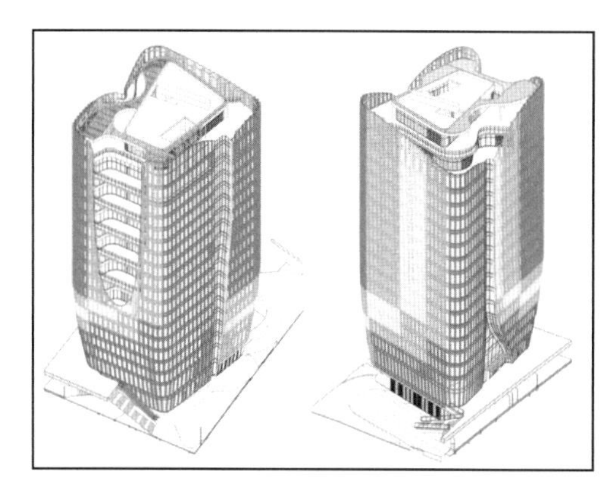

图 4　形体分析

4.2　踏勘与规划

根据腾讯现场异形土建钢结构与混凝土结构的形式、现场条件、项目基准测量点的位置，对三维扫描测站位置进行合理划分。在确定测站时，应确保前后扫描仪、标靶及观测点之间的视线畅通，以确保后期点云数据拼接的精确性和高精度。为保证数据的一致性，相邻测站间的扫描点云需保持一定的重叠区域。鉴于现场结构的复杂性，在实际设置测站时，我们需要增加相邻测站点云重叠的面积，以确保数据的完整性和准确性（图 5～图 7）。

图 5　标靶

图 6　控制点

图 7　测量基站

4.3　三维扫描外业工作

根据项目现场异形主体结构、现场条件，我们首先需明确扫描仪的行走支线方向。在开始扫描之前，我们需要仔细设置扫描仪的参数，这些参数包括扫描密度、扫描模式、棱镜常数以及全景照片等。

针对现场异形结构的特点，我们需要明确获取三维建模的关键点。特别是对于异形结构的转折点或重点交接部位，如结构弯曲转折部位或纵横结构交接点位置，常规的扫描方案可能无法全面覆盖。因此，我们需要根据实际情况来确定扫描仪的作业区域。

在完成所有准备工作后，我们开始扫描作业。首先，我们需要对准棱镜，进行设站的后视操作，扫描仪将根据前视和后视获取的数据，通过系统计算出测站点的空间坐标值。然后，我们就可以进行全景扫描以获取点云数据。最后，我们按照相同的步骤，依次对预先设置好的勘测站点进行扫描以获取点云数据。

4.4 三维扫描内业处理工作

三维扫描数据内业处理是三维扫描技术应用的关键，下面作者将结合腾讯项目从点云数据整合与处理、点云拼接原理与重合区要求、点云数据降噪与精简处理、BIM与三维技术相结合实现逆向建模四个方面介绍三维扫描内业处理要点。

4.4.1 点云数据整合与处理

三维扫描在点云信息的处理方面，要求具有极高的准确度，以确保点云模型的质量。我们使用Trimble Business Center软件来处理点云数据，其处理流程如下：首先，将原始点云数据导入软件中；接着，进行点云数据的拼接，将各个勘站点获取的点云数据进行坐标转化，合成一片完整的点云；然后，进行点云数据的去燥与精简，以提高点云的质量；随后，对点云进行赋色，使其更符合建筑物的实际情况；最后，将处理后的数据进行转化并导出。在点云数据拼接过程中，我们需要对整个建筑物设置多个站点进行扫描。每个站点的扫描仪都会依据其中心坐标系生成点云数据。为了将这些数据整合到同一坐标系中，我们需要进行坐标转换，确保各个扫描点云能够准确整合。

图8 点云整合处理

4.4.2 点云拼接原理与重合区要求

为保证点云拼接准确，要求在现场作业时确保相邻区域之间有至少30%的点云重合区域。通过识别这些重合区域中的相同坐标名称，我们可以利用诸如法向量、曲率和积分不变等几何性质进行拼接(图9)。

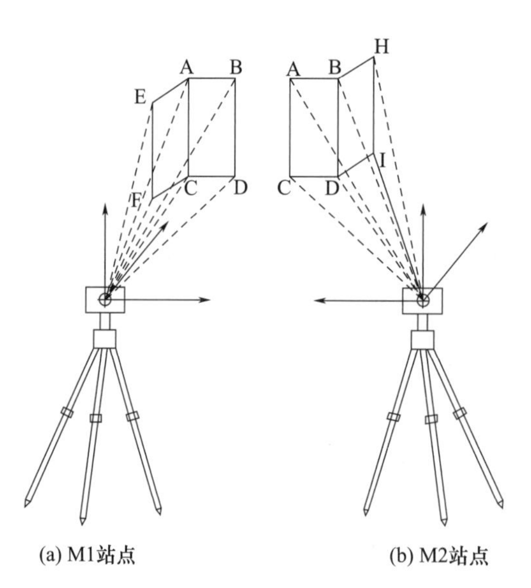

图9 点云拼接原理

4.4.3　点云数据降噪与精简处理

在三维扫描仪工作过程中，可能会受到多种外部因素的影响，例如材料特性、风力、强光照射和振动等，这些因素可能导致扫描获取到许多与建筑物无关的背景点、错误点等。为了获得更准确的点云模型，我们需要对原始点云数据进行一系列处理。首先，通过去噪处理来排除这些无效点；其次，进行精简操作，删除各站点重叠区域的冗余点。在确保点云数据精度的前提下，进一步对点云进行抽稀化处理，降低其密度。经过这一系列精简处理后，最终生成的三维扫描异形结构模型将更为简洁且精确（图 10）。

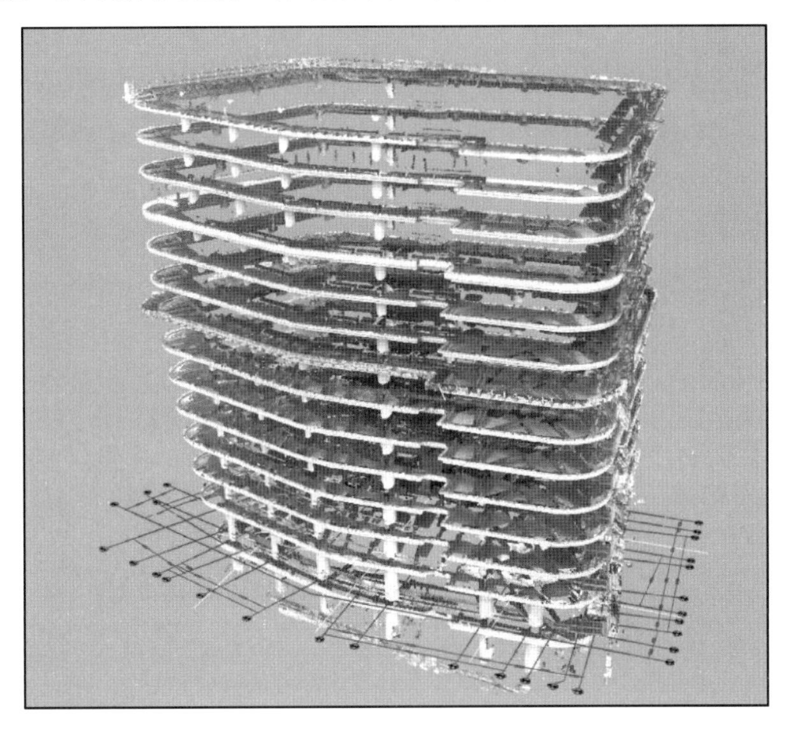

图 10　腾讯云数据降噪与精简处理

4.4.4　BIM 与三维技术相结合实现逆向建模

在点云数据处理完成后，将三维扫描处理后的点云数据导入 Rhino 或 Revit 软件中，进行异形结构的三维建模，通过点云建立的三维模型与理论模型进行对比分析，根据分析结果调整理论模型，从而建立现场实际模型，在此基础上进行幕墙建模工作，从而保证腾讯异形单元板块幕墙下单准确性，实现现场可安装，减少返工概率，节约成本。在生成异形结构模型的基础上采用 Grasshopper 参数化设计、下单，实现每一块板块精准下料，使得后期安装正确率达到 99%（图 11）。

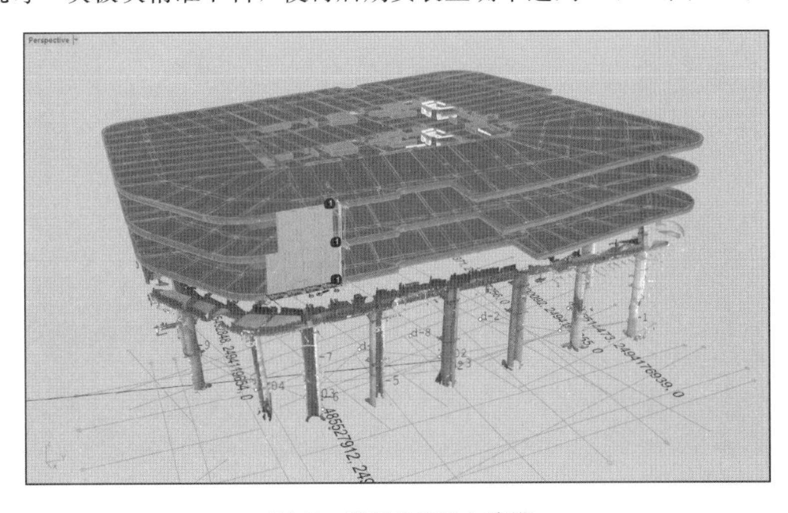

图 11　腾讯点云逆向建模

5 结语

BIM技术结合三维扫描在幕墙工程中的运用具有深远意义，该技术不仅实现了高精度、高效率的结构测量，更为无死角、一体化下单提供了强有力的技术支持。随着建筑信息化、模型化，三维扫描与BIM技术的结合正在改变传统的结构复测和测量放线模式。相比传统测量方法，测量效率提高了80%以上，此外还能大幅减少人工临边复尺的工作量，显著提升现场测量人员的安全性。因此三维扫描技术在幕墙工程中的应用将在不久的将来成为高效、广谱测量技术。

参考文献

[1] Lin Y, Wang C, Cheng J, et al. Line segment extraction for large scale unorganized point clouds [J]. ISPRS Journal of Photogrammetry and Remote Sensing, 2015, 102: 172—183.

[2] 丁延辉，邱冬炜，王凤利．基于地面三维激光扫描数据的建筑物三维模型重建［J］．测绘通报，2010（3）：55—57.

[3] Pu S, George Vosselman. Knowledge based reconstruction of building models from terrestrial laser scanning data [J]. Isprs Journal of Photogrammetry & Remote Sensing,, 2009, 64 (6): 575—584.

[4] Becker S. Generation and application of rules for quality dependent facade reconstruction [J]. Isprs Journal of Photogrammetry & Remote Sensing, 2009, 64 (6): 640—653.

[5] 万仁威，陈林璞，韩阳，等．三维扫描技术在已有建筑测量及逆向建模中的应用［J］．施工技术，2018，47（S1）：1102—1103.

探索 BIM 技术在复杂鱼骨造型建筑中的设计研究

◎林　云

深圳广晟幕墙科技有限公司　广东深圳　518000

摘　要　本文探讨了建筑信息模型（BIM）技术在复杂鱼骨造型建筑项目中的应用。通过参数化设计方法，利用 Grasshopper（GH）软件进行建模，本文详细分析了设计过程中的参数化调整、施工应用，以及通过持续调整达到建筑要求的策略。实证结果揭示了 BIM 技术在提升设计效率、优化施工流程和确保建筑效果方面的显著优势。

关键词　BIM 参数化；鱼骨造型；Grasshopper 建模；施工模拟；建筑效果

1　引言

建筑设计理念的革新引领了幕墙设计的多元化和复杂化趋势。在众多建筑形态中，鱼骨造型因其独特的结构特征和视觉冲击力而备受青睐。这种造型通常由一系列重复的几何元素构成，形成一种动态而有序的视觉效果。然而，鱼骨造型的幕墙设计和施工因其高度的几何复杂性而面临诸多挑战。在施工过程中，板块的加工质量、安装精度以及整体的视觉效果都对最终成果有着决定性的影响。

建筑信息模型（BIM）技术的发展为应对这些挑战提供了有效的工具。BIM 技术通过其可视化、参数化和协同化的特点，极大地提高了设计和施工的效率和准确性。其允许设计师在三维空间中精确模拟建筑的每一个细节，并在施工前预测和解决可能出现的问题。

本文以一个具有鱼骨造型特征的项目为研究对象，探讨了 BIM 技术在此类复杂幕墙设计和施工中的应用，通过对该项目的深入分析，旨在展示 BIM 技术如何优化设计流程、提高施工质量，并最终实现建筑的美学和功能要求。

2　项目及主要系统介绍

本项目位于 DY01—05 组团的西北侧位置，南侧隔园区内部道路为私立学校，西侧隔园区内部道路为综合车站，纬二路与支路 4 交叉口西北角为公立学校。该项目幕墙总面积约 3.6 万 m^2，幕墙系统主要包括首层框架式玻璃幕墙、门窗玻璃幕墙，铝板幕墙、鱼骨铝板幕墙、铝板吊顶、玻璃栏杆、铝板雨篷、铝合金格栅、铝合金百叶等装饰形式。(图 1)

本文将专注于鱼骨幕墙造型的建模过程，并探讨 BIM 技术在施工中的应用，阐述如何将设计理念转化为实际施工成果，我们将展示如何优化设计流程，提高施工精度，最终实现建筑美学与功能性的完美融合。

图1　项目效果图

3　鱼骨铝板幕墙造型建模

3.1　鱼骨铝板造型介绍

鱼骨造型的设计重点位于建筑的主立面，从二层延伸至屋顶，以及垃圾站围墙的外立面。该造型采用3mm厚的氟碳喷涂铝板作为面板材料，以及4mm厚的双面氟碳喷涂穿孔铝板，以增强其装饰性和功能性。内部支撑结构则选用了Q235B钢材，确保了整体的稳定性和耐用性。为了实现这一复杂的鱼骨系统，我们将其按照结构需求划分为若干成品构件。每个构件都经过精心加工，成为独立的成品，以便于现场施工。整个安装过程采用自下而上的吊装方式，确保了施工的效率和安全性。考虑到装饰柱和格栅的特殊结构设计，安装时需遵循从左至右的顺序进行。这样的安装顺序不仅有助于保持整体的美观性，也确保了各个构件之间的协调性和一致性，让我们能够确保最终呈现出的鱼骨造型既美观又实用，符合现代建筑的高标准要求（图2）。

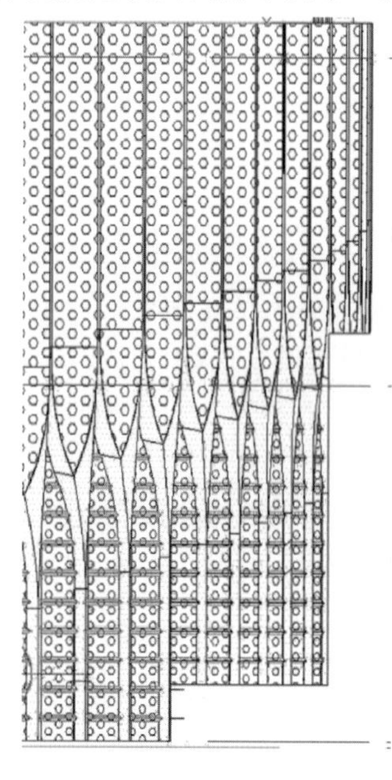
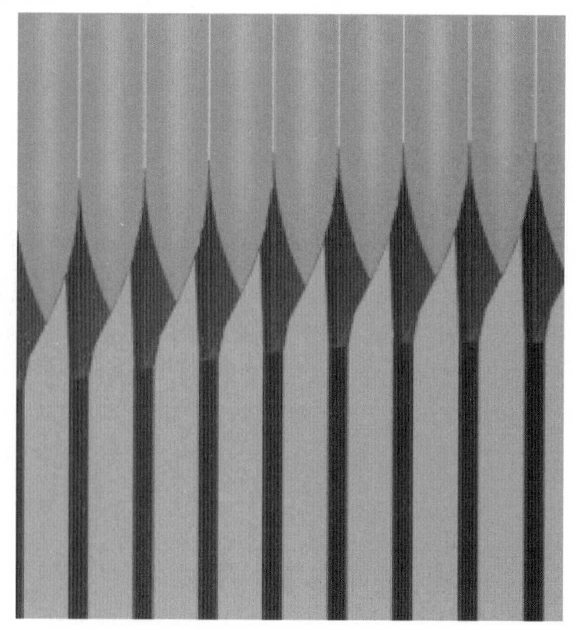

图2　鱼骨造型

3.2　鱼骨铝板幕墙优化方案

原方案中的鱼骨型铝幕墙设计采用了中心轴对称的矩形板块装配式理念。然而，由于板块的高低起伏严格参照《平面分板编号图》所提供的数据，导致了板块间存在无规律的高差变化（图 3）。从板块的背面观察，这种不规则性使得板块间的间隙也呈现出无序状态，这无疑增加了现场安装和铝板加工的难度。鉴于本项目的紧迫工期，原方案难以满足现场施工进度的要求。为了解决这一问题，我们通过参数化建模模拟（图 4），对原有设计进行了深入优化。在保留中轴对称的矩形板块的基础上，我们将其改良为菱形板块（图 5）。这一改进通过在 Grasshopper 软件（以下简称 GH）中对主控制点进行精细调整实现。在调整过程中，我们不仅考虑了插接后的现场施工误差，还确保了菱形板块的角度既能满足结构的力学要求，同时也适应铝板生产厂家的生产标准。

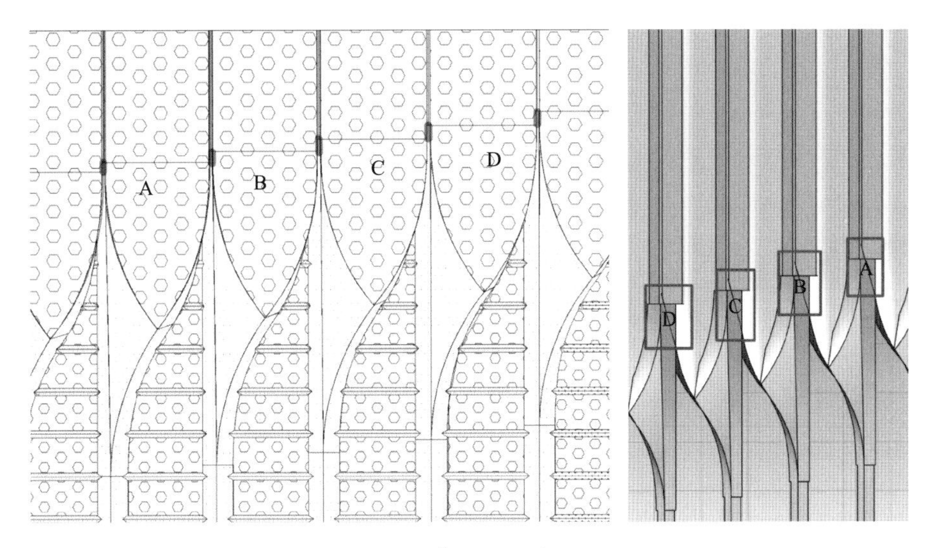

图 3　差值变化区域显示

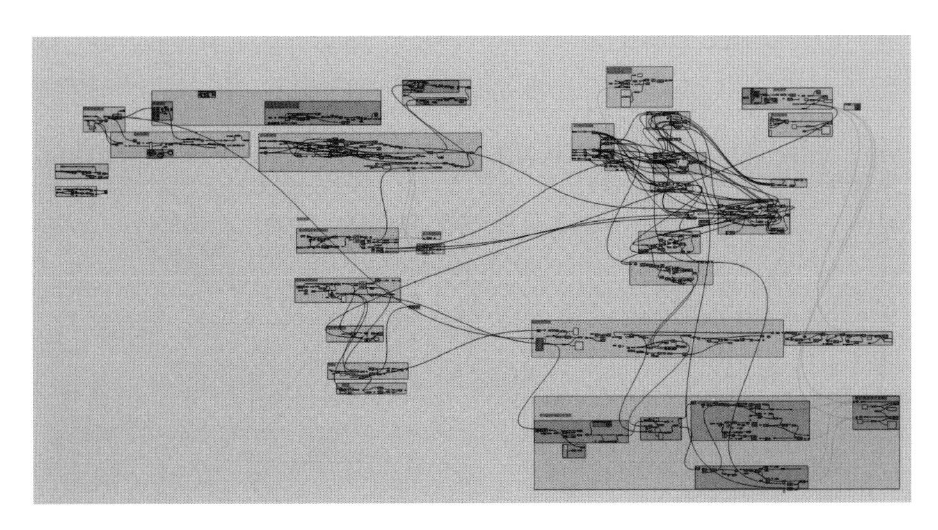

图 4　参数化建模

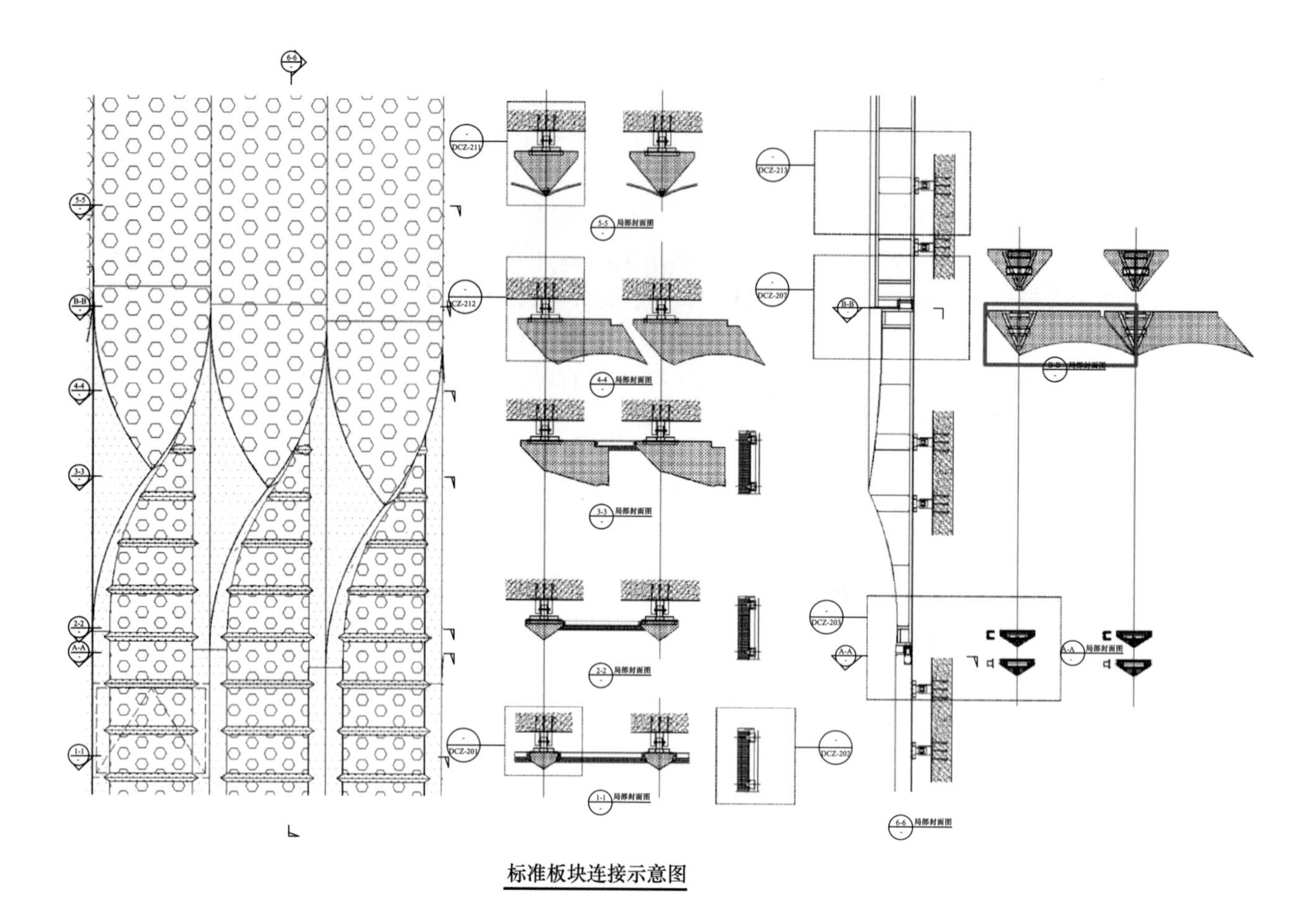

图 5　菱形板块

3.3　鱼骨铝板幕墙空间位置定位点确定

原顾问方案所提供的表皮模型主要展示了建筑外观的造型变化，但关键的控制点定位则需要依赖 CAD 编号图（图 6）中的数据、轴网和立面图来进行精确的板块定位。完成定位后，这些信息将被导入到 Rhino 软件中，以生成板块的编号定位图（图 7）。在后期阶段，我们将利用 Grasshopper（简称 GH）软件提取关键数据，以辅助型材的下单过程。

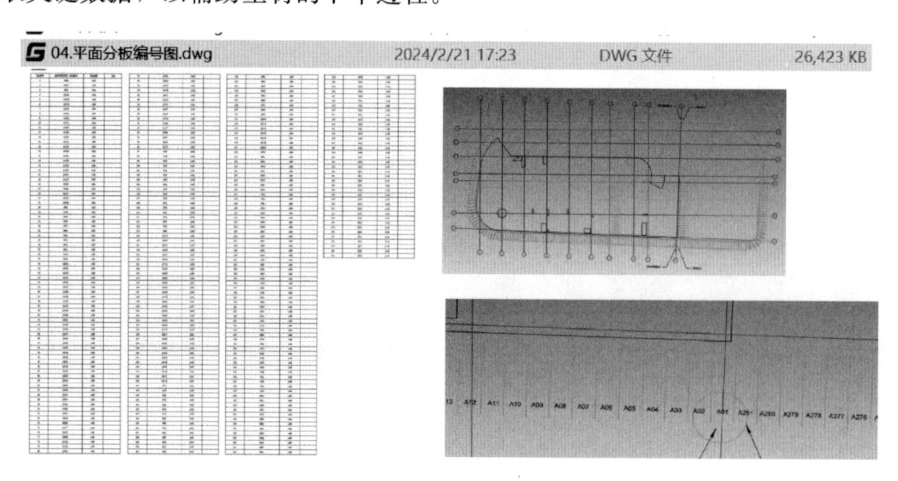

图 6　平面分板编号图

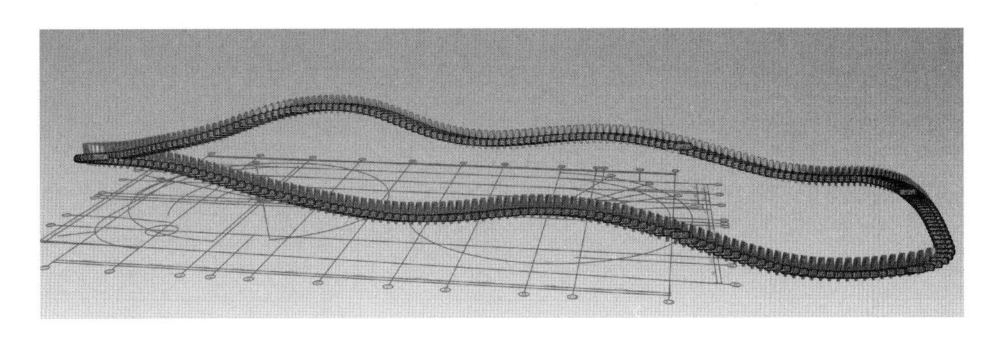

图 7　Rhino 板块定位图

3.4　鱼骨幕墙空间位置定位线确定

在本项目中，穿孔铝板的顶部定位线不仅是鱼骨造型铝板与顶部造型的分界线，更是整个造型铝板的起始点。经过对项目整体造型的深入分析，我们最终确定了统一的圆弧半径为 1631mm，以确保造型的连贯性和一致性。为了提高效率和精确度，我们采用了 Grasshopper（简称 GH）软件进行批量生成定位线（图 8），确保每一条定位线的准确性和一致性。

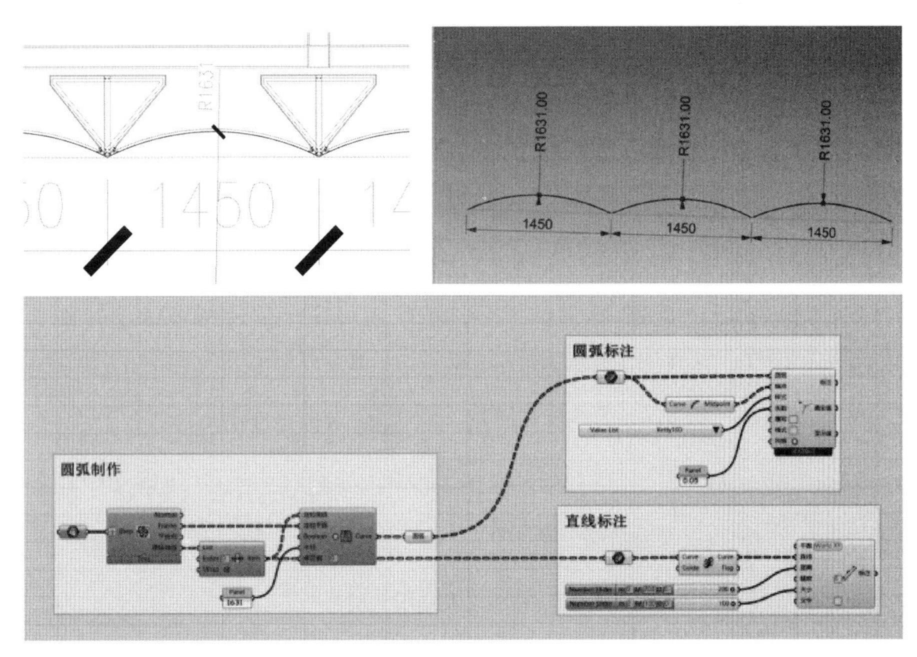

图 8　生成圆弧

3.5　鱼骨造型建模流程

作为本项目的核心组成部分，鱼骨铝幕墙系统设计为两个主要部分：椭圆形穿孔铝板和封闭铝板造型。在对原招标图模型（图 9）进行细致分析后，我们形成了以下初步建模思路：

（1）利用点 0 和点 1 构建出一条弧线，这条弧线不仅定义了造型铝板的定位，也是整个幕墙系统的基础定位线。

（2）结合鱼骨造型的上部铝型材与下部铝板，我们确定了鱼骨造型建模的基准定位点（图 10），确保了模型的精确性和可靠性。

（3）通过与建筑师深入沟通，我们确认了曲线 2 和曲线 5 的形态特征，并将其参数化，以便在设计过程中进行灵活调整和优化。

（4）综合运用上述定位点、弧线和曲线，我们成功构建出了椭圆形穿孔铝板和封闭铝板的造型，确保了设计的创新性与工程的可行性。

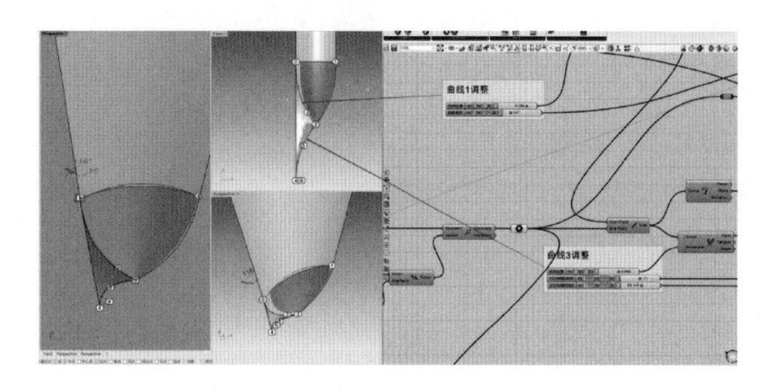

图 9　原招标图模型

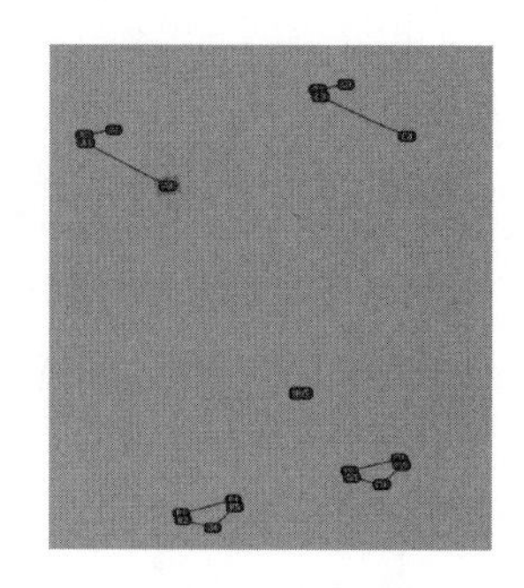

图 10　鱼骨造型建模基准定位点

3.6　造型曲线确认

在本项目的鱼骨造型设计中，曲线 2 和曲线 5 是至关重要的设计元素。我们首先确定了关键的连接点：点 A4 与中心点相连形成直线 2，而中心点与点 B4 相连则形成直线 5。在对原始模型进行深入分析的基础上，我们采用了两种方法来精确构造这两条关键曲线（图 11）。

第一种方法是逼近法，通过参数调整来微调曲线在 X、Y、Z 轴上的偏移值，使之与原模型尽可能地吻合。这种方法允许我们在保持设计意图的同时，能够对曲线进行细致的调整。

第二种方法是公式法，我们分析了原曲线的变化趋势，并将其划分为 10 个控制点。通过提取每个控制点的坐标参数，并将其映射到参考直线上，我们重新生成了新的曲线。这种方法确保了曲线的平滑性和一致性，同时也提高了设计的精确度。

在通过这两种方法生成曲线 2 和曲线 5 的初步效果后，我们与建筑师进行了沟通和反馈，以确保设计满足建筑美学和功能需求。经过仔细评估，我们最终选择了公式法生成的曲线作为最终结果，因其在保持设计精确性的同时，也展现了最佳的视觉效果。

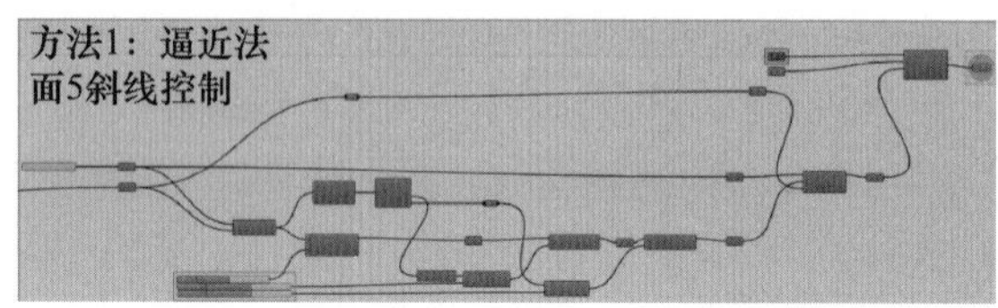

图 11　曲线 2 和曲线 5 确认

3.7　椭圆形穿孔铝板建模

首先，我们定义了连接点 A4 与中心点的曲线，这构成了椭圆形穿孔铝板的一条关键边界。接着，我们绘制了从点 A4 到点 C4 的曲线，进一步细化了铝板的形状和轮廓。最后，我们连接点 C4 回到中心点的曲线，完成了椭圆形的闭合。我们将这个由三条曲线定义的椭圆形区域命名为“面 0”（图 12），用于后续的设计和施工过程中的沟通与识别。

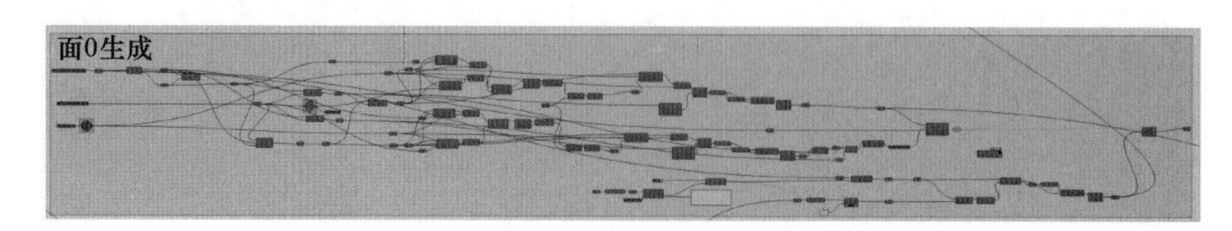

图 12　生成面 0

3.8　鱼骨幕墙建模

在本项目中，我们采用了一种有序且精确的方法来构建鱼骨造型。首先，我们依次连接了基准点和基准曲线，包括点 A2、A3、B2、B3，以及曲线 2、4、5 等，以此生成编号为 1 至 10 的各个造型面。通过这些面与椭圆形穿孔铝板相结合，共同构成一个完整的鱼骨造型（图 13）。

为了确保鱼骨造型的稳定性和强度，我们在其内部设置了角码和加强筋。这些构件不仅增强了造型的整体刚性，还提供了额外的支撑，以抵御可能的外力影响。此外，我们还设计了专用的钢架结构，用于固定鱼骨造型，确保其与建筑主体的紧密结合（图 14）。

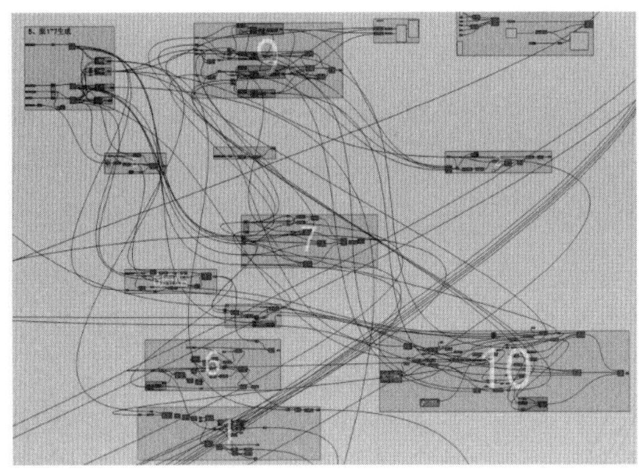

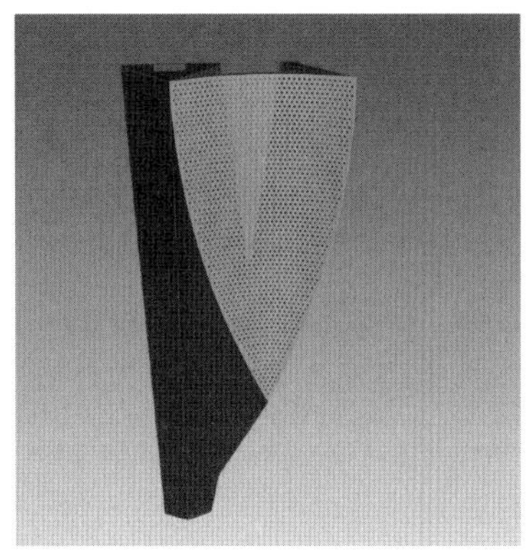

图 13　鱼骨造型生成

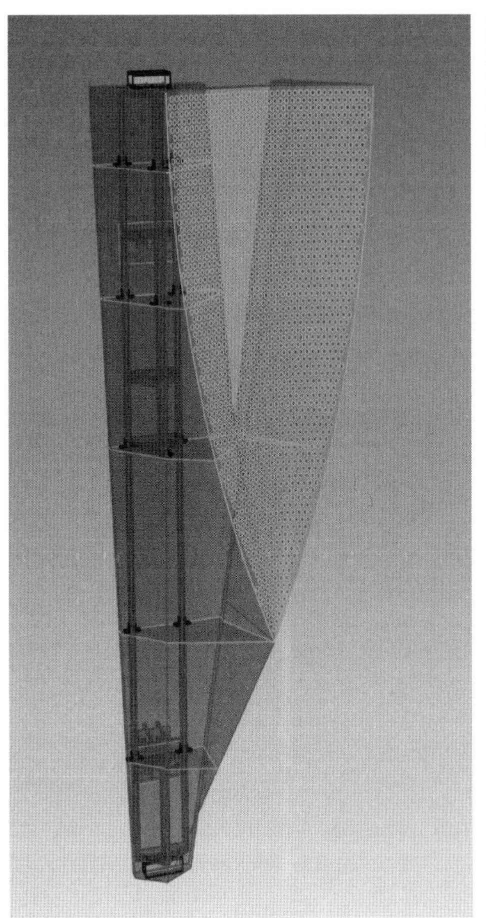
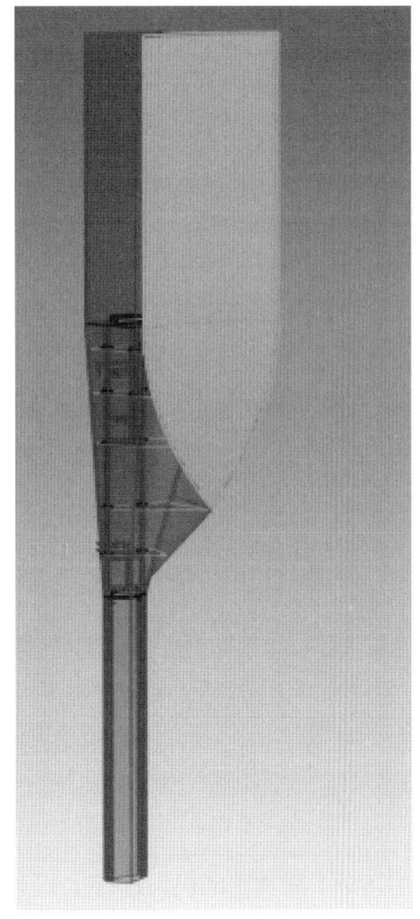

图 14　鱼骨幕墙

4 施工应用

在本项目施工过程中，我们充分利用了 BIM 技术，以确保安装工作的精确性和高效性。

项目初期建模阶段，我们采用了方位分区的方法，将建筑立面划分为东、南、西、北四个区域。其中，南面和北面作为主要的大面积区域，而西面和东面则作为转角交接的关键部位。

我们按照分格对鱼骨铝板幕墙进行了详尽的统计，并利用图层和颜色进行有效区分（图 15），确保了每个区域的信息清晰可辨。并将关键信息进行提取和处理，我们采用了 EXCEL 表格进行数据的二次校核和下单统计。提取控制点位的坐标，指导施工现场定位（图 16）。

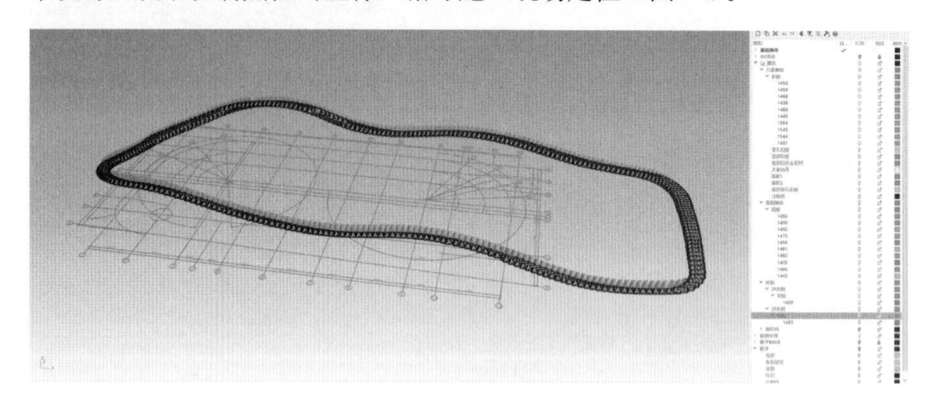

图 15　按图层和颜色区分

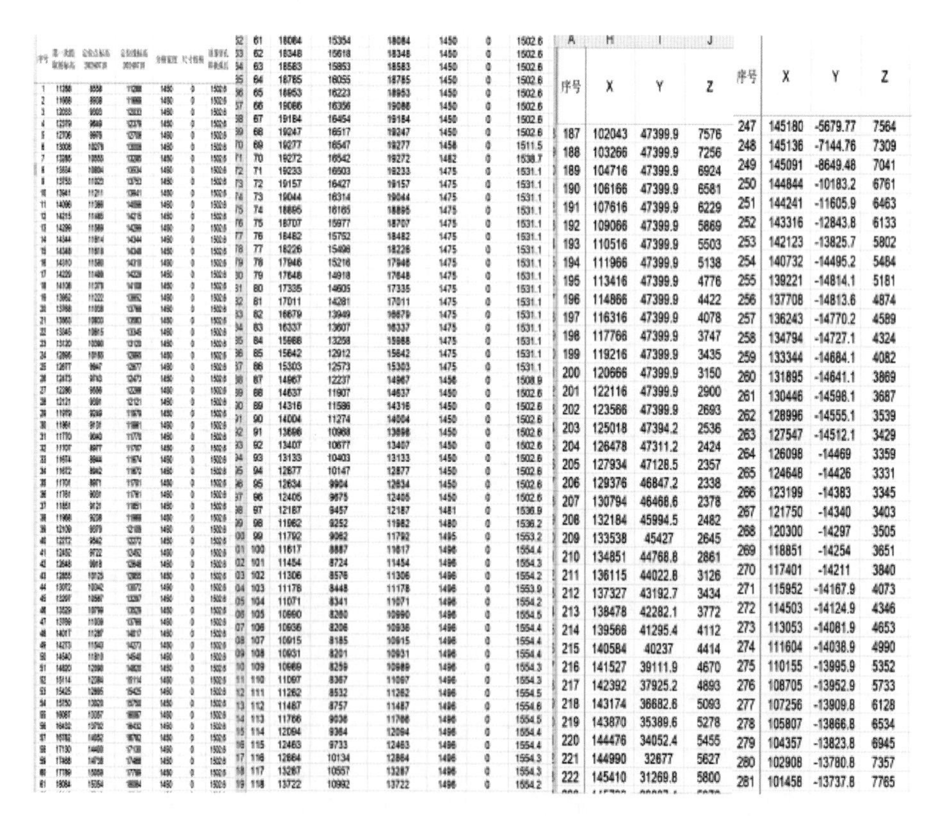

61	18064	15354	18084	1450	0	1502.6
62	18348	15618	18348	1450	0	1502.6
63	18583	15853	18583	1450	0	1502.6
64	18785	16055	18785	1450	0	1502.6
65	18953	16223	18953	1450	0	1502.6
66	19086	16356	19086	1450	0	1502.6
67	19184	16454	19184	1450	0	1502.6
68	19247	16517	19247	1450	0	1502.6
69	19277	16547	19277	1458	0	1511.5
70	19272	16542	19272	1482	0	1538.7
71	19233	16503	19233	1475	0	1531.1
72	19157	16427	19157	1475	0	1531.1
73	19044	16314	19044	1475	0	1531.1
74	18895	16165	18895	1475	0	1531.1
75	18707	15977	18707	1475	0	1531.1
76	18482	15752	18482	1475	0	1531.1
77	18226	15496	18226	1475	0	1531.1
78	17946	15216	17946	1475	0	1531.1
79	17648	14918	17648	1475	0	1531.1
80	17335	14605	17335	1475	0	1531.1
81	17011	14281	17011	1475	0	1531.1
82	16679	13949	16679	1475	0	1531.1
83	16337	13607	16337	1475	0	1531.1
84	15988	13258	15988	1475	0	1531.1
85	15642	12912	15642	1475	0	1531.1
86	15303	12573	15303	1475	0	1531.1
87	14967	12237	14967	1456	0	1508.9
88	14637	11907	14637	1450	0	1502.6
89	14316	11586	14316	1450	0	1502.6
90	14004	11274	14004	1450	0	1502.6
91	13698	10968	13698	1450	0	1502.6
92	13407	10677	13407	1450	0	1502.6
93	13133	10403	13133	1450	0	1502.6
94	12877	10147	12877	1450	0	1502.6
95	12634	9904	12634	1450	0	1502.6
96	12405	9675	12405	1450	0	1502.6
97	12187	9457	12187	1481	0	1536.9
98	11982	9252	11982	1480	0	1536.2
99	11792	9062	11792	1495	0	1553.2
100	11617	8887	11617	1496	0	1554.4
101	11454	8724	11454	1496	0	1554.3
102	11306	8576	11306	1496	0	1554.2
103	11178	8448	11178	1496	0	1553.9
104	11071	8341	11071	1496	0	1554.2
105	10990	8260	10990	1496	0	1554.5
106	10936	8206	10936	1496	0	1554.4
107	10915	8185	10915	1496	0	1554.4
108	10931	8201	10931	1496	0	1554.4
109	10989	8259	10989	1496	0	1554.3
110	11097	8367	11097	1496	0	1554.3
111	11262	8532	11262	1496	0	1554.5
112	11487	8757	11487	1496	0	1554.6
113	11766	9036	11766	1496	0	1554.5
114	12094	9364	12094	1496	0	1554.4
115	12463	9733	12463	1496	0	1554.4
116	12864	10134	12864	1496	0	1554.3
117	13287	10557	13287	1496	0	1554.3
118	13722	10992	13722	1496	0	1554.2

序号	X	Y	Z
187	102043	47399.9	7576
188	103266	47399.9	7256
189	104716	47399.9	6924
190	106166	47399.9	6581
191	107616	47399.9	6229
192	109066	47399.9	5869
193	110516	47399.9	5503
194	111966	47399.9	5138
195	113416	47399.9	4776
196	114866	47399.9	4422
197	116316	47399.9	4078
198	117766	47399.9	3747
199	119216	47399.9	3435
200	120666	47399.9	3150
201	122116	47399.9	2900
202	123566	47399.9	2693
203	125018	47394.2	2536
204	126478	47311.2	2424
205	127934	47128.5	2357
206	129376	46847.2	2338
207	130794	46468.6	2378
208	132184	45994.5	2482
209	133538	45427	2645
210	134851	44768.8	2861
211	136115	44022.8	3126
212	137327	43192.7	3434
213	138478	42282.1	3772
214	139566	41295.4	4112
215	140584	40237	4414
216	141527	39111.9	4670
217	142392	37925.2	4893
218	143174	36682.6	5093
219	143870	35389.6	5278
220	144476	34052.4	5455
221	144990	32677	5627
222	145410	31269.8	5800

序号	X	Y	Z
247	145180	-5679.77	7564
248	145136	-7144.76	7309
249	145091	-8649.48	7041
250	144844	-10183.2	6761
251	144241	-11605.9	6463
252	143316	-12843.8	6133
253	142123	-13825.7	5802
254	140732	-14495.2	5484
255	139221	-14814.1	5181
256	137708	-14813.6	4874
257	136243	-14770.2	4589
258	134794	-14727.1	4324
259	133344	-14684.1	4082
260	131895	-14641.1	3869
261	130446	-14598.1	3687
262	128996	-14555.1	3539
263	127547	-14512.1	3429
264	126098	-14469	3359
265	124648	-14426	3331
266	123199	-14383	3345
267	121750	-14340	3403
268	120300	-14297	3505
269	118851	-14254	3651
270	117401	-14211	3840
271	115952	-14167.9	4073
272	114503	-14124.9	4346
273	113053	-14081.9	4653
274	111604	-14038.9	4990
275	110155	-13995.9	5352
276	108705	-13952.9	5733
277	107256	-13909.8	6128
278	105807	-13866.8	6534
279	104357	-13823.8	6945
280	102908	-13780.8	7357
281	101458	-13737.8	7765

图 16　EXCEL 数据提取

此外，我们还对不同类型的板块进行了归类和数量统计（图 17），将铝板和钢架进行展开提供给厂家（图 18），并形成生产计划单（图 19），这为生产加工提供了极大的便利。

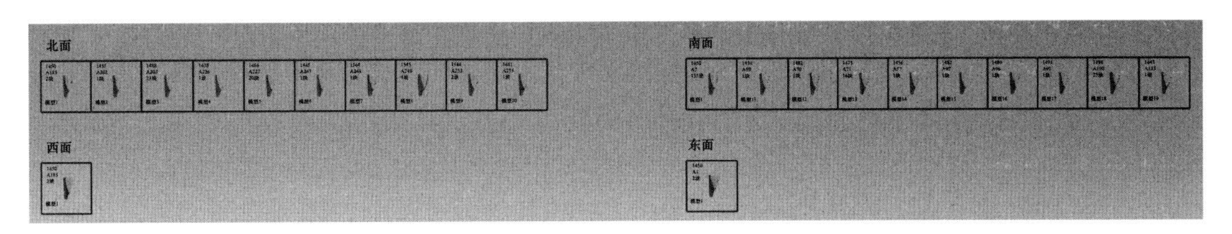

图 17 铝板造型统计

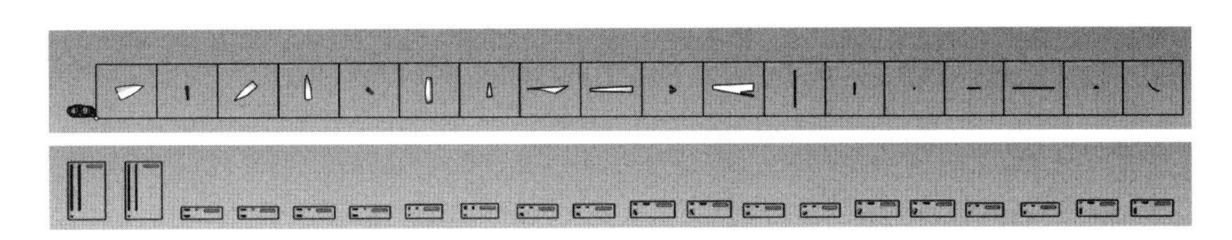

图 18 铝板、钢架展开图

材料名称	板型代号	材质状态	表面处理	颜色	制品编码	加工图号	技术标准（加工图参数）				数量	面
							W	W1	W2	H		
鱼骨造型铝板	Y	3003-H24	氟碳喷涂	银灰色（FALSL9A6017(V1)）	A187-YG	模型号：模型1 加工图号：LB202-JG01		939	2250			
鱼骨造型铝板	Y	3003-H24	氟碳喷涂	银灰色（FALSL9A6017(V1)）	A187-YG	模型号：模型1 加工图号：LB202-JG01		939	2250		1	
鱼骨造型铝板	Y	3003-H24	氟碳喷涂	银灰色（FALSL9A6017(V1)）	A188-YG	模型号：模型1 加工图号：LB202-JG01		1271	2250		1	
鱼骨造型铝板	Y	3003-H24	氟碳喷涂	银灰色（FALSL9A6017(V1)）	A189-YG	模型号：模型1 加工图号：LB202-JG01		1614	2250		1	
鱼骨造型铝板	Y	3003-H24	氟碳喷涂	银灰色（FALSL9A6017(V1)）	A190-YG	模型号：模型1 加工图号：LB202-JG01		1966			1	
鱼骨造型铝板	Y	3003-H24	氟碳喷涂	银灰色（FALSL9A6017(V1)）	A191-YG	模型号：模型1 加工图号：LB202-JG01		2326			1	
鱼骨造型铝板	Y	3003-H24	氟碳喷涂	银灰色（FALSL9A6017(V1)）	A192-YG	模型号：模型1 加工图号：LB202-JG01		2692			1	
鱼骨造型铝板	Y	3003-H24	氟碳喷涂	银灰色（FALSL9A6017(V1)）	A193-YG	模型号：模型1 加工图号：LB202-JG01		3057			1	
鱼骨造型铝板	Y	3003-H24	氟碳喷涂	银灰色（FALSL9A6017(V1)）	A194-YG	模型号：模型1 加工图号：LB202-JG01		3419			1	
鱼骨造型铝板	Y	3003-H24	氟碳喷涂	银灰色（FALSL9A6017(V1)）	A195-YG	模型号：模型1 加工图号：LB202-JG01		3773			1	
鱼骨造型铝板	Y	3003-H24	氟碳喷涂	银灰色（FALSL9A6017(V1)）	A196-YG	模型号：模型1		192			1	

图 19 生产计划单

为了进一步优化施工流程，我们对立面图进行了展开处理，使得支座的统计工作更为直观和准确。以南面为例，板块编号从 A2 至 A184，通过三种颜色对上、中、下板块进行区分（图 20）。随后，我们将这些信息转化到 CAD 软件中进行深化设计（图 21），以确保设计的精确性和施工的可行性。

图 20 南面展开图（Rhino）

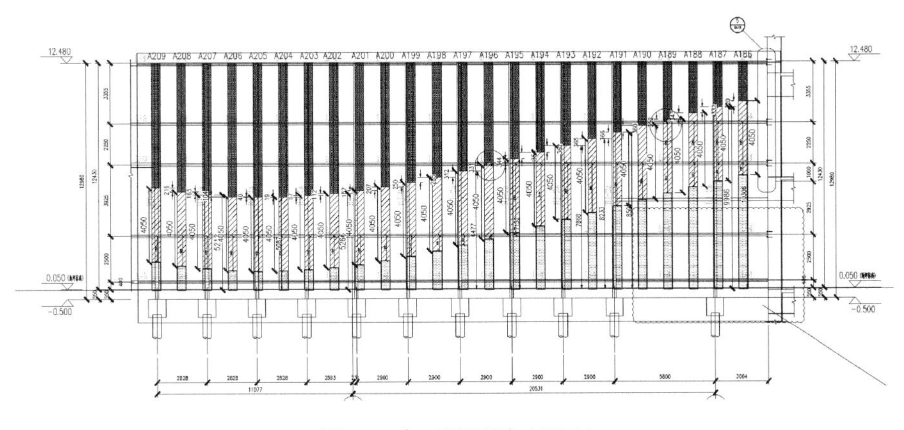

图 21 南面展开图（CAD）

通过 BIM 模型，我们能够精确地定位每个构件的安装位置（图 22），优化施工顺序，减少现场的施工冲突。此外我们还通过 Navisworks 进行施工模拟，提前识别并解决潜在的碰撞问题（图 23），这些措施共同提升了施工效率，并确保了工程质量。

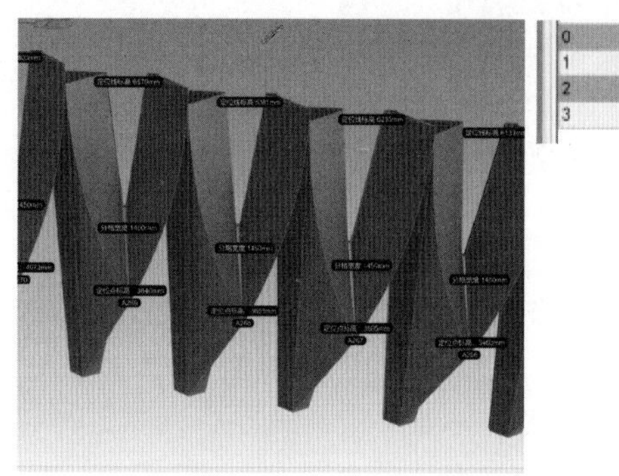

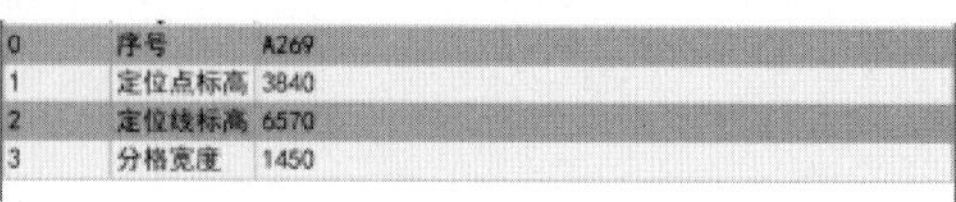

0	序号	A269
1	定位点标高	3840
2	定位线标高	6570
3	分格宽度	1450

图 22　造型铝板详细信息

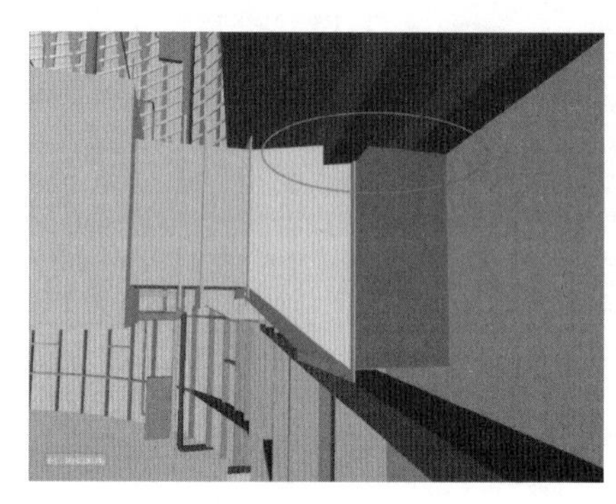

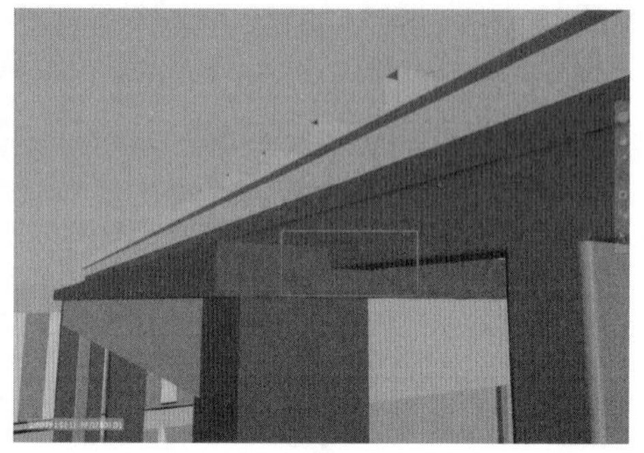

图 23　碰撞检查

5　结语

本文通过对实际案例的深入分析，凸显了 BIM 技术在复杂鱼骨造型建筑设计与施工中的创新价值。BIM 技术的集成应用不仅显著提升了设计和施工的效率，而且通过参数化设计和施工模拟，极大地提高了建筑项目的整体质量和视觉冲击力。本文的研究和讨论进一步证实了 BIM 技术在应对复杂建筑形态设计和施工挑战中的重要作用，为今后这类工程设计及施工提供参考与借鉴。

参考文献

[1] 中华人民共和国住房和城乡建设部．建筑工程设计信息模型制图标准：JGJ/T448—2018［S］．北京：中国建筑工业出版社，2019．

[2] 尹志伟，非线性建筑的参数化设计及其建造研究［D］．北京：清华大学，2009．

浅谈 GH 参数化技术在异形幕墙设计及施工中的应用

◎陈 豪 张大勇 张同虎

深圳市三鑫科技发展有限公司 广东深圳 518054

摘 要 本文通过对幕墙参数化设计的基本原理和发展现状进行研究，探讨了 Grasshopper（以下简称 GH）参数化设计工具在幕墙设计中的应用。通过对澳门银河四期剧院项目进行案例分析，展示了 Grasshopper 在建筑形态生成、设计方案优化、材料生产加工和施工安装等方面的应用，为未来建筑参数化设计提供了新的思路和方法。本文详细介绍参数化技术的应用领域和功能，以及如何将其应用于工程项目中，以实现更高效、可持续和创新的设计和施工。

关键词 异形幕墙；参数化设计；批量化下单；幕墙施工

1 引言

澳门银河四期剧院项目，位于澳门路氹金光大道 4 号地段新综合度假发展地盘，采用现代化的建筑设计风格，结合当代艺术元素和高科技特色，体现现代化、科技化和艺术化的建筑风格，是一个集现代化建筑设计、文化艺术演出和综合服务设施于一体的综合性项目，具有独特的地理位置和文化价值，是澳门重要的文化地标之一。

本工程业主单位是澳门银河娱乐集团（Galaxy Entertainment Group），总建筑单位由知名的建筑设计事务所 Zaha Hadid Architects（扎哈·哈迪德建筑事务所）负责设计。幕墙整体设计较为前卫和创新，整体呈“菠萝”造型，犹如由多组异形喇叭加装饰纽带盘旋组合而成，总幕墙面积约为 15000m^2，建筑高度为 43m，整体效果图如图 1。

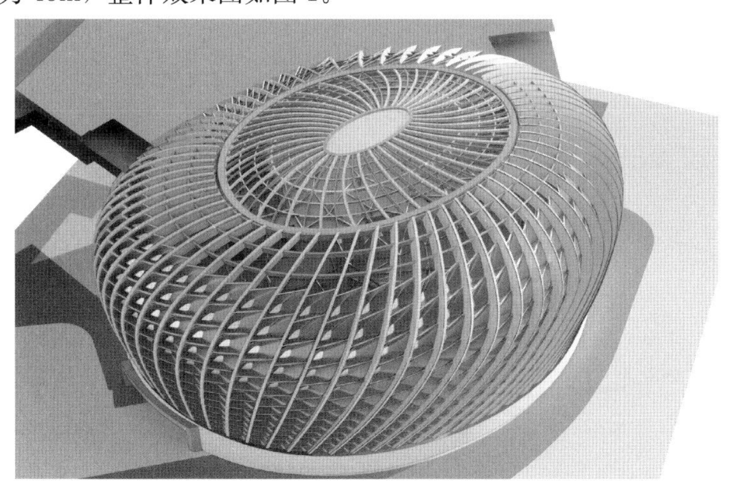

图 1 澳门银河四期剧院整体效果图

2 项目建筑形态分析

澳门银河四期剧院立面主要表现为“喇叭”单元式铝板幕墙（图 2），整体外观体现为扭曲状态，由下往上环形布置堆叠而成的外观造型，共计 594 樘喇叭单元体，包含 594 片玻璃、2376 片不锈钢板、3376 片装饰面板和 4752 片喇叭铝板。尤其喇叭铝板最为独特，铝板扭曲和空间异形，形成高达 19008 种多角度异形连接角码。角码夹角从 37.6°～163.2°不等，这导致所有的铝板、铝型材、钢支座及连接系统多样性，同时大大增加了设计加工、生产、施工安装难度。

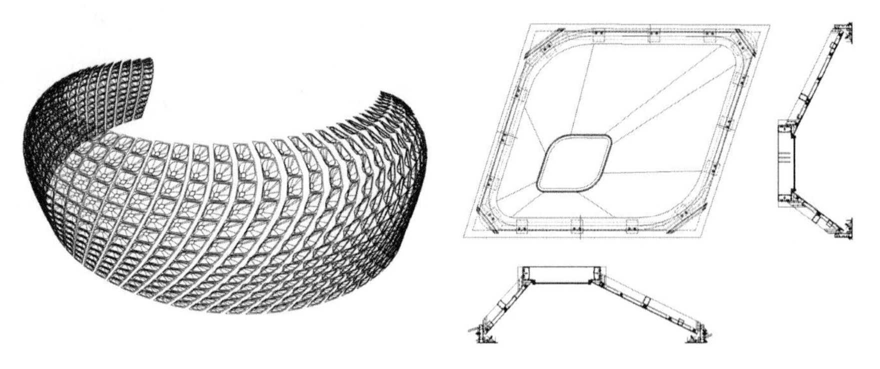

图 2 喇叭单元体系统

除此之外，还有装饰翼系统（约 3182m² 平铝板、4655m² 双曲铝板、328m² 单曲不锈钢板和 810 条单曲铝型材），如图 3 所示。

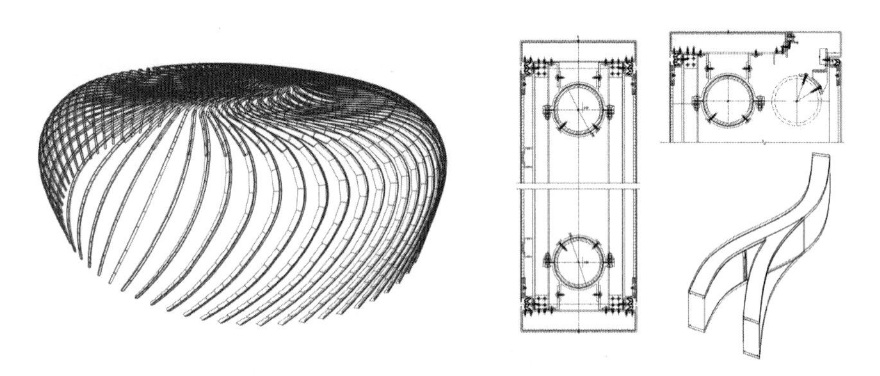

图 3 装饰翼系统

底部环形双曲飘带 Shadow gap 铝板系统约 543m²，如图 4 所示。

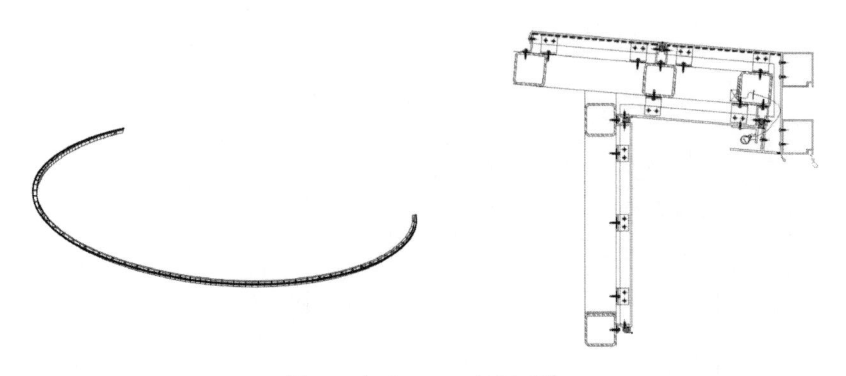

图 4 Shadow gap 铝板系统

3　项目重难点及参数化在异形幕墙设计中的应用分析

3.1　单元体难点分析

单元体整体结构较为异形复杂，由约 190 个构件组成，如装饰面板不锈钢挡板、灯光反射板、合页活动板、灯光板连接支座、单元体可活动连接支座、单元体外框、外框连接异形角码、弧形喇叭铝板、内外框连接异形缺口龙骨、X 型加强连接杆、连接杆合片、内框异形角码、透光玻璃、玻璃盖板、玻璃副框、挡胶角码、内框支持板、单元体内框、内框盖板等，如图 5 所示。

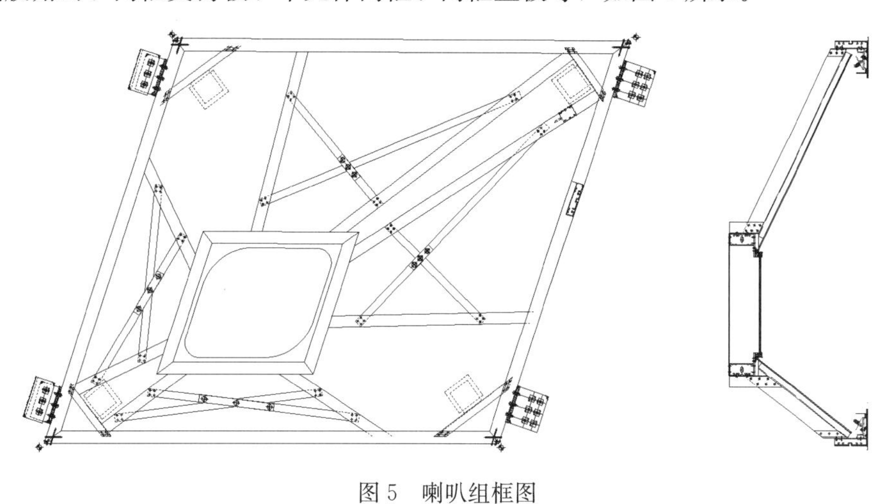

图 5　喇叭组框图

难点 1：单元体不同喇叭铝板边框有不同角度，同一块铝板的同一个边框两端的角度不同，边框铝材组装角度无法控制，直接影响单元体铝板安装，如图 6 所示。

分析项	最大值	最小值
角度 B（°）	141.3	90.2
高度 L（mm）	32.5	0.1

分析项	占总数量比例	涉及边框料数量
但 $B \geqslant 100°$，$L \geqslant 3$mm	0.192	913
当 $\Delta B \geqslant 5°$，$\Delta L \geqslant 3$mm	0.158	750

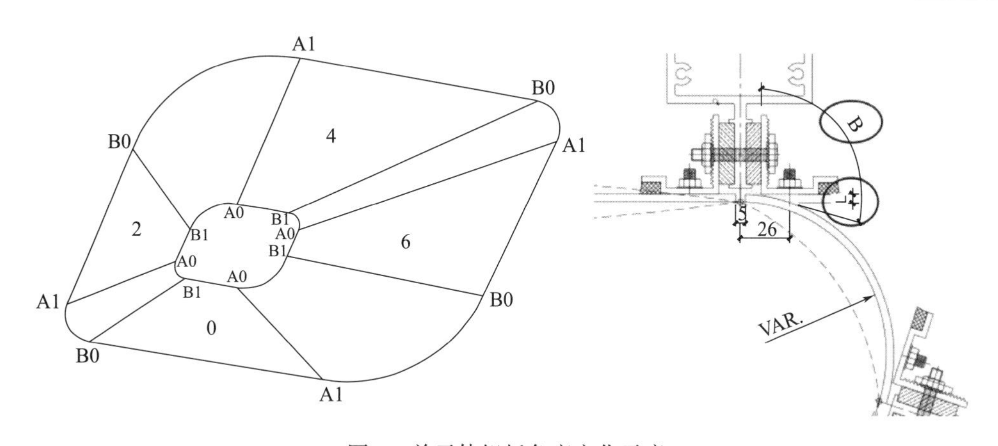

图 6　单元体铝板角度变化示意

（1）喇叭双曲铝板的同一边曲率不一样；边框料与铝板会有渐变的缝隙，边框料无法贴平固定且组装角度无法保证；

（2）角度 B 问题可以开多款铝材模具，铝材只有建完模型后才能统计下单；

（3）但同一块的同一边两端曲率不一样，植钉位置的 ΔL 差超过 3mm 的铝板组装角度无法控制，这种情况的单元体占比 35%，有 5mm 缝隙组装成品效果差的风险。（图 7）

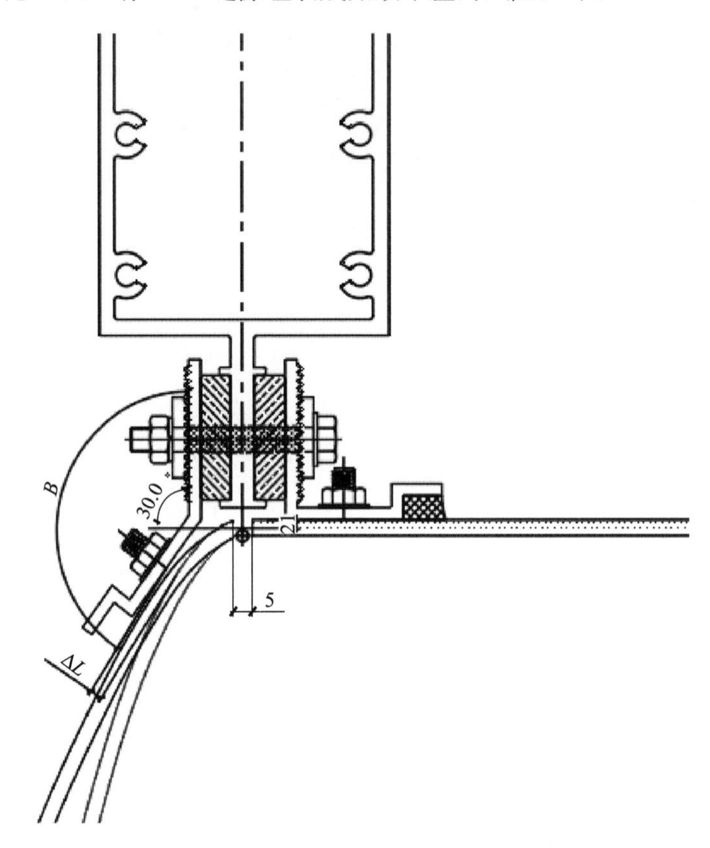

图 7　同一块铝板的同一边角度变化示意

铝板安装时因存在多款型材同时装配和配合精度问题。CMU 组装完后需耗费大量时间调缝控制外观尺寸，5mm 外观缝隙极其难控制，存在大小缝，如图 8 和图 9 所示。

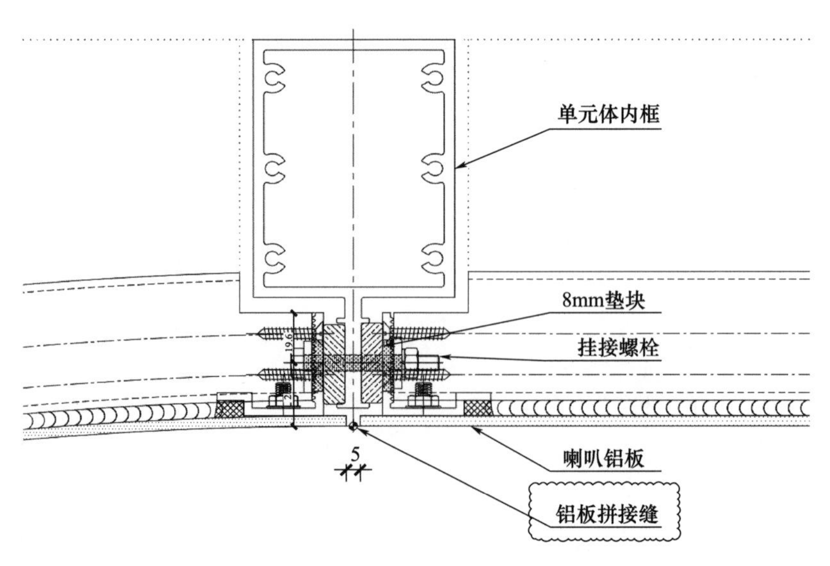

图 8　5mm 铝板缝示意图

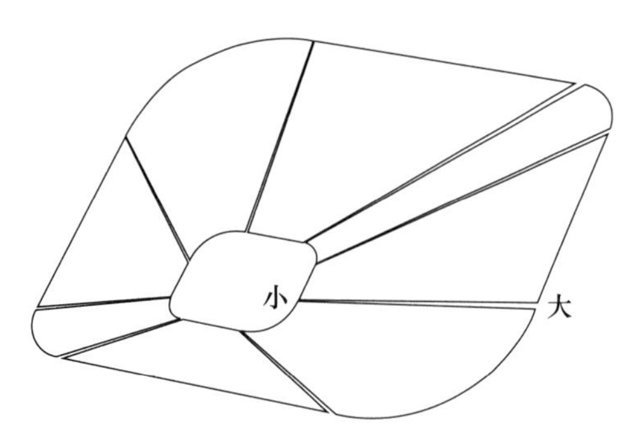

图 9　组装大小缝示意图

难点 2：铝型材种类多，铝龙骨加工角度多，594 个单元体平均每个单元体 190 个构件，且每个都不一样，加工周期无法满足整体项目进度要求。

（1）铝板龙骨与玻璃的夹角 A 在 167°～100°之间变化，当夹角 A 小于 120°时，现有铝型材角码连接方案无法解决，A1 区统计的占单元体总数的一半，如图 10 所示。

类型	喇叭铝板与玻璃角度 A
类型 1	166.66°≥A≥120°
类型 2	120°≥A≥100.25°

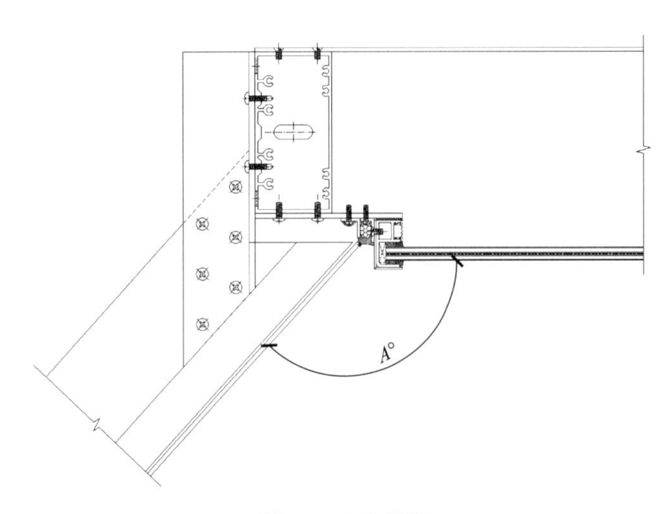

图 10　夹角范围

（2）铝龙骨两端均为二面角、阴角，缺口加工难度大，有不可预知风险影响进度，如图 11 所示。

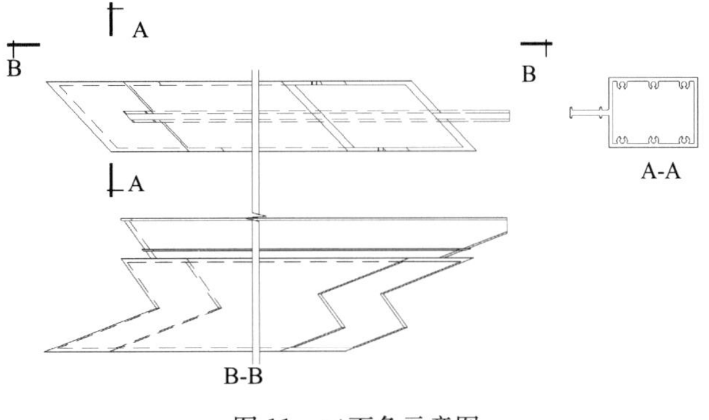

图 11　二面角示意图

难点 3：每个单元板组框型材的铝角码有 32 种，594 块单元板共有 19008 种铝角码，需等所有单元板完成建模后统计角度，按不同角度开模，然后逐个匹配选对应模图。铝材只有建完模型后才能统计下单，无法满足项目进度要求。

已考虑的应对措施：

当夹角 A 小于 120°时，用 4 块钢构焊接不同角度，连接件上开孔打钉固定。

3.2 参数化的重要性分析

以本项目为例，参数化的介入，可帮助设计师快速生成各种设计方案，辅助验证设计的可行性，节省时间和人力成本，从而提高设计效率；参数化设计可以灵活控制项目中的各种设计变量，如材料、形状、尺寸等，帮助设计师快速调整设计参数，实现快速迭代和优化设计；参数化设计能够确保设计的一致性和统一性，通过统一的设计参数和规则，减少设计中出现的差错和不一致；另外，参数化设计还可以根据项目需求调整参数，实现个性化设计，提高设计的精细度和适应性；参数化设计工具可以生成具有直观效果的视觉化模型，帮助设计团队和业主更好地理解设计意图，提高沟通效率；通过参数化设计，设计师可以快速进行各种设计方案的比较与分析，找到最优方案，提高设计质量和效果。

3.3 参数化分析在项目前期的运用

首先，在项目初期我们拿到了总包提供的建筑师 Rhino 表皮模型，并结合施工图作了以下分析和处理：

（1）项目各种材料分布情况、幕墙系统及施工区域划分

本项目共划分为 5 个分区，如图 12 所示。

A 区：A1（191 个单元板块）＋A2（格子铝板）；

B 区：B1（104 个单元板块）＋B2（格子铝板）；

C 区：C1（312 个单元板块）＋C2（格子铝板）；

D 区：D1（格子铝板）；

E 区：E1（格子铝板）。

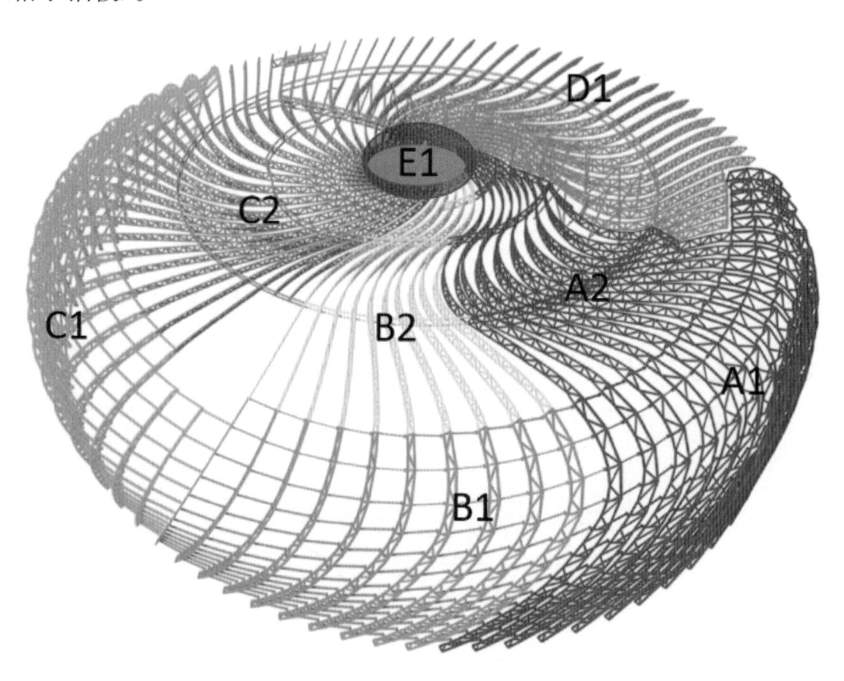

图 12　系统划分

（2）幕墙表皮整体类型分析（如平、单曲、双曲）；区分出不同的种类及数量，预算部门和采购部门可根据提供的分析数据与供应商进行询价，保证项目顺利进行（图 13）。

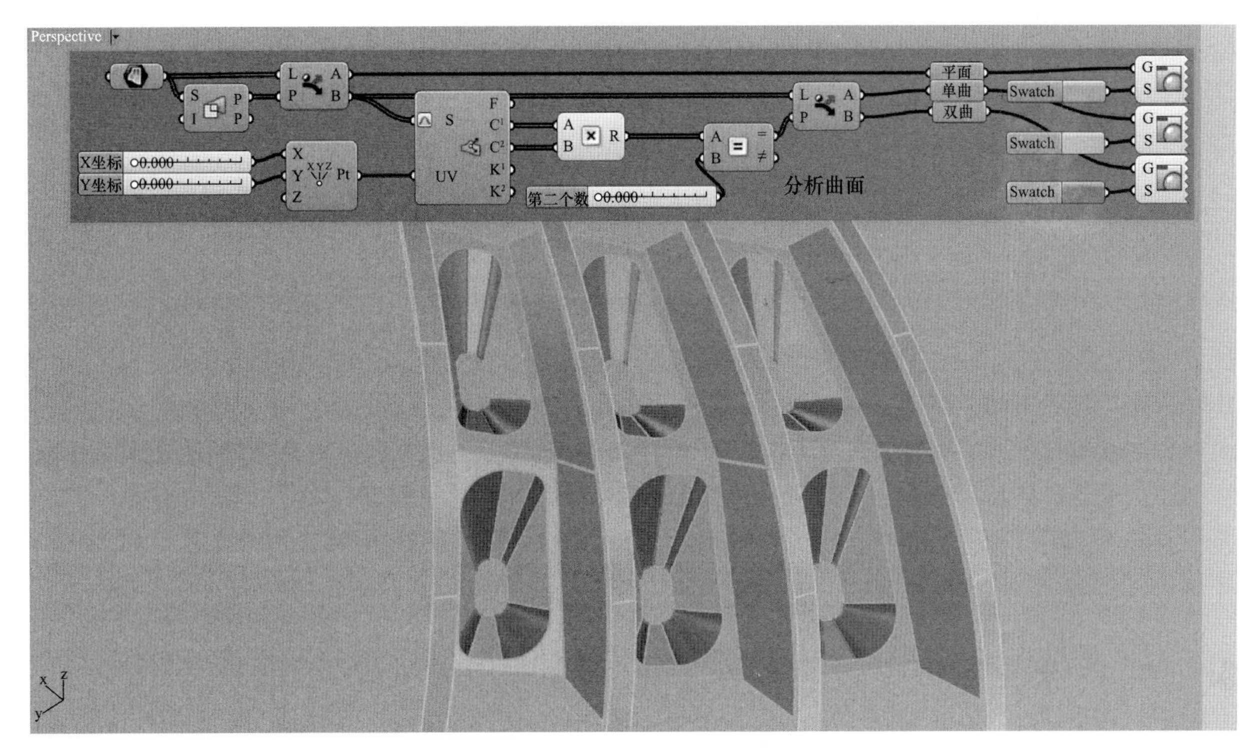

图 13　表皮类型分析

另外，设计师亦可根据分析数据进行模拟分析，提取每个异形板块的拱高翘曲数据，并结合设计方案和生产工艺，对拱高值在某个范围内的表皮单独提取出来优化成平板或单曲板处理。（如某项目双曲面板拱高值为 2mm 左右，根据厂家生产工艺偏差值为 1～2mm，那么我们可根据这个情况跟业主顾问进行沟通，申请将此范围内的面板统一为平板处理），优化后可大大降低设计难度和项目成本，且必定在一定程度上加快项目进度（图 14）。

序号	外框长度	弯弧宽度	翘曲高度
1	4098.9	204.92	53.68
2	3498.17	51.1	30.65
3	881.65	−381.26	0.51
4	524.24	−382.9	0.31
5	3498.58	49.96	30.89

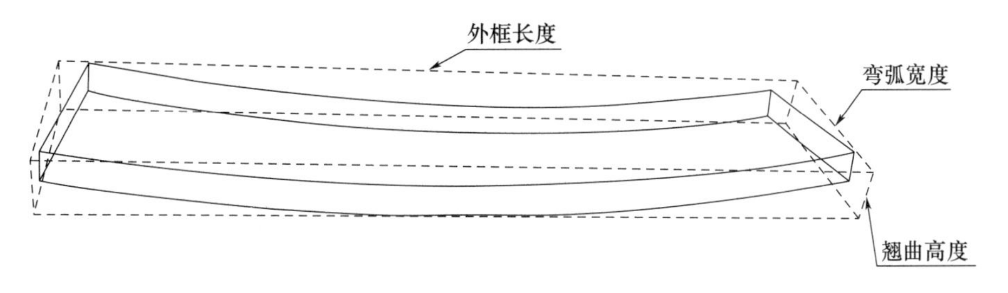

图 14　翘曲数据提取

（3）表皮模型基于 Rhino 软件的空间坐标系分析（图 15）。

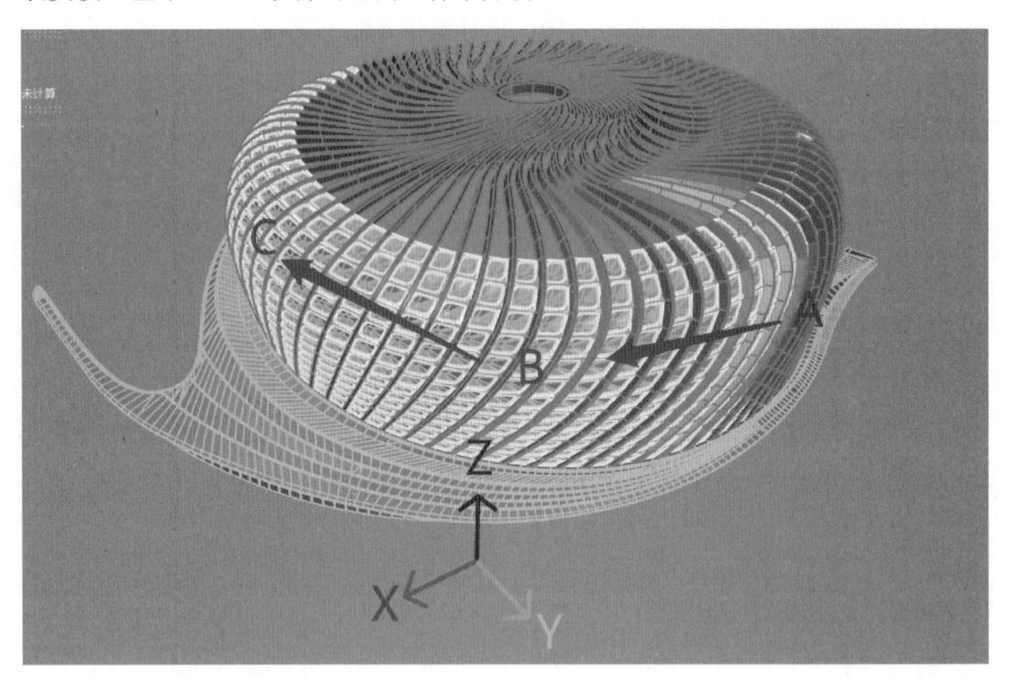

图 15　坐标系

由此得知，项目从 A 区顺延至 C 区，与坐标 X、Y 轴存在角度不统一的情况，且每樘单元体从右往左、从下往上均呈现弧形状态分布，这导致 594 樘单元体模型定位角度方向均不一致，大大增加了设计难度；但从单元体整体体系分析来看，每樘单元体中心位置均有一片平板玻璃，最终以此玻璃作为每樘单元体的中心参照，利用 Grasshopper 参数化插件程序，根据单元体分布规律，每列 13 行从下往上依次选取玻璃，再从右往左选取每一列玻璃，采用分拆程序（Partition List）如图 16 所示。

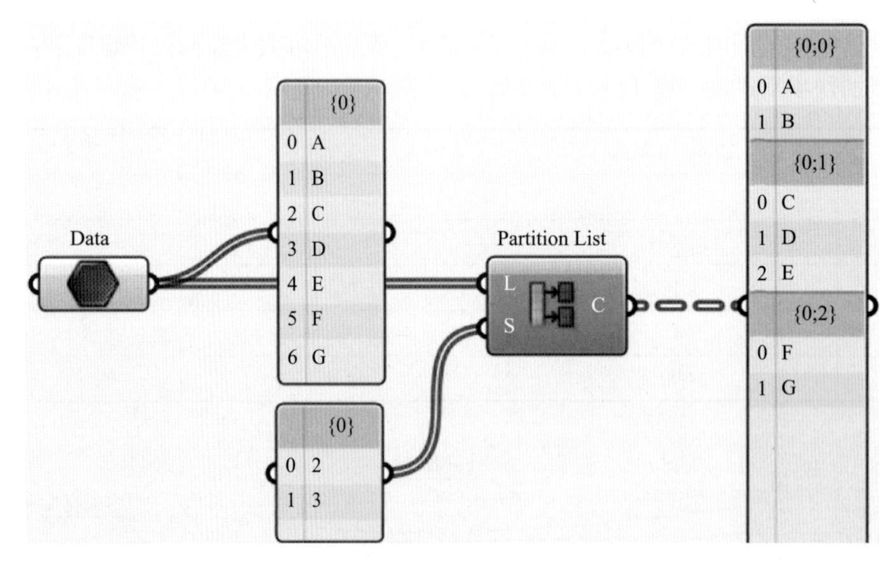

图 16　数据分组

最后将每 13 片玻璃作为一组，生成独立的单元体空间坐标系，结合辅助线统一坐标方向（图 17），为后续深化建模提供坚实的基础。

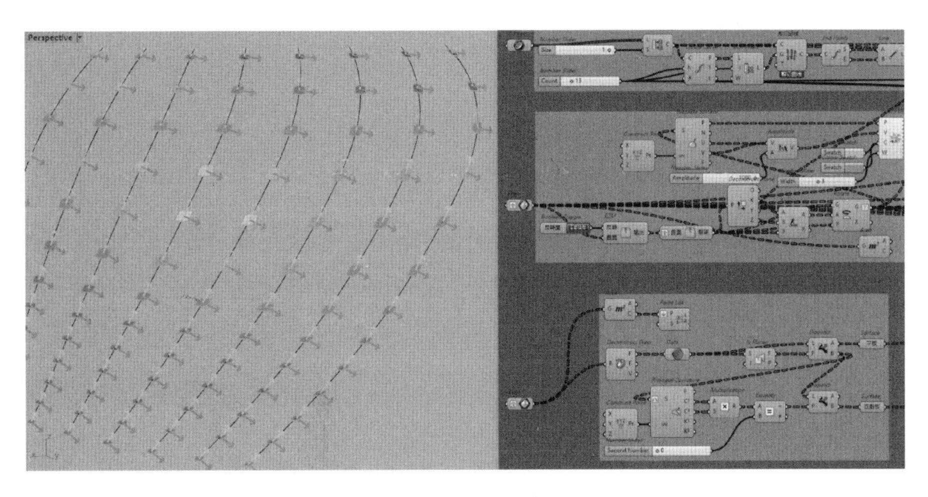

图 17　统一坐标

（4）细节简化

精细的细节和装饰元素可以被简化或抽象化，例如将型材截面的圆弧角优化为直角，可以提升模型的运行速度，减少程序筛选运行步骤，提高出图效率（图 18）。

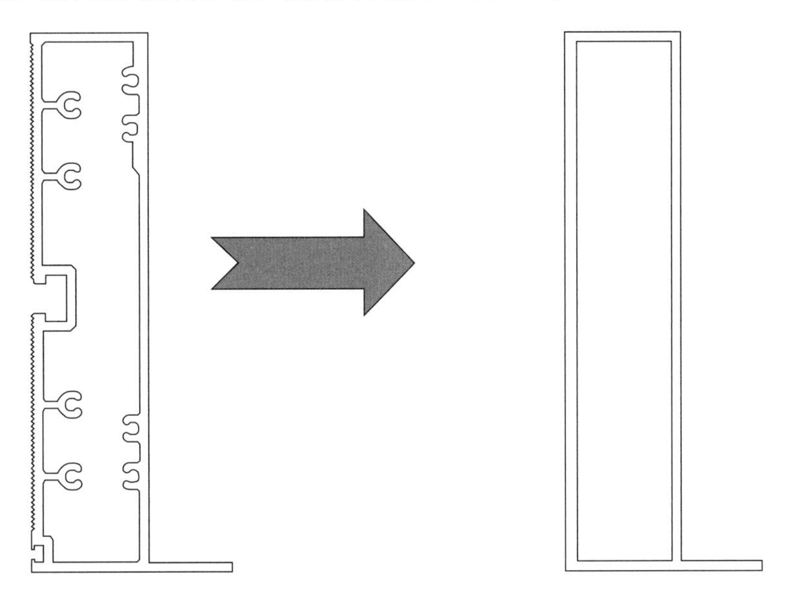

图 18　细节简化

4　参数化为设计、加工及施工带来的便利性

4.1　参数化深化建模

由于本项目中单元体形状大小各异，常规的二维放样和建模方式几乎无法满足项目工期需求，我们采用了 Grasshopper 参数化插件程序，利用软件的基层逻辑，针对性地编写脚本程序，实现自动化生成具有不同形状和尺寸的铝板、铝型材、连接件等异形材料模型；利用软件中的复制、阵列、布局等功能，可以实现自动化处理，将生成的异形材料模型按照设定要求进行排列、组合或复制，提高生成效率；根据实际需求和设计要求，对生成的异形材料模型进行优化和调整，如调整尺寸、位置、角度等，确保模型符合设计标准和审美要求（图 19～图 21）。

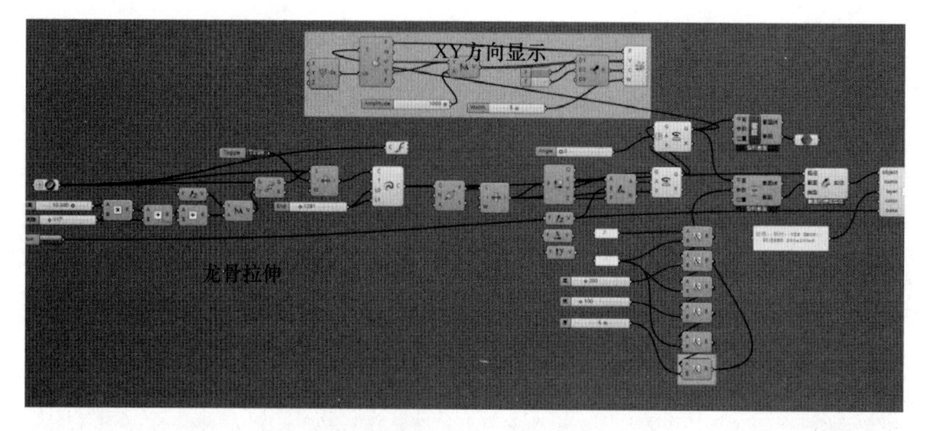

图19　Grasshopper参数化程序

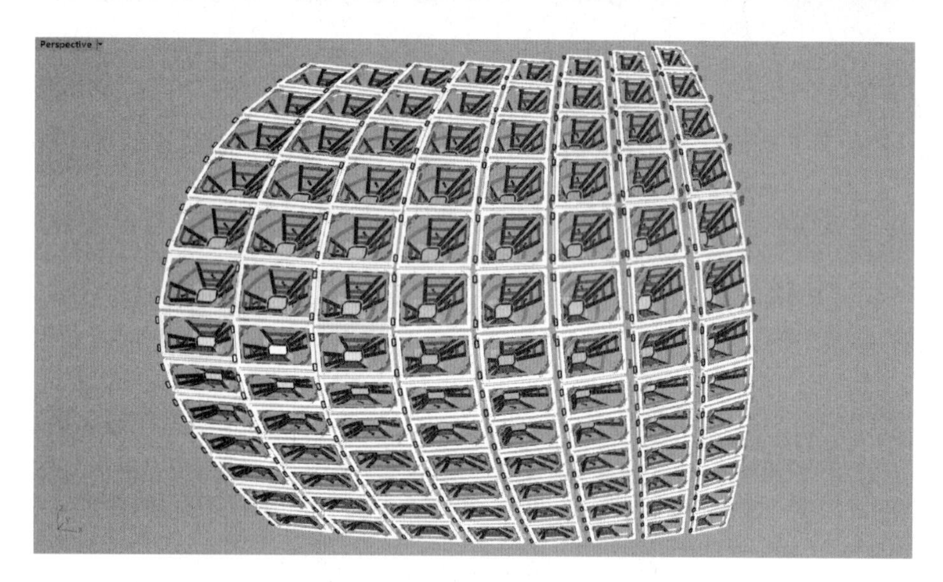

图20　批量生成模型

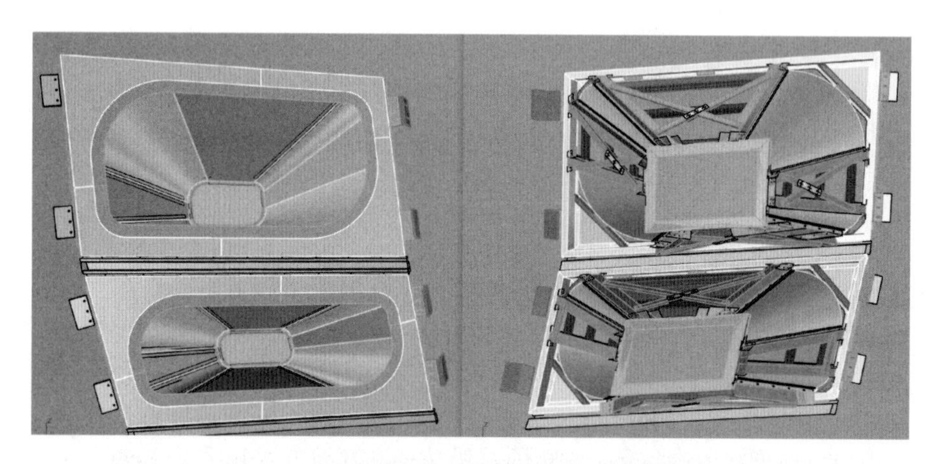

图21　单元体局部示意

4.2　批量出图下单

利用软件中的Make2D命令（图22），将三维模型生成二维图纸，可以选择需要显示的视图，并设置图纸比例和布局；另外使用Grasshopper中的循环和列表操作的功能，可以批量处理需要导出的二维图纸，将Make2D命令嵌入循环程序中，自动化生成多张二维图纸，再通过文本组件来生成自动标注，根据规则和参数将标注信息嵌入图纸中；最后，将带有标注的二维图纸导出为 CAD 或 PDF 等其他格式的文件，以便与团队和制造部门共享或打印出来进行实际制造，如图 23 所示。

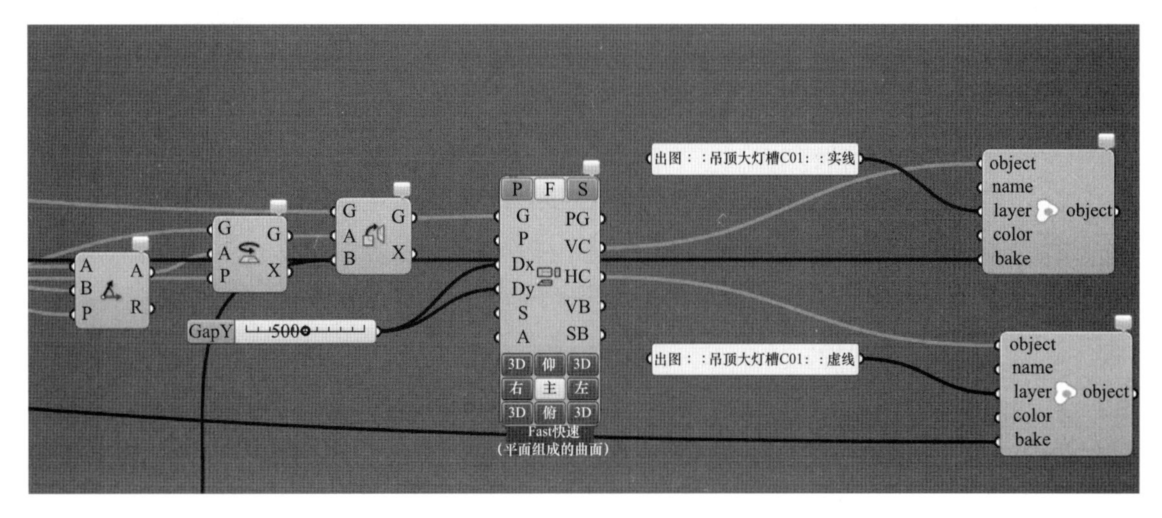

图 22　Make2D

序号	编号	长度（mm）
1	C01R01-W-04	188.5
2	C01R01-W-06	235.6
3	C01R01-W-08	240
4	C01R01-W-10	206.6
5	C01R01-W-14	165
6	C01R02-W-04	197
7	C01R02-W-06	238.8
8	C01R02-W-08	275.7
9	C01R02-W-10	239.1
10	C01R02-W-12	155.9
11	C01R02-W-14	173.8
12	C01R03-W-04	193.9

C01R01-W-04 (114.13°) .sat
C01R01-W-06 (127.69°) .sat
C01R01-W-08 (52.30°) .sat
C01R01-W-10 (112.87°) .sat
C01R01-W-12 (87.34°) .sat
C01R01-W-14 (110.54°) .sat
C01R02-W-04 (111.90°) .sat
C01R02-W-06 (123.76°) .sat
C01R02-W-08 (56.78°) .sat
C01R02-W-10 (111.60°) .sat
C01R02-W-12 (88.60°) .sat
C01R02-W-14 (108.35°) .sat
C01R03-W-04 (106.32°) .sat

图 23　批量出图及自动标注导出

4.3　辅助加工生产

在该项目中，我们利用 Grasshopper 参数化程序，对单元体共计 19008 个异形角码的形态进行了详细分析，每款角码角度均不相同（从 37.6°～163.2°不等），且角码两端均为异形二面角，常规加工工艺无法完成。其间寻找各种方案（在保证整体受力和外形的情况下，将铝龙骨改为钢龙骨，四边布置，边角位置增加钢板进行焊接固定，如图 24 所示），但此方案被顾问否定了。

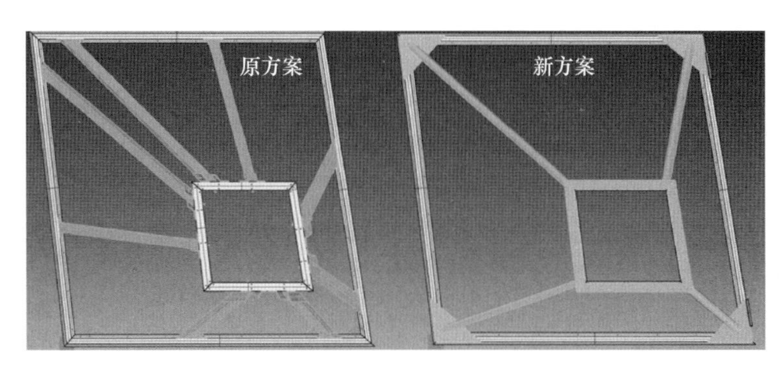

图 24　方案对比

因此，我们不断寻找工厂，解决角码生产问题，经过与厂家沟通，最终确定了以下方案：将19008个铝角码的角度数据提取出来，在模型中按照从小到大的顺序进行排序，按照每10°（+3°～−7°）设定为一个固定角度，共得到了13种角度（40°～160°）（图25）。

序号	角度
1	38.74
2	117.14
3	67.1
4	49.92
5	121.91
6	71.1
7	108.9
8	62.86
9	38.74
10	105.92
11	141.26
12	74.08
13	112.9
14	37.7
15	113.11
16	130.08

序号	角度区间	模图角度
1	<43°	40°
2	43°（含）～53°	50°
3	53°（含）～63°	60°
4	63°（含）～73°	70°
5	73°（含）～83°	80°
6	83°（含）～93°	90°
7	93°（含）～103°	100°
8	103°（含）～113°	110°
9	113°（含）～123°	120°
10	123°（含）～133°	130°
11	133°（含）～143°	140°
12	143°（含）～153°	150°
13	≥153°	160°

19008个不同角度

图25　角码角度区间

同时采用这种拟合的方法，将已经建好的角码模型调整到对应开模角度（如93.1°改为100°），大大降低了生产加工难度；最后将理论拟合的角码模型导出为Stp格式文件，发送厂家实现三维数据化激光加工（图26）。

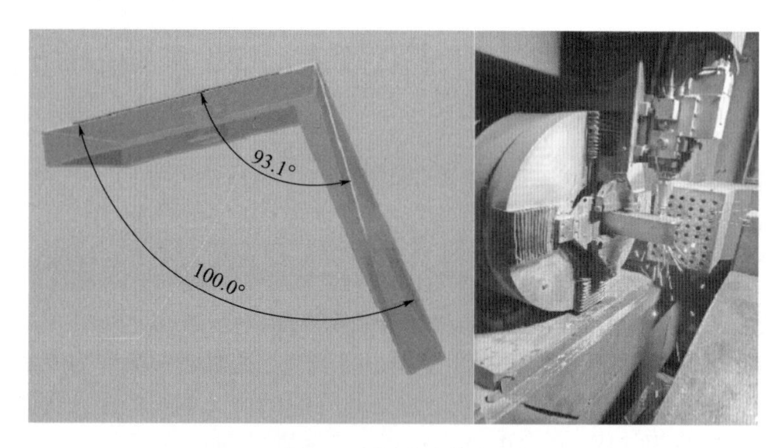

图26　拟合与机加工

4.4　现场偏差数据复核及安装定位数据提取

在Grasshopper中导入项目的钢结构模型数据，包括构件的几何信息、连接信息、材料信息等；使用Grasshopper中的几何操作组件和算法来比对实际模型数据和设计模型数据，计算出各构件的偏差情况，例如长度偏差、角度偏差等；根据计算结果，利用Grasshopper中的可视化组件将偏差数据以图形或表格的形式展示出来，便于用户直观地查看和分析；根据偏差数据结果，进行必要的数据修正，通过Grasshopper中的模型编辑功能对构件进行调整（图27）。

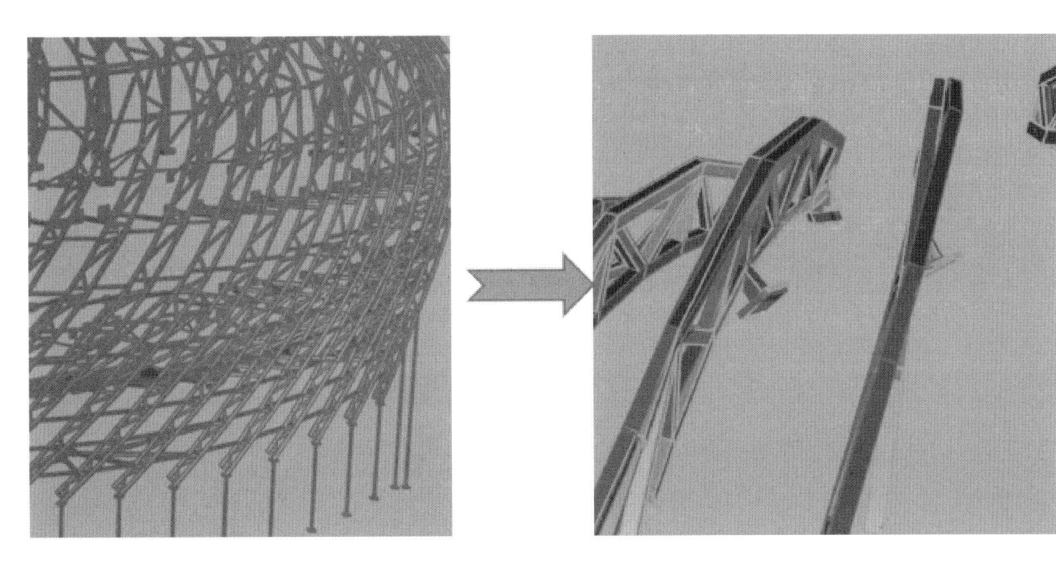

扫描模型与
理论模型对比

A–ZHJ–14（外侧误差要求X±10 Y±结果）
(Outside Deviation Checking)

	设计坐标 (Design Coordinate)			实测坐标 (As Built Coordinate)			误差要求X±10 Y±15 (Deviation)		
	X	Y	Z	X	Y	Z	X	Y	Z
A	12878	4358	13269						
B	11609	3852	15111	11623	3851	15093	−14	1	18
C	10366	3334	16983	10240	3276	17156	126	58	−173
D	9167	2804	18878	9166	2800	18851	1	4	27
E	8031	2259	20807	8028	2258	20775	3	1	32

提取偏差数据

图 27　结构偏差复核

使用 Grasshopper 中的几何操作组件和坐标系操作组件，提取需要进行施工定位的构件或点的坐标信息（图 28）；对提取的坐标数据进行必要的处理和转换，确保数据格式和单位正确，根据施工需求，分析提取的坐标数据，确定施工定位点的位置和方向；利用 Grasshopper 中的可视化组件将定位坐标数据以图形或标注的形式展示出来，便于施工人员理解和操作（图 29）。

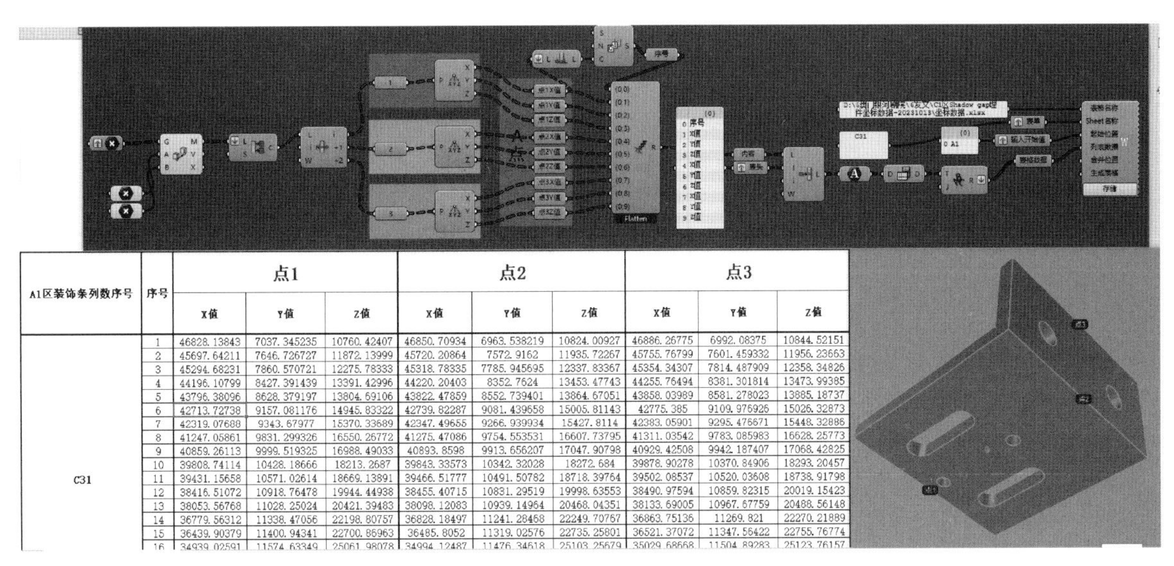

A1区装饰条列数序号	序号	点1			点2			点3		
		X值	Y值	Z值	X值	Y值	Z值	X值	Y值	Z值
C31	1	46828.13843	7037.345235	10760.42407	46850.70934	6963.538219	10824.00927	46886.26775	6992.08375	10844.52151
	2	45697.64211	7646.726727	11872.13999	45720.20864	7572.9162	11935.72267	45755.76799	7601.459332	11956.23663
	3	45294.68231	7860.570721	12275.78333	45318.78335	7785.945695	12337.83367	45354.34307	7814.487909	12358.34826
	4	44196.10799	8427.391439	13391.42996	44220.20403	8352.7624	13453.47743	44255.76494	8381.301814	13473.99385
	5	43796.38096	8628.379197	13804.69106	43822.47859	8552.739401	13864.67051	43858.03989	8581.278023	13885.18737
	6	42713.72738	9157.081176	14945.83322	42739.82287	9081.439658	15005.81143	42775.385	9109.976926	15026.32873
	7	42319.07688	9343.67977	15370.33689	42347.49655	9266.939934	15427.8114	42383.05901	9295.476671	15448.32886
	8	41247.05861	9831.299326	16550.26772	41275.47086	9754.553531	16607.73795	41311.03542	9783.085983	16628.25773
	9	40859.26113	9999.519325	16988.49033	40893.8598	9913.656207	17047.90798	40929.42508	9942.187407	17068.42825
	10	39808.74114	10428.18666	18213.2687	39843.33573	10342.32028	18272.684	39878.90278	10370.84906	18293.20457
	11	39431.15658	10571.02614	18669.13891	39466.51777	10491.50782	18718.39764	39502.08537	10520.03608	18738.91798
	12	38416.51072	10918.76478	19944.44938	38455.40715	10831.29519	19998.63553	38490.97594	10859.82315	20019.15423
	13	38053.56768	11028.25024	20421.39483	38098.12083	10939.14964	20468.04351	38133.69005	10967.67759	20488.56148
	14	36779.56312	11338.47056	22198.80757	36828.18497	11241.28468	22249.70767	36863.75136	11269.821	22270.21889
	15	36439.90379	11400.94341	22700.86963	36485.8052	11319.02576	22735.25801	36521.37072	11347.56422	22755.76774
	16	34939.02591	11574.63349	25061.98078	34994.12487	11476.34618	25103.25679	35029.68668	11504.89283	25123.76157

图 28　定位坐标提取

图 29　现场打点

5　结语

Grasshopper 的参数化技术可以应用于幕墙结构设计，帮助设计师优化结构布局、材料选择和节点连接。使用 Grasshopper 进行结构分析和优化，确保幕墙具有足够的稳定性和承载能力。利用 Grasshopper 的脚本和算法，设计师可以实现幕墙的自动化生成和批量处理，节省设计时间和成本。通过参数化设计，可以快速生成不同版本的幕墙方案，并进行比较和选择。另外，还可以集成成本估算和效率分析工具，帮助设计师在幕墙设计过程中考虑成本和效率因素。通过参数化优化，设计师可以在保证设计质量的前提下，控制幕墙的成本和施工效率。

综上所述，Grasshopper 在幕墙设计中的参数化应用技术可以帮助设计师快速生成、优化和分析幕墙方案，实现创新设计和效率优化。设计师可以根据具体项目需求和设计目标，灵活运用 Grasshopper 的功能和工具进行幕墙设计。

参考文献

[1] 中华人民共和国建设部．玻璃幕墙工程技术规范：JGJ 102—2003 [S]．北京：中国建筑工业出版社，2004.
[2] 王博．基于 Rhino+Grasshopper 对空间网壳结构参数化建模研究 [J]．建筑技术，2024，55 (7)：875—877.
[3] 周兴．基于 Grasshopper 的幕墙参数化设计研究 [J]．建筑施工，2021，43 (4)：655—657.
[4] 苗丰．BIM 参数化技术在异形建筑幕墙施工中运用分析 [J]．门窗，2023 (15)：7—9.
[5] 吴水根，文彬多，谢铮．参数化设计在复杂多变曲面幕墙设计与施工中的应用研究 [J]．建筑施工，2018，40 (5)：796—799.

深圳市体育中心二期金属屋面工程 BIM 技术应用

◎ 胡江浩　许俊虎　黄庆祥　吴百志

中建深圳装饰有限公司　广东深圳　518023

摘　要　深圳体育中心二期项目是由原深圳市体育馆改造提升，扩建为可同时容纳四万两千人的专业足球场，整个项目是集专业竞演、全民健身、公共休闲、文体交流、群体活动、交通集散于一体的复合型城市体育综合体，以其屋面的旋转波浪造型凸显了运动的活力。本文旨在探讨 BIM 技术在深圳市体育中心二期金属屋面工程中的具体应用，主要阐述设计阶段对屋面表皮进行有理化分析及拟合过程，施工阶段材料安装定位数据以及材料加工组装数据提取等工作。通过实际案例分析与理论研究相结合，我们期望能够展示 BIM 技术在实际工程中的运用，为业界同仁提供有价值的参考与启示，共同推动建筑行业向更加智能化、精细化的方向发展。

关键词　异形金属屋面；参数化建模；幕墙加工工艺参数化；幕墙 BIM 设计

1　引言

在当今建筑行业的快速发展中，建筑信息模型（BIM）技术以其强大的数字化、智能化和协同化特性，正逐步成为推动建筑业转型升级的重要力量。异形建筑作为现代建筑的重要组成部分，以其独特的美学价值和多样化的功能需求，对设计、施工及维护提出了极高的要求。BIM 技术在异形建筑工程中的应用，不仅为这一领域带来了前所未有的革新，更是促进了施工设计与建造向更高效、更精确、更可持续的方向发展。本文依托深圳市体育中心二期金属屋面施工案例，针对 BIM 技术在工程设计施工阶段的运用进行详细的介绍说明。

2　工程概况

本项目为深圳市体育中心二期改造工程（图 1），项目建筑面积总计约 3.56 万 m^2，高 45m，金属屋面约 3 万 m^2，阳光板屋面约 5000m^2，其中金属屋面整体外观形状为椭圆形，由旋转波浪单元首尾相连。外层为开放式双曲蜂窝铝板，内层为铝镁锰合金直立锁边系统，两者之间通过波浪起伏异形铝龙骨连接。

图 1　体育场整体效果图

3 设计阶段金属屋面表皮有理化分析及拟合

3.1 金属屋面表皮模型逻辑

体育场金属屋面的基础面为两两相等的四段标准圆环面轴心对称组成，屋面蜂窝板整体为旋转波浪造型，装饰板总数量为216瓣，标准造型有2种模数，在圆环相切处由于装饰板斜跨两个圆弧面导致模数为非标准部分，一共10种模数（图2）。

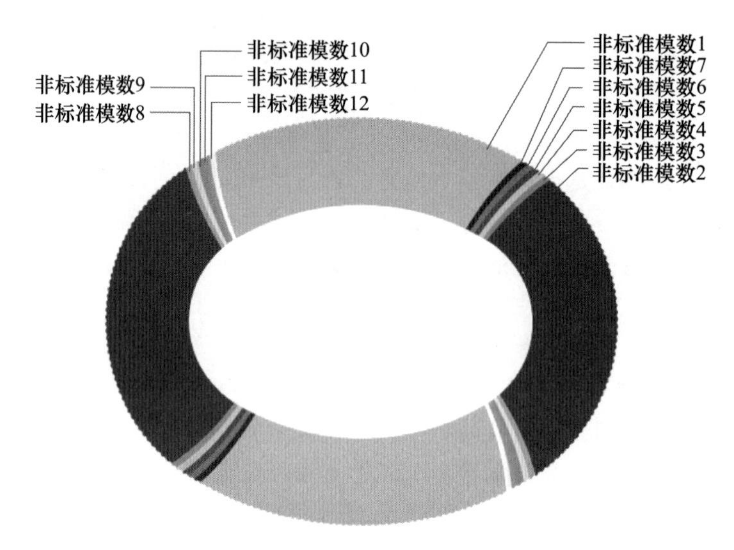

图2 屋面蜂窝板模数划分图

金属屋面檩条龙骨与内圆弧切线方向垂直布置，因其旋转造型，单一模数装饰条的边线横跨整数个龙骨分区，每个单一模数板的远端截面为三段相切圆弧，弧线高度为450mm，整体截面渐变，弧线高度均匀降低，直至近端为水平直线（图3）。最终依据模数划分图将整个屋面装饰条全覆盖，即为本项目金属屋面的整体外观效果（图4）。

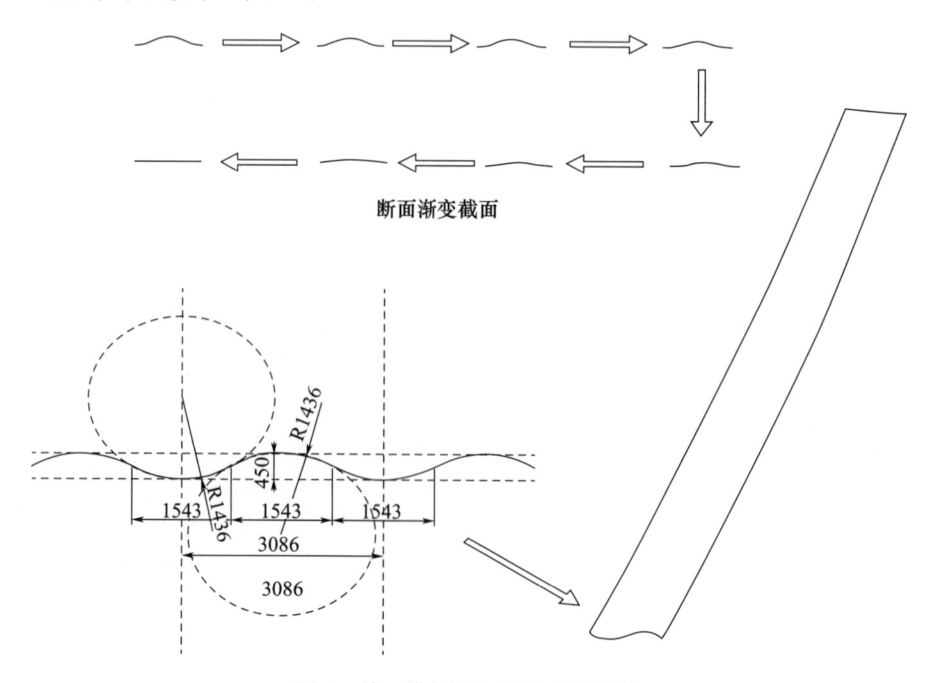

图3 单一模数装饰条生成逻辑图

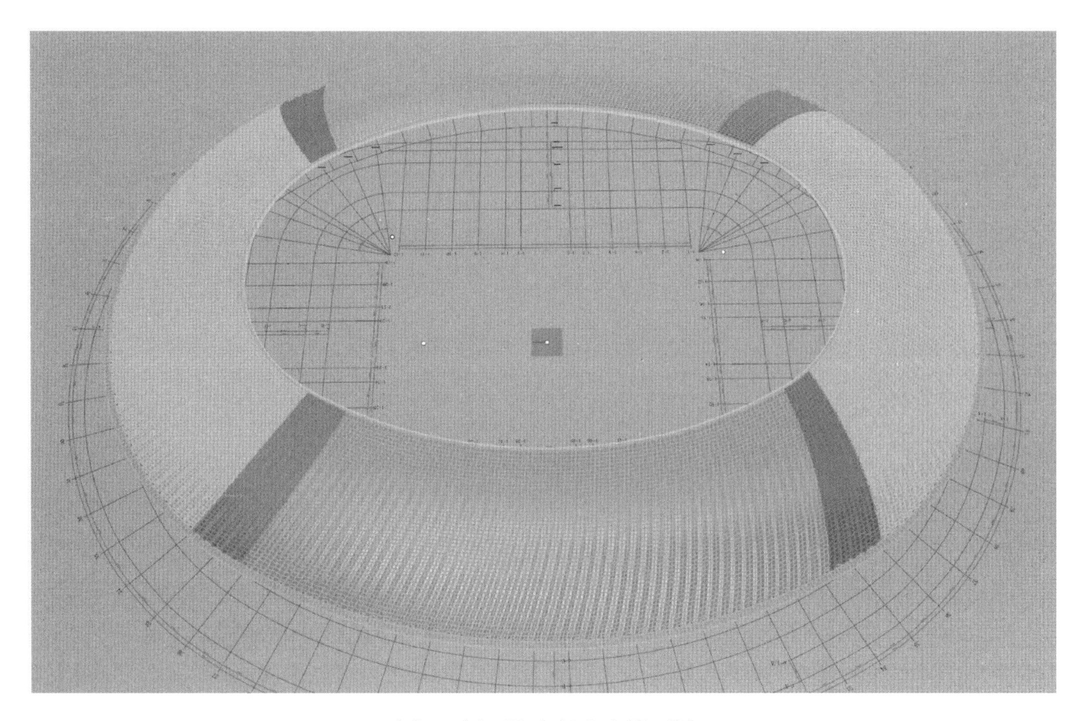

图 4　屋面蜂窝板表皮模型图

3.2　金属屋面表皮模型几何分析处理

3.2.1　几何信息提取

在方案设计前期，通过 Grasshopper 对生成金属屋面表皮进行信息化处理，判断单个板块曲面的类型、提取出面板数量、面积、种类等相关信息，其中金属屋面总共有 19440 块蜂窝板，总面积约为 28612m²，面板种类 1080 种（图 5），双曲板理论数量为 19440 块，单曲及平板数量为 0（图 6），相邻面板之间夹角范围在 65.55°～114.34°之间（图 7）。

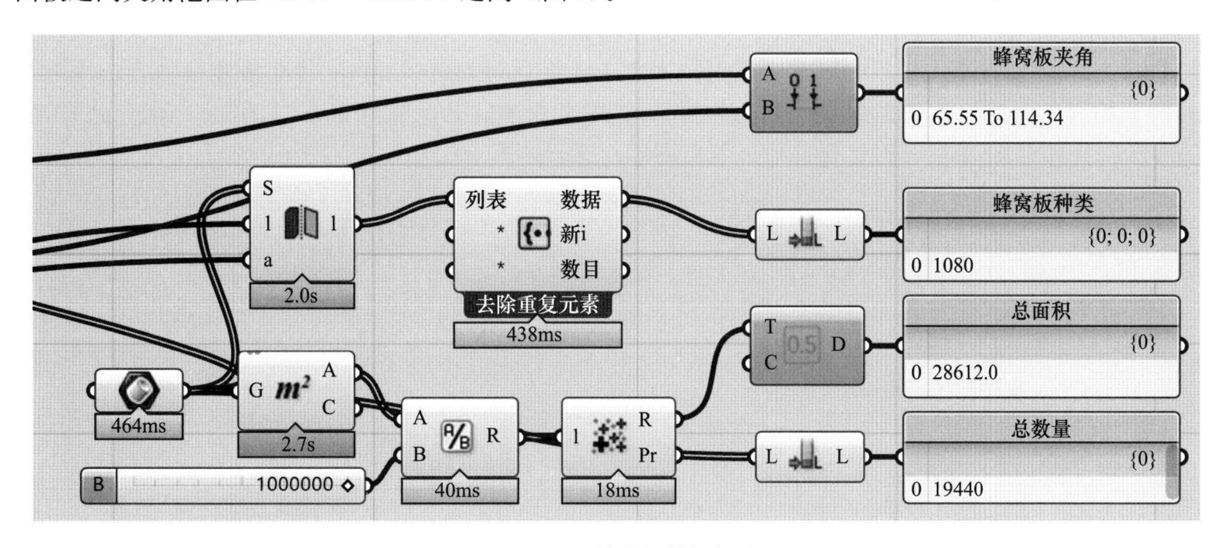

图 5　屋面蜂窝板数据提取

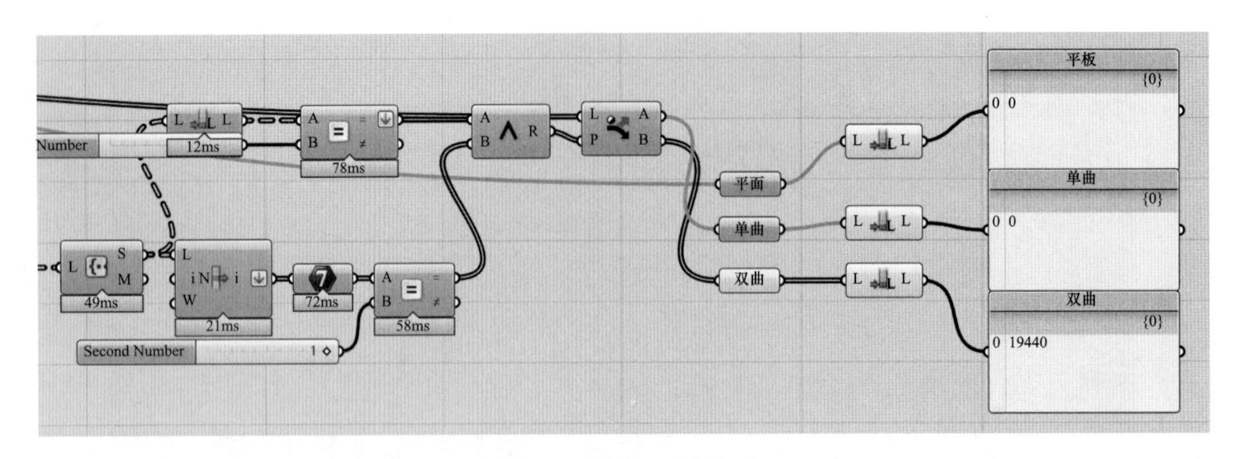

图 6　屋面蜂窝板数据提取

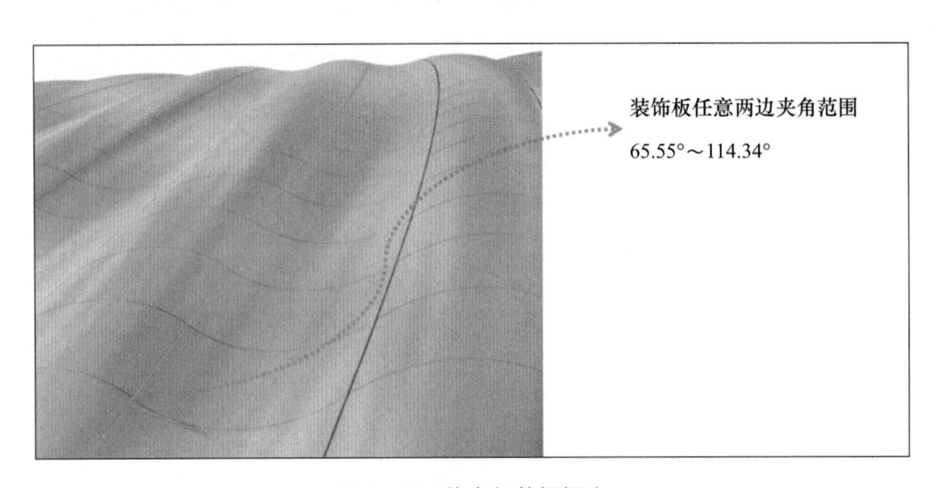

图 7　屋面蜂窝板数据提取

3.2.2　双曲面板拟合单曲及翘曲值分析

通过对表皮的分析可以看出，整个屋面蜂窝板均为双曲板，双曲板在加工精度把控、项目成本控制、加工生成周期方面均比单曲以及平板更加困难，我们通过 Grasshopper 将面板柱面拟合成单曲板（图 8），拟合完以后与原双曲面板进行误差分析，其中翘曲值最大位置为 7mm（图 9），通过设计方案调节可以吸收掉该误差值，最终保证外观效果满足设计要求。

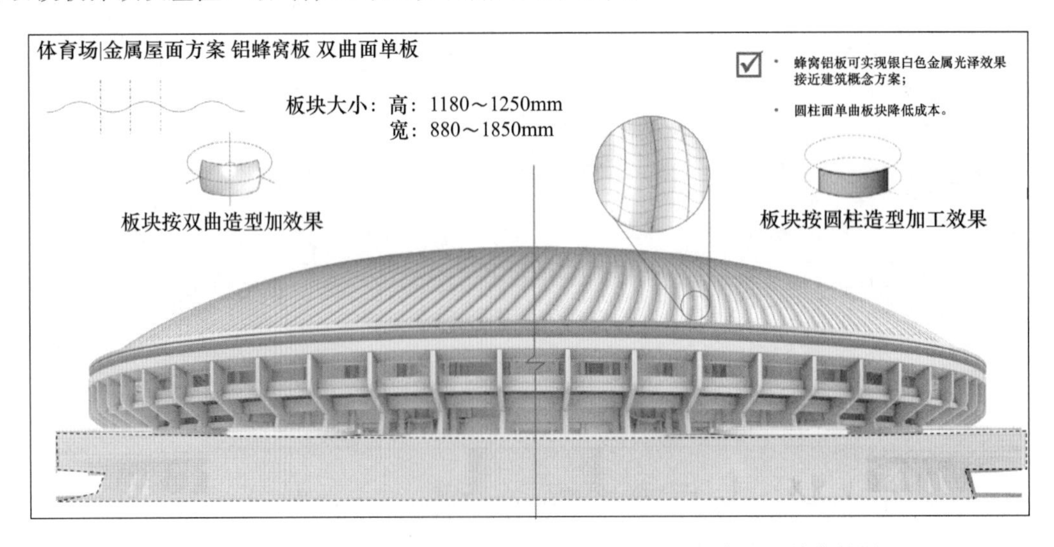

图 8　屋面蜂窝板单双曲对比（左边双曲效果，右边拟合后的单曲效果）

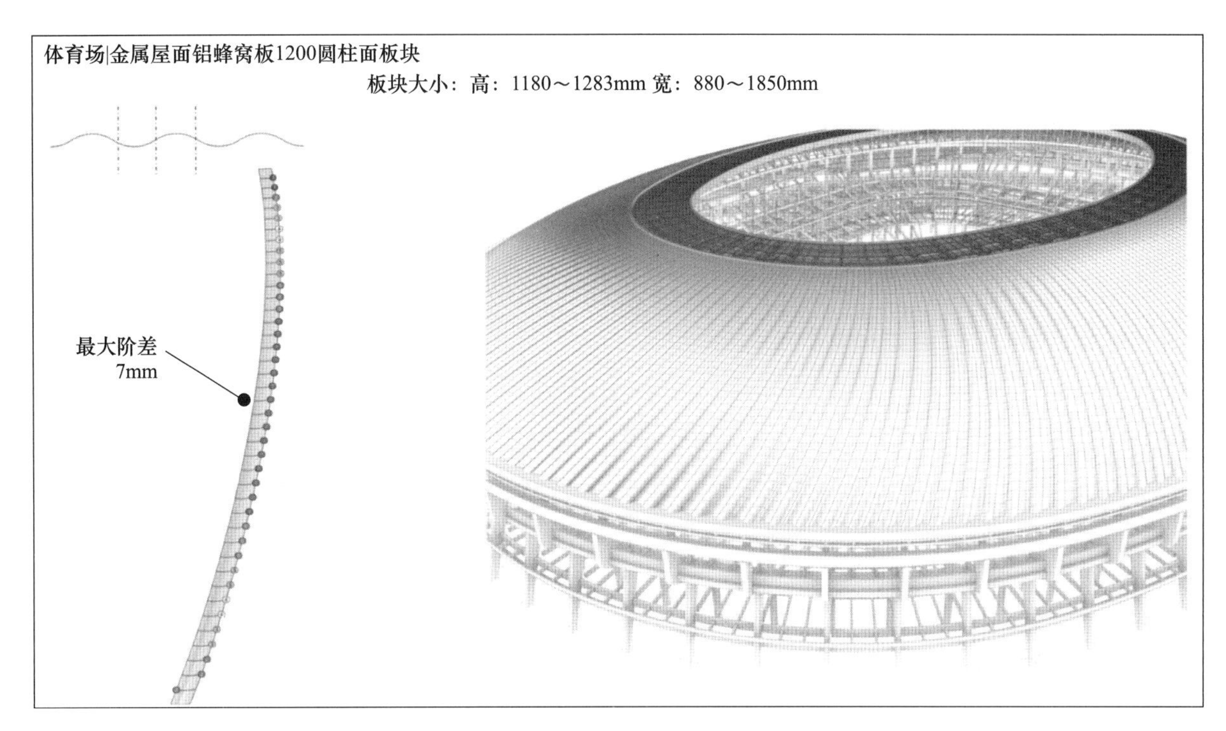

图 9　屋面蜂窝板单曲板翘曲值范围（0～7mm）

4　施工阶段金属屋面材料加工数据参数化提取

4.1　金属屋面蜂窝板骨架设计重难点分析

通过设计阶段曲面分析，我们得到蜂窝板种类有 1080 种，波峰与波谷蜂窝板各 540 种类型，不同的蜂窝板种类对应不同的骨架单元，每一种骨架单元龙骨组装形式相同（图 10），但是角度与龙骨尺寸均有变化，龙骨之间连接通过特定角码固定（图 11）。设计难点是如何保证角码能适配龙骨的角度变化，最终我们选定 8 种角码模具图来适应不同种类龙骨间的固定以及角度调节（图 12）。

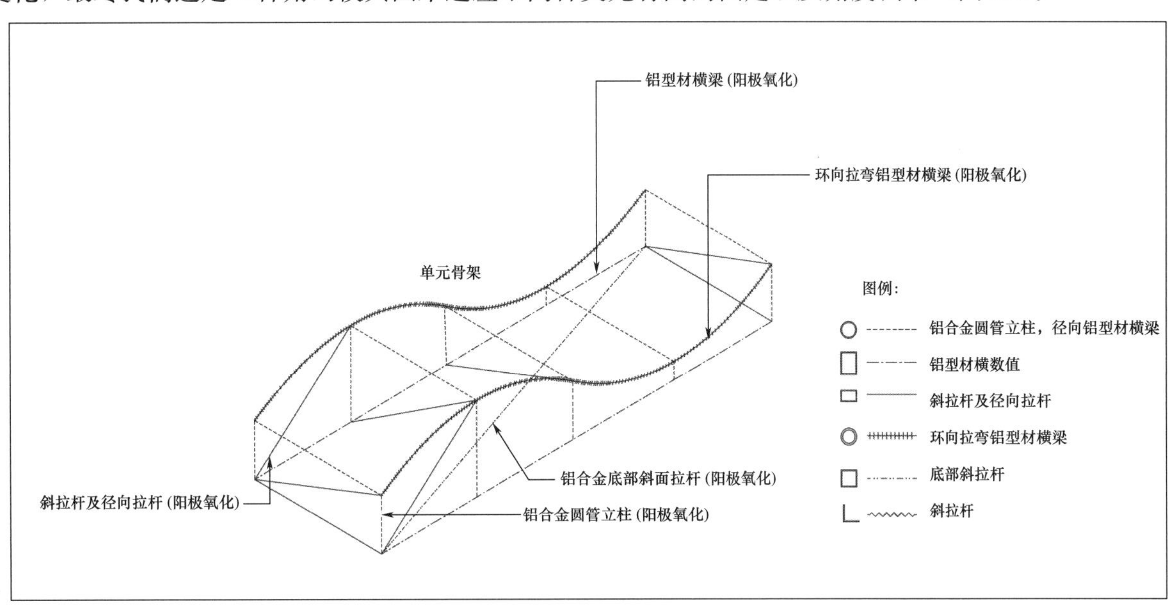

图 10　屋面蜂窝板标准单元骨架示意图

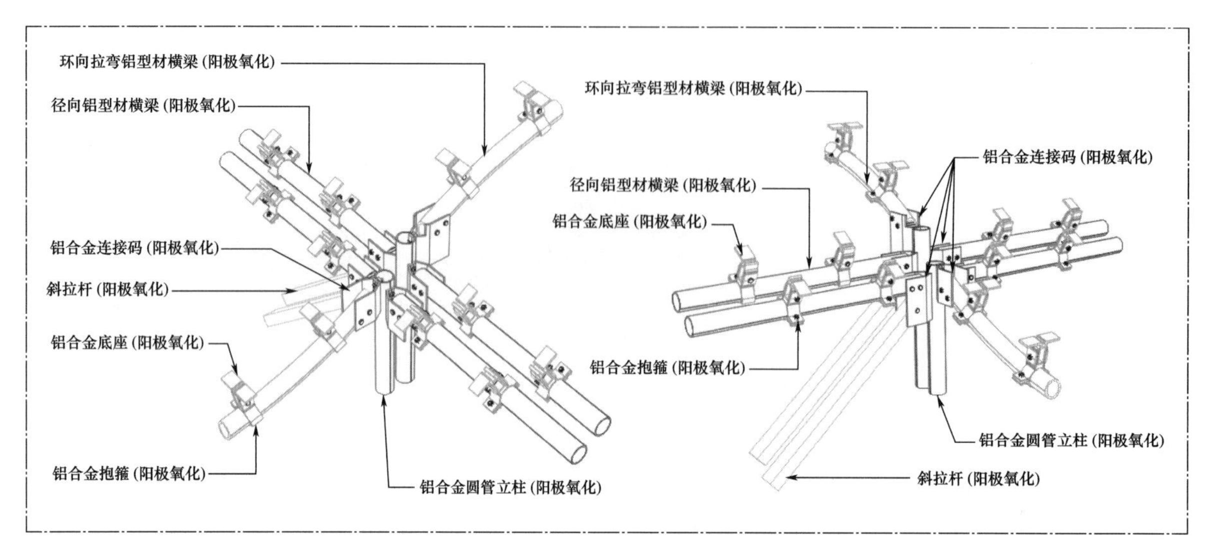

图 11　屋面蜂窝板单元骨架部分连接节点图

图 12　屋面蜂窝板单元骨架角码种类图

4.2　金属屋面龙骨加工组装数据提取过程

首先我们以蜂窝板表皮为基准面，通过 Grasshopper 创建出龙骨模型（图 13），其次对不同的单元骨架进行编号（图 14），骨架内的每一根龙骨对应不同的编号并配标准的龙骨加工图（图 15），最后通过模型导出对应的加工清单数据（图 16）。

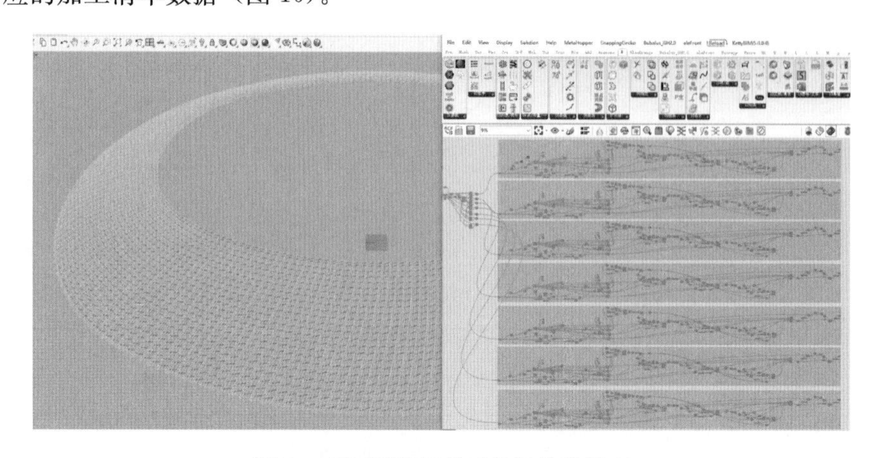

图 13　屋面蜂窝板单元骨架整体模型

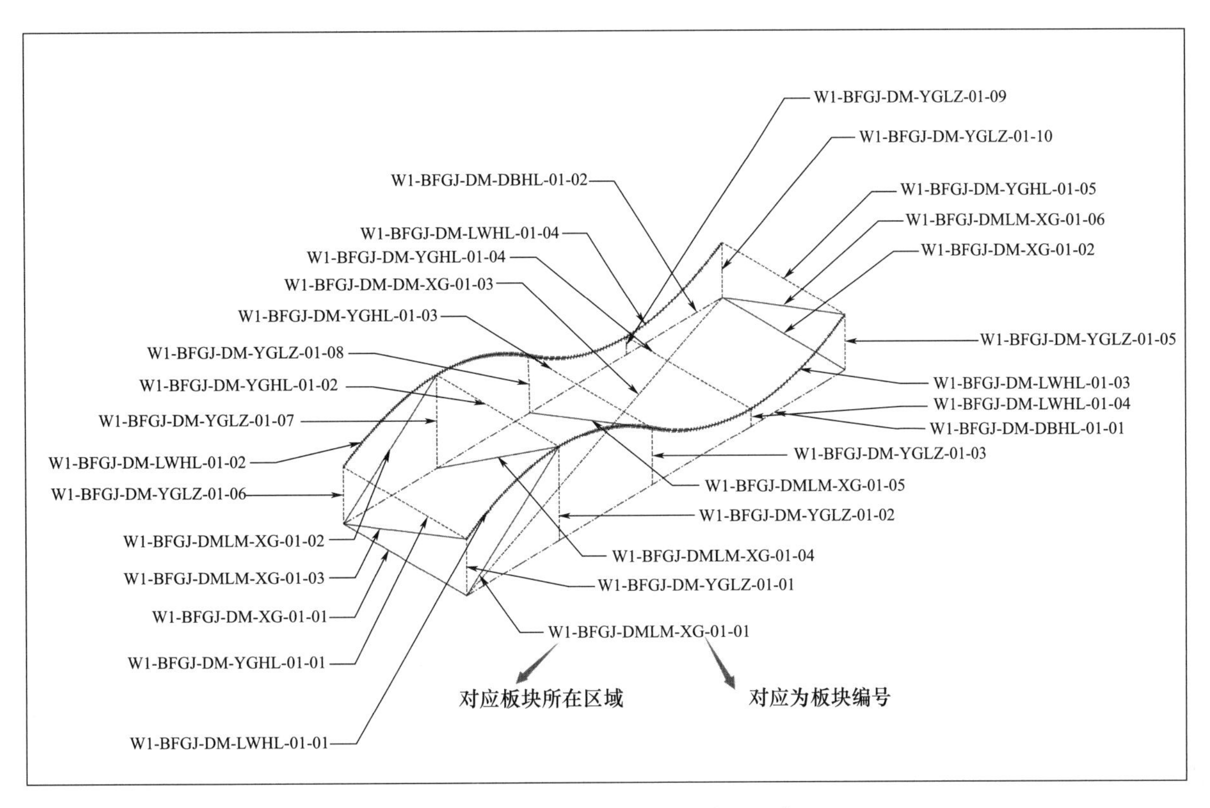

图 14　屋面蜂窝板单元骨架编号示意

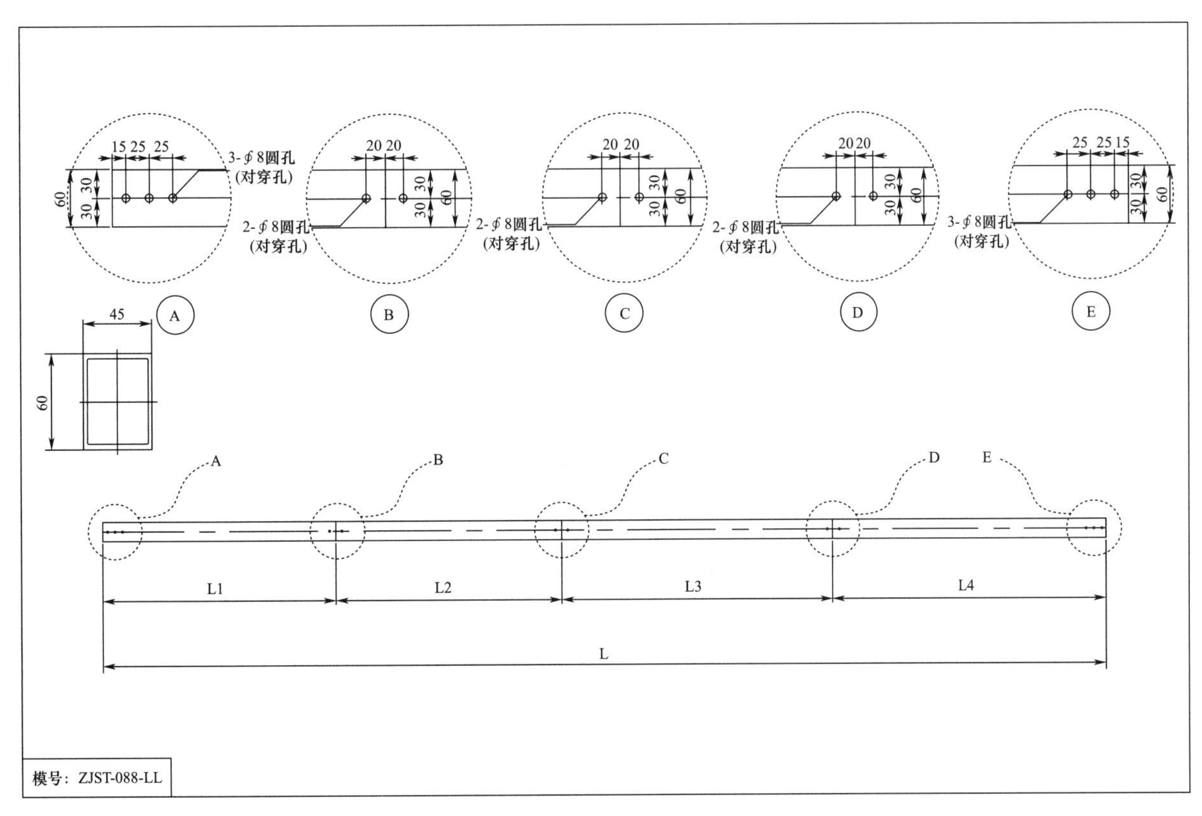

图 15　龙骨标准加工图示例

序号	名称	构件编号	型材模号	长度L（mm）	长度L1（mm）	长度L2（mm）	长度L3（mm）	长度L4（mm）	安装编号	数量
1	横梁	W1-BFGJ-DM-DBHL-01-01	ZJST-088-LL	3245	750	727	873	896	W1-BFGJ-DM-DBHL-01-01	49
2	横梁	W1-BFGJ-DM-DBHL-01-02	ZJST-088-LL	3225	746	723	867	889	W1-BFGJ-DM-DBHL-01-02	49
3	横梁	W1-BFGJ-DM-DBHL-02-01	ZJST-088-LL	3209	743	720	862	884	W1-BFGJ-DM-DBHL-02-01	49
4	横梁	W1-BFGJ-DM-DBHL-02-02	ZJST-088-LL	3188	740	717	855	877	W1-BFGJ-DM-DBHL-02-02	49
5	横梁	W1-BFGJ-DM-DBHL-03-01	ZJST-088-LL	3172	739	717	847	869	W1-BFGJ-DM-DBHL-03-01	49
6	横梁	W1-BFGJ-DM-DBHL-03-02	ZJST-088-LL	3151	733	710	743	866	W1-BFGJ-DM-DBHL-03-02	49
7	横梁	W1-BFGJ-DM-DBHL-04-01	ZJST-088-LL	3135	729	707	838	861	W1-BFGJ-DM-DBHL-04-01	49
8	横梁	W1-BFGJ-DM-DBHL-04-02	ZJST-088-LL	3113	731	709	826	848	W1-BFGJ-DM-DBHL-04-02	49
9	横梁	W1-BFGJ-DM-DBHL-05-01	ZJST-088-LL	3096	723	700	826	848	W1-BFGJ-DM-DBHL-05-01	49
10	横梁	W1-BFGJ-DM-DBHL-05-02	ZJST-088-LL	3075	719	697	818	841	W1-BFGJ-DM-DBHL-05-02	49
11	横梁	W1-BFGJ-DM-DBHL-06-01	ZJST-088-LL	3057	716	694	812	835	W1-BFGJ-DM-DBHL-06-01	49
12	横梁	W1-BFGJ-DM-DBHL-06-02	ZJST-088-LL	3038	713	691	806	829	W1-BFGJ-DM-DBHL-06-02	49
13	横梁	W1-BFGJ-DM-DBHL-07-01	ZJST-088-LL	3023	710	688	802	824	W1-BFGJ-DM-DBHL-07-01	49
14	横梁	W1-BFGJ-DM-DBHL-07-02	ZJST-088-LL	3003	708	685	794	817	W1-BFGJ-DM-DBHL-07-02	49
15	横梁	W1-BFGJ-DM-DBHL-08-01	ZJST-088-LL	2988	704	681	790	812	W1-BFGJ-DM-DBHL-08-01	49
16	横梁	W1-BFGJ-DM-DBHL-08-02	ZJST-088-LL	2968	701	679	783	806	W1-BFGJ-DM-DBHL-08-02	49
17	横梁	W1-BFGJ-DM-DBHL-09-01	ZJST-088-LL	2952	698	676	778	800	W1-BFGJ-DM-DBHL-09-01	49
18	横梁	W1-BFGJ-DM-DBHL-09-02	ZJST-088-LL	2933	695	673	771	794	W1-BFGJ-DM-DBHL-09-02	49
19	横梁	W1-BFGJ-DM-DBHL-10-01	ZJST-088-LL	2916	693	670	766	788	W1-BFGJ-DM-DBHL-10-01	49
20	横梁	W1-BFGJ-DM-DBHL-10-02	ZJST-088-LL	2897	690	668	759	781	W1-BFGJ-DM-DBHL-10-02	49
21	横梁	W1-BFGJ-DM-DBHL-11-01	ZJST-088-LL	2880	687	664	754	776	W1-BFGJ-DM-DBHL-11-01	49
22	横梁	W1-BFGJ-DM-DBHL-11-02	ZJST-088-LL	2861	683	661	747	770	W1-BFGJ-DM-DBHL-11-02	49
23	横梁	W1-BFGJ-DM-DBHL-12-01	ZJST-088-LL	2845	681	658	742	764	W1-BFGJ-DM-DBHL-12-01	49
24	横梁	W1-BFGJ-DM-DBHL-12-02	ZJST-088-LL	2825	678	655	735	757	W1-BFGJ-DM-DBHL-12-02	49
25	横梁	W1-BFGJ-DM-DBHL-13-01	ZJST-088-LL	2808	675	653	729	752	W1-BFGJ-DM-DBHL-13-01	49

图16　导出加工清单示例

5　施工阶段BIM技术安装定位运用

5.1　金属屋面檩托安装定位

金属屋面檩托安装方式为在地面与主体钢结构焊接成型（图18），最后随着主体钢结构整体吊装施工，这样能避免高空焊接工作，但是安装定位尺寸没法根据空间坐标定位，所以我们考虑根据檩托与主体钢结构的相对尺寸关系（图17）以及CAD图纸示意来给出定位尺寸，现场根据提供尺寸数据施工后整体吊装（图19）。

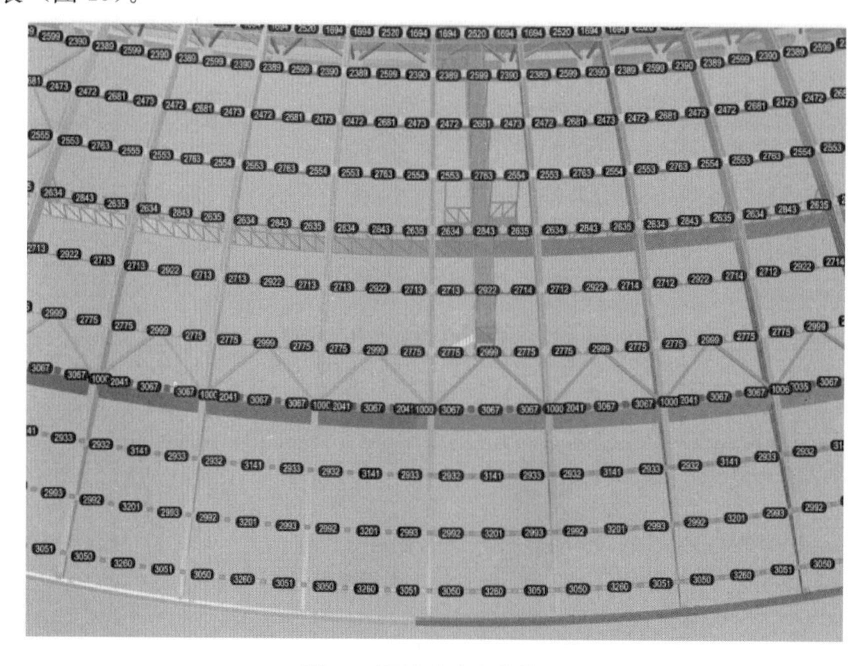

图17　檩托尺寸定位模型

图 18 檩托地面安装图

图 19 主体结构吊装图

5.2 安装完成后现场校核

檩托由于固定在主体结构上，随着主体结构共同沉降，对于现场结构卸载沉降后檩托位置是否满足幕墙安装定位需求需要进行复测校核和设计方案调节，首先我们通过现场测量出檩托三维坐标点，导入到模型中与理论模型复核然后微调模型（图 20），误差在 20mm 以内部分通过转接件长圆孔进行调节，超过部分通过改变转接件长度来调节误差（图 21），最终保证在结构沉降以后整体金属屋面外观依旧能达到设计要求效果。

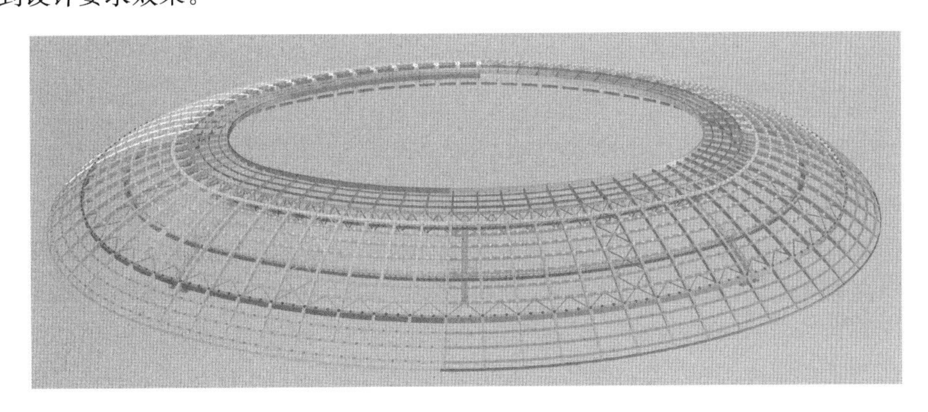

图 20 根据现场复测点位调整檩托模型

图 21 檩托与主檩连接现场施工图

6 结语

BIM 技术在深圳市体育中心改造项目中的应用取得了显著成效，设计阶段通过构建三维模型，进行曲面数据分析，使设计团队能够更直观地理解设计方案，保证设计方案的合理性及可实施性，施工阶段利用 BIM 技术进行材料加工数据批量提取，保证材料加工准确性，为工程顺利履约提供可靠技术支撑。

参考文献

[1] 陈炳任，邱继衡 . BIM 融合工业数字化的创新技术在幕墙出图下料中的应用 [J]. 土木建筑工程信息技术，2019.
[2] 中国建筑装饰协会 . 建筑装饰装修工程 BIM 设计标准：T/CBDA 58—2022 [S]. 北京：中国建筑工业出版社，2022.
[3] 白云生，高云河 . Grasshopper 参数化非线性设计 [M]. 武汉：华中科技大学出版社，2018.

BIM 技术引发幕墙行业技术变革的研究与分析

◎刘 峰 余 松 黄桂卫 蔡广剑

深圳市三鑫科技发展有限公司 广东深圳 518054

摘 要 随着建筑信息模型（BIM）技术的迅速发展，幕墙行业在设计、施工和管理环节发生了显著变革。BIM 技术通过 BIM 正向设计、模型化加工、4D 虚拟建造、BIM＋三维扫描技术、BIM＋AR 技术指导施工、BIM 平台化施工管理、BIM 芯片维保等手段，提升了幕墙工程的设计精度、施工效率和幕墙产品全生命周期管理能力。本文结合实际项目实践，深入分析 BIM 技术在幕墙行业中的应用与创新，探讨其带来的技术升级和管理变革。通过北京颐缇港、深圳国际交流中心等标志性项目的应用案例，揭示 BIM 技术如何优化幕墙设计流程、提高施工效率与质量，并为未来的技术创新提供了借鉴和发展方向。

关键词 BIM 技术；幕墙工程；正向设计；4D 虚拟建造；三维扫描；AR 技术；平台化管理；全生命周期管理

1 引言

幕墙工程是现代高层建筑和标志性建筑不可或缺的重要组成部分，其不仅是建筑的外围护结构保护建筑物内部环境，还在美学设计、节能技术、结构安全等方面起到至关重要的作用。然而，传统的幕墙设计与施工模式面临着设计误差大、施工周期长、协调难度高等诸多问题，这些问题直接影响项目的成本控制和工程质量。

在这一背景下，BIM（建筑信息模型）技术作为一种集成建筑项目各类信息的数字化技术，成为幕墙行业实现技术变革的关键。BIM 技术不仅可以创建详细的三维数字模型，帮助设计师可视化建筑的各个组成部分，还能通过协同设计、施工模拟和进度管理，实现信息的全面整合和项目各方的高效协作。通过对项目数据的集成管理，BIM 技术显著提升了幕墙工程的设计精度、施工效率和项目管理能力。

随着 BIM 技术的广泛应用，幕墙行业的设计流程、施工方法以及项目管理模式都发生了深刻变革。在设计阶段，BIM 技术能够通过正向设计、虚拟建造等技术手段优化设计方案，提升设计的精度和合理性。在生产、施工阶段，BIM 技术支持模型化、无纸化加工、施工模拟，减少施工误差和返工率。同时，在项目管理中，BIM 技术实现了对进度、成本和质量的动态监控，大大提高了管理效率和决策能力。

为了进一步探讨 BIM 技术在幕墙行业中的应用及其带来的技术变革，本文将结合多个实际项目案例，分析 BIM 技术在幕墙设计、施工和管理、后期运维中的优势与挑战。这些项目包括上北京颐缇港、深圳国际交流中心、深圳城建大厦等标志性建筑。本文通过对这些项目中各阶段 BIM 技术应用的分析，揭示 BIM 技术如何在实践中推动幕墙行业的技术升级，并为未来的技术发展提供参考。

2 BIM 技术对幕墙设计的技术变革

BIM 技术对幕墙设计的技术变革主要体现三个方面：第一，通过建立 BIM 标准与插件生态，实现 BIM 正向设计，显著提升了设计精度与模型化设计效率；第二，幕墙设计编程化与参数化，并结合 AI 智能化技术显著提高了设计的自动化水平；第三，利用 BIM 协同设计与碰撞检测功能有效优化了多方合作，减少设计冲突和施工错误。

2.1 BIM 正向设计提升设计精度

BIM 正向设计建筑领域的新一代革命性技术，是在三维环境中直接开展设计工作，BIM 正向设计是传统二维图纸设计向三维模型设计的转变，是传统设计方式的数字化和信息化的过程，也是三维模型与构件信息集成统一的设计方式。在幕墙设计阶段，运用正向设计，通过建立 BIM 标准化、三鑫自研 BIM 体系插件，可以快速利用模型生成符合公司标准的二维图纸，能够保证图模一致，相比传统“翻模”，正向设计促使模型化设计效率提高 50%以上，并且通过 BIM 模型可以全面展示幕墙的外形、节点构造关系、幕墙与结构连接关系。设计师可以通过 BIM 模型更直观地分析幕墙的复杂形态、与建筑主体的连接方式。相比于传统的二维设计，BIM 技术使设计更加精准，并减少设计 90%以上的错误（图 1、图 2）。

2.2 设计编程化、AI 智能化提高幕墙设计自动化水平

在 BIM 幕墙设计中，设计编程化和 AI 智能化技术的引入，为幕墙工程的设计带来了深刻变革。它们不仅增强了设计的灵活性和自动化程度，还提高了设计优化和决策支持能力，使幕墙设计更加智能、高效、精确。其中人工智能（AI）技术在 BIM 幕墙设计中的应用，主要体现在辅助参数化设计、自动数据分析、汇总、BIM 插件半自动编写等方面。AI 技术通过算法和机器学习，帮助幕墙设计师利用 AI 辅助编程实现快速批量建模，提升设计、下单效率 50%以上。

2.3 基于 BIM 技术协同设计与碰撞检测

BIM 技术的协同平台为各个专业（建筑、结构、机电等）的设计师提供了实时沟通和协作的机会。在幕墙设计过程中，BIM 模型能够集成各方设计信息，确保各专业之间的无缝对接，减少因信息滞后或不对称导致的设计冲突。

碰撞检测是 BIM 技术中的一个核心功能，用于自动检测设计中的冲突和不一致，特别是不同专业设计之间的空间冲突。通过碰撞检测，团队可以在施工前发现问题，并及时进行设计调整，从而避免施工中的返工和浪费。

2.4 北京颐缇港幕墙 BIM 设计项目案例

在项目实践中，北京颐缇港通过建立 BIM 标准、BIM 新工作模式流程，利用 AI 编程半自动完成 SX-BIM 系列插件开发，从而实现 CAD、Rhino、Revit 软件模型信息无损转化，实现该项目 BIM 正向设计，100%模型化出图，80%材料自动下单、60%加工图自动绘制。利用 BIM 技术可将协同设计与进行碰撞检测设计错误降低 90%，完整性提高至 95%，设计质量得到极大提高（图 3）。

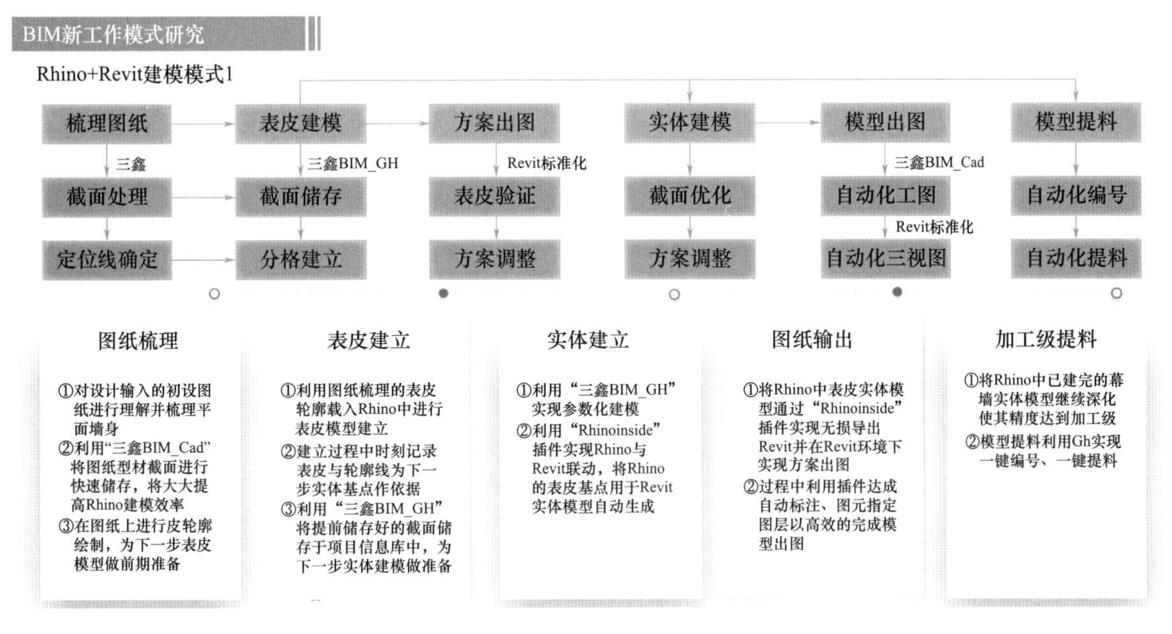

图1　BIM新工作模式流程

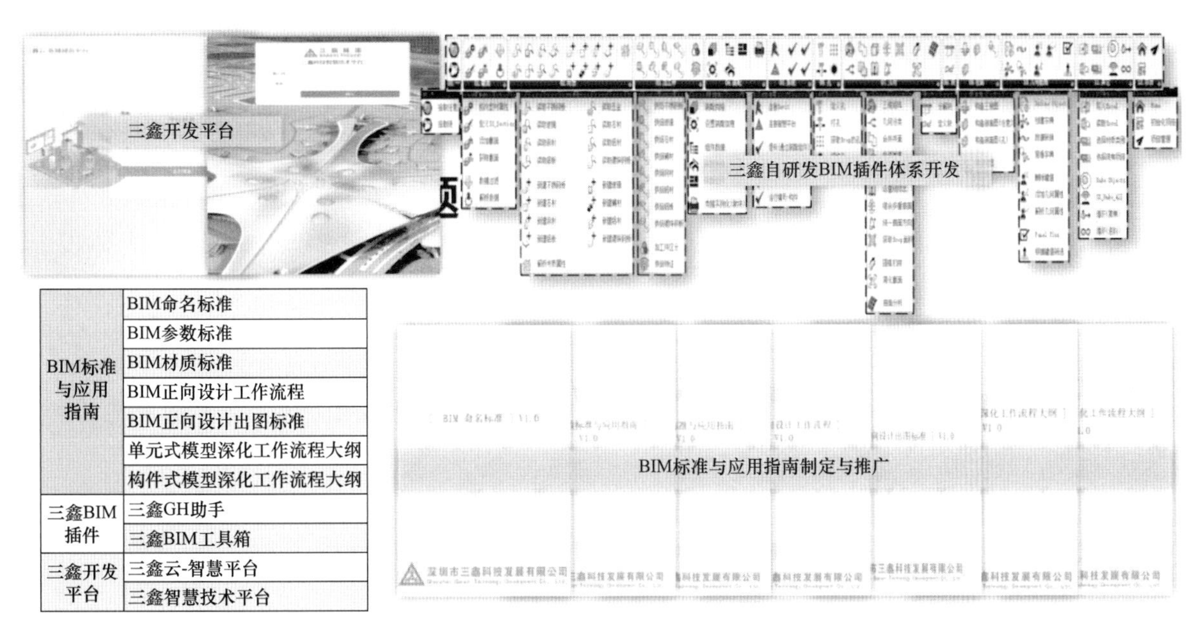

BIM标准与应用指南	BIM命名标准
	BIM参数标准
	BIM材质标准
	BIM正向设计工作流程
	BIM正向设计出图标准
	单元式模型深化工作流程大纲
	构件式模型深化工作流程大纲
三鑫BIM插件	三鑫GH助手
	三鑫BIM工具箱
三鑫开发平台	三鑫云-智慧平台
	三鑫智慧技术平台

图2　三鑫BIM标准化生态

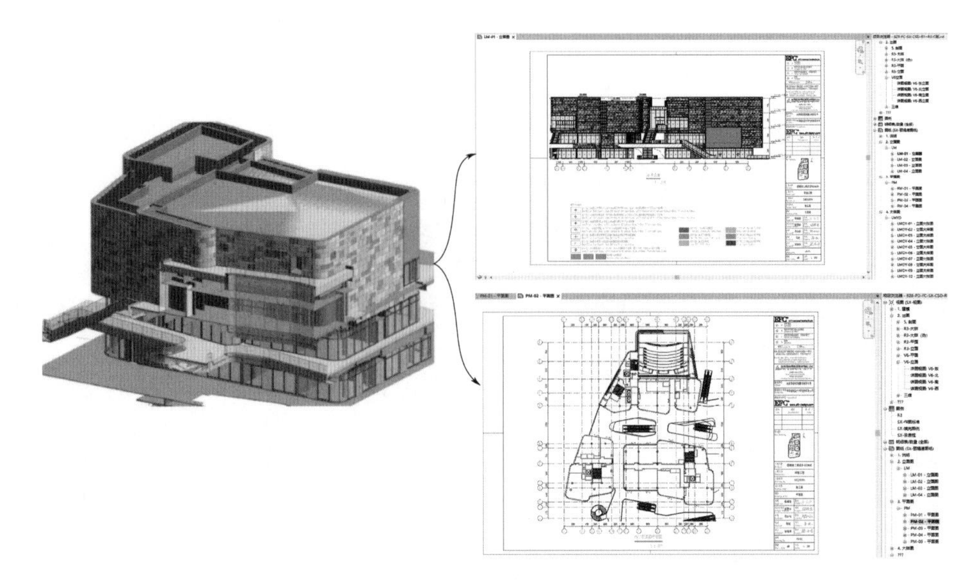

图 3　北京颐缇港 BIM 正向设计

3　BIM 技术对加工生产、幕墙施工的技术变革

BIM 技术在加工生产和幕墙施工中的技术变革主要体现在四个方面：第一，BIM 技术无纸化加工，提升生产效率；第二，BIM 与三维扫描技术结合高效结构复测与测量放线；第三，BIM＋AR 技术融合推动可视化施工管理，提升现场施工的直观性和精确度；第四，通过 BIM 模型化、平台化与集成管理，全面提升项目管理效能与施工协同。

3.1　BIM 技术无纸化加工，提升生产效率

BIM 技术在加工厂生产环节，利用 BIM 技术建立构件加工级模型，利用 BIM 与 CAM 软件结合，实现了加工模型化，CAM 软件转 G 代码后，直接上 CNC 加工中心进行无纸化加工，无须 CNC 技工工艺编程，仅需首样检测。

经北京颐缇港、深圳城建大厦、深圳国际交流中心项目实践中统计分析，传统工作模式，CNC 技工编一个工艺程序需要 10～30min 编译时间，而采用 CAM 软件 1～5min 就完成模型 G 代码转换，大幅度提高了工作效率，并大幅减少了 CNC 技工所需人数，并减少了传统纸张浪费。从而提高了加工厂的加工生产效率（图 4）。

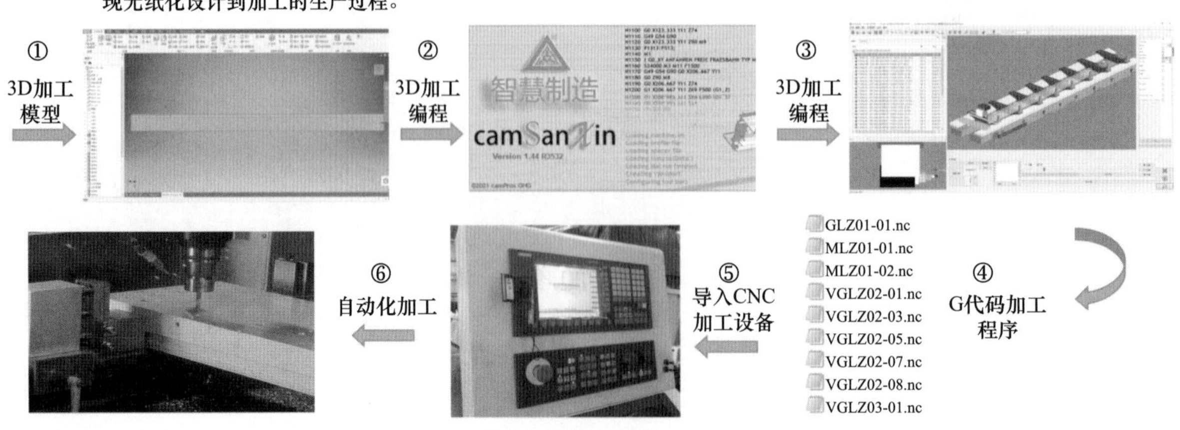

图 4　BIM 技术无纸化工作流程

3.2 BIM与三维扫描技术结合，提高测量放线工作效率及安全性

BIM技术结合三维扫描在幕墙工程中的运用具有深远意义，该技术不仅实现了高精度、高效率的结构测量。更为无死角、一体化下单提供了强有力的技术支持。随着建筑信息化、模型化，三维扫描与BIM技术的结合正在改变传统的结构复测和测量放线模式。

在城建大厦项目中，将BIM技术与三维扫描技术相结合，改变现场传统测量放线方式，提高现场施工安装的准确性，提高现场安装效率及质量安全。以点云模型与理论模型进行数字化对比，技术使得测量放线、结构复核效率提高了80％、准确性提高了50％。同时可以减少70％的人工临边复尺的工作量，并为公司创造安全效益（图5、图6）。

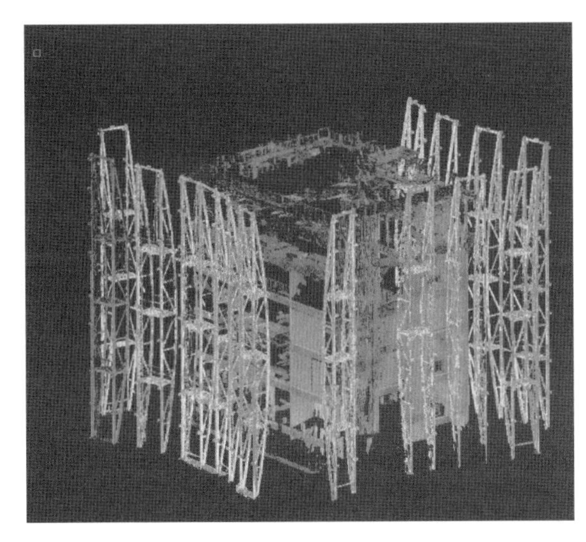

图5 城建大厦塔冠钢结点云

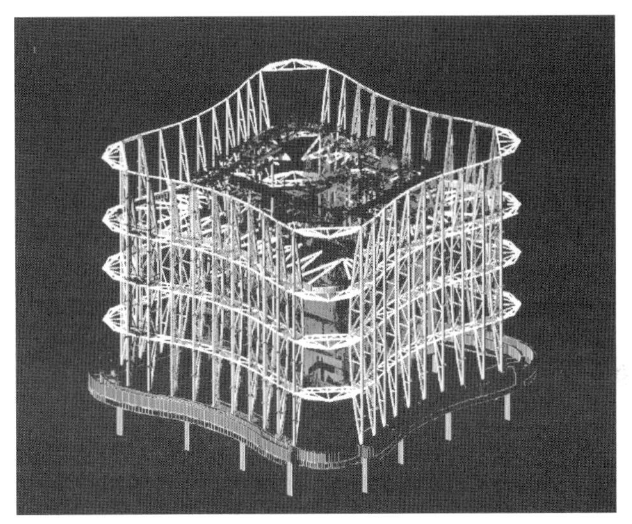

图6 城建大厦塔冠钢结构逆向建模

3.3 BIM＋AR技术融合可视化施工管理

BIM＋AR技术融合的可视化施工管理是一种创新的建筑管理方式，将BIM与AR技术结合，极大提升了施工现场的可视化、协作性和精确度。通过将三维模型与现实场景无缝叠加，施工团队能够更加直观地了解和执行复杂的建筑工程。以下是BIM＋AR技术融合在可视化施工管理中的优势和主要应用。

3.3.1 实时可视化设计与施工对比

BIM模型包含了详细的设计信息和构件数据，而AR技术能够将这些虚拟模型与真实施工现场进行叠加。施工团队可以通过AR设备（如智能眼镜或平板电脑）实时查看BIM模型与实际施工状态的对比，确保设计和施工的一致性，从而提前发现施工偏差，提升施工精度。

3.3.2 施工过程中的指导与培训

BIM与AR的结合能够为施工团队提供详细的施工指导信息。例如，AR设备可以根据BIM模型的设计要求，在施工现场为工人提供分步安装指导，甚至演示复杂工序的操作过程，从而提高施工效率。

3.3.3 深圳国际交流中心BIM＋AR技术应用案例

深圳国际交流中心项目利用BIM＋AR可视化交底验收，项目中针对复杂安装区域通过AR技术，对施工区域进行完成效果可视化交底，龙骨、面板安装完成后分别对其完工成果与模型进行定位匹配，辅助验收。直观地展示幕墙安装工序工艺，在构件未安装之前运用AR技术将模型附着在现场主体结构上，在未开工前直接展示后期安装位置及安装效果；相较传统平面电子图而言更加通俗易懂，简洁

明了；在现场交底中，对被交底人识图综合素质要求大大降低，可直观用模型参照构件来进行交底；在安装中，现场安装人员可用 BIM+AR 技术在施工现场对安装位置进行核对，可直接发现结构位置偏差位置直接暴露。

在验收中，验收人可以直接使用 BIM+AR 技术对已经安装部位进行模型重叠验收，构件安装偏差部位一目了然，相较传统图纸现场使用卷尺、角尺逐个丈量，逐个核对，极大节省了人力、物力、时间和精力（图 7）。

图 7　深国交 BIM+AR 技术应用

3.4　BIM 模型化、平台化提高管理效能

BIM 技术通过模型化和平台化，显著提升了项目的管理效能。模型化使得设计、施工和运维的信息可视化与集中化，平台化则促进了各参与方之间的信息共享与高效协作。同时，平台轻量化 BIM 模型能够实时指导施工，确保施工准确。结合物料追踪系统，实现对材料的全流程监控与管理，进一步优化了资源调度和施工进度控制，提升了整体项目的执行效率和质量（图 8）。

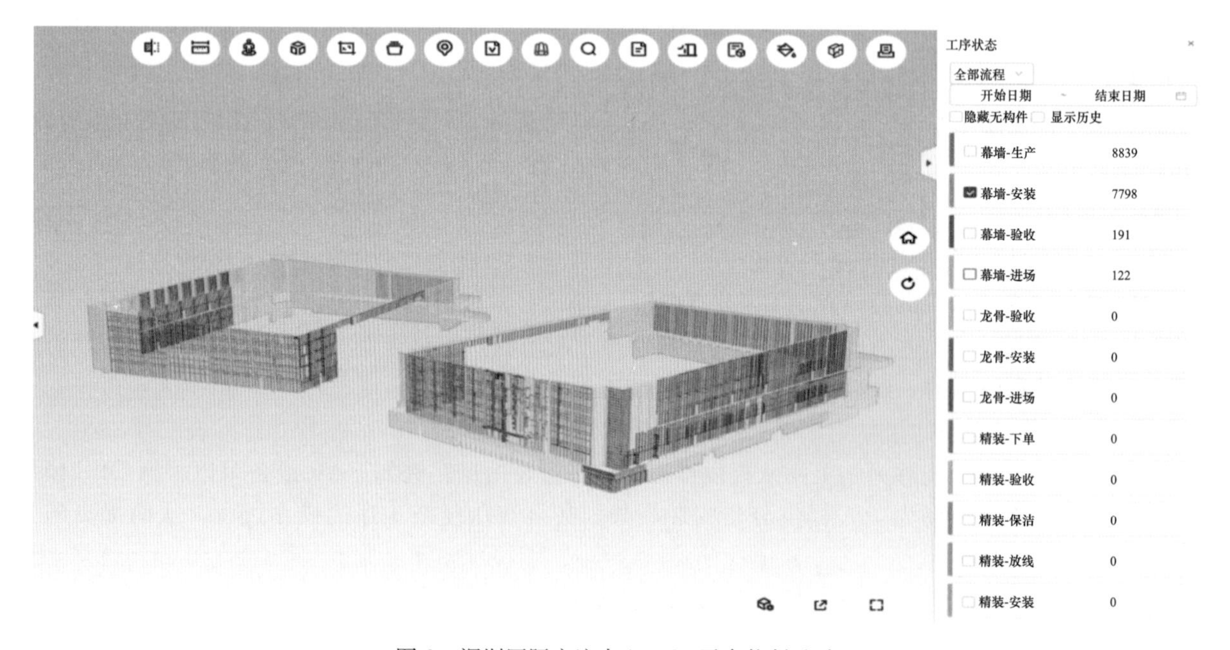

图 8　深圳国际交流中心 BIM 平台物料追踪

在深圳国际交流中心基于BIM技术的协同管理平台（图9），通过BIM对现场所有材料（螺栓、连接件、精制钢、铝龙骨、玻璃、铝板、窗户、石材、格栅等）进行管理，每个构件从下单、生产、进场、安装到验收全过程监控、全过程管理。每个构件从下单、生产、进场、安装到验收全过程的信息都可追溯，无论是纸质资料还是影像资料，做到全过程质量的严格把控；项目中各级单位、各个岗位、每个人，均可实时查看模型内部信息，做到资源整合、资源共享，有效提高项目各参与方协调配合度。

从生产加工、进场验收、现场安装到验收合格，可追溯到每一个环节材料进场状况，现场一线管理人员可实时查看工序材料情况，便于安排后续施工作业，形成流水。

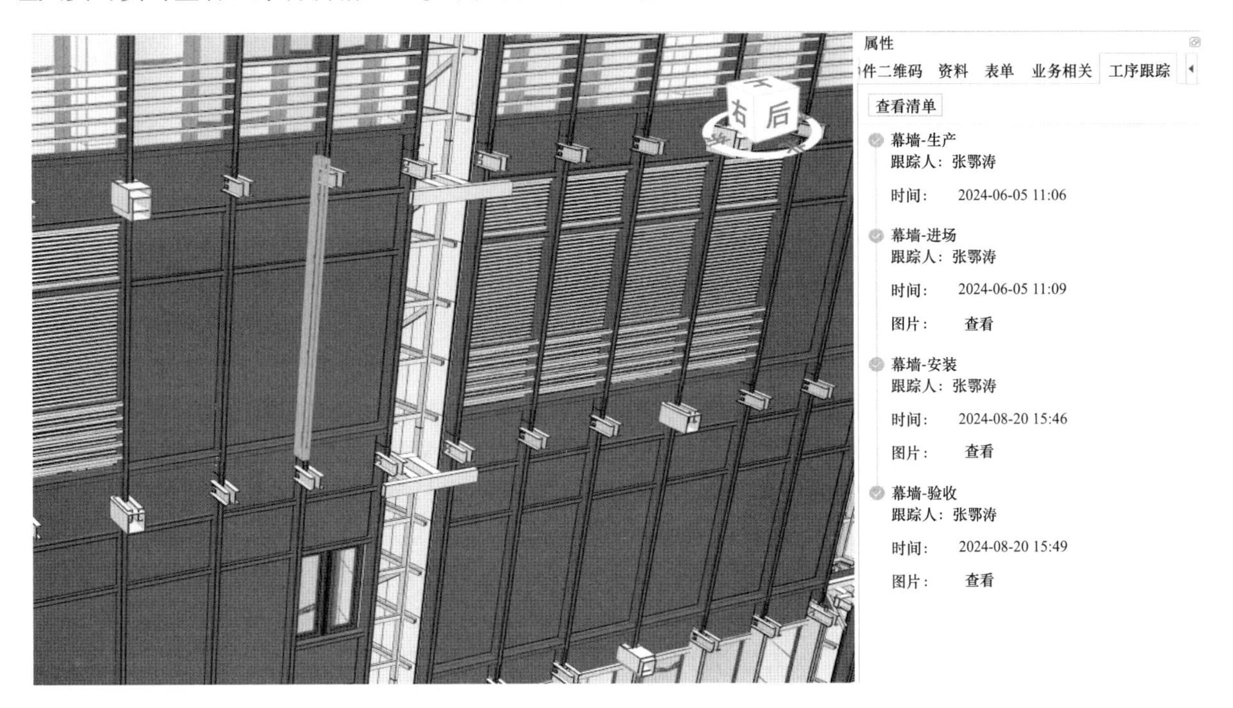

图9　深圳国际交流中心BIM构建跟踪

4　BIM技术对幕墙维保信息维护的技术变革

BIM技术与存储信息芯片在幕墙维保中的技术变革代表了建筑行业在数字化和智能化维保管理上的重大突破。传统的幕墙维保信息管理依赖于手动记录和纸质档案，难以实现高效的信息追踪与维护。而BIM技术与信息芯片（RFID）相结合，则为幕墙维保带来了全新的管理模式，提升了维护效率和信息透明度。

BIM技术能够为每一个幕墙构件创建一个三维数字模型，并记录其详细的属性信息，如材料、制造商、安装时间、维护要求等。通过在幕墙构件中嵌入存储信息芯片，这些信息可以与物理构件一一对应，形成“数字身份证”。第一，实现全生命周期数据跟踪：每个幕墙构件从设计、制造、安装到维护的所有信息都可以通过BIM模型和芯片进行完整追踪，确保构件在整个生命周期内的所有信息透明化、可访问。第二，实现便捷的信息读取：维保人员可以通过手持设备（如智能手机或专用读取设备）扫描嵌入的芯片，立即获取该构件的详细维护记录和操作要求，无需查找纸质文档或后台系统。

城建大厦项目利用BIM技术与信息芯片（RFID）相结合，实现了板块信息完整存储，存储信息包括铝材信息、玻璃各项参数及厂家信息（图10）。

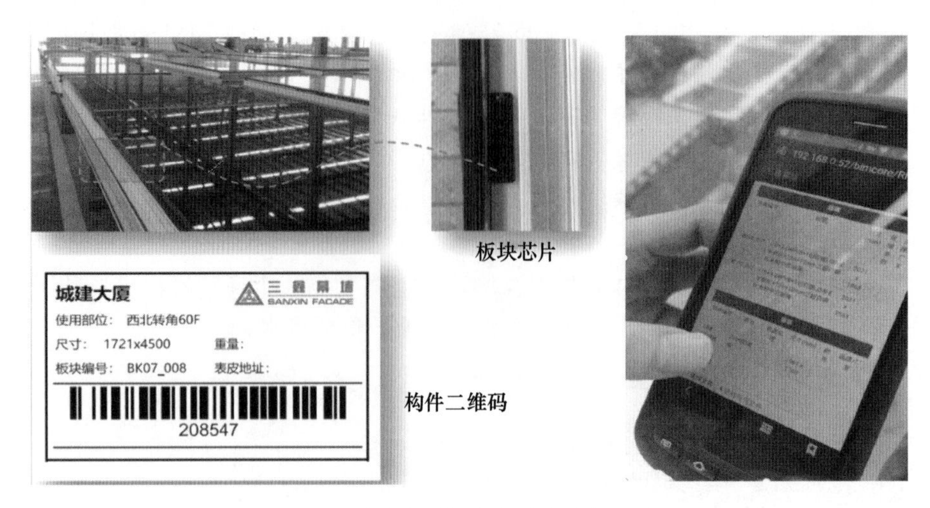

图10 城建大厦板块芯片安装与显示

5 结语

综上所述，随着BIM技术的普及化，BIM技术在幕墙行业的应用带来了显著的技术变革，不仅在设计、施工和管理等方面实现了流程优化，还大幅提升了幕墙工程的整体效率与质量。第一，设计变革。通过BIM正向设计，设计精度得以显著提高；通过模型化与编程化，AI智能化的引入加速了设计的自动化进程。此外，BIM协同设计与碰撞检测功能减少了设计冲突，保障了项目各方的高效合作。第二，施工技术变革。通过BIM与三维扫描技术及BIM＋AR可视化管理的结合，极大提升了施工的直观性和精确度，并通过无纸化加工显著提高了生产效率。同时，BIM平台化管理有效优化了物料追踪和施工监控，进一步提高了管理效能。第三，幕墙维保技术变革。BIM技术与信息芯片的结合实现了全生命周期的数字化管理，大大增强了信息追溯和维护的便捷性。

然而，BIM技术的推广与应用也面临着挑战，包括技术的高成本投入、对从业人员的技能要求较高、各方对BIM技术的理解不统一，以及在实际操作中数据的协调和整合难度较大等问题。但总的来说，BIM技术通过提升设计与施工效率、改善管理流程，为幕墙行业的数字化与智能化发展提供了强有力的支持，同时为未来技术创新指明了方向。

参考文献

[1] 中华人民共和国住房和城乡建设部．建筑信息模型应用统一标准：GB/T 51212—2016［S］．北京：中国建筑工业出版社，2017.

[2] 丁延辉，邱冬炜，王凤利．基于地面三维激光扫描数据的建筑物三维模型重建［J］．测绘通报，2010（3）：55—57.

[3] 万仁威，陈林璞，韩阳，等．三维扫描技术在已有建筑测量及逆向建模中的应用［J］．施工技术，2018，47（S1）：1102—1103.

[4] Becker S. Generation and application of rules for quality dependent facade reconstruction［J］．Isprs Journal of Photogrammetry & Remote Sensing，2009，64（6）：640—653.

RhinoPython 在施工现场 BIM 技术中的应用探究

◎林　云

深圳广晟幕墙科技有限公司　广东深圳　518000

摘　要　随着建筑信息模型（BIM）技术在建筑行业的广泛应用，其对现场施工人员的技术要求也随之提高。传统的基于 Grasshopper（GH）的设计流程对操作者的技术要求较高，限制了其在施工现场的应用。本文旨在探讨如何利用 RhinoPython 编程技术开发出适用于 Rhino 软件的插件和脚本，以简化现场施工人员的操作流程，提高设计效率和施工精度。通过开发定制化的插件，可以将关键设计数据直接展示在 Rhino 模型上，并通过数据导出功能，方便地将数据转换为 Excel 表格，以便于后期的数据管理和分析。

关键词　RhinoPython；脚本编程；BIM 技术；幕墙施工

1　引言

在当今的建筑行业中，BIM 技术以其强大的信息集成能力和三维可视化特性，正引领着行业向更高效率和更高质量的方向发展。BIM 技术的应用不仅优化了设计流程，还极大地提升了施工管理的精确度和协同性。尽管 BIM 技术具有诸多优势，其在施工现场的深度应用仍面临着技术门槛和操作复杂性的挑战。

本文将深入探讨如何通过 RhinoPython 编程技术，开发出既符合 BIM 技术标准又易于施工现场技术人员使用的定制化设计工具。我们的目标是简化设计流程，降低技术门槛，确保数据的实时共享和更新。

2　现场施工人员技术现状

在建筑项目的全生命周期中，现场技术人员扮演着举足轻重的角色。他们的专业技能水平直接影响着工程的质量与效率。然而，在当前环境下，这一群体面临一些值得关注的问题。

首先，随着现代建筑技术的不断进步，尤其是 BIM 技术的广泛采用，对技术人员的知识结构和技术能力提出了更高的要求。BIM 技术凭借其三维可视化、信息集成和协同工作的特性，为建筑行业带来了革命性的变革。然而，由于历史背景和个人培训机会的限制，许多现场技术人员尚未完全掌握 BIM 技术的核心要领，这在一定程度上制约了他们充分发挥这项技术的优势。

其次，从实践的角度来看，现场技术人员往往更习惯于使用传统的施工方法，并倾向于依赖个人经验和直观判断。这种偏好传统方式的态度虽然有助于保持一定的工作效率，但也限制了新技术的采纳和应用，进而影响了建筑行业的整体创新能力和竞争力。

再者，技术人员持续的职业发展和支持性培训资源相对匮乏。在这样一个技术日新月异的行业中，由于日常工作量繁重以及高质量培训资源的稀缺，技术人员很难有足够的时间和机会去更新自己的知识体系，这无疑成为一个不容忽视的发展瓶颈。

最后，当涉及更为复杂的BIM模型和数据分析时，技术人员的技术应用能力显得尤为吃力。例如，在面对Grasshopper（GH）等参数化设计工具（图1）时，大多数技术人员会感到不适应，因为这类工具的复杂性和对专业技能的高度要求，使得他们在实际工作中难以得心应手地应用它们，这进一步限制了技术的实际效用。

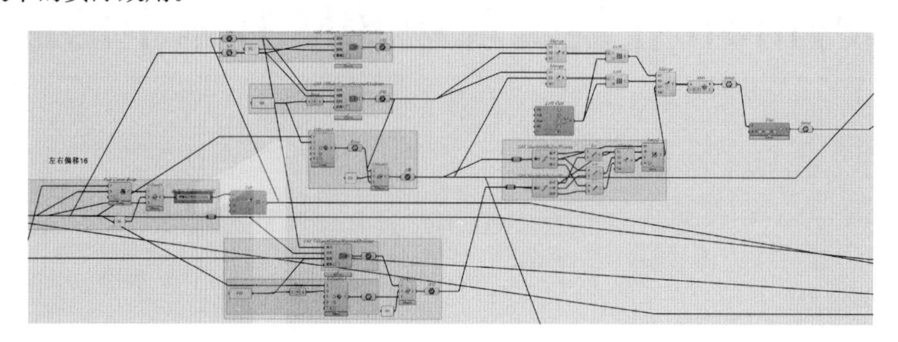

图1　GH参数化

3　利用RhinoPython脚本简化施工流程

Python，这一功能强大的脚本语言，赋予了开发者极大的灵活性，使他们能够开发出定制化的插件和工具，从而显著优化了设计流程。开发者编写的直观且易于理解的脚本，有效地降低了现场施工人员在技术应用上的难度。

本文将基于现场施工技术人员的实际需求，通过点、线这两个基本的几何要素进行探究。我们将利用Rhino平台的数据可视化优势，对点的坐标信息、线的尺寸信息进行有序展示，并将这些数据有效导入至Excel中。本文旨在以抛砖引玉的方式，展示如何通过RhinoPython简化操作流程，提高工作效率。

3.1　点坐标信息展示

在幕墙工程领域，全站仪定位技术是现场定位放样不可或缺的工具（图2）。精确的控制点测量是整个施工流程的基石，其坐标数据需被详尽记录，并作为后续施工的基准。在施工放样阶段，全站仪结合图纸和测量数据，精确地确定建筑物或结构的位置。所有测量数据，包括坐标、角度和距离，均需准确记录并经过严格复核，以确保测量结果的准确性。

图2　鱼骨造型

施工团队根据这些数据开展施工作业，并在整个施工过程中进行持续监测（图 3），确保施工质量和进度严格符合设计要求。关键定位点以数据形式有效传递，并根据施工过程中的实际情况，适时进行更新和调整。

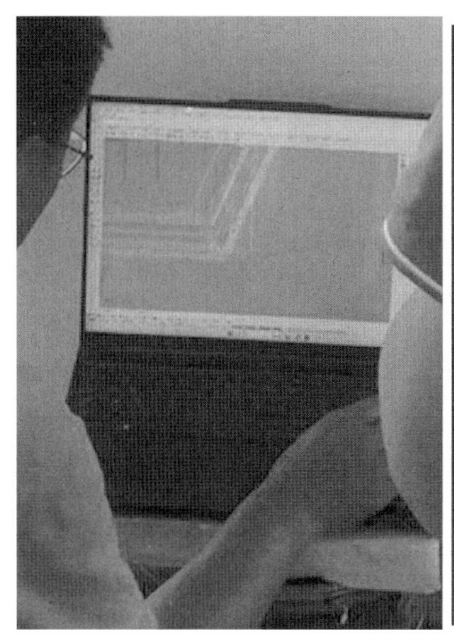

图 3　现场定位操作

结合 BIM 模型中的点坐标数据，我们能够进行精确的定位校核。利用 RhinoPython 的强大脚本编写能力，我们为施工团队提供了自动化脚本，简化了从 Rhino 模型中提取关键点精确坐标的过程，确保施工的高效性和准确性。

RhinoPython 脚本开发主要依赖于 RhinoScriptSyntax 和 RhinoCommon 两个关键 API，结合项目需求，我们编写了三个关键的函数（图 4），包括图层设置、Rhino 中关键点数据展示和关键点信息导出（. txt）。

```
import rhinoscriptsyntax as rs

+ def create_layer_if_not_exists(layer_name):

+ def show_point_coordinates():

+ def export_to_file(data):
    ....
# 运行函数
show_point_coordinates()
```

图 4　点函数

3. 1. 1　图层设置

我们确保选中的点的数据被放置在指定的图层中（图 5）。如果所需图层不存在，系统将自动创建。图层的合理分类有助于我们直观地查看模型中的点数据。

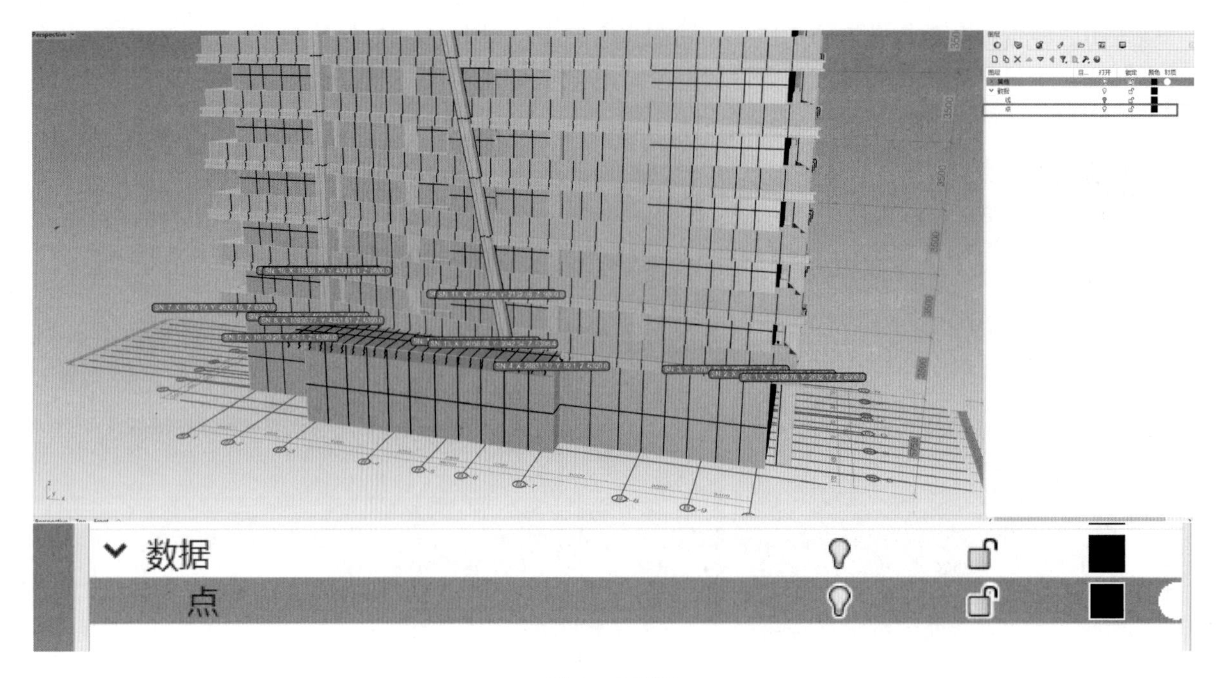

图 5　点图层

3.1.2　关键点数据展示

通过 TextDot 命令，我们为模型中的点赋予信息（图 6），并使用字符串进行格式化，格式如下：SN+序列号：(x，y，z)。例如：SN：1，X：43180.78，Y：2632.17，Z：6300.0。(图 7)

```
def show_point_coordinates():
    main_layer_name = "数据"
    sub_layer_name = "点"

    main_layer_id = create_layer_if_not_exists(main_layer_name)
    sub_layer_id = create_layer_if_not_exists(main_layer_name + "::" + sub_layer_name)


    points = rs.GetObjects("选择点", preselect=True, filter=1)  # 1 = point objects

    if not points:
        print("No points selected.")
        return

    data = []
    serial_number = 1
    for point_id in points:
        location = rs.PointCoordinates(point_id)

        location_tuple = tuple(round(coord, 2) for coord in location)


        text = "SN: {}, X: {}, Y: {}, Z: {}".format(serial_number, *location_tuple)
        text_id = rs.AddTextDot(text, location)


        offset_vector = (0.1, 0.1, 0.1)
        rs.MoveObject(text_id, offset_vector)


        rs.ObjectColor(text_id, (255, 0, 0))
        rs.ObjectLayer(text_id, sub_layer_id)


        data.append([serial_number, location[0], location[1], location[2]])

        serial_number += 1


    export_to_file(data)
```

图 6　点信息编程

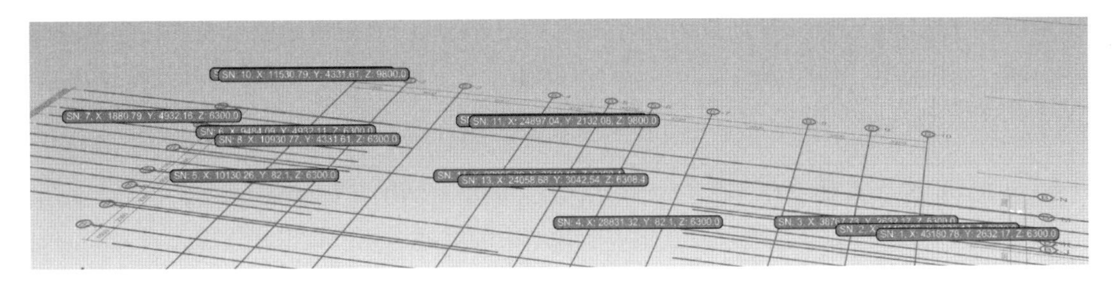

图 7　点信息展示

3.1.3　数据点信息导出

在展示关键点数据的同时，点数据也会自动生成对应的文本（.txt）并存储在后台（图 8），便于后续调用。

```
01_point_data.txt - 记事本
文件(F) 编辑(E) 格式(O) 查看(V) 帮助(H)
Serial Number, X, Y, Z
1, 43180.7805196, 2632.16789002, 6300.0
2, 41463.9484828, 2632.16789002, 6300.0
3, 38767.7327128, 2632.16789002, 6300.0
4, 28831.3165285, 82.1006374224, 6300.0
5, 10130.2579712, 82.1006374224, 6300.0
6, 9484.09342799, 4932.10993706, 6300.0
7, 1880.79277581, 4932.16056174, 6300.0
8, 10930.7724608, 4331.60902018, 6300.0
9, 10930.7724608, 4331.60902018, 9800.0
10, 11530.7937356, 4331.60902017, 9800.0
11, 24897.0443930, 2132.07745405, 9800.0
12, 24297.0443930, 2132.07739119, 9800.0
13, 24058.6763619, 3042.54139170, 6308.4
14, 22805.8859692, 3249.15653598, 6308.4
```

图 8　点信息存储

3.2　线长度信息展示

在建筑项目中，长度信息的运用至关重要，它不仅是计算构件重量的基石，也是辅助定位结构框架的关键。针对项目需求，我们设计的脚本（图 9），能够自动测量并直观展示模型中线条的长度，极大地简化了施工过程中的尺寸校验工作，同时提升了工作效率和准确性。

```
4   + def create_layer_if_not_exists(layer_name):
10
11  + def show_curve_Length():
51
52  + def export_to_file(data):
67
68    # 运行函数
69    show_curve_Length()
```

图 9　线函数

我们的脚本开发分为三个关键环节：图层设置、长度信息的直观展示以及长度信息的高效导出。通过这些环节，我们确保了脚本的功能性和用户友好性，使得施工技术人员能够更加便捷地获取所需信息，从而优化整个施工流程。

3.2.1　图层设置

我们确保选中的线条数据被放置在指定的图层中。如果所需图层尚未创建，系统将自动添加。通过图层的合理归类（图 10），我们能够直观地查看模型中的数据，便于管理和分析。

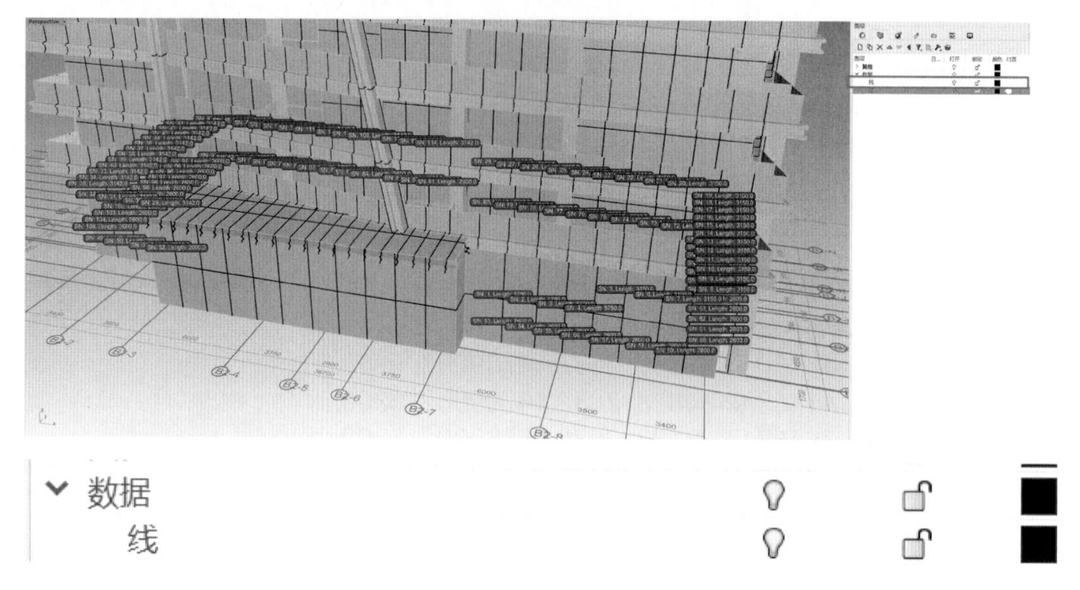

图 10　线图层

3.2.2　长度信息展示

利用 TextDot 技术，我们为模型中的线条赋予关键信息（图 11），并使用格式化字符串展示，格式如下：序列号＋长度（例如：SN：1，Length：5750.0）（图 12）。

```
def show_curve_Length():
    main_layer_name = "数据"
    sub_layer_name = "线"
    
    main_layer_id = create_layer_if_not_exists(main_layer_name)
    sub_layer_id = create_layer_if_not_exists(main_layer_name + "::" + sub_layer_na
    
    curves = rs.GetObjects("选择线", preselect=True, filter=4)
    
    if not curves:
        print("No curve selected.")
        return
    
    data = []
    serial_number = 1
    for curve_id in curves:
        length = rs.CurveLength(curve_id)
        rounded_length = round(length, 2)
        
        mid_point = rs.CurveMidPoint(curve_id)
        
        temp_point_id = rs.AddPoint(mid_point)
        
        text_label = "SN: " + str(serial_number) + ", Length: " + str(rounded_lengt
        text1_id = rs.AddTextDot(text_label, mid_point)
        
```

图 11　线信息

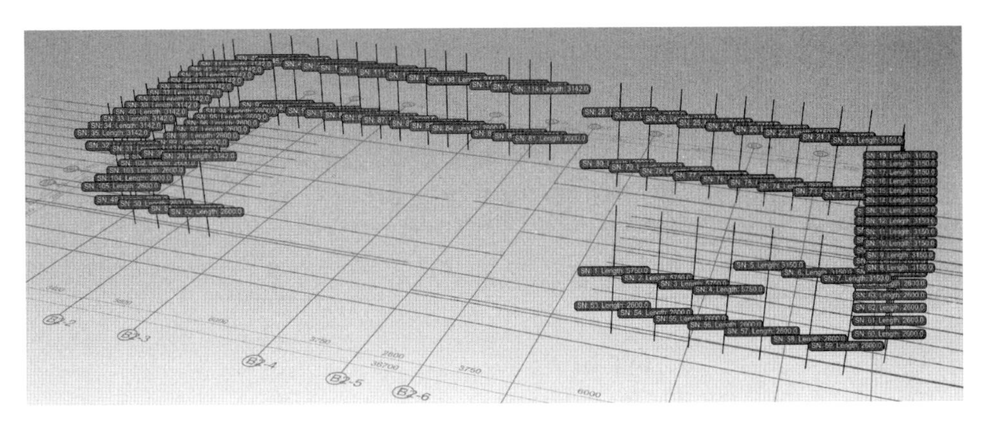

图 12　线信息展示

3.2.3　长度信息导出

在长度信息展示的同时，系统会自动生成长度数据的文本文件（. txt）并存储在后台（图 13），便于后续的调用和使用，确保了数据的可追溯性和便捷性。

```
02_curve_data.txt - 记事本
文件(F)  编辑(E)  格式(O)  查看(V)  帮助(H)
Curve ID, serial_number,Length, Mid Point X, Mid Point Y, Mid Point Z
8a695f9e-d47d-4250-9d06-0622396f8910,1, 5750.0, 30480.7857385, 3682.10063760, 2875.0
292f2126-11b7-4d16-ad37-5817fad3ae72,2, 5750.0, 32280.7857385, 3682.10063760, 2875.0
770dfa8a-8fed-4fe2-baea-6effc7bdaca3,3, 5750.0, 33730.7857385, 3682.10063760, 2875.0
a28b1234-dbaa-456c-8bf6-ac389623759e,4, 5750.0, 35130.7872437, 3682.10063760, 2875.0
fbf9841d-becc-4454-9576-d19058086e6a,5, 3150.0, 36580.7872437, 3682.10063760, 4175.00000000
46351f67-8bb8-4de1-84f7-049ec3a60144,6, 3150.0, 38380.7872437, 3682.10063760, 4175.00000000
880d9589-779d-488e-9990-21df38ddfc53,7, 3150.0, 39780.7872438, 3682.10063760, 4175.00000000
9ddab22c-b4be-4ce6-a351-e75513b800be,8, 3150.0, 41330.7617732, 5082.10063748, 4175.00000000
10cb3903-a58e-4e25-997c-1ea19601fdfc,9, 3150.0, 41330.7617732, 6132.10063748, 4175.00000000
c9d86245-a998-4d8f-99cc-e4c95bc18be7,10, 3150.0, 41330.7617732, 7182.10063748, 4175.00000000
19b9f26b-5566-459e-83fc-a3c3474adb74,11, 3150.0, 41330.7617732, 8232.10063748, 4175.00000000
c69f24e8-d075-4585-80da-06f8c0b450c6,12, 3150.0, 41330.7617732, 9282.10063748, 4175.00000000
082d786d-87fc-43ef-92ba-0e2c6d35c9cd,13, 3150.0, 41330.7617732, 10332.1006375, 4175.00000000
876e2885-6a40-4bb5-a50f-0415d76896a0,14, 3150.0, 41330.7617732, 11382.1006375, 4175.00000000
696af513-b15a-42d7-b5be-7d74d850137a,15, 3150.0, 41330.7617732, 12432.1006377, 4175.00000000
98695cd2-a480-4807-9eeb-c6672d5ef3c3,16, 3150.0, 41330.7617732, 13482.1006377, 4175.00000000
124a9b32-0e01-405e-b7cc-f9eb36fd9b40,17, 3150.0, 41330.7617732, 14532.1006377, 4175.00000000
64d4aee8-9efe-4567-af0c-f707556950fb,18, 3150.0, 41330.7617732, 15582.1006377, 4175.00000000
a36d5e38-aa98-4aee-ae25-c5ba27bd2330,19, 3150.0, 41330.7617732, 16632.1006377, 4175.00000000
4c82b15e-3931-44ff-a1da-d20724bae7bc,20, 3150.0, 39780.7872437, 18132.1006375, 4175.00000000
1399f949-5576-4736-bd4b-c6e869afaef0,21, 3150.0, 38380.7872437, 18132.1006375, 4175.00000000
04379e27-7cca-4b44-a743-4d1057d507a0,22, 3150.0, 36580.7872437, 18132.1006375, 4175.00000000
409f65a4-0382-4b4c-8148-4cf1c7c55989,23, 3150.0, 35130.7872437, 18132.1006375, 4175.00000000
f5d34cf9-125b-4bfa-a973-4c7c36869edb,24, 3150.0, 33730.7857385, 18132.1006375, 4175.00000000
715e0a19-a05d-4f75-8106-d97709b8b072,25, 3150.0, 32280.7857385, 18132.1006375, 4175.00000000
e4407734-6613-4036-a073-f85791d94ab4,26, 3150.0, 30480.7857385, 18132.1006375, 4175.00000000
a3bff9b2-a27c-4f81-a329-e9bfafece656,27, 3150.0, 28880.7857385, 18132.1006375, 4175.00000000
6e9cef28-dccb-4fe4-842a-1c7dd34256ef,28, 3150.0, 27280.7883874, 18132.1006375, 4175.00000000
f07251ad-257e-470f-81cd-67ee53af604a,29, 3142.0, 9631.04717147, 5982.10063752, 4171.00000000
98400efb-2ab2-45ae-91ac-7ab7e6aff986,30, 3142.0, 8480.78724374, 5982.10063752, 4171.00000000
0875bee5-e9c3-4c33-9e8f-eb919320626c,31, 3142.0, 6680.78723825, 5982.10063752, 4171.00000000
16a3b748-a0b9-4134-bc50-39e590a581bb,32, 3142.0, 5280.78723825, 5982.10063752, 4171.00000000
eec63594-af3d-4111-9e95-dd27e97cc33e,33, 3142.0, 3730.78724374, 9282.10063752, 4171.00000000
693fdea9-a7d6-4420-8edc-34d8d19e70ca,34, 3142.0, 3730.78724374, 8232.10063752, 4171.00000000
3087d957-fa34-4fde-8494-ea6bf1abddcf,35, 3142.0, 3730.78724374, 7182.10063752, 4171.00000000
8b15b8d8-0e25-40c1-92fd-67df67935270,36, 3142.0, 3730.78724374, 14532.1006375, 4171.00000000
27368901-6398-40ea-ac95-f68d0d9da67d,37, 3142.0, 3730.78724374, 13482.1006375, 4171.00000000
2a6ba093-e48c-4e1d-ac32-a70ef1bbb048,38, 3142.0, 3730.78724374, 12432.1006375, 4171.00000000
12cb53f7-1d3a-4695-a034-f9b69f05fa6b,39, 3142.0, 3730.78724374, 11382.1006375, 4171.00000000
c7c7a5d7-4a83-40b6-8204-d9ea2277dc27,40, 3142.0, 3730.78724374, 10332.1006375, 4171.00000000
f6dc886b-5c72-4776-83c5-093a1fc76fca,41, 3142.0, 3730.78724374, 18732.1006375, 4171.00000000
0c627f4a-dd78-44fb-a4b2-e068aad12f82,42, 3142.0, 3730.78724374, 17682.1006375, 4171.00000000
b560a588-6038-4e63-84bf-2d611086bf79,43, 3142.0, 3730.78724374, 16632.1006375, 4171.00000000
a2446d82-e815-4bf9-913e-f5a29ebc61fc,44, 3142.0, 3730.78724374, 15582.1006375, 4171.00000000
9f08f7a6-bcb8-4cf8-9236-475582b3876f,45, 3142.0, 6680.78758034, 20432.1006375, 4171.00000000
91abb982-8473-4015-aaa9-7b340625257f,46, 3142.0, 5280.78724374, 20432.1006375, 4171.00000000
ba71b18c-4f23-4e25-93e0-3a14f2234a47,47, 3142.0, 9730.78749619, 20432.1006375, 4171.00000000
d43d817f-504e-4ec8-922d-44c2467a76fc,48, 3142.0, 8480.78758034, 20432.1006375, 4171.00000000
e3a9e45a-d049-4214-9c51-5f5ed8ea6722,49, 2600.0, 5280.78723825, 5982.10063752, 1300.00000000
26e40ba5-183b-42d2-866a-7a111bfdf809,50, 2600.0, 6680.78723825, 5982.10063752, 1300.00000000
5bc7ccf3-02ea-404f-80b6-79ed538c8004,51, 2600.0, 8480.78724374, 5982.10063752, 1300.00000000
32436da6-85dd-41cf-b251-2138c5542001,52, 2600.0, 9631.04717147, 5982.10063752, 1300.00000000
f6995eac-3428-40fb-98bb-f2fdcca8bc87,53, 2600.0, 30480.7857385, 3682.10063760, 1300.00000000
```

图 13　线信息存储

3.3 集成数据导入 EXCEL 的策略

在 BIM 技术应用中，数据的可视化是基础，而数据的传递和集成则是提升工作效率和项目协同的关键。我们脚本中集成了数据导出功能，不仅能够实现关键设计数据的可视化展示，还能够将这些数据以文本（txt）格式高效导出，进而无缝转换为 EXCEL 表格（图 14），为数据的进一步管理和分析提供了极大的便利。

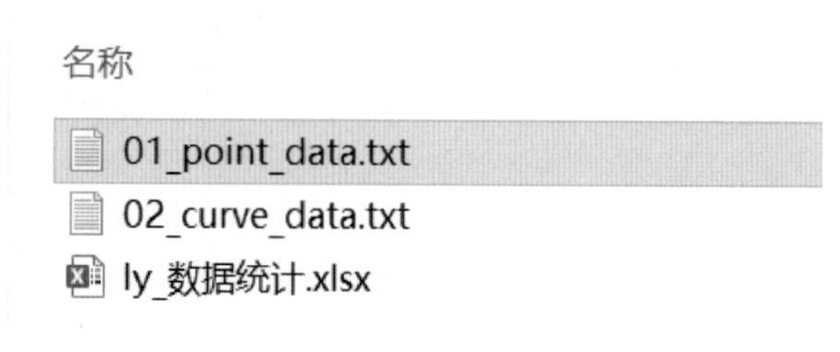

图 14 信息存储

通过这一策略，我们的工具能够实现数据的自动化导出，将 Rhino 模型中的三维坐标（图 15）、线长测量（图 16）等关键数据，以结构化的文本格式保存，并进行实时更新。随后，这些数据可以被轻松导入 Excel 中，利用 Excel 强大的数据处理和分析功能，进行进一步的整理、计算和报告生成。

Serial Number	X	Y	Z
1	10716	3590	0
2	11578	2479	0
3	12601	2924	0
4	11952	3626	0
5	13552	1892	0
6	13063	816	0
7	11747	754	0
8	10992	1136	0
9	12192	1777	0
10	14610	2924	0
11	15064	3813	0

图 15 点坐标信息

Curve ID	serial_number	Length	Mid Point X	Mid Point Y	Mid Point Z
5ff6630e-3767-46fe-a112-9e399a9f1e13	1	5039.44	-1328.5	92.5	0
3e58d43d-ea7f-494c-b8a7-c034473312c8	2	4257.5	1726.5	248	0
f46c5b6f-b1ea-4ed2-aca0-7f1538943f91	3	2204.69	5438.5	2533.5	0
9d6040eb-e29f-4488-b6e6-ebc1c9738f69	4	2297.09	3411	-254	0
322a8363-1e5e-4691-89aa-82e213cf84fd	5	1487.57	5820.5	-325.5	0
997cece9-3a62-43d0-a9e4-a35c8db17a77	6	2742.16	6728	-2144	0
c8a67591-68c8-4a5b-a87a-b9db5b9e4e9d	7	3949.59	7821.5	2698	0
6899e7e7-5b8a-4d01-9383-d79299d649f4	8	3601.78	-888	3476	0

图 16 线长度信息

此外，这种数据导出和导入的流程，为数据的后期集成提供了坚实的基础。通过 Excel 表格，项目团队可以快速地进行数据的汇总、对比和趋势分析，从而为项目管理、成本估算提供准确的数据支撑。

3.4 脚本命令整合

为了提升操作的便捷性，可以将脚本加载到快捷键中，并存放于“现场用脚本”目录下（图 17）。后期随着脚本命令的新增，它们也能自动同步更新至该位置（图 18）。技术人员可以通过点击鼠标左键来提取点数据，或者使用鼠标右键来提取线数据，从而实现数据的高效提取。

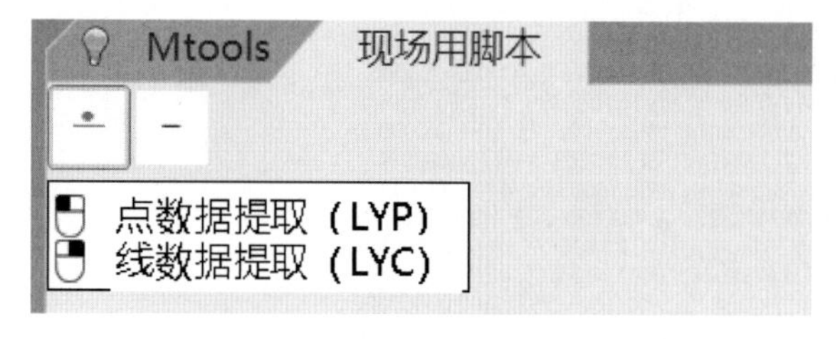

图 17 点、线数据提取脚本

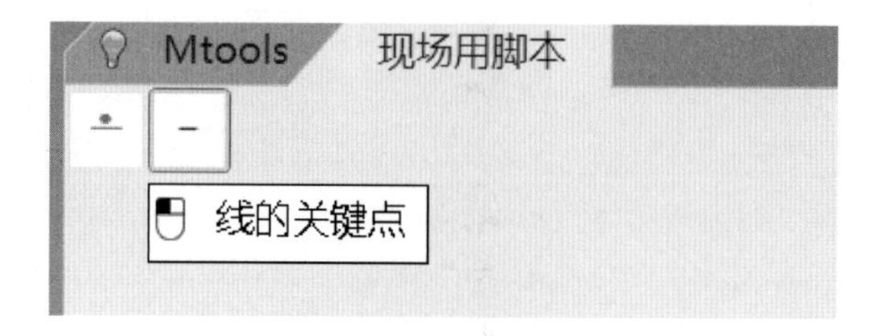

图 18 线的关键点脚本

4　案例展示

在本研究中，我们选取了一个异形铝板工程作为案例进行分析（图 19）。首先，我们利用 DupEdge 命令对工程中的关键线条进行了细致的整理（图 20）。再通过提取线的关键点脚本自动识别线并提取线的关键点，同时去除重复点（图 21）。接着，通过点击选择这些关键节点，我们能够获取点的具体数据（图 22）。同样地，通过右键点击关键线条，我们也能够获得线条的相关数据（图 23）。这些数据随后被传输至 Excel 进行汇总（图 24），为现场放线和长度校核提供了便利。整个从筛选到批量导出结果的过程耗时不超过 15s，显著提高了工作效率。同理，钢架龙骨定位点信息也可以通过此方法得出关键数据。

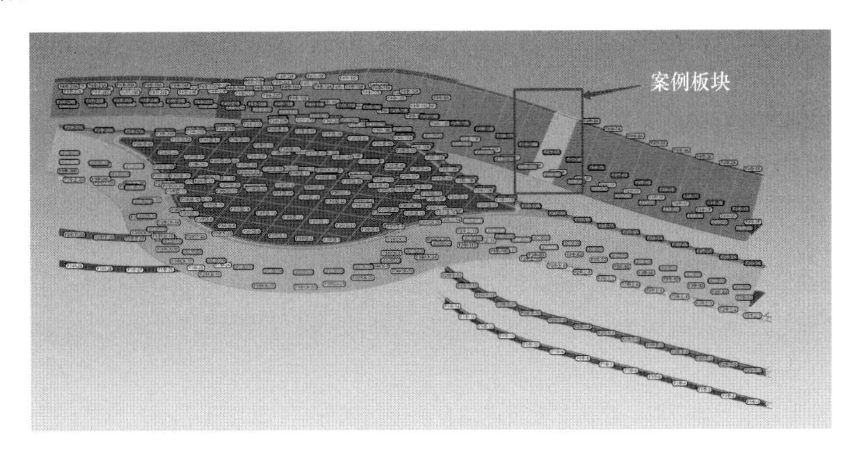

图 19　案例

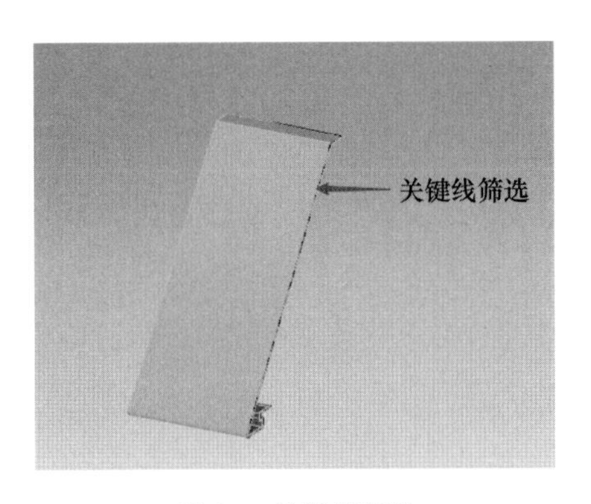

图 20　关键线筛选

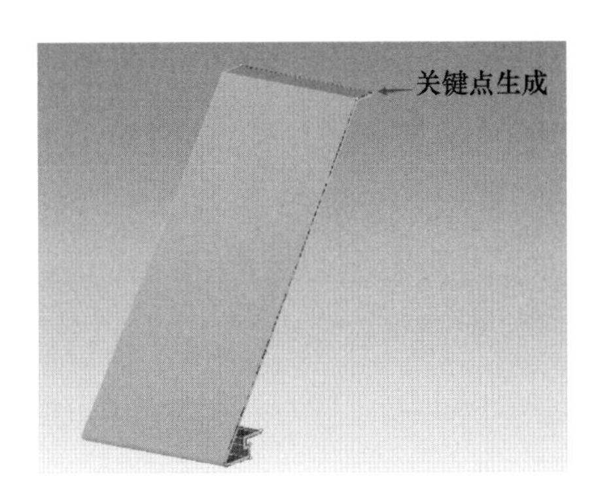

图 21　关键点生成

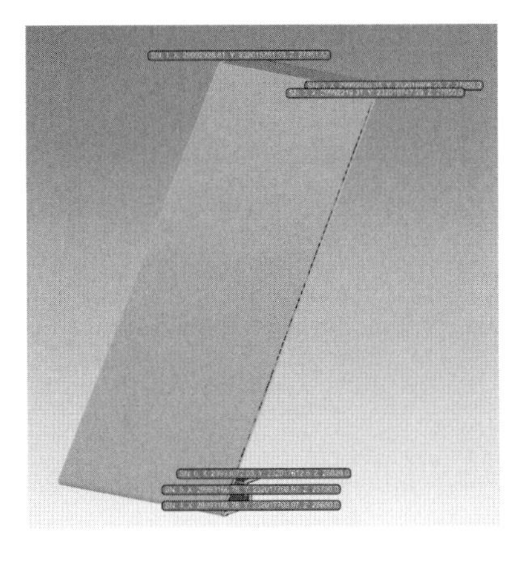

图 22　点数据

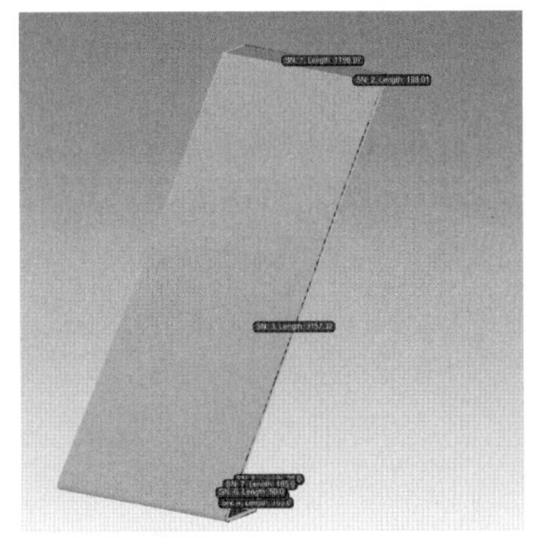

图 23　线数据

Serial Number	X	Y	Z
1	29992929	232015762	27952
2	29992080	232016606	27950
3	29992219	232016747	27950
4	29993167	232017709	25650
5	29993167	232017709	25750
6	29993072	232017613	25820

Curve ID	serial number	Length	Mid Point X	Mid Point Y	Mid Point Z
316cc374-d7ca-43f9-9ce0-4e83aeb9ee80	1	1196.97	29992504.57	232016184.1	27951
3991e0b2-6c1c-4b44-9775-3296a14daeaf	2	198.01	29992149.82	232016676.8	27950
e956f164-9d50-4c90-a9f3-f155610cf809	3	3157.32	29992877.86	232017415.7	26680
df94cacf-d0db-449d-a013-030f1162a880	4	100	29993166.78	232017709	25700
d69cdd38-2152-4385-8e06-a6300faba6d2	5	50	29993184.32	232017726.8	25750
8b7b097e-6534-4625-ae7a-b48cabf608f2	6	50	29993201.87	232017744.6	25775
b86ae8b9-31d0-431b-b1f8-5a4f536306d7	7	185	29993136.95	232017678.7	25800
84c5220a-bd2b-428d-9561-a1a12c22ee63	8	20	29993072.03	232017612.8	25810

图 24　Excel 数据导出

5　结语

在建筑行业的持续创新浪潮中，定制化工具正逐渐成为提升施工现场效率和品质的关键驱动力。这些工具的设计和实施，深植于对施工场地实际需求的深刻理解，通过创建个性化的操作界面和功能模块，精确地满足特定施工环境和项目需求。

定制化工具的广泛应用，显著降低了技术门槛，使得更多具有不同专业背景的人才能够参与到施工的各个环节。本文旨在抛砖引玉，为后续定制化工具的开发提供参考和借鉴，以期促进建筑行业的持续进步和创新。

参考文献

[1] 中华人民共和国住房和城乡建设部．建筑工程设计信息模型制图标准：JGJ/T 448—2018 [S]. 北京：中国建筑工业出版社，2019.

[2] 尹志伟．非线性建筑的参数化设计及其建造研究 [D]. 北京：清华大学，2009.

第三部分

建筑模块化及装配式技术应用

超大幕墙板块装配式施工技术在超高层项目中的应用

◎ 李满祥　刘　宝　蔡广剑

深圳市三鑫科技发展有限公司　广东深圳　518054

摘　要　针对超高层建筑复杂异形幕墙，采用超大单元板块幕墙施工方案，将复杂问题在工厂高度集成，有效解决复杂异形幕墙现场安装工期长、难度大、精度差等问题，提高幕墙施工效能，品质有保障。本文从超大超重幕墙板块运输、水平转运、垂直吊装几个方面叙述超大板块的装配式施工技术，提高幕墙高效施工，降低安全风险，工期、成本可控。本文以实施案例作为借鉴资料，给幕墙行业超大板块装配式施工技术沉淀添砖加瓦。

关键词　复杂异形超高层幕墙；超大超重单元板块；水平运输；垂直运输；装配式施工

1　引言

深圳湾超级总部基地某超高层项目，建筑高 387m，幕墙面积约 11.4 万 m^2。塔楼幕墙由多个空间三角形玻璃板组成，如同一颗颗钻石，在阳光下熠熠生辉，光彩夺目，展现着独特的现代感（图 1）。设计大气磅礴，与银行“人设”和“气质”相符，是一座时尚现代化的高层办公大楼。为了实现建筑效果，将多个空间异形三角玻璃设计为超大模块化单元板块装配式施工，板块尺寸宽 10.1m、高 4.5m，面积 $54m^2$，质量 5.6t，超大幕墙板块数量一千余块，整体超大，超重，数量多，施工难度巨大（图 2）。

图 1　银行总部大厦效果图

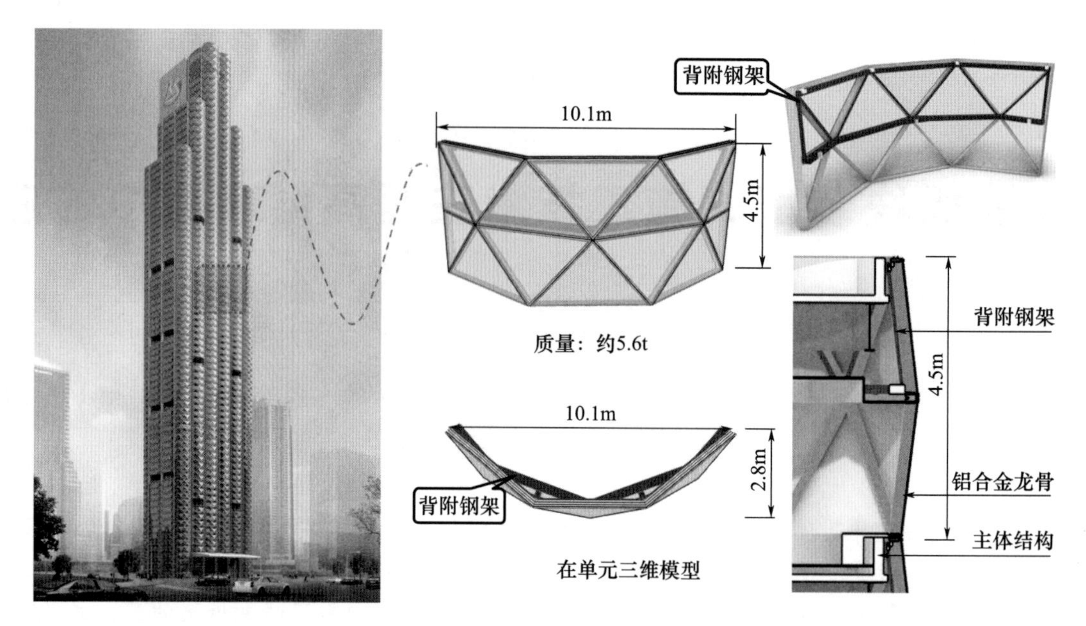

图 2　超大板块几何尺寸介绍

2　板块简述

2.1　背附钢架

超大单元设计为一层一个大单元，在楼层间设置永久性背附钢架来支撑单元面板及铝合金龙骨，大板块均设置永久连接的背附钢架提升板块刚度。大单元内部铝合金龙骨交汇连接点采用定制铝合金铸造件进行连接，保证连接部位强度，有利于控制单元加工精度。背附钢架与主体结构进行顶挂设计三维可调连接，有利于调整板块安装精度，吸收主体结构误差。背附钢架跟大板块一起加工、运输和安装，最终隐藏在楼板和吊顶之间，是保证超大板块装配式施工结构性的基础（图 3）。

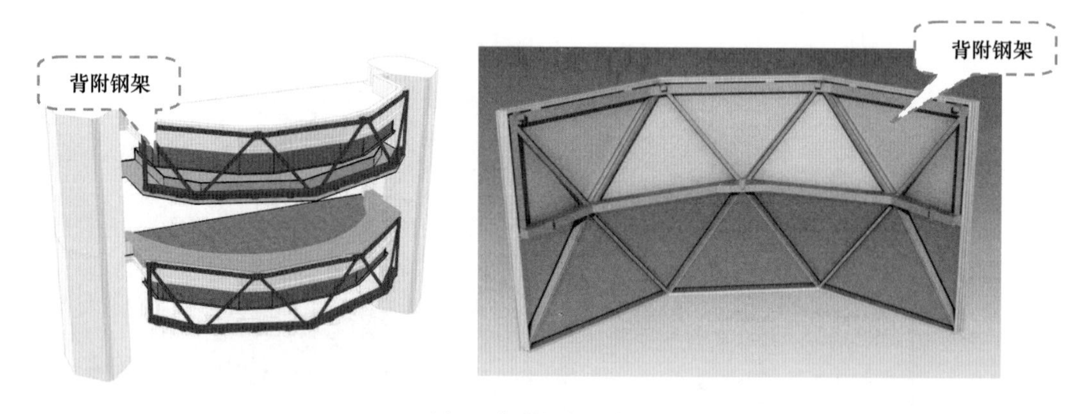

图 3　背附钢架示意图

2.2　胎架整体组装

超大单元板块采用工厂加工组装，把现场单元高空拼接安装的大量工作转移到工厂进行，有利于保证单元外观品质，使得室内外六角拼接节点处的拼缝一致，工厂拼接能达到较好的室内外拼缝效果，提升项目外观品质。工厂设置专用的组装胎架，辅助大板块单元的组装工作，利用胎架辅助铝合金龙骨的拼接定位，控制组装精度（图 4）。大板块定制胎架，在板块组装和运输中使用，板块进场翻身后、吊装前进行拆除。

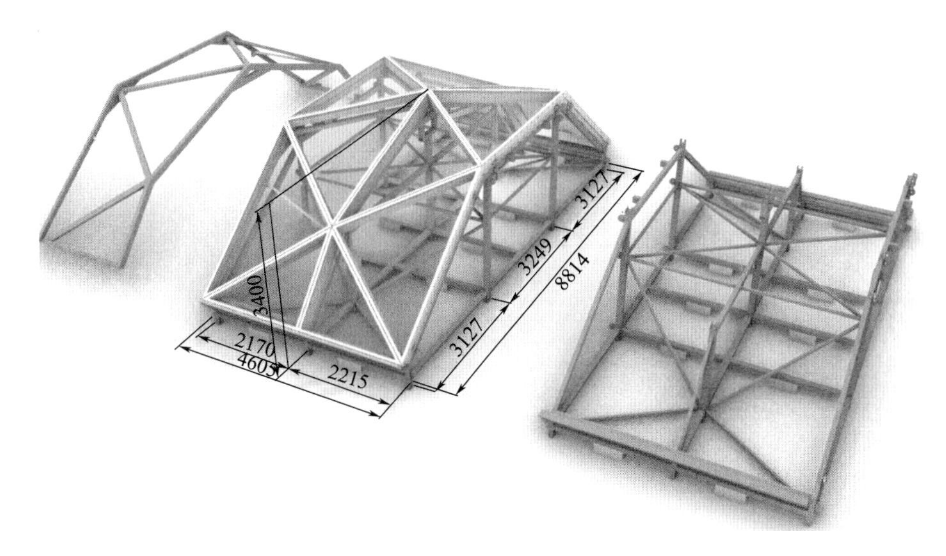

图 4　胎架和工厂组框示意图

3　大板块装配式施工方案

针对空间异形建筑的外围护结构，利用装配式施工技术，将多个空间异形板块在工厂组框一体，运输至工地后现场仅需装配式螺栓挂接安装，有效提高施工效率和施工品质。施工流程如下：

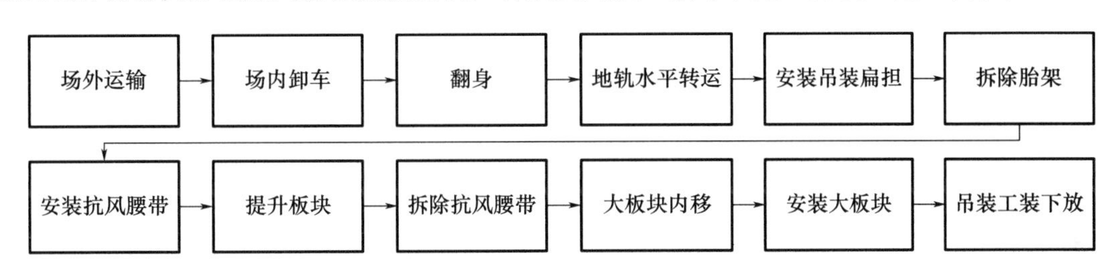

3.1　场外运输

大板块宽 4.5m 属于超宽板块，采用 13m 运输车进行运输，每车运输 1 块大板块，运输全程采用大板块胎架进行有效保护。大板块尺寸超宽，只能在夜间利用大型货车进行材料的运输，避开车流高峰，且需提前向交通运输相关部门申请通行证（图 5）。

图 5　大板块运输方案

3.2 场内卸车

由于项目位于深圳超总片区，场地狭小，幕墙施工必须高效使用每一处可作业区域（图6）。

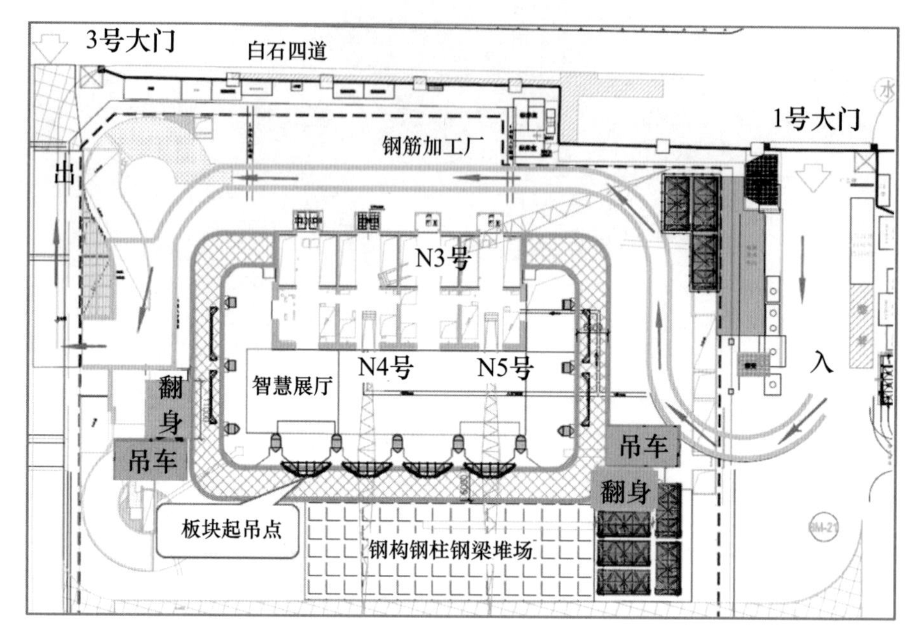

图6 现场施工平面图

在建筑东南角及西侧设置临时卸车场、材料翻身场地，用于大板块现场的周转和翻身。大板块均由汽车吊进行卸车和翻身，然后由塔吊进行就位。总包协调确定，现场场地满足大板块的工作需求。考虑大板块和胎架总质量为8.3t，我们使用50t汽车吊对大板块进行卸车和翻身，同地面限位工装固定连接，避免板块在翻身过程中出现滑动（图7）。

图7 大板块翻身示意图

3.3 地轨水平转运

由于南面位置场地狭小，大板块运输车辆无法直接驶入，且作为主体钢结构作业范围，汽车吊没有作业位置，大板块水平转运采用地面轨道进行转运。轨道采用20号工字钢，宽度3m，水平转运过程操作便捷、安全可靠，满足大板块的水平运输要求，实现了超大板块的现场水平转运。安装完成后，胎架沿地面轨道水平转运至汽车吊位置，利用汽车吊吊装实现超大板块胎架的存放和返厂（图8）。

图 8　地轨水平转运示意图

3.4　垂直吊装方案

大板块的尺寸为 10.1m 宽×4.5m 高，质量为 5.6t。单个板块面积大、质量大是其主要特点。先安装在大板块两侧的结构柱位置板块立柱为防风轨道，再通过 20t 卷扬机垂直吊装幕墙超大板块。由于建筑有 380 多米，卷扬机垂直方向布置在三个楼层（图 9～图 11）。

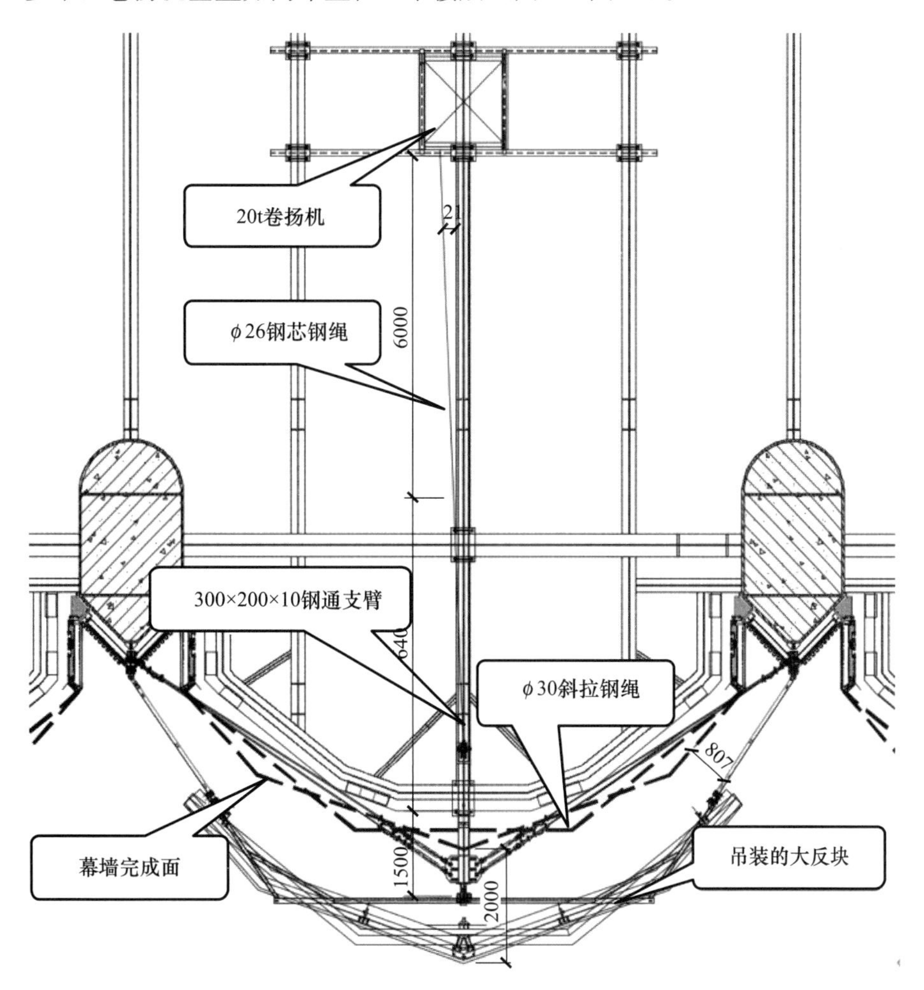

图 9　20t 卷扬机平面布置示意图

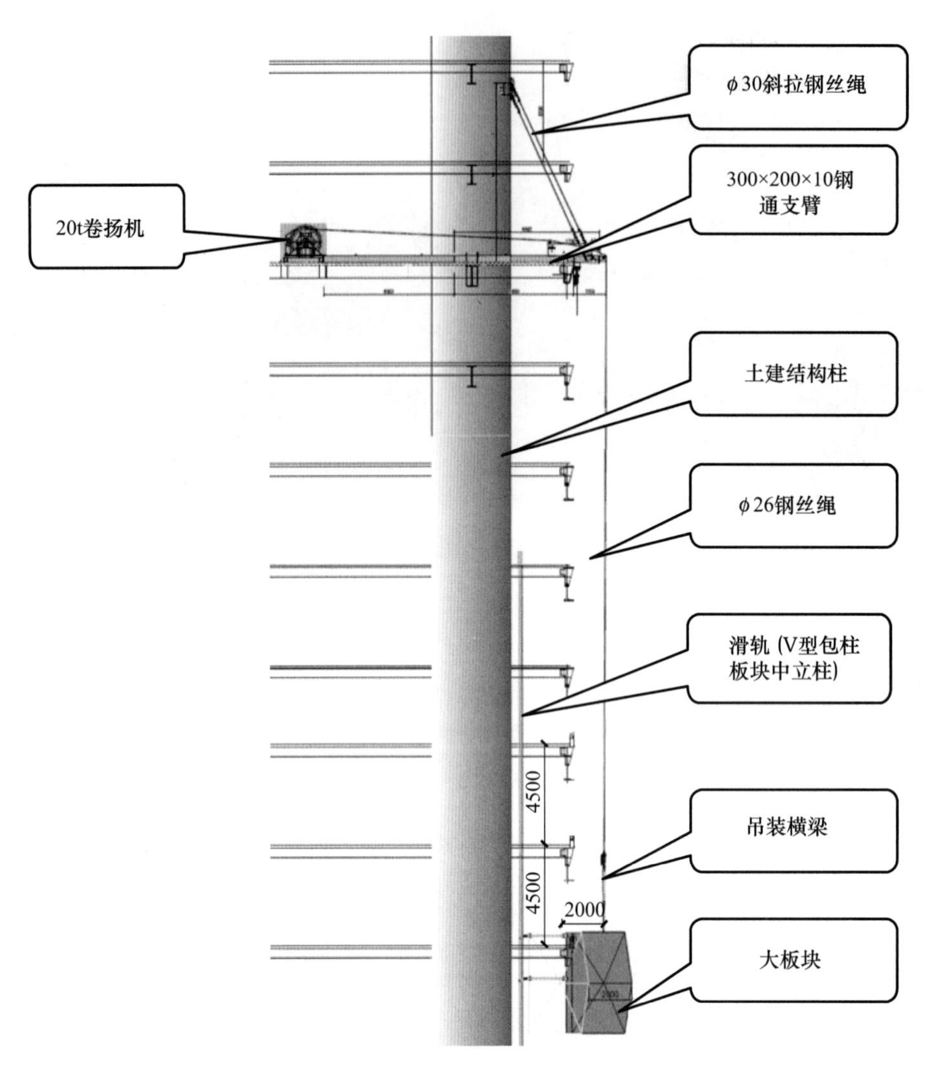

图 10　20t 卷扬机剖面布置示意图

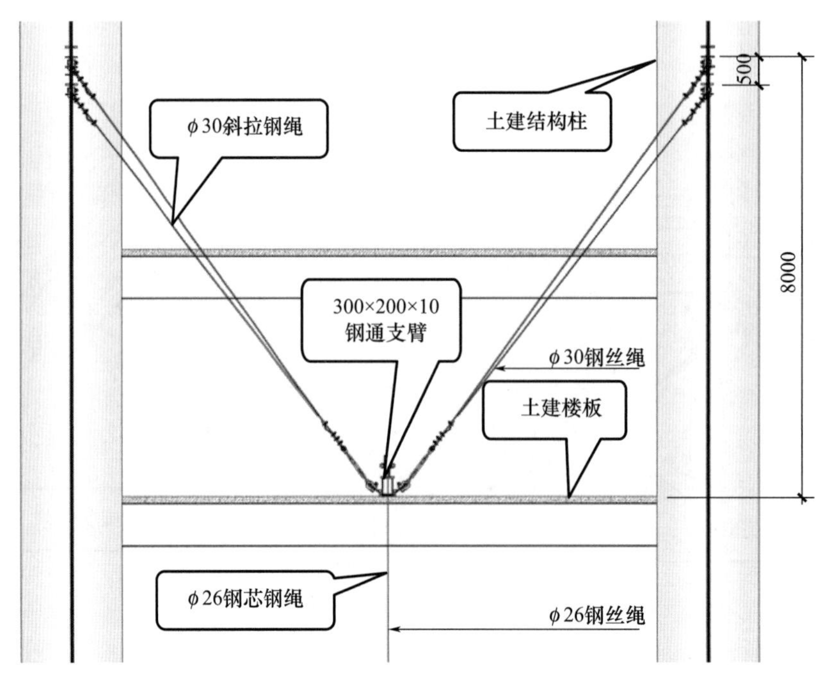

图 11　20t 卷扬机前视图

大板块安装之前，两侧V形柱板块需要先安装完成，其中立柱作为大板块吊装提升的轨道，以维持大板块的吊装过程中抗风摇摆晃动。V形柱板块的中立柱使用插芯对齐，避免由于板块安装误差造成轨道过多偏移，保持大板块提升的顺滑（图12）。

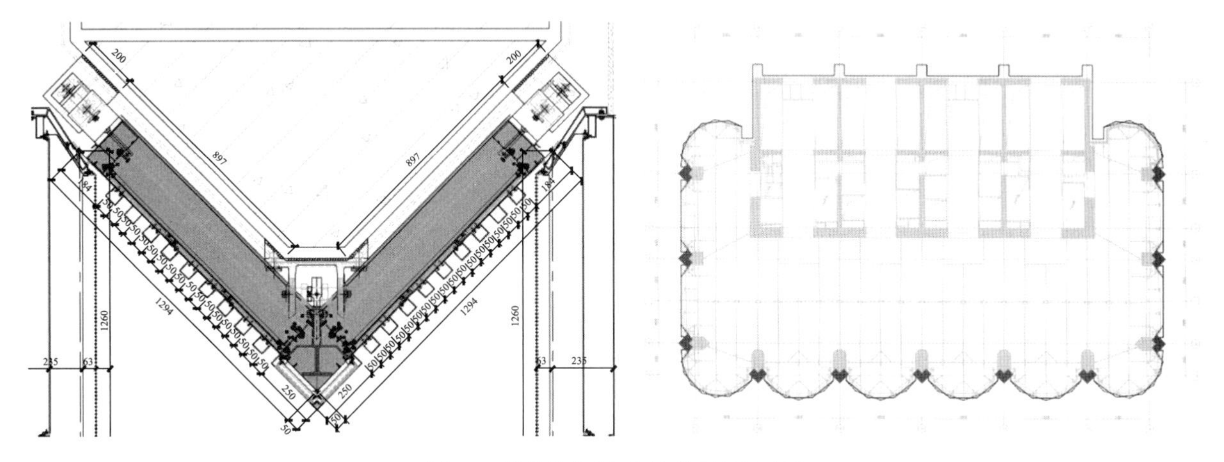

图12　结构柱位置V柱单元板块事宜

大板块使用20t卷扬机提升时，外侧使用钢方通焊接成型的抗风撑杆腰带作为抗风措施。抗风撑杆两端与V柱轨道使用滑动小车连接，中间与大板块两侧的背附钢架绑扎连接，使大板块吊装时不被吹动而损坏或产生安全隐患（图13）。

图13　大板块抗风撑杆腰带和竖轨滑轮组

超大板块垂直提升抗风分析：单元板块、两道铝合金工字铝滑动轨道、滑轮组及抗风撑杆腰带。大单元板块通过主体结构柱两侧反坎梁上的钢连接件进行顶挂连接。利用大单元板块两侧的V形板块中立柱作为滑动轨道，抗风撑杆腰带一端与大板块进行抱式连接，另一端通过滑轮组与竖向滑动轨道连接。抗风系统将大板块的风荷载通过抗风撑杆腰带及滑轮组传递给竖向滑动轨道，再通过V形板块的三个挂接支点传递到土建结构柱上，解决了超大板块垂直提升过程兜风摆动问题。整个系统安装固定方式简单，经现场大面积安装验证，是安全可靠的。

4 施工技术要点

4.1 测量放线采用三维扫描和放样机器人

随着三维激光扫描技术的不断普及和深化，目前的三维激光扫描设备已经可以在多个施工的环节持续使用，在工程施工过程中，通过应用三维激光扫描仪，实现无接触的施工测量，基于高精度、高密度的点云，开放应用于施工各个管理过程，助力施工项目提质增效（图 14）。

图 14 现场主体结构三维扫描

测量定位 BIM 放样机器人：目前新项目引进 BIM 放样机器人（图 15），利用其快速、精准、操作简单、测量员需求少的优势，将模型中的测量数据直接转变为现场精确定位点，且操作过程可视化，初步取得了良好的成果。

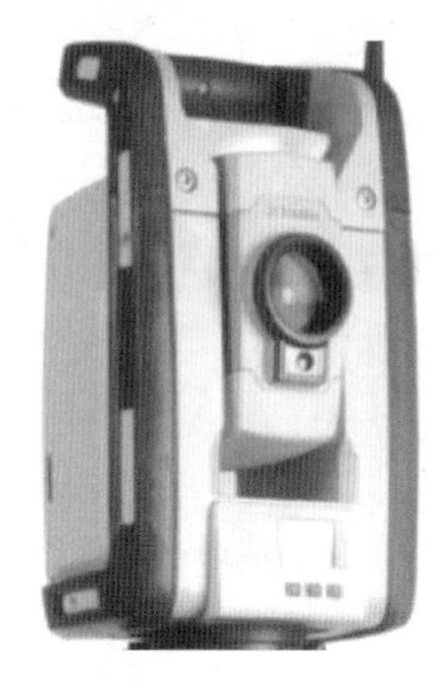

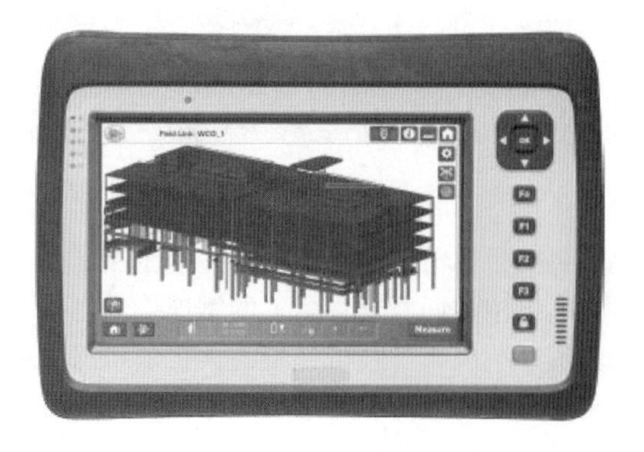

图 15 新型 BIM 放样机器人

4.2　板块吊装采用定制吊装工装

本项目针对各种板块使用定制吊装扁担、抗风撑杆腰带和板块吊点设计（图 16），使板块吊点位于其重心上，保证板块吊运时姿态平稳，顶横梁保持水平，抗风撑杆腰带两侧的小车与轨道滑行顺畅，达到顺利吊装的目的。

图 16　首创吊装扁担和抗风撑杆腰带

4.3　超大板块装配式挂接安装

本项目板块质量非常大，其安装调节非常困难。因此板块挂接时使用 2 个手动葫芦，葫芦一端挂在板块两侧的吊点上，另一端挂在主体结构上。板块大致就位后，利用手动葫芦来进行微调，最终完成超大板块的装配式安装（图 17、图 18）。

图 17　板块就位挂接调节

图 18　幕墙安装效果

5　结语

近年来，各种超高层建筑、造型复杂建筑日益增多，建筑外围护幕墙由传统的小尺寸矩形板块发展成空间异形单元板块。若采用传统的幕墙设计，空间异形单元板块由众多异形小板块现场高空拼接，存在现场安装工期长、拼接处外观品质无法保证、防水性能不佳等问题。超大板块幕墙将众多小板块在工厂合并组框为大单元板块，将复杂工作在工厂进行制作，实现了异形建筑幕墙的精致建造。模块化幕墙大单元板块装配式施工方案，适用于单曲、任意曲面或直线边界的空间异形幕墙形式，可有效提高施工效率、提升幕墙整体防水性能、保证项目品质。

幕墙超大板块的装配式施工方案，提升施工效率、保证超大超重板块的施工过程安全可靠，实现建筑外围护幕墙行业的高质量发展，创造幕墙世界级的装配施工纪录。

参考文献

[1] 中国国家标准化管理委员会．建筑幕墙：GB/T 21086—2007 [S]．北京：中国标准出版社，2007.

[2] 中华人民共和国建设部．玻璃幕墙工程技术规范：JGJ 102—2003 [S]．北京：中国建筑工业出版社，2003.

大跨度连廊铝板吊顶的整体吊装技术

◎ 廖文涛　杨廷宝　刘晓烽

深圳中航幕墙工程有限公司　广东深圳　518109

摘　要　连廊大跨度铝板吊顶吊装技术是指利用连廊钢构整体提升施工方案，在连廊提升部分预先安装好吊顶及外包铝板，和连廊钢构同步提升。提升到位后，利用在空中连廊楼板上方布置好的电动葫芦吊装剩余收口铝板。改变了施工人员在吊顶的下方先龙骨后面板的施工工艺，杜绝了施工中的安全隐患。通过应用分单元整体吊装吊顶及外包铝板，显著提高工作效率，加快工程进展。

关键词　钢结构连廊；高空吊顶；整体吊装；装配式施工

1　引言

随着建筑行业的发展，连廊的空间结构在大型公共建筑群体或双塔建筑中的应用越来越多，其跨度越来越大。而连廊底部吊顶施工具有高空作业难度大、安全系数低、交叉施工影响大等特点。如采用常规搭设满堂脚手架进行吊顶施工，存在施工措施费高、工期长等问题；用曲臂车进行高空吊顶施工，则存在施工高度受限、场地要求高、功效低等缺点；而用吊篮施工则存在材料运输难、危险性高等困难。为此本文从装配式思路出发，提出连廊大跨度铝板吊顶的吊装技术，通过具体的项目实践，解决了上述施工场景存在的问题。

2　工程概况

某项目位于深圳市龙华区，项目建筑高度 108m，地上 22 层。建筑由双塔组成，双塔顶部由二层结构贯通连接。在其底部形成一个 30m 跨度的吊顶区。

该工程幕墙形式主要有：单元式玻璃幕墙、铝板吊顶幕墙等。幕墙总面积约 4 万 m^2。连廊吊顶标高 95m，面积约 $1500m^2$。（图 1、图 2）

图 1　连廊吊顶位置

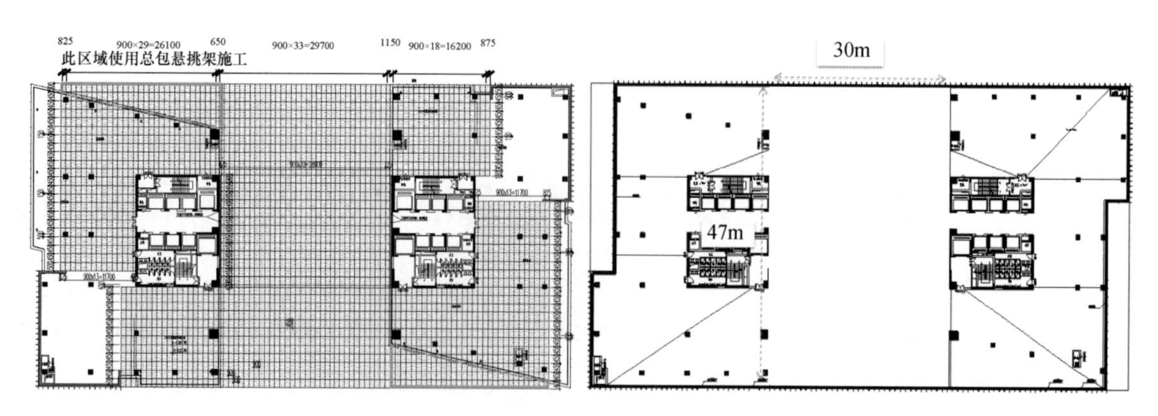

图2　架空层吊顶平面和连廊吊顶整体提升区域

3　主要幕墙系统介绍

3.1　单元式幕墙

分布于整个建筑外立面，面材：8Low-E＋1.52PVB＋8＋12A＋8mm钢化中空夹胶玻璃；龙骨：铝合金型材6061-T6/6063-T5；单元板块最大尺寸为1800mm×4500mm，最大质量1t。(图3)

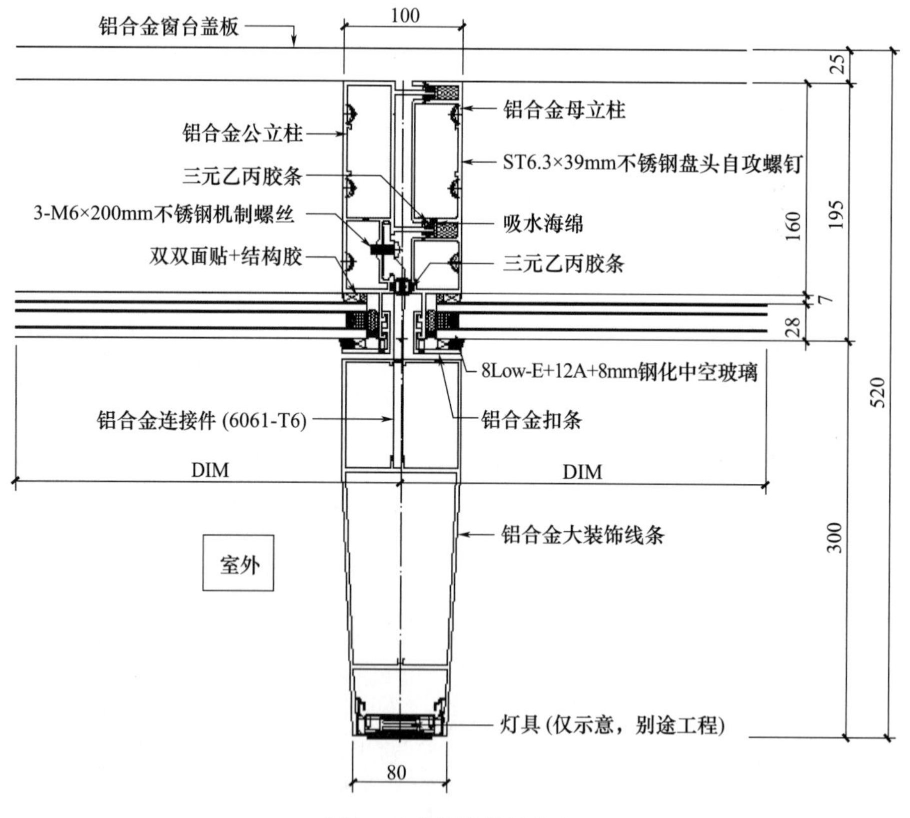

图3　玻璃幕墙横剖节点

3.2　铝板吊顶

位于20层架空区及两栋塔楼之间的位置，面材：3mm厚铝单板；主龙骨：100mm×50mm×4mm热浸镀锌钢通，次龙骨50mm×50mm×5mm。吊顶铝板与立面单元式玻璃幕墙相接。(图4～图7)

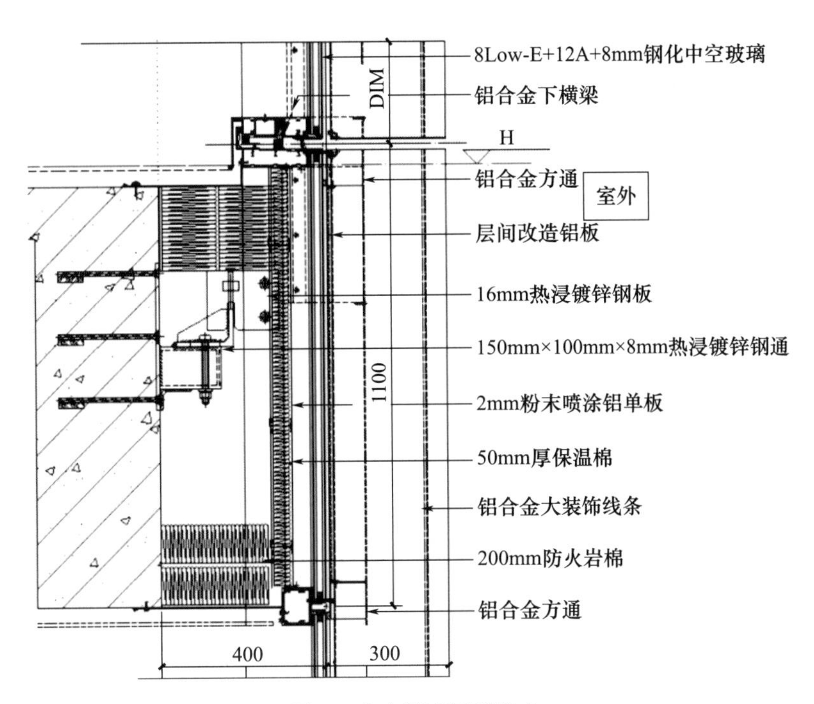

图 4 玻璃幕墙竖剖节点

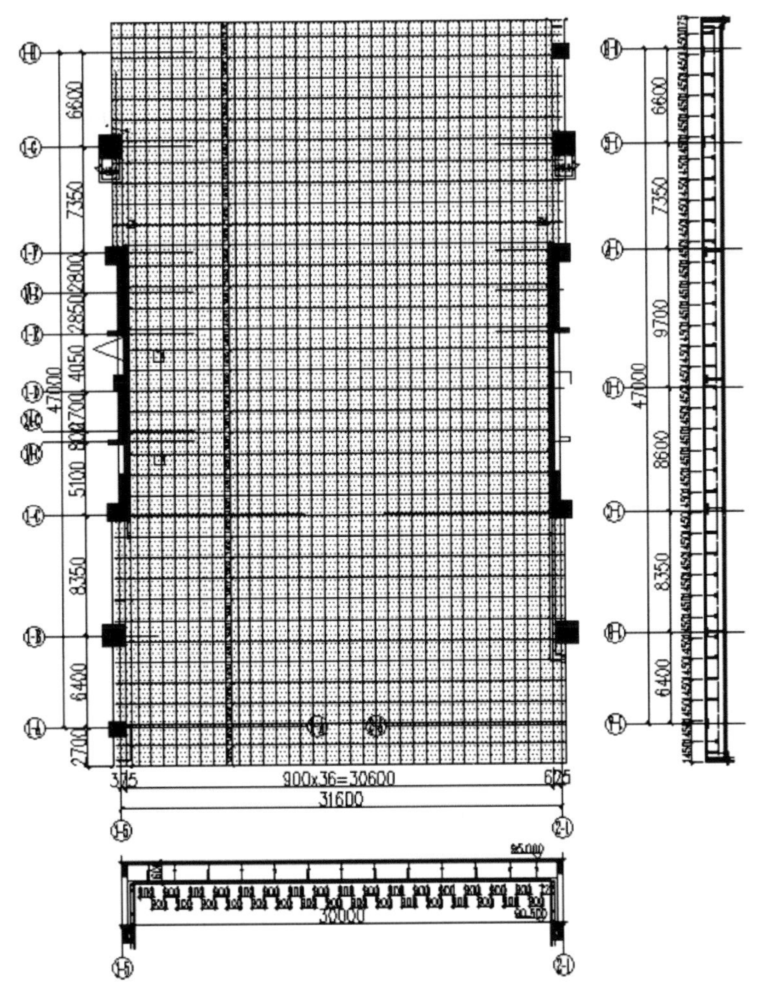

图 5 铝板吊顶大样图

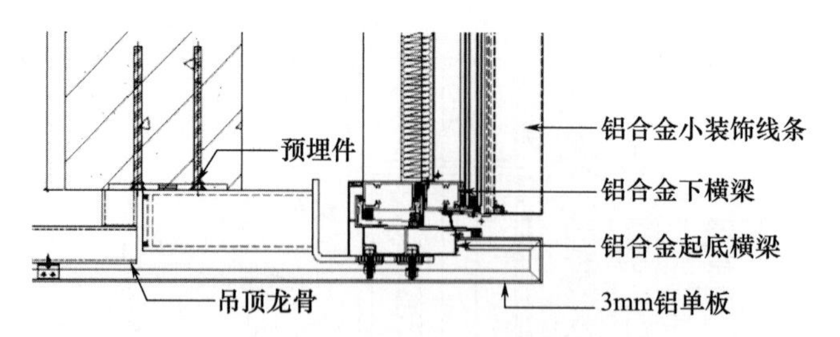

图6　连廊吊顶南北位置节点

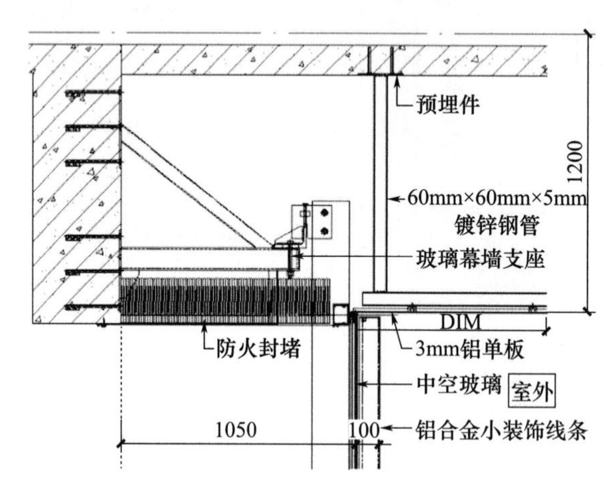

图7　吊顶东西位置节点

4　连廊铝板吊顶设计与施工

4.1　连廊铝板吊顶设计思路

由于连廊吊顶作业面距地面高度95m且面积比较大，施工设施的选择是个难题。传统此类吊顶作业平台一般采用设置悬挂平台或在楼面钻孔设置吊篮。但无论是吊篮施工还是悬吊平台，都存在施工措施搭设工期长、费用高的问题。此外，此类施工的危险源甚多，施工风险很大。

由于本项目连廊部分主体钢结构施工采用液压整体同步提升方案，因此，我们考虑能否利用这一机会实现该部位底部幕墙吊顶的整体吊装。经与总包单位、设计单位沟通协调，各方均同意采用这一施工方案来解决该部位吊顶施工难题。

4.2　连廊钢构施工介绍

本工程连廊结构为钢结构，分布在21层及屋面层、连廊跨度约为31.6m，钢连廊主要受力部分为七榀主钢梁；21层连廊上弦顶标高为94.950m、屋面层连廊上弦顶标高为99.450m，钢连廊总重约700t（包含杆件、节点及压型钢板等质量），钢连廊平面图如图8所示。

根据以往类似工程经验，主体施工单位将钢连廊在其正下方投影位置拼装成整体，再利用“超大型液压同步提升施工技术”将其整体提升到设计标高，再进行嵌补杆件的安装，最后拆除临时措施结构。

具体做法如下：将钢连廊分成提升段和预装段，预装段先安装到位，在两侧混凝土主结构上设置提升架，提升架上放置提升器，提升部分在下方投影位置拼装成整体以后整体提升至设计标高。（图9）

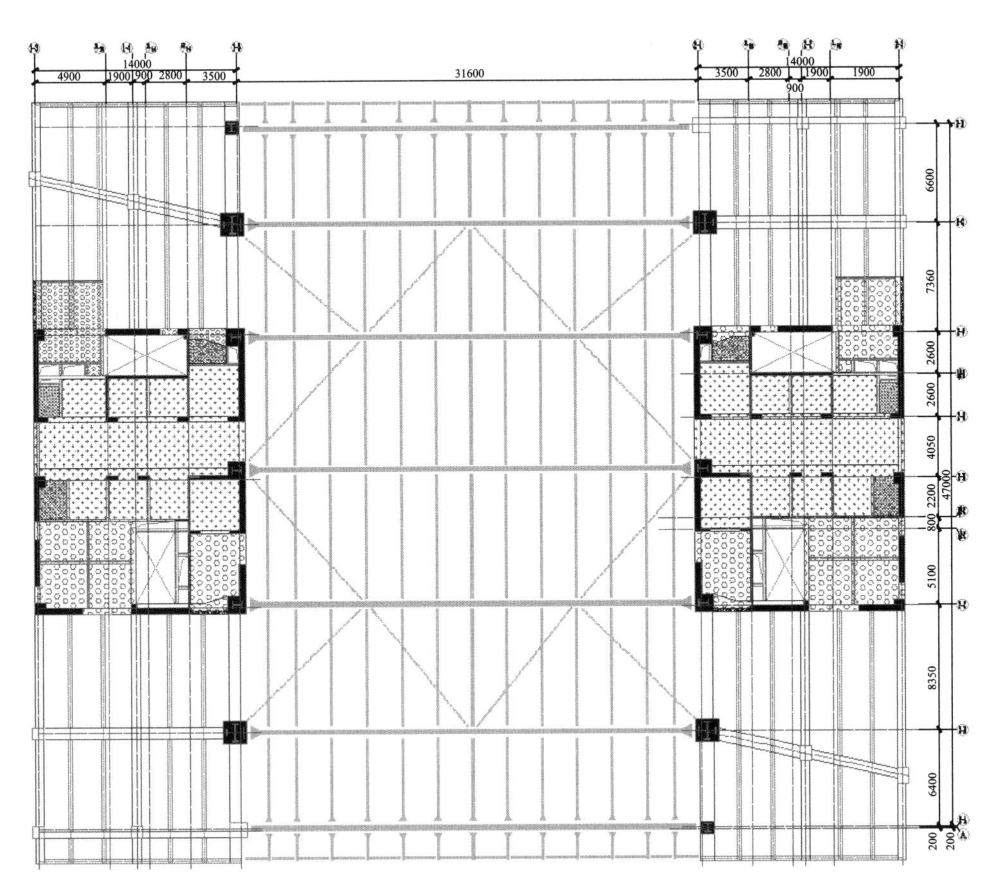

图 8　钢连廊提升部分平面图

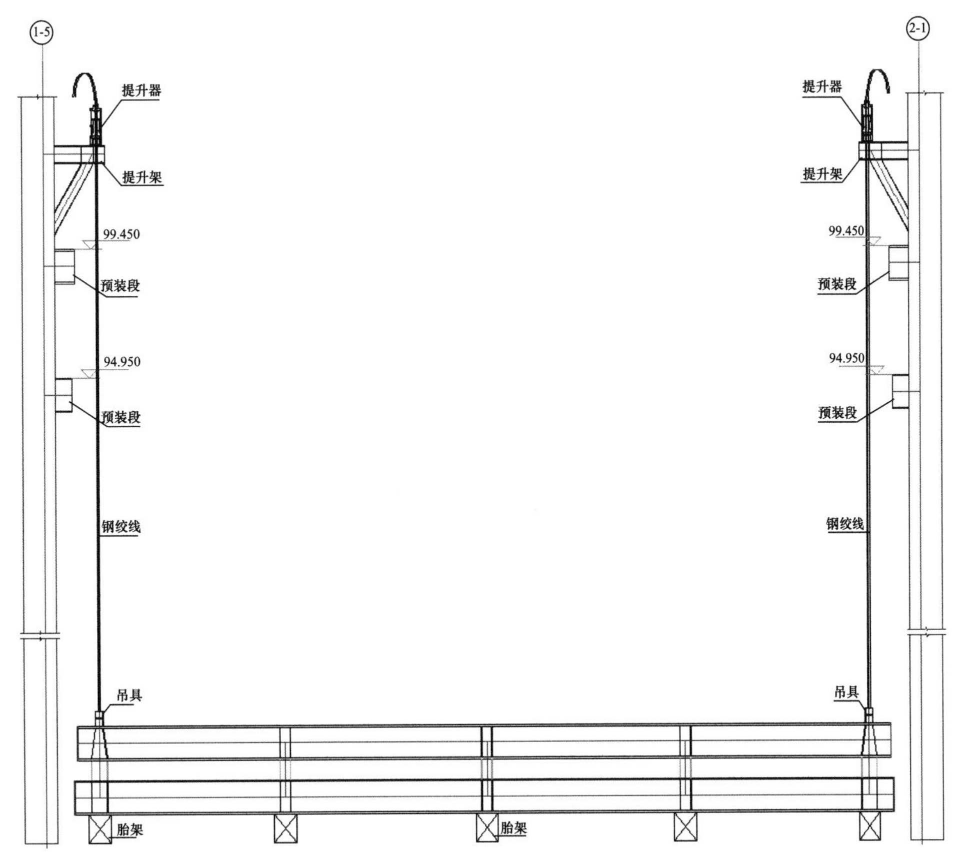

图 9　钢连廊提升部分剖面图

第一步：在正下方位置拼装钢结构，在上方安装提升支架和提升器，并通过钢绞线与下吊点连接。

第二步：主钢构拼装完成后，通过提升器分级加载提升。待其整体脱离拼装胎架并离地约 1.8m 后停止提升。提升器机械锁紧并静置 48h，检查相关结构、提升吊点、支架等是否正常。

第三步：检查无误后，整体同步提升钢连廊结构到预定标高。

第四步：94.95m 标高钢连廊对口焊接完成后，拆除临时加固杆，继续整体提升 99.45m 标高连廊。

4.3 连廊吊顶铝板设计

根据连廊钢构第二步的提升情况，主体钢构提升至离地 1.8m 高度，会静置 48h。这意味着留给铝板吊顶的施工安装时间仅有不到 48h。但该区域吊顶施工面积多达 1500m²。这就意味着按照原设计的构件式散装方案根本不可能完成。为此，我们决定采取装配式的安装方法，将整个吊顶区域切割成若干装配单元，装配单元事先在工地做好备用，一旦主钢构提升到暂停点，装配单元迅速安装到位，以解决施工时间不足的问题。

设计铝板单元需要综合考虑单元的面积、组装、运输、吊装产生的变形等问题。由于安装时间短，我们要将铝板单元面积设计得尽可能大，但同时又要考虑在吊装过程中将变形控制在允许范围内。经过计算，我们将板块控制在 5800mm×4500mm 左右。

为简化装配单元的构造，我们没采用常规的双向插接构造，而是仅保留一个方向的插接，而另外一个方向则空出 1450mm（一个分格）的宽度。这样做的好处是装配单元构造简单，可以不考虑另外一个方向的施工顺序，有利于同时安排多组作业人员平行施工，确保在 48h 内完成安装工作。而空出的部分在其两侧相邻装配单元安装完成后采用小的铝板单元挂装即可完成收口。如图 10～图 12 所示。

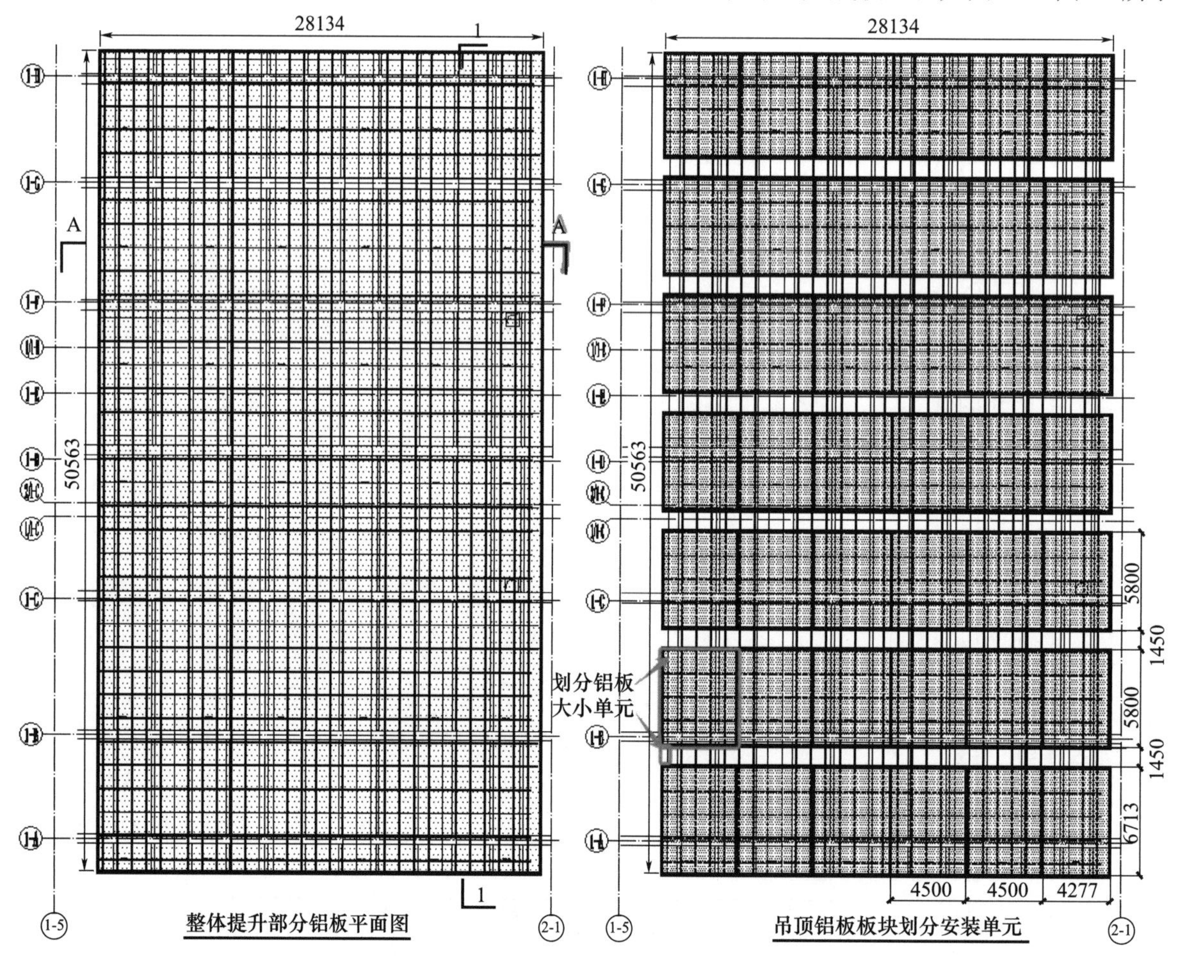

图 10　吊顶铝板划分安装单元平面图

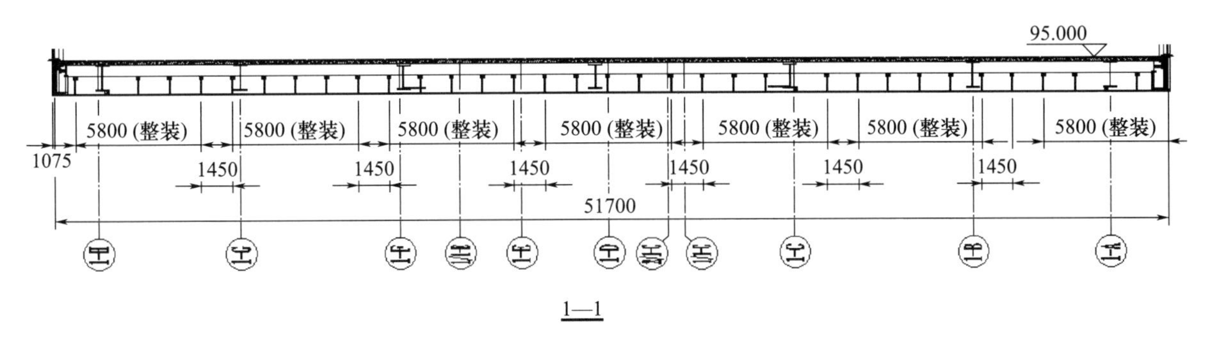

图 11　吊顶铝板剖面图

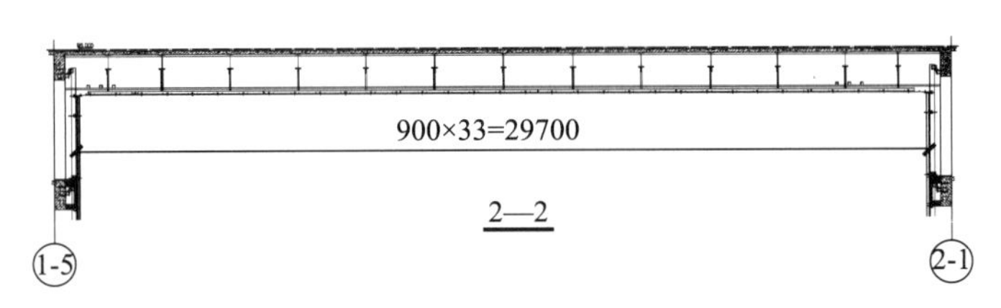

图 12　吊顶铝板剖面图

由于装配单元尺寸较大，不方便车辆在公路上运输，所以考虑在工地现场制作。小单元铝板在工厂组装。待大铝板单元安装完成后，安装小铝板单元。(图 13、图 14)

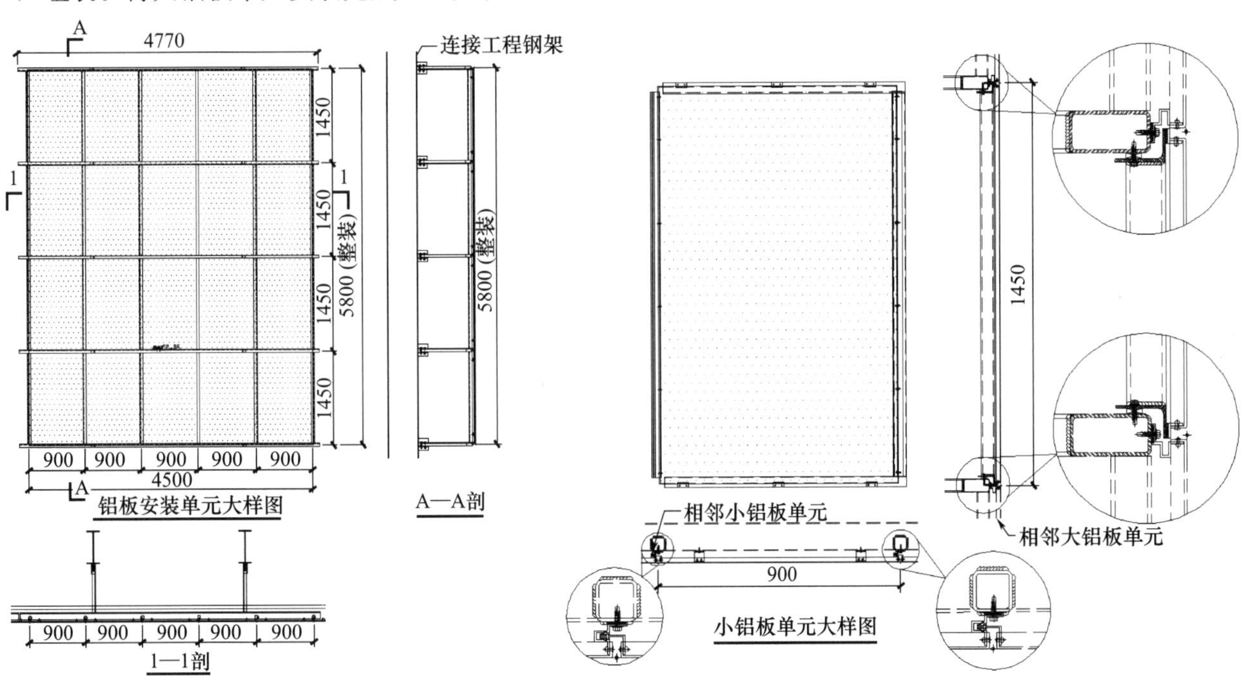

图 13　大铝板安装单元大样图

图 14　小铝板安装单元大样图

由于主体钢构需要做厚型防火涂料喷涂，所以幕墙支座事先需要和主体钢构一同加工。

大的铝板装配单元需要在现场加工，所以面层铝板采用了常规的插接构造形式。(图 15～图 18)

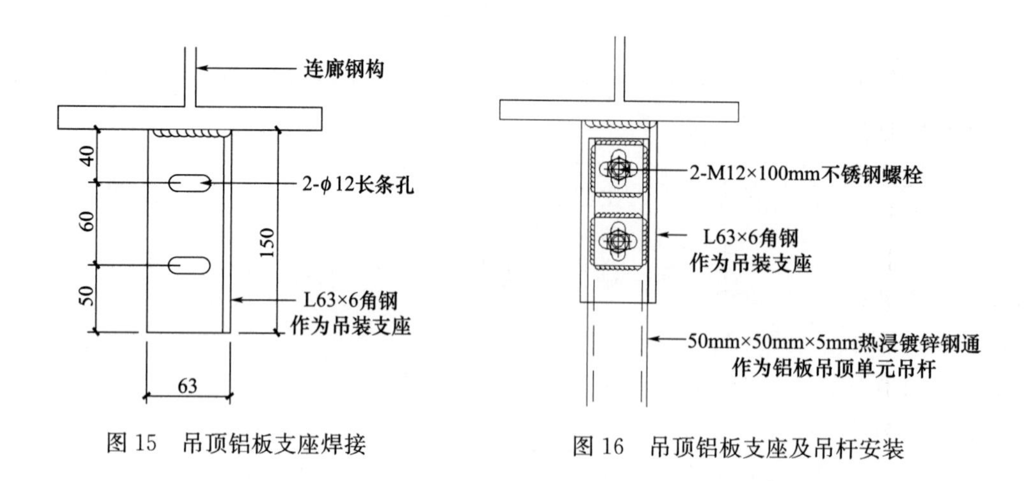

图 15　吊顶铝板支座焊接　　图 16　吊顶铝板支座及吊杆安装

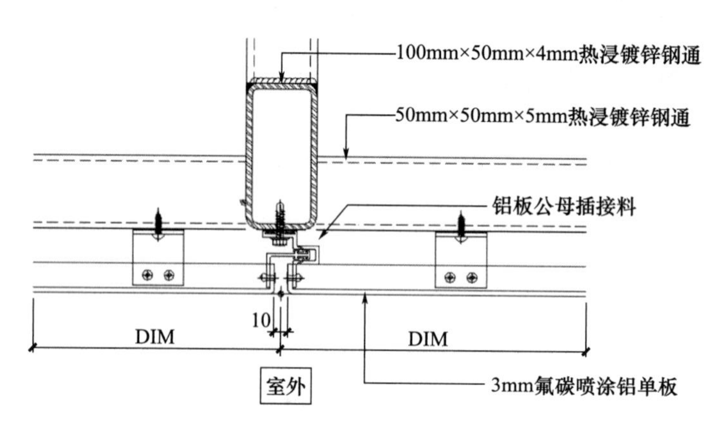

图 17　吊顶铝板支座焊接

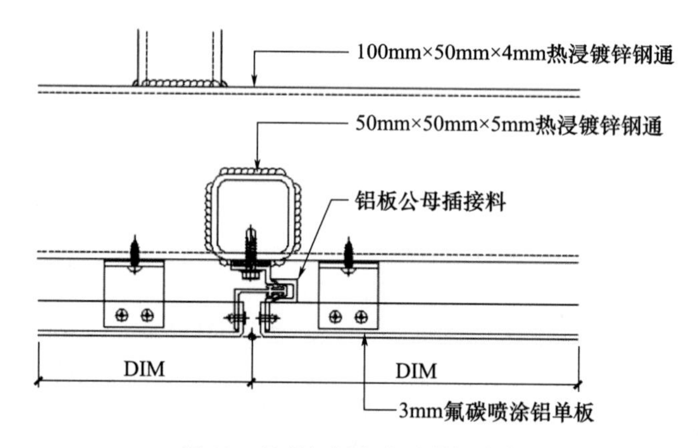

图 18　吊顶铝板支座及吊杆安装

4.4　连廊吊顶铝板单元的安装

为保证装配单元在 48h 内安装完成，我们采取多个班组并行施工的方式。这就对事先的测量定位提出了很高的要求。为争取时间，我们在总包主钢构拼装过程中就开始介入，通过复核主体钢构上的幕墙支座来确保吊顶平面内的定位准确，等到了幕墙专业施工时，只需要确保各作业段标高保持一致就可以了。

用在相邻两个吊装单元之间收口的小铝板单元采用了背附钢框架的构造。其背附钢框与吊装单元钢框采用螺栓直接固定的方式连接，以确保整体提升时其能够保持足够的刚性，避免错位。

4.5　连廊两端吊顶铝板收口施工

由于钢构预装段和提升段之间存在 1 个铝板分格的间隙需要后装，该处的铝板板块以及吊顶下方幕墙板块都需要提升完成后施工。这也是本项目施工的一个难点。

考虑到幕墙单元板块吊装以及日后吊顶下方幕墙的维护需求，我们放弃了常规吊篮作业的方案，转而采取了在吊顶上方设置不拆除的双轨道施工方案。每侧的双轨道设置在吊顶收口铝板的上方，其中里侧的轨道用于吊装下方的玻璃幕墙单元板块，外侧的轨道用于架设轨道吊篮。(图 19)

连廊吊顶收口部位在主体结构楼板浇筑完成后架设电动葫芦和轨道吊篮，首先施工其下方的单元式玻璃幕墙，竖向幕墙安装完成后最后完成吊顶收口铝板安装。为便于作业，在主体钢构底部和铝板吊顶之间设置了一圈马道，施工作业人员可从铝板吊顶上方移动到作业位置。(图 20)

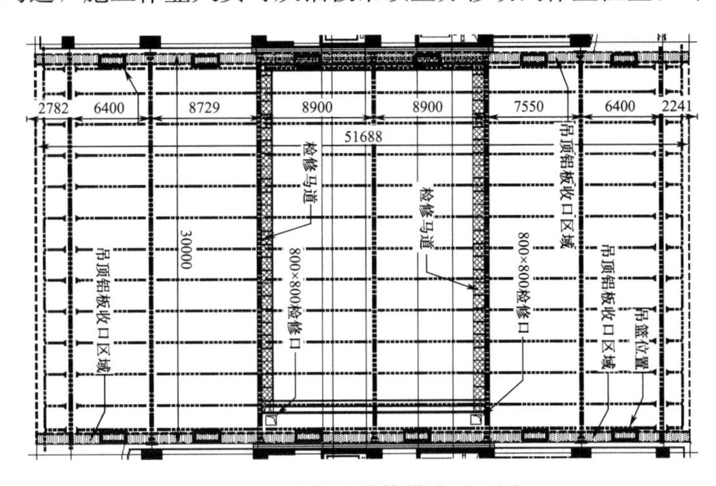

图 19　吊篮及检修措施平面图

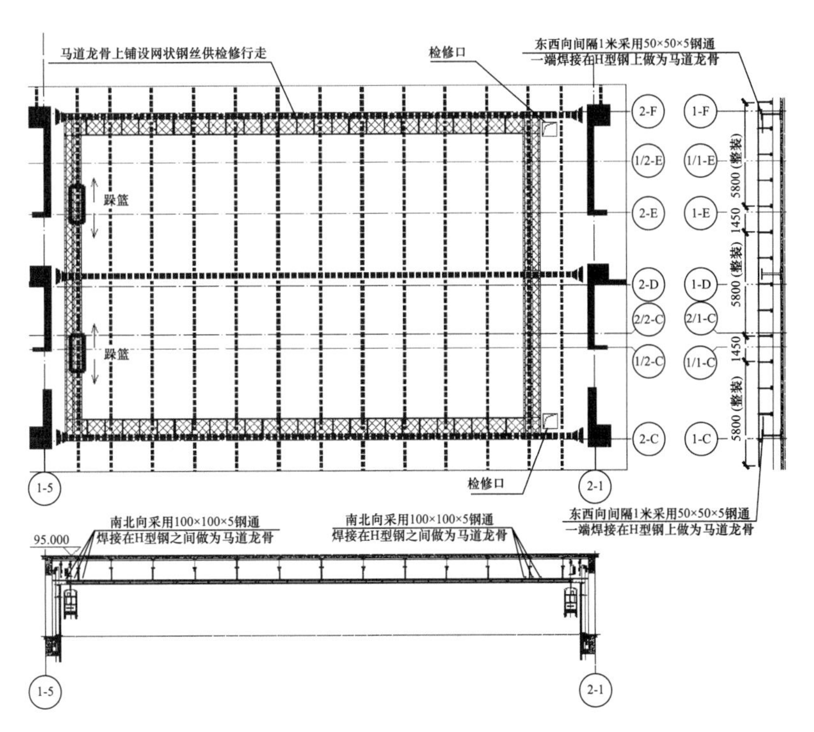

图 20　检修马道平面图

收口位置的铝板构造较为特殊，为了便于日后检修，该部分铝板被设计为可开启构造。该处铝板板块的附框是从内侧固定在吊顶钢框上的，其背离玻璃幕墙的一侧设有合页，当另一侧的铝板附框被松开时，铝板板块可向下开启至垂直位置，此时铝板上方的双轨道可投入使用，用以完成幕墙清洁和拆换玻璃的作业。

吊顶铝板安装完成后，维修人员无法进入吊顶里面进行管线布置、维修、清洗等工作。因此，我们根据连廊主体钢构的大小，在上层楼板上设置2个800mm×800mm的检修口，保证通过检修口，维修人员能进入吊顶铝板内部各个地方进行维保工作。（图21）

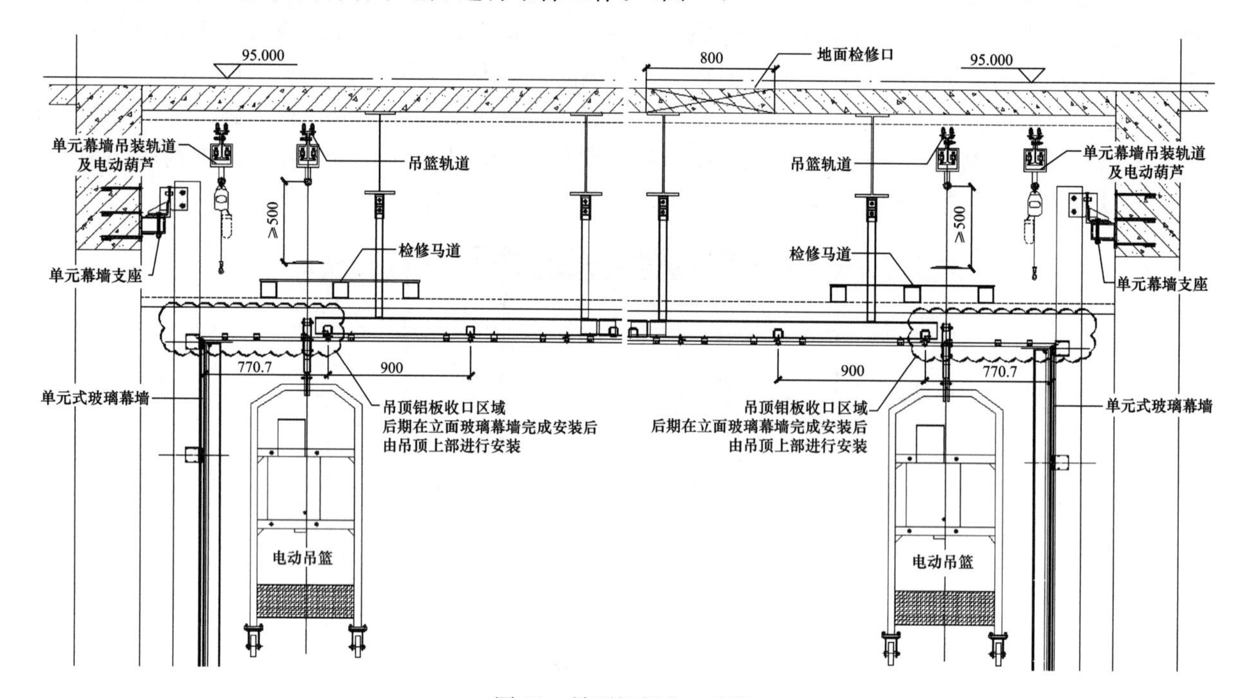

图21 吊顶铝板收口安装

5 结语

目前国内大型钢结构连廊很多，形式各样。连廊外表面采用各种外装饰，是施工难度比较大的一个分项工程。本项目根据自身的特点，采用行业常用的整体提升施工方案，同时为应对短时间内完成大面积的吊顶施工探索出一套施工技术。根据项目单元板块和铝板吊顶共用施工措施及后期维保使用需求，作者总结了双轨道+检修马道配合施工、维保的方案供行业交流。

参考文献

[1] 中华人民共和国住房和城乡建设部．建筑施工高处作业安全技术规范：JGJ 80—2016 [S]. 北京：中国建筑工业出版社，2016.

[2] 中华人民共和国建设部．玻璃幕墙工程技术规范：JGJ 102—2003 [S]. 北京：中国建筑工业出版社，2004.

[3] 中华人民共和国建设部．钢结构设计标准：GB 50017—2017 [S]. 北京：中国建筑工业出版社，2018.

[4] 中华人民共和国国家质量监督检验检疫总局，中国国家标准化管理委员会．高处作业吊篮：GB/T 19155—2017 [S]. 北京：中国标准出版社，2017.

[5] 姚谏．建筑结构静力计算手册（第二版）[M]. 北京：中国建筑工业出版社，2014.

超高层建筑装配式超大板块幕墙工程设计分析

◎ 黄天翔　陈留金　蔡广剑　欧阳立冬

深圳市三鑫科技发展有限公司　广东深圳　518054

摘　要　本文对招商银行总部大厦项目塔楼幕墙工程装配式超大板块系统进行设计分析，为类似复杂空间异形幕墙设计提供新的设计思路。

关键词　装配式超大板块；超高层；复杂空间异形；背附钢架；铝合金铸件；滑轨吊装

1　引言

幕墙行业的发展日新月异，作为城市名片的超高层建筑不断涌现。国家对于低碳环保要求越来越高，加上幕墙行业超高层项目难度越来越大，材料、人工费上涨，工程利润下降，如何保证质量、控制成本并按时履约成为各幕墙企业的重点攻关课题。而针对复杂超高层异形板块幕墙，采用超大单元装配式施工系统，能够按最接近构件式幕墙的成本实施单元式幕墙的设计与施工，同时可大幅度降低构件式幕墙对现场劳动力数量的需求。因此系统化地推广超大单元装配式幕墙的设计与施工方法，不仅是适应国家对建筑业提高装配化率的要求，也是幕墙企业在技术发展和成本控制双控条件下的必然选择。

本文通过招商银行总部大厦塔楼幕墙设计案例，对空间三角形、四边形、多夹角形式幕墙进行设计探讨分析。

2　工程概述

招商银行总部大厦坐落于深圳湾超级总部基地，白石四道与深湾二路交汇处西南角，毗邻深圳湾，建筑面积25.7万m^2，塔楼幕墙面积11.4万m^2，地上75层，建筑高度387.35m，主体结构为钢筋混凝土框架—核心筒结构、钢结构，为深圳湾超级总部地标性建筑。

该项目塔楼幕墙类型有装配式玻璃幕墙系统、单元式不锈钢幕墙系统，其主要系统为装配式玻璃幕墙系统，也是项目设计的重点与难点。装配式玻璃幕墙系统为明框幕墙类型，采用铝合金立柱、横梁，铝合金扣盖外包不锈钢扣盖，玻璃采用8HS+1.52PVB+8HS+16A+10TPmm半钢化/钢化中空夹胶全超白Low-E（#4）玻璃，其他材料均采用绿色环保材料，整个玻璃幕墙系统满足国家节能环保相关规范要求。

3　装配式超大板块幕墙设计分析

3.1　设计思路

建筑南面、四个转角均为空间异形三角造型，东、西面为平面三角造型，详见图1～图5。本项目六面交汇点众多，如按小三角单元板块设计、安装，外观效果、工期不易保证，且存在较大的漏水隐患。

图 1　整体西南角效果

图 2　局部东南转角效果

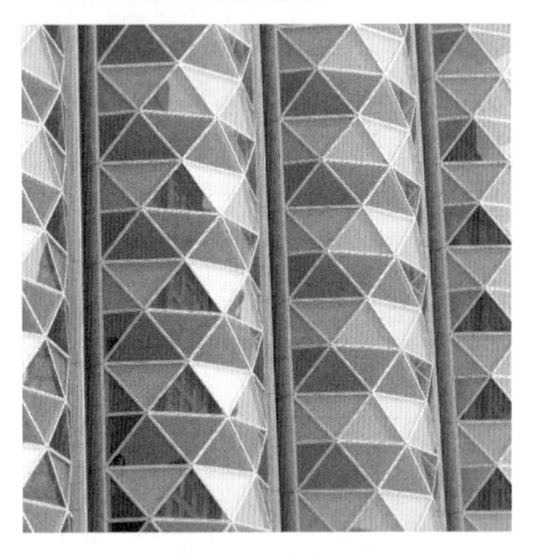

图 3　局部南立面效果

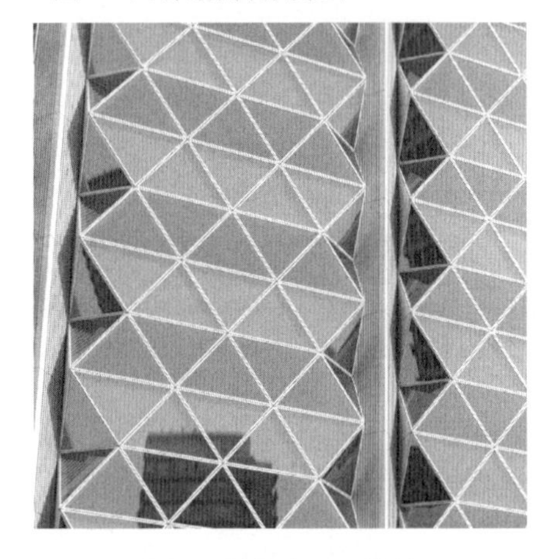

图 4　局部东立面效果

图 5　室内大堂效果

综合考虑，根据幕墙立面轮廓造型及标准层平面板块布置规律，采用装配式超大板块方案：将小三角板块合并成超大板块，并分为南面大板块（A）、东西面大板块（B）、转角大板块（C）三种类型，详见图 6～图 9。

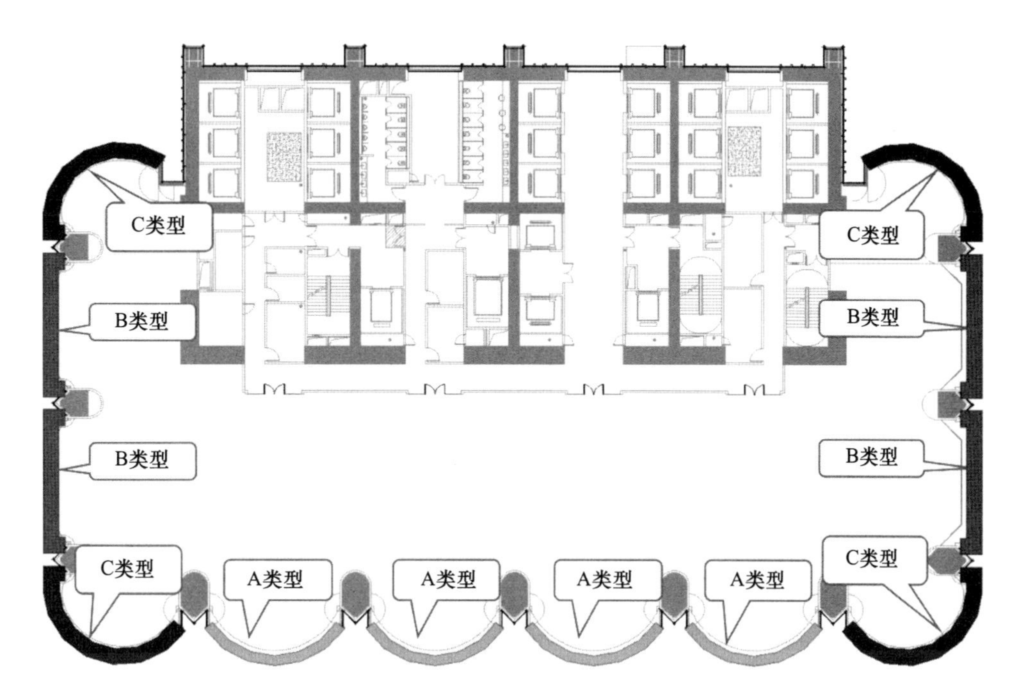

图 6　大板块类型及平面分布

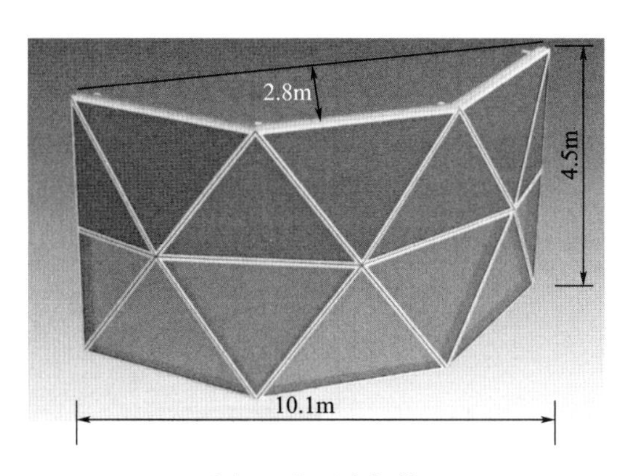

图 7　南面大板块

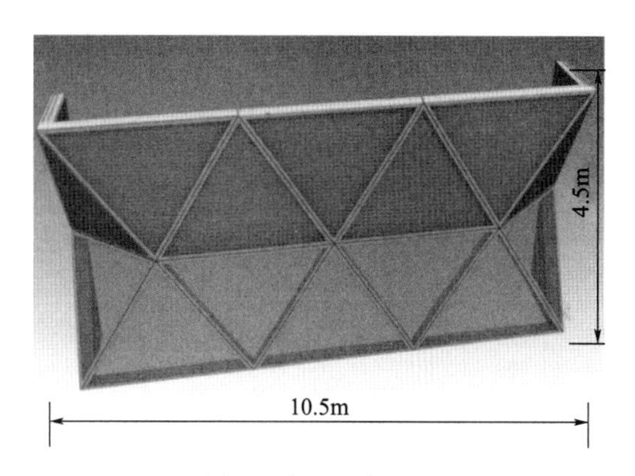

图 8　东西面大板块

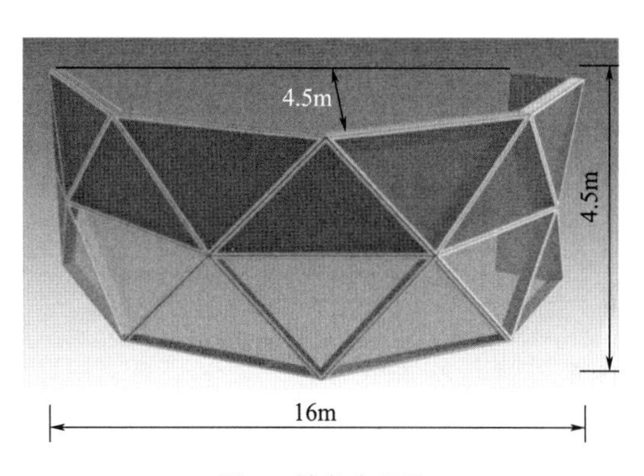

图 9　转角大板块

3.2 设计优点

相较于招标小单元方案，装配式超大板块方案有如下优点：

（1）节省工期、提高安装效率：装配式超大板块方案，大大减少了板块规格种类，进一步减少现场挂点，并采用非单元式插接，可三个面同时安装，效率高，工期可控。（图 10）

招标方案
四边形玻璃单元板块共6132块，共432种规格；
8块单元共14个挂点；
普通单元插接系统，施工工序多、难度大，安装周期不可控
超大板块方案
大板块共1016块，共54种规格；
一块大板块7个挂点；
非单元式插接，可以三个面同时安装；效率高，工期可控
南立面
大板块234块
每块大板块14块三角形板块
转角
大板块532块
每块大板块11块、小板块9块三角形板块
东/西面
大板块250块
每块大板块18块三角形板块

图 10　招标、深化方案板块数量对比

（2）提高防水性能：合并板块后，减少左、右相邻板块竖向插接点，进而减少漏水隐患点；减少现场横梁拼接缝打胶，在工厂完成打胶密封，防水性能更可靠。（图 11）

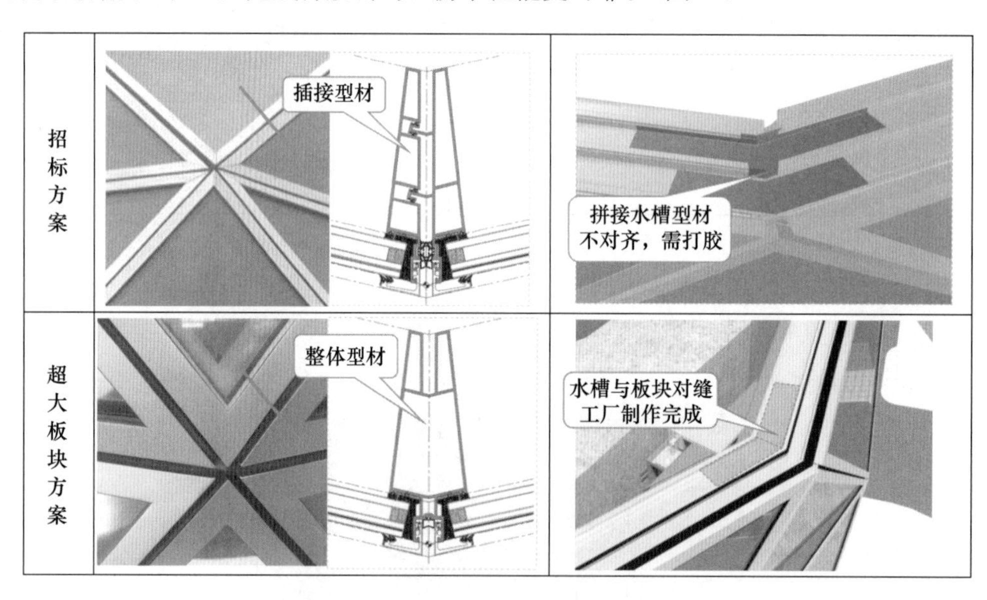

图 11　招标、深化方案漏水隐患点对比

（3）提升外观质量：板块在工厂进行标准化制作、批量化生产，提高构件加工精度、生产效率，提升板块组装质量及外观品质。（图 12）

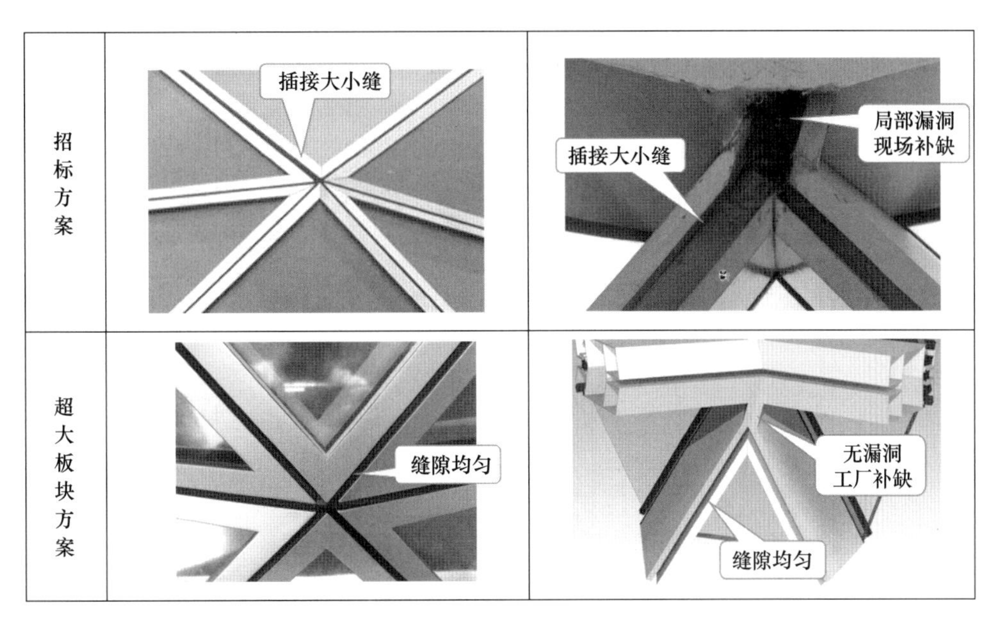

图 12　招标、深化方案外观质量对比

3.3　设计细节

3.3.1　刚度保证：通过在超大板块层间位设置永久连接背附钢架，增强板块整体刚度，确保板块安全可靠。(图 13)

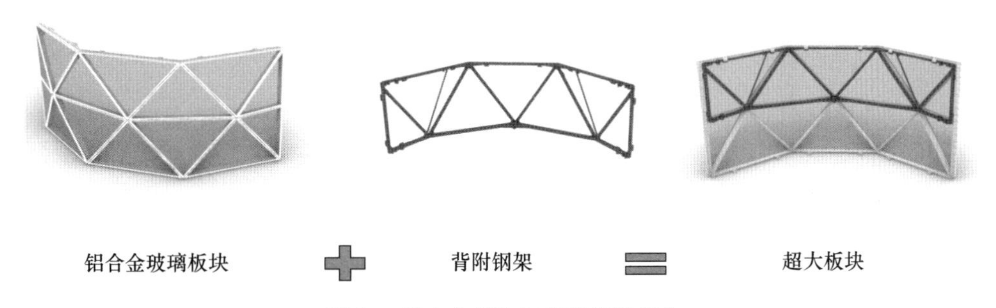

图 13　铝合金板块与背附钢架组合

3.3.2　强度保证：采用六角共挤型材、铝铸件、不锈钢连接件等，把不同空间角度的型材连接起来，并实现三维可调，确保型材连接结构安全、拼缝精度、外观效果。(图 14)

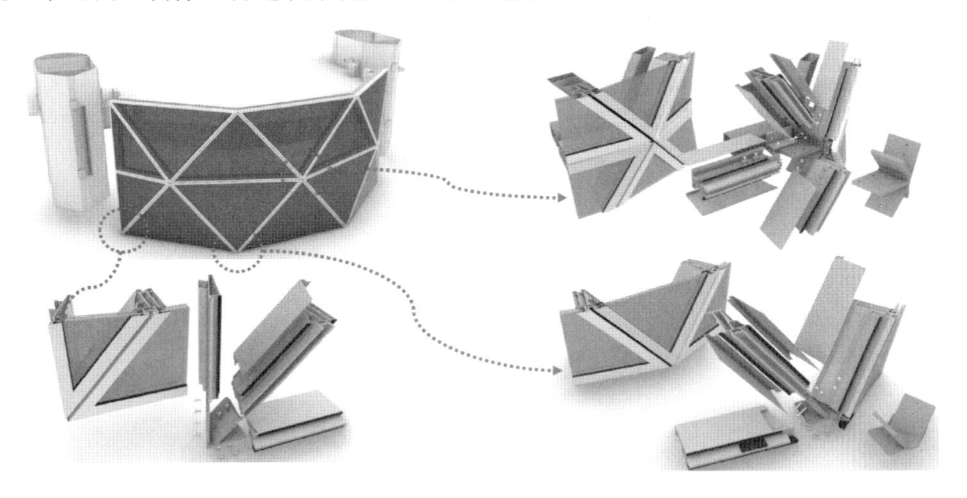

图 14　不同空间角度位置型材连接

3.3.3 气密、水密保证：不同系统板块交接部位采取常规单元式幕墙十字缝防水做法；标志性六角交汇处防水构造采取型材拼接缝预留间隙打胶，外部再粘一层防水卷材，卷材周圈再打胶，满足两道防水需求。（图 15、图 16）

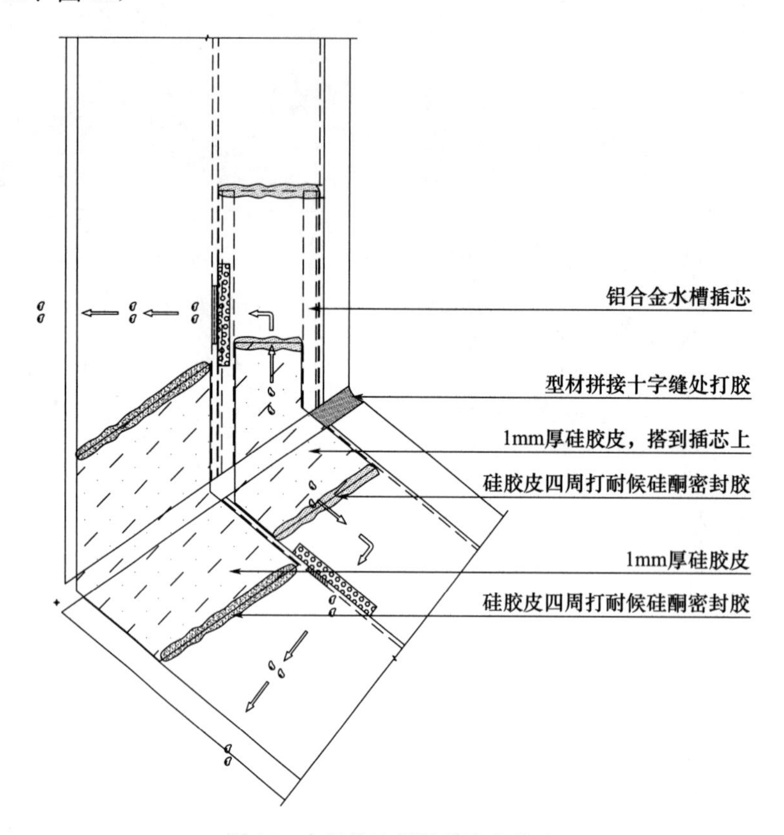

图 15　大板块边部插接防水构造

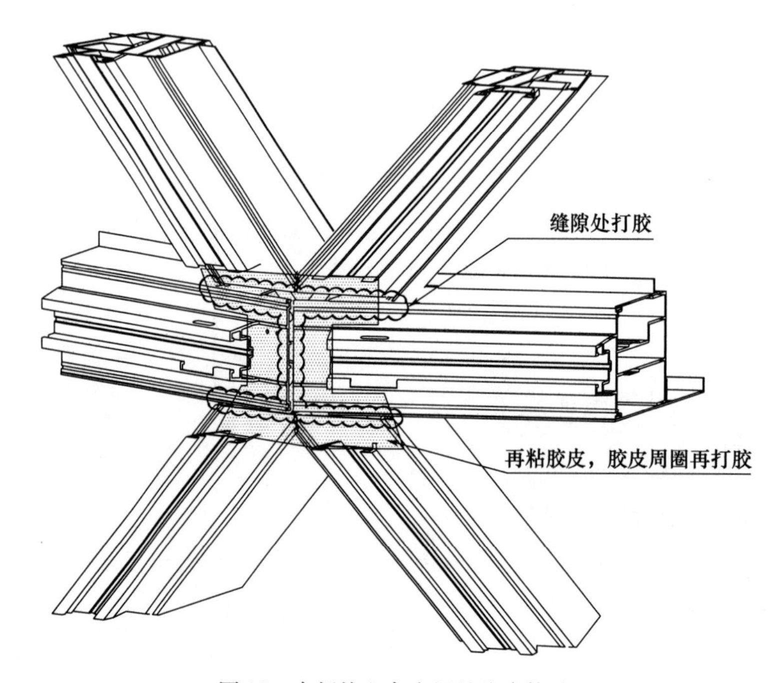

图 16　大板块六角交汇处防水构造

3.3.4　板块组装、运输、现场安装胎架一体化设计：设置钢胎架，将板块背附钢架与胎架用螺栓进行连接。工厂组装时可在胎架上进行定位，确保组装精度；运输时胎架可确保板块稳定、牢固、不易变形；在现场安装时，将胎架与板块翻转至直立状态→初步吊起板块→松掉胎架与背附钢架的连接螺栓→垂直提升板块至安装楼层→移除胎架并返厂重复利用。（图 17）

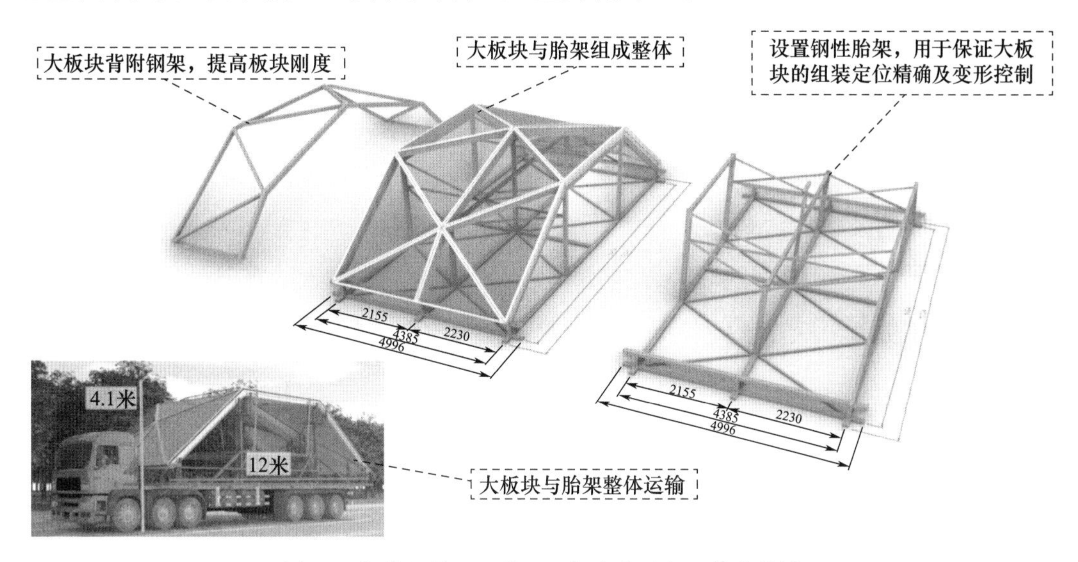

图 17　板块组装、运输、现场安装胎架一体化设计

3.3.5　超大板块垂直吊装系统与 V 柱系统一体化设计：优先安装 V 柱板块，V 形板块的铝合金中立柱作为超大板块抗风撑杆的滑轨，配合吊装扁担将超大板块稳定垂直提升。（图 18、图 19）

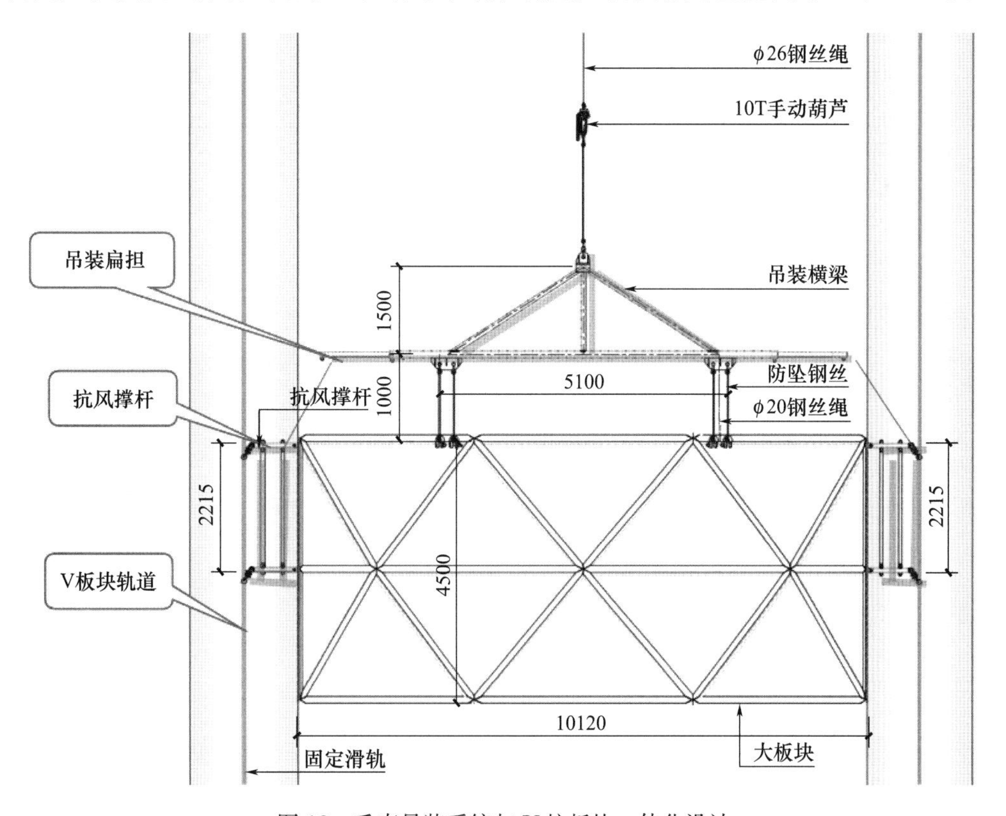

图 18　垂直吊装系统与 V 柱板块一体化设计

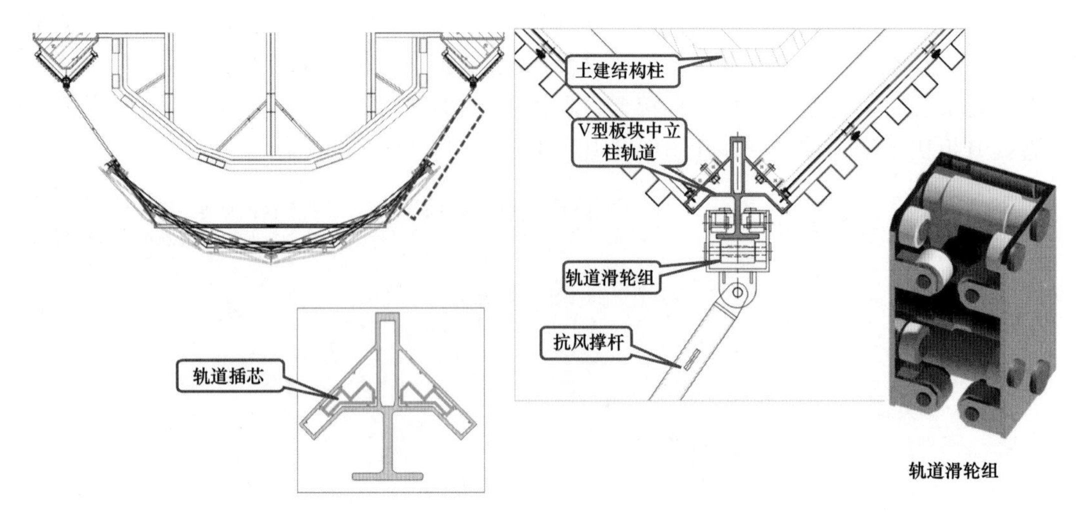

图 19 滑轨（V 柱板块立柱）细部设计

4 结语

为适应现代化建筑设计的趋势，推动幕墙技术的发展，满足绿色、节能建筑的要求，打造精致建造技术，作者团队针对复杂超高层异形板块幕墙，装配式超大单元板块施工外围护系统，通过模块化设计，在专业工厂将各类独立异形板块组合成超大空间异形单元板块，满足幕墙结构受力、加工组装精度要求，制定标准化文件，进一步在工厂完成批量化生产，高质量、高效率实现施工现场整体化安装。该技术提高了幕墙安装质量、效率，达到提升整体建筑效果的目的，并将超大空间异形板块设计、施工标准化，同时提升行业相关领域的技术水平，节约社会成本，对于幕墙整体行业发展有十分积极的意义，同时可为企业的持续经营节省成本、创造效益。

参考文献

[1] 中华人民共和国建设部．玻璃幕墙工程技术规范：JGJ 102—2003 [S]. 北京：中国建筑工业出版社，2003.

[2] 王义标．关于建筑幕墙的低碳节能分析 [J]. 建筑界，2014 (3)：1.

[3] 冯艳云，单爱峰，黑玉龙，等．铸造工艺模拟技术在铝合金铸件工艺设计及优化中的应用 [J]. 金属加工：热加工，2010 (15)：3. DOI：CNKI：SUN：JXRG. 0. 2010-15-028.

[4] 赵向东．超大玻璃幕墙的滑轨移位起重装置设计和应用 [J]. 铁道建筑技术，2013 (8)：5. DOI：CNKI：SUN：TDJS. 0. 2013-08-020.

[5] 王鑫，夏广伟，王金秋．基于设计施工一体化理念的装配式幕墙设计要点研究 [J]. 住宅与房地产，2023 (5)：42—44.

光电玻璃幕墙一体化设计与施工技术

◎ 唐喜虎　刘　蕊

深圳市三鑫科技发展有限公司　广东深圳　518054

摘　要　本文对北京CBD文化设施外立面幕墙工程光电玻璃幕墙一体化设计与施工技术进行了介绍，对各种重难点技术和新材料进行了相关分析，并提出了切合实际的施工工艺和解决办法。

关键词　光电玻璃；BIM；一体化

1　引言

随着建筑技术的飞速发展，幕墙作为现代建筑的重要组成部分，其设计与施工水平直接影响着建筑的整体形象、使用功能及节能环保性能。传统幕墙设计往往侧重于单一材料或构件的性能优化，而忽视了与建筑其他部分的协同作用，导致施工周期长、能耗高、维护难度大等问题，因此，幕墙一体化设计施工理念的提出，成为解决上述问题的有效途径。

2　光电玻璃的诞生及光电玻璃幕墙的应用

2.1　光电玻璃是如何诞生的？

光电玻璃的定义：顾名思义，就是光能、电能和玻璃的有机结合体。

光电玻璃工作原理：利用电能使玻璃兼具光亮和通透性。它是一种新型的环保节能材料，通过将低铁玻璃、太阳能光电模块、背面玻璃、特殊金属导线和EVA胶等组件结合，构成了一种新颖的建筑用高科技玻璃产品。

低铁玻璃的使用确保了更好的光线透过率，产生更多的电能，而经过钢化处理的低铁玻璃具有更高的强度，可以承受更大的风压及较大的昼夜温差变化。EVA的使用增强了太阳能光电模块的安全性，同时也不会降低太阳能光电模块的功效。

除太阳能电池领域外，光电玻璃还被广泛应用于智能建筑领域。一些高科技建筑中常用光电玻璃制作窗户和幕墙。这种光电玻璃可以根据太阳角度自动调节光线透过率，从而达到节能、保护视力等效果。在特定的时刻，光电玻璃还可以起到屏蔽阳光和隔声环保的作用。此外，光电玻璃还具有减少光污染的作用，同时增加了光的吸收率，在提高太阳能光电模块作用的同时，减少温室效应，进一步符合国家“绿水青山就是金山银山”的发展理念。

2.2　光电玻璃幕墙的应用

光电玻璃同时具备玻璃透明属性与光能节能环保无限利用的属性，因此光电玻璃幕墙概念应运而生。光电幕墙的概念首次出现是在20世纪初期，由于世界经济的发展，在一些国家出现能源危机，因此光电幕墙开始研发。光电幕墙的技术原理主要是将太阳能转化成电能；安装原理与普通幕墙类似，主要的区别是光电幕墙通过对幕墙横料及竖料的技术处理，保证了光电幕墙铝合金框架与光电系统可靠的分离，使得光电幕墙结构具有可靠的电绝缘性。

2.3 光电玻璃幕墙与普通幕墙的优点和缺点

光电玻璃幕墙的维护保养成本比普通幕墙材料要高很多，因为其制造过程和技术要求都相对高级，维修或更换时需要专业技术人员进行操作，维修或更换成本较高。同时，由于光电玻璃幕墙的自身特性，需要进行定期维护保养和清洗，如果不及时处理，不仅会影响外观美观，还会影响耐久性。

相比于传统的玻璃幕墙材料，光电玻璃幕墙的制造成本非常高，材料本身就比较昂贵，需要高精度的生产设备和精湛的技术来制造，这就导致其价格远高于普通幕墙材料。

光电玻璃幕墙作为建筑外围护体系，并直接吸收太阳能，避免了墙面温度和屋顶温度过高，可有效降低墙面及屋面温升，减轻空调负荷，降低空调能耗。

光电幕墙通过太阳能进行发电，它不需燃料，不产生废气，无余热、无废渣、无噪声污染。

可舒缓白天用电高峰期电力需求，可解决电力紧张地区及无电少电地区供电情况，可原地发电、原地使用，减少电流运输过程的费用和能耗；同时避免了放置光电阵板额外占用宝贵的建筑空间，与建筑结构合一省去了单独为光电设备提供的支撑结构，减少建筑物的整体造价。

光电玻璃具有美化建筑装饰的作用。光电玻璃可用于整个玻璃幕墙和玻璃天花板。它也可以点缀并穿插在透明的玻璃幕墙或玻璃天花板中，以形成各种美丽的几何图案。

光电玻璃是一种夹胶玻璃，其强度完全满足玻璃幕墙的力学强度，所以其使用范围更加广泛，可适用于建筑外围玻璃结构、大型商圈、轨道交通、橱窗、护栏天桥等。

光电玻璃的透光率达到80%，通透率达到99%，完全不影响室内正常采光。

光电玻璃是一种节能环保类新的拓展性产品，其功率低，所以日常的用电量会远低于传统的LED屏，且其防水等级达到IP65级，可满足日常玻璃幕墙的清理方式，无需额外支付清洁费用。

光电玻璃不但可以利用光电产生电能，同时具有建筑夹层玻璃破碎后不飞溅的优点，是一种安全的建筑用玻璃产品，同时，光电玻璃可以承受最大风速200km/h，工作温度可经受－45～95℃的变化。

光电幕墙本身具有很强的装饰效果。玻璃中间采用各种光伏组件，色彩多样，使建筑具有丰富的艺术表现力。同时，光电模板背面还可以衬以设计师喜欢的颜色，以适应不同的建筑风格。

通过上述不难看出，除了造价成本和养护成本，光电玻璃幕墙无任何优势。控制好造价成本和养护成本将成为本工程一体化设计与施工的关键所在。

3 光电玻璃幕墙一体化设计

结合北京CBD文化设施外立面幕墙工程（以下简称“CBD”）进行具体分析。项目位于北京CBD核心区中央绿地北侧（Z16地块），北侧紧邻“中国尊”，南侧眺望建国路，东西两侧各有众多跨国公司总部。建筑主体结构形式：框架-支撑结构；最大高度：46.75m。其中玻璃幕墙约17000m^2，其他幕墙约16500m^2，共计33500m^2，属北京市重点工程。本文主要介绍的光电玻璃幕墙约1500m^2，属北京市重点工程。作为CBD中心的“中心”，如何提高项目品质，降低造价成本和维护保养成本？如何利用有效的施工现场面积？如何将相关工作前置，减少施工现场压力？如何在后疫情时代将项目顺利完工，为祖国75岁生日献礼？设计团队和项目部经多方考究，将“光电玻璃幕墙一体化设计与施工技术”的理念运用到本项目中。

本文着重介绍光电玻璃幕墙位置标准节点和非标准节点，“八字撇”位置为非标准节点。设计团队拿到招标文件之初就针对此造型有过疑问，设计师的设计理念是想与其北侧的“中国尊”下侧摆裙有着遥相辉映、相辅相成之感。

图1　整体立面效果图

3.1　标准位置设计难点

光电玻璃安装到位前的保护（双护边保护）：光电玻璃之所以称为光电玻璃，较为重要的原因是“通光通电”，如何保护电玻璃也是在其成为光电玻璃幕墙前重要的设计难点。

型材护边保护：电子集成系统作为其最脆弱的部位，运输过程中最容易损坏。为此，设计团队特意将立柱及横梁适当加宽，希望有足够的空间放置端子，并为其配备了保护措施，上墙的时候将其拆掉。经过大量试验验证和专家考量，采用型材护边的原因主要是：端子四周是铝型材且都是非可见部位，都是素材或者非喷涂部位，使用其他材料会与之发生化学反应；严格意义上，铝型材比较坚硬且开模方便，与其他型材可一同开模，可以缩短工期及降低成本。

尼龙护边保护：首先，尼龙护边与密封胶有一定的相容性，满足对气密、水密及耐久性的要求；其次，尼龙护边相对于其他金属护边有一定的柔软性，除了防止玻璃破碎外，最主要的是光电玻璃四周都是电子管集成系统，防止磕碰，影响外立面光电效果。

光电玻璃幕墙所在南立面整体外倾约8°，顶底水平差距约6m，约41mm厚的玻璃，配置如下：8（LI-HS）＋2.28PVB＋8（LI-HS－3Low-E）＋12A（暖边）＋10（LI-FT）三银Low-E夹胶中空超白智能玻璃；玻璃的最大分格为1500mm×3512mm（宽×高），计算得出每平米的荷载约120N/m²。

采用MidasGen有限元软件、sap2000有限元软件对最大玻璃分格受力分析，设计团队首先将铝玻璃托板改为钢玻璃托板，再利用6颗机丝钉紧固到位；因幕墙立面与水平面夹角成82°状态，“CBD项目”的每个安全钩采用2颗M6X25不锈钢机制螺栓组紧固，铝合金玻璃压板采用6063-T6的合金状态，每边布置4个，长度L＝200mm。

经过大量的分析和深化工作，光电玻璃幕墙的标准节点如下（图2、图3）。

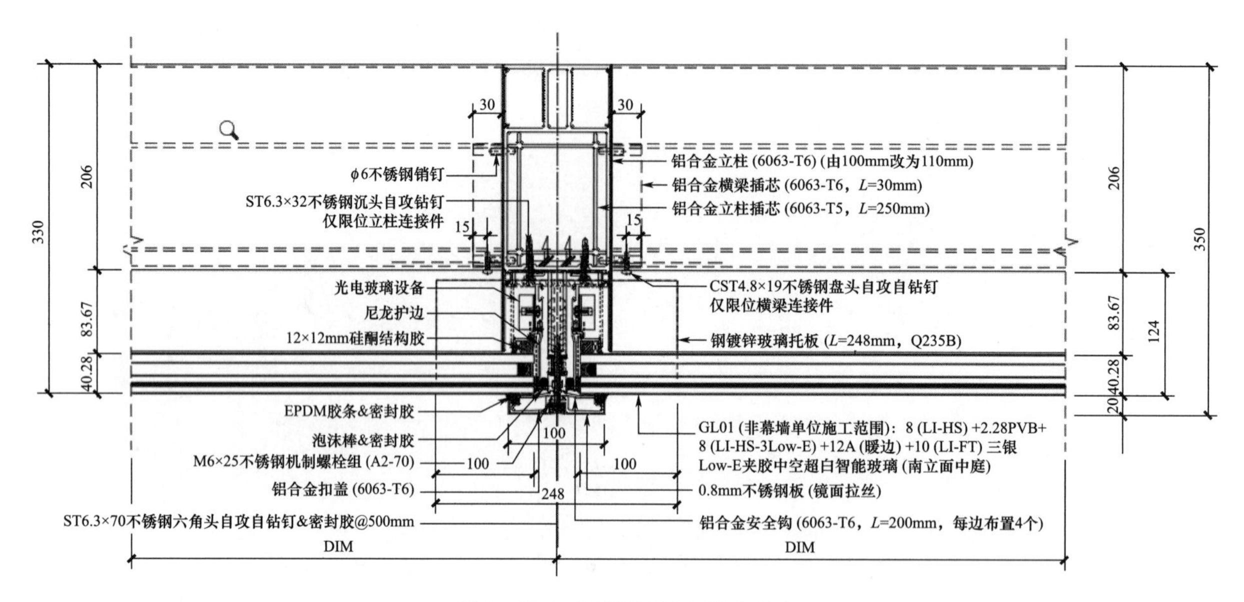

图 2　光电玻璃幕墙竖向标准节点

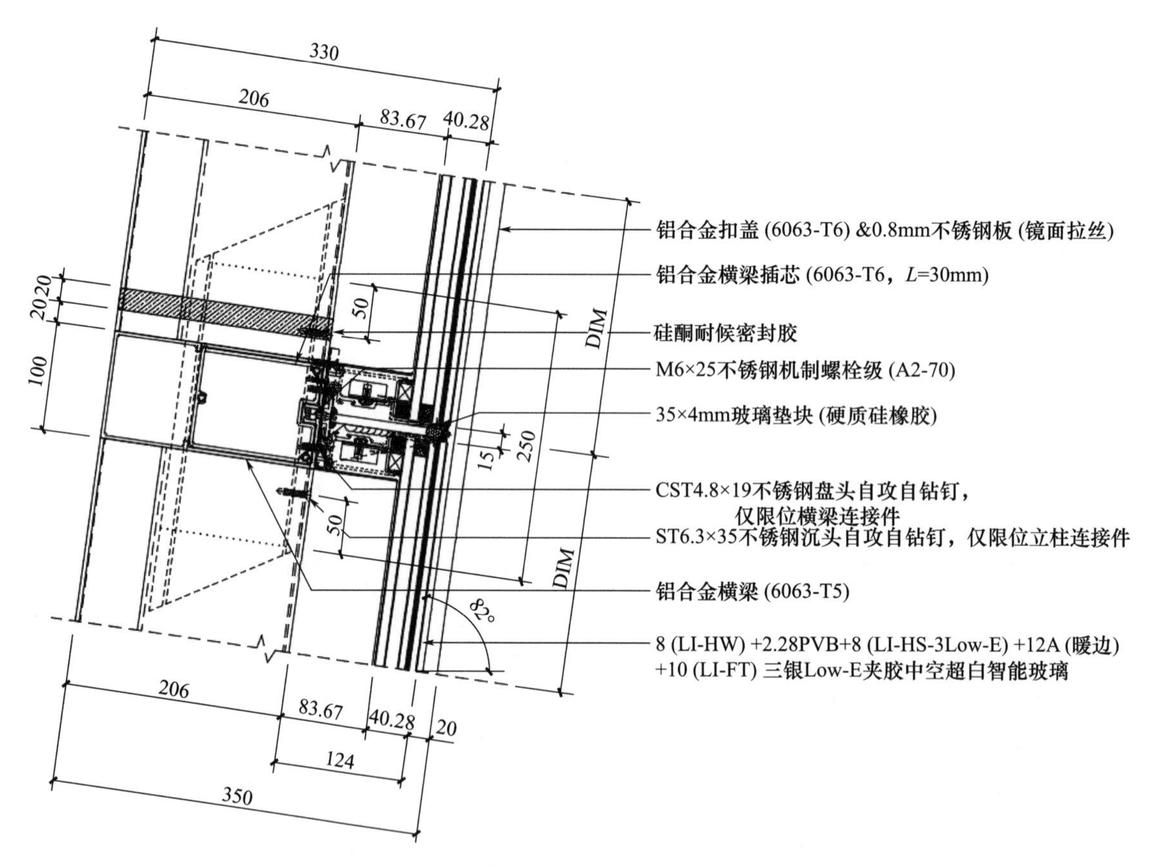

图 3　光电玻璃幕墙横向标准节点

经过设计团队与各方及多个光电玻璃厂家的分析研究及现场施工样板查看标准，最终商定光电玻璃电子集成系统最小安全空间为 52mm×22mm（深度×宽度）。光电玻璃幕墙的横向、竖向放大标准节点（图 4）：

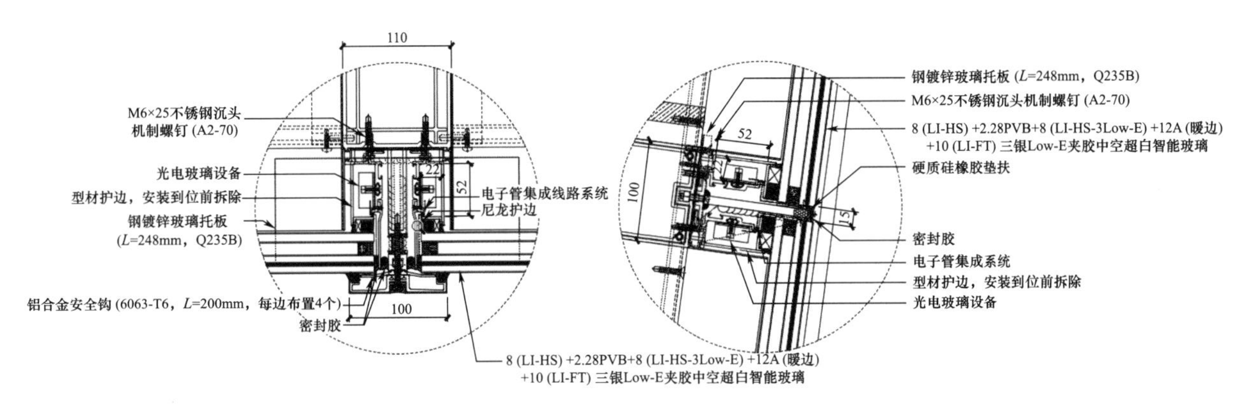

图 4　光电玻璃幕墙横向、竖向放大标准节点

3.2　非标准位置设计难点

经过设计团队分析，“八字撇”位置造型分为上、下两段圆弧，上段圆弧半径约 237m，下段圆弧半径约 86m。上段圆弧可以采用直线段安装，下段圆弧“以直代曲”（图 5）。

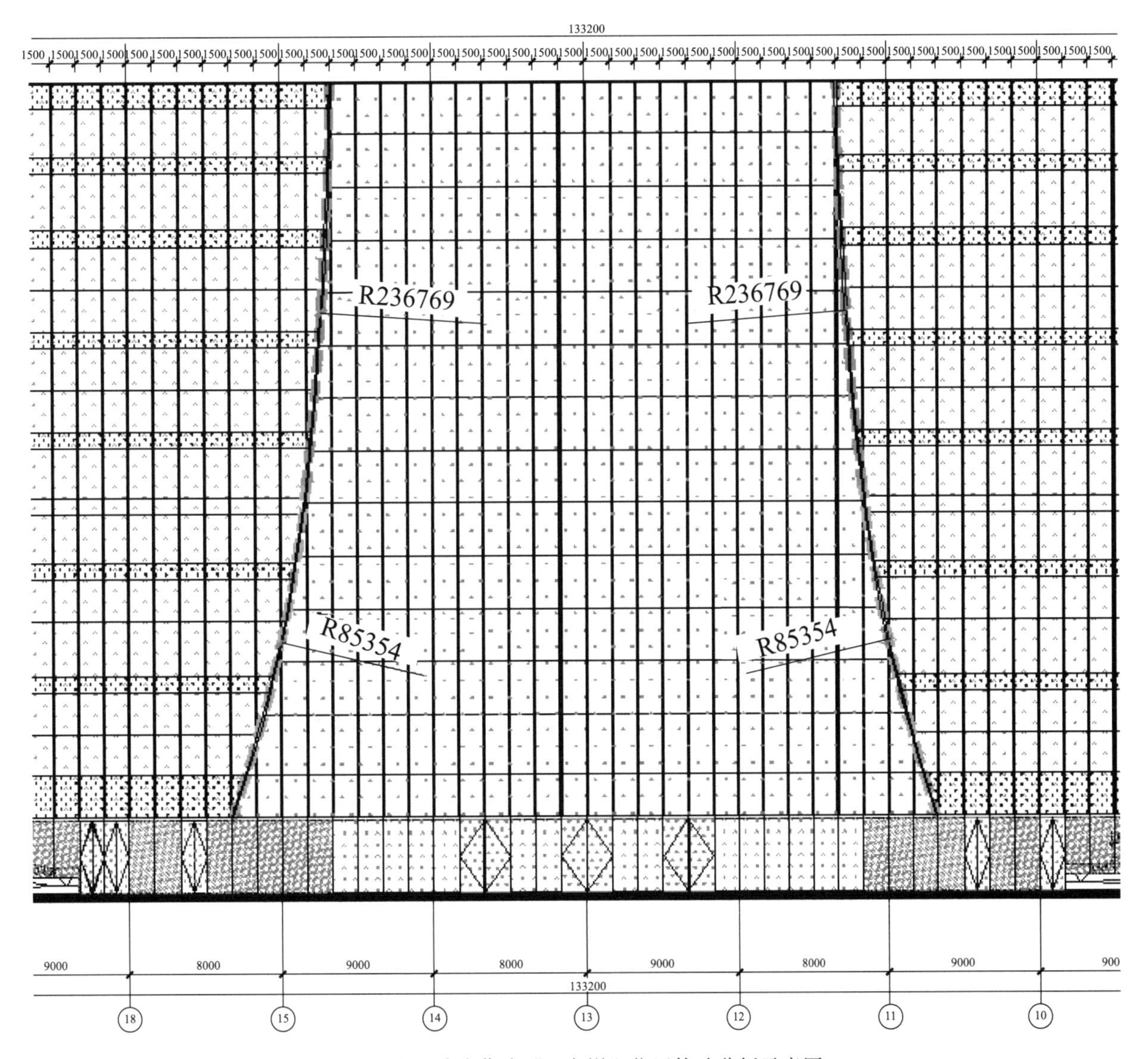

图 5　光电玻璃幕墙“八字撇”位置构造分析示意图

按照招标图节点，下段圆弧应该采用曲线安装。但是，经过设计团队与各方多轮次磋商，最终同意我司“以直代曲”完成立面效果，原因如下：

首先，铝合金立柱沿造型斜向布置，层间跨度 3070mm，室内侧铝合金立柱、扣盖等型材种类多，配合关系紧密。扣盖与立柱的配合精度在零点几毫米，其他型材之间的配合也是毫米级的，如果立柱拉弯，各构件精度不可控，难以实现。尤其是光电玻璃自身的脆性性质，碰到坚硬的型材会自爆，给工程造价成本和后期的维护成本造成大量不可预估的经济损失，再结合其电路系统，稍有不慎就会导致某条线路短路，产生不可控的外观效果。最重要的是其地理位置，对 CBD 商圈的价值增减会有不可忽略的影响。

其次，通过分析“八字撇”位置造型上、下两段圆弧出现最大拱高尺寸为：上段约 10mm（要求设计团队做直线段，可忽略不计）；下段约 24mm，当扣盖与立柱偏差较大时，会出现 0～24mm 左右渐变的黑边，都是位于圆心一侧，且玻璃是高反低透，行人站在地面，尤其是站在远处更加难以看到玻璃内侧黑边。放样示意图及结果如图 6 所示。

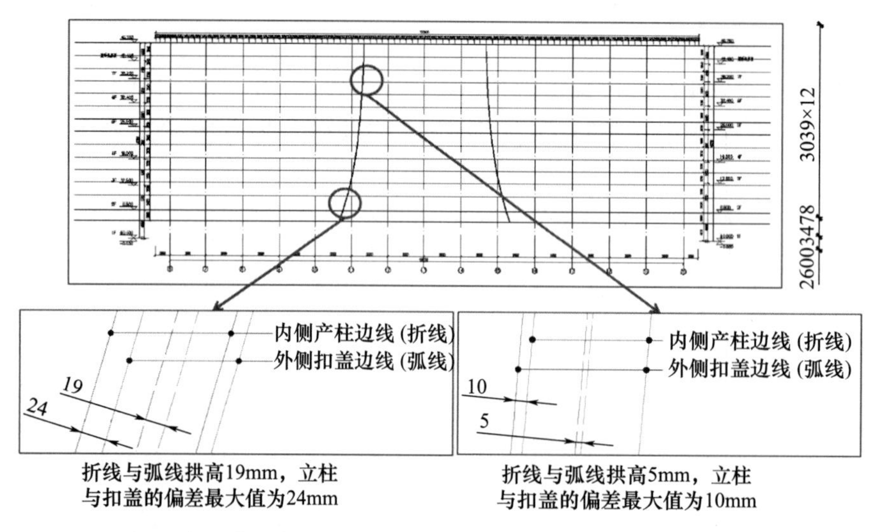

图 6　光电玻璃幕墙“八字撇”位置“以直代曲”放样示意图 01

再次，以东塔“八字撇”位置造型为例，按照最不利位置分析（图 7），设计团队将最大偏移位置融入节点中，得出的结论依然是传统明框幕墙的安装方式，对光电玻璃幕墙来说，4 个长度 $L=$ 200mm 的“安全钩”合理、有效，按照前文所述，可以“以直代曲”。

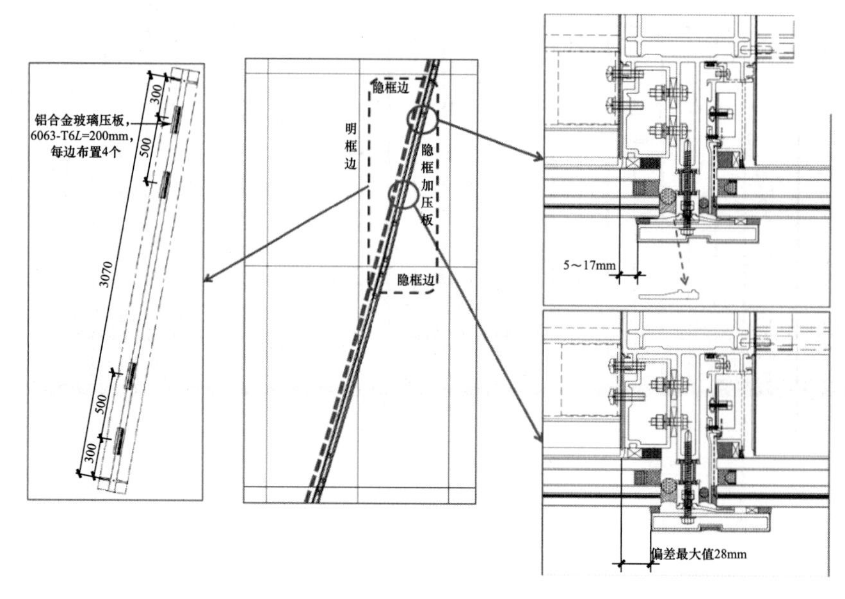

图 7　光电玻璃幕墙“八字撇”位置“以直代曲”放样示意图 02

最后，如果将玻璃扣盖强行拉弯，再套以 0.8mm 的不锈钢板也拉弯，不难想象会是什么模样。且不说强轴拉弯难以实现，两种完全不同材质的面材套在一起也不可能实现纹丝合缝，再冠以温差、季节、气候等原因，任何材质都不可能实现（图 8）。

同时，设计团队也一直想办法满足各方的外立面“八字撇”全都是曲线的要求，虽然强行实现了玻璃扣盖拉弯样式（图 9），但是因为 0.8mm 的不锈钢板太薄，外立面看面仅能整板弧形切割，致使原材套裁率减小，材料浪费，导致工程成本大量增加。因此，基于以上四点原因，完全可以让“八字撇”位置造型下段“以直代曲”。

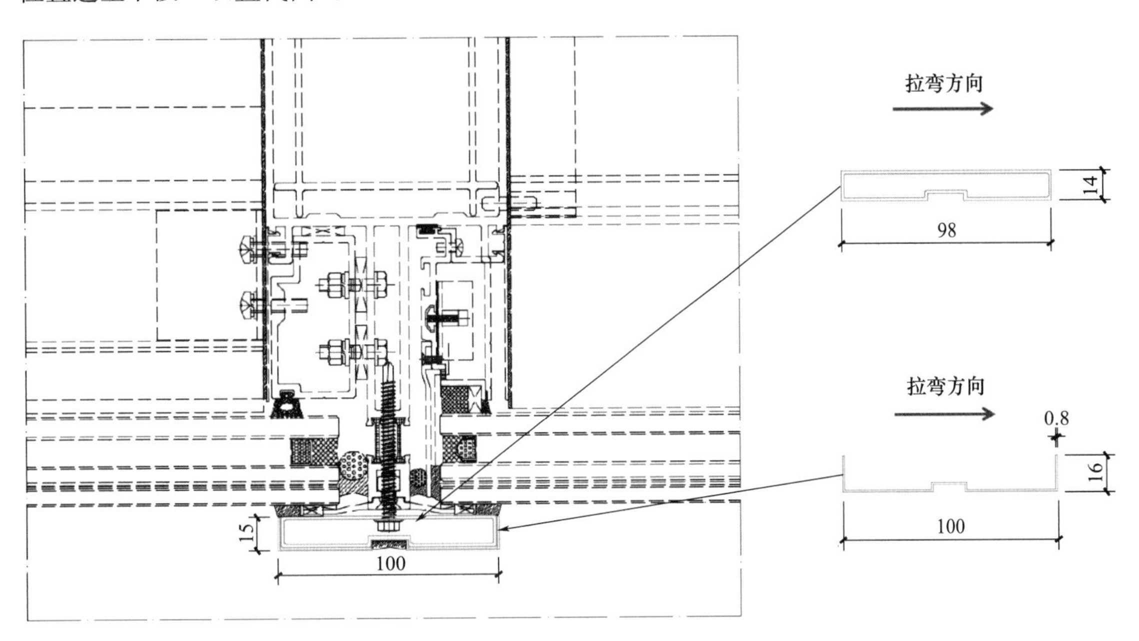

图 8　光电玻璃幕墙“八字撇”位置“以直代曲”放样示意图 03

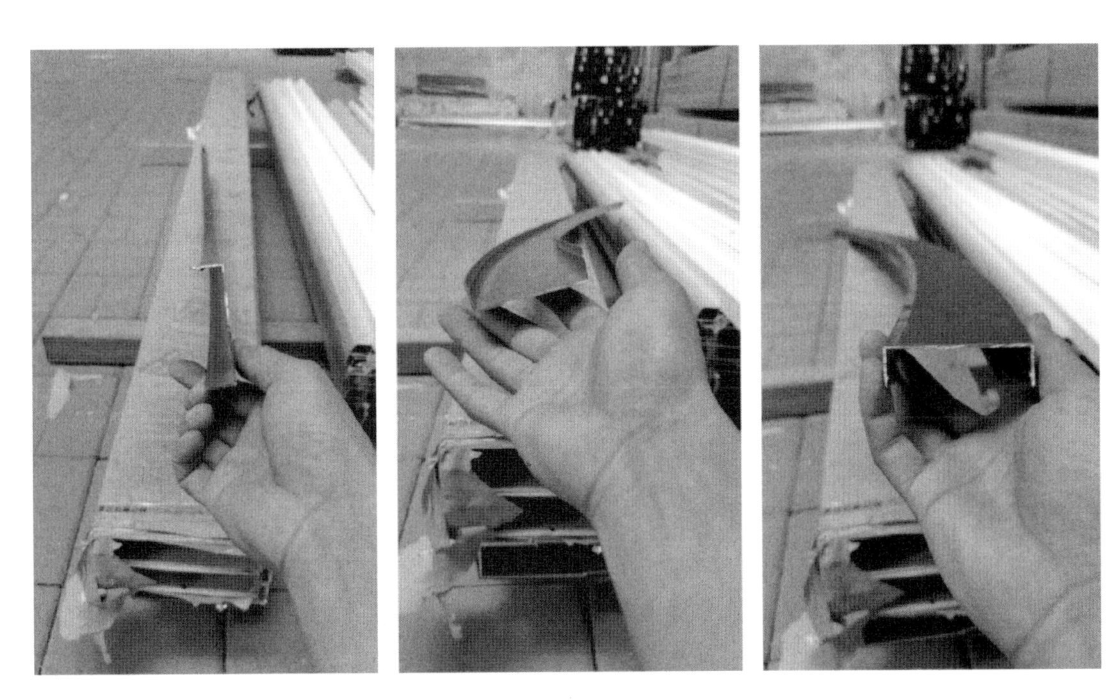

图 9　光电玻璃幕墙“八字撇”位置玻璃扣盖拉弯样式

"四角码连接"系统：因为光电玻璃幕墙系统需要在较大的空间安装电路集成系统，但是，其他与光电玻璃幕墙相邻位置的幕墙系统应尽量按照招标图样式将其缩小；所以会导致两个不同系统的横梁采用同一样式的立柱系统（图10）。光电玻璃幕墙系统还是采用原有系统，光电玻璃幕墙系统铝型材横梁插芯（随着角度的不同而不同）、单边钢玻璃托板（仅在光电玻璃幕墙系统一侧采用即可）、50×50×5铝角码（应切割复合角）及4mm不锈钢连接件（将补偿料与横梁、立柱进一步紧固），以上四种角码缺一不可，谓之"四角码连接"系统。

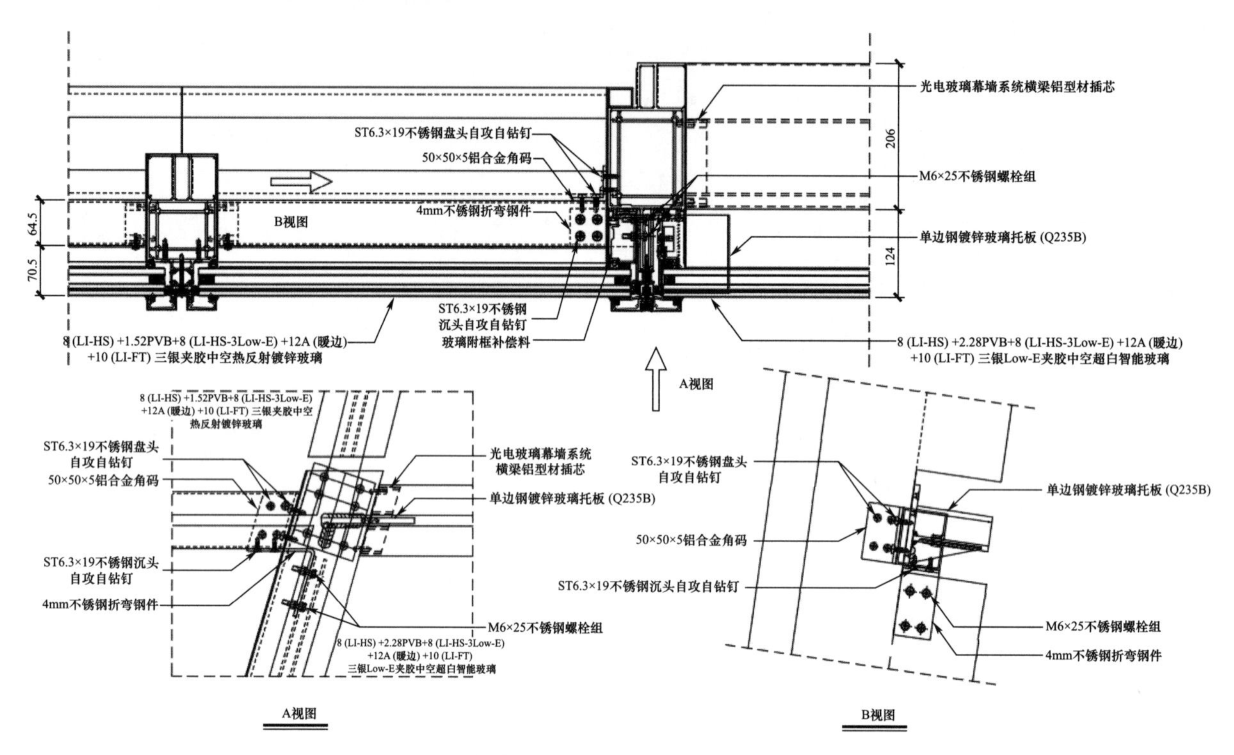

图10　光电玻璃幕墙"八字撇"位置"四角码连接"节点

3.3　光电玻璃幕墙施工技术难点

对于光电玻璃幕墙系统而言，不区分标准位置和非标准位置，"八字撇"位置是整个项目施工的难点。

首先，想要将"八字撇"位置分析透彻，需要将真假立柱和光电玻璃的分格解析清楚。以西侧"八字撇"为例，圆心一侧为"普通玻璃"，其配置为：8（LI-HS）＋1.52PVB＋8（LI-HS-3Low-E）＋12A（暖边）＋10（LI-FT）三银夹胶中空热反射镀膜玻璃，另一侧为光电玻璃，其配置前文已提到。将矩形玻璃分为两个梯形玻璃的为真立柱，将出现两个三角形玻璃的垂直于地面的明框立柱认定为假立柱，而将此立柱分开上下两部分的仍然是真立柱，也就是说"八字撇"自身就是真立柱。与真立柱连接的玻璃扣盖可以有效地"按压"住玻璃，与假立柱相互配合的玻璃扣盖可认为是仅供装饰作用（图11）。

其次，玻璃分格一定要先于设计确认方案前划分清楚（图12）。随着标高增加，项目部施工的难度也随之加大。尤其是光电玻璃，生产周期长，难度大，单价成本高，稍有不慎就会留有洞口，而且都是小块玻璃，不仅加大施工难度，增加了施工成本和维护成本，而且对维护企业形象和设计团队精神面貌都至关重要。

最后，设计团队与项目部研究决定，光电玻璃应分批次到场，先到标准板块，后到非标准板块，先少到，后多到，相同编号的玻璃也应有不同位置编号；上墙一块，测量一块，按照国标复测尺寸公差，达不到要求的，让步返厂。

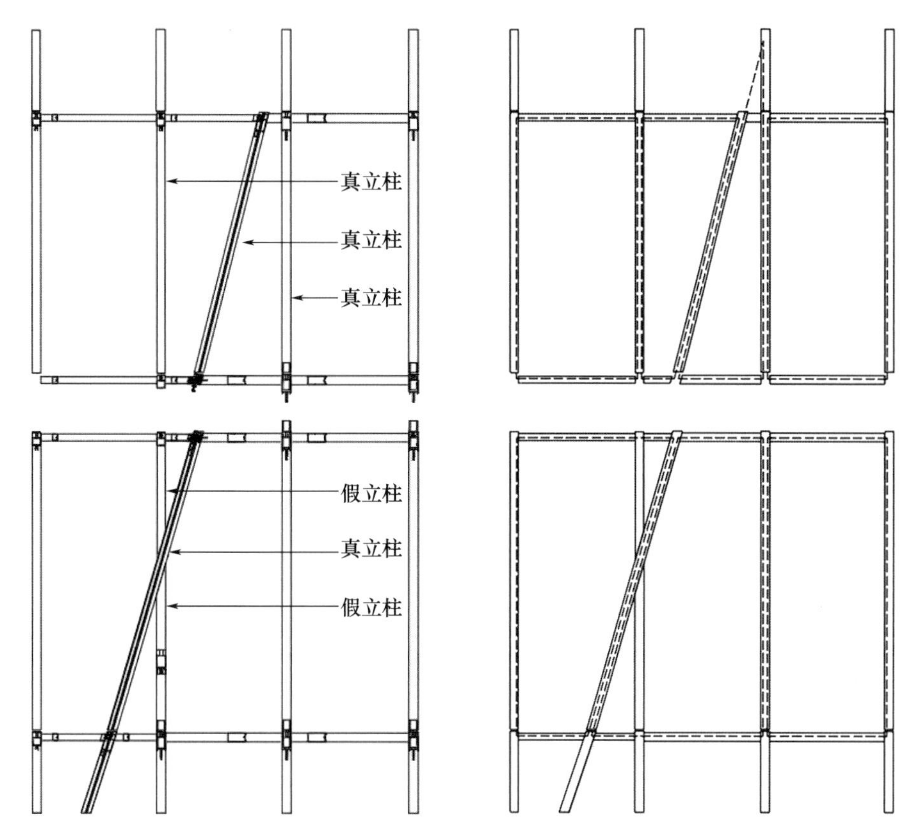

图 11　光电玻璃“八字撇”真假立柱示意　　　图 12　光电玻璃分格划分示意

吊篮安装方式共五种类型：方式一：标准支架吊篮；方式二：前支架绑梁，后支架标准搭设；方式三：前支架绑梁，后支架加高搭设；方式四：前后支架绑梁吊篮；方式五：支架骑墙焊接吊篮。

据前文所述，南立面整体外倾 8°，吊篮焊接骑墙、绑梁搭设于南立面时，建筑为下方向内倾斜造型，骑墙安装吊篮方式（方式五）是最适合此外立面形式的（图 13）。

图 13　光电玻璃幕墙处“八字撇”吊篮立面安装方式示意区域

按照本工程外立面倾斜角度配比：吊篮悬挑 1.2m，前后支点距离为 1.2m，将吊篮前立柱焊接（满焊）在结构上（钢梁尺寸为 B500×1350×20×35，材质为 Q355），前立柱高 0.9m；在钢结构梁内侧位置焊接（满焊）后锚固，将吊篮后拉钢丝绳（呈八字形双拉纤）捆绑固定在下方结构上，使用四个 M10 卡扣固定并用花篮螺栓绷紧，钢丝绳与建筑接触位置需穿软管防护，后支架用 L50 角钢焊接在结构上（图 14）。

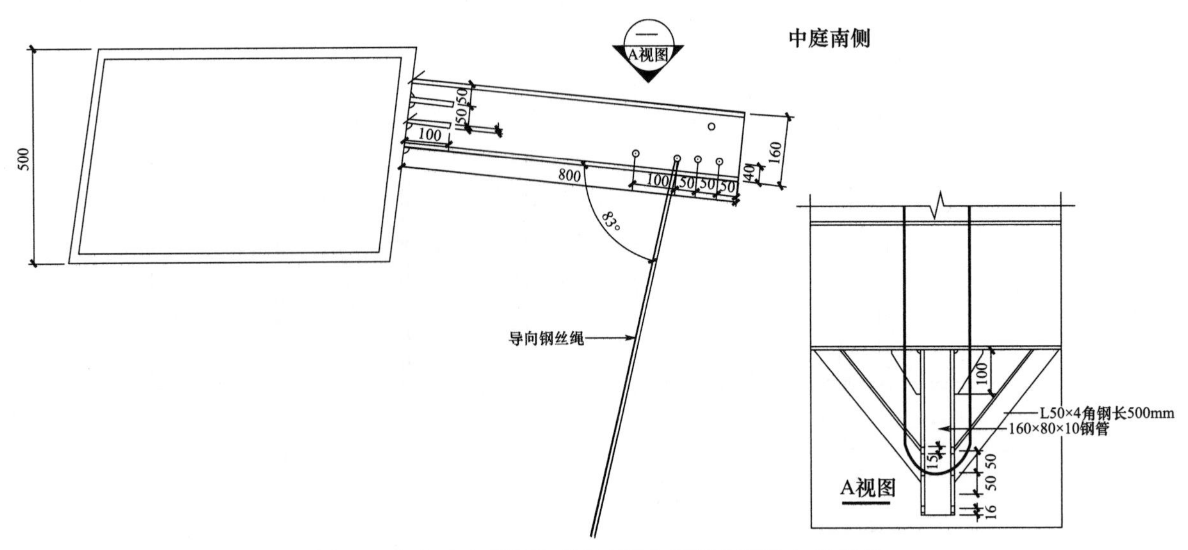

图 14　光电玻璃幕墙处“八字撇”吊篮立面导向杆节点

当吊篮施工南立面时：导向钢丝绳安全方式如下：

在构架层钢结构梁处焊接（满焊）一根 0.55m 长 160mm×80mm×10mm 方管作导向杆，地面用四个 M14 化学锚栓固定埋板。埋板和导向杆之间连接鸡心环，用导向钢丝绳（钢丝绳选用直径 12.5mm 的钢芯钢丝绳）连接鸡心环固定，形成导向钢丝绳。吊篮运行至 4～5 层时吊篮结构边缘最大距离为 1.1m，幕墙完成面 420mm，吊篮结构边缘距幕墙完成面 200mm 左右，我司可对吊篮导轨钢丝绳加张紧力保证 4～5 层施工。

吊篮吊点固定：支架以绑梁或加高搭设在屋面层，钢丝绳竖直垂下并连接至工作平台。(图 15、图 16)

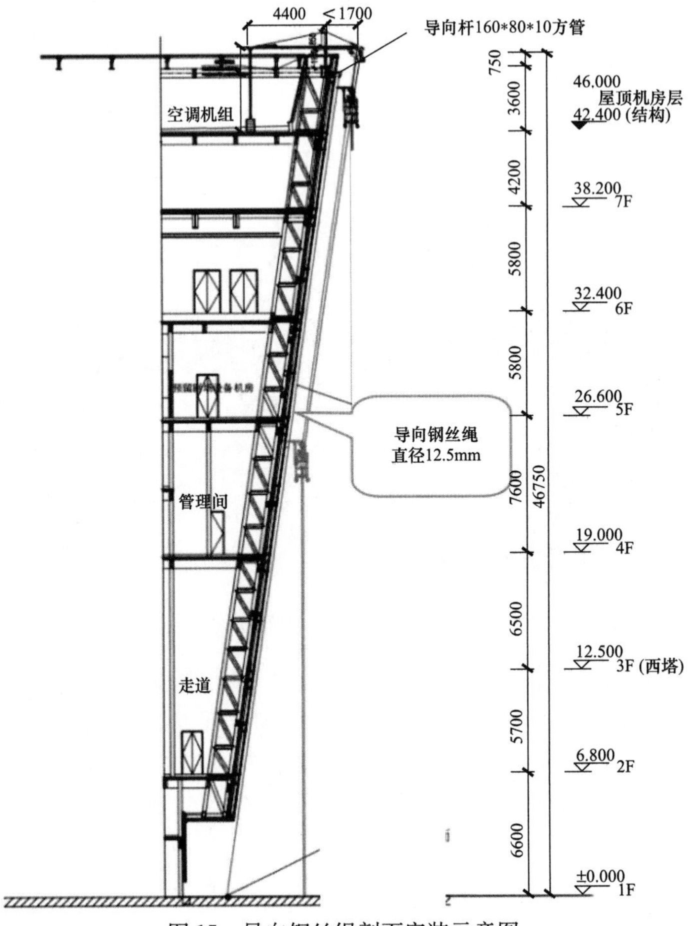

图 15　导向钢丝绳剖面安装示意图

图 16　光电玻璃幕墙处“八字撇”吊篮安装完成现场

4　光电玻璃幕墙一体化设计与施工技术的应对措施

对于北京 CBD 文化设施外立面幕墙工程而言，实现“一体化设计和一体化施工”的目的就是：降低成本及后期的维护成本，减小自身容错率。但是，实现“一体化设计和一体化施工”不是盲目武断的目标。

前文说到的“‘八字撇’位置是整个项目施工的难点”。光电玻璃尺寸让步返厂，设计团队为了降低成本及后续维修成本，缩短工期，提前预案，拟定了光电玻璃幕墙系统偏差极值方案（图 17）。不难看出，0～15mm 的偏差理论上是可以接受的，但是，我们还是要严格地要求厂家按照合同标准到货，这对于提升项目品质、缩短项目工期、降低自身成本及后期维修成本具有重要意义。

上述方案是基于水密、气密、热工、结构及外观都满足项目要求基础上提出的。

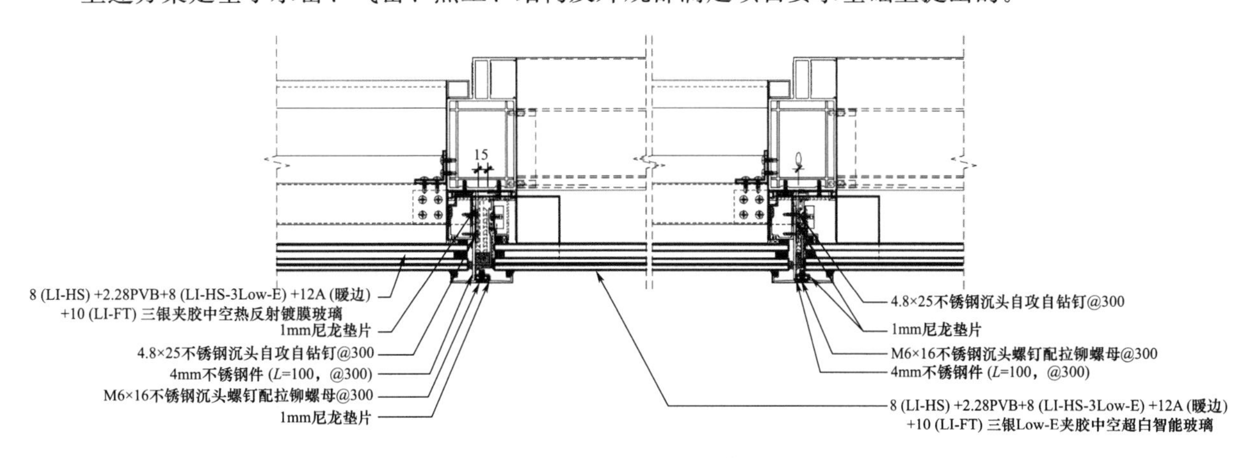

图 17　光电玻璃尺寸偏差极值方案示意

5　结语

北京 CBD 文化设施外立面幕墙工程由于采用了一体化设计，充分满足了玻璃幕墙与 LED 屏幕的结合需求，满足了幕墙框架外观整洁、美观需求，还满足了幕墙防水、气密、耐久性等功能性需求，在减少自身成本需求的同时，更加便于更换与维修。

本工程外饰面看似平坦，实则内部极其复杂，尤其是“八字撇”位置，设计施工中采用了众多新工艺、新方法、新技术、新理念。再结合其特殊的地理位置，对“光电玻璃幕墙一体化设计与施工技术”概念有了全新的认识。对提升项目品质，缩短工期，降低多方成本都有参考价值，为“一体化”设计理念在类似项目中的运用提供了有力的工程案例支撑。

图 18　现场照片（白天高透低反效果）

图 19　现场照片（夜间灯光效果）

参考文献

[1] 中华人民共和国住房和城乡建设部．建筑光伏系统应用技术标准：GB/T 51368—2019 [S]. 北京：中国建筑工业出版社，2019.

[2] 中华人民共和国住房和城乡建设部．钢结构设计规范：GB 50017—2017 [S]. 北京：中国建筑工业出版社，2018.

[3] 中华人民共和国建设部．玻璃幕墙工程技术规范：JGJ 102—2003 [S]. 北京：中国建筑工业出版社，2003.

第四部分

理论研究与技术分析

深圳证券交易所营运中心幕墙工程硅酮结构密封胶老化性能跟踪研究

◎ 陈继芳[1]　邢凤群[1]　张燕红[1]　杨晓菲[1]　谢士涛[2]　圣　超[2]

1　郑州中原思蓝德高科股份有限公司　河南郑州　450007

2　深圳证券交易所营运中心　广东深圳　518038

摘　要　深圳证券交易所营运中心项目用硅酮结构密封胶在项目楼顶平台、深圳、郑州等不同曝晒场地进行了10多年的持续大气曝晒老化跟踪，并与国内市场不同品牌产品进行了对比，并对项目幕墙板块实际用硅酮结构密封胶进行了长期老化性能跟踪。经过长期跟踪发现项目用硅酮结构密封胶力学性能（拉伸粘结强度、最大拉伸强度时的伸长率）基本保持不变，即具有良好的耐久稳定性；国内其他5家典型品牌的用硅酮结构密封胶拉伸粘结强度、最大拉伸强度时的伸长率（以下简称伸长率）均有不同程度的衰减。

关键词　硅酮结构密封胶；大气曝晒；老化；耐久性

1　项目的基本情况

1.1　项目概况

深圳证券交易所营运中心项目（简称深交所）位于福田中心区深南大道与益田路交汇处西北角，占地面积3.92万m^2，总建筑面积约26.7万m^2，建筑高度地上部分245.8m，是一座集现代办公、证券交易运行、金融研究、庆典展示、会议培训、会所服务、物业管理等为一体的大型公共建筑（图1）。该项目由荷兰大都会建筑事务所（OMA）与深圳市建筑设计研究总院联合设计，主设计师为世界著名建筑设计大师雷姆·库哈斯（Rem Koolhass）。项目大楼塔楼地上46层、地下3层，其中7～9层为悬挑抬升裙楼，悬挑抬升裙楼形成一个巨大的“漂浮平台”，平台的“腰部”由一条鲜亮的红色光带“缠绕”，整体造型犹如一个漂亮的烛台。该项目获得鲁班奖（国家优质工程）、优质专业工程奖、优秀合作机构、节能环保示范与低碳贡献奖等多个奖项，是深圳的标志性建筑之一。

1.2　项目硅酮结构密封胶的选用

该项目结构复杂，为国内罕见的巨型悬挑超高层建筑，所用玻璃板块最大尺寸为4.3m×3.7m，硅酮结构密封胶最大胶缝设计宽度为60mm，远远超出了《玻璃幕墙工程技术规范》（JGJ 102—2003）的设计要求，且要求硅酮结构密封胶的变位承受能力δ值≥8%。届时中原思蓝德公司选用国内市场5个典型品牌的满足国家标准《建筑用硅酮结构密封胶》（GB 16776—2005）的硅酮结构密封胶进行了1∶1的模拟试验，通过试验发现在如此宽的胶缝条件下，5个牌号的硅酮结构密封胶均出现了深度固化困难，发生固化“逆向反应”现象，即硅酮结构胶在标准条件下固化2天时，密封胶硬度为约35邵A，密封胶由粘弹体变成弹性体，可承担主体结构的应力；然而在标准条件下继续固化到15天之后，密封胶的硬度反而下降为 15 邵 A，密封胶由弹性体变成粘弹体，不能承担主体结构的应力。

因该工程具有结构复杂、设计独特，幕墙玻璃板块面积大且气候环境苛刻（沿海地区、常年高温高湿）等特点，故对硅酮结构密封胶的要求更高。经过多次专家论证并实地考察，最终选择了中原思蓝德公司符合欧标 ETAG002 标准要求，可提供质保 25 年的硅酮结构密封胶，成功解决了胶缝宽度较大时硅酮结构胶发生“逆向反应”的难题。项目幕墙板块通过双面打胶方式（图 2），使 60mm 宽胶缝得到完美实现。

图 1　深圳证券交易所营运中心

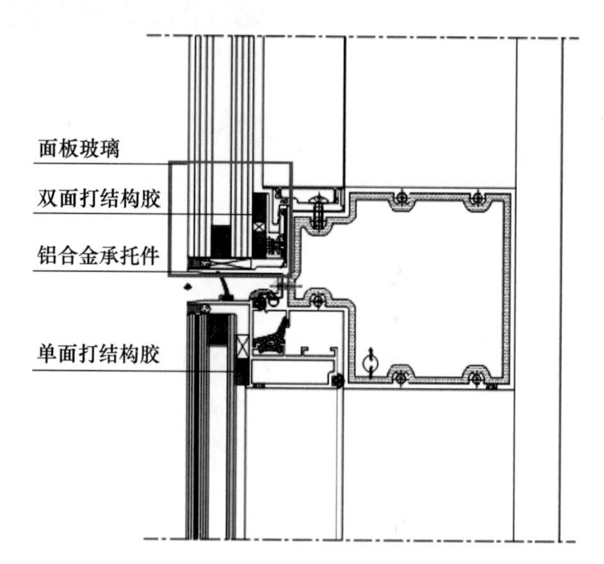

图 2　双面打胶节点图

2　项目用硅酮结构密封胶老化性能跟踪研究

2.1　自然大气曝晒老化跟踪研究

为及时跟踪检查深交所项目实际工况下硅酮结构胶的性能变化情况，中原思蓝德公司与深交所（业主方）双方商定，在项目竣工后于 2013 年 2 月在深交所楼顶老化平台（与项目实际用胶环境相同，便于业主观察取样）放置了跟踪 50 年的硅酮结构密封胶“工”型试样（图 3），每年定期取出规定数量试样进行力学性能的测试，并将测试结果按 CANS 要求出具试验报告交业主单位存档。

为考察不同环境条件对硅酮结构密封胶老化性能的影响，中原思蓝德公司同期在深圳、郑州曝晒场地放置规定数量的“工”型试样，与深交所楼顶平台曝晒试样进行对比跟踪。深圳曝晒场地（图 4）与项目所在地为同一地区，考察亚热带季风气候高温高湿环境对硅酮结构胶老化性能的影响，郑州曝晒场地（图 5）考察冬冷夏热环境对硅酮结构胶老化性能的影响。试样放置时要求距离地面有一定距离，防止雨水积存，且保证试样充分暴露于太阳光下不受遮挡。

图 3　深交所楼顶平台曝晒场地

图 4　深圳曝晒场地

图 5　郑州曝晒场地

2.1.1 试样制备及养护

选用工程实际使用的硅酮结构密封胶及国内市场销售的同类密封胶产品，按规定数量（满足跟踪年限需要）制作符合标准 ETAG002（该标准已于 2015 年参照编制为 JG/T 475—2015 标准）要求的“工”型试件，试件粘结基材由一面阳极氧化铝和一面浮法玻璃组成。试件制作完毕后，放置在标准条件（温度（23±2)℃、相对湿度 50％±5％）下养护 28 天。

2.1.2 性能检测

参照 ETAG 002 标准规定进行拉伸粘结性能（拉伸粘结强度、伸长率、粘结破坏面积）测试。试验温度（23±2)℃，相对湿度 50％±5％，拉伸速度 5mm/min。

2.1.3 检测结果

深交所项目用硅酮结构密封胶已在郑州地区、深圳地区、深交所项目楼顶平台三个曝晒场地进行了 10 多年的持续自然大气曝晒老化，拉伸粘结强度随时间的变化趋势如图 6，伸长率随时间的变化趋势如图 7。

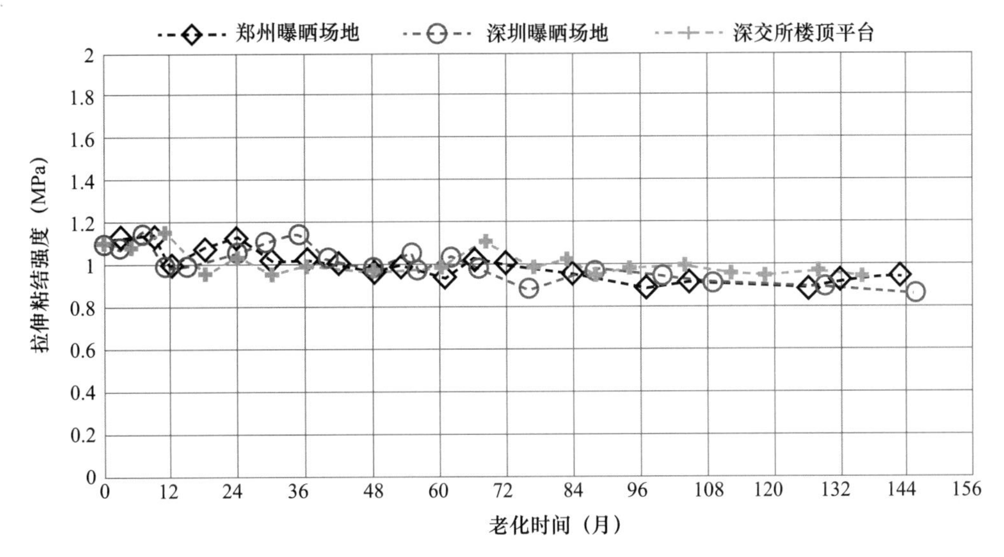

图 6 拉伸粘结强度随时间变化趋势图

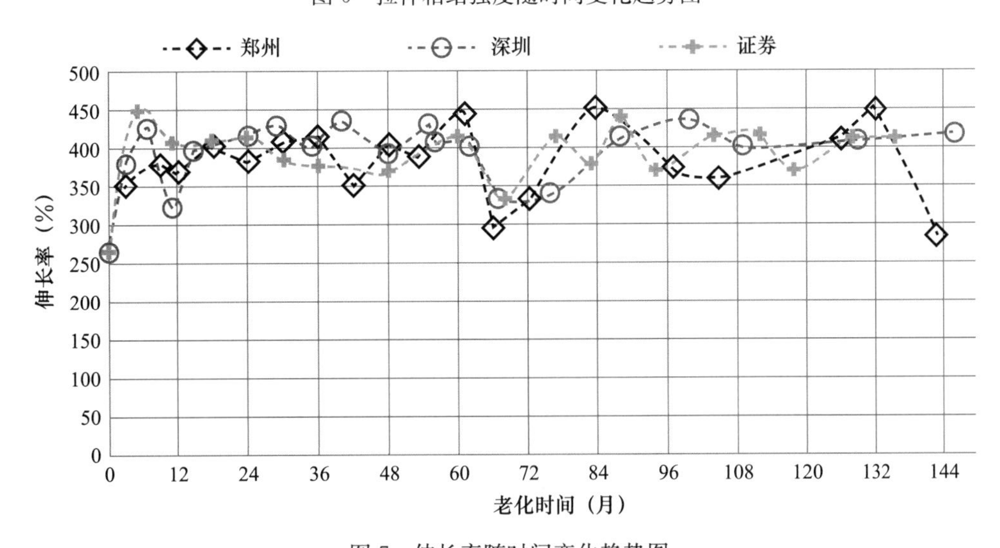

图 7 伸长率随时间变化趋势图

从图 6、图 7 可以看出，经过 10 多年不同曝晒场地（郑州地区、深圳地区、深交所项目楼顶平台）的持续自然大气曝晒老化，深交所项目用硅酮结构密封胶拉伸粘结强度随时间变化趋势基本一致，即拉伸粘结强度在 1.0MPa 左右保持稳定；伸长率在一年内受深层固化略有上升，一年后在 400％保持稳定。

2.2 自然大气曝晒老化跟踪检测工作的监督验证试验

2.2.1 多方代表的监督验证试验

为验证老化跟踪工作及检测结果的真实性和可靠性，2016年2月16日至18日（项目竣工第3年），深交所营运服务与物业管理有限公司组织业主方、施工方、行业知名专家及中原思蓝德公司四方代表见证了取样、封样、拆封、测试全过程，测试结果见图8。

此次测试的结果见图6、图7，老化时间36个月的测试数据，23℃拉伸粘结强度为0.99MPa、伸长率为378%，与以往跟踪检测数据相比较，无明显差异。

工型试样拉伸试验报告

深交所工型试样

编号：20160216.1、20160216.2、20162016.3、20160216.4、20160216.5

	5%定伸强度	10%定伸强度	15%定伸强度	20%定伸强度	25%定伸强度	12.5%定伸强度	0.14MPa伸长率	□拉强度Rm	最大力下的伸长率	试样厚度	试样宽度
	MPa	MPa	MPa	MPa	MPa	MPa	%	MPa	%		
第1根	0.08	0.13	0.18	0.22	0.25	0.16	10.59	0.93	277.43	11.0	49.8
第2根	0.05	0.12	0.16	0.20	0.24	0.14	12.43	1.02	413.62	12.6	49.7
第3根	0.06	0.11	0.15	0.19	0.22	0.13	13.50	0.81	250.58	12.4	49.9
第4根	0.06	0.12	0.17	0.21	0.24	0.14	12.03	0.99	414.39	11.2	49.7
第5根	0.07	0.13	0.17	0.21	0.25	0.15	11.27	1.02	406.32	11.1	49.9
平均值	0.06	0.12	0.17	0.21	0.24	0.14	11.96	0.95	352.47	11.66	49.80

图8 行业专家、业主、施工方代表现场见证取样测试结果

2.2.2 业主代表见证试验

2023年为项目投入使用后第10年，按照《玻璃幕墙工程技术规范》（JGJ 102—2003）规范第12.2.2第四条规定："幕墙工程使用10年后应对工程不同部位的硅酮结构密封胶进行粘结性能的抽样检查"。2023年10月26日至27日，深交所业主代表再次对深交所楼顶平台大气曝晒自然老化情况进行了见证跟踪测试，测试结果见图9。

此次测试的结果见图6、图7老化时间128个月的测试数据，23℃拉伸粘结强度为0.97MPa，伸长率为413%，与以往跟踪检测数据相比较，无明显差异，可见此次检测及以往多次检测结果数据均真实可信。

拉伸粘结性试验记录

编号：SLD-JL-ZG-02-A 序号：

产品名称及编号：硅酮结构密封胶（样品标注：[illegible] 2023.10.18）处理方式：标准条件24h

检测设备及编号：3011游标卡尺、L02电子万能试验机 检测标准：GB/T 13477.8-2017

序号	宽度,mm 实测	宽度,mm 均值	长度,mm	厚度,mm 实测	厚度,mm 均值	定拉伸 5%强度(MPa)	10%强度(MPa)	12.5%强度(MPa)	15%强度(MPa)	20%强度(MPa)	25%强度(MPa)	40%强度(MPa)	100%强度(MPa)	0.14MPa伸长率(%)	0.24MPa伸长率(%)	扯断强度(MPa)	伸长率(%)	破坏形式	备注
1	11.6 / 11.4	11.5	50.0	11.5 / 11.5	11.5	0.0896	0.1483	0.1731	0.1956	0.2363	0.2729	0.3615	0.591	9.2264	20.507	0.9919	438	[illegible] 7%	[illegible]
2	11.2 / 11.8	11.5	50.0	11.3 / 11.3	11.3	0.0875	0.1478	0.1708	0.1962	0.237	0.2718	0.3565	0.5808	9.3359	20.4219	0.8789	375	[illegible] 0%	[illegible]
3	12.0 / 11.9	12.0	50.0	11.4 / 11.6	11.5	0.0894	0.1514	0.1782	0.2031	0.2472	0.2844	0.37	0.5937	8.9995	19.169	0.9407	387	[illegible] 3%	
4																			
5																			
均值																0.97	413	[illegible] 5%	

测试温度（℃）：23 测试湿度（%）：48 测试日期：2023.10.27 检测员：[illegible] 校核员：[illegible]

图9 业主代表现场见证取样测试结果

2.3　项目幕墙板块实际用硅酮结构密封胶老化性能跟踪测试

为进一步了解工程所用结构胶在实际应用中的性能变化情况，2017 年 10 月深交所营运服务与物业管理有限公司将该工程北立面 7 楼一玻璃单元拆下，取出固化后的硅酮结构密封胶胶条，中原思蓝德公司参照《建筑幕墙工程检测方法标准》（JGJ/T 324—2014），采用重新粘结法将割下胶条与中原思蓝德公司新鲜混合的 MF881-25 硅酮结构密封胶重新粘结制成“工”型（玻璃—玻璃）试样，见图 10，制好的试样在标准条件下养护 14 天后参照《建筑密封材料试验方法 第 8 部分 拉伸粘结性的测定》（GB/T 13477.8—2017），在标准条件下进行力学测试，并与初始应用到该工程时的性能进行对比，检测结果见表 1。

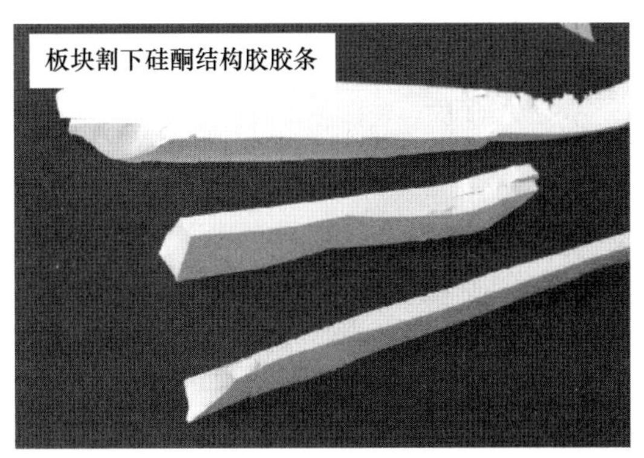

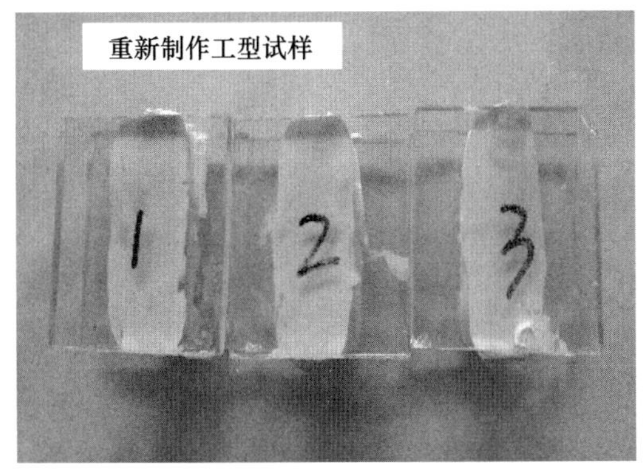

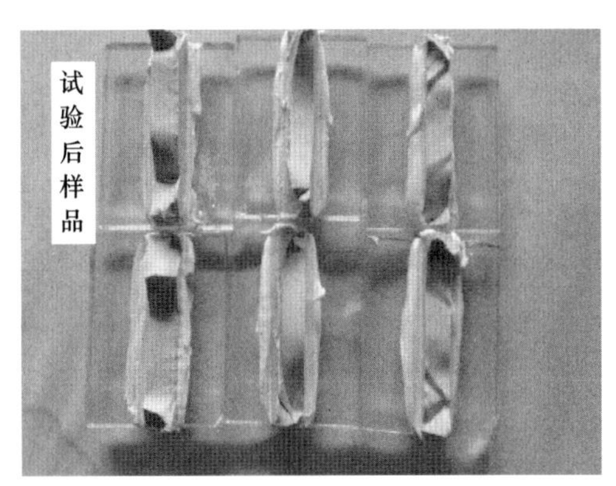

图 10　项目幕墙板块实际用硅酮结构密封胶老化性能跟踪测试

表 1　深交所幕墙板块硅酮结构密封胶性能测试结果

深交所灰色硅酮结构密封胶	拉伸粘结强度（MPa）	伸长率（%）
初始性能	1.12	255
使用 6 年后性能	1.16	279

从表 1 中可以看出，该工程所用硅酮结构密封胶经过 6 年实际应用后，拉伸粘结强度及伸长率均与初始性能相比基本保持不变，性能稳定。

3　不同品牌硅酮结构胶大气曝晒老化性能对比

为了解国内市场硅酮结构密封胶经大气曝晒老化后的性能变化情况，中原思蓝德公司选取了国内市场 5 家典型品牌（含国外产品）的硅酮结构密封胶，编号分别为国外 1＃、国外 2＃、国内 1＃、国内 2＃、国内 3＃，与中原思蓝德公司质保 25 年的硅酮结构密封胶（编号为 25 年质保产品）采用同样的方法在郑州地区曝晒场地同期进行了大气曝晒对比试验，目前已进行了 132 个月的持续大气曝晒试验，根据历年的测试数据，绘制出自然老化后力学性能的变化趋势图，见图 11。

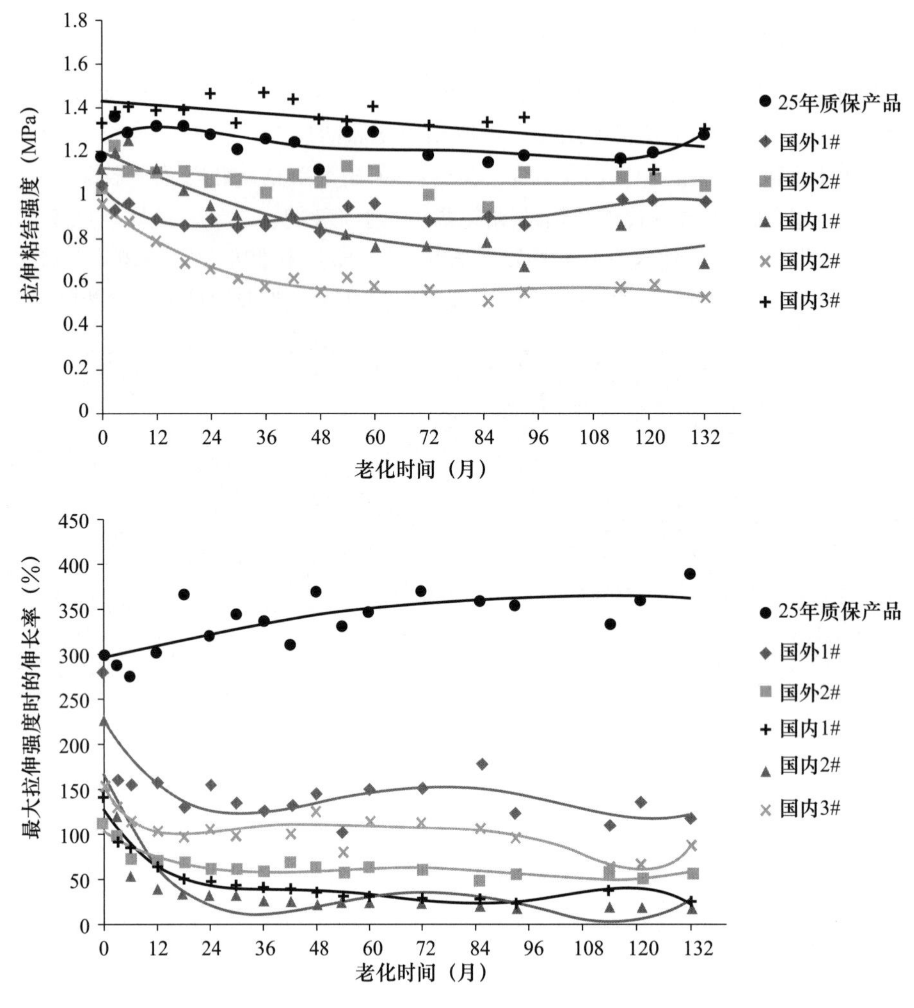

图 11　不同品牌硅酮结构胶大气曝晒老化性能对比

从图 11 中可以看出，在郑州地区经过 132 个月的持续大气曝晒老化后，中原思蓝德公司质保 25 年的硅酮结构密封胶的拉伸粘结强度无明显变化，伸长率仅在老化初期因深层固化略有上升，之后亦基本稳定。国内其他 5 个牌号硅酮结构密封胶的拉伸粘结强度及伸长率均有不同程度的衰减，再次验证了中原思蓝德公司质保 25 年的硅酮结构密封胶具有较优的耐久稳定性。

4　结语

深圳证券交易所营运中心项目结构复杂、玻璃板块大、胶缝宽（胶缝最大宽度 60mm），要求硅酮结构密封胶变位承受能力大（δ值≥8%），且深圳为亚热带季风气候，长夏短冬，日照雨水充足，对硅酮结构密封胶的耐老化性能要求更高。项目经多次论证最终选用了中原思蓝德公司符合欧盟 ETAG002 标准要求可提供 25 年质量保证的硅酮结构密封胶。中原思蓝德公司对项目用硅酮结构胶进行了长期的自然大气曝晒老化跟踪和幕墙板块实际用胶的“动态”老化跟踪，结论如下：

（1）经过 10 多年不同曝晒场地（郑州地区、深圳地区、深交所项目楼顶平台）的持续自然大气曝晒老化跟踪研究，发现深交所项目用硅酮结构密封胶在不同曝晒场地力学性能（拉伸粘结强度、伸长率）的变化趋势基本一致，即拉伸粘结强度在 1.0MPa 左右保持稳定，伸长率在 400%左右保持稳定，即项目用硅酮结构密封胶具有优异的耐久稳定性。

（2）通过对项目幕墙板块用硅酮结构密封胶进行“动”态跟踪，发现项目用硅酮结构密封胶经过6年实际应用后，最大拉伸强度及伸长率均与初始时相比基本保持不变，性能稳定。

（3）经过与国内不同品牌硅酮结构密封胶持续132个月的自然大气曝晒老化跟踪对比研究发现，中原思蓝德公司质保25年的硅酮结构密封胶的拉伸粘结强度无明显变化，伸长率在12个月内受深层固化略有上升，12个月后趋于平稳。国内其他5个牌号硅酮结构密封胶的拉伸粘结强度及伸长率均有不同程度的衰减，再次验证了中原思蓝德公司质保25年的硅酮结构密封胶具有较优的耐久稳定性。

（4）本项目采用自然大气曝晒长期老化（静态跟踪）与工程板块实际用胶（动态跟踪）同时跟踪的方法，可实时了解项目用硅酮结构密封胶的老化情况，为项目后期的运维安全提供有力支撑，为建筑幕墙全生命周期的运维安全提供了样板。

参考文献

［1］ETAG 002 Guideline for European Technical Approval for Structural Sealant Glazing System：Part 1 Supported and Unsupported Systems［S］. 2012.

［2］中华人民共和国建设部．玻璃幕墙工程技术规范：JGJ 102—2003［S］. 北京：中国建筑工业出版社，2003.

［3］中华人民共和国住房和城乡建设部．建筑幕墙工程检测方法标准：JGJ/T 324—2014［S］. 北京：中国建筑工业出版社，2014.

SGP 夹层玻璃等组合截面的力学参数计算

◎ 李才睿　闭思廉　刘晓烽

深圳中航幕墙工程有限公司　广东深圳　508109

摘　要　本文主要探讨了 SGP 夹层玻璃等效厚度公式的推导，并指出计算公式的适用范围及注意事项。

关键词　SGP 夹胶玻璃；计算公式推导；等效厚度

1　引言

SGP 胶片全称离子型中间膜，主要材料为乙烯-甲基丙烯酸共聚物，SGP 夹层玻璃承载力是等厚度的 PVB 夹层玻璃承载力的 2 倍，在相等荷载、相等厚度的条件下，SGP 夹层玻璃的挠度只有 PVB 夹层玻璃的 1/4，同时 SGP 夹胶膜的撕裂强度是 PVB 夹胶膜的 5 倍。SGP 夹层玻璃通常应用于安全性能要求较高的门窗、幕墙、天窗以及楼梯、展柜、栏板等具有冲击作用要求的场所。

2　部分标准规范有关 SGP 夹层玻璃计算公式简述

如上海市《建筑幕墙工程技术标准》（DG/TJ 08—56—2019）11.2.8 条第 3 款，胶片为 SGP 材质的四边支撑玻璃的计算可采用如下公式进行：

$$t_{e,w}=\sqrt[3]{t_1^3+t_2^3+12\Gamma I_s} \tag{1.1}$$

$$t_{1e,\sigma}=\sqrt{\frac{t_{e,w}^3}{t_1+2\Gamma t_{s,2}}} \tag{1.2}$$

$$t_{2e,\sigma}=\sqrt{\frac{t_{e,w}^3}{t_2+2\Gamma t_{s,1}}} \tag{1.3}$$

$$I_s=t_1t_{s,2}^2+t_2t_{s,1}^2 \tag{1.4}$$

$$t_{s,1}=\frac{t_st_1}{t_1+t_2} \tag{1.5}$$

$$t_{s,2}=\frac{t_st_2}{t_1+t_2} \tag{1.6}$$

$$t_s=0.5\ (t_1+t_2)\ +t_v \tag{1.7}$$

$$\Gamma=\frac{1}{1+9.6\cdot\dfrac{EI_st_v}{Gt_s^2L^2}} \tag{1.8}$$

其中：

Γ——夹层玻璃中间层胶片的剪力传递系数，当采用聚乙烯醇缩丁醛胶片时可取为 0；

G——夹层玻璃中间层的剪切模量（N/mm^2），与温度相关；

t_1，t_2，t_v——双片夹层玻璃中第 1 片、第 2 片和中间层胶片的厚度（mm）；

L——夹层玻璃的短边长度（mm）；

E——玻璃的弹性模量（N/mm^2）；

$t_{e,w}$——夹层玻璃的等效厚度（mm），可用于计算面板的挠度；

$t_{1e,\sigma}$——双片夹层玻璃中第1片的应力等效厚度（mm），可用于计算第1片玻璃的应力；

$t_{2e,\sigma}$——双片夹层玻璃中第2片的应力等效厚度（mm），可用于计算第2片玻璃的应力。

标准建议按照如下方法使用：

1）计算SGP夹层玻璃刚度D时，应采用等效厚度$t_{e,w}$，用于计算玻璃挠度；

2）为简化计算，夹层玻璃两侧单片玻璃的荷载仍可按照刚度分配原则计算其荷载，计算应力时采用对应的应力等效厚度$t_{1e,\sigma}$、$t_{2e,\sigma}$。

3　对SGP夹层玻璃计算公式中的几点疑惑

在实际工程应用中，对上述计算公式有以下几个疑惑需要解开：

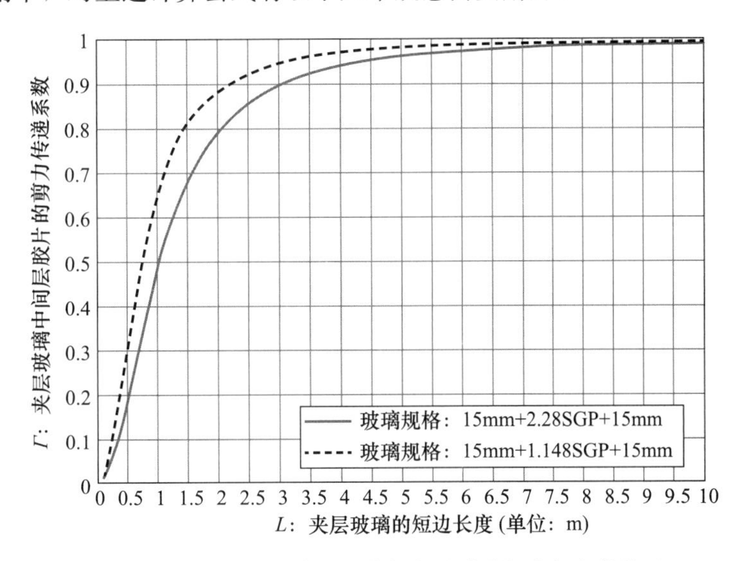

图1　夹层玻璃剪力传递系数与夹层玻璃短边长度的关系

1）两片等厚度的SPG夹层玻璃，如果按照刚度分配荷载计算玻璃应力，则相当于选用一半的荷载进行计算，计算应力用的玻璃厚度$t_{1e,\sigma}$或$t_{2e,\sigma}$都约等于t_1+t_2，这样算出的应力，比预计的小很多，希望能推导出$t_{1e,\sigma}$、$t_{2e,\sigma}$具体的物理含义。

2）公式（1.8）在计算Γ夹层玻璃中间层胶片的剪力传递系数时，选用了很多参数，但未明确是推导而来还是经验公式，各参数之间的影响也不清晰，其中面板短边跨度L对Γ的影响较大，可以参见图1，L跨度越小，Γ也越小，L在0m到2.5m，Γ相对陡峭地变化，$L>2.5$m之后，Γ的变化趋于平缓，因此同样配置的SGP玻璃，在不同的短边跨度下，其等效厚度是不同的。

3）鉴于SGP夹层玻璃的优异力学性能，SGP夹层玻璃经常用于点支撑面板，如果采用标准建议的计算方法，计算Γ时，L是否也是选用玻璃短边跨度？

为解开上述疑问，笔者对上述公式进行了推导。

4　SGP夹层玻璃计算公式完整推导

4.1　推导方法简述

我们将SGP夹层玻璃面板简化为组合效应的叠合梁，假定两片厚度分别为t_1、t_2的梁通过中间的夹胶片组合起来，组合的效应通过剪力传递系数 Γ 来评估，$\Gamma=1$ 时，叠合梁变为完全组合梁，完全组合梁的惯性矩可以通过平行移轴公式进行推导。

梁的刚度变化可以通过其挠度变化来评估，均布荷载作用下梁的挠度的计算一般采用满足欧拉—伯努利梁方程的欧拉梁即可，考虑夹胶层材料的剪切模量 G 比玻璃的剪切模量 G_g 低很多，有必要考虑梁的剪切效用对其刚度的影响，需按铁摩辛科梁对其进行分析，通过对比铁摩辛科梁与欧拉梁的挠度差异，得出剪力传递系数 Γ。

4.2 SGP 夹层玻璃的等效厚度推导

4.2.1 相关几何参数推导及说明

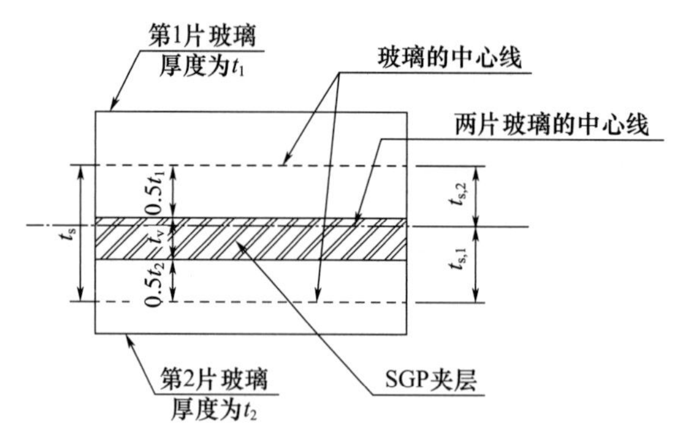

图 2　夹层玻璃示意图

参考图 2，对如下参数进行说明：

1）t_s——第 1 片玻璃中心线到第 2 片玻璃中心线距离，由图可知其值为 $t_v+0.5\times t_1+0.5\times t_2$，即标准中的公式（1.7）；

2）$t_{s,1}$——第 2 片玻璃中心线到两片玻璃的中心线距离，其推导过程如下：

3）两片玻璃整体对第 2 片玻璃中心取面积矩，即 $S_2=(t_1+t_2)\times t_{s,1}$；

4）同样计算 S_2，两片玻璃分别对第 2 片玻璃中心取面积矩，即 $S_2=t_1\times t_s+t_2\times 0=t_1\times t_s$；

5）利用二者相等，可得 $(t_1+t_2)\times t_{s,1}=t_1\times t_s$，两侧同除 (t_1+t_2) 可得 $t_{s,1}=t_1\times t_s\div(t_1+t_2)$，即标准中的公式（1.5）；

6）$t_{s,2}$——第 1 片玻璃中心线到两片玻璃的中心线距离，可用同样的方法推导出 $t_{s,2}=t_2\times t_s\div(t_1+t_2)$，即公式（1.6）。

4.2.2 惯性矩计算

$$I_e=\frac{t_{e,w}^3}{12} \tag{2.1}$$

$$I_d=\frac{t_1^3}{12}+\frac{t_2^3}{12} \tag{2.2}$$

$$I_s=t_1\cdot t_{s,2}^2+t_2\cdot t_{s,1}^2 \tag{2.3}$$

$$I_e=\frac{t_1^3}{12}+\frac{t_2^3}{12}+\Gamma(t_1\cdot t_{s,2}^2+t_2\cdot t_{s,1}^2) \tag{2.4}$$

将梁宽度假定为 1，矩形截面的惯性矩可表达为公式（2.1），考虑组合效应的叠合梁的整体惯性矩可以考虑为：叠合惯性矩＋折减后刚性组合惯性矩。

1）叠合惯性矩就是第 1 片梁惯性矩＋第 2 片梁惯性矩，即公式（2.2）；

2）刚性组合惯性矩可以按照各片梁各自型心轴对整体的型心轴的求惯性矩之和，即公式（2.3）；

3）完全组合惯性矩则可表达为 $I_d+\Gamma\cdot I_s$，即公式（2.4），其中 Γ 为剪力传递系数，4.3 节会补充其推导；

4.2.3 挠度计算的等效厚度推导

$$\frac{t_{e,w}^3}{12}=I_e=\frac{t_1^3}{12}+\frac{t_2^3}{12}+\Gamma\ (t_1\cdot t_{s,2}^2+t_2\cdot t_{s,1}^2) \tag{3.1}$$

$$t_{e,w}=\sqrt[3]{t_1^3+t_2^3+12\Gamma\ (t_1\cdot t_{s,2}^2+t_2\cdot t_{s,1}^2)}=\sqrt[3]{t_1^3+t_2^3+12\Gamma I_s} \tag{3.2}$$

为保证计算的挠度一致，挠度等效厚度的计算是按照惯性矩等效的原则，故等效厚度需要满足公式（3.1），公式两侧同时乘12后开三次方，可得公式（3.2），即标准中所采用的公式（1.1）。

4.2.4 应力计算的等效厚度推导

为保证计算的应力一致，应力等效厚度是按照抗弯截面模量等效的原则，考虑截面可能不对称，故需要计算两个不同的抗弯截面模量，分别用于计算叠合后截面的上边缘应力和下边缘应力。

$$W_{1e}=\frac{t_{1e,\sigma}^2}{6} \tag{4.1}$$

$$W_{1e}=\frac{I_e}{t_{s,2}+0.5\cdot t_1}=\frac{t_{e,w}^3\div 12}{t_{s,2}+0.5\cdot t_1}=\frac{t_{e,w}^3}{12\cdot t_{s,2}+6\cdot t_1} \tag{4.2}$$

$$\frac{t_{1e,\sigma}^2}{6}=W_{1e}=\frac{t_{e,w}^3}{12\cdot t_{s,2}+6\cdot t_1} \tag{4.3}$$

$$t_{1e,\sigma}=\sqrt{\frac{t_{e,w}^3}{t_1+2\cdot t_{s,2}}}=\sqrt{\frac{t_{e,w}^3}{t_1+2\cdot\Gamma t_{s,2}}} \tag{4.4}$$

将梁宽假定为1，矩形截面的抗弯截面模量可表达为公式（4.1），根据抗弯截面模量与惯性矩的关系，可得公式（4.2），其中 $t_{s,2}+0.5t_1$ 为上边缘到整体型心轴的距离，利用二者相等，可得公式（4.3），公式两侧乘以6后开根号可得公式（4.4），其中 $t_{s,2}$ 需考虑的剪力传递系数 Γ 的折减，需调整为 $\Gamma\cdot t_{s,2}$，调整后即标准中的公式（1.2），此应力等效厚度可用于计算上边缘应力，同样的推导可得出公式（1.3），用于计算下边缘应力。

4.3 夹层玻璃中间层胶片的剪力传递系数 Γ 的推导

$$f_{\max A}=\frac{5qL^4}{384EI_s} \tag{5.1}$$

$$f_{\max B}=\frac{5qL^4}{384EI_s}+\frac{kqL^2}{8G_sA}=\frac{5qL^4}{384EI_s}+\frac{qL^2}{8G_sA}=\frac{5qL^4}{384EI_s}+\frac{qL^2}{8G_st_s} \tag{5.2}$$

剪力传递系数 Γ 是考虑夹层的剪切效应对梁刚度的影响，叠合刚度 I_d 是不受 Γ 影响的，因此本节中很多参数主要针对 I_d、t_s。

欧拉梁是不考虑剪切效应的，跨度为 L 的梁，在均布荷载 q 作用下其挠度公式可以参见公式（5.1），其中 E 为玻璃的弹性模量，此处的挠度是在组合惯性矩下的挠度，故梁惯性矩取为 I_s。考虑剪切效应后，需要按照铁摩辛科梁进行梁的挠度计算，参考《结构力学》教材，其挠度公式参见公式（5.2），其中 A 为截面面积，梁宽假定为1后，可以用等效厚度 t_s 表达，G_s 与 I_s 相对应，是组合截面的等效剪切刚度，后文会推导 G_s 与SGP夹层的剪切模量 G 的关系，k 是因切应力沿截面分布不均匀而引起的与截面形状有关的系数，假定切应力均匀时，可取 $k=1$。

$$\Gamma=\frac{f_{\max A}}{f_{\max B}}=\frac{\dfrac{5qL^4}{384EI_s}}{\dfrac{5qL^4}{384EI_s}+\dfrac{qL^2}{8G_st_s}}=\frac{1}{1+\dfrac{qL^2}{8G_st_s}\cdot\dfrac{384EI_s}{5qL^4}} \tag{6.1}$$

$$\Gamma=\frac{1}{1+\dfrac{384}{5\cdot 8}\cdot\dfrac{qL^2}{G_st_s}\cdot\dfrac{EI_s}{qL^4}}=\frac{1}{1+9.6\cdot\dfrac{EI_s}{G_st_sL^2}} \tag{6.2}$$

很明显，因为剪切效应的影响，$f_{\max B}>f_{\max A}$，因此考虑剪切效应后，惯性矩相当于下降了，$f_{\max A}/f_{\max B}$ 这个比值就是剪力传递系数 Γ，参见公式（6.1），化简后即为公式（6.2）。

为分析等效剪切刚度 G_s，选取梁的一小段微元进行分析，参见图 3（a），微元在两侧剪力差 dV 的作用下，将发生剪切变形，在深入分析之前，先说明两点假定：

假定 1：玻璃的剪切刚度 G_g 远大于夹层 SGP 的剪切刚度 G，故我们可以忽略上下玻璃的剪切变形，仅考虑中间夹层 t_v 区域发生剪切变形，两侧区域 t_1、t_2 则考虑为刚体变形，变形后的微元可参见图 3（b）；

假定 2：因为 G_s 是针对刚性组合惯性矩 I_s 的，故只需要关注上下两片玻璃中心线相对应的剪切变形，将中心线连线，可参见图 3（c）；

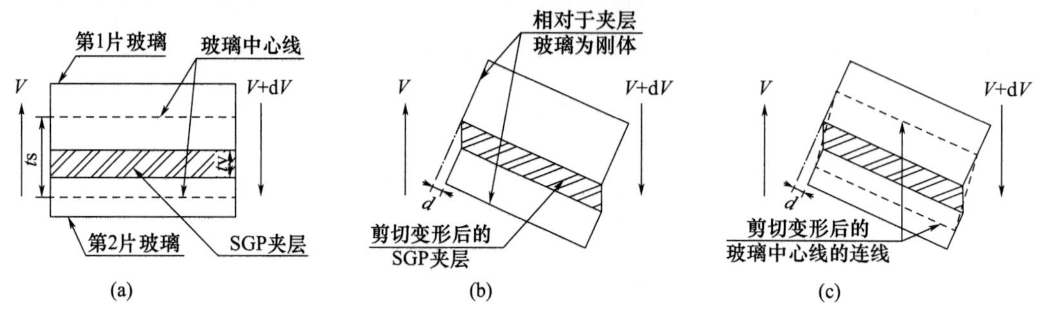

图 3　夹层玻璃剪切变形

基于假定 1，微元剪切变形后可参见图 4（a），我们可以用变形后的角度来反映剪切变形的差异，基于假定 2，需要关注的应是玻璃中心线的剪切变形，故可以简化为图 4（b），其中 SGP 夹层变形后的角度 α_v 与变形后玻璃中心线的角度 α_s 是不同的。

$$\alpha_v \approx \tan(\alpha_v) = \frac{d}{t_v} \tag{7.1}$$

$$\alpha_s \approx \tan(\alpha_s) = \frac{d}{t_s} \tag{7.2}$$

$$\frac{G_s}{G} = \frac{\alpha_v}{\alpha_s} = \frac{\frac{d}{t_v}}{\frac{d}{t_s}} = \frac{t_s}{t_v} \rightarrow G_s = G \cdot \frac{t_s}{t_v} \tag{7.3}$$

为方便讲解，将视图摆正，参见图 4（c），在满足上文两点假定的前提下，可知变形后 A0 点到 A1 点的距离等于变形后 B0 点到 B1 点的距，即图 4（c）的标识的距离 d，在微小变形的情况下，α_v、α_s 可分别按照公式（7.1）、公式（7.2）计算，而剪切刚度与剪切变形的大小是反比例相关的，由此可得到 G_v 与 G 的关系，参见公式（7.3），将其代入公式（6.2），可得公式（8.1），化简后，与标准中的公式（1.8）一致。

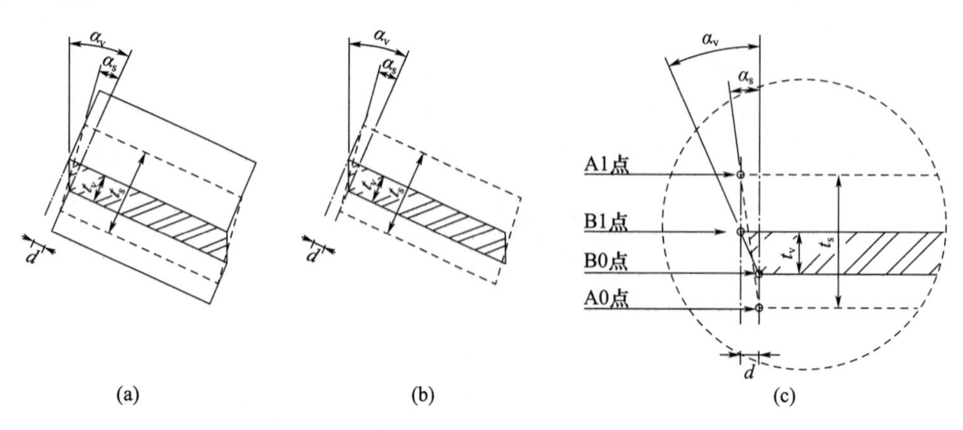

图 4　夹层剪切变形与整体的等效剪切变形

$$\Gamma=\frac{1}{1+9.6\cdot\dfrac{EI_s}{G_s t_s L^2}}=\frac{1}{1+9.6\cdot\dfrac{EI_s}{\left(G\dfrac{t_s}{t_v}\right)t_s L^2}}=\frac{1}{1+9.6\cdot\dfrac{EI_s t_v}{G t_s^2 L^2}} \quad (8.1)$$

5　SGP 夹层玻璃计算公式使用的注意事项及相关图表

通过 4.1 到 4.2 的详细推导，公式可通过基于考虑剪切效应的简支梁挠度计算公式进行推导得出，将其扩展到四边简支支撑的面板，其中关键的参数是夹层玻璃中间层胶片的剪力传递系数 Γ，为进一步理解 Γ，通过对等厚度 SGP 夹层玻璃的情况进行分析，先将此代入等效刚性组合惯性矩的公式，可得公式（9.1），再将其代入公式（8.1），并作变化，可得公式（9.2）。

$$I_s=t_1\cdot t_{s,2}^2+t_2\cdot t_{s,1}^2=0.25\cdot t^3+0.25\cdot t^3=0.5\cdot t^3 \quad (9.1)$$

$$\Gamma=\frac{1}{1+9.6\cdot\dfrac{EI_s t_v}{G t_s^2 L^2}}=\frac{1}{1+9.6\cdot\dfrac{E\cdot(0.5\cdot t^3)\ t_v}{G\ (t_s\cdot t_s)\ L^2}} \quad (9.2a)$$

$$\Gamma\approx\frac{1}{1+9.6\cdot\dfrac{E\cdot(0.5\cdot t^3)\ t_v}{G\ (t\cdot t)\ \cdot L^2}}=\frac{1}{1+9.6\cdot\dfrac{0.5\cdot E}{G\left(\dfrac{t}{t_v}\right)\cdot\left(\dfrac{L}{t}\right)^2}} \quad (9.2b)$$

公式（9.2a）（9.2b），能够比较清晰地表明影响 Γ 的两个关键无量纲参数：

1）$\alpha=(t/t_v)$ ——直接影响等效剪切刚度 G_s；

2）$\beta=(L/t)$ ——类似梁单元中的跨高比，越小剪切效应越明显，需要注意，计算公式适用范围限定在四边简支支撑的面板，故 L 取为面板短边跨度是合理的，面板在不同支撑条件下，传力跨度 L 选取方法是不同的：

a）四边支撑的面板传力跨度应取为短边跨度；

b）对边支撑的面板传力跨度应取为传力边跨度；

c）四点支撑的面板传力跨度应取为长边跨度。

为直观地理解，基于此可以绘制出 Γ 与 α、β 的关系图表，参见图 5，其中 α 的取值考虑了常规幕墙玻璃厚度 t（6～19mm）与常规 SGP 厚度 t_v（0.76mm～2.28mm）的配对，其中最大的 $\alpha=19\div0.76=25$，最小的 $\alpha=6\div2.28=2.63$，可以看到，$\beta=(L/t)$ 对 Γ 的影响并非线性。

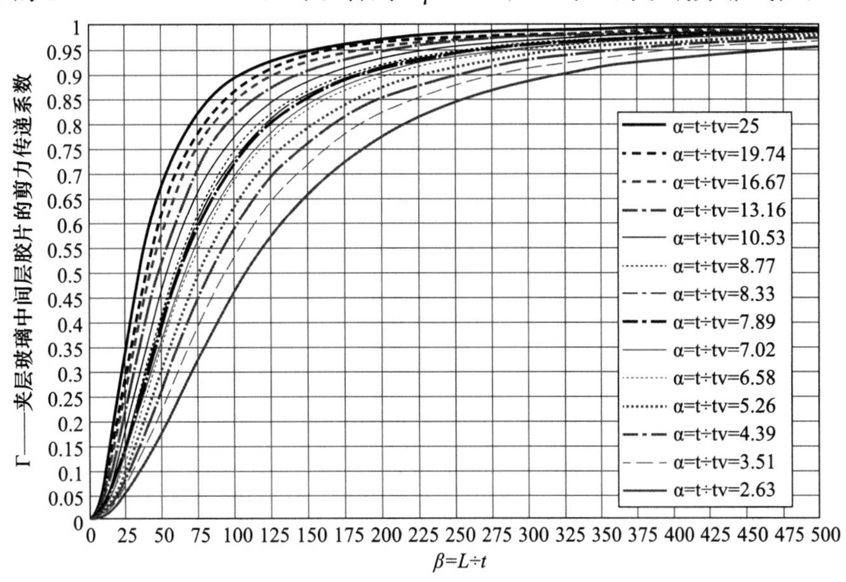

图 5　Γ 与 $\beta=L\div t$ 的关系（内外片等厚 SGP 夹层玻璃）

6 SGP 夹层玻璃有限元分析与公式计算对比

为验证上文得出的结论，选取了三个算例进行对比，算例的面板规格均是 12mm 玻璃＋1.14mmSGP 夹层＋12mm 玻璃，其中玻璃的弹性模量取为 G_g＝72000MPa，离子性 SGP 胶片的弹性模量取值与外部温度、荷载持续时间有关，标准推荐为：外部温度 50℃、持续时间 1min，对应的剪切模量 G＝11.3MPa、泊松比 ν＝0.497，对应的弹性模量 E＝G×2×（1＋ν）＝33.832MPa，面荷载均考虑为 5kPa。各算例的其他差异参见表 1，其中四点支撑的算例 3 在计算 Γ 时，分别考虑 L＝长边、L＝短边两种情况。Γ 的计算除了按照公式代入计算外，也可参考本文在图 5 提供的图表查出，例如：以算例 01 为例，可先按照玻璃规格算出 α＝（t/t_v）＝12/1.14＝10.53，再计算 β＝（L/t）＝（1800/12）＝150，由 α、β 可查图 04，Γ＝0.89。

表 1　算例说明和有效厚度的计算

算例编号	支撑形式	宽度（mm）	高度（mm）	Γ	挠度等效厚度（mm）	应力等效厚度（mm）	备注
1	长边支撑	3000	1800	0.89	24.37	24.74	—
2	四边支撑	3000	1800	0.89	24.37	24.74	—
3.1	四点支撑	500	1800	0.89	24.37	24.74	Γ 用长边计算
3.2				0.37	20.09	21.89	Γ 用短边计算

注：未考虑标准中等效厚度小于等于 t_1+t_2。

有限元的分析则采用复合壳单元，复合壳单元能够采用各层材料实际厚度进行建模分析，各层材料的力学特学与公式计算时采用的一致，各层材料厚度输入参见图 6，面荷载加载参见图 7，边界条件的设置参见图 6。

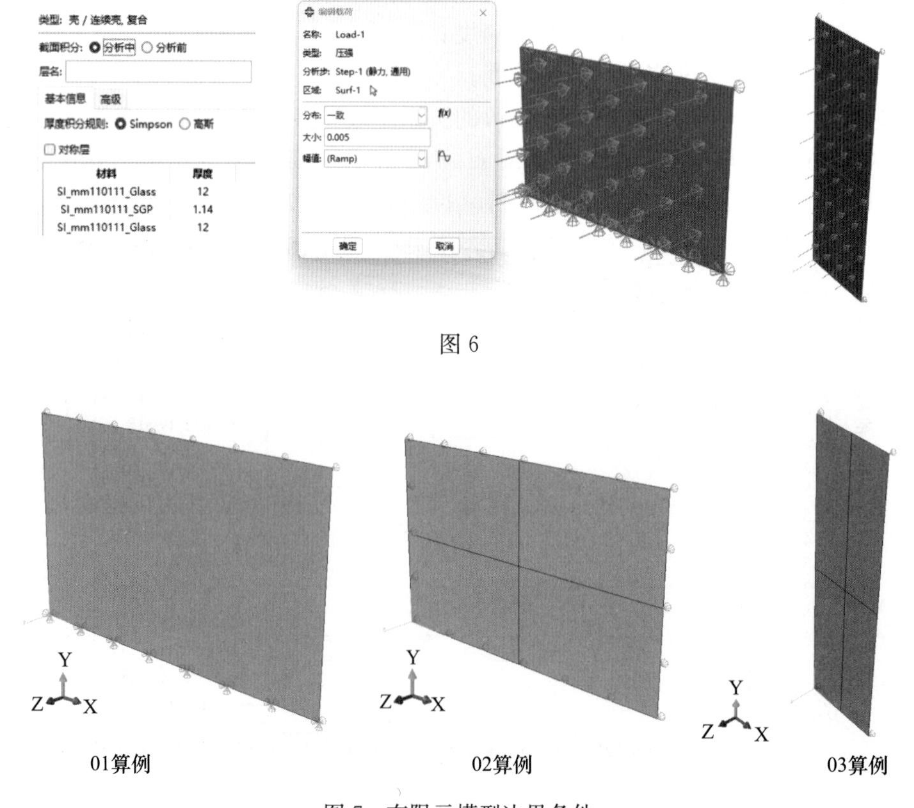

图 6

图 7　有限元模型边界条件

有限元算例 01—03 分析的位移云图可参见图 8、应力云图可参见图 9，公式计算与有限元的计算结果对比可参见表 2。

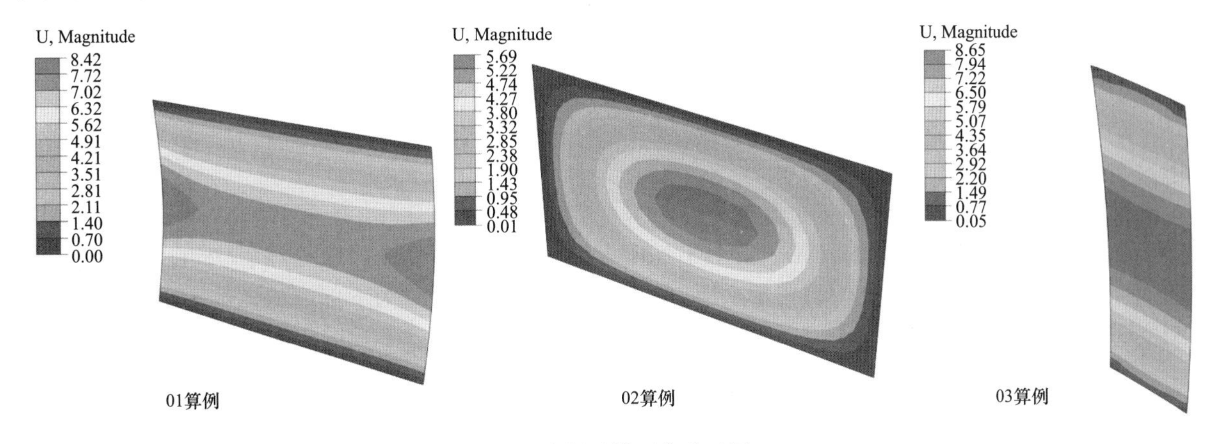

图 8　有限元模型位移云图

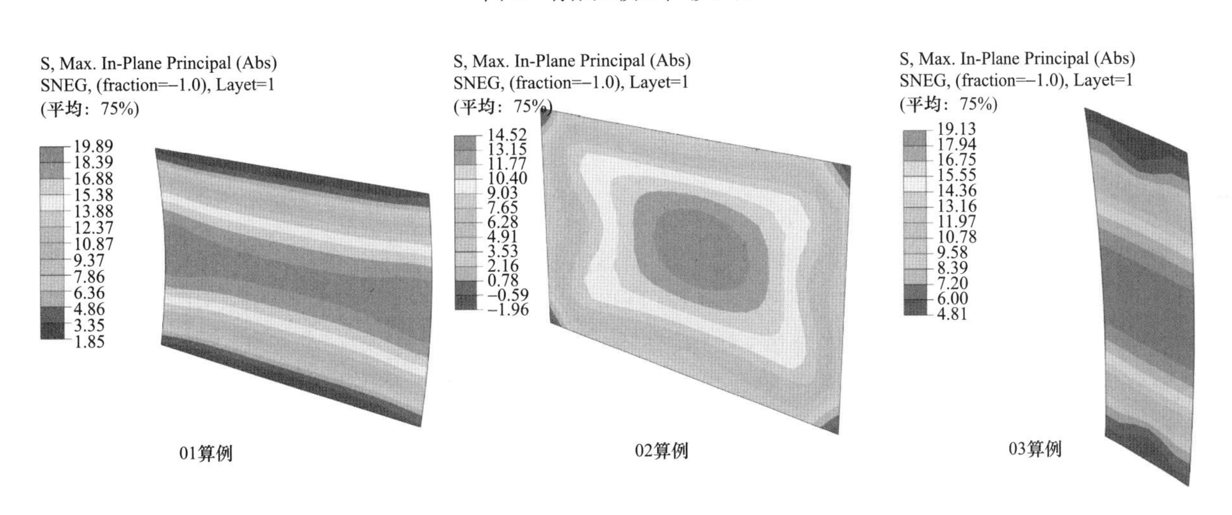

图 9　有限元模型应力云图

表 2　公式计算结果与有限元结果对比

算例编号	按公式计算挠度(mm)	按公式计算应力(MPa)	有限元计算挠度(mm)	有限元计算应力(MPa)	挠度差异(mm)	应力差异(MPa)	备注
1	7.55	18.08	8.42	19.89	0.87	1.81	—
2	5.03	11.85	5.69	14.52	0.66	2.67	—
3.1	7.73	17.3	8.65	19.13	0.92	1.83	Γ用长边计算
3.2	13.79	22.1			5.14	2.97	Γ用短边计算

通过表 2，可以看到算列 01、算例 02 公式计算得出的挠度、应力与有限元分析得出的挠度、应力差异不大，而算例 03 中，有限元的结果与 Γ 用短边计算得出的挠度、应力差较大，说明计算 Γ 时，L 的选取不能一味地选用面板的短边，而应根据面板的支撑情况，选用实际的传力边进行。

7　复合铝板、隔热条型材等计算分析

基于考虑剪切效应推导等效刚度的方法可以适用于各种考虑组合效应的叠合梁，如复合铝板、隔热条型材等。对隔热条型材，采用相同方法计算其折减后的惯性矩，其中关键的一个参数 β，类似于前

文中的 Γ，代表隔热条协同铝合金型材的能力。

标准中部分参数说明：

$$\nu=\frac{A_1a_1^2+A_2a_2^2}{I_s} \tag{10.1}$$

式中：I_s——完全组合惯性矩，相当于组合型材；

ν——参考公式（10.1），代表刚性惯性矩占完全组合惯性矩的比例，（1-ν）则代表叠合惯性矩占完全组合惯性矩的比例；

推导同样基于比较两种不同梁单元的挠度差异，参考公式（11.1a），近似考虑 $\pi^2=3.14^2=9.8596\approx k\cdot 9.6$，故可化简为公式（11.1b）。等效剪切刚度则可以考虑为公式（11.2），其中的 c 为隔热条的组合弹性值（类似 SGP 夹层的剪切模量）、I_1 为上部型材惯性矩、I_2 为下部型材惯性矩，公式 11.1 中的刚度 EI 也是仅考虑刚性惯性矩，采用公式（11.3）。

$$\beta=\frac{f_{\max A}}{f_{\max B}}=\frac{1}{1+\frac{kqL^2}{8G_sA}\cdot\frac{384EI}{5qL^4}} \tag{11.1a}$$

$$\beta=\frac{1}{1+k\cdot 9.6\frac{EI}{G_sAL^2}}\approx\frac{1}{1+\pi^2\frac{EI}{G_sAL^2}} \tag{11.1b}$$

$$G_s=c\cdot\frac{I_s}{I_1+I_2}=\frac{c}{\frac{I_1+I_2}{I_s}}=\frac{c}{1-\nu} \tag{11.2}$$

$$EI=E\ (A_1a_1^2+A_2a_2^2)\ =EI_s\nu \tag{11.3}$$

截面面积 A 近似考虑为 a^2（其中 a 为上下隔热型材型心的距离），将其与公式（11.2）、公式（11.3）一起代入公式（11.1b）可得公式（12.1a），经变换得公式（12.2b），该式中主要的因子与标准中的 λ^2 一致，λ 为几何形状系数，公式参考（12.2），将其代入公式（12.2b）后可得公式（12.3），该公式与上海市《建筑幕墙工程技术标准》（DG/TJ 08－56—2019）附录 C 的公式（C.5.2-4）一致。

$$\beta=\frac{1}{1+\pi^2\frac{EI}{G_sAL^2}}=\frac{1}{1+\pi^2\frac{EI_s\nu}{\frac{c}{1-\nu}a^2L^2}} \tag{12.1a}$$

$$\beta=\frac{1}{1+\pi^2\frac{EI_s\nu\ (1-\nu)}{ca^2L^2}}=\frac{\frac{ca^2L^2}{EI_s\nu\ (1-\nu)}}{\frac{ca^2L^2}{EI_s\nu\ (1-\nu)}+\pi^2} \tag{12.1b}$$

$$\lambda^2=\frac{ca^2L^2}{(EI_s)\ \nu\ (1-\nu)} \tag{12.2}$$

$$\beta=\frac{\lambda^2}{\pi^2+\lambda^2} \tag{12.3}$$

推导出 β 后，可依据折减前后的叠合惯性矩相等得出公式（13.1），其左侧是折减前的惯性矩×叠合惯性矩占比，右侧是折减后惯性矩×叠合惯性矩占比，变化后可得公式（13.2），该公式与上海市《建筑幕墙工程技术标准》（DG/TJ 08－56—2019）附录 C 的公式（C.5.2-1）一致。

$$I_s\cdot\ (1-\nu)\ =I_1+I_2=I_{ef}\cdot\ (1-\nu\cdot\beta) \tag{13.1}$$

$$I_{ef}=\frac{I_s\cdot\ (1-\nu)}{1-\nu\cdot\beta} \tag{13.2}$$

8 结语

按考虑剪切效应的铁摩辛科梁进行分析计算，可以得出 SGP 夹层玻璃的挠度公式，将其与仅考虑弯曲效应的欧拉梁的挠度作对比，可以推导出现行标准中 SGP 夹层玻璃的相关公式，包括：中间层胶片的剪力传递系数 Γ、刚度等效厚度 $t_{e,w}$和应力等效厚度 $t_{1e,\sigma}$、$t_{2e,\sigma}$，推导结果与标准公式一致，并且可得出如下结论：

（1）剪力传递系数 Γ 相当于完全组合惯性矩的折减系数，影响 Γ 的主要因素是：

（a）$\alpha=(t/t_v)$ ——决定了等效剪切刚度 G_s；

（b）$\beta=(L/t)$ ——类似梁单元中的跨高比，L 为传力跨度，其选取应考虑面板实际的支撑形式，标准中 L 取为面板的短边，是基于四边支撑的面板。

（2）应力等效厚度 $t_{1e,\sigma}$和 $t_{2e,\sigma}$分别用于计算第 1 片和第 2 片玻璃外边缘的应力，类似于不对称截面的上、下抗弯截面矩是不相同的，因此在用 $t_{1e,\sigma}$或 $t_{2e,\sigma}$计算应力时，应采用全部的面荷载，类似组合截面做法，而不是采用叠合截面刚度分配后的荷载计算应力，因为采用此方法计算的结果，会远低于实际情况。

（3）实际工程中各种叠合起来共同受力的结构体系，都可以采用考虑剪切效应的分析方法，现行标准中的隔热型材等采用了类似的分析方法。

参考文献

[1] 上海市住房和城乡建设管理委员会．建筑幕墙工程技术标准：DG/TJ 08－56—2019［S］．上海：同济大学出版社，2020.

[2] 朱慈勉，张伟平．结构力学（上册）［M］．三版．北京：高等教育出版社，2016.

玻璃幕墙光影变形分析

◎ 张晓波

广东省建筑设计研究院集团股份有限公司　广东广州　510010

摘　要　本文从光学和构造（中空层）、安装等多方面分析了玻璃幕墙的光影变形（光畸变），提出光敏感区（周边建筑影响环境复杂的区域），应提高玻璃自身的平整度和刚度，并从设计源头和加工安装角度控制玻璃幕墙的整体平整度，以控制玻璃幕墙光影变形。

关键词　光畸变；中空层；平整度；温度作用

1　引言

玻璃幕墙一直广泛用于建筑外墙，形成各式各样的玻璃盒子，但大的玻璃体块映照出来的周边影像，会出现一定程度的扭曲和变形，使得玻璃幕墙上的影像都会出现不影响清晰度的失真，即光影变形。光影变形在高楼林立的区域更加明显，直接拉低了建筑物的档次。

由于城市中心的聚集功能，城市中心的高楼越来越多、越来越密集；光影变形直接影响了现代繁华的城市界面观感。

本文尝试对光影变形从产生因素出发，对构造、安装等方面层层剥茧，试图找出降低玻璃幕墙光影变形的方案。

2　玻璃幕墙光影变形分析因素

2.1　光影变形

玻璃幕墙的光影是其他构筑物在玻璃幕墙上产生光的反射造成的，因此当幕墙上的玻璃面板不是平直的，即存在弓形变形或波形变形时，就出现了曲面镜成像，而非平面镜成像，就会出现光影变形。如图 1 所示。

当一束光投射到均匀介质的光滑分界面上时，一部分光从光滑分界面表面回到原介质中，这种现象就是光的反射。

将反射光线向镜面后延伸，它们会在镜子后面的一点相交，当人眼接收到反射的光线时，就会感知到一个好像位于这个交点上的像。

光影变形的本质是看似是平面的玻璃幕墙立面实际是微曲的，从而玻璃立面成像实际上是曲面镜成像而非平面镜成像（类似于哈哈镜现象），造成光影变形的原因实际就是玻璃幕墙不是平面的，那么造成玻璃不平的原因有很多种：

2.1.1　玻璃的加工工艺影响：为安全考虑，一般会要求物理钢化，物理钢化是目前国内外广为采用的一种生产建筑用钢化玻璃或半钢化玻璃的方法，一般是采用加热冷却工艺使玻璃产生永久热应力

图 1　某建筑光畸变

的方法，玻璃在（加热/冷却）炉内下表面在辊道上往复，而上表面仅与炉内空气接触，这势必造成玻璃上下表面的受热/冷却不均匀；而且玻璃在软化情况下受重力影响，很容易形成弓形变形或波形变形。再者，玻璃在中空合片时采用卧式合片，重力影响也会导致弓形变形。故而国内外均对弓形变形作出了限制，如表 1；一般情况下，这个变形大多数厂家均可达到限值以内。但某些超大超厚的玻璃会出现超限的弓形变形。国家也对安全玻璃最大许用面积作出了限值，如表 2 所示。

表 1　钢化/半钢化玻璃平整度标准对比表

规　范	弓形变形	局部弓形变形或波形变形
国标 JG/T 455—2014	≤0.3%	≤0.2%（6mm/300mm）
美标 ASTM C1048-04	≤0.3%	≤1.6mm/300mm
澳标 AS/NZS 22028-2.5	每 250mm 变化 1mm	≤1.0mm/200mm
欧标 EN12150-1 2015	≤0.3%	—
国内主流厂家	≤0.2%	≤0.15%

表 2　安全玻璃许用面积表

玻璃种类	公称厚度（mm）			最大许用面积（m^2）
钢化玻璃	4			2.0
	5			2.0
	6			3.0
	8			4.0
	10			5.0
	12			6.0
夹层玻璃	6.38	6.76	7.52	3.0
	8.38	8.76	9.52	5.0
	10.38	10.76	11.52	7.0
	12.38	12.76	13.52	8.0

2.1.2　玻璃幕墙一般采用的是中空玻璃，中空层热胀冷缩，也会导致玻璃面板变形成曲面。中空

玻璃位于室外，经历日晒雨淋，受温度影响很大。

2.1.3　玻璃幕墙在安装过程中，玻璃面板的倾斜、偏心和受力不匀也会导致玻璃面板变形。

2.1.4　玻璃面板加工地和某些特殊使用地不同的环境大气压也会导致玻璃面板变形。

以上种种原因，相互作用并加强，大多从业者是考虑从生产角度控制，如表1和表2所示，各国都对玻璃平整度提出限值，但从降低光影变形角度效果并不明显。

那么镜头也是曲面镜，可以降低光影变形至人眼无法察觉，那么玻璃幕墙是否可以呢？

2.2　光学分析

2.2.1　光影实际像高是同一视场角的光线在经过立面玻璃成像之后，最终在像面上的高度。实际上，这个光线高度和理想像高会有一定的偏差，它们之间的偏差就定义为畸变。畸变是一种不影响画面清晰度的像差，但是它会带来画面的形变。

根据畸变的定义可知，畸变是垂轴像差，它只改变轴外物点在理想像面上的成像位置，使像的形状发生失真，但不影响像的清晰度，这与我们日常见到的玻璃光影变形是一致的。

2.2.2　由于光阑球差的影响，不同视场的主光线通过光线系统后与高斯像面的交点高度 $y'z$ 不等于理想像高 y'，其差别就是系统的畸变，用 $\delta y'_z$ 表示，$\delta y'_z = y'_z - y'$；

通常用相对畸变 q' 来表示：$q' = \delta y'_z / y' \times 100\% = \frac{\bar{\beta} - \beta}{\beta} \times 100\%$；

$\bar{\beta}$ 为某视场的实际垂轴放大倍率；β 为光学系统的理想垂轴放大倍率。

根据上面的公式，畸变仅是视场的函数，不同视场的实际垂轴放大倍率不同，畸变也不同，即存在正畸变（枕形畸变）和负畸变（桶形畸变）。

正畸变使物体变宽（周边的放大率大于中心），负畸变使物体变窄（周边的放大率小于中心）。

摄像机的镜头会产生一定的畸变效果，尤其是广角镜头容易让人看起来更胖。这是因为镜头会将画面拉伸，导致影像显得宽。这就是正畸变。

拍摄角度也会影响视觉效果。如果从下方拍摄，会让人看起来更胖；而从上方拍摄则会让人显得更高挑。

摄像时的光线也会影响视觉效果。不合适的光线亮度会使脸部显得更扁平，缺乏立体感，从而让人看起来更胖。

对比建筑玻璃，随着Low-E玻璃的广泛应用，较高可见光反射率的玻璃面板，虽然不会使得变形加大，但会在视觉上让人感觉光影变形更加明显。故而选择一个低反射率的颜色对于降低光畸变在视觉上的影响也有一定的作用。

2.2.3　相对畸变对应于直线像的弯曲度（线的长度除以弯曲半径），可以证明相对畸变的2倍等于线像的弯曲度，弯曲度小于4%时人眼尚无感觉。

根据以上可知，玻璃的弯曲半径越小，则光影变形越大（同哈哈镜的原理），故而控制玻璃变形的弓形比或波形变形是很有必要的。

畸变会随着波长以及观看距离的变化而变化，即近距离观看时，光影变形（畸变）比较轻微，甚至不可见；观察距离增加，呈现畸变放大的效果。

这和日常所见的光影变形的变化规律是一致的。

2.2.4　目前国内主流玻璃是使用智能化玻璃深加工系统进行生产、加工和管理，弓形比是用绳子测量，波形比是用300mm的刀口尺测量。

《建筑门窗幕墙用钢化玻璃》(JG/T 455—2014) 第2部分：钢化玻璃的第5.4条玻璃弯曲度：平面钢化玻璃的弯曲度，弓形时应不超过0.3%，波形时应不超过0.2%。

各国都根据各自的实践，对玻璃的弓形比和波形比作出了规定，详见表1，很难达到光学人眼无感觉的程度。

达到人眼无感觉的要求，远超出国内外现有玻璃厂家的技术水平，可实现性不高，有特殊项目达到了0.1%，造价成本比普通成本高出了50%，但在降低光畸变的效果上并没有达到同比幅度。另外，玻璃幕墙的光畸变并不仅是玻璃单片制造过程中的加工影响造成，故而此办法性价比并不高。

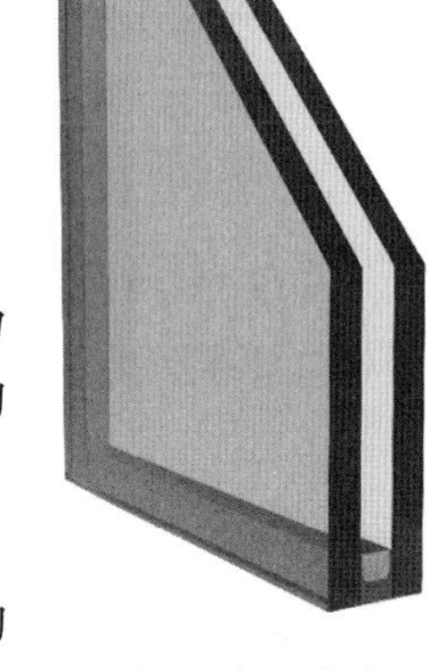

图2 中空玻璃

2.3 中空层的影响（温度分析和环境大气压等导致）

玻璃幕墙的塔楼玻璃面板一般是中空Low-E玻璃，存在一个中空层。

2.3.1 中空层的温度影响（热胀冷缩）会导致玻璃面的变形，中空层作为一个密闭的中间层，内部压力变化时，压力作用于玻璃表面，就会引起玻璃的弯曲变形。

根据理想气体方程，$pV=nRT$；

式中：p为压强（Pa），V为气体体积（m^3），T为温度（K），n为气体的物质的量（mol），R为摩尔气体常数（J/（mol·K））。

当温度变化时，中空玻璃内部体积V及压强p都会发生变化；即温度升高，则体积和压强增大；温度降低，则体积和压强减小；中空层两侧的玻璃也会因为内部体积和压强的变化产生弯曲变形。

温差产生的原因有很多，主要是以下两种：1）中空玻璃使用过程中的自然温差；2）玻璃幕墙室内外温度不一致。多种原因共同作用，诸如中空玻璃的室外面在受日晒持续加热影响或天气持续降温影响和室内面因为保证室内舒适度而采取的降温或保温措施，都会使玻璃面产生挠曲变形。

以常规6+12A+6mm中空玻璃为例，按当日温差40℃考虑，将会产生约2mm的外凸或内凹挠曲变形，如图3所示。空气层厚度越大，温差越大，挠曲变形越大。

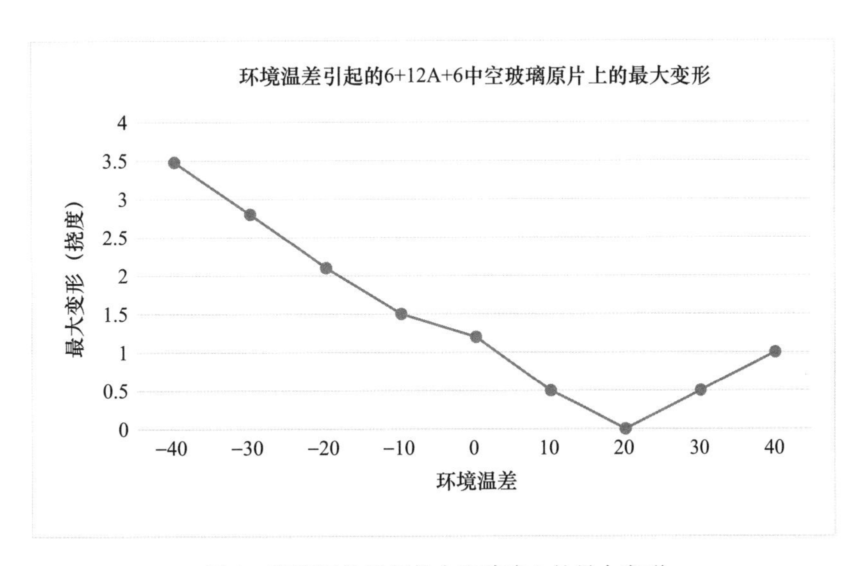

图3 环境温差引起的中空玻璃上的最大变形

为了减小温度影响，可以考虑采用氩气等惰性气体或者真空作为中空层，但由于现有的加工工艺问题，真空层和氩气层容易出现泄漏，故而氩气层和真空层使用较少。

2.3.2 一般情况下，如果中空玻璃加工地和安装地的海拔和纬度接近，那么中空层内的压强与外部的大气压基本是相同的。但是，当二者不同时，中空层也会出现压差，从而导致挠曲变形，解决办法也是相同的：即为依靠玻璃自身的刚度来抵抗温度变形，即增加玻璃的厚度。

2.3.3 虽然，《建筑玻璃应用技术规程》（JGJ 113—2015）对安全玻璃最大许用面积作出了限值；通过许用面积的要求，提高了玻璃的安全性，在某种意义上也增加了玻璃的刚度。

在中国香港结构用玻璃规范《Code of Pracrice for Structural Use of Glass 2018》中，玻璃考虑设计许用厚度而非公称厚度；虽然港标也是出于安全玻璃的考虑，但在某种意义上也增加了玻璃的刚度。

表 3 设计分析用最小许用玻璃厚度表

常规玻璃板块厚度（mm）	6	8	10	12	15	19	22	25
设计分析用最小玻璃厚度（mm）	5.56	7.42	9.02	11.91	14.2	18.26	21.44	24.61

然而无论是国标还是港标，相关的要求只是为了增加玻璃的安全性，并非仅为了提高玻璃的刚度，故而相关要求只是最低要求。提高中空玻璃的外片厚度或在外片使用夹胶玻璃，是一个不错的方案。

2.4 安装影响

2.4.1 幕墙玻璃面板一般为落地式（即自重荷载落在龙骨上），幕墙的玻璃在自重作用下，容易产生弯曲变形。

2.4.2 玻璃幕墙很多时候在安装过程中，会出现很多导致玻璃偏心或产生倾斜角，导致玻璃重心偏移的情况从而导致玻璃面板弯曲率增加。

2.4.3 承受玻璃自重的玻璃托块或承受玻璃幕墙水平荷载作用的固定压块，如果设计是间断的，由于工人操作不当或不同批次的工人施工，很容易出现对玻璃的不均匀作用，也会造成玻璃局部变形曲率增加。

3 玻璃幕墙光影变形解决办法

3.1 在选用玻璃时，尽量选用弓形比和波形变形较小的玻璃（弓形比至少应满足国标）。

3.2 设计师在选择幕墙玻璃时，应适当增加中空玻璃的室外片厚度，或室外片采用夹胶半钢化玻璃，半钢化玻璃的钢化变形会比钢化玻璃略小，又因为夹胶玻璃厚度较大，其刚度较好，变形也会较小。

另外可以考虑内外片玻璃不等厚，在进行幕墙设计时，室外片可以采用厚一点的玻璃，如果空气腔和外面气压有压力差，可以由刚度较弱的室内片玻璃适应变形。

3.3 玻璃幕墙立柱或横梁的平整度（包括单元板块），应控制在不低于国标要求（应高于国标），以提高整体框架的平整度；避免产生倾斜。

3.4 幕墙尽量采用通长托块和通常压块，玻璃幕墙的压块在紧固时不能过紧并控制紧固程度均匀；条件允许时可以采用卡扣式压块，受力会更均匀，对玻璃的影响更小。

3.5 玻璃在进行中空合片工艺时，应采取就近加工原则，选择玻璃使用建筑所在地域相近的地区进行，避免因为气压差而导致的玻璃变形。

3.6 设计师在光敏感区（周边建筑影响环境复杂的区域，比如塔楼林立的区域）应尽量选择低反射率的 Low-E 玻璃。

总之，一般情况下，玻璃越厚，玻璃板块的刚度越大，平整度越好。

在光敏感区，应增加相关位置玻璃的厚度并控制玻璃自身的弓形比和波形变形，并采取合适的安装加工工艺，并选取合适的 Low-E 玻璃颜色，以减小光影变形。

参考文献

[1] 郁道银，谈恒英．工程光学［M］．北京：机械工业出版社，2015.

[2] 中华人民共和国住房和城乡建设部．建筑玻璃应用技术规程：（JGJ 113—2015）［S］．北京：中国建筑工业出版社，2016.

[3] 香港特别行政区屋宇署 . Code of Practice for Structural Use of Glass（2018）[S] . 2018.
[4] 王宇，牟达，李静芳，等 . 长焦距航空相机光学系统设计 [J] . 光电技术应用，2014，6：57—60.
[5] 谢得亮 . 建筑幕墙面板不平整的分析及解决方案 [J] . 中国建筑金属结构，2019，3：21—24.
[6] 李亚娟，赵红英 . 幕墙中空玻璃影像变形影响因素及改善措施 [J] . 玻璃，2021，8：51—55.
[7] 刘小根，包亦望 . 环境温差作用下中空玻璃的应力和变形分析 [J] . 建筑玻璃与工业玻璃，2013. 1.

硅酮耐候密封胶耐低温性能研究

◎高　洋　汪　洋　周　平

广州白云科技股份有限公司　广东广州　510540

摘　要　文章通过实验设计，分别测试了4种硅酮耐候密封胶在标准条件（23℃）和低温条件（－50℃、－55℃和－60℃）的拉伸粘结性。测试结果发现：硅酮耐候密封胶随着温度的降低，拉伸粘结性测试中所得最大拉伸强度、模量增大，最大强度伸长率降低。结合硅酮耐候密封胶低温定伸和冷拉热压测试，进一步研究不同硅酮耐候密封胶的耐低温性能，在低温应用过程中推荐选择合适的硅酮耐候密封胶。

关键词　硅酮耐候密封胶；低温；性能

1　引言

硅酮密封胶由于具备耐高低温、耐候、耐腐蚀、耐老化等诸多优异性能而成为应用广泛的新型功能材料，满足了建筑装饰、车辆制造等行业的需求。随着极地考察、航空航天等科技的飞速发展，人们对功能材料的先进性指标提出了更高的期望，特别是在极端的使用条件下可能存在－50℃以下的低温环境，如在我国领土的最北端漠河，冬天最低温度可达－50℃～－60℃，俄罗斯西伯利亚冬季气温最低可达－70℃，地球上最冷的地方南极，最低温度可达－88.3℃。除地球陆地有极端低温外，8000m高空的气温会低达－80℃，还有医药、生物、工业、电子电器、科研等诸多领域低温仪器与设备低温条件往往可达－70℃及以下。

硅酮耐候密封胶作为弹性密封胶，其应用价值在于起到密封粘结作用，一旦达到其最低极限使用温度，极可能失去其橡胶的弹性力学特性，在该环境下使用性能会受到明显影响。因此，有必要开展硅酮耐候密封胶低温条件下的性能测试，指导用户正确选用合适耐候密封胶。

2　试验和测试

2.1　试验仪器和设备

电子万能拉力试验机，深圳三思纵横科技股份有限公司；可程式高低温试验箱（－70℃～－150℃），深圳三思纵横科技股份有限公司；高低温湿热试验箱（－50℃～－190℃），美墨尔特（上海）贸易有限公司（MEMMERT）；电热恒温鼓风干燥箱（室温10℃～300℃），上海一恒科技有限公司。

2.2　试验样品

试验A：硅酮耐候密封胶，性能满足GB/T 14683—2017，Gw类，50LM；试验B：硅酮耐候密封胶，性能满足GB/T 14683—2017，Gw类，50HM；试验C：硅酮耐候密封胶，性能满足GB/T

14683—2017，Gw 类，50LM；试验 D：硅酮耐候密封胶，性能满足 GB/T 14683—2017，Gw 类，50HM。

2.3 样品制备和养护

按 GB/T 14683—2017 中相关要求制备试样，在 GB/T 14683—2017 标准试验条件下（23℃，50% RH）养护 28 天。

2.4 测试步骤和要求

（1）不同温度下的拉伸粘结性测试

试验程序：试样在试验温度条件下放置 2h 后，再在不同试验温度下进行拉伸粘结性测试，拉伸速率为（5.5±0.7）mm/min。

（2）－50℃定伸粘结性测试

试验程序：试样在－50℃条件下放置 4h 后，然后置于－50℃温度下的拉力机夹具内，以（5.5±0.7）mm/min 的速度拉伸试件，拉伸伸长率为初始宽度的 100%（拉伸至 24mm）。用固定垫块固定伸长并在－50℃下保持 24h。

（3）－50～70℃冷拉热压后粘结性测试

试验程序：

第 1 天：将试件放入－50℃的低温试验箱内，3h 后在试验机上以（5.5±0.7）mm/min 的速度拉伸试件至初始宽度的 50%（拉伸至 18mm），并在－50℃下用拉伸定位垫块保持拉伸状态 21h。

第 2 天：解除拉伸，将试件放入（70±2)℃的鼓风干燥箱内，3h 后在试验机上压缩试件至初始宽度的－50%（压缩至 6mm），并在（70±2)℃下用压缩定位垫块保持压缩状态 21h。

第 3 天：解除压缩，重复第 1 天步骤。

第 4 天：同第 2 天的步骤。

第 5 天～第 7 天：解除压缩，将试件在标准试验条件下（23℃，50%RH）放置。

第 2 周～第 n 周：重复第 1 周的步骤，直至试件经受上述循环后，观察硅酮耐候密封胶是否出现破坏。

3 结果与讨论

3.1 试样 A 不同温度下的拉伸粘结性曲线

分别测试了试样 A 在 23℃、－50℃、－55℃和－60℃条件下拉伸粘结性，拉伸粘结性应力-应变曲线见图 1。

从图 1 应力-应变曲线可见，试样 A 的最大强度随着条件温度降低呈上升趋势，23℃时最大强度为 1.00MPa，在低温条件－50℃时最大强度为 1.90MPa，在低温条件－55℃时最大强度达到 2.48MPa，在低温条件－60℃时最大强度达到 3.18MPa，同时模量随温度下降也呈上升趋势。与之相反，最大强度伸长率随着条件温度降低呈下降趋势，23℃时最大强度伸长率为 579%，－50℃时最大强度伸长率为 236%，－55℃时最大强度伸长率为 226%，－60℃时最大强度伸长率下降至 6%。当条件温度为－55℃时，从应力-应变曲线可见，试样 A 仍旧能保持其橡胶的弹性力学特性，还没有达到其最低的极限使用温度，在低温－55℃条件下还可用于耐候密封；但是当条件温度为－60℃时，从应力-应变曲线可见，试样 A 已完全失去其橡胶的弹性力学特性，一旦接缝出现位移变形，密封胶极有可能无法承受接缝的位移变化而出现开裂、脱粘等现象。

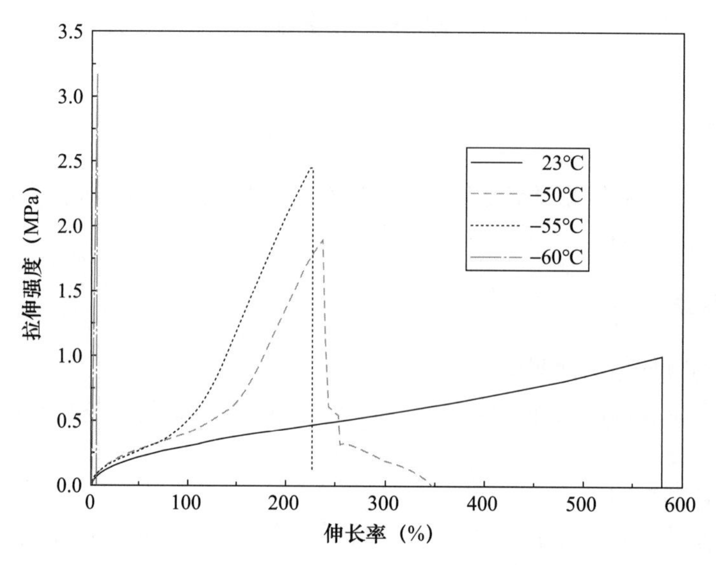

图 1　试样 A 在 23℃、−50℃、−55℃和−60℃条件下拉伸粘结性应力-应变曲线

3.2　试样 B 不同温度下的拉伸粘结性曲线

分别测试了试样 B 在 23℃、−50℃、−55℃和−60℃条件下拉伸粘结性，拉伸粘结性应力-应变曲线见图 2。

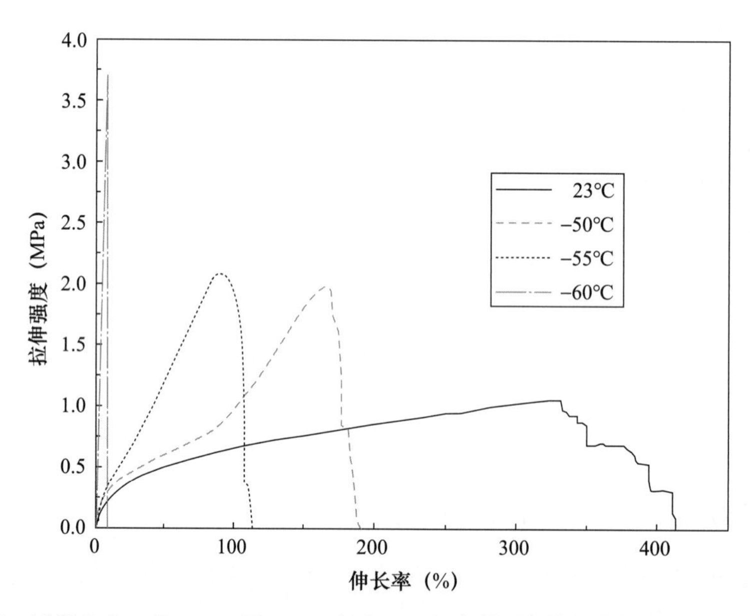

图 2　试样 B 在 23℃、−50℃、−55℃和−60℃条件下拉伸粘结性应力-应变曲线

从图 2 应力-应变曲线可见，试样 B 的最大强度随着条件温度降低呈上升趋势，23℃时最大强度为 1.06MPa，在低温条件−50℃时最大强度为 1.98MPa，在低温条件−55℃时最大强度为 2.11MPa，在低温条件−60℃时最大强度达到 3.72MPa，同时模量随温度下降也呈上升趋势。与之相反，最大强度伸长率随着条件温度降低呈下降趋势，23℃时最大强度伸长率为 329%，−50℃时最大强度伸长率为 165%，−55℃时最大强度伸长率下降至 89%，−60℃时最大强度伸长率下降至 8%。当条件温度为−55℃时，从应力-应变曲线可见，试样 B 已基本失去其橡胶的弹性力学特性，一旦接缝出现位移变形，密封胶极有可能无法承受接缝的位移变化而出现开裂、脱粘等现象。

3.3　试样C不同温度下的拉伸粘结性曲线

分别测试了试样C在23℃、－50℃、－55℃和－60℃条件下拉伸粘结性，拉伸粘结性应力-应变曲线见图3。

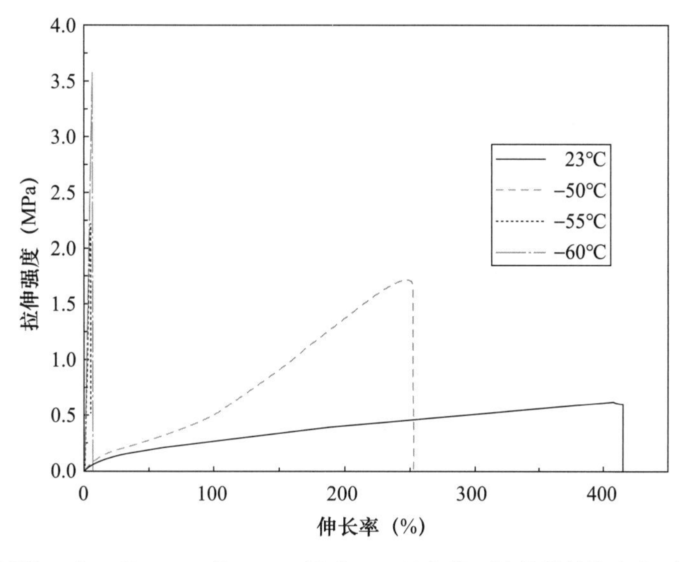

图3　试样C在23℃、－50℃、－55℃和－60℃条件下拉伸粘结性应力-应变曲线

从图3应力-应变曲线可见，试样C的最大强度随着条件温度降低呈上升趋势，23℃时最大强度为0.62MPa，在低温条件－50℃时最大强度为1.73MPa，在低温条件－55℃时最大强度达到2.23MPa，在低温条件－60℃时最大强度达到3.58MPa，同时模量随温度下降也呈上升趋势。与之相反，最大强度伸长率随着条件温度降低呈下降趋势，23℃时最大强度伸长率为409%，－50℃时最大强度伸长率为250%，－55℃时最大强度伸长率下降至5%，－60℃时最大强度伸长率下降至7%。当条件温度为－55℃时，从应力-应变曲线可见，试样C已完全失去其橡胶的弹性力学特性，一旦接缝出现位移变形，密封胶极有可能无法承受接缝的位移变化而出现开裂、脱粘等现象。

3.4　试样D不同温度下的拉伸粘结性曲线

分别测试了试样D在23℃、零下50℃、零下55℃和零下60℃条件下拉伸粘结性，拉伸粘结性应力-应变曲线见图4。

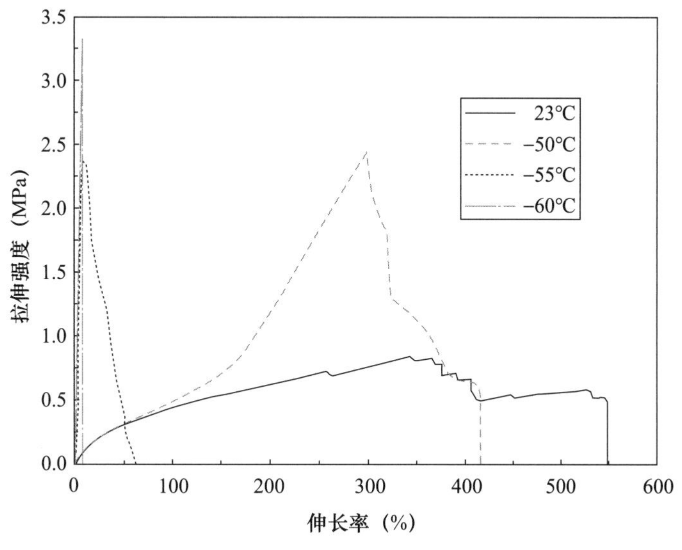

图4　试样D在23℃、零下50℃、零下55℃和零下60℃条件下拉伸粘结性应力-应变曲线

从图 4 应力-应变曲线可见，试样 D 的最大强度随着条件温度降低呈上升趋势，23℃时最大强度为 0.84MPa，在低温条件－50℃时最大强度为 2.44MPa，在低温条件－60℃时最大强度达到 3.35MPa，同时模量随温度下降也呈上升趋势。与之相反，最大强度伸长率随着条件温度降低呈下降趋势，23℃时最大强度伸长率为 343%，－50℃时最大强度伸长率为 299%，－55℃时最大强度伸长率下降至 9%，－60℃时最大强度伸长率下降至 7%。当条件温度为－55℃时，从应力-应变曲线可见，试样 D 已完全失去其橡胶的弹性力学特性，一旦接缝出现位移变形，密封胶极有可能无法承受接缝的位移变化而出现开裂、脱粘等现象。

综上所述，结合应力-应变曲线进行分析，试样 A 在温度降低至－55℃时，还能够保持其橡胶的弹性力学特性，还可以用于耐候密封，但是当温度降低至－60℃时就出现明显的弹性下降，而试样 B、试样 C、试样 D 在－55℃时已经出现明显的弹性下降，基本失去其橡胶的弹性力学特性，因此根据应力-应变曲线的结果进行分析，试样 A 具有更优异的耐低温性能。接下来为了模拟用户在实际低温条件下，耐候密封胶的应用情况，增加不同耐候密封胶定伸及冷拉热压后的粘结性测试。

3.5 不同耐候密封胶定伸及冷拉热压后的粘结性测试

耐候密封胶需要满足现行国家标准《硅酮和改性硅酮建筑密封胶》（GB/T 14683—2017）的要求，其中定伸及冷拉热压后的粘结性测试是该标准重要的检测项目。这两项测试项目，标准要求的低温条件为－20℃，但是为了模拟极限温度条件下耐候密封胶的实际使用情况，将这两项测试的低温条件调整为－50℃。试样测试后的情况，参考《建筑密封材料试验方法 第 10 部分：定伸粘结性的测定》（GB/T 13477.10—2017）中第 9.3 条，以及《建筑密封材料试验方法 第 13 部分：冷拉-热压后粘结性的测定》（13477.13—2019）中第 9 条规定：测试完成后检查试件粘结或内聚破坏情况，并用分度值为 0.5mm 的量具测量粘结或内聚破坏的深度（mm），判定试样是否出现破坏，参考标准《建筑密封胶分级和要求》（GB/T 22083—2008）中第 7.3 条规定：在密封胶表面任何位置，如果粘结或内聚损坏深度超过 2mm，则密封胶试件为破坏。

表 1 和表 2 分别测试了不同种类的耐候密封胶在－50℃定伸粘结性及冷拉热压后的粘结性测。试验发现，在－50℃条件下，4 种耐候密封胶均未出现定伸破坏（图 5）。接下来按照要求模拟 4 种不同的耐候密封胶对极限低温条件的耐受能力，选择进行－50℃～70℃冷拉热压后粘结性测试，测试结果表明试样 A 能够承受更长的循环次数而不发生破坏（图 6）。综合以上测试分析，4 种耐候密封胶，试样 A 具有更优异的耐低温性能。

表 1 不同耐候密封胶定伸后的粘结性测试

	试样 A	试样 B	试样 C	试样 D
－50℃定伸粘结性	无破坏	无破坏	无破坏	无破坏

表 2 不同耐候密封胶冷拉热压后的粘结性测试

	时间	试样 A	试样 B	试样 C	试样 D
－50℃～70℃冷拉热压后粘结性	3 周	无破坏	无破坏	破坏	无破坏
	4 周	无破坏	无破坏	—	破坏
	5 周	无破坏	破坏	—	—

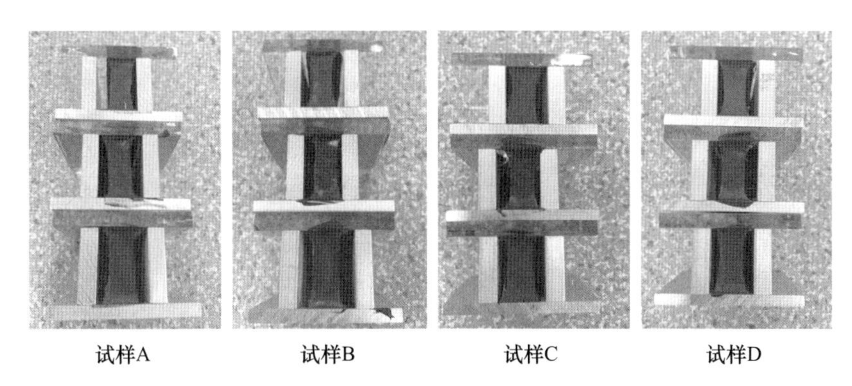

图 5 －50℃定伸粘结性测试情况

图 6 －50℃～70℃冷拉热压后粘结性测试情况

4 结语

（1）随着温度的降低，4 种不同的耐候密封胶拉伸粘结性测试结果都出现最大拉伸强度、模量增大，最大强度伸长率降低。其中，试样 A 相较其他耐候密封胶具有更加优异的耐低温性能，但是当条件温度为－60℃时，试样 A 同样会失去其橡胶的弹性力学特性。因此，硅酮耐候密封胶在低温下应用时，需要关注其耐低温性能。

（2）硅酮耐候密封胶一旦达到其最低极限使用温度，极可能会完全失去其橡胶的弹性力学特性，在低于极限温度环境下其使用性能会受到明显的影响。

（3）在极端条件下，不同的硅酮耐候密封胶产品耐低温性能存在差异；在极端应用条件下，应选用耐低温性能表现更加优异的产品。

参考文献

[1] 李磊．脱醇型室温硫化耐低温硅橡胶的制备及性能研究［D］．济南：山东大学，2015．

[2] 蒋金博，江锋，张冠琦，等．硅酮密封胶耐低温性能研究［J］．合成材料老化与应用，2017，46（S1）：43—46．

[3] 中华人民共和国国家质量监督检验检疫总局，中国国家标准化管理委员会．硅酮和改性硅酮建筑密封胶：GB/T 14683—2017［S］．北京：中国标准出版社，2017．

[4] 中华人民共和国国家质量监督检验检疫总局，中国国家标准化管理委员会．建筑密封材料试验方法 第 10 部分：定伸粘结性的测定：GB/T 13477.10—2017［S］．北京：中国标准出版社，2017．

[5] 国家市场监督管理总局，国家标准化管理委员会．建筑密封材料试验方法 第 13 部分：冷拉-热压后粘结性的测定：GB/T 13477.13—2019［S］．北京：中国标准出版社，2019．

[6] 中华人民共和国国家质量监督检验检疫总局，中国国家标准化管理委员会．建筑密封胶分级和要求：GB/T 22083—2008［S］．北京：中国标准出版社．北京：中国标准出版社，2009．

基于声学原理的玻璃幕墙系统隔音设计

◎ 吴可娟　徐　峰　樊保圣

格雷特建筑科技（深圳）有限公司　广东深圳　518000

摘　要　本文针对建筑噪声问题，提出基于声学原理的玻璃幕墙与隔断墙隔声系统设计方案；分析了声学基本理论、噪声分类、单层与复合多层结构的隔声原理，并指出设计中的常见误区；通过实验数据，探讨了不同材料和结构对隔声性能的影响，以及经济性指标；最后，提出了隔声系统设计策略，包括开启方式、隔断声桥、密封性能和构造方式对隔声性能的影响，并给出了实际应用中的隔声量修正值和成本控制建议。

关键词　声学原理；提升隔声效果经济性；幕墙系统隔声；隔断墙隔声系统

1　引言

随着我国城市化进程的不断推进，居民的居住环境也逐渐受到影响，其中较为突出的问题就是噪声污染。建筑噪声不仅会影响居民的生活质量，同时也会对居民的身体健康产生不利影响，因此需要采取有效措施降低建筑室内噪声问题。玻璃幕墙与隔断墙是现代建筑中较为常见的一种装饰材料，其不仅具有较好的视觉效果，而且还具有较好的隔声效果。因此，为了有效解决建筑室内噪声问题，需要对玻璃幕墙与隔断墙进行隔声系统设计。

目前，在玻璃幕墙与隔断墙的隔声系统设计中，往往存在以下问题：（1）不能准确识别影响隔声系统降噪效果的主要因素；（2）缺乏对隔声系统降噪效果及隔声效率等指标的评价方法；（3）对于如何改善玻璃幕墙与隔断墙的隔声性能，缺乏有效方法。因此，本文针对上述问题提出了一种基于声学原理的玻璃幕墙与隔断墙隔声系统设计方案。

2　声学原理与其在建筑中的应用

2.1　声学基本理论

隔声量是用隔声结构或构件将噪声源和接收方式分开，使声能在传播过程中受到阻碍或者消减，从而降低或消除噪声的措施，声波传播方式如图 1。

在幕墙中，声波通过两种途径传入室内：（1）空气：通过幕墙孔洞、缝隙直接传入室内；（2）透射：声波通过墙体一侧向另一侧传播的现象，传播途径为声波→墙体振动→声波。

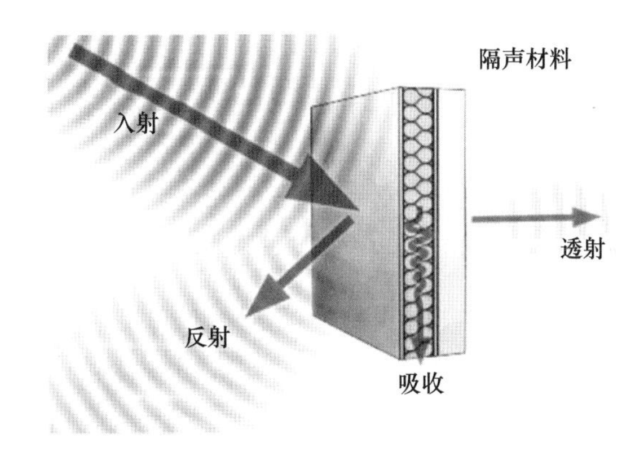

图 1　声波传播方式

2.2　隔声分析

隔声分为低频噪声（小于 300Hz），中频噪声（300～800Hz），高频噪声（大于 800Hz）。

幕墙最常见需要隔绝的隔声为交通隔声，属于中低频隔声；特殊环境如机场环境，需要隔绝的隔声为中高频隔声。常见场景下隔声与健康的关系，如图 2 所示。

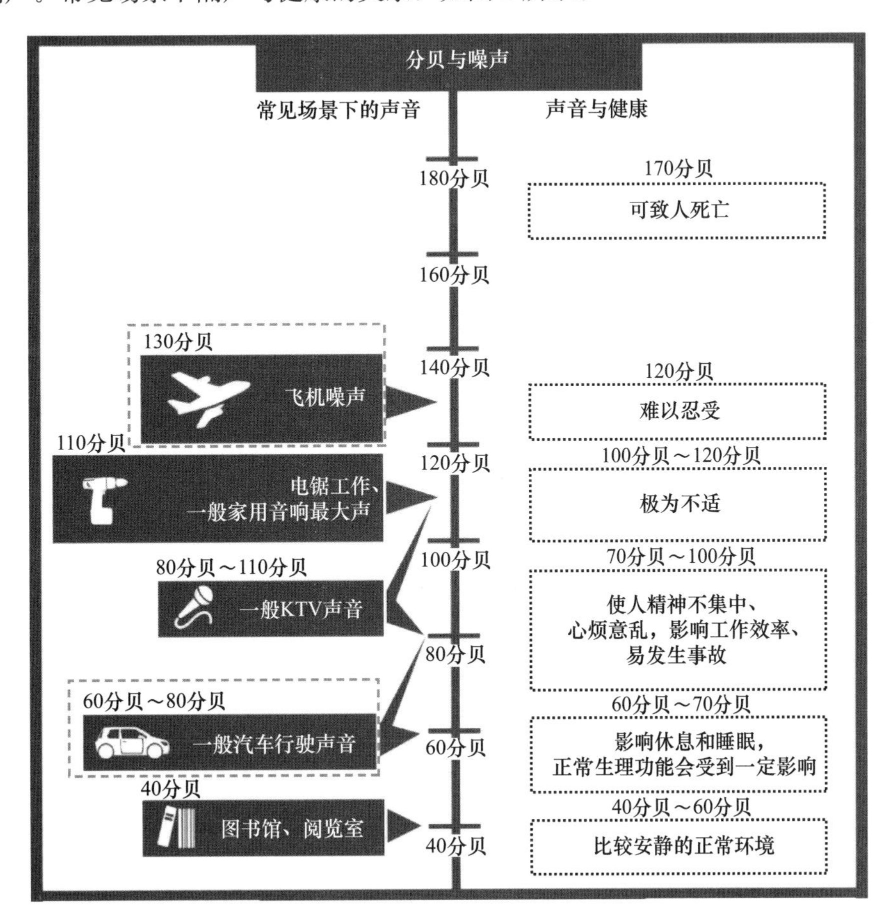

图 2　隔声与健康的关系

2.3　单层结构隔声原理

单层结构影响隔声的主要因素包括：(1) 面密度（单位面积材料质量）；(2) 内阻尼；(3) 材料刚度；(4) 边界条件。

通过上述分析可知，幕墙隔声频率主要集中在中频频段，在中频段隔声主要受到面质量控制，如图 3。单层结构单位面积质量增加一倍，材料不变，隔声量可增加 6dB，实际隔声量达不到 6dB，如图 4。

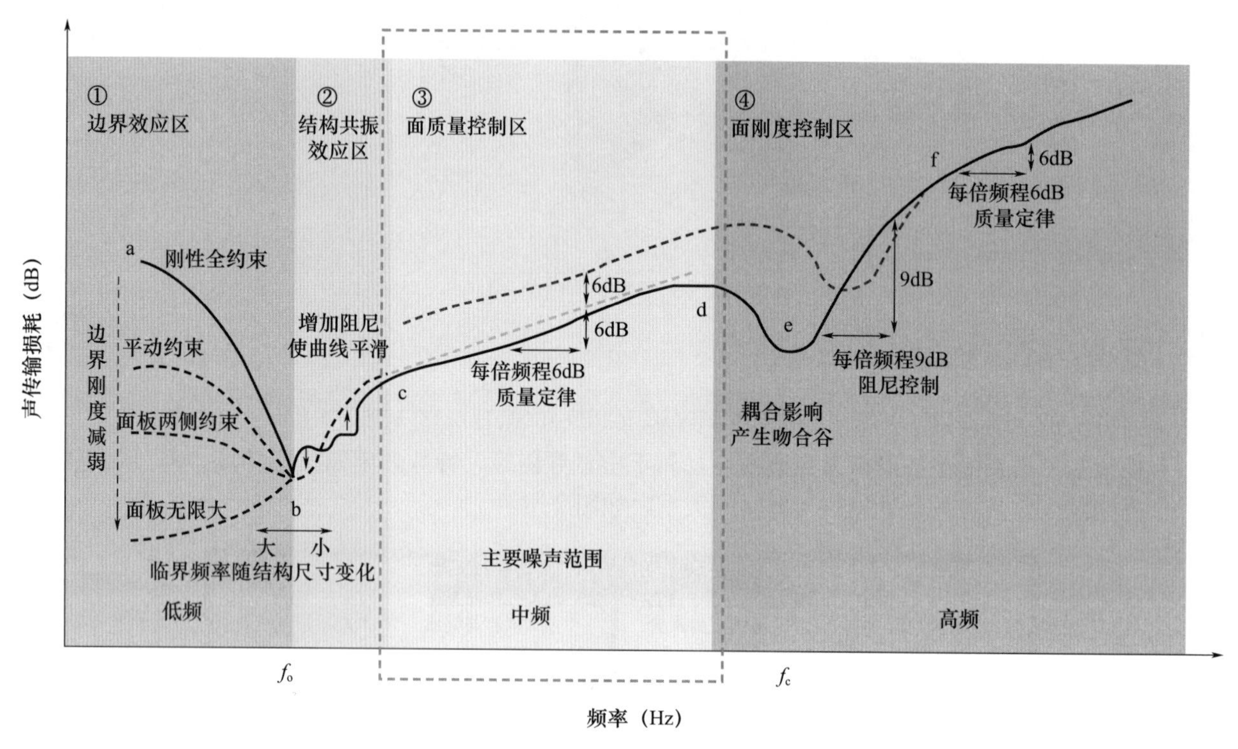

图 3　单层结构隔声性能频谱曲线

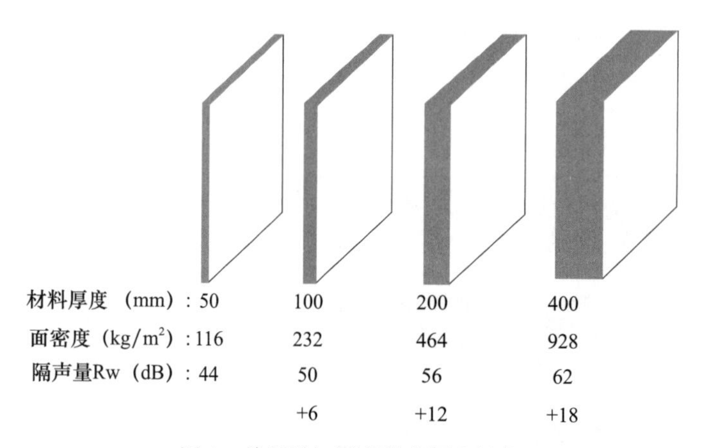

图 4　单层增加厚度提高隔声性能

2.4　复合多层结构隔声原理

复合多层结构的工作原理：通过空气层“弹簧”，声波入射到第一层面板产生振动，空气有弹性形变，具有减振作用，在传递给第二层面板时，振动大为减弱，从而提升墙体的总隔声量，隔声途径为：质量→弹簧→质量，如图 5 所示。质量和弹簧的作用是不同的，质量大的材料的吸声原理可以简单理解为声波需要让大质量的物体产生声波，需要消耗更多的能量，从而达到吸收声波能量的目的。而空气弹簧层则是通过声波在空气层中反复反弹，从而削弱声波的能量。

复合多层结构影响隔声的主要因素包括：（1）增加各层面板单位质量，每层面板厚度不宜相同，容易产生频率吻合现象，降低隔声量；（2）中间弹簧层可以有不同间隔填充材料：如吸音棉等，吸音棉密度在 40kg/m^3 效果最好，性价比最高；(3) 增加阻尼夹层，如：PVB 夹胶片、隔音毡等；(4) 腔体越多层，效果越好；(5) 较少或隔断声桥。

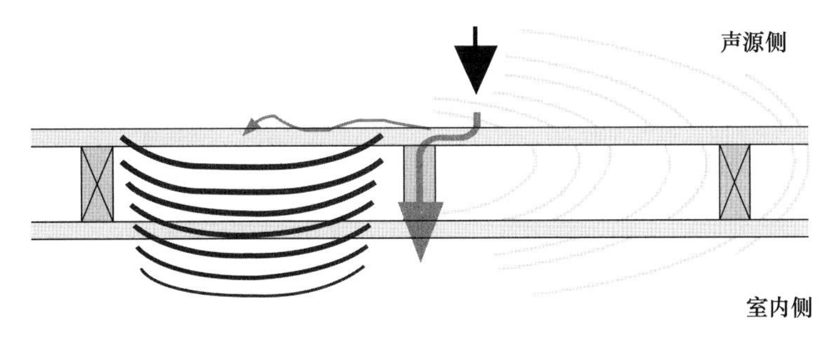

图 5　双层结构中的声传播示意图

复合多层结构是常见的构造结构，但设计过程中往往因为对隔声的基本原理理解欠缺，导致花了钱却达不到理想的隔声效果。接下来介绍几个隔声认知的误区，可以减少设计师和业主交的“智商税”。

错误认知：岩棉塞得越紧越好，岩棉密度越大隔声效果越好。

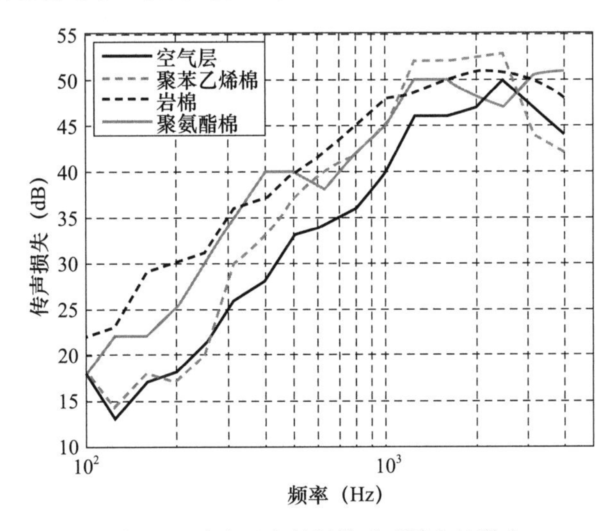

图 6　空腔内吸声材料类型对隔声的影响

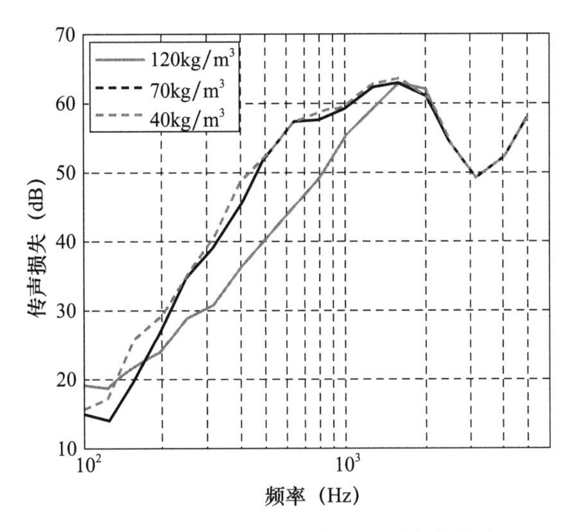

图 7　空腔内吸声材料容重对隔声的影响

通过图 6 的实验数据表明，岩棉是在各个音频都有较好表现的材料，空气隔声性能较弱；通过图 7 的实验数据表明密度达到 40kg/m^3 的性价比最佳，也说明空气弹簧层和其他材料共同作用可以提升吸声效果。

声桥在现实结构中都是很常见的构造，减少声桥骨架和隔声面材的接触，可以有效提升隔声量，如图 8 所示，可以将隔声墙龙骨错开和隔声板接触。在需要再进一步提升隔声量的情况下，可以在面层增加阻尼层，如图 9 所示。

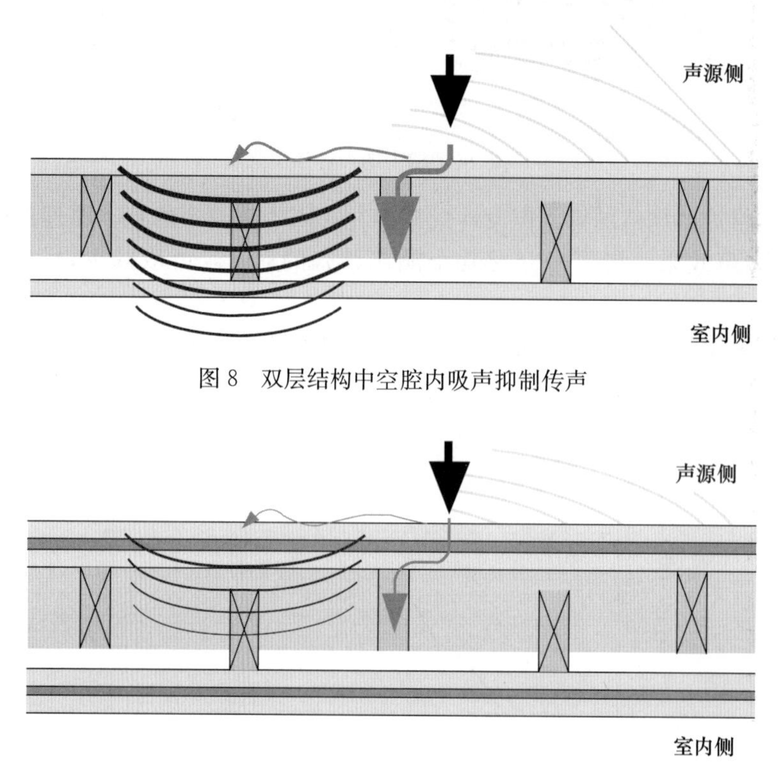

图 8　双层结构中空腔内吸声抑制传声

图 9　通过阻尼提升双层结构隔声

2.5　三层板结构

三层板结构定义。具有两个空气层，两个外侧以及两个空气层，中间各有一层板的结构为三层板隔声结构，如图 10 所示。当面板厚度与空气层厚度一样时，会产生共振现象，从而导致三层板结构隔声量低于双层板结构，设计中应注意避免。

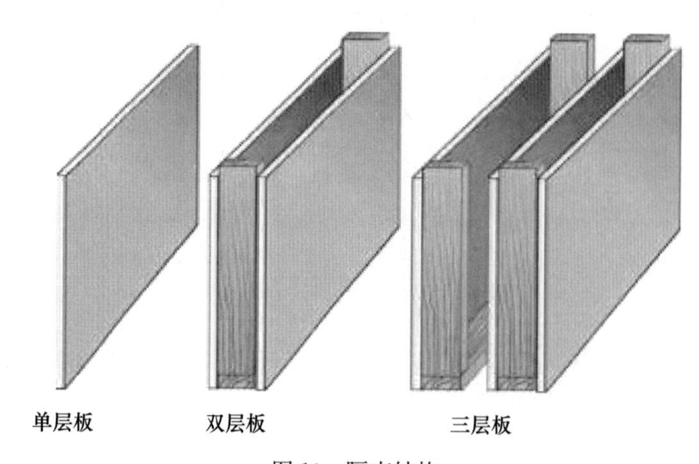

图 10　隔声结构

在此特别指出三层板结构是要让大家在设计的时候，避免第二个误区，就是简单粗暴地将空气层分格。如图 11 所示，在双层板结构的中间加一层隔板，两层空气层和结构完全一致，实验数据表明，双层结构计权隔声量：Rw（C；Ctr）=43（－3.6；－9.6），而三层结构计权隔声量：Rw（C；Ctr）=37（－5.6；－11.4），三层结构由于共振现象，隔声效果比二层结构还差了很多。如果要避免这样的设计结果发生，可以通过空气层不等腔厚度、面板不等厚度，来避免产生声波的共振。

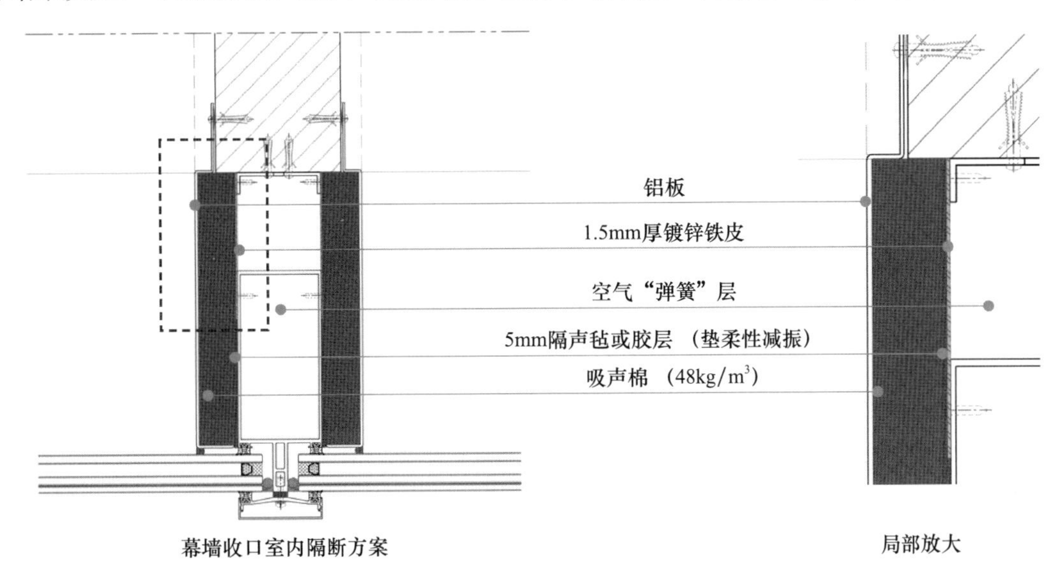

图 11　玻璃幕墙和隔断墙连接位置隔声系统设计

3　隔声材料的经济性指标分析

3.1　玻璃厚度变化与提升隔声性能的经济性指标分析

根据表 1 的数据分析可得出以下结论：单层玻璃从 6mm 增加到 12mm，平均隔声量计算值增加 3dB，并且厚度越厚，增加厚度提升效果越不明显。通过加厚玻璃厚度增加隔声性能的成本，超白玻平均提升 1dB 成本增加 38.4 元/m²。

表 1　玻璃厚度变化与提升隔声性能的价格对比

单层玻璃厚度	计权隔声量 Rw（dB）	对比上一级别玻璃提升隔声量（dB）	提升 1dB 隔音量成本（元/m²）
6mm	23.88		
8mm	25.11	+1.23	+30.08
10mm	26.08	+0.97	+38.14
12mm	26.87	+0.79	+46.84

3.2　夹胶片厚度变化与提升隔声性能的经济性指标分析

根据表 2 的数据分析可得出以下结论：（1）不考虑玻璃尺寸对夹胶片的影响下，0.76mmPVB 性价比最高；（2）隔声胶片虽然能较大幅度提高隔声性能，但是成本相对较高，在需要大幅度提升隔声性能情况下考虑应用。

表2 夹胶片厚度变化与提升隔声性能的价格对比

PVB胶片厚度	计权隔声量Rw（dB）	对比0.76mm普通胶片提升隔声量（dB）	提升1dB隔声量成本（元/m²）
0.38mm	4	—	—
0.76mm	5.5	—	—
1.52mm	7	+1.5	40
0.76隔声胶片+0.76普通胶片	10	+4.5	48.8

3.3 中空空气层厚度变化与提升隔声性能的经济性指标分析

根据表3的数据分析可得出以下结论：空气层从12mm提升到16mm可以提升1dB，成本20元/m²，性价比较高，在仅需要提升1dB的时候可以选择的最经济方案。

表3 空气层厚度变化与提升隔声性能的价格对比

空气层厚度	计权隔声量Rw（dB）	对比12mm空气层提升隔声量（dB）	提升1dB隔音量成本（元/m²）
9mm	2	—	—
12mm	2.5	—	—
16mm	3.5	+1	+20

3.4 综合分析经济性方案结论

通过隔声量综合分析，得到以下结论：

（1）计权隔声量31dB以下，如该地区没有必须用夹胶玻璃要求，则选择中空玻璃性价比最佳，10mm以下性价比较高；

（2）在隔声量需要提高1dB的情况下有以下几种方式，性价比高低排序如下：空气层从12mm增加至16mm＞加厚一片玻璃厚度2mm＞单片玻璃改为夹胶玻璃；

（3）需要较大幅度提升隔声量，优选夹胶玻璃方式，性价比最佳；

（4）隔声PVB在机场航站楼或者有大隔声要求的场合下使用，适用于高频噪声，一般情况下不使用；

（5）三玻两腔构造对提升隔声没有明显作用，且成本高，不适合选用。

4 基于声学原理的玻璃幕墙隔声系统设计策略

4.1 开启方式对隔声性能的影响

（1）不同窗型的隔声效果依次为：平开窗＞内外悬窗＞推拉窗；

（2）通过设置多道密封，增加腔体的方式，可以提升开启窗的隔声性能。

4.2 通过隔断声桥的方式提升隔声性能

（1）隔断声桥的方式可以有效地降低声波传播，可以采用断桥型材或者加通长胶垫的方式；

（2）型材腔体可以填充隔声材料：岩棉、钢板、发泡聚氨酯等；

（3）增大型材厚度对提高窗隔声量有一定效果。

4.3 密封性能对隔声性能的影响

（1）缝隙密封性是影响幕墙门窗隔声性能的重要因素，隔声效果：密封胶＞胶条＞普通毛条；

（2）可以增加锁点，减少窗扇变形，增加密封性；

（3）增加胶条压缩量，可选用优质 TEP 或者发泡三元乙丙胶条。

4.4 构造方式对隔声性能的影响

（1）使用多层玻璃构造，能有效提升隔声性能，但是成本通常较高；
（2）门窗与洞口之间的安装间隙尽量做小，填塞吸声材料。
（3）双层幕墙均可以提高门窗整体的隔声性能。

4.5 玻璃幕墙与隔断墙之间的隔声系统设计

（1）铝板可以起到装饰作用，同时也有隔声作用；
（2）镀锌铁皮起到隔声作用，如果有防火需求，可以在镀锌铁皮直接填充防火棉，否则保留空气层，空气层可以让声音在反射过程中损耗声波能量；
（3）隔声毡至少 3mm，为隔声阻尼构造层，起到吸声作用；
（4）吸声棉起到吸声作用；
（5）铝板和玻璃之间采用柔性密封胶隔断声波，制造多个腔体。
通过以上构造层，可以达到 45dB 的分户隔断墙隔声标准。

5 结语

本文基于声学原理，以玻璃幕墙和隔断墙为研究对象，通过对其降噪机理的分析，明确了影响隔声系统降噪效果的主要因素，并利用传递路径法对玻璃幕墙与隔断墙进行了降噪分析，从而确定了影响隔声系统降噪效果的主要因素。在实际运用中需注意，虽然玻璃在幕墙门窗的隔声中所占面积最大，起到作用最大，但是其他因素对隔声也有影响，所以会有 1dB～5dB 的隔声余量修正值，通常保守取 5dB，但如果项目成本紧张，保守取值会带来较大的成本增加，可以通过先做隔声测试的方式确定计权隔声量，再考虑是否要增加材料成本。通过很好地掌握隔声原理，可以最经济的方式满足隔声性能需求。

参考文献

[1] Zaets, V., S. Kotenko. Investigation of the efficiency of a noise protection screen with an opening at its base [J]. Eastern-European Journal of Enterprise Technologies, 2017.

[2] 彭子龙，温华兵，桑晶晶．基于统计能量法的单双层玻璃窗隔声量分析［J］．噪声与振动控制，2014，34（04）：197—201.

[3] Didkovskyi, Vitalii, V. Zaets, et al. Revealing the effect of rounded noise protection screens with finite sound insulation on an acoustic field around linear sound sources [J]. Eastern-European Journal of Enterprise Technologies, 2021.

[4] 朱曦，王丽娟，王晓理，等．双层中空玻璃隔声性能仿真研究［J］．噪声与振动控制，2022，42（06）：256—262.

[5] Wang, Shuping, et al. Broadband noise insulation of windows using coiled-up silencers consisting of coupled tubes [J]. Scientific Reports, 2021.

[6] Calleri, Cristina, et al. Characterization of the sound insulation properties of a two-layers lightweight concrete innovative façade [J]. Applied Acoustics, 2019.

[7] Jin, Jiyong, et al. Comparative noise reduction effect of sound barrier based on statistical energyanalysis [J]. J. Comput. Methods Sci. Eng., 2021.

[8] MaraqaM, A., et al. Laboratory testing of different window design cases for noise transmission [J].

[9] Nurzyński, J.. Influence of sealing on the acoustic performance of PVC windows [J]. Research in Building Physics, 2020.

[10] 谢小利，卢凌寰，梁凯，等．基于极差分析法的外窗隔声性能研究［J］．绿色建筑，2021，13（05）：35—36+40.

浅谈 TCL 先进半导体显示产业总部光污染分析

◎ 彭 斌 单银华 张炳华

深圳市中筑科技幕墙设计顾问有限公司 广东深圳 518052

摘 要 本文探讨了玻璃幕墙光污染分析，从标准要求、热辐射影响分析、反射光滞留时间研究及分析三个方向进行了简单介绍。

关键词 光污染；连续滞留时间；热辐射；角度；遮挡；悬挑构件

1 引言

随着我国经济的发展，浩浩荡荡的城市化进程使得城市的建筑一栋栋拔地而起，而玻璃幕墙由于其质量轻、外观光泽度好、室内通透，被广泛用于建筑外皮，使得玻璃幕墙的形式也越来越多：有锯齿、有内凹、有外凸等，但是无论采用什么形式，玻璃幕墙的玻璃在建筑物中的占比也越来越高。太阳光照射到玻璃幕墙上，造成强烈的反射光进入附近建筑物内或建筑周边，增加了辐射范围内温度及光污染，影响人们正常的活动（图 1）。

图 1 光污染案例

2021 年，深圳大学有位学生向有关单位反馈：每天上午，他在深圳大学汇文楼上课都被汉京集团玻璃幕墙上强烈的反光晃得眼睛难受，看不清黑板。2023 年，福田区景秀小学家长多次投诉景田邮政综合楼玻璃幕墙造成的“光污染”，靠学校一面的楼体约有 1000m^2，其中玻璃幕墙占 880m^2 左右。近千平方米的玻璃幕墙立于约 2000m^2 的操场一侧，犹如一面大镜子，炫光波及整个操场及教学楼西侧。光污染——废气、废水、废渣和噪声等污染之后的一种新的环境污染源，主要分为三类：白亮污染、人工白昼污染和彩光污染。玻璃幕墙存在的“光污染”即由玻璃幕墙反射阳光（强光）而产生的有害光反射。高层建筑的幕墙上采用了涂膜玻璃或镀膜玻璃，当直射日光和天空光照射到玻璃表面时由于玻璃的镜面反射而产生的反射眩光。

2 项目介绍及背景

项目地处深圳市深圳湾超级总部基地 DU09-01 地块，白石路以南，洲湾二街以西（图 2）。项目用地东西长约 87m，南北长约 108m，用地方正，地势平坦。项目西侧为华侨城中学，东侧为天音大厦，南侧为未出让用地，东北侧为华侨城湿地公园，景观视野良好，眺望湿地水景与世界之窗。总平面地上设计规划了1栋高层建筑，建筑高度为99.65m（图3、图4）。项目设计合理使用年限50年；结构安全等级：二级；抗震设防分类：丙类地基基础设计等级：甲级；地面粗糙度：C类。

根据国标绿建得分要求：需针对西侧华侨城中学、北侧城市主干路白石路进行玻璃幕墙反射光影响分析。另外，由于本项目西侧受华侨城中学的影响，二层以上部位不得采用玻璃幕墙，经与规自局沟通，该部门要求建设方补充西立面减少光污染的分析说明。

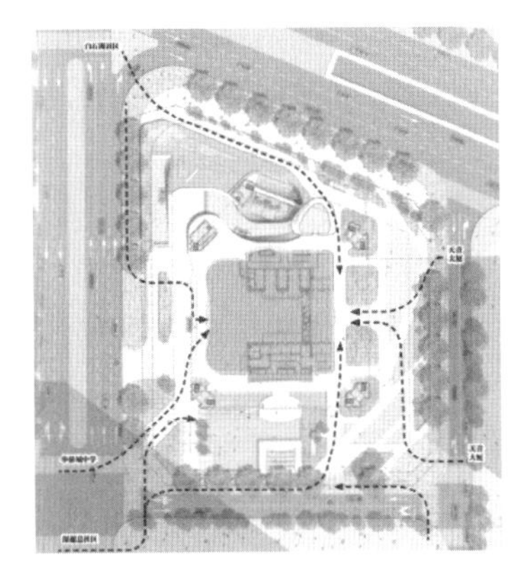

图2 平面图

图3 立面图（一）

图4 立面图（二）

3 系统介绍

本项目主要系统为渐变锯齿状单元式玻璃幕墙，锯齿幕墙一个面为可视区玻璃，另一个面为穿孔铝板和内开窗组合（开启扇隐藏在穿孔板后侧）（图5）。东南北三个面11F以下锯齿外凸点每层按照一定的逻辑关系错位排布，而锯齿内凹点之间的距离为等距定值（图6），每层的幕墙折角均不同。而11F及以上部位，为标准段的锯齿幕墙，每层的锯齿幕墙相同，其中内凹点的距离与11F以下一致。而西立面则7F以下锯齿错位排布，错位原则与其他面一致，7F及以上为标准段，无错位。建筑方案通过由下至上的渐变错位，使得竖向线条从下到上、从粗到细渐变——视觉上进一步增加高耸和挺拔感。

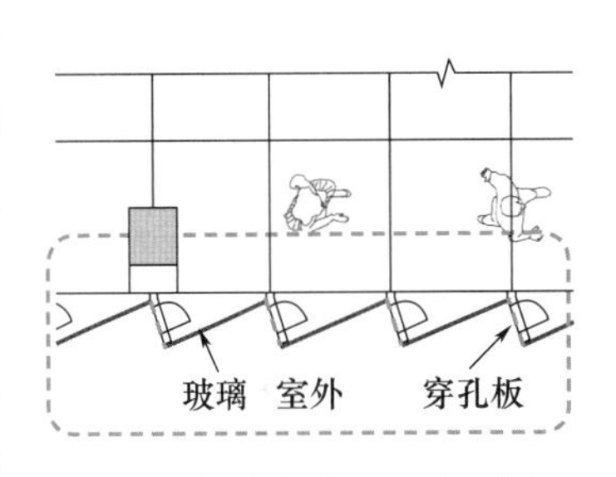

图5 锯齿幕墙局部平面图

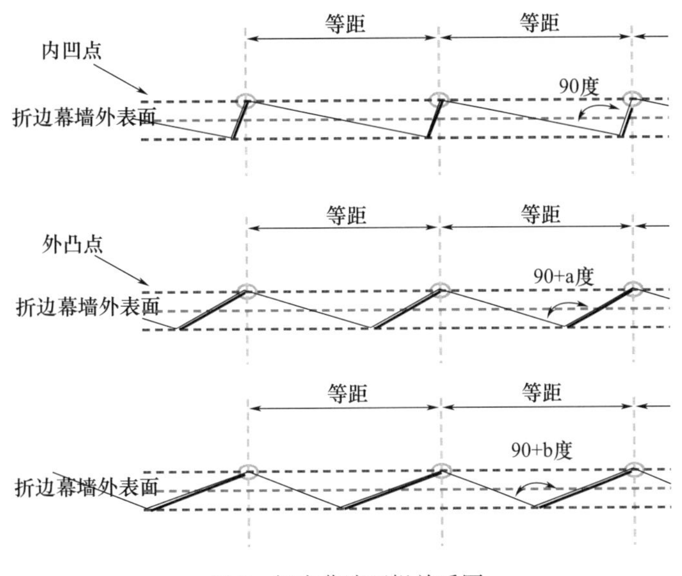

图6 锯齿幕墙逻辑关系图

4　光污染分析

以下分别从：标准要求、热辐射影响分析、反射光滞留时间研究及分析三个方向进行简单介绍。

4.1　标准要求

《绿色建筑评价标准》（GB/T 50378—2019）提出明确要求：8.2.7 建筑幕墙的可见光反射比及反射光对周边环境的影响符合《玻璃幕墙光热性能》（GB/T 18091—2015）的规定，得5分。

4.1.1　在周边建筑窗台面的连续滞留时间不应超过30min；

4.1.2　在驾驶员前进方向垂直角20°，水平角±30°内，行车距离100m内，玻璃幕墙对机动车驾驶员不应造成连续有害反射光。

进行聚光分析，分析本项目可能产生聚光的位置以及热辐射，是否会对学校产生影响。

4.2　热辐射影响分析

为了研究本项目西侧玻璃幕墙反射光对学校区域的影响（图7），我们模拟太阳直射部分的能量经建筑表面玻璃反射后，在地面形成的聚光点范围及热量（图8），根据该区域日晷图可以看出：西侧玻璃的反射光对学校区域的强影响发生在每日的12至17点的时间段。

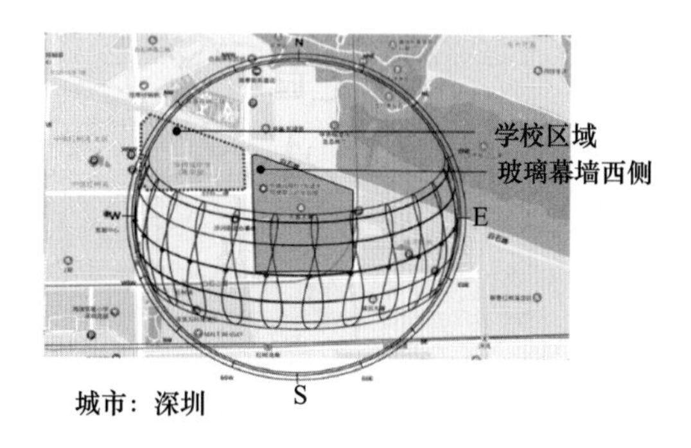

图7　反射光对学校区域的影响图

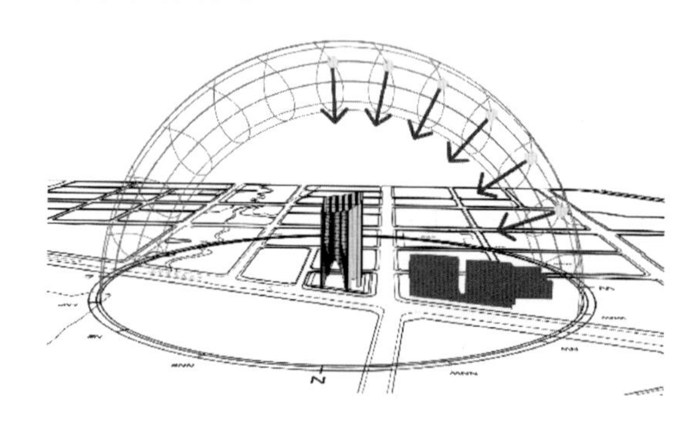

图8　聚光点范围及热量图

通过建模对反射光热辐射影响区域进行分析，下午时分，太阳位于本项目西侧，太阳光从项目西侧玻璃幕墙反射到学校范围，下午2点时，太阳高度角大，照射度强，虽然对学校影响范围小，但是热辐射值高，达到449.67W/m²，主要范围是临近项目一侧的建筑（图9）。而在下午4点时，太阳高度角较小，照度低，影响范围大，热辐射值低（图10）。根据上述分析，下午2点时的热辐射值虽然高，但远小于1500W/m²（参考伦敦《规划建议通知》中建议尽量减小辐射值大于1500W/m²区域），因此本项目对学校的热辐射影响是有限的。

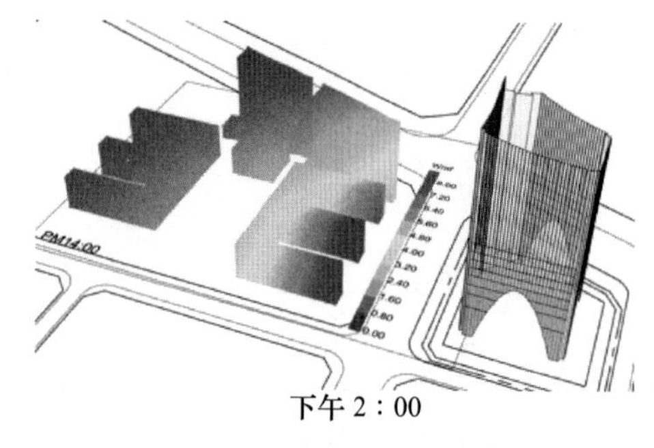

图9　热辐射范围及数值图（一）

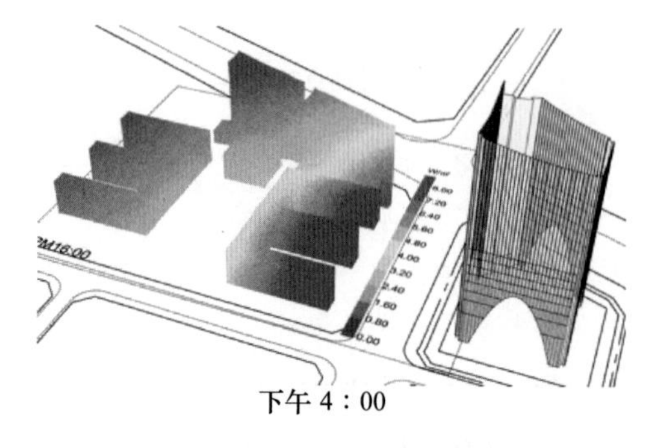

图10　热辐射范围及数值图（二）

4.3　反射光滞留时间研究及分析

我们根据建筑方案以及周边环境1：1建模，同时选取了几个典型日（冬至、小寒、大寒、立春、雨水、惊蛰、春分、清明、谷雨、立夏、小满、芒种、夏至）模拟玻璃幕墙反射光对周边建筑窗台和周边道路的影响，玻璃幕墙反射光对周边建筑的影响分析我们选择在日出后至日落前太阳高度角不低于10°的时段进行（表1）。

表1　案例选取典型日

节气	日期	开始时刻	结束时刻
冬至	2022年12月22日	07：28	16：32
小寒	2022年1月5日	07：26	16：34
大寒	2022年1月20日	07：20	16：40
立春	2022年2月4日	07：12	16：48
雨水	2022年2月19日	07：02	16：58
惊蛰	2022年3月5日	06：52	17：08
春分	2022年3月20日	06：42	17：18
清明	2022年4月5日	06：31	17：29
谷雨	2022年4月20日	06：23	17：37
立夏	2022年5月5日	06：15	17：45
小满	2022年5月21日	06：09	17：51
芒种	2022年6月5日	06：05	17：55
夏至	2022年6月21日	06：04	17：56

通过热辐射分析，我们可以看出，光反射主要影响的范围是学校靠近本项目一侧的建筑，因此我们在学校的模型中，给该范围的每个房间都编号，从1-4～5-15（图11），根据表1的几个典型日模拟太阳光反射时在每个房间的滞留时间。

太阳光是照射到锯齿玻璃幕墙上再反射到学校，因此我们通过锯齿幕墙玻璃面不同的角度来分析反射光对学校窗台的连续滞留时间，我们选取了15°、25°、30°、35°（图12）四个角度进行模拟分析。锯齿玻璃幕墙中玻璃面板我们按照15°开始进行模拟分析，在该角度条件下，玻璃幕墙反射光对学校窗台的连续滞留时间均超过30分钟，局部甚至达到2小时以上，因此15°的情况下，反射光对学校窗台的连续滞留不能满足要求。我们调整了锯齿玻璃板块的角度，分别按照25°、30°、35°进行模拟分析（表2），随着角度的加大，反射光连续滞留的时间确实有所缩短，特别是到35°时，连续滞留的时间只有16分钟，可以满足要求。

表2　选取角度模拟分析表

角度	最长滞留时间（min）	分析结果	标准要求上限（min）
15°	137	不满足	30
25°	90	不满足	
30°	48	不满足	
35°	16	满足	

为了进一步研究光反射滞留时长，在维持15°、25°、30°三种锯齿的形态下，我们需要进一步确定具体本项目哪一个部位的玻璃板块对反射滞留时间影响最大。我们通过逐块玻璃进行遮挡，分析后发

现反射光对学校窗台的连续滞留时间过长的主要集中在部分玻璃板块，因此我们把上述影响较大的玻璃板块外侧附加竖向格栅（图 13），减少这部分玻璃的反射。经过上述措施的调整，反射光连续滞留的时间亦可满足要求，但该方案对建筑外观影响较大。

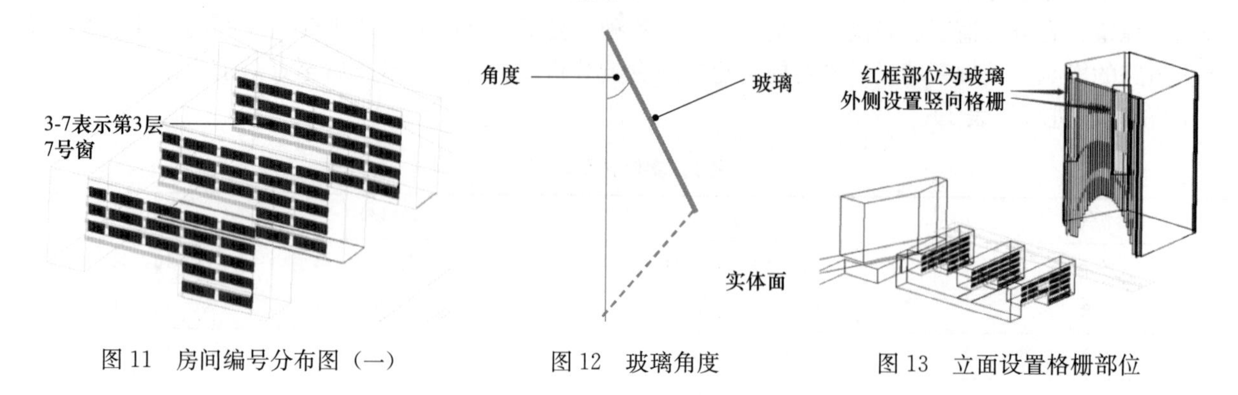

图 11　房间编号分布图（一）　　图 12　玻璃角度　　图 13　立面设置格栅部位

在维持 15°、25°、30°三种锯齿的形态下，不考虑部分玻璃的遮挡，怎么才能减少反射光连续滞留的时间？围绕这个问题，我们从模型入手，进一步检查我们的模型与实际情况是否吻合。经过进一步实地考察并与模型对比，我们发现学校的窗上方均有挑檐或者内凹在阳台走廊内侧。再进一步对比前面的分析结果，发现反射光连续滞留的几个窗上方均有挑檐（图 14），而实际上我们建模的时候并没有表达挑檐（图 15），这个挑檐是否对分析结果影响很大？我们进一步更新模型，最终得出结论，按照项目原方案是可以满足在周边建筑窗台面的连续滞留时间亦有所减少。

我们把上述结论与项目参与各方进行讨论，并形成统一意见。最后我们把议定的方案分析形成文件并通过设计院递交，该文件得到相关部门认可，由此本项目进入下一设计环节。

图 14　学校挑檐照片

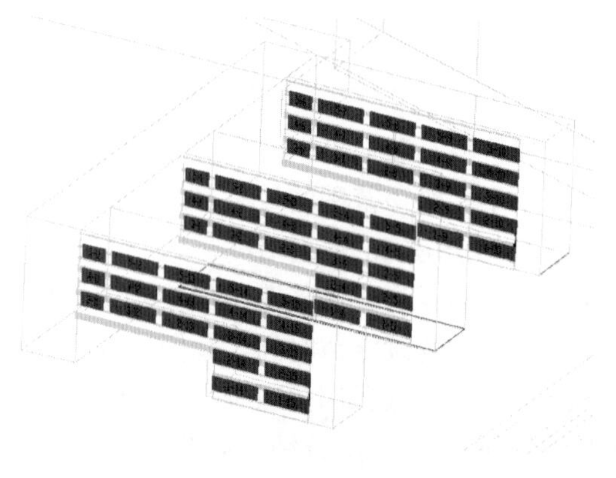

图 15　房间都编号分布图（二）

通过对本项目光污染分析，我们总结如下：（1）热辐射与太阳的高度角有关系；（2）反射光连续滞留的时间与玻璃面板角度有关系；（3）反射光连续滞留的时间与窗墙比有关系；（4）反射光连续滞留的时间与窗台上方有外挑构建有关系，窗台上方有外挑构建件可以减少反射光滞留时间。

5　结语

本篇主要简单介绍了 TCL 华星光电总部光污染分析过程，希望能给其他的项目提供借鉴，具体工程还需结合相关规范与项目自身的形态进行分析。另外，随着建筑形态及玻璃幕墙的多样化发展，光反射对周围环境的影响分析也将越来越重要。

参考文献

[1] 中华人民共和国国家质量监督检验检疫总局，中国国家标准化管理委员会．绿色建筑评价标准（2024 年版）：GB/T 50378—2019［S］．北京：中国建筑工业出版社，2024.

[2] 中华人民共和国国家质量监督检验检疫总局，中国国家标准化管理委员会．玻璃幕墙光热性能：GB/T 18091—2015［S］．北京：中国标准出版社，2016.

[3] 中华人民共和国住房和城乡建设部．民用建筑绿色性能计算标准：JGJ/T 449—2018［S］．北京：中国建筑工业出版社，2018.

[4] 中国建筑科学研究院．绿色建筑评价技术细则 2015［M］．北京：中国建筑工业出版社，2015.

[5] 中华人民共和国住房和城乡建设部．民用建筑通用规范：GB 55031—2022［S］．北京：中国建筑工业出版社，2023.

浅谈建筑外窗的隔声设计

◎ 刘晓烽　涂　铿

深圳中航幕墙工程有限公司　广东深圳　518109

摘　要　为全面了解建筑外窗隔声设计的影响因素，从基础隔声理论出发，探讨外窗材料的声学特性和隔声量的计算方法，进而提出建筑外窗隔声设计的思路和做法。

关键词　建筑外窗隔声；玻璃共振；振动耦合；玻璃隔声计算；阻尼；双层窗

1　引言

在笔者印象中，建筑门窗工程的隔声设计一直未被重视：不要求提供门窗隔声的计算书，也不要求做门窗的隔声测试。所以，门窗能否满足隔声性能设计指标也多是基于经验的臆断。但这种凭经验指导设计的思路其实很不靠谱，我所经历的某个项目就差点儿为此翻车。

这个项目的建设标准是绿建三星，在交付阶段的隔声测试出了问题：室内实测噪声值超标，而玻璃配置为 6+12A+6 的外平开窗实测隔声量不到 25dB。后来经过一系列整改后稍微提升到了不到 28dB。好在设计指标中门窗隔声定在了 2 级，要不然问题就大了。

在这件事情之后，我们对门窗隔声作了一些理论知识的整理，发现按最新版《民用建筑隔声设计规范》要求的 $R_W+C_{tr}\geqslant 30$dB 指标，很多看似可以的外窗隔声性能都是不达标的，所以我们在后续的门窗类设计项目中都要求对门窗的隔声设计作初步计算，并结合类似配置的隔声试验参数来确定建筑外窗的隔声指标。

2　门窗隔声设计的基础理论

人耳能够分辨的声音频率在 20Hz～20000Hz，其中对 100Hz～4000Hz 这一段最为敏感。为方便声学研究，常将其划分为 6 段，每段的中心频率为：125Hz、250Hz、500Hz、1000Hz、2000Hz、4000Hz，也就是常说的 6 个倍频程。

建筑外窗对室外噪声的隔绝，理论上遵循“质量定律”。这一定律的基本内容是“建筑维护构件的面密度每增加一倍，或是噪声的频率每增加一个倍频程，则该维护结构的隔声量增加 5～6dB”。基于这个理论，就有很多进一步的研究，比如图 1 的针对薄板的隔声特征曲线：

我们从薄板的隔声特征曲线图可以看到，薄板在整个声频范围内分成较为明显的三个区段，我们可以简单地将其标记为低频区、中频区和高频区。其中，中频区则完美地吻合了“质量定律”中声音频率与隔声量之间的关系，既每增加一个倍频程，隔声量提高 6dB。但在低频区和高频区，都有悖于“质量定律”，并且存在较为明显的隔声量急剧下降的情况。

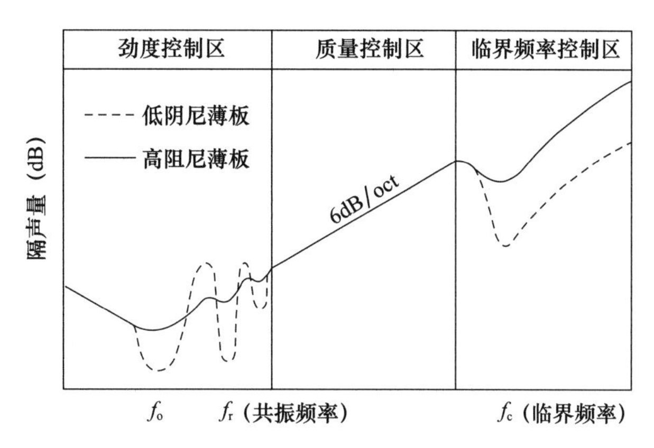

图1　典型薄板隔声曲线图

2.1　低频区的共振问题

“低频区”的说法是为了方便，其实专业术语是“劲度控制区”。由于薄板构件容易受到自振频率的影响，在外界噪声低于其自振频率时，越接近自振频率，隔声量反而越低。相关的声学理论将其称之为“劲度控制”，而当外界噪声接近自振频率后，薄板会发生共振，导致隔声量大幅波动，出现非常低的低谷。四边简支薄板的自振频率计算公式如下：

$$f_r=\pi^2\left(\frac{1}{a^2}+\frac{1}{b^2}\right)\sqrt{\frac{D}{m}} \tag{2-1}$$

式中，a、b为玻璃边长（m），D为玻璃刚度，m为玻璃面密度（kg/m^2）。

按照上式计算，6mm玻璃共振频率大约在115Hz，正好是交通噪声涵盖的频率区间。所以当噪声源的频率与玻璃自振频率接近时，会诱发玻璃共振，从而导致玻璃隔声性能大幅下降，这就是外窗隔音性能不佳的原因之一。

2.2　高频区的耦合问题

如果不考虑薄板的共振问题，薄板的振动是不是就只与其惯性有关呢？按照“质量定律”的基本逻辑，板的惯性越大，振动就应该越小。但薄板在振动时不仅是沿薄板平面外传播的整体波，还有沿薄板平面内传播的表面波。其中当入射噪声与薄板存在一定的入射角时，就有可能在某个频率时，噪声的波形与薄板平面内的表面波相互叠加，形成耦合。这样一来会加剧薄板表面波的振幅，从而使隔声性能下降。这个能够产生耦合的频率被称为临界频率，一般来说当噪声频率高于薄板的临界频率时，就有机会发生表面波的耦合效应。

薄板的临界频率计算公式如下

$$f_c=\frac{c^2}{2\pi}\sqrt{\frac{m}{B}} \tag{2-2}$$

式中$B=\frac{Et^3}{12}$，c为音速，该式针对玻璃可简化为下式：

$$f_c=\frac{1220}{t} \tag{2-3}$$

式中，t为玻璃厚度，单位为cm。

玻璃的临界频率不高，据上式计算，6mm玻璃的临界频率大概在2033Hz，也是正常的高频噪声范围。

2.3　薄板的隔声计算

在我国建筑物理教材中，对薄板材料的隔声计算提供了两个经典的经验公式：

$$R_0=20\log_{10}m+20\log_{10}f-42.5 \tag{2-4}$$

$$R=20\log_{10}m+20\log_{10}f-47.5 \quad (2\text{-}5)$$

其中，R_0 为噪声垂直于薄板时的隔声量，R 为噪声与薄板存在一定角度时的隔声量。我们可以发现，当噪声不垂直于薄板时，薄板的隔声量会下降一些，是和前面提到的耦合效应有关。需要注意的是这个计算公式算出的隔声量 R 是各个倍频程的平均隔声量，而在各类规范中的 R_W 则是根据人耳对高频比低频敏感的特点，按照类似等响度曲线对每个倍频程的隔声量进行修正的结果。由于低频修正量比较大，R_W 一般都会小于 R。

在实际应用中，以上两个公式均与实际存在较大的偏差，尤其是面密度低于200kg的玻璃类的薄板材料，上述公式偏差很大，几乎没有用。所以就有了个修正的经验公式：

$$R=13\log_{10}m+11\log_{10}f-18 \quad (2\text{-}6)$$

$$R=13\log_{10}m+11.5 \quad (2\text{-}7)$$

这个公式与经典公式的差别较大，尤其是后一个公式取消了噪声频率 f 这个变量。我个人理解恐怕是因为玻璃材料的自振频率偏高，而临界频率又偏低，所以每倍频程增加的隔声量比较低，故舍弃不用。而外窗用的单片玻璃厚度一般为5～10mm，差异不大，所以只用面密度就可以总结门窗玻璃的隔声规律。

对于中空玻璃、夹层玻璃等组合玻璃来说，也可以利用上面的公式，其中面密度就将组合玻璃的每片加起来当作一片玻璃，然后再增加一个空气层或PVB膜的附加隔声量就可以。

3　提高建筑外窗隔声性能的思路

前文主要是为了为建筑外窗的隔声设计思路提供一些理论依据，实际上很多隔声的构造做法在业内也都常见，只不过是缺少理论依据的支撑，会显得这些做法的可信度不高，尽管他们实际上都是非常有效的。

3.1　外窗玻璃的隔声设计

玻璃材料看来不是一种好的隔声材料，原因是其一般厚度都很薄（面密度低），同时其自振频率偏高、临界频率偏低，受到共振和耦合效应的影响范围大，所以噪声频率每提高一个倍频程，相应隔声量的增加极为有限。在这种情况下，增加玻璃厚度对隔声量的提升偏低，还需要采取别的措施。最常见的思路是通过增加玻璃的阻尼来抑制玻璃的振幅。具体的做法是采取中空玻璃或夹层玻璃的组合方式。

中空玻璃的中空层可以理解为一个气垫层，玻璃振动的整体波在由一片玻璃向另一片玻璃传播时，会被气垫层消耗一部分能量而转为热能。同时，声波从一种介质向另外一种介质中传递时会发生反射，也会增加一些能量损失。按照相关试验资料，空气层的厚度与隔声量有较大的关系，如果以常见的6＋12A＋6的中空玻璃来说，附加隔声量仅比12mm的单玻多出1dB。对此相关资料认为空气层厚度越小，玻璃振动时对气垫的相对压缩量越高，气垫的刚度越高，两片玻璃便趋近于1块与之等厚的单片玻璃。而当玻璃间的空间足够大时，空气垫的刚度趋近为零，两片玻璃之间的联系趋近于无，所以总隔声量为两片玻璃单独隔声量之和，远超两片厚度之和的单层玻璃的隔声量。

夹层玻璃的情况就相对简单得多。柔性的胶片是良好的阻尼材料，其附着在玻璃表面后对整体波和表面波都存在较好的抑制作用。关键是其厚度一般只要0.76～1.14mm，就能实现比12A的中空玻璃好得多的隔声效果。按照相关资料，不同厚度的PVB膜大约可以提供3～5dB的附加隔声量。

复合玻璃中的两个单片如果厚度不一样也会对提高隔声量有所帮助。这是因为复合玻璃中的两个单片如果厚度不一样，其自振频率和临界频率都不相同，这样当其中一片进入共振状态或耦合状态时，另一片会起到阻尼作用。这种效应对夹层玻璃来说会更明显，中空玻璃两片之间的联系偏弱。不过，外窗用的复合玻璃一般也不会有太大的厚度差别，并且厚度差也导致了劲度控制区和临界频率控制区的范围变大，所以该项对隔声的贡献度有限。

3.2　外窗玻璃镶嵌方式的隔声设计

在有关资料中，提到了玻璃用毛毡镶嵌和用胶条镶嵌的隔声对比。结果显示，毛毡镶嵌的玻璃隔声量比胶条镶嵌玻璃的隔声量高了近5dB。

按照薄板振动的数学模型，支撑条件对板刚度的贡献程度为：固支边>简支边>自由边。由于提高薄板的刚度对抵抗受迫振动有利，故在正常情况下都要求镶嵌玻璃的胶条或密封胶有一定的搭接宽度，并且要压紧。

毛毡镶嵌对隔声效果的优异表现让人怀疑可能是另有隐情。我们如果把毛毡视为一个外部阻尼，通过其吸收和耗散振动能量便可达到抑制振幅的目的。至于为什么胶条没有达到同样的阻尼效果，只能解释为毛毡属于非均质材料，在受到压缩时多是依靠纤维之间的错动完成变形，因而能量被耗损；而橡胶材料受到压缩时主要是靠弹性变形，能量可以被储存。

如果以上推测为真，仅从隔声角度出发镶嵌玻璃的胶条最好是低弹性的发泡胶条，并且与玻璃边缘的镶嵌宽度尽可能加宽。开启扇的情况其实与玻璃镶嵌类似，将常规密封胶条更换成发泡密封胶条估计也会提高隔声效果，当然实际效果还有待验证。

3.3　外窗缝隙处理对隔声性能的影响

广东地区窗框主要是采用干硬性的防水砂浆来对窗框塞缝。其好处是边缘支撑刚度好，但缺点是对窗框提供的阻尼不足；也有采用钢副框的连接方式，边框与洞口只留约5mm的间隙，采用发泡剂和密封胶来密封。估计对窗体的阻尼要好于干硬性的防水砂浆。但笔者没查到两种塞缝密封方式对隔声的具体贡献数值，所以也不能给出肯定性的判断。不过如果在窗框上墙前，在窗框合适的位置附着一层阻尼材料（如聚氨酯—橡胶复合阻尼材料），对采用水泥砂浆塞缝的窗体额外提供一个外部阻尼，相信对整窗的隔声量会有所提升。

窗体自身的缝隙主要是来自开启扇以及固定部位的排水孔。由于低频噪声对孔隙非常敏感，一旦窗体存在孔隙，低频噪声的隔声量就会大幅下降。还记得笔者开篇提到的那个差点儿翻车的项目吗？在仅采取了调紧开启扇的措施后，现场实测隔声量就提高2～3个dB。而同套房间，阳台推拉门实测的隔声数据至少比平开窗低10dB，可见缝隙对隔声的影响之大。

开启扇与窗框紧密配合其实不容易，主要是因为我们惯常使用的空心胶条要达到设计的压缩量需要施加很大的荷载，使操作变得很吃力。所以优化胶条的形状以及采取发泡材质的共挤胶条是一个有效的方法，采用多道密封也是一个方向。

3.4　双层窗的隔声设计

前述提到中空玻璃的空气层越厚，附加隔声效果就越强。当中空玻璃的空气层达到一定程度，其隔声量可视为两片玻璃各自隔声量之和。

这是什么概念呢？6mm的玻璃隔声量大约是29dB，6＋12A＋6的中空玻璃隔声量大约是33dB，而两片6mm玻璃拉开足够距离后的最大隔声量是58dB。所以双层窗才是解决隔声问题的终极方向。

从图2来看，双层窗的主要方向是控制空气层厚度。两层之间间距为50mm时，附加隔声量大约是5dB，间距为100mm时，附加隔声量至少有9dB。双层窗能够接受的厚度估计在200mm以内，双窗间距就可以做到50～100mm。这样整窗的隔声指标可以轻松达到40～45dB（外层6＋12A＋6中空，内层6mm单片）。

双层窗的室外侧仍可按普通的中空玻璃设计，但内侧窗完全可以使用单片玻璃。这样可以在成本和隔声效果之间取得一个平衡。

双层窗的窗体设计比较复杂。将两个独立的窗分别安装当然没问题，但施工工艺性不好且浪费了双层窗之间的空间，所以最好是将双层窗做成一体化的系统。

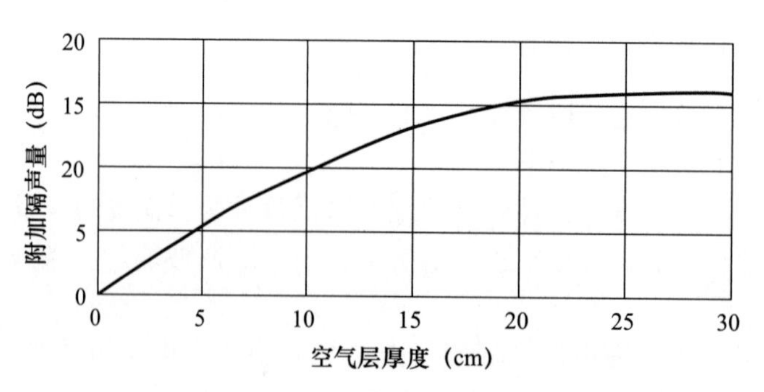

图2　空气层厚度与附加隔声量关系图

双层窗一体化系统要解决的第一个问题是尽可能消除声桥：铝合金型材其实也是一个不理想的隔声材料，其自振频率特性和临界频率和玻璃差不多。所以需要尽可能地增加其阻尼并且切断内外两层框体之间的刚性连接。型材增加阻尼的最好方式是在型材合适的位置附着阻尼材料，比如闭腔型材填充发泡材料，开腔型材在不可视表面粘阻尼层；两层窗体之间的连接部分设置阻尼材料，避免室外侧的声波通过窗框直接传递到室内。

双层窗一体化系统要解决的第二个问题是尽可能加大双层窗之间的吸声量。按照建筑外窗的隔声量现场实测的计算公式：

$$R=L_1-L_2+10\log_{10}\frac{S}{A} \tag{3-1}$$

式中，L_1、L_2为室内外声压，S为窗户面积，A为室内吸声量，且$A>S$。

该式中的$10\log_{10}\frac{S}{A}$就是室内环境所吸收噪声经验公式。这个公式虽不能用于双层窗的具体计算，但也说明了双层窗空腔隔声设计的核心就是要加大室内吸声量。室内吸声量为室内表面积乘以吸声系数，抹灰面吸引系数为0.01～0.03（频率从低到高），而毛毡的吸引系数为0.1～0.65（频率从低到高），所以在双层窗之间的框体上设置吸声层，可以有效地增加室内吸声量，对提高隔声性能也有很大的帮助。具体做法可以采用吸音海绵外扣穿孔铝板，兼顾外观效果和隔声性能。

此外，在双层窗之间内置遮阳百叶也是一个有效的隔声手段。声波在两种介质中传播时，会发生反射现象。这一现象在双层窗的空腔中格外明显。轻薄且穿孔的遮阳百叶片可以很好地消耗声波传递时的能量，从而提供额外的隔声贡献。

4　结语

本文撰写的起因源自一次工程质量问题的处置经历，这次教训促使我们更深入地对门窗的隔声问题进行了探究，也意识到未来市场会对建筑门窗的隔声性能提出更多需求，从而产生了对隔声技术进一步研究和应用的紧迫感。

限于成文时间仓促、相关理论尚未吃透，并且也缺乏必要的实验验证，所以文中内容和见解难免出现谬误。但敝帚自珍，些许心得仍希望能与行业同仁分享，抛砖引玉，以期为推进门窗隔声技术的发展作些贡献。

参考文献

[1] 康玉成．建筑隔声设计——空气声隔声技术［M］．北京：中国建筑工业出版社，2004.

对稳定性超规范的H型钢的理论研究

◎ 李荣年　李　冶　许书荣　孙鹏飞

中建深圳装饰有限公司　广东深圳　518028

摘　要　本文对两端简支拉弯构件的稳定性进行了详细的探讨，对幕墙大跨度H型钢立柱的平面外稳定性进行了研究，结合我国规范以及有限元分析软件计算结果进行分析对比，指出拉弯立柱发生失稳的条件，从而确定立柱截面的大小，保证拉弯立柱满足安全性能以及使用要求。

关键词　H型钢；整体稳定性；简支梁；拉弯构件；长细比；线弹性稳定；非线性稳定

1　引言

1.1　H型钢的整体稳定性

钢结构是建筑结构的主要类型之一。由热轧型钢、冷弯型钢、焊接型钢等型钢和钢板等组成的构件，统称为钢结构。在建筑幕墙中，很多重要构件均采用了钢结构。最常见的构件便是幕墙立柱。幕墙所承受的荷载一般为自重荷载、风荷载、地震作用、温度作用等。一般来说，自重荷载对于幕墙立柱为轴力，风荷载与地震作用对于幕墙立柱为剪力并产生弯矩。因此，幕墙立柱为压弯构件或者拉弯构件，其设计内容除了满足强度与刚度的要求外，还需要满足整体稳定以及局部稳定的要求。根据《玻璃幕墙工程技术规范》（JGJ 102—2003）6.3.9条，压弯构件的长细比不宜大于150，一般较难满足。根据《门式刚架轻型房屋钢结构技术规范》（GB 51022—2015）拉弯构件的长细比限值为350。因此幕墙立柱一般设计为拉弯构件。拉弯构件的设计目标是采用最小的构件截面，来满足杆件的强度和刚度的要求。因此，拉弯构件通常采用H型或者箱型截面。而H型钢的截面面积更加优化，抗弯性能强，侧向刚度大，结构质量更小，经济性能更高，可有效节约成本，被广泛应用于幕墙立柱。

H型钢作为幕墙立柱以简支梁为例。通常认为拉力有助于提高立柱的抗弯刚度，不考虑拉弯立柱的失稳，只对其进行强度和挠度的验算，但这并不意味着不需要考虑截面的稳定性，尤其当截面存在受压区时，更需要考虑其稳定性问题。在弯矩作用下，H型钢上翼缘受压，下翼缘受拉，这种情况下使得H型钢成为受压与受拉的组合体。同时在拉力的作用下，当弯矩增加时，受压翼缘的压应力大于拉应力并且压应力达到某一数值时，H型钢会在很小的荷载增量的作用下突然发生侧向弯曲，导致整个型钢发生侧向位移，并且伴有整个截面的扭转，从而失去承载能力，这种现象称为整体失稳。失稳破坏可认为是构件或结构的内部的抗力突然崩溃，这也是钢结构失稳的本质。结构一旦失稳，那么随即失去承载能力，使钢梁丧失整体稳定性的最大弯矩称为梁的临界弯矩 M_{cr}。使钢梁丧失整体稳定性的最大弯曲压应力称为梁的临界应力 σ_{cr}。当钢梁受压翼缘宽度较小时，侧向刚度较差。当钢梁侧向支撑点的自由长度较大时，σ_{cr}往往小于钢材的屈服强度 f_y。钢梁的整体稳定系数 Φ_b 即为临界应力 σ_{cr}与钢材屈服强度 f_y 的比值。即：

$$\Phi_b=\sigma_{cr}/f_y$$

当设计钢梁时，将屈服强度换成设计强度，按下式计算：

$$\sigma = M/\Phi_b W \leqslant f$$

钢梁丧失整体稳定性本质上与轴心受压构件丧失整体稳定相同，都是由于构件内存在纵向压应力对钢梁偶然的微小侧向变形产生侧向附加弯矩，从而进一步加大侧向变形，进而又增大侧向附加弯矩。与受压钢梁全截面压应力不同的是，受弯钢梁的半个截面是拉应力。当钢梁整体稳定时，受拉翼缘产生较小变形，而受压翼缘产生较大变形，再通过腹板连成一个整体，表现为钢梁的弯扭屈曲。

图 1　钢梁整体失稳工程案例

1.2　H 型钢的局部稳定性

当弯矩较小时，H 型钢截面保持平衡状态，当弯矩加大并达到某一数值时，H 型钢的腹板和翼缘不再保持平衡状态，出现平面波形鼓曲，这种现象称为梁的局部失稳。钢梁的局部稳定性问题，其实是组成梁的各个薄板在组合应力作用下的屈曲问题。对于热轧 H 型钢，由于轧制条件的影响，板件的宽厚比较小，一般都能满足局部稳定性的要求，不需要计算。

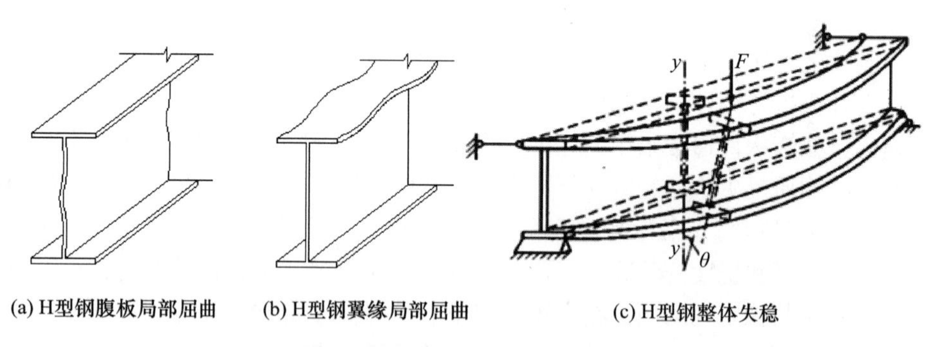

图 2　H 型钢丧失稳定性示意图

1.3　H 型钢的长细比

对于纯弯曲简支梁来说，H 型钢的整体稳定计算按下式进行：

$$\sigma = \frac{M_x}{W_x} \leqslant \phi_b \cdot f$$

因此可得：

$$\frac{M_x}{\phi_b \cdot W_x} \leqslant f$$

由上式可知，当外力不变时，H 型钢的整体稳定应力与受压最大毛截面抵抗矩 W_x 和梁的整体稳定系数 ϕ_b 的乘积 $\phi_b \cdot W_x$ 成反比。

需要进一步强调的是，截面模量是按受压最大毛截面确定的。当上下翼缘尺寸不同时，我们需要先判断哪一侧翼缘受压，并按受压翼缘确定截面抗弯抵抗矩。对于双轴对撑的 H 型钢，受压翼缘抗弯抵抗矩与受拉翼缘抗弯抵抗矩是相等的。

对于双轴对撑的 H 型钢截面的整体稳定系数 ϕ_b，《钢结构设计标准》（GB 50017—2017）附录 C 写出了计算公式：

$$\phi_b = \beta_b \cdot \frac{4320Ah}{\lambda_y^2 \cdot W_x}\sqrt{1+\left(\frac{\lambda_y \cdot t_1}{4.4h}\right)^2} \cdot \frac{235}{f_y}$$

因此可得：

$$\phi_b \cdot W_x = \beta_b \cdot \frac{4320Ah}{\lambda_y^2}\sqrt{1+\left(\frac{\lambda_y \cdot t_1}{4.4h}\right)^2} \cdot \frac{235}{f_y}$$

故，钢梁稳定应力与下式成反比：

$$\beta_b \cdot \frac{4320Ah}{\lambda_y^2}\sqrt{1+\left(\frac{\lambda_y \cdot t_1}{4.4h}\right)^2} \cdot \frac{235}{f_y}$$

综上可知，对于幕墙立柱 H 型钢，材质已知，截面面积 A、截面高度 h、翼缘厚度 t_1，已经确定。β_b 可查表计算得出，为定值。钢梁稳定应力，其实是与平面外长细比 λ_y 相关。λ_y 越小，$\phi_b \cdot W_x$ 越大，稳定应力越小，钢梁越安全。

平面外长细比 λ_y 计算公式为：

$$\lambda_y = \frac{L_y}{i_y}$$

其中：L_y——梁受压翼缘侧向支座间的距离。无侧向支座的简支梁 L_y 即为其计算长度。

i_y——梁毛截面对 y 轴的回转半径。$i_y = \left(\frac{L_y}{A}\right)^2$

根据《门式刚架轻型房屋钢结构技术规范》（GB 51022—2015），对于幕墙拉弯立柱，容许长细比为 350。然而在实际工程项目中，为了提高节约材料，提高立柱的利用率，立柱的长细比很难满足规范要求。因此需要进一步研究立柱的整体稳定性问题。

2 计算实例分析

2.1 工程概况

本幕墙工程为广东省广州市花都区五层空中花园，主入口幕墙系统采用构件式玻璃幕墙，入口大堂两层通高，每层层高为 4.1m，最大标高为 30.0m；幕墙立柱为单跨立柱，立柱跨度为 8.4m，立柱间距为 1.0m；立柱截面为 HN175×90，材质为碳钢，牌号为 Q235；工程所在地区基本风压为 $0.45kN/m^2$，地面粗糙度为 C 类，抗震设防烈度为 7°（地震加速度 0.10g），标准设防；负压墙角区。根据《建筑结构荷载规范》（GB 50009—2012）以及广东省标准《建筑结构荷载规范》（DBJ/T 15-101—2022）、《工程结构通用规范》（GB 55001—2021）计算可得，直接承受风荷载的构件，负风荷载标准值为 $1.28kN/m^2$，考虑立柱的从属面积折减后为 $1.14kN/m^2$。自重荷载标准值为 $0.45kN/m^2$。地震作用标准值为 $0.18kN/m^2$。

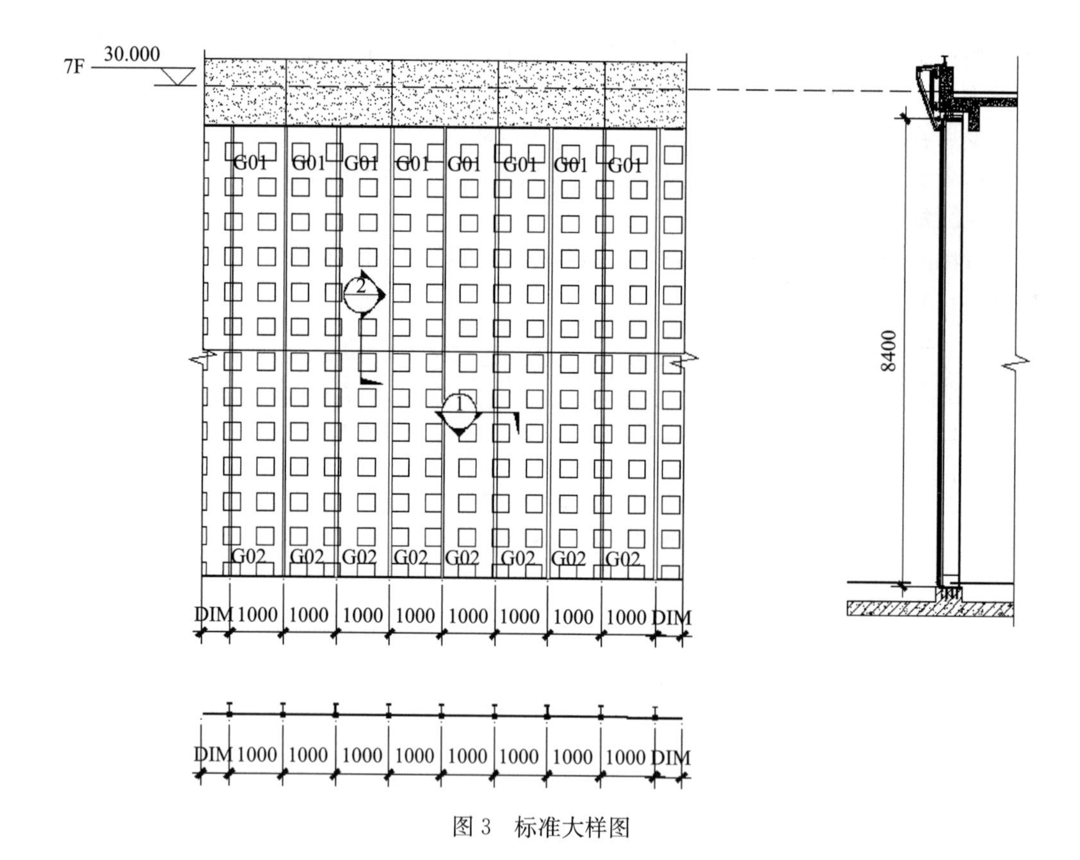

图 3　标准大样图

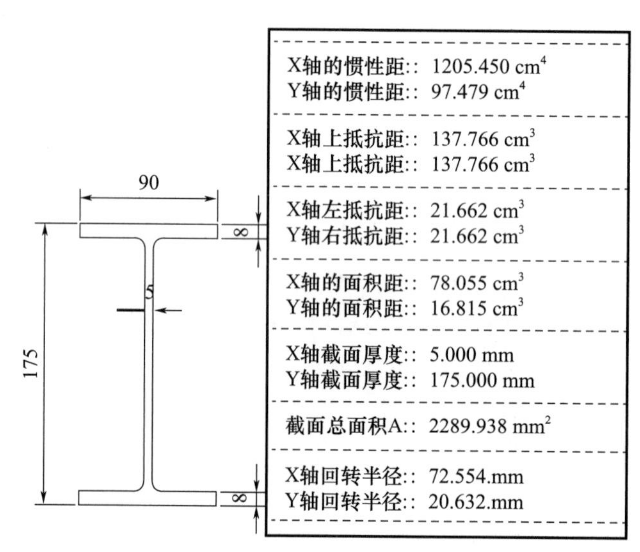

图 4　立柱截面参数

2.2　立柱强度与挠度分析

计算可得：

立柱所承受的水平荷载标准值：q_k=1.14kN・m^{-1}

立柱所承受的水平荷载设计值：q_k=1.84kN・m^{-1}

立柱所承受的拉力：N=5kN

立柱所承受的最大弯矩：M_x=16.2kN・m

立柱最大应力：$\sigma=\dfrac{N}{A}+\dfrac{M_x}{1.05\cdot W_x}$=114MPa<215MPa，满足。

立柱挠度限值：$d_l=\min\left(\frac{L}{250}，30\text{mm}\right)=30\text{mm}$

立柱最大挠度：$d_f=\frac{5\ (w_k \cdot B)\ \cdot L^4}{384E \cdot I_x}=29.3\text{mm}<d_l$，满足。

2.3　立柱稳定性分析（按规范计算）

立柱长细比：$\lambda=\frac{L}{i_y}=408>350$，不满足。

立柱整体稳定系数：$\phi_b=0.95 \cdot \frac{4320Ah}{\lambda_y^2 \cdot W_x}\sqrt{1+\left(\frac{\lambda_y \cdot t_1}{4.4h}\right)^2} \cdot \frac{235}{f_y}=0.329$

立柱临界弯矩：$M_{cr}=\phi_b \cdot W \cdot f_y=11.27\text{kN}\cdot\text{m}$

3　线弹性稳定分析

线弹性失稳指钢梁在失稳前后仍在小变形假定的范围内并处于弹性状态。线弹性稳定分析，主要用于对缺陷不敏感的结构进行最大临界荷载和失稳模态的评估。线弹性失稳是以特征值为研究对象，特征值是理想线弹性结构的理论屈曲强度。因此，线弹性失稳也称特征值失稳，或者第一类失稳。通过线弹性失稳分析，可以快速判断杆件的刚度情况，为几何非线性分析提供基础。

采用有限元分析软件 Abaqus 计算出最低阶屈曲因子以及钢梁的临界弯矩 M_{cr}。

3.1　计算模型设置

计算模型条件设置：

（1）材料为弹性，弹性模量与泊松比均设置为 Q235B 钢材；

（2）采用 beam 单元进行计算，跨度为 8400mm。上端支座设置（约束 UX，UY，UZ，RY），下端支座设置（约束 UX，UZ，RY）；

（3）施加单元线荷载，经计算可得，线荷载设计值为 1.84kN/m。不考虑拉力的有利影响。

计算模型设置如图 5 所示。

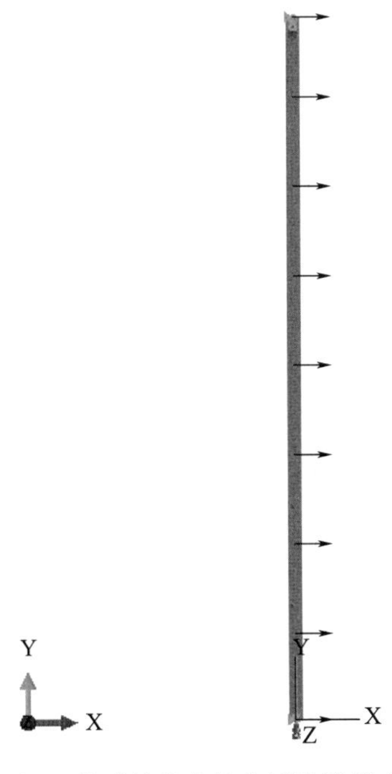

图 5　线弹性稳定性分析计算模型

3.2 计算结果分析

由图6可知，最低阶屈曲因子为1.048。在数学上，屈曲因子是曲线的某一点处曲率半径的倒数。它的值越小，表示曲线弯曲的程度越大。这里屈曲因子可以理解为外加荷载与临界荷载的比值。但由于线弹性屈曲，是一种理想型状态，对于实际工程并不准确，因此还需要考虑非线性失稳分析。

线性分析立柱临界弯矩：

$$M_{cr}=1.048\cdot\frac{(1.84\text{kN}\cdot\text{m}^{-1})\ \cdot\ (8.4\text{m})^2}{8}=17.0\text{kN}\cdot\text{m}$$

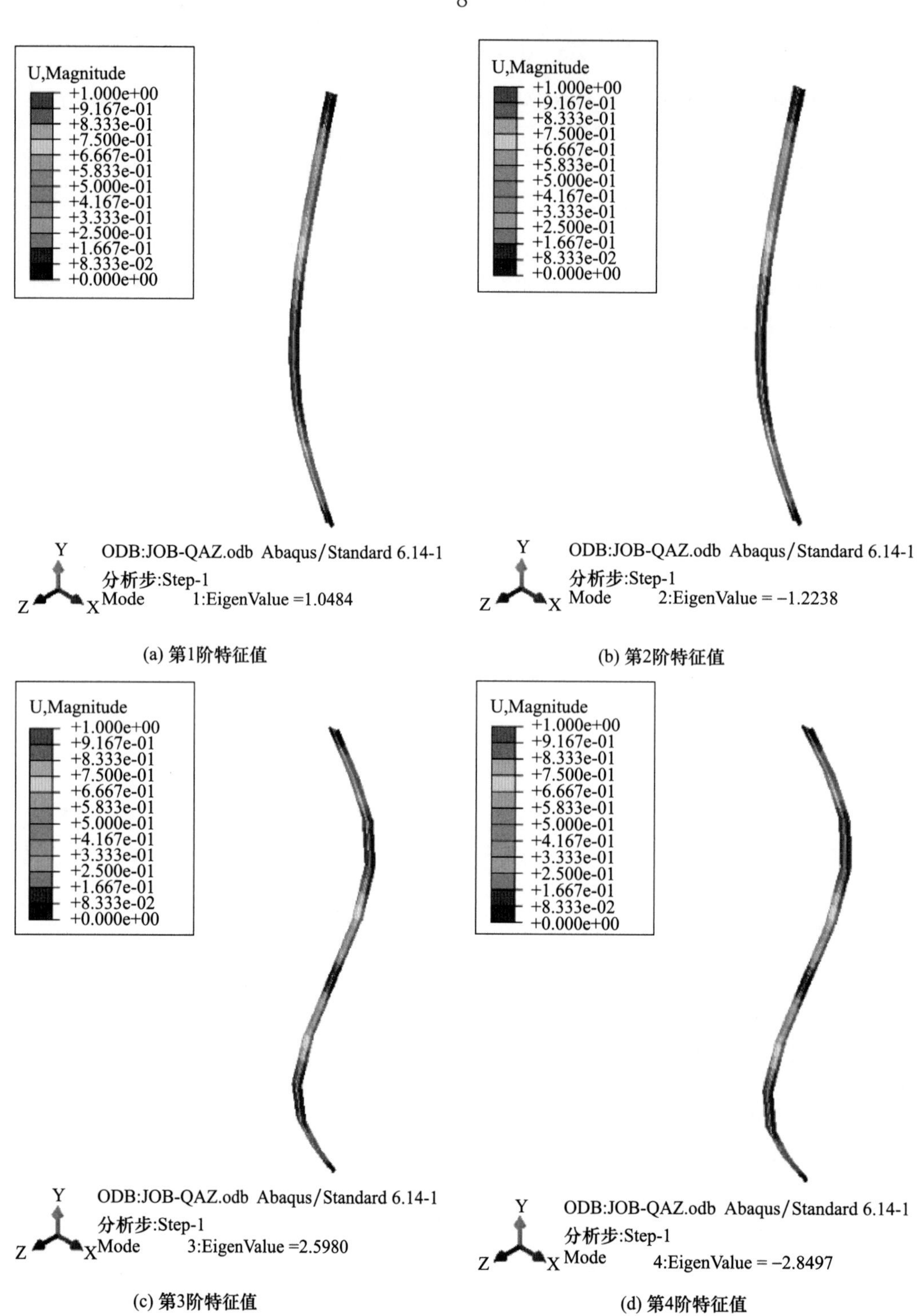

(a) 第1阶特征值

(b) 第2阶特征值

(c) 第3阶特征值

(d) 第4阶特征值

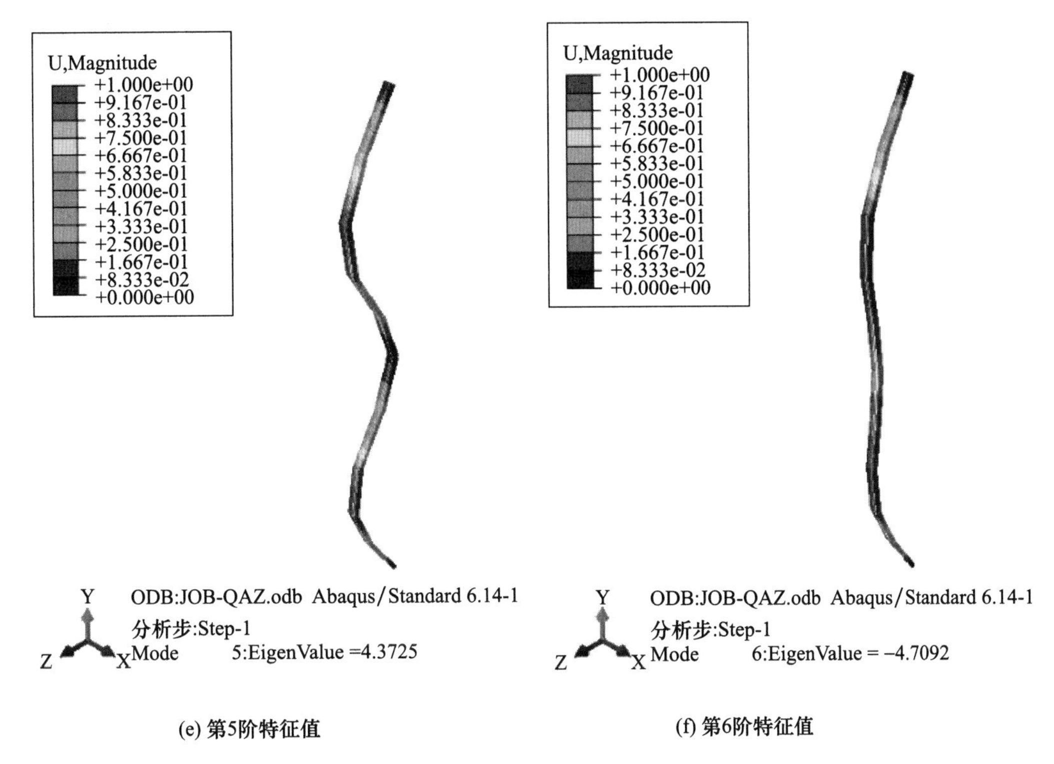

图 6　线弹性稳定性分析前 6 阶特征值

4　非线性稳定分析

非线性失稳指主要用于评估结构的最大临界荷载以及屈曲之后的后屈曲状态。在进行线弹性稳定分析时，忽略了所有非弹性效应。非线性稳定分析可以充分考虑材料、几何以及边界条件等非线性行为。如果进一步研究材料屈曲前、几何非线性以及后屈曲不稳定效应，必须进行载荷-位移分析。通过考虑钢梁的初始缺陷、材料的弹塑性等状态，更好地反映了钢梁的真实状态。极值点失稳是当荷载增加达到临界荷载时，即使荷载不增加，变形也会迅速增大，最终丧失承载能力。极限荷载系数为考虑非线性后极限荷载与设计荷载的比值。极值点失稳属于非线性稳定分析。（图 7、图 8）

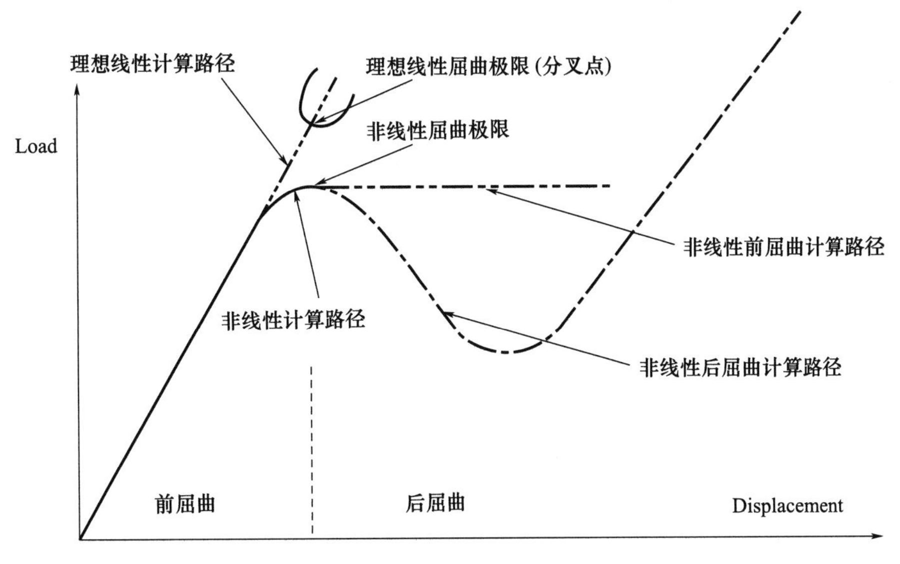

图 7　不稳定响应的比例加载

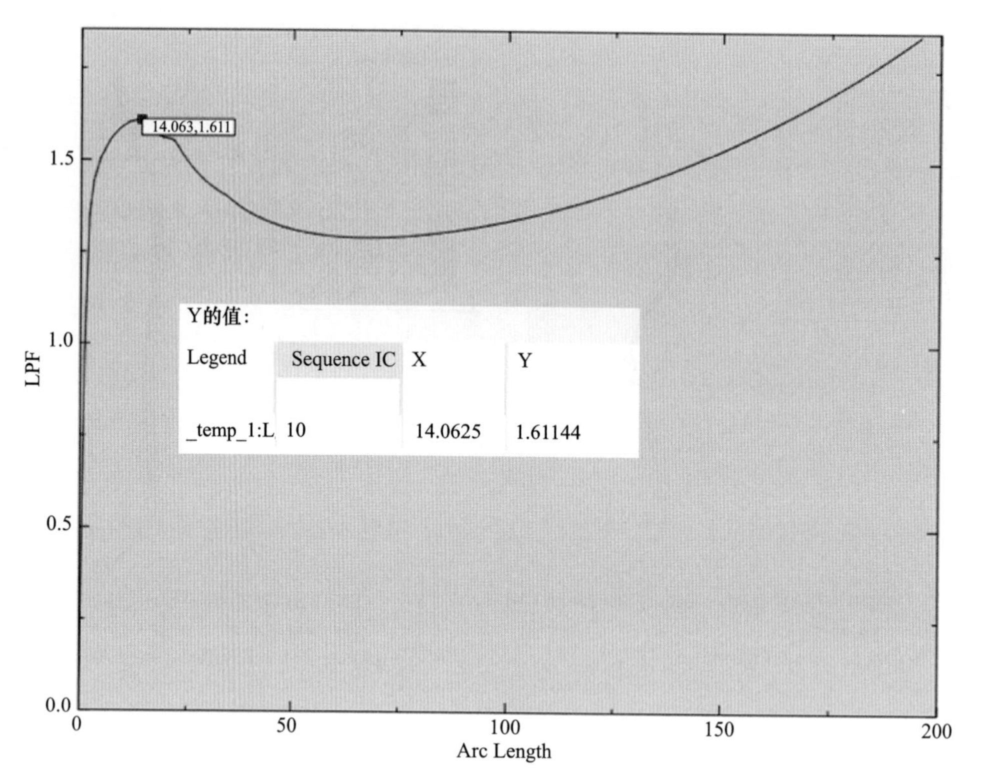

图 8 非线性 LPF 曲线

以线弹性最低阶屈曲模态作为几何缺陷，重新修改定义模型。几何缺陷越大，转换到后屈曲状态也相对越光滑，越容易收敛。经过计算，可得出力-位移曲线：

曲线第一次转折极值点位置 Y 值为 1.611。因此可得立柱临界弯矩：

$$M_{cr}=1.611\cdot\frac{(1.84\mathrm{kN}\cdot\mathrm{m}^{-1})\ \cdot\ (8.4\mathrm{m})^2}{8}=26.145\mathrm{kN}\cdot\mathrm{m}$$

根据立柱强度计算公式，对立柱施加临界弯矩，由此可得立柱临界应力：

$$\sigma_{cr}=\frac{M_{cr}}{1.05\cdot W_x}=180.7\mathrm{MPa}<215\mathrm{MPa}$$

5 立柱拉力对立柱稳定性的影响

在实际项目中，幕墙立柱为拉弯构件，非纯弯曲构件。而国标规范并未对拉力对拉弯构件的响应作出明确规定以及计算。一般来说，立柱的拉力对钢梁的稳定性有正向作用。以本项目为例，采用有限元分析软件 Abaqus，对立柱施加拉力以及水平荷载来进行分析计算立柱的稳定性。（图 9）

由图 10 可知，线弹性稳定分析最低阶屈曲因子为 1.128。

线弹性分析立柱临界弯矩：

$$M_{cr}=1.28\cdot\frac{(1.84\mathrm{kN}\cdot\mathrm{m}^{-1})\ \cdot\ (8.4\mathrm{m})^2}{8}=18.3\mathrm{kN}\cdot\mathrm{m}$$

由图 10 可知，非线性曲线第一次转折极值点位置 Y 值为 3.7。

非线性性分析立柱临界弯矩：

$$M_{cr}=3.7\cdot\frac{(1.84\mathrm{kN}\cdot\mathrm{m}^{-1})\ \cdot\ (8.4\mathrm{m})^2}{8}=60.0\mathrm{kN}\cdot\mathrm{m}$$

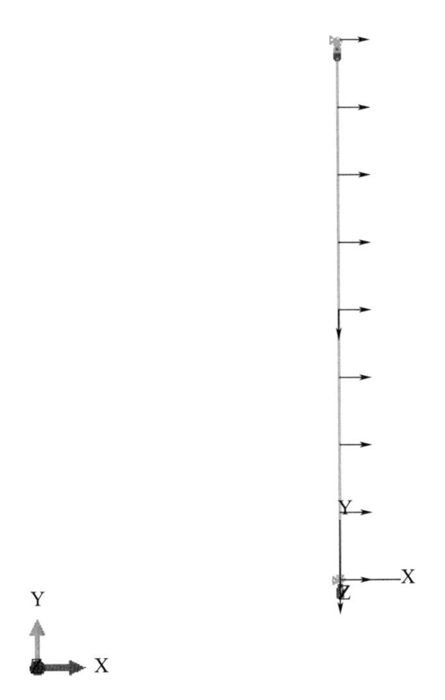

图 9　线弹性稳定性分析计算模型（施加拉力以及水平力）

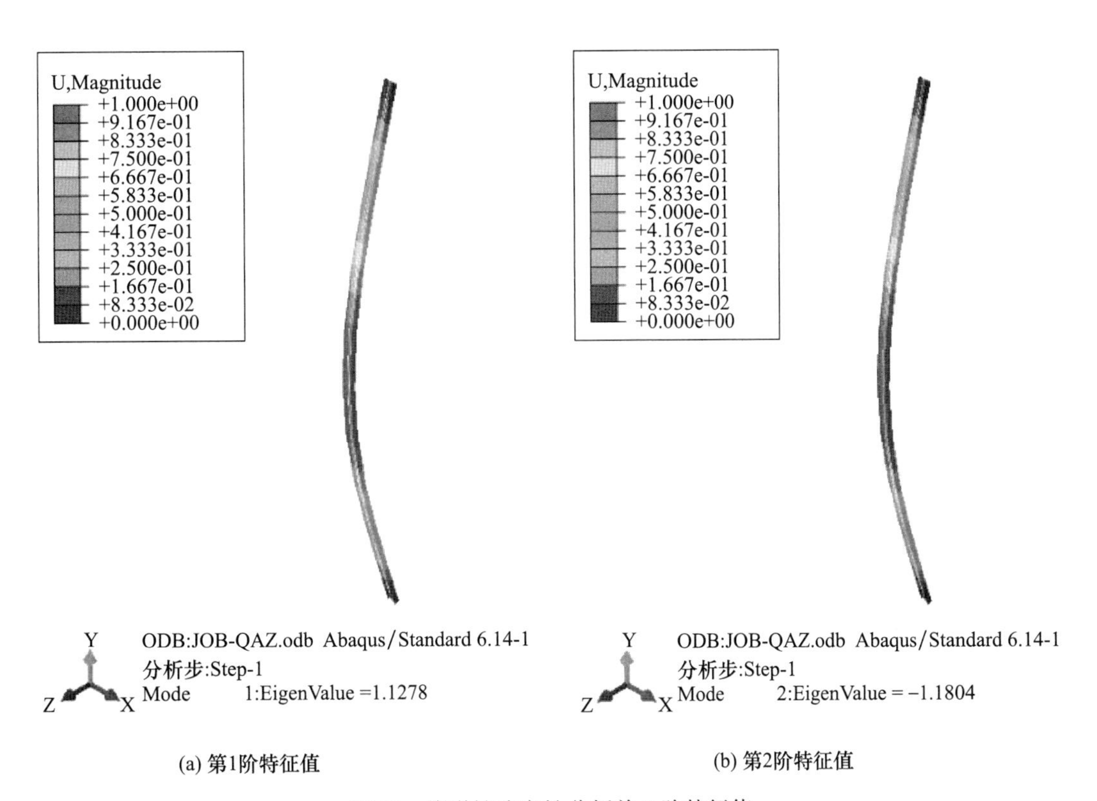

(a) 第1阶特征值　　(b) 第2阶特征值

图 10　线弹性稳定性分析前 2 阶特征值

综上可知，H 型钢的拉力对 H 型钢的线弹性稳定分析影响较小，对非线性稳定分析影响较大。（图 11）

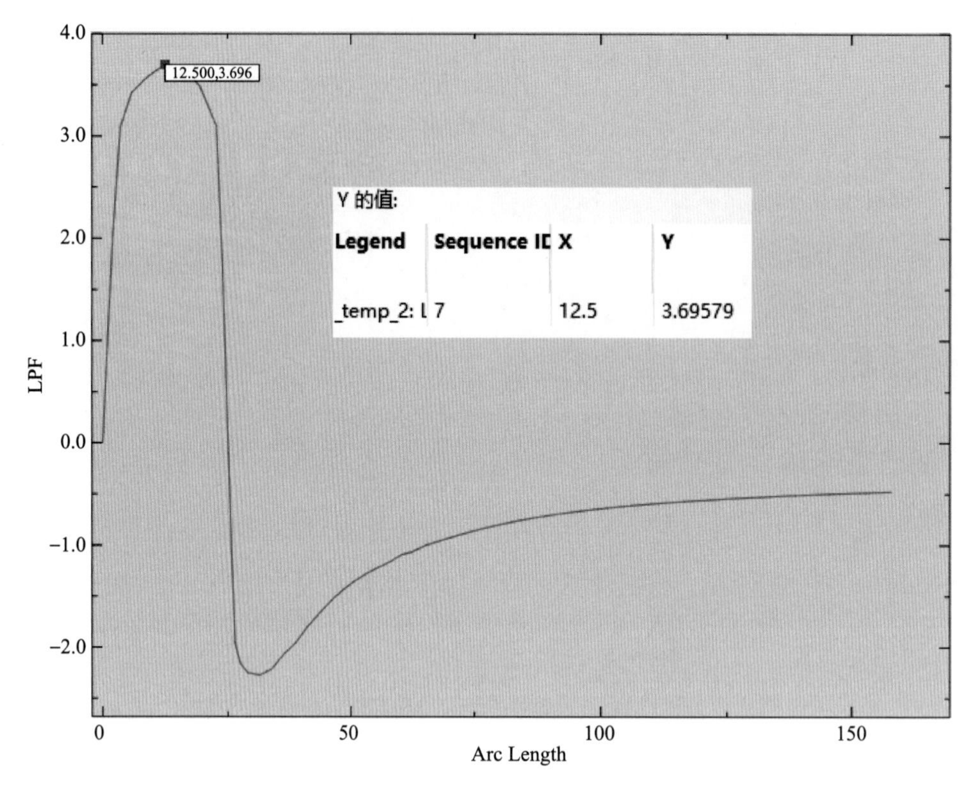

图 11　非线性 LPF 曲线

6　结果分析

将上文的计算结果汇总，见表 1。

表 1　不同计算方法下 H 型钢临界弯矩 M_{cr} 比较

名称	规范法	不考虑拉力线弹性分析	不考虑拉力非线性性分析	考虑拉力线弹性分析	考虑拉力非线性性分析
临界弯矩 M_{cr}（kNm）	11.27	17.0	26.1	18.3	60.0

7　结语

根据上述分析，可以得出以下结论：

（1）大跨度拉弯立柱长细比可适当超规范，并进一步采用有限元软件分析稳定性；

（2）立柱临界应力小于立柱抗拉强度设计值，立柱整体失稳先于强度破坏；

（3）非线性稳定分析可为实际幕墙工程立柱的设计提供可靠的依据；

（4）幕墙立柱的拉力对立柱的整体稳定性影响较大，计算时可按实际情况分析考虑。

参考文献

[1] 陈绍蕃．钢结构稳定设计的几个基本概念 [J]．建筑结构，1994（6）：6.

[2] 彭伟．钢结构设计原理 [M]．成都：西南交通大学出版社，2004.

[3] 中华人民共和国建设部．玻璃幕墙工程技术规范：JGJ 102—2003 [S]．北京：中国建筑工业出版社，2003.

[4] 孙训方，方孝淑，关来泰．材料力学（I）（第6版）[M]. 高等教育出版社，2019.
[5] 郭东海．钢结构稳定设计的探讨 [J]. 科学技术创新，2011（23）：287—288.
[6] 钟善桐．钢结构稳定设计 [M]. 北京：中国建筑工业出版社，1991.
[7] 江丙云，孔祥宏，罗元元．ABAQUS工程实例详解 [M]. 北京：人民邮电出版社，2012.

单元式幕墙挂板与混凝土有效接触距离研究

◎林　峰　桂丁默　陈清辉

深圳市三鑫科技发展有限公司　广东深圳　518054

摘　要　本文通过理论分析和有限元模拟，系统研究了单元式幕墙挂板刚度对混凝土有效接触距离的影响。结果表明，挂板厚度对接触距离折减系数的取值具有显著影响，为工程设计提供了科学依据。

关键词　理论分析；数值模拟；挂板；有效接触距离；折减系数

1　引言

挂板-锚栓系统作为单元式幕墙与主体结构连接的关键组成部分，其安全性和稳定性直接受到螺栓承载力影响。准确评估螺栓所受拉拔力，对提高结构的整体性能至关重要。本研究旨在分析在挂板材质许用强度以内，铝挂板的截面厚度如何影响挂板与混凝土有效接触距离 L_e，从而得出对应挂板材料或截面厚度的接触距离折减系数 σ，为工程实践提供可靠的设计指导。

2　挂板-锚栓系统的理论分析

2.1　挂板-锚栓系统的力学模型

挂板-锚栓系统（图 1）的力学分析已有大量研究。通常我们认为其力学模型可以简化为常见的简支悬挑梁（图 2），单元幕墙板块的自重 P 和风荷载产生的水平方向弯矩 M 通过公式（1）转化成锚栓拉力 F_t。然而，挂板的弹性变形可能导致接触距离 L 的变化，影响力的传递。在实际工程中，我们发现需要对 L 进行合理折减从而得到有效接触距离 L_e，以提高计算精度和设计可靠性。但对折减系数 σ 的研究尚较少。有限元分析表明挂板的厚度对折减系数 σ 有重要影响，我们希望通过有限元分析，得到不同厚度的挂板在材料弹性阶段其接触距离折减系数的变化规律。

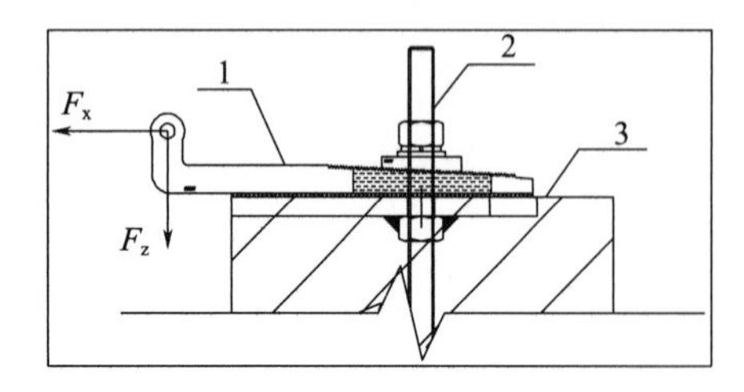

图 1　单元式幕墙挂板-锚栓连接详图

1—挂板；2—锚栓；3—混凝土

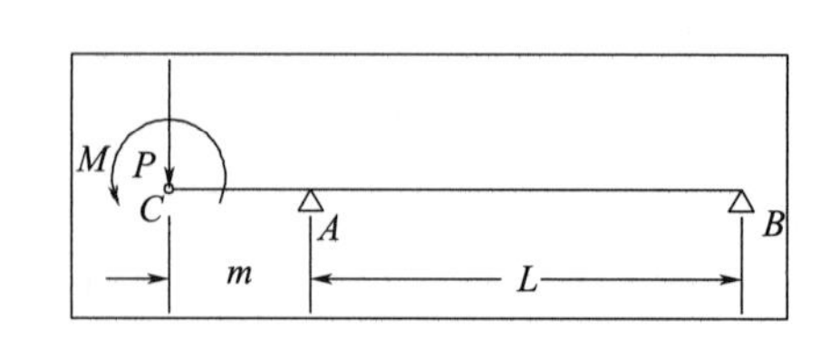

图 2　挂板-锚栓计算简图

$$F_t=\frac{P\times m+M}{L} \tag{1}$$

2.2　有限元分析有效接触距离的可行性

在使用 Workbench 进行接触距离分析时，需要考虑多个因素来确保分析的准确性和可靠性。在前处理阶段中利用 CAD 建立模型，而后导入到 Workbench（图 3）。此后需要进行接触设置，考虑到挂板与混凝土之间存在摩擦力并且可能发生相对滑动，进而选择在挂板与混凝土间设置摩擦接触，摩擦系数参考混凝土与金属的摩擦系数，设置为 0.4（图 4）。对于锚栓，由于本次分析主要为验证其拉拔力，而对于锚栓本身的应力和变形不作分析，故采用梁单元模拟锚栓（图 5），这样可以简化计算，有利于模型的收敛。

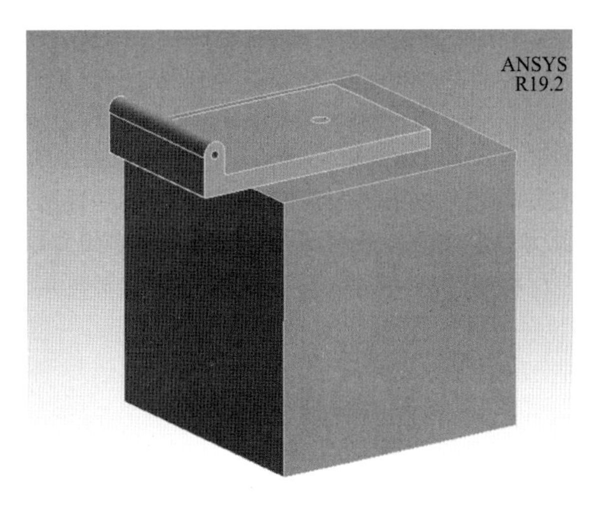

图 3　有限元模型示意

Scope	
Scoping Method	Geometry Selection
Contact	1 Face
Target	1 Face
Contact Bodies	Part 2
Target Bodies	Part 3
Protected	No
Definition	
Type	Frictional
Friction Coefficient	0.4
Scope Mode	Automatic
Behavior	Program Controlled
Trim Contact	Program Controlled
Trim Tolerance	1.2314 mm
Suppressed	No
Advanced	
Formulation	Program Controlled
Small Sliding	Program Controlled
Detection Method	Program Controlled
Penetration Tolerance	Program Controlled
Elastic Slip Tolerance	Program Controlled
Normal Stiffness	Program Controlled
Update Stiffness	Program Controlled
Stabilization Damping Factor	0.
Pinball Region	Program Controlled
Time Step Controls	None
Geometric Modification	
Interface Treatment	Add Offset, No Ramping
Offset	0. mm
Contact Geometry Correction	None

图 4　接触参数设置

Graphics Properties	
Definition	
Material	Structural Steel
Cross Section	Circular
Radius	8. mm
Suppressed	No
Beam Length	208. mm
Element APDL Name	
Scope	
Scope	Body-Body
Reference	
Scoping Method	Geometry Selection
Applied By	Remote Attachment
Scope	1 Edge
Body	Part 2
Coordinate System	Global Coordinate System
Reference X Coordinate	-7.3194e+005 mm
Reference Y Coordinate	-2.5142e+005 mm
Reference Z Coordinate	-8370.1 mm
Reference Location	Click to Change
Behavior	Rigid
Pinball Region	All
Mobile	
Scoping Method	Geometry Selection
Applied By	Remote Attachment
Scope	1 Edge
Body	Part 1
Coordinate System	Global Coordinate System
Mobile X Coordinate	-7.3194e+005 mm
Mobile Y Coordinate	-2.5142e+005 mm
Mobile Z Coordinate	-8578.1 mm
Mobile Location	Click to Change
Behavior	Rigid
Pinball Region	All

图 5　梁单元设置

将几何模型划分网格，选择合适的网格尺寸和类型，以确保计算精度和效率，最后对材料属性进行定义：为模型中的不同部件赋予相应的材料属性，如弹性模量、泊松比和密度。由于本次研究考虑的是挂板在弹性范围内对锚栓拉力的影响进而得出对有效接触距离的影响，所以挂板和混凝土选择相应线性材料。

完成前处理后应根据具体的模拟需求选择相应的分析模块，本次分析选择静态分析模块 Static Structural。在进行求解分析前为模型施加相应的边界条件和外部载荷，如固定约束、施加荷载等。其中荷载形式分别为垂直幕墙面向外水平方向的风荷载集中力和竖直向下的自重荷载，对于高层建筑来说，一般单元式玻璃幕墙所受风荷载远大于其自重荷载。以广州 A 类地形，100.00m 标高的建筑为例，以 8mm＋8mm 中空玻璃作为面板的单元幕墙，其自重面荷载约为 0.5kPa，而其转角区风荷载根据规范计算约为 3kPa，比值约为 1∶6，以此为依据在施加荷载时以 1∶6 作为竖向荷载与水平荷载的关系，以使挂板应力达到许用应力 85%的可观测状态为目标进行加载。

当边界条件设置好后，则进入求解阶段和后处理阶段。为使挂板达到可观测状态，需要找到合适的荷载，当达到可观测状态之后，记录此时的锚栓拉力、挂板厚度并根据公式（2）（3）反推出有效接触距离 L_e 和折减系数 σ，以此为一组数据，最后将所有数据汇总进行总结，即可得知影响折减系数 σ 的因素，进而总结出可在指定材料利用率下不同材料和厚度的折减系数 σ。

$$L_e=\frac{Ft}{P\times m+M} \tag{2}$$

$$\sigma=\frac{L_e}{L} \tag{3}$$

3 模拟结果分析

在本次模拟中，通过对不同挂板厚度下的螺栓拉力进行分析，我们能够深入理解挂板厚度对混凝土有效接触距离的影响，并为实际工程设计提供参考依据。表 1 是对模拟结果的详细分析。

表 1 折减系数分析结果

挂板厚度（mm）	理论反力（kN）	模型反力（kN）	有效接触距离（mm）	折减系数
5	0.6	1.1	76.6	0.613
6	0.9	1.5	75.9	0.608
7	1.2	2.0	78.7	0.630
8	1.6	2.5	79.8	0.639
9	2.0	3.1	80.6	0.645
10	2.4	3.8	82.1	0.657
11	2.9	4.5	82.8	0.663
12	3.5	5.2	83.7	0.670
13	4.1	6.1	84.3	0.674
14	4.7	6.9	85.1	0.681
15	5.4	7.8	85.9	0.687
16	6.1	8.7	86.8	0.694
17	6.8	9.6	87.7	0.702
18	7.6	10.6	88.6	0.709
19	8.5	11.6	89.6	0.717

续表

挂板厚度（mm）	理论反力（kN）	模型反力（kN）	有效接触距离（mm）	折减系数
20	9.4	12.6	90.6	0.725
21	10.3	13.7	91.5	0.732
22	11.3	14.9	91.8	0.734
23	12.3	16.3	91.4	0.731
24	13.3	17.8	91.0	0.728
25	14.4	19.5	90.5	0.724
26	15.6	21.1	90.1	0.721
27	16.7	22.9	89.6	0.717

3.1　折减系数随挂板厚度变化的趋势

模拟结果显示（图6），随着挂板厚度的增加，折减系数总体呈现出上升趋势。这一趋势表明，当挂板厚度增加时，整体刚度提升，抵抗变形的能力增强。因此，在厚度较大的情况下，折减系数更高，挂板与混凝土有效接触距离更高。

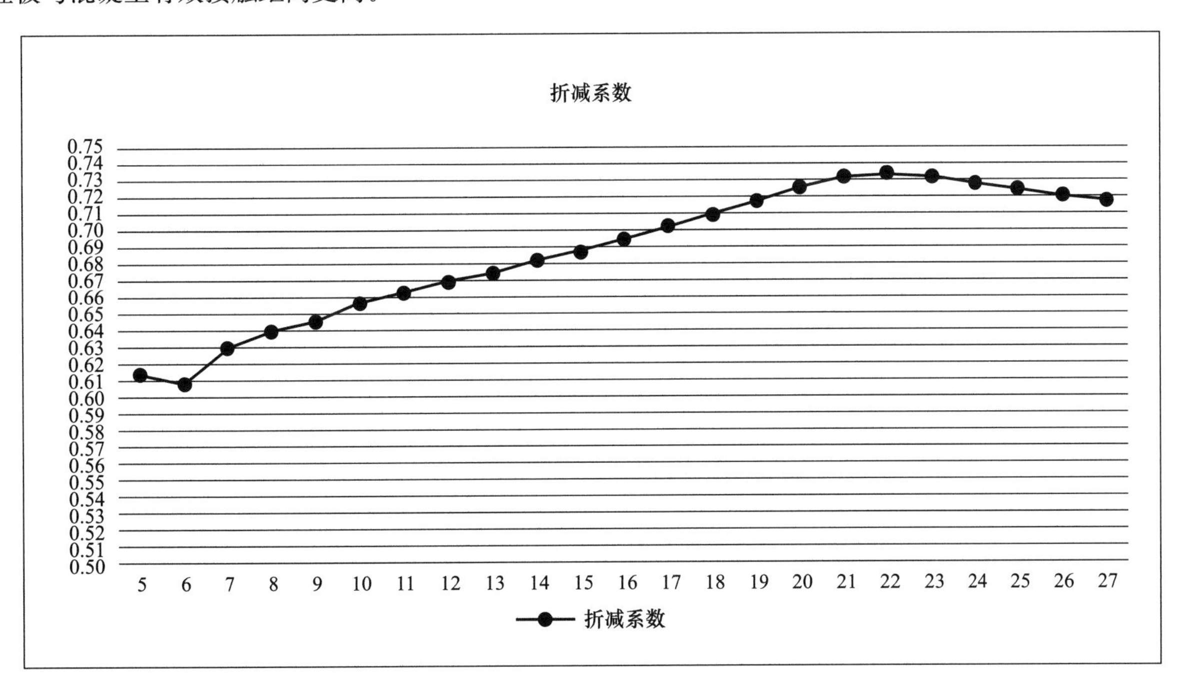

图6　折减系数变化趋势

在挂板厚度5mm到9mm之间时，折减系数为0.613到0.645，该数值相对较小，但增幅较大。这表明，在板块较轻、风压较小的幕墙单元板块设计过程中，选用较小厚度范围的铝挂板时，要考虑较低的折减系数对锚栓利用率的影响，如果选用过高的折减系数将对锚栓造成不利影响，当时可以考虑增加挂板壁厚使折减系数加大从而降低对锚栓的影响。

当厚度增加至10mm至20mm时，折减系数逐步上升，范围从0.657到0.732。这表明材料厚度对强度的影响趋于稳定，厚度的增加对折减系数的提升作用减弱。

而超过20mm之后，折减系数的增长几乎停滞，并且在23mm到27mm之间略有下降。这说明在厚度较大的情况下，继续增加厚度并不会显著提高有效接触距离，铝挂码已经达到了该材料的极限，想再提高折减系数或许要从混凝土入手。

3.2 不同厚度范围的性能分析

通过模拟可以看出，在15mm到20mm厚度范围内，材料的折减系数趋于稳定，此时的厚度能够提供足够的混凝土有效接触距离，适合大多数自重和风荷载均较大的单元板块。继续增加厚度对提升折减系数的效果较为有限，这提示了在该范围内厚度设计的经济性和安全性。

此外，在厚度小于10mm的范围内，折减系数的变化更加剧烈。这说明对于自重较轻且风荷载较小的单元板块，挂板厚度的微小变化将对其混凝土有效接触距离产生较大的影响。因此，在轻型结构设计中，设计者应更加谨慎地考虑挂板厚度对板块整体性能的影响，确保挂板能够在较薄的情况下维持足够的强度。

3.3 工程应用中的优化设计

根据模拟结果分析，挂板厚度在10mm至20mm之间时，折减系数的增幅逐渐减小，提示了此时为安全性和经济性较为平衡的设计选择。设计师可以优先考虑将材料厚度设计在该范围内，以实现材料的最优利用，满足工程的负荷需求。

而在厚度超过20mm时，折减系数不再随厚度的增加而显著变化，意味着继续增加厚度带来的强度提升非常有限。因此，对于高强度要求的工程项目，应权衡厚度增加的必要性，避免不必要的材料浪费和成本上升。

4 结语

本次模拟结果表明，挂板厚度对折减系数有明显影响，但随着厚度增加，影响逐渐减小。在厚度为15mm至20mm的范围内，有效接触距离提升效果显著，适合大多数工程应用。而厚度超过20mm后，提升效果逐渐减弱，此时继续增加厚度的效益有限。因此，在实际工程设计中，建议在满足挂板以及锚栓强度需求的前提下，合理控制挂板厚度，以达到安全性与经济性的最佳平衡。

这些研究为挂板厚度的设计提供了有力的理论依据，并为未来的单元板块设计提供了可参考的优化策略。

参考文献

[1] 孙训方，方孝淑，关来泰．材料力学［M］．北京：高等教育出版社，2019.
[2] 姚谏，董石麟．建筑结构静力学计算实用手册［M］．北京：中国建筑工业出版社，2021.
[3] 广东省住房和城乡建设厅．建筑结构荷载规范：DBJ/T 15-101—2022．北京：中国城市出版社，2022.

索网幕墙方案设计及施工张拉模拟分析

◎ 黄素文

深圳市晶宫建筑装饰集团有限公司　广东深圳　518045

摘　要　本文主要介绍索网玻璃幕墙方案设计计算分析过程及施工安装张拉模拟分析；通过单层索网结构体系与主体钢结构体系在张拉全过程中的模拟力学计算非线性分析，把各个拉索张拉过程对主体结构的影响提前预案判断，对指导现场施工有积极作用。

关键词　点式玻璃幕墙；索网结构；张拉；施工全过程跟踪模拟

1　引言

此项目为华润万象食家商业正门立面造型，地址位于深圳罗湖区笋岗地铁站附近（图 1）。整个商业综合体建筑楼高 7 层，索网玻璃幕墙位于北面 2 到 6 层，5 层通高共计 27.8m，宽 27.4m。此处为多栋建筑综合体，单栋建筑造型不一，周围环境复杂，建筑设计有做风洞实验确定风荷载。根据风洞实验风压分布图，索网立面风压有明显的突变区域，因此点式玻璃幕墙玻璃配置设计两种：TP19＋2.28PVB＋TP19 及 TP19＋2.28SGP＋TP19 超白夹胶钢化玻璃；玻璃通过不锈钢夹具固定，结构计算分析采用四角嵌固模型；玻璃标准分格为 1500mm×500mm、1500mm×2700mm 及 1500mm×3000mm。

图 1　索网点式玻璃幕墙实景图

索网结构型式：单层索网，索网龙骨为双向 ϕ40 的不锈钢（316）拉索。主体结构布置：顶部钢梁，矩 2300×1000×40×50mm（Q460B）；底部钢梁：矩 1450×1000×40×60mm（Q460B），两侧柱：1800×1400mm 矩形混凝土包工字钢柱（GB345GJ+C40）。

2 索网点式玻璃幕墙方案设计

2.1 索网标准节点设计

索网标准节点设计如图 2～图 6 所示。

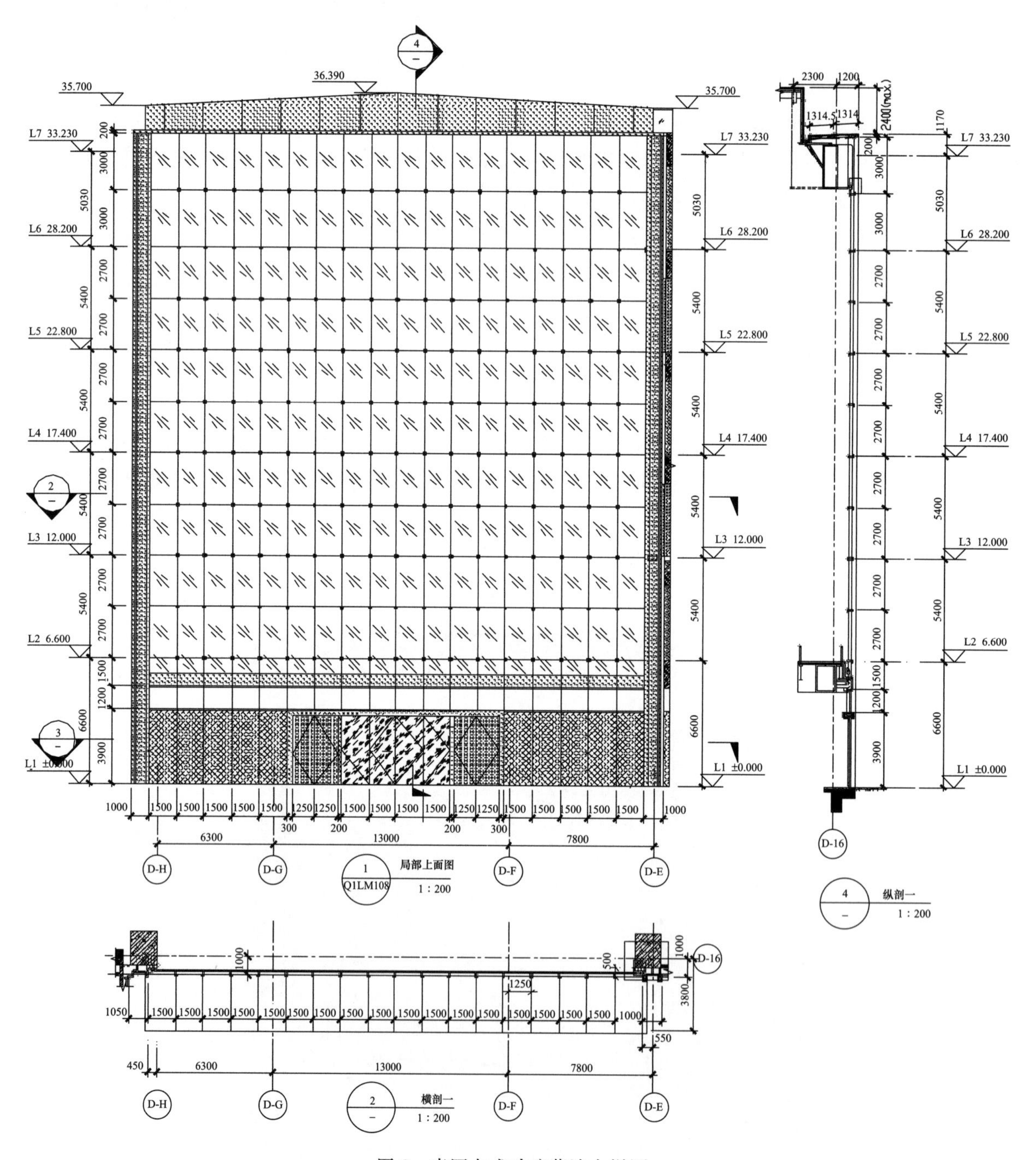

图 2 索网点式玻璃幕墙大样图

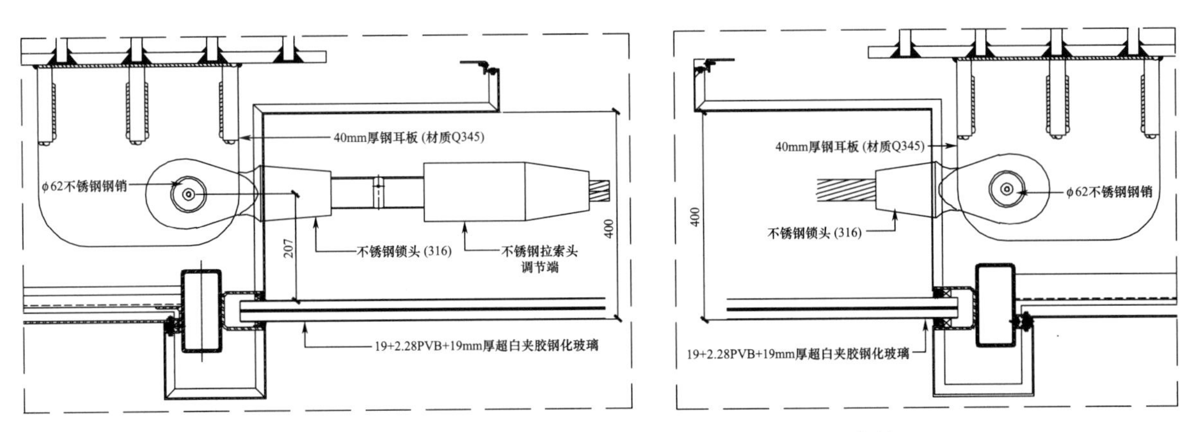

图3 水平拉索设计节点图（左边为调节端，右边为固定端）

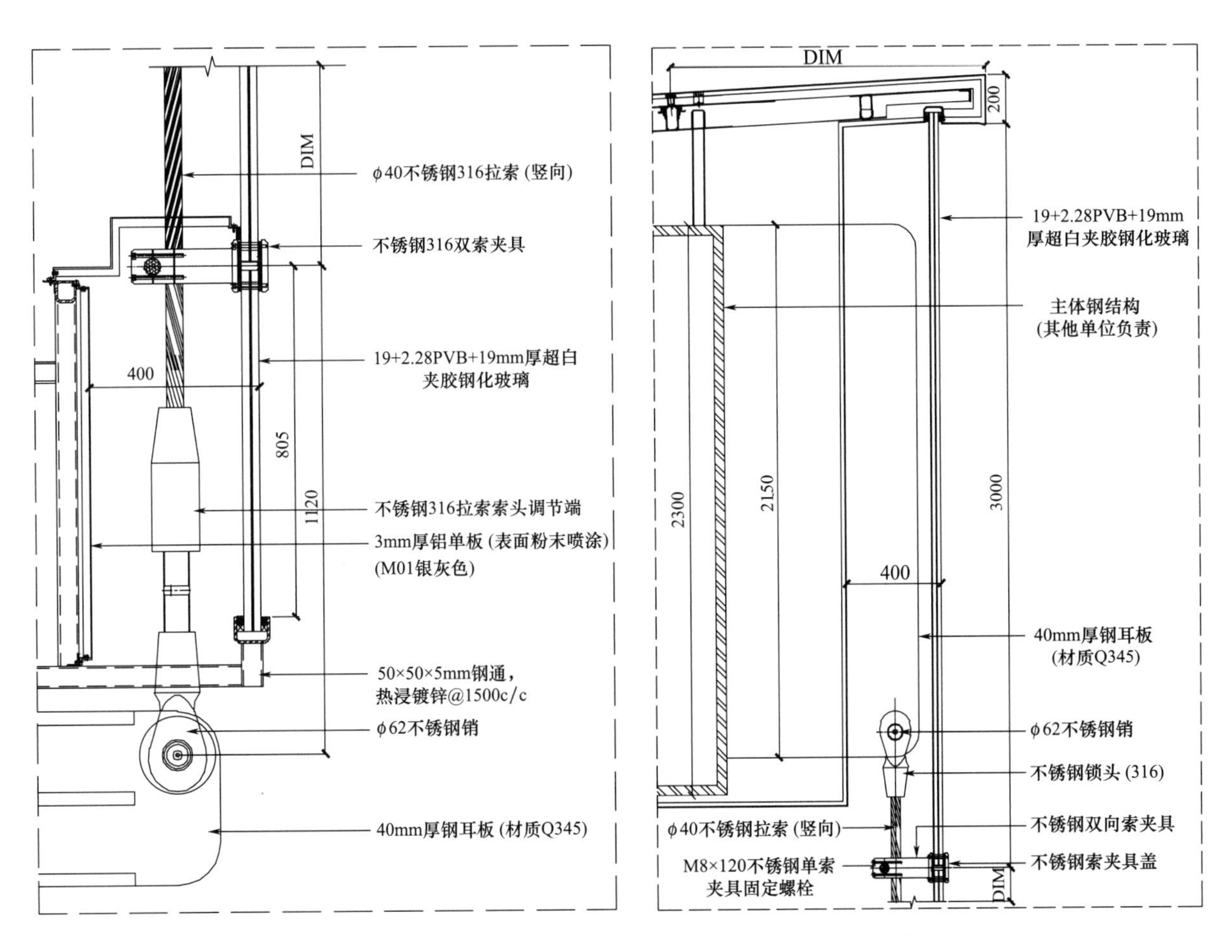

图4 竖向拉索设计节点图（左边为调节端，右边为固定端）

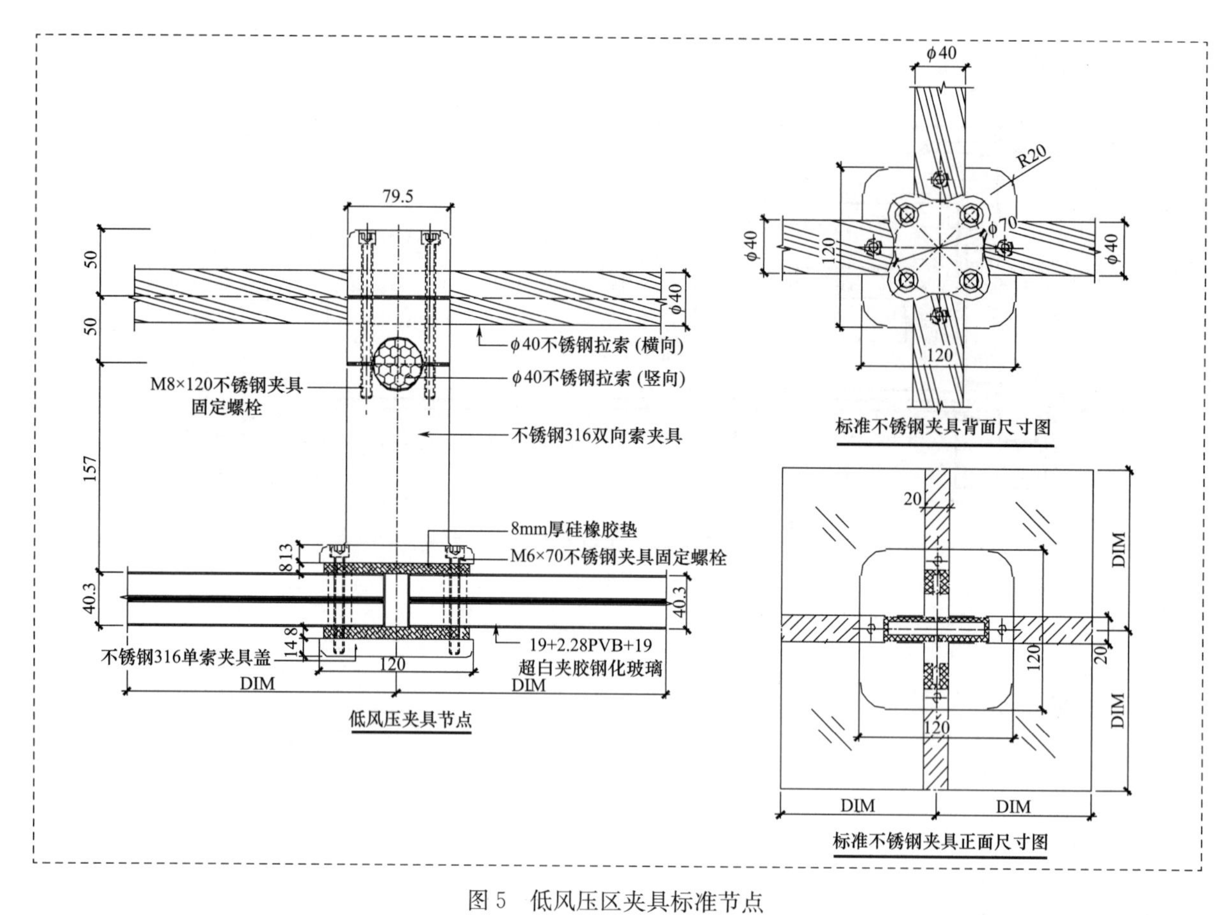

图 5　低风压区夹具标准节点

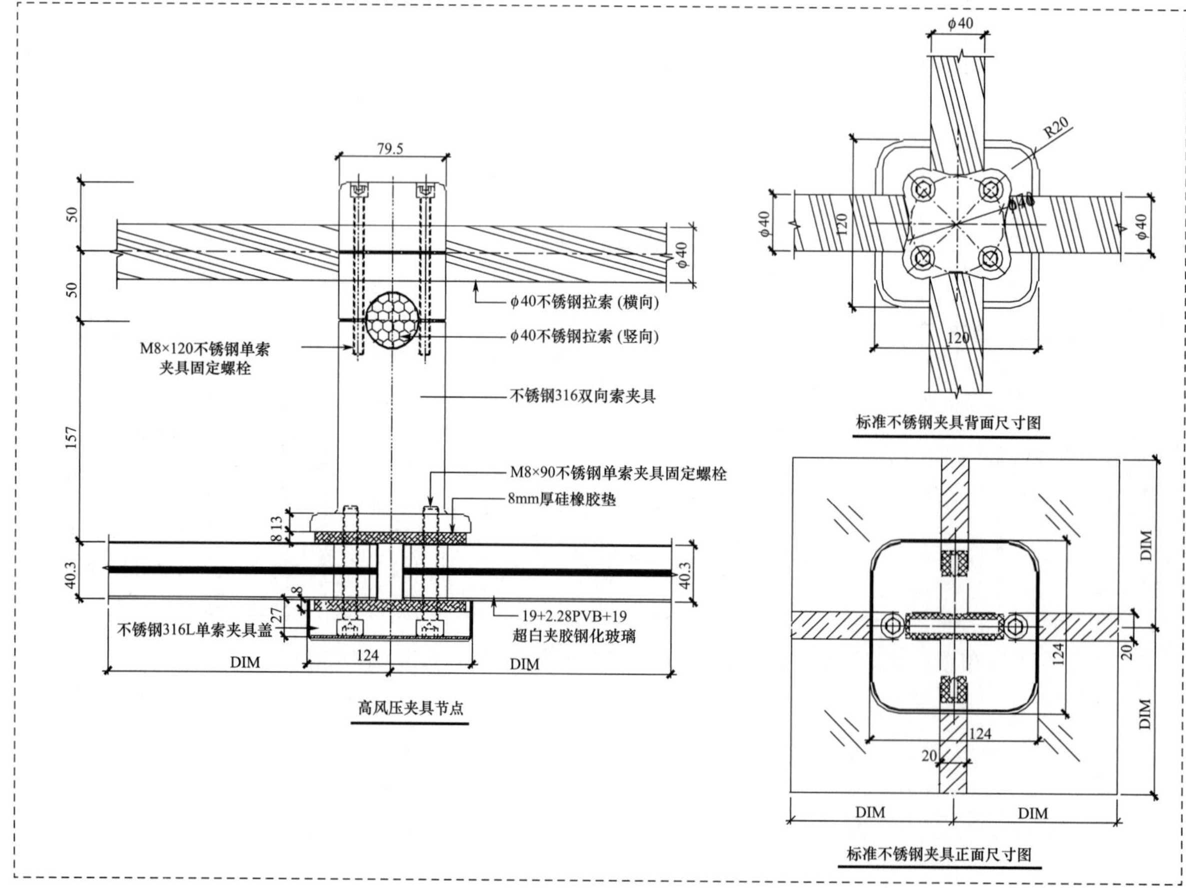

图 6　高风压区夹具标准节点

2.2　索网边界条件设计

根据以往工程案例，单向索结构和单层索网结构第一根拉索和边角部周边固定的玻璃存在严重不均匀变形问题，玻璃容易自爆破碎。因此横向拉索端部玻璃固定节点考虑做成铰接U型槽形式。此类做法可使玻璃板块绕竖向轴转动，既可以承受水平荷载，同时也可以使平行于玻璃面板方向的板块滑动，最终减少玻璃相互挤压及温度变形的影响。下面是支撑结构幕墙周边玻璃的处理节点，如图7所示。

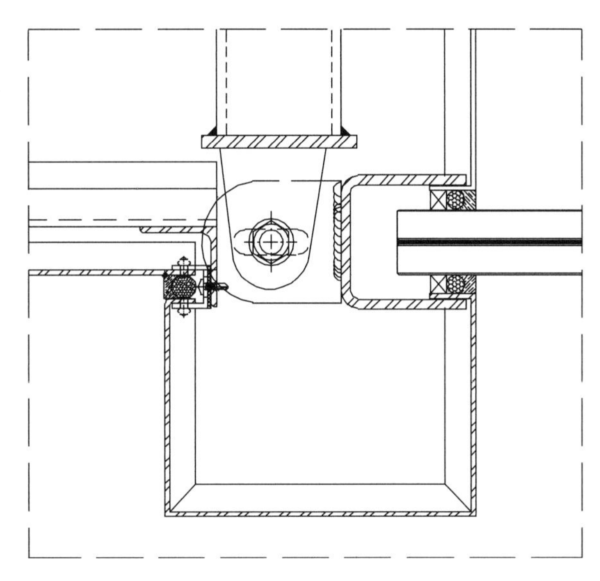

图7　铰接U型槽示意节点

2.3　玻璃面板分布设计

（1）风荷载标准值计算

参考风洞实验报告，此立面荷载分布如下所示：

W_{k1}＝1.7kN/m^2，W_{k2}＝4.7kN/m^2（图8）

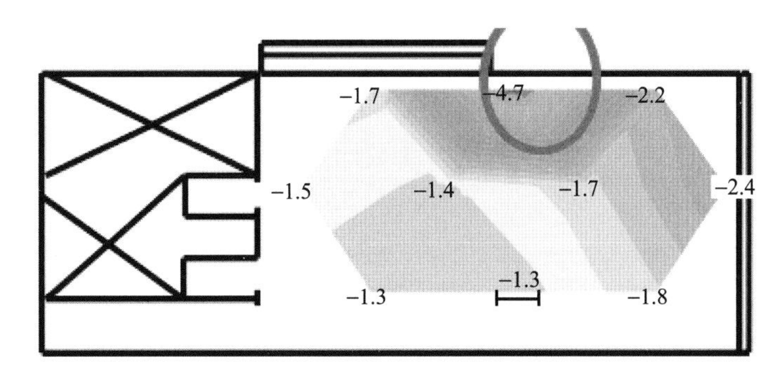

图8　风洞实验报告负风压

（2）玻璃区分布置

如图8所示，索网点式玻璃幕墙立面存在两个风压区：低风压区（1.7kN/m^2），高风压区（4.7kN/m^2）。根据不同风压计算分析，此系统玻璃采用两种类型：19TP＋2.28PVB＋19TP及19TP＋2.28SGP＋19TP超白夹胶钢化玻璃，其分布位置参照图9所示（其中箭头所示填充位置为高风压区，玻璃配置19TP＋2.28SGP＋19TP超白夹胶钢化玻璃），同时高风压区玻璃夹具也特殊定制，具体参照图6所示。

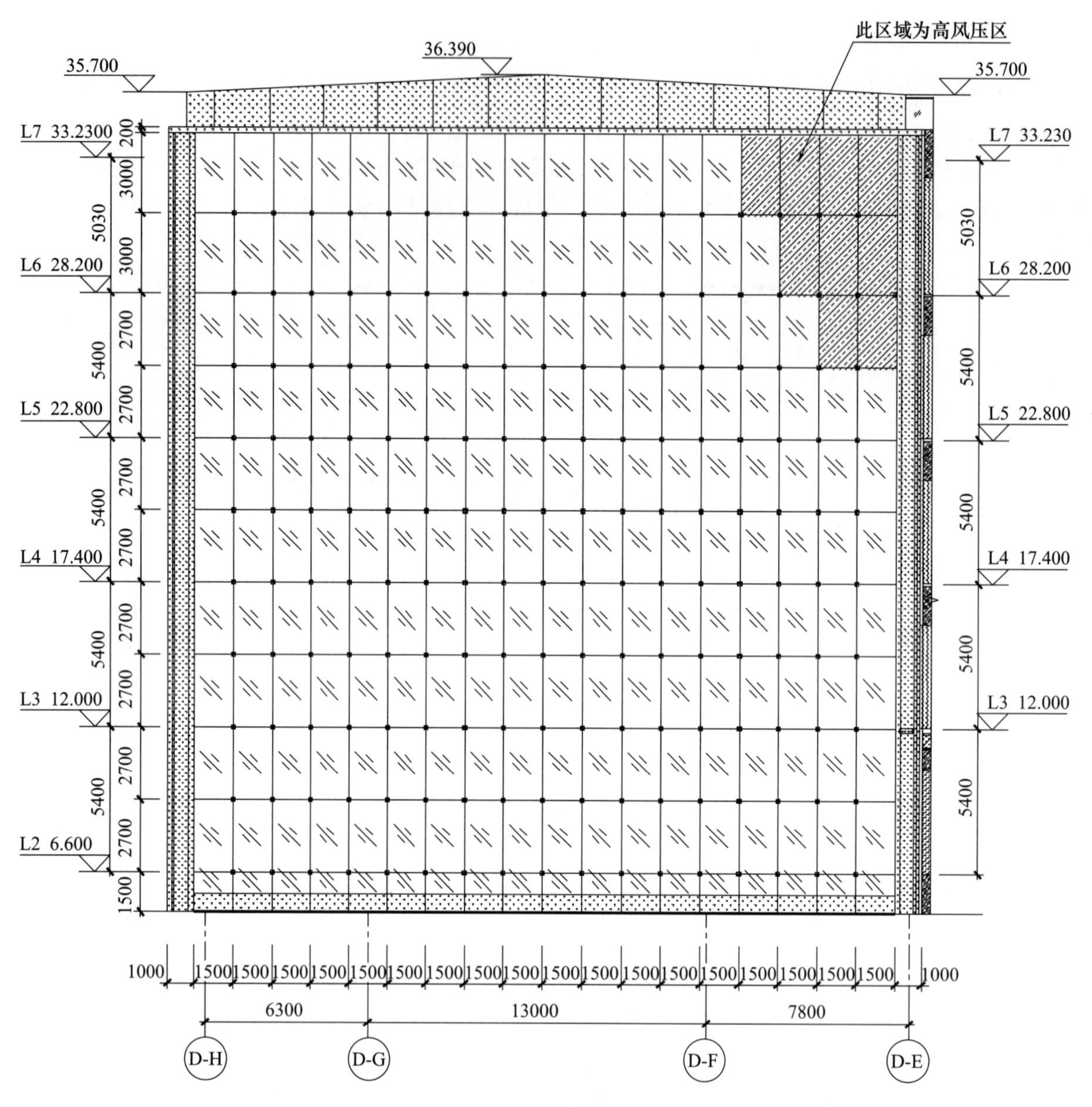

图 9 玻璃分布图

3 索网系统设计计算分析

3.1 索网荷载说明

本工程结构的设计使用年限：25 年；

结构的安全等级为：二级；

抗震设防烈度：7 度；

基本地震加速度：0.10g；

设计地震分组：第一组；

温度作用：±20℃；

基本风压：0.75kN/m^2；

地面粗糙度类别：C 类；

风振系数：1.8；

参考立面风洞实验报告值：W_{k1}=1.7kN/m²，W_{k2}=4.7kN/m²（风洞实验报告值图 8）；

玻璃面板自重：25.6×（19+19）×1.1/1000=1.07kN/m²（考虑 1.1 放大倍系数）；

拉索净跨为两种，L_1=27300mm（预应力为 250kN），L_2=26270m（预应力为 244kN）；

ϕ40 不锈钢拉索破断力为：N=1192.21kN（厂家资料数据）。

不锈钢 316 材质（$OCr_{18}Ni_{12}Mo_2Ti$）拉索材料参数：

弹性模量：1.30×10^5N/mm²；

泊松比：0.30；

线膨胀系数：1.60×10^{-5}。

注：夹具及其他配件质量，按 1.1 放大系数考虑。

3.2 索网找形分析

采用同济大学有限元软件 3D3S 高级模块非线性建模分析：

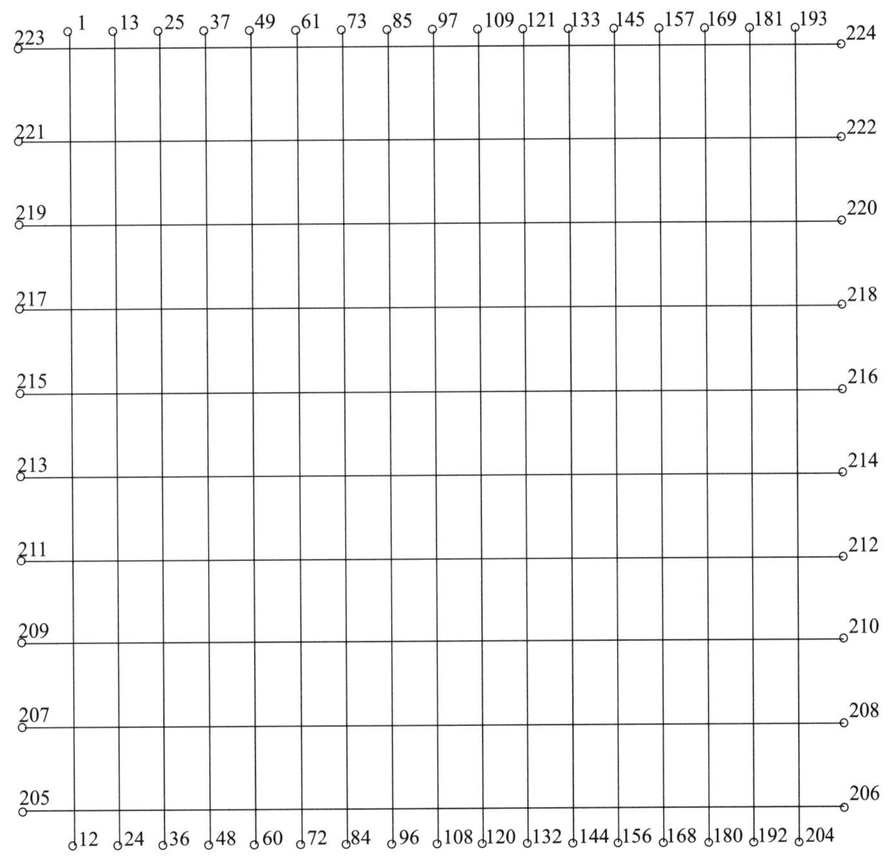

图 10 索网计算简图

（圆表示支座，数字为节点号）

（1）添加重力及水平力荷载，荷载按面荷载导入模型，软件自动转化为集中荷载。

（2）初始预应力状态确定：

索网体系属于设计几何位置不定的初始平衡体系，求解其初始状态时，可以采用力密度法，也可以采用有限单元法。

①索网体系定义不同的力密度可以得到不同的平衡曲面，具体应用可以遵循以下三个原则：

任意曲面：假定所有索段力密度相等，一次求解得到的平衡曲面。经软件模拟证明，该曲面索段长度平方和最小，该曲面计算求解迅速；

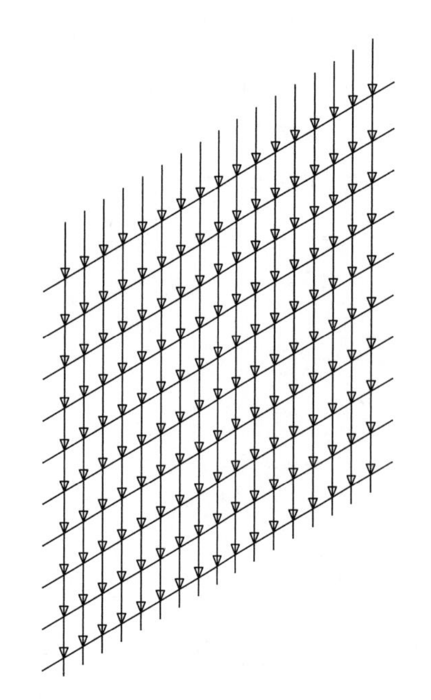

图 11 竖向荷载简图（箭头所示方向）

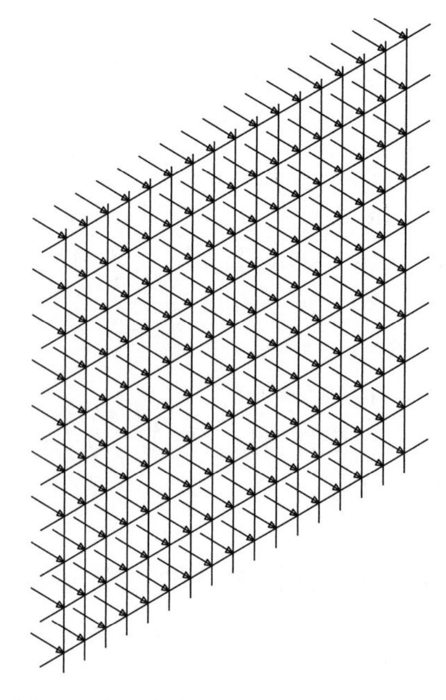

图 12 水平荷载简图（箭头所示方向）

最小曲面：通过迭代计算，索网中所有的索段拉力相等的曲面。经软件模拟证明，该曲面索段长度之和最小，但并不是所有曲面都存在最小曲面，计算过程中可根据软件提示及工程对曲面的要求中止迭代，获得较优的曲面；

等原长曲面：通过迭代计算，索网中所有索段的下料原长相等。该曲面下料方便，但并不是所有曲面都存在符合用户需求的等原长曲面，计算过程中可根据软件提示及工程对曲面的要求中止迭代，获得较优的曲面。

②索网体系也可以通过有限元法求解。将所有的索网索段定义成被动索，被动索意味着在分析过程中设定了索网索段的下料原长，可以求得给定索段原长的索网形状及内力分布。

③索网体系形状确定的建模位置只是确定了索网的控制点位置以及索网的拓扑形状，形状确定结束后新的结构位置为索网体系的初始状态。

本工程采用的是有限元求解法，详见图 13 及图 14。

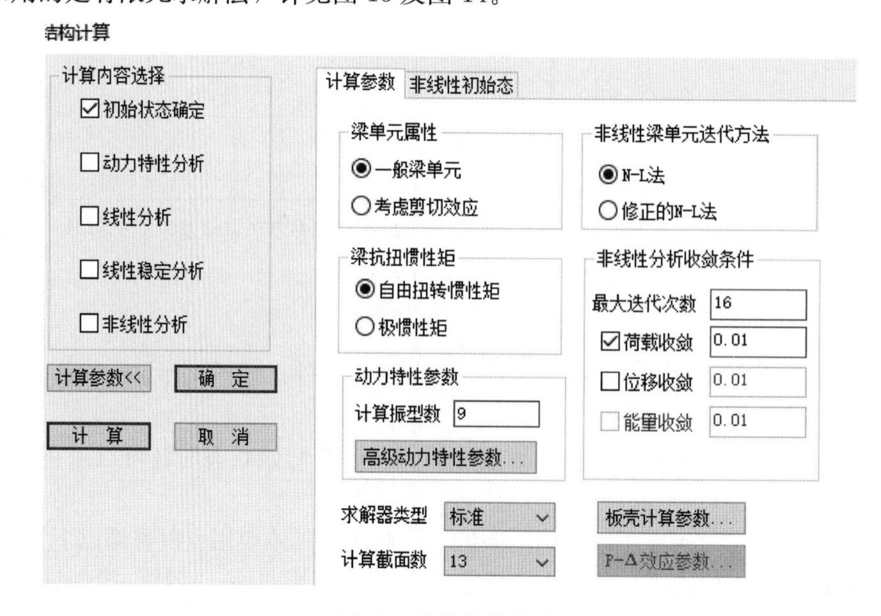

图 13 计算参数选取

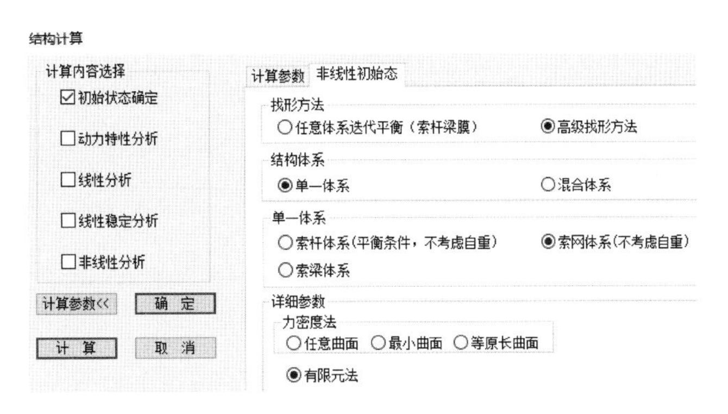

图 14　计算参数选取

（3）相关夹具安装

本工程夹具安装尤为重要，和后期的玻璃安装密切相关，故对夹具安装精度要求非常高。找型计算是指索结构施工前确定索材在零应力状态下的长度确定，并在每个夹具位置做出标记点，施工人员严格按照标记点的位置进行安装夹具，详见图 15。

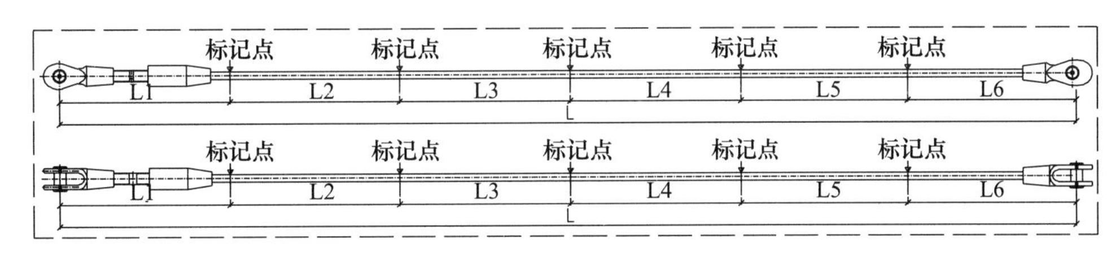

图 15　计算参数选取

3.3　索网整体非线性分析结果

（1）非线性分析过程

结构建模→单层索网→定义属性→添加荷载→预应力施加→找形计算方法确定→模型找形→计算分析→初始态确定→非线性初始态→非线性分析→设计验算→输出计算结果。

（2）轴力分布云图

轴力分布云图如图 16 所示。

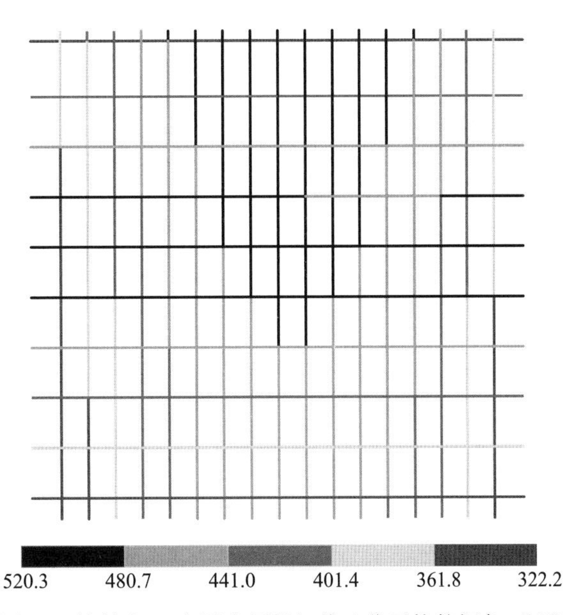

图 16　按轴力 N 在图中用粗细线已分开构件颜色（kN）

（3）变形分布云图

变形分布云图如图17所示。

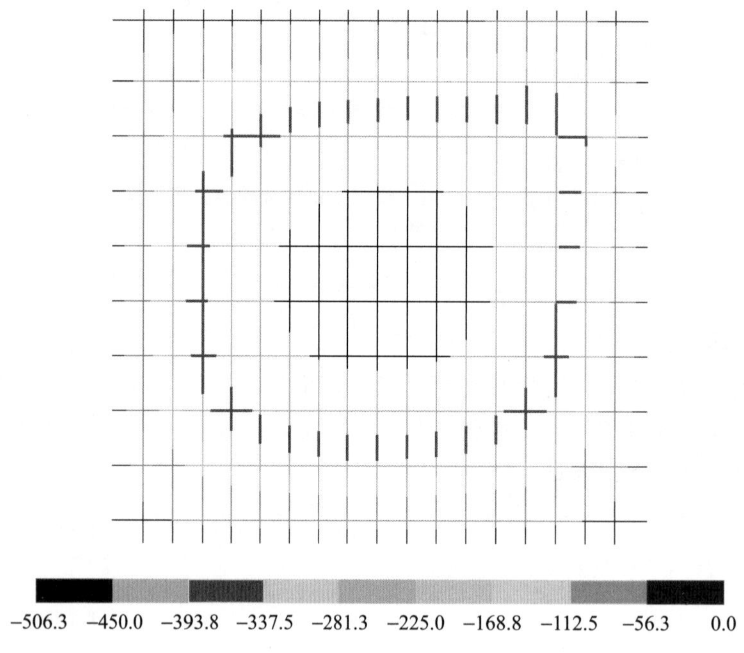

图17　正常使用极限状态变形：U_y（mm）

综上计算可知，拉索轴力最大为：N_1＝520.3kN＜1192/2＝596.0kN

拉索变形最大变形为：d_1＝506.3mm＜27300/50＝546.0mm

（4）强度校核分布云图

根据计算分析模型，进行规范检验，检验结果表明，结构能够满足承载力计算要求，应力比最大值为0.83。图18和图19为模型总体应力比分布图。

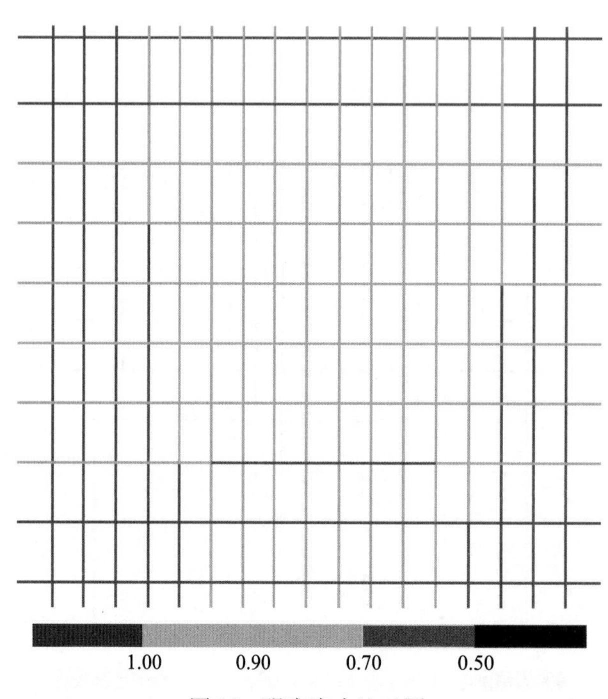

图18　强度应力比云图

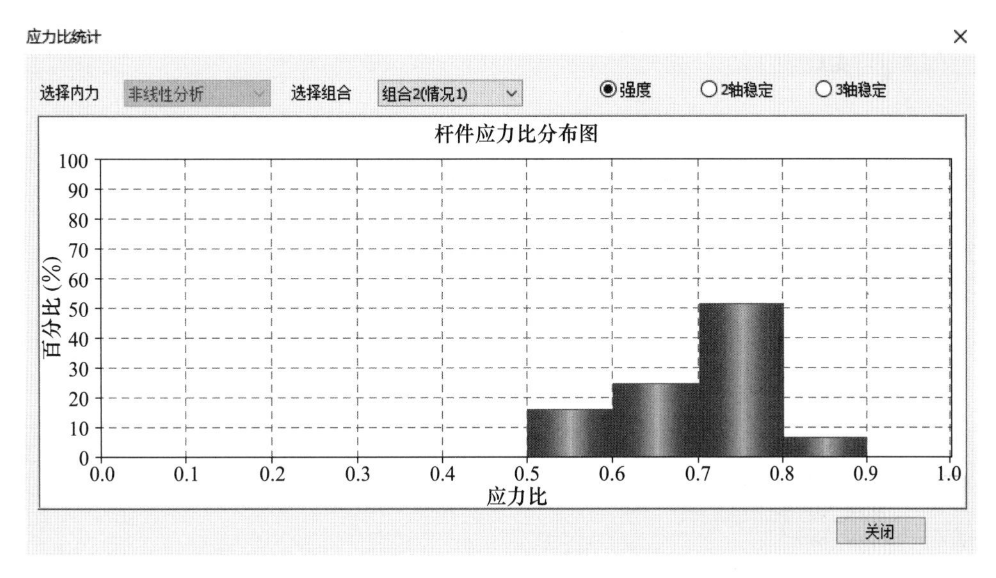

图 19　杆件应力比分布图

4　索网系统张拉模拟分析

4.1　施工仿真模拟说明

索结构除了构件自身的几何参数、力学特性和构件之间的几何拓扑关系和连接节点之外，预应力也是结构构成的重要内容。索结构的“力”和“形”是统一的，“力”是在对应的“形”上平衡。因此，索结构施工要对“力”和“形”实行双控，即控制索力和结构形状。本工程施工的张拉特点是：通过张拉径向索来达到结构“形”的控制，建立与设计相符的“力”和“形”的统一。

施工仿真计算实际上是预应力钢结构施工方案中极其重要的工作。因为施工过程会使结构经历不同的初始几何态和预应力态，这样实际施工过程必须和结构设计初衷吻合，加载方式、加载次序及加载量级应充分考虑，且在实际施工中严格遵守。理论上将概念迥异的两个阶段或两个状态分别称为初始几何态和预应力态，这两个状态的分析理论和方法是不同的。在施工中严格地组织施工顺序，确定加载、提升方式，准确实施加载量、提升量等是必要的。

施工张拉仿真具体目的及意义如下：

（1）验证张拉方案的可行性，确保张拉过程的安全；

（2）给出每张拉步的应力及变形情况，为实际张拉时的张拉力值的确定提供理论依据；

（3）给出每张拉步结构的变形及应力分布，为张拉过程中的变形及应力监测提供理论依据；

（4）根据计算出来的张拉力的大小，选择合适的张拉机具，并设计合理的张拉工装；

（5）确定合理的张拉顺序。

4.2　工装设备安装及整体模型设计组装

张拉设备安装：由于本工程张拉设备组件较多，因此在进行安装时必须小心安放，使张拉设备形心与钢索重合，以保证预应力钢拉杆在进行张拉时不产生偏心；在油泵启动供油正常后，开始加压，当压力达到钢索设计拉力时，超张拉 5%左右，然后停止加压。张拉时，要控制给油速度，给油时间不应低于 0.5min。（图 20、图 21）

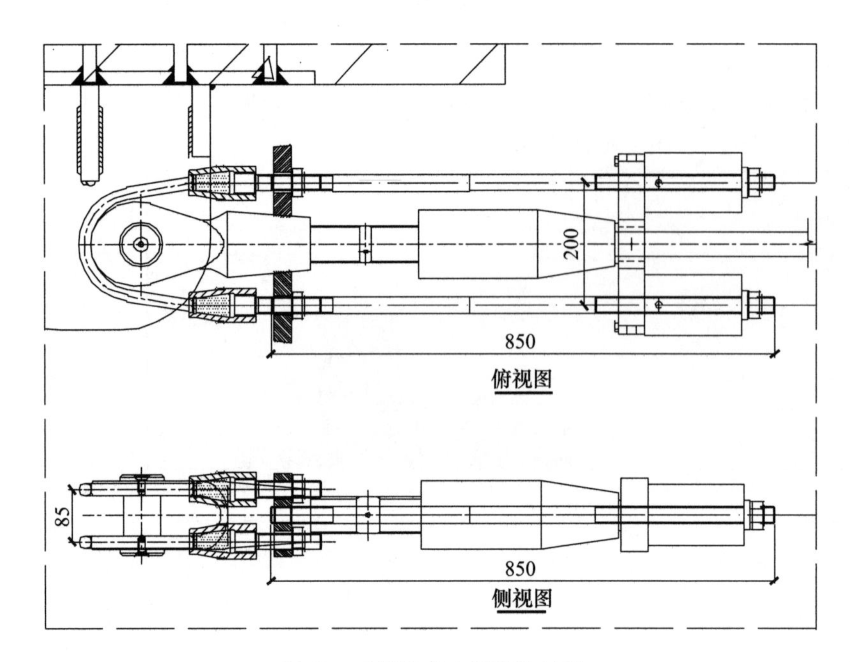

图20　工装设备水平张拉示意

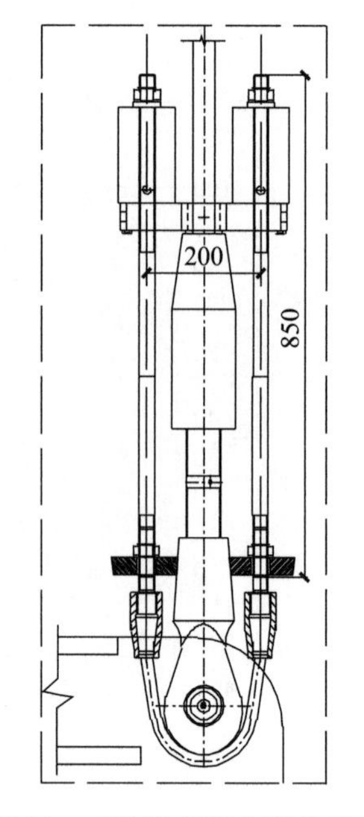

图21　工装设备竖向张拉示意

根据施工安装要求，索网张拉进行施工过程跟踪模拟（图22、图23），模拟计算过程及结果如下所示。

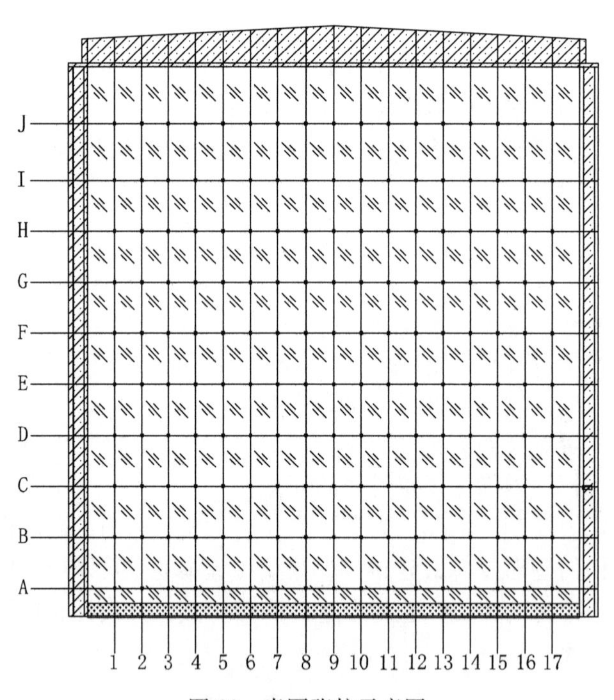

图22　索图张拉示意图

其中：1～17轴为水平方向，A～J轴为竖向方向。

顶部钢梁：矩 2300×1000×40×50mm（Q460B）；底部钢梁：矩 1450×1000×40×60mm（Q460B）；

两侧柱：1800×1400mm 矩形混凝土包工字钢柱（GB345GJ+C40）；

中间索网：ϕ40（316不锈钢）；

主体结构支座约束：固接。

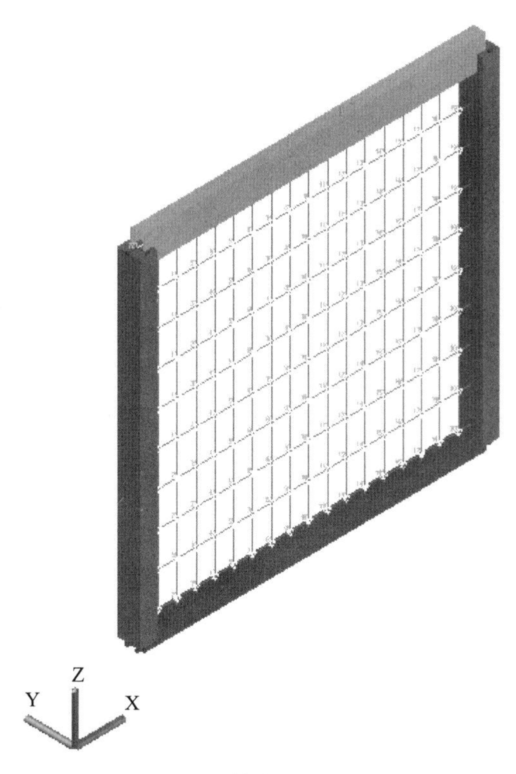

图 23　整体模拟施工模型

4.3　索网张拉仿真模拟

根据上述施工部署，施工过程分析建模相对于常规分析，主要区别在于：需要按照施工方案进行结构分组、荷载分组及边界分组（图 24）。此时可按如下步骤进行（图 25～图 35）。

拉索直径	第一级	第二级	第三级
ϕ140	122	183	244

图 24　张拉荷载

（1）分级张拉：50％、75％、100％＋A％；

（2）分部张拉：先竖索后横索，中间往两边，对称交替；A％为暂定数据，实际超张拉数据要根据单索结构积累数据和损失情况最终确定，一般为 3％～5％；

（3）张拉顺序：参照前面拉索编号（图 22）排布顺序

第一级（50％预应力）

竖索：9→（8＋10）→（7＋11）→（6＋12）→（5＋13）→（4＋14）→（3＋15）→（2＋16）→（1＋17）

横索：（E＋F）→（D＋G）→（C＋H）→（B＋I）→（A＋J）（括号内为同步张拉编号）

第二级（75％预应力）按照第一级规则顺序依次完成张拉；

第三级（105％预应力）按照第一级规则顺序依次完成张拉。

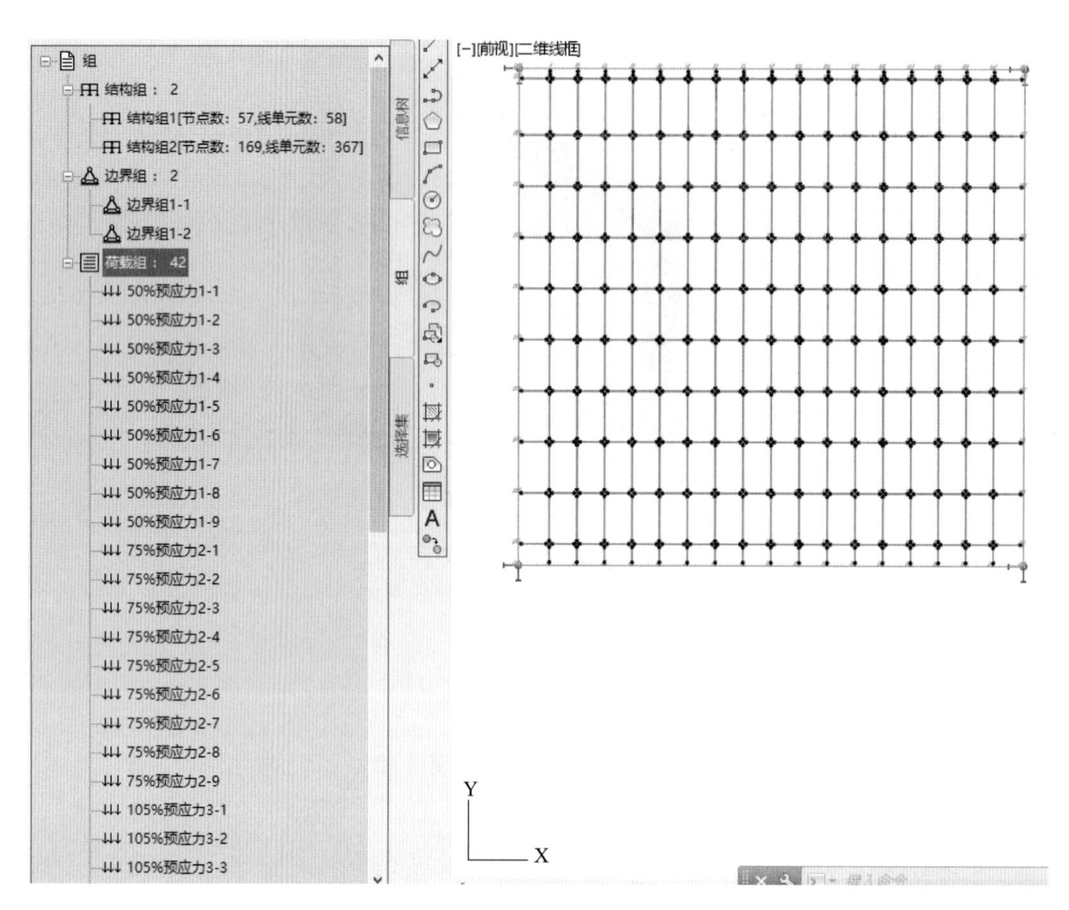

图 25　施工过程模拟参数输入

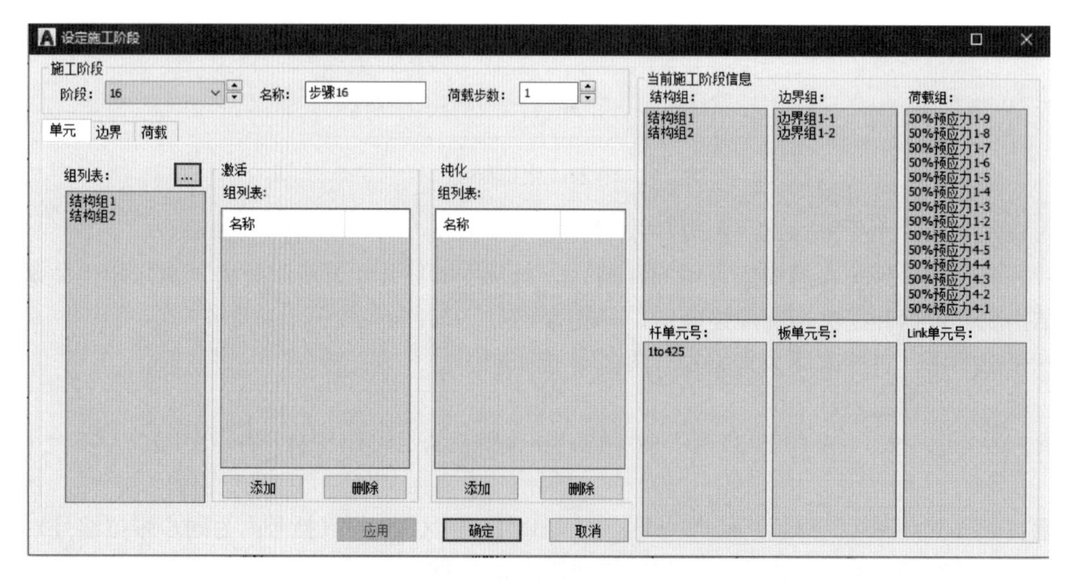

图 26　第一级张拉（步骤 1～16）

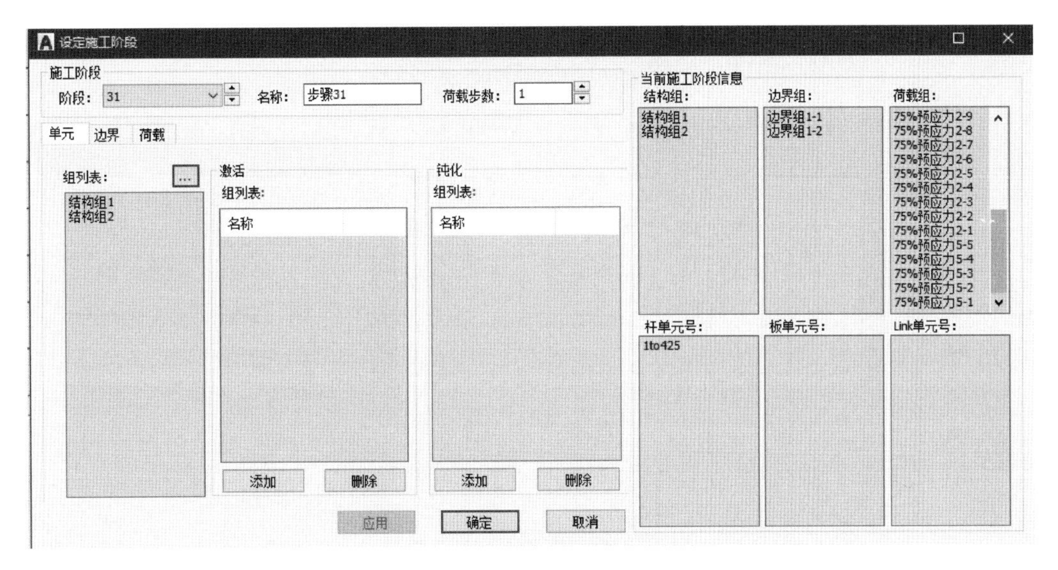

图 27　第二级张拉（步骤 17～31）

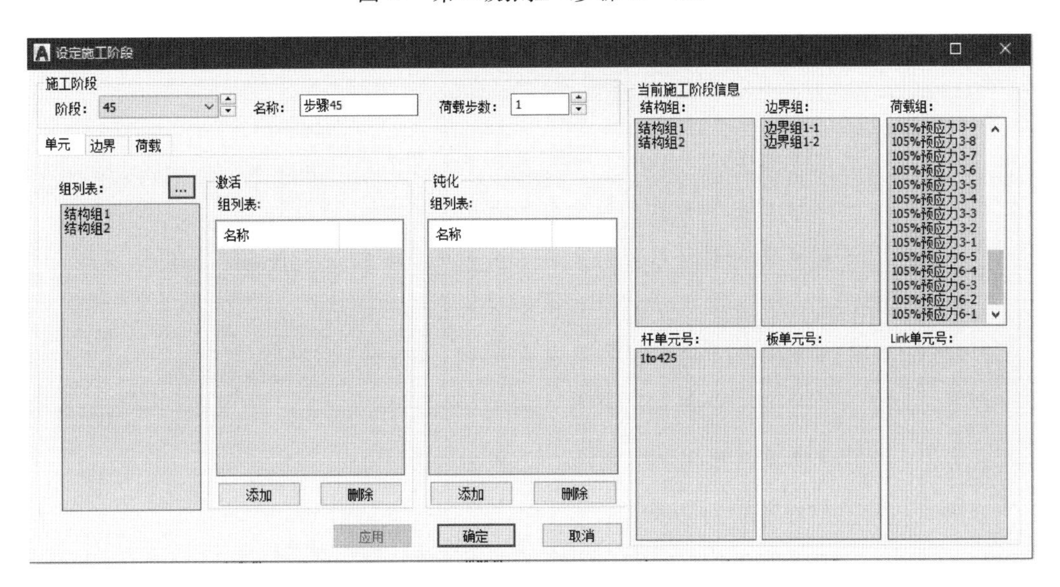

图 28　第三级张拉（步骤 32～45）

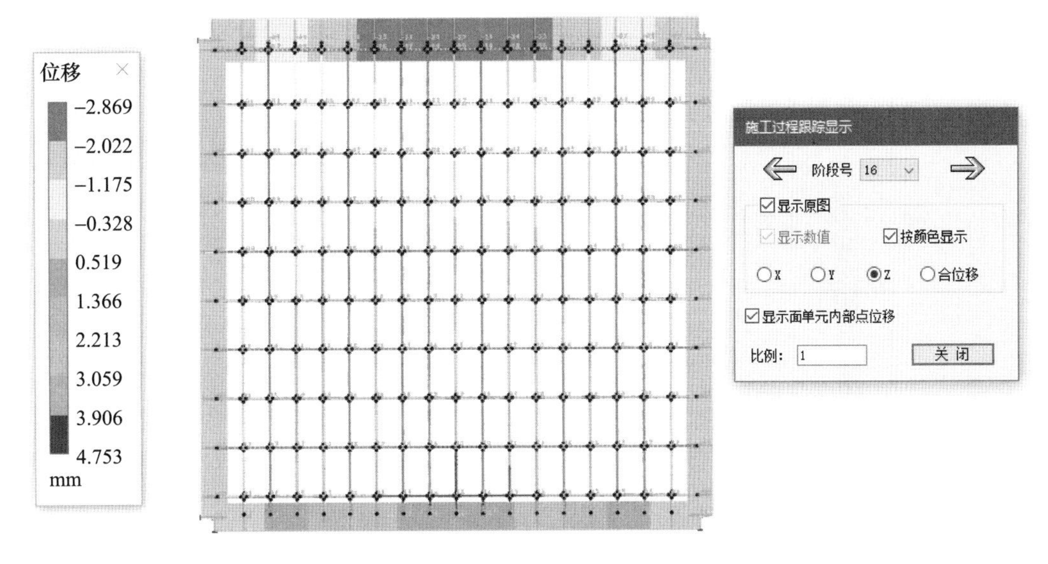

图 29　第一级张拉竖向方向变形图

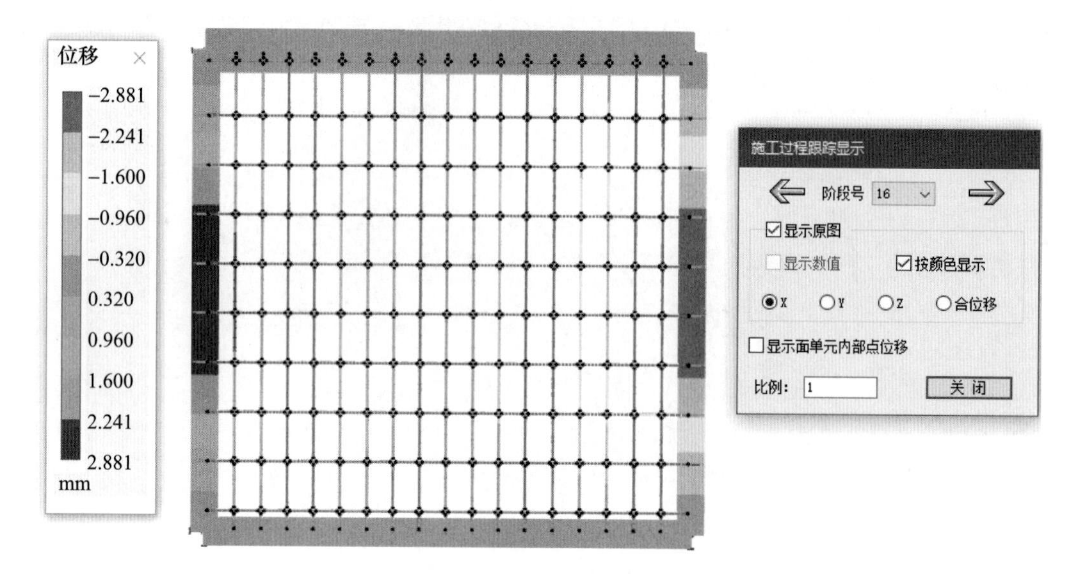

图 30　第一级张拉水平方向变形图

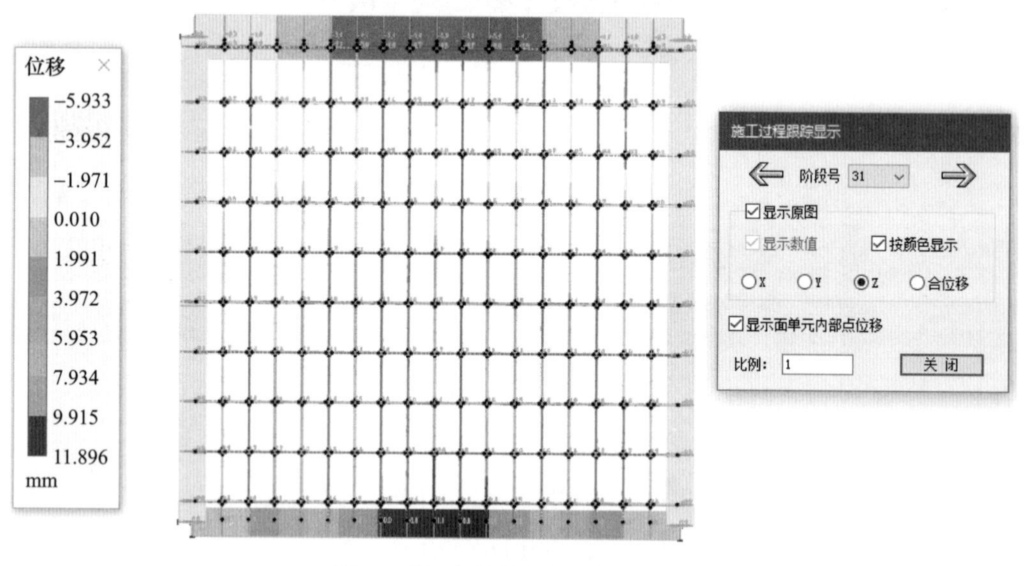

图 31　第二级张拉竖向方向变形图

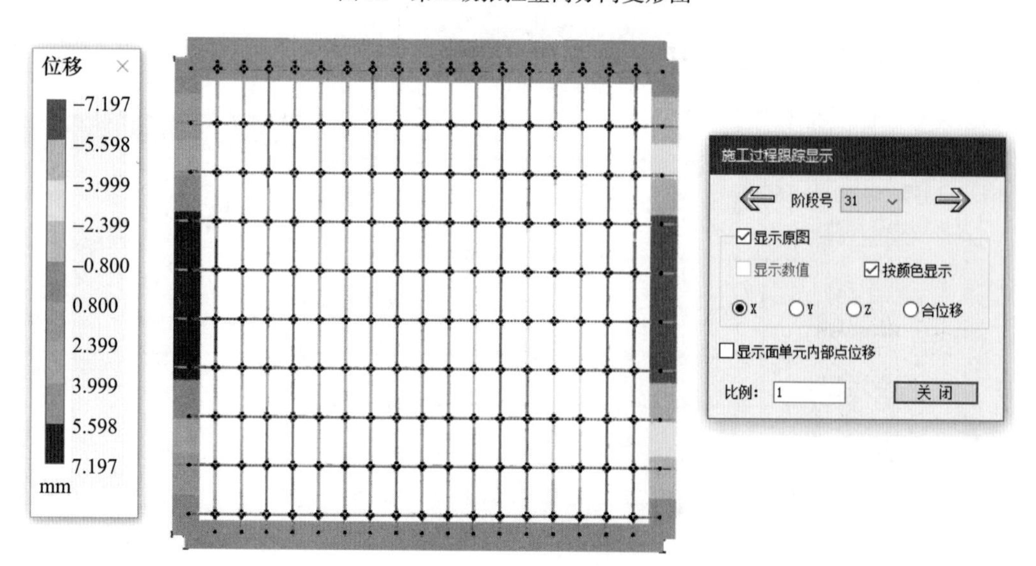

图 32　第二级张拉水平方向变形图

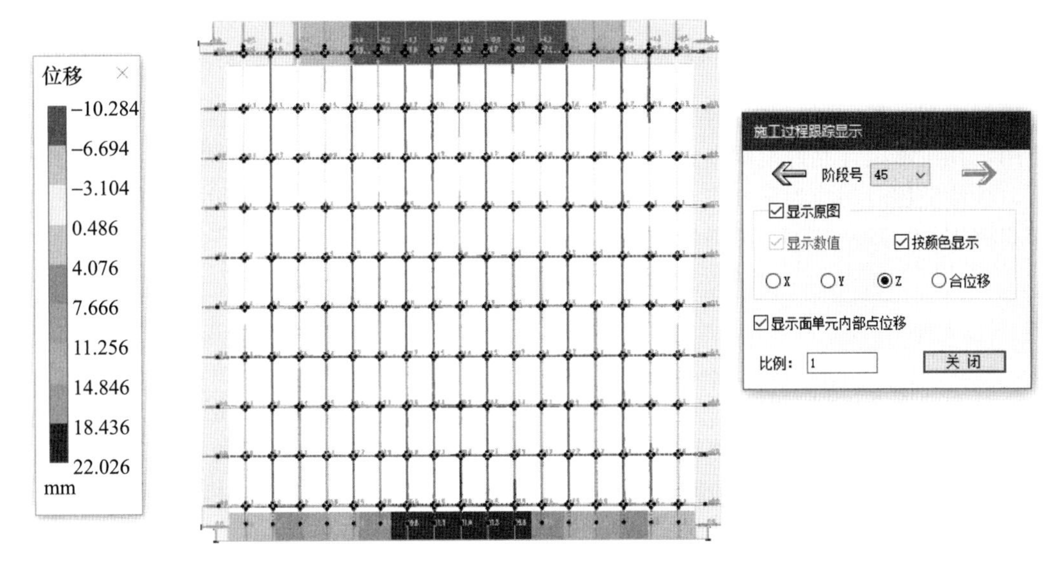

图 33　第三级张拉竖向方向变形图

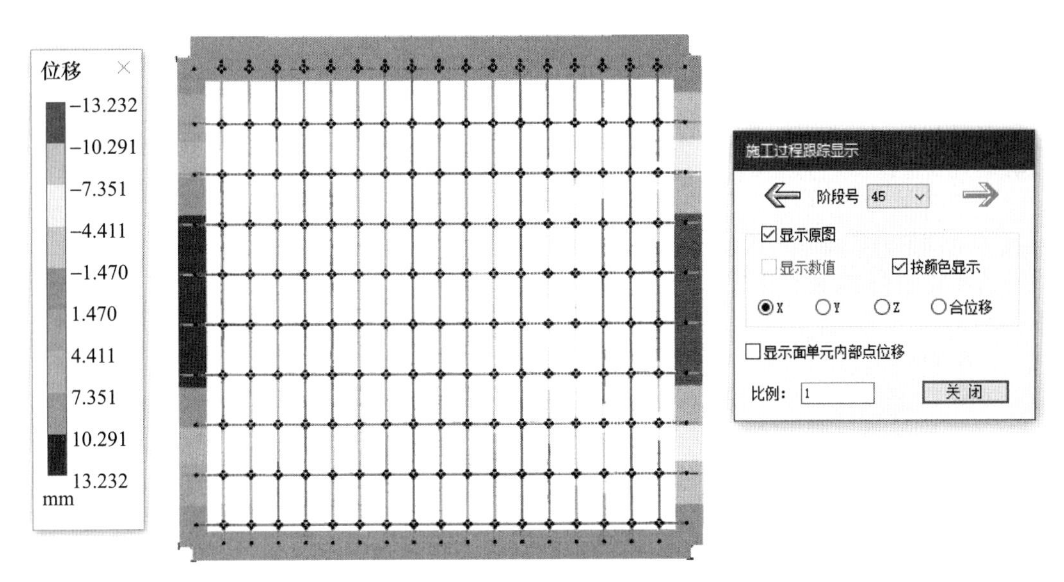

图 34　第三级张拉水平方向变形图

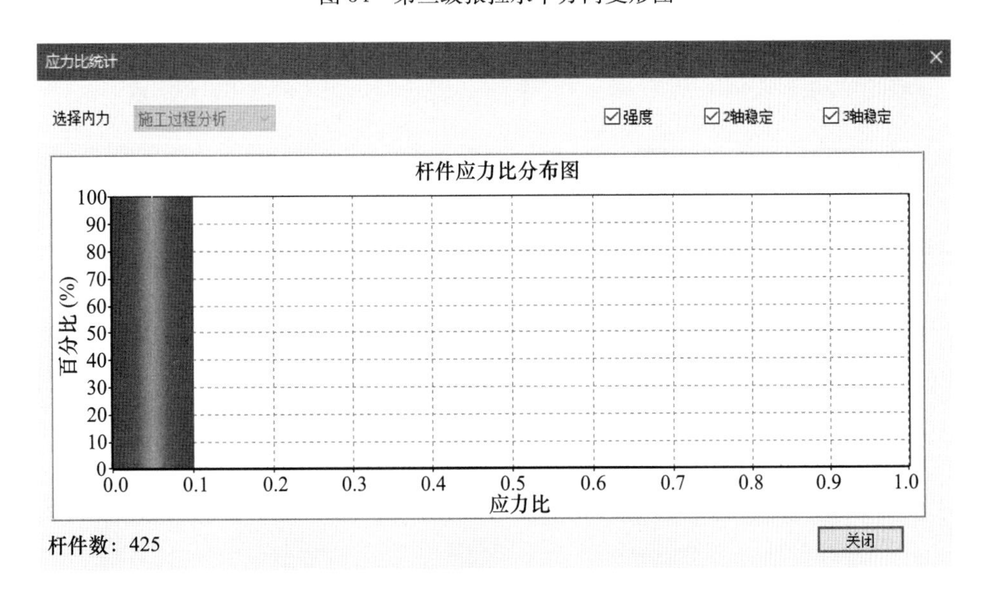

图 35　三级张拉杆件之后应力分布图

4.4 索网系统张拉对主体结构影响分析

综上模拟可知，拉索张拉过程对主体结构影响较小，整体变形（未考虑楼板及混凝土梁对柱水平支撑的作用）在主体设计允许范围内。考虑结构变形的影响，每完成一个张拉步骤后，应对索的应力进行检测，检测监控时间应为早 6 点～8 点，并记录存档。同时考虑温度的影响对仿真结果进行修正，修正梯度根据现场实际情况进行准确修正。

5 结语

华润万象食家商业正门立面采用索网点式玻璃幕墙系统，玻璃采用超白钢化玻璃，施工完成之后整体通透富丽堂皇，是近年来难得出现的建筑设计理念与建筑结构技术相得益彰的工程（图 1）。经过大量模拟计算分析，现场按照张拉方案张拉完毕后，最终检测，拉索预拉力和主体变形均达到了预期效果。同时该项目已顺利通过竣工验收，获得业主的满意和专家的一致好评。而今商场正常开业运营，商场店内灯火辉煌，一片欣欣向荣的景象。

参考文献

[1] 中华人民共和国建设部．建筑结构荷载规范：GB 50009—2012 [S]. 北京：中国建筑工业出版社，2012.

[2] 中华人民共和国建设部．低张拉控制应力拉索技术规程：JGJ/T 226—2011 [S]. 北京：中国建筑工业出版社，2011.

[3] 中华人民共和国建设部．索结构技术规程：JGJ 257—2012 [S]. 北京：中国建筑工业出版社，2012.

[4] 上海市住房和城乡建设管理委员会．建筑索结构技术标准：DG/TJ 08－019—2018 [S]. 上海：同济大学出版社，2018.

[5] 张其林．索和膜结构 [M]. 上海：同济大学出版社，2002.

[6] 杨文军，万利民，嵇康东，等．东莞篮球中心大型双曲面单索玻璃幕墙施工技术 [J]. 施工技术，2012.

防火玻璃门承载密封隔热优化的分析与应用

◎ 劳梓明

鹤山市恒保防火玻璃厂有限公司　广东鹤山　529700

摘　要　随着城市化进程的加速和高层建筑的增多，火灾安全问题变得日益严峻。作为建筑防火系统的关键组成部分，防火玻璃门的性能直接关系到火灾时的人员疏散和财产保护。本文针对现有防火玻璃门在结构和性能上存在的问题，进行了深入分析和研究。通过一系列结构优化措施，并结合创新设计和材料应用，本文提出了一种高性能防火玻璃门系统，显著提高了其隔热、密封、隔声、承载能力和耐久性。

关键词　多层复合型隔热防火玻璃；重型结构加强；通透性；创新设计；安全施工；耐用性

1　引言

1.1　研究背景

随着城市化的快速发展，高层建筑成为城市景观，但也带来了火灾等安全隐患。高层建筑火灾的蔓延速度快，救援难度大，对人民生命财产构成严重威胁。防火门是高层建筑中阻止火势蔓延的关键之一。目前，市场上的防火玻璃门主要有两种结构：铰链连接型和地弹簧型。这些门在设计时考虑了防火和密封性，但在实际应用中存在密封不严、缝隙过大等问题，可能在火灾时导致浓烟泄漏，影响疏散和救援。

因此，优化防火玻璃门结构，提高其防火和密封性能，对于提升建筑安全至关重要。本文将深入分析防火玻璃门的结构问题，并提出解决方案，以增强高层建筑的防火安全。

1.2　研究意义

当前建筑安全标准日益严格，对防火玻璃门的性能要求也越来越高。结构稳定性是确保防火玻璃门在火灾等极端条件下有效运作的关键因素。通过研究和完善防火玻璃门的结构设计，可以显著提高其稳定性，从而在关键时刻提供可靠的安全保障。安全是建筑防火设计的首要考虑因素。一个安全可靠的防火玻璃门系统能够在火灾发生时有效阻挡火势和烟雾的扩散，为人员疏散争取宝贵时间。研究意义在于通过技术创新，提高防火玻璃门的安全性能，减少火灾事故造成的损失。随着技术的发展，市场对防火玻璃门的防火性能有了更高的期待。研究旨在通过新型材料和结构设计，实现更优越的防火性能，以满足高标准的防火要求。

防火玻璃门在保证安全的同时，也需要具备足够的承载能力，以应对日常使用中的各种负荷。研究提升承载性能，有助于防火玻璃门在高负荷环境下的长期使用，减少维护成本和更换频率。

现代建筑设计越来越注重美观和通透性。通过研究，开发出既满足防火要求又具有较大通透面积的防火玻璃门，可以提升建筑的美观度，同时不影响其防火功能。成本是影响产品普及的关键因素之一。通过研究优化生产工艺和材料使用，降低防火玻璃门的生产成本，有助于其在市场上的广泛普及。目前市场上的钢质防火门虽然具有一定的防火效果，但在质量、美观性、通透性等方面存在不足。该研究的意义在于开发出能够替代传统钢质防火门的新型防火玻璃门，提供更优的性能和使用体验。

1.3　文献综述

在进行高性能防火玻璃门结构优化的研究之前，对现有文献和规范的综述是必不可少的。以下是对相关国家标准和规范的综述，这些规范为防火玻璃门的设计、施工和验收提供了重要的指导和依据。

国家标准《防火门》（GB 12955—2008）规定了防火门的分类、性能要求和试验方法，明确了其耐火、隔热、完整性及辐射热控制能力等级划分。《防火卷帘、防火门、防火窗施工及验收规范》（GB 50877—2014）提供了施工和验收的技术要求，保障了防火门的可靠性。《建筑设计防火规范（2018 年版）》（GB 50016—2014）提供了建筑设计防火的全面指导，要求设计考虑火灾时的安全疏散和财产保护。《建筑防火通用规范》（GB 55037—2022）整合了建筑设计范围的防火要求，强调了防火玻璃门在系统中的关键作用。这些规范共同确保了防火门在现代建筑中的安全性能以及重要性。

2　现有技术评述

2.1　现有防火门技术分析

现有防火门主要分类如图 1 所示，其技术分析如下。

(a)钢质合页防火门

(b)灌浆复合玻璃防火门

(c)多层复合型隔热玻璃防火门

图 1　防火门主要分类

钢质防火门面临的局限性：目前，多数建筑项目中使用的防火门为钢质防火门，其主要特点是结构简单、成本低廉。这种门通常采用明装合页，以钢板全版面覆盖工艺制成，虽然具有一定的防火性能，但也存在透光面积小、外观简陋等问题。这些局限性在现代建筑中越来越难以满足对美观性、采光和空间利用的需求。

复合灌浆防火门面临的挑战：尽管复合灌浆防火玻璃门在采光和成本效益方面具有一定优势，但其特质产品的特性也带来历史性的挑战。由于灌浆型防火玻璃使用的是聚丙烯酰胺单体，在防火玻璃的制造和使用过程中可能对工人和环境造成伤害。此外，复合灌浆防火玻璃经受长期紫外线照射，易出现发黄、起泡甚至漏液等现象，耐候性能较差，从而不适合长期用于室外环境。由于目前工艺配方陈旧，导致夹层材料的耐候性不足、产品透明度随时间降低，限制了其应用范围。在火灾中，燃烧产生的气体可能对受困人员造成二次伤害。据悉，一些城市已出台文件禁止该类防火产品后续投入使用。复合灌浆防火玻璃的密度较大，对门框和合页的负荷要求更高。在长期高负荷的使用条件下，门扇的铰链连接处可能出现局部变形，金属配件也可能发生疲劳，导致门扇下垂，影响正常开启和关闭，甚至可能发生铰链断裂，门扇脱落等严重事故。近几年，由于玻璃门铰链配件脱落引发的砸伤事件偶有发生，事件提醒我们，玻璃门的预防性功能特性同样重要。

2.2　现有技术存在的问题

在现有防火门产品的技术领域中，存在一些显著的问题和局限性，这些问题不仅影响了防火门的性能，也对建筑的安全性构成了潜在的威胁。

合页型单一铰链结构的依赖性：合页型防火门通常依赖于单一的铰链结构，这种结构的稳定性和耐久性很大程度上取决于合页本身的材质和紧固安装方式。如果合页材质不佳或安装不牢固，门的使用寿命和防火性能都将受到影响。如果工程项目要求规格尺寸较大，若使用合页防火玻璃门，其受力部件以及连接门框部分必须注重加强，无疑会增加生产成本及降低工人安装效率，而且现场使用中出现门扇吊脚，维护难度高，耗时长，成本高。

正地弹簧铰链结构的非隔热问题：另一种常见的防火门产品是正地弹簧铰链结构的非隔热防火玻璃门。这种门虽然在承载能力上优于合页型防火门，但其使用的单片或中空型非隔热防火玻璃在防火性能上存在不足。在火灾情况下，这种玻璃可能无法有效阻挡热量和火焰的传递，在高热辐射情况下也会造成火灾。由于门扇与门框缝隙较大，导致漏光等密封性问题，如需优化必要替换门扇边防火膨胀密封条以及顶部由于设置了铰链后使密封条出现分段，难以保证密封完整。从而增加生产成本，以及结构缺陷带来不足增加工人生产步骤，降低生产效率。

双向开启与密封性能的矛盾：正地弹簧铰链结构的防火门具有双向开启的特点，这在一定程度上提高了使用的便利性。然而，这种结构也带来了密封性能的问题。由于无法使用常规锁体，门扇与横框之间可能出现较大的缝隙，甚至发生漏光现象，严重影响门的密封性能。

火灾时的密封失效风险：在火灾发生时，密封性能不佳的防火门可能导致热膨胀密封条无法完全密封压紧，从而无法有效阻止火焰和有毒烟雾的扩散。这种密封失效不仅增加了火灾蔓延的风险，也可能对人员疏散和救援工作造成严重阻碍。

2.3　技术改进的必要性

针对上述问题，现有防火玻璃门的结构加强显得尤为重要。需要通过改进设计，增强门框和铰链的承载能力，使用增加多点分散荷载，以适应复合防火玻璃的质量。同时，也需要考虑采用更耐用的材料和设计，减少金属疲劳和变形的风险，增设防御性配件以确保防火玻璃门的安全性和可靠性。（图 2）

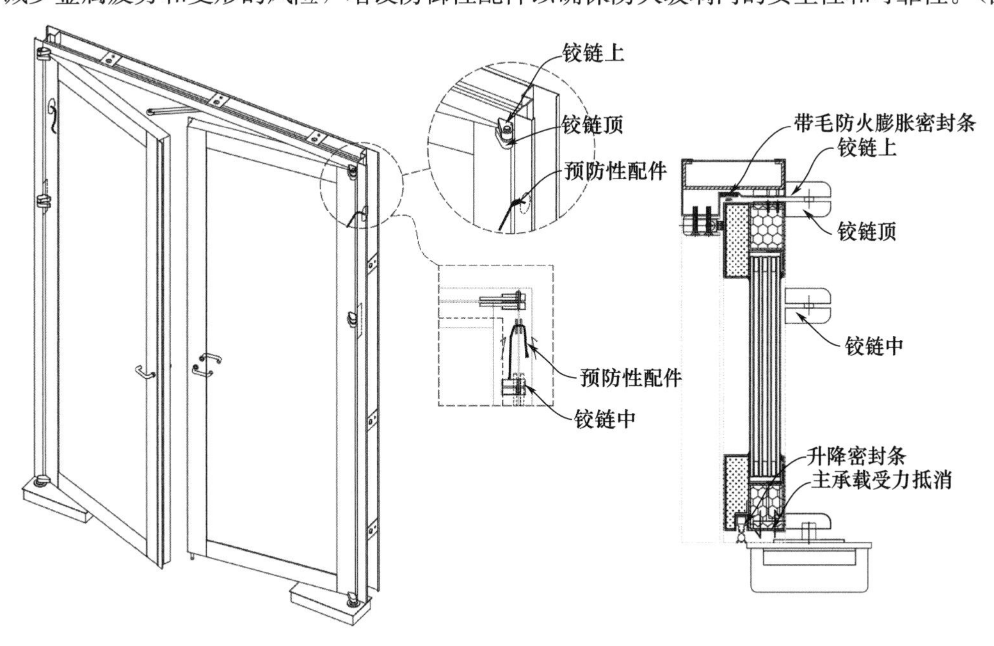

图 2　结构优化图示

3 多层复合型隔热防火玻璃

3.1 防火玻璃性能问题及解决

在追求高性能防火玻璃门的过程中，防火玻璃的制作质量至关重要。当前市场上的复合防火玻璃主要分为两大类，每类都有其特定的性能问题和相应的解决策略。

关于灌浆复合防火玻璃的挑战：这种玻璃由两侧钢化玻璃构成，中间形成空腔并灌入隔热防火液。在加工过程中，玻璃板可能向内挤压，导致形变和气泡的产生。防火液的液体性质使得其在灌注时难以完全填满腔体，影响防火性能。高防火性能的灌浆玻璃加工难度大，成分不稳定，易造成坏品率高、透光率低、生产效率低、成本高且厚度大，不利于在高性能防火门上的应用。由多层钢化玻璃构成，每层之间灌入防火胶，形成多腔体结构。防火胶为凝胶形态，需要加压灌注以确保充分填充。为了提高防火性能，需要增加防火胶层数，但这会导致加工成本上升、制作效率降低，且玻璃整体厚度和密度增加，影响其在防火门上的应用，而防火胶层不足情况下单则无法满足对应防火等级。

(a)复合灌浆玻璃

(b)多层复合型隔热防火玻璃

(c)复合灌浆玻璃防火窗

(d)复合型防火玻璃门

图3 防火玻璃性能展示图

3.2 解决策略

优化灌浆工艺，减少气泡的产生，采用倒三角摇晃形工艺以确保防火液充分填充腔体，可提高防火玻璃的整体性能。研究和开发新型防火胶材料，提高其耐火性能，同时降低加工难度和成本。利用纳米技术改善防火材料的性能，如通过纳米微孔“石笋”状结构的防火层材质，提高隔热和防火性能。对多层复合防火玻璃的结构进行优化设计，减少层数，降低整体厚度和密度，提高其在防火门上的适用性。其中需考虑使用具有优异耐火性能的单片防火玻璃代替多层复合结构，减少层间空隙，提高整体的防火和隔热效果。

(a)优化后复合隔热防火玻璃门

(b)优化后复合隔热防火玻璃门检测满足A2.00h防火等级

图 4　优化后性能

4　重型结构加强设计

为了提升防火玻璃门的结构稳定性，采取了一系列创新设计和结构改进措施。这些改进旨在增强防火门的承载能力，同时确保其密封性和防火性能。通过调整地弹簧铰链结构的转轴重心，实现了门扇更好的承载分布。这种设计允许门扇在开启和关闭时更加稳定，减少了因重心偏移导致的摆动和晃动。铰链结构被设置在门扇开启方向的一侧，新增中置铰链，与门框和地弹簧相连。铰链由上铰链件和门扇顶铰接件组成，它们在门扇和门框的侧面形成凸块，并通过转轴柱铰接。这种布局不仅提高了门扇的稳定性，而且便于维护和调整。门扇和门框之间的间隙安装了带毛防火膨胀密封条，在日常使用中这些密封条进一步提升了密封性能与隔声性，防止火灾初期烟雾的渗透。在火灾时能够膨胀，有效填充缝隙，提高密封性能。底部暗部设置可升降的密封胶条，加上门框的台阶式设计进一步增强了与门扇的错位搭接，确保了更好的密封效果。门扇由扇框和镶嵌其中的防火玻璃组成，防火玻璃两侧包裹有隔热防火板。扇框采用高强度管材，并填充隔热防火材料，这些措施显著提升了防火性能。利用现有的成熟生产工艺，结合防火玻璃门的承载能力，利用门扇内部结构与铰链之间形成相互制约，相互力达到抵消达到杠杆效果，降低配件紧固螺丝安装受力，实现了更长的使用寿命。同时，简化了施工流程，提高了配件的通用性，减少了安装成本和时间。在门缝之间设置了门扇与门框链接的防坠落装置，这不仅是一项预防性安全措施，也不影响产品的美观性。加强设计使得防火玻璃门在高负荷下使用时，能够保持良好的性能，减少变形和损坏的风险。

5　创新设计与技术应用

5.1　设计理念的创新是推动防火玻璃门性能提升的关键因素

在本研究中，我们采用了以下设计理念：以用户需求为核心，确保防火玻璃门在满足安全标准的同时，也具备良好的使用体验和美观性。考虑防火玻璃门在不同环境条件下的应用，确保其在各种气候和使用环境下都能保持稳定性能。采用模块化设计理念，便于门的组装、维护和升级，提高生产效率和降低成本。

5.2 技术实现创新

技术实现创新为防火玻璃门的性能提升提供了具体的方法和手段：开发和应用新型防火材料，如纳米微孔“石笋”状结构的防火结构体，提高隔热和防火性能。利用先进的制造工艺，如梯度预乳化技术和半连续共混技术，确保材料的均匀性和稳定性。可配套集成智能传感器和控制系统，实现防火玻璃门的智能监测和自动响应功能。

5.3 设计与技术的结合应用

设计与技术的结合应用是实现防火玻璃门性能优化的综合体现：将结构设计优化与新型材料应用相结合，实现防火玻璃门的轻量化和高强度。在保证防火玻璃门功能性的同时，注重外观设计，使其成为建筑的一部分，提升建筑整体美观性。在设计中充分考虑用户的安全和舒适，如通过增加预防性配件确保安全性。

6 安全施工与维护策略

施工安全管理是确保工程质量和施工人员安全的关键环节。以下是施工过程中安全管理的几个关键点：在施工前，对所有施工人员进行安全培训，确保他们了解防火玻璃门的安装要求和安全规程。对施工环境进行风险评估，识别可能的安全风险，并制定相应的预防措施。确保施工现场配备必要的安全设备，如安全帽、安全带、防护眼镜等，以及紧急救援设施。施工人员必须按照操作规程进行作业，避免违规操作导致的安全事故。施工现场应有专职安全监督人员，负责监督施工过程，确保各项安全措施得到执行。制定应急预案，以应对施工过程中可能出现的突发事件，如火灾、爆炸等。在施工过程中实施严格的质量控制，确保所有材料和组件符合设计和安全标准。在施工过程中采取措施减少对环境的影响，如噪声控制、废物处理等。

通过这些措施，可以最大限度地减少施工过程中的安全风险，保护施工人员的生命安全，同时确保工程质量。

7 结语

本研究成功开发了一种高性能防火玻璃门系统，通过创新的结构设计和材料应用，显著提升了防火玻璃门的安全性和实用性。

7.1 研究成果总结

通过将铰链结构设置在门的开启侧，并优化连接部件的布局，改变门扇内部结构受力情况，增强门扇承载能力。门框的台阶式设计和门扇的错位搭接量确保了从各个角度观察都不会漏光，增强了防火玻璃门的密封性能。在门扇与框之间设置多道密封性胶条，从而提高了密封效果。采用高防火性能、低密度的多层复合防火玻璃，在火灾情况下能有效隔断火灾蔓延和确保门扇完整性，提高了防火玻璃门的防火隔热能力。在火灾发生时，防火玻璃和密封条的协同作用能有效延缓火势蔓延和浓烟泄漏，为火灾中的人员疏散和救援提供了宝贵的时间。

7.2 未来研究方向

探索将智能传感器和控制系统集成到防火玻璃门中，实现对火灾等紧急情况的自动检测和响应。

持续研究和开发新型防火材料，以进一步提高防火玻璃门的隔热性能和耐火极限。研究防火玻璃门在不同环境条件下的性能表现，以适应更广泛的应用场景。开发更为高效的维护和检查策略，确保防火玻璃门的长期稳定性和可靠性。

7.3　对建筑防火安全的贡献

本研究开发的高性能防火玻璃门系统对建筑防火安全作出了重要贡献：通过提升防火玻璃门的性能，有助于提高整个建筑的防火等级和安全性。在火灾等紧急情况下，为建筑内的人员提供了更多的安全保障和逃生时间。本研究的成果可能会推动相关行业标准的更新和提升，促进整个行业技术的进步。

参考文献

[1] 中华人民共和国住房和城乡建设部．建筑设计防火规范（2018年版）：GB 50016—2014 [S]. 北京：中国计划出版社，2015.

[2] 中华人民共和国国家质量监督检验检疫总局，中国国家标准化委员会．防火门：GB 12955—2008 [S]. 北京：中国标准出版社，2009.

[3] 中华人民共和国住房和城乡建设部．防火卷帘、防火门、防火窗施工及验收规范：GB 50877—2014 [S]. 北京：中国计划出版社，2014.

[4] 中华人民共和国住房和城乡建设部．建筑防火通用规范：GB 55037—2022 [S]. 北京：中国计划出版社，2023.

[5] 一种防火门：ZL 2021 2 2228258.5 [P]. 2021.

[6] 一种防火结构体及其制备方法、防火层材料与室外用隔热型防火玻璃：ZL 2022 1 1294397.0 [P]. 2022.

[7] 危民喜，周鑫．新型防火门的研发和制造 [J]. 安防技术，2013，1 (1)：1—7.

[8] 刁晓亮，项凯，潘雁翀，等．钢质防火门加强筋和铰链对耐火性能的影响 [J]. 消防科学与技术，2022，41 (2)：206—209.

第五部分

工程实践与技术创新

深圳湾文化广场项目Ⅰ标段石群幕墙设计浅析

◎罗安基　陈　敏

深圳市方大建科集团有限公司　广东深圳　518052

摘　要　本文介绍了深圳湾文化广场项目的概况，从石材表皮分格、表皮建模方法、表皮类型分析等方面详细介绍了石材表皮深化设计及BIM参数化的应用，从钢环梁及其支座、立柱连接件、石材挂件等环节详细分析了石材系统节点设计的过程。

关键词　石材系统；连接系统；异形曲面；分格单元；平曲类型；BIM参数化

1　引言

深圳湾文化广场项目由深圳创意设计馆和深圳科技生活馆组成，位于深圳市南山区后海中心区核心文化设施带，毗邻深圳人才公园。项目由深圳市政府投资，华润（深圳）有限公司代建，由MAD建筑事务所匠心设计，建筑效果如同亘古不变的相互堆叠的鹅卵石，从远古走进现实，体现了城市发展与自然景观的相互融合，是深圳市新时代重点文化设施。

项目划分为南馆（深圳科技生活馆、Ⅰ标段）和北馆（深圳创意设计馆、Ⅱ标段），南馆主要由浮水石馆（19.3m）、望云石馆（31.3m）、悬云石馆（26.3m）、南支石、南下沉广场、南馆裙楼、海湾通道、亚克力水景等部分组成，北馆主要由倚虹石馆（25.3m）、摄云石馆（52.3m）、衔海石馆（15.4m）、北馆裙楼、玻璃采光顶、北下沉广场等部分组成（图1）。我司施工范围为南馆（Ⅰ标段），主要幕墙类型有石材幕墙、亚克力水幕天窗、玻璃幕墙、UHPC幕墙、铝板幕墙、不锈钢拉网栏杆、玻璃栏杆、百叶格栅等。幕墙面积约1.54万m^2，其中石材幕墙面积7703m^2（图2）。

图1　项目效果图

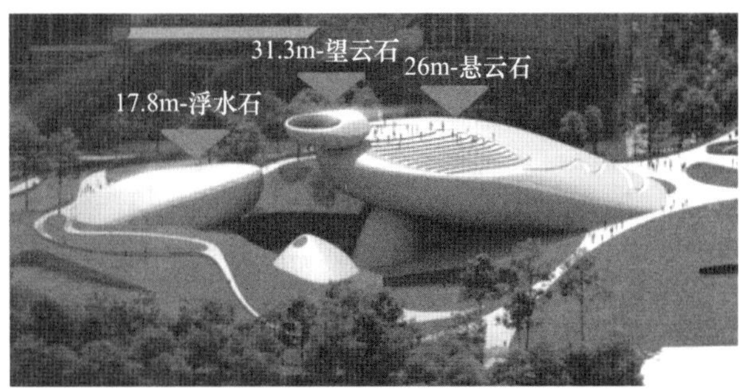

图2　Ⅰ标段石群效果图

2　石材表皮设计及BIM参数化应用

本项目建筑师只给我们提供了建筑的轮廓表皮、石材横向分格的走向（图3）和两种标准分格图案 U1（图 4）、U2（图 5），图案在表皮上面的排布则需要我们自己去深化，需要借助 Rhino＋Grasshopper 编程进行参数化建模。石材分格的深化原则为在满足建筑效果要求的前提下有利于材料下单和加工，有利于降低加工成本，有利于现场安装和材料组织，能够提高设计、加工、安装的效率。

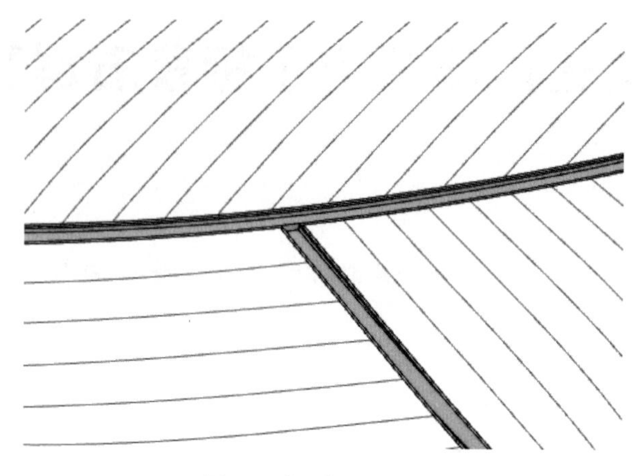

图 3 “毛线团”纹理

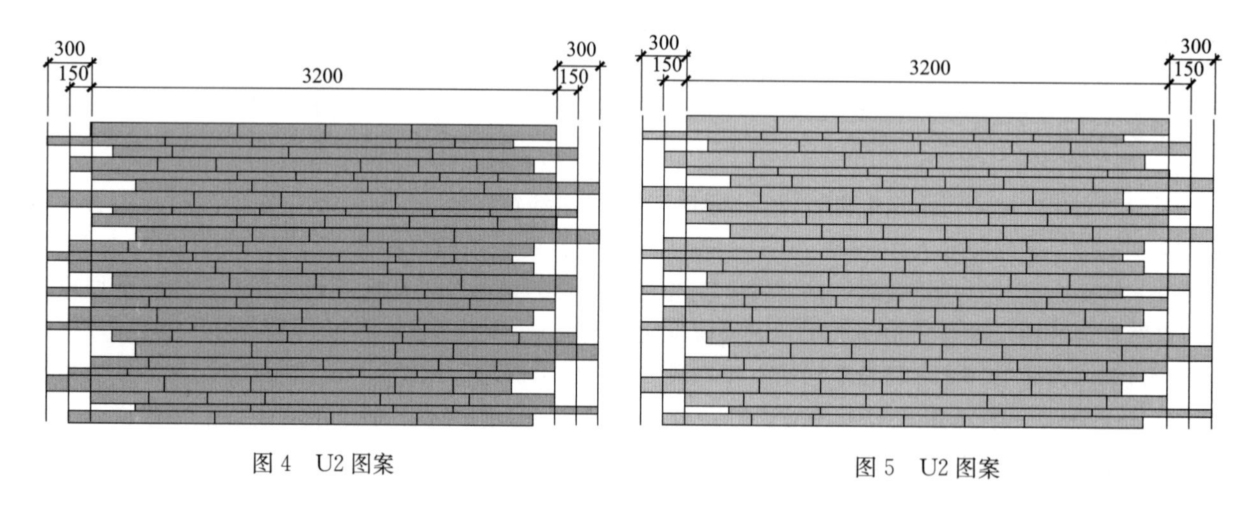

图 4 U2 图案

图 5 U2 图案

2.1 石材表皮分格设计

整体建筑用 100mm 宽不锈钢分区缝划分成不同区域，各区域内石条纹理类似“毛线团”。(图 3)，走向各不相同。建筑纹理效果由长 3.2m、宽 2.08m 的基准图案构成，石条宽度有 60mm、80mm、100mm 三种，根据内部的石条长度种类分为 U1 和 U2 两种图案，整体效果要体现出“石条图案无序”“竖向不齐缝”的效果，具体如下：

U1 图案：由 400mm、600mm、800mm、1000mm 长度的石条组合图案（图 4）；

U2 图案：由 400mm、600mm、800mm 长度的石条组合图案（图 5）。

由于建筑曲面拱度不一致，直接根据 3.2m×2.08m 的单元去裁切建筑表皮，得到的单元尺寸具有随机性，若直接采用曲面流动的方法将图案流动到裁切好的单元上，生成的石条的尺寸在长度方向将不可控，每个石条长度均不一样，且数值区间极大，不利于在生产时对石条进行排版。最终选择的方案是将两个 3.2m×2.08m 单元尺寸合并为 6.4m×2.08m 的大单元，石条定长排列＋末尾图案校正的方式确定石条分格。

深化过程中也有对 U1、U2 图案进行简化的研究。U1、U2 基准图案在单个单元中，宽度方向上 60mm、80mm、100mm 无规律分布，长度方向上 400mm、600mm、800mm、1000mm 无规律分布。如果建筑完成面是一个大的平面，根据图案划分出来的石条的尺寸是标准的，根据其长度×宽度对石条进行编号，有利于石条规格种类的简化和现场替换。如果图案进行简化，工人在安装时只需要记忆比较简单的长度＋宽度口令，就能快速地进行安装工作。但在后续深化中发现，由于建筑曲面造型的特殊性，简化图案的方案并无实际意义。在建筑表皮拱度较大的位置，生成的石材条大多都是单曲和双曲的，本身工艺便具有唯一性，不可替换，最终采用行数＋列数形成具有唯一性的流水编号，工人在安装时按照流水号从下往上、从左往右依次安装（图 6）。如“X1－351P－65”即悬云石 01 区从下往上第 351 排，从左往右第 65 块。

图 6　石条安装方向

2.2　石材表皮建模方法介绍

首先以建筑纹理走向为石条排列方向的依据，按照 U1、U2 图案中 60mm、80mm、100mm 宽度排列顺序，得到石条宽度方向上的横向小分格线（图 7）。其次，为了达到更好的“无序”的效果，上下相邻的 6.4m×2.08m 的大分格之间进行 1.6m 错位（图 8），参数化程序见图 9。最后，按照 U1、U2 图案中每行 400mm、600mm、800mm、1000mm 长度排列顺序（图 8），参数化程序见图 9；为了让图案显得更加均匀，在分区面中间的位置分别向左右两边定尺排列石条分格。在 6.4m×2.08m 大单元中，留下最后一列小分格做成变化尺寸，用以校正定长排版导致的图案偏差的校正分格。最后，对校正分格的长度进行分析，对于过长或过短的石条进行分格合并和拆分，并避免出现分格竖向分缝齐缝的情况（图 10）。

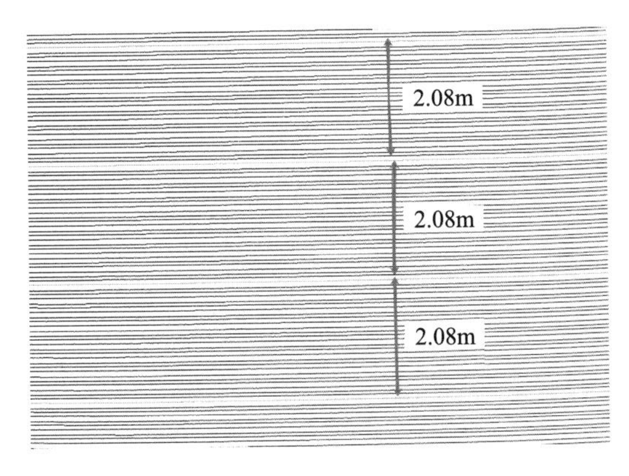

图 7　横向小分格线

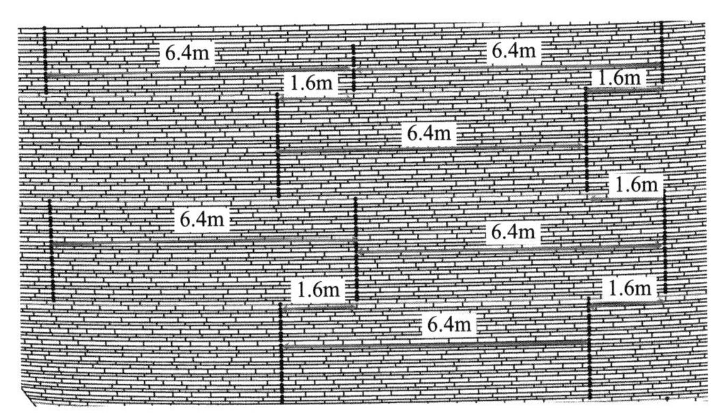

图 8　石材条分格

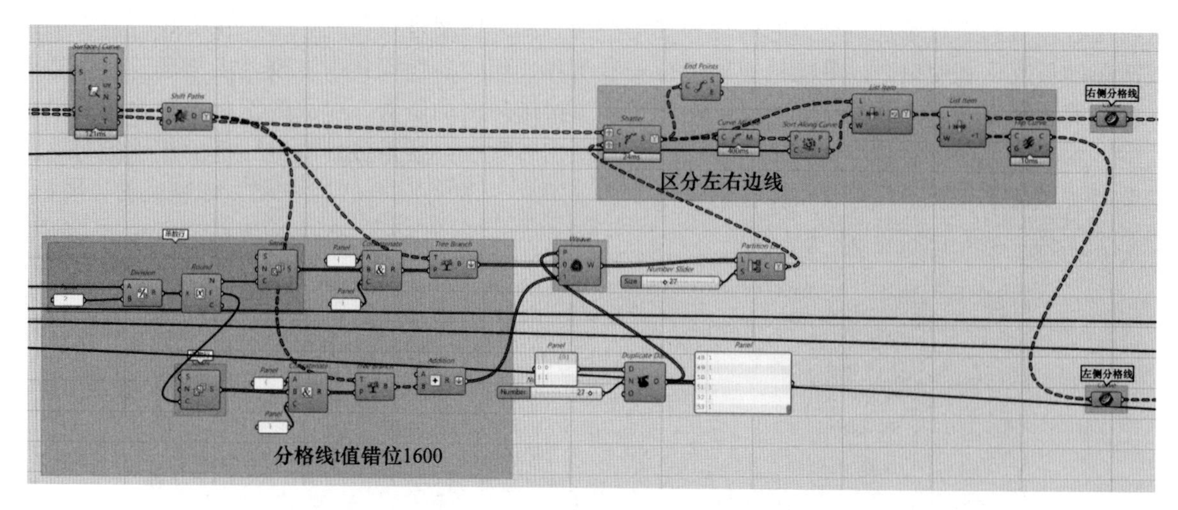

图 9　上下相邻基准图案错位 1.6m 参数化程序

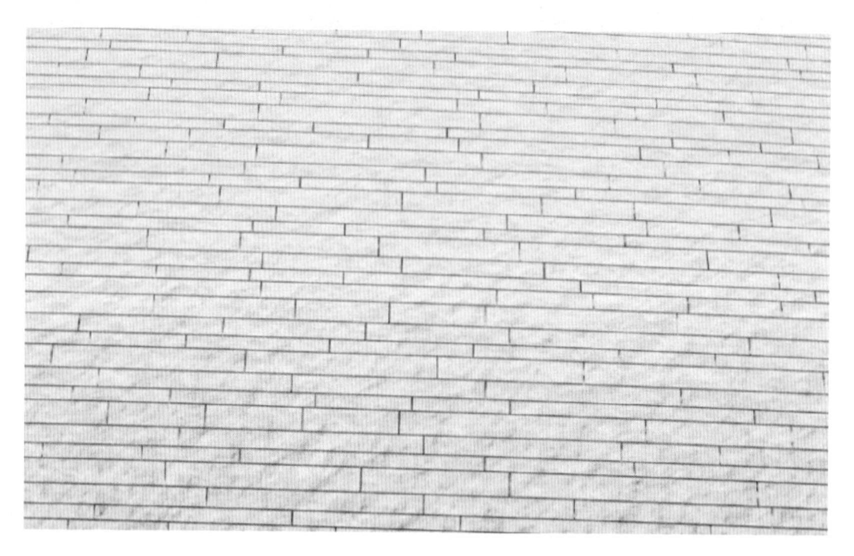

图 10　石条分格排布效果图

2.3　石材表皮类型分析

石材表面的类型直接决定了石材加工的难易程度和成本。一般建筑曲面分格的深化步骤是：给定一个控制值，双曲面拱高小于控制值的优化成平板；剩余曲面中对优化后的单曲面与原曲面的偏差值进行比较，偏差值小于控制值的曲面，做成单曲；偏差值大于控制值的曲面，做成双曲。

最初该项目也是按照±1mm 作为控制值对曲面进行平板、单曲、双曲分类，保证相邻石条与石条间的阶差都在±1mm 范围内。但是在以该方案做实体样板后发现，在平板、曲板混乱分布的情况下，±1mm 阶差带来的阳光阴影的负面效果被放大了（图 11），而在纯曲面区域（单曲＋双曲阳光阴影较小）（图 12）。经过多个方案的实体样板效果的验证，石条的类型判定除了自身拱高在±1mm 控制值的基础上，还需要结合近人区域、午后阳光直射区域进行平、曲区域的划分，将平板集中布置在拱度小、视觉上不重要的区域；而对于拱度大、视觉上重要的区域，全部做成曲板（单曲＋双曲）。

一标段有近 16.3 万根石材条，深化时借助 Rhino＋grasshopper 参数化建模工具，大批量自动生成石条表皮、编号、加工实体模型，对方案对比、材料下单等工作有着极大的帮助。

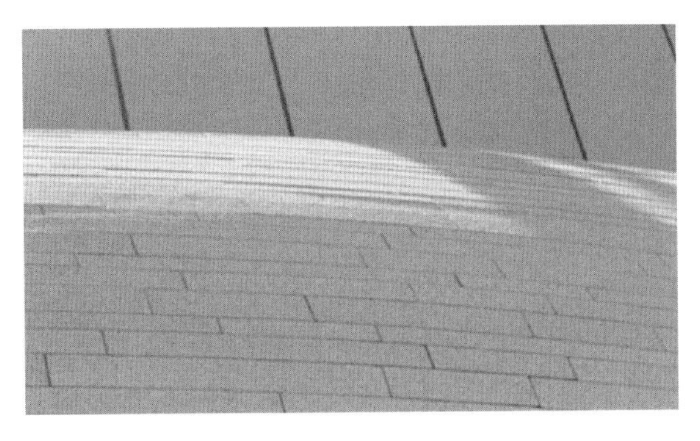

图 11　平曲混接实体样板

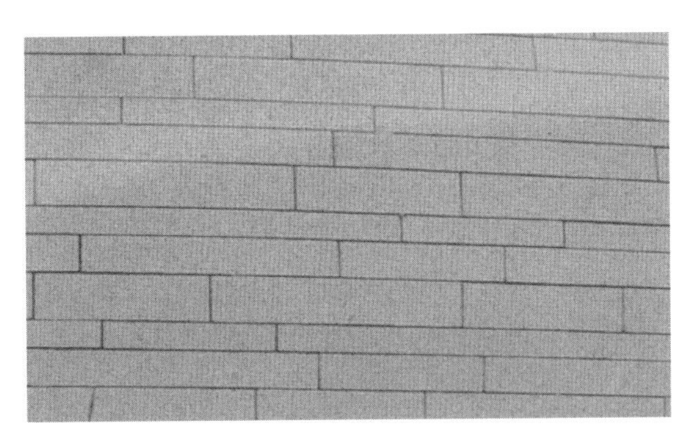

图 12　全曲面实体样板

3　石材系统节点设计

南馆石群主要包括浮水石、悬云石、望云石、南支石，外观如同几块光滑的鹅卵石，是异形扭曲的曲面造型，表皮由 16.3 万根石材条组装而成，石材条高度分格有 60mm、80mm、100mm，宽度分格主要有 400mm、600mm、800mm、1000mm，排布原则是自然错缝无规律，不能有明显竖向通缝，长短石条错落均匀分布，不能集中一块都是短石条或长石条。节点系统的层次主要包括预埋件→钢环梁及牛腿→支座平台→焊接不锈钢立柱及连接件→铝合金檩条→石材条（图 13～图 14），通过铝合金檩条满铺拟合形成一个接近原建筑模型表皮的曲面，再把精准加工的曲面石材安装到檩条上，从而实现最终的建筑效果。

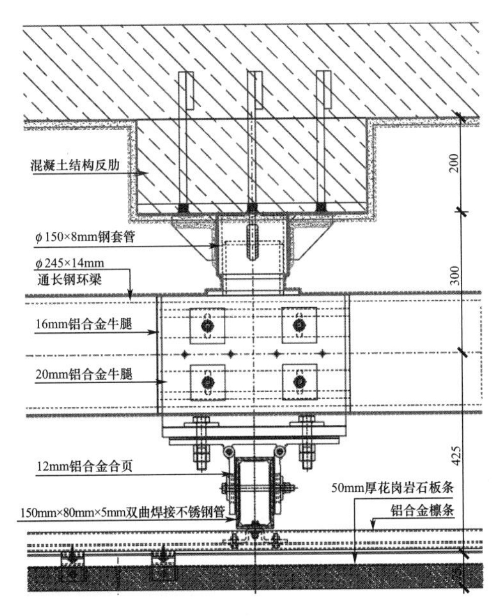

图 13　方案一横剖节点

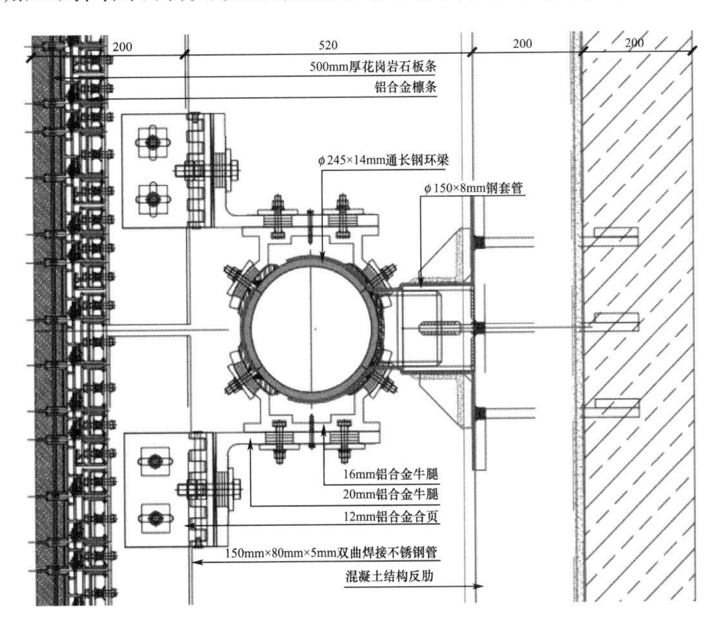

图 14　方案一竖剖节点

3.1　钢环梁、不锈钢立柱、铝合金檩条走向设计

方案一（图 15）：钢环梁（间隔 3m 布置）主要是垂直于混凝土反肋布置，优点是钢环梁安装定位方便，两牛腿之间距离最短，受力最小，可节省钢材用量；缺点就是不锈钢立柱（间隔 1m 布置）与石材条横缝不垂直，而铝合金檩条是平行于石材横缝的，这就导致不锈钢立柱与铝合金檩条不是互相垂直的，而是成夹角，檩条安装孔的定位变得很复杂，安装精度难以保证，檩条跨度太大，也不利于塑形成所需要的曲面。

方案二（图 16）：把钢环梁改成与石材缝平行，这样不锈钢立柱就与石材缝垂直，铝合金檩条与石材平行，更加有理化，檩条定位更加精准施工效率更高，此时檩条跨度最小，更有利于控制挠度变形，塑造出更贴合原建筑表皮的曲面。

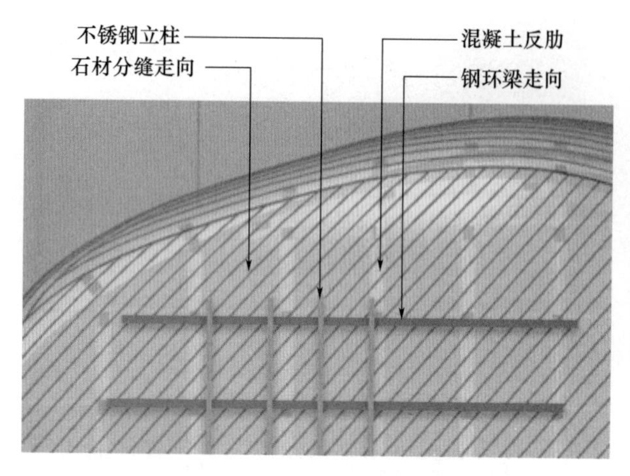

图 15　方案一钢环梁走向

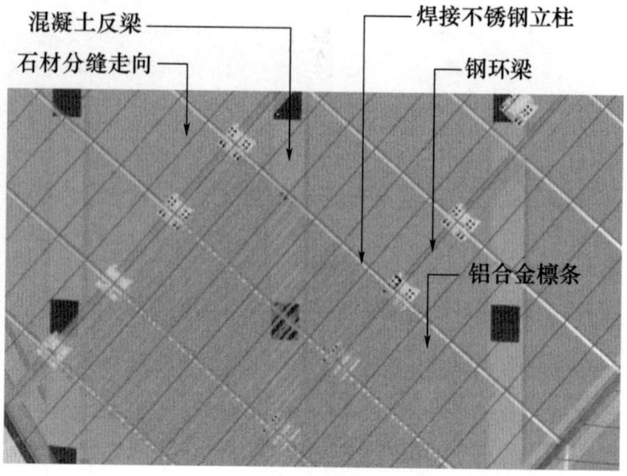

图 16　方案二钢环梁走向

3.2　钢环梁及支座系统设计

方案一（图 13～图 14）钢环梁与支座牛腿通过套管螺纹进行连接，优点是可以略微调节进出无须另外切割，缺点就是螺纹调节长度有限，螺纹加工费用较高，而且安装并不方便，效率较低。

方案二（图 17～图 18）把支座牛腿简化为一根钢管连接件，直接与预埋件焊接，相贯口在工厂加工好，齐头端加长下料，现场根据结构进出位置进行配切。现场安装时先把钢环梁位置用全站仪定位好，做临时支撑钢架把钢环梁摆放至定位点，这时就可以量出支座牛腿所需要的长度，然后进行配切。优化之后节点做法更加简单，安装效率更高。

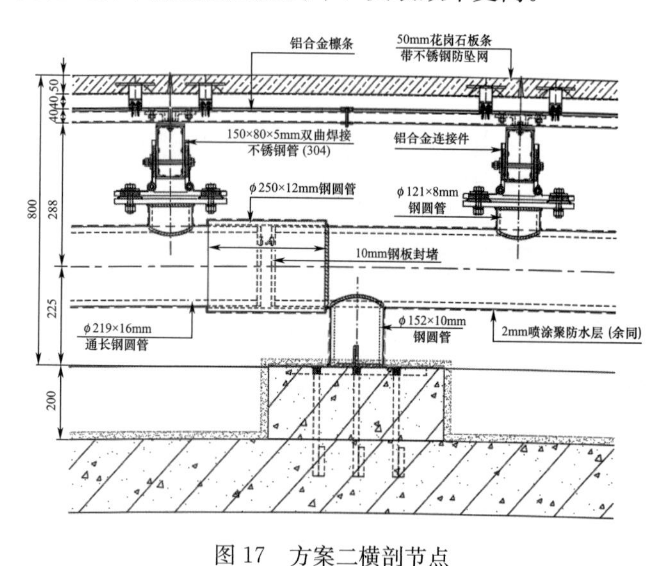

图 17　方案二横剖节点

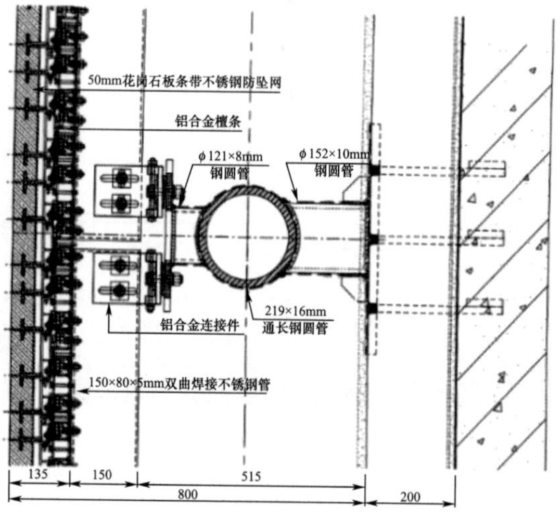

图 18　方案二竖剖节点

3.3　不锈钢立柱连接系统设计

从节点构造可以看出，石材通过铝合金挂件安装到铝合金檩条上，铝合金檩条通过“几”字形连接件连接到不锈钢立柱的前端面，所以不锈钢立柱的加工和安装精度，直接决定了铝合金檩条所形成的曲面精度，最终决定了石材条安装后的曲面精度。鉴于建筑表皮轮廓是异形曲面，不锈钢立柱也是由四块钢板焊接而成的异形扭曲面，其支座连接系统需满足多个方向的调节功能。

方案一（图 13～图 14）16mm 铝合金牛腿通过焊接螺栓固定到钢环梁上，牛腿上有腰孔，可实现一定角度的旋转调节；L 形铝角码牛腿上有横竖向腰孔，可实现横竖向调节；12mm 铝合金牛腿旋转合页设计，允许不锈钢立柱截面扭转一定角度来贴合表皮曲面；立柱两端有单独的连接件系统，可实现独立调节，整个连接件系统满足多方向调节需求。缺点就是螺栓通过钢板转换焊接到钢环梁，这焊接量会非常大，焊接处防腐处理不好极容易生锈；当螺栓及钢板采用碳钢时，钢铝接触会发生双金属腐蚀问题，当螺栓及钢板采用不锈钢时，又违反了不锈钢作为主受力构件不能与碳钢直接焊接规定。而且连接件由多个部件转接而成，安装调节量也非常大，安装效率较低。

方案二（图 17～图 18）直接简化连接构造，减少冗余部件，用 14mm 厚钢板和 Φ121 钢通组成一个支座平台，通过焊接固定到钢环梁上面，并保留不锈钢立柱连接件的合页设计，让不锈钢立柱截面可以扭转一定的角度。现场安装时通过全站仪打点定位钢板的四个角，用临时角钢固定钢板，再测量钢板到钢环梁之间的距离，得出 Φ121 钢通的长度，现场裁切 Φ121 钢通再把它焊接到钢板与钢环梁之间，最终得到一个比方案一更加牢固稳定的支座平台。

3.4　石材挂接安装方案设计

本项目石材条数量达到 16.3 万根，石材条安装固定方案对成本、加工、安装效率的影响很大。方案一（图 19）是在石材上钻孔，通过 Φ6 不锈钢销钉把石材与铝合金挂件穿连起来，每根石材钻两个孔，装两个铝合金挂件。优点是挂件安装很方便，不用打石材胶，无须考虑石材胶污染的问题。缺点就是石材钻孔加工比较慢，需要定制高强度的钻头，而且孔直径要钻得比较大，因为直径太小的钻头磨损很快而且容易断。孔加工定位需要很精准，打孔垂直度也需要严格控制，现场无法调整石材的进出位置。因为孔比销钉直径大几毫米，还需要在孔两端安装定位套管。

方案二（图 20）采用常规的石材开槽方案，优点是工艺成熟，加工效率高，挂件有足够空间调节左右及进出位置，保证石材安排平整顺滑。缺点就是用锯片开的槽口空间比较大，安装挂件之后还要填满石材专用环氧树脂胶，用胶量很大，成本高，而且存在石材胶污染的风险。

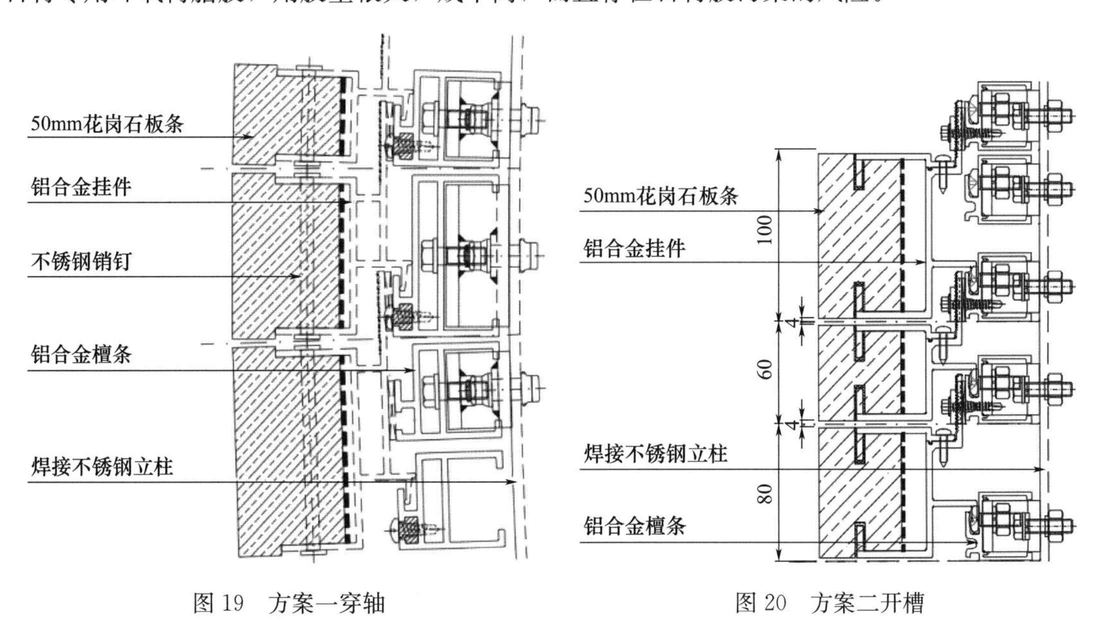

图 19　方案一穿轴　　　　图 20　方案二开槽

针对石材穿轴和开槽两种安装方案，我们做了 $20m^2$ 的工艺样板去验证，综合考虑了石材加工的难易程度和效率、现场安装效率和最终完成的效果，充分听取项目部和施工队的意见，结合两种方案的成本对比，最终选择了石材开槽方案。针对石材胶污染问题，我们专门找实验室做石材胶相容性试验，出具相容性报告。针对胶用量大的问题，我们给石材厂做技术交底，严格控制开槽尺寸，必须要按工艺图尺寸加工，不能随意扩大，我们会提供铝合金挂件给石材厂去卡槽口尺寸看是否合格。

4 石材工艺样板施工

我们在东莞工厂做了 $20m^2$ 左右的异地样板，主要基于以下目的：验证石材系统构造的可行性，提前发现问题并进行改进；验证石材不同安装方案对施工效率和完成效果的影响，从中选出最合适的方案；验证石材、不锈钢、铝型材、钢件等主要材料的加工工艺和精度控制；验证施工工艺和施工方案；评估幕墙成本是否可控；验证产品是否满足建筑效果要求。

主要安装步骤如下：安装支撑钢架→安装牛腿支座→安装钢环梁→安装钢支座平台→安装不锈钢立柱→安装铝合金檩条→安装石材。

根据样板施工情况及最终呈现出来的效果，我们选择了石材开槽的安装方案，对样板施工过程暴露出来的问题，我们也进行了改进。

5 结语

该项目石群造型复杂而且定位高端，设计和施工难度都很大，没有案例可供参考，在幕墙招标之前就经历了三年多的建筑方案设计和幕墙样板论证，可以说是从设计方案论证、石材表皮深化及 BIM 参数化应用、材料加工再到成熟的施工方案，各阶段都经过了严格的验证，才实现了幕墙施工方案的落地。一切都是为了更好实现建筑曲面效果，保证曲面顺滑过渡，石材缝隙安装匀称并且错落有致，以建造传世的百年建筑为目标，顽强拼搏、砥砺前行。

复杂空间造型钢结构一体化幕墙的设计分析

◎ 莫世真　龙小于　许书荣　杨友富　陈伟煌

中建深圳装饰有限公司　广东深圳　518019

摘　要　本文深入探讨了复杂空间造型幕墙的设计要点，并以某集科技交流会议中心于一体的现代化建筑项目为例，详细分析了其独特的设计理念和实现过程。通过合理的风荷载和温度荷载取值分析以及精细的节点设计和安装系统优化，充分考虑了结构的安全性、稳定性和美观性要求。

关键词　复杂空间造型；钢结构；风荷载；温度荷载；杆件节点设计

1　引言

随着现代建筑技术的飞速发展，复杂空间造型幕墙作为建筑外立面的重要组成部分，正逐步成为建筑设计领域中的热点与焦点。这类幕墙以其独特的造型、卓越的性能以及丰富的表现力，为现代建筑增添了无限魅力与可能性。本文旨在探讨复杂空间造型幕墙的设计要点，并通过某实际项目设计案例的深入分析，为如何设计分析复杂空间造型幕墙以满足建筑效果提供有益的参考。

2　工程概况

本项目旨在打造一座集科技交流会议中心于一体的现代化建筑，其独特之处在于其轻巧而柔软的外形，宛如一颗璀璨的宝石镶嵌于城市之中。为实现这一设计理念，我们特别设计了由钢结构网架和帆船造型金属面纱组成的遮阳系统。这一系统不仅为建筑提供了必要的遮阳效果，还通过其动态的造型为建筑增添了丰富的视觉层次，使其能够随着时间和光线的变化展现出不同的面貌（图 1）。

图 1　效果图

该遮阳系统设置在主体结构外侧，帆船造型金属面纱为局部镂空，面纱金属板为扇形双曲板，每块板尺寸渐变，最大板圆弧边为 6323mm，直边为 3664mm 和 2988mm，单块面积为 6.68m^2（图 2）。

图 2　帆船造型金属面纱模型

杆件截面一般有圆管、矩形管等选择，矩形管从截面特性上更优，但是因为钢结构整体外露，外侧装饰板为镂空，不满铺，建筑师从外观效果上考虑最终选择圆管杆件。

该钢结构分成独立的两部分，分别是外壳（包含立面、屋面）和中庭（图 3），两者完全脱开，各自连接到主体结构上。

杆件按布置方向分为竖杆、横杆、斜杆，因横杆高度位置变化，大部分位置难以与土建结构连结，所以选择竖杆为主杆件，横杆为次杆件，另外，斜杆直径较大，对钢结构整体刚度贡献较大，不适合作为附属杆件考虑，也应当为钢结构的一部分（图 4）。

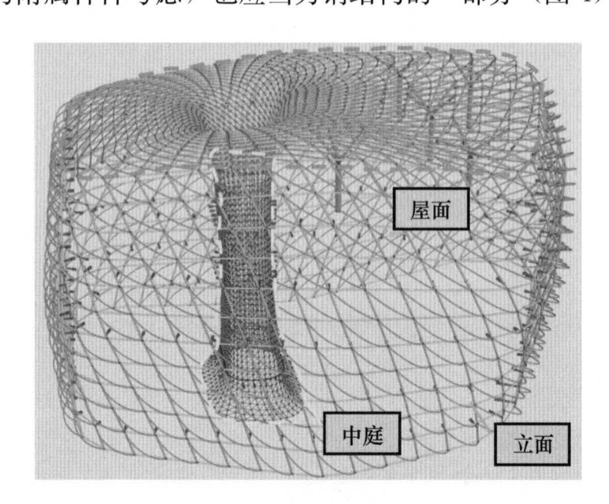

图 3　钢结构模型

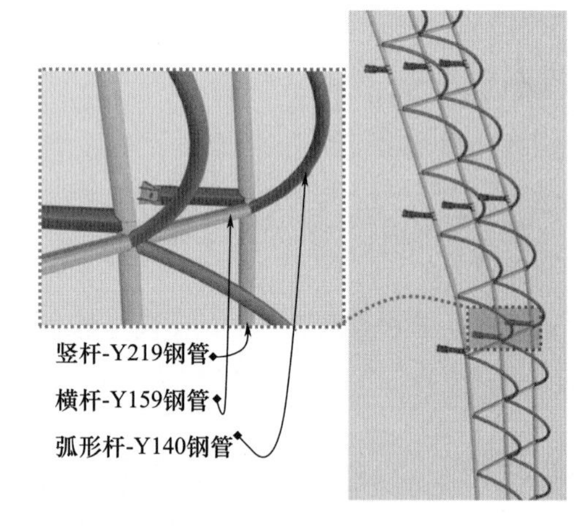

图 4　钢结构局部模型

本项目采用分析及计算软件：yjk3.1.0，miads gen。由于钢结构整体刚度较大且与主体结构间为刚接固定，所以计算时考虑带主体建模计算（图 5），确保钢结构与主体结构在体系构成及受力协同上的一致性，从而保证结构的整体稳定性和安全性。

本项目空间网架设计分析时考虑因素较多，后续将重点从风荷载、温度荷载、杆件节点选用、装饰面板安装方案这几方面进行设计分析。

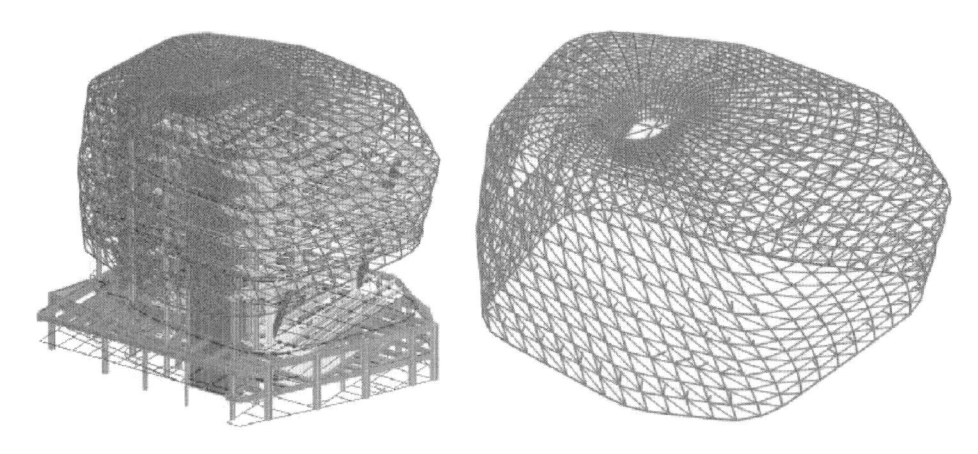

图 5　幕墙网壳整体计算模型

3　风荷载取值分析

本项目结构复杂，且为半开敞式，网架结构的受风情况复杂，《建筑结构荷载规范》（DBJ/T 15—101—2022）中无适用此结构的体型系数，不能找到准确且具有代表性的规范条文。故结构荷载规范并不适用于本项目（图 6）。

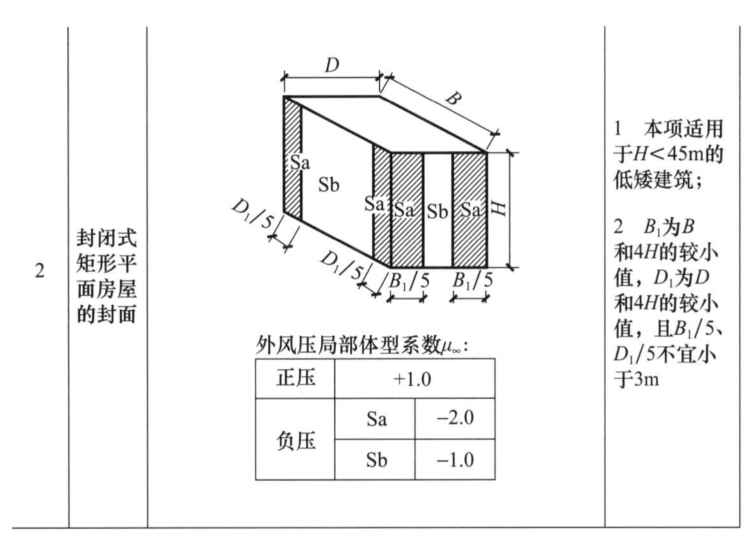

2	封闭式矩形平面房屋的封面	外风压局部体型系数μ_{∞}：	1　本项适用于H<45m的低矮建筑； 2　B_1为B和4H的较小值，D_1为D和4H的较小值，且B_1/5、D_1/5不宜小于3m

正压	+1.0	
负压	Sa	−2.0
	Sb	−1.0

图 6　相关规范条文

《玻璃幕墙工程技术规范》（JGJ 102—2003）、《建筑结构荷载规范》（GB 50009—2012）、《空间网格结构技术规程》（JGJ 7—2010）等规范均有相关条文明确，对于体型、风荷载环境复杂时，均建议通过风洞试验确定风荷载。

为此，我们特别委托了风洞试验单位进行风洞试验（图 7），并根据风洞报告的分区及实验数据，对计算模型进行分区域风荷载输入（图 8），从而验算面纱网架的承载力和变形情况。

然而，在后续论证过程中，发现风洞试验报告的部分位置风荷载显示较小，超限专家对该结果有所疑虑，认为存在失真可能性。

为此，通过与风洞试验单位沟通，对出现局部风荷载偏小的试验数据给出如下解释：①M 区体型比较特殊，在规范中无类似体型可参考；②周围风环境复杂，干扰效应明显，规范无法考虑周边建筑的干扰；③M 区有较大镂空率，为双面受风结构，报告中的综合风压峰值为内外表面叠加后的净风压，从试验结果来看，内外表面荷载叠加后主要体现为相互抵消的效果。

图 7　风洞试验

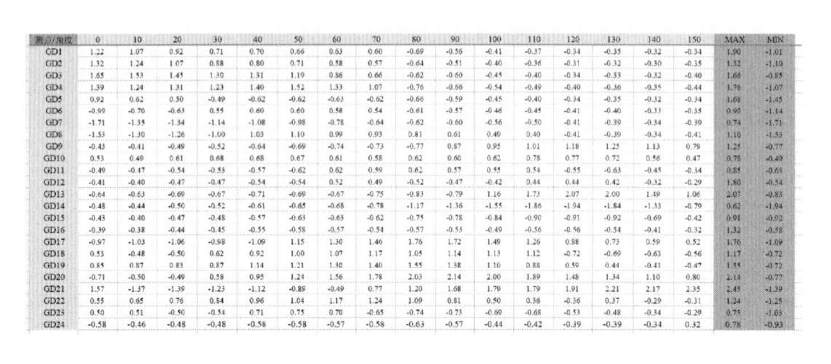

测点/角度	0	10	20	30	40	50	60	70	80	90	100	110	120	130	140	150	MAX	MIN
GD1	1.22	1.07	0.92	0.71	0.70	0.66	0.63	0.60	-0.69	-0.56	-0.41	-0.37	-0.34	-0.35	-0.32	-0.34	1.90	-1.01
GD2	1.32	1.24	1.07	0.88	0.80	0.71	0.58	0.57	-0.64	-0.51	-0.40	-0.36	-0.31	-0.32	-0.30	-0.35	1.32	-1.10
GD3	1.65	1.53	1.45	1.30	1.31	1.19	0.86	0.66	-0.62	-0.60	-0.45	-0.40	-0.34	-0.33	-0.32	-0.40	1.66	-0.85
GD4	1.39	1.24	1.31	1.23	1.40	1.52	1.33	1.07	-0.76	-0.66	-0.54	-0.49	-0.40	-0.36	-0.35	-0.44	1.76	-1.07
GD5	0.92	0.62	0.50	-0.49	-0.62	-0.62	-0.63	-0.62	-0.66	-0.59	-0.45	-0.40	-0.34	-0.35	-0.32	-0.34	1.68	-1.45
GD6	-0.99	-0.70	-0.63	0.55	0.60	0.60	0.58	0.54	-0.61	-0.57	-0.46	-0.45	-0.41	-0.40	-0.33	-0.35	0.90	-1.14
GD7	-1.71	-1.35	-1.34	-1.14	-1.08	-0.98	-0.78	-0.64	-0.62	-0.60	-0.56	-0.50	-0.41	-0.39	-0.34	-0.39	0.74	-1.71
GD8	-1.53	-1.30	-1.26	-1.00	1.03	1.10	0.99	0.93	0.81	0.61	0.49	0.40	-0.41	-0.39	-0.34	-0.41	1.10	-1.53
GD9	-0.43	-0.41	-0.49	-0.52	-0.64	-0.69	-0.74	-0.73	-0.77	0.87	0.95	1.01	1.18	1.25	1.13	0.79	1.25	-0.77
GD10	0.53	0.49	0.61	0.68	0.68	0.67	0.61	0.58	0.62	0.60	0.62	0.78	0.77	0.72	0.56	0.47	0.78	-0.49
GD11	-0.49	-0.47	-0.54	-0.53	-0.57	-0.62	0.62	0.59	0.62	0.57	0.55	0.54	-0.55	-0.63	-0.45	-0.34	0.85	-0.63
GD12	-0.41	-0.40	-0.47	-0.47	-0.54	-0.54	0.52	0.49	-0.52	-0.47	-0.42	0.44	0.44	0.42	-0.32	-0.29	1.80	-0.54
GD13	-0.64	-0.63	-0.69	-0.67	-0.71	-0.69	-0.67	-0.75	-0.83	-0.79	1.16	1.73	2.07	2.00	1.49	1.06	2.07	-0.83
GD14	-0.48	-0.44	-0.50	-0.52	-0.61	-0.65	-0.68	-0.78	-1.17	-1.36	-1.55	-1.86	-1.94	-1.84	-1.33	-0.79	0.62	-1.94
GD15	-0.43	-0.40	-0.47	-0.48	-0.57	-0.63	-0.63	-0.62	-0.75	-0.78	-0.84	-0.90	-0.91	-0.92	-0.69	-0.42	0.91	-0.92
GD16	-0.39	-0.38	-0.44	-0.45	-0.55	-0.58	-0.57	-0.54	-0.57	-0.53	-0.49	-0.56	-0.56	-0.54	-0.41	-0.32	1.32	-0.58
GD17	-0.97	-1.03	-1.06	-0.98	-1.09	1.15	1.30	1.46	1.76	1.72	1.49	1.26	0.88	0.73	0.59	0.52	1.76	-1.09
GD18	0.53	-0.48	-0.50	0.62	0.92	1.00	1.07	1.17	1.05	1.14	1.13	1.12	-0.72	-0.69	-0.63	-0.56	1.17	-0.72
GD19	0.85	0.87	0.83	0.87	1.14	1.21	1.30	1.40	1.55	1.38	1.10	0.88	0.59	0.44	-0.41	-0.47	1.55	-0.72
GD20	-0.71	-0.50	-0.49	0.58	0.95	1.24	1.56	1.78	2.03	2.14	2.00	1.89	1.48	1.34	1.10	0.80	2.14	-0.77
GD21	1.57	-1.37	-1.39	-1.23	-1.12	-0.89	-0.49	0.77	1.20	1.68	1.79	1.79	1.91	2.21	2.17	2.35	2.45	-1.39
GD22	0.55	0.65	0.76	0.84	0.96	1.04	1.17	1.24	1.09	0.81	0.50	0.36	-0.36	0.37	-0.29	-0.31	1.24	-1.25
GD23	0.50	0.51	-0.50	-0.54	0.71	0.75	0.70	-0.65	-0.74	-0.73	-0.69	-0.68	-0.53	-0.48	-0.34	-0.29	0.75	-1.03
GD24	-0.58	-0.46	-0.48	-0.48	-0.58	-0.58	-0.57	-0.58	-0.63	-0.57	-0.44	-0.42	-0.39	-0.39	-0.34	0.32	0.78	-0.93

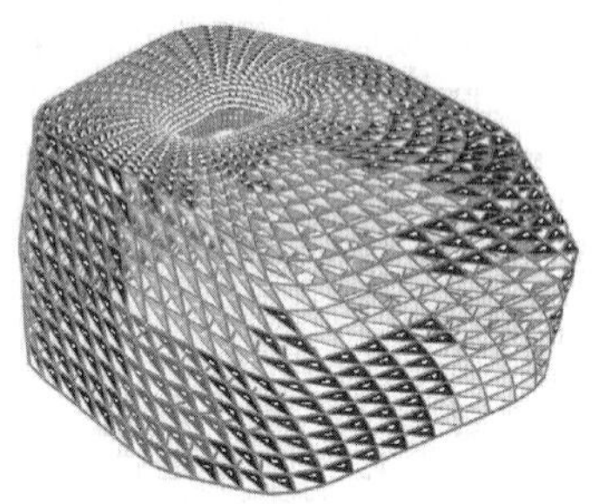

图 8　风荷载施加

以上解释说服力有限，为保证最终结果的正确性，我们对规范的计算结果与风洞进行对比分析论证，由于结构形状特殊，无确定规范条文可以参考，通过讨论，建议按封闭式房屋取体型系数进行风荷载计算，并对风荷载进行以下折减：①非封闭式围护结构，体型系数折减 0.8；②双面受风面板风荷载计算值折减 0.8；③依据《建筑工程风洞试验方法标准》（JGJ/T 338—2014），风荷载取值不应低于现行国家标准《建筑结构荷载规范》（GB 50009）规定值的 90%。综合以上进行折减计算，最终得出结果如下（图 9～图 10）。

.w_{gc1}: =1.68kPa　.因此 ($w_{gc1} \leqslant w_{kg}$) = “风洞值较大”　.比较 $\left(\frac{w_{gc1}}{w_{kg}}\right)$ = (1.87 “> 1”)

.w_{gc2}: =0.9kPa　.因此 ($w_{gc2} \leqslant w_{kg}$) = “风洞值较小”　.比较 $\left(\frac{w_{gc2}}{w_{kg}}\right)$ = (1 “≤ 1”)

.w_{gc3}: =0.7kPa　.因此 ($w_{gc3} \leqslant w_{kg}$) = “风洞值较小”　.比较 $\left(\frac{w_{gc3}}{w_{kg}}\right)$ = (0.82 “≤ 1”)

.w_{gc4}: =1.1kPa　.因此 ($w_{gc4} \leqslant w_{kg}$) = “风洞值较大”　.比较 $\left(\frac{w_{gc4}}{w_{kg}}\right)$ = (1.22 “> 1”)

.w_{gc5}: =2.07kPa　.因此 ($w_{gc5} \leqslant w_{kg}$) = “风洞值较大”　.比较 $\left(\frac{w_{gc5}}{w_{kg}}\right)$ = (2.3 “> 1”)

.w_{gc6}: =0.62kPa　.因此 ($w_{gc6} \leqslant w_{kg}$) = “风洞值较小”　.比较 $\left(\frac{w_{gc6}}{w_{kg}}\right)$ = (0.69 “≤ 1”)

图 9　计算结果对比

结果显示，大部分区域相差不大，局部区域有偏小情况（图 10）是因为周边建筑群的影响，通过与各方单位讨论，得出结论如下：此试验报告基本未发生失真情况，可以作为结构设计的参考依据。

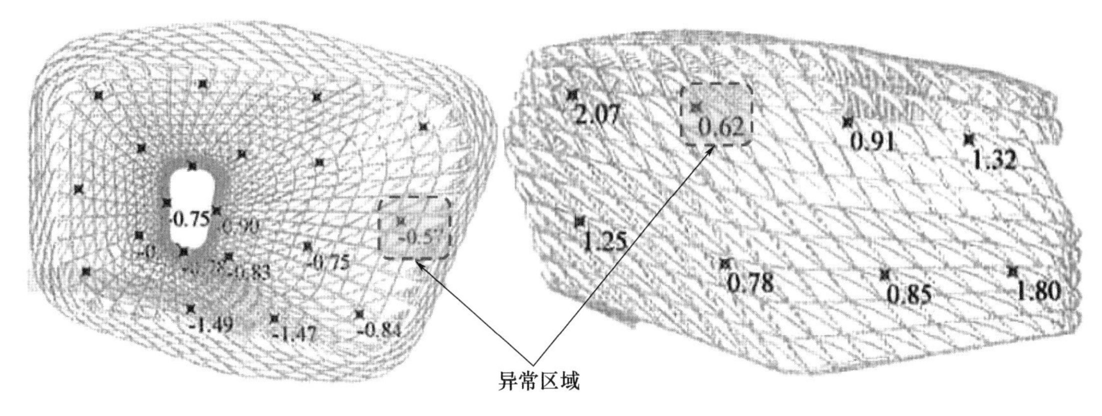

图 10　异常区域标识

但为保证最终计算结果的安全性和可靠性，同时考虑到结构边棱处风荷载的多变性，最终确认需对边棱处荷载进行修正，修正区域如下图蓝色面板区域（图 11），此修正区域施加的荷载值参考《门式刚架轻型房屋钢结构技术规范》（GB 51022—2015）规范的计算值，修正值取 3.05kPa。

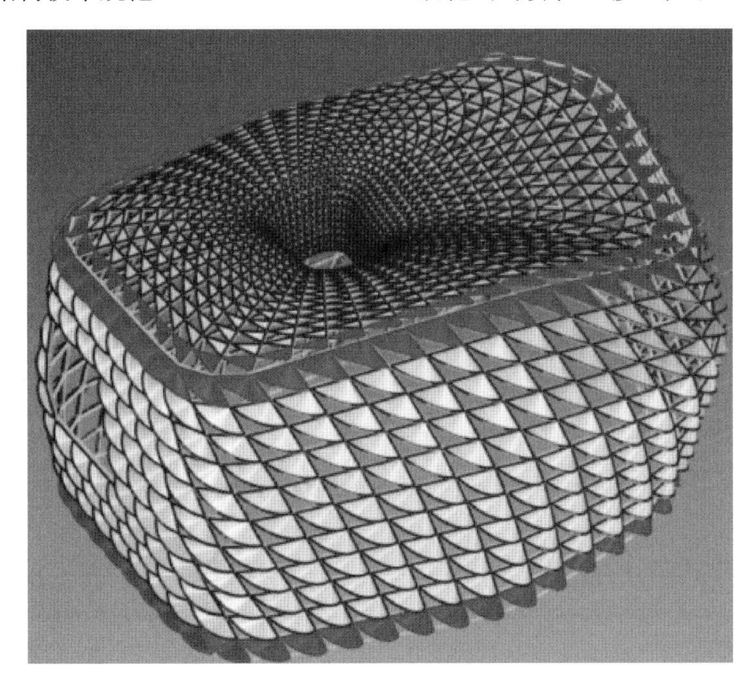

图 11　修正区域标识

由于不确定边棱处修正后的结果是对整体钢架作用是否有利，最终按两种工况对钢结构整体进行包络分析：①完全按风洞试验报告施加风荷载；②边棱处按修正值考虑，其余区域按风洞试验报告施加风荷载。

4　温度荷载取值分析

该钢结构分成独立的两部分，分别是外壳（包含立面、屋面）和中庭。其中，外壳（包含立面、屋面）连成整体一圈，构造不允许网架侧移，跨度较大，且支承结构没有进行释放温度应力的构造设计，需考虑由于温度变化而引起的内力。

与审图专家共同深入研究得出如下结论：①钢结构设计时，不应该将钢结构单独建模，这样与实际建成后状况不符，所以钢结构模型必须带着主体结构进行整体建模计算，保持与主体结构在体系构成及受力协同上的一致性；②钢结构考虑温度作用影响时，温差可考虑升温、降温均按20℃开展验算（根据项目所在地历史最低温度2.8℃和最高温度38.5℃以及类似工程经验）；③考虑钢结构温差对主体结构的影响时，温差可按升温、降温均为15℃考虑，可仅选取外围受力复杂部位的反力复核调整主体结构。

主体结构受自重荷载、风荷载及地震作用影响较为显著，温度荷载与其他荷载组合值系数较小。按规范可考虑以下典型组合：

$$①1.2G+1.0\times1.4W+0.6\times1.3E+0.2\times1.2T$$

$$②1.2G+1.0\times1.4W+0.6\times1.2T+0.2\times1.3E$$

$$③1.2G+1.0\times1.3E+0.6\times1.4W+0.2\times1.2T$$

$$④1.2G+1.0\times1.3E+0.6\times1.2T+0.2\times1.4W$$

式中：G、W、E、T分别代表重力荷载、风荷载、地震作用和温度作用产生的应力或内力。

经代入验算，主体结构在外壳升温、降温15℃的情况下，结果影响很小，故综合判断钢结构的温差对主体结构的影响很小。

此外，主体结构本身因为跨度不大，且混凝土部分与钢结构部分不同时施工，且大部分处于室内结构，所以主体结构本身不用考虑温差，这也符合实际情况。

中庭部分的钢结构属于装饰，且不与外壳钢结构连接。从结构专业考虑，中庭钢结构为附属钢架，且刚度较小，跟外部网壳是脱开的，不需要建进主体结构模型，可单独计算。同时，因其自身跨度较小，按规范不用考虑温度影响。

5 杆件设计分析

杆件设计主要通过挠度分析、应力比分析以及屈曲分析三个方面来进行综合分析设计。

首先是挠度分析，如果按外围护结构考虑，挠度变形可以按1/250来控制。但是此项目网架结构形态符合单层网壳受力特点，按1/400挠度控制去设计更符合规范要求（图12）。

表3.5.1 空间网格结构的容许挠度值

结构体系	屋盖结构(短向跨度)	楼盖结构(短向跨度)	悬挑结构(悬挑跨度)
网架	1/250	1/300	1/125
单层网壳	1/400	—	1/200
双层网壳 立体桁架	1/250	—	1/125

注：对于设有悬挂起重设备的屋盖结构，其最大挠度值不宜大于结构跨度的1/400。

图12 相关规范条文

其次是应力比分析，本项目钢结构杆件采用的是无缝钢管，为了在满足受力要求的同时，减小钢结构整体质量，满足外观需求，经过多次测试得出较为合适的杆件截面尺寸，且均采用Q355B材质钢管进行设计（图13～图14）。

再次是屈曲分析，屈曲分析有助于发现屈曲对整体结构、单独构件的影响。采用特征值屈曲分析可以得到各屈曲模态的荷载系数以及对应的屈曲形态，查看结构构件的薄弱部位，屈曲分析采用以下两种工况进行分析。

构件编号	构件截面尺寸	钢材牌号	备注	图例
S1	Y121×4	Q355-B	冷弯空心型钢	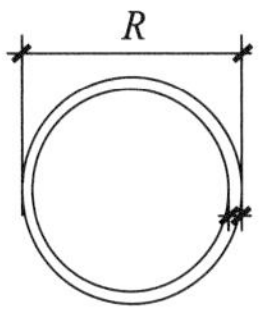 R Yrxt
S2	Y159×6	Q355-B	冷弯空心型钢	
S3	Y219×20	Q355-B	焊接圆管	
S4	Y219×10	Q355-B	冷弯空心型钢	
S5	Y299×15	Q355-B	冷弯空心型钢	

图 13　杆件截面尺寸

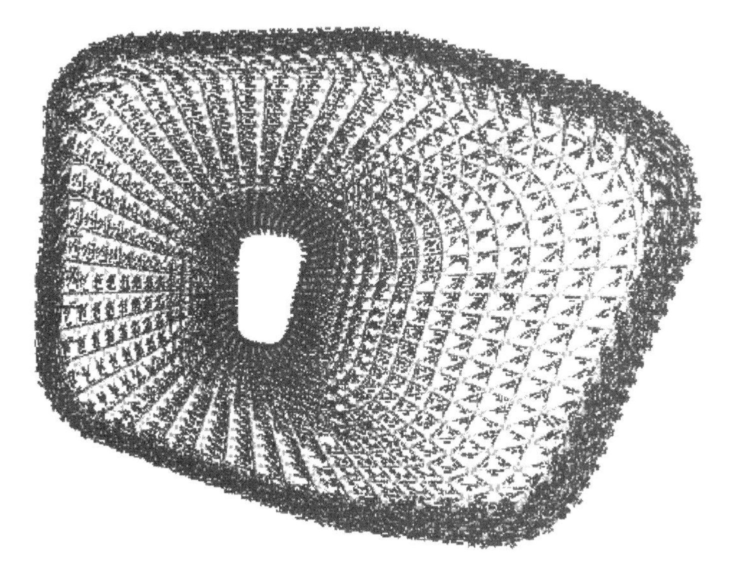

图 14　构件验算应力比（最大为 0.92）

工况 1：$K\times$（1.0 自重＋1.0 附加恒载＋1.0 活荷载），其中 K 为该工况下的屈曲因子（图 15）。

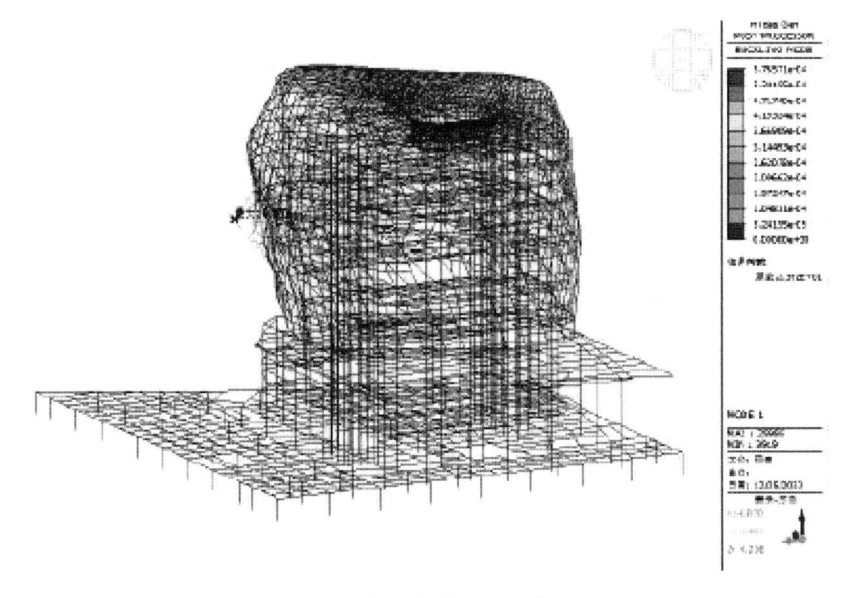

图 15　工况 1 屈曲分析结果（屈曲因子 23.9）

工况 2：$K\times$（1.0 自重＋1.0 附加恒载＋1.0 风荷载），其中 K 为该工况下的屈曲因子（图 16）。

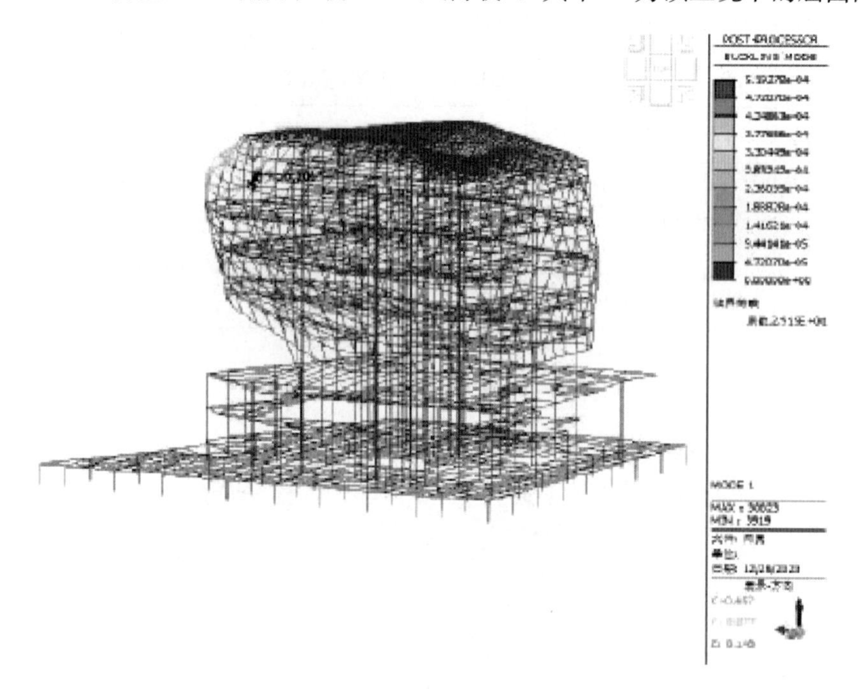

图 16　工况 2 屈曲分析结果（屈曲因子 29.1）

最终得出结论：整体稳定屈曲因子最小为 23.9，大于规范的限制值 4.2，满足要求。

6　钢结构节点设计分析

本项目节点设计主要针对支座节点和横竖交接节点进行分析。

外部网壳支座采用刚接形式，为保证整体刚度及结构稳定性，外部网壳与主体结构连接的支座杆均设计交于外部网壳横杆跟竖杆交点处。

中庭支座采用铰接形式，传统的耳板＋销轴支座只能释放一个方向转动，不能假定为球铰支座，本项目设计为耳板带轴承连接的球铰支座形式（图 17），保证能释放另两个方向的转动约束，同时支座反力的合力随支座转动，对销轴不会产生侧向剪力。

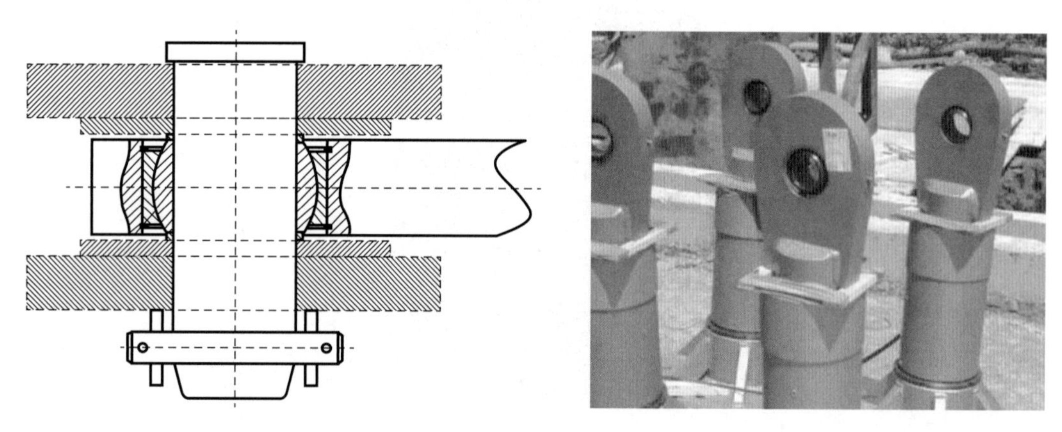

图 17　球铰支座示意及实物图

横竖杆交接节点采用管管相贯做法（内侧设置加劲板补强），该节点为连接支座的关键节点，通过模型筛选的最不利反力，对该部位进行有限元分析（图 18）。经复核，相贯节点满足要求。

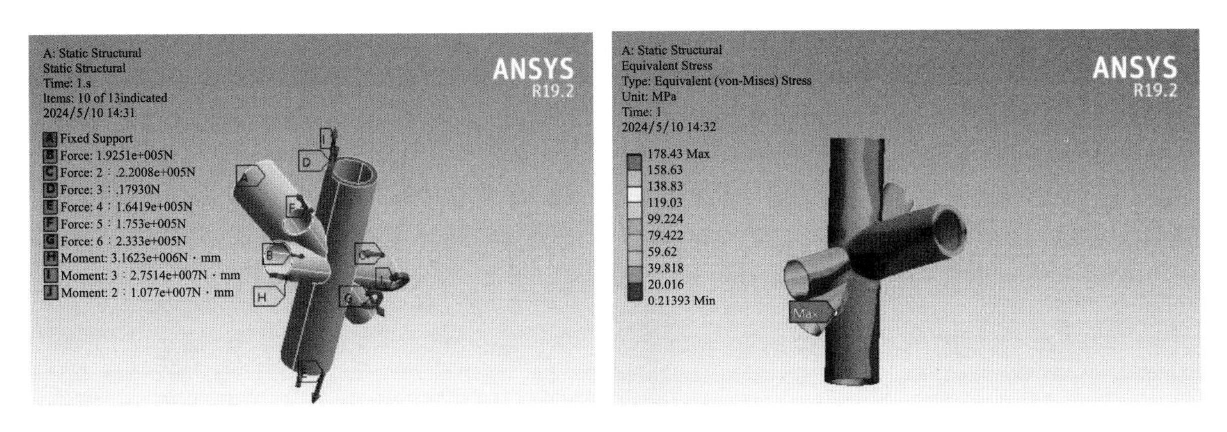

图 18　节点有限元荷载施加及应力校核

7　钢结构外侧帆船铝板设计

钢结构外侧的帆船造型金属板为扇形曲面板，由 2 条直边和 1 条弧边共 3 条边组合而成的空间曲面板（图 19）。帆船造型金属板作为本项目的重要装饰元素之一，采用了 4mm 厚单层铝板（3003-H24）作为主要材料，并通过加强筋（呈放射状布置）和三维可调安装系统实现其精准安装和美观效果。

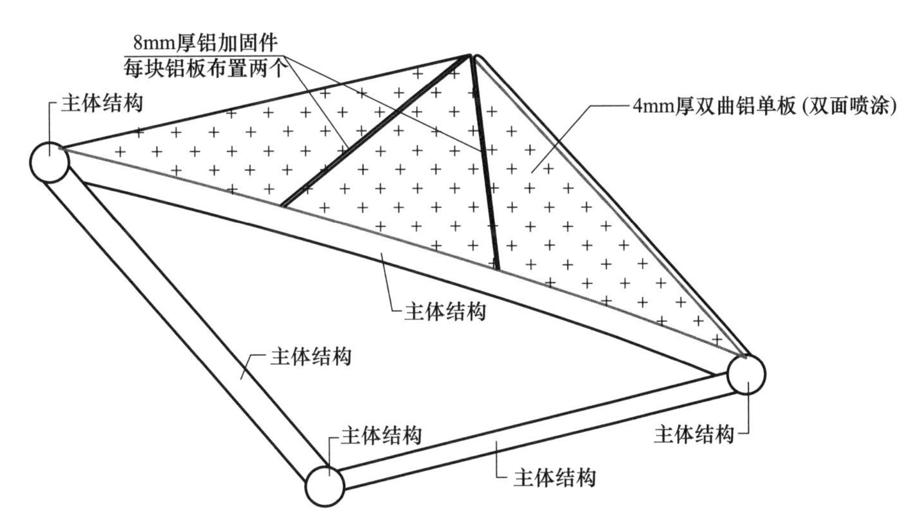

图 19　帆船造型金属板示意图

钢结构施工存在不可避免的偏差，我们在设计阶段通过合理选择焊缝尺寸和形式、减少不必要的焊缝、合理安排焊缝位置等措施来控制钢结构变形，在工艺阶段采取反变形法、刚性固定法、预留长度法、加热矫正法等措施来控制钢结构的变形。钢结构施工完毕后，再采用三维激光扫描技术对其进行现场扫描和逆向建模，以进一步提高其安装精度和效率。

采取上述措施后钢结构仍旧存在细小偏差，为了应对该偏差以及确保金属面纱的精准安装和高效施工，我们特别设计了三维可调安装系统：①两条直边采用 5mm 厚氟碳喷涂钢板通长焊接在钢结构圆管上，并使用万能角组合副框与铝板固定，另一端通过齿形垫块与钢板固定（图 20），长度可调，同时适合各种角度帆形铝板安装；②弧边采用铝合金抱箍和铝合金连接件，旋转连接板、旋转底座和抱箍组件三道转接安装到圆管龙骨上（图 21），在操作空间有限的施工环境中，通过曲面面板随旋转连接板在旋转底座上的摆动、曲面面板在旋转底座上的转动、曲面面板高度调整、曲面面板在圆管龙骨的安装位置调整和曲面面板在圆管龙骨上的转动调节，实现了三维调节。

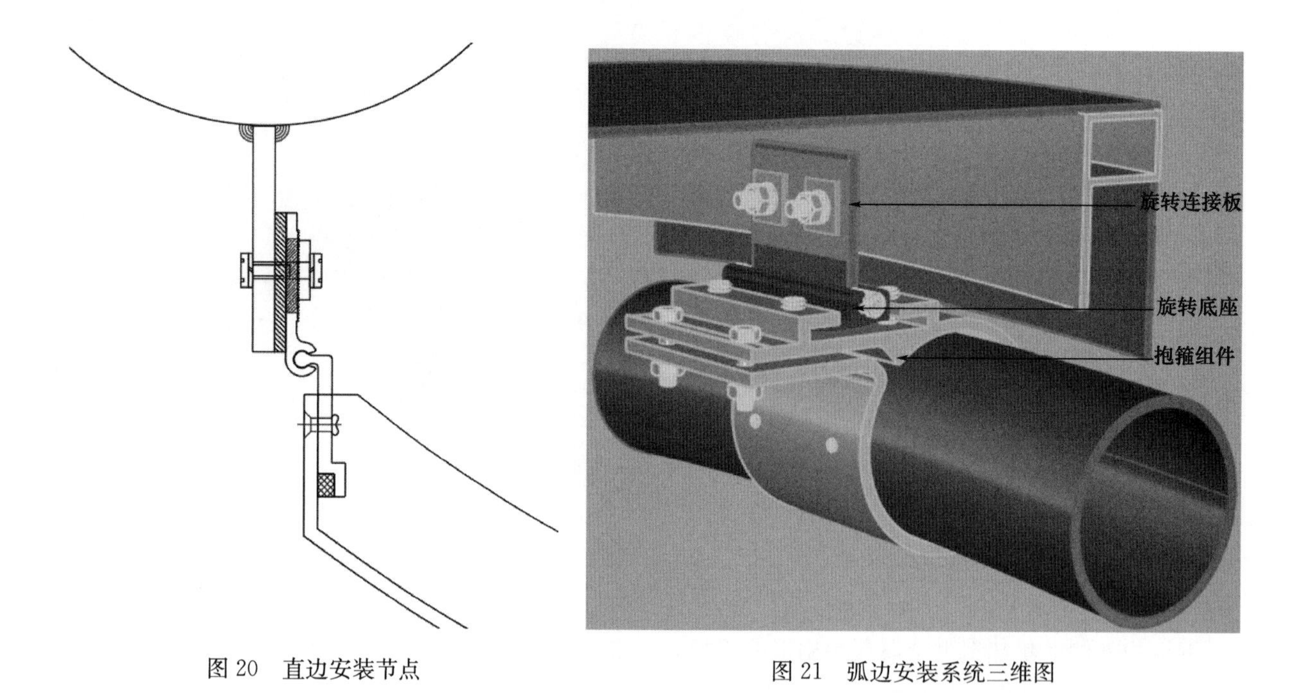

图 20 直边安装节点

图 21 弧边安装系统三维图

该系统通过旋转连接板、旋转底座和抱箍组件等组件实现了曲面面板的三维调节和安装，有效提高了曲面面板的安装精度和安装效率，保证了曲面金属板的顺滑度。

8 结语

本项目的钢结构设计和金属面纱安装通过精确的建模计算、合理的风荷载和温度荷载取值分析以及精细的节点设计和安装系统优化，充分考虑了结构的安全性、稳定性和美观性要求。该项目提供了一种不规则网壳钢架的分析及设计思路，同时给出了一种帆船曲面铝板的参考做法，为今后类似工程提供宝贵的经验。

参考文献

[1] 广东省住房和城乡建设厅．广东省建筑结构荷载规范：DBJ/T 15-101—2022 [S]. 北京：中国城市出版社，2022.
[2] 中华人民共和国住房和城乡建设部．空间网格结构技术规程：JGJ 7—2010 [S]. 北京：中国建筑工业出版社，2011.
[3] 中华人民共和国住房和城乡建设部．建筑工程风洞试验方法标准：JGJ/T 338—2014 [S]. 北京：中国建筑工业出版社，2015.

中金大厦索网幕墙设计剖析

◎ 谭伟业

深圳市方大建科集团有限公司　广东深圳　518052

摘　要　本文主要介绍了深圳中金大厦索网幕墙系统设计的重点和要点，简单陈述了其几何体系和结构体系的构造，特别针对曲面索网幕墙支座设计、夹具设计、整体结构有限元分析等做了重点介绍。

关键词　曲面索网；马鞍型构造；支座设计；索夹；结构分析

1　工程概述

中金大厦位于深圳南山后海中心区，毗邻科苑大道与海德三道，是企业办公总部大楼，幕墙面积约3.25万m^2，建成后将成为后海中心区的标志性建筑。项目主要由1栋30层高153m的塔楼和3层16.2m高的裙楼组成。幕墙系统分布主要有塔楼标准单元幕墙、塔楼东北侧索网幕墙、4～5层竖隐横明框架式幕墙、裙楼玻璃肋全玻幕墙、主入口媒体树双曲玻璃幕墙、裙房采光顶幕墙等（图1～图2）。

图1　中金大厦效果图

图2　中金大厦施工现场照片

本工程由株式会社日本设计担纲建筑设计，建筑外立面造型复杂多变。建筑师希望这座建筑像一棵"大树"，深深扎根在大地，成为一座充满生命力同时又富有影响力的建筑，下面笔者主要针对中金大厦塔楼东北侧索网幕墙的设计要点进行介绍和分析。

2　塔楼索网幕墙系统设计介绍

2.1　索网幕墙系统概述

索网幕墙位于建筑塔楼东北角21F～29F，建筑标高99m～135m处，为本项目的重难点和最大亮点（图 3～图 6），下面分别对索网幕墙的几何体系和结构体系进行介绍。

图 3　索网幕墙室外局部效果图

图 4　索网幕墙室内局部效果图

图 5　索网幕墙现场安装照片（一）

图 6　索网幕墙现场安装照片（二）

2.1.1　索网幕墙几何体系介绍

索网幕墙高度方向最大跨度 36m，两侧斜向上布置，跨高逐渐减小。水平方向跨度往高处由小至大，展开宽度最大处约 62m。索网幕墙跨越了两个互相正交的立面，转角处为圆弧过渡，半径 5.2m，两侧直面段关于圆弧中心线对称布置，整体呈空间“V”字形结构。（图 7～图 8）

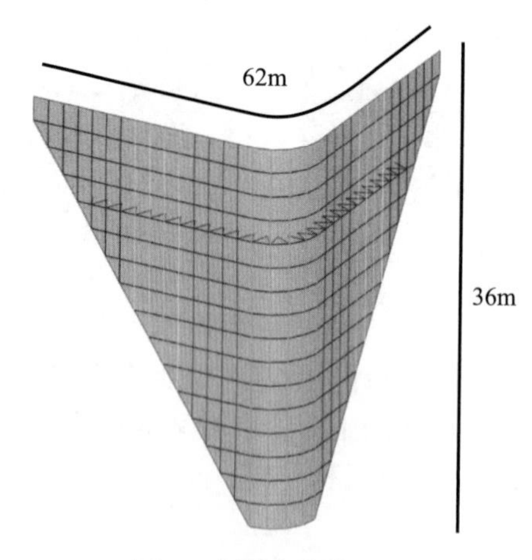

图 7　索网幕墙轴测图

2.1.2　索网幕墙结构体系介绍

本项目索网为横、竖索相互正交，在圆弧位置曲率相反，两组索在交点处相互连接形成浅矢高的马鞍形空间结构的受力体系，在 1P＋1D 工况下，索网矢高分布情况见图 9 所示。

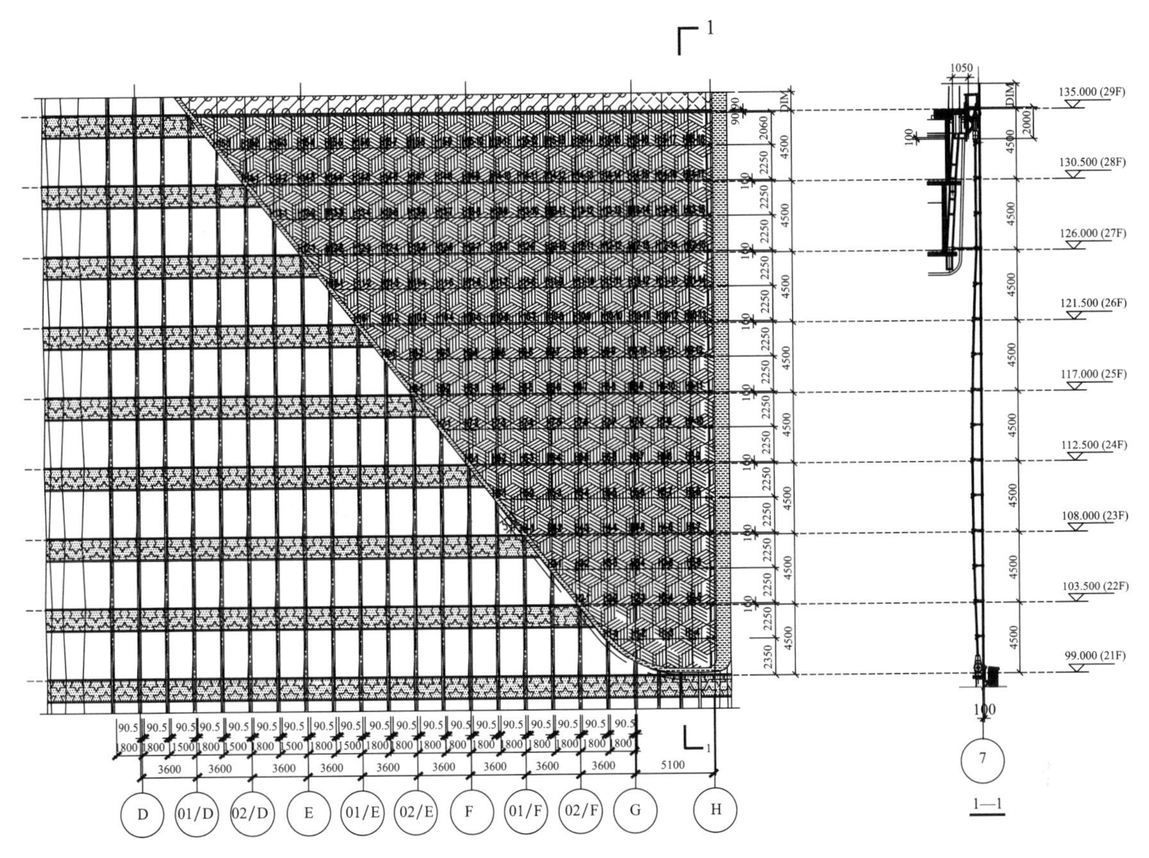

图例：

GL-01a：8mm超白半钢化+1.52PVB+8mm超白半钢化(Low-E膜位于4#表面)+12A+10mm超白钢化中空夹胶Low-E玻璃

GL-01dC8mm超白半钢化+1.52PVB+8mm超白半钢化(Low-E膜位于4#表面)+12A+8mm超白钢化中空夹胶Low-E玻璃
MT-04e：2.0mm厚粉末喷涂铝板

GL-02a：10mm超白钢化+2.28SGP+10mm超白钢化(Low-E膜位于4#表面)+12Ar+10mm超白钢化+2.28SGP+10mm超白钢化中空双夹胶Low-E玻璃

MT-02b：3.0mm厚铝单板(氟碳喷涂)

图 8　索网幕墙局部立面

玻璃面至横向拉索中心距离汇总															
编号	距离	编号	距离	编号	距离	编号	距离	编号	距离	编号	距离	编号	距离	编号	距离
H1-4	309	H2-5	388	H3-6	448	H4-7	488	H5-8	511	H6-9	515	H7-10	501	H15-18	179
H1-3	306	H2-4	384	H3-5	441	H4-6	479	H5-7	500	H6-8	504	H7-9	487	H15-17	181
H1-2	270	H2-3	317	H3-4	348	H4-5	370	H5-6	381	H6-7	382	H7-8	372	H15-16	176
H1-1	175	H2-2	204	H3-3	215	H4-4	225	H5-5	231	H6-6	232	H7-7	230	H15-15	170
		H2-1	175	H3-2	190	H4-3	191	H5-4	193	H6-5	193	H7-6	191	H15-14	170
				H3-1	175	H4-2	183	H5-3	184	H6-4	183	H7-5	182	H15-13	170
						H4-1	175	H5-2	183	H6-3	182	H7-4	180	H15-12	170
								H5-1	175	H6-2	174	H7-3	174	H15-11	170
										H6-1	175	H7-2	173	H15-10	170
												H7-1	175	H15-9	170
编号	距离	编号	距离	编号	距离	编号	距离	编号	距离	编号	距离	编号	距离	H15-8	169
H8-9	352	H9-12	419	H10-13	352	H11-14	269	H12-15	171	H13-16	185	H14-17	189	H15-7	169
H8-8	223	H9-11	409	H10-12	348	H11-13	267	H12-14	171	H13-15	186	H14-16	191	H15-6	169
H8-7	189	H9-10	321	H10-11	281	H11-12	230	H12-13	172	H13-14	179	H14-15	183	H15-5	169
H8-6	180	H9-9	213	H10-10	201	H11-11	177	H12-12	172	H13-13	173	H14-14	171	H15-4	169
H8-5	178	H9-8	185	H10-9	180	H11-10	175	H12-11	170	H13-12	170	H14-13	170	H15-3	169
H8-4	174	H9-7	178	H10-8	176	H11-9	173	H12-10	170	H13-11	170	H14-12	170	H15-2	169
H8-3	173	H9-6	176	H10-7	174	H11-8	172	H12-9	170	H13-10	170	H14-11	170	H15-1	175
H8-2	173	H9-5	174	H10-6	173	H11-7	172	H12-8	172	H13-9	171	H14-10	171		
H8-11	469	H9-4	173	H10-5	173	H11-6	172	H12-7	172	H13-8	171	H14-9	170		
H8-10	464	H9-3	173	H10-4	172	H11-5	172	H12-6	172	H13-7	171	H14-8	168		
H8-1	175	H9-2	172	H10-3	172	H11-4	172	H12-5	172	H13-6	171	H14-7	170		
		H9-1	175	H10-2	172	H11-3	172	H12-4	172	H13-5	171	H14-6	170		
				H10-1	175	H11-2	172	H12-3	172	H13-4	171	H14-5	170		
						H11-1	175	H12-2	172	H13-3	171	H14-4	170		
								H12-1	175	H13-2	172	H14-3	170		
										H13-1	175	H14-2	170		
												H14-1	175		

图 9　索网矢高分布情况（节点编号见索网局部立面）

竖向索为承重索，主要承担幕墙水平外荷载以及面板自重作用，采用高钒全密闭索，共 33 根，由转角到两侧分布分别为 5 根 Φ100mm、8 根 Φ85mm、6 根 Φ70mm、6 根 Φ60mm、8 根 Φ45mm。横向索为稳定索，采用 Φ22mm 不锈钢索，在玻璃横向分格位置布置，高度间距 2250mm，共计 15 根。

两侧斜面位置主体结构为斜向矩形钢梁，依靠主体结构柱进行支撑连接，顶部 27F～29F 位置为两侧支撑的双层主体钢桁架。竖索顶部为铸钢支座，位于 29F 位置（图 10），第二支座为三角形 V 形支撑，位于 27F 位置（图 11），均固定在钢桁架侧面，竖索底部为耳板支座固定在斜钢梁上。横向索通长贯通两个侧面，两端分别固定在斜钢梁位置（图 12）。

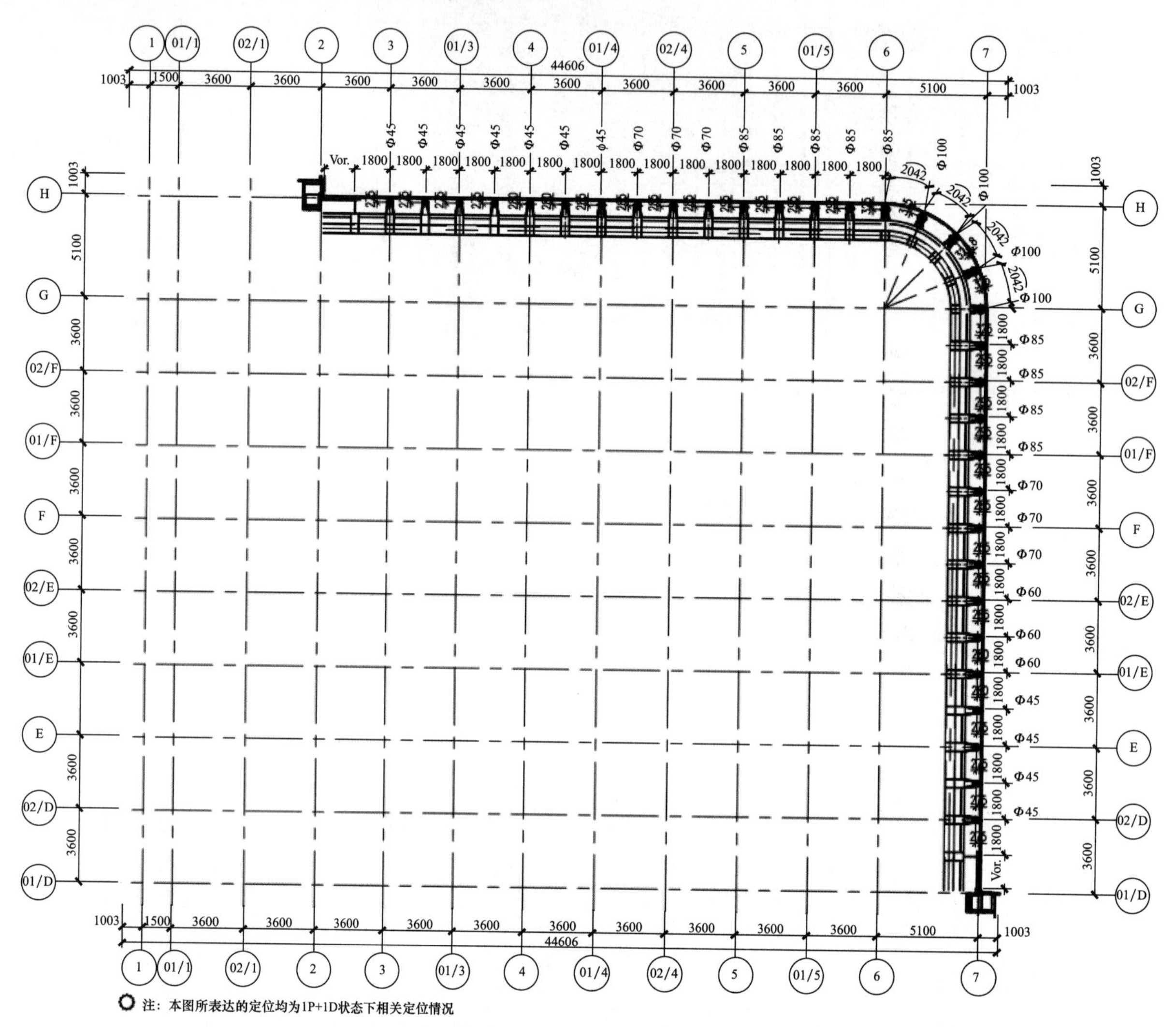

图 10 索网幕墙顶部支座平面定位图

2.2 索网幕墙整体结构计算

索网幕墙位于塔楼顶部，跨度大且拉索直径比常规拉索幕墙要大得多，同时考虑到造型的特殊性以及受风情况的复杂性，因此索网幕墙与主体结构协同设计，整体受力分析显得尤为必要。

本项目采用通用有限元分析软件 SAP2000 V22.1.0 进行结构分析。基于设计院提供的主体结构模型，建立含索网结构的整体有限元模型（图 13～图 14）。

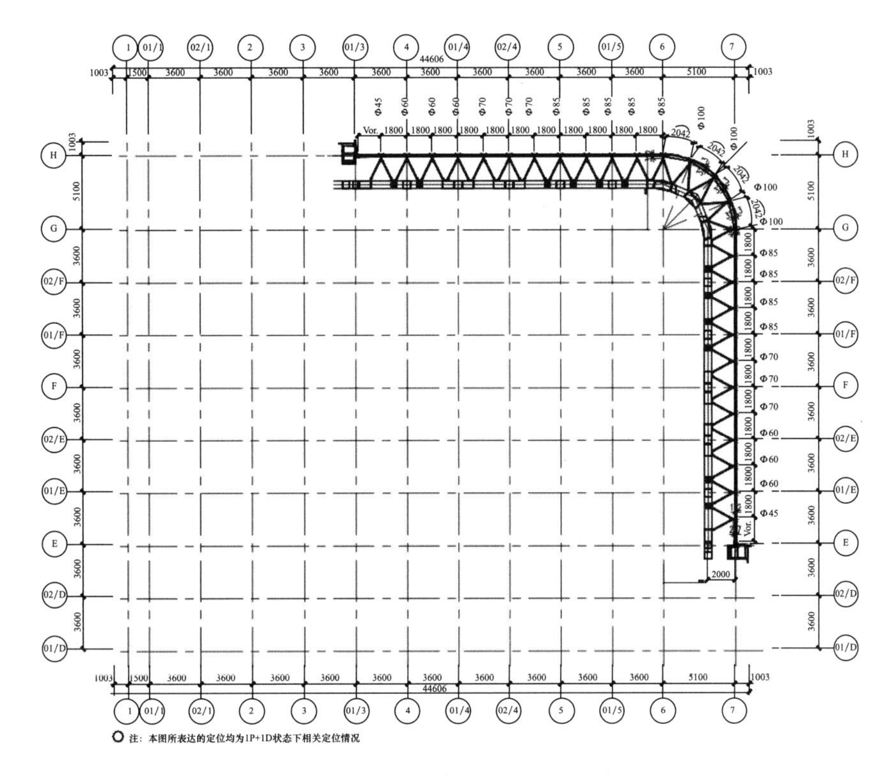

图 11　索网幕墙第二支座平面定位图

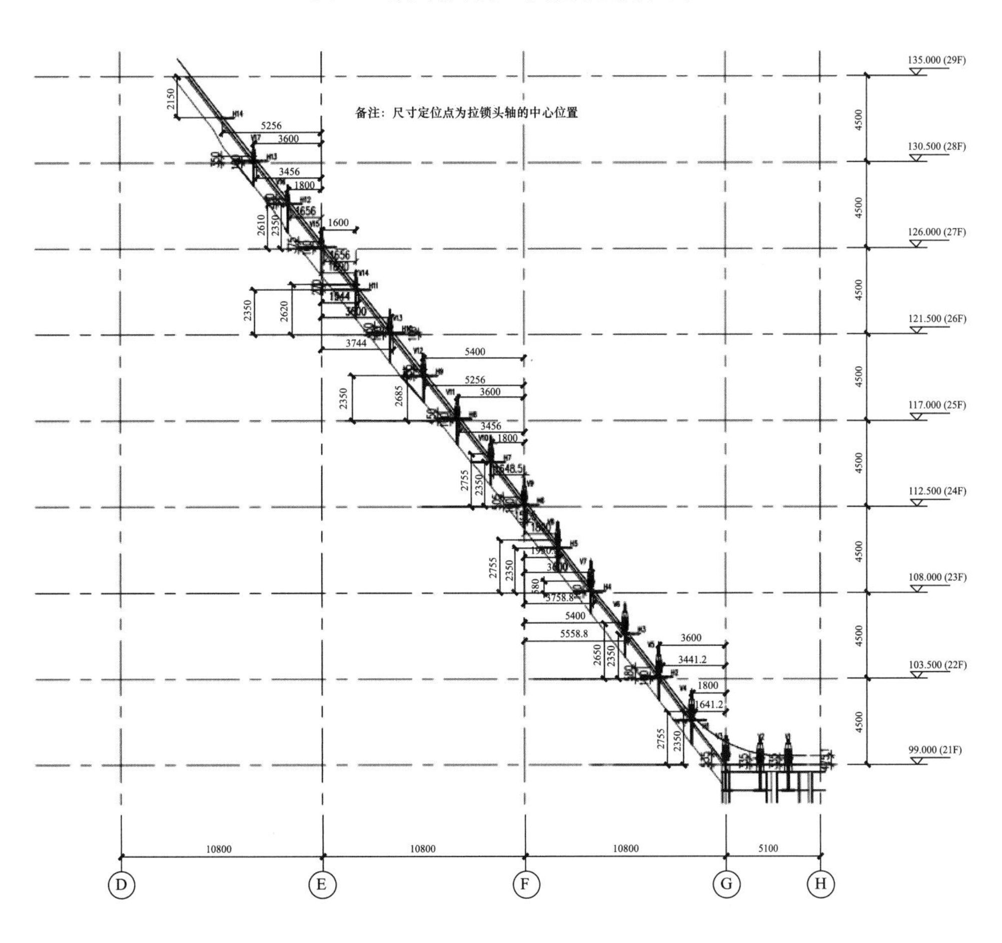

图 12　索网幕墙斜梁支座定位图

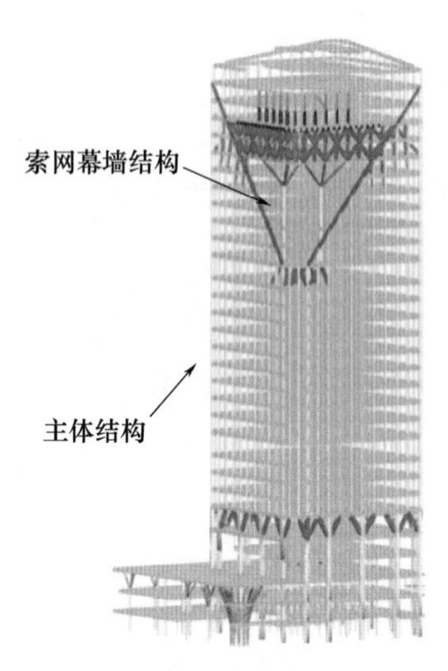

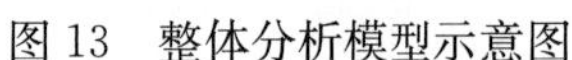

图 13　整体分析模型示意图

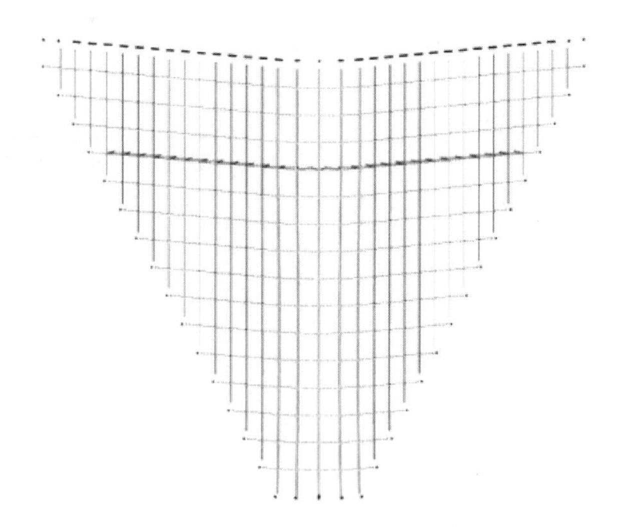

图 14　局部显示计算线模型

2.2.1　模型主要考虑的荷载工况及边界条件设定

①索网采用主体结构荷载进行分析，玻璃及爪件等附属结构采用围护结构荷载分析；

②结构自重由软件自动计算；玻璃幕墙恒荷载考虑 1.3kN/m^2；

③风荷载施加考虑 4 个正交方向的荷载规范风的影响，同时考虑受风敏感建筑基本风压放大系数为 1.1；同时依据中国建研院提供的《20201109CABR 中金大厦项目风振分析报告》及荷载文件，选取 50°、90°、100°、110°、180°、220°、240°、250° 8 个风向角，对主体结构及索网整体施加对应的风荷载；

④抗震设防烈度 7 度，设计基本地震加速度 0.10g，设计地震分组为第一组，场地类别为 2 类，场地特征周期为 0.35s；

⑤主体结构考虑升温 20℃，降温－20℃；考虑索网幕墙直接接受太阳辐射，索网结构考虑升温 30℃，降温－20℃；合拢温度为 15℃～28℃；

⑥受力模型拉索两端连接为铰接，第二支座水平 V 形撑杆两端铰接；

⑦预应力以应变的形式施加于模型上；

⑧计算过程考虑几何非线性（P-DELTA 及大位移）；

⑨竖向索为高钒全密闭索，横向索为不锈钢索，拉索截面信息详见表 1。

表 1　拉索信息表

拉索直径（mm）	拉索种类	金属断面面积（mm^2）	最小破断力（kN）	弹性模量（MPa）
Φ45	高钒全密闭索	1390.0	2000	1.6×10^5
Φ60	高钒全密闭索	2490.0	3590	1.6×10^5
Φ70	高钒全密闭索	3390.0	4890	1.6×10^5
Φ85	高钒全密闭索	5000.0	7220	1.6×10^5
Φ100	高钒全密闭索	6990.0	10100	1.6×10^5
Φ22	不锈钢拉索（材质 316）	286.0	365	1.3×10^5

2.2.2　索网结构控制指标

①单层索网玻璃幕墙：$L/45$（标准值作用）；

②构件强度及稳定性控制指标：根据《索结构技术规程》（JGJ 257—2012）第 5.6 节，拉索的承载力应满足下列公式要求：

$$F=F_{tk}/\gamma_R$$

式中：F——拉索的抗拉力设计值（kN）；

F_{tk}——拉索的极限抗拉力标准值（kN）；

γ_R——拉索的抗力分项系数，取2.0。

$$\gamma_0 N_d \leqslant F$$

式中：N_d——拉索承受的最大轴向拉力设计值（kN）；

γ_0——结构的重要性系数。

③根据《预应力钢结构技术规程》（CECS 212—2006）第3.3.1条，预应力钢结构中的拉索，除应保证索材在弹性状态下工作外，在各种工况下均应保证索力大于零，即拉索在所有工况作用下均不出现松弛。

2.2.3　初始形态分析

由于索网在张拉前处于松弛状态，没有刚度，必须对索网进行初始形态分析，得到索网在预拉力及恒荷载下的形状及内力分布，作为索网幕墙结构在其他荷载作用分析时的初始形态。

分析得到初始状态下，索网在预拉力及恒荷载作用下，相应拉索内力统计如表2、表3所示，各拉索编号如图15所示。

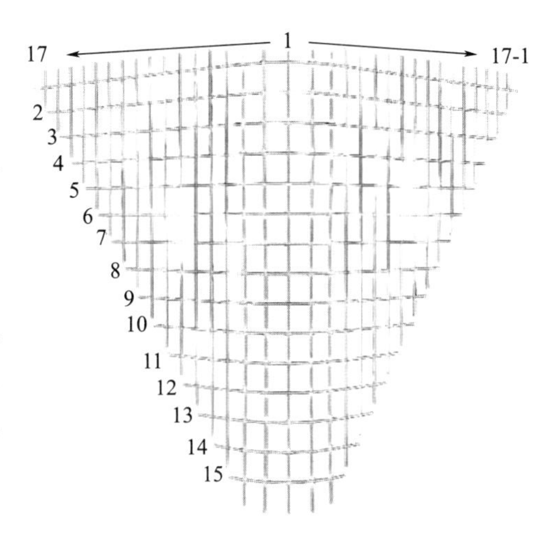

图15　拉索编号图

表2　竖索初始状态内力表（kN）

拉索编号	拉索内力	拉索编号	拉索内力	拉索编号	拉索内力	拉索编号	拉索内力
17	352	8	1086	2－1	2508	10－1	874
16	400	7	1131	3－1	2147	11－1	760
15	455	6	1401	4－1	1869	12－1	668
14	502	5	1614	5－1	1614	13－1	562
13	561	4	1870	6－1	1398	14－1	502
12	666	3	2151	7－1	1131	15－1	453
11	758	2	2510	8－1	1082	16－1	397
10	875	1	2687	9－1	986	17－1	349
9	991						

表3　水平横索初始状态内力表（kN）

拉索编号	拉索内力	拉索编号	拉索内力	拉索编号	拉索内力	拉索编号	拉索内力
1	48	5	66	9	55	13	64
2	52	6	54	10	56	14	73
3	46	7	50	11	54	15	72
4	26	8	51	12	61		

2.2.4　拉索承载力验算

索网幕墙在各个基本组合工况下，拉索安全系数均大于2，满足规范要求，如表4所示。

表4　拉索安全系数

拉索直径（mm）	最小索力（kN）	最大索力（kN）	最小破断力（kN）	安全系数
Φ45	250	752	2000	2.66
Φ60	387	1084	3590	3.31
Φ70	638	1578	4890	3.10
Φ85	800	2613	7220	2.76
Φ100	1514	3664	10100	2.76
Φ22	0.2	176	365	2.07

2.2.5　拉索变形验算

索网幕墙在各个标准组合工况下，各直径拉索最大跨度比为1/104，满足规范要求。

2.3　索网幕墙支座系统设计

2.3.1　顶部铸钢支座设计

不同直径拉索顶部固定方式类似，均为铸钢支座设计，仅支座外形大小及内部构造有所区别，下面以受力最大部位Φ100mm拉索铸钢支座为例进行介绍，铸钢支座连接节点做法详见图16～图17。

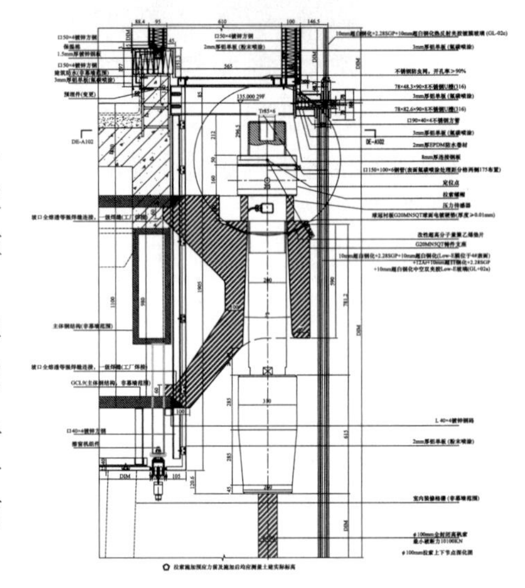

图16　顶部铸钢支座节点图

铸钢支座材质为G20MN5QT，在支座顶部设有半球形凹口以配合上部的球冠衬板，球面电镀硬铬。衬板与支座间设置改性超高分子量聚乙烯垫片，铸钢支座内部设置喇叭口，扩张角度±2.5°，能适应拉索的各向变形。端部设有一圈完整的支腿，供插入主体箱梁内部定位，周圈与箱梁端面一级对接焊（图18）。

拉索索头进行双螺母防松设计，在铸钢支座球冠衬板和主受力螺母之间设有压力传感器，作为拉索后期的索力监测及维护系统，同时也可用于拉索张拉施工过程中的索力值检测装置。

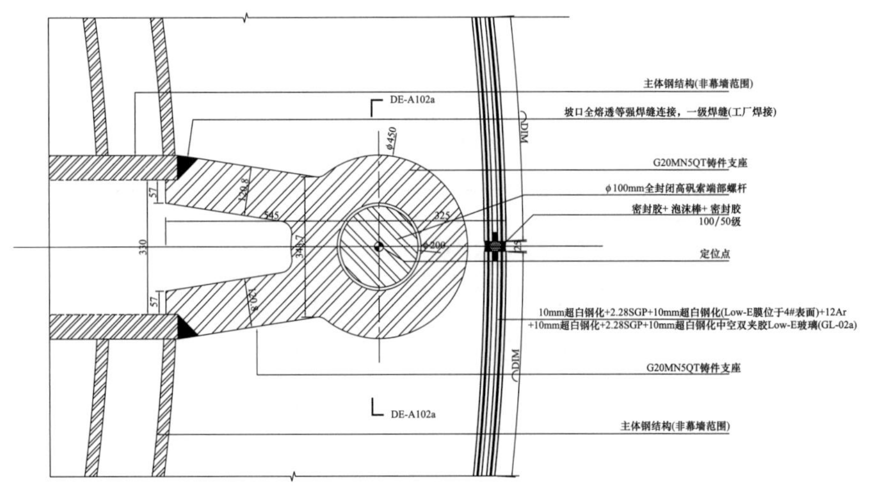

图17　铸钢支座顶部视图

图18　现场铸钢支座安装照片

Φ100mm铸钢支座承担的最大索力达3664kN，受力非常大。对铸钢支座结构进行有限元受力分析，采用实体单元，并考虑带主体结构箱型梁段整体建模分析，分析结果表明，该支座满足刚度和强度满足要求（图 19～图 20）。对该支座继续进行加载，得到力-位移曲线如图 21 所示，当荷载加载至近 21000kN 时，出现位移拐点，安全系数远超 2 倍，同时该节点也在实验室进行了测试验证（图 22），当荷载加载到 2 倍设计值时，铸钢支座处于安全状态。

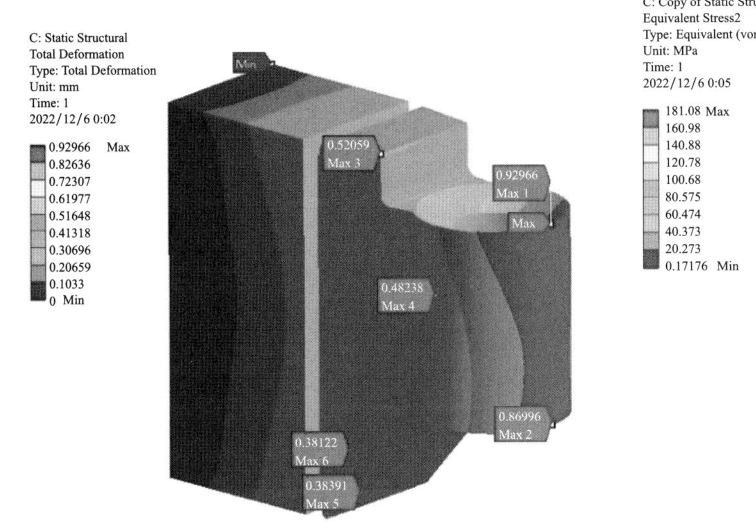

图 19　铸钢支座节点变形图

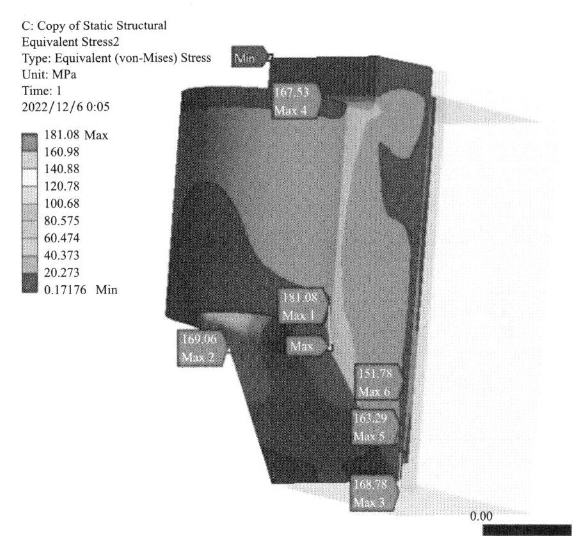

图 20　铸钢支座节点应力分布图

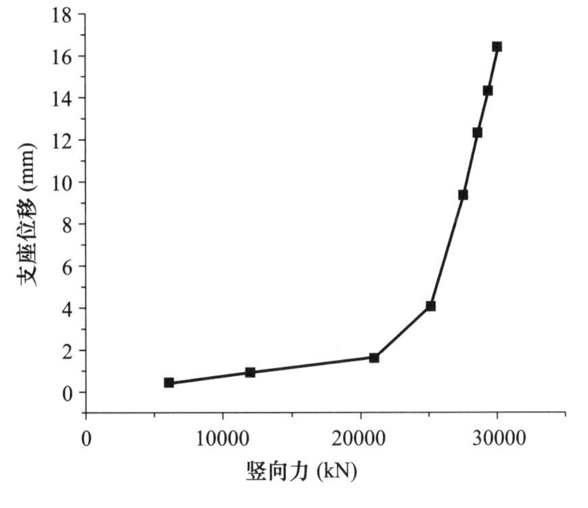

图 21　铸钢支座力-位移曲线图

图 22　铸钢支座节点试验测试

2.3.2　中间第二支座设计

拉索第二支座位于 27F 处，为水平三角 V 形撑体系。支撑架靠结构端为竖向转轴固定，索夹位置设置水平转轴，可消化竖索张拉对撑杆产生额外的应力。撑杆材质为不锈钢 316，索夹采用双相不锈钢 CD3MN，销轴材质 2205（图 23～图 24）。

由于第二支座水平力较大，面内双向受力，因此把第二支座连接撑杆的夹具设计为套筒形式，在拉索浇筑前在加工厂预先套进索体，这种设计受力安全可靠，可避免撑杆内力差作用下引起的夹具张口问题，套筒上下设置对半固定的夹具承担竖向的抗滑移（图 25～图 26）。

对第二支座节点进行有限元分析，变形及应力情况如图 27～图 28 所示，整体均处于安全状态。

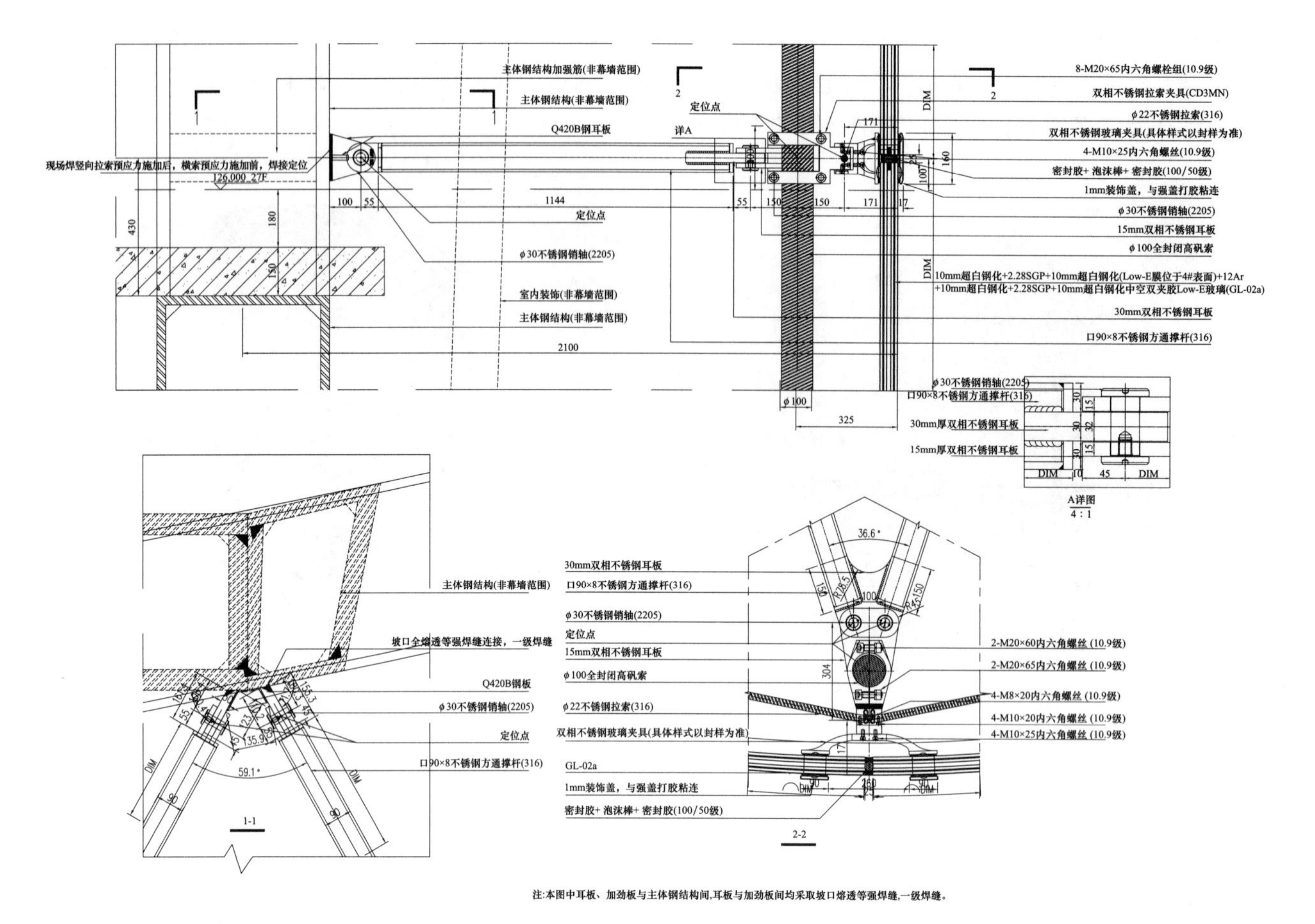

图 23 拉索第二支座节点图（Φ100 拉索）

图 24 第二支座现场安装照片

图 25 拉索第二支座夹具三维（一）

图 26 拉索第二支座夹具三维（二）

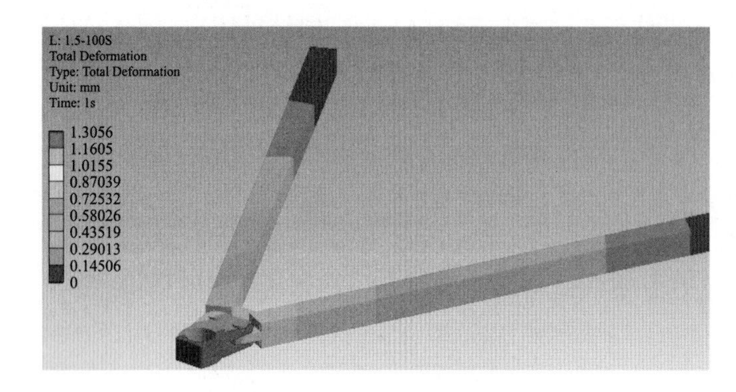

图 27 第二支座节点变形

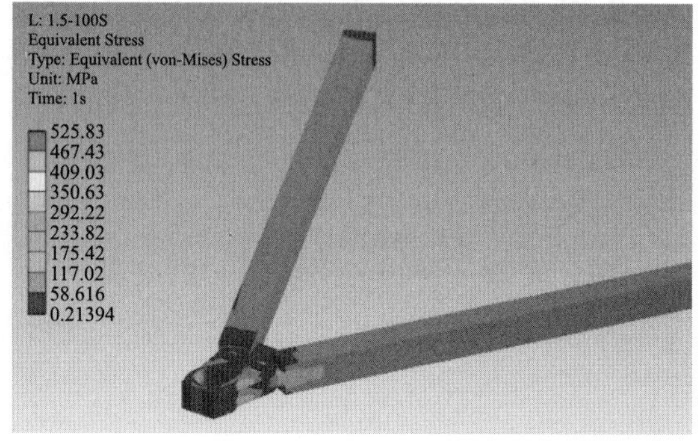

图 28 节点整体应力分布

2.3.3 底部耳板支座设计

拉索底部支座均为耳板销轴连接固定方式，Φ100 直径拉索固定在底部 21F 平台钢梁上，其余直径拉索底部固定在两侧斜钢梁位置（图 29～图 30）。拉索底部支座现场安装照片如图 31～图 32 所示。

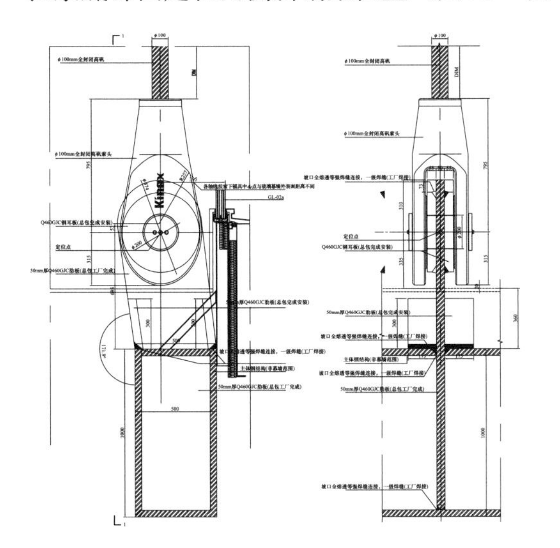

图 29 Φ100 拉索底部支座节点

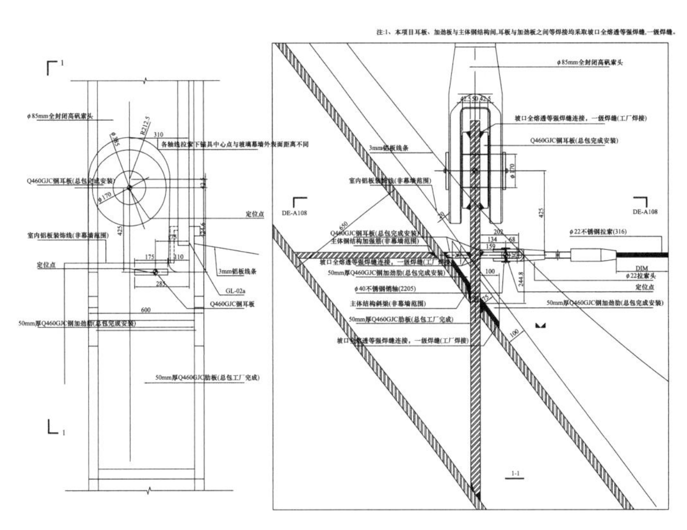

图 30 Φ85 拉索底部支座节点

图 31 Φ100 耳板支座现场安装照片

图 32 斜梁耳板支座现场安装照片

底部支座连接耳板材质采用 Q460GJC，厚度根据不同直径拉索受力计算确定。耳板在钢结构加工厂与主体钢梁完成焊接，所有焊缝均采用一级全熔透等强焊缝，在主体钢梁内部与拉索耳板对应位置按要求设置等厚加劲板。

对耳板支座结构进行有限元受力分析，采用高阶实体单元，并考虑带主体结构箱型梁段整体建模分析，钢梁两端设置约束，耳板与钢梁、肋板采用绑定接触，耳板与销轴采用摩擦接触。经有限元分析计算，该节点整体变形和应力情况如图 33～图 34 所示，均满足设计要求。

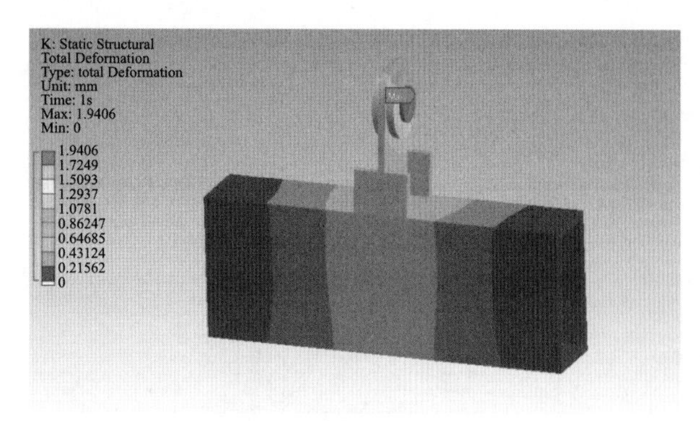

图 33　耳板支座节点变形图

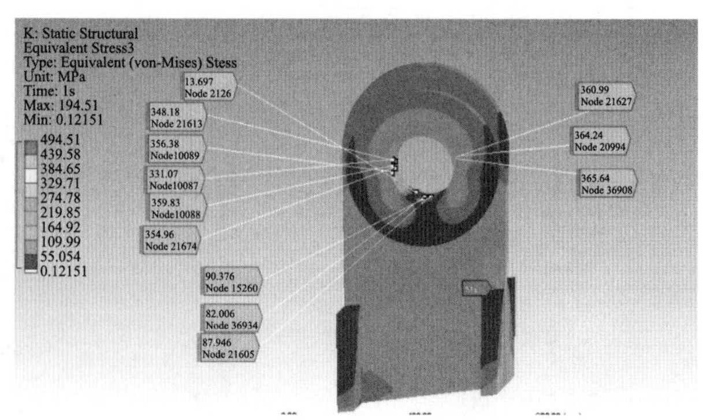

图 34　耳板支座应力分布图

2.4　索网幕墙夹具系统设计

索夹是连接横、竖索形成浅矢高空间结构的重要载体，同时作为传递面板荷载以及控制玻璃面板到拉索之间距离的介质，是索网幕墙能否呈现建筑设计意图的关键所在。

2.4.1　夹具构造设计

索夹材质均为双相不锈钢 CD3MN，连接螺栓采用 10.9S 高强螺栓。索夹、连接件和夹具一体化设计，同时连接竖索、横索和玻璃面板。连接件与索夹、夹具连接处分别设置水平锯齿和竖向锯齿，可进行水平和竖向调节，满足安装需求。夹具内设弧形承托板，嵌入玻璃面板缺口处，起到承托面板自重作用同时可作为水平限位措施。夹具内设球铰支座，可适应曲面索网玻璃的角度变化和外力作用下的转动变形（图 35～图 36）。

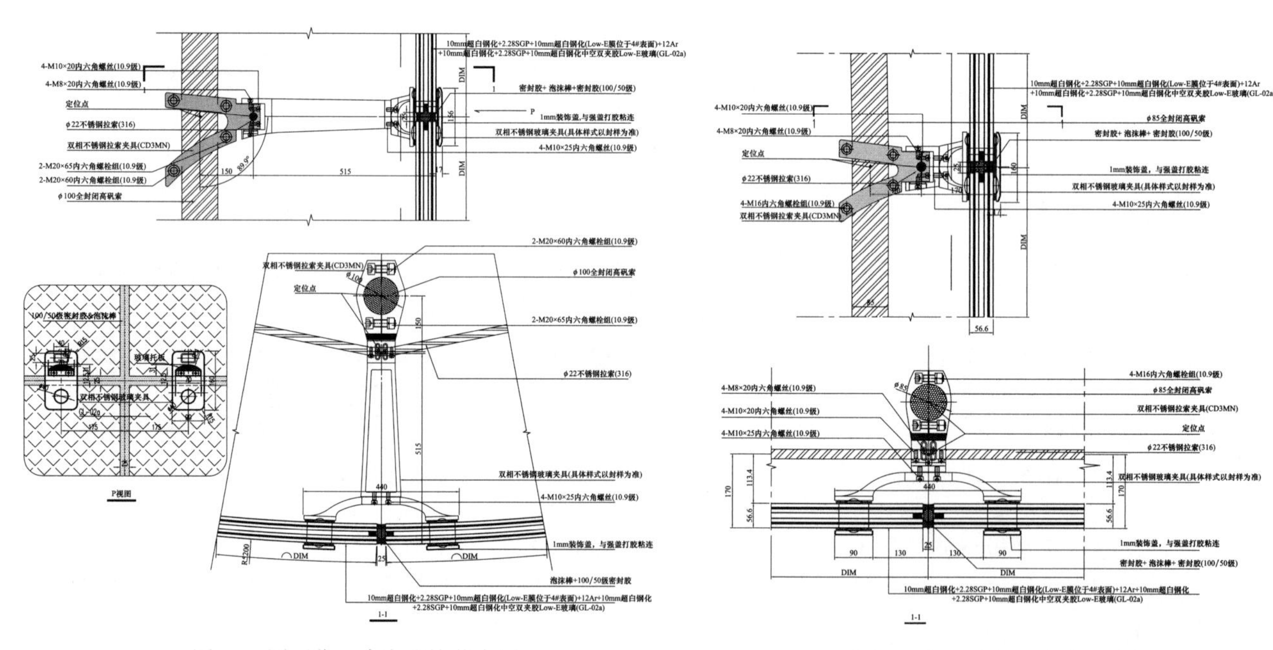

图 35　圆弧位置索夹连接节点图　　　　图 36　直面段索夹连接节点图

索夹连接三维模型如图 37～图 38 所示。

2.4.2　索夹抗滑移设计分析

索夹通过若干个高强螺栓，通过施加预紧力，提供整体竖向抗滑移能力。横索穿过索道，通过高强螺栓施加预紧力产生摩擦力，防止横索的左右滑移。采用有限元模拟分析索夹的抗滑移情况，反推高强螺栓需要施加的预紧力（图 39）。

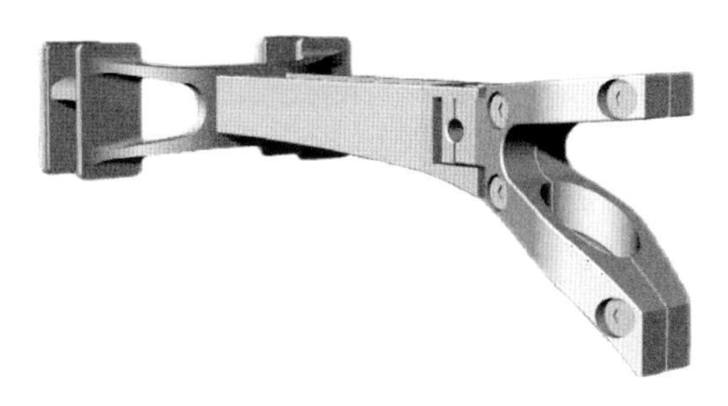

图 37　弯弧位置索夹三维图

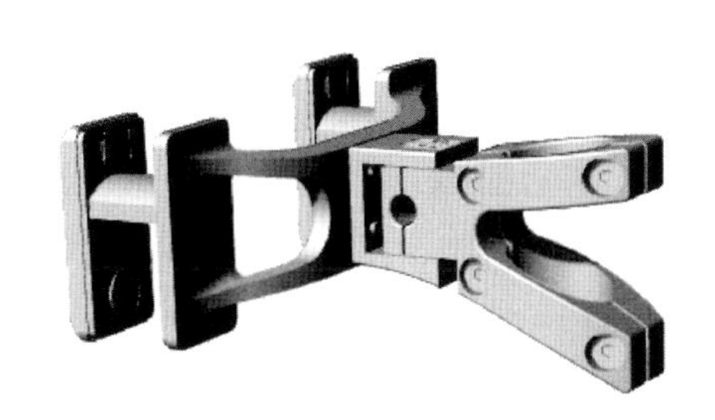

图 38　直面位置索夹三维图

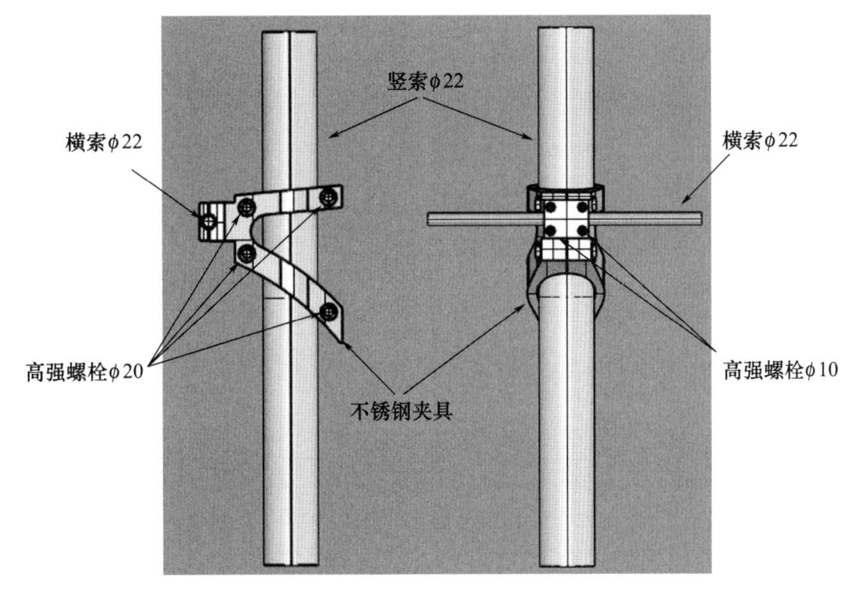

图 39　索夹连接节点示意图

从整体计算模型中提取受力最不利位置节点索力差，计算得到横、竖索不平衡力。建立有限元模型，经计算分析，节点变形和应力均满足设计要求（图 40～图 41）。该节点在试验室也经过了测试验证，抗滑移满足设计要求。

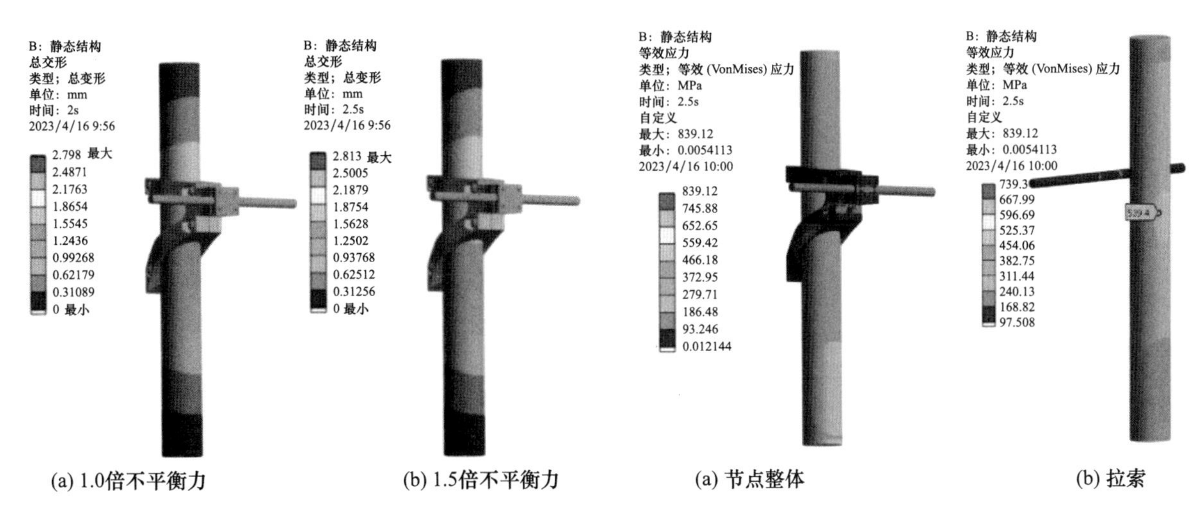

图 40　索夹连接节点应力分布（一）

图 41　索夹连接节点应力分布（二）

2.4.3 爪臂防倒头设计分析

爪臂悬挑较大，竖索位置采用上下分腿式支撑设计，增加稳定性。爪臂中间掏空，轻巧设计同时依靠竖向强轴抵抗面板自重下变形。采用有限元模拟分析爪臂倒头情况，建立带索体段的整体分析模型，在爪臂前端施加玻璃面板重力荷载设计值，得到节点的变形情况和应力情况如图 42、图 43 所示，均满足设计要求。

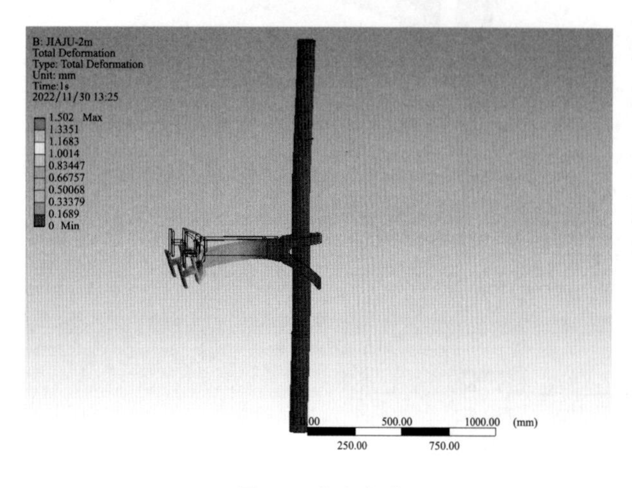

图 42　节点变形

图 43　节点应力分布

2.5　索网幕墙玻璃翘曲设计分析

本项目索网幕墙玻璃直面标准分格为 1800×2250mm，弧面标准分格为 2042×2250mm，选用 10＋2.28SGP＋10＋12Ar＋10＋2.28SGP＋10 双夹胶中空全钢化超白玻璃，玻璃本身配置足够大，满足翘曲产生的应力，同时玻璃夹具内部设有球铰支座，能适应玻璃各向变形，有效消除部分应力集中。玻璃面板间胶缝采用高位移 100/50 级密封胶，以满足玻璃间的相对变形，保证密封防水效果。

从整体模型中提取玻璃间节点变形情况，分析面板翘曲变形（图 44～图 45）。通过有限元模拟分析，得到直面板与弧形面板的应力情况如图 46、图 47 所示，均满足设计要求。

板26-1	翘曲值54.80	平板玻璃最大翘曲值		
左上角 (x'−max, y'−max, x'−min, y'−min)	4.89	2.23	−3.40	−2.13
右下角 (x'−max, y'−max, x'−min, y'−min)	8.25	9.61	−8.11	−3.28
右上角 (x'−max, y'−max, x'−min, y'−min)	13.93	11.10	−12.60	−4.33
面板243-1	翘曲值21.22			
左上角 (x'−max, y'−max, x'−min, y'−min)	0.75	4.17	−4.10	−5.51
右下角 (x'−max, y'−max, x'−min, y'−min)	0.90	6.39	−3.58	−9.03
右上角 (x'−max, y'−max, x'−min, y'−min)	0.81	1.28	−4.29	−1.76
面板355-382 ← 弧形玻璃	翘曲值34.76			
左上角 (x'−max, y'−max, x'−min, y'−min)	5.71	1.81	−14.26	−2.96
右下角 (x'−max, y'−max, x'−min, y'−min)	4.16	7.14	−3.19	−3.37
右上角 (x'−max, y'−max, x'−min, y'−min)	4.58	5.02	−14.00	−1.99
面板433-1	翘曲值44.24			
左上角 (x'−max, y'−max, x'−min, y'−min)	7.79	2.23	−7.11	−1.62
右下角 (x'−max, y'−max, x'−min, y'−min)	5.73	2.89	−9.00	−2.09
右上角 (x'−max, y'−max, x'−min, y'−min)	10.66	4.86	−10.11	−2.94
面板603-1	翘曲值20.90			
左上角 (x'−max, y'−max, x'−min, y'−min)	0.99	8.30	−1.35	−5.57
右下角 (x'−max, y'−max, x'−min, y'−min)	0.75	9.24	−3.52	−6.40
右上角 (x'−max, y'−max, x'−min, y'−min)	1.06	4.03	−1.20	−2.69

图 44　模型中提取玻璃翘曲数据

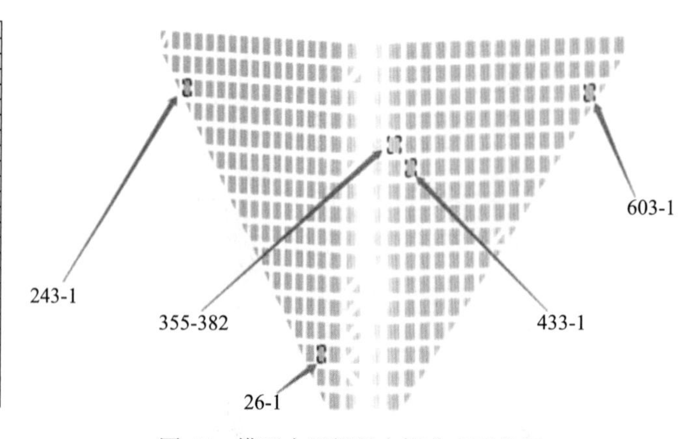

图 45　模型中面板最大翘曲变形位置

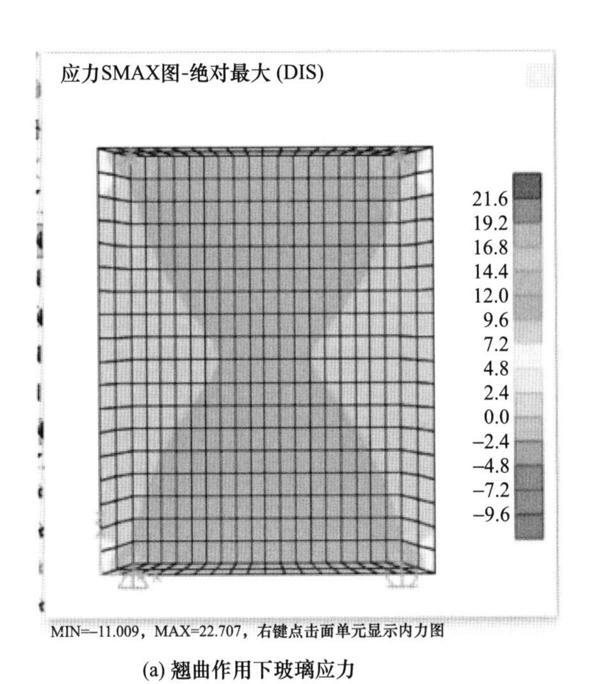

(a) 翘曲作用下玻璃应力

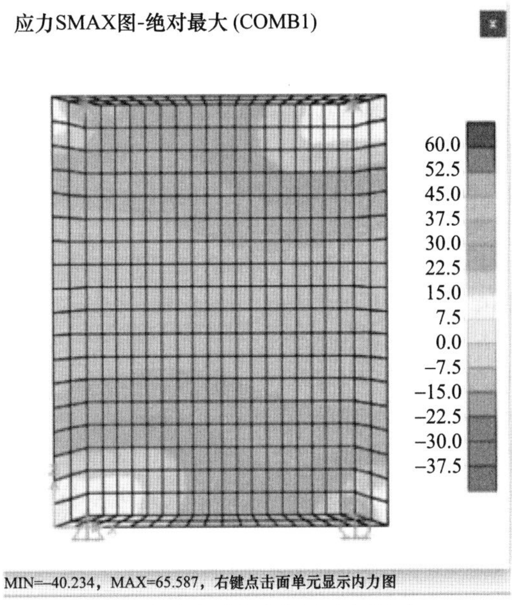

(b) 风+地震+翘曲组合作用下玻璃应力

图 46　平板玻璃应力情况

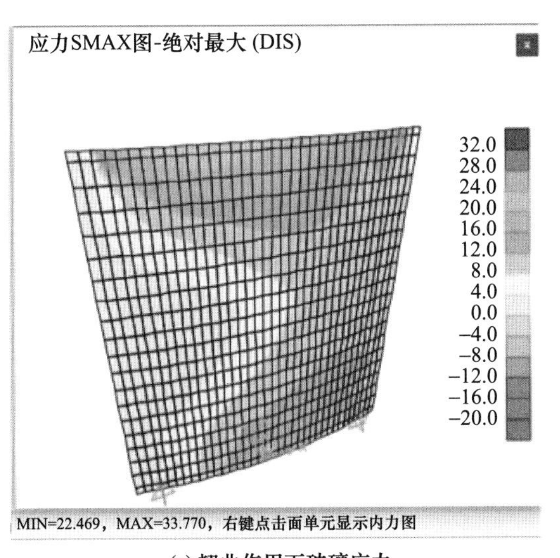

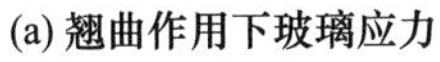

(a) 翘曲作用下玻璃应力

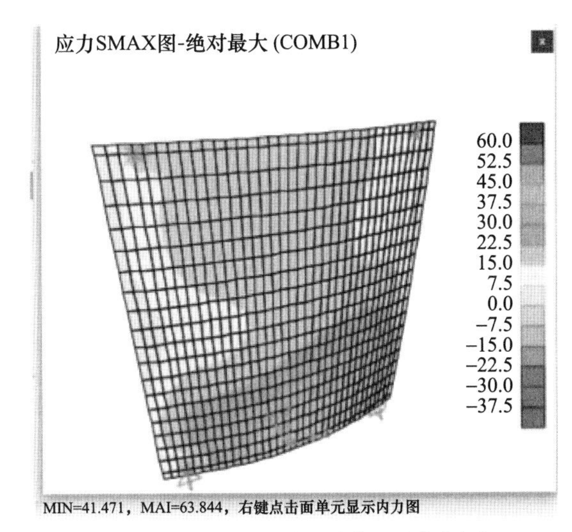

(b) 风+地震+翘曲组合作用下玻璃应力

图 47　弧形板玻璃应力情况

3　结语

建筑的外立面效果通过幕墙工程的精心设计，完美呈现在人们的视野里，中金大厦以其独特的建筑造型，向我们展示着这棵“大树”向阳而生的美好姿态。本文所介绍的设计内容，是整个设计团队在设计过程中的一些经验总结，供幕墙设计师参考。

参考文献

[1] 中华人民共和国国家质量监督检验检疫总局，中国国家标准化管理委员会．建筑幕墙：GB/T 21086—2007 [S]. 北京：中国标准出版社，2008.

[2] 中华人民共和国建设部．玻璃幕墙工程技术规范：JGJ 102—2003 [S]. 北京：中国建筑工业出版社，2004.

[3] 中华人民共和国住房和城乡建设部．建筑结构荷载规范：GB 50009—2012 [S]. 北京：中国建筑工业出版社，2012.

[4] 中华人民共和国住房和城乡建设部．索结构技术规程：JGJ 257—2012 [S]. 北京：中国建筑工业出版社，2012.

[5] 中国工程建设标准化协会．预应力钢结构技术规程：CECS 212—2006 [S]. 北京：中国计划出版社，2006.

[6] 中华人民共和国住房和城乡建设部．钢结构设计标准：GB 50017—2017 [S]. 北京：中国建筑工业出版社，2018.

[7] 中华人民共和国住房和城乡建设部．钢结构通用规范：GB 55006—2021 [S]. 北京：中国建筑工业出版社，2022.

[8] 国家市场监督管理总局，国家标准化管理委员会．建筑结构用钢板：GB/T 19879—2023 [S]. 北京：中国标准出版社，2024.

[9] 国家市场监督管理总局，国家标准化管理委员会．低合金高强度结构钢：GB/T 1591—2018 [S]. 北京：中国质检出版社，2018.

浅谈城脉中心项目防火设计

◎徐　皓　李晓刚

深圳市盈科幕墙设计咨询有限公司　广东深圳　518000

摘　要　本文就城脉中心项目防火设计进行探讨，为类似超高层建筑幕墙防火设计提供参考和解决思路。

关键词　防火构造；防火检测；解决方案；消防评审

1　引言

城脉中心位于深圳市罗湖区与福田区的交界处，互联地铁7号线、9号线。项目高388m，总建筑面积约18万m^2，地上70层，地下7层，基坑深一37m，占地面积9200m^2，该项目是一栋集办公、会所、公寓于一体的超高层建筑。本大厦1～45层为办公区域（含4层避难层），45～70层为酒店式公寓（含2层避难层），70层以上为会所及屋顶花园，其中办公楼层和酒店式公寓层高4500mm（局部4400mm），避难层层高5000mm（图1）。

塔楼（标准单元式）及空中花园部分（跨层单元式）采用单元式幕墙形式，裙楼采用构件式幕墙形式。大面玻璃采用半钢化夹胶中空钢化玻璃，以保障玻璃表面平整；转角及装饰条采用铝材外包不锈钢板构造；主入口位置采用“V”字形夹胶玻璃雨棚，内侧配以双夹胶中空超白玻璃和不锈钢立柱。

图1　城脉中心实景照片

城脉中心是2022年中国建成最高建筑（最高点标高388m），2022年世界建成第2高建筑，位列深圳第4高楼，全球摩天大楼第42名，是深圳最新代表性地标之一。

2 防火设计及试验

2.1 本项目基本情况

本建筑的防火设计执行现行国家标准《建筑设计防火规范（2018版）》(GB 50016—2014)（以下简称《建规》），为一类高层建筑，一级耐火等级。该建筑首层为架空层，第2层及以上各层均为办公用途，该建筑北-南向的剖面图见图2。从图2中可见，从首层开始到第20层，塔楼楼层面积逐渐增大，楼板逐层挑出，玻璃幕墙表面呈向外倾斜的趋势，倾斜角度约为93°；从第21层开始，楼层形状逐渐缩小，楼板逐层收缩，玻璃幕墙表面呈向内倾斜的趋势，倾斜角度约为87.5°。图3为建筑标准层平面图。

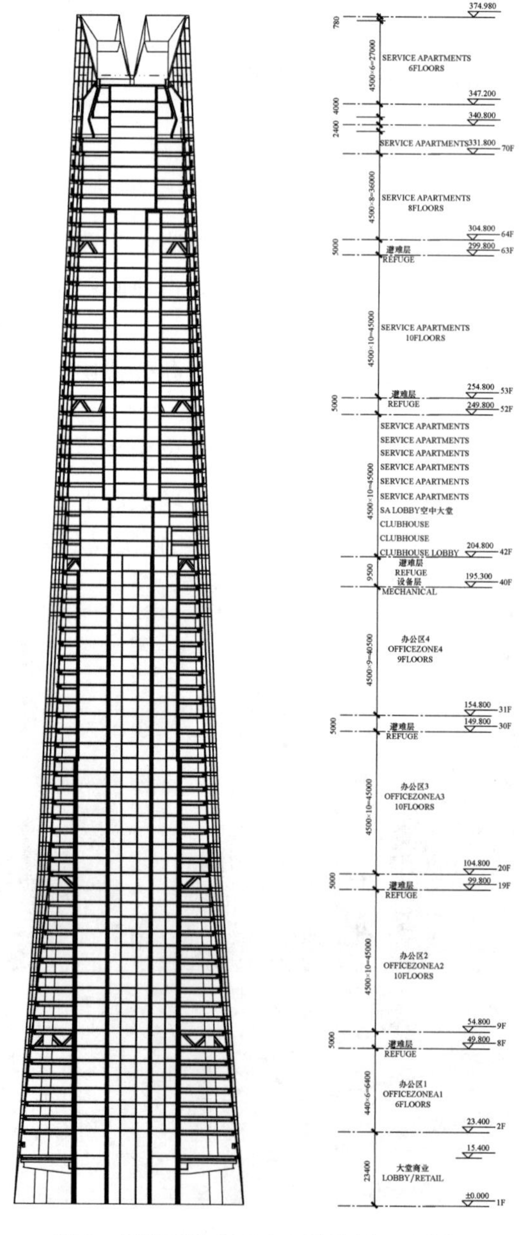

图2 深圳城脉金融中心塔楼剖面示意图

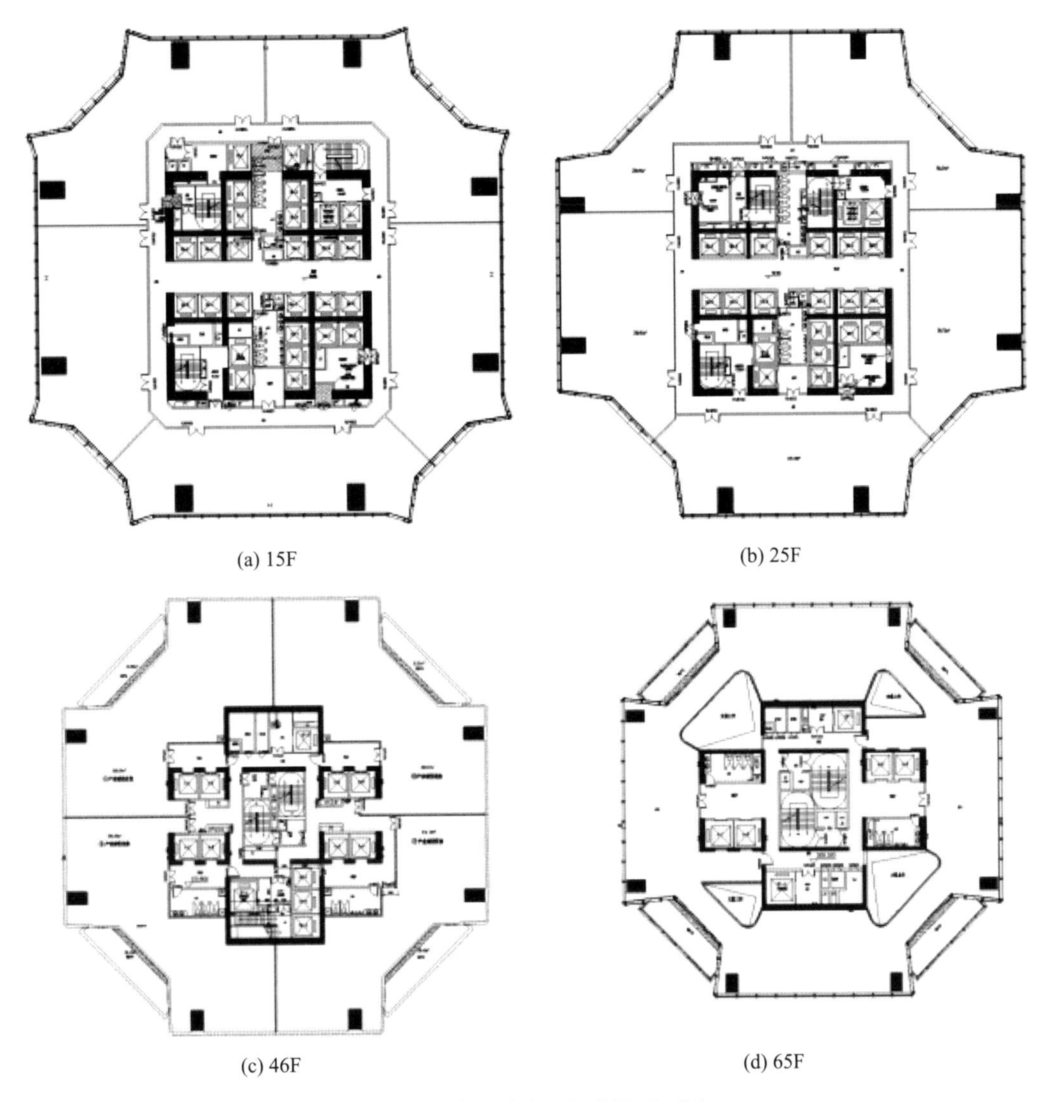

图 3　城脉金融中心标准层平面图

该建筑采用单元式幕墙，每个幕墙单元可以分为可视玻璃和层间玻璃两个部分，其中幕墙层间采用可开启的玻璃窗，以满足建筑使用情况下的自然通风要求。建筑 20 层以下楼板逐层挑出，这些区域的玻璃幕墙大样图见图 4；建筑 21 层以上楼板逐层缩进，这些区域的玻璃幕墙大样图见图 5。幕墙单元的可视玻璃采用中空夹胶玻璃（HS8＋1.52PVB＋HS8＋12A＋TP12），其外侧为双层夹胶半钢化玻璃（厚度均为 8mm），夹胶层为 1.52mm 厚的 PVB 膜，内侧采用单层 12mm 厚的钢化玻璃，夹胶玻璃与钢化玻璃之间的空气层厚度为 12mm；层间玻璃采用中空夹胶玻璃（HS8＋1.52PVB＋HS8＋12A＋TP8），外侧的双层夹胶半钢化玻璃与可视玻璃相同，内侧则采用单层 8mm 厚的钢化玻璃。

2.2　建筑玻璃幕墙的防火设计方案

城脉金融中心塔楼玻璃幕墙的防火设计方案如下：

在楼板下部设置高度不小于 1.0m 的不燃性墙体构造，楼板及下垂不燃性墙体的整体高度为 1.2m，该下垂墙体的耐火极限不低于 1.0h，幕墙与每层楼板之间的缝隙，采用防火岩棉进行封堵。玻璃幕墙层间防火构造的设计方案见图 6。从图 6 中可见，该建筑的幕墙层间通过可伸缩的风撑形成可开启窗，开启窗背后的空腔作为空气流通的路线，以满足建筑正常使用情况下的通风要求。

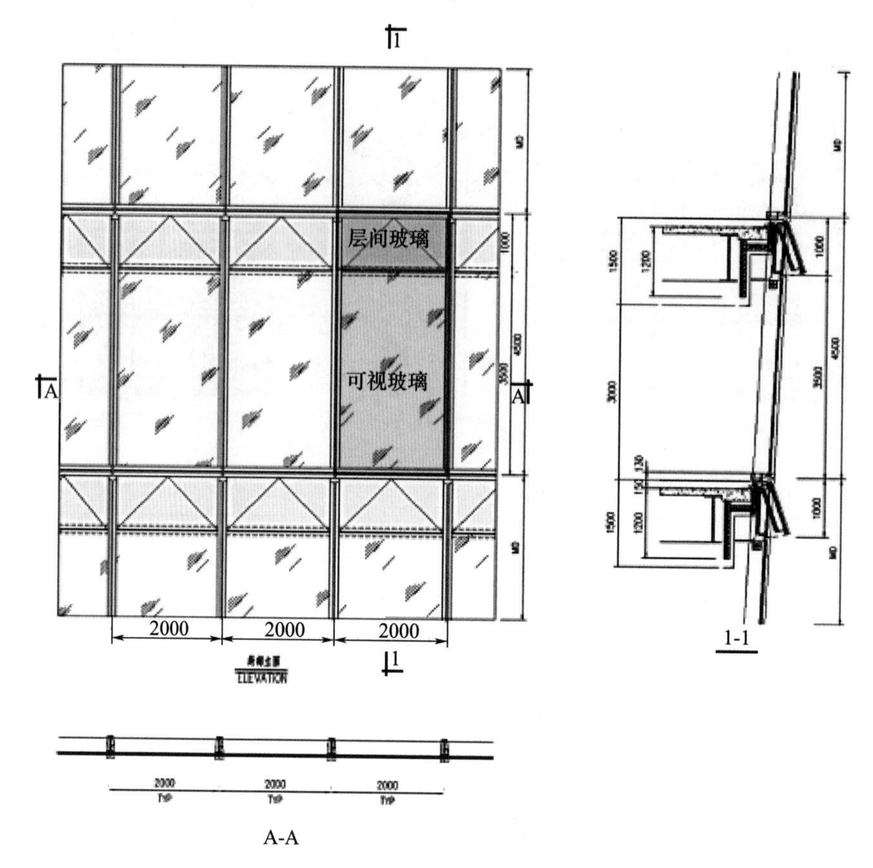

图 4　楼板逐层挑出区域的玻璃幕墙大样示意图

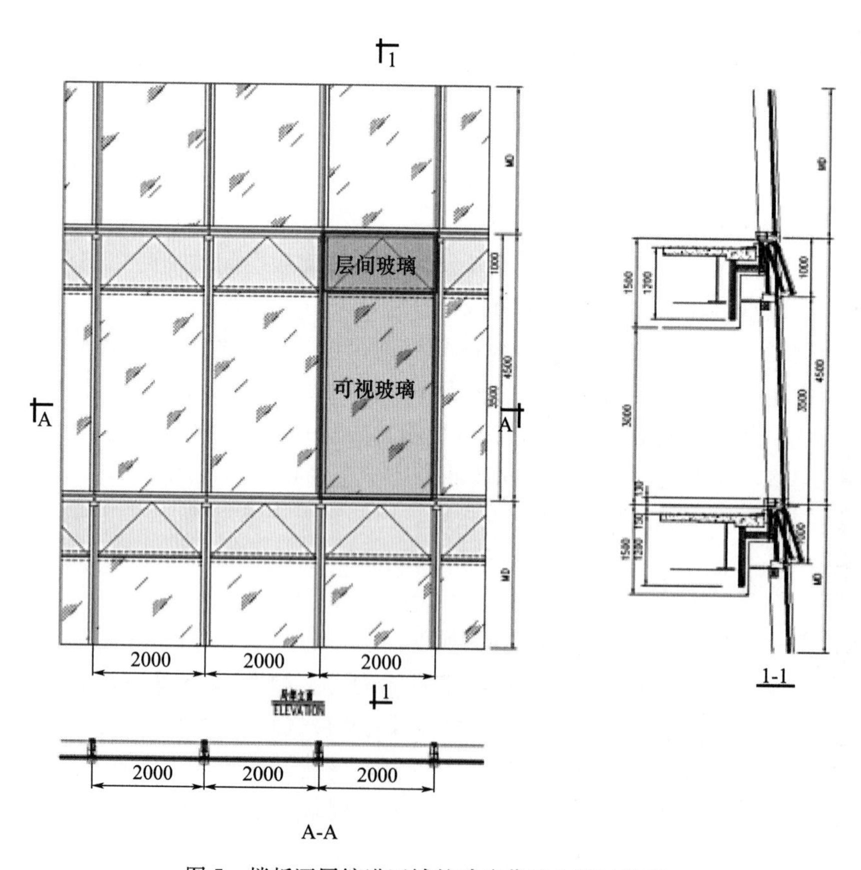

图 5　楼板逐层缩进区域的玻璃幕墙大样示意图

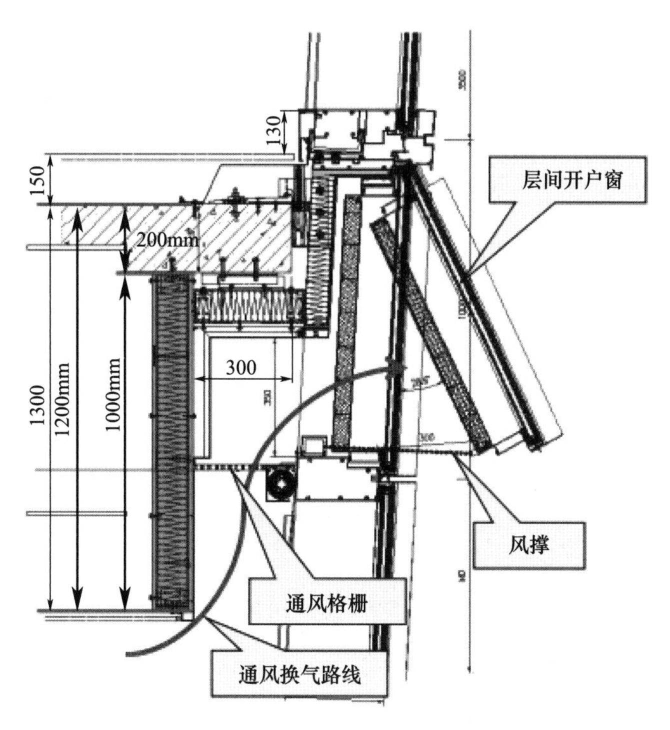

图 6 玻璃幕墙层间防火设计方案示意图

2.3 主要规范要求

《建规》第 6.2.5 条规定："除本规范另有规定外，建筑外墙上、下层开口之间应设置高度不小于 1.2m 的实体墙或应挑出宽度不小于 1.0m、长度不小于开口宽度的防火挑檐；当室内设置自动喷水灭火系统时，上、下层开口之间的墙体高度不应小于 0.8m。当上、下层开口之间设置实体墙确有困难时，可设置防火玻璃墙，但高层建筑的防火玻璃墙的耐火完整性不应低于 1.00h，多层建筑的防火玻璃墙的耐火完整性不应低于 0.50h。外窗的耐火完整性不应低于防火玻璃墙的耐火完整性要求。

住宅建筑外墙上相邻户开口之间的墙体宽度不应小于 1.0m；小于 1.0m 时，应在开口之间设置突出外墙不小于 0.6m 的隔板。

实体墙、防火挑檐和隔板的耐火极限和燃烧性能，均不应低于相应耐火等级建筑外墙的要求。"

《建规》第 6.2.6 条规定："建筑幕墙应在每层楼板外沿处采取符合本规范第 6.2.5 条规定的防火措施，幕墙与每层楼板、隔墙处的缝隙应采用防火封堵材料封堵。"

《建筑高度大于 250m 民用建筑防火设计加强性技术要求（试行）》（公消〔2018〕57 号文），以下简称《加强性技术要求》）第九条规定："在建筑外墙上、下层开口之间应设置高度不小于 1.5m 的不燃性实体墙，且在楼板上的高度不应小于 0.6m；当采用防火挑檐替代时，防火挑檐的出挑宽度不应小于 1.0m、长度不应小于开口的宽度两侧各延长 0.5m。"

城脉金融中心塔楼属于建筑高度大于 250m 的超高层建筑，根据《加强性技术要求》的规定，应在建筑外墙上、下层开口之间设置高度不小于 1.5m 的不燃性实体墙，且在楼板上的高度不应小于 0.6m。该建筑的主要使用功能为产业研发和办公，如在每层楼板外沿上部设置高度不小于 0.6m 的不燃性墙体，对室内景观效果和建筑的商业价值影响较大。

因此，本研究拟通过实体火灾试验和计算机模拟分析相结合的方法，确定与"建筑外墙上、下层开口之间应设置高度不小于 1.5m 的不燃性实体墙，且在楼板上的高度不应小于 0.6m"等效的防火技术方案。

2.4 解决方案

采用试验论证如下。

1）在幕墙层间不同防火分隔方式下，对火灾及烟气沿幕墙玻璃外表面的蔓延规律进行计算机模拟分析，研究火灾和烟气对着火层上、下层幕墙玻璃的影响以及火灾通过建筑外幕墙层间上、下开口的蔓延情况，为确定与《加强性技术要求》等效、安全的建筑外幕墙层间上、下开口的防火设计试验方案提供参考（图 7）。

2）建立实体试验装置，对城脉金融中心塔楼幕墙层间上、下开口的防火设计方案开展火灾试验研究，验证防火设计方案的有效性和与《加强性技术要求》的等效性，并为城脉金融中心塔楼玻璃幕墙确定合理可行的防火设计方案。

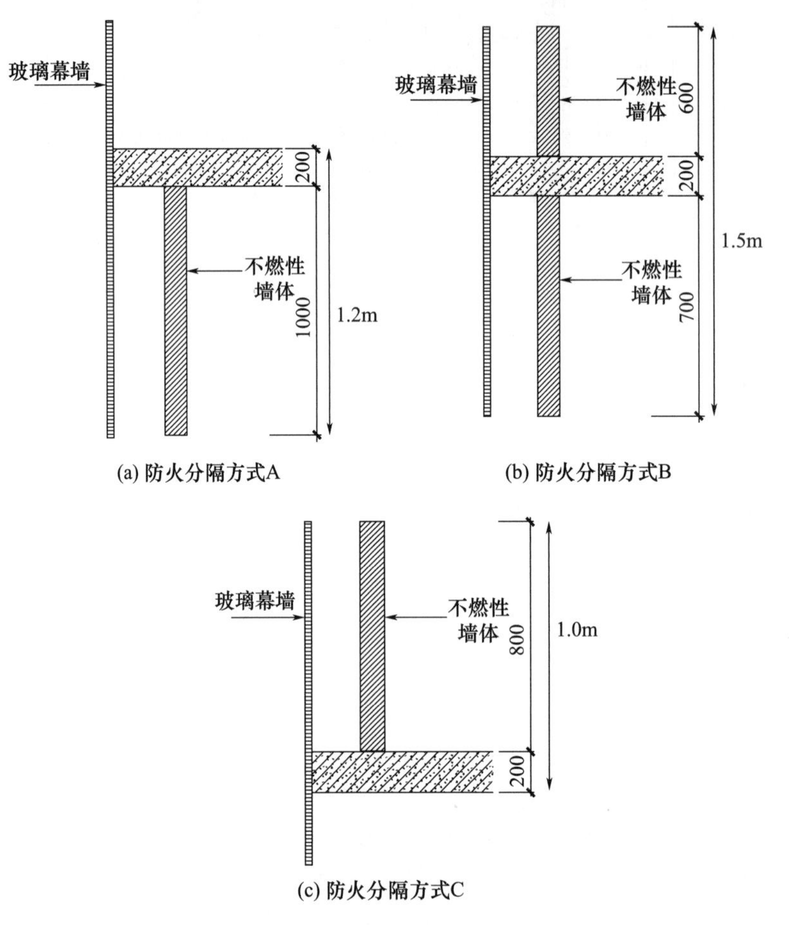

图 7　幕墙的层间防火分隔方式

3 计算机模拟及试验结果

3.1 初设条件

通过技术分析确定共确定了 6 个火灾场景，见表 1。其中，设定火灾场景 S1－1～S1－3 的火源位于 10 层的办公区域，楼板逐层外挑；S2－1～S2－3 的火源位于 31 层的办公区域，楼板逐层内收。三种幕墙层间防火分隔方式分别对应防火分隔方式详见表 1。

表 1　设定火灾场景分析汇总表

火灾场景	火源位置	火灾增长系数（kW/s^2）	自动灭火系统	层间分隔方式	最大火灾热释放速率（MW）
S1—1	10 层办公区域，楼板逐层挑出	0.04689	失效	楼板下部设置高度为 1000mm 的不燃性墙体，楼板及下部墙体的总高度为 1200mm（图 7 中的方式 A）	16.9
S1—2				楼板上部设置高度为 600mm 的不燃性墙体、下部设置高度为 700mm 的不燃性墙体，楼板及墙体的总高度为 1500mm（图 7 中的方式 B）	
S1—3				楼板上部设置高度为 800mm 的不燃性墙体（图 7 中的方式 C）	
S2—1	31 层办公区域，楼板逐层缩进	0.04689	失效	楼板下部设置高度为 1000mm 的不燃性墙体，楼板及下部墙体的总高度为 1200mm（图 7 中的方式 A）	
S2—2				楼板上部设置高度为 600mm 的不燃性墙体、下部设置高度为 700mm 的不燃性墙体，楼板及墙体的总高度为 1500mm（图 7 中的方式 B）	
S2—3				楼板上部设置高度为 800mm 的不燃性墙体（图 7 中的方式 C）	

3.2　计算机模拟结果

对不同竖向防火分隔方式火灾场景开展的计算机模拟分析计算结果表明，在楼板上、下层开口之间墙体总高度为 1.2m 的构造，可防止着火房间上层幕墙玻璃破裂，也不会对着火房间下层幕墙框架和玻璃造成严重影响。各火灾场景的计算机模拟分析计算结果见表 2。

表 2　计算机模拟分析计算结果汇总

火灾场景	火源位置	最大火灾热释放速率（MW）	层间分隔方式	模拟结果（℃）	
				上层玻璃下沿外侧最高温度	上层玻璃下沿外侧平均温度
S1—1	10 层办公区域，楼板逐层挑出	16.9	楼板下部设置高度为 1.0m 的不燃性墙体，楼板及下部墙体的总高度为 1.2m（方式 A）	343	309
S1—2			楼板上部和下部分别设置高度为 0.6m 和 0.7m 的不燃性墙体，楼板及墙体的总高度为 1.5m（方式 B）	306	268
S1—3			楼板上部设置高度为 0.8m 的不燃性墙体（方式 C）	324	298
S2—1	31 层办公区域，楼板逐层缩进	16.9	楼板下部设置高度为 1.0m 的不燃性墙体，楼板及下部墙体的总高度为 1.2m（方式 A）	288	262
S2—2			楼板上部和下部分别设置高度为 0.6m 和 0.7m 的不燃性墙体，楼板及墙体的总高度为 1.5m（方式 B）	252	218
S2—3			楼板上部设置高度为 0.8m 的不燃性墙体（方式 C）		

从以上模拟计算结果可见：

（1）对于楼板逐层挑出的区域，当楼板下部设置高度为 1.0m 的不燃性墙体、楼板及下部墙体的总高度为 1.2m 时，着火房间上层幕墙玻璃下沿外侧测点的最高温度为 365℃；当楼板上部和下部分别设置高度为 0.6m 和 0.7m 的不燃性墙体、楼板及墙体的总高度为 1.5m 时，着火房间上层幕墙玻璃下沿外侧测点的最高温度为 323℃；当楼板上部设置高度为 0.8m 的不燃性墙体，着火房间上层幕墙玻璃下沿外侧测点的最高温度为 343℃。

（2）对于楼板逐层收缩的区域，当楼板下部设置高度为 1.0m 的不燃性墙体、楼板及下部墙体的总高度为 1.2m 时，着火房间上层幕墙玻璃下沿外侧测点的最高温度为 288℃；当楼板上部和下部分别设置高度为 0.6m 和 0.7m 的不燃性墙体、楼板及墙体的总高度为 1.5m 时，着火房间上层幕墙玻璃下沿外侧测点的最高温度为 252℃；当楼板上部设置高度为 0.8m 的不燃性墙体，着火房间上层幕墙玻璃下沿外侧测点的最高温度为 265℃。

（3）对比以上计算结果，楼板逐层挑出情况下的温度均高于楼板逐层收缩情况下的温度，可见楼板逐层挑出对玻璃幕墙层间防火更为不利。

（4）采用上述三种防火分隔方式，着火房间上层幕墙玻璃外侧测点的温度均远低于可能导致上层夹胶半钢化玻璃发生破裂的极限温度。

综合以上结算结果，可采用在楼板下部设置高度为 1.0mm 的不燃性墙体、楼板及下部墙体的总高度为 1.2m 的幕墙层间防火分隔设计方案（图 8），并满足以下设置要求：

（1）楼板上、下层开口之间墙体构造总高度不小于 1.2m，其中楼板边缘的厚度为 0.2m，楼板下方设置的不燃性墙体高度不小于 1.0m。

（2）该不燃性墙体的耐火极限不低于 1.0h，采用钢龙骨填充防火岩棉，两侧采用厚度为 12mm 的纤维水泥板进行防火保护。

（3）不燃性墙体与楼板之间采用直径不小于 8mm 的钢制膨胀螺栓进行连接。

（4）楼板与幕墙之间的缝隙，采用高度不小于 100mm、密度不低于 110kg/m^3 的岩棉密实填塞，并采用厚度不小于 1.5mm 的镀锌钢板承托岩棉，岩棉上部采用有机防火堵料进行封堵。

（5）该下垂墙体与楼板边缘的水平距离不大于 300mm，层间可开启窗内侧的通风口的净宽度和高度均不大于 350mm。

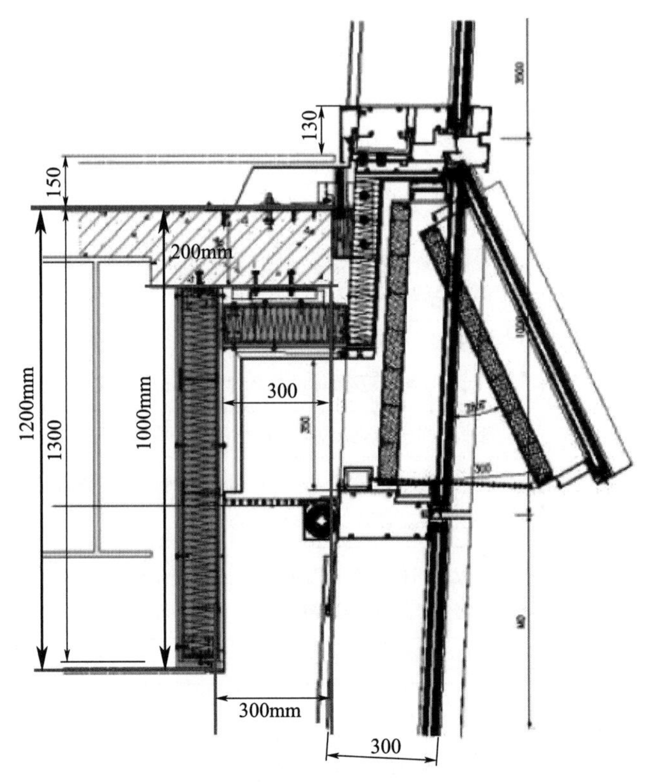

图 8　玻璃幕墙竖向防火分隔设计方案

4　试验结果及建议措施

经过试验检测和技术分析得出以下结论：

（1）对于楼板逐层挑出的不利场景，在火灾荷载密度 900MJ/m^2 的情况下，楼板下部设置高度为 1.0m 的不燃性墙体（楼板上、下层开口之间防火构造总高度为 1.2m），层间采用 100mm 岩棉的进行防火封堵，可以有效阻止火灾从着火层沿建筑幕墙内外向上蔓延。

（2）着火房间幕墙内侧 12mm 厚钢化玻璃破裂脱落时，受火面的平均环境温度约为 480℃；外侧双层 12mm 厚半钢化夹胶玻璃完全破裂脱落时，受火面的平均环境温度为 600℃。

（3）试验过程中，着火房间上层幕墙外侧的夹胶玻璃可能会出现裂缝甚至局部脱落，但幕墙内侧的钢化玻璃整体未出现破裂或脱落，上层室内玻璃幕墙背后的温度和辐射热流密度均不会引燃可燃物。

（4）着火层的幕墙玻璃完全脱落后，溢出的高温烟气会沿层间开启窗的换气通道进入上层房间，上层开启窗背后格栅位置的温度可能达到 400℃以上。

因此，为防止建筑室内火灾通过建筑的外幕墙在竖向进行蔓延，建议采取下述以下技术措施：

（1）在楼板上、下层开口之间设置高度不小于 1.2m 的不燃性墙体构造进行竖向防火分隔：

①楼板边缘的厚度为 0.2m，楼板下部不然性墙体的高度不小于 1.0m；

②该不燃性墙体的耐火极限不低于 1.5h，采用钢龙骨填塞 80mm 厚防火岩棉、两侧固定 12mm 厚纤维增强硅酸钙板进行防火保护的构造，其中岩棉密度不低于 110kg/m^3，墙体底部采用双层 12mm 厚的纤维增强硅酸钙板并错缝固定。

（2）楼板下部不燃性墙体与楼板之间，采用直径不小于 8mm 的钢制膨胀螺栓进行连接，螺栓水平间距不大于 600mm；或采用钢制螺栓与楼板中的钢制预埋件进行连接，螺栓水平间距不大于 600mm。

（3）楼板与幕墙之间的缝隙采用高度不小于 100mm、密度不低于 110kg/m^3 的岩棉密实填塞，并采用厚度不小于 1.5mm 的镀锌钢板承托岩棉，岩棉上部采用有机防火堵料进行封堵。

（4）为防止下层着火后高温烟气沿层间可开启窗的通风换气路径进入上层，所有层间可开启窗必须具备火灾情况下自动关闭的功能，并与火灾自动报警系统进行联动控制。

5　消防评审

由来自科研、设计等单位的专家组成了专家组，听取了专业设计院对该项目消防设计情况的汇报，并审核相关试验文件，进行了深入研讨。最终专家组认为提交的消防设计方案原则可行，并提出最终结论：在城脉金融中心塔楼楼板上下层开口之间设置总高度不小于 1.2m 的墙体进行竖向防火分隔，可以有效阻止火灾通过建筑外幕墙层间的上下开口进行蔓延。

6　结语

随着超高建筑数量的增多和防火要求的提高，超过 250m 的建筑应依照《建筑高度大于 250m 民用建筑防火设计加强性技术要求（试行）》（公消〔2018〕57 号文）第九条规定："在建筑外墙上、下层开口之间应设置高度不小于 1.5m 的不燃性实体墙，且在楼板上的高度不应小于 0.6m；当采用防火挑檐替代时，防火挑檐的出挑宽度不应小于 1.0m、长度不应小于开口的宽度两侧各延长 0.5m。"此规定对建筑使用个立面效果均造成一定的影响。本文介绍的做法和相关流程为类似建筑幕墙设计提供参考和解决思路。我们期待，在未来的幕墙设计施工中，涌现更多的优秀和新颖设计思路及做法。

参考文献

[1] 中华人民共和国住房和城乡建设部．建筑设计防火规范：GB 20016—2014［S］．北京：中国计划出版社，2014.
[2] 中华人民共和国国家质量监督检验检疫总局，中国国家标准化管理委员会．建筑幕墙：GB/T 21086—2007［S］．北京：中国标准出版社，2008.
[3] 中华人民共和国国家质量监督检验检疫总局，中国国家标准化管理委员会．建筑外墙外保温系统的防火性能试验方法：GB/T 29416—2012［S］．北京：中国标准出版社，2013.

弧形无肋大玻璃及横向大悬挑飞翼单元板块幕墙系统设计研究

◎ 刁宇新

深圳市方大建科集团有限公司　广东深圳　518000

摘　要　本文通过腾讯深圳总部云楼项目弧形无肋大玻璃及横向大悬挑飞翼单元板块幕墙系统设计分析，阐述一些弯弧曲面幕墙的新颖设计思路和方法，实际项目施工需要注意的一些事项，以及解决该问题的办法。

关键词　大跨度无肋曲面全玻幕墙；横向大悬挑飞翼单元板块；异形曲面幕墙的BIM优化

1　引言

随着现代建筑的发展，建筑的外观造型演变也越来越大胆和前卫，不断涌现的各种异形曲面建筑对幕墙专业的设计和施工亦是极大的挑战，但也快速推进了幕墙行业技术的不断发展。本文以腾讯深圳总部云楼项目弧形无肋大玻璃及横向大悬挑飞翼单元板块幕墙系统为例，分析阐述弯弧曲面幕墙的新颖设计思路和方法、异形曲面幕墙的BIM优化方法、实际项目施工的注意事项以及问题解决办法，供广大工程技术人员借鉴。

2　工程概况

腾讯深圳总部云楼项目是腾讯在大铲湾岛的重要总部建筑，项目位于深圳市宝安区大铲湾，地处粤港澳大湾区核心位置。项目总用地面积80.9万m^2，总建筑面积为200万m^2，包含写字楼、公寓、会展、酒店及配套等业态，未来将规划建设成为具有全球辐射引领作用的“互联网＋”未来科技城(图1～图2)。

图1　建筑效果图（一）

图2　建筑效果图（二）

本项目由 7 栋 A 座、7 栋 B 座、8 栋三个“云”建筑组合体（简称“云楼”）组成，呈不规则椭圆形飞碟状，通过连桥连接形成，流动的线条勾勒出宛若云朵一般的不规则的建筑外形。7 栋 A 座总共 5 层，建筑高度 33.850m，7 栋 B 座总共 5 层，建筑高度 30.800m，8 栋总共 7 层，建筑高度 39.100m，11 栋总共 2 层，建筑高度 15.240m。绿毯为地面飘带造型的公共区域.

3 大跨度无肋曲面全玻幕墙系统设计

3.1 系统设计

云楼 7A、7B、8 栋外庭大跨度无肋曲面全玻幕墙系统，分格高度 3000mm，宽度弧长有 6000mm、6500mm 等多种尺寸，玻璃配置为 12＋2.28SGP（3.04SGP 曲面）＋12＋16A＋12＋2.28SGP（3.04SGP 曲面）＋12 超白玻璃，玻璃以单弧为主，部分位置存在双弧玻璃。顶底为入槽式设计，竖向分格不设置立柱，玻璃上下对边支撑的做法，极大满足了建筑师对通透效果的追求（图 3）。

图 3　工程实景照片

玻璃上下端为铝合金横梁，均为入槽设计，由于本项目玻璃为曲面造型，所以横梁亦需采用通长拉弯料，满足受力要求的同时起到加强防水的作用，上下端内侧采用分离式的铝合金角码（L=250，@800 布置），此做法保证了大跨度弧形玻璃在室内侧安装的简便性，大大提高了安装效率，同时，分离式后装的铝合金角码考虑了将来玻璃破损的更换。玻璃由吊车转运到室内楼层内，工人操作吸盘车等设备把玻璃平推到上下铝合金横梁槽口位置，玻璃落到位后上下端用分离式的铝合金角码（L=250，@800 布置）插入横梁中利用齿垫螺栓连接，硬质垫块塞入玻璃槽中压紧，玻璃安装到位（图 4）。

为满足通风要求，本项目建筑师在上端设置了一种较新颖的通风构造设置，外侧采用装饰格栅，风口位置采用成品电动铝合金翻转百叶隐藏式设计，铝合金格栅设置成可拆卸格栅，方便检修。此设计方案突破了原有可见式的通风设置做法，采用了隐藏式的通风设置。通常，项目一般采用竖向或底部可见的通风装置。竖向通风装置一般有以下两种设置方式：一种是室外设置穿孔铝板，室内侧设置手动开启窗。另一种是室外设置穿孔板，室内侧设置成品通风器，通风器设置在竖向或底部的比较常见。此两种通风设置方式都是可见的。竖向可见的实体通风装置对于本项目不适用。另外，底部通风装置因玻璃底部全部是入槽的简洁效果，本项目亦不适用。本项目把电动铝合金翻转百叶设置在顶部，作为一种隐藏式的通风设置。此种设计方案完美解决了全玻幕墙的通透性问题，由于本项目面朝宝中海景，此全玻幕墙做法将一线海景尽收眼底，极大满足了建筑师对通透效果的追求（图 4～图 6）。

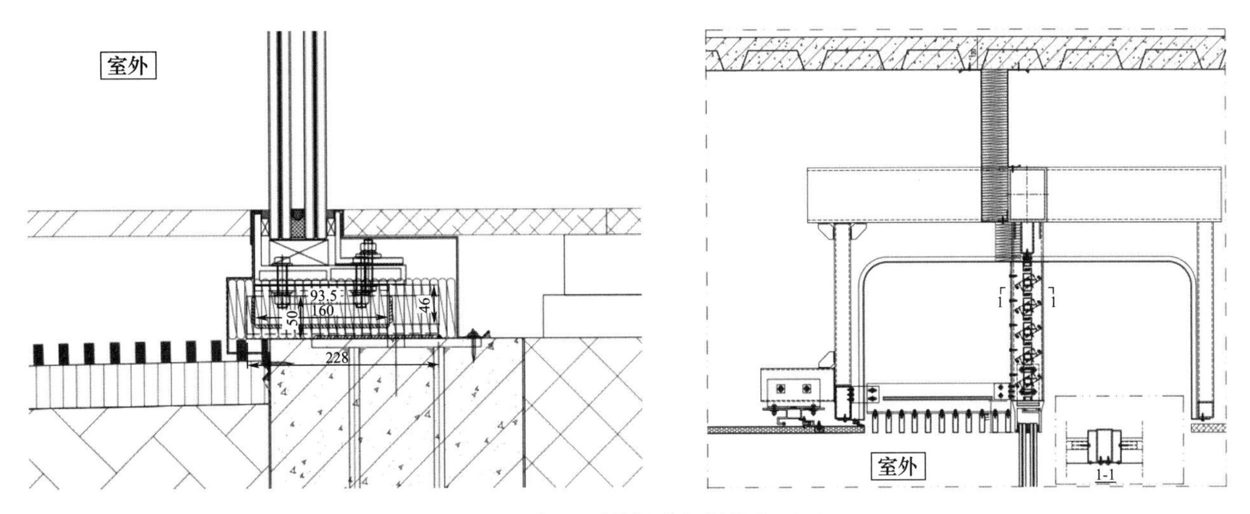

图 4　系统标准竖剖节点（一）

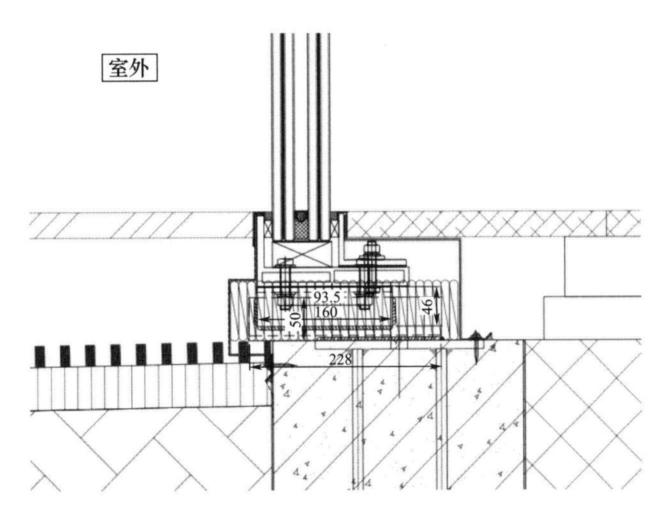

图 5　系统标准竖剖节点（二）

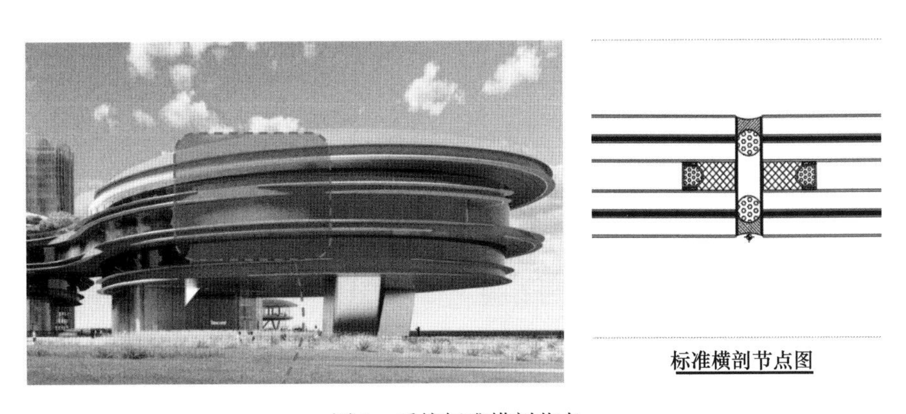

图 6　系统标准横剖节点

3.2 系统重难点分析

本项目云楼 7A、7B、8 栋外庭大跨度无肋全玻幕墙外轮廓由不规则曲面组成，前期，建筑师为了追求极致的弧线外观造型，细分的尺寸以及弧形半径众多，云楼由三栋叠加，每一层外轮廓均不一样，初步统计弧形半径种类多达 200 种，每组外庭飞翼单元板块对应有十几种型材需要拉弯处理，再叠加 200 多种半径，对于型材拉弯工艺难度和后续的板块组装工艺难度都是指数级地增加。

所以从工期、工艺各方面考虑，云楼外轮廓弧形半径的分析、拱高分析成为需要攻克的重难点问题。首先利用 BIM 技术对外轮廓弧线中的样条曲线进行分析，拟合转化为有效的半径弧长线段（图 7）。

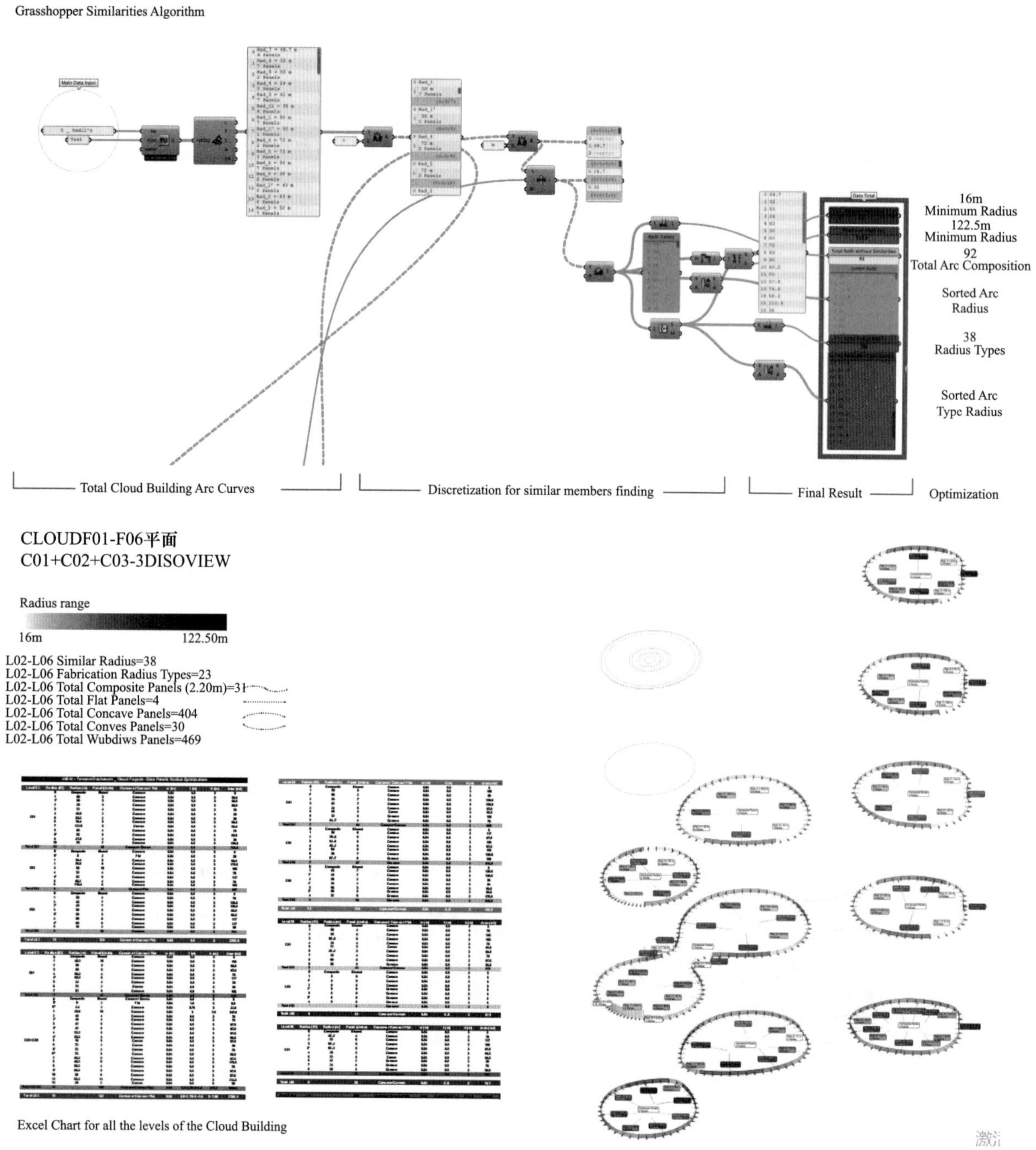

Grasshopper Similarities Algorithm

16m Minimum Radius
122.5m Minimum Radius
92 Total Arc Composition
Sorted Arc Radius
38 Radius Types
Sorted Arc Type Radius

Total Cloud Building Arc Curves
Discretization for similar members finding
Final Result
Optimization

CLOUDF01-F06平面
C01+C02+C03-3DISOVIEW

Radius range
16m
122.50m

L02-L06 Similar Radius=38
L02-L06 Fabrication Radius Types=23
L02-L06 Total Composite Panels (2.20m)=31
L02-L06 Total Flat Panels=4
L02-L06 Total Concave Panels=404
L02-L06 Total Conves Panels=30
L02-L06 Total Wubdiws Panels=469

Excel Chart for all the levels of the Cloud Building

图 7　BIM 半径样条曲线分析

第二步对半径进行拱高和玻璃加工工艺分析发现，在曲面玻璃加工时，大于 50m 玻璃的半径，在 6500mm 弧长的版幅内，差异很小，并且，根据节点玻璃入槽加大容差的系统设计，可以每 10m 半径为一类，进一步分析归类（图 8）。

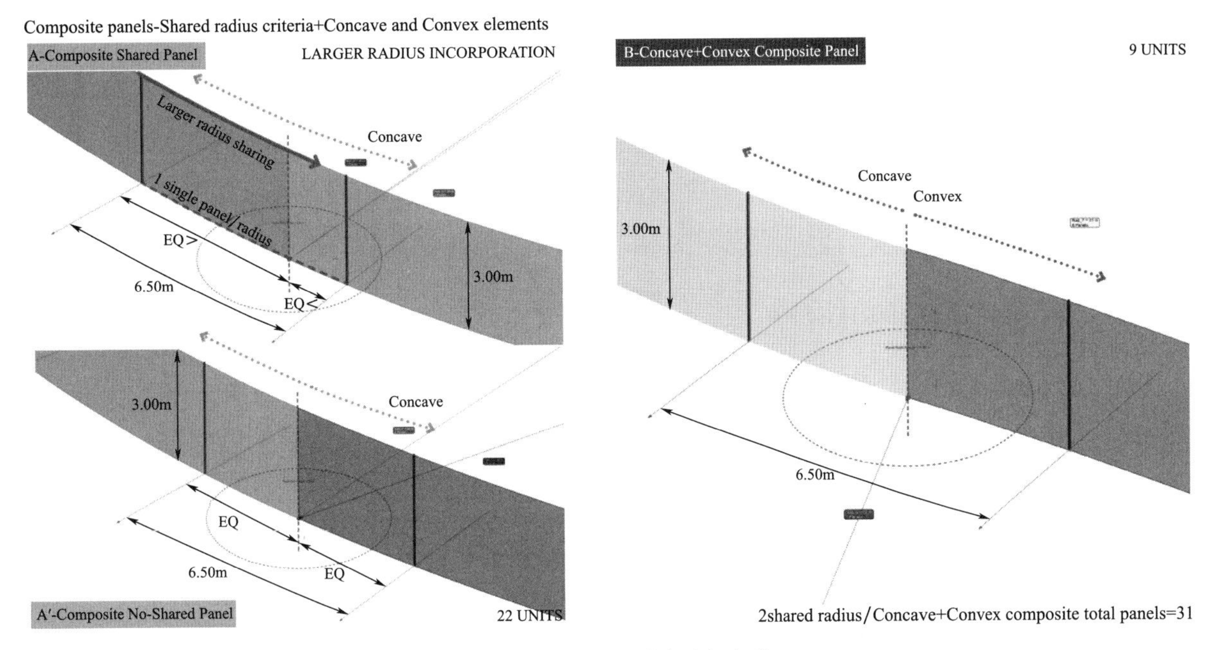

图 8　BIM 半径及拱高分析归类

4　横向大悬挑飞翼单元板块幕墙系统设计

4.1　系统设计

外立面幕墙中使用铝合金装饰条进行装饰、遮阳成为建筑常见的形式之一，在商业中心、办公楼、图书馆、艺术馆等各类公建中应用十分广泛。由于其造型及尺寸各异，因此给予了建筑师更多的表达及创作空间，同时其在建筑遮阳节能方面起到非常大的作用。

云楼 7A、7B、8 栋外庭横向大悬挑飞翼单元板块幕墙系统，上部采用 25mm 蜂窝铝板（仿阳极氧化），底部跟层间正面采用 4mm 氟碳喷涂（仿阳极氧化）铝板，标准位置上部飘板挑出幕墙面 1550mm，下部飘板挑出幕墙面 900mm，且随着玻璃轮廓呈弧形状态，有正弯弧形、反弯弧形，部分收头端部为双曲渐变。幕墙造型复杂且为曲面圆弧，如果采用常规的框架式散装方法，现场的安装难度巨大，材料组织困难、工期、安装效果亦无法保证。基于以上问题，需将大悬挑飞翼装饰条设计成单元板块形式（图 9～图 10），具体如下：

①将铝板造型设计成单元装配式（宽 3.3m×高 1.5m），提高品质和防水性能，同时现场整体吊装，提高施工效率；

②单元体设计采用 6 个支座挂件以满足结构受力要求，确保安全性能；

③铝板造型悬挑 1.5m，为避免铝板造型下垂，采用一体连接设计；

④铝支座挂装系统，三向调节设计满足安装精度。

横向大悬挑飞翼采用单元板块设计的实际样板安装效果和工厂组装实况（图 11）极大保证了安装精度跟生产组装效率。样板的安装效果得到了建筑师和业主的高度认可。

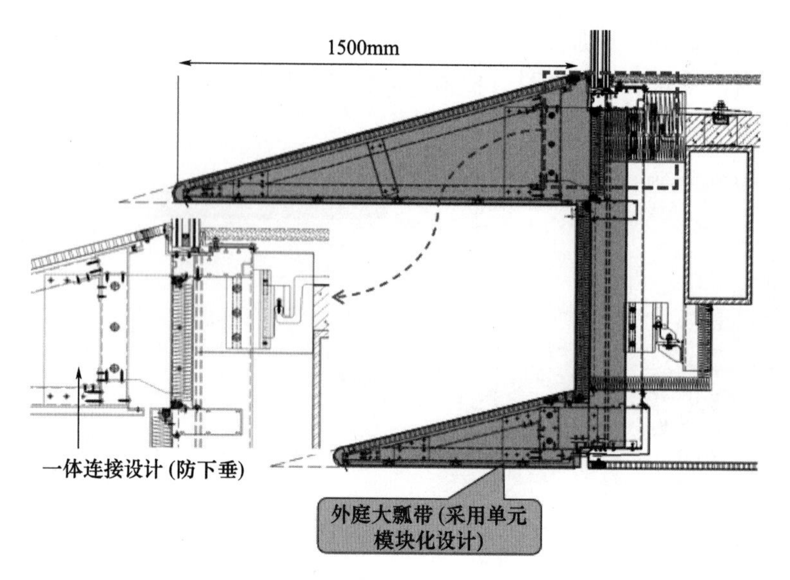

图 9　系统标准竖剖节点

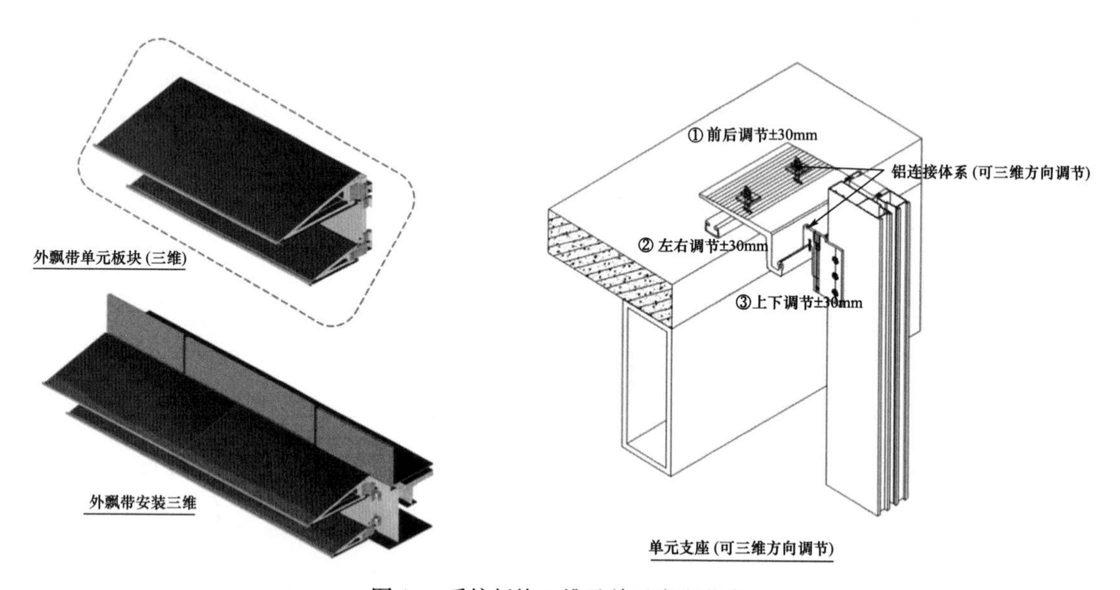

图 10　系统板块三维及单元支座节点

图 11　实际样板安装效果和工厂组装实况

4.2　系统重难点分析

云楼 7A、7B、8 栋外庭横向大悬挑飞翼单元板块与此前的大跨度无肋全玻幕墙外轮廓一样，均由不规则曲面组成，有正弯弧形、反弯弧形，部分收头端部为双曲渐变尺寸，弧形半径众多，上文已阐述利用 BIM 技术对外轮廓弧线中的样条曲线进行分析，拟合转化为有效的半径弧长线段，并且根据节点玻璃入槽加大容差的系统设计，可以每 10m 半径为一类进一步分析归类，为横向大悬挑飞翼线条在工厂组装成单元板块打下了坚实的基础。

外庭横向大悬挑飞翼单元板块宽 3.3m×高 1.5m，标准位置上部飘板挑出幕墙面 1550mm，下部飘板挑出幕墙面 900mm，较长的悬挑在自由状态下由于材料自重会有造型下垂的风险，且飞翼板块安装完成后需要承载分格高度 3000mm，宽度弧长约 6500mm，玻璃配置为 12＋2.28SGP（3.04SGP 曲面）＋12＋16A＋12＋2.28SGP（3.04SGP 曲面）＋12 超白大玻璃，受力极其不利。使用钢龙骨确实在连接的强度和工艺上会简便很多，但是钢龙骨自重较大，且项目在海边外露的钢材耐腐蚀性得不到保证。所以板块骨架需设计成铝合金材质、铝合金龙骨与板块立柱采用一体连接设计（图 12～图 13）。

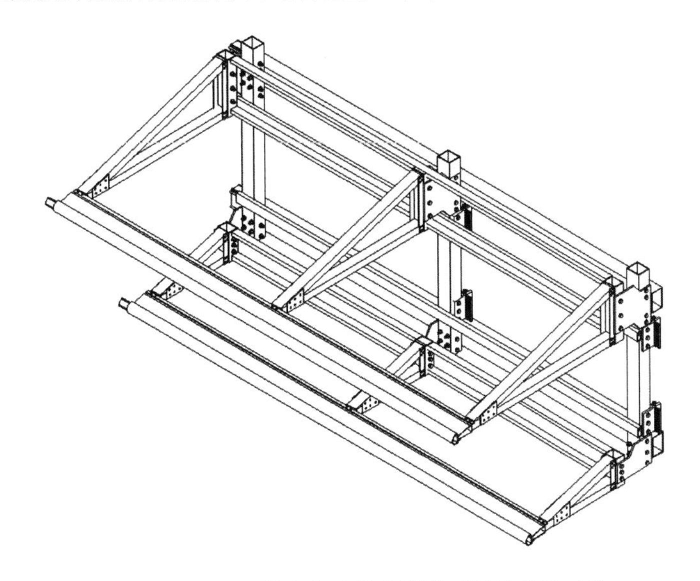

图 12　外庭横向大悬挑飞翼单元板块龙骨三维

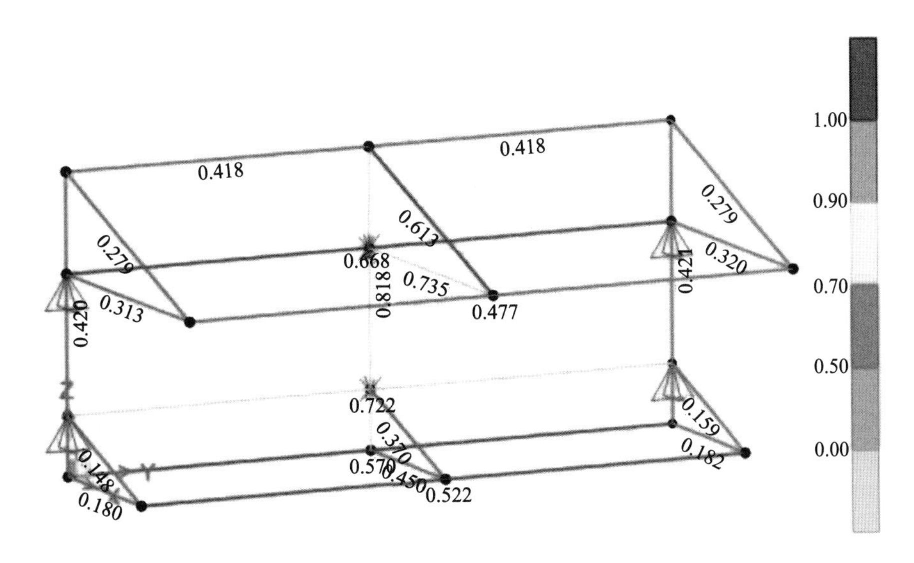

图 13　板块龙骨三维建模结构计算复核情况

外庭横向大悬挑飞翼端部圆头位置原招标方案做法为上端蜂窝板铝皮延伸到端头包到下檐口，此方案做法带来几个问题：

①飘带面板前端悬挑约 330mm，端部型材与龙骨连接较弱；

②蜂窝板外皮延伸至端部型材底部，型材为拉弯型材，铝板外包加工难度大且质量难以控制；

③采用外皮整体外包型材形式，雨水及灰尘易在表面形成水痕，影响幕墙视觉效果（图 14）。

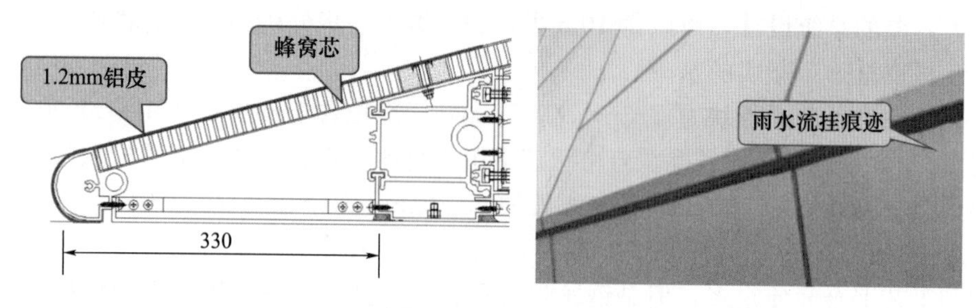

图 14　原设计方案

在深化设计阶段针对以上问题，着重做了以下调整：

①将前端拉弯型材与龙骨直接连接，组合成一个三角造型整体龙骨，加强受力，满足安全性要求，且减少型材用量；

②飞翼前段圆头直接采用铝合金龙骨，蜂窝板铝皮不延伸到底部，减小加工组装难度，保证安装效果；

③设置排水槽，避免前端面板雨水流挂形成泪痕而影响美观效果，飘带前端设计铝套芯，确保左右板块飘带平整度（图 15）。

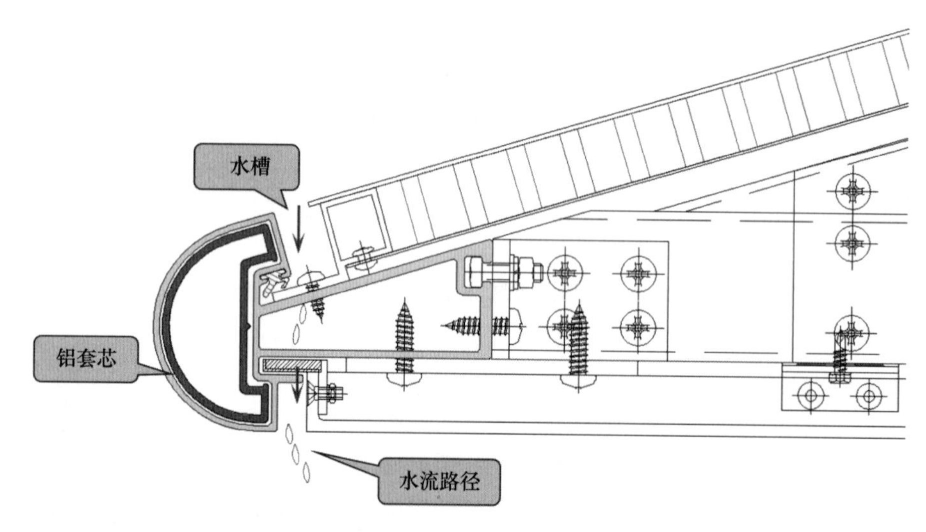

图 15　深化设计方案

尽管深化设计阶段考虑解决了很多问题，但是材料生产加工上依旧面临很多困难。特别是双曲面的蜂窝板加工精度、型材拉弯的精度、整体飞翼单元板块的组装精度，都会直接影响到现场的安装呈现效果。

蜂窝板加工阶段，利用 BIM 和三维扫描技术来配合异型蜂窝铝板的加工，建立精确的异型蜂窝铝板模型，生成 BIM 数据库，将数据与加工中心共享，加工中心将异型铝板相关数据导入数控加工机械，对蜂窝铝板进行精确加工，对所有加工出来的蜂窝铝板成品进行三维扫描检测，生成数据与 BIM 数据库数据比对，确保下料的精准度（图 16）。

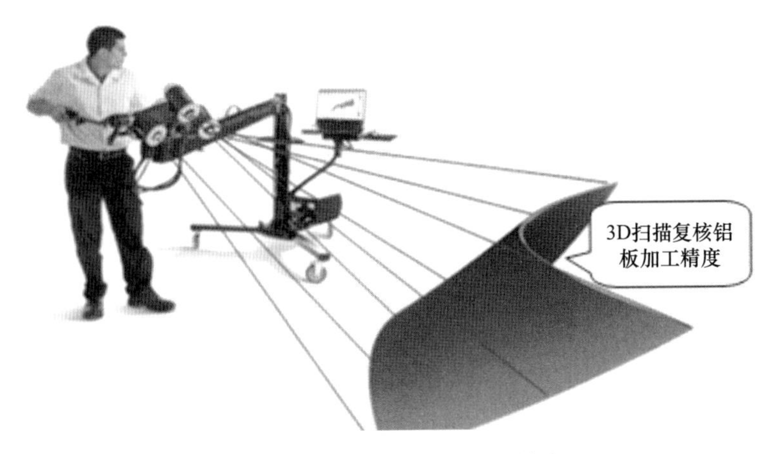

图 16　3D 扫描复核铝板加工精度

外庭横向大悬挑飞翼单元板块多为弧形曲面板块，在工厂组装过程中需要严格地控制飞翼板块的成品外轮廓尺寸，才能保证现场的安装效果。为此，我们根据不同的板块飞翼造型在 BIM 模型里面截取轮廓尺寸，并生成轮廓模具工艺图下发到工厂，工厂利用这些模具轮廓对每一个加工完成的单元板块进行轮廓校核，复核达到标准的才能发往现场安装，极大保证了现场安装的精度和效果（图 17～图 18）。

图 17　飞翼单元板块工厂组装后套模复核

图 18　飞翼单元板块现场安装实景照片

5　结语

腾讯深圳总部云楼项目是腾讯在大铲湾岛的重要总部建筑地处粤港澳大湾区核心位置，未来将规划建设成为具有全球辐射引领作用的“互联网+”未来科技城。我们能参与建设倍感荣幸，本文所介绍的设计内容以及一些创新的设计思路，是我们整个设计团队在设计和实践中的一点经验总结，受制于篇幅所限无法详述，仅简要阐述标准单元系统的设计要点，并对过程中的一些重难点进行浅析，供幕墙设计大家庭的同仁参考。

参考文献

[1] 中华人民共和国国家质量监督检验检疫总局，中国国家标准化管理委员会．建筑幕墙：GB/T 21086—2007 [S]．北京：中国标准出版社，2008.

[2] 中华人民共和国建设部．玻璃幕墙工程技术规范：JGJ 102—2003 [S]．北京：中国建筑工业出版社，2004.

[3] 中华人民共和国住房和城乡建设部，中华人民共和国国家质量监督检验检疫总局．建筑结构荷载规范：GB 50009—2012 [S]．北京：中国建筑工业出版社，2012.

[4] 广东省住房和城乡建设厅．广东省建筑结构荷载规范：DBJ 15-101—2014 [S]．北京：中国建筑工业出版社，2015.

硅酮结构密封胶拉拔力测试
——不等臂杠杆秤拉力装置的设计与应用

◎ 高新来　胡亚飞　段亚冰　李延鑫

广州集泰化工股份有限公司　广东广州　510670

摘　要　本文运用不等臂杠杠秤原理，设计简易便携装置，垂挂较小的重物经杠杆效应放大，用来测试硅酮结构密封胶粘结件的粘结力。用示范测试说明可实施的拉力加载方式和装置的调节方法，适用于建筑工地的实地应用场景。

关键词　硅酮结构密封胶；粘结力；测试；杠杆秤

1　引言

硅酮结构密封胶在建筑幕墙行业得到大量应用，也用于屋面光伏组件固定脚码的免钉胶粘。硅酮结构密封胶在生产工厂实验室和外检质检中心一般都采用标准粘结 H 试样和电子拉力机和测试软件进行规范测试。

在建筑工地简易材料试验室和工地现场测试施工后养护期的粘结实物（比如光伏固定脚码）的硅酮结构密封胶拉拔力是否达到预期设定值，目前还缺少简便有效的器具仪器装置进行测试。本文采用不等臂杠杆秤的原理，设计了简便的装置，并进行了应用测评。

2　不等臂杠杠秤测力装置设计的原理

2.1　不等臂杠杠秤的力学原理

图 1 符合杠杆原理，在固定支柱支点的两边，设计力臂 L_a 为短边和力臂 L_b 为长边，对 L_b 端施加垂直向下的力 W（垂挂重物），则在 L_a 端，产生向上的反力 F，在不计杠杆自身自重的条件下，近似简化为力的平衡公式 $F=W\times(L_b/L_a)$，L_b/L_a 是力臂的比值，当 $L_b/L_a=10$ 或 20，甚至 100 时，通过吊挂施加较小的重力 W，就可以获得相应放大倍率的拉力 F。

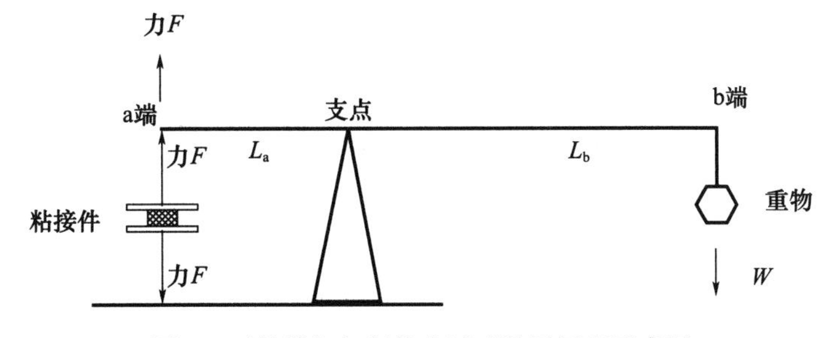

图 1　不等臂杠杠秤拉力试验装置原理示意图

2.2 修正的设计

修正的因素主要有两个，一是制作力臂的横杆采用金属钢制，自身的自重因素不能忽略不计；二是实际进行挂载 W 重锤，产生的反力 F 拉伸 H 粘结样件，样件的胶厚一般有 12mm，产生 10%甚至 20%变形的时候，有 1mm 甚至 2mm 及以上的变形量，这种变形量会导致杠杆产生与水平方向的倾斜夹角，影响了重力的分力，不再等于 $F=W\times(L_b/L_a)$，发生了数值偏离。

修正的办法主要有两个，一是在样件下方串联 1 个拉力计，可以实时真实地测量产生的拉力 F；二是把支撑立柱由固定高度的支柱，修改为带有可以连续调节高度上升下降的蜗轮蜗杆结构构件的支柱，这种升降支柱可以调节不等臂杠杆的水平角度，可以在 W 不变的条件下，微调杠杆与水平的角度，来调节拉力值到预设值（图 2）。

图 2　改良的不等臂拉力试验装置原理样机

3　不等臂杠杆秤测力装置的应用与测评

3.1 不等臂杠杆秤的应用场景 1：恒载下持续加载下的测试

加载曲线如图 3 所示。

举例 1：某应用测试要求，符合 GB 16776 的 H 样件（50mm 长×12mm 胶宽×12mm 胶厚），在 $\sigma=0.01$MPa（N/mm^2）应力下维持 168 小时；进行如下验算：样件的粘结面积 $A=50\text{mm}\times12\text{mm}=600\text{mm}^2$；拉伸力 $F=\sigma\times A=0.01\times600=6$N，装置的杠杆比 $L_b/L_a=10$ 时，挂载的重物 $W=0.6$N；保持 168 小时。

举例 2：某应用测试要求，实际粘结件（100mm 长×50mm 胶宽），在 $\sigma=0.2$MPa（N/mm^2）应力下维持 24 小时；进行如下验算：样件的粘结面积 $A=100\text{mm}\times50\text{mm}=5000\text{mm}^2$；拉伸力 $F=\sigma\times A=0.2\times5000=1000$N，装置的杠杆比 $L_b/L_a=10$ 时，挂载的重物 $W=1000/10=100$N（约 10kg 的重物），垂吊保持 24 小时。

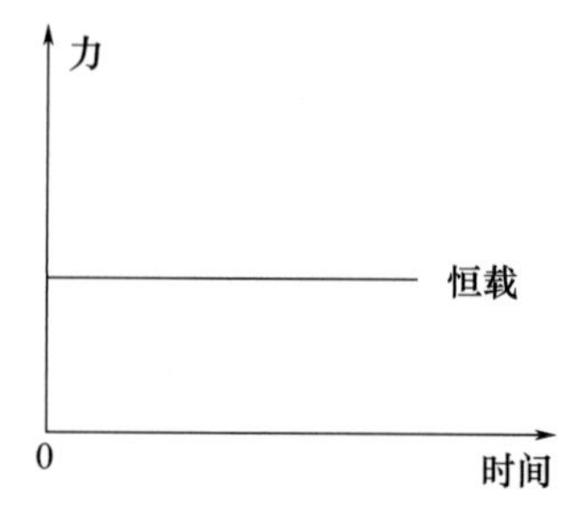

图 3　恒载加载曲线

3.2　不等臂杠杆秤的应用场景 2：阶梯式加载下的测试

加载曲线如图 4 所示。

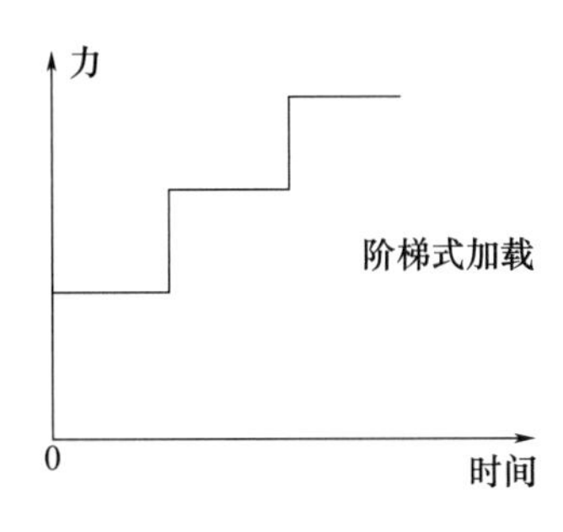

图 4　阶梯式加载曲线

举例 3：某项目屋面光伏锚固件应用测试要求，实际粘结件面积（50mm 长×50mm 胶宽），双组分硅酮结构密封胶，进行现场固化养护拉力测试；条件 1：施胶养护 6 小时后，在 σ=0.1MPa（N/mm²）应力下维持 60 秒，然后增加 0.1MPa（达到 0.2MPa）维持 60 秒，结束测试；条件 2：养护 24 小时，在 σ=0.1，0.2，0.4MPa（N/mm²）应力下各维持 60 秒，结束测试。

装置的杠杆比 $L_b/L_a=10$ 时，进行 W 的挂载，挂载 100N 时，可以达到测试最大目标的 1000N 的反力。

表 1

受力面积 A	σ（N/mm²）	$F=A\times\sigma$（N）	$W=F$/杠杆比（N）	换算成质量 W（kg）
2500mm²	0.1	250	25	约 2.5kg
	0.2	500	50	约 5.0kg
	0.4	1000	100	约 10kg

3.3　不等臂杠杆秤的应用场景 3：阶梯式加载维持/卸载，再加载的测试

加载曲线如图 5 所示。

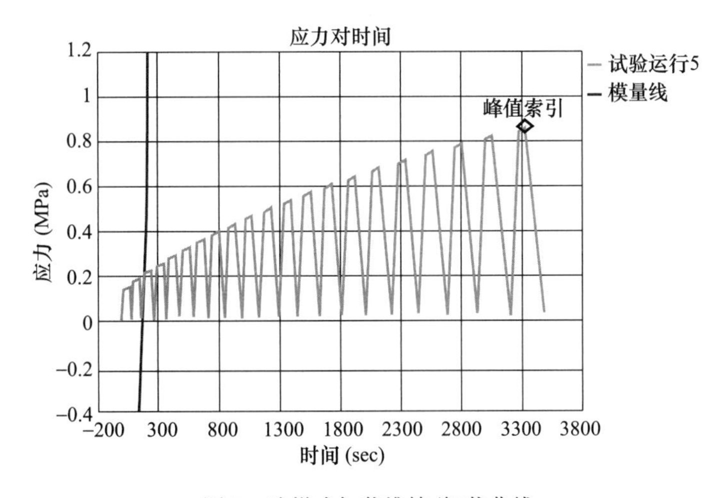

图 5　阶梯式加载维持/卸载曲线

举例 4：某应用测试要求，实际粘结件面积（125mm 长×12mm 胶宽×12mm 胶厚），在 σ=0.14MPa（N/mm²）应力下维持 60 秒后卸载到 0，然后逐次阶梯增加 0.035MPa 维持 60 秒，重复以上步骤直至目标 0.84MPa 维持 60 秒或中途出现胶体破坏则停止。

根据粘结面积，应力值，换算成拉力 F 和杠杆比＝10下的 W 值，如表2所示。

表2

受力面积 Amm^2	σ（N/mm^2）psi	$F=A\times\sigma$（N）	$W=F/10$（N）	换算成质量 W（kg）
1500	0.14（20）	210	21	约2.1kg
	0.175（25）	262.5	26.3	约2.68kg
	0.21（30）	315	31.5	约3.2kg
	0.245（35）	367.5	36.8	约3.76kg
	0.28（40）	420	42	约4.2kg
	0.35（50）	525	52.5	约5.3kg
	0.56（80）	840	84	约8.6kg
	0.70（100）	1050	105	约10.5kg
	0.84（120）	1260	126	约12.8kg

4 结语

应用测试例1测试时长168小时，测试例2测试时长24小时长，采用本文简易装置进行垂吊，方法简单，不占用电子拉力机设备的开机时间。例1的应力0.01MPa下，H样件的变形量小，杠杆的水平度保持相对稳定。例2的应力0.2MPa下，H样件的变形量约1mm，杠杆的水平度发生变化挂载端会发生下垂，要微调升高立柱，通过拉力计显示值，微调使反力 F 处在设定值范围。

应用测试例3是屋面光伏项目施工工地的实际粘结件测量，采用本文简易便携装置，可以现场对工程实际粘结件进行加载测试，简便易操作。

应用测试例4测试加载的应力最大0.84MPa，此时样件的厚度会发生6mm以上的变形导致杠杆倾斜很大。在测试过程中，可以通过加载比目标值大的 W，再调节立柱下降，先故意倾斜杠杆，再快速回调杠杆与水平的倾斜度，观察拉力计实际显示值达到设定值 F 时，此时保持杠杆状态，可以实现目标值力的加载。

通过试验实践，杠杆比 $L_b/L_a=10$ 已经能满足常规的挂载力的范围要求。当遇到工地现场需要测试比较大的反力时，可以在力臂 L_b 端，进行金属套筒连接延长力臂 L_b，就可以加大 L_b/L_a 的杠杆比。

不等臂杠杠秤测力装置，结合数显拉力计部件，可调节杠杆水平角度（调立柱高低）的方式，可以用工地的砖石，金属物做重锤，运用杠杆效应放大倍率，测量粘结件的拉力，具有简便经济实用性。

参考文献

[1] 中华人民共和国国家质量监督检验检疫总局，中国国家标准化管理委员会．建筑用硅酮结构密封胶：GB 16776—2005 [S]．北京：中国标准出版社，2006.

[2] 中华人民共和国建设部．玻璃幕墙工程技术规范：JGJ 102—2003 [S]．北京：中国建筑工业出版社，2003.

[3] SANDBERG，L. B. et al，Resistance of Structural Silicones to Creep Rupture and Fatigue [J]．Building sealants：Materials，Properties and Performance，ASTM STP1069，1990.

深圳自然博物馆石材装饰条设计

◎ 徐　皓　李晓刚　陈少云

深圳市盈科幕墙设计咨询有限公司　广东深圳　518000

摘　要　本文就深圳自然博物馆外石材装饰条设计进行探讨，为类似建筑幕墙设计提供参考和解决思路。

关键词　石材装饰条；整体安装；异形优化

1　引言

深圳自然博物馆作为深圳市“新时代十大文化设施”之一，以“中国领先、世界一流”为定位，将用实物诠释自然演化规律，展示地理空间上的深圳，全球视野中的生态，做有科学传播力的自然博物馆。项目充分体现对城市自然环境的尊重，注重寻找游览过程中人与自然的和谐友善相处方式，将自然融入建筑中，实现人与自然的交流。

项目位于深圳坪山区燕子湖片区。项目用地北侧为红花路，西侧为二期用地，东侧为规划道路南侧为文祥路。本项目总用地面积 42005m^2，总建筑面积 105300m^2，地上 5 层，地下 2 层，建筑总高度 36m。建筑功能主要包括展陈、公共服务区、科普教育区、藏品技术保护区、综合业务学术办公区域、地下停车库、设备用房（图 1）。幕墙工程面积约 3.76 万 m^2。

图 1　深圳自然博物馆立面效果图

2 石材装饰条设计

2.1 石材装饰条种类

深圳自然博物馆立面设计的灵感来自地质公园火山岩遗址的纹理和质感。以直纹斜面的石材构成，石材翼采用了凸出的形态，使得立面形态更加挺拔。立面设计延续与大自然融合的主题，让博物馆和谐地与周边的自然环境融为一体。外装饰条均为梯形，除少量等断面外，其他均为不规则尺寸，且由于石材装饰条双向倾斜（内倾、外倒），石材装饰条应建筑美观要求采用平行水平面分缝，导致装饰条横断面尺寸多种多样（图 2），且由于内倾外倒，石材长度也不经相同，在理论上（除少量等断面外）无一块完全相同石材。断面尺寸变化前段 100～200mm（A）后端 200～900mm（C）高度 350～500mm（B），如图 3 所示。

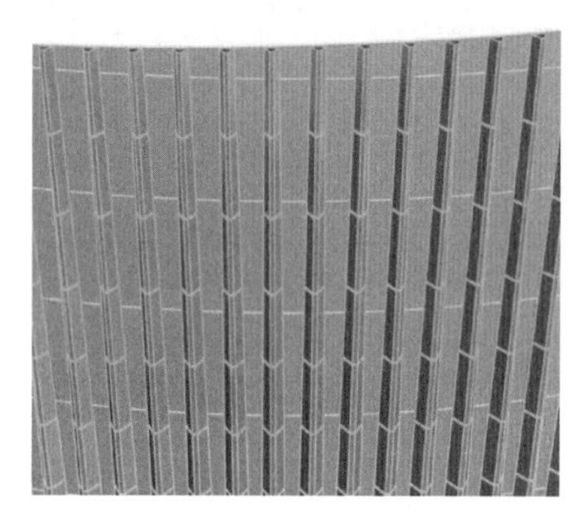

图 2　局部装饰条模型

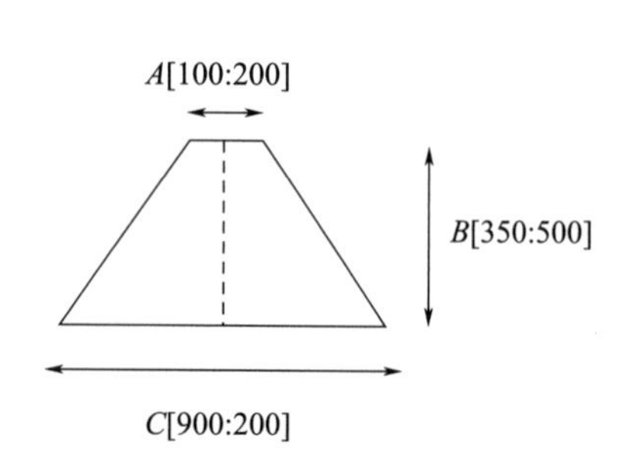

图 3　断面尺寸

经对石材装饰条进行加工及组装分析，我们依照外形尺寸（装饰条分类及位置详见图 4），将石材装饰条主要分为四种构造样式：实心石材装饰条（$C<450$mm）、变截面实心石材装饰条（$C<450$mm）、空心石材装饰条（$C\geqslant450$mm）、变截面空心石材装饰条（$C\geqslant450$mm）。

本文主要对难度较大且占比较大的空心石材装饰条和变截面空心石材装饰条进行节点设计及加工组装进行设计分析探讨。

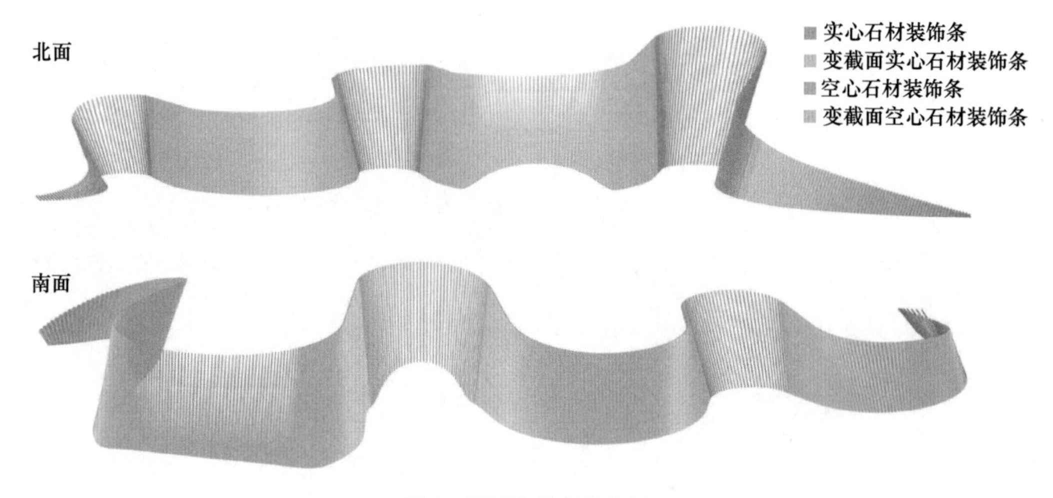

图 4　石材装饰条分布图

2.2 空心石材装饰条构造设计

根据深圳自然博物馆建筑立面效果要求，空心石材装饰条的断面尺寸、倾斜角度均采用渐变形式，如采用框架式施工方式，现场骨架及面板安装势必导致管理、品质和安全的各方面问题。故我司采用了小单元式安装方式，即工厂将骨架及石材组装一体成“榀”型运输至现场，再由机械起吊安装于三维可调的支座上（图5）。

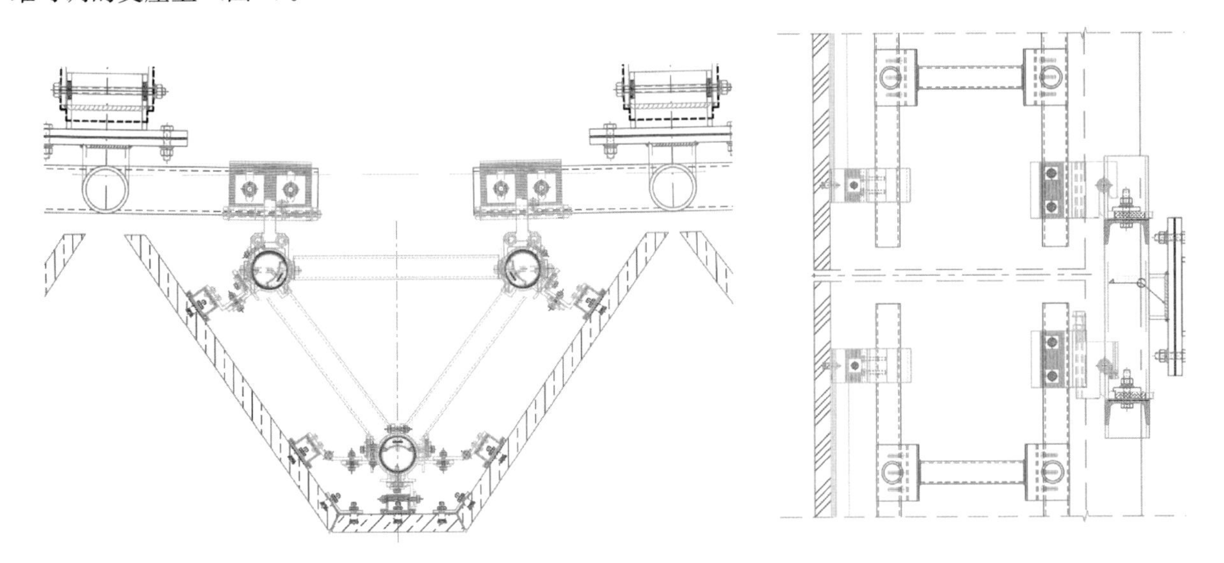

图5 空心石材装饰条水平、竖向挂接大样

2.2.1 系统难点

变截面空心石材装饰条外侧三块石材面板的角度、形状、尺寸各不相同，如保障内部支撑架面完全与面板石材面平行，将导致支撑架也会多种多样，另外，石材面板挂件位置的确定也成为了亟待解决的问题。

2.2.2 系统解决方案

①立柱采用铝圆管（解决石材开缝、钢材锈蚀问题）形式解决面板及挂件倾斜及角度问题（图6）；同时采用增加卡件方式，解决横竖向铝焊接相贯线问题（图7）。

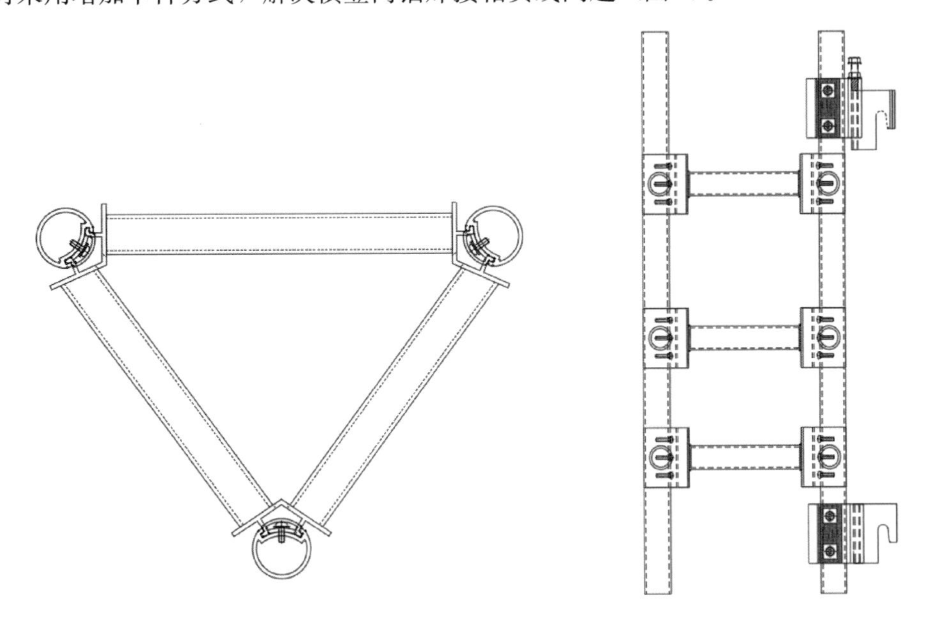

图6 空心石材装饰条骨架水平、竖向大样

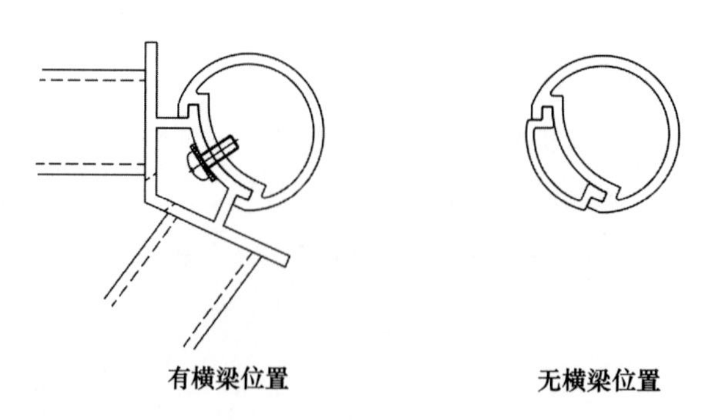

图 7　立柱断面详图

②挂件位置及面板连接点位置采用弧线连接做法，方便角度调节（图 8）。背栓连接位置采用抱箍连接方式（旋转角度理论上为 360°，调节定位后锁钉），为了方便挂件角码连接，预留连接平台。挂件位置采用对穿螺栓及卡接方式连接，挂件预留调整角度为±20°。

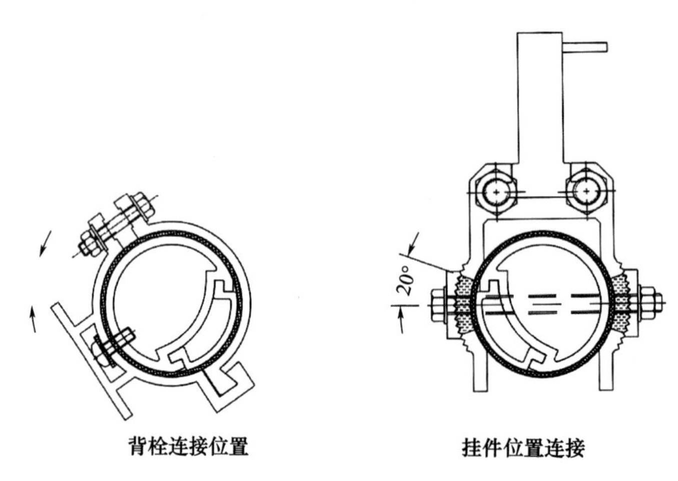

图 8　挂点与立柱及支座与立柱连接图

③特殊构造挂接和可调节铝挂件解决石材面板厚度及孔位偏差。经过数字化模拟，平行石材面板方向预留调节量为 12mm（30mm 腰孔），调节到位后拧紧螺栓。垂直石材面板方向预留调节量为 7mm（20mm 腰孔）（图 9）。竖向方向依靠抱箍上下定位。调节到位后均采用齿状铝型材锁死。在角部挂件位置根据项目幕墙专项评审时专家意见，采用转轴式构造，转至合适位置限位螺钉锁死，以消化石材板材误差对外表面效果的影响（图 10）。

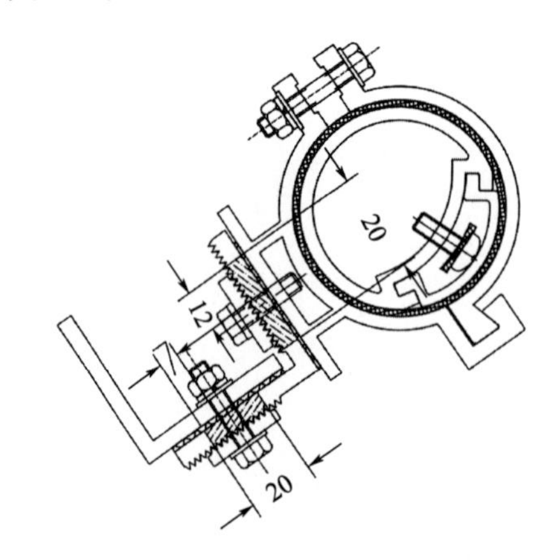

图 9　石材挂点连接图

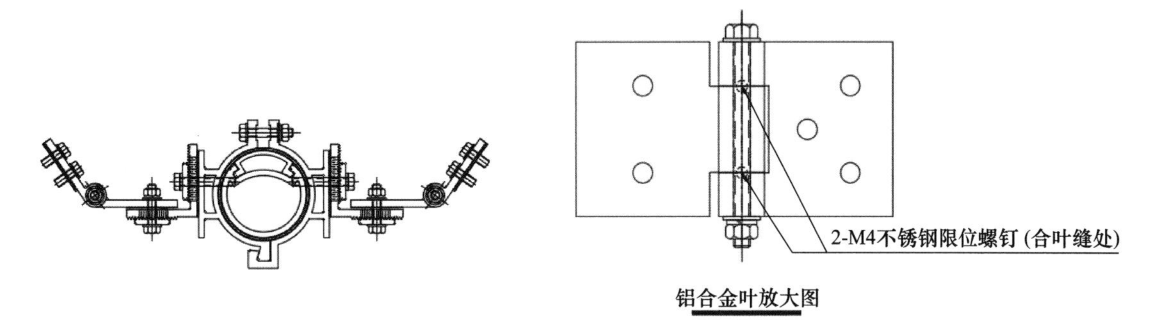

图 10　角部转轴石材挂点连接图

④采用有序安装的方法，面板采用组装平台方式定位。考虑到整体石材空心柱的整体性和外观的平滑度，设置必要的组装顺序及组装平台是不可避免的组装手段。

2.3　组装平台设计

由于本项目空心石材装饰条为变截面，故需考虑装饰条三个面的相互关系、拼接缝的大小及直线度等问题。

解决方案采用在多维度方向可调（尺寸及角度）的可变组装平台（图 11）。通过 BIM 辅助建模，反馈（提供）三个面进行定位点，并在三个面上标识出石材面板特征定位点（建议设置在平台夹角端头），以便石材表面精准定位。

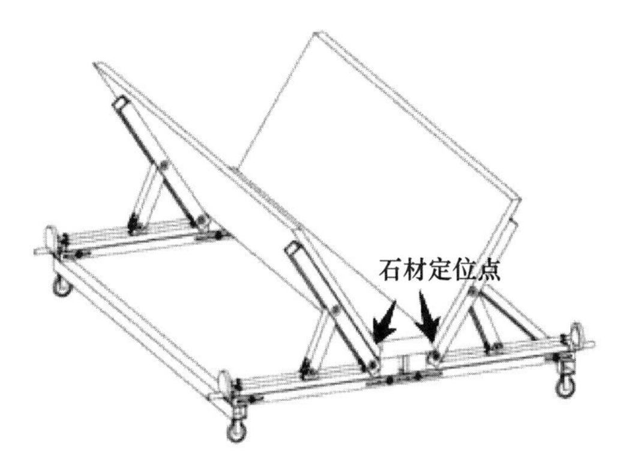

图 11　组装平台示意图

由于项目板块特性，在定位组装过程中我们采用以下组装顺序：

①将侧板上的铝材与石材连接锚栓及石材结构胶粘接（图 12）。

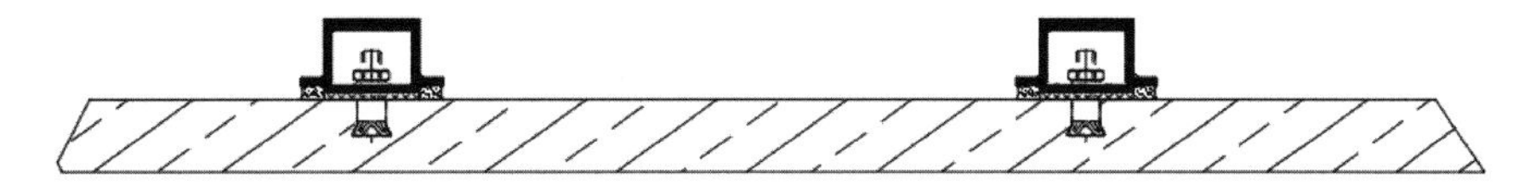

图 12　铝材与石材连接示意图

②在石材在组装架上定位完成后，先进行石材板块间的连接（图 13），将石材拼缝位置进行控制，以便到拼角的建筑效果。

③将连接件与骨架连接成为一体，位置 1 螺栓处于待拧紧状态，位置 2 紧定螺丝处于未锁紧状态（图 14）。

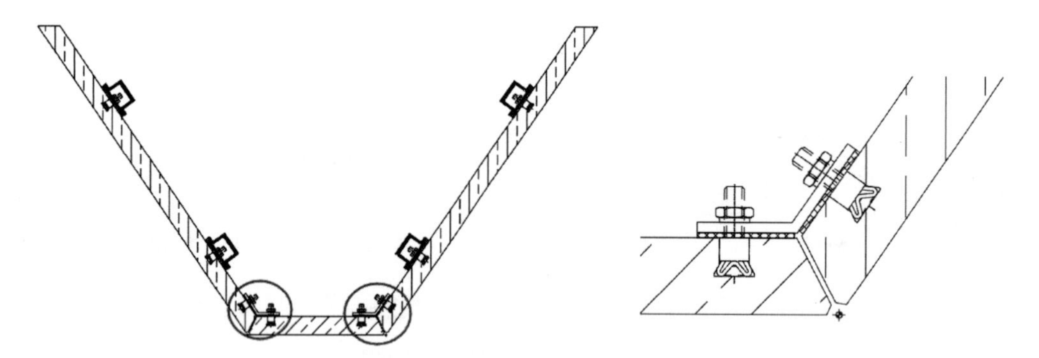

图 13　石材拼缝示意图

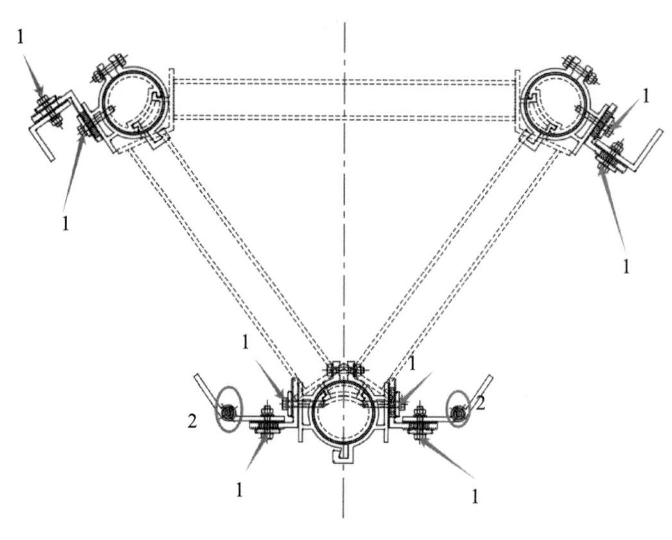

图 14　三角铝架示意图

④以 BIM 提供的三角铝架与石材位置定位为控制点，进行复合连接，连接完成后锁紧图 14 中位置 1、2 的螺栓及紧定螺丝（图 15）。

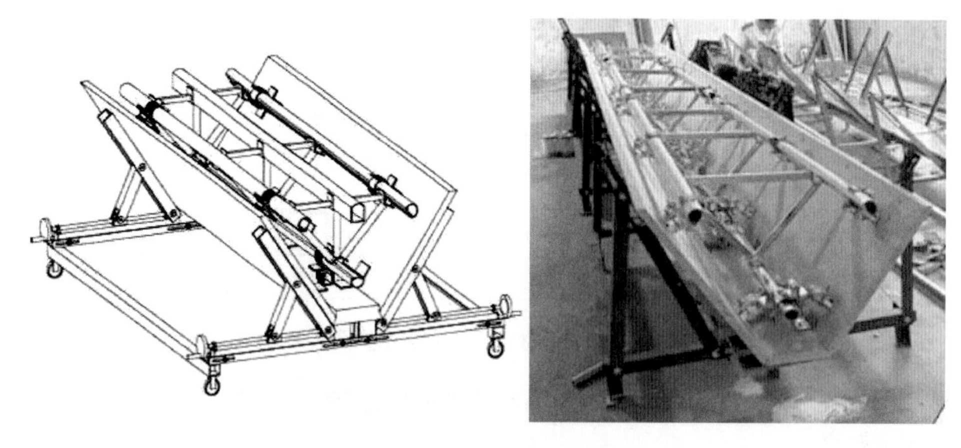

图 15　组装示意图及样板制作照片

⑤通过起吊内侧 2 根立柱位置挂点将成榀石材吊起，运输至现场进行整体吊装。

⑥样板安装完成照片见图 16。

图 16　工地样板照片

3　结语

随着对可持续和创新建筑解决方案的需求不断增长，建筑外立面线条的千变万化，装饰条面板角度调节在幕墙工程中的应用会变得更加普遍。通过 BIM 辅助设计对装饰条断面（骨架）优化，并通过节点及组装平台相结合的设计，可以更好地控制幕墙系统的外观，从而实现最佳的建筑立面视觉效果和功能性（图 17）。

图 17　本项目整体效果图

本文所介绍的节点做法及组装平台，可以解决一些特殊断面的装饰构件组装调节及精度问题，为类似建筑幕墙设计提供参考和解决思路。我们期待在未来的幕墙设计施工中，涌现更多优秀和新颖的设计思路及做法。

参考文献

[1] 中华人民共和国建设部．金属与石材幕墙工程技术规范：JGJ 133—2001 [S]. 北京：中国建筑工业出版社，2001.

曲面蜂窝铝板多自由度调节安装固定系统设计浅析

◎ 熊文斌 陈玲婴 黄庆祥 杨友富 吴百志

中建深圳装饰有限公司 广东深圳 518028

摘 要 本文探讨了双层金属屋面中曲面蜂窝铝板的安装固定系统设计思路，曲面蜂窝铝板系统通过可适应角度变化的背附铝合金骨架系统和多自由度调节构造系统，固定在第一层直立锁边屋面系统上，以实现曲面板外观拼缝的自然顺滑衔接，为同类型空间异形屋面装饰板系统设计提供参考。

关键词 双层金属屋面；曲面；蜂窝铝板；多自由度调节；角度变化；背附铝合金骨架

1 引言

随着社会的不断发展，人们的物质生活水平在不断提高，精神文化需求也同步提升，国家层面高度重视文化软实力的发展，强调文化建设对于增强国家综合实力的重要作用，致力于推动文化产业高质量发展，以满足人民日益增长的精神文化生活需求。场馆类文化设施建设也越来越多，为实现独特的视觉效果和营造独具特色的文化氛围，建筑师常通过曲面的流动性以实现与周边自然环境的契合。

场馆类建筑屋面通常在直立锁边屋面系统之上设计表达更为丰富的装饰面层，构成双层金属屋面。为更好地呈现曲面建筑表皮肌理，人们对面板的安装精度提出更高的要求。面板的安装固定需在多个自由度实现可调节，来适应曲率变化和适应偏差，使曲面面板外观拼缝衔接自然顺滑，且安装简便。

本文通过金属屋面工程设计案例，对空间曲面可适应角度变化背附铝合金骨架系统和多自由度调节构造系统进行设计探讨分析。

2 案例概述

该案例应用于深圳市体育中心改造提升工程项目体育场，位于福田区笋岗西路 2006 号（图 1)。金属屋面表皮由 216 瓣高度和宽度渐变的波浪型曲面构成，其最大标高为 46.18m，基本风压 0.75kPa，地面粗糙度类别 B 类，金属屋面区域规范计算风荷载标准值 2.38kPa，风洞试验最大风荷载标准值为 2.5kPa。

图 1 效果图

3　曲面蜂窝铝板固定系统设计分析

3.1　曲面表皮生成逻辑

在对曲面蜂窝铝板固定系统设计之初，我们需要充分了解曲面是如何生成的，分析曲面的几何特征信息，以使设计方案能适应各种变化。

3.1.1　生成基础表皮

体育场屋面表皮平面轮廓由两两相等的四段标准圆弧组成，且圆弧之间相切连续；屋面表皮截面曲线为适应主体钢结构的标准圆弧。圆弧截面曲线沿四段相切连续的平面圆弧扫掠形成基准表皮，如图2所示。

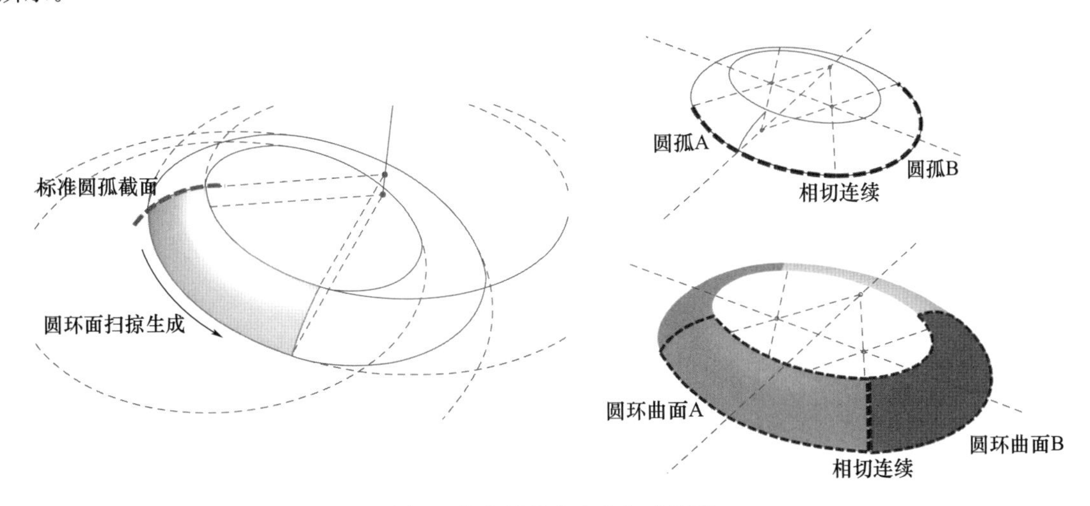

图2　体育场基准表皮生成示意

3.1.2　生成螺旋线轨迹

体育场屋面72个结构柱网线，对每两个柱网线之间进行三等分形成基础线，将曲面分成216个分区，如图3所示；然后在平面上从基础线外侧端点跨4个分区连接第5根基础线内侧端点绘制圆弧，并且外侧端点处圆弧切线与相邻基础线的外侧端点连线夹角为60°（图4）；最后将此圆弧投影至基础表皮生成螺旋线轨迹。

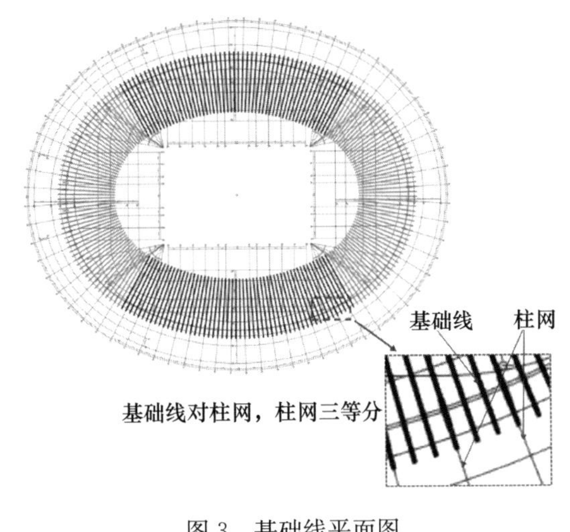

图3　基础线平面图

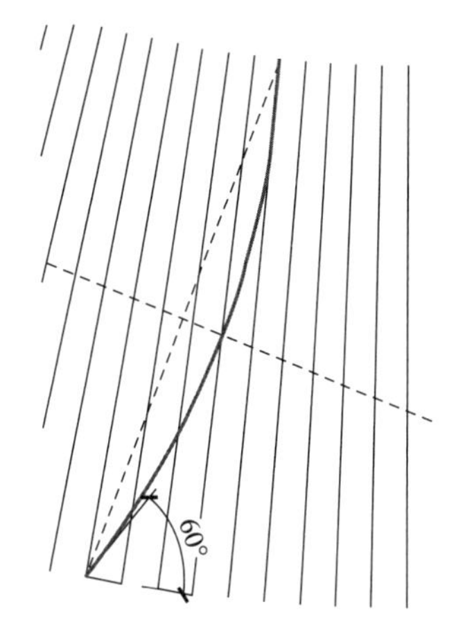

图4　螺旋线圆弧

3.1.3 生成螺旋波浪渐变双曲面表皮

波峰对齐基础线绘制起始截面，相切圆弧的波峰与波谷高度差为450mm，沿螺旋线渐变为终止截面水平直线（图5）。因为螺旋波浪造型跨两个不同旋转半径的曲面（图2中圆环曲面A和B），故在两个曲面的衔接处会存在不同模数，如图6所示，模数3～模数10为曲面衔接处螺旋波浪造型，模数1、模数2为标准螺旋波浪造型。

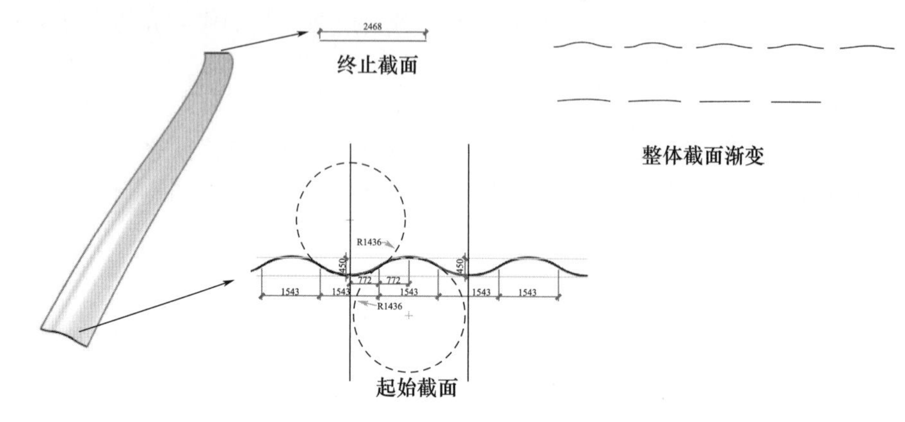

图5 绘制截面

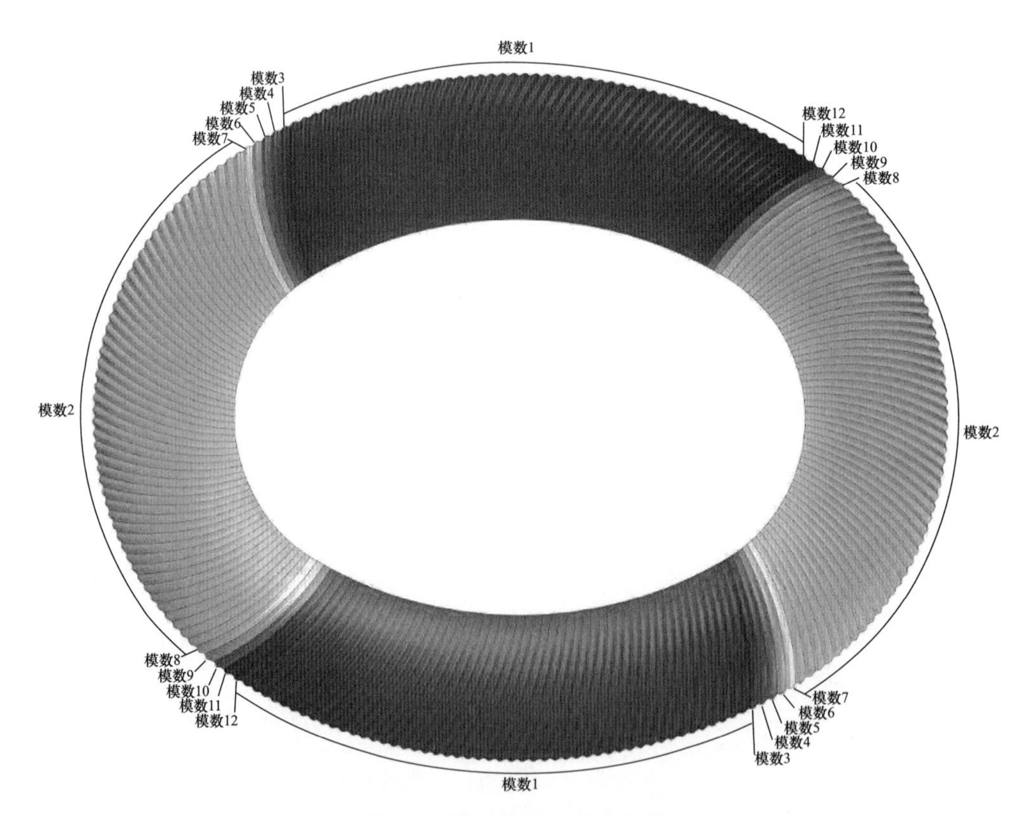

图6 螺旋波浪造型平面投影

3.2 蜂窝铝板曲面优化分析

因直立锁边屋面系统T型支座固定在次檩条上，次檩条沿屋面圆弧环向布置且次檩条间距分布规律，同时，蜂窝铝板背附铝合金骨架能有效地通过抗风夹直接传力到T型支座上，使面层的抗风掀性能更可靠，故采用次檩条中轴面（环向分割辅助面）对螺旋波浪渐变双曲面表皮进行环向分割（环向是指基准表皮生成时的旋转方向），蜂窝铝板高度范围在1050～1250mm。

蜂窝铝板曲面沿径向分割线（径向是指基准表皮生成时的旋转半径方向）选取波峰与波谷圆弧的切点轨迹线，在此我们称之为腰线，使单块蜂窝铝板曲面曲率为同一方向，同时也可满足波峰左侧腰线安装泛光灯具的需求。蜂窝铝板宽度范围在880～1850mm。

基于以上分格划分后，我们分析装饰蜂窝铝板任意两边夹角在66.55°～114.34°，蜂窝铝板表面坡度变化范围为38.49°～8.32°（图7），蜂窝铝板波谷波峰到抗风夹具顶部的距离变化范围分别为300～435mm、300～835mm（图8），为接下来的蜂窝铝板背附骨架多杆件连接件设计做好准备工作。

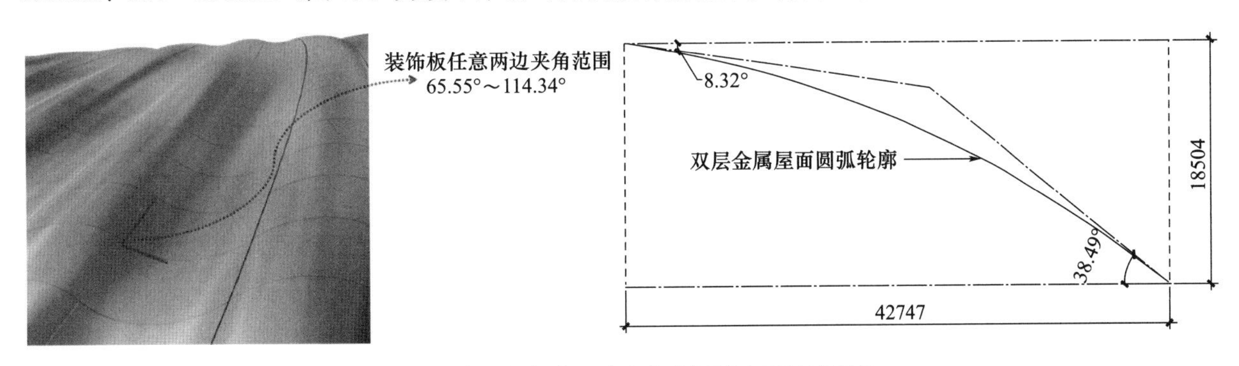

图7　蜂窝铝板任意两边夹角范围及表面坡度变化

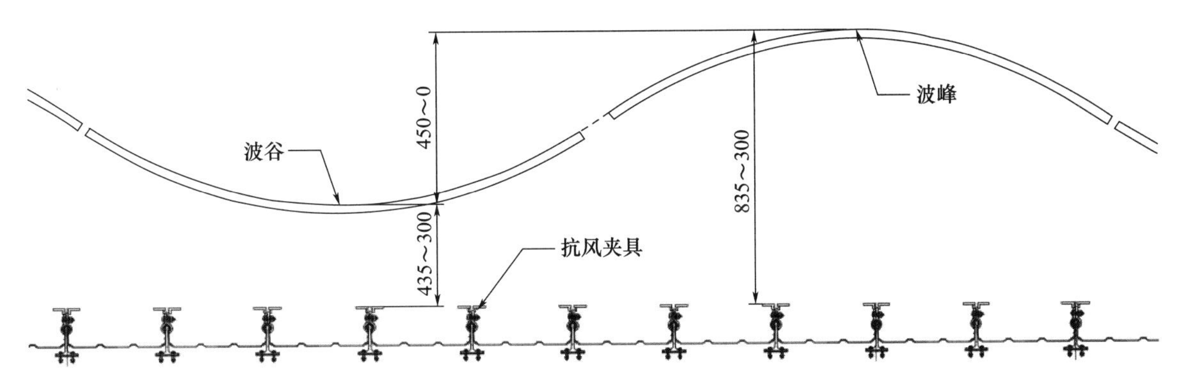

图8　蜂窝铝板表面到抗风夹具顶部的距离变化范围

生成的蜂窝铝板曲面表皮为双曲面，为降低加工难度和成本，我们需对每块蜂窝铝板曲面进行单曲化。因相邻蜂窝铝板腰线曲率变化较小，我们在蜂窝铝板高度方向进行折线拟合，蜂窝铝板宽度方向的空间曲线采用单一半径的圆弧拟合，然后将拟合的圆弧沿蜂窝铝板高度方向拉伸形成圆柱面，最后用环向分割辅助面和直线拟合的腰线对圆柱面进行裁剪，得到最终的单曲化蜂窝铝板表皮（图9）。经分析，相邻蜂窝铝板最大阶差7mm，在降低加工难度的同时也能高度拟合双曲面效果。

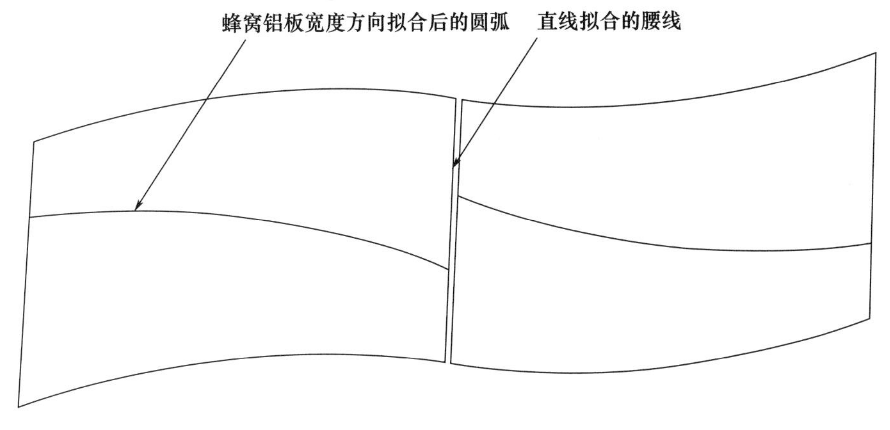

图9　单曲化蜂窝铝板表皮

3.3 曲面蜂窝铝板安装固定系统设计分析

基于曲面表皮生成逻辑和对蜂窝铝板曲面的优化分析，要使得蜂窝铝板安装后能呈现更好的外观效果，就需要固定蜂窝铝板的背附骨架能适应蜂窝铝板的角度变化，且能方便组装调节和满足受力要求。

3.3.1 曲面蜂窝铝板施工安装技术分析

屋面坡度从底部陡坡向上逐渐变缓（图 10），蜂窝铝板材料采用汽车吊吊装至屋面，如果全部采用单元式安装蜂窝铝板，会出现安装第 1 个单元后，第 2 个单元紧靠第 1 个单元一侧的连接角码，无操作空间进行安装紧固（图 11）。结合屋面施工措施条件，为便于在屋面调节背附骨架和安装连接在抗风夹上的角码，同时也能节约材料，我们采用单元式和构件式间隔的方法，让工人在构件式区域可方便地调节定位蜂窝铝板单元（图 12），让其安装定位更为精准。

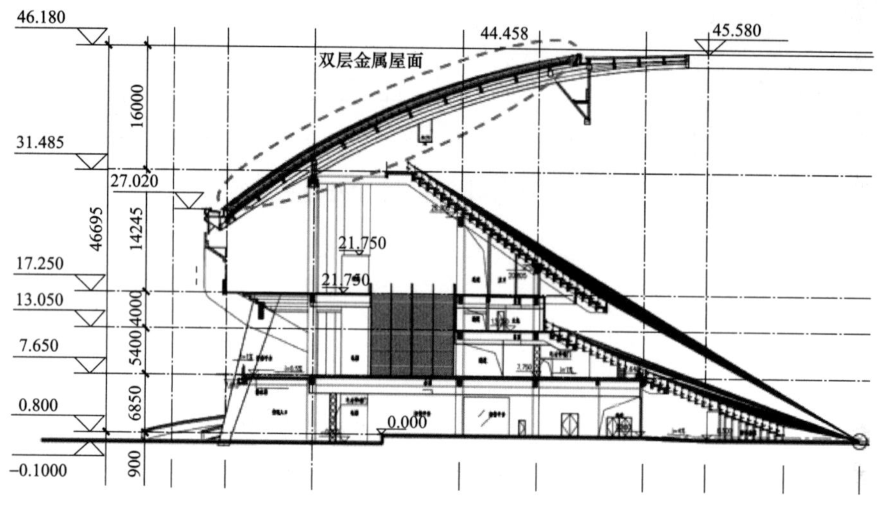

图 10　屋面剖图

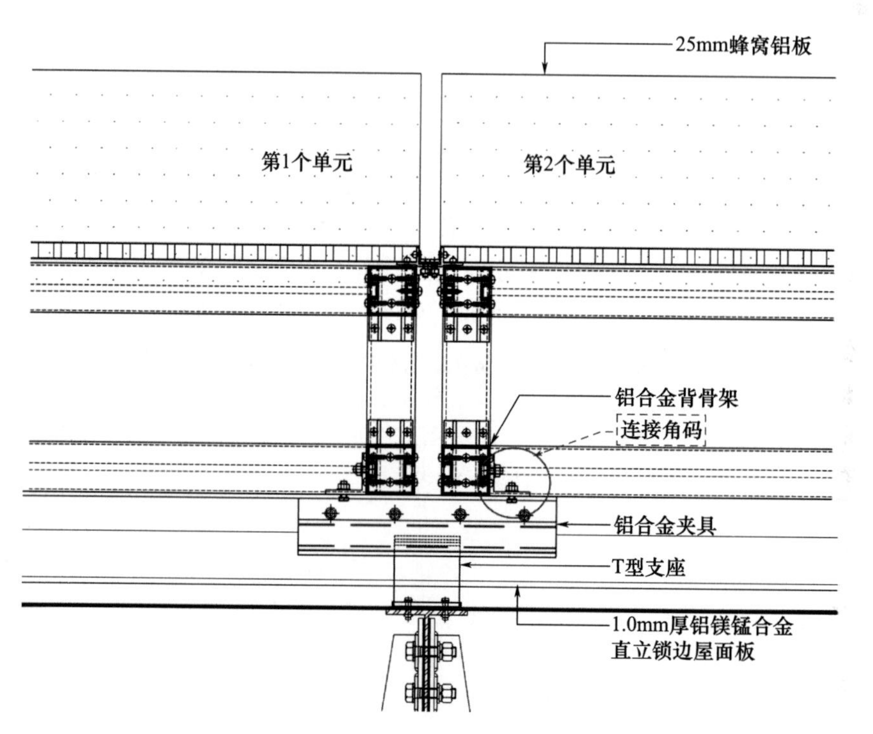

图 11　单元式安装

图 12　单元吊装和单元之间构件式安装

3.3.2　曲面蜂窝铝板背附骨架系统受力模型分析验证

根据蜂窝铝板曲面分析已知蜂窝铝板高度范围、蜂窝铝板宽度范围、蜂窝铝板任意两边夹角、蜂窝铝板波谷波峰到抗风夹具顶部的距离变化范围和蜂窝铝板表面坡度变化范围，再结合分析施工安装技术确定的蜂窝铝板单元式和构件式间隔施工工序，我们需要在蜂窝铝板和抗风夹之间构建一套受力可靠稳定的多杆件铝合金背附骨架。因蜂窝铝板到抗风夹具顶部的距离在 300～835mm 之间变化，我们初步设计两层铝合金骨架，上层骨架用来连接固定蜂窝铝板，下层骨架用来与铝镁锰合金直立锁边屋面板的抗风夹连接，上层骨架与下层骨架通过立杆连接来适应高度变化；考虑侧向荷载和坡度方向自重分力，通过增加斜杆加强受力稳定性（图 13）。

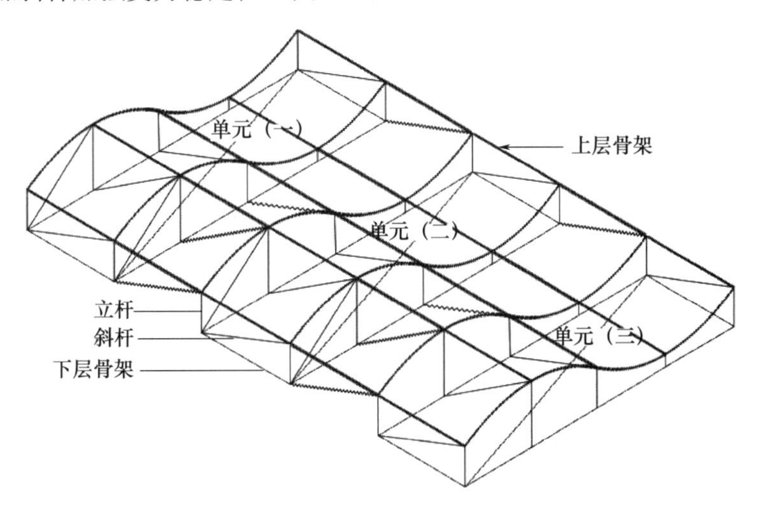

图 13　铝合金背附骨架示意图

①建立计算模型

计算选取其中 3 个起吊单元，采用最不利位置荷载，结合运用 SAP2000 有限元软件建立背附骨架模型来作为结构受力分析（图 14）。按实际间隔在下层骨架环向杆件上设置铰支座，并调节支座局部轴使其 3 轴方向始终垂直于装饰面，各杆件之间设置为铰接。

②施加荷载

面板呈现波浪状，风荷载是空气流动对工程结构所产生的压力，这种压力的作用方向始终是垂直于面板或者构件的表面，所以此处采用面荷载的局部轴方式施加风荷载对骨架体系进行结构受力计算（图 15）。

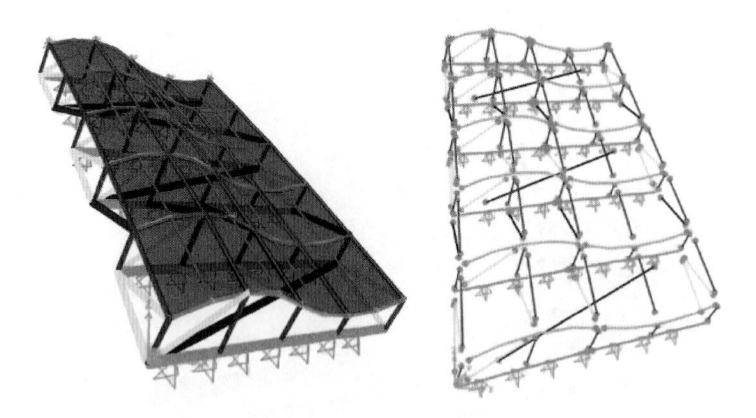

图 14　受力分析模型

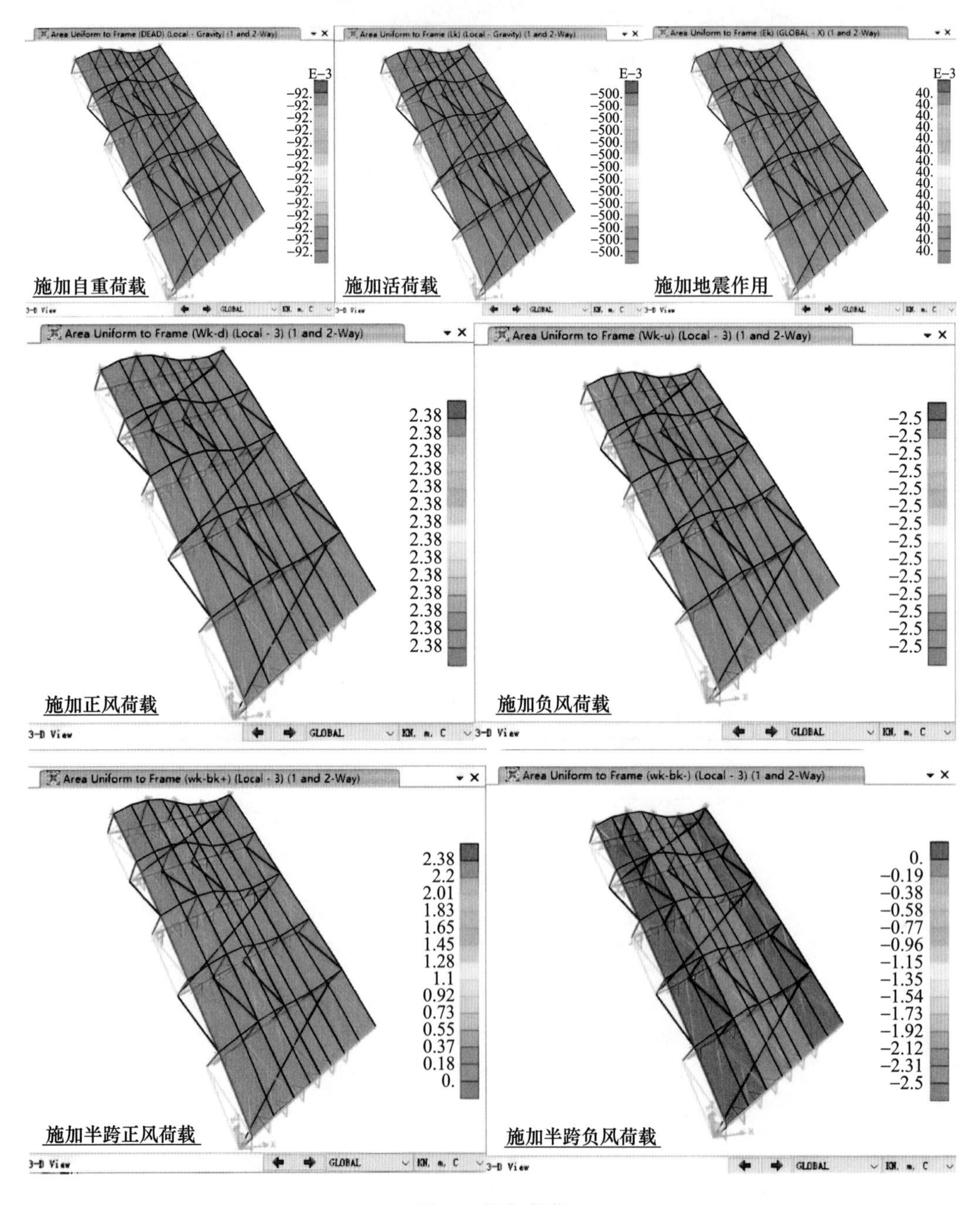

图 15　施加荷载

③计算结果

经施加荷载运行查看计算结果，杆件最大应力 78MPa，未超过 6063-T6 铝合金材质的最大限制（图 16）。

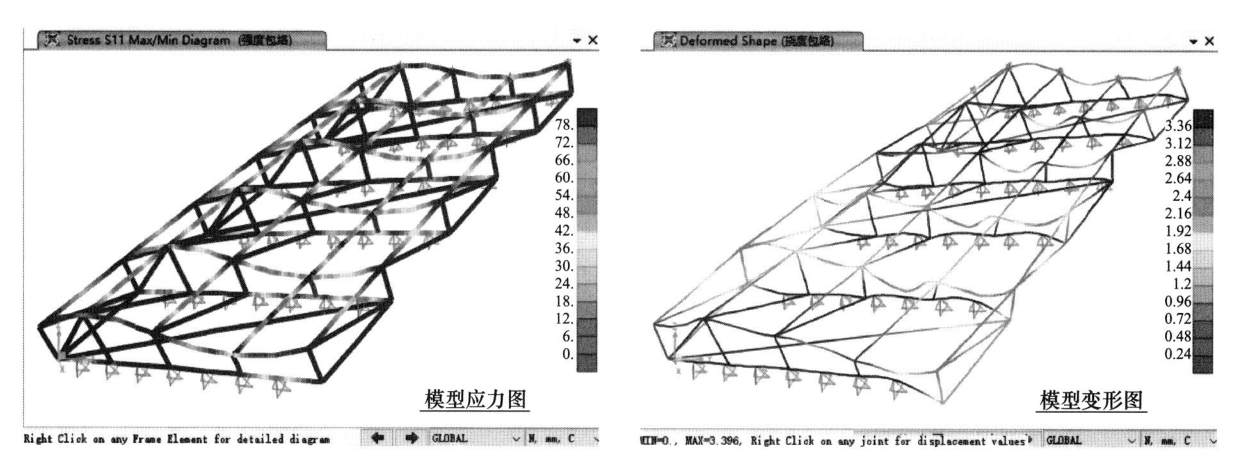

图 16　模型应力和变形图

3.3.3　曲面蜂窝铝板背附骨架系统调节和多杆件连接设计

经结构计算验算背附骨架结构受力后，我们按背附骨架安装和组装顺序逐步进行支座调节、下层骨架和上层骨架连接设计。

①背附骨架支座调节设计

如图 17～图 19 所示，通过带齿 L 型码件和带齿垫片实现背附骨架安装时高度方向的上下调节；连接带齿 L 型码件的螺栓可在抗风夹具上的螺栓头滑槽内滑动以实现前后调节；环向横梁上螺栓孔现场配钻以减少杆件加工编号，同时可以实现左右方向偏差调节。

铝镁锰板直立边与基准表皮生成的旋转半径方向一致，铝镁锰板每个均为扇形板，环向横梁未拟合前与抗风夹具长度方向的夹具均为 90°。经分析，因直线拟合环向圆弧，使得下层骨架环向横梁与抗风夹具长度方向存在小角度变化，故在带齿 L 型码件开横向长孔，配合抗风夹具上的螺栓头滑槽，实现±12°的角度调节（图 17～图 19）。

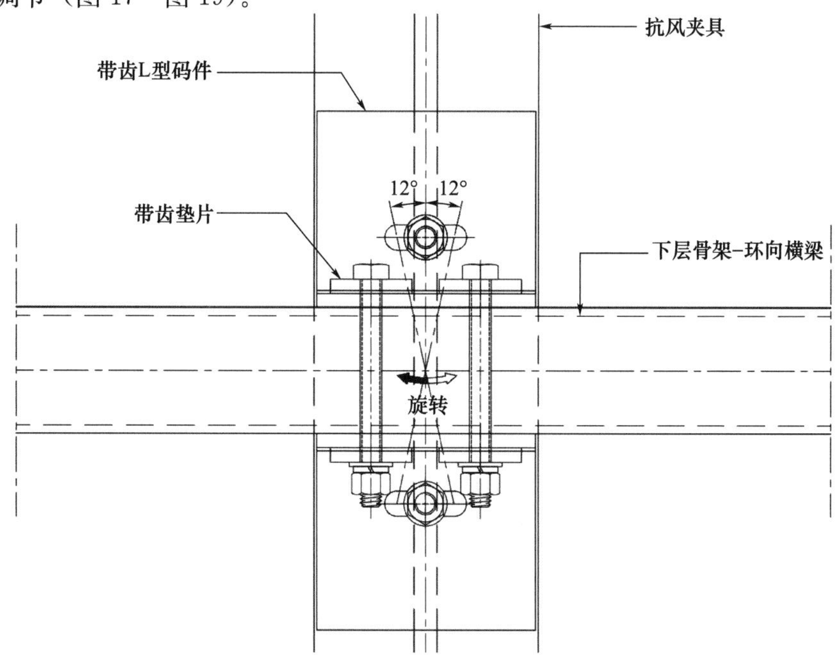

图 17　背附骨架支座连接俯视图

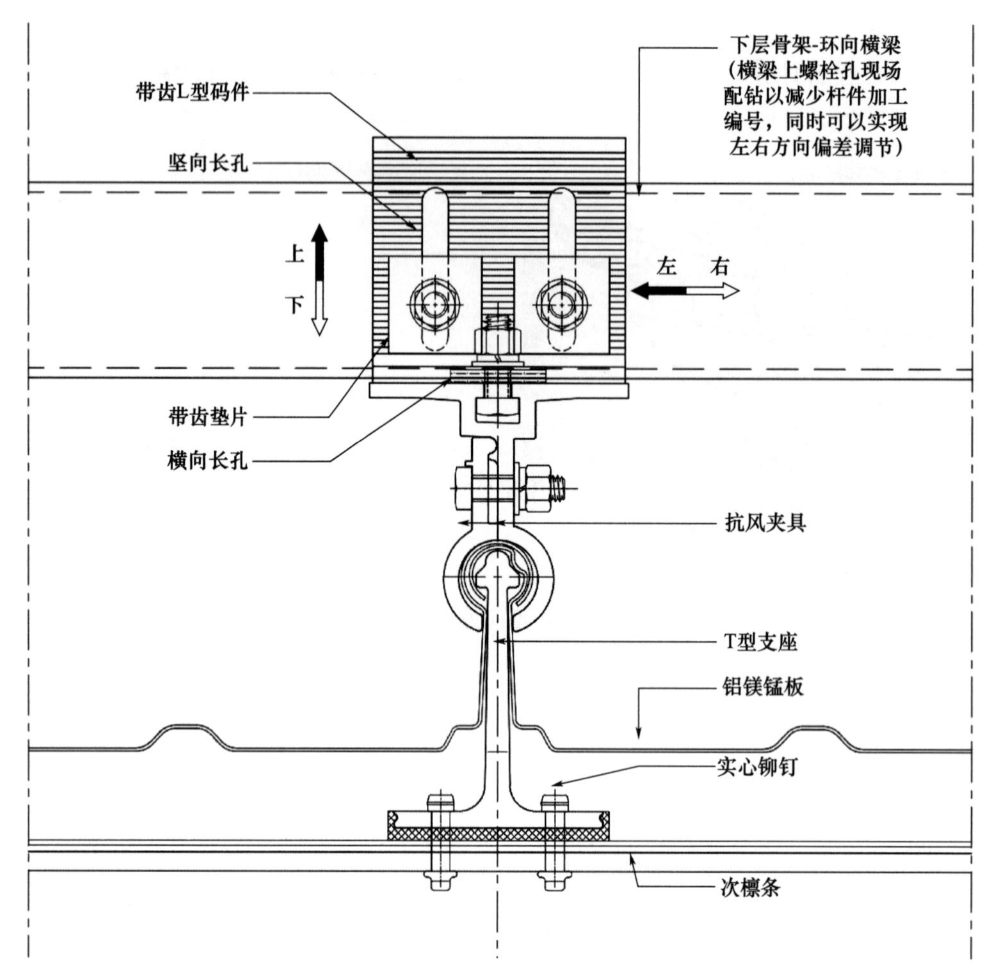

图 18 背附骨架支座连接主视图

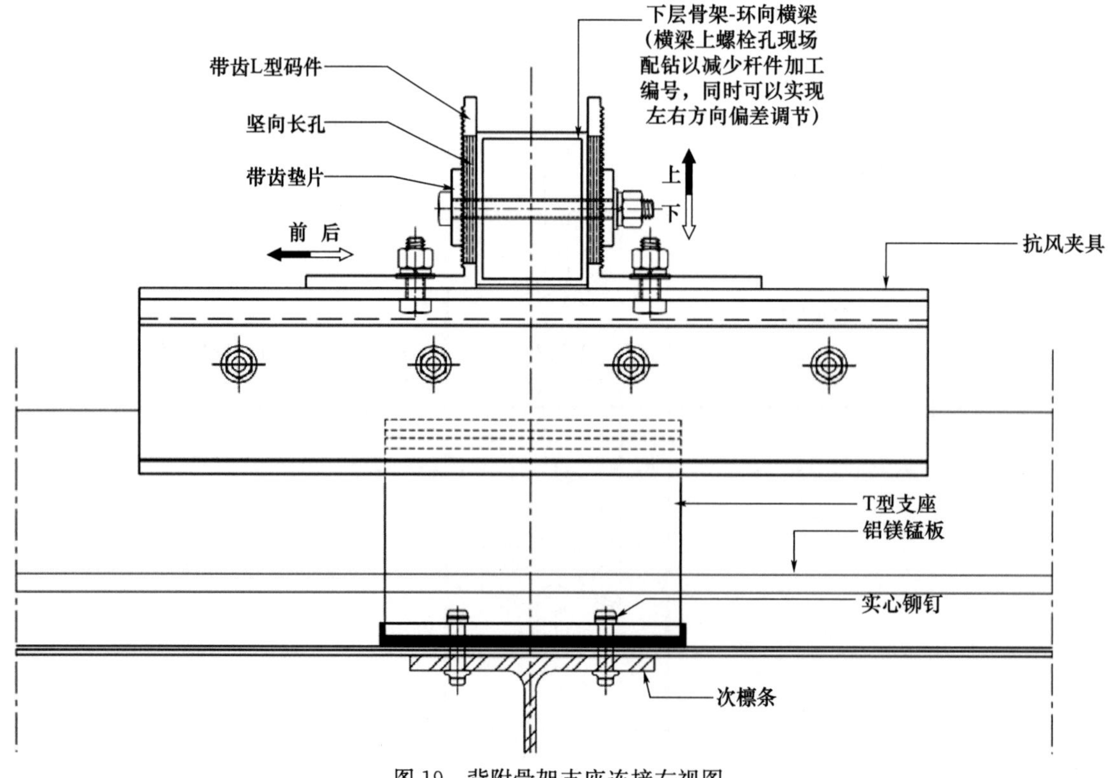

图 19 背附骨架支座连接右视图

②下层骨架杆件连接设计

下层骨架杆件由铝型材横梁（45×60 扁管）、径向拉杆（45×30 扁管）、底部斜拉杆（45×45 方管）组成，其中铝型材横梁为主受力构件，各杆件之间通过 F 型、H 型、U 型三种连接件（图 20）采用螺栓紧固形成一个稳定的四边形骨架（图 21）。三种连接件均为标准连接件加工件，以减少加工组装难度。

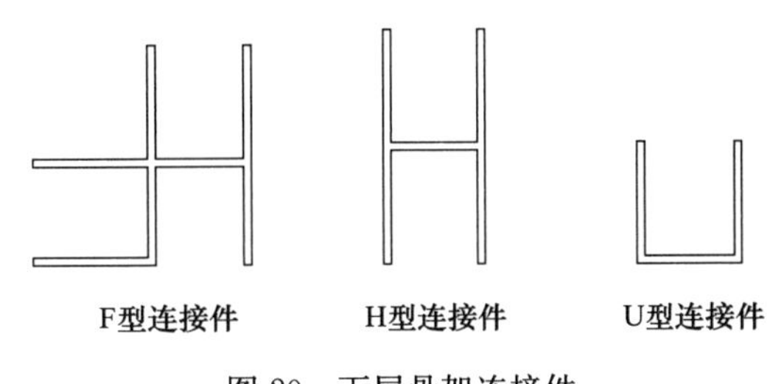

图 20　下层骨架连接件

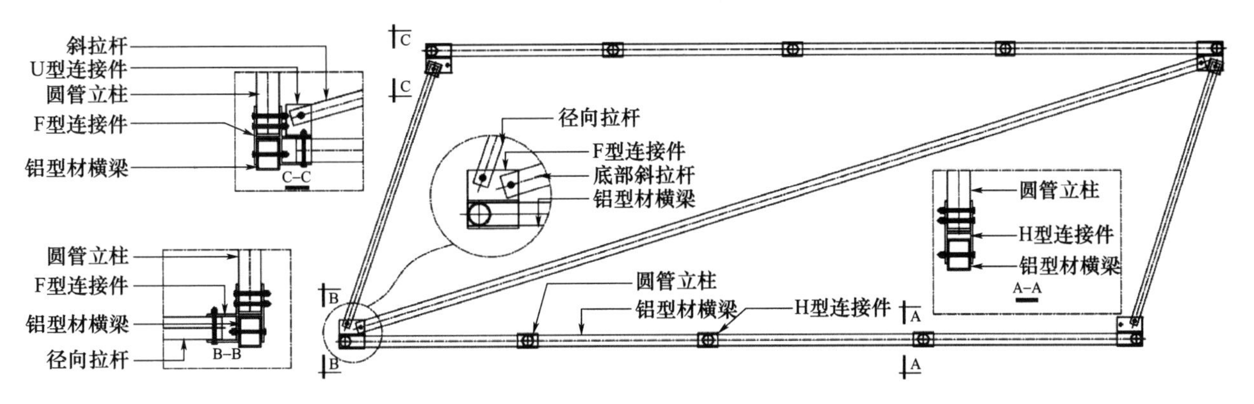

图 21　下层骨架布置图

③上层骨架杆件连接设计

上层骨架杆由径向铝型材横梁（Φ45 圆管）和环向拉弯铝型材横梁（Φ45 圆管）组成（图 22），相比较下层骨架，单元上层骨架之间有铝合金径向横梁（Φ45 圆管）相连，为适应蜂窝铝板任意两边夹角 66.55°—114.34°的变化，我们以圆管立柱为中心，如图 23 所示，通过 V 型连接件实现与多杆件相连。在蜂窝铝板波峰和波谷位置如果采用 V 型连接件连接将会打断拉弯铝型材横梁，所以采用双 F 型连接件相连（图 24 中 A—A 局部剖图）。U 型连接件用于斜拉杆连接。

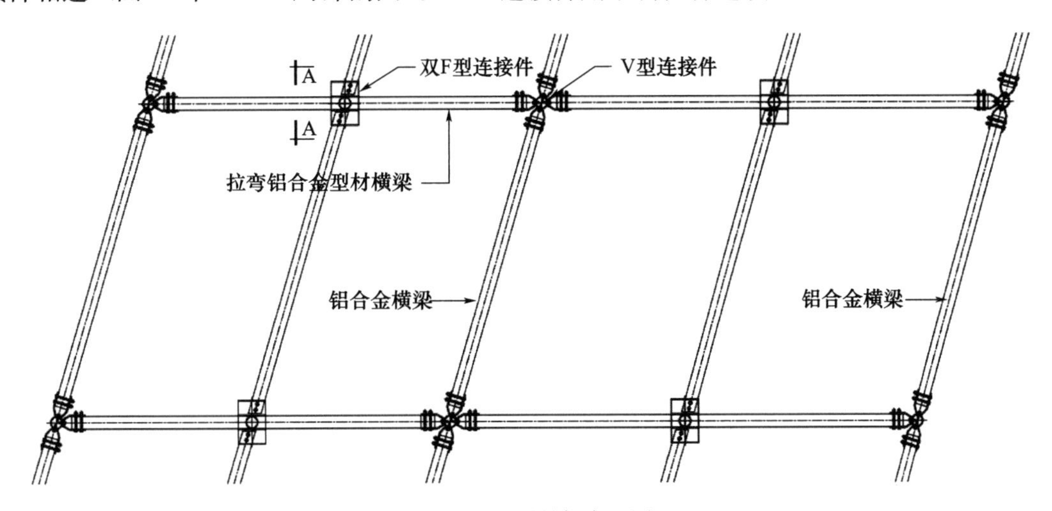

图 22　上层骨架布置图

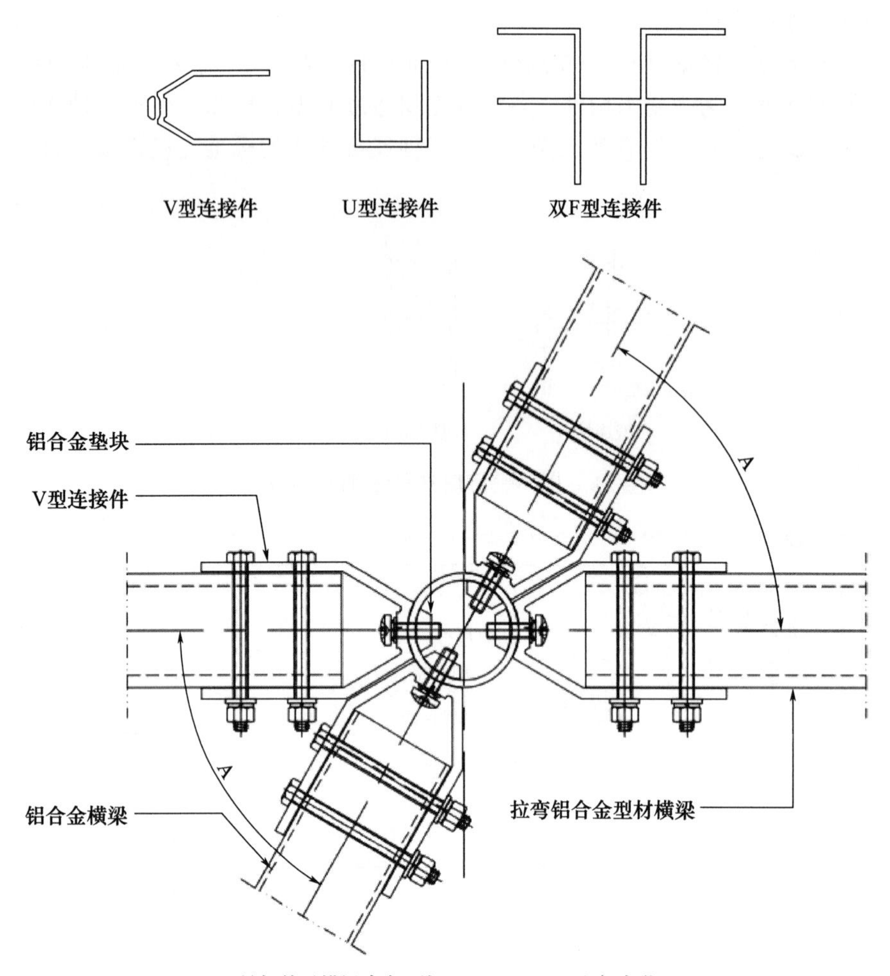

骨架单元横梁夹角A从65.55°～114.34°之间变化。

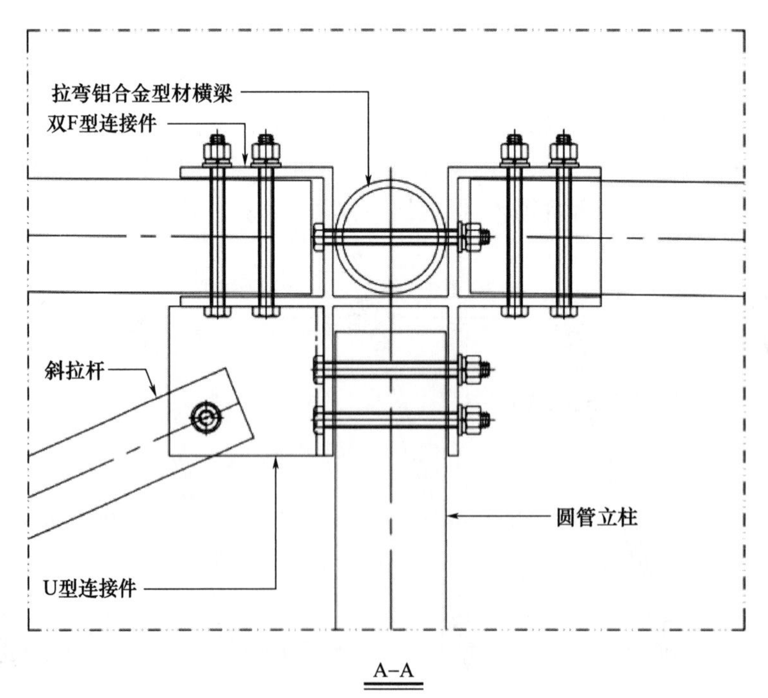

A–A

图 23　上层骨架圆管立柱处连接

3.3.4　曲面蜂窝铝板多自由度调节构造设计

由于蜂窝铝板宽度方向曲面弧度从下到上如图5所示逐渐变化为直线，所以曲面腰线位置法线与垂直线的夹角由32.52°逐渐变为0°，角度变化范围大，所以上层骨架杆件选择圆管配合抱箍的形式（图24）来适应曲面曲率变化。

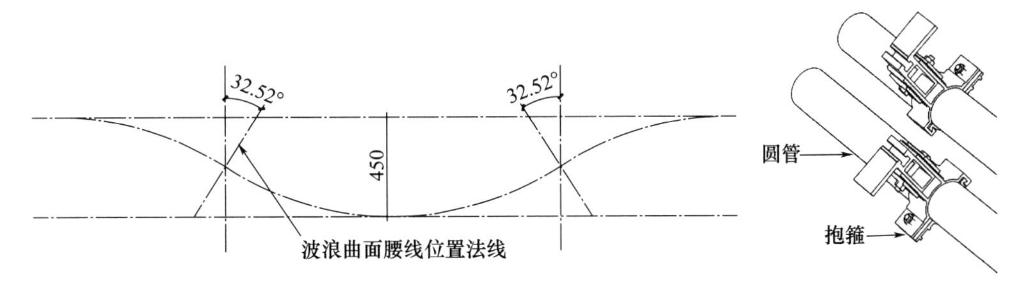

图24　上层骨架圆管配合抱箍构造设计

在对背附骨架连接设计时，我们先了解骨架加工组装精度、拉弯型材和蜂窝铝板尺寸加工精度，以便在蜂窝铝板与上层骨架之间连接构造设计时能充分考虑对于调节空间来消化这些偏差。

①骨架组框组框尺寸精度要求：骨架组框对角线误差需控制在±3mm以内；骨架组框后波峰波谷相对圆管立柱高点偏差在±2mm。

②蜂窝铝板加工尺寸精度要求：蜂窝铝板对角线误差需控制在±3mm以内，边长误差在±2mm以内；蜂窝铝板拱高偏差在±3mm以内。

③拉弯型材拱高偏差在±5m。

标准缝隙和灯槽位置在蜂窝铝板曲面中位置如图25所示。在背附骨架安装定位完成后，通过铝合金抱箍组件绕背附骨架铝合金圆管轴心线自由转动的角度调节功能，以适应曲面曲率变化，实现第一次绕圆管轴心线的旋转角度调节［图26（a）（b）］，同时，铝合金抱箍组件可沿圆管轴心线方向调节滑动，来对齐连接蜂窝铝板的铝合金码件，实现前后方向第一次调节［图26（b）（d）］。该调节构造通过铝合金抱箍上开长圆孔和铝合金带齿垫片，实现高度方向调节［图26（a）（c）］，通过铝合金压块压紧铝合金码件固定，可实现左右方向调节、前后方向第二次调节［图26（a）（b）（c）（d）］和绕垂直于底座表面法线方向的旋转自由度自适应调节，另外，通过铝合金压块和铝合金码件弧形悬臂，可实现第二次绕圆管轴心线的旋转角度自适应式调节［图26（e）（f）］。

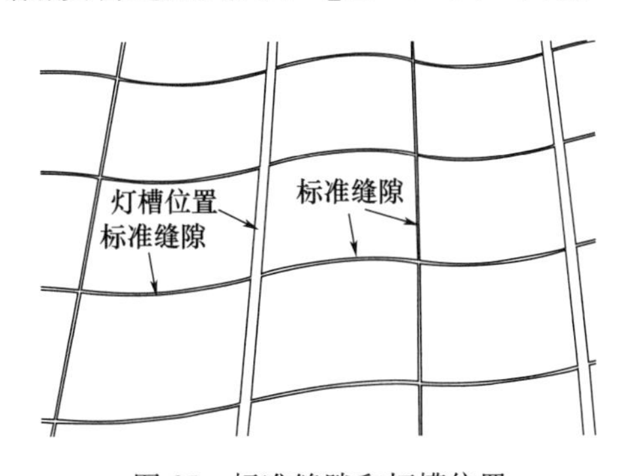

图25　标准缝隙和灯槽位置

为防止压块与码件滑脱，我们在压块上设置了防脱凸起，在码件由压块压紧后，防脱凸起压在码件的底部翘起端内侧，起到防脱效果。

综上所述，通过抱箍组件、底座、码件和压块实现曲面面板的两个旋转自由度和三个平移自由度调整，两个旋转自由度即蜂窝铝板绕圆管轴心线旋转和蜂窝铝板绕垂直于圆管轴心线方向的旋转，三个平移自由度调整即蜂窝铝板沿蜂窝铝板高度方向调整、左右方向调整和前后方向调整。此调节构造设计很好地消化了蜂窝铝板尺寸误差、背附骨架加工组装误差。

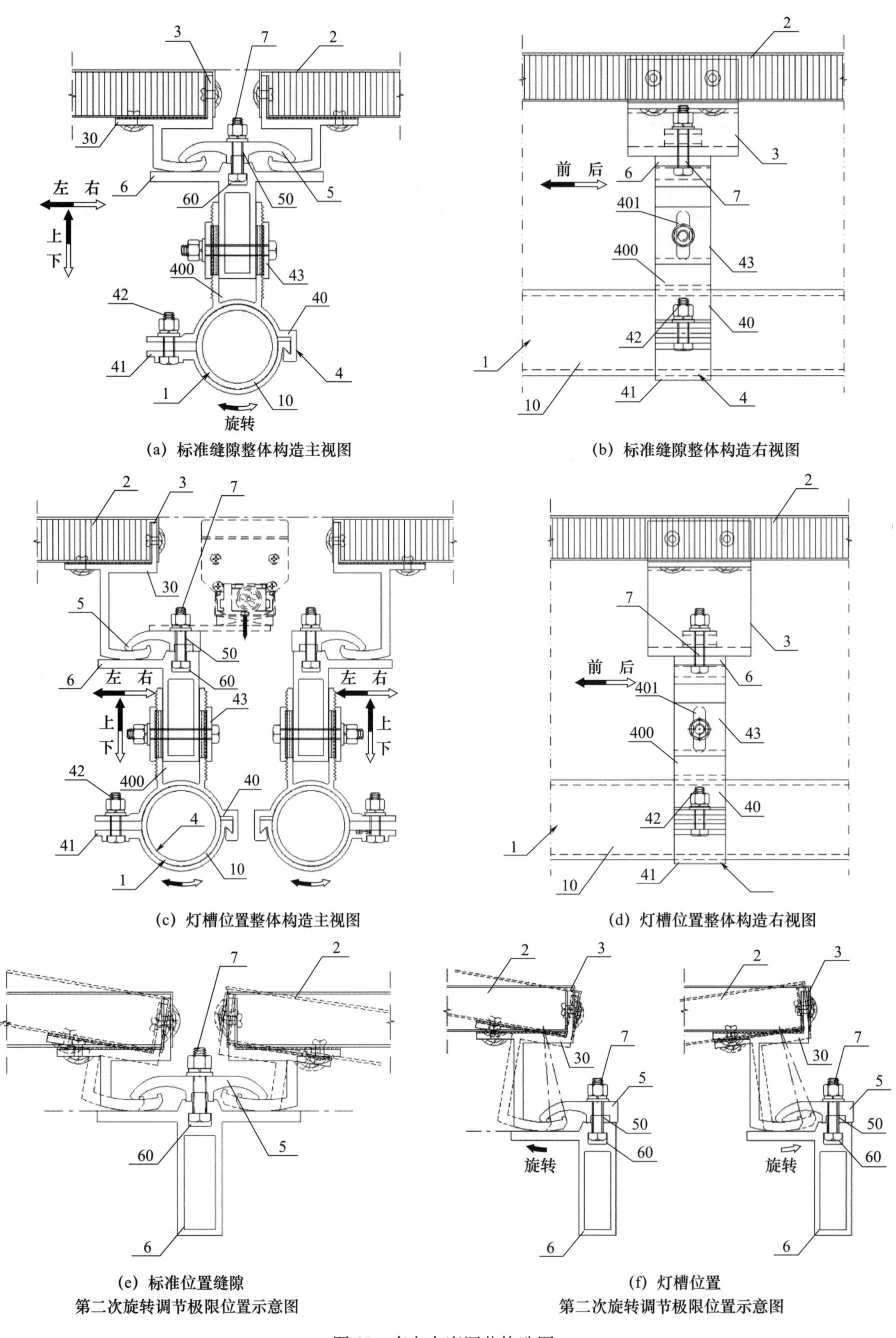

(a) 标准缝隙整体构造主视图

(b) 标准缝隙整体构造右视图

(c) 灯槽位置整体构造主视图

(d) 灯槽位置整体构造右视图

(e) 标准位置缝隙
第二次旋转调节极限位置示意图

(f) 灯槽位置
第二次旋转调节极限位置示意图

图 26 多自由度调节构造图

1—背附骨架圆管；2—曲面蜂窝铝板；3—码件；4—抱箍组件；5—压块；6—底座；7—连接栓；10—圆管；30—角件；40—抱箍 A；41—抱箍 B；42—螺栓组；43—齿形垫；50—通孔；60—安装槽；400—插槽；401—长圆孔

对调节构造结构受力计算就不再一一展开表述。

3.3.5　曲面蜂窝铝板安装固定系统抗风揭试验验证

金属屋面系统动态抗风揭试验则侧重于检测屋面在风荷载作用下的疲劳性能，静态抗风揭试验侧重于对屋面的极限承载力进行检测。本案例为强风易发多发地区，风压标准值为 $W_k=2.5$kPa，风压设计值 $W_d=1.5W_k$ 按广东省标准《强风易发多发地区金属屋面技术规程》（DBJ/T 15—148—2018）中附录 A.6 金属屋面抗风揭检测方法检测金属屋面的抗风揭性，动态风压检测值 $W=1.4W_d$（5.25kPa），静态风压检测值 $W=1.6W_d$（6kPa）。在按标准检测程序加载完成图 27 所示的 7 个阶段，共计 10800 次循环加压后无构件破坏和失效，继续进行静态测试，按 A.6.5-2 所示阶梯式逐级加压（图 28），当测试进行在－9800Pa 级荷载保压 10s 时，试件漏气，开箱检测发现用于密封施加荷载的 PE 膜撕裂漏气，试验终止，检测极限值大于 $1.6W_d$（6kPa），本安装固定系统抗风揭性能满足规范要求。图 29 为试验照片。

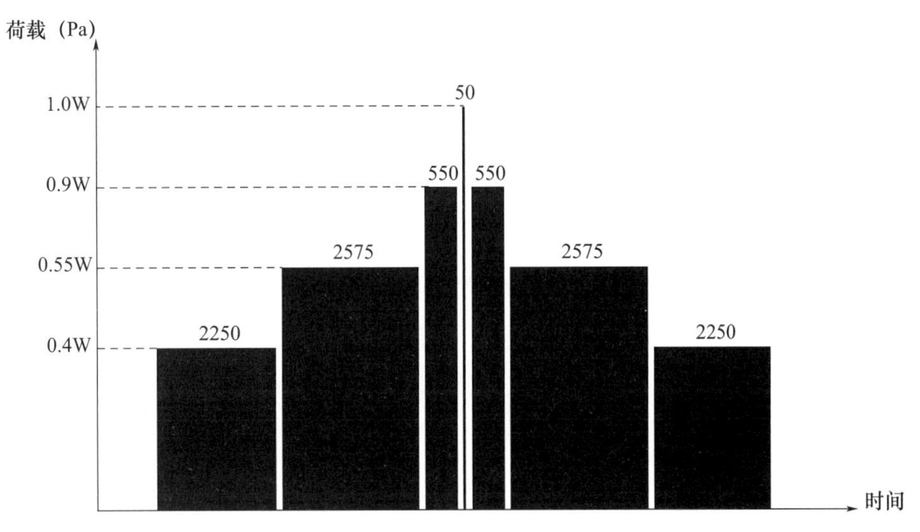

图 27　动态风压加压示意

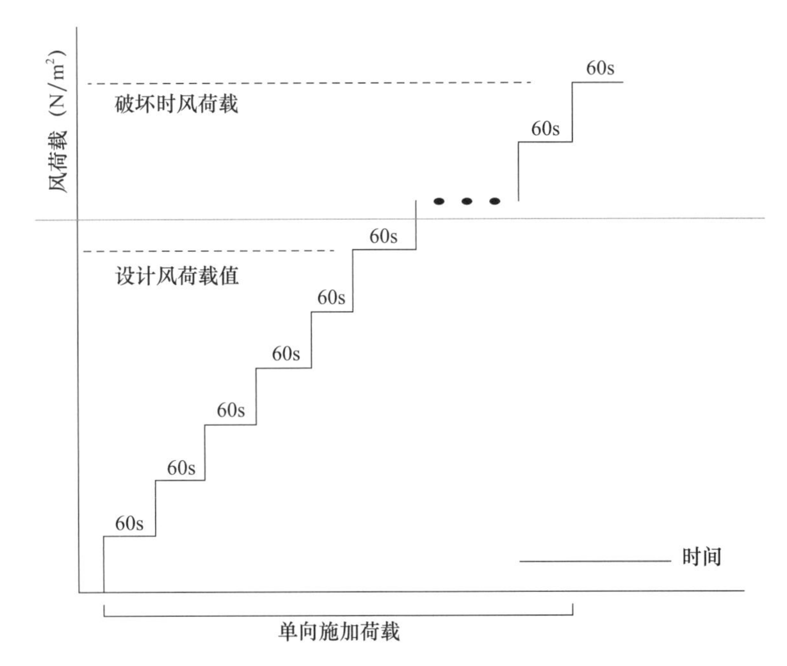

图 28　动态风压加载示意

图 29　试验照片

4　结语

本文概述了案例的曲面蜂窝铝板安装固定系统设计思路，希望能为类似工程提供一些借鉴和帮助。在空间曲面安装固定系统设计时，我们应先充分了解曲面生成和面板分格的划分逻辑，分析优化曲面；再结合实地施工措施条件，对施工安装技术分析确定系统形式和施工工序；最后设计构思安全稳定的结构受力模型和施工安装时的多自由度调节系统构造，使其能更好地呈现自然流畅的外观效果，也能施工便捷，安全可靠、经济。

参考文献

[1] 中华人民共和国住房和城乡建设部．采光顶与金属屋面技术规程：JGJ 255—2012 [S]. 北京：中国建筑工业出版社，2012.

[2] 广东省住房和城乡建设厅．强风易发多发地区金属屋面技术规程：DBJ/T 15—148—2018 [S]. 北京：中国建筑工业出版社，2018.

[3] 中华人民共和国建设部．玻璃幕墙工程技术规范：JGJ 102—2003 [S]. 北京：中国建筑工业出版社，2003.

[4] 中华人民共和国建设部．铝合金结构设计规范：GB 50429—2007 [S]. 北京：中国计划出版社，2008.

[5] 中华人民共和国住房和城乡建设部．钢结构工程施工质量验收标准：GB 50205—2020 [S]. 北京：中国计划出版社，2020.

[6]《建筑结构静力计算手册》编写组．建筑结构静力手册 [M]. 2 版．北京：中国建筑工业出版社，1998.

[7] 孙训方，方孝淑，关来泰．材料力学 [M]. 6 版．高等教育出版社，2019.

[8] 龙权球，包世华，袁驷．结构力学 [M]. 4 版．北京：高等教育出版社，2018.

倾斜错位单元设计在腾讯总部大厦的应用

◎ 郭吉红　徐　君　陈清辉

深圳市三鑫科技发展有限公司　广东深圳　518054

摘　要　本文结合深圳腾讯总部大厦项目进行倾斜错位单元板块设计分析，为超高层空间异形单元式幕墙提供设计思路。

关键词　单元式；倾斜；错位；设计

1　引言

建筑美学伴随科技进步，建筑学者们不再局限于高度上的突破，而是开始着力于极具视觉冲击的形态研究，将建筑高度、形态美学、结构合理完美地融合在一起，这也给幕墙建造者们带来了前所未有的挑战。本文将以腾讯总部大厦项目为例，从幕墙深化设计的角度出发，采用复杂错位、倾斜大尺寸单元体幕墙，实现大曲面的建筑造型建设（图1）。

图1　腾讯总部大厦项目整体效果图

2　倾斜错位单元板块设计思路

2.1　复杂形体单元式幕墙设计思路

对于复杂形体单元式幕墙，其特点大致概括为：造型奇特、尺寸种类多、空间翘曲、单元体体量大等，而我们的设计思路为：自由曲面→规则曲面→平面折线形→标准板块（图2）。

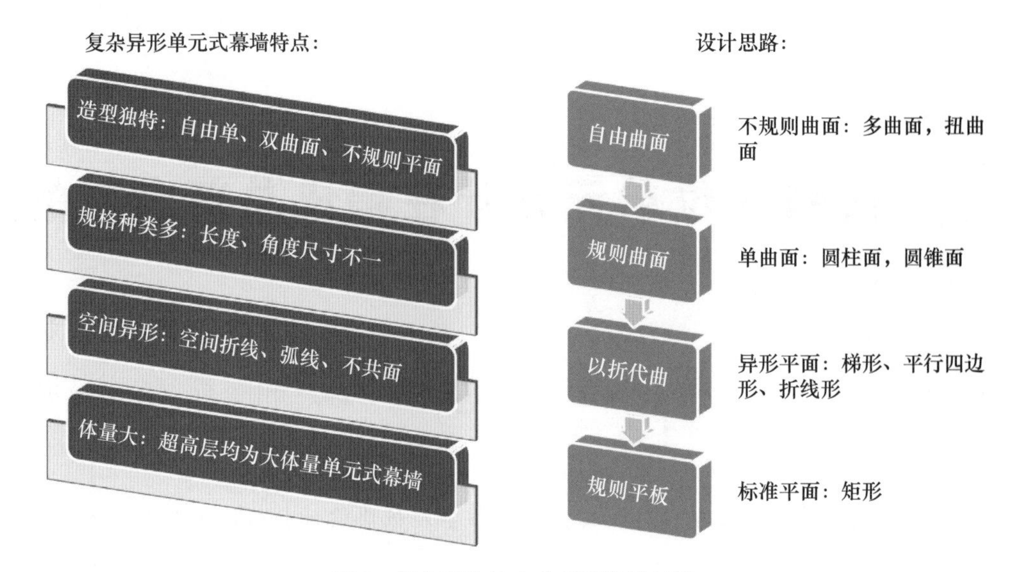
复杂异形单元式幕墙特点：
造型独特：自由单、双曲面、不规则平面
规格种类多：长度、角度尺寸不一
空间异形：空间折线、弧线、不共面
体量大：超高层均为大体量单元式幕墙
设计思路：
自由曲面
不规则曲面：多曲面，扭曲面
规则曲面
单曲面：圆柱面，圆锥面
以折代曲
异形平面：梯形、平行四边形、折线形
规则平板
标准平面：矩形

图 2　复杂形体特点分析及设计思路

2.2　腾讯总部大厦项目的造型分析

本项目单元式幕墙约 6000 种板块类型，建筑形体呈现空间自由折线形，板块之间存在水平方向和竖直方向的夹角，以实现形体弯折和外倾斜的造型，板块之间错缝分布（图 3）。

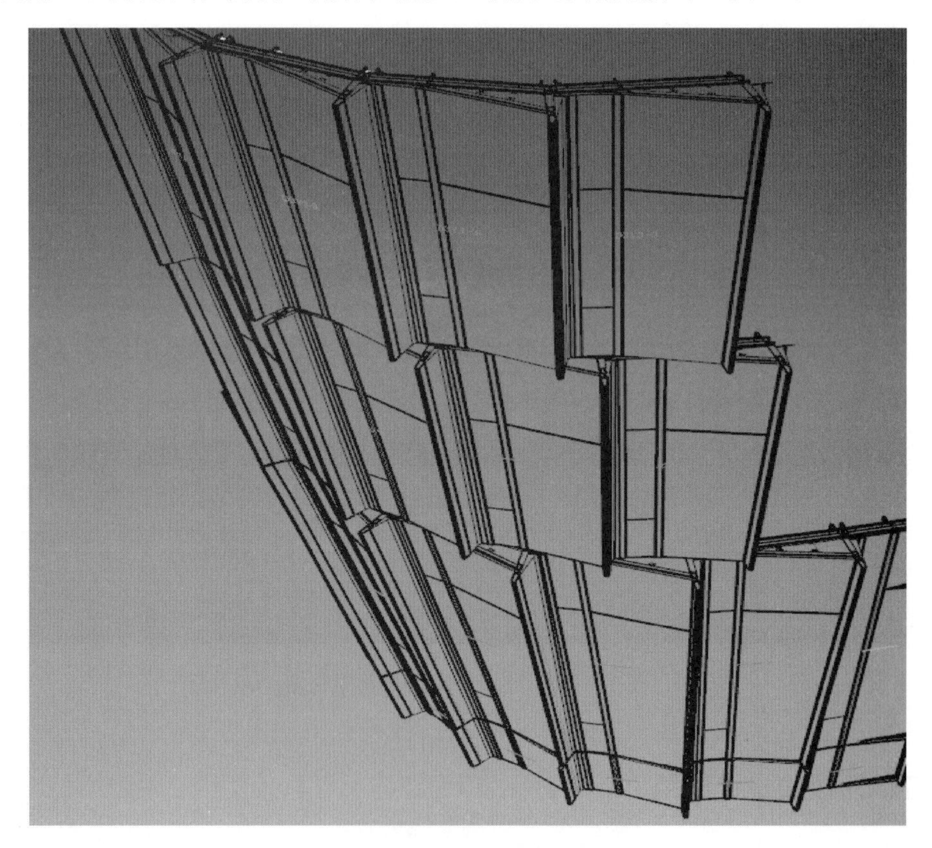

图 3　腾讯总部大厦项目形体特点

折线形平面通过不同尺寸的装饰条类型实现（图 4）。

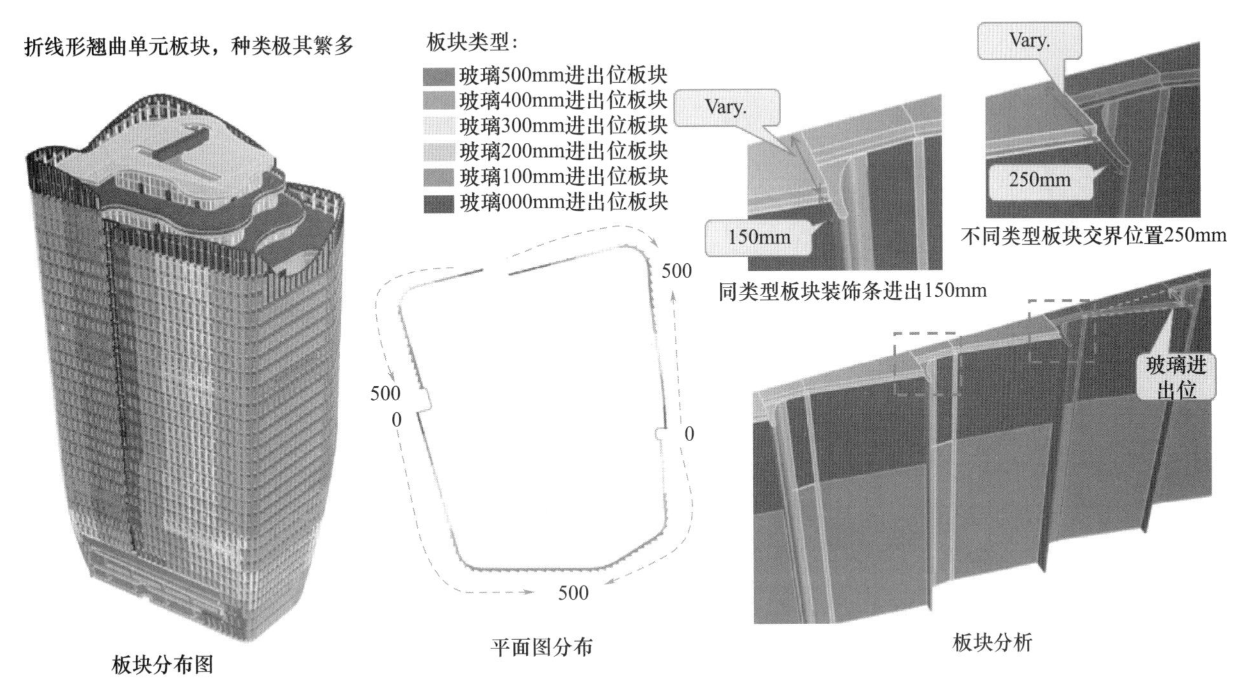

图4　腾讯总部大厦项目形体特点

折线形翘曲、外倾斜、倒梯形、错位不共面（图5）。

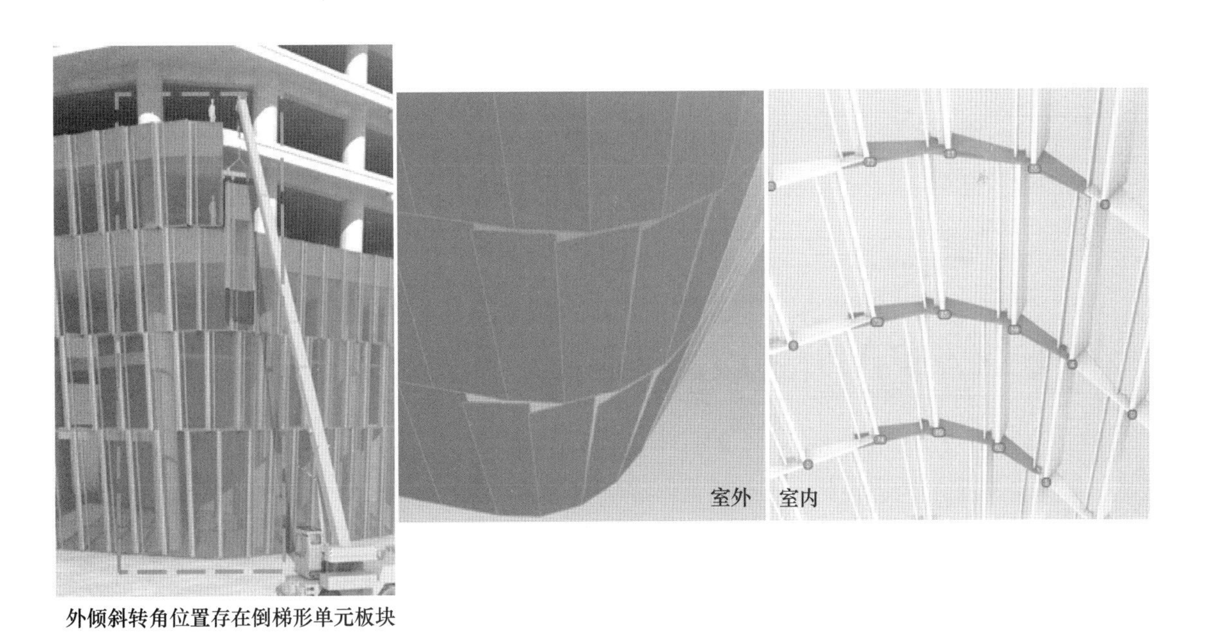

室外
室内
外倾斜转角位置存在倒梯形单元板块

图5　腾讯总部大厦项目形体特点

2.3　实现倾斜、错位的设计思路

方法一为分离式水槽（图6），即顶横梁与下面板块共面，水槽与上面板块共面。

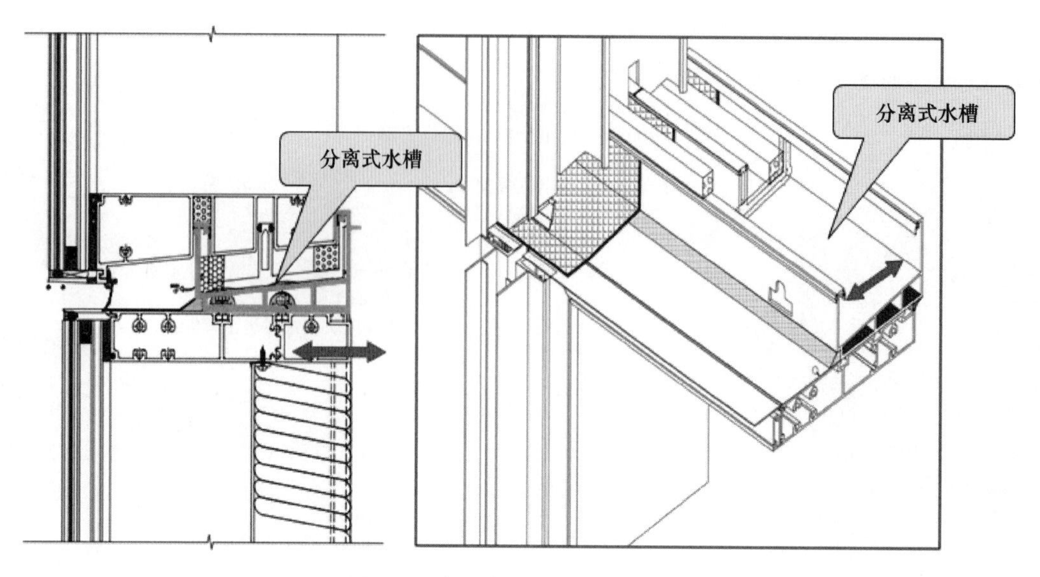

图 6　设计思路：分离式水槽设计

方法二为组合横梁（图 7），即保证顶底横梁相对位置不变，通过组合横梁实现板块不共面。

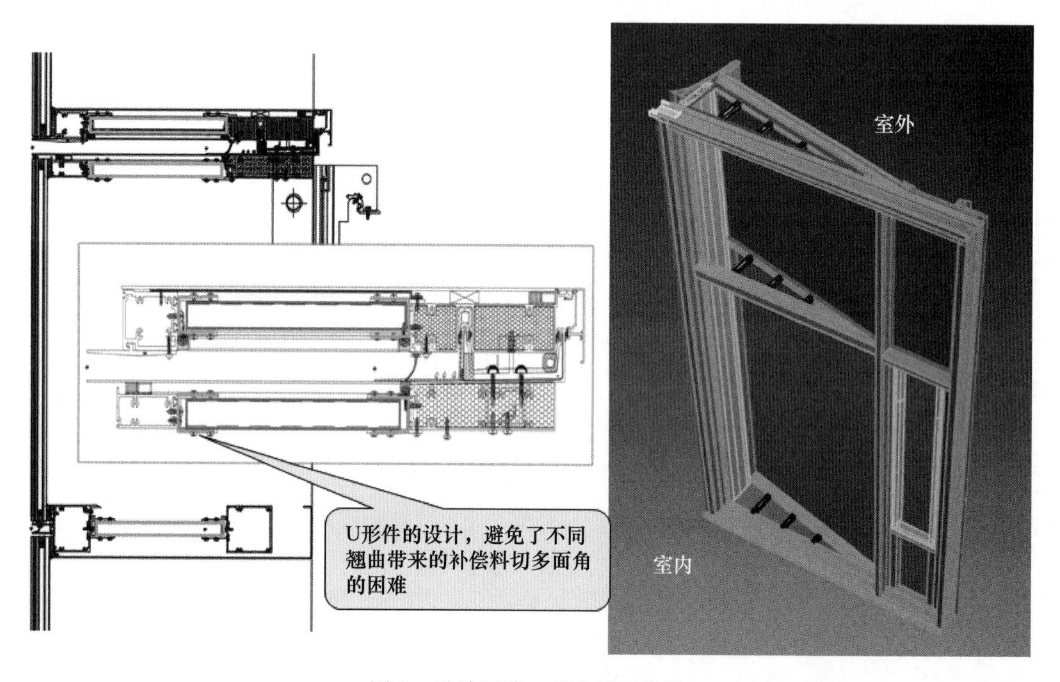

图 7　设计思路：组合横梁设计

而上述方法虽然能够解决板块不共面、错缝的问题，但对于本项目要求的左右板块公母立柱不平行、面板与组框横梁立柱不共面的问题，则需要提出新的设计思路（图 8～图 9）：即通过组合立柱解决公母立柱不平行的问题；组合横梁解决板块自身翘曲造型的问题；弧形副框解决角度过多，合并角度后，玻璃面与横梁立柱之间小角度不共面情况；分离水槽解决上下板块不共面的问题，实现上板块的下横梁与下板块的上横梁的插接。

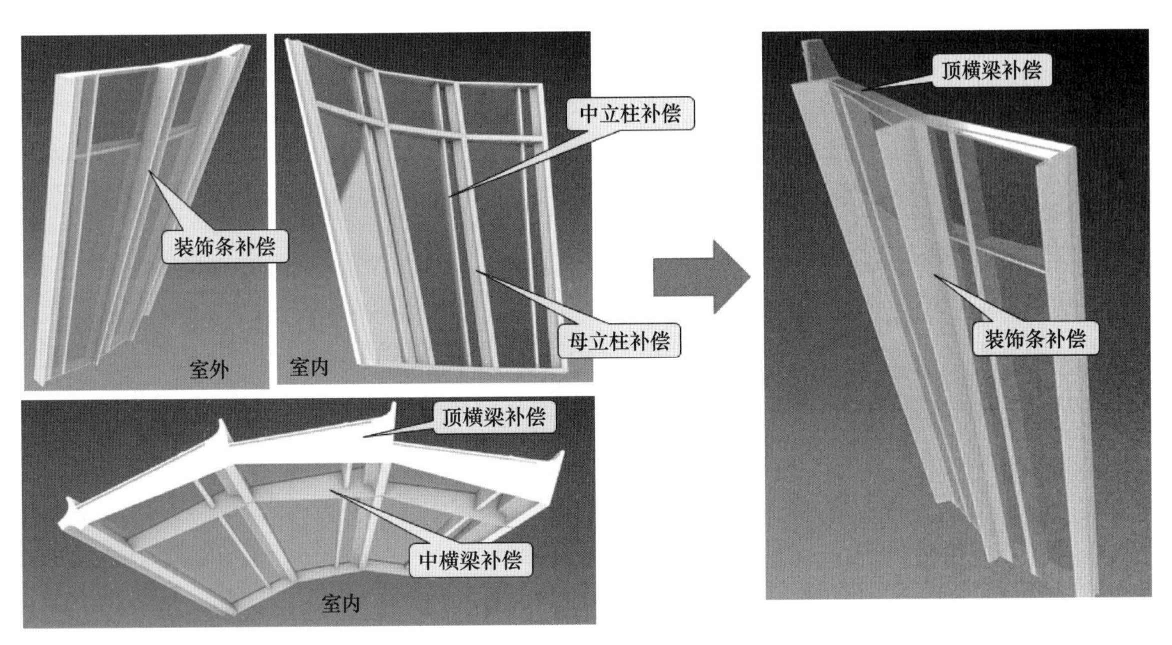

图 8 设计思路：组合横梁立柱、分离式水槽、弧形可调玻璃副框

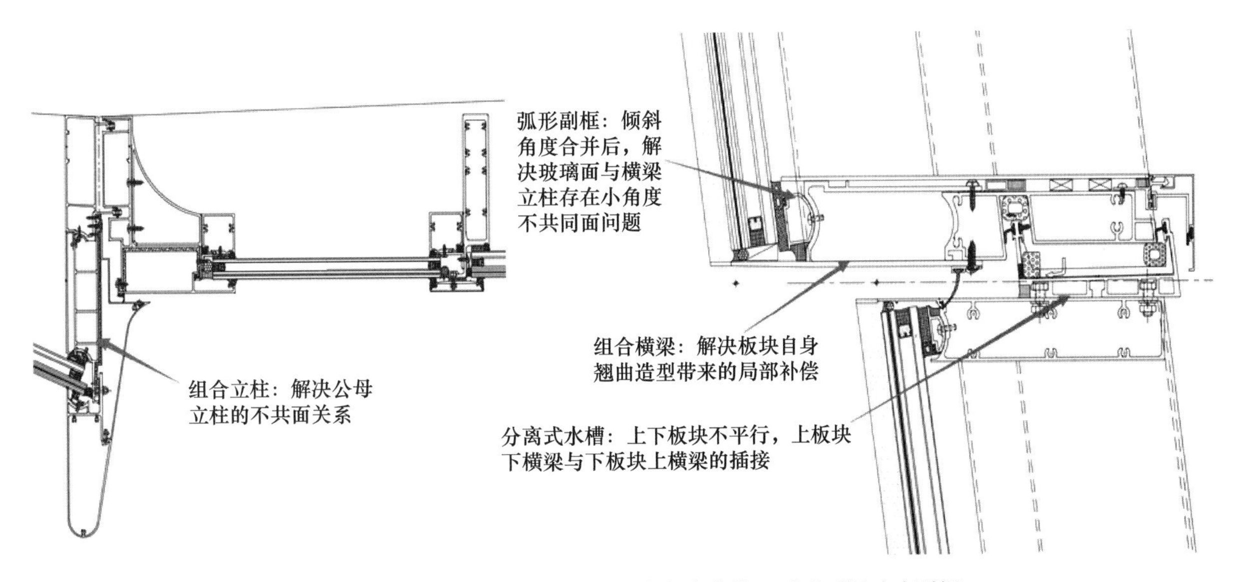

图 9 设计思路：组合横梁立柱、分离式水槽、弧形可调玻璃副框

3 倾斜错位单元式设计的 BIM 保障措施

腾讯项目形体复杂，板块安装要求精度极高，则要求设计阶段、加工阶段、施工阶段的全过程 BIM 保障（图 10）。

设计
设计阶段：模型驱动，BIM平台进行幕墙分析及材料下单，提高加工设计效率与准确性，且数据信息可追溯。
加工
加工阶段：3D加工模型通过智慧制造软件转换为G代码，将G代码输入到数据控加工中心进行自动化切割及钻孔加工，提升加工品质与精度。
施工
扫描设备
芯片
施工阶段：利用芯片技术进行物料跟踪，实现幕墙加工、运输、安装等各工序的动态可视化跟踪；三维测量扫描反向实体建模，为板块加工提供实际结构模型，精确可靠！

图 10　BIM 保障措施

4　结语

本项目最终通过组合横梁、组合立柱、可调节玻璃副框、分离式水槽的综合设计，极好地实现了板块错位、不共面等复杂造型（图 11），为后期空间扭曲的单元式幕墙提供了很好的设计思路。

图 11　项目实景照片

总之，随着建筑业长足快速的发展，建筑高度和造型将给广大幕墙设计师们提出新的挑战，但总体来说，设计思路仍以“自由曲面→规则曲面→平面折线形→标准板块”为基础，要求幕墙设计必须依托于 BIM 设计、模型分析，才能找到一个符合当前项目特点的最佳解决方式。

中金大厦单元幕墙系统设计要点分析

◎ 谭伟业

深圳市方大建科集团有限公司　广东深圳　518052

摘　要　本文主要介绍了深圳中金大厦单元幕墙系统设计的重点和要点，特别是针对单元系统构造、单元系统防水、结构连接设计等做了重点介绍，并简单陈述了其龙骨结构的整体受力分析。

关键词　单元幕墙；几字形锯齿；内平开窗；结构分析

1　引言

中金大厦位于深圳南山后海中心区，毗邻科苑大道与海德三道，是企业办公总部大楼，幕墙面积约 3.25 万 m^2，建成后将成为后海中心区的标志性建筑。项目主要由 1 栋 30 层高 153m 的塔楼和 3 层 16.2m 高的裙楼组成。幕墙系统分布主要有塔楼标准单元幕墙、塔楼东北侧索网幕墙、4～5 层竖隐横明框架式幕墙、裙楼玻璃肋全玻幕墙、主入口媒体树双曲玻璃幕墙、裙房采光顶幕墙等（图 1～图 2）。

图 1　中金大厦效果图

图 2　中金大厦施工现场照片

本工程外立面体型较为复杂，建筑师以“大树”的设计理念体现在建筑的各个部位，宛如林间光影交错的大堂、树皮般遒劲的塔楼外立面、高木林立的空中大堂、充满未来感的媒体树等，下面笔者主要针对中金大厦塔楼单元幕墙系统的设计要点进行介绍和分析。

2　单元式幕墙系统设计介绍

2.1　单元构造组成

标准单元板块分格尺寸 1800mm（宽）×4500mm（高），横截面呈“几”字形锯齿状，板块最大厚度尺寸达 650mm，板块质量约 900kg（图 3）。标准单元立面由中横梁划分为 2 块玻璃，其中层间玻璃配置为 8 半钢化＋1.52PVB＋8 半钢化＋12A＋8 钢化夹胶中空超白玻璃，大面玻璃配置为 8 半钢化＋1.52PVB＋8 半钢化＋12A＋10 钢化夹胶中空超白玻璃，玻璃带悬挑夹层渐变尺寸的飞边设计，上下左右板块玻璃飞边斜向均相反，整体呈现交错布置的美感（图 4～图 5）。飞边玻璃需要考虑除膜工艺，玻璃侧边外包装饰封边板，装饰封边板在横梁扣盖位置局部加宽，用于遮挡扣盖端部，呈现出设计的精致感（图 6）。

锯齿板块侧面凹槽一侧为竖向通风格栅，内平开窗隐藏于竖向通风格栅后方室内侧，除平开窗外其余位置为加强型材；凹槽另一侧为铝合金型材面板，上面设有通长线槽用于隐藏灯光走线。标准单元水平横剖节点做法见图 7～图 8，垂直竖剖节点做法见图 9～图 12。

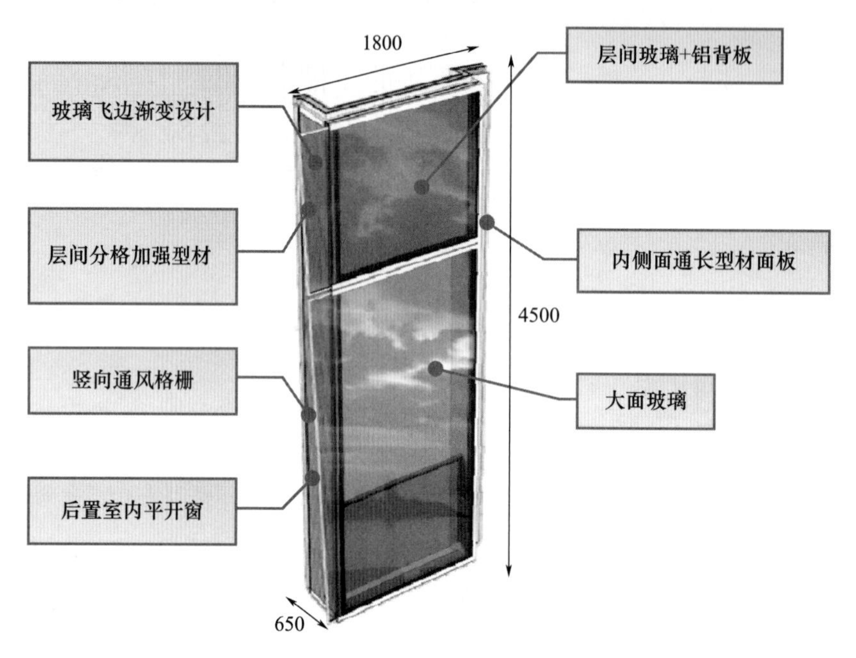

图 3　标准单元尺寸

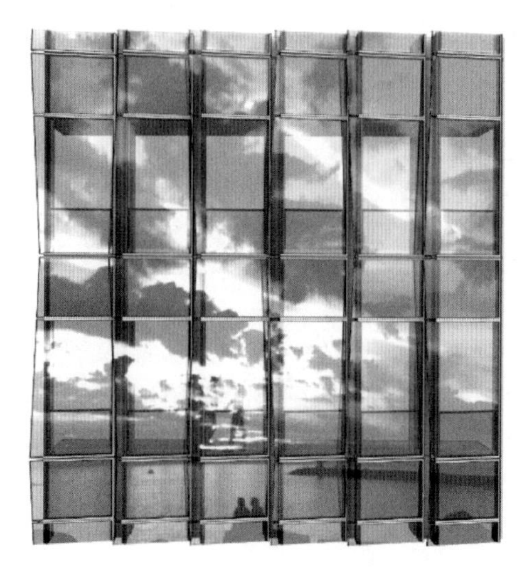

图 4　锯齿单元局部效果图

图 5　锯齿单元现场照片

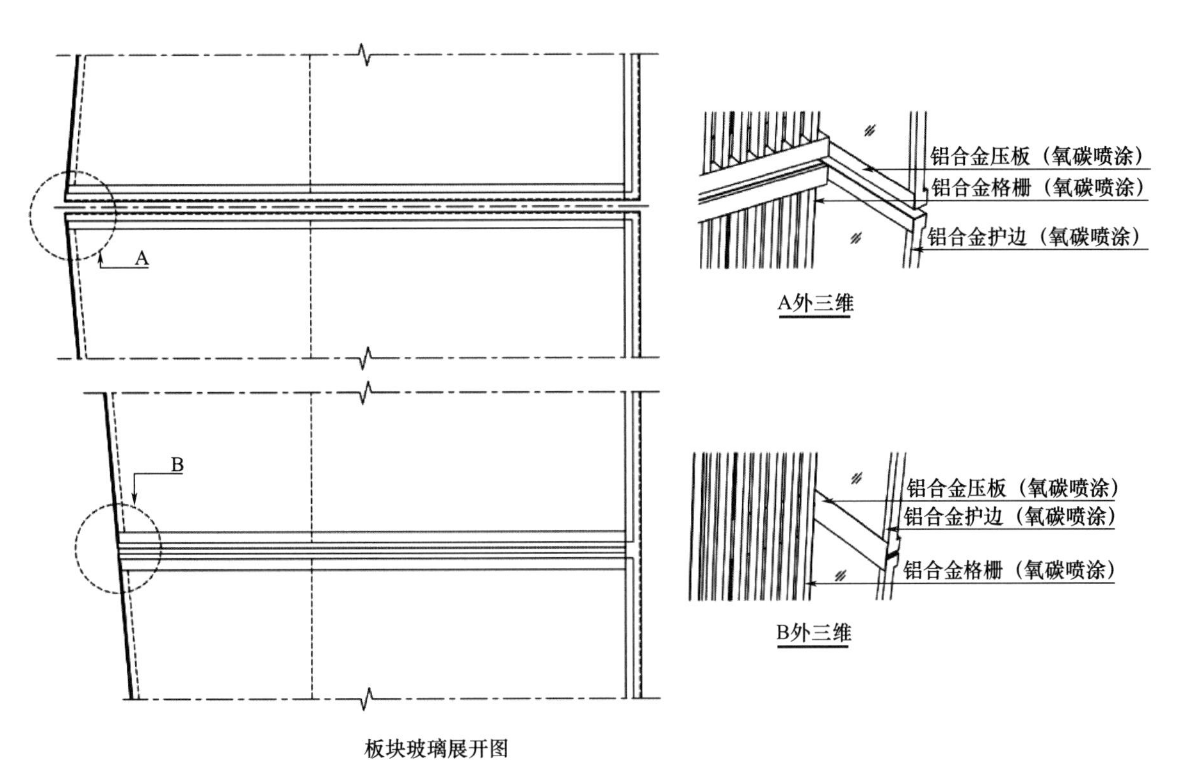

A
B
铝合金压板（氧碳喷涂）
铝合金格栅（氧碳喷涂）
铝合金护边（氧碳喷涂）
A外三维
铝合金压板（氧碳喷涂）
铝合金护边（氧碳喷涂）
铝合金格栅（氧碳喷涂）
B外三维
板块玻璃展开图

图 6　玻璃飞边型材封边构造做法

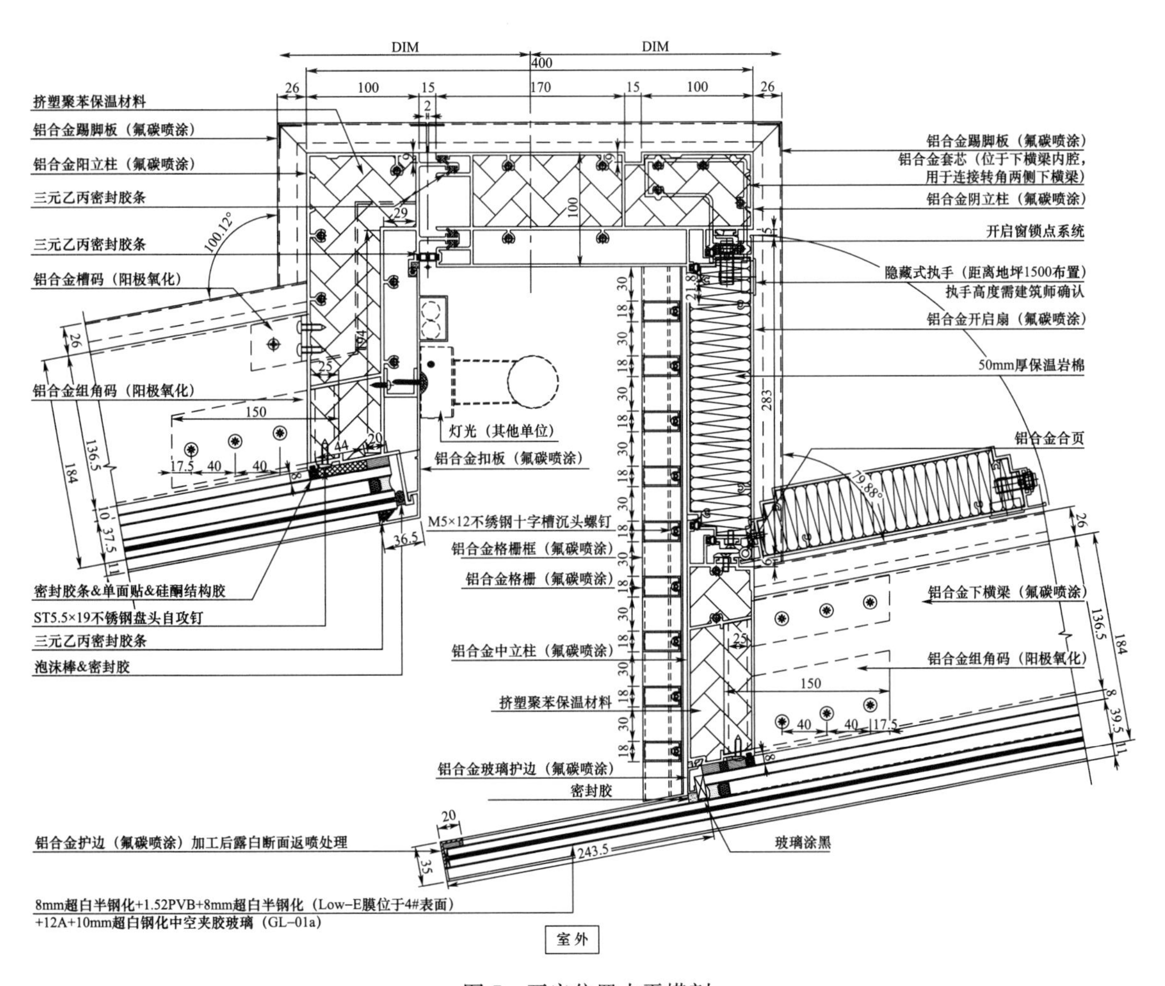

DIM
DIM
400
挤塑聚苯保温材料
铝合金踢脚板（氟碳喷涂）
铝合金阳立柱（氟碳喷涂）
三元乙丙密封胶条
三元乙丙密封胶条
铝合金槽码（阳极氧化）
铝合金组角码（阳极氧化）
灯光（其他单位）
铝合金扣板（氟碳喷涂）
M5×12不锈钢十字槽沉头螺钉
铝合金格栅框（氟碳喷涂）
铝合金格栅（氟碳喷涂）
铝合金中立柱（氟碳喷涂）
挤塑聚苯保温材料
铝合金玻璃护边（氟碳喷涂）
密封胶
密封胶条&单面贴&硅酮结构胶
ST5.5×19不锈钢盘头自攻钉
三元乙丙密封胶条
泡沫棒&密封胶
铝合金踢脚板（氟碳喷涂）
铝合金套芯（位于下横梁内腔，用于连接转角两侧下横梁）
铝合金阴立柱（氟碳喷涂）
开启窗锁点系统
隐藏式执手（距离地坪1500布置）执手高度需建筑师确认
铝合金开启扇（氟碳喷涂）
50mm厚保温岩棉
铝合金合页
铝合金下横梁（氟碳喷涂）
铝合金组角码（阳极氧化）
铝合金护边（氟碳喷涂）加工后露白断面返喷处理
玻璃涂黑
8mm超白半钢化+1.52PVB+8mm超白半钢化（Low-E膜位于4#表面）+12A+10mm超白钢化中空夹胶玻璃（GL-01a）
室外

图 7　开启位置水平横剖

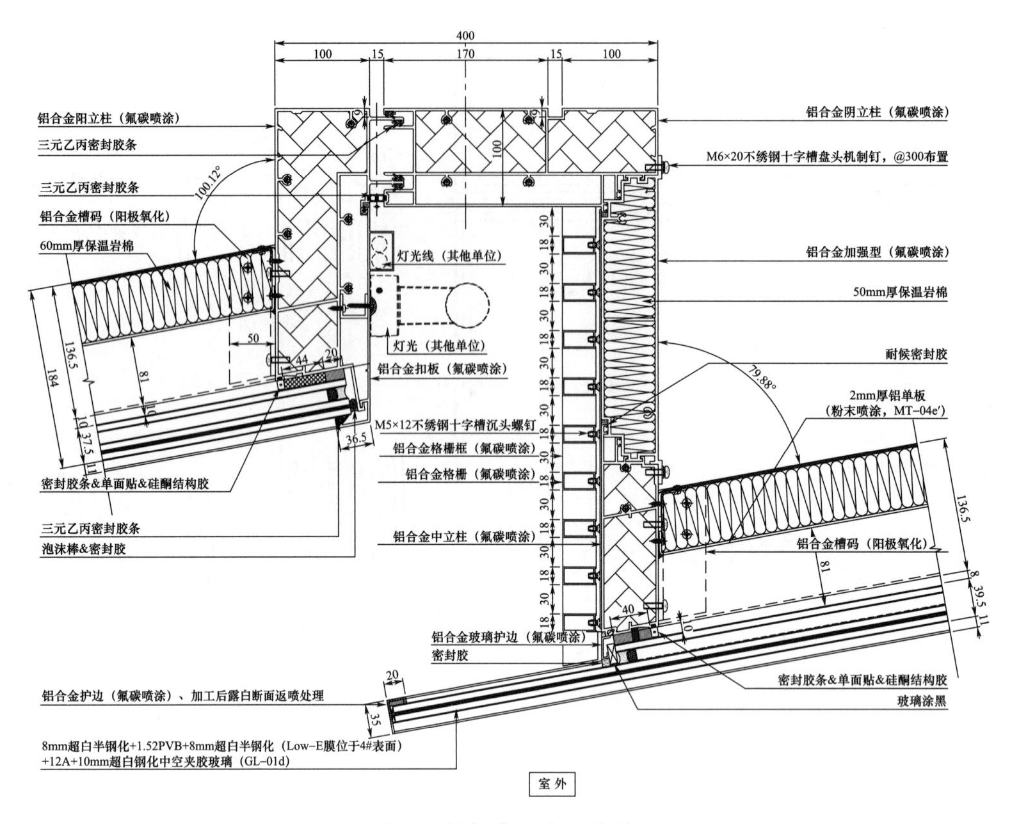
铝合金阳立柱（氟碳喷涂）
三元乙丙密封胶条
三元乙丙密封胶条
铝合金槽码（阳极氧化）
60mm厚保温岩棉
灯光线（其他单位）
灯光（其他单位）
铝合金扣板（氟碳喷涂）
M5×12不锈钢十字槽沉头螺钉
铝合金格栅框（氟碳喷涂）
铝合金格栅（氟碳喷涂）
铝合金中立柱（氟碳喷涂）
铝合金玻璃护边（氟碳喷涂）
密封胶
密封胶条&单面贴&硅酮结构胶
三元乙丙密封胶条
泡沫棒&密封胶
铝合金护边（氟碳喷涂）、加工后露白断面返喷处理
8mm超白半钢化+1.52PVB+8mm超白半钢化（Low-E膜位于4#表面）
+12A+10mm超白钢化中空夹胶玻璃（GL-01d）
室外
铝合金阴立柱（氟碳喷涂）
M6×20不锈钢十字槽盘头机制钉，@300布置
铝合金加强型（氟碳喷涂）
50mm厚保温岩棉
耐候密封胶
2mm厚铝单板
（粉末喷涂，MT-04e'）
铝合金槽码（阳极氧化）
密封胶条&单面贴&硅酮结构胶
玻璃涂黑

图 8　层间位置水平横剖

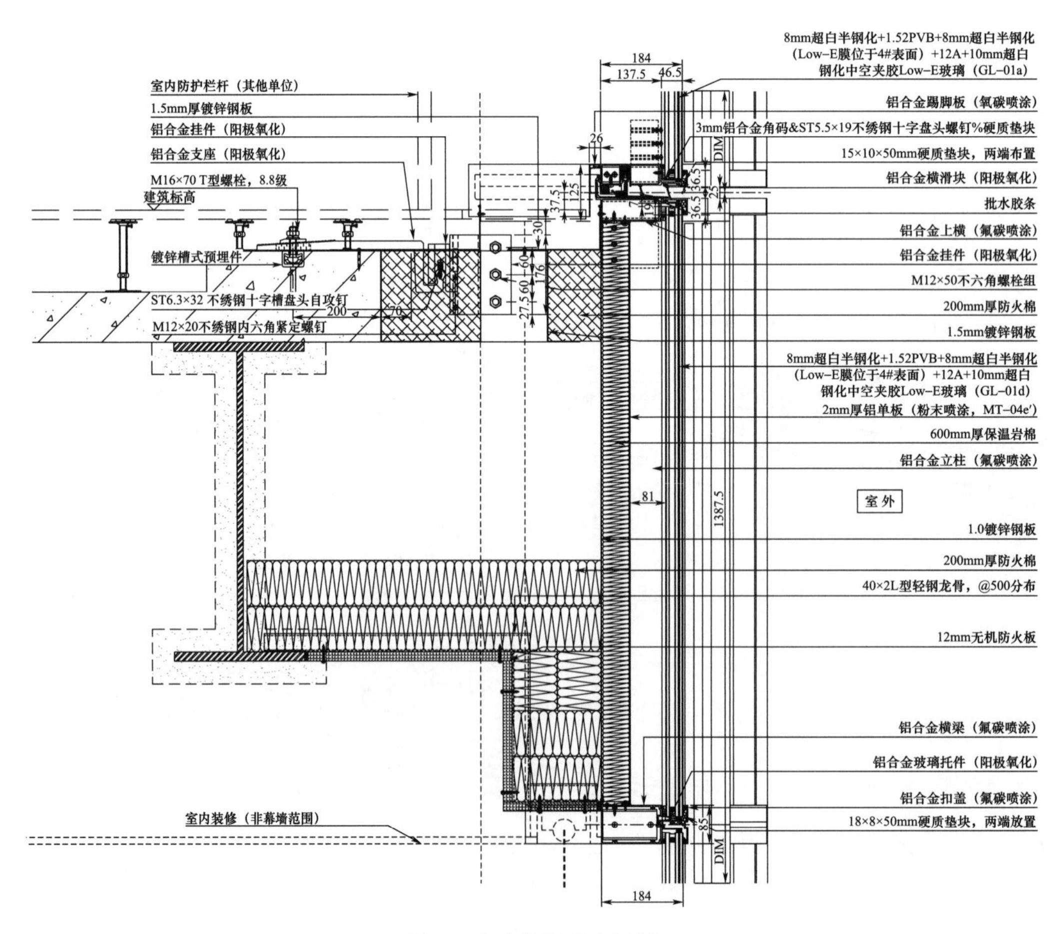
室内防护栏杆（其他单位）
1.5mm厚镀锌钢板
铝合金挂件（阳极氧化）
铝合金支座（阳极氧化）
M16×70 T型螺栓，8.8级
建筑标高
镀锌槽式预埋件
ST6.3×32 不锈钢十字槽盘头自攻钉
M12×20不锈钢内六角紧定螺钉
室内装修（非幕墙范围）
8mm超白半钢化+1.52PVB+8mm超白半钢化
（Low-E膜位于4#表面）+12A+10mm超白
钢化中空夹胶Low-E玻璃（GL-01a）
铝合金踢脚板（氟碳喷涂）
3mm铝合金角码&ST5.5×19不锈钢十字盘头螺钉%硬质垫块
15×10×50mm硬质垫块，两端布置
铝合金横滑块（阳极氧化）
批水胶条
铝合金上横（氟碳喷涂）
铝合金挂件（阳极氧化）
M12×50不六角螺栓组
200mm厚防火棉
1.5mm镀锌钢板
8mm超白半钢化+1.52PVB+8mm超白半钢化
（Low-E膜位于4#表面）+12A+10mm超白
钢化中空夹胶Low-E玻璃（GL-01d）
2mm厚铝单板（粉末喷涂，MT-04e'）
600mm厚保温岩棉
铝合金立柱（氟碳喷涂）
室外
1.0镀锌钢板
200mm厚防火棉
40×2L型轻钢龙骨，@500分布
12mm无机防火板
铝合金横梁（氟碳喷涂）
铝合金玻璃托件（阳极氧化）
铝合金扣盖（氟碳喷涂）
18×8×50mm硬质垫块，两端放置

图 9　玻璃位置垂直竖剖

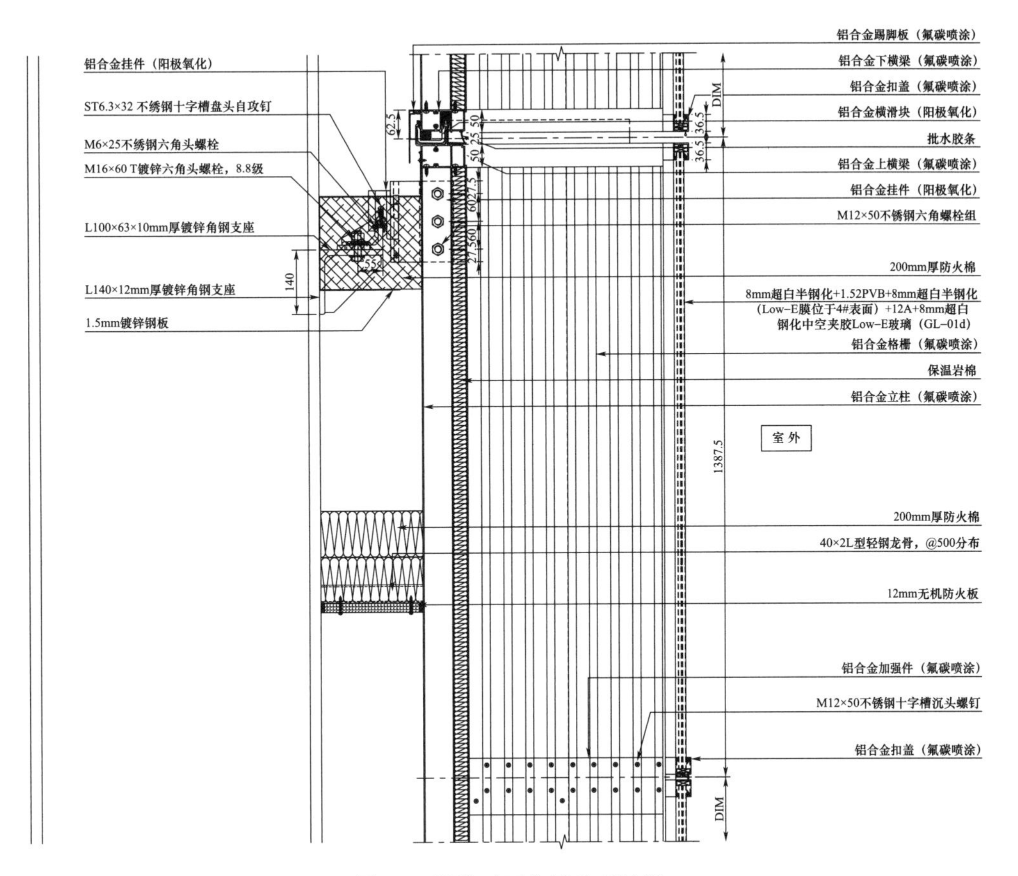

铝合金挂件（阳极氧化）
ST6.3×32 不锈钢十字槽盘头自攻钉
M6×25不锈钢六角头螺栓
M16×60 T镀锌六角头螺栓，8.8级
L100×63×10mm厚镀锌角钢支座
L140×12mm厚镀锌角钢支座
1.5mm镀锌钢板
铝合金踢脚板（氟碳喷涂）
铝合金下横梁（氟碳喷涂）
铝合金扣盖（氟碳喷涂）
铝合金横滑块（阳极氧化）
批水胶条
铝合金上横梁（氟碳喷涂）
铝合金挂件（阳极氧化）
M12×50不锈钢六角螺栓组
200mm厚防火棉
8mm超白半钢化+1.52PVB+8mm超白半钢化
（Low-E膜位于4#表面）+12A+8mm超白
钢化中空夹胶Low-E玻璃（GL-01d）
铝合金格栅（氟碳喷涂）
保温岩棉
铝合金立柱（氟碳喷涂）
室外
200mm厚防火棉
40×2L型轻钢龙骨，@500分布
12mm无机防火板
铝合金加强件（氟碳喷涂）
M12×50不锈钢十字槽沉头螺钉
铝合金扣盖（氟碳喷涂）
62.5
50
25
36.5
140
1387.5
DIM

图 10 凹槽正面位置垂直竖剖

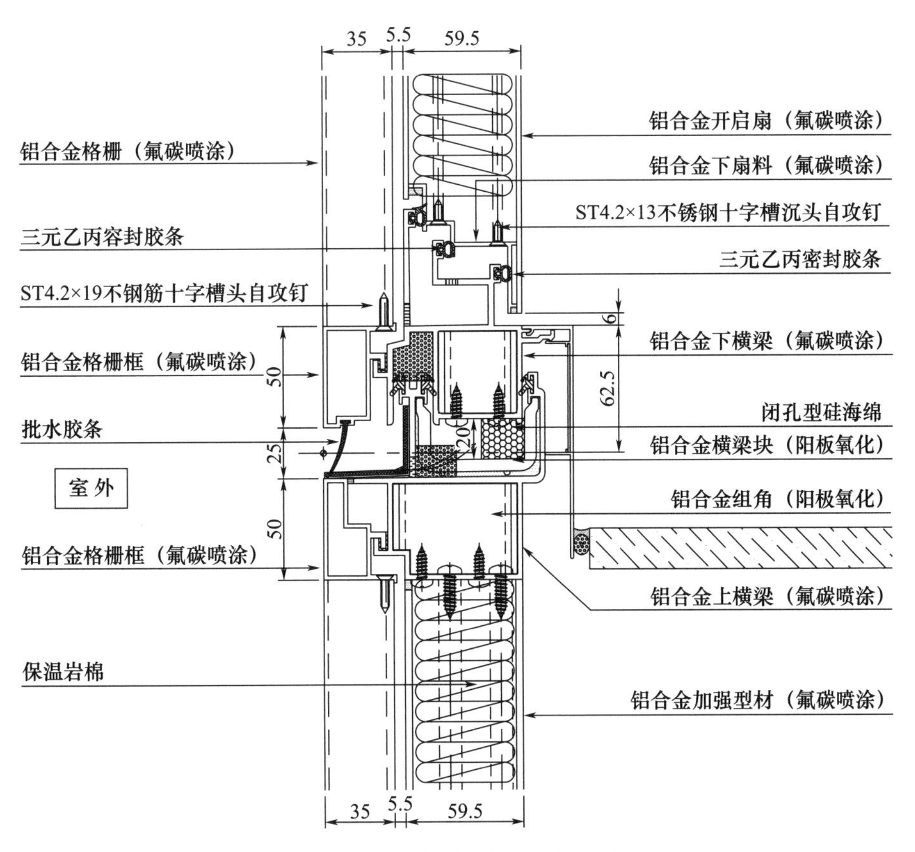

35
5.5
59.5
铝合金格栅（氟碳喷涂）
三元乙丙容封胶条
ST4.2×19不钢筋十字槽头自攻钉
铝合金格栅框（氟碳喷涂）
批水胶条
室外
铝合金格栅框（氟碳喷涂）
保温岩棉
铝合金开启扇（氟碳喷涂）
铝合金下扇料（氟碳喷涂）
ST4.2×13不锈钢十字槽沉头自攻钉
三元乙丙密封胶条
铝合金下横梁（氟碳喷涂）
闭孔型硅海绵
铝合金横梁块（阳板氧化）
铝合金组角（阳板氧化）
铝合金上横梁（氟碳喷涂）
铝合金加强型材（氟碳喷涂）
6
50
62.5
20
25
50
35
5.5
59.5

图 11 凹槽格栅位置垂直竖剖

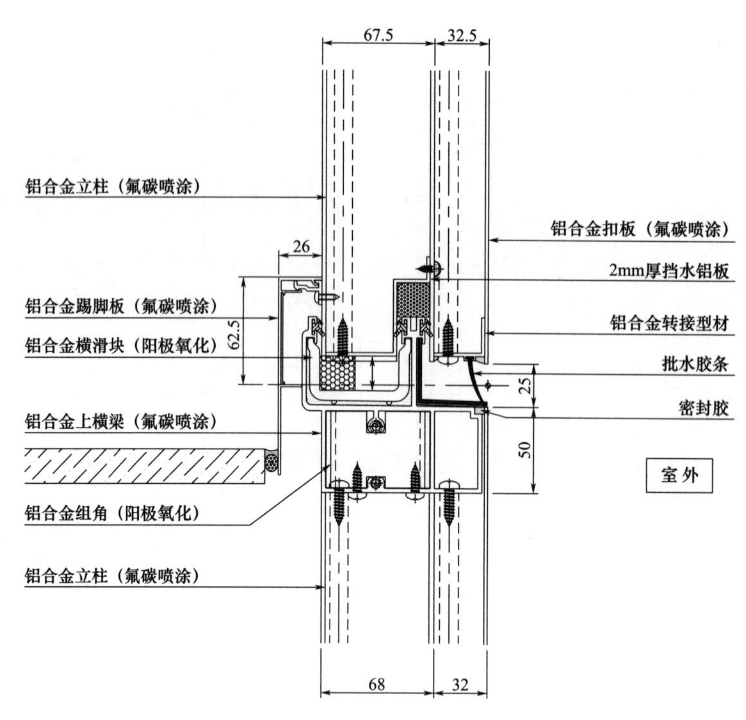

图 12　凹槽型材板位置垂直竖剖

2.2　通风格栅及内平开窗设计

本项目单元通风为隐藏式内平开窗，置于凹槽一侧通风格栅后方，从而保持了立面的整体性和简洁。通风格栅为 18mm 宽矩形截面，净间距 30mm 竖向布置，为提高格栅的安装精度和质量，格栅做成组件形式，待内侧立柱横梁间拼缝防水处理好后再进行成榀挂装，在中横梁位置通过卡件固定，同时起到防跳脱作用（图 13～图 14）。在开启扇范围内调整卡件位置，避开人正常视线范围，同时降低卡件高度，在格栅防晃动和减少开窗后对视野影响中取得最佳平衡。

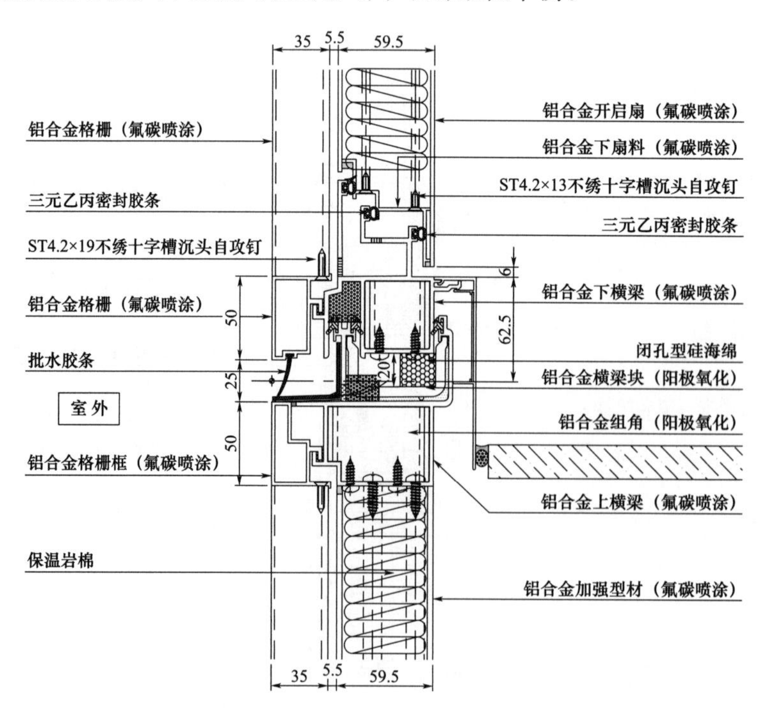

图 13　通风格栅上下连接节点

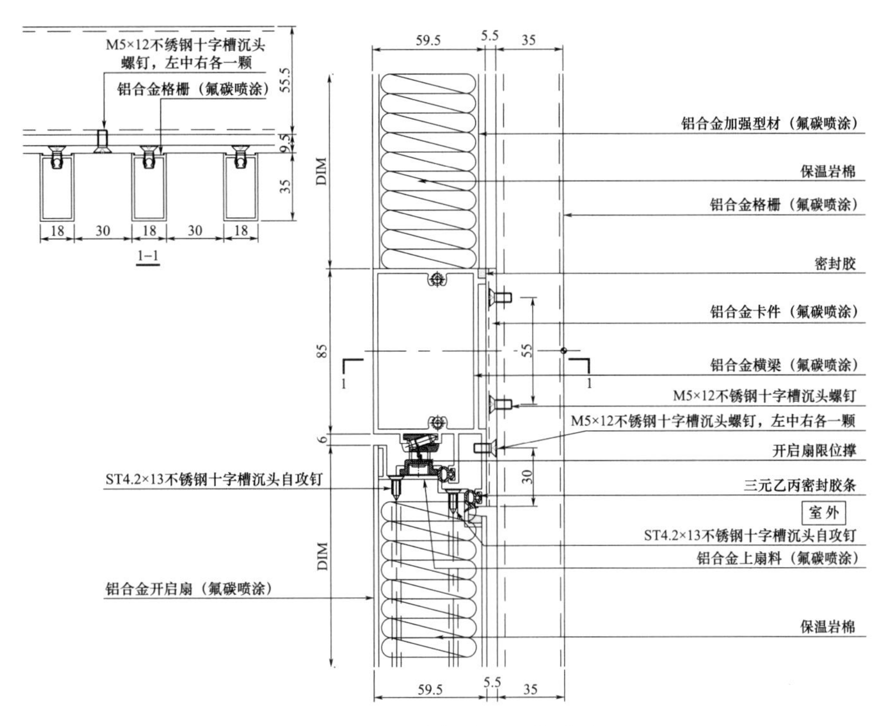

图 14　通风格栅中部连接节点

内平开窗原设计为铝板平开窗，为提高开启扇的整体平整度和加工精度，避免室内出现不同基材间喷涂的色差问题，深化设计调整为铝型材开启扇。窗五金及执手均进行隐藏式设计，整体简洁美观。开启扇采用硬度较小的复合发泡胶条，转角位置采用成品转角胶膜，保证平整度同时提高防水性能。为了减少窗框和幕墙龙骨间拼接缝，把窗框与单元横梁及立柱均合并成一个整体模，同时下框位置室外侧挡水板高度加高，加大下框位置的排水槽腔体，下横梁与格栅框挂接位置预留排水长孔，提高开启扇系统整体防排水性能（图 15）。

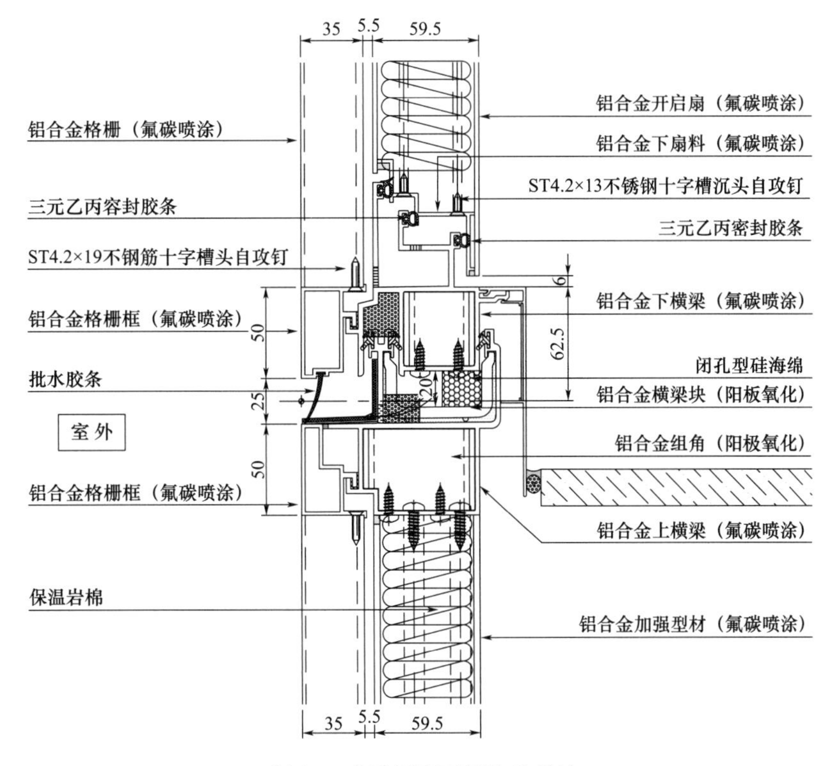

图 15　内平开窗下框构造做法

2.3 单元连接设计

2.3.1 单元抗侧连接设计

单元体横截面为几字形锯齿状，整体龙骨由单元公母立柱、转角处中立柱以及上下插接横梁和中横梁组成（图 16），由于锯齿板块凹槽位置存在进深，板块平面内（抗侧移）的稳定性尤其需要重点考虑。常规的设计思路会考虑增加横杆斜撑组成稳定的三角形，考虑到本项目主体结构板亦为锯齿状设计，同时背板仅在玻璃面板后方设置，如果采用横杆斜撑进行设计，会存在斜撑外露的问题，同时对于现场板块安装也会存在一定的影响。本项目深化设计过程中创新性地提出了抗侧加强型材的设计方案，加强型材位于凹槽一侧层间分格位置，满分格通长布置，其与单元母立柱及转角立柱进行互穿的强连接设计，同时加强型材与板块挂件进行了连接，整体刚度大且力的传递更加直接，另外，加强型材可兼做面板作用，通过加工铣缺预留和骨架间打胶凹口，保证防水线贯通，此设计可谓一举多得（图 17～图 18）。

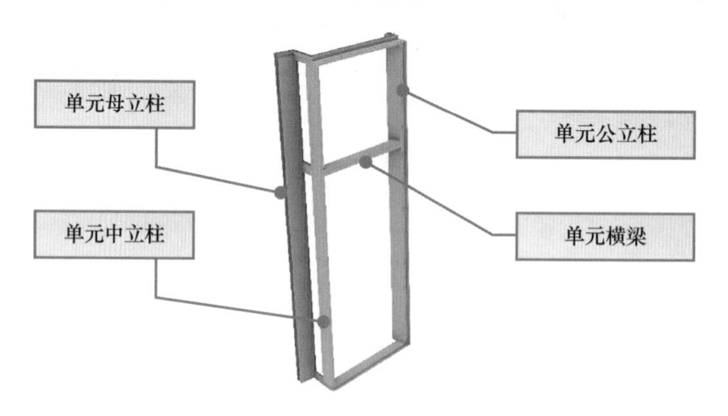

图 16　单元板块龙骨组成图

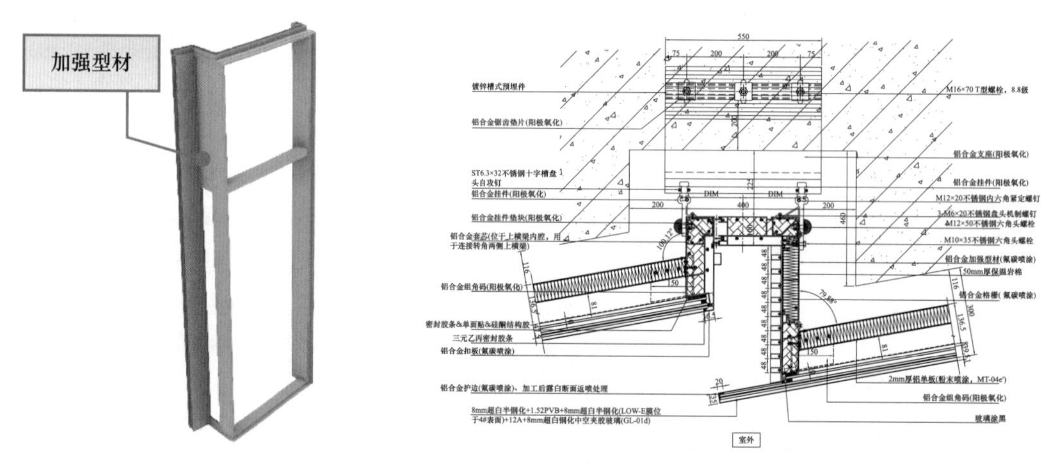

图 17　加强型材布置示意　　　　图 18　加强型材在挂件位置横剖

考虑到凹槽位置母立柱截面较宽，板块挂件设计时采取了增加斜撑板件的结构，加强了立柱在支座位置的侧向支撑，加大立柱自身的抗扭转性能。

2.3.2 单元立柱横梁连接设计

本项目“几”字形锯齿单元横梁与立柱间存在多种角度的变化，设计时，一方面，为了提高板块连接的刚度和稳定性，保证锯齿板块转角处不形成几何可动，另一方面，为了组装过程中能精准定位，控制角度的准确性，单元板块上下横梁与板块立柱间采取了型材组角紧密配合连接的方式，组角与立柱间采用螺钉限位，这种设计不仅使单元板块本身连接的可靠性得到了保证，使得上下层板块立柱间传递剪力更直接，同时可以有效保证不同角度板块组装的高精度。上横梁与立柱组角连接见图 19～图 20，下横梁与立柱组角连接见图 21～图 22。

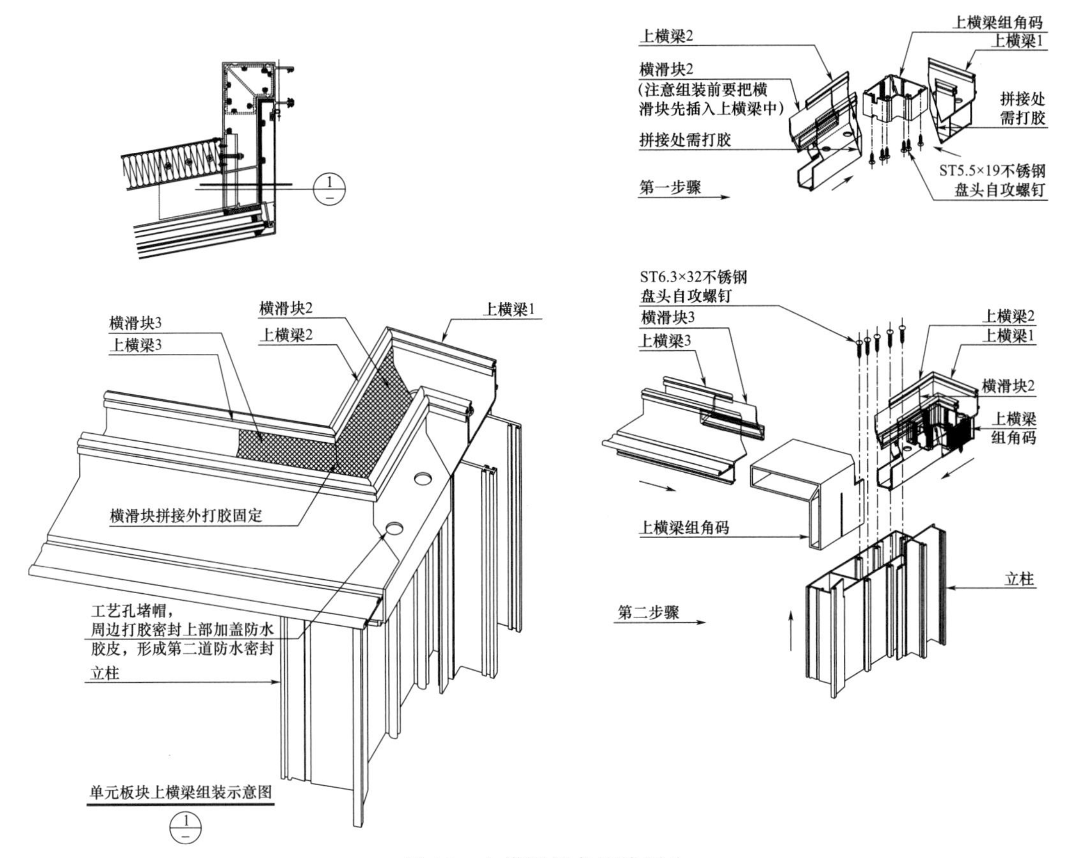

图 19　上横梁组角连接图 1

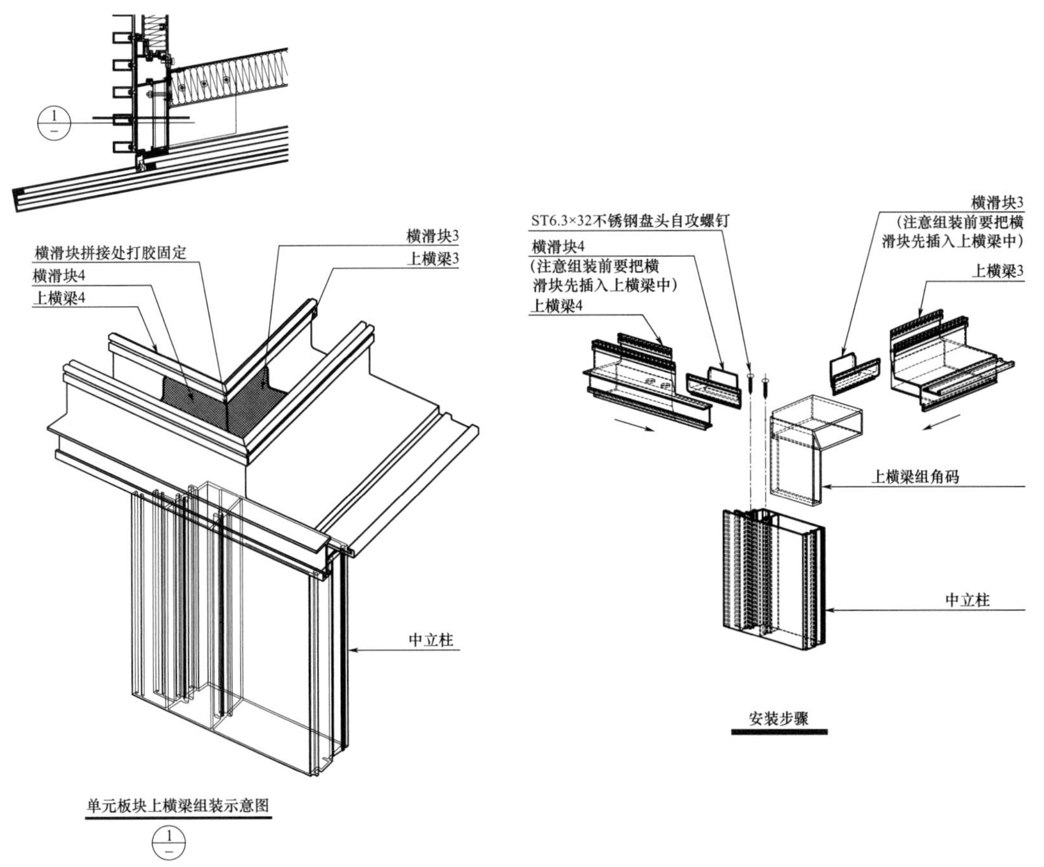

图 20　上横梁组角连接图 2

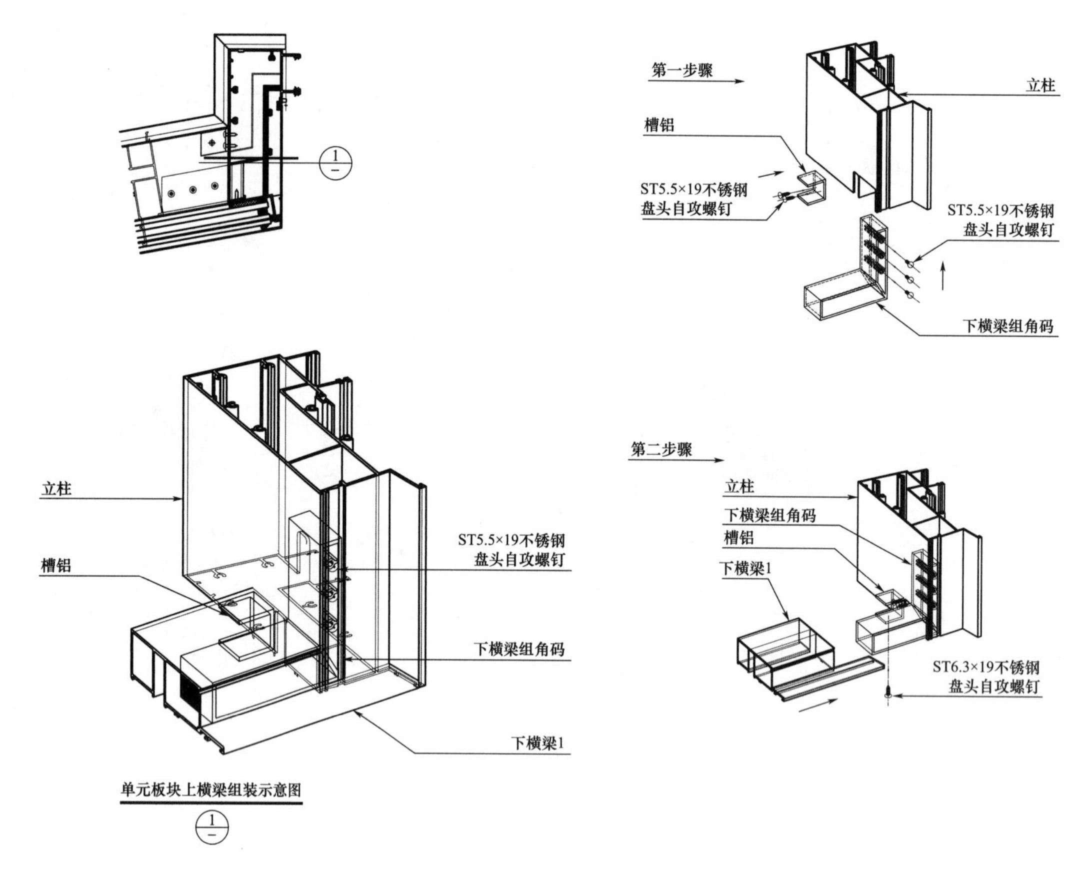

图 21　下横梁组角连接图 1

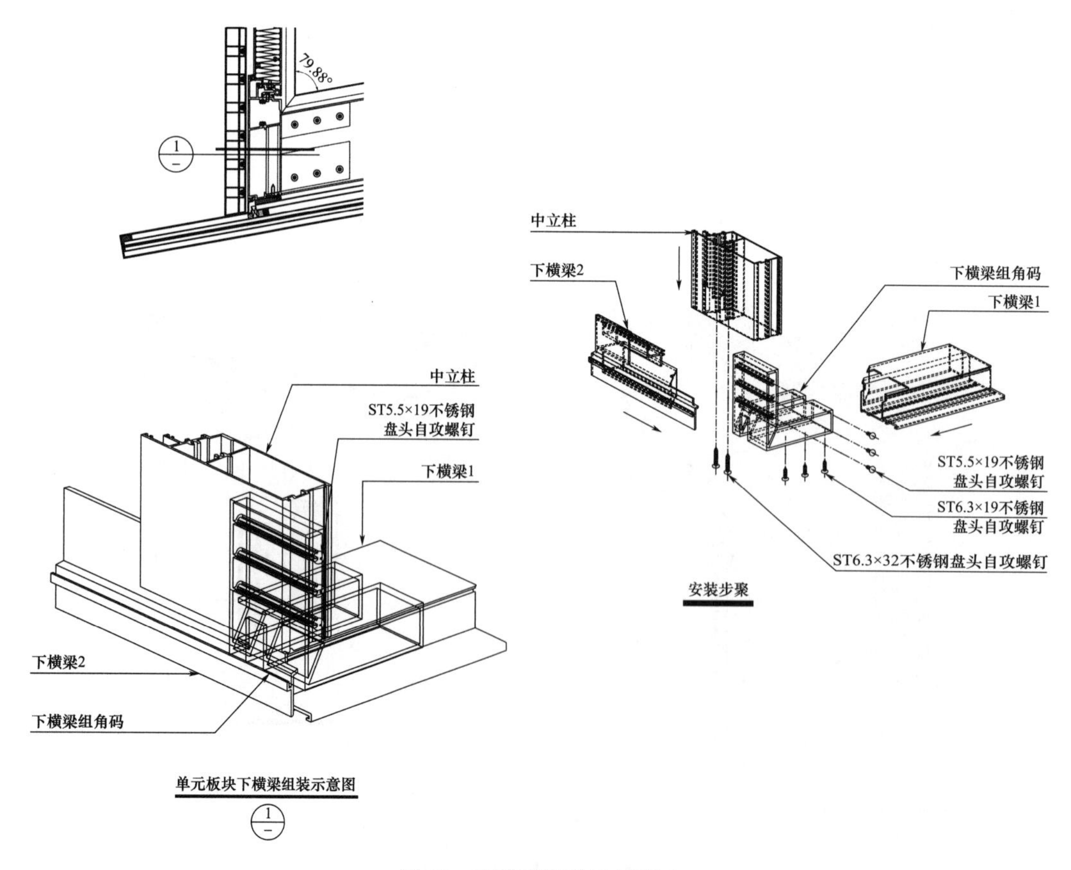

图 22　下横梁组角连接图 2

单元上下横梁在凹槽转角处为多段拼接设计，为了保证连接位置的可靠，确保“几”字形锯齿板块在加工组装、吊装的过程都不会发生拼缝开裂导致漏水问题，同时防止锯齿板块在运输过程中发生“劈叉”现象导致拼接缝开裂，设计时在横梁转角拼接位置设置了型材插芯组角（图23～图24），同时在下横梁底部以及上横梁室内侧不可视部位设置不锈钢连接片，进行了加强。

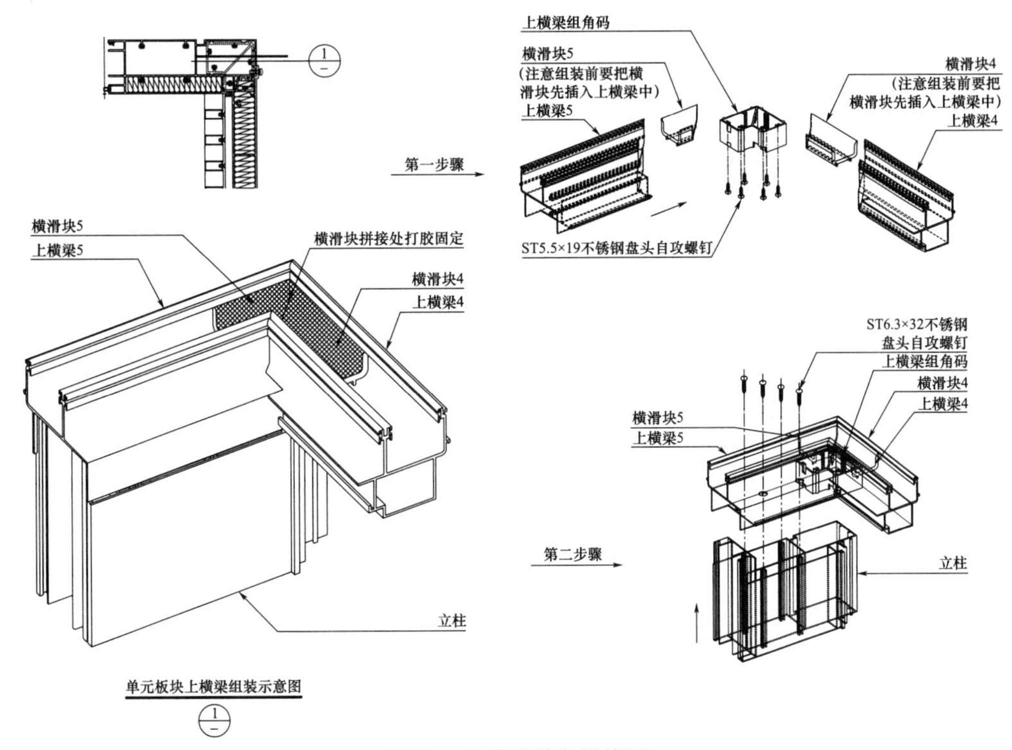

图23　上横梁转角拼接图

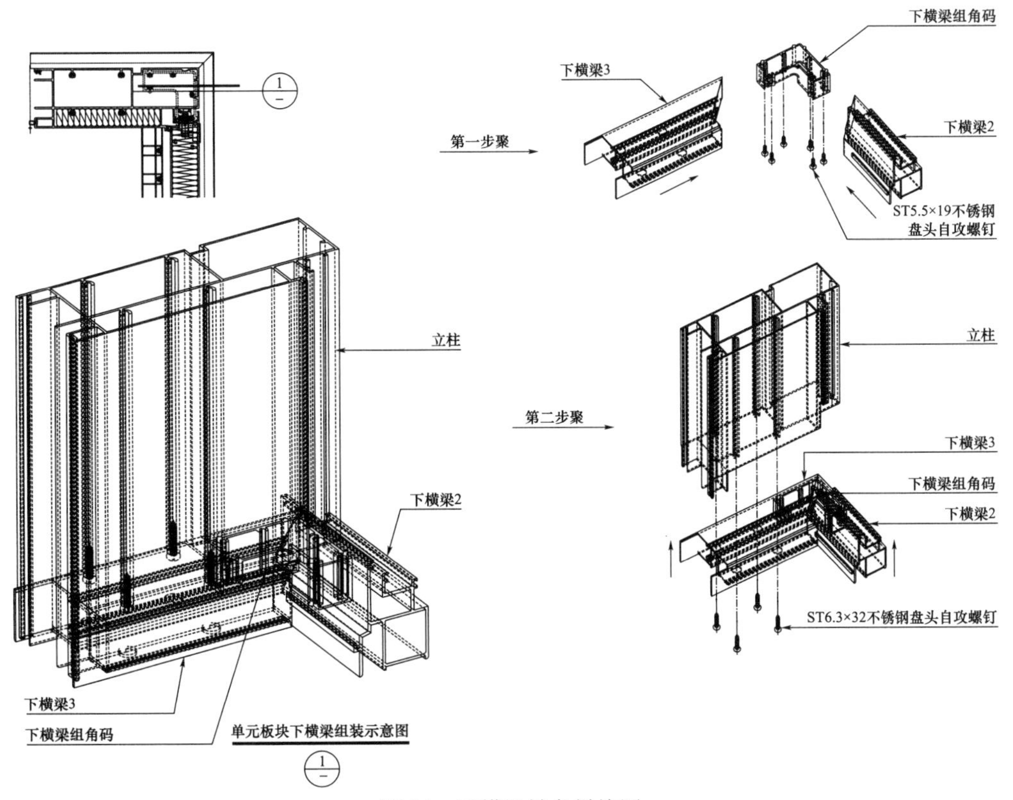

图24　下横梁转角拼接图

2.4 板块防排水设计

常规单元板块多采用内排水设计，本项目在深化设计过程中经过了充分调研和对比，基于以下几方面的考虑，采用了外排水的方式。首先，单元板块上横梁存在多段拼接的情况，若采用内排水，拼缝位置即便打了榫口胶，因无法目视检查内部打胶质量，存在很大漏水隐患；其次，内排水拼缝处的榫口胶一旦在运输或者吊装过程中发生开裂现象，由于位于内腔，现场无法处理；最后，上横梁为“几”字形拼接，多道转折绕道，内排水无法保证排水的通畅。

单元板块采用外排水方案，可以目视检查排水孔是否开设到位，同时排水直接，可以保证顺畅。上横梁拼缝处防水密封处理效果好，拼缝位置先打胶密封，外侧加盖胶皮周圈打胶，2 道密封防水（图 25～图 26）。本工程采用外排水，经过了性能测试验证，整体水密性能达到规范中分级指标的最高级别 5 级（图 27）。

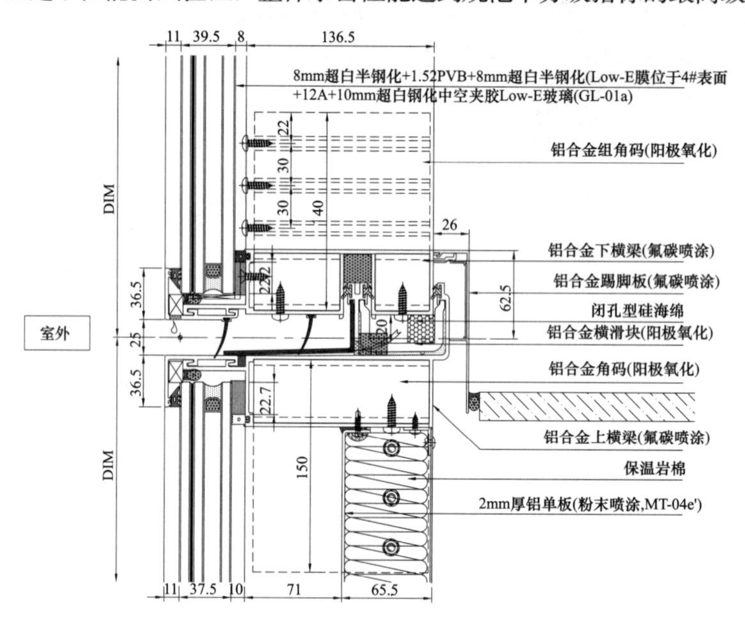

图 25 上横梁排水示意

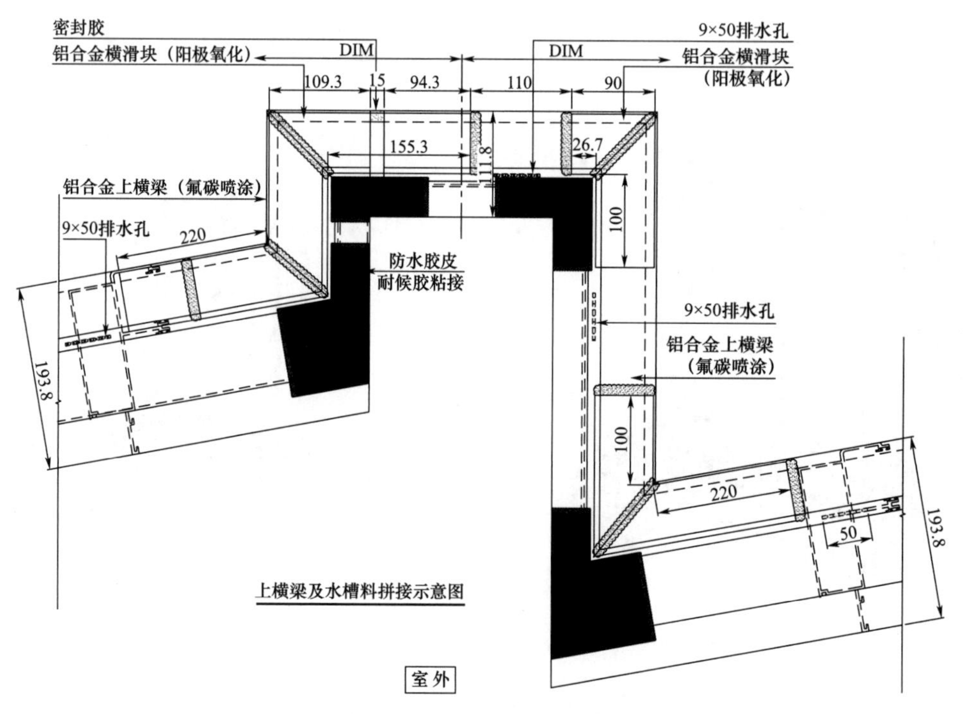

图 26 上横梁及水槽料拼接示意

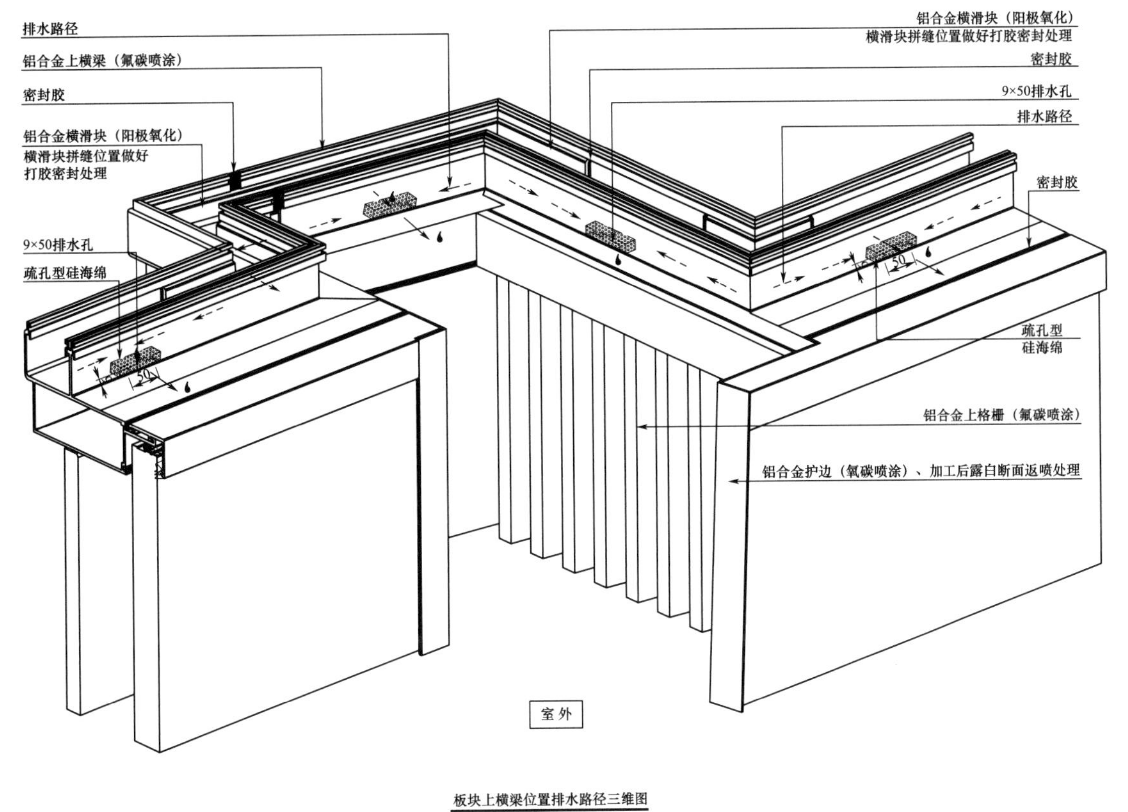

图 27　板块上横梁排水路径

2.5　龙骨结构分析计算

板块为“几”字形锯齿单元构造，龙骨通过建模整体分析，建立三层模型，模型中龙骨采用型材实际截面，同时考虑凹槽层间加强型材的作用（图 28～图 29）。与常规平板板块单面受荷不同，锯齿板块风荷载应考虑不同方向的组合作用（图 30～图 33），经分析龙骨结构整体受力安全可靠，龙骨变形满足规范要求。相对于按简支梁模型计算龙骨变形，模型中整体变形结果更小，侧面验证了锯齿构造板块的平面外变形控制比平板板块更有利。

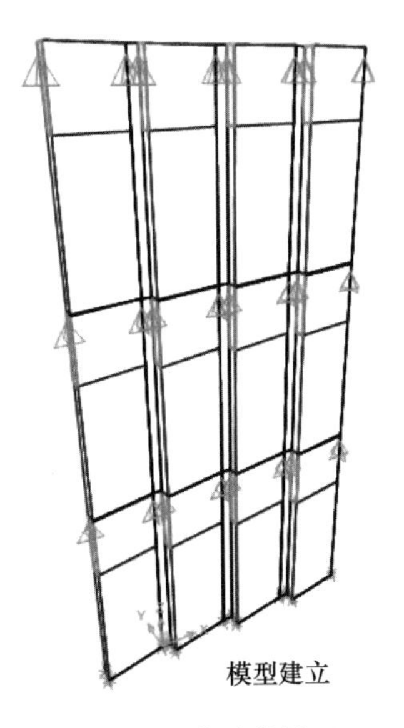

图 28　整体计算模型

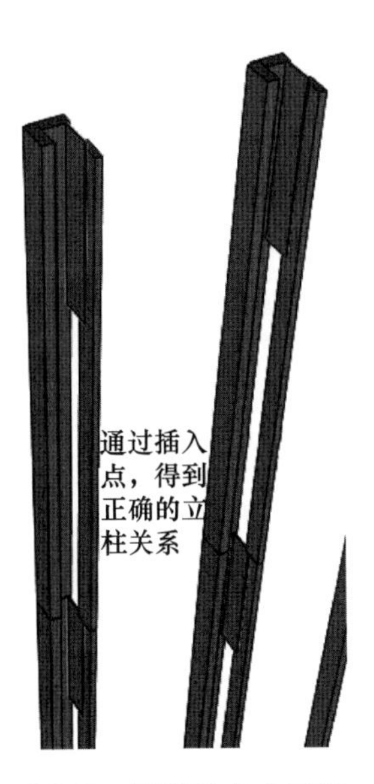

图 29　模型插入点调整

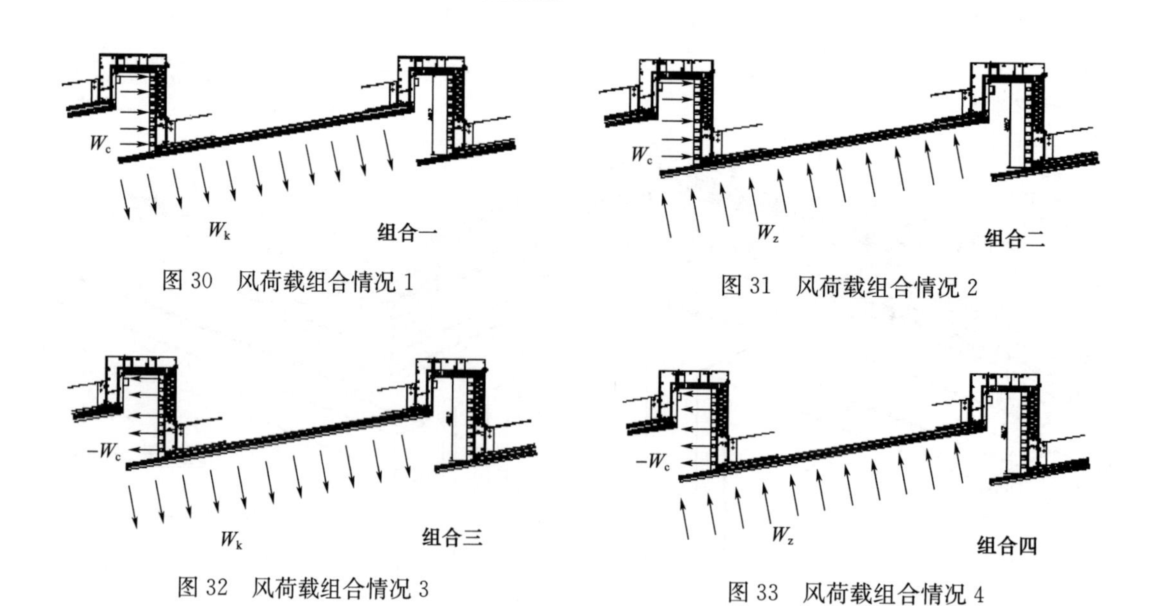

图 30 风荷载组合情况 1

图 31 风荷载组合情况 2

图 32 风荷载组合情况 3

图 33 风荷载组合情况 4

3 结语

现代建筑随着社会发展和人们审美的不断提升，建筑造型的求新求异给建筑幕墙带来了很大的挑战和机遇。中金大厦作为全球化企业的总部办公大楼，建成后将屹立在城市森林中，向世人展示作为全球一流金融企业的信赖感、成长力和为社会做贡献的姿态。本文所介绍的设计内容，是我们整个设计团队在设计和实践中的一点经验总结，可为今后这类幕墙工程提供设计参考与借鉴。

参考文献

[1] 中华人民共和国国家质量监督检验检疫总局，中国国家标准化管理委员会．建筑幕墙：GB/T 21086—2007 [S]. 北京：中国标准出版社，2008.

[2] 中华人民共和国建设部．玻璃幕墙工程技术规范：JGJ 102—2003 [S]. 北京：中国计划出版社，2003.

[3] 中华人民共和国住房和城乡建设部，中华人民共和国国家质量监督检验检疫总局．建筑结构荷载规范：GB 50009—2012 [S]. 北京：中国建筑工业出版社，2012.

[4] 广东省住房和城乡建设厅．广东省建筑结构荷载规范：DBJ 15－101—2014 [S]. 北京：中国建筑工业出版社，2014.

湛江文化中心异形立面网壳结构设计、加工与施工

◎ 刘　辉　欧杰波　陈伟煌　龙小于　阮志伟

中建深圳装饰有限公司　广东深圳　518028

摘　要　本文浅析了异形立面网壳的结构设计分析思路；对于钢结构节点设计做了简单介绍；同时对异形网壳结构的出图、加工、装配式施工安装做详细讲解。

关键词　异形立面网壳；受力体系；刚性节点；支座节点；深化；加工；装配式

1　引言

湛江地理位置优越，海陆交通便捷，在新的时代背景下，坚定扛起全面建设省域副中心城市的历史重任。这座区位与资源得天独厚的海湾城市，以其秀美的自然风光、独特的滨海风情、瑰丽的民俗文化，徐徐拉开“文化振兴”和“全域旅游”的时代大幕。湛江文化中心及配套设施项目三馆坐落在湛江市调顺岛南端，基地处于湛江湾核心位置，面向城市各个方位展示效果极佳，将成为推动湛江文化和旅游发展的新高地、展示湛江城市面貌的新地标（图 1）。本文以本项目立面网壳结构设计、加工、施工进行详细讲解。

图 1　湛江文化中心效果图

2 工程概况

幕墙设计使用年限 25 年，基本风压 $Wo=0.95kN/m^2$（按 100 年重现期基本风压），立面 CW5 系统钢结构设计时，除按照 100 年重现期考虑外，还需考虑 15 级台风偶然荷载作用，地震设防烈度 7 度。

幕墙形式包括金属板天幕、ETFE 高透光彩釉膜、玻璃采光顶、立面金属幕墙、立面玻璃幕墙、连廊底部铝板幕墙、玻璃栏杆系统等。

3 立面网壳钢结构设计

3.1 重难点分析

湛江文化中心主体结构为钢筋混凝土框架-剪力墙结构（图 2），外围护结构采用玻璃幕墙装饰。其中立面幕墙总长度为 120m，宽度为 320m，立面幕墙高度为 27.4m，幕墙表皮与主体结构悬挑达到 4.5m（图 3）；建筑外立面造型为自由双曲面造型，为实现立面造型，幕墙骨架只能采用钢结构，由于结构形式复杂，钢结构体量大，施工难度高，如何在保证安全性的前提下，实现经济性、美观性以及施工便利性，成了本工程结构设计的重难点。

图 2　主体结构航拍

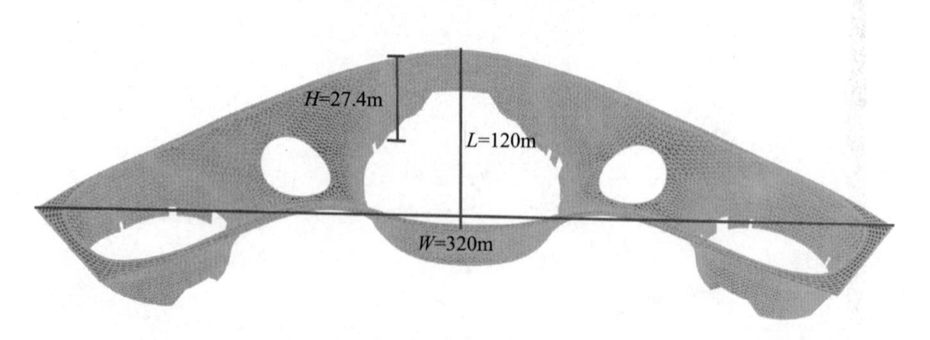

图 3　幕墙表皮尺寸示意

3.2 结构受力体系的分析

首先，我们对整体结构受力体系的设计思路进行讨论。为保证外立面幕墙骨架的简洁性并实现外立面的效果，立面幕墙结构仅能采用单层网壳结构；根据受力形式的不一样，将立面分为 ABC 区和连廊吊顶区域（图 4）。其中，ABC 区域主要考虑自重、风荷载、地震荷载的组合计算，由于钢架质量很大，而层间幕墙完成面与结构面距离较远，最大悬挑长度约 4.5m，如考虑层间支座刚接设计，埋件及主体结构将承受非常大的偏心弯矩，埋件及主体结构很难满足结构受力要求，故在设计时层间支座仅考虑对 *X*、*Y* 方向进行铰接约束，让重力传递到地面；而地面支座考虑 *X*、*Y*、*Z* 方向铰接约束（图 5）。吊顶区域主要采用吊杆来支承受幕墙自重荷载及风荷载，采用爪点支撑或者二立杆支座的结构形式（图 6）。

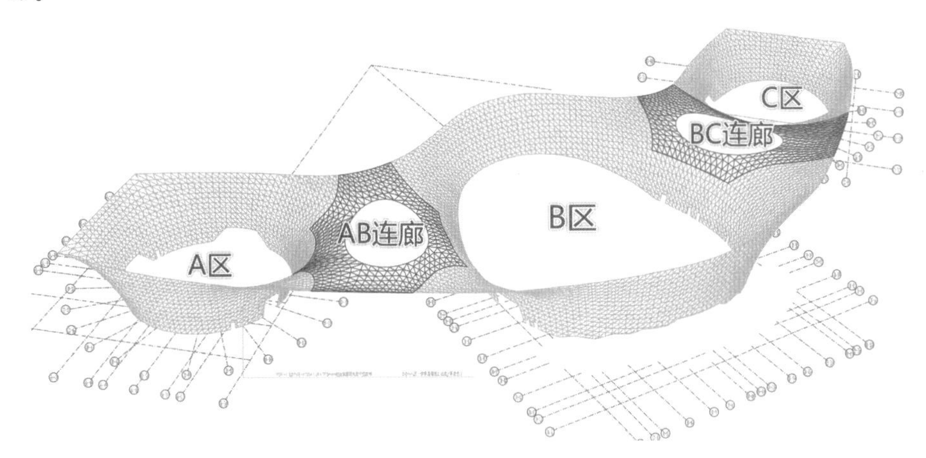

图 4　立面区域划分示意图

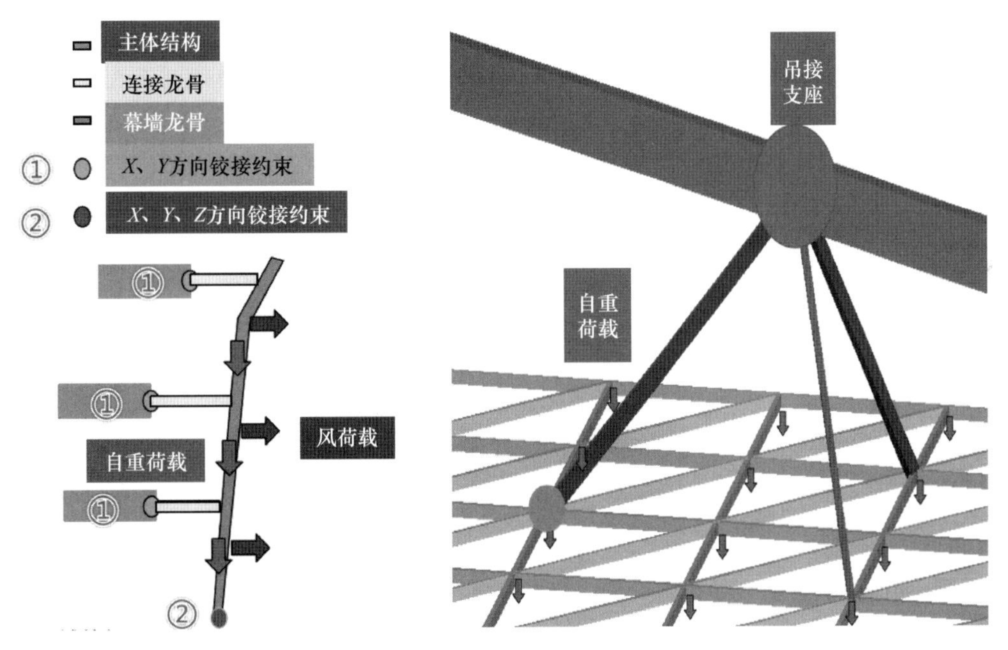

图 5　ABC 立面位置网壳传力路径　　　图 6　连廊位置网壳传力路径

3.3　荷载取值及杆件截面的设计

本项目地处沿海，为台风高发区，距离海边不到 100m，为保证钢架结构的安全性和可靠性，在风洞试验报告（50 年重现期的基本风压测试）的基础上，同时考虑了 100 年一遇风荷载值及 15 级台风偶然荷载作用下的包络设计（图 8）。模型荷载施加原则为同时考虑四面受风，分别为迎风面：考虑 1.0 的局部体型系数；侧风面：－1.7 的局部体型系数；背风面：－0.4 的局部体型系数（图 7）。

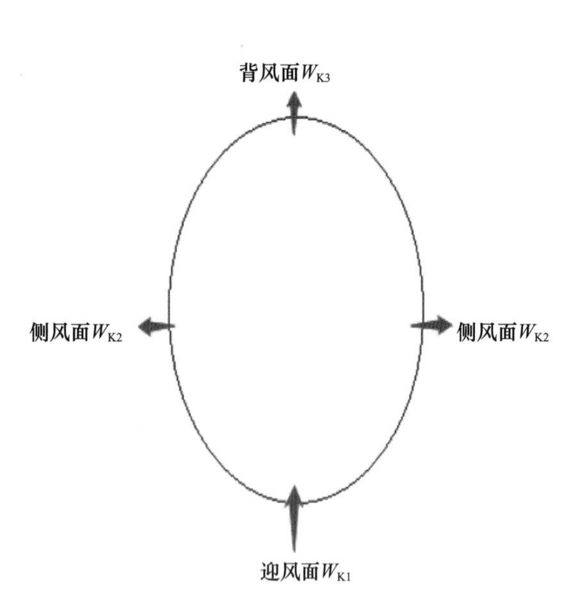

图 7　风荷载分区方向示意

(a)阵风系数β_{gz}计算

按表 7.4.6-2，　β_{gz}=1.63

按 GB55001-2021 第 4.6.5 条，围护结构的风荷载放大系数应根据地形特征、脉动风特性和流动特征等因素确定，且不应小于 1+0.7μz，其中μz 为风压高度变化系数；

1+0.7/(μz)^0.5=1+0.7×1/(1.671)^0.5=1.541≤1.630　　　取βgz=1.63

(b)风压高度变化系数μ_z计算

μ_z=1.284×(Z/10)^0.24=1.284×(30/10)^0.24=1.671

(c)局部风压体型系数μ_{sl}计算

迎风面	μ_{s1}= 1.0×0.8+0.2=　1.00
侧风面	μ_{s1}=-1.7×0.8-0.3=　-1.66
背风面	μ_{s1}=-0.4×0.8-0.3=　-0.62

(d)风荷载标准值W_K计算[W_0=0.950kN/m^2]

迎风面	$W_k=\beta_{gz}\times\mu_{s1}\times\mu_z\times W_0$	= 2.59　kN/m^2
侧风面	$W_k=\beta_{gz}\times\mu_{s1}\times\mu_z\times W_0$	=-4.30　kN/m^2
背风面	$W_k=\beta_{gz}\times\mu_{s1}\times\mu_z\times W_0$	=-1.61　kN/m^2

(e)风荷载标准值W_K计算[W_0=1.62kN/m^2][15 级台风]

15 级台风对应最大风速=50.9 米/秒

基本风压=50.9×50.9/1600=1.62 kN/m^2

迎风面	$W_k=\beta_{gz}\times\mu_{s1}\times\mu_z\times W_0$	= 4.41　kN/m^2
侧风面	$W_k=\beta_{gz}\times\mu_{s1}\times\mu_z\times W_0$	=-7.33　kN/m^2
背风面	$W_k=\beta_{gz}\times\mu_{s1}\times\mu_z\times W_0$	=-2.74　kN/m^2

(f)风洞报告 WK 计算

塔楼立面	正综合峰值	2.42
	负综合峰值	-2.95

（基本风压 0.8）

最大正压（基本风压 0.95）	W_k= 2.42×（0.95/0.8）=2.87 kN/m^2
最大负压（基本风压 0.95）	W_k=-2.95×（0.95/0.8）=3.5 kN/m^2

(g)风荷载综合取值【立面风荷载：标高 Z=30m；地面粗糙度=A 类】

位置	标准组合标准值	偶然荷载标准值
迎风面	W_k=　2.87　kN/m^2	W_k=　4.41　kN/m^2
侧风面	W_k= -4.30　kN/m^2	W_k= -7.33　kN/m^2
背风面	W_k= -1.61　kN/m^2	W_k= -2.74　kN/m^2

图 8　100 年规范荷载取值与 50 年风洞报告对比

通过受力体系分区，基本确定了我们的结构计算组合方式。我们立面整体跨度 320m，如果将钢结构整体连接计算，并考虑温度应力影响，立面网壳结构龙骨规格非常的大；由于立面钢结构属于幕墙围护支撑结构，可适当放松对温度应力的考虑。在设计时，我们考虑将 ABC 馆与连廊交界处设置伸缩缝隙，通过局部温度应力释放，减小立面网壳对温度应力的影响。根据结构受力体系的差别，分别对 ABC 区及吊顶区域进行单独计算，减小温度应力对网壳体系的影响。

对于结构控制指标：杆件截面设计需考虑挠度，应力比，长细比等因素限制的影响，具体限制如下：

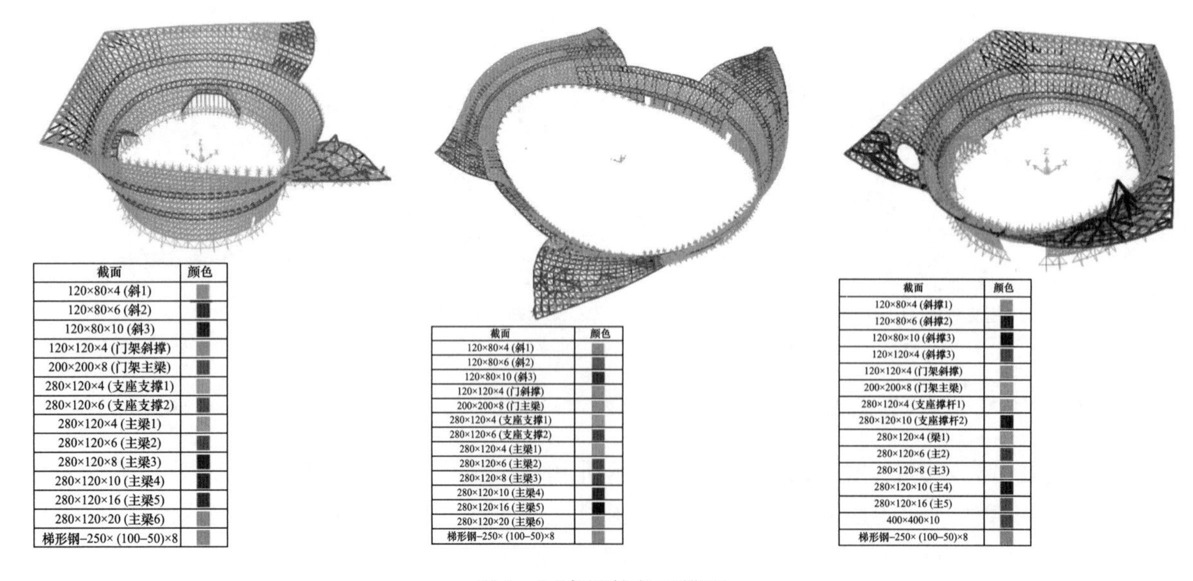

截面　颜色
120×80×4 (斜1)
120×80×6 (斜2)
120×80×10 (斜3)
120×120×4 (门架斜撑)
200×200×8 (门架主梁)
280×120×4 (支座支撑1)
280×120×6 (支座支撑2)
280×120×4 (主梁1)
280×120×6 (主梁2)
280×120×8 (主梁3)
280×120×10 (主梁4)
280×120×16 (主梁5)
280×120×20 (主梁6)
梯形钢-250× (100-50)×8
截面　颜色
120×80×4 (斜1)
120×80×6 (斜2)
120×80×10 (斜3)
120×120×4 (门斜撑)
200×200×8 (门主梁)
280×120×4 (支座支撑1)
280×120×6 (支座支撑2)
280×120×4 (主梁1)
280×120×6 (主梁2)
280×120×8 (主梁3)
280×120×10 (主梁4)
280×120×16 (主梁5)
280×120×20 (主梁6)
梯形钢-250× (100-50)×8
截面　颜色
120×80×4 (斜撑1)
120×80×6 (斜撑2)
120×80×10 (斜撑3)
120×120×4 (斜撑3)
120×120×4 (门架斜撑)
200×200×8 (门架主梁)
280×120×4 (支座撑杆1)
280×120×10 (支座撑杆2)
280×120×4 (梁1)
280×120×6 (主2)
280×120×8 (主3)
280×120×10 (主4)
280×120×16 (主5)
400×400×10
梯形钢-250× (100-50)×8

图 9　网壳杆件截面模型

（1）挠度分析：其中挠度限值参考《空间网格结构技术规程》（JGJ 7—2010），取网壳结构挠度按 $L/400$ 控制，L 为支座间距，挠度如图 10 所示；

（2）长细比分析：重要构件长细比限值为 120，其余构件长细比限值为 150；

（3）应力比分析：不大于 $0.9f$（f 为强度设计值），应力比情况如图 11 所示。

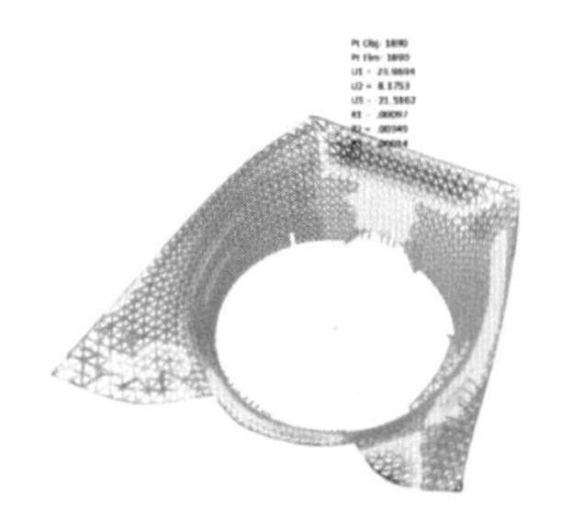

最大挠度：23.969mm≤9642/400=24.105mm，满足要求！

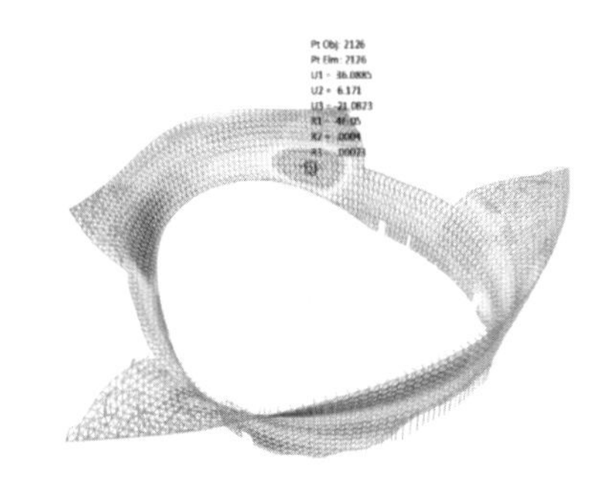

最大挠度：36.089mm≤15720/400=39.300mm，满足要求！

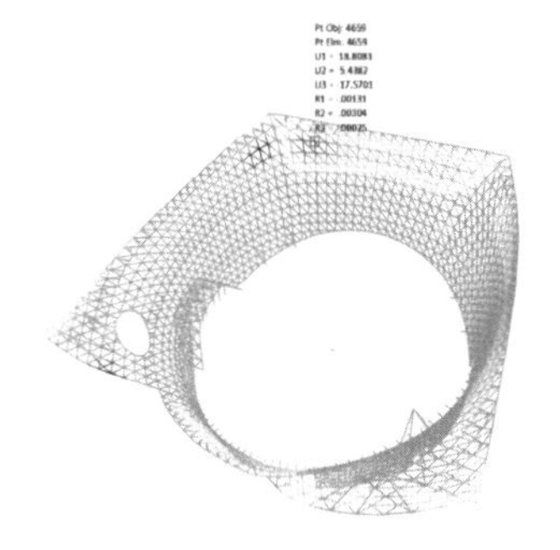

最大挠度：18.808mm≤9154/400=22.885mm，满足要求！

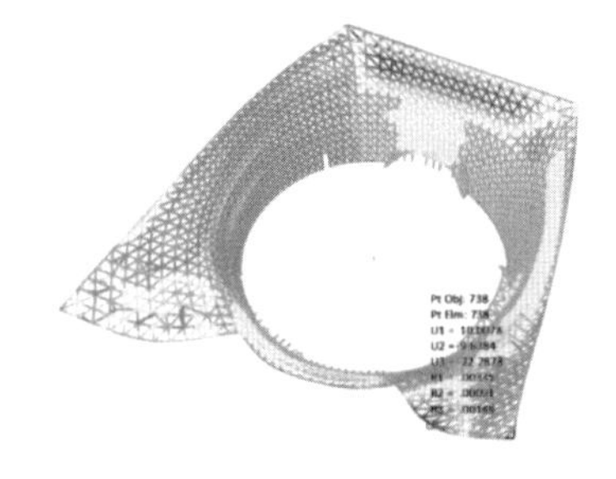

最大挠度：22.288mm≤16201/400=40.503mm，满足要求！

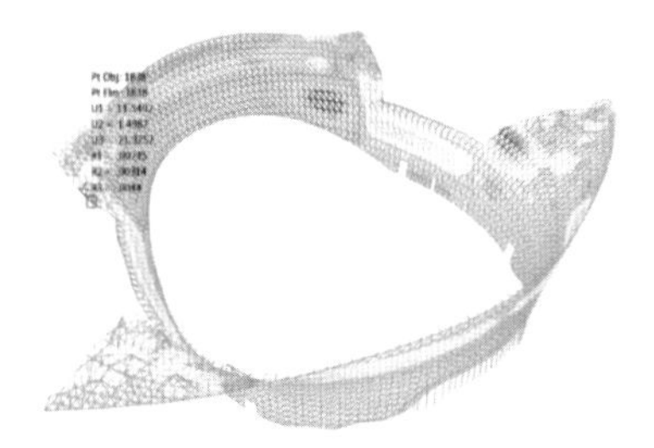

最大挠度：21.325mm≤11334/400=28.335mm，满足要求！

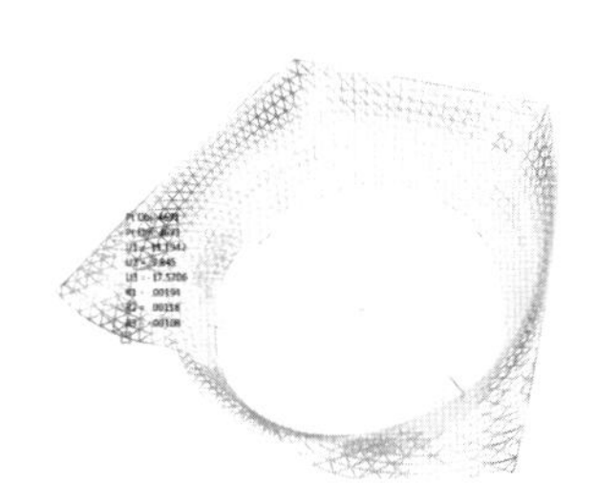

最大挠度：17.751mm≤13103/400=32.758mm，满足要求！

图 10　计算模型挠度

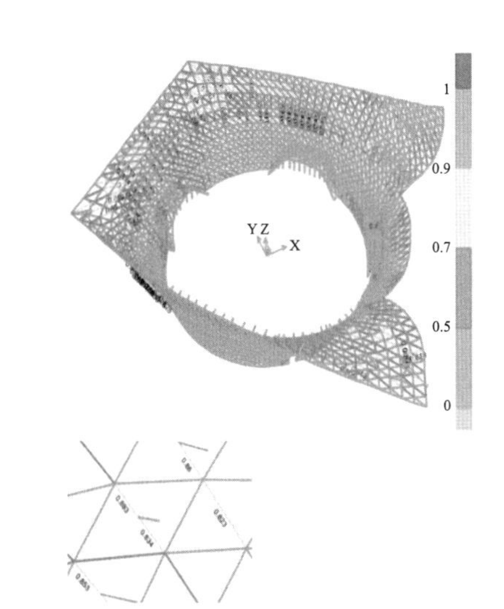

最大应力比：0.893≤1，满足要求！

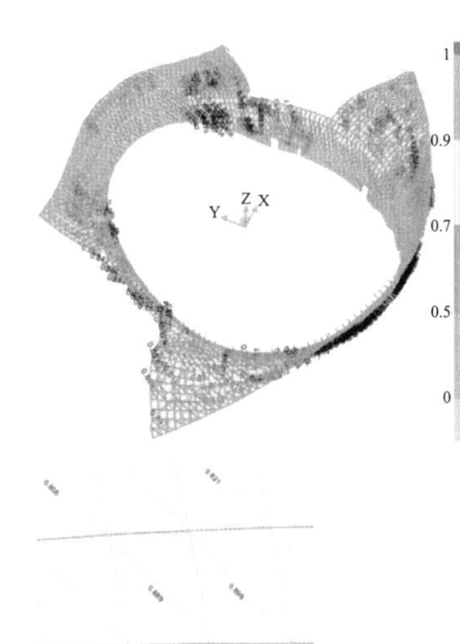

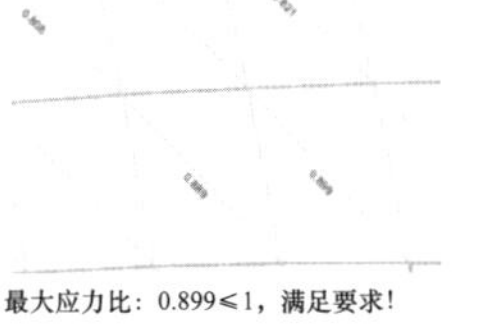

最大应力比：0.899≤1，满足要求！

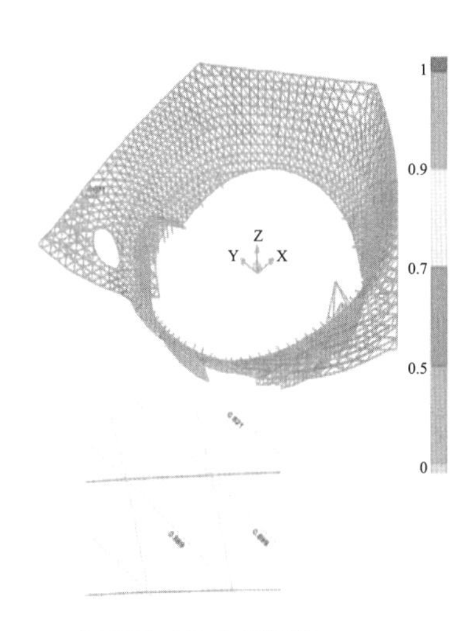

最大应力比：0.871≤1，满足要求！

图 11　计算模型应力比

我们在杆结构截面选取时，不仅要考虑结构的安全性，还需考虑整体结构的美观性，以及尽量降低外钢架对主体结构的影响，减轻主体结构负担。通过反复计算及杆件截面调整，采用主受力杆件按不同区域加大，次斜杆尽可能减小，降低钢结构质量对主体结构影响的原则；将钢龙骨均改为性能更好的 Q355B 钢材，主杆件采用 280mm×120mm 方管，斜杆均采用 120mm×80mm 方管（图 9），提升室内观感效果，同时减轻了钢结构总体自重，减轻了主体结构负担。

3.4 钢网壳结构刚性节点设计

对于单层网壳结构，刚性节点的连接设计尤为重要，本工程单节点 5987 个，每个均不相同。常见刚性节点设计形式有 3D 打印铸造、无模多点钢板焊接、圆管焊接和钢方管斜切焊接四种（图 12），每节点均有自己的优缺点，具体如表 1 所示。

表 1 各节点优缺点

序号	方案名称	优点	缺点
方案一	3D 打印铸造	精度高，外观大气美观，安装便捷整体性能好	开模成本高，加工周期长
方案二	无模多点钢板焊接	外观大气美观，整体性能较好	工周期长，成本较高
方案三	圆管焊接	构造简单，便于加工，定位要求较低	对外观影响较大
方案四	钢方管斜切焊接	施工成本较低，外观较接近建筑效果	焊缝质量难以保证，杆件与杆件夹角较难控制

通过方案对比及类似工程考察，最终选择化繁为简的思路，在充分考虑节点受力情况下，取消刚性节点，采用节点内侧加十字卡板拼焊方案（图 13）。相对于方案四焊缝长度减少约 2.16 万 m，减少了现场焊接工作，提高生产效率，且有助于室内品质的提升。

图 12 刚性节点类型

图 13 钢管斜切刚性节点

3.5 钢网壳结构支座节点设计

支座节点是钢网壳结构与下部支承结构的连接纽带，它负责传递和分配上部结构所承受的荷载，包括垂直荷载、水平荷载以及温度应力等。设计合理的支座节点能够确保结构的整体稳定性和耐久性，同时提高结构的抗震、抗风等性能。在本工程支座节点设计时，由于风荷载较大，结构受力复杂，计算结构反力非常大，由于层间悬挑大，层间支座不易采用刚性连接，需采用铰接连接的形式，同时耳板需开竖向长圆孔，释放重力（图 14）。对于常规幕墙结构的连接形式，一般用螺栓和槽钢连接，而本工程最大轴力 890kN、剪力 780kN，常规连接方式及连接螺栓不满足结构安全要求，在设计时，采用耳板加高强销轴的连接方式，底部支座设计时，对 X、Y、Z 方向铰接约束（图 15）；同步按照规范要求设计耳板，也采用有限元对耳板的应力进行分析论证（图 16、图 17）。

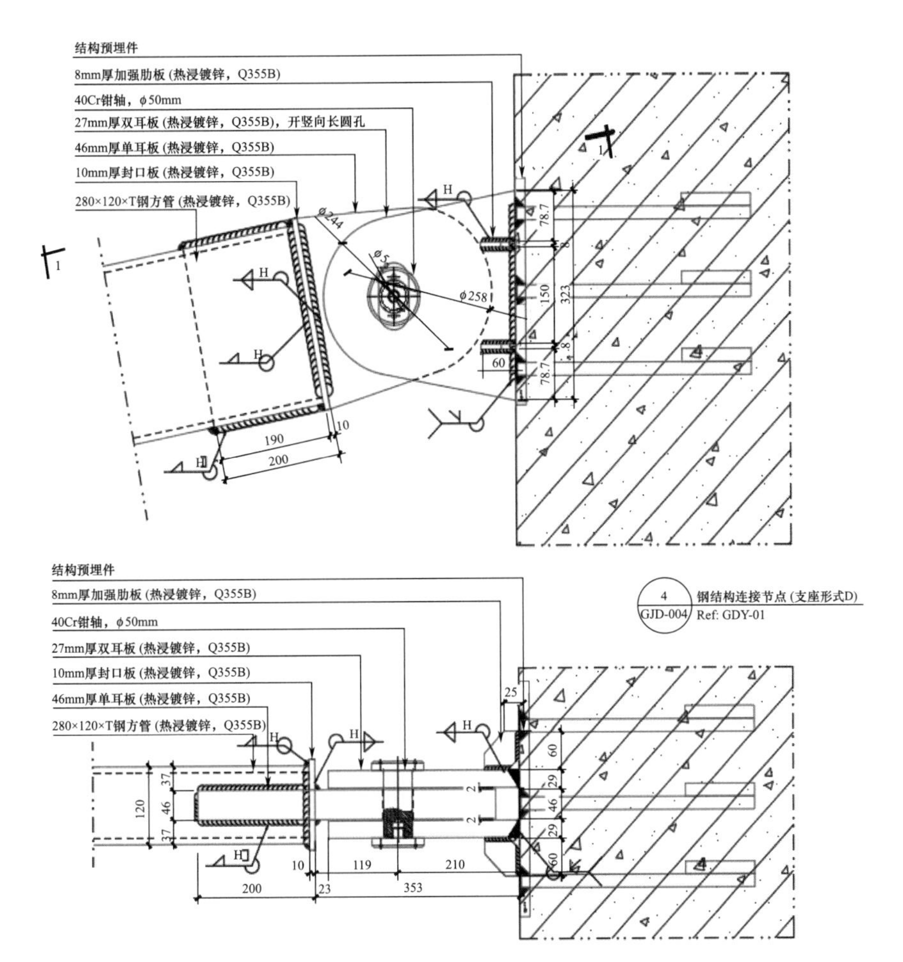

结构预埋件
8mm厚加强肋板（热浸镀锌，Q355B）
40Cr销轴，φ50mm
27mm厚双耳板（热浸镀锌，Q355B），开竖向长圆孔
46mm厚单耳板（热浸镀锌，Q355B）
10mm厚封口板（热浸镀锌，Q355B）
280×120×T钢方管（热浸镀锌，Q355B）
φ244
φ258
78.7
323
150
60
190
200
10
结构预埋件
8mm厚加强肋板（热浸镀锌，Q355B）
40Cr销轴，φ50mm
27mm厚双耳板（热浸镀锌，Q355B）
10mm厚封口板（热浸镀锌，Q355B）
46mm厚单耳板（热浸镀锌，Q355B）
280×120×T钢方管（热浸镀锌，Q355B）
4
GJD-004
钢结构连接节点（支座形式D）
Ref: GDY-01
25
60
29
46
120
37
200
10
23
119
210
353

图14　层间支座连接节点

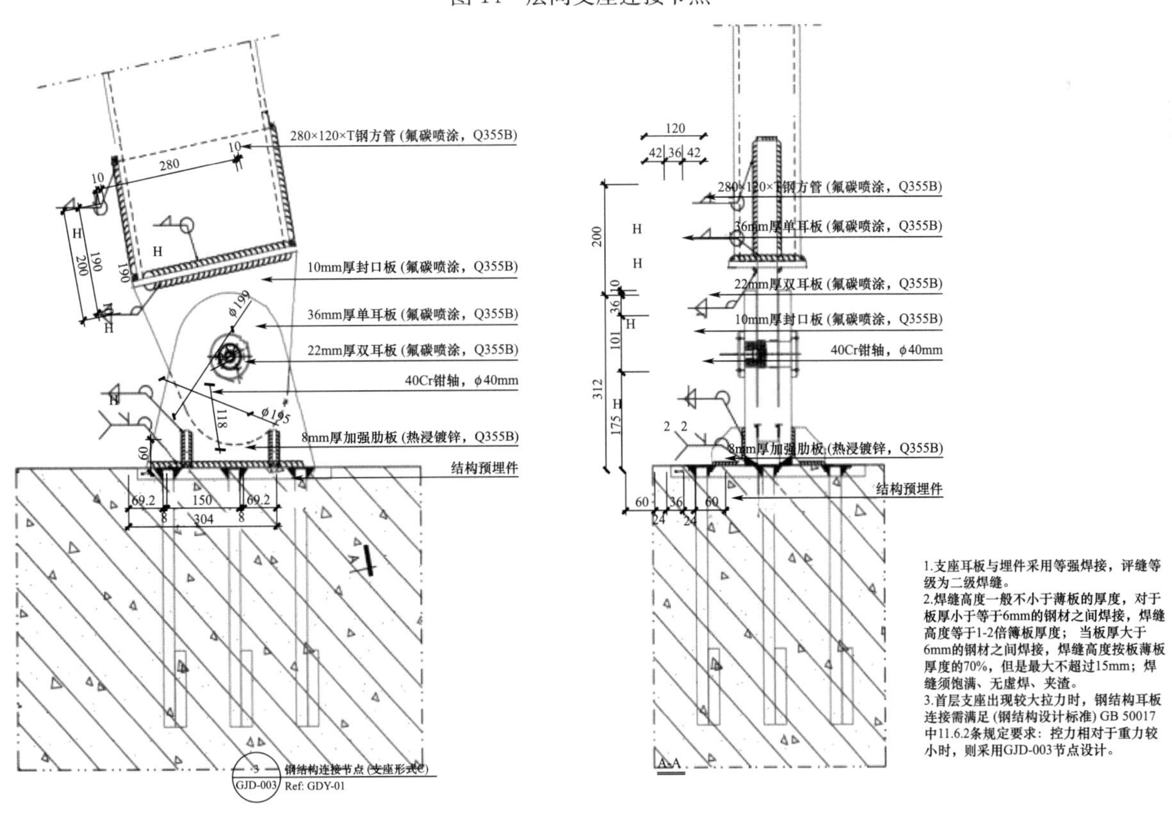

280×120×T钢方管（氟碳喷涂，Q355B）
280
10
200
190
10mm厚封口板（氟碳喷涂，Q355B）
36mm厚单耳板（氟碳喷涂，Q355B）
22mm厚双耳板（氟碳喷涂，Q355B）
40Cr销轴，φ40mm
8mm厚加强肋板（热浸镀锌，Q355B）
结构预埋件
φ190
φ195
118
69.2
150
304
3
GJD-003
钢结构连接节点（支座形式C）
Ref: GDY-01
120
42
36
200
312
101
175
280×120×T钢方管（氟碳喷涂，Q355B）
36mm厚单耳板（氟碳喷涂，Q355B）
22mm厚双耳板（氟碳喷涂，Q355B）
10mm厚口板（氟碳喷涂，Q355B）
40Cr销轴，φ40mm
8mm厚加强肋板（热浸镀锌，Q355B）
结构预埋件
60
24
A-A
1.支座耳板与埋件采用等强焊接，评缝等级为二级焊缝。
2.焊缝高度一般不小于薄板的厚度，对于板厚小于等于6mm的钢材之间焊接，焊缝高度等于1-2倍薄板厚度；当板厚大于6mm的钢材之间焊接，焊缝高度按板薄板厚度的70%，但是最大不超过15mm；焊缝须饱满、无虚焊、夹渣。
3.首层支座出现较大拉力时，钢结构耳板连接需满足《钢结构设计标准》GB 50017中11.6.2条规定要求：控力相对于重力较小时，则采用GJD-003节点设计。

图15　首层支座连接节点

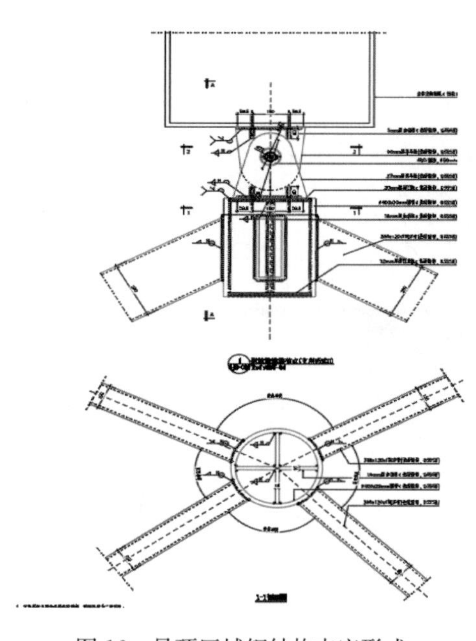

图 16　吊顶区域钢结构支座形式

第十一节、连接支座计算 (支座形式E)

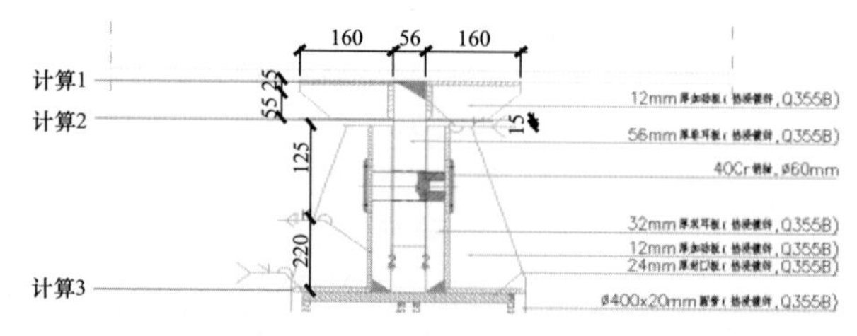

连接处支座反力取值 (取最不利位置，b塔) (节点2249)

节点	组合	F1	F2	F3	M1	M2	M3
		kN	kN	kN	kN · m	kN · m	kN · m
2249	ULSS	112.819	779.816	890.798	0	0	0

11.1 中间耳板连接强度计算 (计算1)

(1) 连接处反力计算

Vx: x向剪力设计值：112.819kN

Vy: y向剪力设计值：779.816kN

N: 轴向力设计值：890.798kN

L_1: x向剪力x向偏心距：0.220m

L_2: y向剪力y向偏心距：0.220m

M_1: x向剪力产生的x向弯距=Vx×L_1=112.819×0.220=21.820kN · m

M_2: y向剪力产生的y向弯距=Vy×L_2=779.716×0.220=171.560kN · m

(2) 连接处焊缝计算

图 17　支座节点计算

4　异形立面网壳钢结构施工

4.1　异形立面网壳结构的深化加工

工程立面是由三角形拟合双曲面的异形工程，钢结构深化复杂，构造变化的自由曲面。常规钢结构深化采用 Tekla 软件进行深化，本工程也尝试采用 Tekla 软件进行深化，在深化过程中，由于每个刚性节点均不一样，软件无法寻找杆件相交的角平分线，需要纯手工建模，周期长，精度低，无法满足项目要求；同时采用 Tekla 深化，幕墙表皮需要跟随钢结构模型调整，无法保证建筑外观效果实现。

我们大胆创新，摒弃传统的 Tekla 建模，采用 Rhino 配合 grasshopper 参数化建模，通过大量参数化运算，确定面与面之间夹角的法线方向，找出最优的切割平面（图 18），完成立面 LOD 400 模型，让钢件因不同方向摆向造成的端部的错位达到最少，满足精度及施工节点的要求。

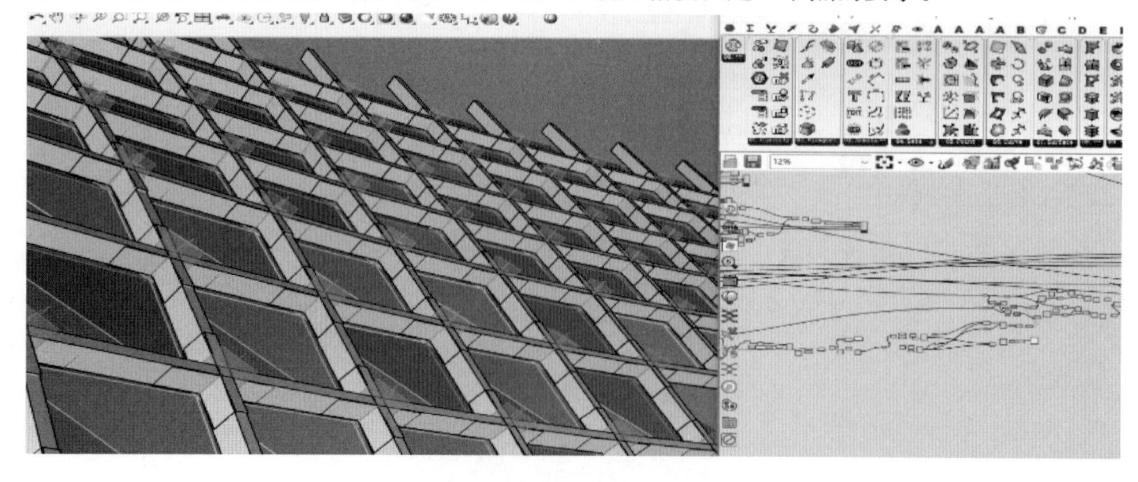

图 18　杆件切割平面及程序

立面网壳龙骨每一根都不一样，注定不能用常规的方法下单，如采用常规形式，每根杆件单独出加工图，再上车间切割，将会导致加工精度和效率均不能履约。本工程突破创新，采用 Rhino 配合 grasshopper 直接导出每根杆件模型，将模型批量导入机加设备，然后激光设备进行加工（图 19），保证了加工的精度，减少加工周期，方便后期的装配式施工，提高安装效率，降低安全隐患。通过 BIM 模型下单及生产加工，现场按成品龙骨材料编号进行安装，真正意义上达到了设计、生产、安装的高度协同。

图 19　杆件激光切加工过程

4.2　异形立面网壳结构的装配式拼接

立面杆件数量达到 16000 根，如果采用常规散装，则精度及安装质量无法满足幕墙安装要求。我们通过对立面进行分区，采用分榀钢架装配式安装（图 20），其中 A 馆 93 榀，B 馆 110 榀，C 馆 93 榀，共计 296 榀单元，单榀最大尺寸 7.9m×16m，单榀最重约 5t（图 21）。

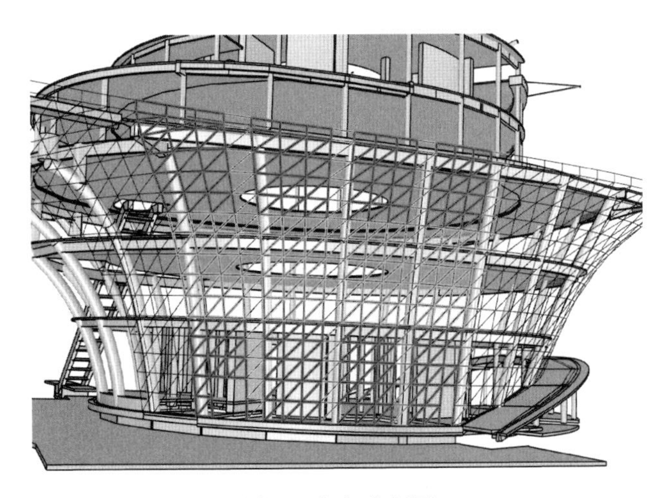

图 20　钢架分榀图

图 21　首样吊装图

在模型深化时，为了钢架组装方便及外侧型材的安装，我们在 BIM 的建模，通过实体模型的建立，采用 GH 蚂蚁法则对杆件进行编号和打孔（图 22），通过编号识别杆件的左右端及使用位置，同时，定位孔有助于外侧型材安装的准确（图 23）。

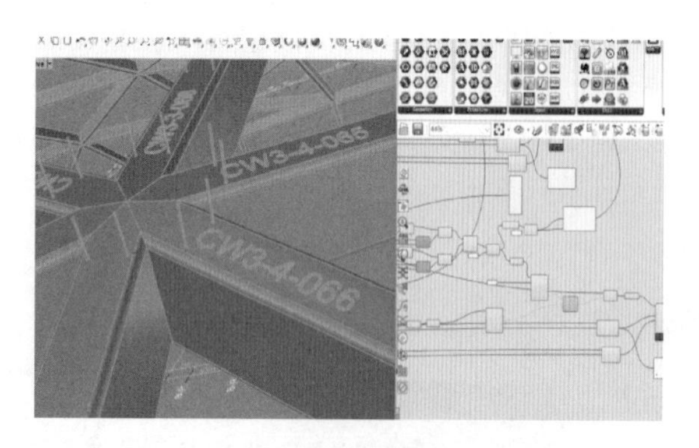

图22　BIM采用蚂蚁法则进行开孔及编号

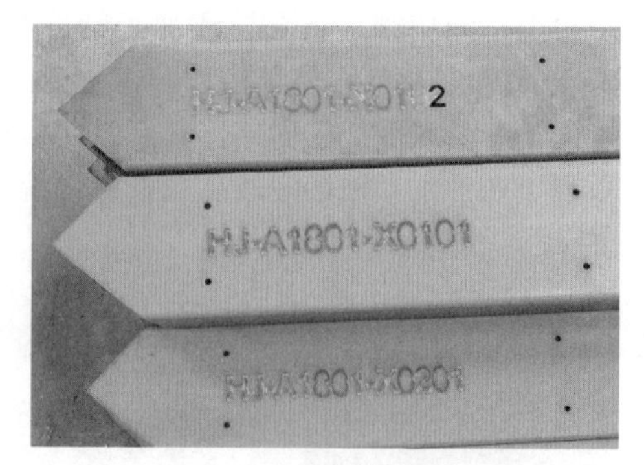

图23　杆件计加完成品

钢架拼装采用地面拼接方式。首先将机加工完的钢件按组装图对其摆放到位，同步用全站仪进行定位，采用支撑骨架将杆件调到指定坐标位置，然后对钢架进行节点熔透焊，焊接完成后，对焊缝进行签字验收，同步要求监理进行验收，验收完成后对其进行打磨防腐处理（图24）。

①钢架机加工

②测量临时定位钢架

③对钢架进行满焊

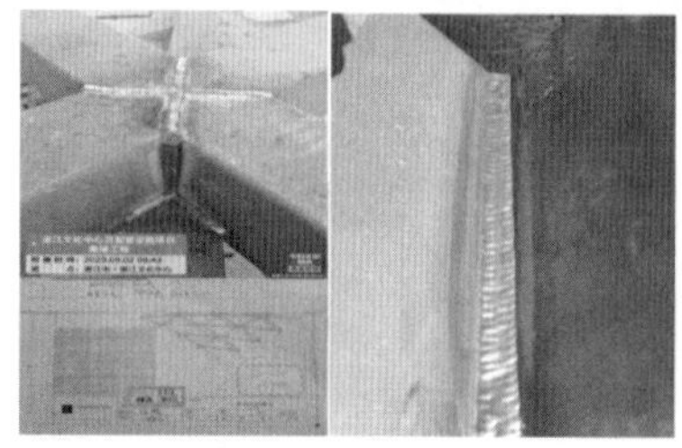

④节点熔透焊结

⑤钢架验收

⑥整榀钢构拼接完成

图24　钢架拼装流程

4.3　异形立面网壳结构的装配式安装

主体结构支座位置偏差和地面拼接钢网壳的精度直接决定钢结构吊装的品质。首先需采用全站仪对现场的埋件点位进行复测（图25），以保证支座的长度；在吊装前，需对地面和钢架的偏差进行复测，以满足钢架上墙前的精度（图26）。立面网壳的吊装采用吊车及高空车配合。我们采用了两种拼接方式吊装：一种是直接横竖插接位置直接拼焊的形式，现场熔透焊接，该种方式对钢架精度要求高，对现场测量精度要求高，吊装效率略低，但该方式能保证后续幕墙安装的精度要求（图27～图28）；另一种方式采用竖向对接焊，横向预留一个分格，单独拼接（图29～图30），降低吊装难度，钢架交接位置拼接简单，对加工及测量工艺要较低，能有效提高吊装效率，但是对后续幕墙安装有较高要求。经过项目的安装验证，两种安装方式均能实现幕墙安装精度及效果的要求（图31～图32）。

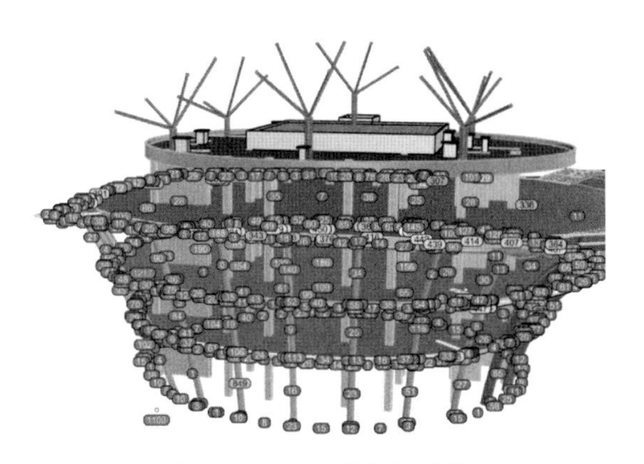

图 25　现场埋件点位复测

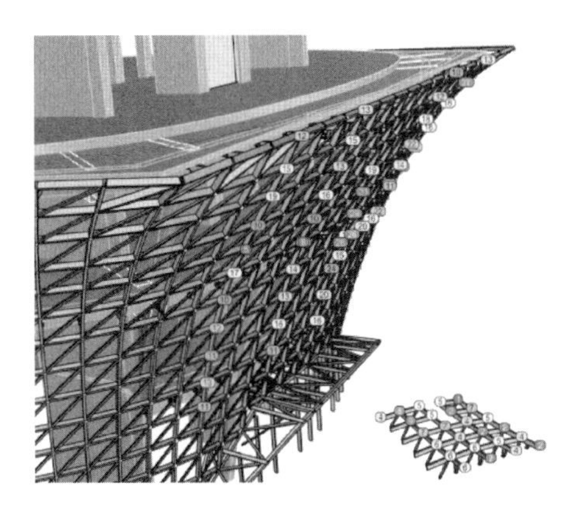

图 26　钢架偏差点位比对［进出位偏差（mm）］

图 27　竖向对接点（一）

图 28　横向对接点（一）

图 29　竖向对接点（二）

图 30　横向对接点（二）

图 31　立面钢架安装效果

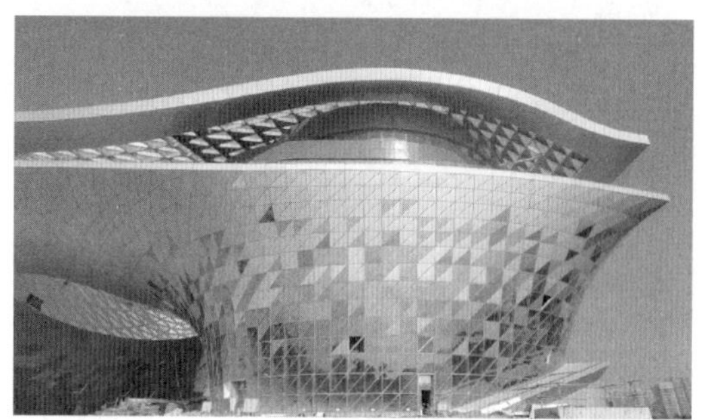

图 32　立面安装效果

5　结语

异形立面网壳结构设计融合艺术与科技，加工需高精工艺支撑，施工则挑战重重。通过精细设计与创新技术，确保结构稳定与美观并存。未来，异形网壳结构将继续引领建筑潮流，期待更多专业力量共铸辉煌，推动行业持续发展。本文简单地介绍了钢结构网壳的设计、加工及施工，希望能为类似工程提供一些借鉴和帮助。

参考文献

[1] 中华人民共和国住房和城乡建设部．建筑抗震设计规范：GB 50011—2010 [S]. 北京：中国建筑工业出版社，2010.
[2] 中华人民共和国住房和城乡建设部．钢结构设计标准：GB 50017—2017 [S]. 北京：中国建筑工业出版社，2018.
[3] 中华人民共和国住房和城乡建设部．空间网格结构技术规程 JGJ 7—2010：北京：中国建筑工业出版社，2010.

深湾汇云五期屋顶幕墙改造工程设计及施工解析

◎ 陈桂锦　刘　海　高　帅　肖　凯

深圳市汇诚幕墙科技有限公司　广东深圳　518028

摘　要　本文探讨了深湾汇云五期屋顶幕墙工程改造过程中的相关内容，具体包括在设计上如何解决极致效果与规范落地性的碰撞问题，以及在施工中如何突破 360m 高度带来的极致改造困难，从而最终使该工程一举成为城市标志性建筑景观。

关键词　360m 高屋面改造；“网红”天空之境；玻璃反射“深渊”效果；光伏幕墙；BIM 技术应用

1　引言

随着社会快速发展，城市建筑迭代更新，既有幕墙或因安全性提升，或因功能性改善，或因美观性提升，面临不同程度的改造需求。

超总片区从来不缺众星捧月般的建筑，如何在群星云集的片区脱颖而出，深湾汇云中心五期屋顶改造工程肩负起画龙点睛之笔。

本项目为深湾汇云中心屋顶改造工程（图 1），位于深圳定位最高、“十四五”规划重点发展区域、南山区产业能级最高的土地之一——深圳湾超级总部基地。深湾汇云中心是该片区的首发 TOD 垂直综合体项目，由万科集团和深圳地铁集团联袂打造。其超高层屋顶是俯瞰城市“第六立面”的优质观景点，除具备四面俯瞰功能外，又兼具公共性、科技性和体验性。

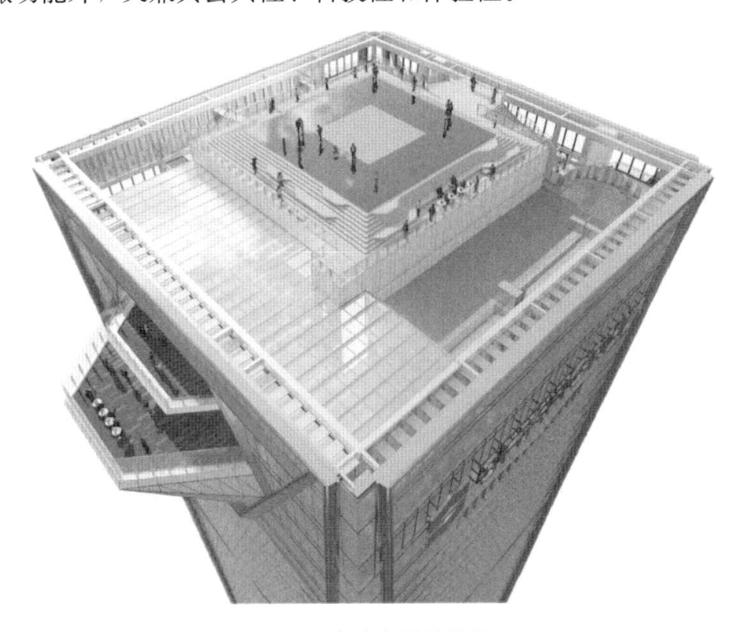

图 1　改造全景效果图

2 项目概况

深湾汇云屋顶改造项目致力于把屋顶空间打造成国际会客厅，集商务接待、观光旅游、产业发布于一体的新网红打卡点。项目总高度为362.3m，主要功能系统包括：会客厅铝板幕墙系统、光伏幕墙系统、观光连廊幕墙系统、天空之境幕墙系统等（图2）。改造前屋顶以下空间已完成并投入使用，如何不影响主体建筑正常运营的前提下，克服工期紧、品质高、施工措施单一的困难，保质保量完成目标，是本项目的最大难点。

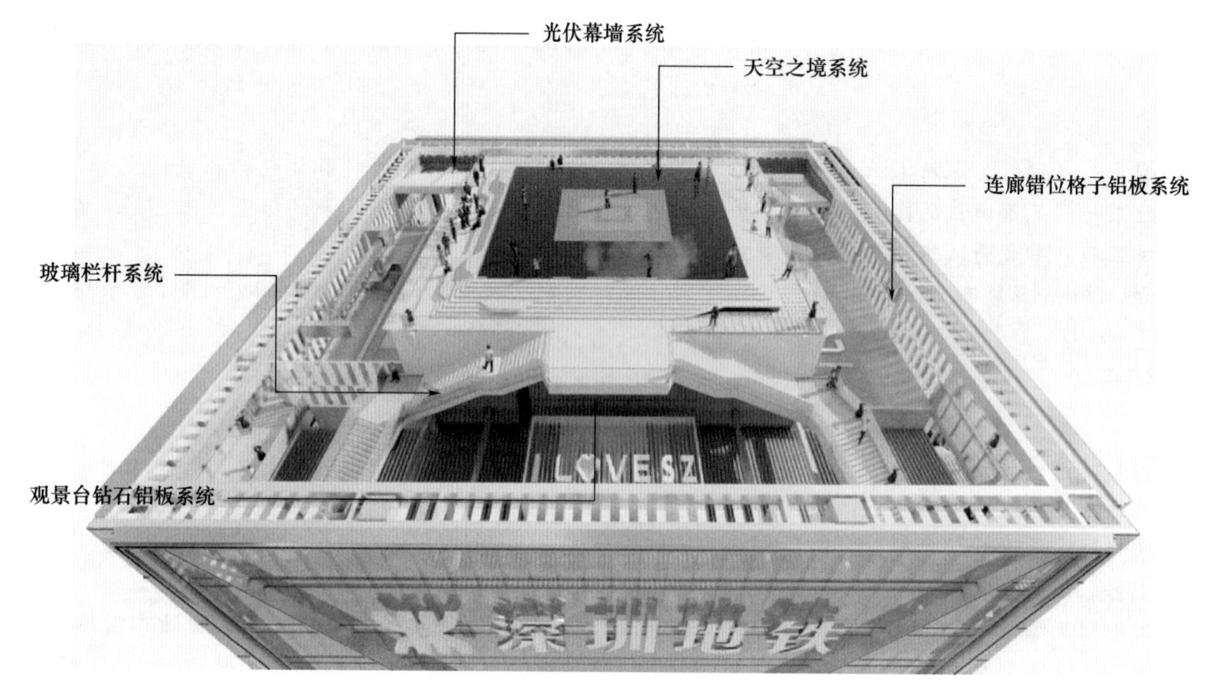

图2 主要系统分布

3 不同系统的设计与施工

3.1 天空之境幕墙系统

在屋顶改造项目所有系统中，天空之境系统是本项目的一大重点，是效果中的“颜值担当”。业主在项目之初提出三大需求：

（1）玻璃要求高反射率，能基本实现“镜子”效果；

（2）玻璃屋面可作为平整度极高、玻璃缝隙尽可能小的上人屋面；

（3）夜晚结合灯光，玻璃内部可产生“深渊”效果（基于光线的反射原理，类似于千层镜的效果）。

实现其中一条其实难度并不大，但是三条要求同时展现，则为项目落地性提出了极大的挑战。首先是玻璃选择，通过受力计算，上人屋面活荷载为2.0kN/m^2，考虑天空之境以后使用场景，我司加大活荷载为3.0kN/m^2（图3），最终确定玻璃尺寸为1500mm×1500mm，配置为10mm＋1.52SGP＋10mm双钢化超白玻璃。

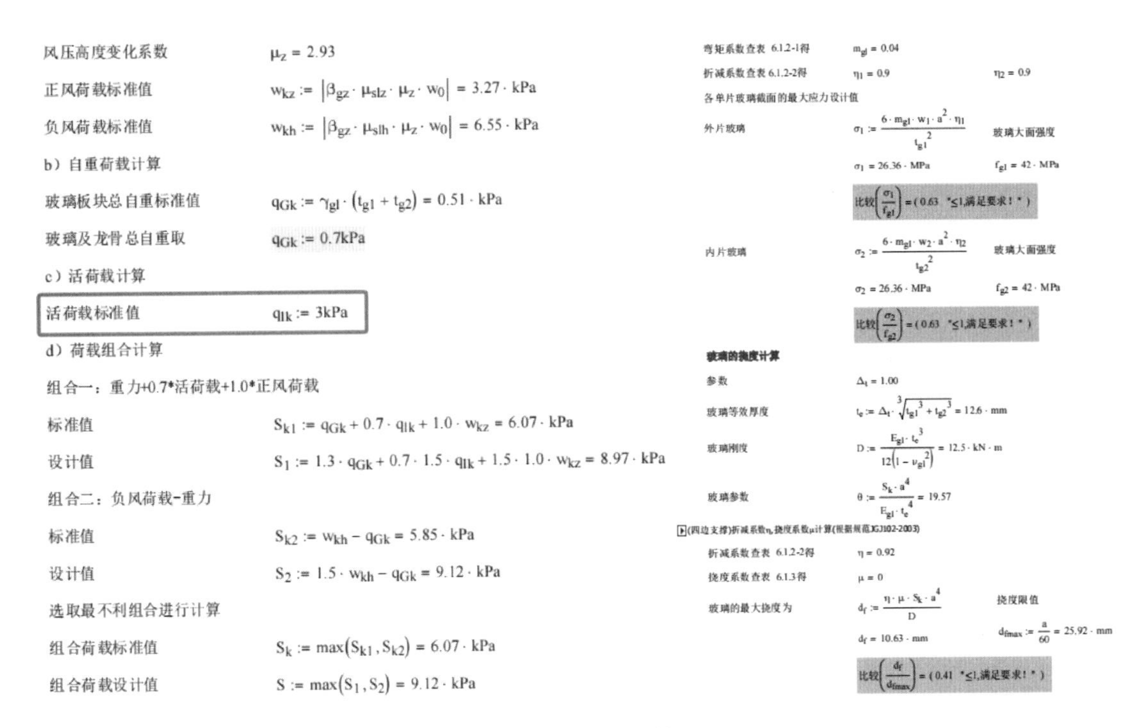

风压高度变化系数 $\mu_z = 2.93$
正风荷载标准值 $w_{kz} := \left|\beta_{gz} \cdot \mu_{slz} \cdot \mu_z \cdot w_0\right| = 3.27 \cdot kPa$
负风荷载标准值 $w_{kh} := \left|\beta_{gz} \cdot \mu_{slh} \cdot \mu_z \cdot w_0\right| = 6.55 \cdot kPa$
b）自重荷载计算
玻璃板块总自重标准值 $q_{Gk} := \gamma_{gl} \cdot (t_{g1} + t_{g2}) = 0.51 \cdot kPa$
玻璃及龙骨总自重取 $q_{Gk} := 0.7kPa$
c）活荷载计算
活荷载标准值 $q_{lk} := 3kPa$
d）荷载组合计算
组合一：重力+0.7*活荷载+1.0*正风荷载
标准值 $S_{k1} := q_{Gk} + 0.7 \cdot q_{lk} + 1.0 \cdot w_{kz} = 6.07 \cdot kPa$
设计值 $S_1 := 1.3 \cdot q_{Gk} + 0.7 \cdot 1.5 \cdot q_{lk} + 1.5 \cdot 1.0 \cdot w_{kz} = 8.97 \cdot kPa$
组合二：负风荷载-重力
标准值 $S_{k2} := w_{kh} - q_{Gk} = 5.85 \cdot kPa$
设计值 $S_2 := 1.5 \cdot w_{kh} - q_{Gk} = 9.12 \cdot kPa$
选取最不利组合进行计算
组合荷载标准值 $S_k := \max(S_{k1}, S_{k2}) = 6.07 \cdot kPa$
组合荷载设计值 $S := \max(S_1, S_2) = 9.12 \cdot kPa$
弯矩系数查表 6.1.2-1得 $m_{gl} = 0.04$
折减系数查表 6.1.2-2得 $\eta_1 = 0.9$ $\eta_2 = 0.9$
各单片玻璃截面的最大应力设计值
外片玻璃 $\sigma_1 := \frac{6 \cdot m_{gl} \cdot w_1 \cdot a^2 \cdot \eta_1}{t_{g1}^2}$ 玻璃大面强度
$\sigma_1 = 26.36 \cdot MPa$ $f_{g1} = 42 \cdot MPa$
比较$\left(\frac{\sigma_1}{f_{g1}}\right) = (0.63$ "≤1,满足要求！"$)$
内片玻璃 $\sigma_2 := \frac{6 \cdot m_{gl} \cdot w_2 \cdot a^2 \cdot \eta_2}{t_{g2}^2}$ 玻璃大面强度
$\sigma_2 = 26.36 \cdot MPa$ $f_{g2} = 42 \cdot MPa$
比较$\left(\frac{\sigma_2}{f_{g2}}\right) = (0.63$ "≤1,满足要求！"$)$
玻璃的挠度计算
参数 $\Delta_t = 1.00$
玻璃等效厚度 $t_e := \Delta_t \cdot \sqrt[3]{t_{g1}^3 + t_{g2}^3} = 12.6 \cdot mm$
玻璃刚度 $D := \frac{E_{gl} \cdot t_e^3}{12(1 - \nu_{gl}^2)} = 12.5 \cdot kN \cdot m$
玻璃参数 $\theta := \frac{S_k \cdot a^4}{E_{gl} \cdot t_e^4} = 19.57$
(四边支撑)折减系数η,挠度系数μ计算(根据规范JGJ102-2003)
折减系数查表 6.1.2-2得 $\eta = 0.92$
挠度系数查表 6.1.3得 $\mu = 0$
玻璃的最大挠度为 $d_f := \frac{\eta \cdot \mu \cdot S_k \cdot a^4}{D}$ 挠度限值
$d_f = 10.63 \cdot mm$ $d_{fmax} := \frac{a}{60} = 25.92 \cdot mm$
比较$\left(\frac{d_f}{d_{fmax}}\right) = (0.41$ "≤1,满足要求！"$)$

图 3　玻璃受力计算

那么玻璃的反射率最终定为多少，才能达到既有镜子的效果又有深渊的效果呢？经比对发现，玻璃的反射率越高，则透过率越低。反射率越高则镜面效果越好，但是随之面对的问题就是对晚上内部灯光的遮挡现象越强。因此为实现既有较好的镜面效果又有可观的透过率，需要找到反射率与透过率在效果上的临界值。经反复比选，玻璃反射率至少达到 60%，白天才能有较好的镜面效果，在此基础上我们选了 60%和 80%的反射率玻璃（图 4）。

图 4　镜面玻璃比选

那又如何实现“深渊”效果呢？结合“深渊”原理，镜面玻璃本身具有对光线的反射作用，那么在镜面玻璃下面再做一面镜子，灯带位于两面镜子中间即可达到反复反射的现象。为此，我们制作了一个简易暗箱盒子模拟灯光的深渊效果（图 5）。经比对，最终选定 60%反射率为最佳。

图 5　深渊效果模拟

最后一个要解决的问题就是玻璃平整度和缝隙尽可能小的的实现。此解决方式只能从构造节点上思考。考虑到缝隙尽可能小，但是又有一定的调节空间，我们抛弃了传统的胶缝打钉的方式，而是从内部用螺栓固定，型材穿螺栓的位置采用齿板进行上下调节，这样既满足了小缝隙，又能方便施工进行高低调节，进而保证玻璃平整度（图 6）。为减少结构负担和优化成本，原本模拟阶段底部的镜子采用了镜面不锈钢代替，既节省成本又满足了镜面效果。

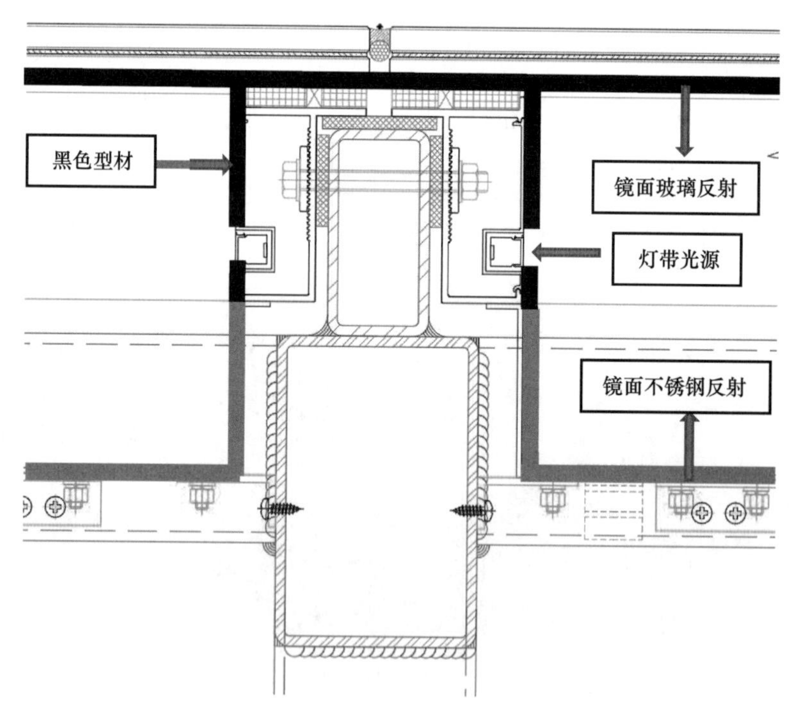

图 6　天空之境节点

经过不断地探索和验证，最终完美呈现了“天空之境”的建筑效果，成为超总片区又一“网红打卡点”（图 7）。

图 7　完成实拍

3.2　光伏幕墙系统

为迎合建筑节能减排，降低运营成本的政策需求，屋顶会客厅屋面采用了光伏幕墙系统。在电池材料选用上，综合考虑了各种光伏组件（图 8）优劣后发现，碲化镉具有以下优势：功率温度系数低、弱光发电效应强、热斑效应高、视觉色泽一致。结合建筑美观及经济适用性原则，最终采用了碲化镉（CdTe）薄膜电池的 BIPV（将光伏材料附着安装在建筑物上，也称为“后安装型”）光伏系统。

序号	项目名称	单晶硅	多晶硅	碲化镉	铜铟镓硒	异质结	砷化镓	钙钛矿
1	实验室转换效率	27.6%	24.4%	22.1%	23.4%	25.05%	50%	30%
2	国内量产转换效率	23%	20.3%	16%	15%	21.6%	32%（国内未量产）	21.7%（国内未量产）
3	外观效果	蓝黑色	蓝黑色	多种色彩质感	多种色彩质感	蓝黑色	深灰色	多种色彩质感
4	发电能力	25年+	25年+	25年+	25年+	25年+	25年+	未量产
5	太阳光入射角	要求高	要求高	较高	较高	要求高	要求高	较高
6	弱光发电能力	弱	弱	强	强	较强	强	强
7	单位造价（元/W）	2.05	1.95	2.15	2.25	2.20	10.0	2.0（预估）
8	主要用途	地面电站/工商业屋顶电站	地面电站/工商业屋顶电站	商业屋顶电站/光伏建筑一体化	商业屋顶电站/光伏建筑一体化	地面电站/工商业屋顶电站	航空航天/军用	光伏建筑一体化

图 8　光伏组件对比

确定光伏组件选用后，同时迎面而来一个重要问题——光伏板块尺寸选用。光伏组件的尺寸敲定关系着材料运输方案及碲化镉薄膜电池的切裁问题。若板块尺寸过大，则运输难度大，上文提到本项目除改造位置外其他已投入使用，垂直运输措施仅有施工电梯和擦窗机两种方案，然而擦窗机运输效率低，安全性差，显然不是本项目最佳选项。而施工电梯受箱体尺寸限制，必然决定了光伏板块的最大运输尺寸。碲化镉光伏组件每个厂家均有标准规格尺寸，若在标准组件的基础上进行裁剪和拼接，则造价会成倍增长，且生产效率低，成品故障率也随之增高。因此，在模拟施工电梯运输尺寸（图 9）和电池标准组件尺寸（图 10），并结合分格划分美观性的条件下，最终光伏构件尺寸由设计之初的 1500mm×1200mm 优化为 1600mm×1200mm。

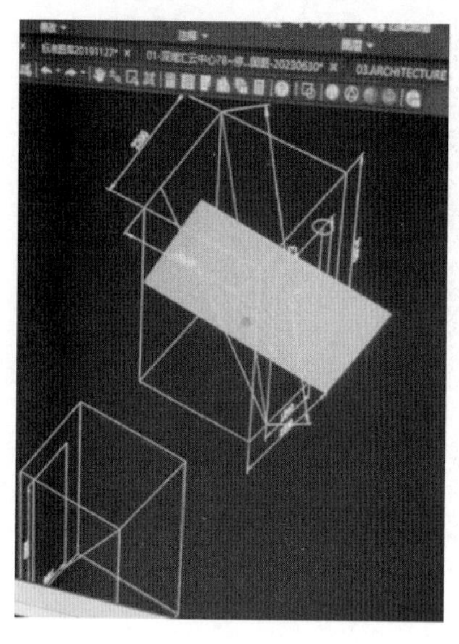

产品类型

龙焱及瑞科尺寸

标准尺寸：

1200mm×1200mm（两块1200×600mm基板拼接）

1200mm×1800mm（三块1200×600mm基板拼接）

1200mm×2400mm（三块1200×600mm基板拼接）

1200mm×3000mm（三块1200×600mm基板拼接）

非标尺寸：

1200mm×1000mm（1200×500两块拼接，两块基板均切一刀）

1000mm×1000mm（1000×500两块拼接，两块基板均切两刀）

中建材尺寸

标准尺寸：

1200mm×1600mm（一块1200×1600mm基板拼接）

1200mm×3200mm（两块1200×1600mm基板拼接）

非标尺寸：

1200mm×1000mm（一块基板切一刀）

1000mm×1000mm（一块基板切一刀）

图 9　施工电梯运输模拟

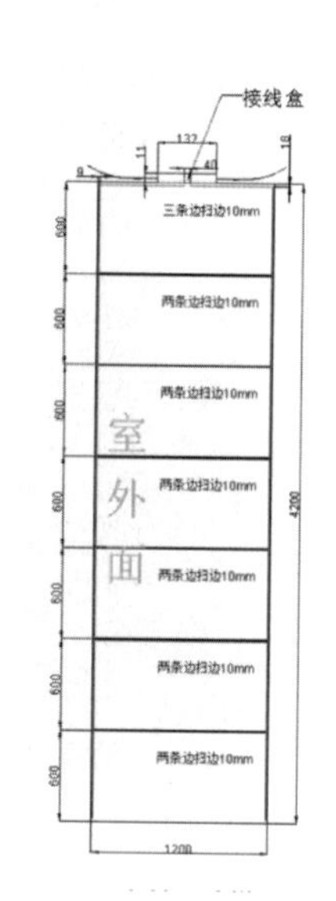

图 10　碲化镉电池芯片规格

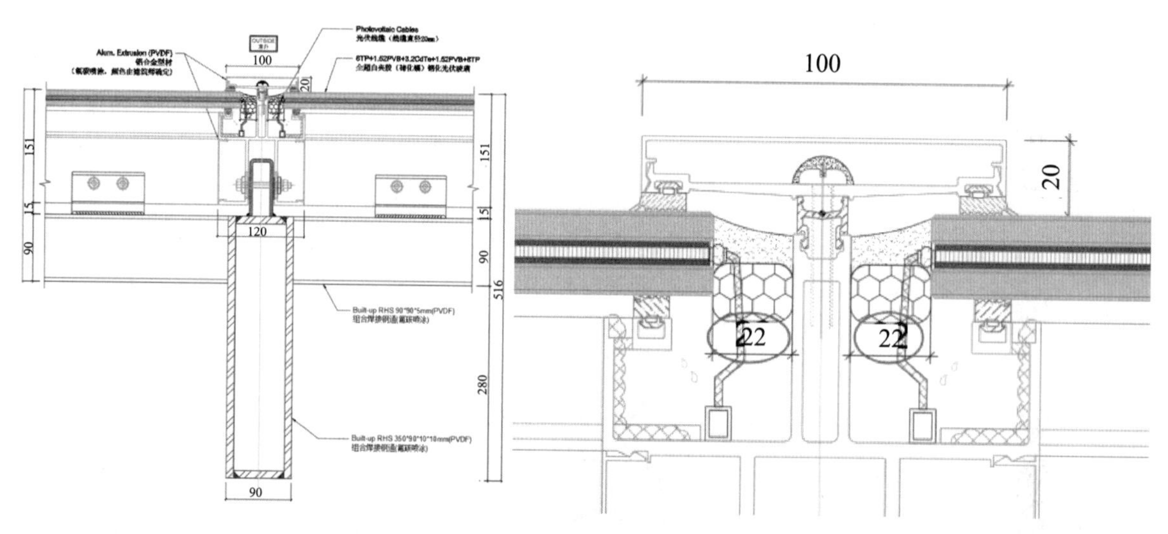

图 11　光伏节点

光伏幕墙采光顶主梁最大跨度为 7.35m，采用 350mm×90mm×10mm 直角焊接钢通，次梁采用 90mm×90mm×5mm 直角焊接钢通，玻璃为 8TP+1.52PVB+3.2CdTe+1.52PVB+8TP 全超白夹胶（碲化镉）钢化光伏玻璃，透光率 20%，整体幕墙系统为半隐框体系，顺坡度方向为明框扣盖（图 11）。幕墙系统确定后接下来需考虑光伏线缆出线方式问题。BIPV 光伏幕墙出线方式一般分为两种，一种为背部出线，另一种为侧面出线。因为本项目为采光顶，考虑美观性，最终确定为侧面出线方式。但采用侧面出线后，尤其重要的问题为明框位置，玻璃侧面与铝型材之间至少要保留 22mm 的空隙，以供串流组件的安装摆放。

考虑到光伏幕墙龙骨运输问题，所有钢龙骨采购尺寸均控制在 3.5m 以内，由施工电梯运输上楼后拼接吊装，经计算，钢龙骨在自重荷载情况下挠度为 10mm，因此在拼装过程中采用工装平台预起拱 10mm 的方式，确保安装完成后达到预期平整度效果。

光伏幕墙作为一种可持续的建筑模式，有利于为社会公众树立绿色、低碳、环保的榜样，提高人们对可再生能源和绿色建筑的认识和接受度，促进全社会的可持续发展意识的提升。本项目光伏幕墙安装面积为 413.28m，装机量为 48.22kW，预估年发电量为 5.2 万度电，是结合了功能、经济、效果于一体的改造典范（图 12）。

图 12 完成实拍

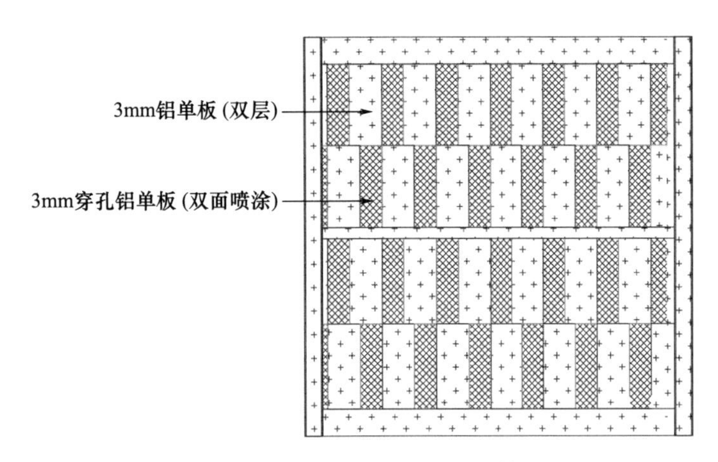

图 13 错位格子铝板局部大样

3.3 错位格子幕墙系统

错位格子铝板幕墙是会客厅步梯观光连廊的一个重点装饰系统，是由 3mm 银白色铝板和 3mm 穿孔铝板错位布置形成的双面装饰的铝板墙（图 13）。此系统的难点为穿孔板位置不能有龙骨外露，因此设计上必须考虑主龙骨隐藏在 3mm 实体铝板内。基于以上难点，主龙骨设计采用 200mm×80mm×8mm 氟碳喷涂钢通，顶底固定，主龙骨侧面悬挑 90mm×90mm×6mm 氟碳喷涂钢通作为铝板另外一边固定点，确保龙骨隐藏在实心铝板内。不同楼层通过调节悬挑竖龙骨的悬挑距离，从而形成错位骨架关系（图 14）。

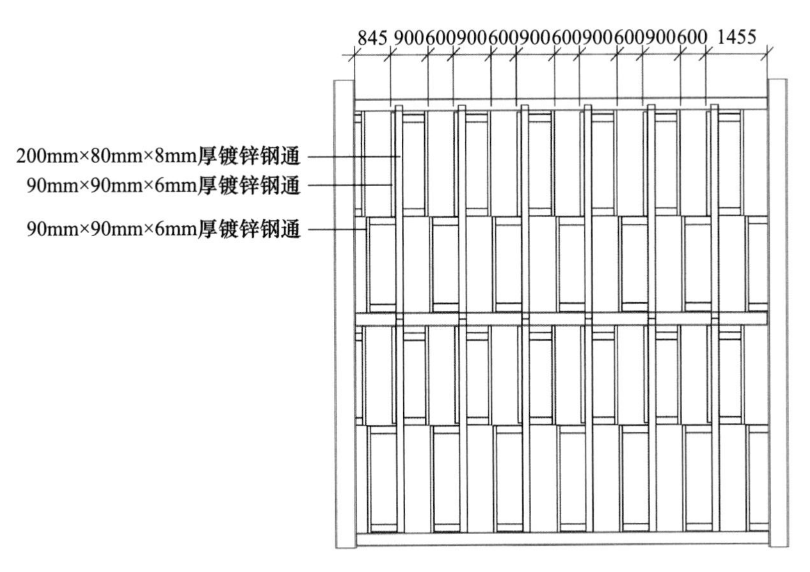

图 14 错位格子龙骨布置图

图 15　错位格子完成实拍

通过普通的穿孔板铝板和实心单板错位相间的设计，在光影的交错下，观光连廊拥有丰富的层次感和动态的艺术美感，给修长的步梯连廊增加了更多探索乐趣（图 15～图 16）。

图 16　错位格子完成实拍

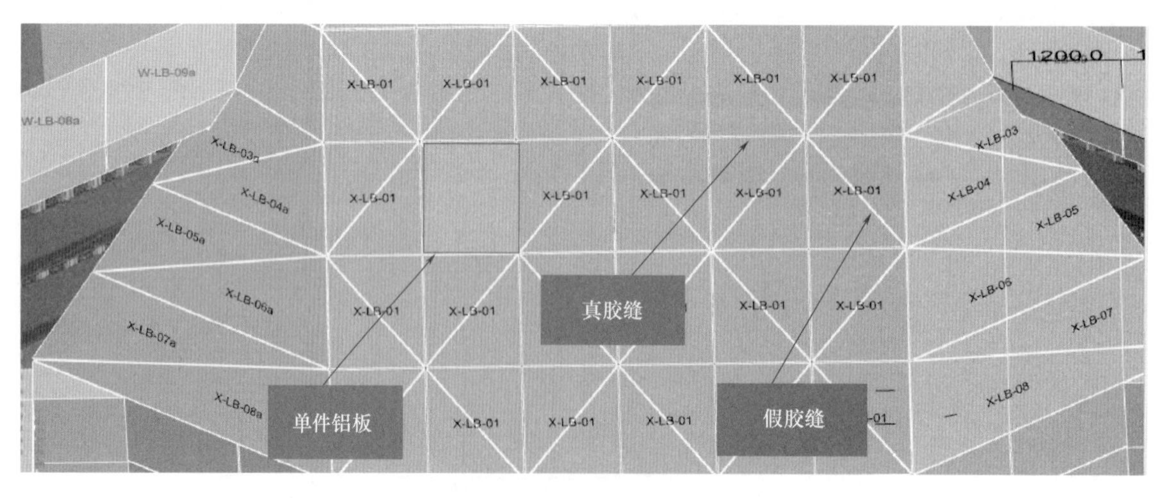

图 17　“钻石”面铝板 BIM

3.4　观光平台“钻石”面铝板及其他铝板系统

观光平台为衔接天空之境的转换平台，同时也是供游人休憩和俯瞰超总片区风光的平台，其底部为“钻石”面装饰铝板。设计之初为勾勒出鲜明的棱角，铝板分缝为三角形划分。但三角形铝板对加工精度要求高，骨架安装难度大，在当时工期紧、品质要求高、主体结构复杂的背景下，显然是极大的挑战。首先考虑“钻石”面铝板为远视场景，我们合并三角形铝板为矩形铝板，在合并缝位置增加凹槽造型，现场采用假胶缝的视觉效果，此方法大大降低了铝板加工周期及安装难度（图 17）；其次我们引入了 BIM 建模方式，通过套用主体钢构的模型，附着外表皮建模，通过编程软件进行分缝，导出坐标点位指导施工，并整体提料出单（图 18），最终既满足了工期要求，又达到了效果要求（图 19）。

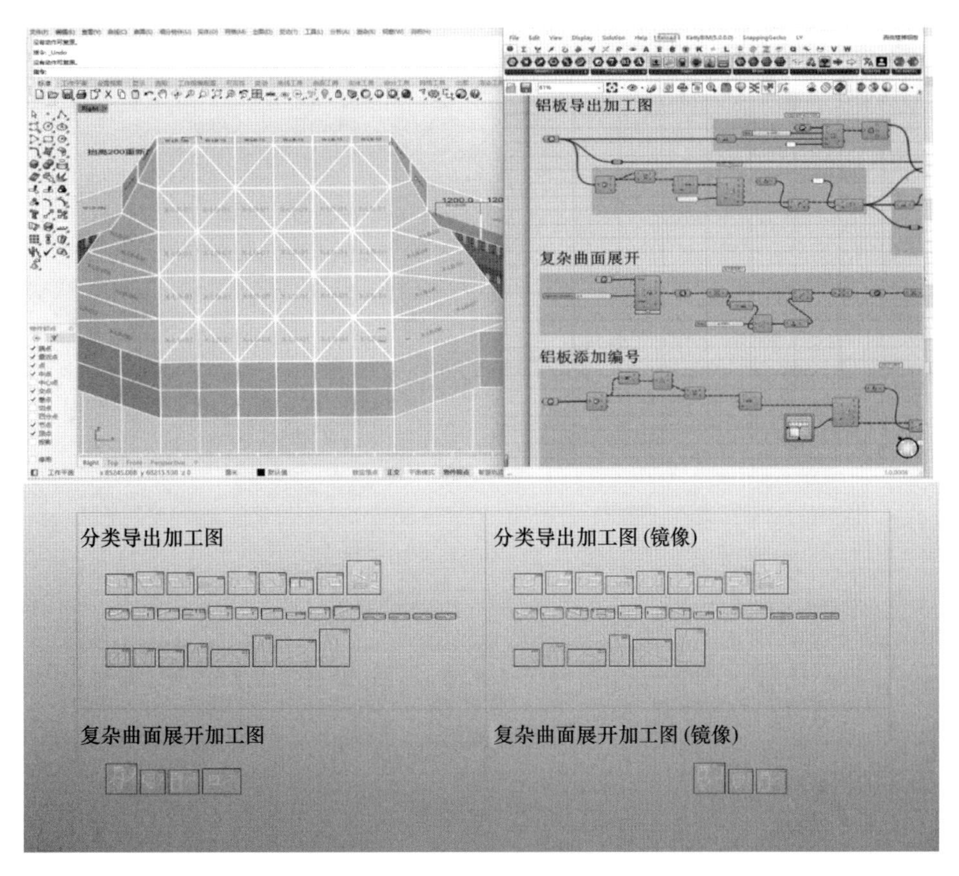

图 18　“钻石”面铝板 BIM 导出

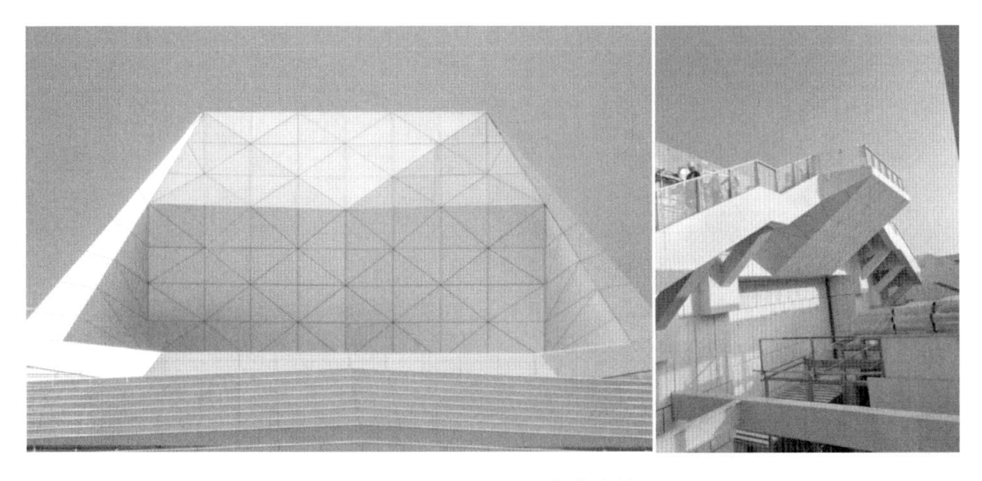

图 19　“钻石”面完成实拍

本项目其他铝板系统主要难点在于改造项目现场结构复杂，均为局部小面造型且铝板均采用内退胶缝，对复尺准度、安装精度、工艺水平均要求极高，此部分施工主要解决方式就是设计与现场紧密配合，信息高效传达及互通，最终在克服运输难、成品保护苛刻等困难下，圆满成了铝板幕墙体系（图 20～图 22）。改造完成后总体效果如图 23 所示。

图 20　铝板系统施工前和施工后对比

图 21　铝板系统施工前和施工后对比

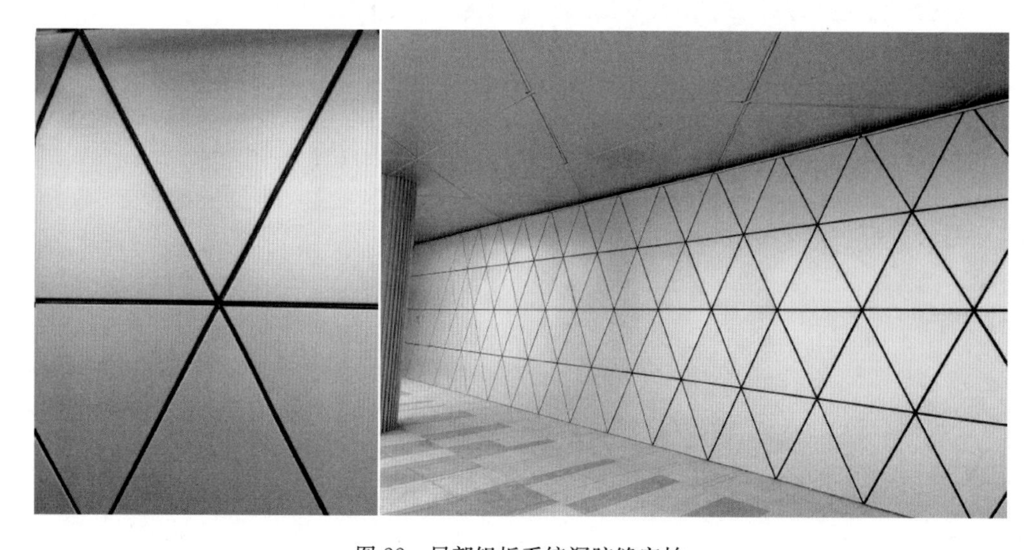

图 22　局部铝板系统深胶缝实拍

图 23　改造完成实拍

4　结语

2024 年 1 月，“外交官看中国·广东行”活动来到深圳，在有“天空之境”之称的深圳湾深湾睿云中心，上演了一场以中国非物质文化遗产“香云纱”为主题的时装秀。近 40 个国家的驻华使节到场观看了这场时装秀。这场天空大秀呈现出深圳时尚与中国非遗文化的完美演绎，同时也让深湾汇云屋顶改造工程的“太空之境”成为深圳 360m 高度的标志性景观。

本文仅借深湾汇云屋顶改造工程的设计与施工过程的综合分析，阐述了改造工程遇到的效果、品质与施工落地性碰撞产生的各种难点及解决办法，希望通过这一解析过程能够给大家带来启发。

一种解决超高层弧形幕墙在超大风荷载情况下的窗方案设计探讨

◎ 黄检伦　黄庆祥　寇笑升　杨　路　崔文涛

中建深圳装饰有限公司　广东深圳　518000

摘　要　本文主要介绍了一种用于解决超高层弧形幕墙的窗方案，在超大风荷载情况下，就如何实现圆弧窗多点锁系统进行了探讨，并详细阐述了方案细节，希望通过该案例为大家提供一种设计思路。

关键词　超高层弧形窗；超大风荷载；多点锁系统；弧形材料精度控制

1　引言

现在越来越多超高层建筑融入弯弧的形态，弧形幕墙呈现更多造型与姿态的背景下，弧形窗应运而生。弧形窗因其形态特点，优选外平推方案。常规的幕墙平推窗，窗扇与窗框之间只有一个平台用来布置滑撑与多点锁系统，导致滑撑与锁点需要错开布置。在超大风荷载情况下，当窗四边都需要均布锁点才能满足受力要求，出现锁点无法与滑撑错开布置的时候，常规平推窗构造无法满足此种窗工况，本文正是为解决此问题，设计出一种新的窗方案。

2　普通直面窗与弧形窗的开启形式选择

本文讨论的弧形窗是水平方向为弧形，而非立面方向为弧形的窗。

我们常见铝合金窗的开启方式主要有两种形式——平开窗和推拉窗，幕墙上使用悬窗和平开窗居多。

平开窗根据设计的开窗方式不同可以细分为内平开窗和外平开窗，优点是通风面积大，但其依靠竖向单边支撑，受力形式不利于做大面积开启扇，可用于小尺寸直面窗和弧形窗。

推拉窗有不占据室内空间的优点，外观美丽、价格经济、开启灵活。但通风面积受一定限制，最多只能打开一半，密封性能也相对差一些，可用于直面窗和弧形窗，弧形窗轨道需特制，抗风压性能较差。

悬窗又可分为外开上悬窗和外开下悬窗，由外平开窗演化而来，既可向外平开又可向下或者向上开口通风，可用于直面窗，弧形窗不适用。

内开内倒窗由平开窗发展而来，既可向室内平开又可上开口通风。

平移内倒窗由推拉窗发展而来，既可左右推拉又可上开口通风，可用于直面窗，弧形窗不适用。

中旋窗是窗轴装在窗扇的左右边梃的中部，沿水平轴旋转的窗，在通风、实用性和密封保温方面表现优异，但加工难度和成本较高，可用于直面窗，弧形窗不适用。

平推窗窗扇可整体平推出去，在隔声、隔热、美观等方面具有显著优势，但价格较高，通风效果和密封性能也有一定的局限性。其五金选择非常重要，抗风压性能佳，可用于大尺寸直面窗和弧形窗。

综上分析，弧形窗优先选择平推窗形式。

3　超高层弧形窗设计思路——方案比对

基本条件：幕墙弧形窗采用平推方式，平面弯弧半径 11m，弧形窗尺寸为 2275mm（宽）×700mmm（高）。

方案一为铝型材采用直料、玻璃弯弧，弯弧玻璃与窗扇之间采用增高料填平，此方案优点是工艺较简单，需要控制的技术要点相对较少，缺点是室内侧不太美观，弯弧玻璃与窗扇之间多一个变截面增高料（图 1）。

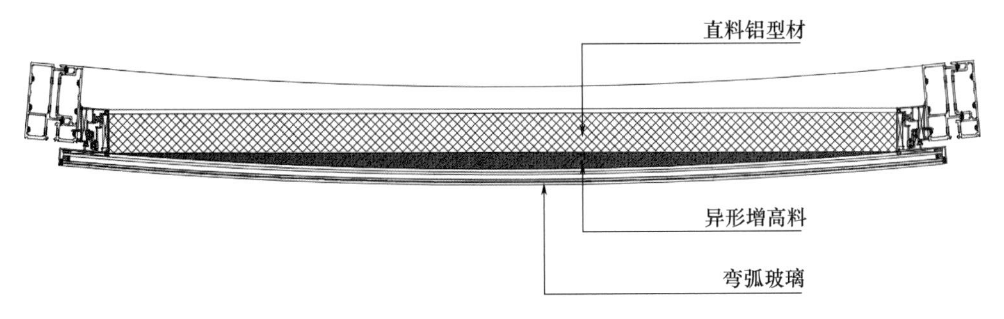

图 1　方案一示意图

方案二为铝型材拉弯、玻璃弯弧，其优点可适用于各种半径圆弧窗，缺点为技术控制要点多，比如横向拉弯窗扇料与窗框料的匹配度，弯弧玻璃与拉弯窗扇料的匹配度（图 2）。当窗足够大，可均布多点锁系统时，上述两个方案思路可根据项目实际情况选用。

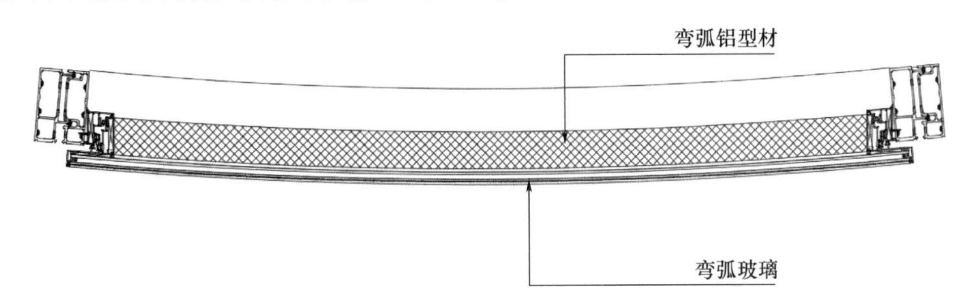

图 2　方案二示意图

依托方案二的思路，进一步拓展成方案三和方案四。在方案三中，弧形窗采用多点锁系统与支撑系统同平台的思路，锁点、锁座与滑撑错位布置，根据计算，在低楼层或风荷载较小的情况下，受力满足要求，但是在超高层及超大风荷载情况下，多点锁系统无法满足（图 3）。

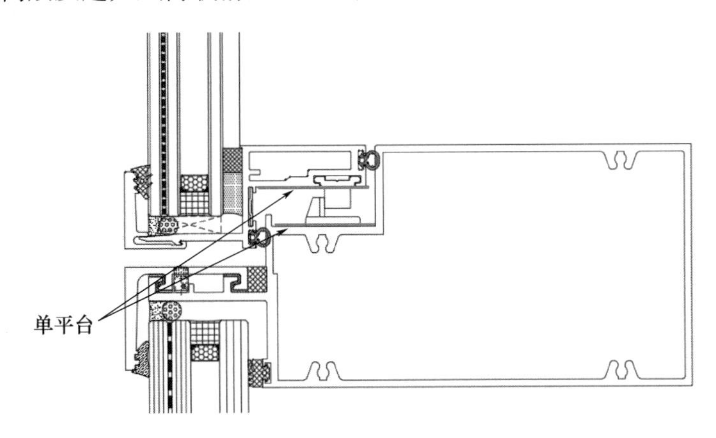

图 3　方案三示意图

为解决圆弧窗在超高层和超大风荷载情况下的应用，方案四设计了双工作平台，一个平台设计给支撑系统使用，另一个设计给多点锁系统使用，两个平台可独立开，互不干涉，使得滑撑与锁点不用错开布置，解决了圆弧窗在超大风荷载情况下的受力问题（图 4）。

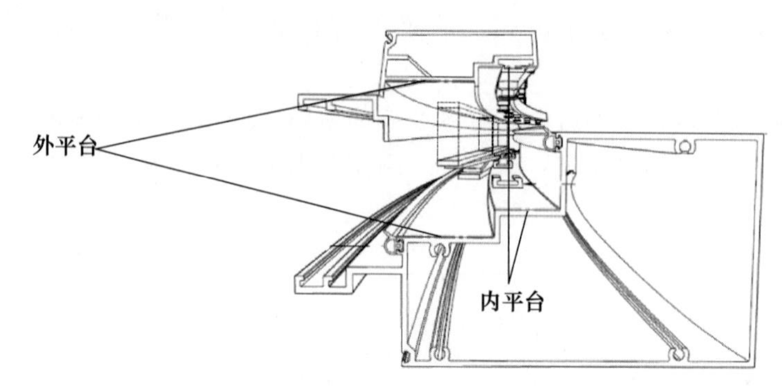

图 4　方案四示意图

4　弧形平推窗设计及计算——优选方案详细介绍

4.1　方案四中弯弧窗方案

如图 5～图 8 所示，窗结构包括左边框结构 1、右边框结构 4、上边框结构 2 以及下边框结构 3，其中，窗结构还包括用于开启和锁闭窗的执手 5。

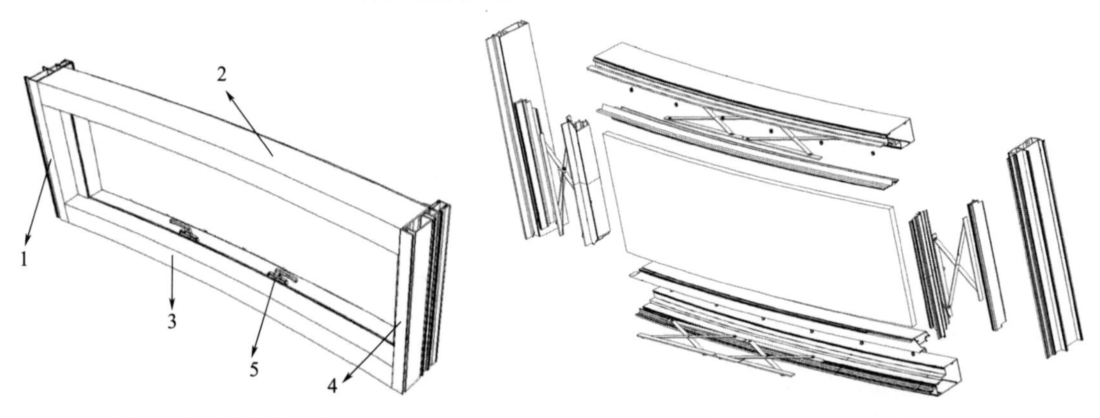

图 5　弯弧窗整体示意图

1—左边框结构；2—上边框结构；3—下边框结构；4—右边框结构；5—执手

图 6　弯弧窗整体爆炸示意图

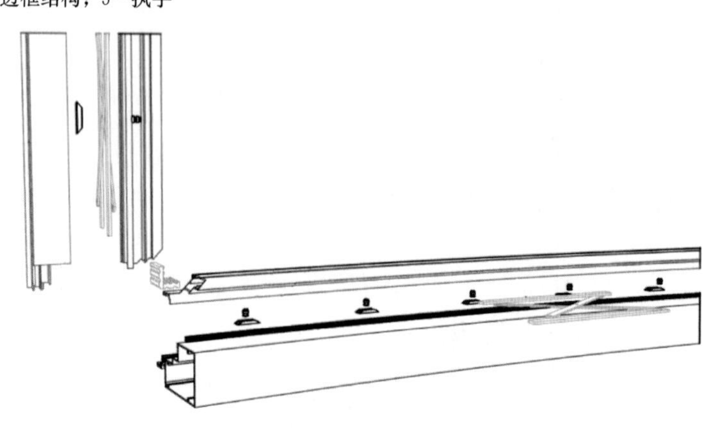

图 7　弯弧窗局部爆炸示意图

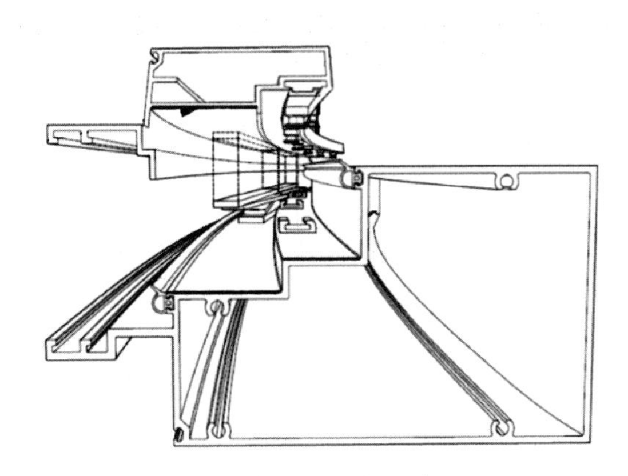

图 8　弯弧窗局部示意图

左边框结构包括左窗扇料以及左窗框料。其中，左窗扇料上设置有第一内平台以及第一外平台，左窗框料上设置有第二内平台以及第二外平台；第一内平台以及第一外平台之间的高度差为 14mm，第二内平台以及第二外平台的高度差为 14mm。其中，第一内平台上开设有凹槽，凹槽比标准欧标槽要更宽一些，便于上下框弯弧动杆滑动顺畅，传动杆上固定有 1 个锁点，外平台上固定有滑撑，该滑撑起承重功能。内平台上固定有 1 个锁座。右边框结构与左边框构造相同，呈镜像关系，在此不再一一赘述。

上边框结构包括上窗扇料以及上窗框料。其中，上窗扇料上设置有内平台以及外平台，上窗框料上设置有内平台以及外平台。在本方案中，内平台以及外平台之间的高度差为 14mm。其中，内平台上开设有凹槽，凹槽比标准欧标槽要更宽一些，便于上下框弯弧动杆滑动顺畅，传动杆上固定有 7 个锁点，外平台上固定有滑撑，该滑撑起导向功能。内平台上固定有 7 个锁座。下边框结构与上边框构造相同，呈镜像关系，在此不再一一赘述。

竖向窗扇料与横向弯弧窗扇料通过组框角码连接，组框角码为直角组角码，需根据弯弧扇料与竖向扇料的斜切角度进行二次加工，撞角组框后，并增加 2 颗 M5 机丝钉机械固定。

本方案窗户尺寸为 2275mm（宽）×700mmm（高），采用 16 点锁系统，上下各均布 7 点锁，左右各布置 1 个锁点于窗中间，角部设置转角器，双执手布置在开启扇下窗扇料，控制多点锁系统的开启与锁闭。

4.2　圆弧平推窗计算

本方案风荷载标准值取 6.5kPa，锁点布置示意图如图 9 所示。

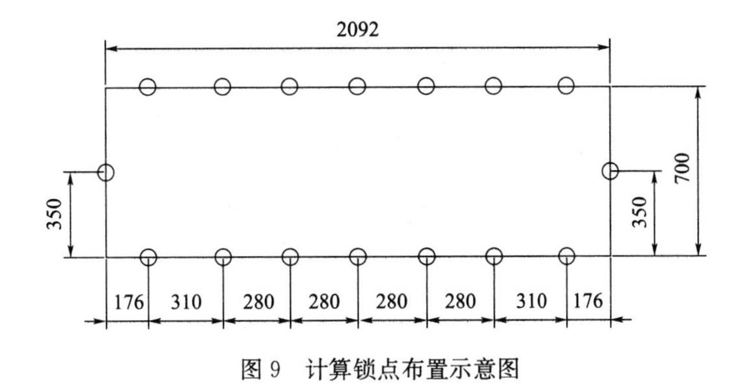

图 9　计算锁点布置示意图

采用 SAP2000 建模计算（图 10）。

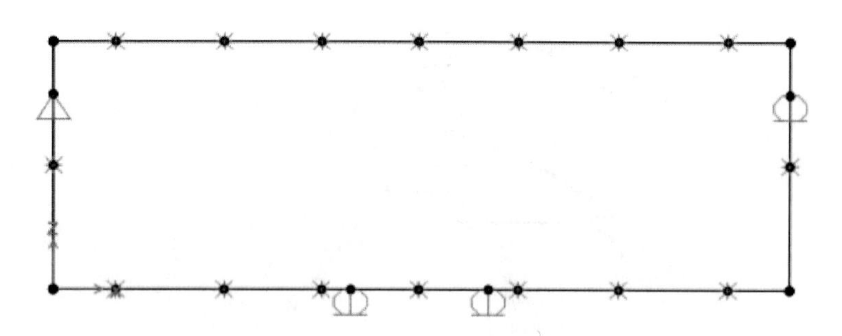

图 10　计算模型示意图

计算结果见图 11～图 13。

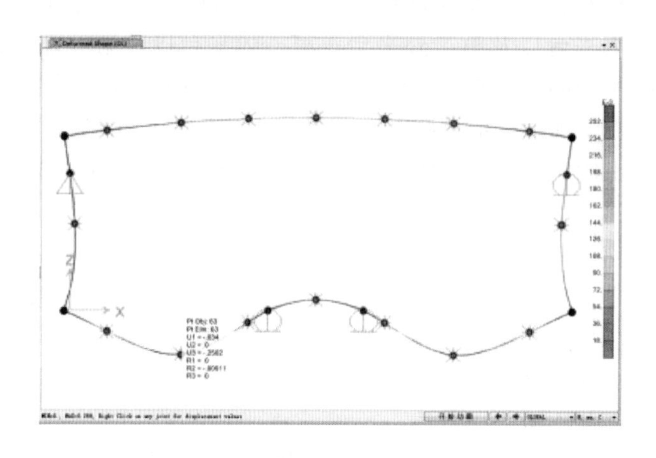

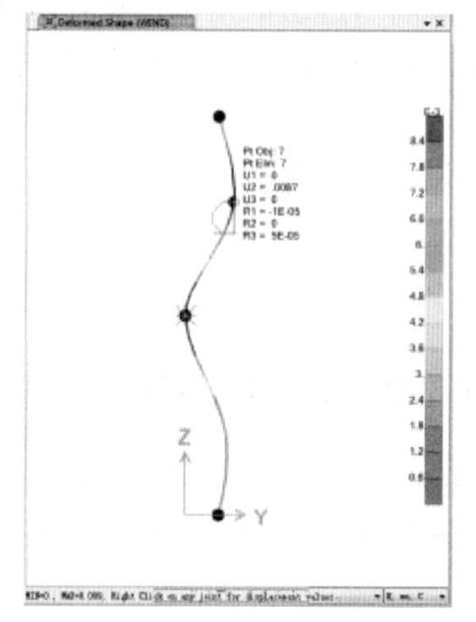

开启窗扇自重方向的最大挠度为0.25mm*261525/257655=0.254mm＜0.

开启窗扇水平方向的最大挠度为
0.01mm*261525/1075273=0.003min＜(700/180,20)mm=3.89mm;

开启窗扇的刚度满足要求!

图 11　开启扇刚度计算结果

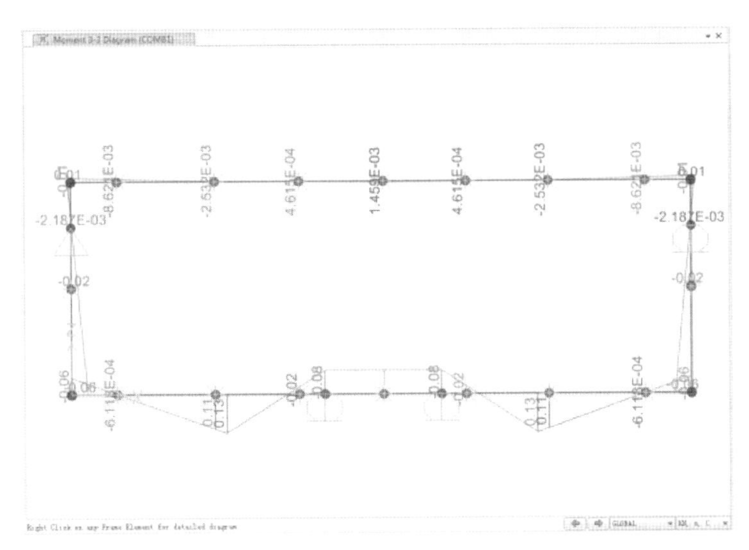

开启窗扇横扇的最大应力　　$\sigma:=\left(\dfrac{0.13\text{kN}\cdot\text{m}}{1.0\cdot 6202\text{mm}^3}+\dfrac{0.03\text{kN}\cdot\text{m}}{1.0\cdot 16878\text{mm}^3}\right)$

$\sigma = 22.74\cdot\text{MPa}$

$f_t = 150\cdot\text{MPa}$

因此 ($\sigma \leqslant f_t$) ="ok,满足要求!"

开启窗竖扇横扇的最大应力　　$\sigma:=\left(\dfrac{0.06\text{kN}\cdot\text{m}}{1.0\cdot 10427.7\text{mm}^3}+\dfrac{0.03\text{kN}\cdot\text{m}}{1.0\cdot 17042\text{mm}^3}\right)$

$\sigma = 7.51\cdot\text{MPa}$

$f_t = 150\cdot\text{MPa}$

因此 ($\sigma \leqslant f_t$) ="OK,满足要求!"

开启窗扇的强度满足要求!

图 12　开启扇强度计算结果

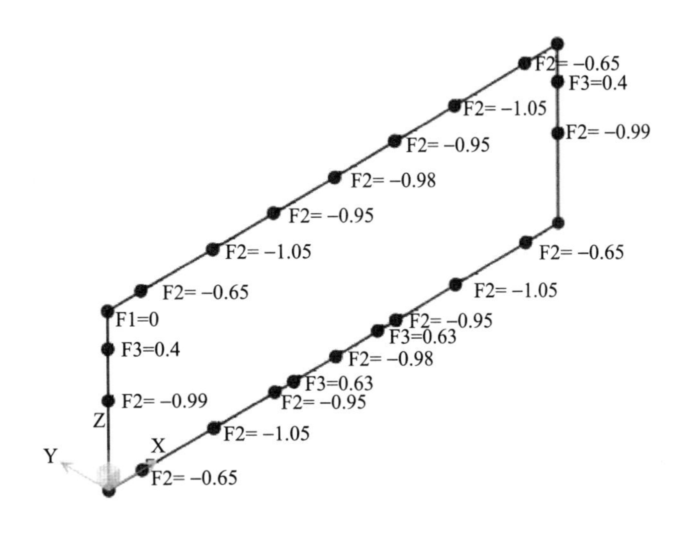

锁点最大荷载为0.99kN＜1kN，满足要求。

图 13　开启扇锁点计算结果

通过以上计算结果可以看出，此方案可以满足超大风荷载工况。

5 弧形窗加工遇到的问题

目前遇到的问题主要是铝型材和玻璃弯弧之后，协调性不理想，在横向明框幕墙系统中体现更为明显，横向弯弧压板与弯弧玻璃之间缝隙不均匀，横向弯弧窗框与弯弧窗扇之间配合间隙不均匀，密封胶条压不密实。

其主要原因是铝型材截面大小不同以及玻璃与铝型材材质不一样，其延展性和回弹率均不同，导致材料加工时弯弧精度控制不理想，成品合格率低。此外，各个加工环节成本受限，检测方法单一且没有持续性，以及项目工期要求紧张，未完成全部检测就催促出厂等，均是造成此类问题的原因。

5.1 玻璃回弹原理及控制要点

5.1.1 钢化玻璃弯曲回弹原理

钢化玻璃弯曲回弹的原理为在冷却过程中，玻璃表面收缩形成弯曲形状，内部原始应力分布不均匀，会产生内应力，虽使得玻璃具有了更大的强度和硬度，但会导致玻璃在后续使用中出现弯曲或碰撞时产生回弹效应。

5.1.2 影响钢化玻璃弯曲回弹的因素

(1) 弯曲度：弯曲越大，回弹度越明显。

(2) 玻璃厚度：玻璃厚度越大，回弹效应越明显。

(3) 温度：在弯曲过程中，玻璃表面的温度变化会直接影响回弹效应。

(4) 玻璃边缘质量：玻璃边缘质量好，回弹效应较小；反之，回弹效应较明显。

(5) 外部约束：外部约束越大，回弹效应越小；反之，回弹效应越大。

5.1.3 降低钢化玻璃回弹效应控制要点

(1) 优化弯曲过程，控制弯曲度和温度。

(2) 采用合适的玻璃厚度和边缘质量，尽量避免在边缘留下瑕疵。

(3) 在弯曲后使用支撑模具或者固定后再释放约束。

(4) 采用钢化复合玻璃或者增加切割缝来改善回弹效应。

5.2 铝型材回弹原理及控制要点

5.2.1 铝型材拉弯回弹原理

铝型材在拉弯后，由于材料塑性变形的不均匀性，导致拉伸面（指材料纵向）与挤压面（指材料横向）之间的应变值不相等，产生残余应力，导致回弹。

5.2.2 计算铝型材拉弯回弹的方法：

在进行铝型材拉弯时，我们可以通过以下公式来计算回弹量：

$$回弹量=[(180-\alpha)/\alpha]*R$$

其中，α 表示拉弯时的弯角，单位为°；R 表示拉弯后铝型材的半径。

5.2.3 减小铝型材拉弯回弹量控制要点

(1) 选择合适的拉弯角度

在铝型材拉弯时，选择合适的弯角可以尽量减少回弹量。一般情况下，弯角越小，回弹量就越小。但是要注意的是，弯角过小也不利于铝型材的塑性变形，容易造成开裂和变形等问题。

(2) 增加拉伸修正系数

通过增加拉伸修正系数，可以进一步减少回弹量。使拉伸面的应力和挤压面的应力均匀分布，减少残余应力产生的可能性。

（3）合理选择拉弯工艺

不同的拉弯工艺对回弹量的影响也不同。例如，在选择U形拉弯时，可以在两侧增加角度，从而减小回弹量；而在选择V形拉弯时，可以扩大V形的开口度数，也可以减小回弹量。

6　结语

本文通过对圆弧窗开启方案的解析，希望以一种抛砖引玉的方式，给圆弧窗设计提供一些思路。在工程实践中，弯弧窗涉及铝型材拉弯和玻璃弯弧，其弧度的精确度控制是难点，主要受限于材料的截面大小和材质，材料拉弯后延展变形和回弹率不一致，弯弧精度影响高品质弯弧窗的呈现，需要各界同仁共同努力精进技术，实现更好的弯弧窗效果。

参考文献

[1] 中华人民共和国建设部．建筑玻璃应用技术规程：JGJ 113—2015 [S]. 北京：中国建筑工业出版社，2009.
[2] 中华人民共和国建设部．玻璃幕墙工程技术规范：JGJ 102—2003 [S]. 北京：中国建筑工业出版社，2003.
[3] 上海市住房和城乡建设管理委员会．建筑幕墙工程技术标准：DG/TJ 08—56—2019 [S]. 上海：同济大学出版社，2019.

宝安区档案及综合服务中心项目幕墙设计亮点

◎ 黄汉斌　周苑云

深圳市启创幕墙设计顾问有限公司　广东深圳　518028

摘　要　本文从结构受力、设计构造、防排水、节能措施、加工、安装、维护更换等维度剖析本项目的亮点幕墙系统。

关键词　“盒子”单元式幕墙；装配式玻璃井及圆形排水沟；“十字”柱索杆平衡柱廊；双层幕墙及超静定支撑结构

1　引言

深圳市宝安区档案及综合服务中心选址于新安街道东南部，新安一路和翻身大道交叉口北侧。项目由中国工程院院士、全国勘察设计大师、深圳市建筑设计研究总院有限公司首席总建筑师孟建民院士亲自主持设计。建筑方案从档案服务和综合服务相互独立的功能需求出发，设置了两栋塔楼，方便独立运维管理。档案服务中心与裙楼的形式组合表现出一种稳固厚重的建筑状态，体现出档案服务中心作为城市历史载体的崇高性与耐久性（图 1）。档案服务中心塔楼的竖向模块暗含着档案储存的形象寓意，每一个模块宛如城市历史记忆的切片，被展现在塔楼的立面之上，这些竖向模块强调垂直向量，赋予了档案服务中心一种挺拔的力量感（图 2）。综合服务中心通过轻盈的体量与开放的立面，营造出一种亲民的、生动的都市形象，与档案服务中心形成了一种富有张力的微妙平衡（图 3）。两座塔楼呈现出厚重与轻盈，稳固与通透的动态对比，形成多个层次的对话，凸显了彼此的特质，营造出生动的城市关系（图 4）。

图 1　建筑整体效果图

图 2　档案楼街角视角

图 3　综合服务中心街角视角

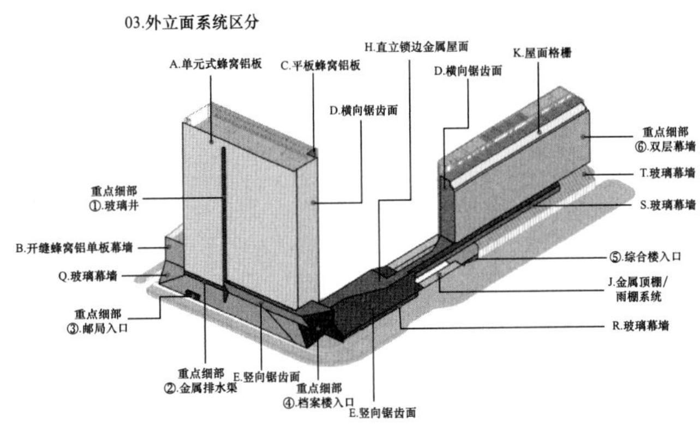

图 4　主要系统分布区域示意

2　工程概况

本项目总建筑面积 100086.1m²，其中地上建筑面积 69743.1m²（含档案服务中心 45556m²、综合服务中心 24187.1m²），地下建筑面积 30342.9m²。项目建筑设计为裙楼和两栋塔楼，裙楼为 3 层；档案服务中心为地上 24 层，建筑高度为 98m，幕墙最高标高为 106.3m；综合服务中心地上 10 层，建筑总高度为 47.2m，幕墙最高标高为 52.2m。

项目主要幕墙系统包括：档案楼“盒子”单元幕墙系统、单元式蜂窝铝板系统、单元式横向锯齿板系统、单元式玻璃幕墙系统、装配式玻璃井系统、装配式圆形排水槽系统、装配式倒斜面竖向锯齿板系统、装配式开缝斜屋面蜂窝阳极氧化铝板系统、斜屋面玻璃系统、开缝式蜂窝铝板系统、UHPC 装配系统、大跨度玻璃幕墙夹层系统、装配式波纹铝板系统；裙楼铝镁锰直立锁边金属屋面系统、装配式开缝斜屋面锯齿板系统、“十字”柱索杆平衡柱廊系统、铝板条吊顶系统；综合服务中心双层玻璃幕墙系统、玻璃幕墙夹层系统、金属格栅系统、构件式全明框玻璃幕墙系统、装配式波纹铝板系统、铝合金单元窗系统。

本文仅对“盒子”单元幕墙系统（含转角单元）、装配式玻璃井系统及圆形排水沟系统、“十字”柱索杆平衡柱廊系统、双层玻璃幕墙（超静定支撑结构）系统这几个颇具亮点的设计方案进行介绍。

3　部分系统的亮点设计方案介绍

3.1　档案塔楼“盒子”单元幕墙系统

3.1.1　系统基本概况

该系统幕墙形式为单元式（正面蜂窝铝板＋侧面穿孔铝单板）幕墙，主要位于档案楼东西大面，西面 3F～24F、东面 2F～24F（屋面层），幕墙结构计算高度 106.3m，建筑标准层层高 4m（1F～2F 层高 5m），幕墙标准单元板块分格为 1400mm（图 5），其中西面由外凸 700mm 宽的“盒子”和 700mm 宽的凹位平面组成 1400mm 的单元板块（图 6），东面分为 1400mm 外凸“盒子”单元和 1400mm 的凹位平面单元（图 7），组成整个主要东西立面整齐有序的“档案盒”效果。建筑主体结构梁为工字钢梁，由于档案楼在档案存储楼层有恒温恒湿且避光的特殊功能要求，对外立面的防水防潮要求也相应提高，因此档案存储楼层外墙均为 ALC 墙板封闭并进行防潮防水，其墙体外侧的幕墙也设计为封闭的单元幕墙系统（图 8），起到双重保障。其余少部分楼层有立面可见的采光窗和立面不可见隐藏在“盒子”背后的开启通风窗（图 9）。

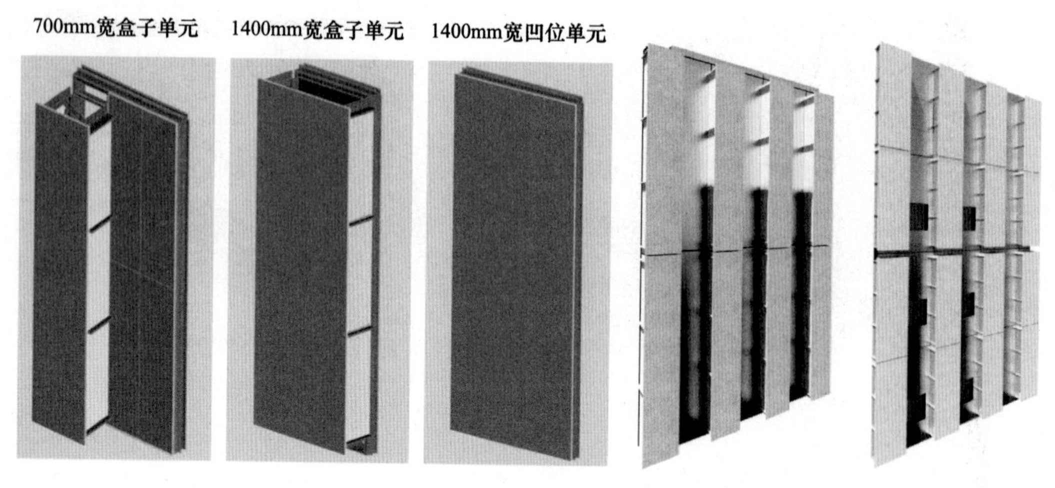

图 5　东西立面标准单元板块效果

图 6　档案楼西立面（700mm 宽凸“盒子”）

图 7　档案楼东立面（1400mm 宽凸“盒子”）

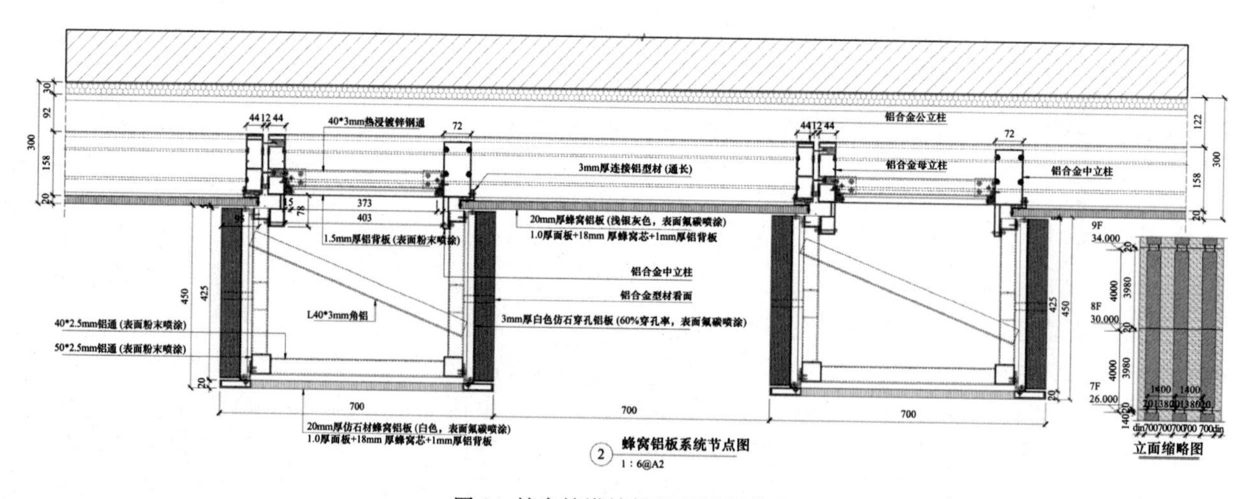

图 8　档案楼塔楼标准层横剖节点

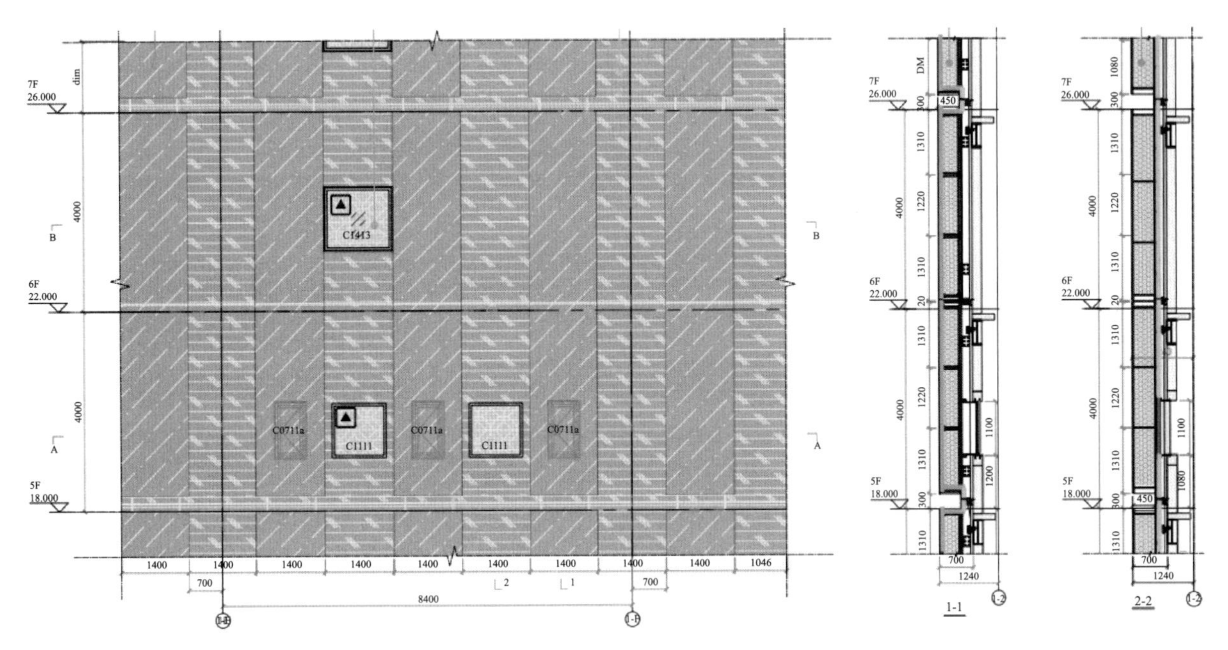

图 9 档案楼塔楼采光窗和开启通风窗大样

3.1.2 系统设计难点及解决策略分析

(1) 难点一

单元板块后的 ALC 墙板和保温、防水层必须在幕墙吊装前完成施工，导致单元板块吊装无法跟常规玻璃单元板块一样在楼层内进行操作和调节，需采用双轨借助吊篮完成单元吊装及后续施工，给板块吊装带来了不可避免的困难（图 10），凹位幕墙完成外表面距离结构梁外边仅 300mm 的构造空间，减去 ALC 墙板外的保温防水层理论 45mm，实际留给幕墙构造的理论空间只有 255mm，对于侧挂单元来讲，该空间对于 4m 层高 1.4m 宽分格且有外凸“盒子”的单元幕墙极为局促，又因外凸“盒子”的空间桁架体系既跟公立柱又跟母立柱连接，从而给单元横梁立柱截面设计及支座系统设计带来了不小的挑战。

图 10 档案楼塔楼单元板块安装过程

解决策略：在满足结构安全的前提下，为了尽量压缩单元立柱和横梁的截面进深尺寸，从而为板块与墙体之间预留尽可能大的调节空间，我们将公母立柱室内侧设置双翼缘空腔，让内侧空腔与上横梁的室内侧边缘平齐，以节约空间（图 11），最终为单元板块争取到了 77mm 的理论安装空间。在设计支座系统时，为了获得更大的板块与墙体之间的空间以适应结构和墙体出现的施工偏差，获得更大的调节操作空间，我们设计时充分利用主体钢结构工字钢梁腹板外侧的空间安装单元地台码，加上设置在单元立柱连接件上的可调节构造设计，整个单元板块在最不利的“Y”轴方向可达到 55mm 的极限调节尺寸，很好地满足了结构偏差需要，并将钢板槽和钢梁加强肋板与主体钢梁一体化加工施工，有效避免了现场焊接（图 12）。

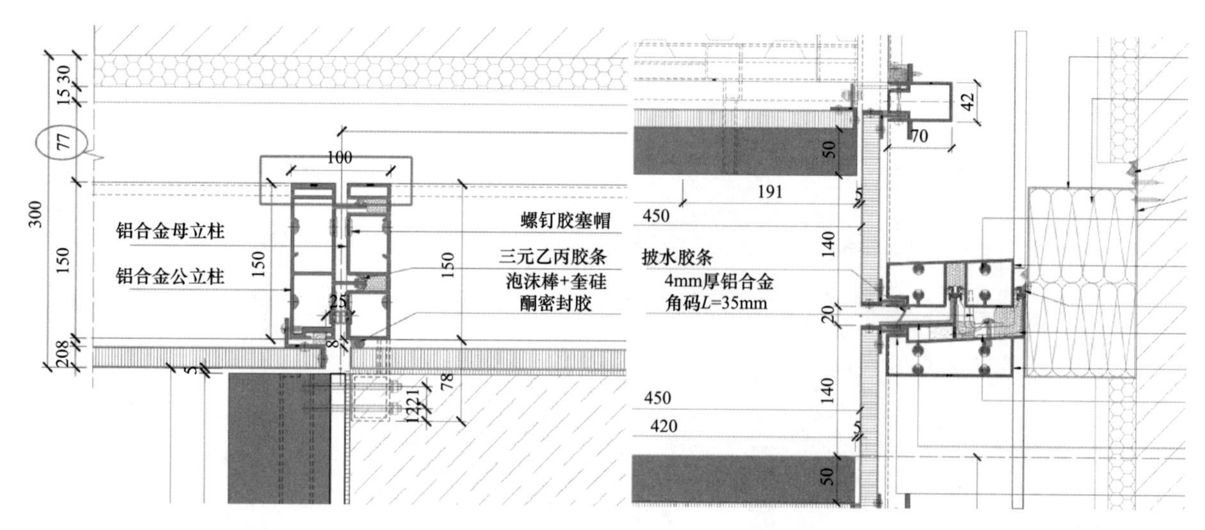

图 11　档案塔楼大面标准单元设计节点

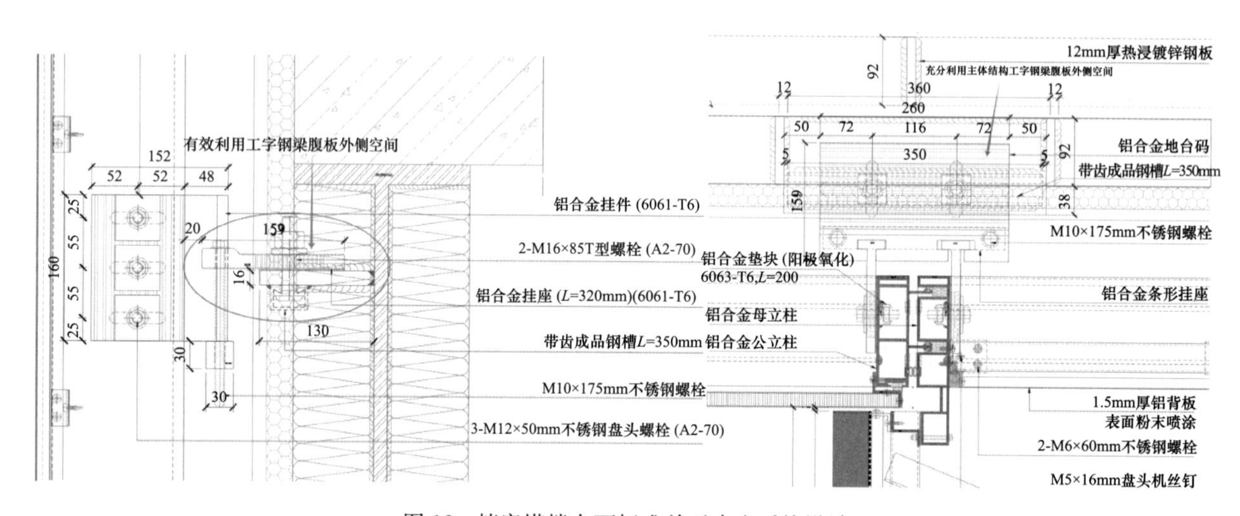

图 12　档案塔楼大面标准单元支座系统设计

(2) 难点二

塔楼大面的单元板块，其外凸“盒子”可视立面板四边均比侧面穿孔板位置的截面正投影要宽50mm，侧面穿孔铝板被高度方向上突出穿孔板50mm的两道横向肋条将高度分成三块，外凸“盒子”在奇数层上下单元板块呈现竖向断开300mm内凹的效果，内凹面与板块竖向凹位面平齐，且内凹位置的面板在竖向分缝位比外凸“盒子”的面板宽度两侧各小100mm（图13），这种前后面板不等宽的效果和缝隙关系导致外凸“盒子”两侧的凹位面板在奇数层时面板将变成反向“L”形，给单元板块吊装插接就位带来较大难度。

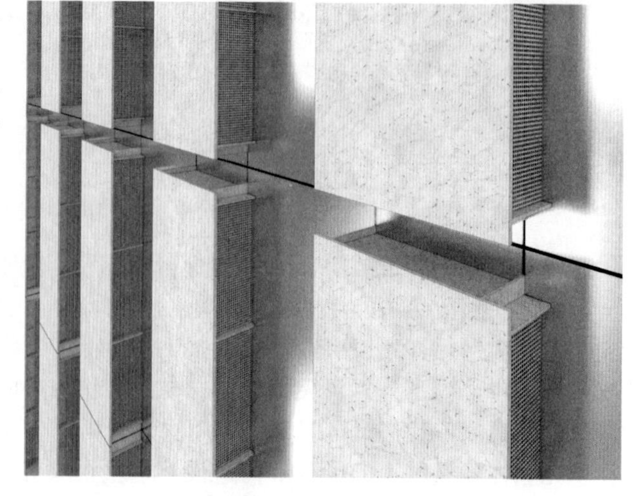

图 13　档案塔楼大面标准单元板块分缝效果

解决策略：按照奇数层凹位面板的竖向缝隙位置定位单元公母立柱，通过补缺的方法让面板竖向缝隙保持在一条直线上，1400mm单元板块在奇数层竖向凹位的“盒子”上方的小面板变窄为相邻凹位单元板块的面板让位，该小面板通过转接实现防水密封，从而让外凸“盒子”的相邻单元板块插接时，在奇数层的凹位其面板也为矩形面板，实现单元板块吊装插接与常规单元幕墙一样，极大提高了施工效率（图 14～图 15）。

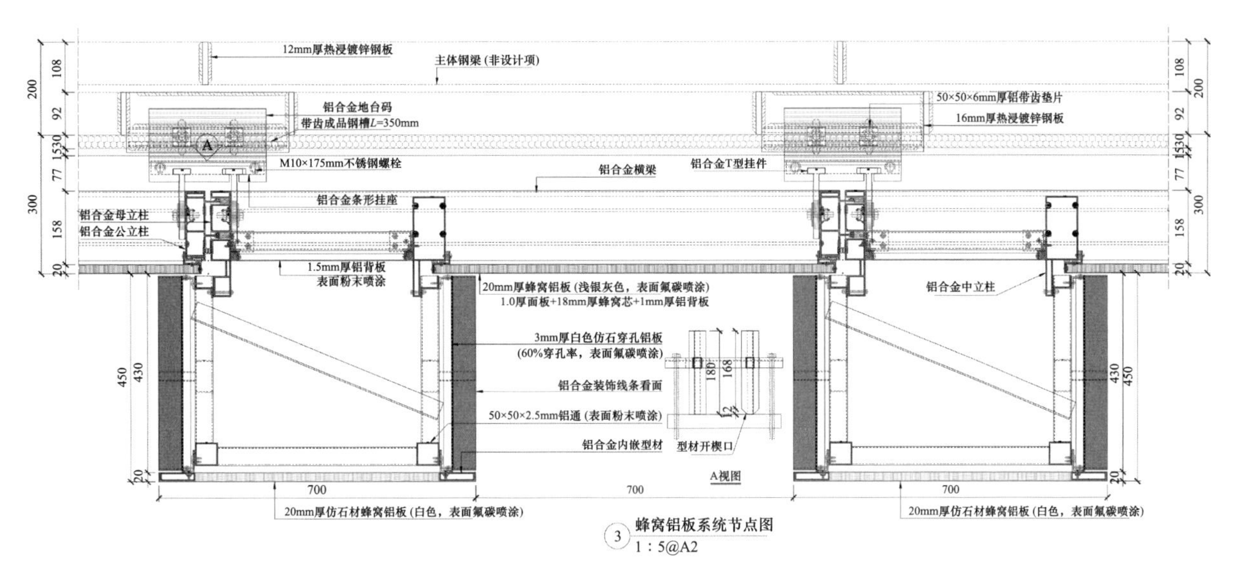

图 14　档案塔楼西面（700mm+700mm）标准单元构造设计

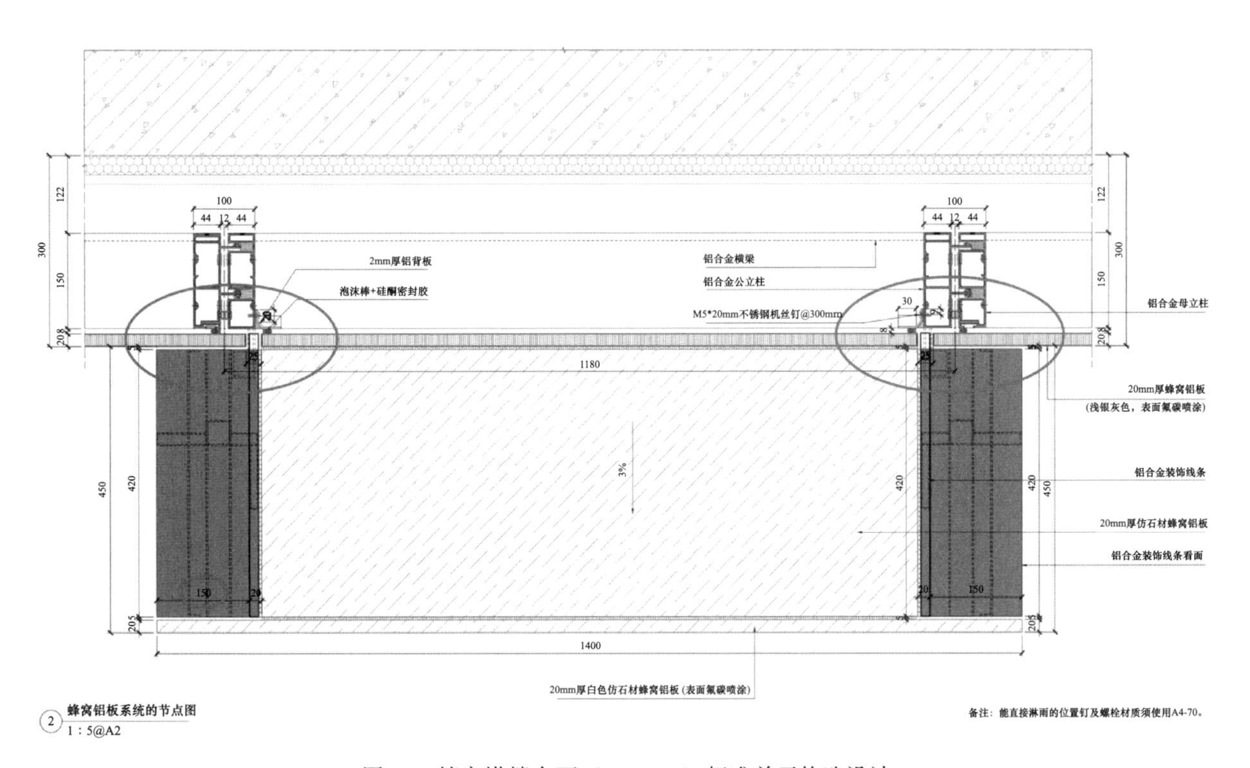

图 15　档案塔楼东面（1400mm）标准单元构造设计

（3）难点三

档案塔楼西南角和东北转角为平面“飞翼”“盒子”单元板块，为了保证“飞翼”造型厚度一致且满足效果要求，主体结构不能设置悬挑梁，整个转角单元只能固定在主体结构的转角边梁上，从塔楼统一采用单元幕墙节省措施费的角度考虑，转角必须设计成能靠单元板块自身结构承担荷载的“飞翼”单元（图 16）。此处的 ALC 外墙板及外墙保温、防水施工同样是必须先于幕墙完成，导致工人无法站在楼层内辅助完成挂装施工，转角“飞翼”“盒子”单元板块成为本项目幕墙设计的又一大难点。

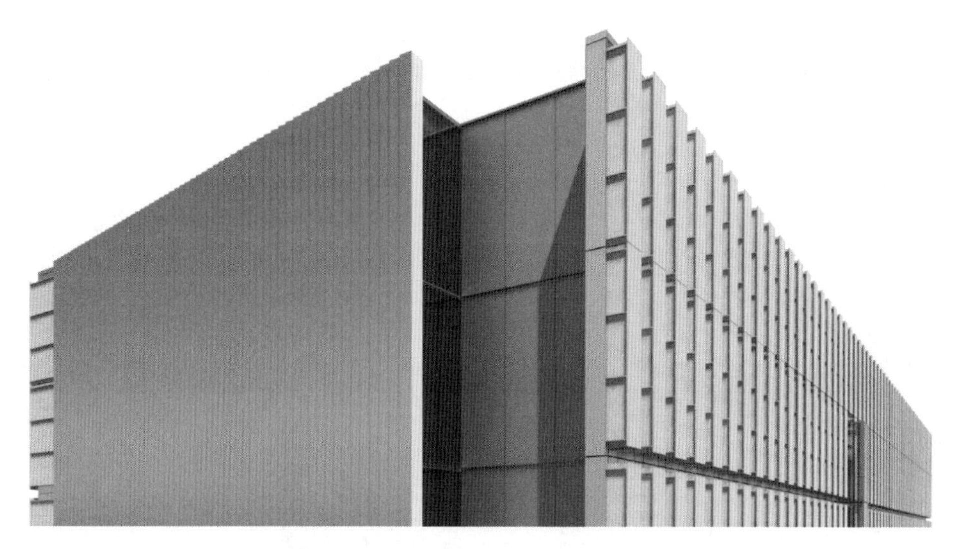

图 16　档案塔楼转角“飞翼”“盒子”单元效果

解决策略：经分析，转角部位进行单元和抗风结构一体化设计并整体吊装，此方法对施工来讲措施费最为可控，且完成度最佳，于是我们保留了转角单元前面盒子部分的完整单元构造，并在其后梁位设置钢架支撑系统支撑盒子单元，连同背板，整个转角单元在工厂完成加工，现场整体吊装插接就位后，将主要传力的悬挑钢梁与提前设置于主体结构的钢支座通过高强螺栓群锚固定，最后将顶部槽钢和左右肋板与预设在主体结构上的钢板焊接，确保其悬挑钢梁达到完全刚接受力（图 17～图 18）。

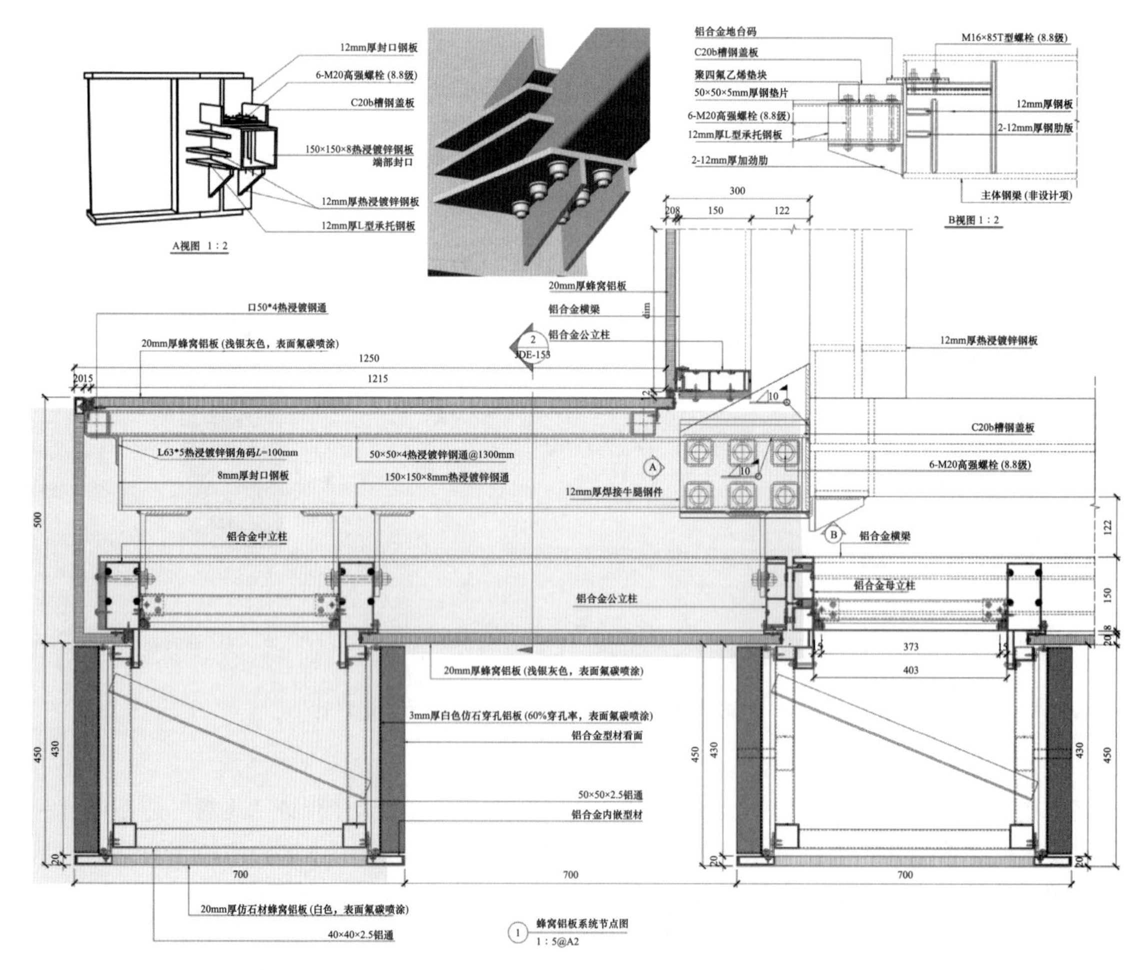

图 17　档案塔楼西南和东北转角单元构造设计

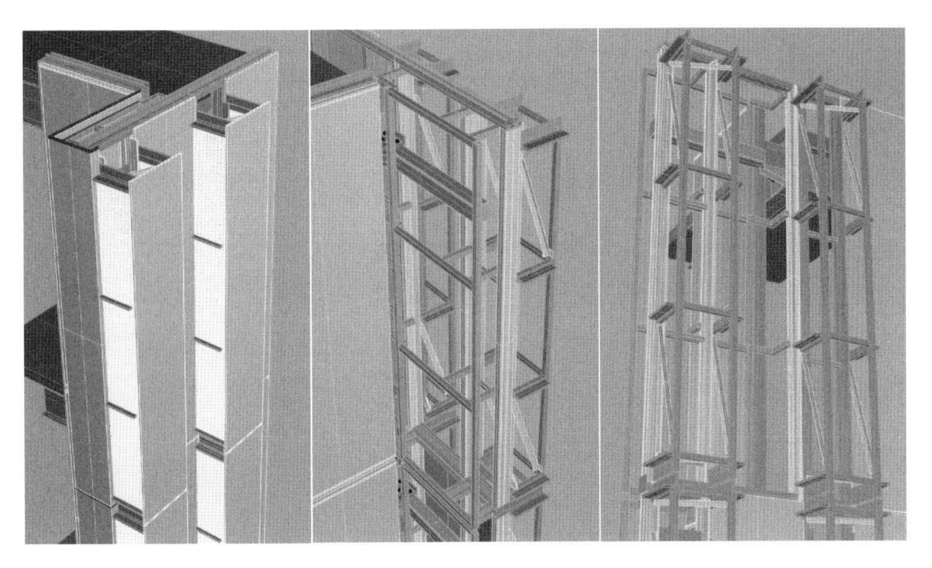

图 18 档案塔楼西南和东北转角单元设计节点及构造模型

3.2 档案塔楼装配式玻璃井系统

3.2.1 系统基本概况

玻璃井系统位于档案塔楼的西立面，外凸的竖向玻璃井与实体盒子立面形成虚实对比，强化立面表现的同时，也为档案后期运输提供备用井道。该玻璃井宽 1400mm，进深在两侧盒子外立面的基础上外凸 600mm（基于盒子凹位幕墙表面外凸 1050mm），玻璃井内设有蜂窝不锈钢背板，与盒子单元的凹位平齐，玻璃井在二三层位置内伸与二层的金属斜屋面交接，交接关系复杂（图 19）。

图 19 档案塔楼西面玻璃井效果图

3.2.2 系统设计难点及解决策略

难点：需保证塔楼单元幕墙的横向连续，同时不允许水进入玻璃井内部，层间在室内不具备辅助安装条件，室外施工时要避免使用脚手架（措施费太高），避免现场拼接太多，尽量保证装配程度高。

解决策略：如图 20～图 21 所示，单元板块设计成平面板块，蜂窝不锈钢面板即为玻璃井的背板，每层从主体结构梁悬挑两根钢方通“牛腿”支撑玻璃井的钢架及面板，不锈钢背板在平齐“牛腿”上口位置分成上下两块。下面背板随单元板块一起在工厂加工，现场完成单元板块吊装后焊接钢“牛腿”，然后完成上一块背板的安装和密封，接下来通过轨道吊和吊篮便可吊装玻璃井的钢架，并完成玻璃的安装密封。需要特别注意的是，在玻璃井侧面交接的单元板块需要将交接处的水槽进行端部封堵，使得水槽在玻璃井位置不能贯通，以保证玻璃井内不会进水，如果此处未进行封堵，施工完成后将无法阻止玻璃井内进水。

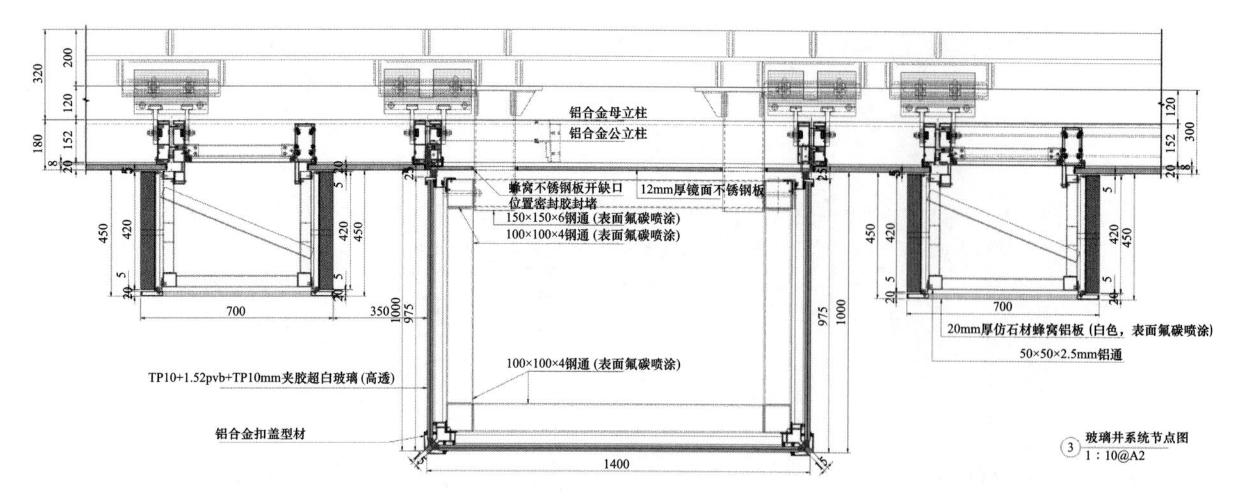

图 20　档案塔楼西面玻璃井单元设计构造（横剖）

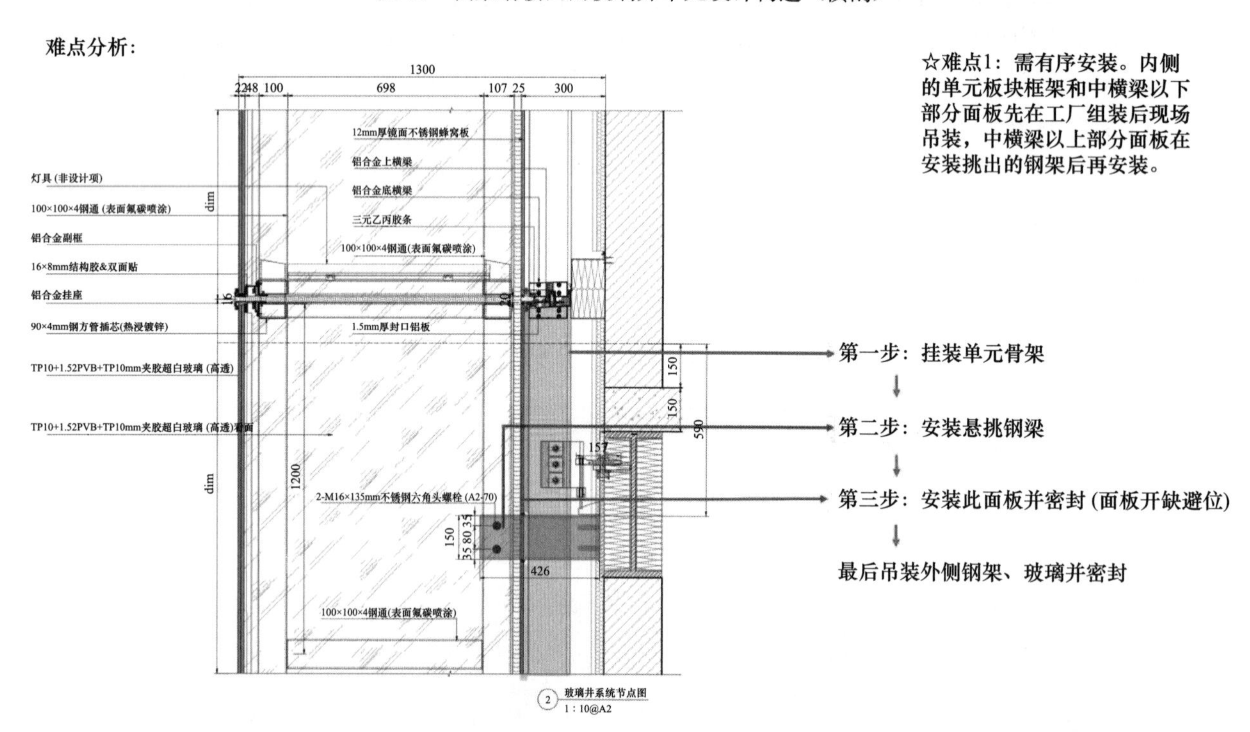

图 21　档案塔楼西面玻璃井单元设计构造（竖剖）

3.3　档案塔楼装配式圆形排水沟系统

3.3.1　系统基本概况

在档案楼西面三层有一个兼具装饰性和功能性的圆形排水沟，长度 25.85m，装饰完成面直径 2m，内部排水沟宽度 0.6m，深度 0.5m，装饰面板为开放式蜂窝铝板，后设防水铝背板，端部采用绿色亚克力板封堵，整体悬挂在从四层悬挑结构主梁的底部，四层悬挑结构主梁间距为 8.4m，相邻主梁中间有悬挑结构次梁，圆形水沟的悬挂支撑结构为带装饰性的变截面“土”字形斜挂钢梁，其布置间距与四层悬挑主梁保持一致，在中间 4.2m 的次梁上也设有一样的变截面“土”字形斜挂钢梁作为装饰，并不与水沟结构发生连接，圆形水沟上方到四层幕墙底部和到二层的斜屋面系统之间的距离不到 900mm，从施工合理顺序上分析整个圆形水沟在完成四层“盒子”单元幕墙和二层的斜屋面系统后再施工最为合理，成品保护和施工空间问题都可解决，但仍要以最大程度装配化的方式施工为佳，施工质量最可控（图 22）。

图 22　档案塔楼西面圆形排水沟效果图

3.3.2　系统设计亮点

我们以 8.4m 长为一个装配单元在工厂整体加工，钢桁架、防水铝背板、绝大部分蜂窝铝板和绝大部分不锈钢水槽均在工厂加工完成。连接位置的收口不锈钢水槽和防水背板，以及连接件两侧的收口蜂窝铝板在整体吊装完成后封口安装，极大节约了施工工期，保证了施工质量（图 23）。

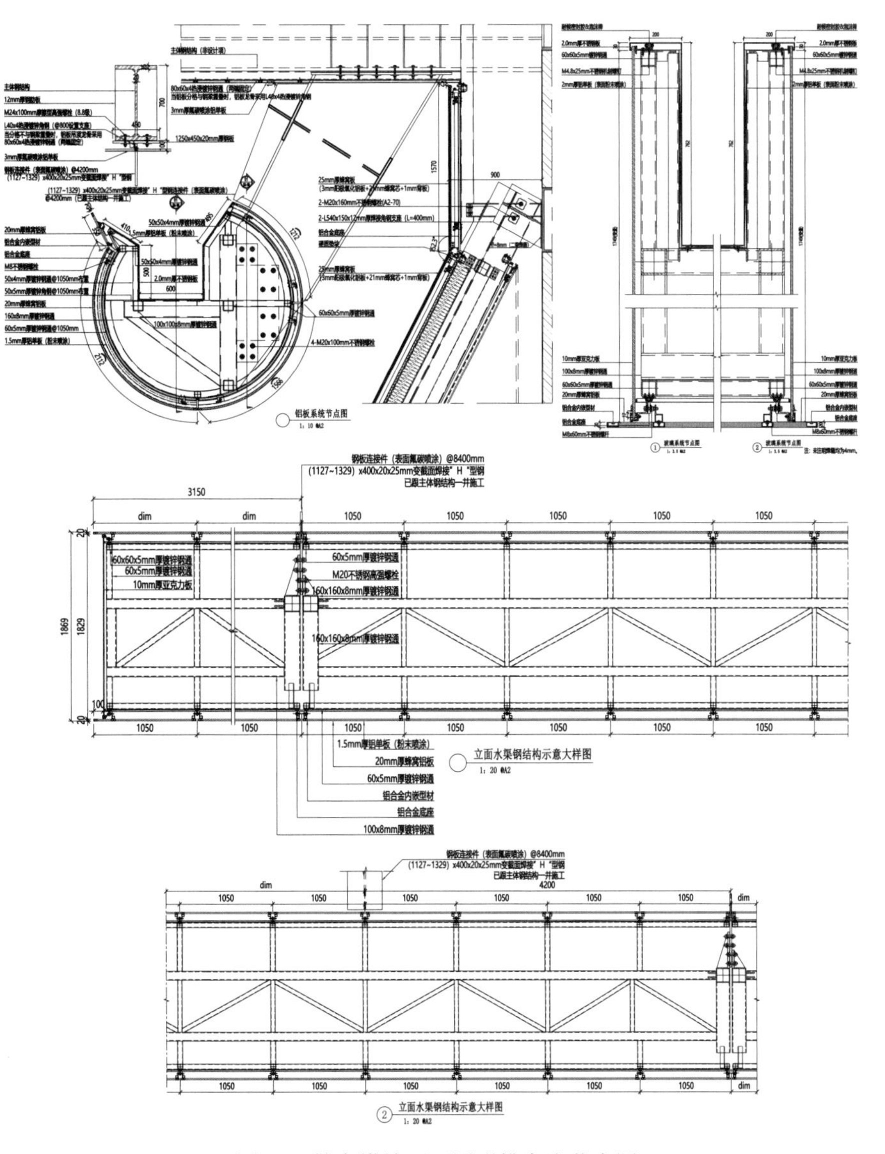

图 23　档案塔楼西面圆形排水沟节点图

3.4 “十字”柱索杆平衡柱廊系统

3.4.1 系统基本概况

在裙楼和综合服务中心之间的首层南北面各有一段连接两栋楼的柱廊，柱廊顶棚与两侧建筑的二层雨篷檐口贯通，南面长 28.88m，北面约 38m，柱廊部分宽度为 5m，南侧柱廊地面至下檐口高 3.4m，北侧 4.05m。建筑追求支撑杆件纤细挺拔的效果，从而形成悬浮感，要求采用 200mm 的“十”字截面柱，柱廊顶部采用钢桁架，桁架下面为开放式蜂窝铝板，天面为背衬吸音贴的铝单板打胶密封，顶棚竖向截面为中间厚檐口薄的变截面，使得效果更加轻薄（图 24）。

图 24 裙楼连廊效果图

3.4.2 系统设计亮点

柱廊顶棚采用 3mm 厚氟碳喷涂铝单板（天面）和 20mm 厚蜂窝铝板（吊顶），檐口 100mm 高采用铝合金型材收边，长度为 4.2m 一段，型材与天面铝板留缝，型材底部开排水孔排水，这一细节设计可以有效避免在小雨后檐口立面出现挂污现象，而在中大雨时可以有效冲刷屋面积灰，保持立面相对较好的抗污性。顶棚的主受力龙骨采用 180mm×180mm×8mm 厚热浸镀锌钢通，次龙骨为 60mm×5mm 厚热浸镀锌钢通，主次龙骨形成平面桁架，与横向龙骨形成整体空间桁架结构，200mm×200mm×50mm 厚钢板焊接成“十”字形钢柱（氟碳喷涂），采用高强螺栓与顶棚主受力龙骨连接，柱子间距为 4.2m，“十”字柱位于 5m 宽柱廊下距离檐口 1.3m 处（近端），柱另一侧为 3.7m 宽（远端），“十”字柱远端距离柱 2.75m 处采用 ϕ16 高强合金拉索将顶棚主受力龙骨拉接到地面基础结构上，“十”字柱近端距离柱 0.4m 处采用 ϕ30 高强拉杆将顶棚主受力龙骨拉接到地面基础结构上，以中间“十”字柱为支撑结构通过一侧的拉索张拉和拉杆受力形成平衡稳定的结构体系。我们在受力分析时，不仅考虑了正常工况下的结构稳定性，还充分考虑了当拉杆或者拉索局部断裂的极限工况下的非线性屈曲结构稳定性，同时还结合景观设计在“十”字柱距离地面 550mm 以下用现浇混凝土包裹，混凝土墩既可充当坐凳支点，还可更好地保护钢柱根部，以免发生腐蚀，确保结构长期安全有效。

3.5 双层玻璃幕墙（超静定支撑结构）系统

3.5.1 系统基本概况

本系统位于综合服务中心南面 4～10F，内层为横明竖隐（带小装饰条）的层间玻璃幕墙，梁位外包铝板，内层幕墙下分格高 700mm 为下外悬开启，上分格 2600mm 高为固定玻璃，采用中空 Low-E 超白玻璃，内外层幕墙宽度分格均为 2100mm，外层幕墙玻璃可见高度 4110mm，竖向无龙骨，SGP 夹胶超白玻璃面板上下对边支撑，横向 400mm 高中间内凹上下为玻璃明框，利用内凹部位的穿孔板形成隔层交叉进排气路径的外循环双层幕墙系统。内外层幕墙面距离为 1200mm，外层幕墙固定于从内层结构梁上悬挑的 200mm×100mm×5.5mm×8mm “H” 形钢梁上，在距离外层幕墙玻璃面 255mm 的中间腔体内设有斜向 “Y” 形拉杆系统，连接在外层幕墙的支撑悬挑钢梁上，中间拉杆为 ϕ102mm 不锈钢管，两端为 ϕ20 连接件（图 25～图 26）。

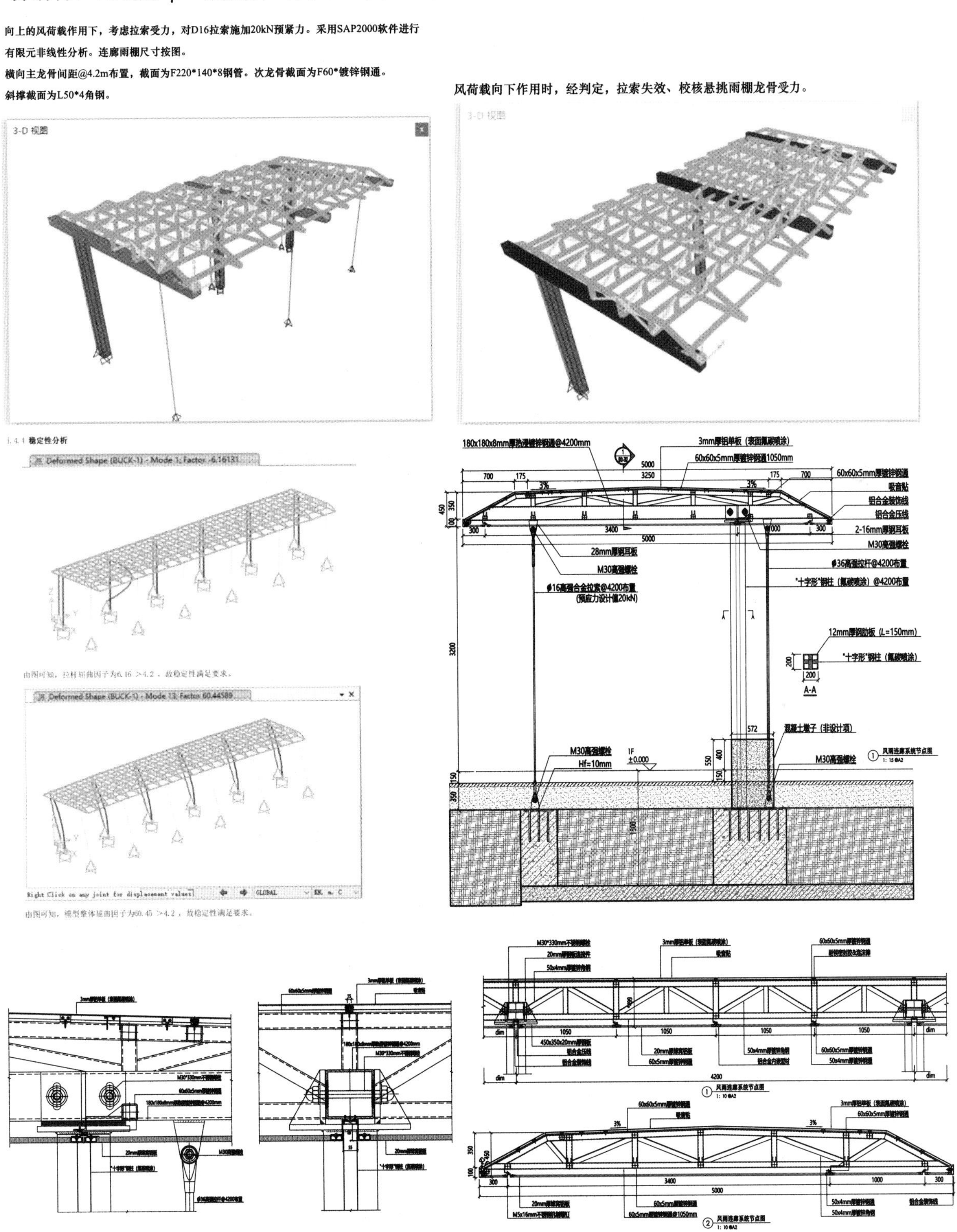

图 25 裙楼柱廊受力分析及节点图

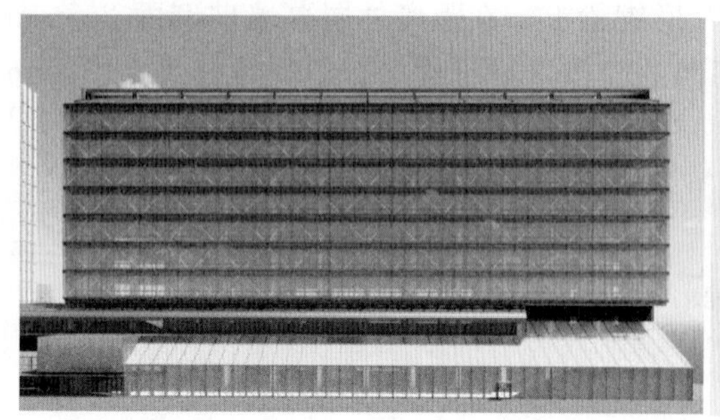

图26 综合服务中心南面双层幕墙效果图

3.5.2 系统设计亮点

本系统采用外循环双层幕墙系统，外层幕墙的支撑悬挑“H”形钢梁与内侧的主体混凝土结构梁采用刚接形成静定结构，立面上以层为单位形成的菱形斜向拉杆连接在悬挑钢梁上，斜向拉杆主要起装饰作用，但是需要施加一定的拉力，方可让拉杆形成紧绷的张拉效果。我们需要设计一种既能适当张拉，又不破坏原悬挑钢梁静定结构体系的“超静定结构”特殊节点构造。经过分析，我们将连接节点分解成层间朝上的正向“Y”形连接件和朝下的倒“Y”形连接件，朝上的连接件底座内设置可压缩弹簧，当拉力为1.5kN时，弹簧压缩形变为5mm（即底座与连接件之间的间隙），朝下的连接件底座与连接件之间不设弹簧，底座与连接件通过螺纹连接，固定调整为5mm间隙，上下效果保持一致。两端ϕ20连接件与中间ϕ102mm不锈钢钢管拉杆采用内置可转动“球”头装置，让连接件相对于拉杆轴心可转动角度不小于10°，使得拉杆始终保持受拉状态，连接件在拉杆内部受压时可重叠内缩，这一构造使得该支撑体系可承受极限工况（地震或局部悬挑钢梁变形过大时）下的轴向压力而不破坏（图27～图29）。

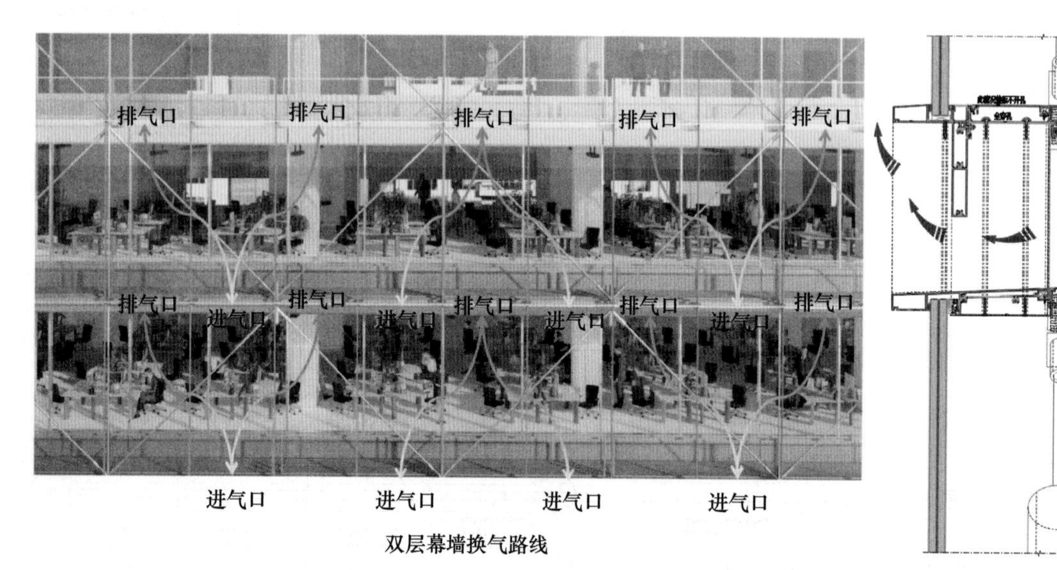

图27 综合服务中心南面双层幕墙通风换气图

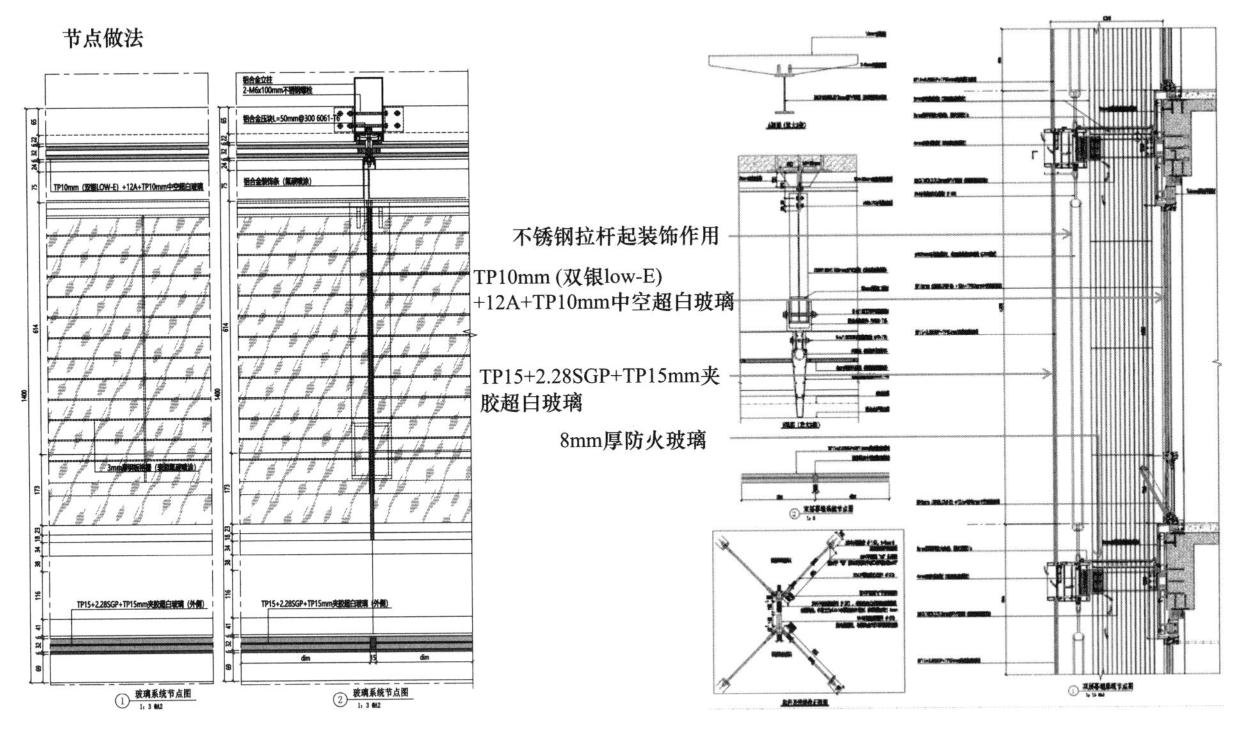

图 28　综合服务中心南面双层幕墙横竖剖节点图

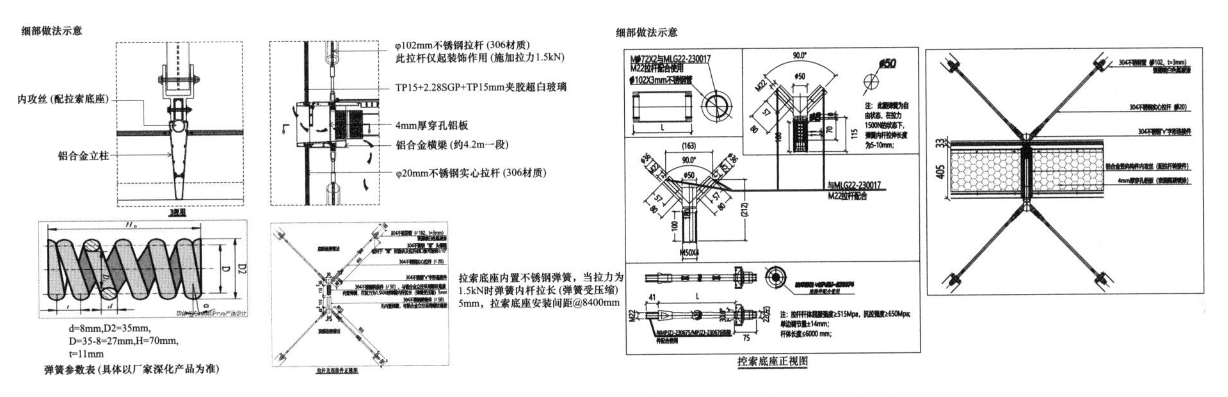

图 29　综合服务中心南面双层幕墙超静定连接件工艺图

参考文献

[1] 中华人民共和国建设部．玻璃幕墙工程技术规范：JGJ 102—2003 [S]．北京：中国计划出版社，2003.

[2] 中华人民共和国国家质量监督检验检疫总局，中国国家标准化管理委员会．建筑幕墙：GB/T 21086—2007 [S]．北京：中国标准出版社，2008.

[3] 中华人民共和国建设部．金属与石材幕墙工程技术规范：JGJ 133—2001 [S]．北京：中国建筑工业出版社，2001.

[4] 广东省住房和城乡建设厅．建筑结构荷载规范：DBJ 15－101—2014 [S]．北京：中国建筑工业出版社，2014.

[5] 中华人民共和国住房和城乡建设部．低张拉控制应力拉索技术规程：JGJ/T 226—2011 [S]．北京：中国建筑工业出版社，2012.

[6] 上海市住房和城乡建设管理委员会．建筑幕墙工程技术标准：DG/TJ 08－56—2019 [S]．上海：同济大学出版社，2019.

单元式幕墙阳角玻璃飞翼设计探讨

◎ 符述林　包　毅

深圳市新山幕墙技术咨询有限公司　广东深圳　518028

摘　要　本文探讨了南开大厦单元式幕墙阳角玻璃飞翼设计，包括悬挑两个单元板块玻璃飞翼和一个单元板块玻璃飞翼两种设计，从设计的角度进行解析。

关键词　单元式幕墙；玻璃飞翼；悬挑钢梁

1　引言

近年来，很多幕墙项目的阳角都采用了玻璃飞翼设计效果，本文探讨单元式幕墙阳角玻璃飞翼的设计，解析单元式幕墙阳角玻璃飞翼设计中的重点和难点。

2　单元式幕墙玻璃飞翼项目介绍

单元式幕墙阳角玻璃飞翼以南开大厦（现为赤湾总部大厦）为例，南开大厦项目位于广东省深圳市南山区湾六路 8 号，建筑高度 156.90m，建筑面积 82126.12m^2。主要幕墙系统为单元式玻璃幕墙（阳角带玻璃飞翼）、框架式玻璃幕墙系统等。

2.1　南开大厦项目玻璃飞翼造型设计方案介绍

南开大厦项目四个阳角有玻璃飞翼造型，分为悬挑两个单元板板和一个单元板块两种。悬挑两个单元板块的悬挑尺寸为 3138mm，悬挑一个单元分格的悬挑尺寸为 1450mm。悬挑两个单元板块见局部平面图 1，悬挑一个单元板块见局部平面图 2。

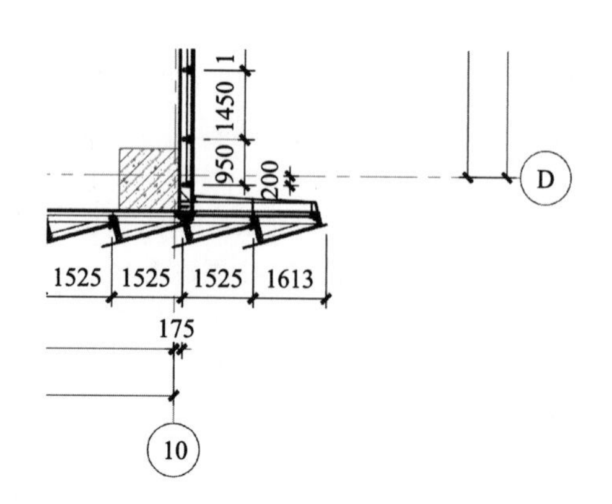

图 1　悬挑两个单元板块局部平面图

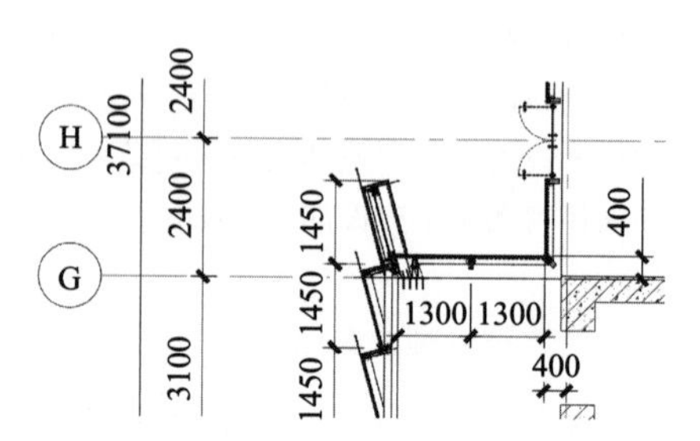

图 2　悬挑一个单元板块局部平面图

2.2　南开大厦项目玻璃飞翼造型节点设计

悬挑两个单元板块的玻璃飞翼支撑结构采用镀锌钢通 400mm×200mm×12mm 为悬挑钢梁，单元板块固定在悬挑钢梁上，悬挑钢梁外包 3mm 氟碳喷涂铝单板，玻璃采用中空 Low-E 夹胶钢化玻璃 8+1.52PVB+8Low-E+12A+8mm，颜色与大面一致。节点做法见玻璃飞翼横向节点图（图 3～图 5）。单元板块采用侧向支座挂接，单元式幕墙水槽断水位置见图 3（玻璃飞翼横向节点一）中剖面 2。

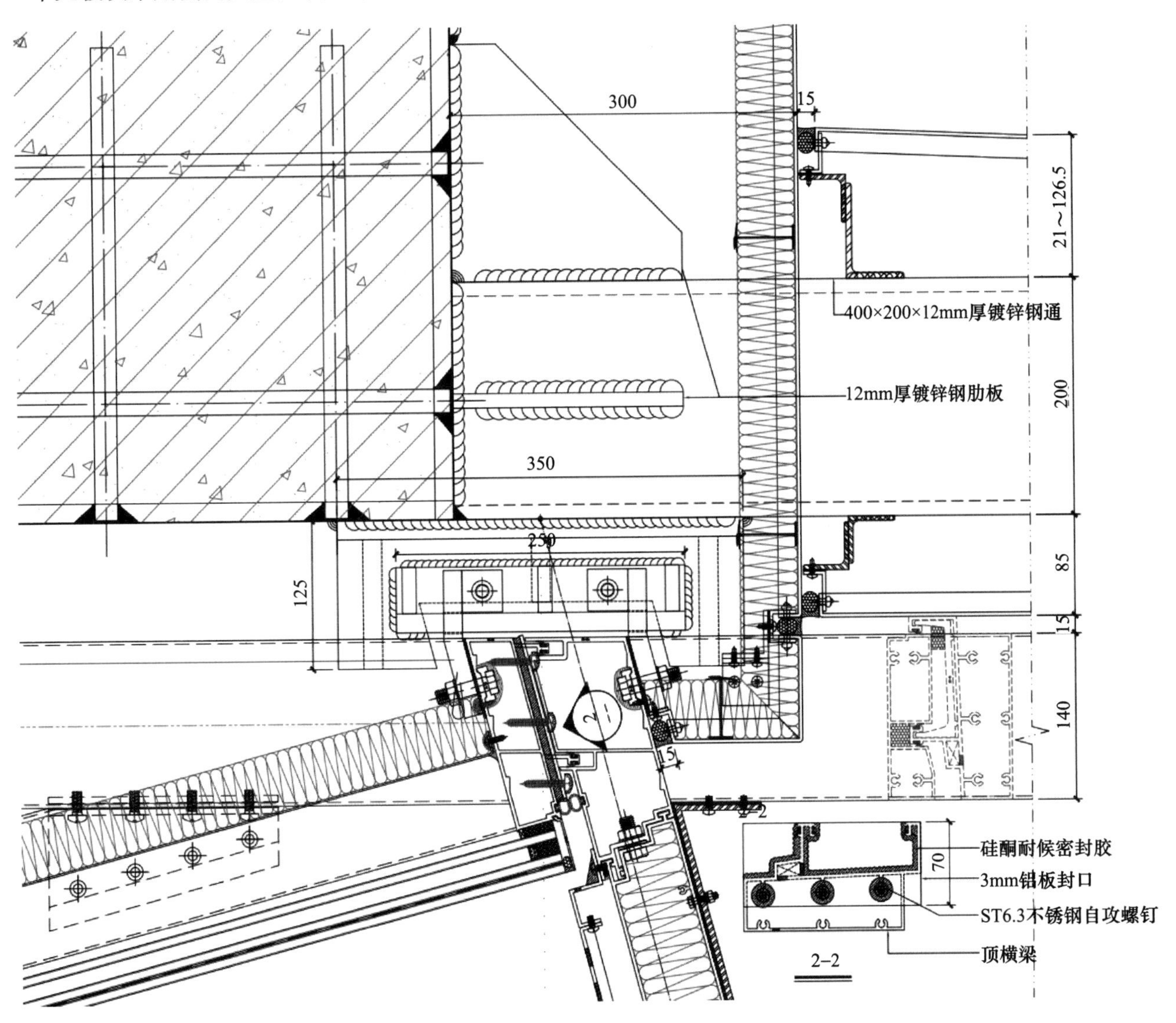

图 3　玻璃飞翼横向节点一

悬挑一个单元板块的玻璃飞翼支撑结构采用镀锌钢通 180mm×180mm×10mm 为悬挑钢梁，单元板块固定在悬挑钢梁上，悬挑钢梁外包 3mm 氟碳喷涂铝单板，玻璃采用中空 Low-E 夹胶钢化玻璃 8+1.52PVB+8Low-E+12A+8mm，颜色与大面一致。节点做法见玻璃飞翼横向节点图（图 6～图 7）。单元板块采用侧向支座挂接，单元式幕墙水槽断水位置见图 6（玻璃飞翼横向节点四）中剖面 2。

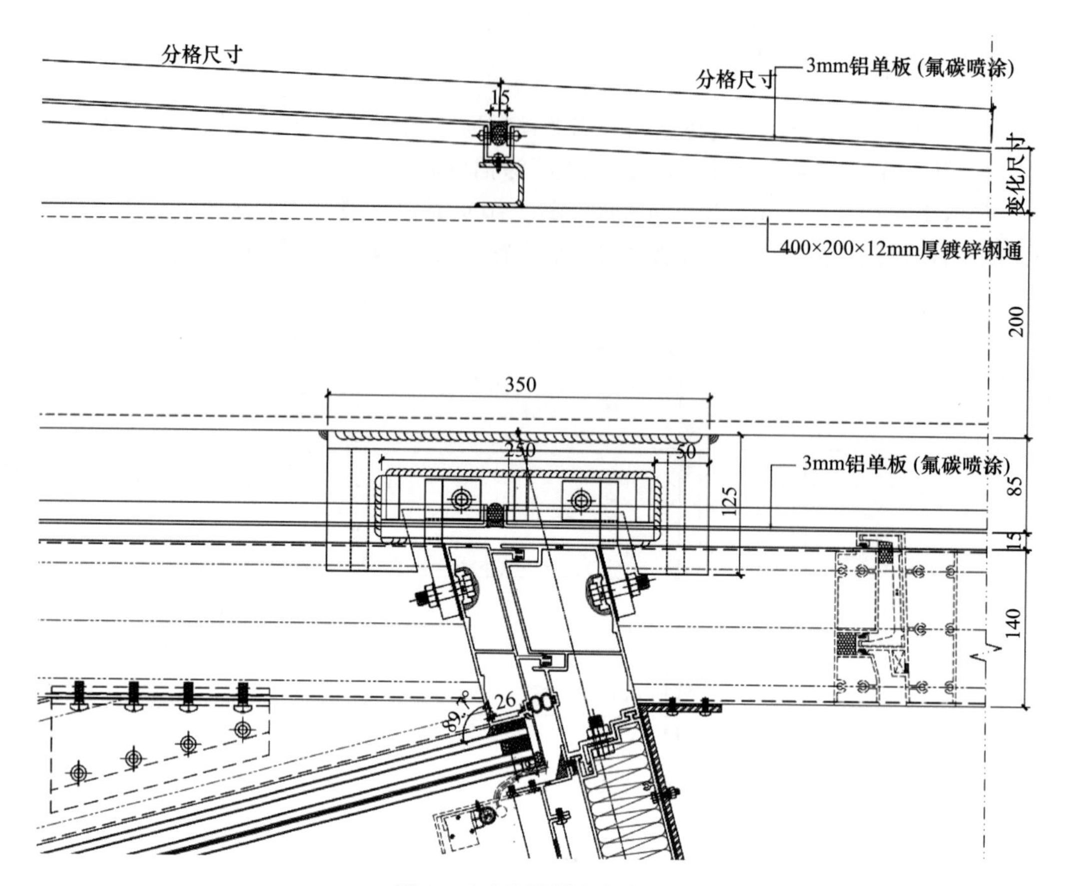

图 4　玻璃飞翼横向节点二

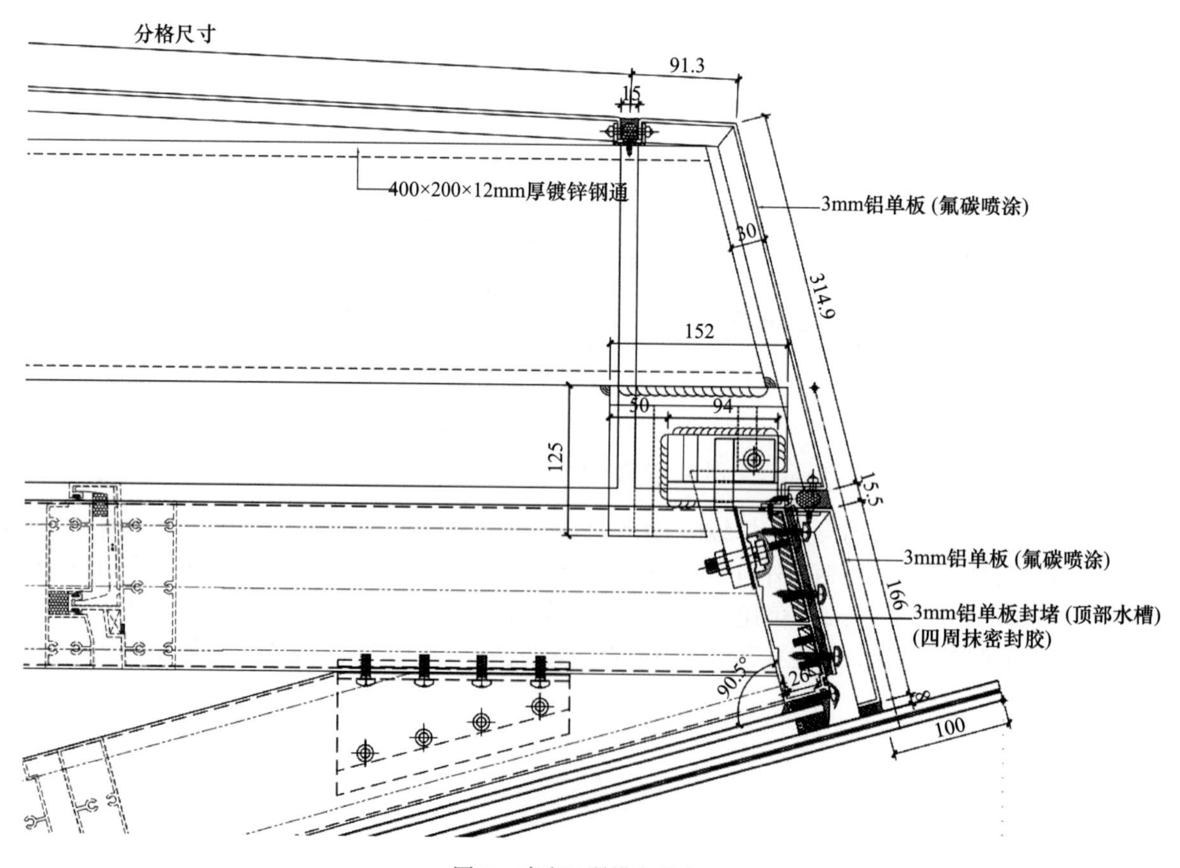

图 5　玻璃飞翼横向节点三

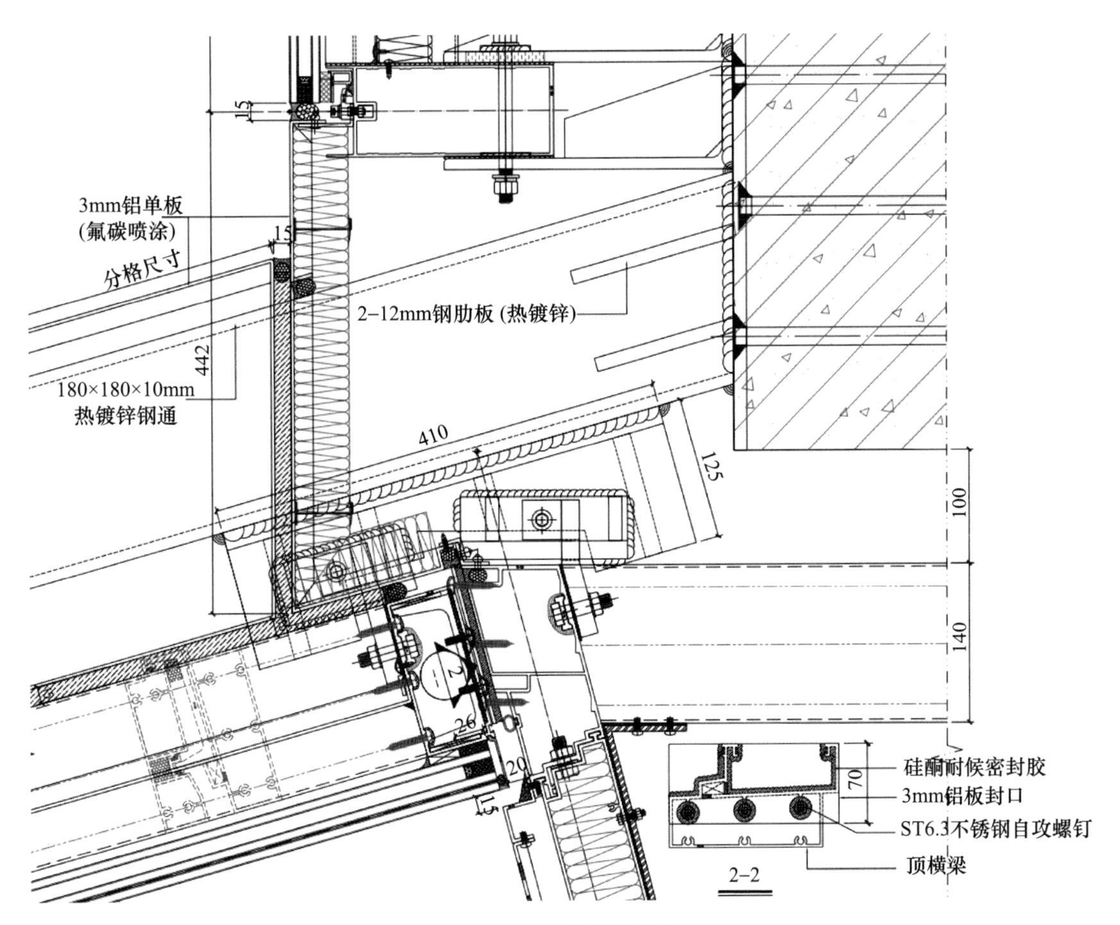

图6　玻璃飞翼横向节点四

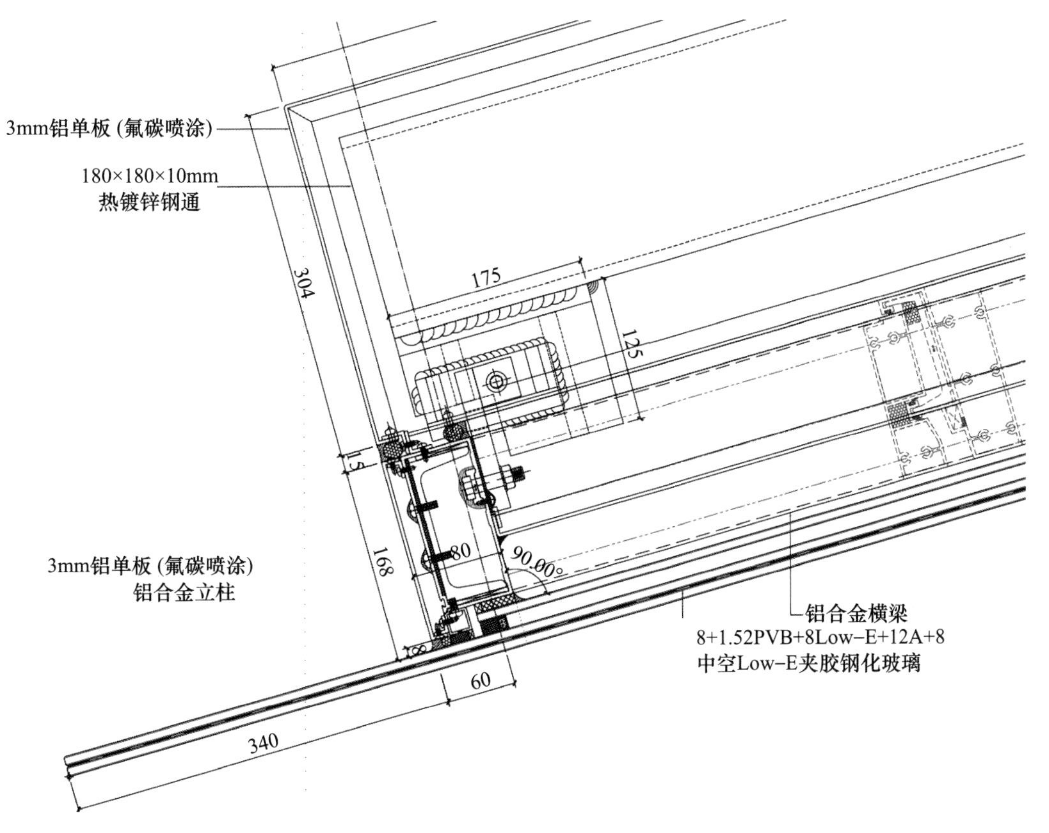

图7　玻璃飞翼横向节点四

3 单元式玻璃飞翼重点、难点分析

3.1 单元式幕墙阳角玻璃飞翼悬挑钢梁焊接设计

单元式幕墙阳角玻璃飞翼为悬挑设计，悬挑钢梁受力需重点计算，悬挑两个单元板块的镀锌钢通（400mm×200mm×12mm）采用等强焊接固定在预埋件上，三边设计共 6 根加强筋板，做法见玻璃飞翼纵向节点图一（图 8）。悬挑一个单元板块的镀锌钢通（180mm×180mm×10mm）采用等强焊接固定在预埋件上，上下两边设计共 4 根加强筋板，做法见玻璃飞翼纵向节点图二（图 9）。

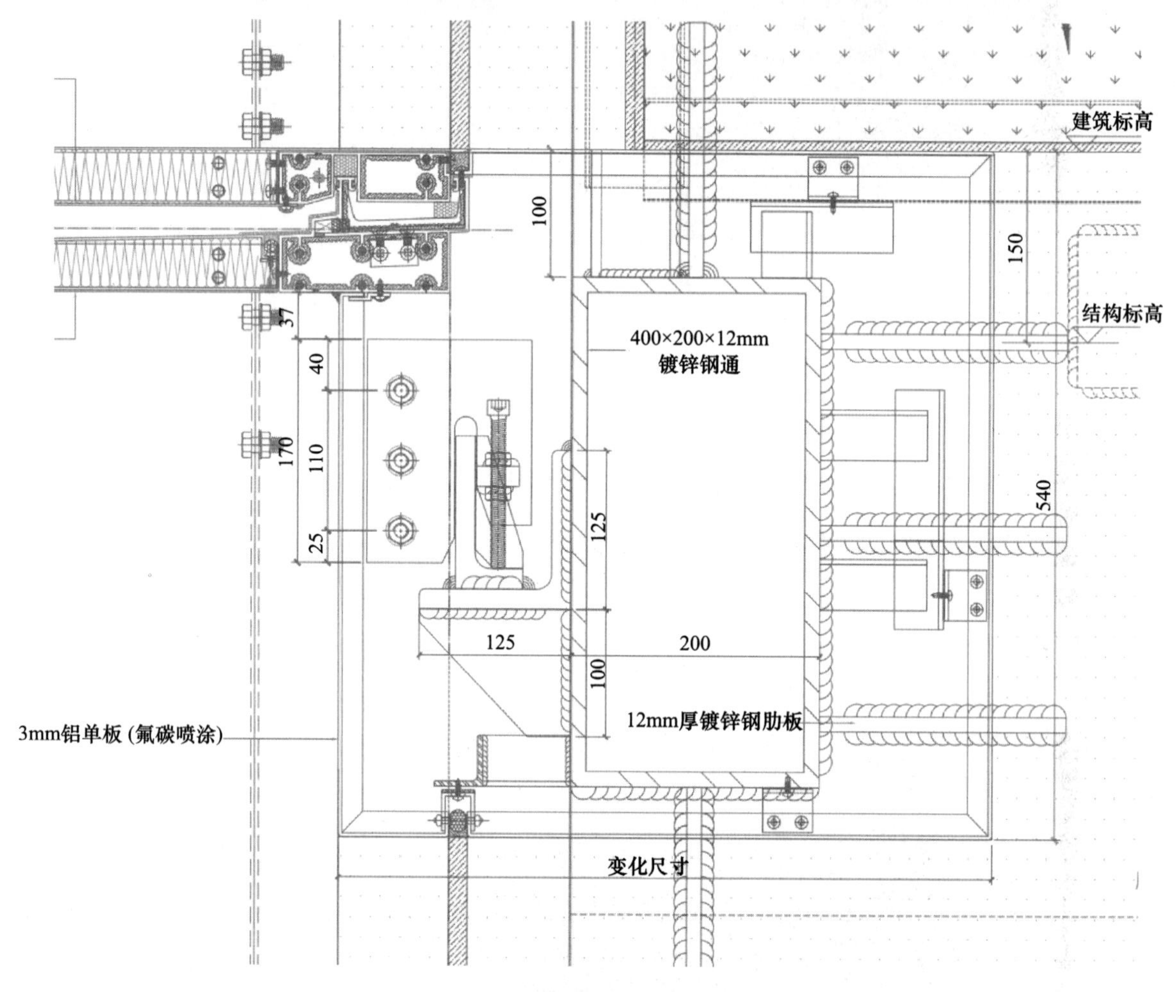

图 8 玻璃飞翼纵向节点一

3.2 悬挑钢梁穿过铝板的防水设计

单元式幕墙阳角玻璃飞翼的悬挑钢梁需包铝板，悬挑钢梁需穿过铝板，所有铝板需做折边打胶防水，做法见悬挑钢梁包铝板节点图（图 10～图 11）。

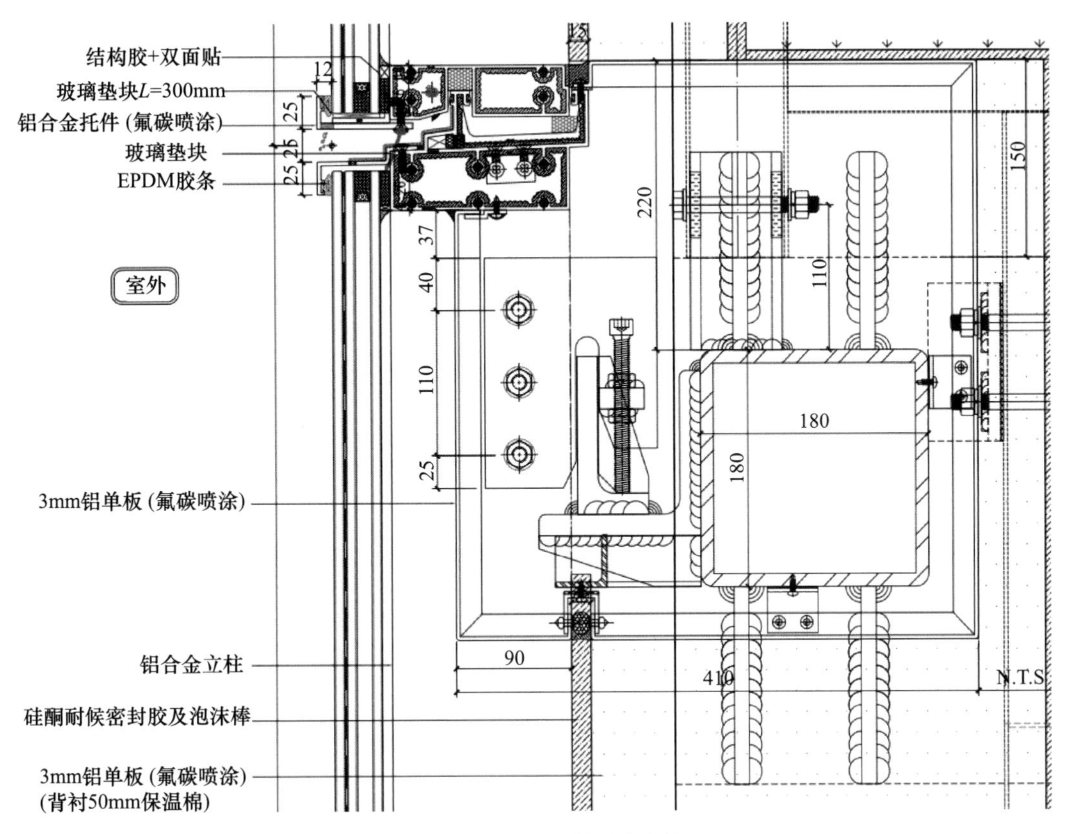

图9　玻璃飞翼纵向节点二

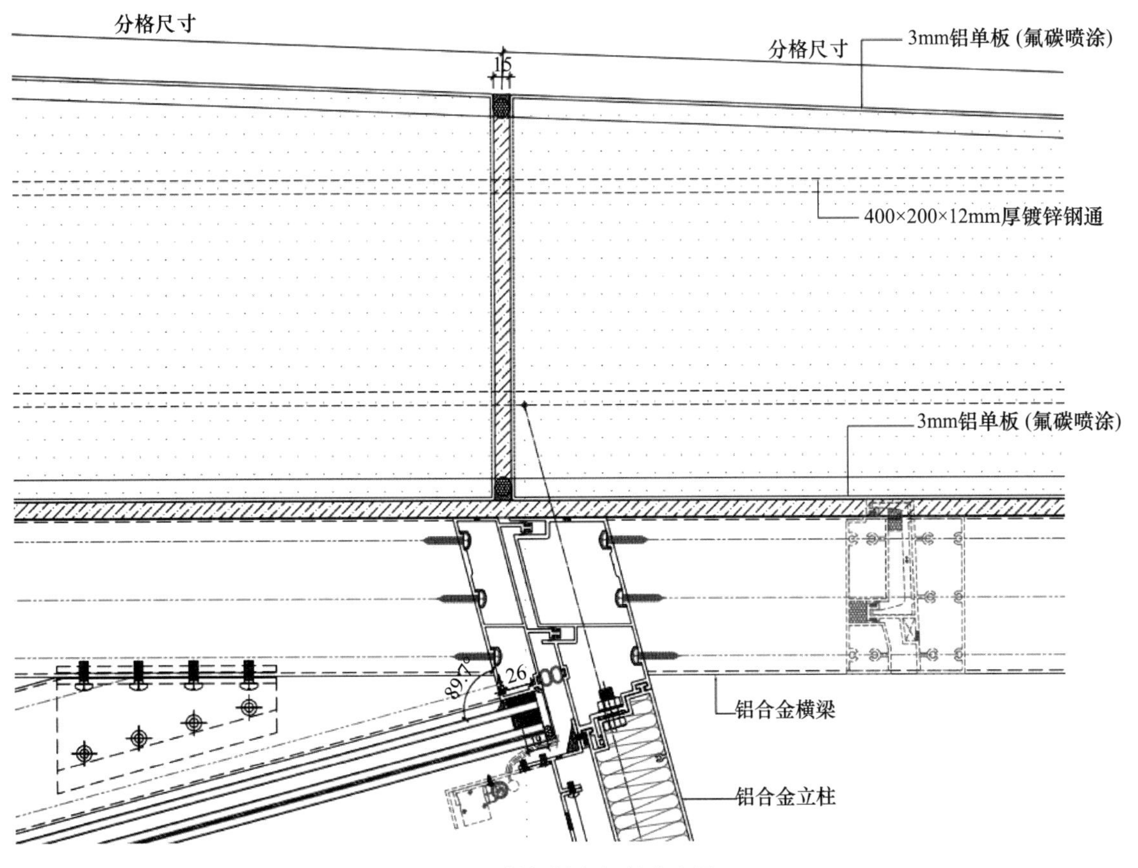

图10　悬挑钢梁包铝板节点图一

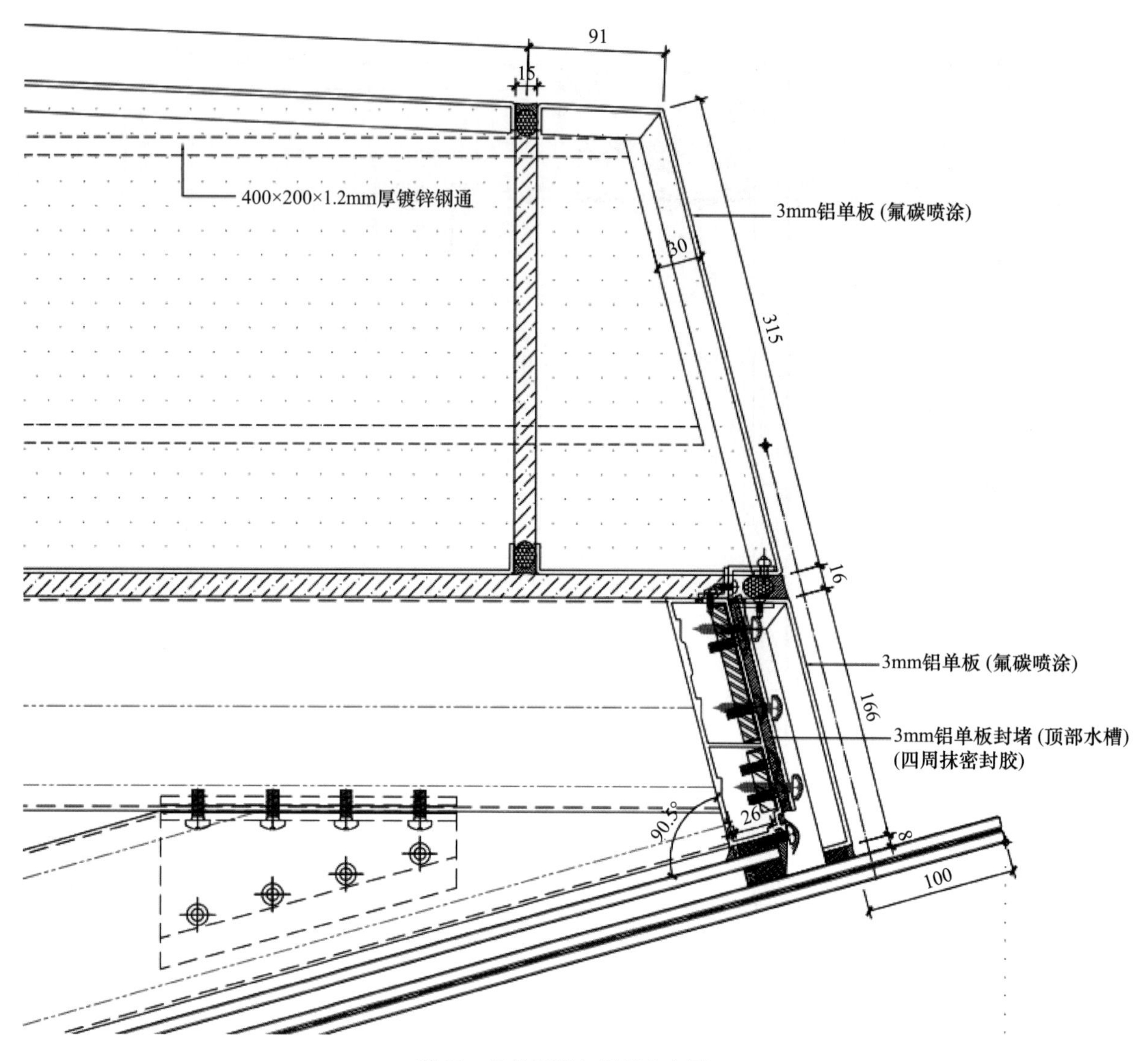

图 11　悬挑钢梁包铝板节点图二

4　结语

本案例为单元式幕墙阳角玻璃飞翼设计探讨，主要在单元节点设计、悬挑钢梁设计、悬挑钢梁包铝板设计等方面进行了分析，希望本文能给予单元式幕墙阳角玻璃飞翼设计项目一些启发。

参考文献

[1] 中华人民共和国建设部．玻璃幕墙工程技术规范：JGJ 102—2003 [S]. 北京：中国建筑工业出版社，2003.

[2] 中华人民共和国国家质量监督检验检疫总局，中国国家标准化管理委员会．建筑玻璃：GB/T 21086—2007 [S]. 北京：中国建筑工业出版社，2007.

[3] 中华人民共和国住房和城乡建设部．建筑结构荷载规范：GB 50009—2012 [S]. 北京：中国建筑工业出版社，2012.

[4] 中华人民共和国住房与城乡建设部．钢结构设计标准：GB 50017—2017 [S]. 北京：中国建筑工业出版社，2017.

精致建造技术在国家会议中心二期项目中的应用

◎ 禹国英　朱玉虎

深圳市三鑫科技发展有限公司　广东深圳　518054

摘　要　通过品控体系在国家会议中心二期的施工过程中的应用，使北京国家会议中心二期开合屋面的气密性及水密性达到国家 3 级密封标准，属于国内最高水准，为大型开合屋面密封性能首创工艺。团队通过原材料质量把控、复试，构件加工、组装、安装过程品控管理，总结出了一套先进的管理手段，打造出了精品工程，保证了冬奥会的主媒体新闻中心如期交付使用。通过近三年的实践验证，整个屋面 7 万多平方米几乎做到了滴水不漏，其精致建造技术得到各方广泛好评，并于 2024 年 11 月 19 日完成了五方验收。

关键词　品控体系；过程控制；开合屋面；精品工程

1　引言

国家会议中心二期屋面被称为第五立面，长 458m，宽 148m。整个屋面分为平屋面和拱形屋面两大区域，平屋面高 44.85m，拱屋面高 51.8m，总面积约 7 万 m^2。拱屋面包含金属拱屋面和玻璃拱屋面两大部分，有固定采光顶、开合采光顶、铝板屋面三个主要系统（图 1）。平屋面主要由金属铝板、金属格栅、排烟窗组成。超 1.8 万 m^2 的采光屋面，4005 块玻璃，3731 个六角交叉点，22320m 长的胶缝，如何保证不漏水，确保质量，打造精品工程，是施工过程控制的重难点。开合屋面由南花园和北花园两块组成，总面积约 3000m^2，最大开启尺寸为 45m×10m，开启方式为对开，面积达到 900m^2。如此之大的开启面积，极高的水密、气密要求前所未有，无论是设计还是施工都具有极大的挑战性。因此，施工过程控制显得尤为重要，是能否交付精品工程的决定因素。

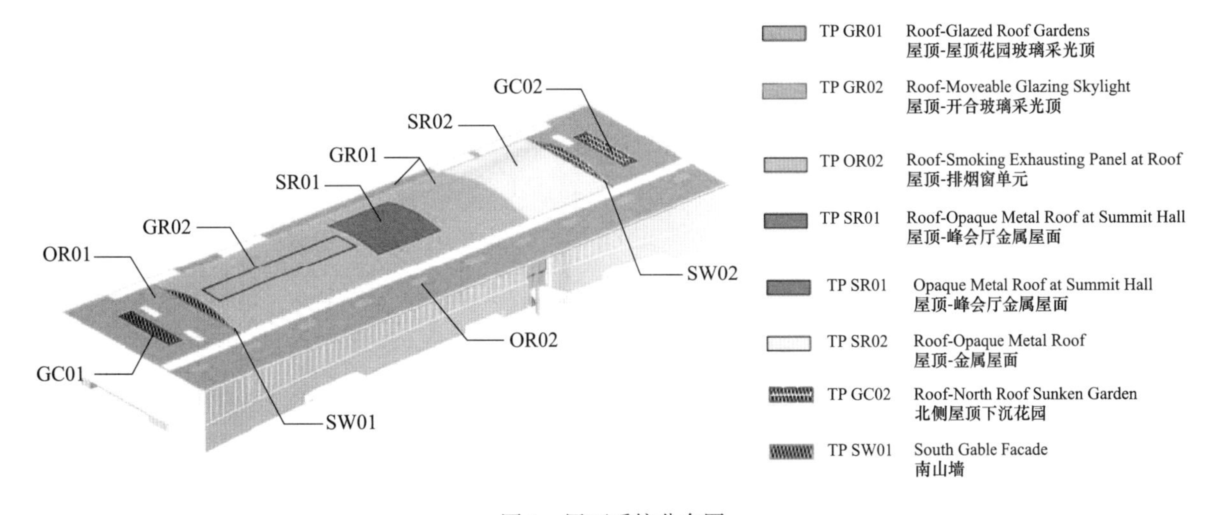

图 1　屋面系统分布图

2 施工过程控制技术研究的内容和目的

在设计方案先进、可行的前提下，如何确保原材料、试验、材料加工、组装、运输、安装等过程的质量管控达到理想设计标准，并在施工的全过程中做好成品防护，便于施工，是本文论述的主要内容。本项目为提高采光屋面防水设计，特别是大型开合屋面做到“滴水不漏”积累了宝贵的经验，本文旨在为今后同类型的超大采光屋面重型玻璃的建造技术提供可参考借鉴的案例。

3 施工过程中具体管控措施

3.1 构造节点设计科学、合理、可操作性强是决定项目品质的前提条件

玻璃采光顶通常支撑在主体钢结构上，钢结构在加工和安装过程中都无法避免会产生偏差，在幕墙设计时一定要采取构造措施克服这些偏差。因此，设计方案的优劣是决定项目品质的关键前提。本项目采光顶铝合金龙骨与主体钢结构的连接采用三点定位方式，利用碳钢底座、主螺杆、六角星盘，实现三维调节，很好地解决了钢结构构造存在偏差这一问题（图2）。

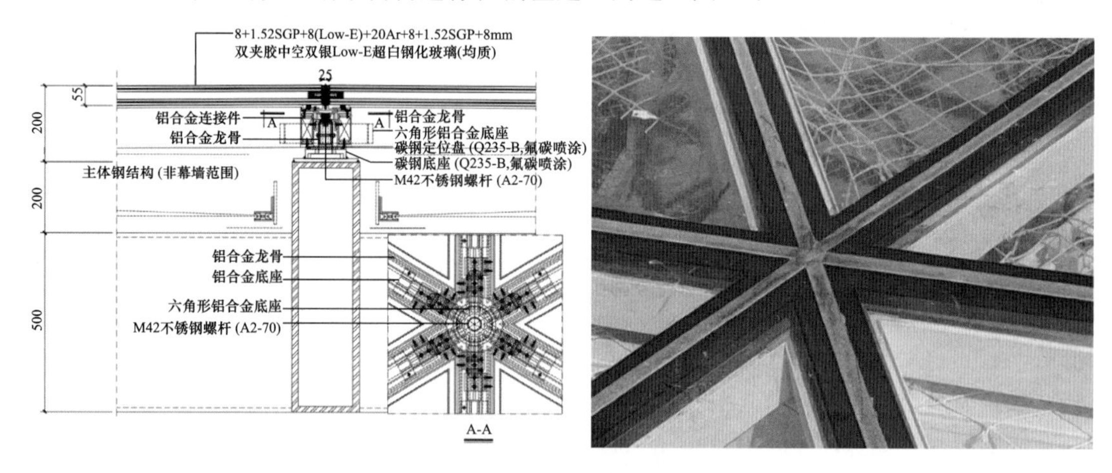

图2 拱形采光顶构造节点及实际效果

相反，如果在幕墙设计时没有采取有效的构造措解决这一问题，会给后续施工管理带来无穷的隐患。图3所示的典型案例，竣工后漏水不断，直接影响到了竣工交付及公司名誉。

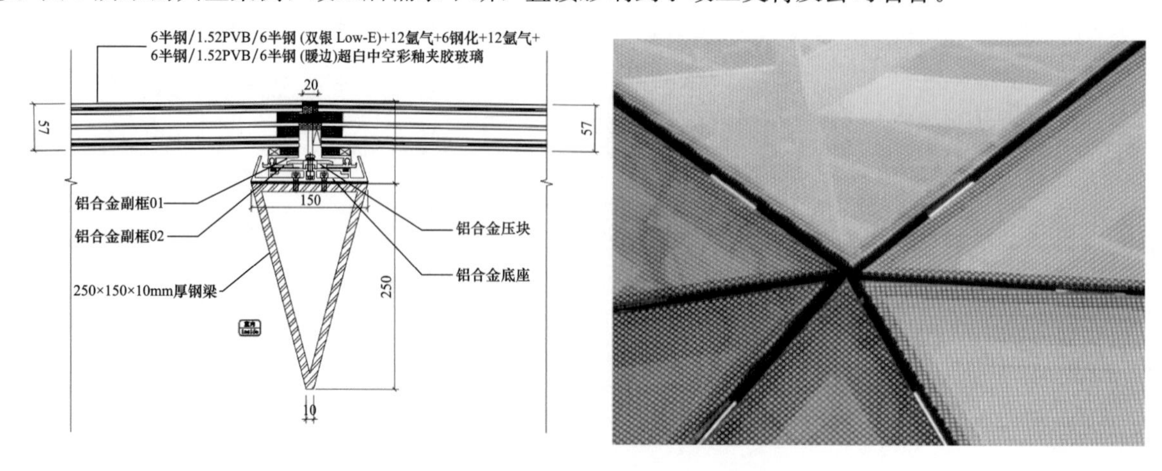

图3 球形采光顶构造节点及实际效果

3.2 编制专项品控文件作为施工过程中管控依据

国会二期项目为国家重点项目，业主及各方对项目的品质要求非常高，并引入专业品控团队进行专项管理，针对项目高水准的品控要求，我司制定了相对应的详尽的品控文件。其目的和作用是充分了解本项目重点及难点，保证品控工作在日常管理工作中有据可查。

3.3 成立专门的品控管理团队确保管理人员到位

由品控总负责人牵头，构建施工现场、加工厂、材料厂家三个主要环节的质量管控，集团公司设专人对项目进行检查。此项工作投入了大量的人力、物力，但对保证进场材料品质很有帮助。

3.4 完善材料封样流程，使得材料品质满足本工程要求

首先根据招标文件、技术规格书、施工图编制材料封样清单，然后编写材料封样文件，包括使用范围、产品数据、质量保证书等多项内容，提交顾问审核通过后，再提供实物由建筑师、顾问、监理、业主签字确认小样。批量生产前要制作首样，与小样比对确认无误后，方可批量生产。

3.5 严控材料质量，做好材料复试

根据验收规范要求，对相关材料做好复试，是必不可少的环节，通过复试可以检验出所用材料是否满足设计要求。根据本工程特点，共对25种材料进行了复试（图4）。

国会二期材料复试检测清单计划

编制单位：深圳市三鑫科技发展有限公司

序号	分项名称	材料名称	规格	检验项目	取样尺寸	取样数量	组批	规范	周期	备注
				铅笔硬度				饰用铝单板》		
13	屋顶	玻璃	8钢化+1.52SGP+8钢化（SJ157-0）+20Ar+8钢化+1.52SGP+8钢化双夹胶中空双银Low-E超白钢化玻璃	遮阳系数	300×300mm 1000mm×1000mm	1块	同厂家同种产品1组	GB/T2680《建筑玻璃 可见光透射比、太阳光直接透射比、太阳能总透射比、紫外线透射比及有关玻璃参数的测定》 GB/T22476《中空玻璃稳态U值（传热系数）的计算及测定》	21天	
				可见光透射比						
				传热系数						
				露点检测	510*360mm15块			GB/T 11944《中空玻璃》		
			HS8+1.52PVB+HS8(SJ72NS-0)+16Ar+HS8+1.52PVB+HS8双面PVB夹胶中空半钢化Low-E超白暖边	遮阳系数	300×300mm 1000mm×1000mm	1块	同厂家同种产品1组	GB/T2680《建筑玻璃 可见光透射比、太阳光直接透射比、太阳能总透射比、紫外线透射比及有关玻璃参数的测定》 GB/T22476《中空玻璃稳态U值（传热系数）的计算及测定》	21天	
				可见光透射比						
				传热系数						
				露点检测	510*360mm15块			GB/T 11944《中空玻璃》		

图4 材料复试计划

3.6 对主要材料编制详尽的管理文件、检查表，采取驻厂监造措施

材料质量好坏是做好一个工程品质的前提，因此我们针对主要材料编制了品控检查表，并派专人驻厂，进行从原材料进场、品牌、资料到加工、组装等全过程的监管和检查，达到要求才允许发货、出厂（图5）。本工程编制了公司加工厂、玻璃、铝板、成品百页、成品门等20项主要检查表。检查表列出详尽的检查内容、质量标准要求。

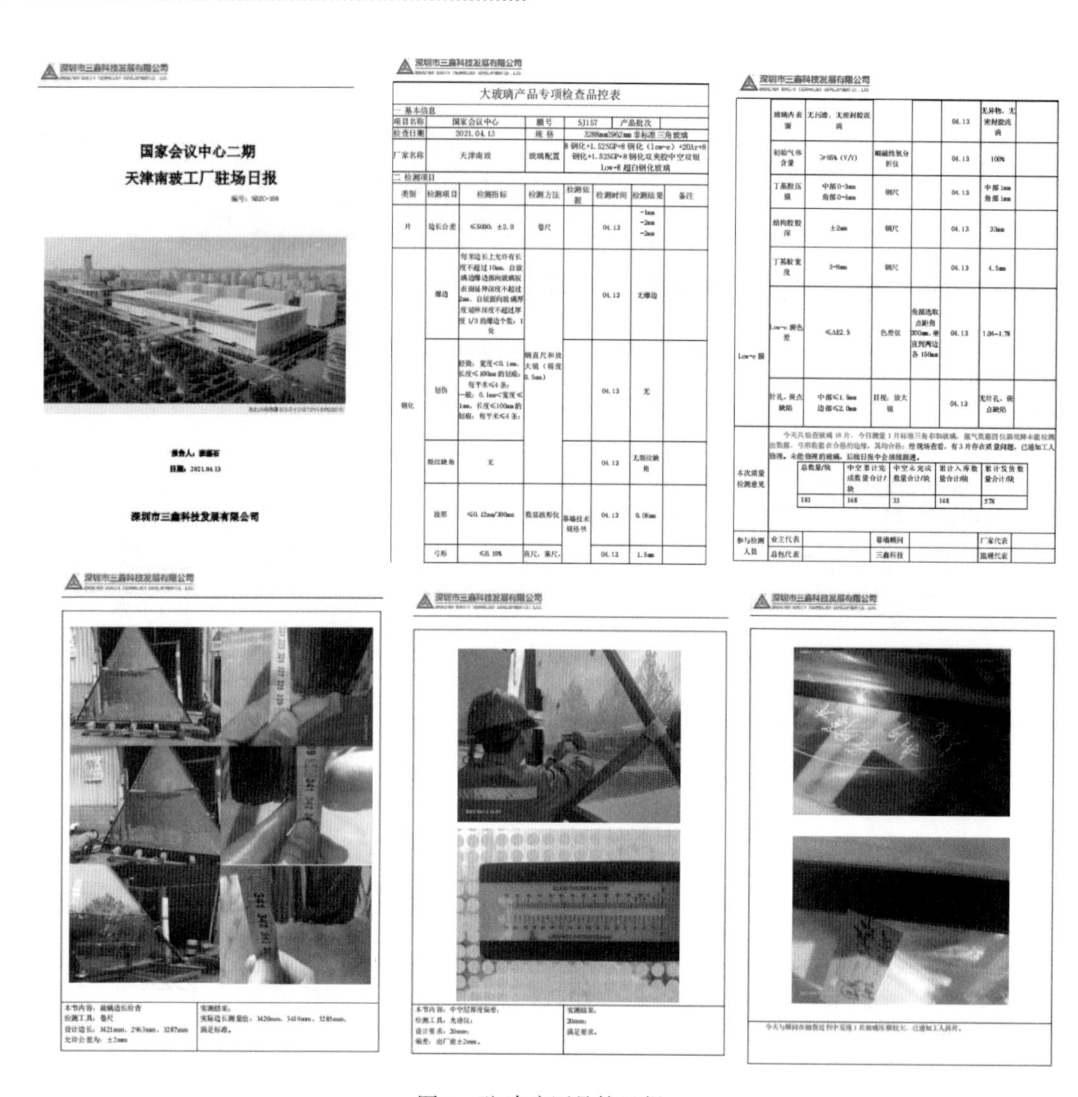

图 5　驻玻璃厂品控日报

3.7　坚持样板先行，找出系统存在的问题，为大面施工铺平道路

通过对设计、材料厂家、加工厂加工组装、现场安装等一系列环节进行验证，发现问题并解决问题，为最终大面施工创造条件（图 6）。

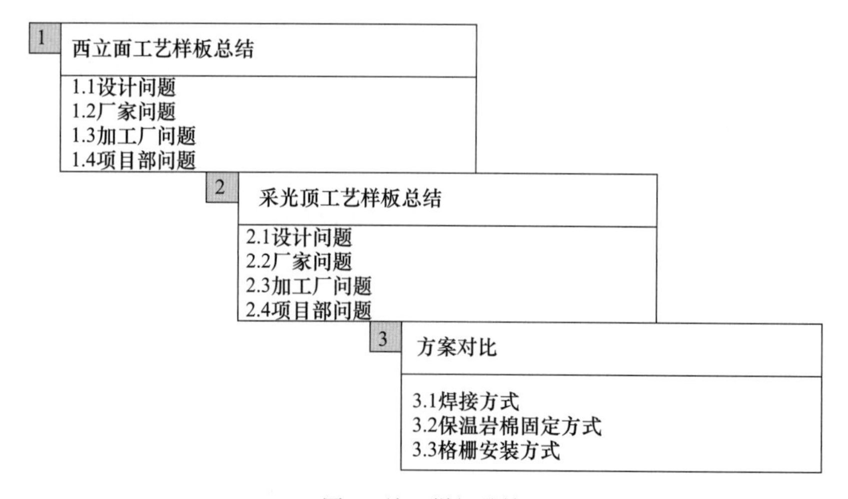

图 6　施工样板总结

3.8　施工过程中严格执行按图施工，杜绝随意发挥

施工蓝图是现场施工的依据，每一步施工都要严格按图施工，不得随意更改，随意发挥。如遇到现场情况与图纸不符的情况，要重新提交图纸，经各方审核同意后，才可继续施工。

3.9　施工现场严把质量，记录过程中的每一个环节

总包、监理、品控顾问多方对本工程质量进行管控，每天对质量进行检查，发现问题时立即要求整改，情况严重的则责令停工整顿（图7～图8）。

图7　施工过程检查

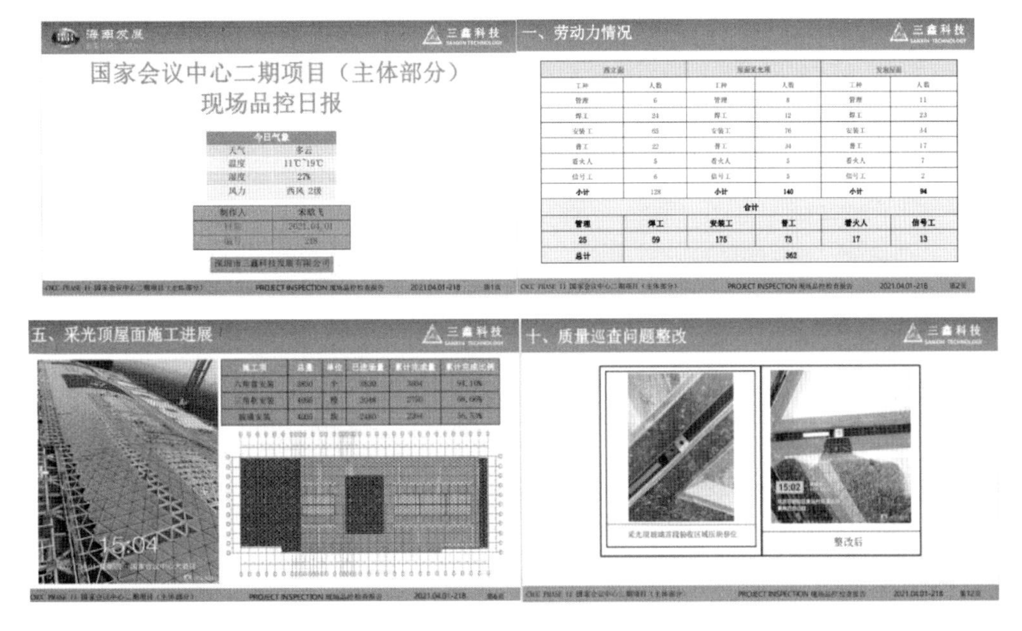

图8　施工现场品控日报

整个项目周期内，加工厂、现场、材料厂家、施工现场日报及整改报告共计 1067 份（图 9）。

国会项目品控报告统计（三鑫）					2021.07.22
序号	报告类型		本周上报数量（份）	累计上报数量（份）	备注
1	品控日报	现场	6	303	
		加工厂	0	79	
2	整改报告		4	228	
3	集团报告	现场	0	34	
		加工厂	0	3	
		材料石家	0	420	
合计			10	1067	

图 9　品控日报统计表

3.10　建立问题台账，持续整改并提升品质

施工过程中难免会发生问题，但一定不能掩盖或回避，要想办法解决，我们通过建立问题台账，逐条进行解决（图 10）。

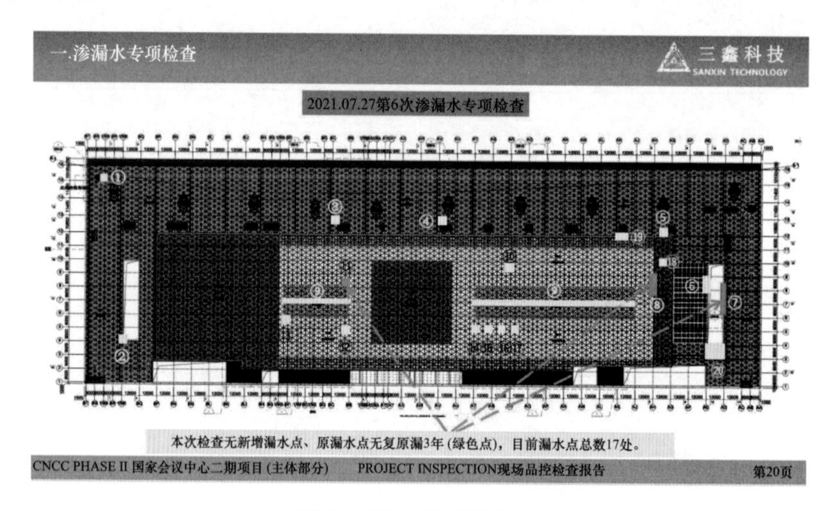

图 10　漏水专项检查表

4　针对开合屋面的具体施工过程管控措施

开合屋面由南花园和北花园两块组成，总面积约 $3000m^2$（图 11）。如此之大的开启面积，极高的水密、气密要求前所未有，无论是设计还是施工都具有极大的挑战。

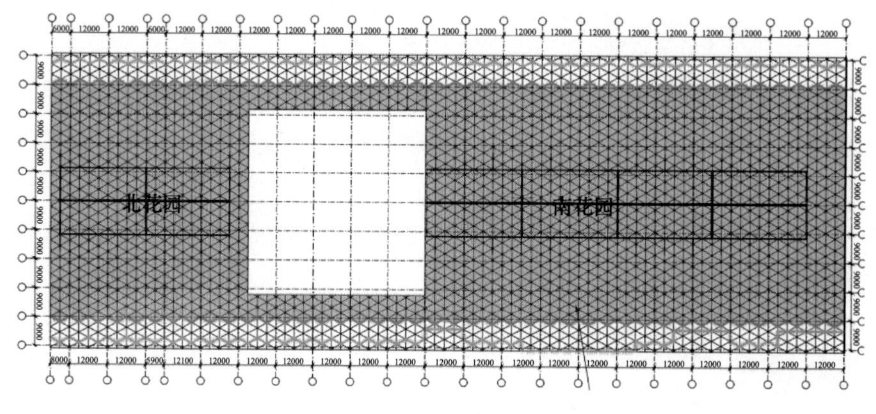

图 11　开合屋面布置图

开合屋面开启方式为东西对开，最大开启尺寸为 45m×10m，开启方式为对开，面积达到 900m^2（图 12）。

图 12　开合屋面三维效果图

4.1　做好性能测试，确保各项指标满足设计要求，并为实际施工提供依据及经验

为确保国家会议中心二期开合屋面的机械、电气及密封性能的可靠性能，并为大面施工积累经验，找出出现问题的原因以及相应的解决办法，我们在中国建筑科学院试验室进行了开合屋面的性能试验。试件外形尺寸 6000mm×21500mm，总面积 129m^2。为了很好地完成此项试验，我们前后共用了 247 天时间，做了专门科研课题研究。

图 13　开合屋面试验过程

通过性能测试对南花园开启屋盖进行了调整，由一整块 108m 变成了三个独立的开启单元，避免了十字交叉，解决了最大漏水隐患点（图 14～图 16）。

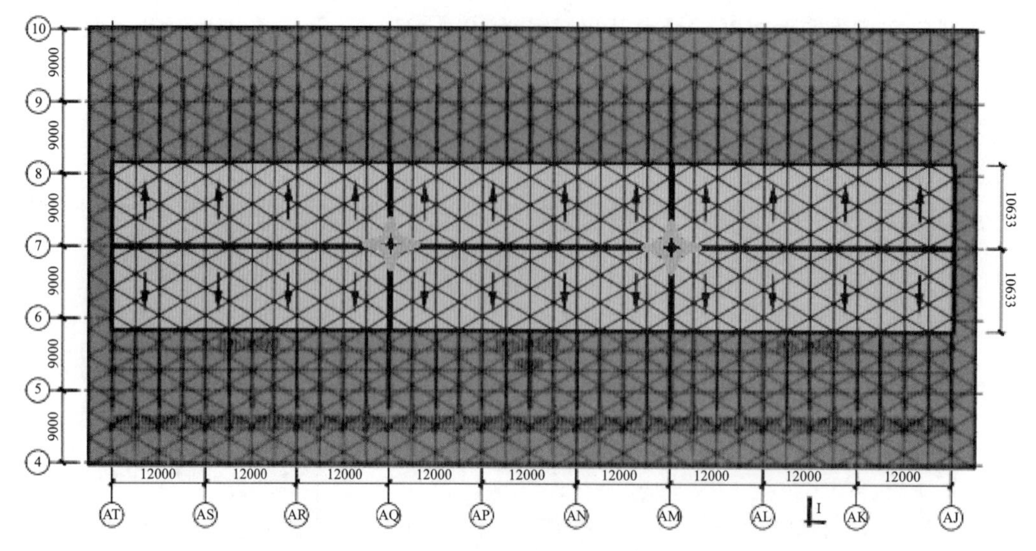

图 14 南花园初期设计分格图

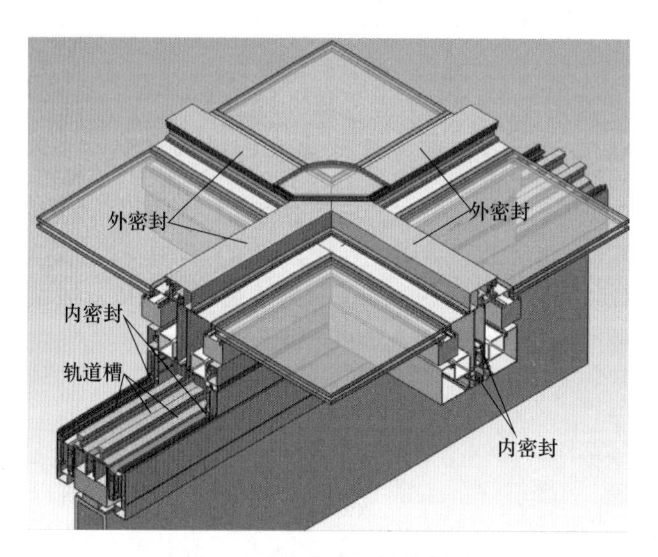

图 15 十字交叉三维节点图

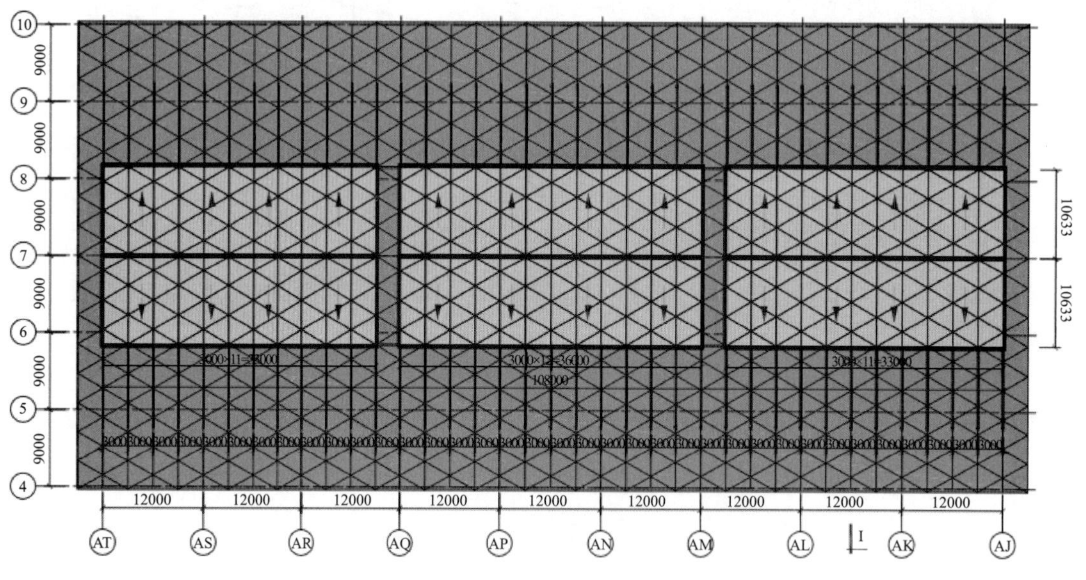

图 16 调整后分格图

我们对防水做法进行了调整。整个防水线分为内外两道闭环，单道最长距离为 110m，分为中间、两侧、下端三个位置（图 17）；通过性能测试，针对这三个位置的防水做法进行了调整，进行了补充和增强。

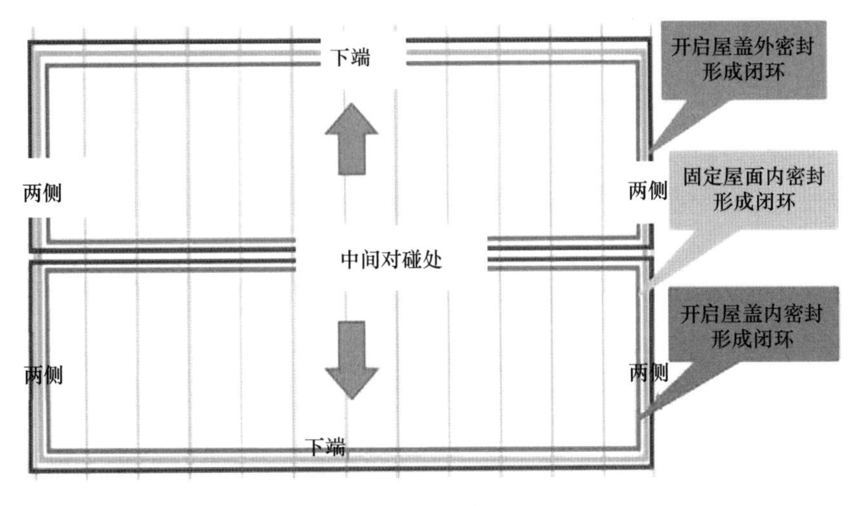

图 17　防水路径图

4.2　编制详尽的技术交底文件

开合屋面分为幕墙和机械传动两部分，安装过程需穿插进行，且工序繁多，光靠图纸是不能把问题讲清楚的，因此我们对整个过程进行了分解、拆分共分为 52 个步骤，每个步骤附有图纸和文字说明（图 18）。

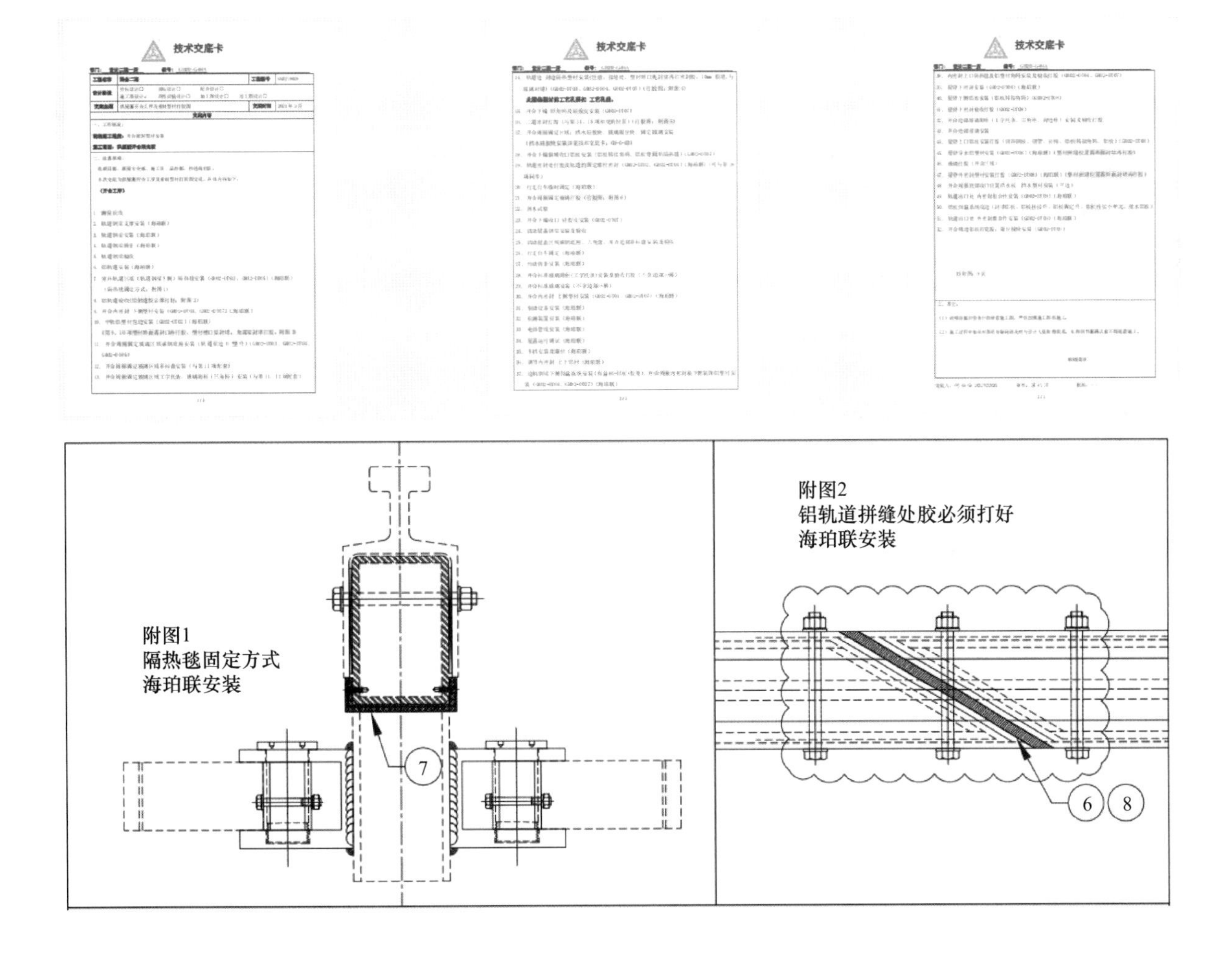

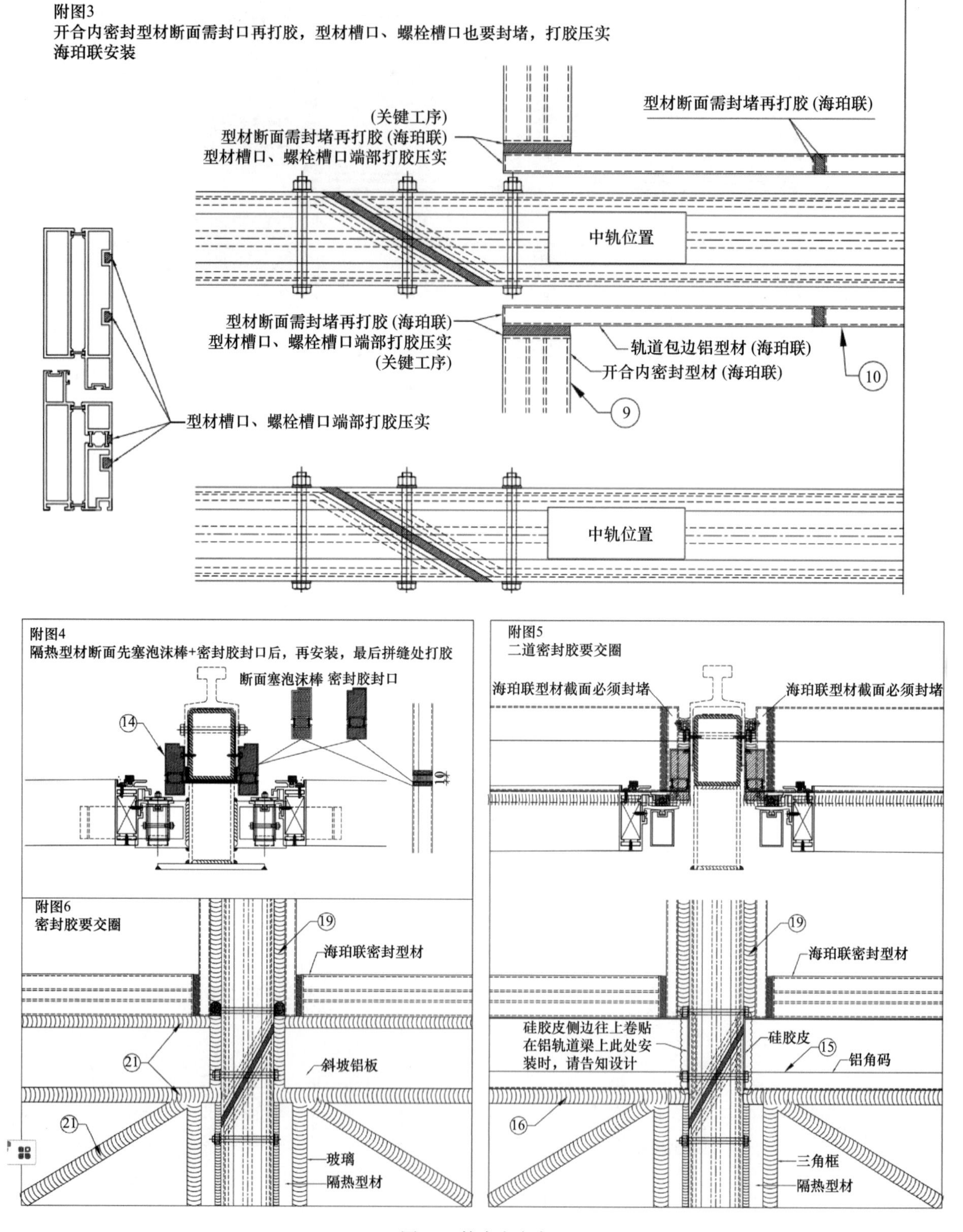
附图3
开合内密封型材断面需封口再打胶，型材槽口、螺栓槽口也要封堵，打胶压实
海珀联安装
(关键工序)
型材断面需封堵再打胶 (海珀联)
型材槽口、螺栓槽口端部打胶压实
型材断面需封堵再打胶 (海珀联)
中轨位置
型材断面需封堵再打胶 (海珀联)
型材槽口、螺栓槽口端部打胶压实
(关键工序)
轨道包边铝型材 (海珀联)
开合内密封型材 (海珀联)
10
9
型材槽口、螺栓槽口端部打胶压实
中轨位置
附图4
隔热型材断面先塞泡沫棒+密封胶封口后，再安装，最后拼缝处打胶
断面塞泡沫棒 密封胶封口
14
附图5
二道密封胶要交圈
海珀联型材截面必须封堵
海珀联型材截面必须封堵
附图6
密封胶要交圈
19
海珀联密封型材
21
斜坡铝板
21
玻璃
隔热型材
19
海珀联密封型材
硅胶皮侧边往上卷贴
在铝轨道梁上此处安
装时，请告知设计
硅胶皮
15
铝角码
16
三角框
隔热型材

图 18　技术交底卡

4.3　施工过程中的质量把控

施工时我们重点把控打胶环节，做好最后一道防线。我们制定了一整套打胶工艺文件，对在打胶过程中经常出现开裂、起泡、起皱等现象，从温度影响、固化速度、拉伸模量、定伸粘结性、浸水后定伸粘结性、冷拉-热压后粘结性及浸水光照后粘结性、泡沫棒形状的影响、胶深、胶宽等多方面因素进行分析研究，在实际施打过程中进行严格把控，仔细检查，发现问题及时整改（图 19～图 21）。

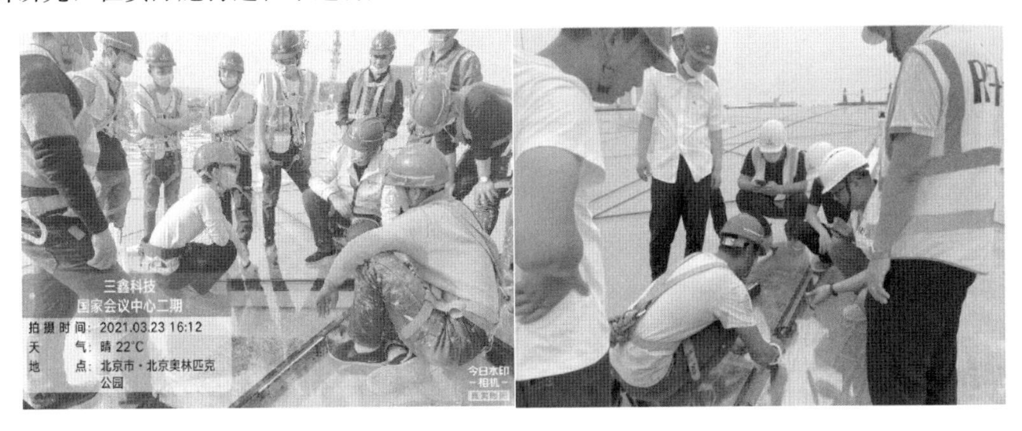

图 19　打胶前技术交底

图 20　打胶前基层处理及防护

图 21　打胶过程检查

我们对于关键部位进行了盛水、闭水测试，做到了 100％淋水检测（图 22～图 23）。

闭水位置	闭水跨数	已完成跨数	完成比例
大开合	68	34	50.00%
小开合	30	25	83.33%
合计	98	59	60.20%

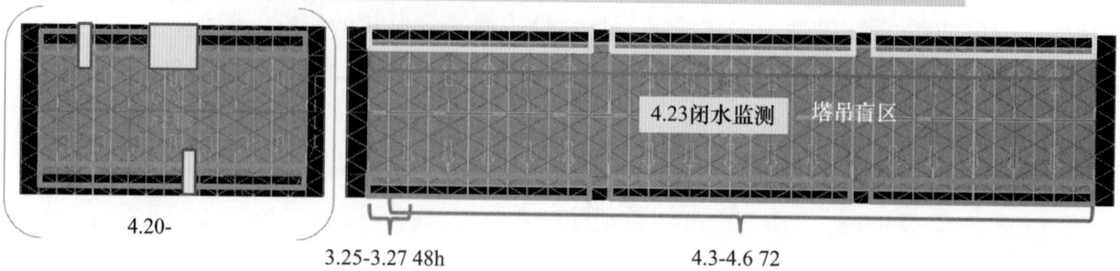

4.23闭水监测

塔吊盲区

4.20-

3.25-3.27 48h

4.3-4.6 72

图 22　开合屋面闭水检测完成情况统计

图 23　开合屋面闭水检测过程

4.4　持续跟踪检查

本工程 2021 年 9 月 30 日完工并交付冬奥以后，已经经历了三个完整的雨季考验。特别是 2024 年的雨水特别频繁，几乎每周都有雨，甚至连续几天有雨。据统计发现，全市大范围的明显降雨过程已经出现了 5 次，其中大雨量级的是两次、暴雨三次、大暴雨一次。全市累计降水量 723.9mm，比常年同期 441.2mm 偏多 64%，为 1951 年以来历史同期第四多。每次下雨我们都持续对屋面漏水点进行统计，截至 2024 年 9 月 20 日最后一次统计，总共 7 万 m^2 的屋面只有 4 个漏水点（图 24～图 25）。

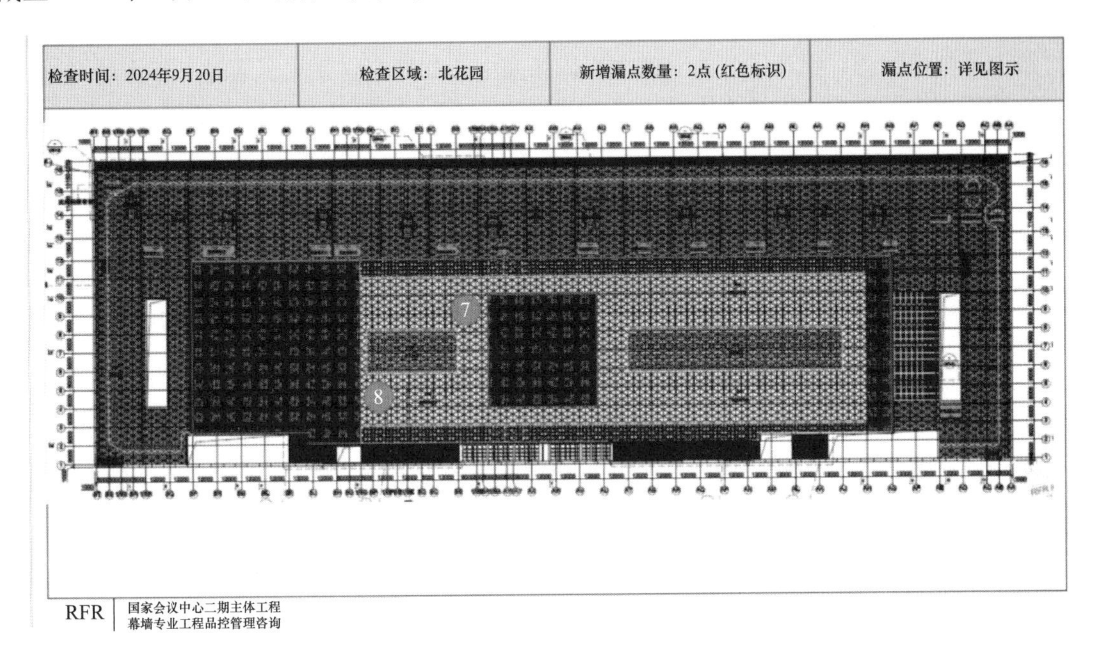

检查时间：2024年9月20日
检查区域：北花园
新增漏点数量：2点（红色标识）
漏点位置：详见图示
7
8
RFR
国家会议中心二期主体工程
幕墙专业工程品控管理咨询

图 24　北花园漏水点检查

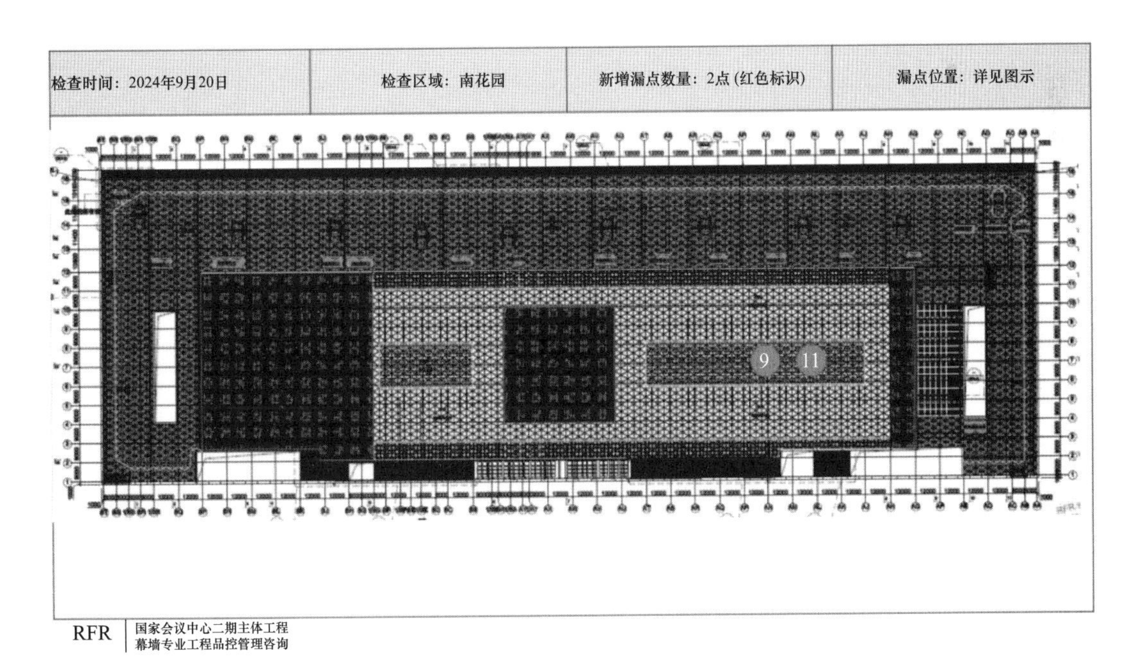

图 25　南花园漏水点检查

5 结语

精致建造技术通过品控体系在国家会议中心二期的施工过程中的应用，使北京国家会议中心二期开合屋面的气密性及水密性达到国家3级密封标准，属于国内最高水准，为大型开合屋面密封性能首创工艺。我们编制专项品控文件，设置专门的品控管理人员，对主要重点材料采取驻厂监造，坚持编制品控日报对施工形成全过程记录，对存在问题建立销项台账并持续整改，真抓实干，而不是流于形式，这是施工过程控制的具体保障措施。我们通过国家会议中心二期项目，总结出了一套先进的管理手段，打造出了精品工程，保证了冬奥会的主媒体新闻中心如期交付使用。通过三年多的冬雨季检验，项目各项性能经受住了考验，被评为优质工程，并于2024年11月19日顺利通过竣工验收。

参考文献

[1] 中华人民共和国建设部．玻璃幕墙工程技术规范：JGJ 102—2003［S］．北京：中国建筑工业出版社，2003.
[2] 中华人民共和国住房和城乡建设部．建筑工程施工质量评价标准：GB 50375—2016［S］．北京：中国建筑工业出版社，2016.
[3] 中华人民共和国住房和城乡建设部．玻璃幕墙工程质量检验标准：JGJ/T 139—2020［S］．北京：中国建筑工业出版社，2020.
[4] 中华人民共和国住房和城乡建设部．建筑装饰装修工程质量验收标准：GB 50210—2018［S］．北京：中国建筑工业出版社，2018。
[5] 中华人民共和国住房和城乡建设部．屋面工程质量验收规范：GB 50207—2012［S］．北京：中国建筑工业出版社，2012.

罗湖一馆一中心多角度装饰条设计分析与应用

◎ 陈贵华　陈桂锦　曹金杰　陈　婵

深圳市汇诚幕墙科技有限公司　深圳市　518029

摘　要　本文深入分析"罗湖一馆一中心"项目中铝合金装饰条的形态变化组合与多角度变化组合的具体应用，探讨装饰元素如何通过创新设计手法提升建筑的整体美观性、功能性与适应性。在阐述过程中，通过对比不同深化设计方案揭示在设计中可能遇到的问题，并针对这些问题提出解决方案的过程，确保实施方案的可行性、安全性，最终实现完美建筑效果。

关键词　多角度铝合金装饰条；多组合铝合金装饰条；内倾斜；外倾斜；双装饰条单元式幕墙

1　引言

装饰条在建筑中的应用广泛且多样，它们不仅作为装饰元素，提升建筑的整体美观度，还常常承担着连接、固定及保护等实用功能。在现代建筑设计中，装饰条被巧妙地融入各种场景，从室内装饰到室外幕墙，从天花板到地面，都能看到它们的身影。通过不同的材质、颜色和形状，装饰条能够营造出丰富的视觉效果，满足人们对建筑美学的追求，同时也使外立面幕墙通过装饰条合理设计达到建筑需要的热工节能效果。因此，装饰条在建筑中的应用不仅关乎美观，更关乎实用与功能的完美结合。

2　项目概况

我司负责深化设计并施工项目"罗湖一馆一中心"（青少年活动中心与图书馆），坐落于深圳市罗湖核心地段，即黄贝路与怡景路交汇处，项目建筑最高 103.5m，总建筑面积约为 7.7 万 m^2。项目塔楼为单元式玻璃幕墙，裙楼为框架式玻璃幕墙。建筑以"堆山叠城"为设计理念，以多层次景观平台体现"一半山水一半城"的凹凸体块空间格局，外立面运用大量多类型、多角度装饰条，从而增强独特而富有魅力的建筑外立面效果（图 1～图 2）。项目涵盖文旅图书、视听室、阅读区域、公共服务空间、专业剧场、综合运动场馆、各类培训教室及行政办公，是集多种功能一体的综合体建筑。

图1 立面效果图

图2 现场实拍图

3 项目特点与重难点

3.1 铝合金装饰条模块组合变化

本项目塔楼单元式幕墙中，铝合金装饰条外观设计巧妙且富有变化，其截面由多达10种模块组合而成，装饰条宽度统一设定为65mm，深度设定包括100mm、100mm＋150mm变截、250mm、250mm＋15mm变截、400mm共5种变化。每两个相邻装饰条之间均设置槽口，且每两个间距槽口交错排列，巧妙运用了泛光设计，以呈现夜景灯光效果。同时，在装饰条立面高度设计上遵循了清晰分段原则，即单体装饰条每一个楼层视为一个独立分段，组合型装饰条内侧为楼层通常独立分段，外侧又拆分为在每个独立分段的上半段或下半段（图3）。

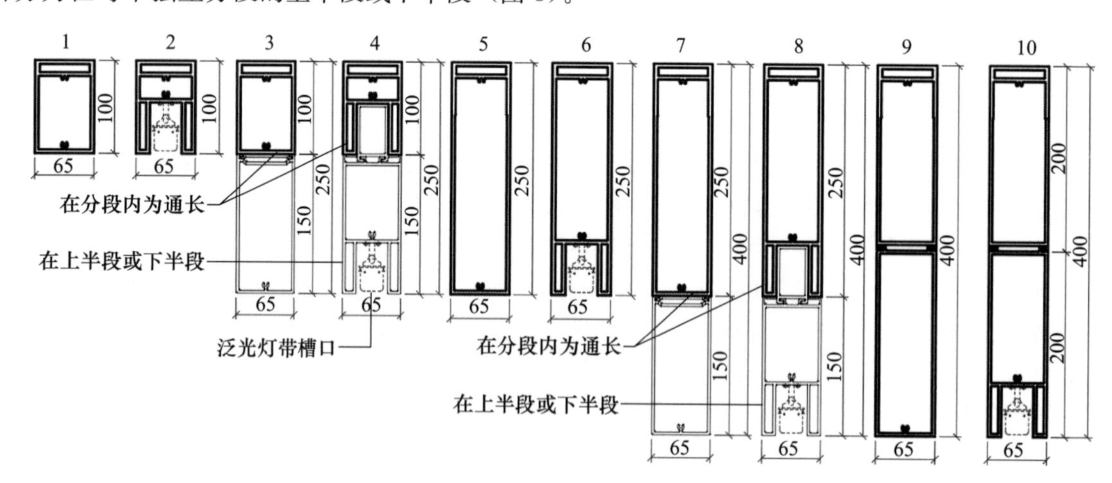

图3 10种装饰条截面模块组合变化

3.2 铝合金装饰条水平角度变化

本项目中，铝合金装饰条的设计展现出极高灵活性与创新性，其水平角度变化多达9种，分别为：10°、20°、30°、40°、50°、60°、70°、80°以及90°，所有角度变化转轴点均控制在装饰条的同一个角部位置上（图4）。

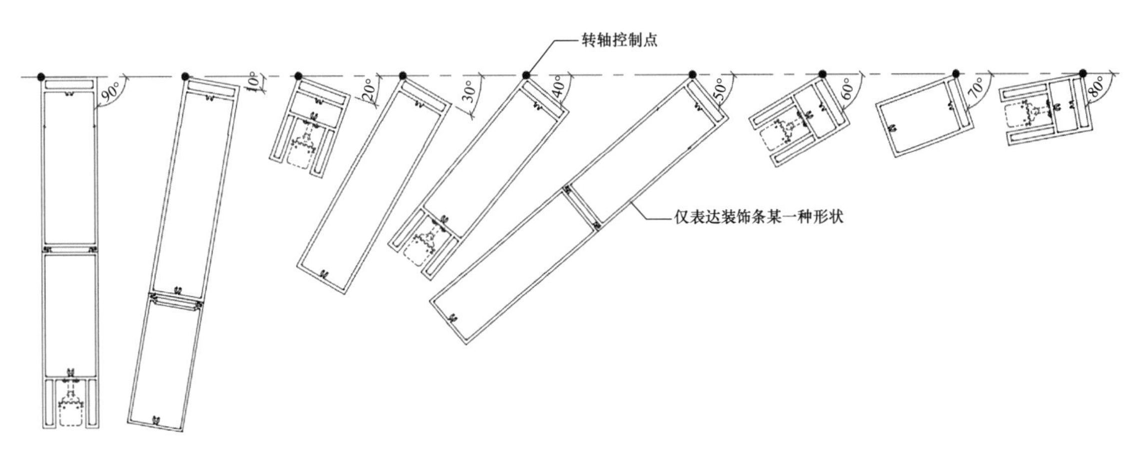

图 4　9 种装饰条水平角度变化

3.3　铝合金装饰条垂直角度变化

本项目中，铝合金装饰条除了垂直标准 90°外，为增强建筑效果，还增设计了内倾斜 7°与外倾斜 4°的变化设计（图 5）。

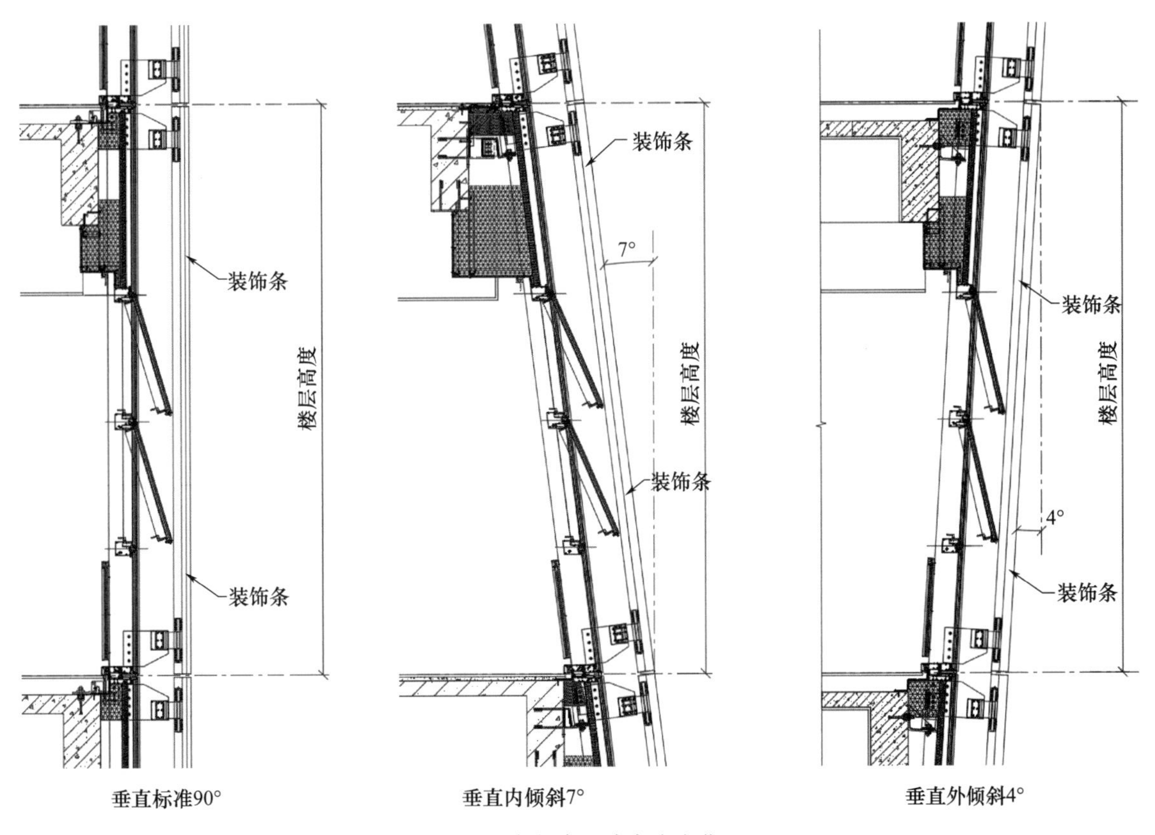

图 5　装饰条垂直角度变化

3.4　铝合金装饰条在单元模块中的分布

本项目采用单元式玻璃幕墙系统，其铝合金装饰条在单元模块中水平分布的设计除了一条对齐立柱外，还有一条设置在单元模块玻璃的中间位置（图 6）。

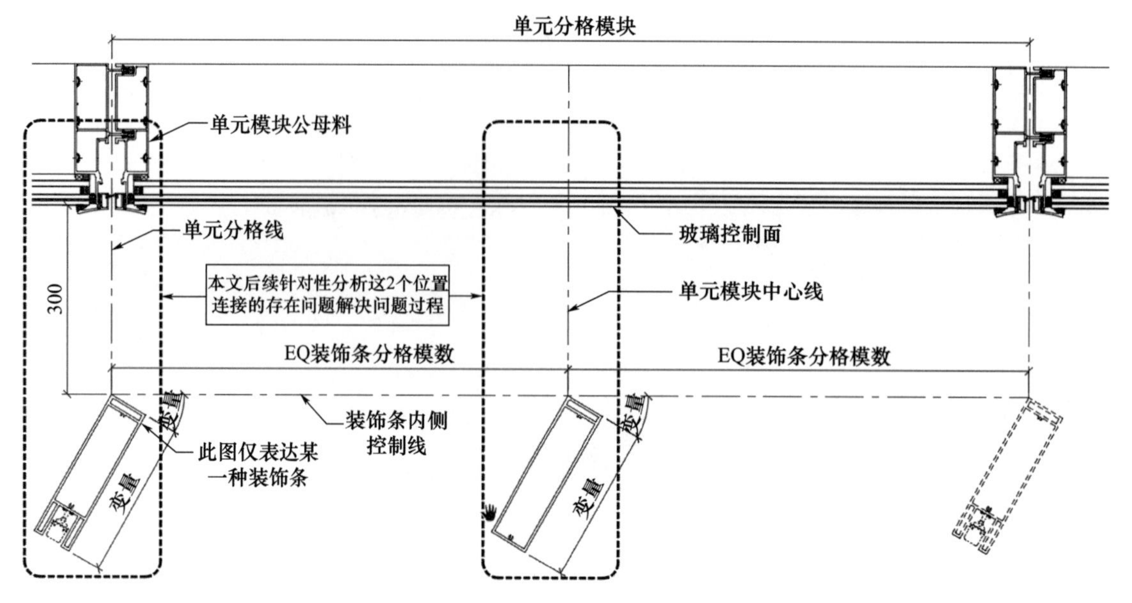

图6　装饰条在单元模块中的水平分布

综上所述，本项目装饰条提供了10种组合方式，9种角度组合方式，形成多达90种独特的搭配方案。此外，在每个单元模块中间还有一根装饰条，相当于一个板块有两根装饰条，此做法在幕墙项目中是罕见的，而装饰条还需适应外倒与内倒效果变化，通过满足这些多样化特点与变化，本项目装饰条的应用展现出了极高的复杂性和创新设计理念，同时也成为了项目的一个重大挑战。本文将深入剖析装饰条在模块连接过程中遇到的问题，并详细介绍我们如何解决这些问题，从而证明装饰条能够灵活适应各种条件和变化，最终实现建筑外观的完美呈现。

4　关于装饰条连接设计过程（初期方案）

4.1　针对装饰条位于单元立柱分格处连接方案

首先，针对齐于立柱的一种连接方式，为满足水平角度变化，我们运用1个标准件与9个非标角度连接件进行机械连接，通过连接件转接至主体立柱（图7～图8）；在装饰条顶、底支座连接至立柱（图9）；而在内倾斜剖面中，我们保持连接件与标准统一，装饰条与连接件随角度转动，仅需调整立柱连接螺丝，即可实现角度变化（图10）。此方案均适应于水平角度、垂直角度变化情况。

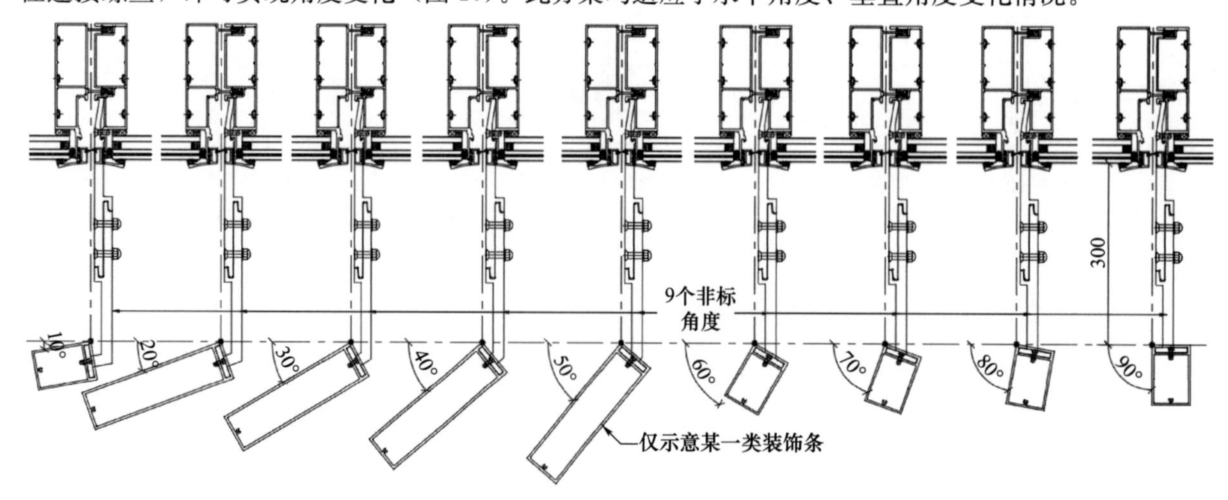

图7　9种水平角度支座连接平剖

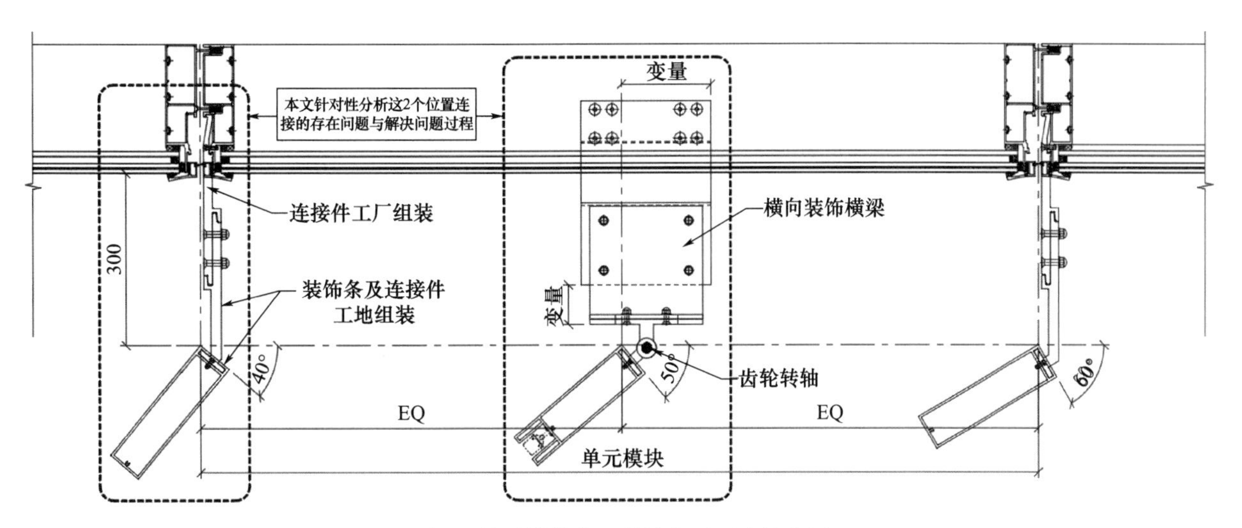

图 8　单元模块中双装饰条平面连接布置

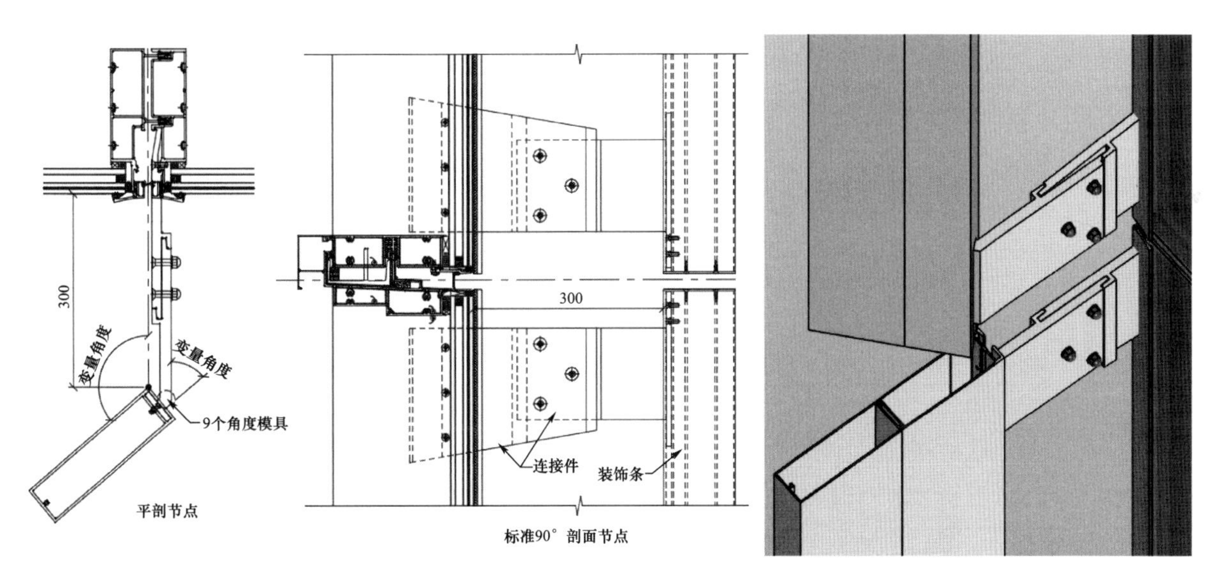

图 9　标准连接及模型效果

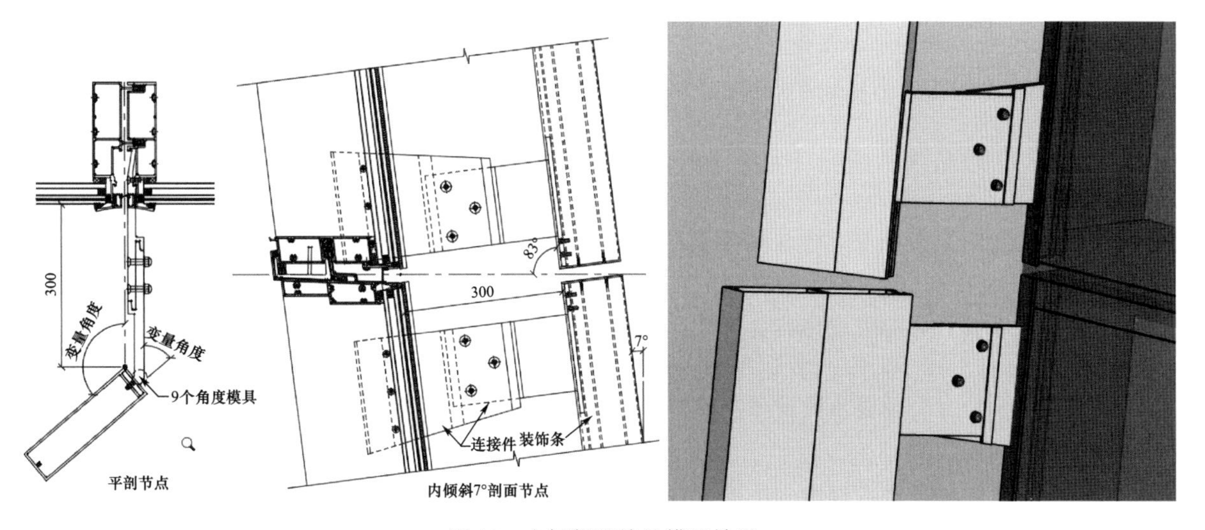

图 10　内倾斜连接及模型效果

4.2 针对装饰条位于单元模块玻璃的中间位置连接设计

从常规角度出发，位于单元模块中间的装饰条通过转接方式安装于横梁上，是更合理解决方案，依据此思路，我们在装饰条的顶部和底部两端分别配置了连接组件，考虑到不同安装角度下的调节需求，设计了两个带有齿轮的转轴，每转动 10°即对应一个调节档位，通过机械螺栓，将连接组件稳固地转接在横梁上，详见标准剖面 90°连接（图 11）与内倾斜剖面连接（图 12）。

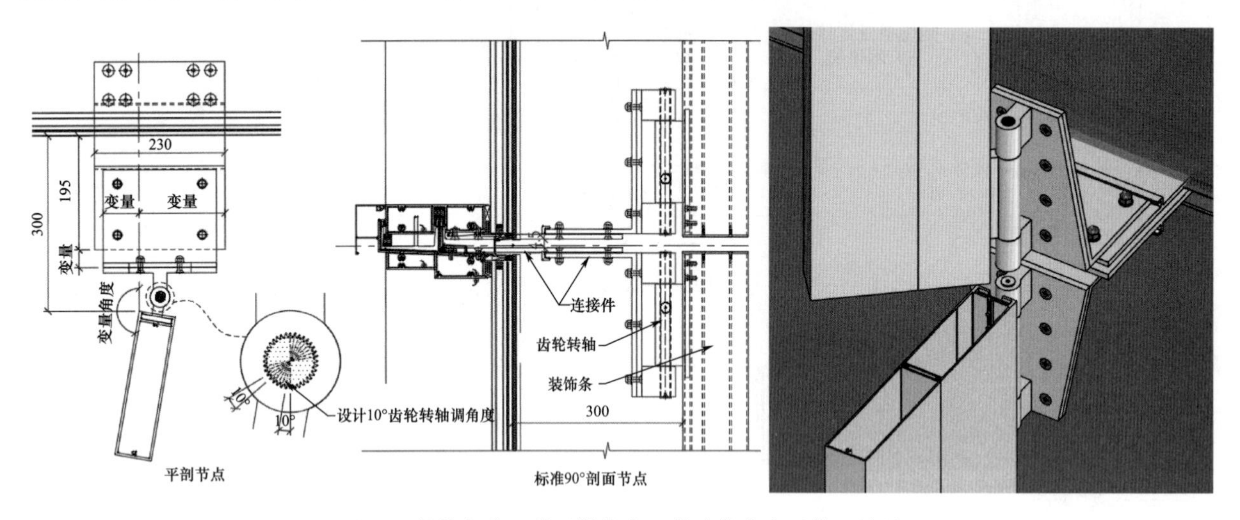

图 11 装饰条位于单元模块中心外连接节点及模型效果

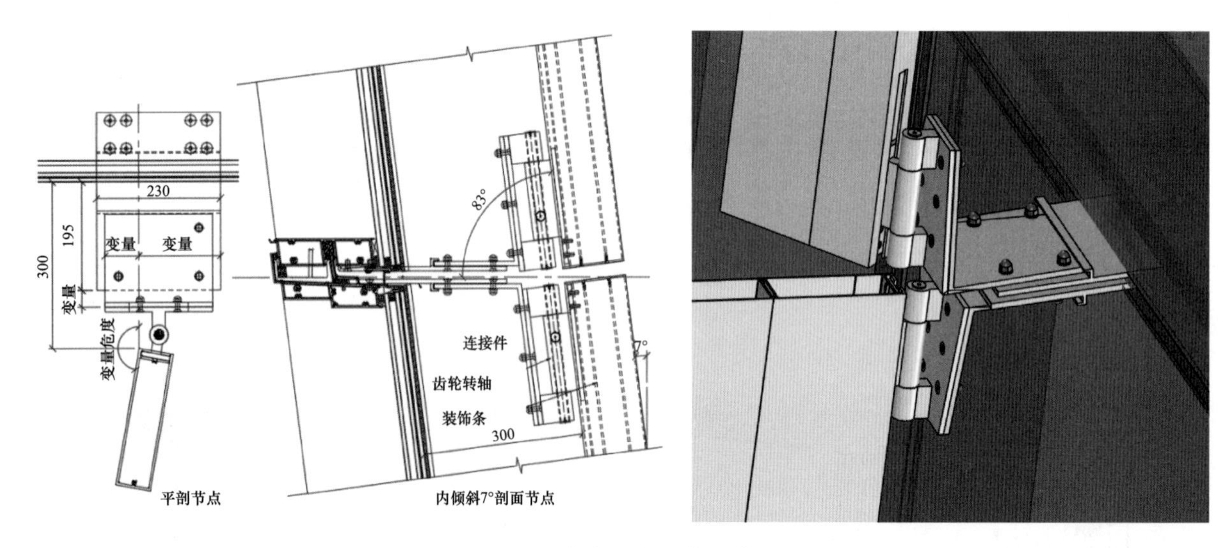

图 12 内倾斜连接及模型效果

综上所述，初期方案在单元模块中间的装饰条连接方式多重不合理之处：①顶、底连接板重叠，占用单元系统伸缩空间，造成变形性能影响。②破坏顶横梁内部排水结构，增加渗漏风险，损坏水密性能。③装饰条及其背后的玻璃在需要拆卸或更换时，操作难度极大。④装饰条规格最大 400mm，悬挑距离最大 700mm，其受力传于横梁上，在长期风动作用下，端部连接易受损。⑤铝合金齿轮转轴间配合存在公差问题，导致松紧难以把控，使得装饰条存在松动和摇摆的隐患。⑥该连接方式较难适用于垂直内倾斜、内倾斜的变化，限制了其应用范围。⑦异形加工件较多，模具配套需求也相应增加，导致成本攀升。⑧加工定位过程中变量尺位较多，未能有效合并为标准单元模块，使加工组装、安装增加难度。

因此，可以判断初始方案尚未成熟，需要进一步优化设计，以提出更加可行的方案。

5　关于装饰条连接设计过程（实施方案）

5.1　装饰条实施方案分析

经过深入的考虑与分析，我们调整了设计思路，在单元板块的顶部和底部横向增设两根装饰性横梁。我们将双装饰条牢固地连接到这两根横梁之上，实现了单元板块中间装饰条与立柱位置装饰条连接方式的统一。随后，通过横梁的转接，将装饰条固定连接到立柱上。此思路的转变能大大减少单元板中间装饰条的多种复杂连接，使铝型材具变少，加工安装变得更为简单（图 13）。

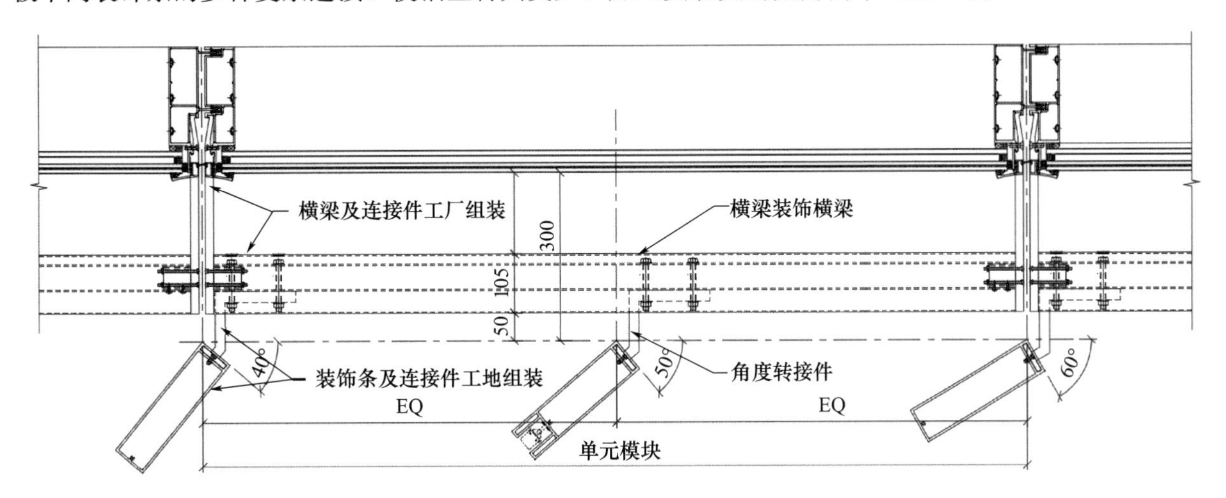

图 13　单元模块中增加装饰横梁

通过配置 9 款角度各异的铝型材模具，我们实现了水平角度的灵活变化，并能够将装饰条固定成所需的角度。在连接过程中，一侧的连接件被牢牢地嵌入装饰条的槽口之中，而另一侧则通过机械螺栓与装饰横梁实现稳固连接（图 14）。

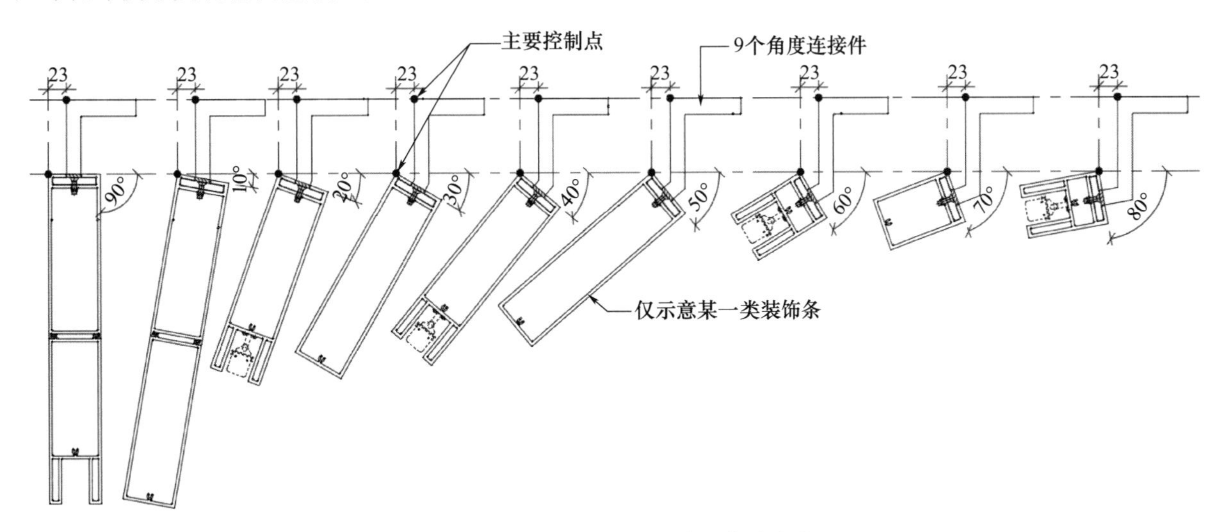

图 14　9 个角度模具实现水平角度变化

在单元模块分格处，在装饰条的上方与下方，分别横向设置了两条装饰性横梁，而装饰条则借助连接部件紧固地连接至单元立柱上（图 15）。

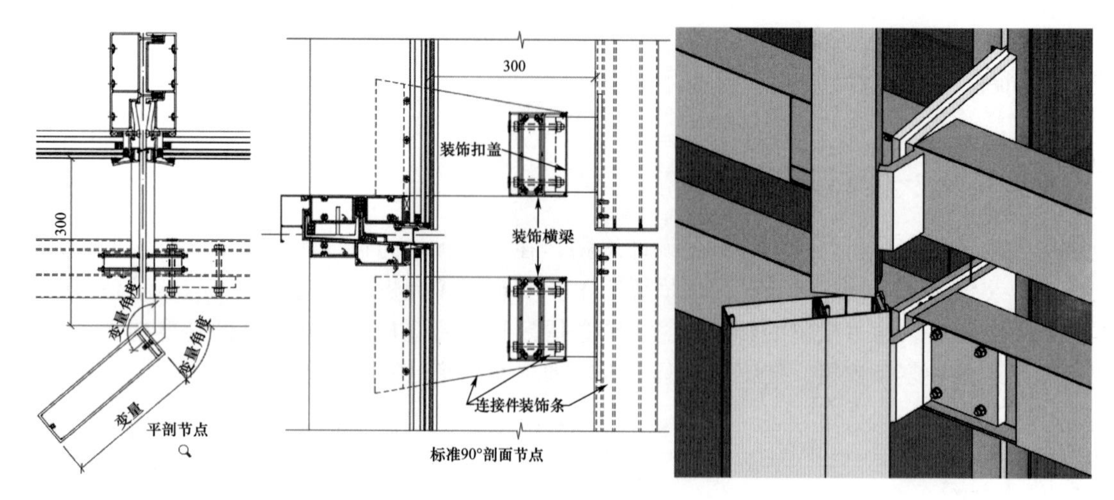

图15　单元模块分格处连接剖面及模型效果

位于单元模块中间处装饰条可采用同样方式，轻松而牢固地安装于装饰性横梁之上，同时，在连接螺栓的位置，我们特别采用了锁匙工艺孔进行安装，这一设计巧妙地避免了在室内开孔，从而保持了整体的美观性（图16）。

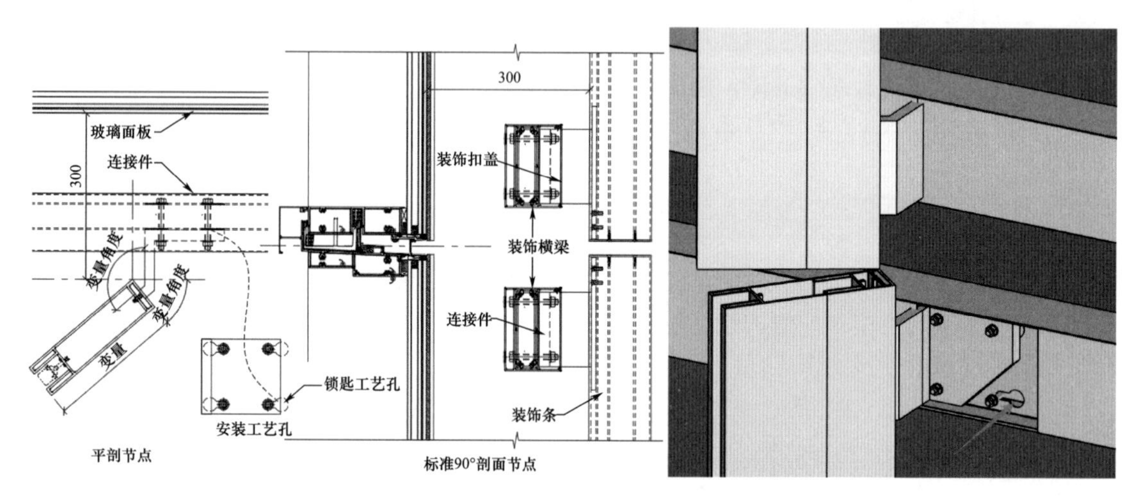

图16　单元模块玻璃中间处连接剖面及模型效果

通过装饰条与装饰横梁的协同旋转，与幕墙面保持一致的角度变化，从而实现了在垂直角度内、外倾斜情况的灵活变化（图17）。

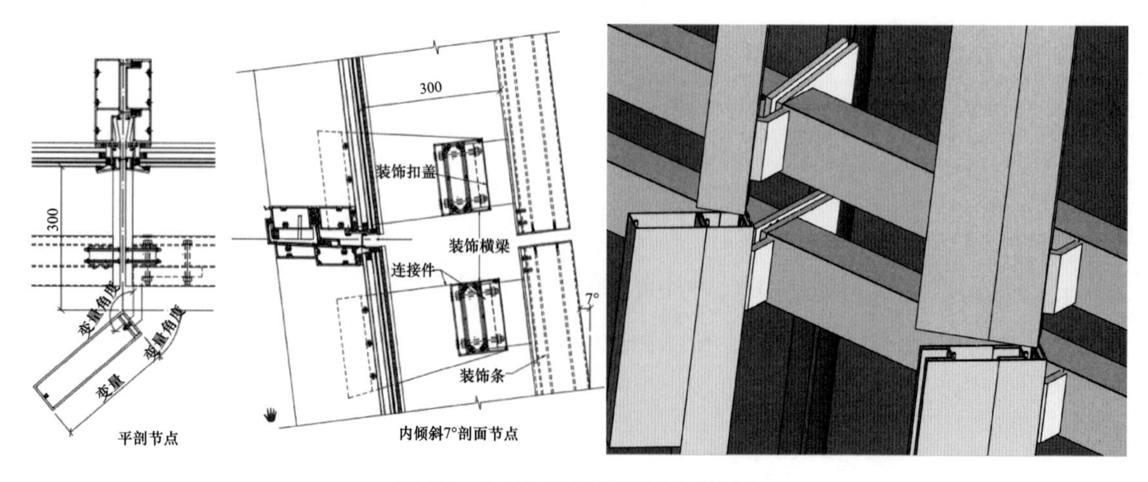

图17　垂直内倾斜剖面及模型效果

5.2　装饰条在消防救援窗中应用方案

由于每个单元模块中央均装有一条装饰条，导致消防救援窗的宽度未能达到规定标准。为解决这一问题，我们在装饰横梁的顶部和底部均固定安装了一条铝合金轨道。单元板块的装饰条两端通过专门的连接件与这些轨道相连，并通过插销进行日常固定。当需要紧急救援时，只需简单拔出插销，中间的装饰条便能沿着两侧的轨道滑动，从而迅速扩大空间，以满足消防救援要求（图 18～图 19）。

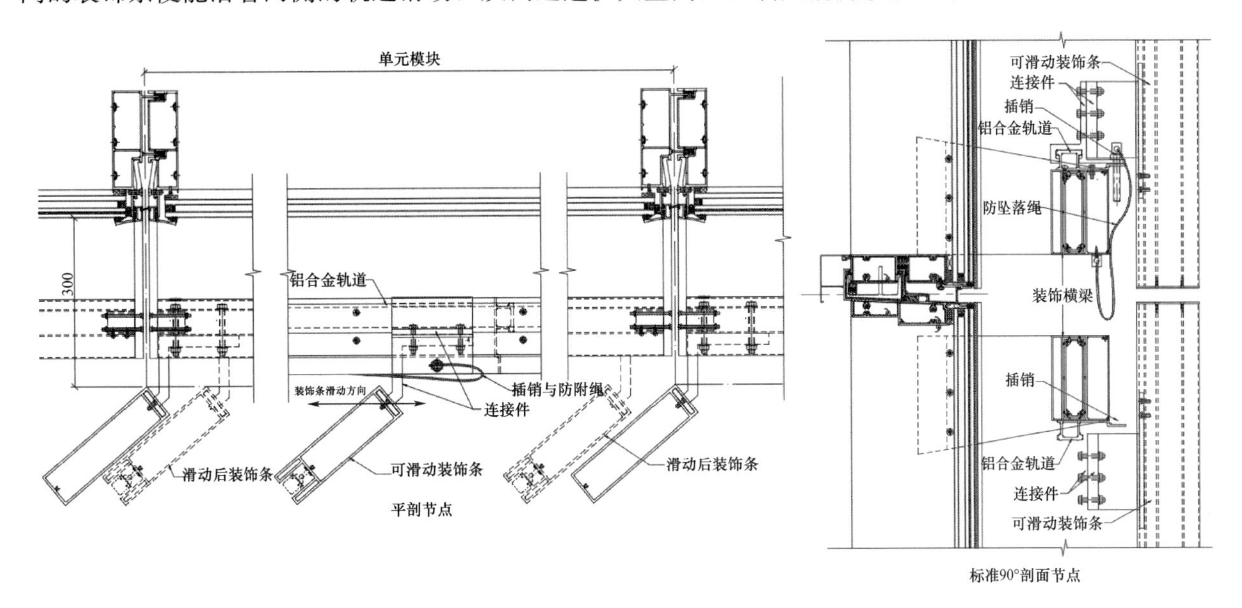

图 18　装饰条在消防救援中的应用

图 19　装饰条在消防救援中滑动模型效果

5.3　装饰条运输及安装

考虑到单元板块的便捷运输，装饰横梁将在工厂与单元板块一起组装，可提升拼接的精确度、结构的安全性和防水性能。为了方便装饰条运输，我们将散料发至现场，与单元板在工地现场组装，组装完成后与单元板整体吊装（图 20）。

图 20　板块运输及安装

5.4　装饰条拆除更换

需更换装饰条或破损玻璃时，只需拆除单元模块中央的一条装饰条。拆除与重新安装的过程极为简便，仅需三个步骤即可迅速完成（图 21）。

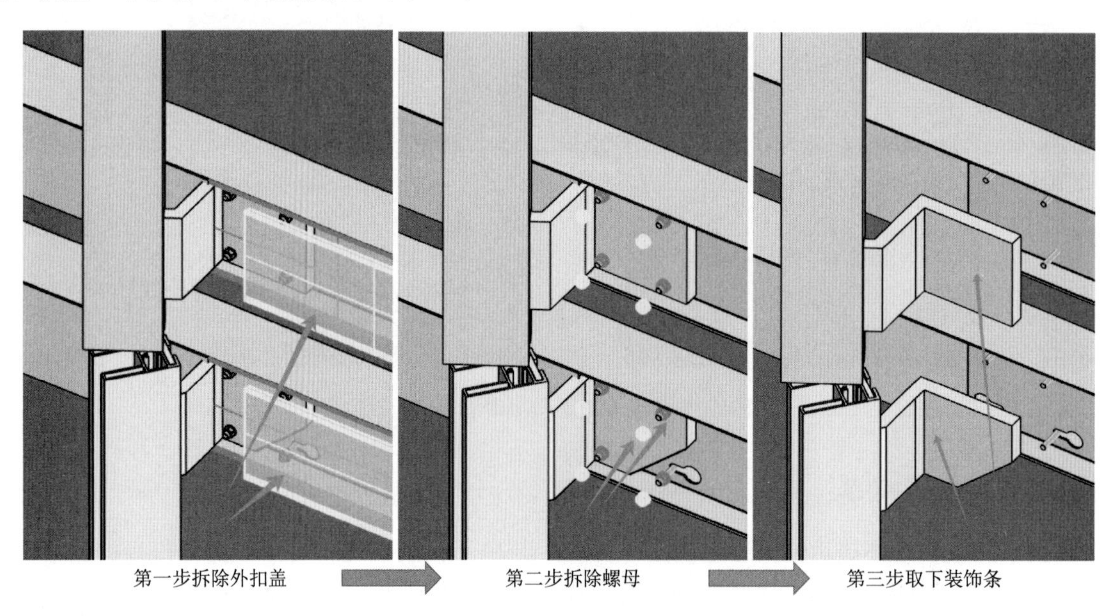
第一步拆除外扣盖
第二步拆除螺母
第三步取下装饰条

图 21　装饰条拆除及安装过程

6　设计结构安全验证

6.1　结构安全性计算

根据《广东省建筑结构荷载规范》(DB/JT 15—101—2022) 7.4.1 中的第 2 点规定，装饰条所承受的风荷载按设定为－2.0。同时，依据《玻璃幕墙工程技术规范》(JGJ 102—2003) 6.3.10，满足铝合金型材的挠度按规定为 $L/180$。为确保设计的准确性和安全性，我们采用了 ANSYS 有限元分析软件进行建模精确计算。经过计算分析，装饰条的强度与挠度均完全符合结构计算的要求（图 22）。此外，所有其他的相关连接设计也都满足了结构计算的标准要求。

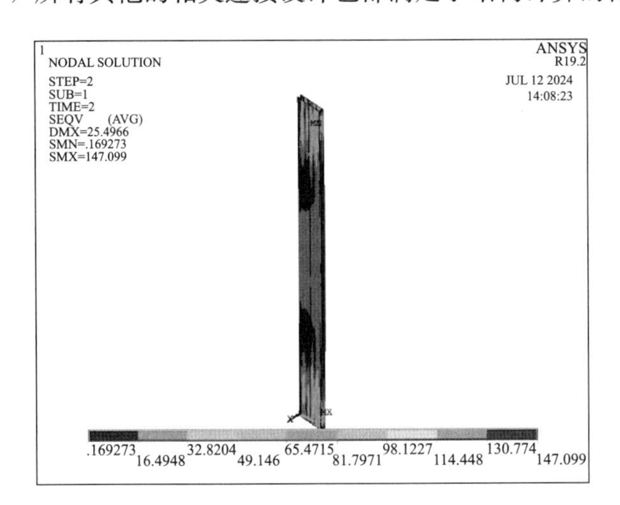

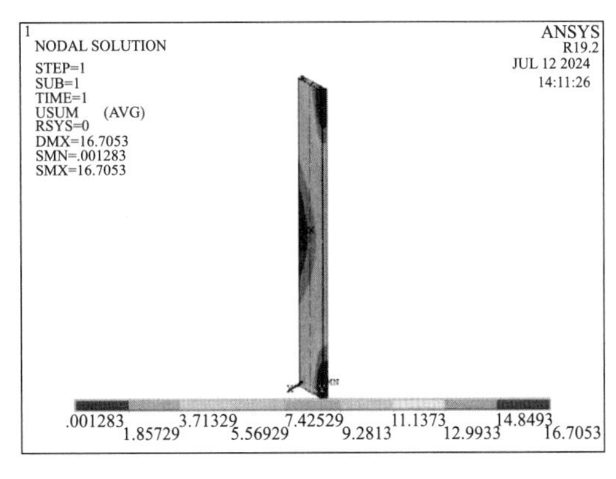

σh=147.1Nmm^2　＜150N/mm^2　(6063-T6) OK　　δh=16.8mm　＜4500/180=25mm　OK

图 22　装饰条结构计算

6.2　系统结构性能试验

经过四性试验的全面验证，该系统其气密性能、水密性能、抗风压性能、层间变形性能以及撞击性能均达到了规范要求的严格标准，装饰条在侧外力测试中的性能也同样符合既定的性能指标（图 23）。

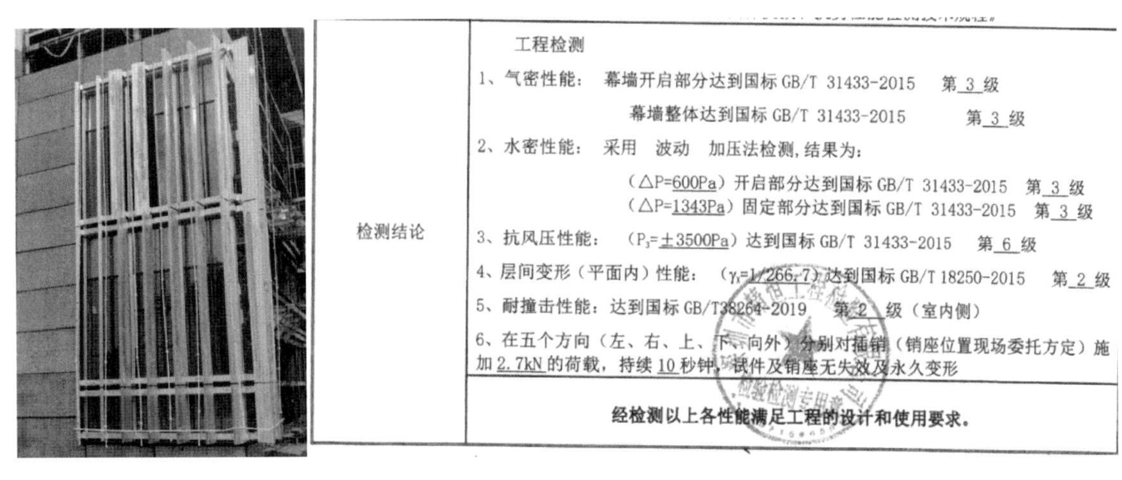

检测结论	工程检测 1、气密性能：幕墙开启部分达到国标 GB/T 31433-2015　第 3 级 幕墙整体达到国标 GB/T 31433-2015　第 3 级 2、水密性能：采用　波动　加压法检测，结果为： （△P=600Pa）开启部分达到国标 GB/T 31433-2015　第 3 级 （△P=1343Pa）固定部分达到国标 GB/T 31433-2015　第 3 级 3、抗风压性能：（P₃=±3500Pa）达到国标 GB/T 31433-2015　第 6 级 4、层间变形（平面内）性能：（γ=1/266.7）达到国标 GB/T 18250-2015　第 2 级 5、耐撞击性能：达到国标 GB/T38264-2019　第 2 级（室内侧） 6、在五个方向（左、右、上、下、向外）分别对插销（销座位置现场委托方定）施加 2.7kN 的荷载，持续 10 秒钟，试件及销座无失效及永久变形
	经检测以上各性能满足工程的设计和使用要求。

图 23　四性试验样板

7 现场实拍效果

现场各个安装环节均达到了预期的质量标准，整体呈现出良好的视觉效果和结构稳定性，并得到业主方及建筑师的充分肯定（图 24）。

图 24 现场实拍效果

8 结语

综上所述，“罗湖一馆一中心”项目之所以展现出独特的视觉效果与美感，得益于铝合金多角度装饰条的精心设计与施工。该项目的幕墙多角度装饰条设计，完美融合了美学原理、结构力学和材料科学的精髓。我们通过精心策划的形状设计以及精湛的工艺应用，打造出了既具备审美价值又兼具实用功能的幕墙装饰效果。在幕墙多角度装饰条的设计领域，仍有广阔的空间去探索新的设计理念与技术手段，以便更好地适应市场的多元化需求和不断变化的审美趋势。我们期待本项目能够为行业同仁提供有益的启示与借鉴。

参考文献

[1] 中华人民共和国建设部．玻璃幕墙工程技术规范：JGJ 102—2003 [S]. 北京：中国建筑工业出版社，2003.

[2] 中华人民共和国国家质量监督检验检疫总局，中国国家标准化管理委员会，建筑幕墙：GB/T21086—2007 [S]. 北京：中国标准出版社，2008.

[3] 中华人民共和国住房和城乡建设部，中华人民共和国国家质量监督检验检疫总局，建筑结构荷载规范：GB 50009—2012 [S]. 北京：中国建筑工业出版社，2012.

[4] 中华人民共和国建设部．金属与石材幕墙工程技术规范：JGJ133—2001 [S]. 北京：中国建筑工业出版社，2001.

[5] 广东省住房与城乡建设厅．广东省建筑结构荷载规范：DB/JT 15－101—2022 [S]. 北京：中国城市出版社，2022.

[6] 中华人民共和国住房和城乡建设部，中华人民共和国国家质量监督检验检疫总局，建筑结构荷载规范：GB 50009—2012 [S]. 北京：中国建筑工业出版社，2012.

[7] 中华人民共和国住房和城乡建设部．玻璃幕墙工程质量检验标准：JGJ/T 139—2020 [S]. 北京：中国建筑工业出版社，2020.

第六部分

制造工艺与施工技术研究

玻璃单元板块在加工厂的影像变形控制

◎ 赵福刚[1]　江　辉[2]

1　广东科浩幕墙工程有限公司　广东深圳　518063

2　凯谛思建设工程咨询（上海）有限公司广州分公司　广东广州　510000

摘　要　本文探讨了如何在加工厂对玻璃单元板块的影像变形进行控制，以减少其影像畸变，供同行参考。

关键词　平整度；弯曲变形；弓形度；波形度；影像变形

1　引言

随着一座座城市中心区的构建，一栋栋高楼大厦拔地而起，气势恢宏，雄伟壮观，作为大厦华丽外装的玻璃幕墙，成为现代化都市的一道亮丽风景。但在这天空与大地交相辉映的风景线上，我们都对其有个共同的烦恼，那就是玻璃幕墙的影像变形问题。这些影像变形严重地影响了大厦的美感，大家也都在积极寻求造成玻璃幕墙影像变形的各种原因，并尝试解决这一问题，在寻求这些原因的同时也产生了各种争论。有人把其归结为玻璃产品本身的原因，也有人说是加工厂加工组装的原因，也有人认为是现场安装的原因。无论是何种原因，最终都可以归结为：玻璃在幕墙上不能形成一个整体的平面，或局部不是一个平面而是呈弧状所带来的结果。

2　影响玻璃影像变形的因素

造成玻璃幕墙影像变形的因素很多，从大的方面讲可归纳为以下几点：设计的原因、玻璃产品本身的原因、加工组装的原因、现场安装的原因及幕墙周围环境条件等，现以单元式玻璃幕墙为例总结如下，供同行参考。

2.1　设计的原因

（1）中空玻璃外片镀膜层玻璃厚度偏小：玻璃的厚度越大，其平整度相对来说越好；

（2）玻璃的反射比过高：反射比越大，影像的变形越明显；

（3）玻璃的分格过大：分格越大，玻璃的变形就越大，尤其在风压的作用下；

（4）中空玻璃外片镀膜层玻璃刚度比内片玻璃刚度小：中空外片镀膜层玻璃的刚度越小，自重、风荷载、温度、气压等对其造成的影响就越大。

2.2　玻璃产品本身的原因

（1）浮法玻璃本身的平整度不良；

（2）玻璃在热处理过程中，加热及风冷时由于设备及品控技术缺陷引起的平整度不良；

（3）玻璃在合中空时，造成的平整度不良。

2.3 单元板块组装的原因

（1）单元框架的组装有偏差或框架材料本身缺陷过大，导致框架组装完成后不在同一水平面上；
（2）双面胶带或胶条等在玻璃重力作用下的厚度变化引起的厚度偏差影响；
（3）玻璃在机械固定时，压力不均导致玻璃的局部变形；
（4）玻璃板块偏大，在组装过程中的玻璃板块中间下沉后期没能恢复（需进一步研究）；
（5）单元挂码的加工偏差及组装偏差过大。

2.4 现场安装的原因

（1）同一个单元挂座安装有倾斜，导致左右单元安装完成后有夹角；
（2）左右的单元挂座没在同一条线上，有进有出，导致同一层的单元呈锯齿状；
（3）不同层的单元挂座不在一条垂直线上，导致上下层的单元呈现锯齿状；
（4）幕墙安装的垂直度偏差过大，导致玻璃在重力作用下有弯曲。

2.5 建筑物周边的环境条件

（1）环境温度的影响：中空层气体的热胀冷缩会对玻璃的平整度产生影响；
（2）气压的影响：中空玻璃的生产地与使用地的气压差异过大；
（3）建筑物周边一定距离内有参照建筑物，参照建筑物的线条形式及颜色较为鲜明，周围场地能给人员提供一定的距离和角度进行观测。

3 玻璃单元板块在加工厂内影像变形控制

玻璃单元板块在加工厂内的影像变形控制，不仅体现在加工与组装环节，还包括构成单元板块的相关材料的质量控制，严格说起来还是比较复杂的，主要可以分为以下三个环节：一是对影响玻璃单元板块平整度的关键性材料进行把控，及时反馈缺陷以便改进，避免造成材料的大批量报废；二是在加工、组装过程中，针对单元板块的具体特点采取一系列措施控制其平整度；三是对完成后的单元板块的影像变形情况进行对比判断，以便持续改进与提高。以下将根据我司承建的某一单元式玻璃幕墙工程，来具体阐述我们在前期阶段是如何在加工厂对玻璃单元板块的影像变形进行控制的。

3.1 铝合金型材的检验

1）对影响单元平整度的铝型材如立柱及横梁等，严控其模具偏差。在对铝型材小样进行确认的过程中，除了要精确地测量出每处的尺寸及壁厚是否满足要求，还应重点关注影响组装后平整度的型材外形尺寸的偏差情况，因为偏差没办法消除，或多或少都会有，但我们也要严格控制。根据《铝合金建筑型材 第1部分：基材》（GB/T 5237.1—2017）中对高精级型材的规定，我们可以看出如下型材的偏差情况，如图1～图2所示。

图1及图2中a、b、c、d的理论尺寸都为227.5mm，根据型材的外接圆直径及型材壁的长度尺寸，按照规范可以确定a、b、c、d的模具偏差尺寸为±1.35mm。显然，假设a、b、c、d四个尺寸的偏差在±1.35mm以内都是合格的，如果立柱部分a、b的偏差为+1.35mm，横梁部分c、d的偏差为−1.35mm，虽然各自都满足国标要求，但立柱与横梁组装完毕后，当立柱及横梁的室内面平齐时，立柱及横梁前壁的高低差就达到了2.7mm，这是一个非常大的数值。因此，我们除了要减小型材截面的模具偏差，还应重点保证需要组装的型材尽量都是正偏差或都是负偏差，否则组装后会由于两个材料

的正负偏差叠加，导致有台阶，不能保证给玻璃提供一个相对平整的支承面。对于以上这种情况，大家需要引起重视。

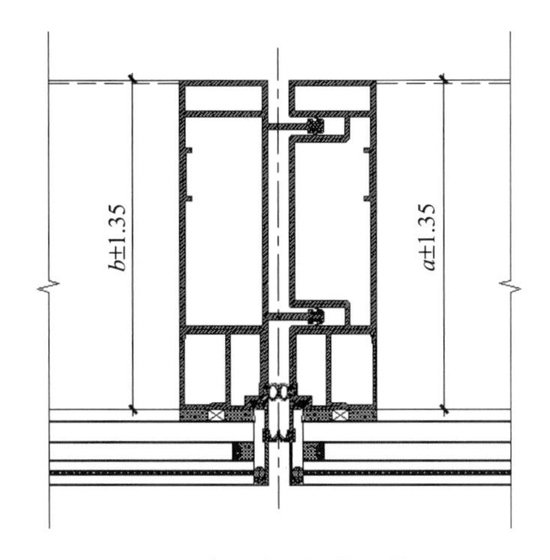

图 1　单元公母料模具偏差

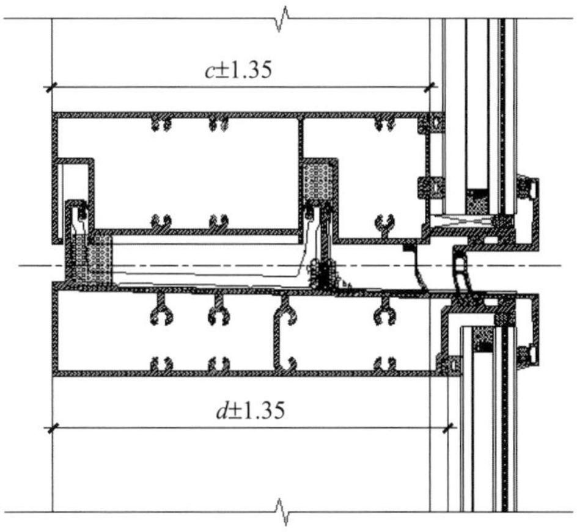

图 2　单元水槽料模具偏差

2）对到加工厂的每一批铝合金材料的弯曲度及扭拧度进行抽查，以便保证所用的铝材都是合格的，不会因其弯曲度及扭拧度过大，而对单元的平整度造成严重影响。

3.2　玻璃平整度的检验

玻璃本身的平整度的好坏最直观有效的检验方法，就是将玻璃垂直立起来，在不同的角度、不同的距离，观测周围的参照物在玻璃中的影像是否有畸变。这里需要注意，要保证观测的距离在 30m 以上，障碍物到玻璃的距离在 50m 以上，同时，障碍物最好是带有横向或竖向的鲜明线条，这样看起来会更加明显一些。玻璃板块本身的平整度检验过程如下：

1）对到加工厂的每一批玻璃，尤其是样板玻璃或第一批玻璃，在单元组装前要及时进行影像变形的观察，以便对发现的问题提前进行处理。

下面的两张照片（图 3～图 4）是我司在加工厂对两家玻璃厂的到货玻璃进行影像变形情况检验，观测距离大概在 30m，影像中的楼房距离玻璃大概为 100m，两家的玻璃基本上都是放在同一位置，观察点也是找到最不利的同一位置进行观察。

图 3　厂一玻璃影像

图 4　厂二玻璃影像

从上面的两张照片可以看出，玻璃在组装之前的影像变形还是较为明显的，说明玻璃本身的平整度存在了一些问题。

2）对玻璃本身的弯曲度进行测量。

对立起来的影像变形较为明显的玻璃，我司立即聘请专业人士按照国家规范对玻璃的弓形度与波形度进行了测量，如图 5～图 6 所示。

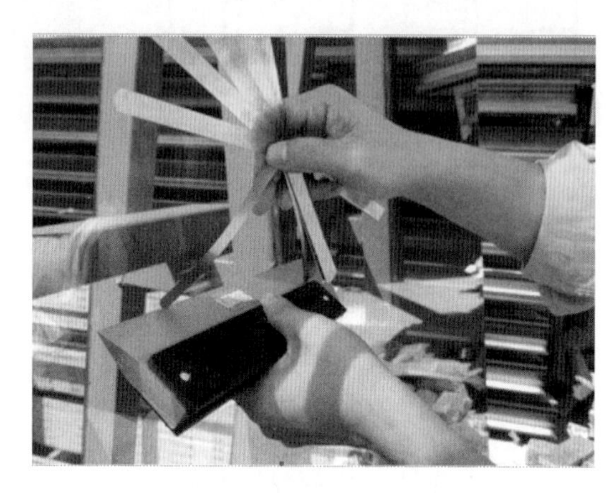

图 5　玻璃波形度测量

图 6　玻璃弓形度测量

从测量的数据结果来看，玻璃的弓形度小于国标（钢化及半钢化：0.3%）的 1/4；波形度（钢化：0.2%、半钢化：0.1%）小于国标的 1/4，因此玻璃的弯曲度是远远高于国家标准的。但为什么玻璃的弯曲度这么小，但影像变形却很大呢？

规范中要求对玻璃弯曲度进行测量时，是如下描述的：将试样在室温下放置 4 小时以上，测量时把试样垂直立放，并在其长边的下方的 1/4 处垫上两块垫块。用一直尺或金属线水平紧贴制品的两边或对角线方向，用塞尺测量直线边与玻璃之间的间隙。并以弧的高度与弦的长度之比的百分率来表示弓形时的弯曲度。进行局部波形测量时，用一直尺或金属线沿平行玻璃边缘 25mm 方向进行测量，测量长度 300mm。用塞尺测得波谷或波峰的高除以 300mm 后的百分率表示波形的弯曲度。

以上的规定测量方法，笔者认为有如下的不妥：

① 规定玻璃的长边落在垫块上垂直立放的描述方式不妥。这种描述是针对于玻璃在钢化进炉时，以短边进炉的方式（也就是玻璃的长边在炉内是垂直于钢化辊道的）来进行的，如果玻璃在钢化时是以长边进炉的方式，这样规定后，测出的弯曲度是不准的。严格地说，应该是将玻璃钢化时垂直于辊道的那条边放在垫块上才好。最好的做法是将玻璃的长边与短边分别立放，测量后取最大值。

② 规范中在弯曲度测量时，只是要求对玻璃垂直立放，至于对玻璃垂直度的偏差却没有要求，对于高度方向较大的玻璃板块来说，其倾斜度对测量结果的影响也是比较大的，因此这一条也应该有所完善。

③ 玻璃的弓形度测量是这样描述的："用一直尺或金属线水平紧贴制品的两边或对角线方向。"这里也不妥，原因如下：一是金属线是软的，如果测量的玻璃面是内凹的，如图 7 所示，测量的结果没有问题；如果所要测量的玻璃面是外凸的，测量的数值都是非常小的，金属丝拉得越紧，测量的值越趋近于零，如图 8 所示。同时，规范中这里描述的"水平紧贴"也有些不妥，因为在测量对角线方向的弓形度时，是不能水平紧贴的。

因此对于弓形度测量，建议采用一条刚度较大的直尺来进行测量作为辅助工具，同时由于玻璃的边部在热处理过程中，变形相对会较大，因此在弓形度测量时，两个边的弓形度都应该进行测量。而我们在加工厂的实际操作也证实了这一点，当采用靠尺去水平及竖直检测玻璃的平整度时，我们发现玻璃的中间部分两个方向的测量结果都是向外凸出了 3mm 左右，这也验证了采用金属线来测量弯曲度的不足之处。对这种情况，我们立即反馈给玻璃厂，让其在玻璃的生产中，采取更加严格的管控措施。

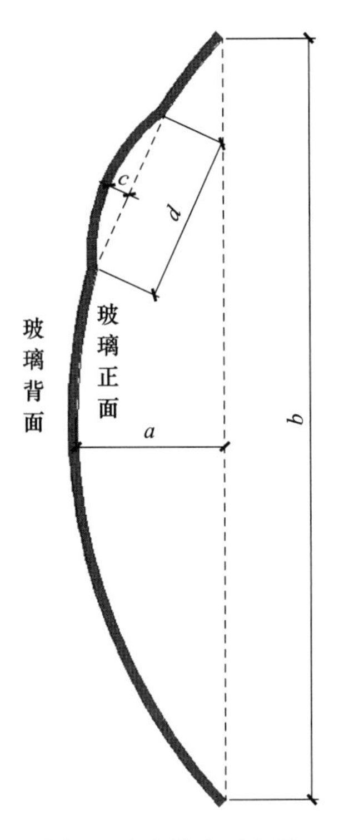

图7　玻璃外表面内凹

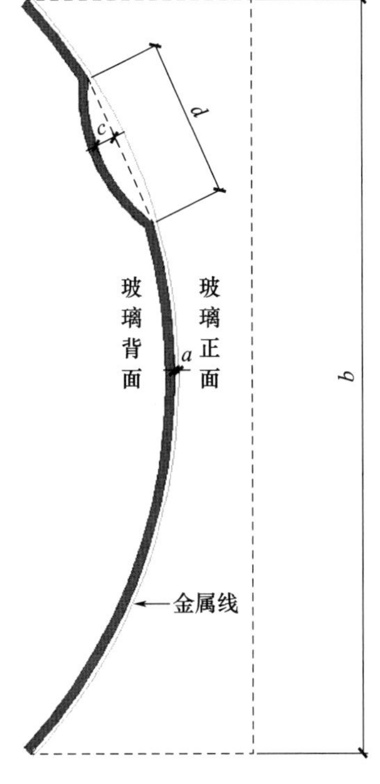

图8　玻璃外表面外凸

3）钢化与半钢化玻璃的表面压应力均匀度。

针对影像变形较为明显的玻璃，我们也对玻璃的表面压应力的分布进行了检测，在《建筑用安全玻璃 第2部分：钢化玻璃》（GB 15763.2—2005）中，只是在5.8条规定：钢化玻璃的表面应力不应小于90MPa，至于其偏差范围为多少，目前是没有具体规定的。在《半钢化玻璃》（GB/T 17841—2008）6.7条只是表明半钢化玻璃的表面应力范围为24～60MPa，而对同一块玻璃中的表面应力最大值和最小值之差，目前也是没有具体规定。从以上内容可以看出，钢化玻璃与半钢化玻璃的产品标准对主要控制项目的规定还是缺乏的，需要进一步完善。我们检测的结果是，同一块玻璃中，应力最大的偏差值为7MPa，测量的结果显示玻璃的应力分布还是不错的。

3.3　单元框架加工及组装平整度控制

单元的铝合金立柱及横梁都是在加工中心进行加工的，精度相对比较高，组装后的平整度相对来说一般都不会有什么问题，对于规范中规定的“横竖料接缝处的0.5mm以内的高低差”，基本上都可以满足。

固定在单元幕墙立柱上的挂件料比较小，大家都容易忽视，但其理论上是作为单元幕墙厚度的一部分的，如果该处偏差过大，势必也会影响到现场挂接完成后单元的平整度。因此对这些小料，也必须严控其加工及组装的偏差，最好也在加工中心上加工，如图9～图10所示。

本工程的单元是采用竖隐横明的形式，标准位置玻璃分格尺寸较大（3200mm×2095mm及3000mm×2095mm），同时由于规范的面积限制，内片钢化玻璃较厚，因此单块玻璃的质量较大，玻璃的配置为8HS+1.52PVB+8HS+12A+15TP夹胶中空双银Low-E超白玻璃；同时由于本工程风压较大，结构胶相对较宽，再加上框料尺寸的限制，导致了双面胶带的尺寸相对较小，为10mm～12mm，因此在单元组装过程中，玻璃会将左右两边的双面胶带压扁，如果不采取措施，一方面会造成结构胶的厚度不满足要求，另一方面也会造成注胶完后的玻璃表面不平整，具体如图11～图12所示。

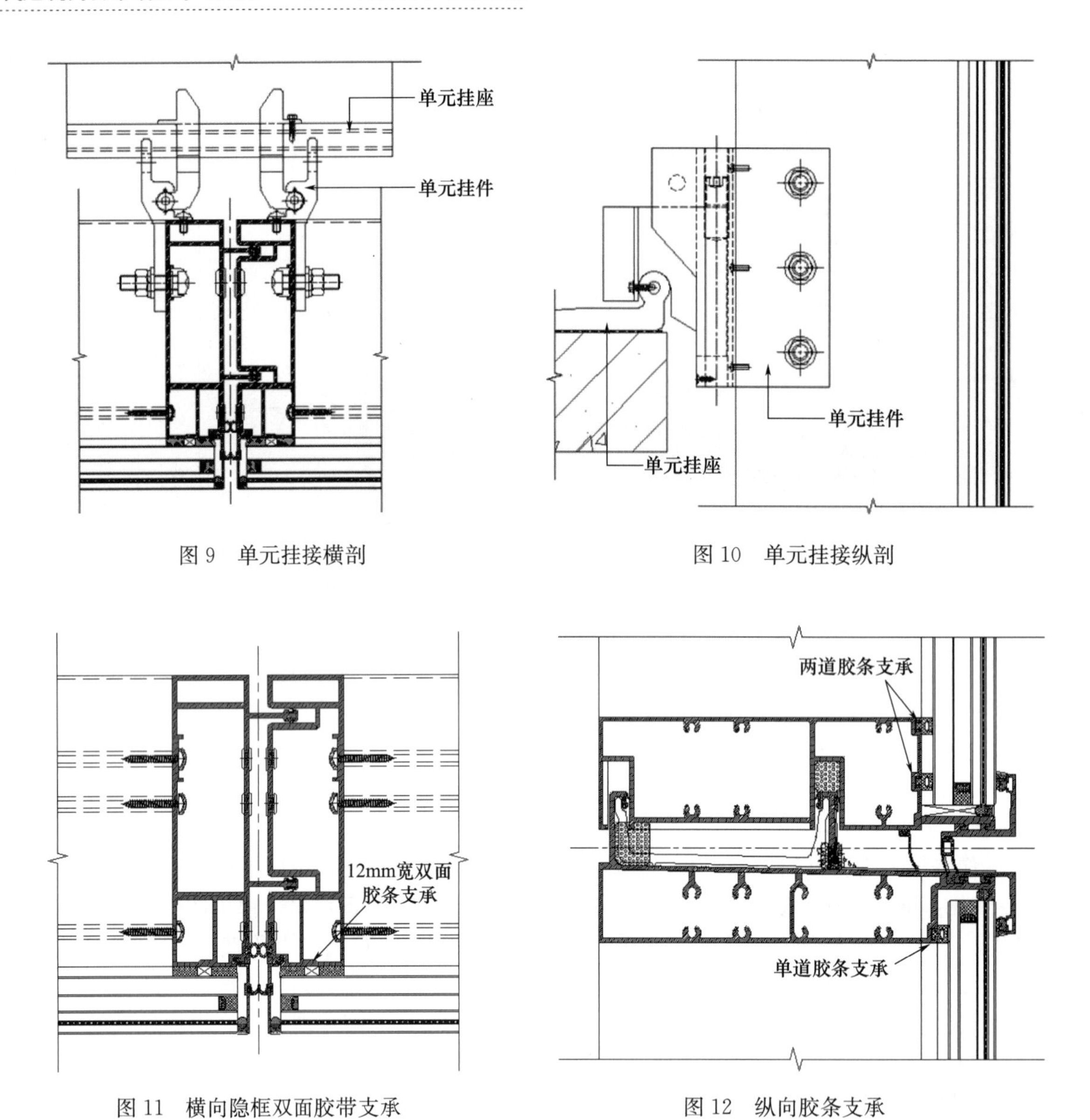

图 9　单元挂接横剖

图 10　单元挂接纵剖

图 11　横向隐框双面胶带支承

图 12　纵向胶条支承

玻璃板块在注胶过程中，对各支承边的压力分布如图 13 所示。

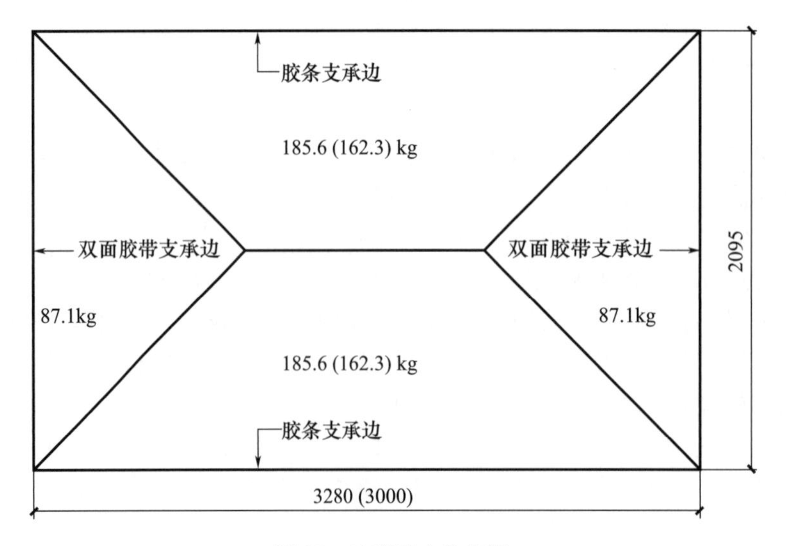

图 13　玻璃重力分布图

我们会考虑适当加大双面胶带及胶条的厚度，但在玻璃重力的作用下，双面胶带及胶条具体的压缩量会是多少，很难判断。鉴于此，为了防止本工程的玻璃单元板块在注结构胶过程中，玻璃将左右两边的双面胶带压扁，在注胶前，我们将左右两边设置了多个硬质硅橡胶垫块支承，具体如图 14～图 15所示。

图 14　橡胶垫块布置

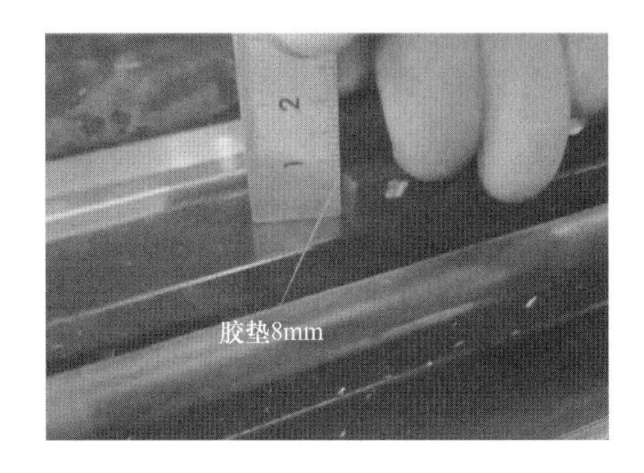

图 15　橡胶垫块尺寸测量

将以上玻璃放置一段时间后，再次检验玻璃的内表面到铝型材之间的距离，结果显示，上下左右四个边仍然保持理论值的 8mm，这表明使用上述加设硬质橡胶垫的方法来避免双面胶带的压扁及检验胶条压缩量是有效的，具体见图 16。在以上检测中，如果发现玻璃内表面与型材之间的缝隙小于理论值或大于理论值 0.5mm 以上，都必须对垫块的布置及胶条的厚度等实行进一步调整。

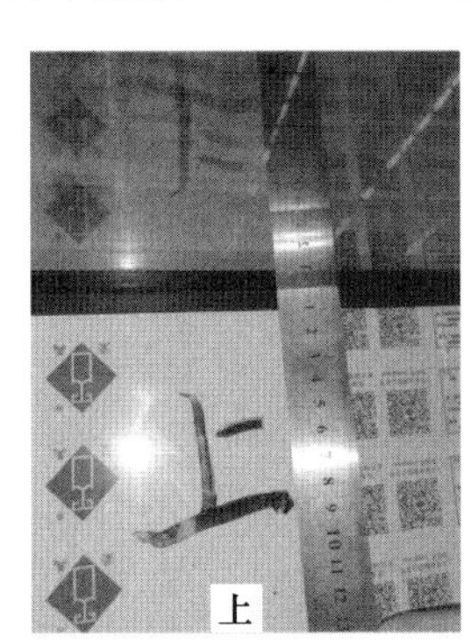

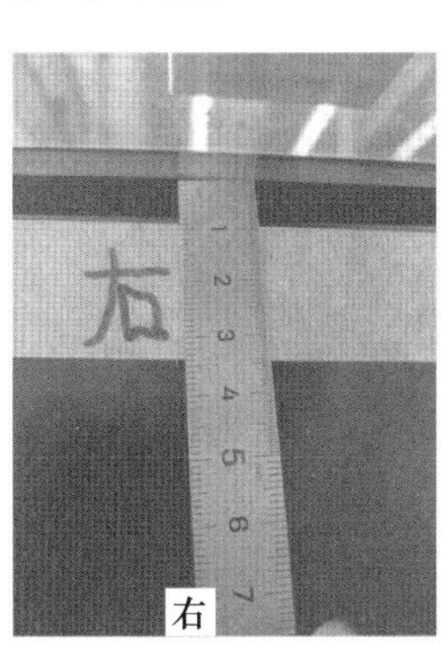

图 16　周边缝隙尺寸测量

单元正常注结构胶，等左右两边的结构胶凝固之后，再取出橡胶垫块后进行二次注胶封堵，最大限度地减轻了由于玻璃重力导致平整度不佳的情况。

本工程玻璃板块较大，玻璃较重，在组装时玻璃平放不可避免地会出现中间部位的下凹，经计算，在玻璃平放的情况下，玻璃的中部会有 5mm 的下凹，如果这个下凹在结构胶凝固后单元立起来时不能消除，势必会造成玻璃呈弧形，对影像的情况产生一定的影响，为此我司进行了以下的试验进行改善。

（1）将一根铝通水平放置在单元大玻璃的上表面（此时单元玻璃没有注结构胶），发现玻璃的中部确实有 2～2.5mm 的下沉量（与计算不符的原因，是玻璃自身的外表面有向外凸的 3mm），此实验验证了水平放置的玻璃在中间部位确实有了一定的下沉，具体见图 17。

既然玻璃的中间部位有一定的下沉，那这种下沉能否在玻璃注胶前进行消除呢？同时，这种下沉在结构胶固化完成后，单元板块立起来时，是否会消失呢？带着这些疑问，我们又进行了以下的实验。

（2）制作能上下调节的实验装置，能从下面将中空玻璃向上顶起，保证外片玻璃的中心部位不下沉，如图 18 所示。

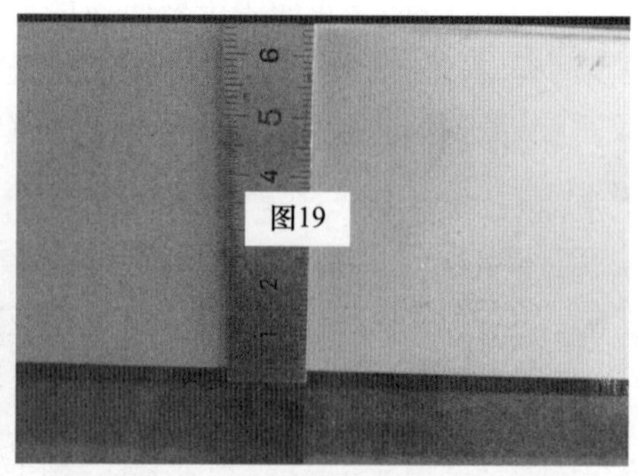

图 17　玻璃中间部位下沉测量

图 18　玻璃中间部位从内侧顶起

图 19　玻璃中间部位从内侧顶起

（3）调节顶起措施，将外片玻璃的中间顶平。此时发现当外片的玻璃中间顶平时，发生如下状况：外表面玻璃的左右两边出现了 1～1.5mm 的凹陷。内片的钢化玻璃出现了 3mm 左右的起拱，具体见图 19。

对于这种怪异的现象，我们也进行了分析：夹胶中空玻璃由于存在中间空气层的影响，在厚度方向不能直接传递点荷载，只能通过空气层的压缩将点荷载均匀地传递给另一片玻璃，这给玻璃带来了新的弯曲变形影像，尤其是内片玻璃。因此，中空玻璃在注结构胶时从内片将中空玻璃外片的下沉量顶平消除的做法，是很难实施的。

（4）去除中间顶起的措施后正常注结构胶，结构胶固化后，我们将整个单元立起来检查玻璃的中间凹陷部位是否存在。根据测量发现，原先由于玻璃自重导致的中间凹陷的 2.5mm 消失了。因此，从目前来看采取中间上顶的措施是不行的，也是没有必要的（由于实验数量有限，后期需继续验证）。

3.4　影像变形对比

我司对比同一块玻璃在组装前与组装后立起来的影像变形情况，发现二者前后基本上没有变化，说明目前对单元组装平整度的控制是有效的（注意：图 20 与图 21 两张照片的上下方是反向的）。

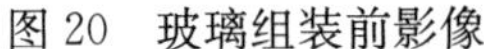

图 20　玻璃组装前影像

图 21　玻璃组装后影像

4　结语

通过以上所述可知，玻璃幕墙单元板块在加工厂的加工组装过程中，提前采取各种手段及措施对其影像变形进行控制是可行的。但根据现有的各种情况，以下也是值得我们去思考与验证的：

（1）早期采用阳光控制膜的热反射镀膜玻璃时，其影像变形没有现在的采用低辐射镀膜玻璃的影像畸变大。是我们的玻璃产品质量下降了，还是现在的玻璃分格偏大导致的，又或是目前低辐射膜的镀膜工艺本身就会放大玻璃的影像畸变？在影像畸变的研究过程中，玻璃厂也做过同样的玻璃配置和同样的膜系的夹胶中空玻璃，一块夹胶中空玻璃中的三片玻璃不经过热处理，另一块夹胶中空玻璃中的三片玻璃都经过热处理，从二者的影像对比来看，没有经过热处理的那一块中空夹胶玻璃，也是有一定程度影像变形的。

（2）目前国标中规定的玻璃弓形度钢化及半钢化为 0.3%、波形度（钢化：0.2%、半钢化：0.1%）。相关厂商是不是可以按照弓形度 0.3%、波形度 0.2%做出些低辐射镀膜玻璃，看看在临界弯曲度处的玻璃的影像变形情况到底如何。同时，由于现在的玻璃板块是越来越大，为了减少影像变形的程度，是否应该在玻璃弓形度的规定上有一个绝对值的限制？

（3）目前，很多建设单位对玻璃的弯曲度的要求非常严格，尤其是对玻璃波形度的要求，已经严于国家标准中规定的同一块玻璃的厚薄差，这样是否可行？因为在对玻璃的波形度进行测量的时候，理论上我们测量出来的数值，是包括玻璃的厚薄差数值的。

参考文献

[1] 中华人民共和国住房和城乡建设部．建筑门窗幕墙用钢化玻璃：JG/T 455—2014 [S]. 北京：中国标准出版社，2015.

[2] 中华人民共和国国家质量监督检验检疫总局，中国国家标准化管理委员会．建筑用安全玻璃 第 2 部分：钢化玻璃：GB 15763.2—2005 [S]. 北京：中国标准出版社，2006.

[3] 中华人民共和国国家质量监督检验检疫总局，中国国家标准化管理委员会．半钢化玻璃：GB/T 17841—2008 [S]. 北京：中国标准出版社，2009.

[4] 中华人民共和国国家质量监督检验检疫总局，中国国家标准化管理委员会．铝合金建筑型材 第 1 部分：基材：GB/T 5237.1—2017 [S]. 北京：中国标准出版社，2017.

[5] 李春超，刘忠伟．玻璃幕墙光影畸变原因剖析 [A]. 董红．2022 年建筑门窗幕墙创新与发展 [C]. 北京：中国建材工业出版社，2022.

拉弯型材的截面设计思路及要求

◎ 刘晓烽　涂　铿

深圳中航幕墙工程有限公司　广东深圳　518109

摘　要　拉弯型材的可加工性与其截面设计的合理性有很大关系。掌握铝合金材料的拉伸特性、了解铝合金型材弯曲加工缺陷的成因，可以帮助设计人员合理设计型材截面及选择合适的工艺方法。

关键词　铝合金型材弯曲成型；型材拉弯；最小拉弯半径；分体断面；铝合金焊接

1　引言

弧形幕墙的加工过程中，拉弯材料之间的吻合度问题一直都是需要关注的质控难点。这一问题在单元式幕墙结构中尤为突出，一方面是龙骨截面尺寸明显加大，另一方面是龙骨截面形状更复杂且存在较为精密的插接配合关系，所以对拉弯加工带来了更高的难度。

当然，这些年拉弯技术也在不断进步，很多当年做不出来的零件现在也能生产了。但掌握拉弯工艺的原理，设计出适合拉弯加工的型材截面，仍然是幕墙设计人员的一项基本功。

2　铝合金型材弯曲成型工艺种类及特点

铝合金型材能够弯曲加工的基本原理是利用了材料的塑性。就其弯曲成型的原理而言，基本上分为弯曲成型和拉伸成型两种类型。

2.1　铝合金型材的弯曲成型

弯曲成型是铝合金型材的一种成型方式，其利用型材在受迫弯曲过程中，弯曲应力超过屈服强度后进入塑性变形来达到弯曲成型的目的。

属于这一类的弯曲成型工艺种类很多，包括压弯加工、绕弯加工、滚弯加工和顶弯加工四大类。其中前两项属于有模板加工，即依靠一个给定形状的模板完成型材弯曲定型；后两项属于无模板加工，即通过调整定模和动模之间的空间位置来使型材弯曲变形。顶弯加工是一项极有前途的新型加工工艺，其动模与数控系统结合后具有连续自由成型的能力，能加工出令人叹为观止的复杂形状，但幕墙型领域尚未见应用。

弯曲成型的工艺可以加工非常复杂的弯曲零件，但被弯曲材料的受力情况复杂，型材截面容易畸变，所以不适合用来加工截面特别复杂的材料。

2.2　铝合金型材的拉伸成型

拉伸成型是铝合金型材另外一种主流的成型方式，型材在拉伸过程中进入屈服阶段，然后利用靠模使进入屈服阶段的型材定型。

拉伸成型与弯曲成型是两种完全不同的成型原理。拉伸成型时，型材整体呈现出受拉的变形状态；而弯曲成型时，型材截面的中性轴两侧一边是拉伸变形，另一边是压缩变形。

由于型材在拉伸过程中不存在截面局部屈曲的情况，所以在下一步的弯曲定型时截面形状保持得比较好，因而特别适合用来加工复杂的截面。

3 铝合金材料弯曲成型的原理和常见缺陷

铝合金型材弯曲成型的原理是利用了塑性材料塑性变形的特点。塑性变形的能力以及材料的机械性能就决定了其弯曲加工的程度和可能会出现的缺陷。

3.1 铝合金材料的机械特性

铝合金型材的弯曲加工主要是利用了铝型材从规定非比例塑性延伸强度 $\delta_{p0.2}$ 到抗拉强度 δ_b 这一段的变形空间进行加工的。我们可以非常直观地从铝合金型材的“应力-应变曲线”中看到，铝合金型材的弯曲加工性能主要取决于断后伸长率，所以这也是确定铝材合金牌号的重要选择因素。

铝合金型材属于“形变铝合金”，具有较好的塑性。我们最常用来进行拉弯加工的主要是 6061 和 6063（表 1）。这两个牌号的铝合金基材具有较好的断后伸长率。6061 系列的断后伸长率更好，但其 $\delta_{p0.2}$ 较 6063 高，不如 6063 系列容易加工。在确定了合金牌号后，重点是确定其热处理状态。从拉弯加工的角度来说，建议都以 T4 状态进行拉弯，成型后再做人工时效。

表 1 铝合金材料强度设计值（N/mm）

牌号	状态	铝合金室温纵向拉伸试验结果			
		抗拉强度 δ_b（N/mm）	规定非比例延伸强度 $\delta_{p0.2}$（N/mm）	断后伸长率 δ（%）	
				A	A50mm
		不小于			
6061	T4	180	110	16	16
	T6	265	245	8	8
6063	T4	130	65	12	12
	T5	160	110	8	8
	T6	205	180	8	8

3.2 铝合金型材弯曲加工的主要缺陷

铝合金型材弯曲加工过程中缺陷主要有两类，一类是弯曲加工过程的截面畸变，另一类是弯曲加工过程的回弹。

3.2.1 弯曲造成的截面畸变

型材截面畸变会影响组合型材的最终装配，是型材弯曲加工首先面对的问题（图 1）。对于滚弯加工工艺来说，型材在弯曲时中性轴外侧型材壁厚会减薄直至拉裂，中性轴内侧型材壁厚会加厚直至起皱。拉弯加工工艺虽然优于滚弯加工，但仍存在截面扁化的畸变，表现为截面中部塌陷，截面的悬伸构型倒伏。

针对弯曲加工所可能产生的缺陷，目前主流的处置方式是在弯曲过程中增加对型材的辅助支撑和定位，以确保型材截面形状保持在可接受的范围内。

图 1　型材拉弯畸变

对于带腔的型材来说，一般都需要在空腔内填充支撑物，以解决截面塌陷的问题。规则空腔采用木条、尼龙板等填充材料，不规则空腔只能采用细砂等填充材料；而非腔部分则一般使用夹板等手段予以夹持和定位（图 2）。

图 2　型材拉弯处理

3.2.2　弯曲加工过程的回弹

型材拉弯后形状不准确也是常见的加工缺陷，这主要是由型材加工过程的回弹造成的。一些人认为铝型材弯曲加工的回弹无规律可循，甚至将其上升到了“玄学”的程度，这显然是缺乏基础的材料力学知识。

理论上讲，铝合金型材弯曲加工后存在瞬时回弹和持续回弹两种情况。在图 3 的铝合金应力-应变曲线可以看到，铝合金型材在塑性变形区释放荷载后会重新进入弹性变形区，并且该段“应力-应变曲线”与原始曲线平行，这种瞬时回弹的现象是回弹的主要组成部分，完全可以通过计算预测。另一类为长期回弹，指弯曲加工时材料各部分变形程度的差异产生残余应力在后续的时效过程中导致少量的回弹。这部分的回弹程度很低，不能计算，但仍可以通过实测确定补偿量。

4　拉弯铝合金型材的截面设计思路

通过对铝合金材料的拉伸特性及弯曲成型工艺的分析，基本可以归纳出适合弯曲成型工艺的铝合金型材截面设计思路。

4.1　最小拉弯半径的评估

从原理上讲，铝合金型材的断裂拉伸率决定了拉弯型材的极限拉弯半径。但从左侧的铝合金材料的拉伸特征图（图 3）来看，当被拉弯型材应力超过 δ_b 后，就会出现应力水平急剧下降、截面显著收缩的状况。实际上这个时候虽然材料尚未断裂，但拉弯型材就已经开始出现显著的表面缺陷，不再适合继续进行拉弯加工了。

因此判定拉弯型材的最小拉弯半径时，最好以 δ_b 和 $\delta_{p0.2}$ 所对应的这一段区间作为拉弯型材的可用拉伸区间。在这个区域材料不会出现明显的截面劣化，可以充分保证拉弯加工的加工质量。

参照图 4，我们假定被拉弯型材的外弧面应力达到了 δ_b，而内弧面应力恰好达到 $\delta_{p0.2}$，那么此时拉弯型材的弯曲半径就是其最小弯曲半径。

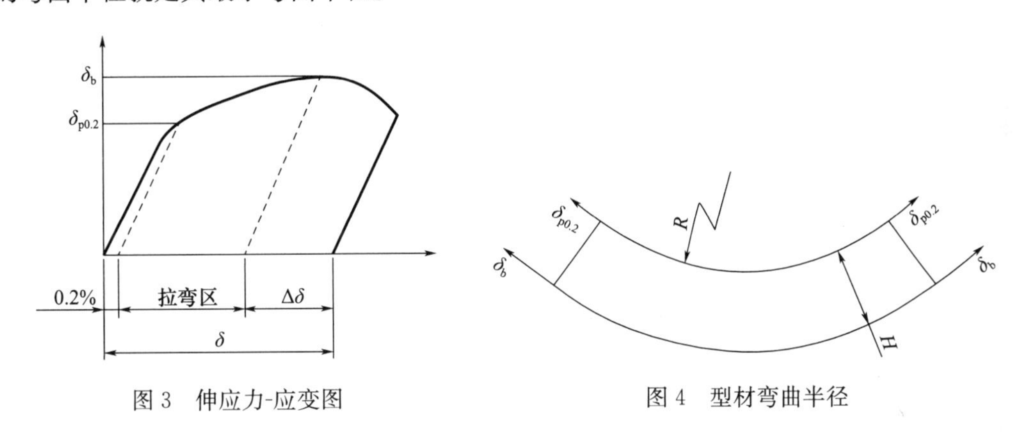

图 3　伸应力-应变图　　　　图 4　型材弯曲半径

这样就有了如下的评估计算公式：

$$\frac{H}{R}<\delta-\Delta\delta-0.2\%$$

式中：H 为型材截面高度，R 为最小拉弯半径，δ 为断裂拉伸率，$\Delta\delta$ 为不可用拉伸率。

上式只是一个理想的估算公式，但由于实际操作时 $\Delta\delta$ 无法计算，只能按实际的应力应变图查表，操作性不好，所以也可以按实验情况对 δ 适当打折取值。

4.2　截面构型便于填充和支撑

在铝合金型材弯曲加工过程中，截面畸变是一个绕不开的问题。在拉弯工艺中，对型材腔体的填充及对悬伸部分支撑是主要的应对手段，如图 5 所示。

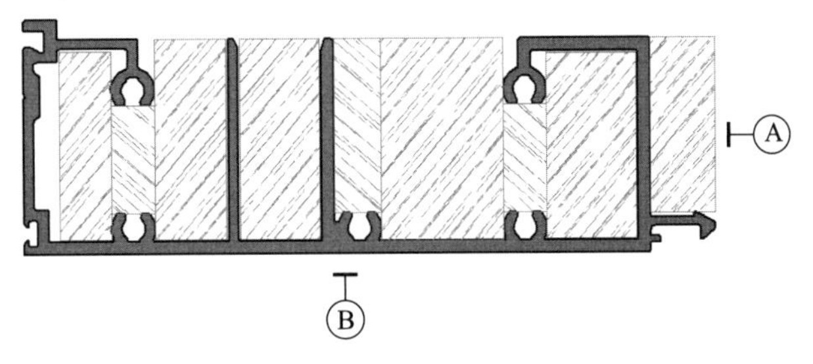

图 5　型材腔体的填充

一般来说，为了便于填充料的加工（图 6），需要填充的区域最好用矩形模板填满；如果需填充空间是斜的，就要将填充材料也加工成斜的，那么成本就会比较高；如果需填充的空间不规则，那就只能用细砂甚至松香之类的可流动材料填充，但效果不好。

在型材倾斜状态下拉弯时，还会用到外部支撑，这在倾斜幕墙中常会遇到。倾斜幕墙的横梁上下表面要么平行于室内地面，要么垂直于玻璃面，两者在拉弯加工时都比较麻烦，都需要增加外部支撑定位。

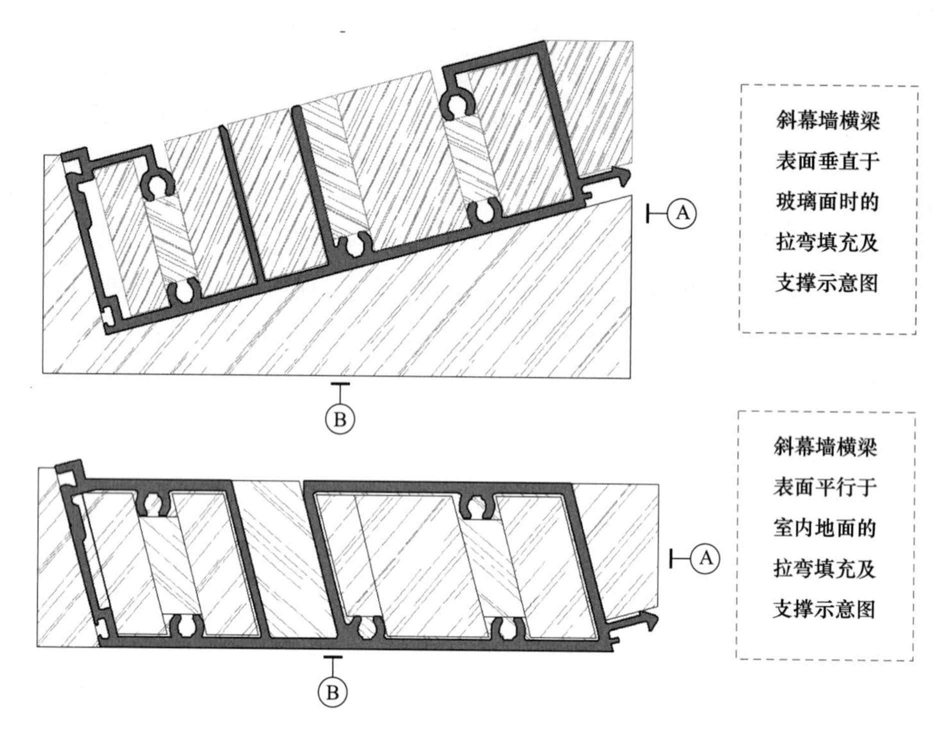

图 6　型材倾斜腔体的填充

4.3　单个型材的分体组合

当型材截面高度与所需拉弯半径之比超过规定的限值时，材料就不能被拉弯加工出来了。这时就可以采取将单个型材拆分为两个独立的型材分别拉弯，然后再组合为一体，将一个型材拆分成两个型材（图 7）。

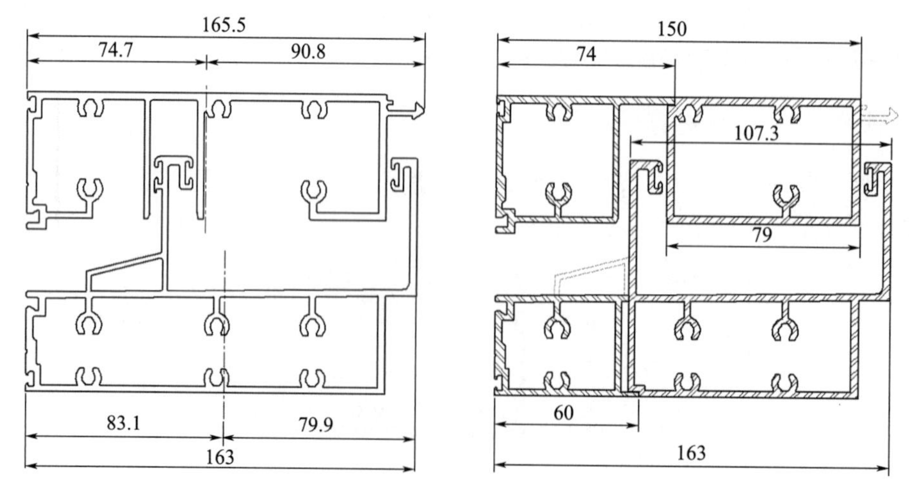

图 7　型材拆分拉弯

从图7的正常型材和分体型材的对比中，我们可以发现一些细节。首先是有配合关系的部分不要拆开。比如图示的单元幕墙上下横梁的插接部分就应该保持在一个独立的型材中，否则就无法保证组合后的配合精度。其次是要考虑两个分体组合时的宽容度。仍以图示的两个拆分型材组合做法为例，如果注意细节会发现其组合位置为搭接关系。实际上，其中一个型材的悬伸臂甚至会做长3～5mm，目的是在两个单体组合时如果弧度匹配存在误差，还有机会将悬伸臂按照另外一个型材的弧度配切。当然，为了达到这一目的，上下横的插接部位也做了相应的调整，留出了足够的调整空间。

两个单体的组合方法可以机械连接也可以焊接。一直以来我们都认为铝合金焊接后强度会大幅下降。但其实这也不会有太大问题。一方面是组合型材的焊接位置接近组合后的中性轴，受力不大；另一方面，如果以T4状态拉弯并焊接组合，然后做人工时效将其变为T5状态，焊缝部位一样可以获得加强。

4.4　型材与板材的焊接组合

铝板与型材的组合其实很常见，比如说在大型装饰线条或“S”弯这类的弯曲加工困难，但截面简单且对承载能力要求不高的场合（图8）。

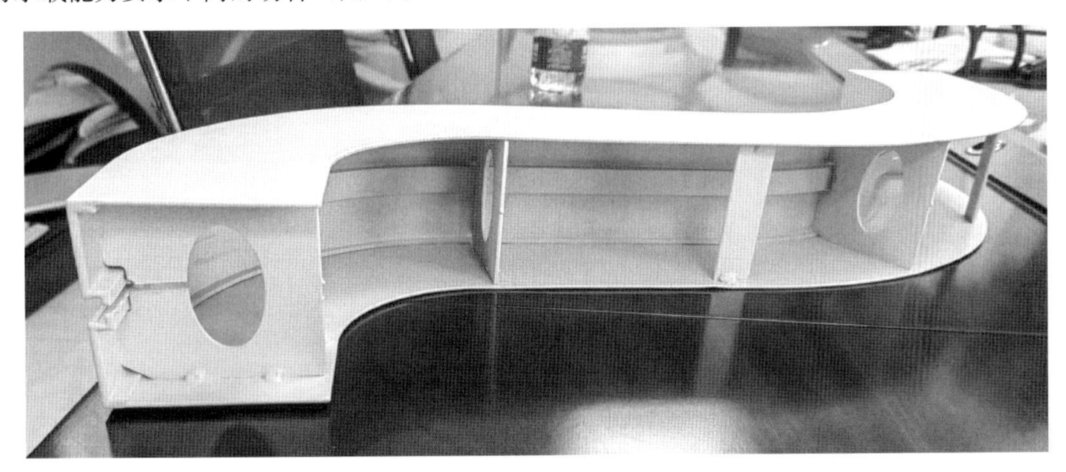

图8　型材与板材焊接组合拉弯

我们在拉弯厂参观的时候看到了一个将型材与铝板组合形成弯曲零件的精彩案例（图9）。在这个案例中，零件的弯弧段是用铝板钣金加工成型的，而直线段仍为铝合金型材。两者焊接后组成图示的零件，经过涂装后基本看不出来弯弧段不是型材。

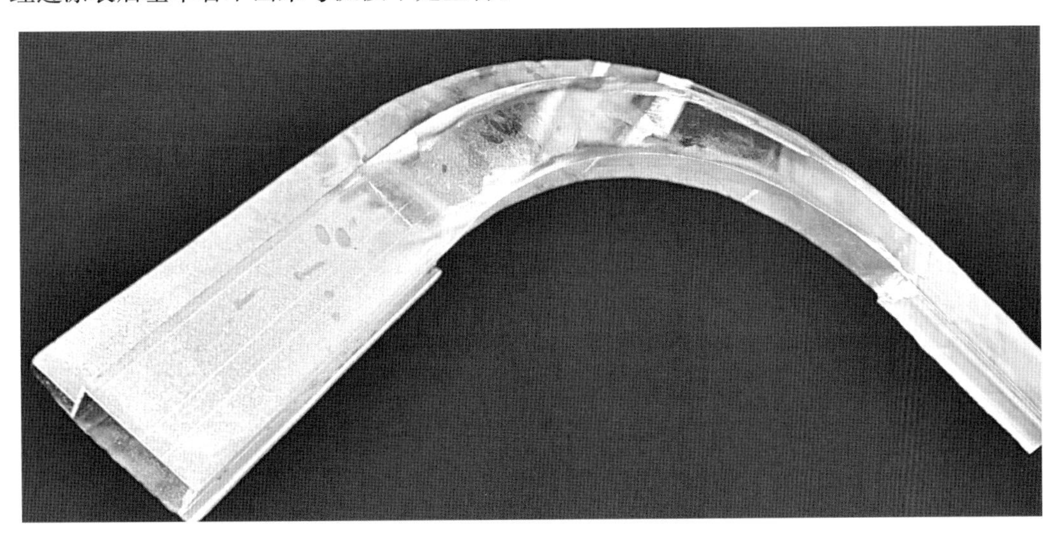

图9　型材与板材焊接组合拉弯

这种做法在没有预先考虑分体断面，又解决不了最小拉弯半径的时候，也不失为一个巧妙的解决方案。唯一的问题在于，常规的 3 系以及 5 系铝板都不属于可以通过热处理强化的铝合金，这样其焊接部位的强度会下降得很低。这对于图 9 这种存在端面对接焊接的零件来说，就可能满足不了承载需求，所以铝板部分必须采用 2 系列的铝合金板，这样就可以在焊接后做淬火和人工时效，以提高焊缝及热影响区的强度。

5 结语

随着建筑曲面和单元幕墙的结合，大尺寸、复杂截面的型材拉弯加工就成为一个普遍面对的制造和设计难点。设计人员在不掌握拉弯工艺要求和铝合金型材拉伸特性的情况下，其在型材截面设计常出现对弯曲加工极不友好的构造做法，给铝合金型材弯曲加工带来麻烦。而在这个过程中大家主要是把注意力放在拉弯厂的生产能力和工艺水平上，而对源头的设计问题不甚在意。一些拉弯厂精湛的生产工艺也确实掩盖了设计层面的问题，使这种情况一再延续。

本文针对拉弯工艺的特点和需求进行了分析，并提出了一些有利于拉弯加工的截面设计思路。如果能对不熟悉拉弯加工工艺的设计人员提供一些参考，避免在有关的设计工作中走弯路，那便是最大的收获了。

参考文献

[1] 郑佳艳，刘小会. 材料力学 [M]. 北京. 机械工业出版社，2023.
[2] 郭训中. 金属空心构件先进冷成型技术 [M]. 北京. 科学出版社，2019.

超大单元板块的设计、施工安装控制要点

◎ 黄健峰　许书荣　胡润根　田坤宇　刘思宇

中建深圳装饰有限公司　广东深圳　518019

摘　要　本文主要分析超大玻璃和石材单元板块设计、加工、安装的控制要点，解决玻璃＋石材造型单元幕墙尺寸大、质量大、质量控制难的难点，同时也就超宽超大板块的设计、加工、安装过程中的一些问题进行了分析和解决，以期为相关人士在类似工程实施过程时进行参考。

关键词　超大超宽板块；玻璃和石材单元板块；中立柱连接局部连接；支座连接变形；侧挂；胎架

1　引言

近年来，城市中出现了许多立面造型丰富、外观效果精美的建筑，基于单元式幕墙产品质量容易控制、防水性能好、安装速度快、工期短等特点，许多建筑采用单元式幕墙构造方式。通常，常规板块尺寸一般控制在宽度 1.1～2.5m，高度随楼层高度变化，而随着建筑幕墙设计、施工技术的发展，为了节约现场施工工期，提高幕墙整体的水密气密等幕墙性能，获得更精致的观感效果，越来越多幕墙项目采用超宽超大的单元板块。当采用超大的单元板块，玻璃尺寸、质量较常规板块均有较大增加，对设计、加工、现场施工安装都带来较大的挑战。

本文以深圳某幕墙工程塔楼超大板块的设计施工为实例，对超大板块在设计、加工及现场安装过程中的关键点进行分析论述。

2　工程概况

本项目塔楼（图 1）结构形式为框架核心筒结构，塔楼共 28 层建筑，标准楼层层高 3.8m，3 层楼层高 7.55m，建筑总高度 128.55m，项目风荷载设计值为 6.935kPa。

图 1　建筑效果图

建筑外立面通过凹凸错落的玻璃、石材、铝板造型，勾勒出整座建筑精致、简约、独特的外观效果。

项目塔楼外立面为单元式幕墙，建筑分格以6m的模数来划分，板块标准层分格为1500mm（宽）×3800mm（高），4500mm（宽）×3800mm（高）（约17.1m²，1.5t），超大板块层间部位外附造型石材、铝板板块（图2）。本项目最大板块尺寸为4500mm（宽）×8250mm（高）（约37m²，2.4t），采用双跨挂点（图3）。

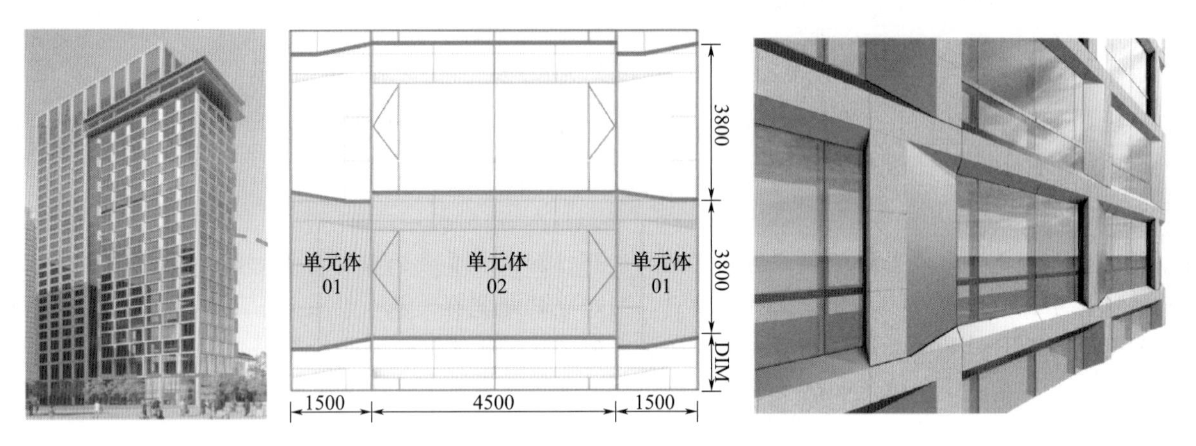

图2　标准系统1（板块01：1500mm×3800mm；板块02：4500mm×3800mm）

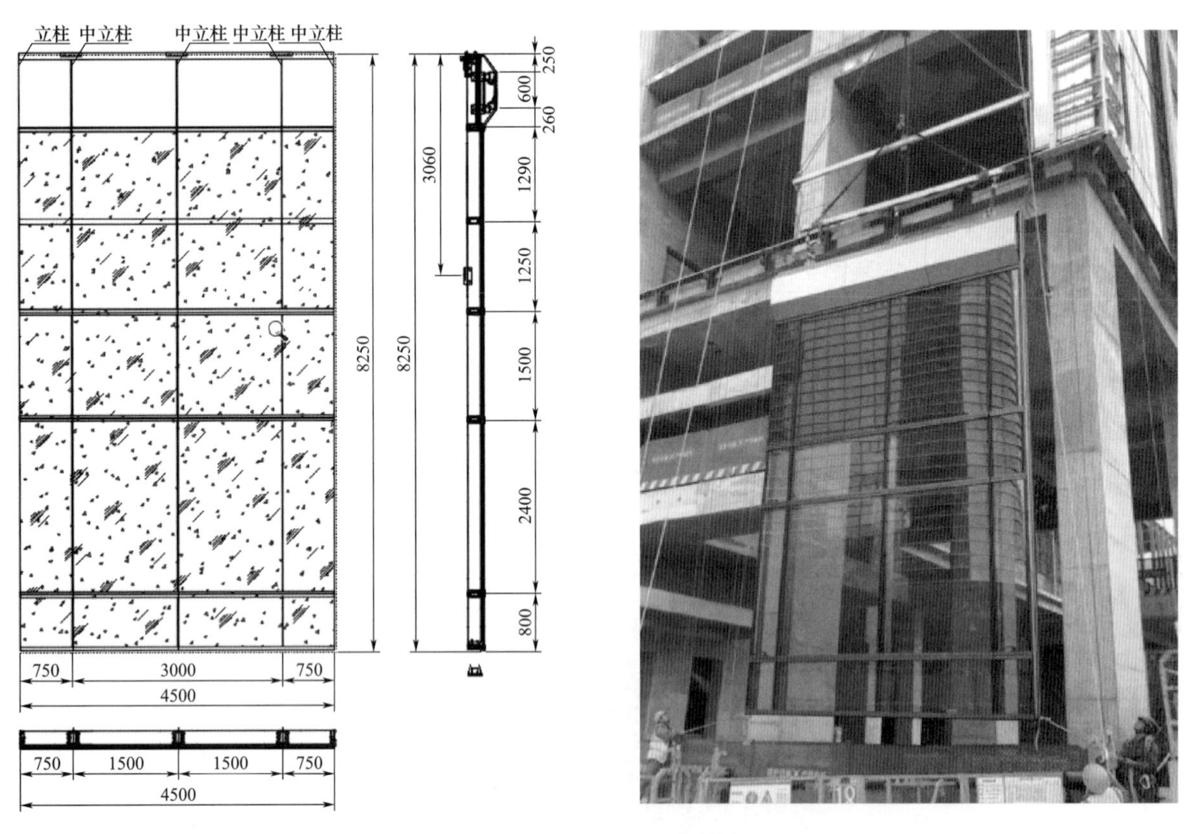

图3　超大板块4500mm（宽）×8250mm（高）。（约37m²，2.4t）

超大板块的杆件承载、节点连接以及加工、运输、安装整个过程均有别于常规的板块，是设计施工需重点分析的内容。

3 设计与施工重难点

常规板块与本项目超大板块整个设计施工过程的对比见表1。

表1 常规板块与本项目超大板块设计施工对比

项目	常规板块	本项目超大板块
板块构造	1. 杆件数量较少，构造相对简单，载传递路径相对明确； 2. 挂点较少，通常是左右公母立柱上的挂点； 3. 板块尺寸、质量相对较小	1. 杆件较多，荷载传递路径相对复杂； 2. 单樘板块挂点较多，需考虑各挂点承载能力，以及如何安装定位确保同时承载； 3. 尺寸质量较大，交汇节点多，杆件及节点连接力学相对复杂； 4. 存在层间造型石材和铝板，且为小缝隙拼接：石材幕墙缝隙3mm，铝板与石材的缝隙为6mm，品质要求高
外观效果	1. 板块按分格设置，分缝质量较难控制均匀； 2. 板块间插接缝较大，对于面板间小缝隙要求的项目难实现	1. 大板块尺寸在工厂加工组装，面板间的分缝隙较均匀； 2. 立面上板块插接缝设置较少，外观质量整体较好
防排水	1. 通常采用内排方式； 2. 分格较小，排水路径较短； 3. 板块插接部位为防水薄弱点，常规板块构造插接点较多，漏水隐患点多	1. 内排方式，层间石材造型部位设置平板防水板； 2. 分格大，排水路径较长； 3. 超大板块现场插接位置减少，防水方面有较大提升
加工组装	1. 杆件数量较少，加工组装相对便捷； 2. 板块尺寸小，车间可以流水作业加工组装； 3. 板块构件较小，安装定位相对容易，质量相对容易控制	1. 板块构件较多，节点多且较复杂，加工组装时间相对加长； 2. 板块尺寸较大，需设计专门的组装流水线或加工组装工序流程； 3. 杆件跨度大，安装时容易受面板重力导致变形，需借助胎架及靠模，确保精度； 4. 对于本项目的石材和铝板造型，工厂加工组装的拼接缝控制较好
运输	1. 板块分格、质量相对较小，采用常规措施转运，运输较方便； 2. 单车运输板块数量较多	1. 板块尺寸超大，需要设置专用的运输托架； 2. 每车运输板块较少，6m的车只能运送两樘4500mm宽板块； 3. 板块为超常规构件，需要专业运输公司去申请超大件运输道路许可
吊装	1. 吊装方便，常规措施即可； 2. 吊装的频次较多，现场的施工周期较长； 3. 板块挂点少，安装就位方便，板块进出位及缝隙调节相对简单	1. 超大板块质量较大，吊装措施需考虑起吊质量； 2. 板块质量大，起吊时容易产生较大变形，需要设置背负钢架加强； 3. 体积和质量大，惯性较大，就位后调节进出位与拼缝难度很大，需要吊装设备配合微调； 4. 多个挂点，板块挂接点的安装精度难控制

针对上述常规板块与超大板块整个落地实施过程中的差异，下面对其中的关键点进行分析论述。

3.1 超大板块的设计

3.1.1 板块构造的安全

对于超大板块的构造安全，主要关键点在于板块杆件、板块连接节点、板块与结构的挂接节点的承载能力。

①杆件承载能力的分析

对于常规单元板块杆件截面，通常通过简化模型分析杆件承载能力，分析过程较简洁、明确，例如图4对横梁的分析。

对于超大板块，杆件较多，连接相对复杂，因此需进行整体建模，根据各种工况进行加载，分析各杆件的承载情况，模型最好能整合多个板块整体分析，这样更能接近实际情况杆件承载情况，如图5对横梁的分析。

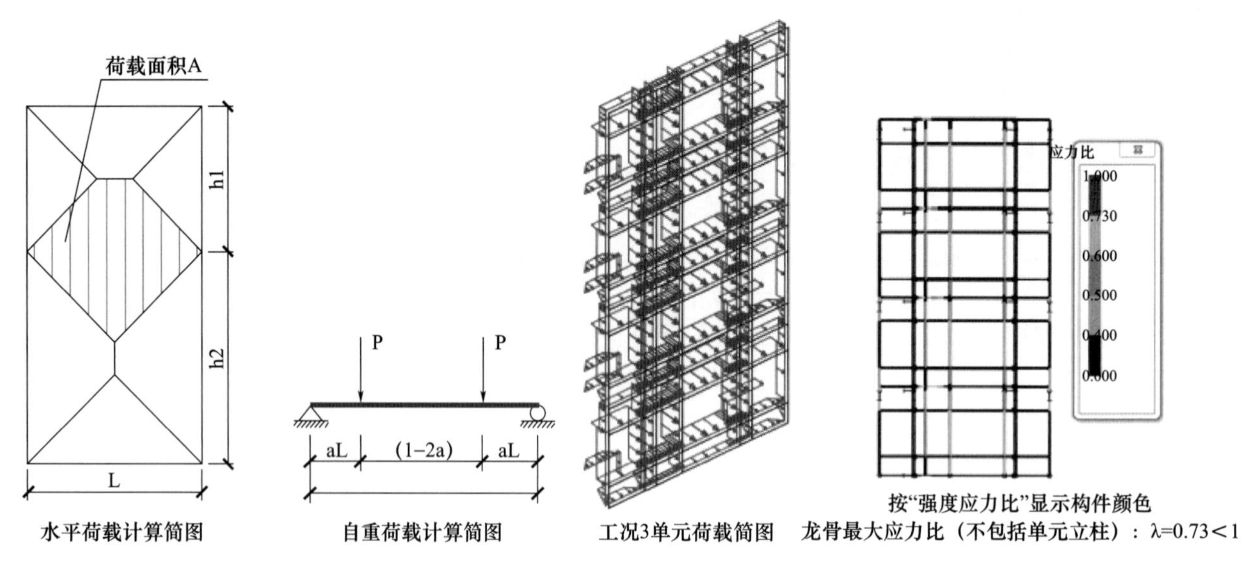

图4　常规板块计算分析　　　　图5　超大板块樘整体建模计算分析

②超大板块连接节点构造的分析

对于常规板块，主要杆件连接节点为横梁与公母立柱连接构造，荷载递路径清晰（图6）。而超大板块较存在着较多杆件连接，尤其是中立柱与上下横梁连接，如何确保中立柱部位可靠传递荷载成为超大板块设计的关键（图7）。

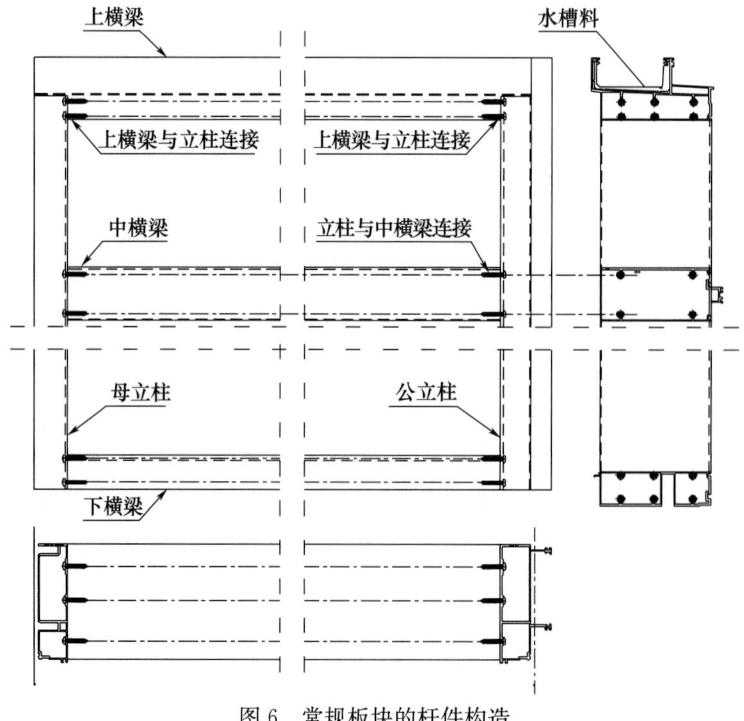

图6　常规板块的杆件构造

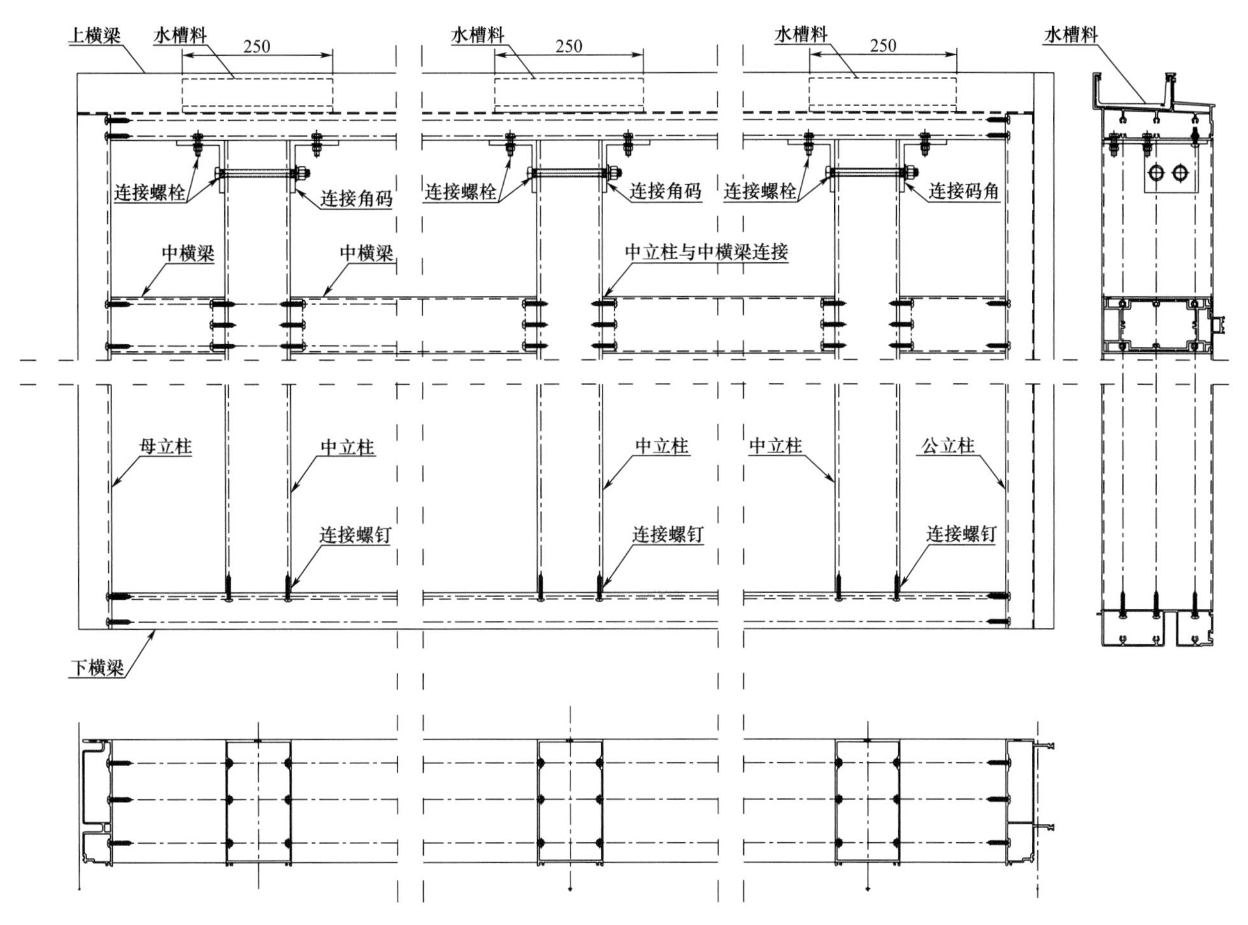

图 7　超大板块的杆件构造

对于中立柱与上下横梁连接，公母立柱部位上下板块间荷载路径通常为：上一板块立柱→下一板块横梁→水槽料→下一横梁螺钉→下一板块立柱→挂接系统→主体结构（图 8）。

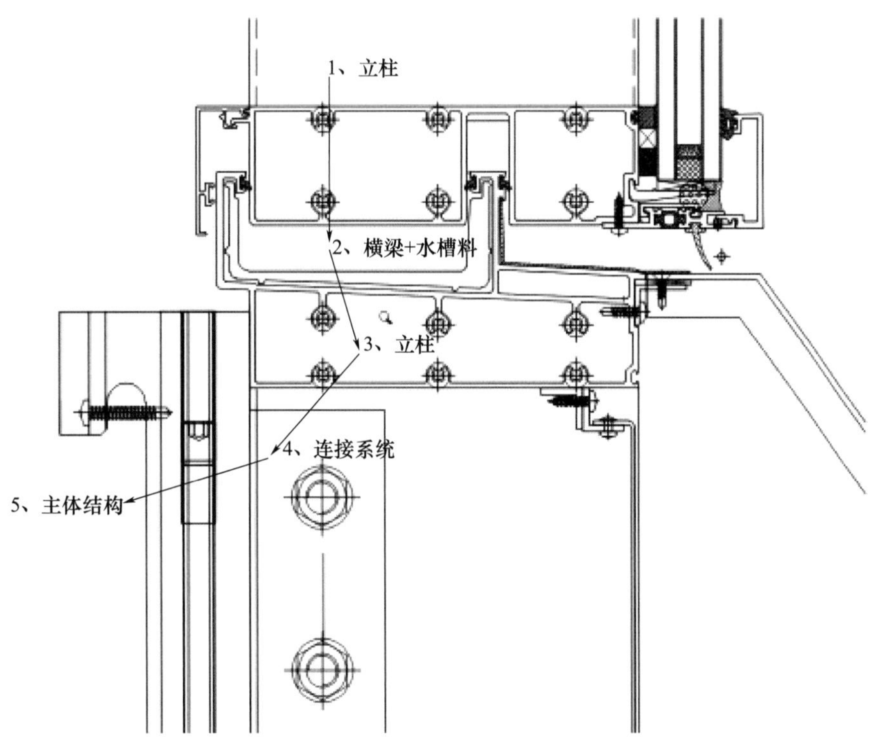

图 8　公母立柱部位荷载传递的路径

而中立柱部位节点传力则经过上下横梁腔体，荷载传递相对复杂，具体为：上一板块立柱→下横梁与立柱连接螺钉→下一板块横梁＋水槽料→下一板块中立柱与横梁的转接系统→下一个板块中立柱→挂接系统→主体结构（图 9）。

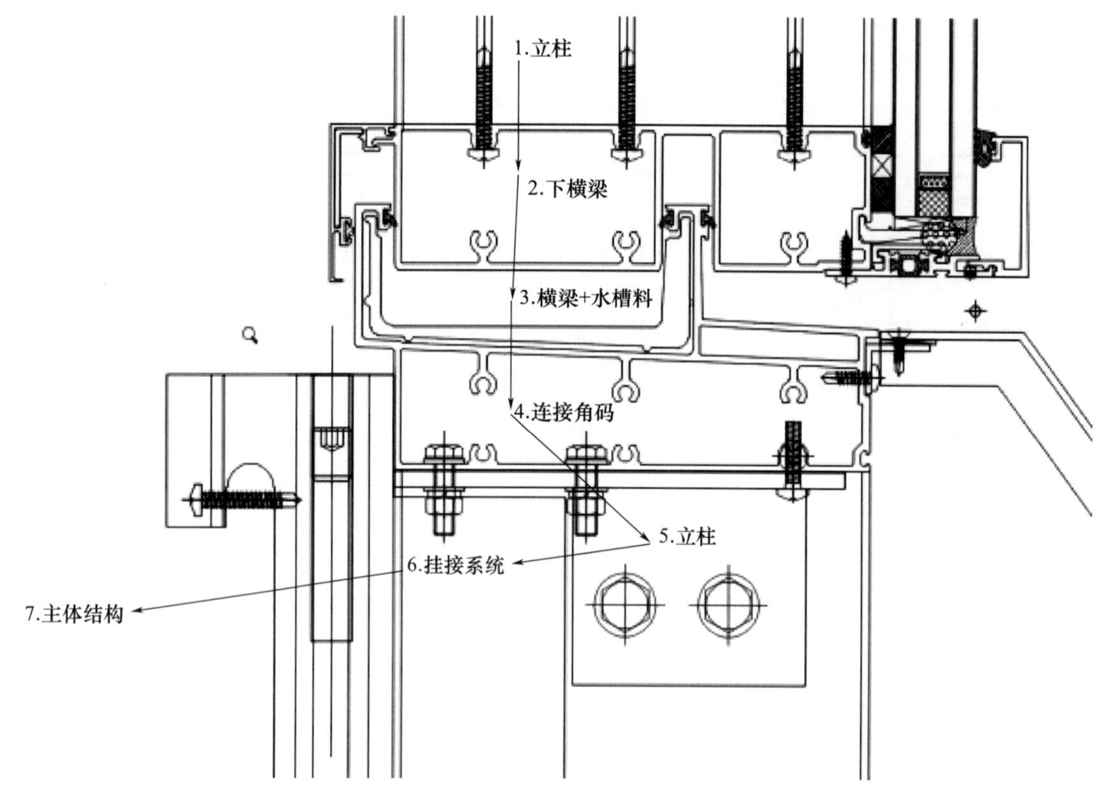

图 9　中立柱部位荷载传递的路径

整个荷载路径加长，增加了两道中立柱与横梁连接构造；板块较大的荷载通过上下横梁腔体来传递。那么，中立柱与上下横梁如何连接？横梁的腔体是否存在变形从而影响板块的位移？

按照常规连接思路，中立柱设置 6 根螺钉槽，与下横梁通过 6 颗螺钉连接；为减少横梁开过孔，避免过孔导致的漏水隐患，上横梁则通过连接角码进行连接，同时，上横梁增设一段 250mm 长的水槽料进行加强。根据节点建立实体模型分析显示：下横梁存在开口趋势，上横梁部位悬臂出现屈曲；中立柱与横梁连接的螺钉部位，存在较大的局部应力；下横梁腔体、上横梁腔体未出现较大变形（图 10）。

依据模型分析，对节点进行了局部加强（图 11），下横梁增加套芯，横梁内侧衬垫加厚铝合金扁巴，水槽料加长到 500mm，水槽料与横梁增加连接螺钉。

对调整后的方案再进行建模分析，发现节点部位的变形明显降低。同时，依据加强方案进行节点静载试验，发现节点构造满足承载要求，同时，加载过程中，杆件的变形、立柱与横梁交接部位相对位移均在计算范围内（图 12）。

③中立柱与中横梁连接

该部位采用类似框架闭腔横梁的套芯连接方式，套芯及横梁端部均需打密封胶密封（图 13）。

④外附架与单元框架的连接

本项目的大板块层间存在凸出 300mm 的石材造型，原方案为在框架中间增加钢横梁转接连接外附石材框架，前期样板阶段发现，原方案对钢件加工精度要求非常高，型材框架安装精度难控制，同时外附架转接螺栓需在防水板上开过孔，存在较大漏水隐患（图 14）。

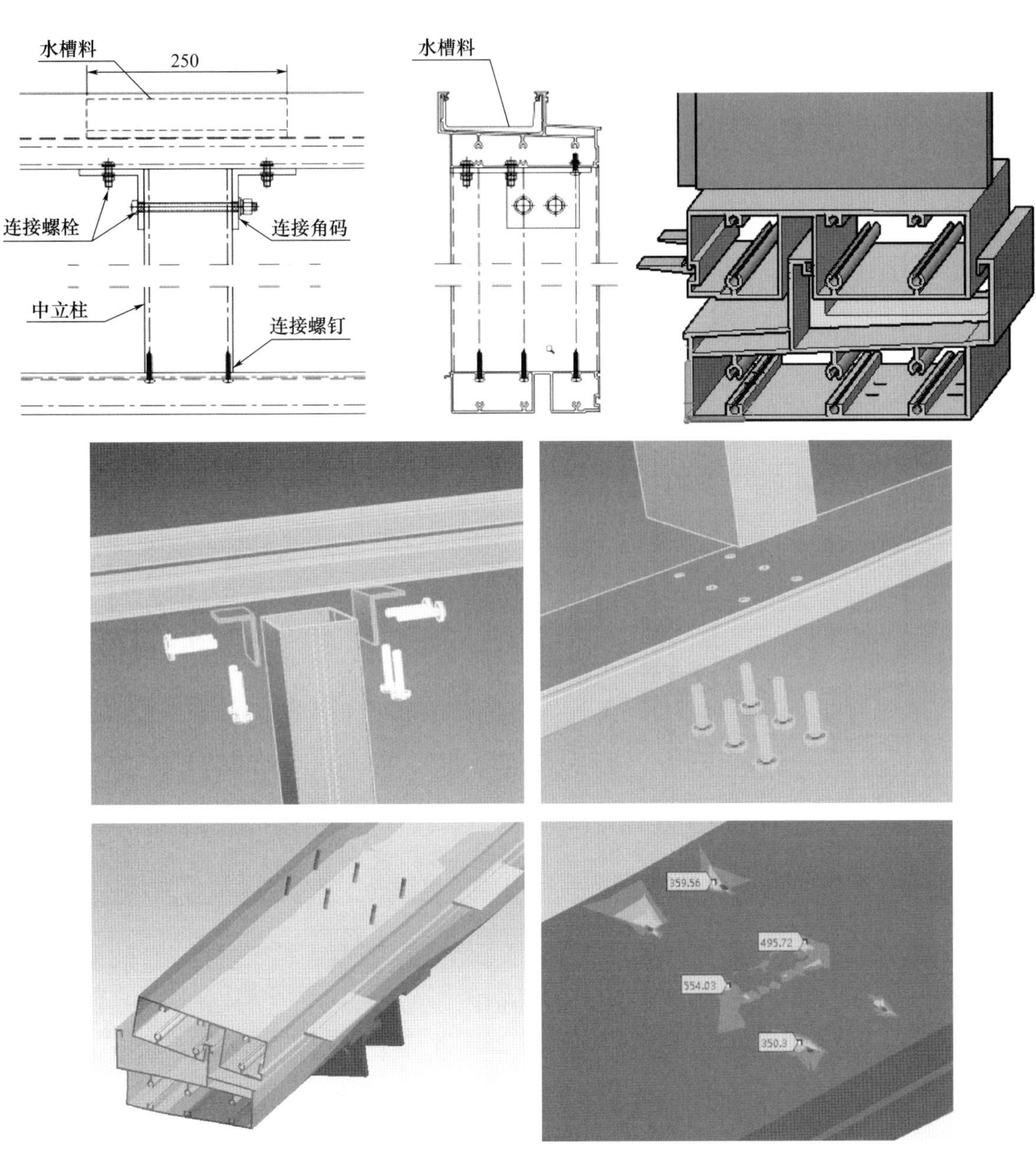

图 10　中立柱与横梁采用螺钉连接的受力分析

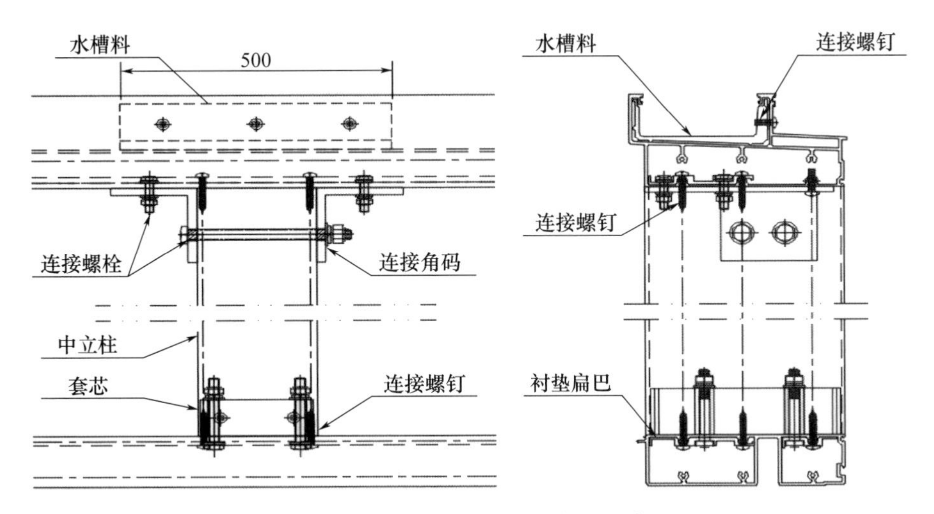

图 11　中立柱与横梁连接加固方案

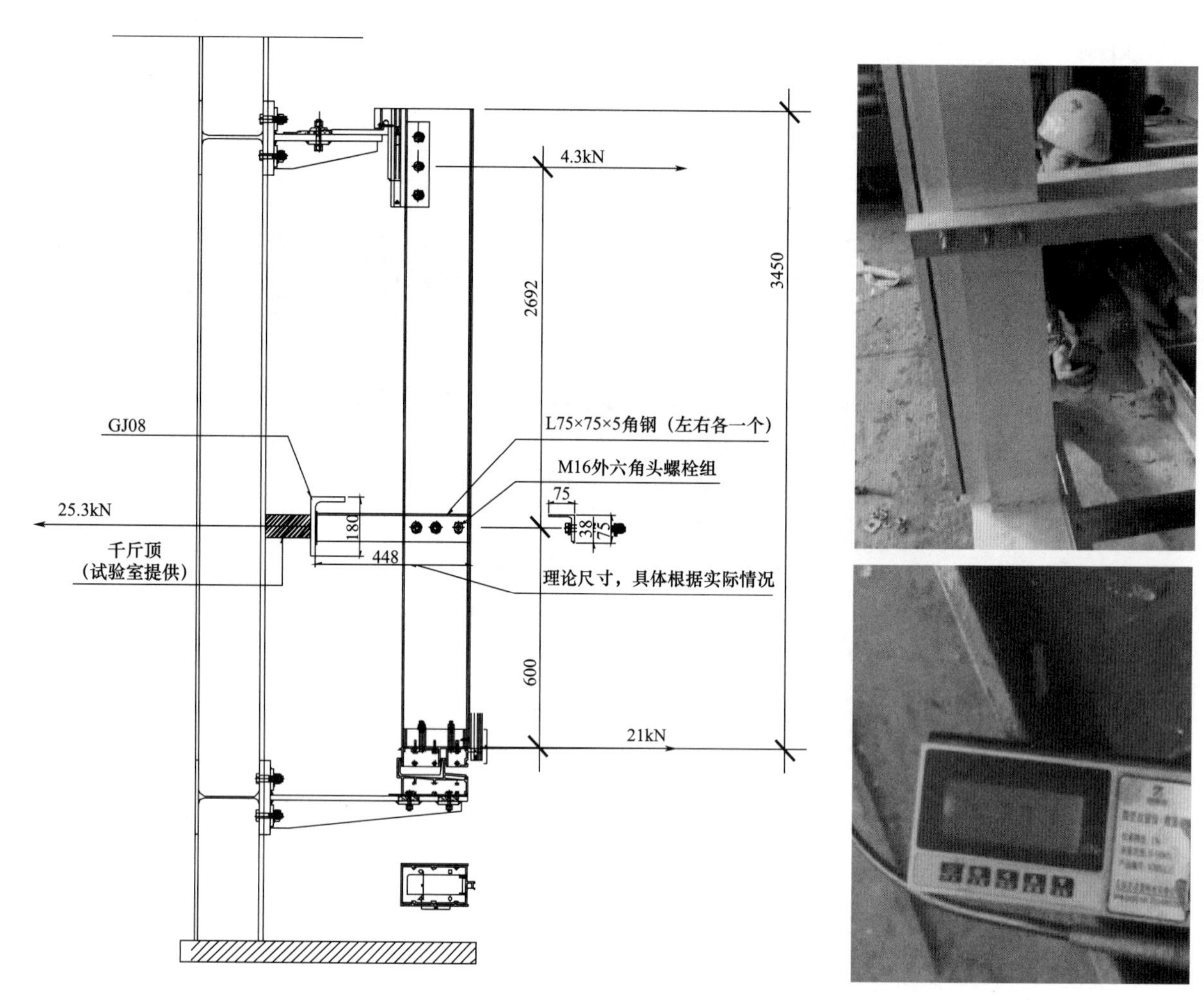

图 12　中立柱连接加固方案静载试验

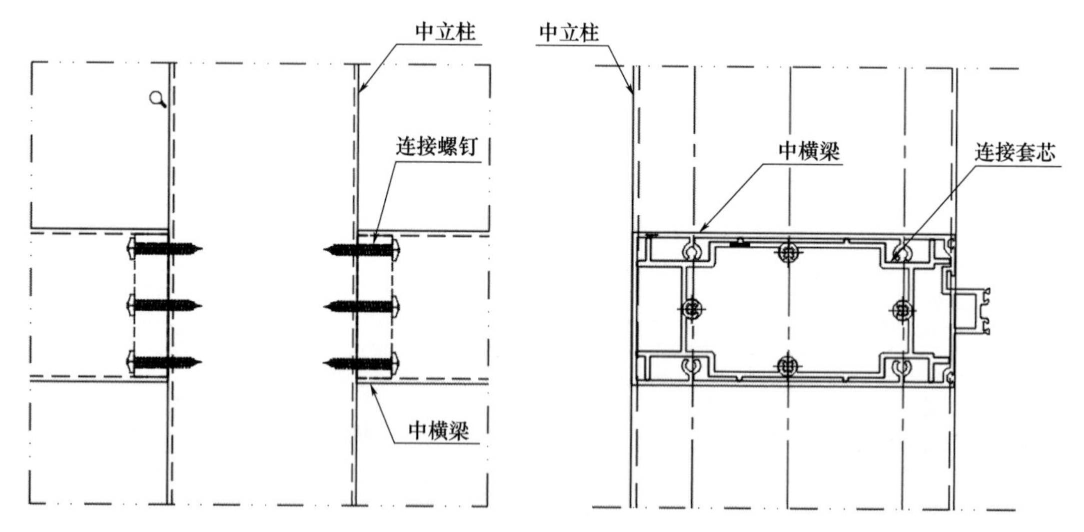

图 13　中立柱与中横梁连接

因此，实施方案调整成了从立柱伸出铝角码转接外附架，铝角码均在工厂加工，加工及组装精度均可控，同时，铝角码从立柱边部的披水板缝隙伸出，避免背衬铝板穿孔降低漏水隐患（图 15）。

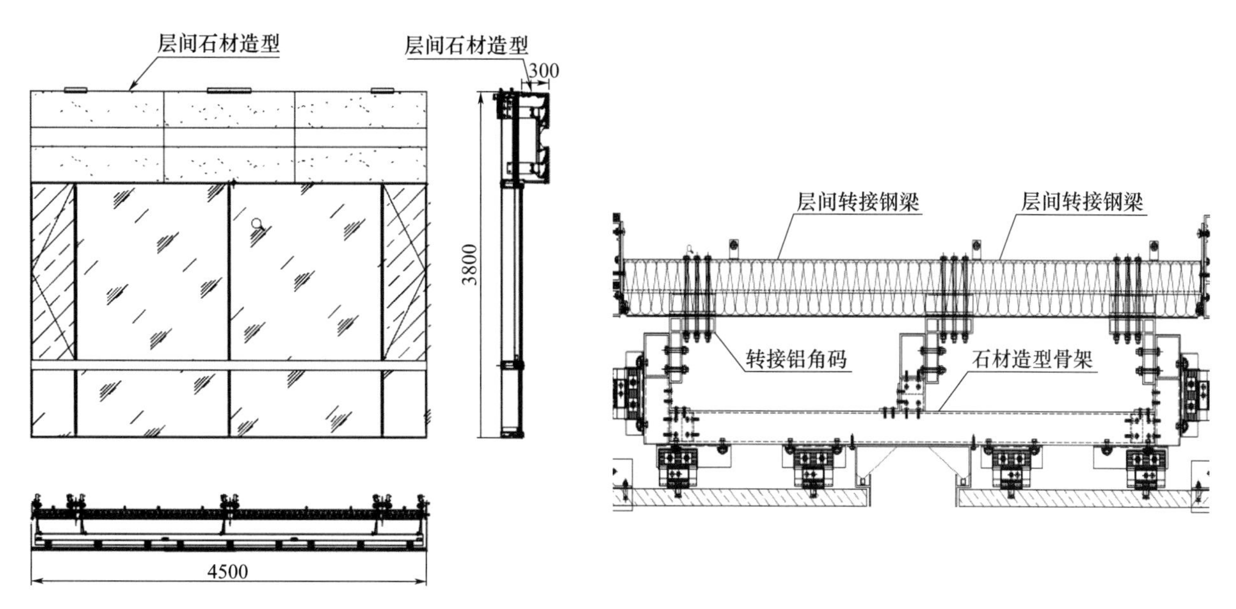

图 14 原方案通过钢横梁转接连接外附石材框架

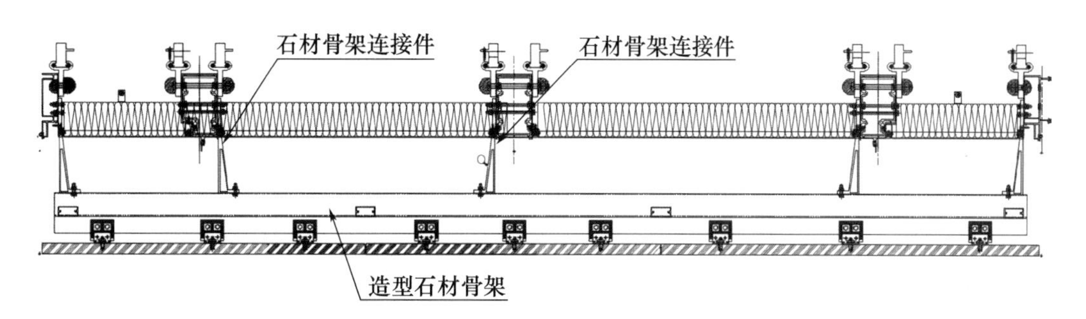

图 15 实施方案从立柱伸出铝角码转接外附架

3.1.2 板块挂接系统设置

常规板块挂点通常设置在公母立柱上。板块挂接系统需要安全可靠，挂接点设置三维可调节，三向可调节尺寸一般设置为 25mm，便于安装调整就位。

超大板块亦然，挂接系统需安全可靠，同时也需要三维可调，但因超大板块的挂点较多，本项目最大的板块存在10个挂点，因此需适当考虑加大调节尺寸，对于侧挂系统，需考虑安装调节空间（图16）。

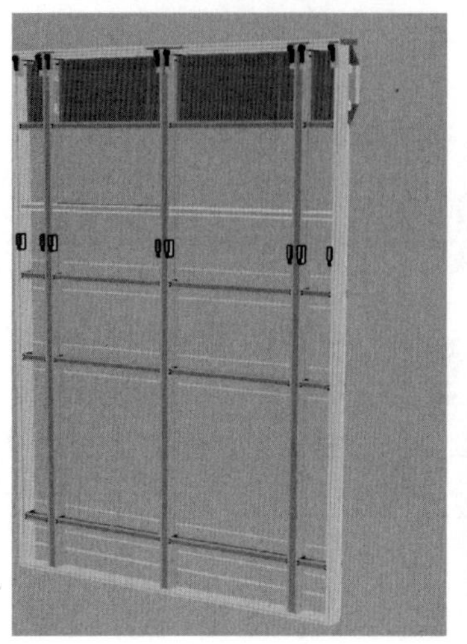

图16　超大板块10个挂点

3.2　外观立面效果

对于常规板块，考虑到板块间的伸缩，通常板块间的缝隙就留得相对较大（一般为15mm左右），外观效果上会有较多的缝隙。采用超大单元板块设计，在保证外部造型的轮廓下，同时可以对细部进行更细致的设置，确保各种装饰构件衔接合理，达到了精致、流畅、大气的效果。

本项目的玻璃分缝及石材缝隙的效果提升方案如下：根据此前竖向胶缝，原设计方案按照单元板块方式，存在护边，玻璃间的缝隙整体较大；而超大单元板块可取消护边，玻璃间的胶缝减小，效果更精致，且对于横向扣线，扣线长度跟随板块尺寸设置，中间无断缝，细节更流畅，大板块的层间石材可采用小缝隙设置（6mm），效果更显自然（图17～图18）。

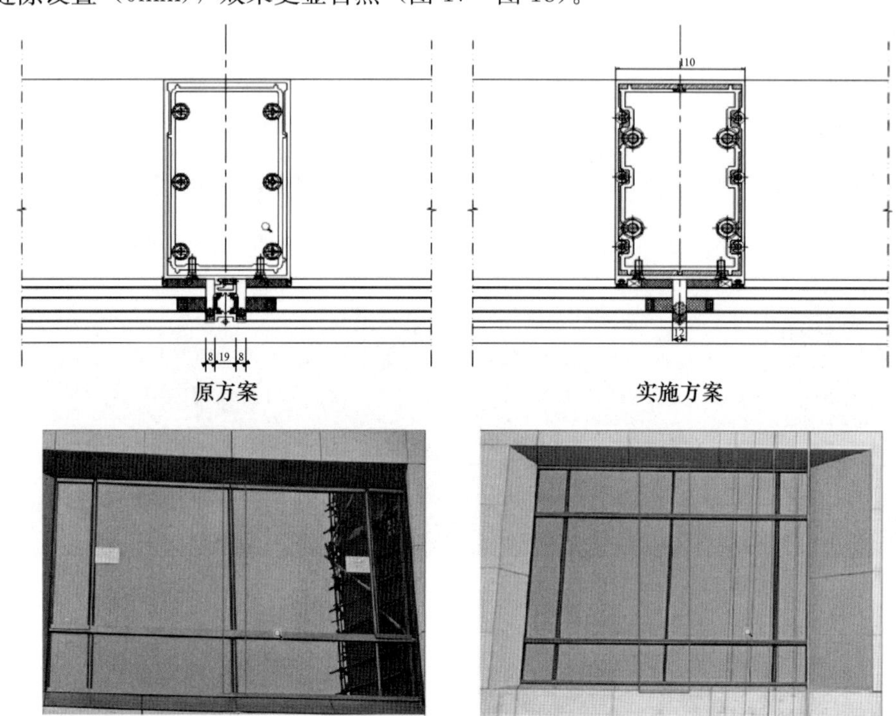

图17　玻璃缝隙的效果提升

图 18　现场整体效果

3.3　板块防排水

对于常规的单元板块，防排水的关键在板块的防排水体系，如构件间的碰口密封、面板间的胶缝、开启扇位置周围的防水。而对于本项目的大单元板块，还需要注意板块每根中立柱部位均有加强的水槽料，为避免上横梁集水槽积水，需在每个分格部位设置排水孔，通过横梁排水腔排到两侧公母立柱。

石材骨架通过背衬板与立柱间转接出来的铝角码进行连接，避免铝板开孔，降低漏水隐患（图 19）；层间开放式石材造型部位导致部分中立柱与横梁的交接存在直接对外，因此横梁与立柱间的碰口胶需打密实，避免从横梁立柱连接缝隙渗水到室内（图 20）。

图 19　层间石材骨架连接件

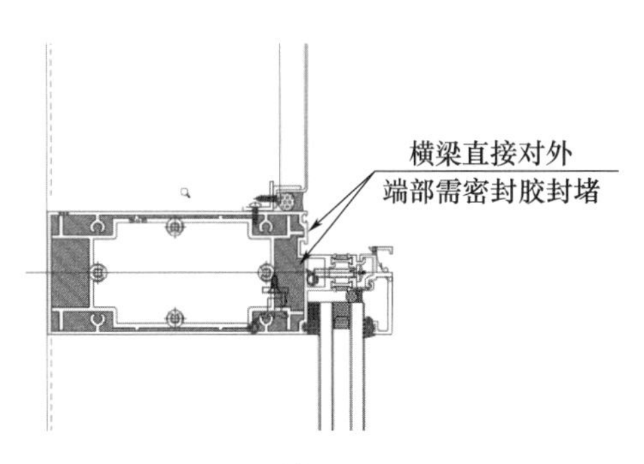

图 20　横梁端部密封

3.4　板块加工组装。

超宽超大板块由于尺寸比较大，占用的空间也相应加大，采用常规的流水作业加工组装是非常难实现的，需要调整板块组装流水线。加工厂专门为本项目调整了一条专用单元式生产线，定制了最大长度 9000mm 单元组装架子，对于转角板块，也设置专用的转角板块胎架，满足所有单元板块的组装、运输及存放（图 21）。

本项目的超大板块层间有石材和铝板造型，构件类型非常多的，构件的加工精度直接影响到板块的组装精度、外观效果，因此采用了 BIM 技术对板块进行建模分析，对于孔位较多、异形的钢件，直接采用模型导入数控中心进行加工。

我们对进厂材料进行严格检测，确保每一个构件都合乎设计要求。此外，对于层间造型石材，除了按规范要求严格控制，也对石材面板按照流水编号，并在石材厂进行预拼装；同时，组装后的板块采用靠模检测，控制平整度及垂直度，确保板块的品质（图 22）。

图 21　工厂板块组装

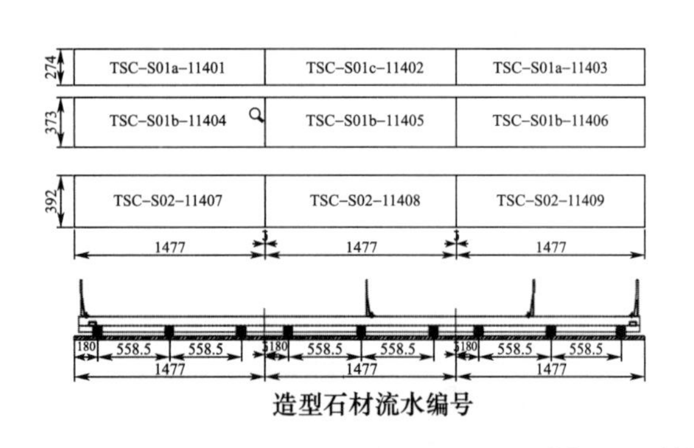

造型石材流水编号

工厂预拼装，石材拼缝平直

图 22　石材流水编号与工厂预拼装

3.5　超大板块的运输、吊装

3.5.1　板块运输

由于板块超大，最大板块 4500mm（宽）×8250mm（高），约 37m²，重 2.4t，其转运、运输的稳定性、变形保护都存在较大困难；层间的造型石材采用的是背栓连接，运输过程中会滑动；同时，该尺寸的构件属于非常规构件，道路运输许可、现场场地转运空间是否足够等问题，均亟须解决。

为了解决板块运输变形问题，每个板块在出厂前，采用专门设计的单元板块转运架；对于层间石材板块，在工厂安装定位后，四个挂点均采用自攻钉进行锁紧限位，避免运输过程中的颠簸挪位（图 23）；对于超规构件运输，委托运输公司到相关部门办理超大构件运输许可，前期勘探全运输过程线路，尤其是市内道路空间及项目现场的道路空间，确保运输路线可行。

图 23　石材造型采用限位块及限位螺钉避免运输滑动

3.5.2　板块的吊装

对于单元板块吊装，方式有多种，如塔吊吊装、架设轨道吊装、汽吊吊装等均可实现，应根据不同的位置、板块质量尺寸选择合适的且审批通过的吊装措施（图 24）。同时，板块在吊装过程中极易发生旋转，故在板块两侧增加缆风绳，防吊挂过程中出现旋转问题（图 25）。

图 24　板块吊装方式

图 25　板块增设防风揽绳

而超大单元板块吊装最关键的点，是如何从平躺状态翻转到垂直状态。由于单元板块体积和质量都很大，若按照常规的从上横梁部位采用吊钩直接起吊方式，板块跨中会在起吊过程因受力变形过大而损坏，经多方分析研究决定，先采用背负钢架起吊，待板块翻转至垂直状态后（图 26），再进行空中换钩，卸下胎架，然后再进行板块提升。

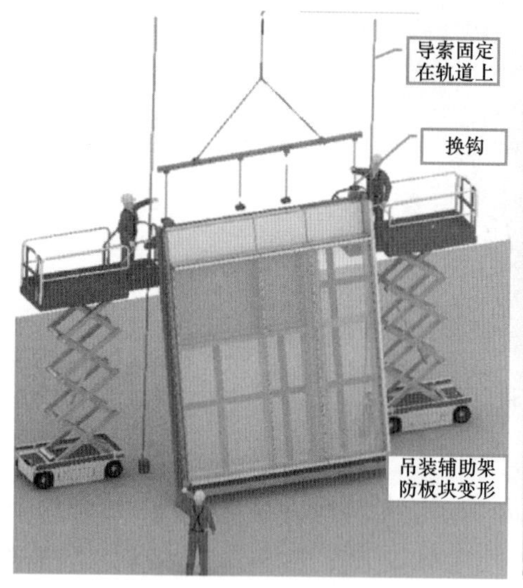

图 26　板块的翻转

3.5.3　吊装过程中的一些问题及解决方案

中立柱连接部位吊装承载问题：在样板阶段，板块吊装过程中，中立柱与横梁间密拼缝隙被拉开，开口变形有 3mm，直接影响板块的水密及气密性能，经分析，为吊装过程中立柱与上横梁连接的角码出现变形导致，后在中立柱与上横梁的前后增加连接板，解决该问题（图 27）。

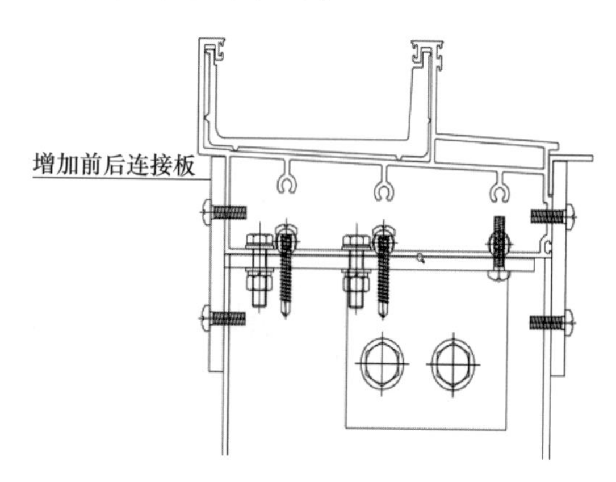

图 27　立柱横梁增设加强连接板

剪力墙部位超大板块安装难题：该部位板块为双跨设置，有 10 个挂点，均为侧挂，中间支座属于盲挂，因此对板块挂点、挂座安装都要求极高，现场要求精度控制在 2mm 内。但在实际吊装过程中发现，板块存在吊装变形，且层间造型石材导致板块偏心，极其难扶正就位，无法左右插接，再加上处于建立墙体部位，安装操作空间欠缺，极难将板块安装到位。后经过以下操作方能将板块扶正就位安装：①在板块上横梁部位的剪力墙上预设锚栓，通过滑轮将板块拉正；②将吊篮绑到结构上，避免用力导致吊篮不稳定；③侧挂码件卡口设置喇叭口，便于板块的挂接导入挂码；④对于侧挂，需在上横部位设置螺栓安装调节孔，待板块安装就位后，再对孔位进行防水封堵（图 28）。

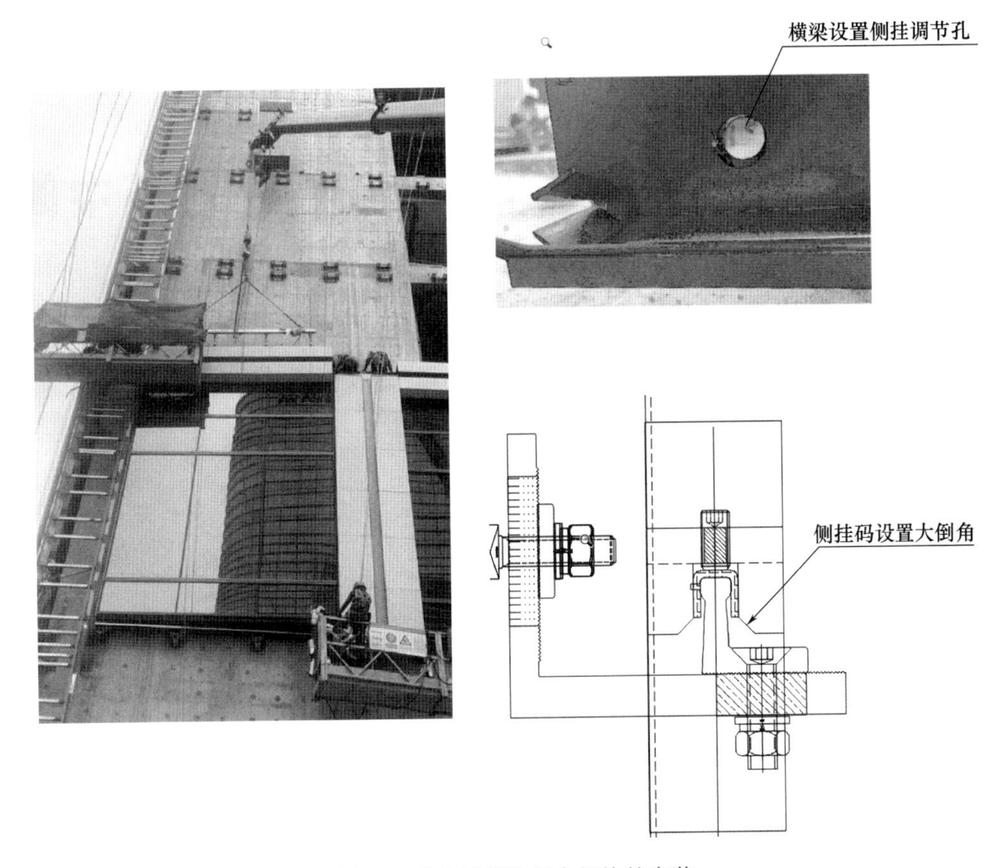

图 28　剪力墙部位超大板块的安装

4　结语

随着建筑业技术的发展，越来越多超常规的单元式幕墙被应用到建筑上，本文结合实际案例，就超大单元板块设计施工的关键点进行论述，提供设计、加工组装、运输、吊装各个环节的实施方案，希望为同行在实施同类型项目时提供思路和参考。

参考文献

[1] 吕伟，孙绪烈，姬鹏成．超大单元式幕墙设计理念与关键施工技术［J］．施工技术，2018，1：370—374.

铝合金窗花在幕墙外遮阳中的应用

◎杨　云　欧阳立冬　周春海

深圳市三鑫科技发展有限公司　广东深圳　518054

摘　要　铝合金窗花结构轻盈、造型多变，集合了装饰美化、节能遮阳等多重功能，是建筑维护结构的重要组成部分。提高窗花加工和安装工效，同时保证结构安全和遮阳性能是本项目应用实践的重点和亮点。

关键词　弧形窗花；建筑外遮阳；工业化制造；抗风压测试；遮阳检测；人工光源法

1　引言

深圳国际交流中心项目位于深圳市福田区香蜜湖畔，项目定位于“世界眼光、中国气派、岭南风格、深圳特色”，旨在打造成“国际高度、世界一流”的政务会客厅、产业会客厅、市民会客厅（图 1）。

图 1　项目效果图

会议中心总用地面积 63922.48m²，总建筑面积 215291.78m²，最大层数地上 6 层，地下 2 层，建筑总高度 44.76m。立面玻璃幕墙约 15000m²，玻璃幕墙外侧分布 10mm 厚弧形铝合金窗花，窗花面积约 12000m²，窗花系统位于南区、北区的立面上（图 2）。

图 2　窗花遮阳系统分布

2　铝合金窗花遮阳系统

本系统参考框架式幕墙设计原理，立柱龙骨为铝合金材质，龙骨通过 25mm 氟碳喷涂精制钢件与主体预埋件栓接固定。窗花面板采用 10mm 厚铝板（材质：5083－H112）通过雕刻、辊弯、焊接、喷涂等工序加工而成。窗花面板宽度 1.2～1.4m，高度 1.2～2.7m，弧形拱高 200mm，镂空雕刻“三角梅”图案（穿孔率 70%），面板错落排布呈竹节效果（图 3）。窗花系统位于幕墙外侧，需参考幕墙设计标准验证抗风压性能等级；窗花最高处标高 33.58m，结合风洞实验报告数据，取风荷载标准值 W_k＝2460Pa，幕墙抗风压性能为 5 级。结合建筑绿建节能设计要求，窗花外遮阳性能等级为 7 级。

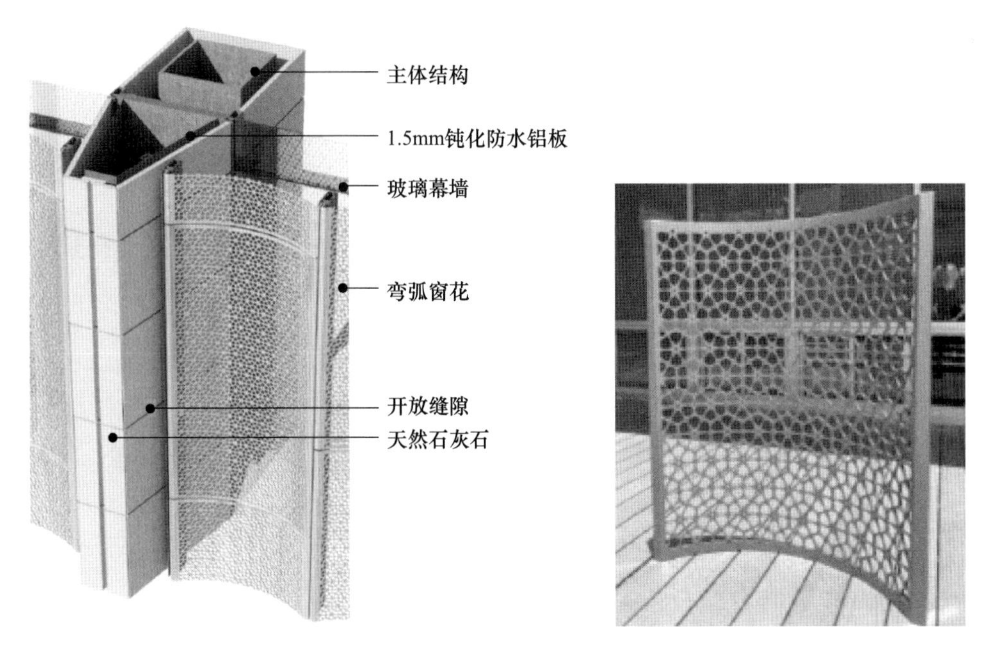

图 3　窗花外观排版

3 高品质工业化制造

窗花为挂接安装，窗花横向、竖向接缝处无扣盖、胶缝等二次装饰构造；窗花加工和安装精度要求极高。窗花主要加工工序包括：雕刻、辊弯、焊接、喷涂，各工序相互关联需严控加工质量。

窗花雕刻按加工方式有激光切割、雕刻机加工、水刀铣削三种。激光切割加工速度快、加工成本低，但高温切割厚板时热变形严重，切割面褶皱明显（图4），不符合品质要求。雕刻机加工速度较慢，铣削面存在“跳刀”褶皱痕迹，对设备稳定性要求较高。水刀铣削切口光顺，但加工速度最慢，设备投入需求巨大，短期加工压力大。从成本及工期等多方面综合考虑，本项目窗花加工采用雕刻机加工，投入设备45台，持续加工2个月（图5）。

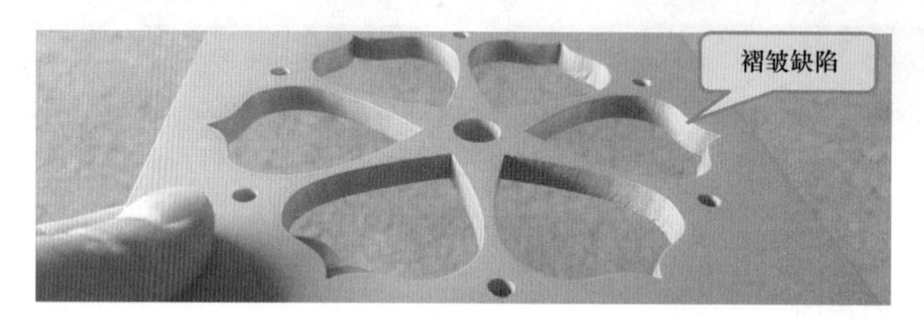

图4 激光切割工艺

图5 窗花加工

窗花辊弯时拱高和轮廓精度是辊弯工序质量控制的要点。经多次辊弯成型，采用定制靠模检测（图6），辊弯后半成品严禁多层堆叠码放（不超5块）。

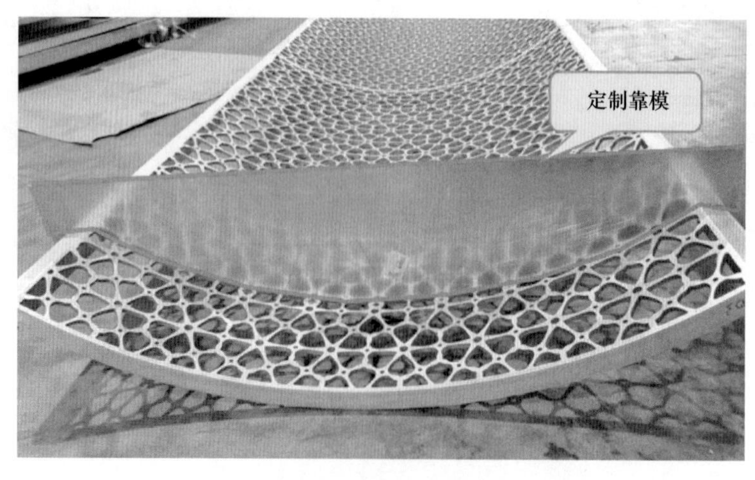

图6 窗花辊弯靠模工装

窗花的竖向挂接边、横向支撑边采用焊接工艺固定，为保证焊接稳定性、加工速度和焊接质量，所有焊接采用机器人激光自动焊接。经多次验证测试，将焊枪运行轨迹、电流功率、焊接速度、焊丝直径、工装台架等关键参数逐一确定，保证焊缝饱满、密实（图7），最终实现批量化流水生产（图8）。

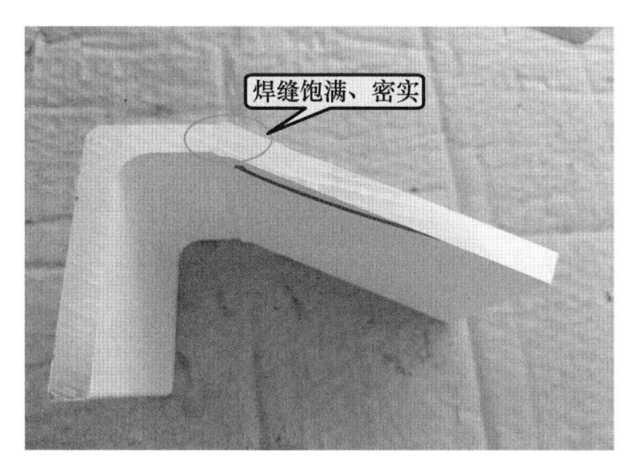

图7　窗花焊接工艺

图8　机器人激光焊接

窗花喷涂前需对雕刻面毛刺、焊缝凸起及棱边倒角做打磨处理，将喷涂面打磨光顺避免喷涂流挂缺陷。采用专用毛刺清理设备（图9），保证加工功效；打磨依次采用80目、120目、180目砂纸进行精细打磨。

窗花的室内、室外面均为可视面，需双面喷涂处理。本项目窗花孔洞多、形状复杂，喷涂均匀性是控制重点。为保证喷涂质量，各工序缺一不可，需严控各工序时长，保证清洁可靠，喷涂均匀无死角（不流挂），同时还需确保有效的烘烤时长。喷涂前置工序为：去油去污→水洗→碱洗（脱脂）→水洗→酸洗→水洗→铬化→水洗→纯水洗；随后进入底漆喷涂、中间漆喷涂、面漆喷涂工序。喷涂线为全自动化产线，整套工序喷涂时长7.5小时（图10）。

图9　窗花毛刺清理

图10　窗花喷涂加工

4　实验检测

4.1　抗风压性能测试

铝合金窗花位于幕墙外侧直接承受风荷载，结构安全性至关重要。窗花穿孔率为70%，考虑穿孔荷载折减并结合规范AAMA501.1－17检测方案，对窗花构件施加由螺旋桨提供的动态风压，该动态风压对幕墙主要构件所产生的平均变形等效于1000Pa的静态风压所产生的平均变形。风压维持时间15分钟，结果显示构件无破损，实验成功（图11）。

图11　窗花抗风压性能测试

4.2　遮阳性能测试

铝合金窗花作为外遮阳构件，为建筑节能降耗提供重要支撑。为验证本项目窗花遮阳等级，按《建筑门窗遮阳性能检测》（JG/T 440—2014）所述“人工光源法”进行性能等级测试。

人工光源法是基于稳态传热原理，使用规定的人工光源作为太阳光辐射源，采用标定热箱法检测建筑门窗遮阳系数 *SC*。人工光源模拟太阳光辐射热量，各波长的辐射强度分布情况与太阳光接近，辐射光谱至少包括300～2500nm的人工辐射光源。人工光源辐射热量经试件进入热计量箱内，测算计量箱内得热量与投射到该试件表面的辐照总量之比 *SHGC*，可计算得到建筑门窗的遮阳系数 *SC*。

检测装置主要由人工光源、内环境箱、计量箱、外环境箱、水冷计量系统及环境空间等组成（图12）。

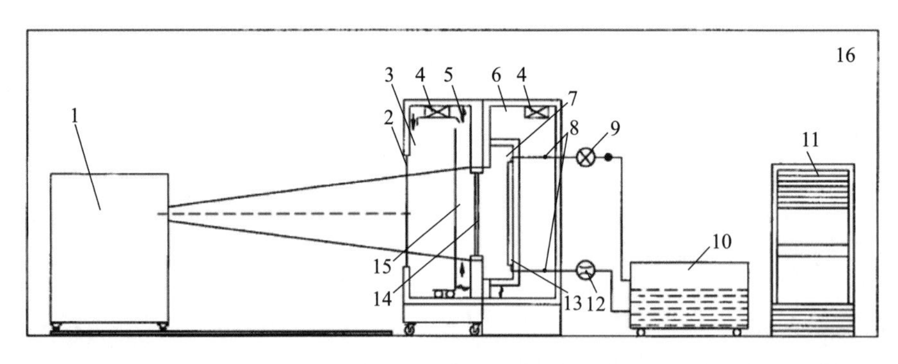

图12　遮阳性能检测装置

1—人工光源；2—光导入窗；3—外环境箱；4—加热制冷系统；5—风扇；6—内环境箱；7—热计量箱；8—温度传感器；9—压力计；10—恒温水箱；11—空调；12—流量计；13—热交换器；14—试件；15—导流板；16—环境空间

本项目实验构件包括：铝合金幕墙龙骨、8HS＋1.52PVB＋8HS（三银Low-E）＋16A＋10TP半钢化/钢化夹胶超白中空玻璃、铝合金窗花，尺寸1500mm×1500mm×10mm弯弧窗花。幕墙龙骨及玻璃安装于实验箱体的洞口中，窗花安装于玻璃外侧。试件与洞口之间填塞聚苯乙烯泡沫条并密封；试件的开启缝用透明塑料胶带双面密封；外环境箱与内环境箱紧扣，接口密封严实（图13～图14）。

试件安装完成后依次完成如下检测：

a）启动环境空间温度控制系统；

b）开机启动，环境空间、外环境箱、内环境箱及计量箱温度达到设定值且稳定；

c）启动人工光源，调整水冷计量系统达到试验条件；

d）内环境箱、外环境箱、计量箱内空气温度再次达到设定值后，每隔10min采集各点温度，判断是否达到稳定状态。各点温度连续6次采集结果波动小于±0.3℃，且非单向变化时，可判定达到稳定状态，取达到稳定状态后连续6次结果，记录各点温度数据；

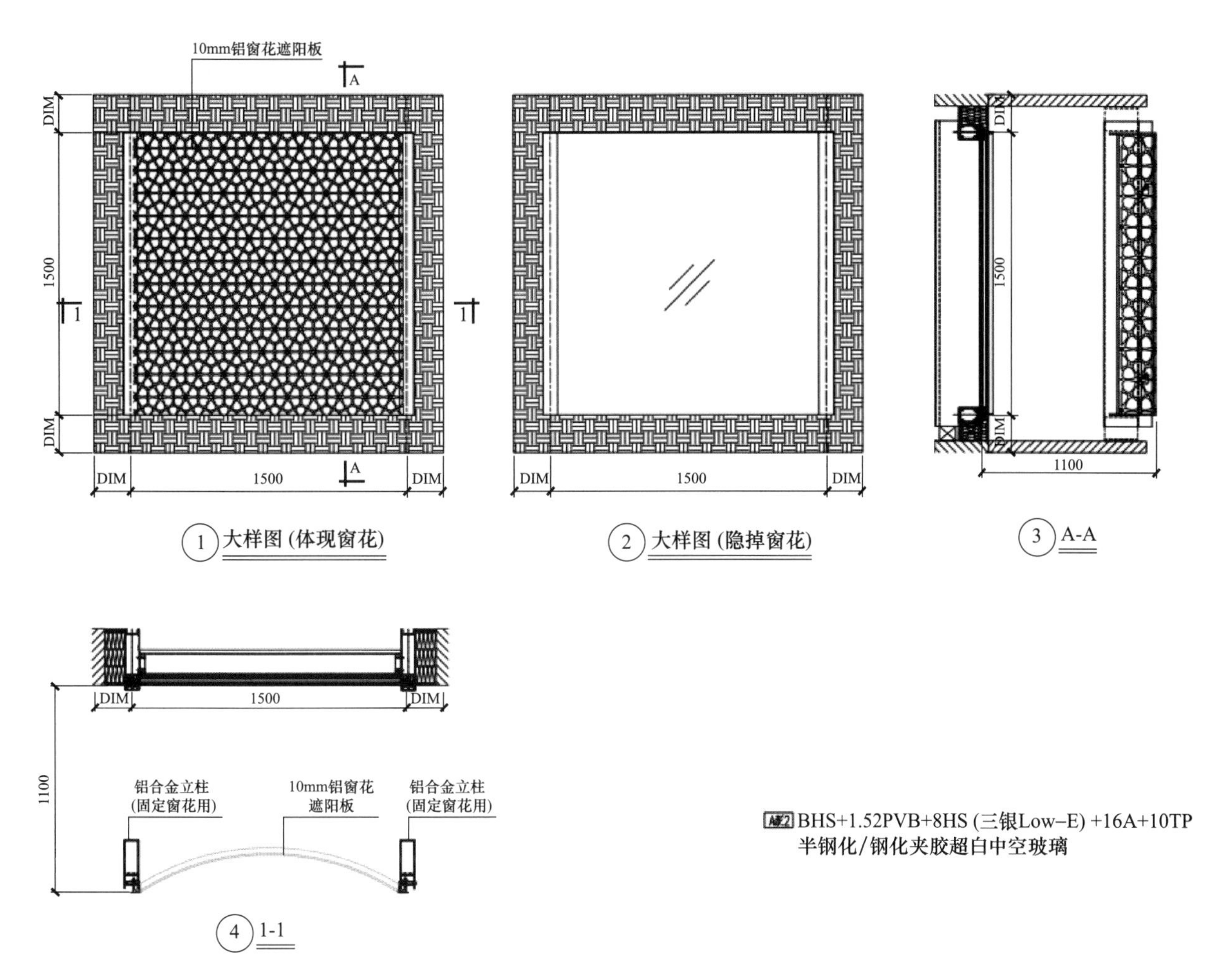

图 13 窗花遮阳性能检测封边

图 14 遮阳性能检测

e）关机检查试件状态并记录。

数据处理如下：

采用达到稳定状态后的 6 次采集数据的平均值进行计算。将各参数测试数据代入式 1，计算得到试件的太阳得热系数

$$SHGC=\frac{Q_{\tau}}{I\times A} \tag{1}$$

式中：$SHGC$——试件的太阳得热系数；

Q_{τ}——通过试件进入计量箱内的热量，按式（2）计算，W；

I——试件表面人射人工光源的辐射照度，W/mm^2

A——试件的有效面积，m^2。

$$Q_{\tau}=G\times C\times \rho\times (t_{out}-t_{in})+Q_b \tag{2}$$

式中：G——循环水流量，m^3/s；

C——循环水比热，J/（kg·℃）；

ρ——循环水密度，kg/m；

t_{out}——计量箱循环水出口水温度,℃；

t_{in}——计量箱循环水进口水温度,℃；

Q_b——计量箱通过箱壁及试件框传出的热量，按式（3）计算，W。

$$Q_b=(t_{wi}-t_{wo})\times M_1+(t_{fi}-t_{fo})\times M_2 \tag{3}$$

式中：t_{wi}——计量箱外壁内表面平均温度,℃；

t_{wo}——计量箱外壁外表面平均温度,℃；

t_{fi}——试件框内表面平均温度,℃；

t_{fo}——试件框外表面平均温度,℃；

M_1——计盘箱壁热流系数，W/℃；

M_2——试件框热流系数，W/℃。

注：热流系数 M_1、M_2 按规范附录 A 确定。

门窗遮阳系数 SC 按式（4）计算，计算结果取 2 位有效数字。

$$SC=\frac{SHGC}{0.87} \tag{4}$$

本工程幕墙系统设计太阳得热系数 $SHGC=0.219$，幕墙系统遮阳系数 $SC\leqslant 0.28$，遮阳按照分级指标取为 7 级；经测试遮阳系数为 0.26，满足设计要求。

5 结语

铝合金窗花结构轻盈、造型多变，集合了装饰美化、节能遮阳等多重功能，是建筑维护结构的重要组成部分。本项目设计选材合理，采用先进的电脑雕刻与机器人焊接技术，实现品质可控的工业化生产；通过性能测试对窗花节能效果与结构安全进行了双重验证，为类似项目提供参考。

参考文献

[1] 中华人民共和国建设部．金属与石材幕墙工程技术规范：JGJ 133—2001［S］．北京：中国建筑工业出版社，2001.

[2] 中华人民共和国建设部．铝合金结构设计规范：GB 50429—2007［S］．北京：中国计划出版社，2008.

[3] 中华人民共和国住房和城乡建设部．建筑门窗遮阳性能检测方法：JG/T 440—2014［S］．北京：中国标准出版社，2014.

超大提升推拉门在超高层住宅中的理论设计与试验验证

◎ 欧阳林波　杨友富　张忠明　何泳求　刘　振

中建深圳装饰有限公司　广东深圳　518003

摘　要　随着现代建筑设计理念的不断演进，超大尺寸的提升推拉门因其能够提供宽敞的视野和良好的通风效果，成为高端住宅、商业综合体及公共建筑中的亮点。然而，设计和制造超大尺寸推拉门面临着结构稳定性、密封性能、耐久性、操作便捷性及安全性等多重挑战。本文深入探讨了超大提升推拉门的设计思路与试验验证过程，旨在通过创新设计解决这些技术难题，并通过严格试验确保其性能卓越。文章详细阐述了提升推拉门的设计要点、材料选择、结构优化及试验方案，为同类产品的开发提供了参考。

关键词　超大提升推拉门；性能试验；结构优化；设计创新

1　引言

在现代建筑领域，随着人们对空间美学和功能性的不断追求，超大尺寸的提升推拉门以其独特的开启方式、广阔的视野和高效的空间利用，成为现代建筑中的亮点。然而，超大尺寸推拉门的设计与制造面临着诸多挑战，如结构稳定性、密封性能、耐久性、操作便捷性及安全性等。本文将结合相关实际工程提升推拉门的设计经验，从设计角度出发，结合试验验证，探讨超大提升推拉门的综合性能提升策略，旨在为同类产品的开发提供有益参考。

2　超大提升推拉门设计要求分析

2.1　结构强度要求

在设计超大提升推拉门时，门扇的尺寸通常远超过常规尺寸，质量也相应增加，这对门扇的结构强度和稳定性提出了更高的要求。设计时必须考虑到门扇在开启和关闭过程中的动态平衡，以及在极端天气条件下的安全性。

如表1所示，某工程建筑标高252.45m，标准层层高为3.5m，提升推拉门最大规格为：$W \times H=$ 5000mm×2660mm，由于楼体较高，整个项目提升推拉门的抗风压等级高达8级，风荷载标准值为±4730Pa，在提升推拉门的设计中，必须确保门扇即使在强风条件下也能保持安全稳定，不会发生危险的摇晃或摆动。

表1　提升推拉门性能指标

序号	物理性能	提升推拉门
1	抗风压性能	8级/±4730Pa

续表

序号	物理性能	提升推拉门
2	气密性能	7级
3	平面内变形性能	—
4	水密性能	6级/$\triangle P$=825Pa

2.2 密封性能要求

密封性能是衡量超大尺寸提升推拉门品质的关键指标之一。一个优质的密封系统能显著减少空气渗透和噪声传递，从而提升室内环境的舒适度。

某工程项目推拉门的气密性能需达到7级，水密性能需高达6级，$\triangle P$为825Pa。在设计提升推拉门时，我们必须确保门体与门框之间实现无缝对接，同时也要重视门扇与地面的密封结构，以防止灰尘和雨水的侵入。此外，密封条的材质选择也极为关键，它必须具备出色的耐候性和抗老化特性，以满足长期户外使用的条件。

2.3 操作便捷性要求

超大提升推拉门多用于高端住宅或公共场所，必须充分考虑其操作的便捷性，提升推拉门的启闭力不应大于25N，确保无论是年幼的孩子还是年迈的老人，都能够轻松自如地进行开启和关闭的操作。这样的设计不仅需要考虑到门的质量和滑动机制，还要考虑到门扶手的高度和形状，扶手应保证单手握拳操作，操作部分距地面高度应为0.85～1.00m，以便于不同年龄段和身体条件的人都能够方便地使用。

此外，门的开启和关闭过程中应尽量减少噪声，以避免对周围环境造成干扰。整体而言，超大提升推拉门的设计应当以人为本，充分考虑到用户的实际需求，确保其在使用过程中既安全又便捷。

3 超大提升推拉门设计常见问题分析

3.1 门扇变形脱轨

如图1所示，推拉门门扇与轨道搭接设计值不足，由于推拉门单扇较大，中梃处较为薄弱，门扇在受风压后中梃处变形量超过搭接量，从而脱轨（图2）。

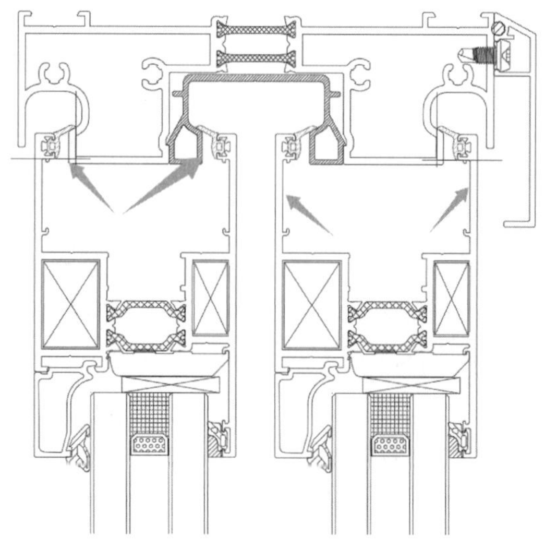

图1 门轨搭接示意图

图2 门扇中梃变形脱轨

门扇型材薄弱，在较大风压条件下容易出现变形破坏，导致脱轨（图3）。

3.2　门扇组角变形破坏

推拉门扇转角组角处薄弱，在较大风压条件下容易出现变形开裂（图4）。

图3　门扇型材变形脱轨

图4　门扇组角开裂

3.3　推拉门防水

超大提升推拉门出现漏水主要原因归纳总结为以下4个方面：

（1）推拉门底框排水孔开孔过多（图5），且未错开布置，在较大风压下，由于室内外存在较大压强差，若单向阀失效（图6），容易出现室外侧积水直接通过排水孔反渗入室内，形成井喷现象(图7)。

（2）单向阀与型材卡接之间存在缝隙导致漏水。

（3）进入腔体的水没能及时外排流走，压差不够，导致水返流。

图5　推拉门底框排水孔

（4）横竖框腔体碰口位置密封胶只打了型材断面（图 8），较为薄弱，容易开裂漏水。

图 6　排水单向阀

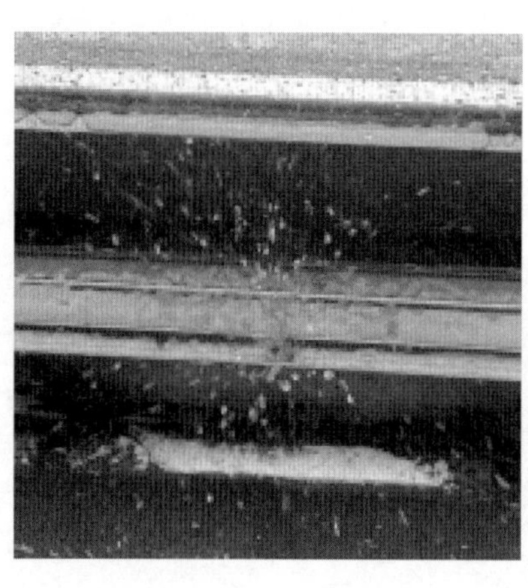

图 7　室内井喷现象

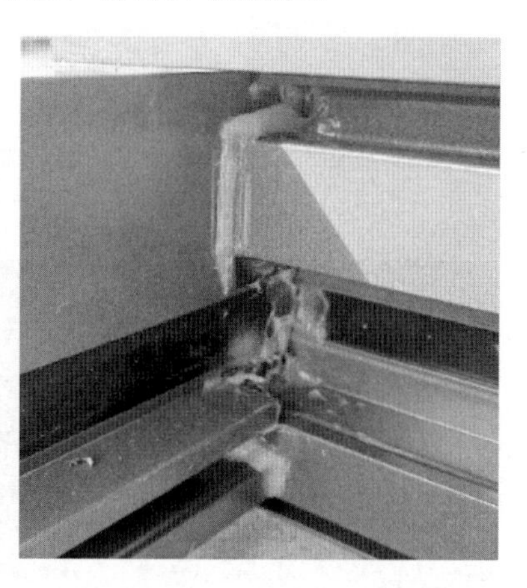

图 8　型材碰口打胶

4　超大提升推拉门设计常见问题解决方案

4.1　门框局部加高

如图 9 所示，顶框与门扇搭接处腔体增高设计，从而增大门扇顶部与框架的搭接量，门框与建筑主体之间的连接采用了钢副框预埋件和高强度螺钉进行加固，确保即使在较大风压或其他可能导致结构负荷增加的情况下，提升推拉门的门框门扇依然保持稳固。这种双重加固方法显著提升了提升推拉门的稳定性和安全性。

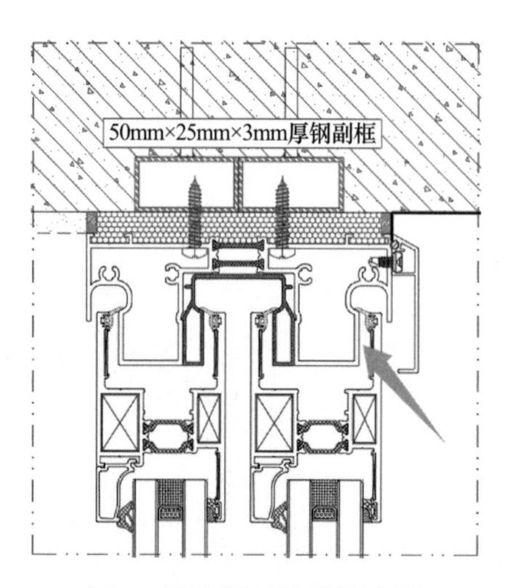

图 9　提升推拉门门框节点图

4.2　门扇局部加强

如图 10、图 11 所示，通过采用多腔设计和局部壁厚加厚等方式，在减轻了门扇的整体质量的同时，确保了门扇在使用过程中保持足够的整体强度。这种设计不仅提高了门扇的轻便性，还确保了其在承受外力时的稳定性和耐用性。断桥隔热型材的设计，有效阻断了热量的传导路径，使得铝合金门窗在保持高强度和耐腐蚀性的同时，大大提高了其保温隔热性能，从而有效降低室内能耗，实现节能环保的目标。

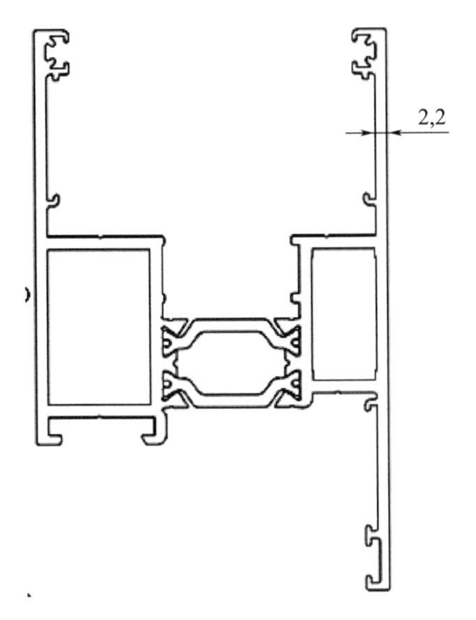

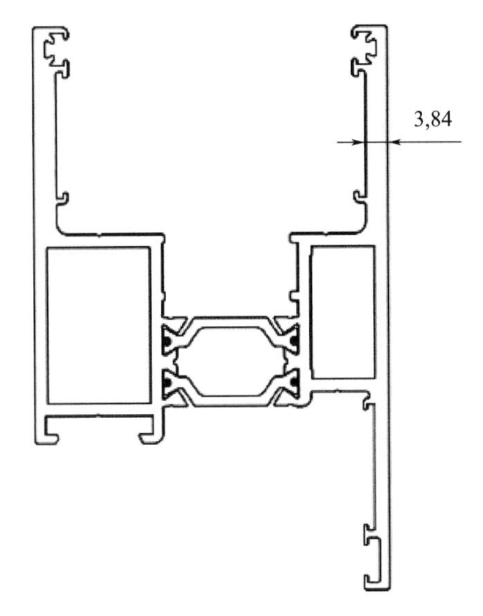

图 10　常规门扇型材截面图　　图 11　局部加强门扇型材截面图

4.3　扇框组角加强

如图 12 所示，在门扇的转角部位，采用了定制的钢质角码进行拼接，显著提升了门扇的整体结构强度，确保其具备更高的耐久性和稳定性。同时，这些角码为门扇与滑轮之间的稳固连接提供了额外的安装点，进一步增强了整体的可靠性，使得门扇在日常使用中能够更好地承受压力和频繁的开闭操作，也为安装和维护提供了更多的便利和保障。

如图 13 所示，为了确保转角部位的结构完整性和防水性能，在转角组框处的腔体，使用密封胶进行封堵处理，防止由于结构应力变化或外界环境影响导致的开裂现象，进而避免了潜在的漏水问题。

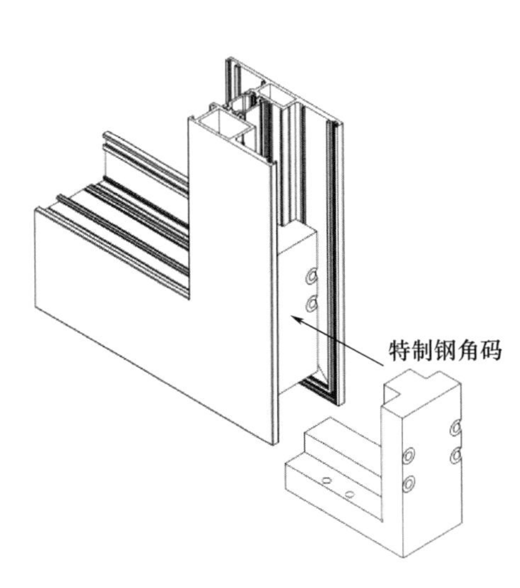

图 12　门扇转角拼接三维示意图

图 13　组角腔体堵胶示意图

4.4　中梃局部加强

如图 14 所示，为了有效应对在较强风压作用下可能出现的中梃处变形和位移量较大的问题，我们在提升推拉门的中梃部分特别增加了通长的钢制角码进行加固。这一设计上的创新，显著提升了门体结构的稳定性，同时也增强了整体的抗风压性能，确保了推拉门在恶劣天气条件下的可靠性和耐用性。

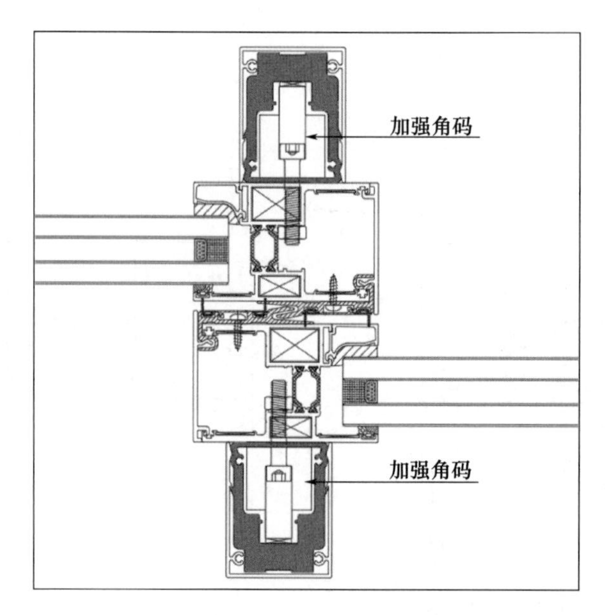

图 14　中梃加强示意图

4.5　排水系统设计

如图 15 所示，提升推拉门边框排水口不宜过多，建议左右两端各开一个排水孔，且上下两孔左右错开布置，同时，在边框内外腔均设置一根软管（图 16），与室外连接平衡气压，消除在较强风压造成室内外较大压差情况下，室外积水在压力差的作用下向室内反渗的现象。

图 15　排水口示意图

图 16　泄压软管示意图

5　试验方案及过程

5.1　检测数据

（1）试件取宽 5000mm，高 2660mm，包括 1 个洞口左右 2 扇。

（2）最大负风压为－4.73kPa，最大正风压为＋4.73kPa，抗风压性能等级为 8 级。

（3）气密性指标值为 7 级。

(4) 水密性指标△P=825Pa，水密性能等级为6级。

5.2　检测程序

(1) 可开启部分开关检测（50次）；
(2) 预备加压检测（50%风荷载标准值）；
(3) 气密性能检测（GB/T 7106—2019）；
(4) 水密性能检测（波动加压法）（GB/T 7106—2019）；
(5) 动态水密性能检测（AAMA 501.1）；
(6) 抗风压性能检测（GB/T 7106—2019）；
(7) 重复水密性能检测（波动加压法）（GB/T 7106—2019）；
(8) 140%抗风压性能检测（ASTM E330）及风荷载设计值：P_{max}'（$P_{max}'=\pm 6.622$kPa）检测（GB/T 7106—2019）。

5.3　检测过程

5.3.1　可开启部分开关检测

如图17所示，反复循环开锁、完全开启、完全关闭、落锁的操作50次，进行50次开关检测没有问题后，视为该项检测过关。

5.3.2　预备加压检测

如图18在试件上迅速施加+2.37kPa/-2.37kPa的载荷（50%的风荷载标准值），并分别维持10s以上，试样未出现功能障碍或发生损坏。

图17　推拉门启闭检测

图18　预备加压检测

5.3.3　气密性能检测

建筑外门窗气密性能设计指标值：7级；单位缝长分级指标值$q_1 \leqslant 1.0 m^3/hr/m$，单位面积分级指标值$q_2 \leqslant 3.0 m^3/hr/m^2$。

1）检测前准备：充分密封试样上可开启部分的缝隙以及镶嵌缝隙（图19）。检测前应将试件可开启部分启闭不少于5次，最后关紧。

2）预备加压：施加三个压差为500Pa的压力脉冲，压力稳定作用时间3s，泄压时间不少于1s。

3）附加空气渗透量q_f的测定：充分密封试件上的可开启部分缝隙和镶嵌缝隙然后将空气收集箱扣好并可靠密封。按工程设计压力值±0.1kPa先正后负加压（作用时间约为10s），记录各压力下的附加空气渗透量。

图 19　密封试件缝隙图

4）总空气渗透量 q_z 的测定：去除试件上的密封措施后，按工程设计压力值±0.1kPa 先正后负加压（作用时间约为 10s），记录各压力下的总空气渗透量（图 20～图 21）。

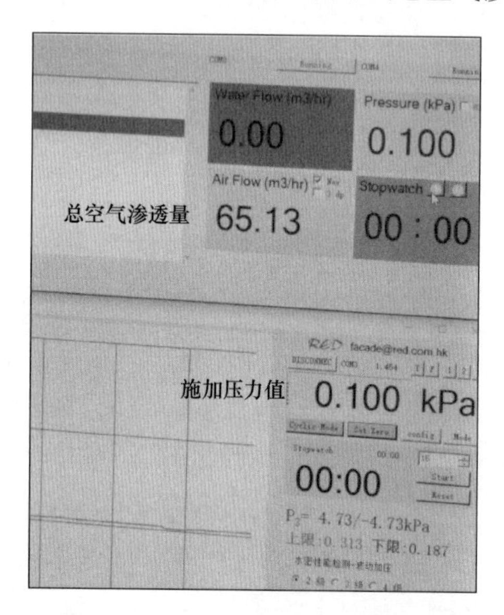

图 20　+0.1kPa 总空气渗透量测定图

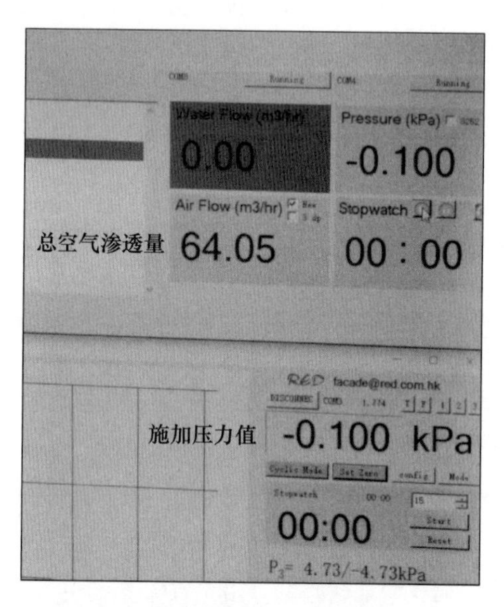

图 21　-0.1kPa 总空气渗透量测定图

通过公式计算并对照气密性能分级表可得，该试件提升推拉门符合 7 级气密性能设计指标值的检测要求。

5.3.4　水密性能检测（波动加压法）

建筑外门窗水密性能设计指标值：6 级（ΔP=825Pa）。

（1）移除一切不属于实际建筑中要求安装的防水材料或结构。把样本安装在试验箱口上，用向窗外的一面对着较高压力的一方，保证所有接口和开口（包括空气流通型板）处都不被阻塞。只把沿着样本外框、连接试验箱的周界部分封密妥当，而其他地方则不需进行封密。试验前开关可启部分 5 次。

（2）预备加压：施加三个 500Pa 压力脉冲于箱内，持续压力时间为 3s，进行预备加压，然后除去压力。待压力回零后，将可开启部分开关 5 次。

（3）以 3L/（min・m^2）指定喷水率对试件均匀喷淋，直至检测完毕（图 22）。

在淋水的同时，按图 23 规定的上下限值对样件波动加压，观察是否有水渗漏点，如有，加以记录。

图 22　水密测试现场图

加压顺序	1
上限压力 (Pa)	1238
压力平均值 (Pa)	825
下限压力 (Pa)	413
波动周期 (s)	3～5
加压时间 (min)	413

图 23　加压顺序图

试验结果如图 24 所示，试验结束箱体内部未发现明显渗漏点，该项检测合格。

5.3.5　动态水密性能检测

以 3.4L/（m^2·min）喷淋率对幕墙试件均匀喷淋，喷淋的同时通过飞机引擎施加 1000Pa 动态压差，并维持 15min。撤除空气压力差及雨水喷淋后，观测是否有雨水渗漏，如有，加以记录。

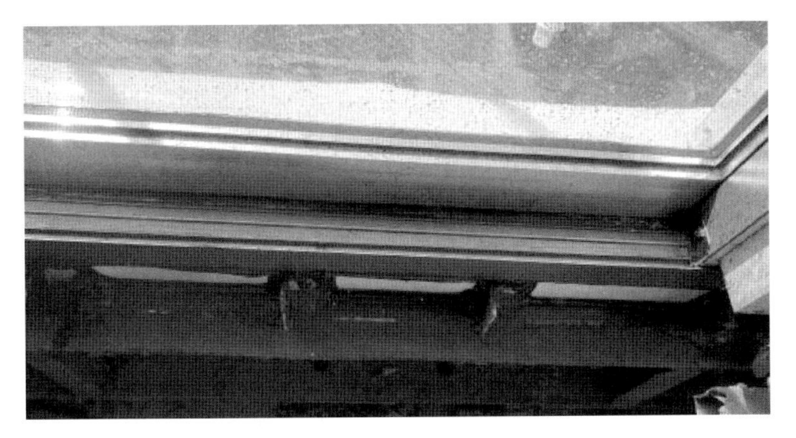

图 24　水密检测结果

图 25　动态水密检测结果

试验结束后，进入箱体内部检查，无渗水现象（图 25），该项检测合格。

5.3.6　抗风压性能检测

建筑外门窗抗风压性能设计指标值：8 级。

性能指标值 $P_3'=+4.73$kPa/-4.73kPa

（1）预备加压：检测前应将试件可开启部分启闭不少于 5 次，最后关紧。施加三个压差为 500Pa 的压力脉冲，压力稳定作用时间不少于 3s，泄压时间不少于 1s。

（2）变形检测 U：检测压力分级升降至 1.892kPa。正负压检测每级升、降压力差为 400Pa，每级压力作用时间不少于 10s。记录每级压力差作用下各个测点的面法线位移量，功能障碍或损坏的状况和部位。

（3）反复加压检测：检测压力从零升至 $P_2'=1.5P_1'=2.838$kPa 后降至零，反复 5 次。再由零降至 $-P_2'=1.5P_1'=-2.838$kPa 后升至零，反复 5 次。压力差每次作用时间不少于 3s，泄压时间不少于 1s。反复加压后将试件可开启部分开关 5 次，最后关紧。记录检测中试件出现损坏或功能障碍的压力差值及部位。

（4）安全检测（标准值 P_3'）：检测压力升至 $P_3=2.5P_1'=+4.73$kPa（如图 26），随后降至 0，再降至 $-P_3'=2.5P_1'=-4.73$kPa（图 27），然后升至零。压力稳定作用时间不少于 3s，泄压时间不少于 1s。正负压后应将试件可开启部分启闭 5 次，最后关紧。记录各测点面法线位移量、发生功能障碍或损坏时的压力差值及部位。

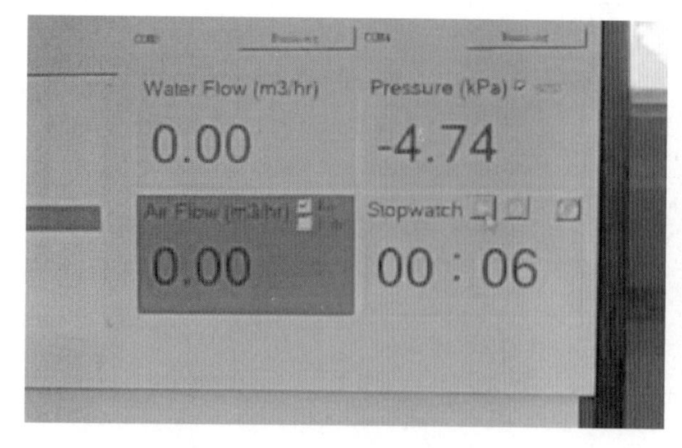

图 26　安全检测正压加压图

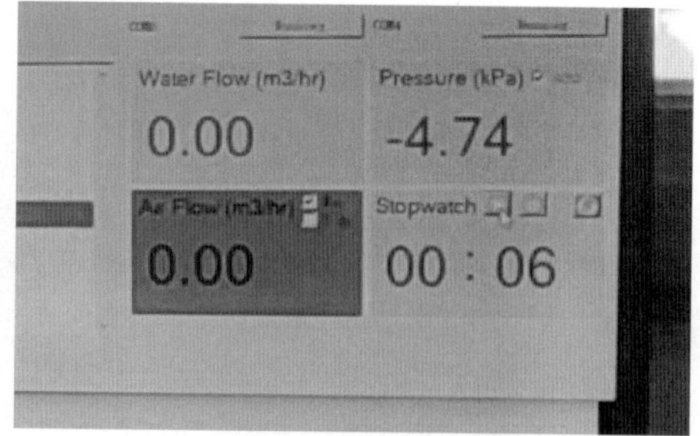

图 27　安全检测负压加压图

检测结束后，未发现试样受损，该项检测合格。

5.3.7　重复水密性能检测（波动加压法）

建筑外门窗水密性能设计指标值：6 级（ΔP＝825Pa）。

重复第四项水密性检测，检测结束后试件提升推拉门内侧无明显漏水现象，检测合格。

5.3.8　140％抗风压性能检测及风荷载设计值：P_{max}'检测

分别施加 75％及 140％风荷载标准值并持续 10s（图 28），试件提升推拉门玻璃不得发生碎裂，不应出现任何形式的损坏或功能性障碍（$P_{max}'=\pm6.622$kPa）。

图 28　P_{max}'检测图

检测结束后，未发现试样受损，该项检测合格。

6　试验结果

如图 29 所示，经过严格的测试，本次试件提升推拉门通过了气密性、水密性、抗风压等 8 项测试。其中试验测试的风荷载标准值 P_3＝4.73kPa、风荷载设计值 P_{max}（1.4P_3＝6.63kPa）。超大分格（宽 5m，高 2.66m）提升推拉门在大风压的作用下，结构安全满足测试规范要求。

建筑门窗检验报告

委托单位	[illegible]		
工程名称	[illegible]	样品编号	[illegible]
设计单位	[illegible]	委托日期	[illegible]
施工单位	[illegible]	检验日期	[illegible]
试件名称	提升推拉门	试件数量	1 件
检验类别	有见证送检	工程地点	[illegible]
见证信息	见证人：[illegible]　证号：[illegible]　单位：[illegible]		
检验依据及分级标准	《建筑外门窗气密、水密、抗风压性能检测方法》 GB/T 7106-2019 《建筑幕墙、门窗通用技术条件》 GB/T 31433-2015		
检验项目	气密性能、水密性能、抗风压性能		
检验仪器	建筑幕墙综合物理性能检测系统，数字温湿度大气压力表，钢卷尺。		
检验结论	气密性能： 正压　单位缝长空气渗透量 q_1= 0.6 $m^3/(m \cdot h)$， 单位面积空气渗透量 q_2= 0.8 $m^3/(m^2 \cdot h)$。达到 第 7 级 负压　单位缝长空气渗透量 q_1= 0.7 $m^3/(m \cdot h)$， 单位面积空气渗透量 q_2= 0.9 $m^3/(m^2 \cdot h)$。达到 第 7 级 水密性能：采用波动加压法检测 ΔP= 825 Pa。达到 第 6 级（ΔP=825 Pa） 抗风压性能：风荷载标准值±4730 Pa，风荷载设计值±6630 Pa。达到 第 8 级 满足工程设计要求		
备注	结论为单个试件评级		

图 29　检测报告

7　结语

本文所提出的超大提升推拉门设计方案，经过试验检测，证实其在稳定性、耐久性和使用性能方面均达到了设计要求。该设计方案不仅为同类产品的开发提供了宝贵的参考，也为现代建筑领域的技术创新贡献了力量。

随着技术的不断发展和用户需求的日益多样化，针对超大尺寸提升推拉门的设计，建议在满足各项要求的前提下，尽量减小单个门扇的尺寸，例如将两扇改为三扇等设计策略，以降低设计难度，并提升门扇的可靠性及材料的环保性能。同时，我们应积极探索智能化控制技术在该领域的应用，以期达到更高的性能标准和更广泛的市场适应性，为人们创造一个更加舒适、便捷且安全的生活空间。

参考文献

[1] 中华人民共和国国家质量监督检验检疫总局，中国国家标准化管理委员会．建筑幕墙：GB/T 21086—2007［S］．北京：中国标准出版社，2008．

[2] 中华人民共和国建设部．玻璃幕墙工程技术规范：JGJ 102—2003［S］．北京：中国建筑工业出版社，2003．

[3] 中华人民共和国住房和城乡建设部．建筑玻璃应用技术规程：JGJ 113—2015［S］．北京：中国建筑工业出版社，2015．

转角立柱无独立支座一体单元式幕墙结构设计分析

◎ 黄金水　许书荣　岳飞阳

中建深圳装饰有限公司　广东深圳　518001

摘　要　奇特外观的建筑给建筑幕墙的设计与现场施工带来了越来越多的挑战，但也因此给建筑幕墙行业带来了各种各样的创新和大胆的尝试。本文主要探讨在转角立柱不连接的情况下，小分格转角一体单元式幕墙板块的结构设计分析。

关键词　单元式幕墙；转角一体单元板块；结构设计

1　引言

如今，超高层公共建筑往往采用的是单元式幕墙。造型奇特、外立面渐变的建筑单元式幕墙，在划分外立面上，常出现局部转角分格较小的情况，幕墙板块左右立柱连接支座靠得很近，导致单元式幕墙转角支座设计变得较为复杂，而且容易出现相邻埋件或者连接件之间出现相互碰撞干涉的情况，如图 1 所示。在此情况下，我们提出转角单元式板块改为转角一体单元板块，并取消转角中立柱的连接支座的方案，如图 2 所示。这样不仅能够避免连接碰撞问题，而且也能减少施工现场吊装安装次数，提高施工效率。

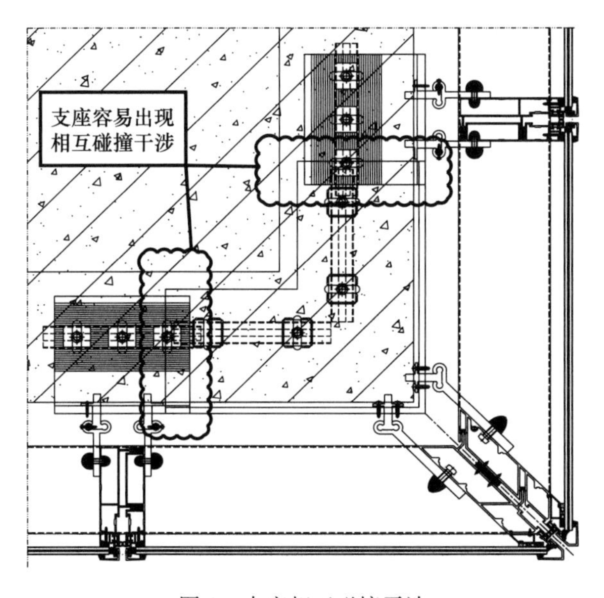

图 1　支座相互碰撞干涉

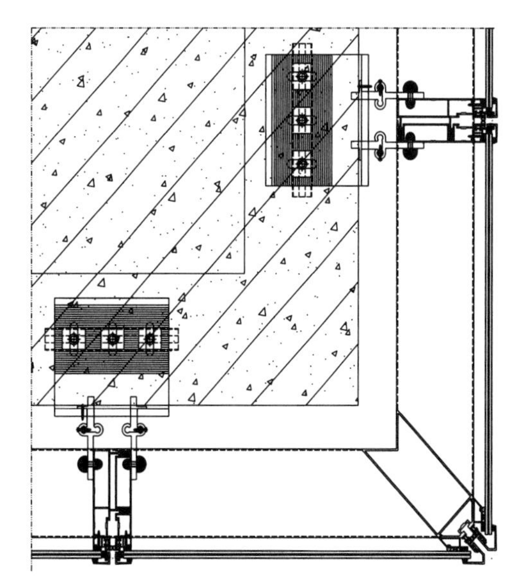

图 2　转角一体板块

2　基本概况

建筑标高 250m，基本风压 0.75kN/m^2，地面粗糙度类别 C 类，风荷载标准值为 4.8kN/m^2，板块尺寸为 4500mm（高）×（1000mm＋1000mm）（宽）。转角装饰条宽度考虑 300mm 宽，体型系数取 2.0，风荷载标准值取 5.65kN/m^2。

由于转角立柱没有单独设置连接支座，转角立柱荷载将会传递到横梁上，通过横梁传递到两侧公母立柱，最后传递到公母立柱支座上面。考虑转角立柱带装饰条的工况，将会增大转角立柱与横梁连接的荷载，从而提高设计通用性。而标准公母立柱位置的装饰条，一般情况下其与立柱连接点都是设计在公母立柱与主体结构连接的支座位置，对于公母立柱抗弯影响极小，忽略不计，只对公母立柱连接支座产生侧向荷载，只需额外加强标准立柱连接支座设计即可，所以本次不考标准公母立柱装饰条的荷载。

考虑转角单元板块两侧正负风压与转角装饰条荷载同时作用，板块受荷载如图 3 所示。

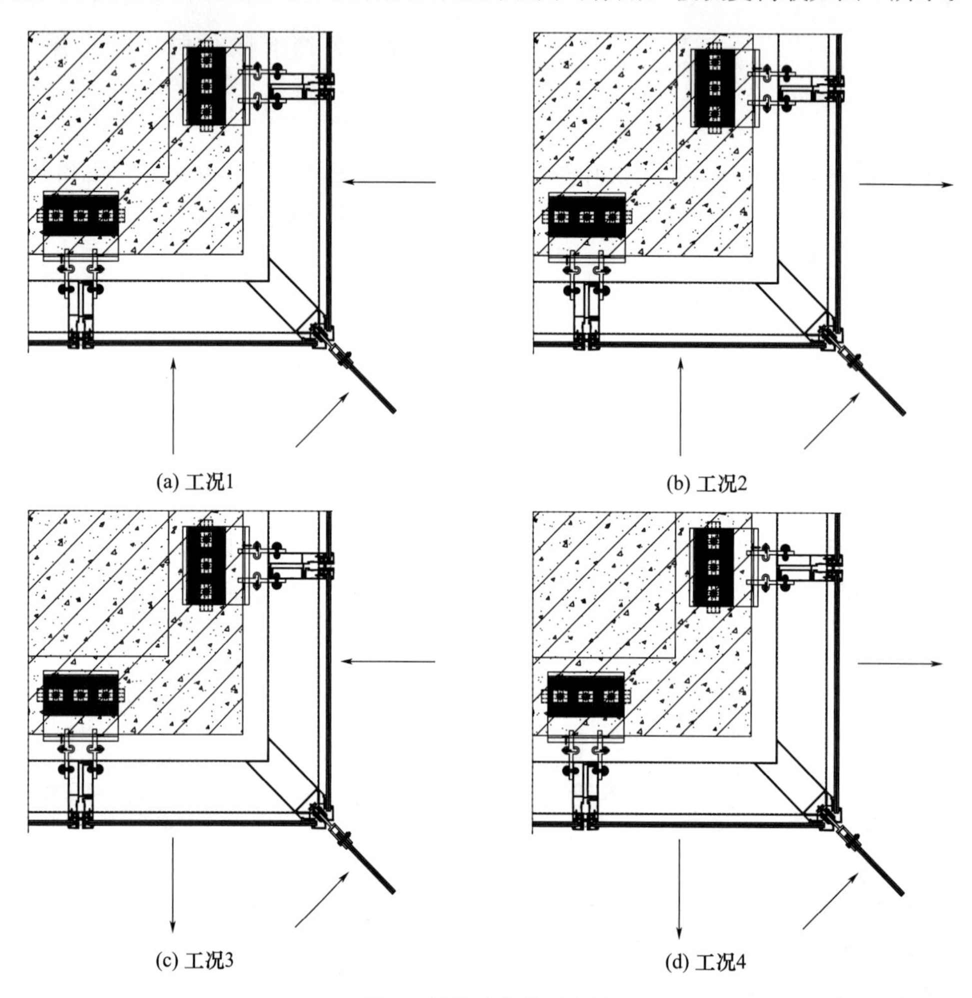

图 3　板块受荷载示意图

在转角立柱不设置支座的情况下，转角板块计算模型的确定主要是分析横梁立柱相互之间如何约束，转角板块的计算模型才能成为一个几何不变体系，以及风荷载作用下主要节点的受力状况。下面介绍三种转角板块的计算模型。

3　模型 1：铰接模型板块

3.1　板块计算模型分析

板块模型与节点释放如图 4 所示，除单元顶、底横梁相互之间连接为刚接节点外，其余横梁与立柱之间的连接均释放了绕截面转动的弯矩，约束了绕杆轴线方向转动的扭矩，下文称为铰接模型板块。

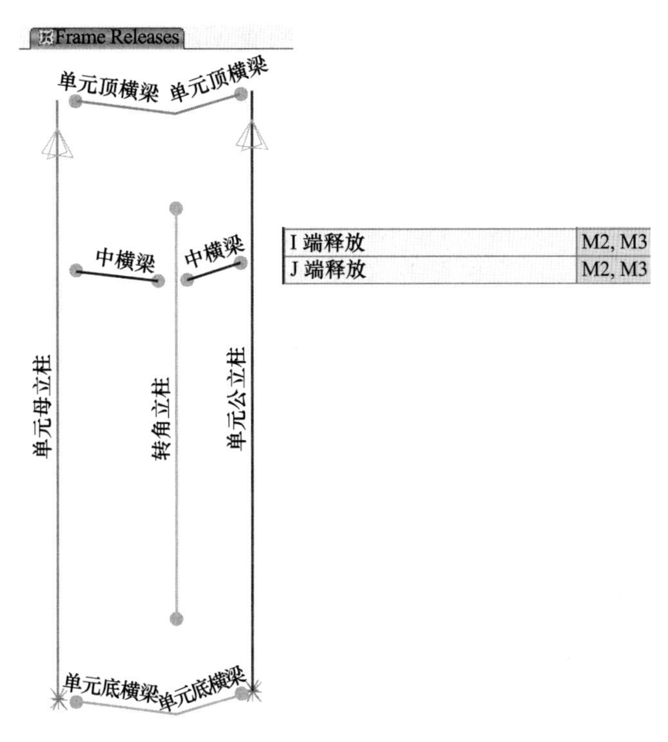

图 4　板块模型与节点释放图

在释放杆件绕截面两个方向弯矩的情况下，自重荷载作用下模型能保持为几何不变的体系的主要原因是受到转角横梁提供的扭转约束，如果释放掉扭转约束模型将变为几何可变体系，如图 5 所示变形云图可以得到验证。

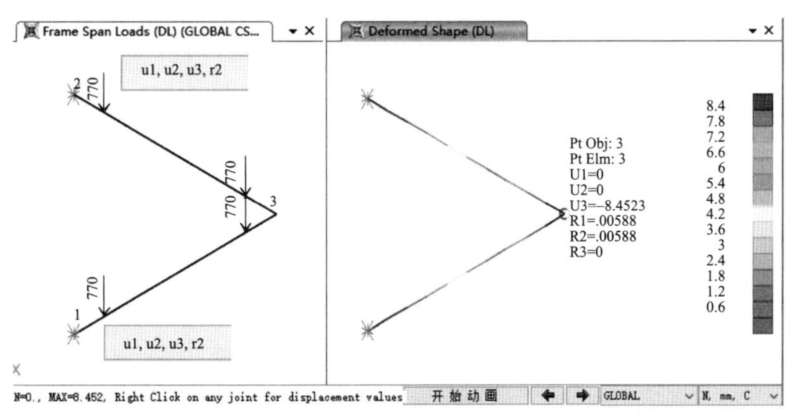

(a) 支座三个方向平动约束和绕杆件轴线转动约束下变形云图（几何不变体系）

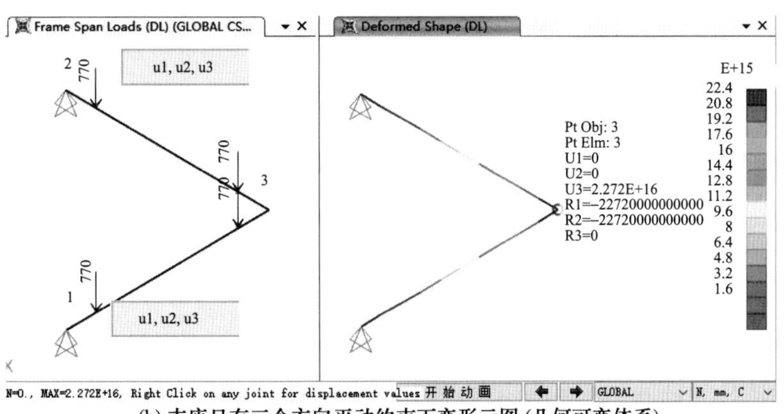

(b) 支座只有三个方向平动约束下变形云图（几何可变体系）

图 5　不同支座约束下转角横梁变形示意图

从图 5 可以分析得出结论为：转角横梁的变形主要是受到另一侧横梁扭转的影响，另一侧横梁扭转变形越小，横梁变形越小。当另一侧横梁支座无法约束其扭转时候，模型将不成立，成为几何可变体系。

材料力学中杆件的扭转角计算公式为：

$$\phi=\frac{TL}{GI_{\mathrm{p}}}$$

式中：T 为杆件受到的扭矩；L 为杆件的长度；G 为剪切模量；I_{p} 为杆件截面的极惯性距。

因此，在外荷载和分格一定的情况下，自重荷载作用下的变形主要受到横梁扭转刚度 GI_{p} 的影响。通过增加剪切模量大的材质的型材，比如增加通长的钢插芯，或者加大横梁截面极惯性距来增大横梁的抗扭刚度，可以减小横梁的变形。

此模型方案的优点是由于转角立柱节点不传递弯矩，对转角立柱连接的要求较小，仅考虑水平剪力、竖向拉力即可，在转角立柱有转饰条时，还应考虑装饰条风荷载对连接产生的扭矩作用。单元顶、底横梁之间由于空腔连通，可以在空腔内部设置钢插芯实现刚接连接。

但是仅靠横梁自身的抗扭来承受自重荷载，在实际应用中有一定的局限性，这种计算模型适用于板块分格很小且自重荷载小的情况，比如面板种类为自重较小的铝单板或者蜂窝铝板等。如果分格大一点，或者自重较大，比如面板种类为自重较大玻璃或者石材等，转角位置就会产生较大的竖向变形，如图 6 所示，同时也对横梁与立柱间的抗扭连接有比较高的要求。

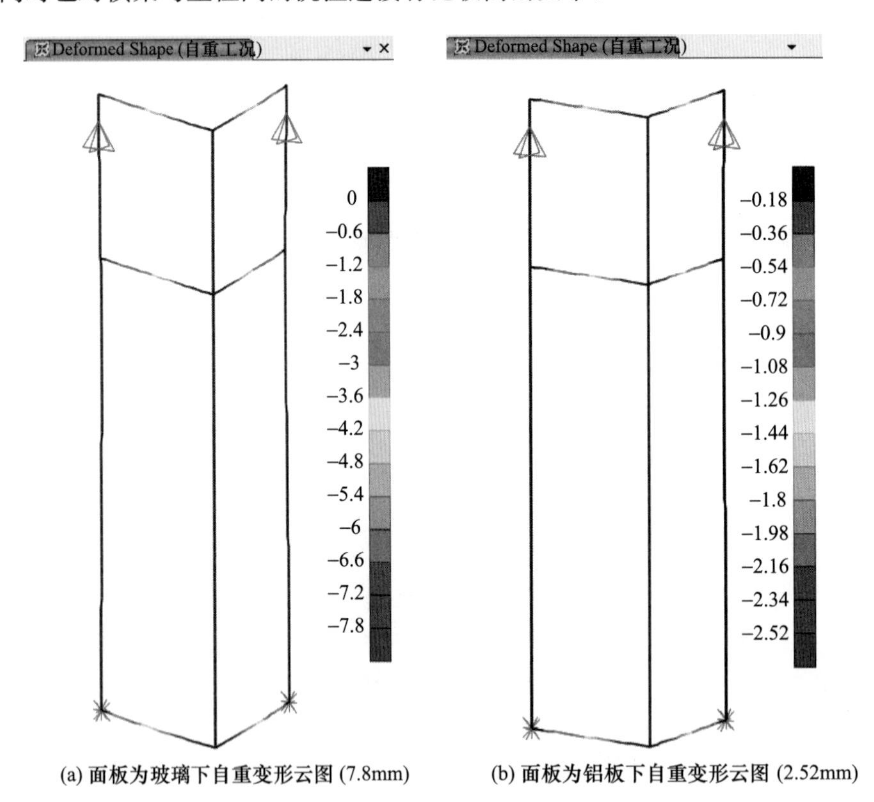

(a) 面板为玻璃下自重变形云图 (7.8mm)　　(b) 面板为铝板下自重变形云图 (2.52mm)

图 6　板块自重变形图

3.2　连接节点设计与受力分析

板块在单元横梁在转角处为刚接连接，转角立柱与单元横梁之间为铰接连接（不考虑传递弯矩，只考虑传递剪力、拉力和扭矩）。单元顶、底横梁之间在空腔内部设置钢插芯实现刚接连接；由于外观和防水等要求，转角立柱在单元顶、底横梁处的连接各有不同。在顶横梁处连接，由于处在层间位置，一般对外观无要求，但是需要考虑转角位置防水排水等要求，可在转角立柱上设置一个带有封板的闭腔连接件（由于连接件受扭，闭腔受力更好），封板通过 6 颗螺钉，将剪力、拉力和扭矩传递给顶横梁，如图 7（a）所示。在底横梁处连接，受外观要求影响，防水要求较低，可选择将转角立柱设计成带钉槽，通过底横梁开过孔打自攻螺钉，将转角立柱与底横梁连接起来，如图 7（b）所示。但要注意开过处需要设置工艺孔盖并打好密封胶，防止极端天气情况下雨水渗入。钢插芯见三维图 8。

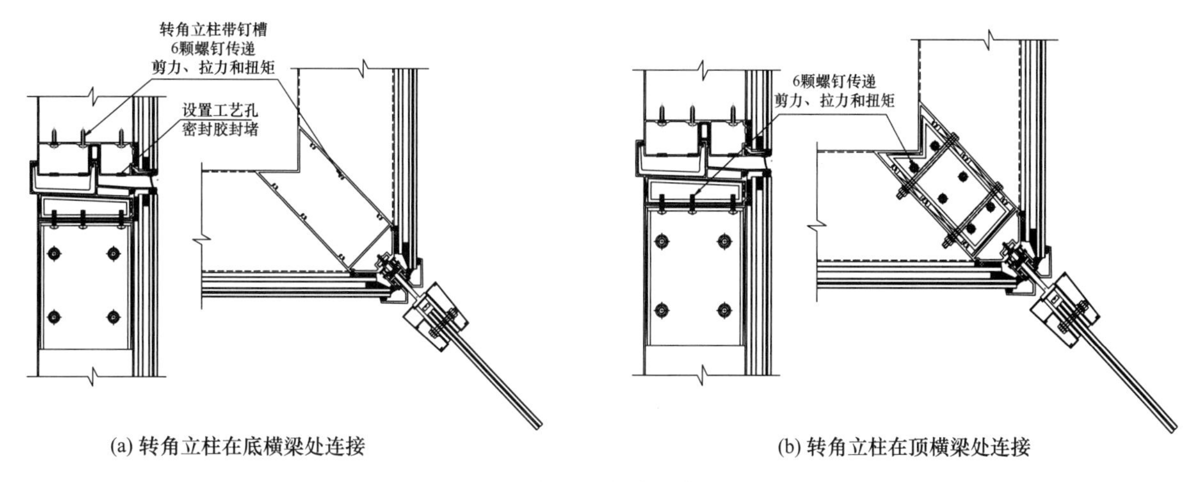

图 7　转角立柱与单元横梁连接

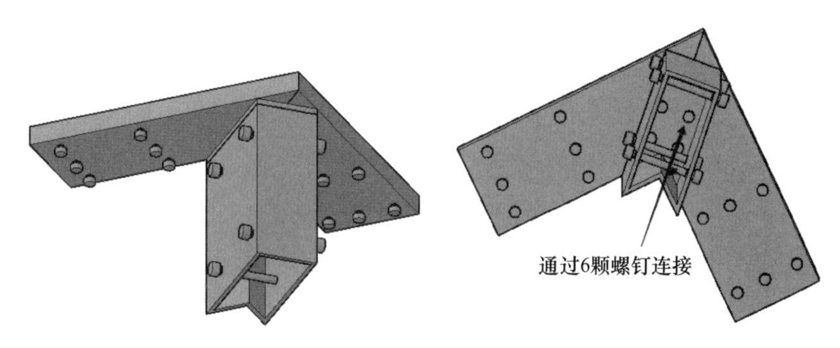

图 8　钢插芯三维图

节点受力如图 9 所示，螺钉群与钢插芯应满足风荷载作用下产生的剪力 F_x，F_y 及其偏心作用下的弯矩，自重作用下拉力 N_z，和装饰条荷载偏心作用下的扭矩 T_z 的共同受力。螺钉群受力可通过规范公式计算其承载力，对于钢插芯承载力的计算，由于节点受力较为复杂，整个节点钢插芯由三个方向钢件拼接成一个整体，宜采用有限元软件建模受力计算，此钢插芯将在下一个刚接模型板块中对其进行建模受力计算。

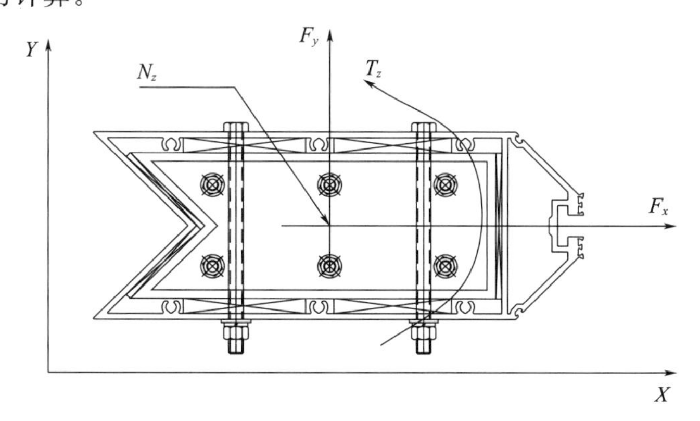

图 9　节点受力图

4 模型 2：刚接模型板块

4.1 板块计算模型分析

在铰接模型板块的基础上改为单元顶、底横梁和转角立柱相互之间连接为刚接节点，其余横梁立柱之间节点约束与释放不变，板块计算模型与节点释放如图 10（a）所示。将转角立柱与单元横梁的连接改为刚接连接，在一个平面内，单元横梁与转角立柱形成一个门式刚架，整个转角板块计算模型形成了一个几何不变体系，如图 10（b）所示，下文称为刚接模型板块。

由于门式刚架体系的作用，即使面板为自重较大的玻璃面板，板块的变形也可以控制在较小的范围之内，风荷载和自重荷载标准组合变形包络图如图 11 所示。但是由于转角立柱与单元横梁之间是刚接连接，不仅需要考虑水平剪力、竖向拉力和装饰条风荷载产生的扭矩作用，还需要考虑转角立柱传递的弯矩，节点受力较大，需要着重设计并验算节点受力。

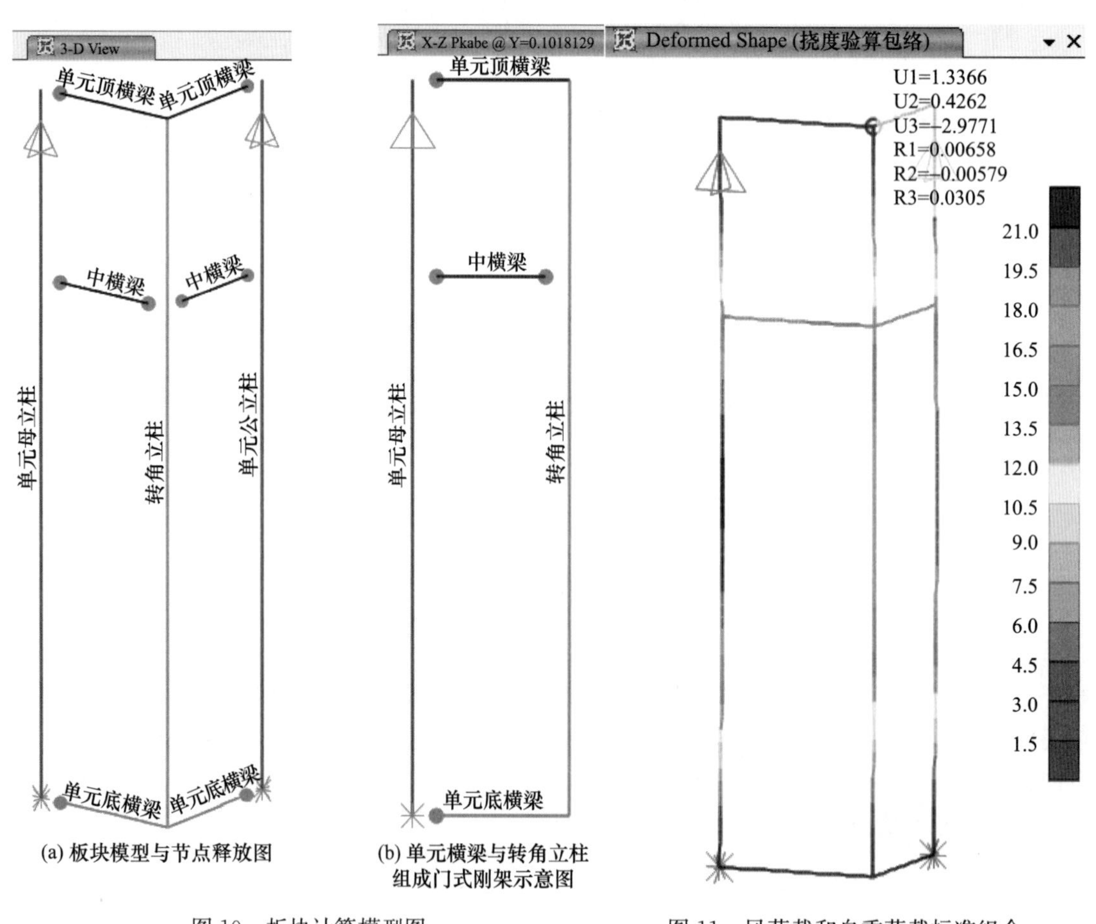

图 10　板块计算模型图

图 11　风荷载和自重荷载标准组合变形包络图（竖向变形 2.98mm）

4.2 连接节点设计与受力分析

相较于铰接模型板块，转角立柱连接处会产生较大弯矩，因此单单靠螺钉群传力已经变得不可靠，而且理论上验算也不能满足要求。在铰接模型板块基础上，取消螺栓连接，将转角立柱钢插芯与单元横钢插芯等强焊接成一个整体，如图 12（a）和图 12（b）所示三维图，使得整个横梁、立柱与钢插芯之间形成一个刚接节点，如图 13 所示，钢插芯宜采用 Q355 材质。

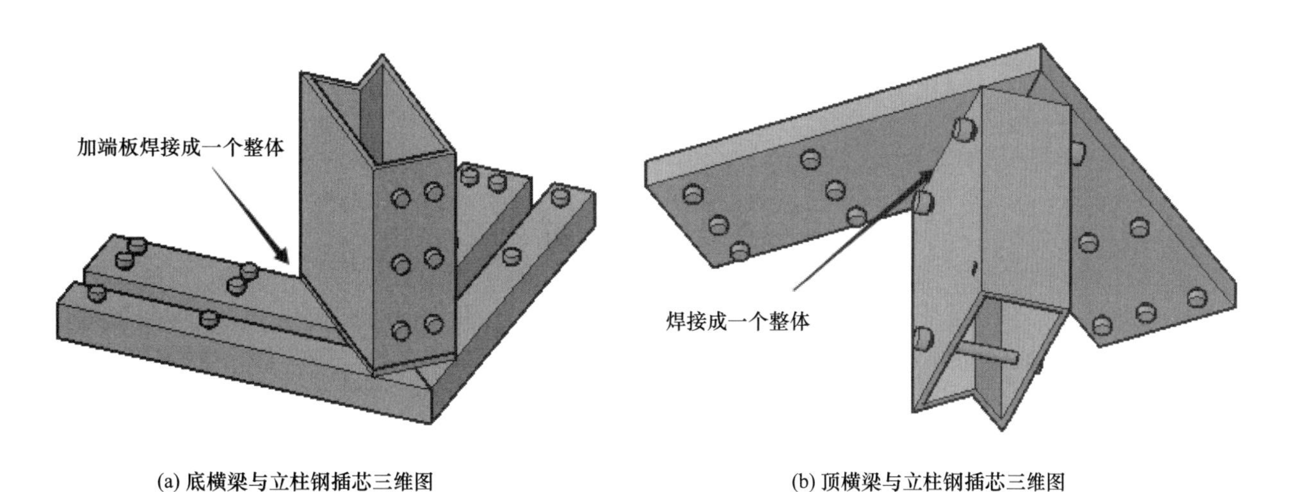

(a) 底横梁与立柱钢插芯三维图　　(b) 顶横梁与立柱钢插芯三维图

图 12　钢插芯三维图

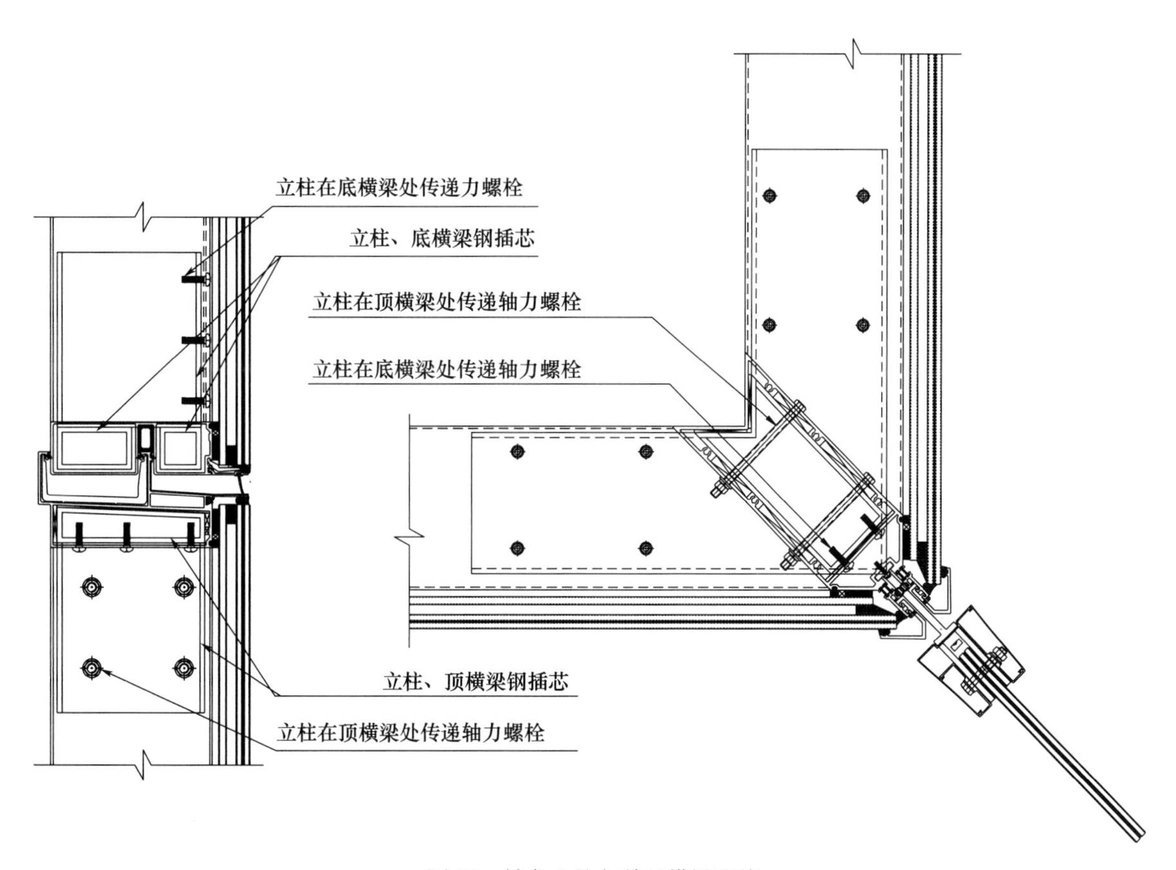

图 13　转角立柱与单元横梁连接

整个节点的轴向力、剪力、扭矩和弯矩，主要考虑由立柱横梁与钢插芯之间的接触传递和螺栓共同承受，由于节点受力传力比较复杂，荷载分配不明确，为避免螺栓率先被剪断或者接触位置局部应力过大，下面通过建立有限元实体模型进行分析计算，如图 14 所示。

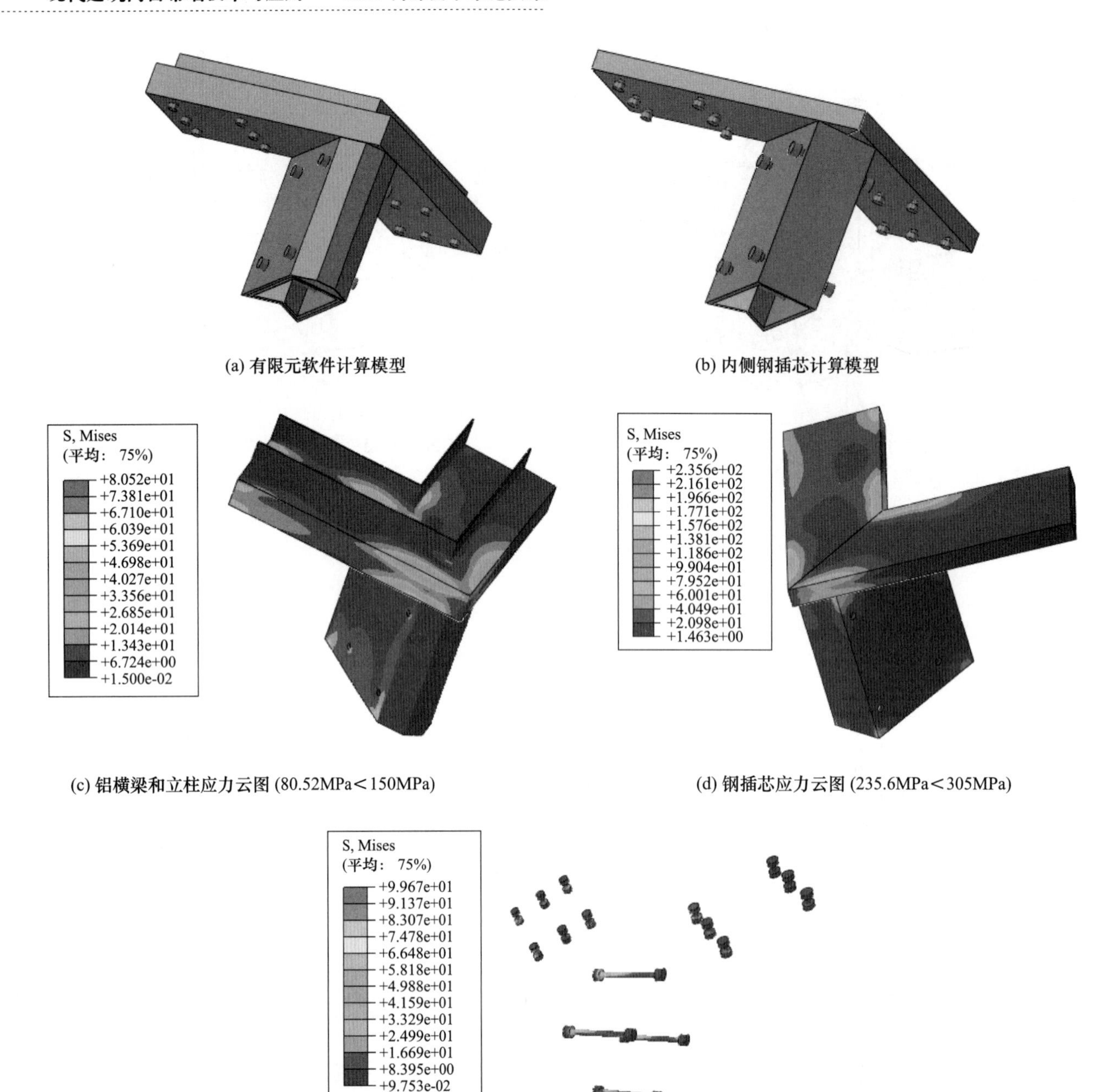

(a) 有限元软件计算模型　(b) 内侧钢插芯计算模型

(c) 铝横梁和立柱应力云图 (80.52MPa＜150MPa)　(d) 钢插芯应力云图 (235.6MPa＜305MPa)

(e) 螺栓群应力云图 (99.67MPa＜265MPa)

图14　转角节点有限元模型与计算结果

5　模型3：斜撑模型板块

5.1　板块计算模型分析

在铰接模型板块的基础上，在板块顶横梁与中横梁之间增加斜撑（中横梁与顶横梁之间一般处于层间位置，增加斜撑不影响外观效果），如图15（a）所示。在一个平面内，横梁、立柱与斜撑杆件形成一个桁架，整个转角板块计算模型形成了一个几何不变体系，如图15（b）所示。由于桁架体系的作用，即使面板为自重较大，板块的变形同样可以控制在较小的范围之内，风荷载和自重荷载标准组合变形包络图如图16所示，下文称为斜撑模型板块。

相比较于铰接模型板块，此种增加斜撑组成桁架体系的计算模型，能够增大整体板块的刚度，减小板块的变形。相比较于刚接模型板块来说，由于可以按照铰接设计节点，因此能够比较好地减小连接节点的受力。

在受到板块另一侧风荷载的作用下，斜撑将会受到轴向力，该轴向力可能使得板块产生向上位移的可能，在立柱支座位置也会相应地产生向上和水平侧向的力，如图 17 所示。因此在立柱支座的设计上，需要考虑支座能够承受风荷载作用产生的向上的力。

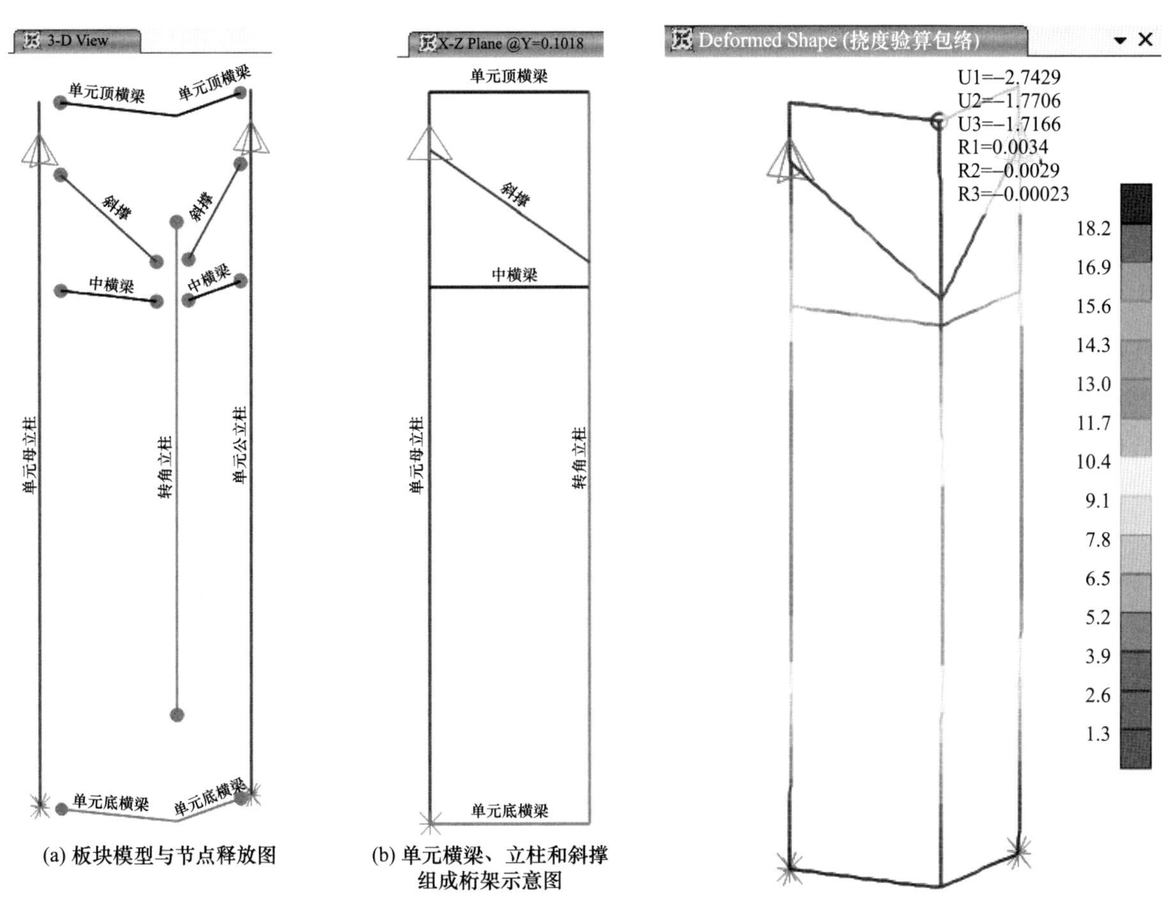

(a) 板块模型与节点释放图　　(b) 单元横梁、立柱和斜撑组成桁架示意图

图 15　板块计算模型图

图 16　风荷载和自重荷载标准组合变形包络图（竖向变形 1.72mm）

(a) 斜撑与支座受力分析示意图

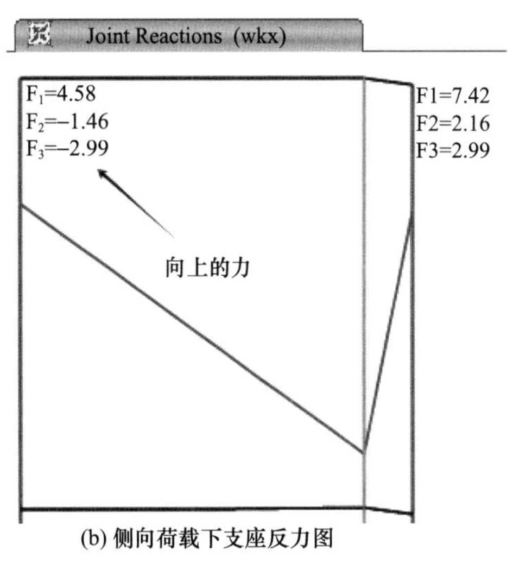

(b) 侧向荷载下支座反力图

图 17　受力分析计算图

5.2 连接节点设计与受力分析

相较于刚接模型板块，斜撑的作用较大程度上降低了节点设计要求，转角立柱与单元横梁的连接可按铰接模型板块的节点来设计。

风荷载和自重荷载主要是使斜撑承受轴力，不承受弯矩，因此对斜撑截面要求也较低，仅需满足抗拉（压）强度、抗压稳定性和连接节点强度即可，斜撑设计可参照图 18，斜撑与连接件宜采用 6061－T6 材质。

斜撑受力与稳定计算采用《铝合金结构设计规范》（GB 50429—2007）第 7.2.1 条公式计算：

$$\frac{N}{\varphi A}\leqslant f$$

式中：φ 为轴心受压构件的稳定计算系数；A 为构件毛截面面积；f 为构件材料的抗压强度设计值。

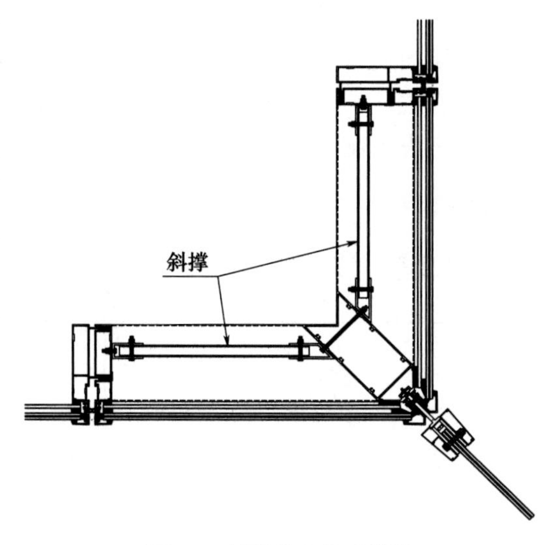

图 18　斜撑节点构造设计

6　结语

综上所述，三种转角板块计算模型及其优缺点见表 1

表 1　三种模型及其优缺点汇总表

名称	模型 1：铰接模型板块	模型 2：刚接模型板块	模型 3：斜撑模型板块
模型	3-D View 单元顶横梁 单元顶横梁 中横梁 中横梁 单元母立柱 转角立柱 单元公立柱 单元底横梁 单元底横梁	3-D View 单元顶横梁 单元顶横梁 中横梁 中横梁 单元母立柱 转角立柱 单元公立柱 单元底横梁 单元底横梁	3-D View 单元顶横梁 单元顶横梁 斜撑 斜撑 中横梁 中横梁 单元母立柱 转角立柱 单元公立柱 单元底横梁 单元底横梁

续表

名称	模型 1：铰接模型板块	模型 2：刚接模型板块	模型 3：斜撑模型板块
优点	对节点的连接要求较小	变形较小，内、外观基本无改动，即使整个单元板块在室内侧可见，也不会影响视觉效果	变形最小，且对节点的连接要求也较小，其承载力、刚度和稳定性最好，基本上可适用于各种工况
缺点	适用性较差，对于分格大点或者面板自重大情况下，板块易产生过大变形	节点的连接要求较高，需要较大的强度和刚度要求，节点计算较为复杂，宜采用有限元软件建模分析其承载力	斜撑模型板块材料用量与加工工序也会增多。单元立柱支座需要考虑支座能够承受风荷载作用产生的向上的力

参考文献

[1] 中华人民共和国建设部．铝合金结构设计规范：GB 50429—2007 [S]. 北京：中国建筑工业出版社，2008.

[2] 中华人民共和国住房和城乡建设部．钢结构设计标准：GB 50017—2017 [S]. 北京：中国建筑工业出版社，2018.

[3] 广东省住房和城乡建设厅．广东省标准建筑结构荷载规范：DBJ/T 15－101—2022 [S]. 北京：中国城市出版社．2022.

[4] 孙训方，方孝淑，关来泰．材料力学 [M]. 6 版．北京：高等教育出版社，2019.

一种带导轨的移动式悬臂吊

◎ 廖文涛　闭思廉

深圳中航幕墙工程有限公司　广东深圳　518109

摘　要　幕墙单元板块吊装常见的设施有环形轨道配合电动葫芦、悬臂吊等。幕墙安装高度较低时也可采用汽车吊进行吊装。本文提出的“一种带导轨的移动式悬臂吊”，具有悬臂吊的移动灵活性、卷扬机的快速提升特性、电动葫芦吊装准确性等。由于带有导轨，一次移位可覆盖多个吊装工位，提高了幕墙板块安装作业的安全性和施工效率。

关键词　幕墙板块吊装设施；导向滑车；短导轨；卷扬机；电动葫芦

1　引言

随着我国装配式建筑的不断发展推进，装配式幕墙应用是越来越广泛，幕墙单元板块的吊装方式越来越多，技术不断完善。本文通过工程实例，介绍一种用于幕墙单元板块吊装的设施，是一种带有导轨、卷扬机、电动葫芦的悬臂吊，希望能为类似幕墙工程项目的施工提供参考。

2　工程项目概况

项目位于深圳龙华区福城街道，是深圳市龙华区一个工业园项目，园区包括南区和北区，南区由地上两栋高层厂房和一栋高层宿舍组成，幕墙总面积约 3.53 万 m^2，其中 1 栋厂房和 2 栋厂房建筑为地上 9 层，幕墙高度 52m，包括石材幕墙、玻璃幕墙、铝板幕墙等。(图 1)

图 1　项目概念图

3　幕墙系统介绍

3.1　幕墙工程概况

本项目 1 栋厂房和 2 栋厂房建筑外立面主要有玻璃幕墙和石材幕墙，竖向条形玻璃与石材间隔分布，采用 6（Low-E）+12Ar+6 钢化中空玻璃和 30mm 厚花岗岩。玻璃分格宽度 1100mm，石材宽度分格 900mm，石材面突出玻璃面 215mm，其侧封板采用铝单板。原设计方案采用构件式幕墙，玻璃幕墙采用铝合金龙骨，石材幕墙采用钢龙骨。

3.2　幕墙系统设计思路

为提升幕墙工程质量和施工效率，在深化设计阶段，我们对幕墙系统进行了装配化改造。根据立面特点，将幕墙分为玻璃单元和石材单元。每栋厂房约有 1600 个单元，合计约有 3200 个板块。其中玻璃板块质量约 400kg，石材板块质量约 600kg，均在加工厂生产，现场吊装。

常规单元式幕墙板块之间横、竖向均采用插接构造。因此单元板块必须按顺序安装，需要从左往右（或从右往左）安装完一个楼层单元板块，并完成水槽横梁闭合后，再安装上一个楼层的单元板块，有严格的安装顺序要求。

为控制幕墙工程成本及提高安装效率，项目采用了与常规单元幕墙不同的构造形式。板块之间横、竖向均采用无插接的对碰构造，可按楼层安装一层板块后再往上安装上一楼层单元板块；也可先安装任意一个竖列单元板块再安装相邻竖列单元板块，安装顺序灵活。安装顺序见图 2，局部立面见图 3，构造节点见图 4～图 6。

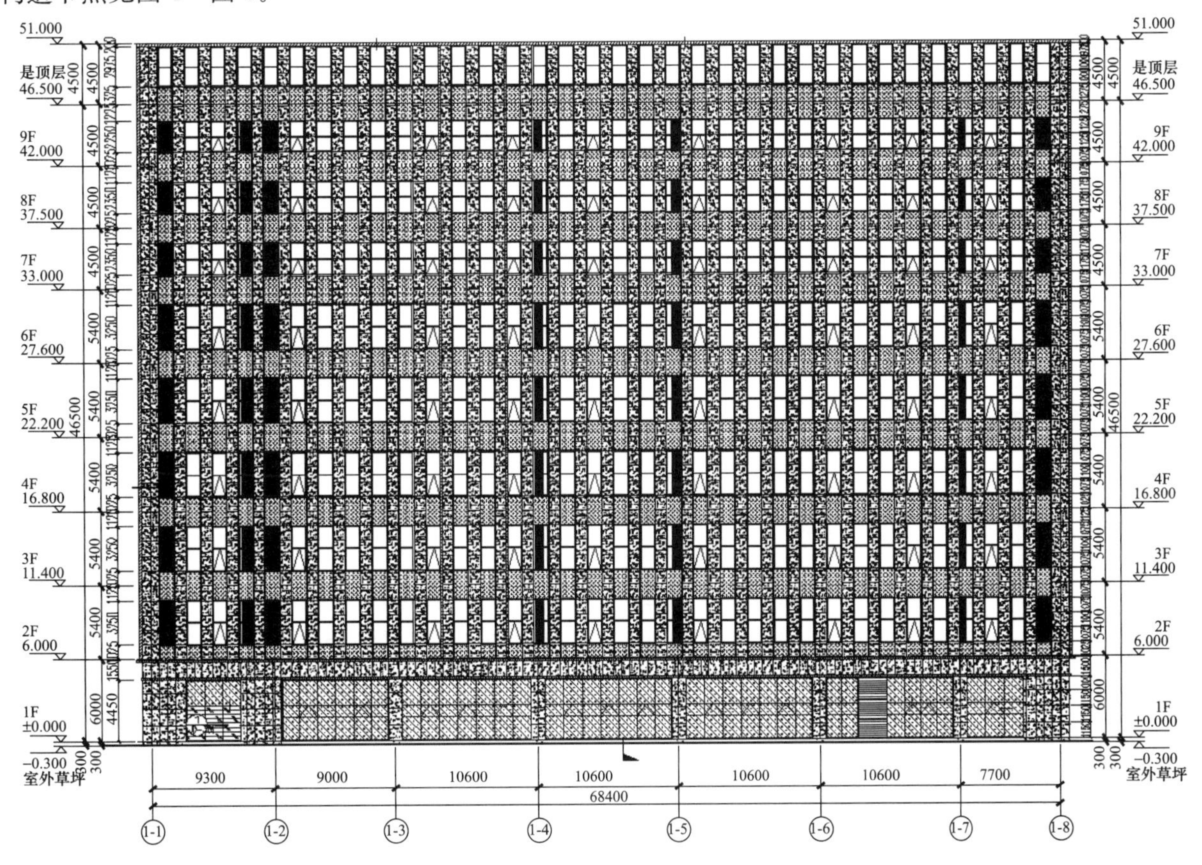

图 2　幕墙立面及安装顺序

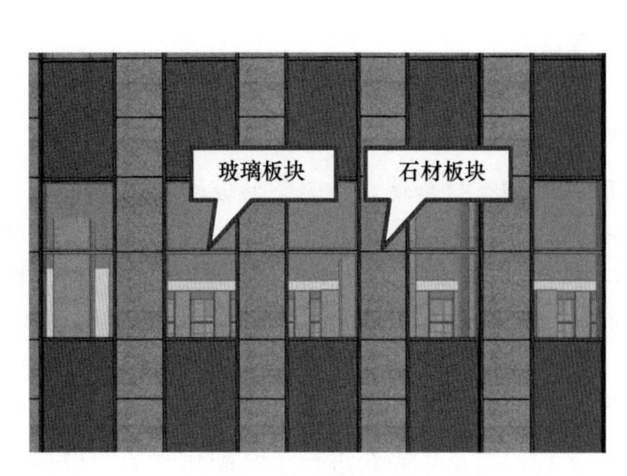

图 3　幕墙立面图

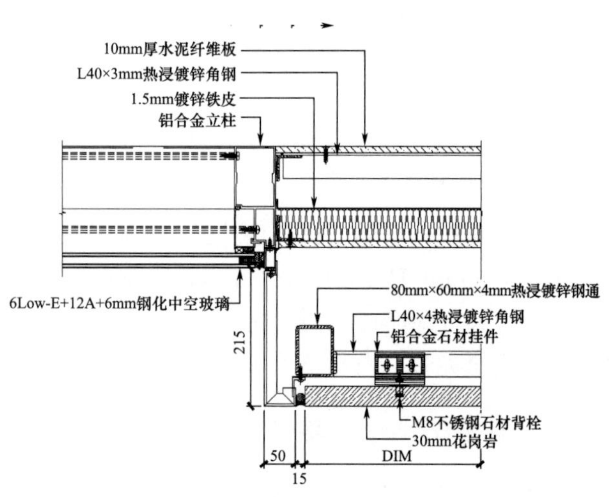

图 4　幕墙构造节点

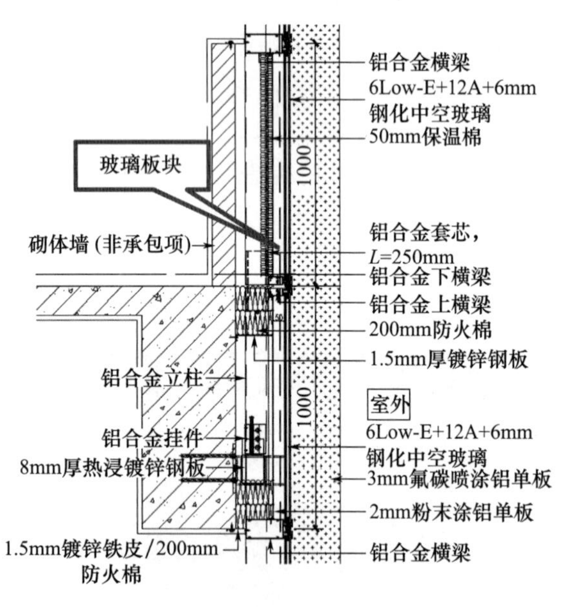

图 5　幕墙构造节点

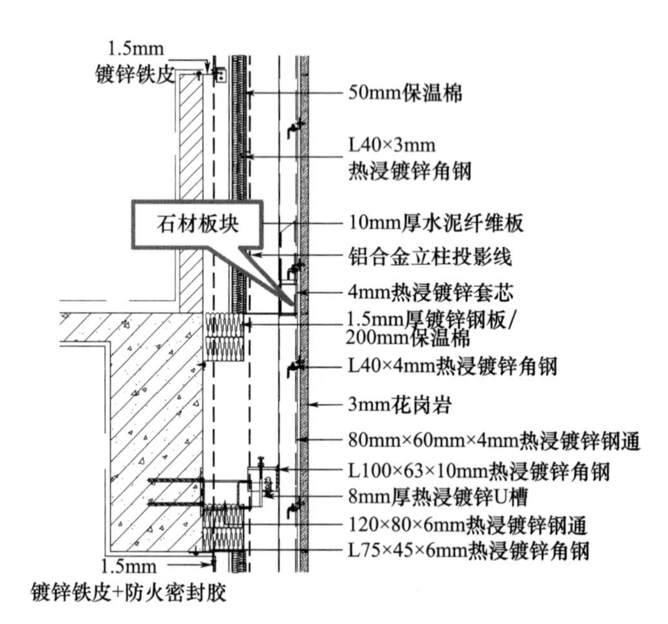

图 6　幕墙构造节点

4　幕墙单元板块吊装设施

4.1　幕墙单元板块吊装设施分析

幕墙单元板块板常用吊装设施包括环形轨道配合电动葫芦、悬臂吊、汽车吊等。

若采用架设环形轨道配合电动葫芦，吊装效率高，但由于轨道设施包括支架、支臂及轨道等材料较多，需要进场及退场，轨道搭设周期相对较长。由于本项目高度只有 9 层，采用环形轨道吊安装的整体利用率不充分，成本较高（图 7～图 9）。

若采用普通单臂吊，即将单元板块垂直运输到相应的高度，与电动葫芦换钩后进行安装，虽然设施简单，成本较低，但吊装效率不高，难以满足工期要求（图 10～图 11）。

图 7 环形轨道吊装设施

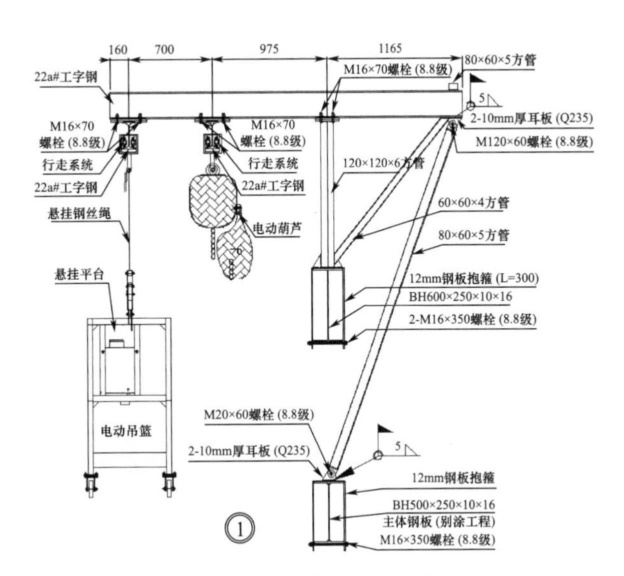

图 8 环形轨道吊装设施节点

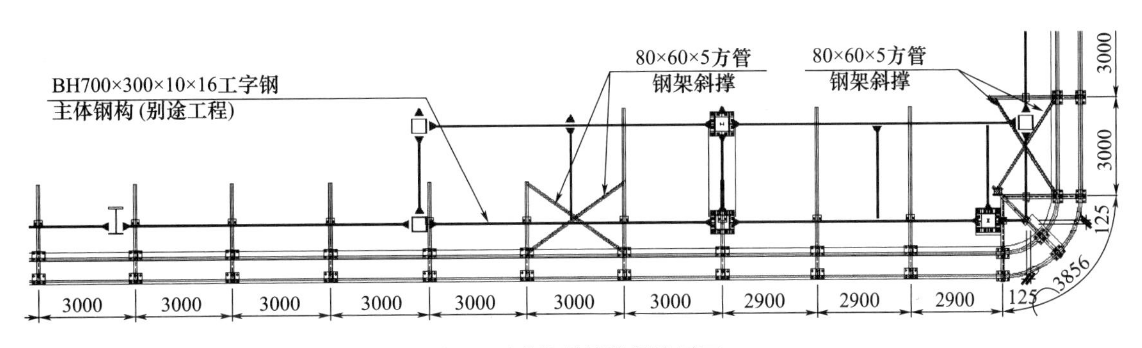

图 9 环形轨道吊装设施平面

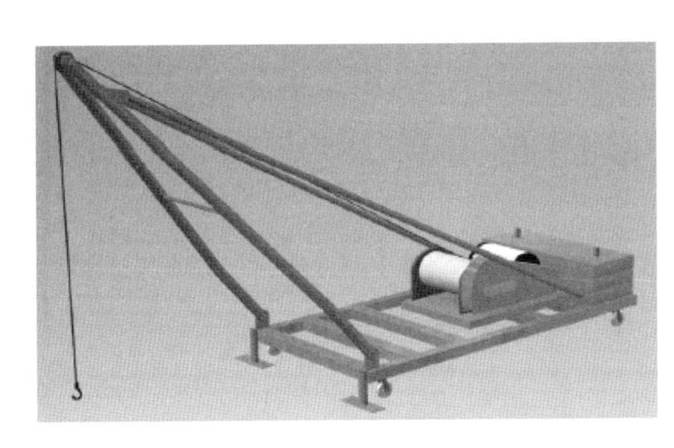

图 10 普通悬臂吊

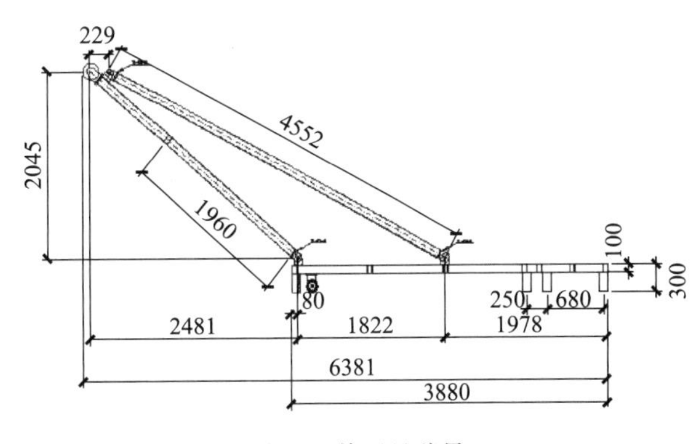

图 11 普通悬臂吊

若直接采用汽车吊，尽管汽车吊适用于高 40m 以下，质量较大的板块吊装，但吊装效率偏低。由于本项目幕墙高度 52m，板块尺寸较小，质量较轻，但数量较多，采用汽车吊效率不高，而且由于本项目现场场地狭小，采用汽车吊施工，影响地面工程等项目的施工（图 12）。

图 12　汽车吊

4.2　吊装设施选择

根据本项目幕墙系统特点及现场条件，我们采用了一种带有导轨的移动式悬臂吊。它具有悬臂吊的移动灵活性、卷扬机的快速提升特性、电动葫芦吊装准确性等。其导轨具备了普通单臂吊所没有的行走距离达 6m 的覆盖范围，提高了幕墙板块安装作业的安全性和施工效率。

由于板块之间横、竖向均采用无插接的对碰构造，因此可楼层吊装单元板块，也可先安装任意一个竖列单元板块再安装相邻竖列单元板块，安装顺序非常灵活。安装顺序见图 13，施工现场见图 14。

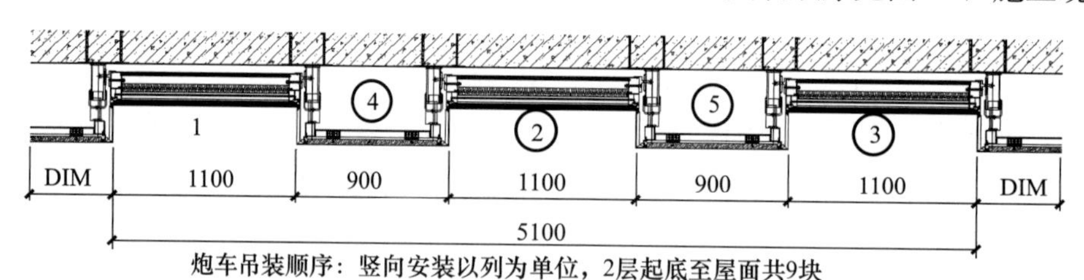

图 13　悬臂吊覆盖范围及安装顺序

图 14　施工现场

4.3 移动式悬臂吊基本要求

本项目单元板块分格宽度为900mm、1100mm，每5个单元总宽5100mm。悬臂吊轨道长度不小于6m，电动葫芦在此范围内行走。悬臂吊每移动一次，吊装范围可覆盖5个单元板块，与移动一次吊装一个板块的普通悬臂吊相比，吊装效率有较大提升。悬臂吊设置卷扬机，用于板块快速提升，到达安装位置后换钩至电动葫芦，实现快速吊装。

4.4 悬臂吊平面布置图

本项目幕墙总高度52m，选择在屋面布置移动式悬臂吊，悬臂吊平面布置见图15。

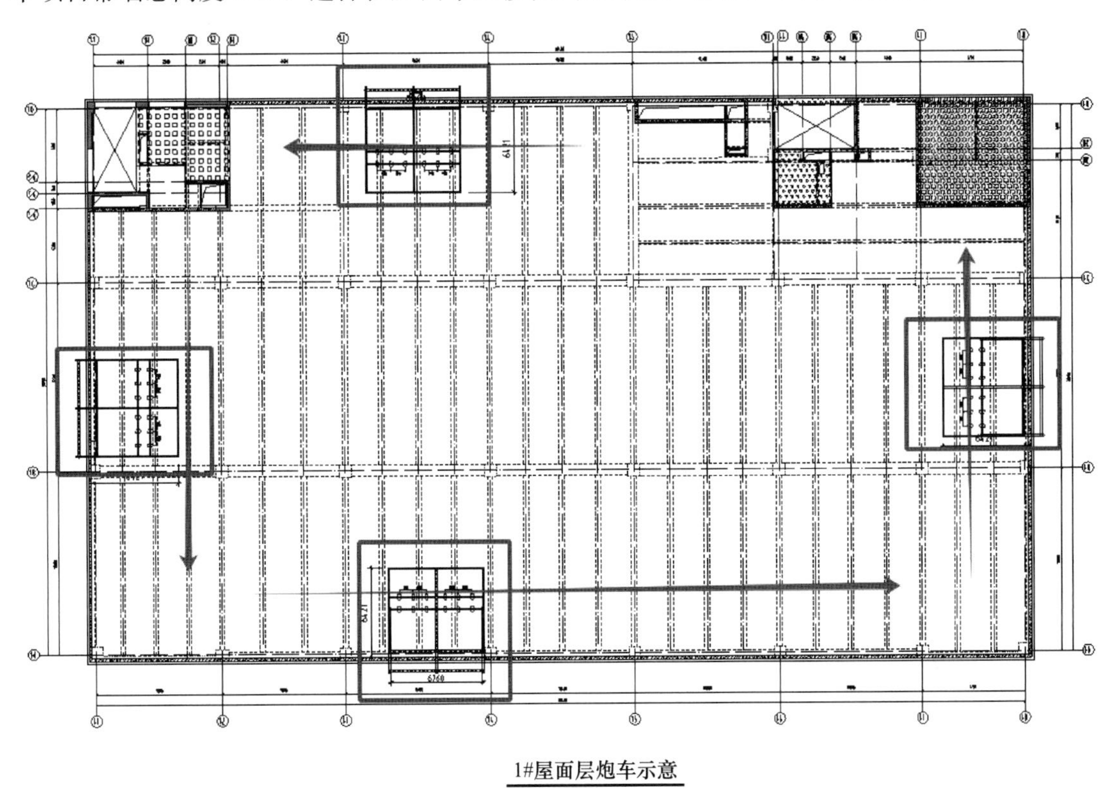

图15 悬臂吊平面布置

4.5 悬臂吊及吊装系统说明

悬臂吊由车身钢架、吊装系统和配重组成。从前端吊装点到车尾部整长7500mm，车体宽6400mm，高6500mm，由钢方通焊接而成，下部安装2排共6个尼龙万向轮以方便移动。在前排万向轮前部、后排万向轮后部分别设置支撑臂。吊车移动到位后，吊装前放下支臂并调节高度，把力传递到地面。吊装系统由卷扬机、前吊臂和拉杆组成。前吊臂采用方钢焊接而成，使用销钉固定在车身前部并可转动。在吊机转移到下一个工位时方便收起前吊臂。同时，前端设置长度为6200mm的导轨，安装1台电动葫芦，用于吊装板块。吊机后部设置配重水泥块，以增强单臂吊机稳定性。

悬臂吊底座钢梁规格为200mm×100mm×8mm钢方通，支架立柱钢梁规格为200mm×100mm×8mm钢方通，斜撑钢梁规格为100mm×100mm×4mm钢方通。支架利用满焊的形式固定在底座上。上部3根悬臂梁采用22a＃工字钢，导轨采用22a＃工字钢，滑轮固定在钢梁的顶部。卷扬机额定荷载3t，钢丝绳直径18mm。卷扬机固定在与底座焊接的钢架上，电动葫芦额定荷载2t，用于固定配重的钢管外径35mm，焊接在车身尾端，配重总质量3t（悬臂吊见图16～图17）。

图 16　本项目悬臂吊图片

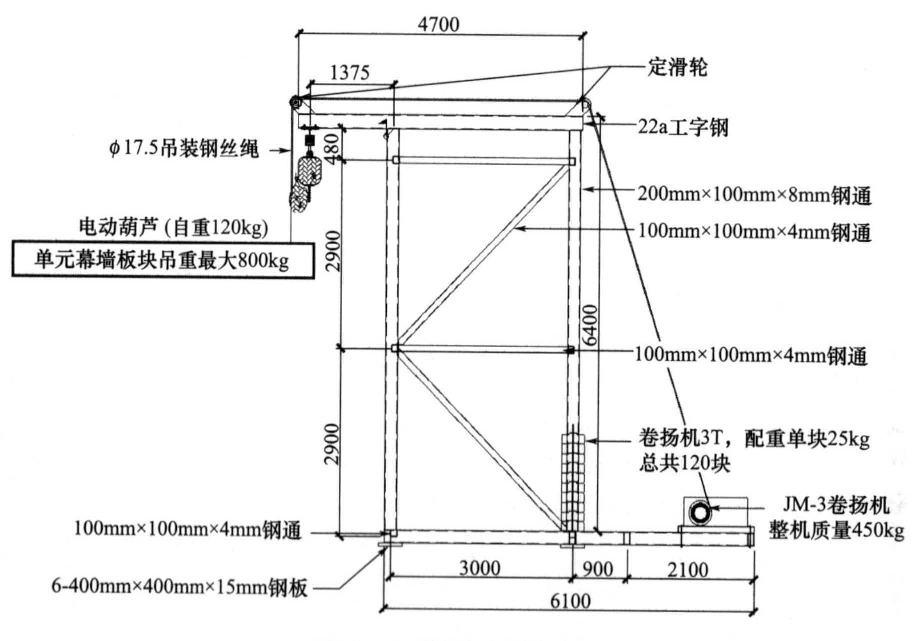

图 17　本项目悬臂吊构造图

4.6　悬臂吊计算结果

悬臂吊进行了建模计算，满足结构安全要求，同时进行了抗倾覆计算，安全系数满足大于 3.0 的要求。

5　结语

常规悬臂吊结构简单，设施成本较低，在实际工程中应用较为普遍，它适用于吊装数量少、效率要求不太高的情况。本项目板块数量约有3600个，数量较多，对吊装效率要求高；采用环形轨道配合电动葫芦的吊装方案，吊装效率虽高，但设施进场安装及拆除周期长，本项目高度只有9层，整体成本较高；汽车吊通常适用于高40m以下、质量较大的板块吊装，吊装效率偏低，由于本项目现场场地狭小，采用汽车吊施工时，影响地面工程等项目施工。综合考虑后，采用了这种比普通单臂吊体形更大的悬臂吊，可覆盖6m的吊装范围，同时配置卷扬机及电动葫芦，具备悬臂吊的移动灵活性，卷扬机的快速提升特性，电动葫芦吊装的准确性，吊装效率较高，供行业同人参考。

参考文献

[1] 赵福钢．幕墙施工用悬臂吊安全性要点分析［M］．北京：中国建筑工业出版社，2023.

[2]《建筑施工手册》第五版编委会．建筑施工手册［M］．五版．北京：中国建筑工业出版社，2022.

[3] 中华人民共和国住房和城乡建设部．起重设备安装工程施工及验收规范：GB 50278—2010［S］．北京：中国计划出版社，2010.

[4] 中华人民共和国工业和信息化部．环链电动葫芦：JB/T 5317—2016［S］．机械工业出版社，2016.

[5] 国家市场监督管理总局，国家标准化管理委员会．建筑卷扬机：GB/T 1955—2019［S］．北京：中国标准出版社，2019.

[6] 中华人民共和国住房和城乡建设部．建筑施工高处作业安全技术规范：JGJ 80—2016［S］．北京：中国建筑工业出版社，2016.

[7] 中华人民共和国住房和城乡建设部．钢结构设计标准：GB 50017—2017［S］．北京：中国建筑工业出版社，2017.

[8] 姚谏．建筑结构静力计算手册［M］．二版．北京：中国建筑工业出版社，2014.

方大建科 FANGDA FACADE

方大建科深耕幕墙行业33载，注册资金6亿元；是方大集团股份有限公司（股票代码：000055、200055）的全资下属公司；总部位于深圳，下设上海、成都、澳大利亚等区域公司和北京、重庆、南京、厦门、西安、中国香港、墨尔本、新加坡、迪拜、沙特等20多个国内和海外办事处，业务范围覆盖中国大陆、澳大利亚、东南亚、非洲等国家和地区；拥有东莞、上海、成都、赣州等大型幕墙研发制造基地，具备年产520万m²的幕墙加工制造能力；荣获过中国建筑工程鲁班奖、中国土木工程詹天佑奖、全国建筑工程装饰奖等百余项优质工程奖。

深圳湾文化广场（深圳科技生活馆）

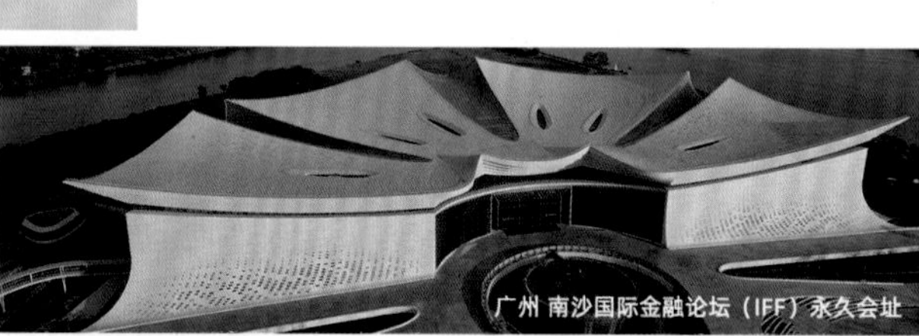

广州 南沙国际金融论坛（IFF）永久会址

深圳 腾讯数码大厦

京东集团深圳总部

深圳 天音大厦

安邦财险深圳总部大厦

深圳 国际会展中心

重庆来福士广场

澳洲 墨尔本广场二期 244m

深圳市南山区科技南十二路方大大厦
电话：0755-26788572
传真：0755-26788293
邮编：518057

深圳市方大建科集团有限公司
FANGDA SHENZHEN FANGDA BUILDING TECHNOLOGY GROUP CO., LTD.

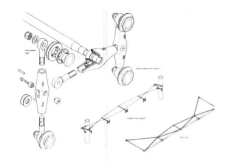

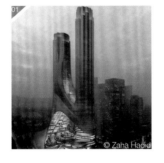

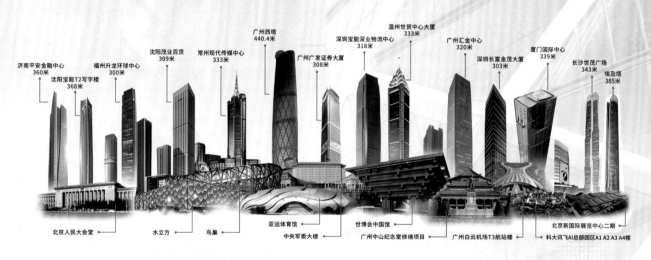

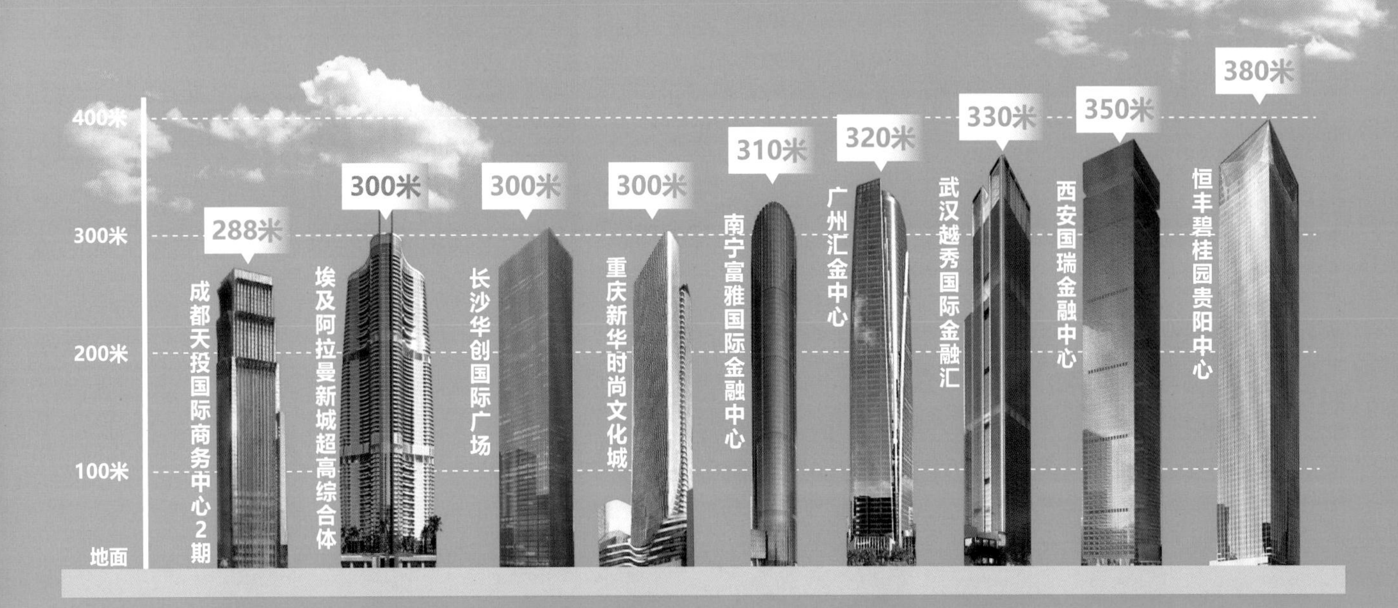
400米
300米
200米
100米
地面
288米
成都天投国际商务中心2期
300米
埃及阿拉曼新城超高综合体
300米
长沙华创国际广场
300米
重庆新华时尚文化城
310米
南宁富雅国际金融中心
320米
广州汇金中心
330米
武汉越秀国际金融汇
350米
西安国瑞金融中心
380米
恒丰碧桂园贵阳中心

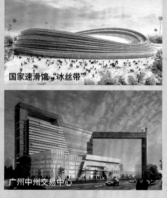

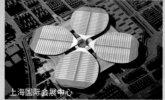

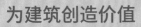

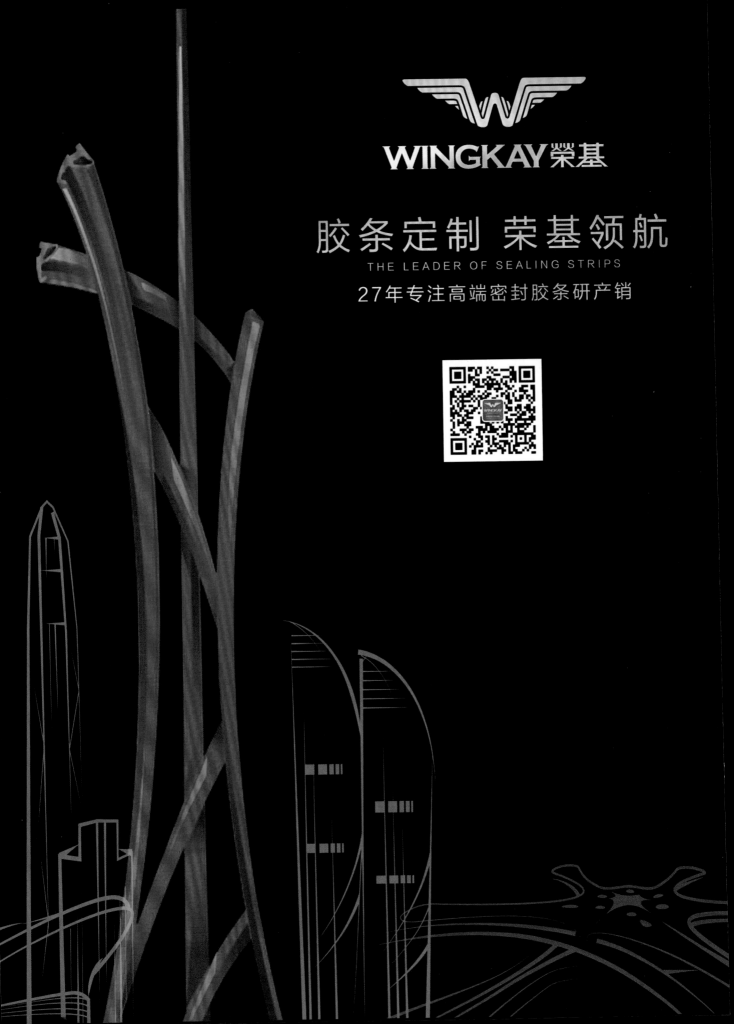

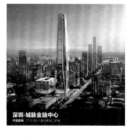

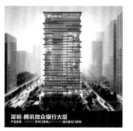

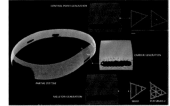

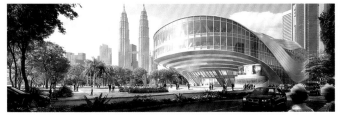

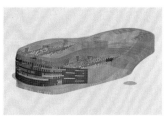

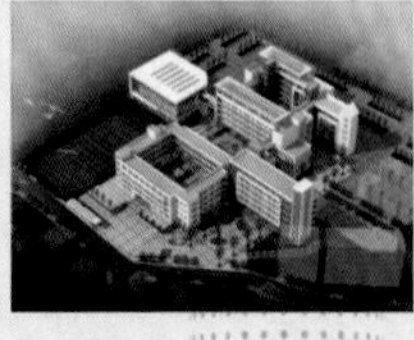

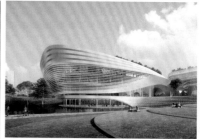

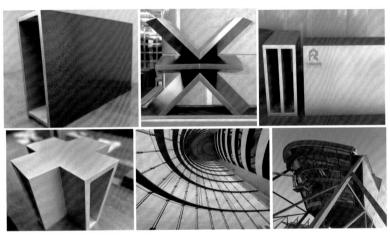